羊肉品质与调控技术研究

靳烨 等/著

中国轻工业出版社

图书在版编目（CIP）数据

羊肉品质与调控技术研究 / 靳烨等著. -- 北京：中国轻工业出版社，2024. 12. -- ISBN 978-7-5184-5290-3

Ⅰ. TS251.5

中国国家版本馆CIP数据核字第20256RJ346号

责任编辑：贾　磊　　责任终审：白　洁　　设计制作：锋尚设计
策划编辑：贾　磊　　责任校对：吴大朋　　责任监印：张　可

出版发行：中国轻工业出版社（北京鲁谷东街5号，邮编：100040）
印　　刷：三河市万龙印装有限公司
经　　销：各地新华书店
版　　次：2024年12月第1版第1次印刷
开　　本：787×1092　1/16　印张：38.25
字　　数：900千字
书　　号：ISBN 978-7-5184-5290-3　定价：168.00元
邮购电话：010-85119873
发行电话：010-85119832　010-85119912
网　　址：http://www.chlip.com.cn
Email：club@chlip.com.cn
版权所有　侵权必究
如发现图书残缺请与我社邮购联系调换
232222K1X101ZBW

著者名单

靳　烨　苏　琳　赵丽华　田建军
段　艳　郭月英　孙立娜　张　敏
孙学颖　胡冠华

前 言

羊肉的生产和消费在世界范围内都具有重要地位，羊肉及羊肉制品因具有独特的风味和营养价值深受消费者的喜爱，它在许多国家的饮食文化中扮演着重要角色。我国是世界最大的羊肉生产国和消费国，羊肉产量已由1978年的44.48万t/年增长至2023年的531万t/年，出栏率和产肉量都增加十倍以上，发展迅速。近年羊肉消费呈现多元化和品质化的趋势，并且更加注重安全性、便捷性和文化性。顺应时代发展规律，推广高品质羊肉产品，创新羊肉生产和加工技术，以满足消费者不断升级的需求是每一个专业研究人员不可推卸的任务和时代赋予的历史使命。

我国养羊历史悠久，肉羊品种资源丰富，加之我国地域辽阔、自然环境复杂、土地资源多种多样、饲养方式和消费习惯千差万别，各地羊肉口感及营养价值各具特点，因此形成独特的"品种众多、品质各异"的羊肉消费现状。随着消费者对食品安全和品质的要求日益增高，羊肉品质的研究也越来越受到重视。衡量优质羊肉的主要指标包括肉质指标、感官评价、营养成分、风味物质组成和加工特性。影响羊肉品质指标的因素主要有品种、环境条件、饲养方式、营养水平、管理技术、屠宰方式、宰后处理、储藏条件、加工技术和烹饪方法等。通过科学的饲养管理、合理的饲料调配、正确的屠宰和加工操作等手段，针对不同原料肉的加工方式也做出相应调整，以增加产品加工的适宜性，更好地保留和发挥优良品种肉源的品质特性，还可以提高羊肉的感官特性。因此羊肉品质研究不仅有助于提高产品质量，满足消费者的需求，还能促进可持续农业的发展，提高肉品产业的经济效益。

近年来，随着我国经济的快速发展、人民生活水平的不断提高和国家生态建设、发展战略等发生了很大变化，羊肉的生产和加工和以前相比发生了根本性转变。例如，随着国家退化草地限牧或禁牧封育、退牧还草及禁牧舍饲，恢复草地生态政策的实施，内蒙古、新疆和青海等地以放牧为主的地区逐渐改变传统的饲养模式，由传统的天然放牧或放牧补饲的饲养方式转变为舍饲或舍饲与放牧（季节性）相结合的饲养管理方式，每年有越来越多的草原羊饲养方式由放牧变为舍饲（或半舍饲）。这种转变也同时带来了很多问题，如饲养管理技术、疫病防治技术等，尤其是不同饲养条件下羊肉的食用品质发生了很大变化，草原羊圈养造成的羊肉品质改变（劣化）也是消费者的一个共识，若这一问题不解决，将会严重影响我国养羊业的健康发展。研究表明不同饲养方式肉羊的屠宰性能、肉品品质和加工性能有很大差异，尤其对羊肉的风味有很明显的影响。通过研究不同饲养条件对绵羊品质影响的发生机制，探讨通过改变羊的饲养水平（饲粮成分和营养水平）和管理条件（运动、温湿度控制），从而改善舍饲羊的肉用品质，提高养羊的经济效益，从技术层面为国家生态战略的顺利实施保驾护航。

内蒙古农业大学"肉品科学与技术"创新团队是内蒙古自治区直属高校"牛羊肉品

质研究与加工技术开发"领军人才创新团队，内蒙古自治区草原英才"绿色草原牛羊肉加工关键技术和产业化示范"产业创新团队，研究平台为国家农业农村部确认的全国"生鲜牛羊肉加工技术集成"科技优势单位和建设基地、内蒙古自治区工程技术研究中心、中央与地方高校共建的国家优势专业实验室和内蒙古自治区协同创新中心。团队以牛羊肉品质研究、加工增值以及安全生产等为主要研究内容，特别精于羊肉宰后品质调控技术以及高效加工转化关键技术开发。

《羊肉品质与调控技术研究》一书立足国际、国内的研究前沿，总结和凝练了内蒙古农业大学"肉品科学与技术"创新团队几十年来完成的国家自然科学基金项目"苏尼特羊肉肌纤维与肉品质的关系及分子基础的研究""AMPK 活性对宰后羊肉能量代谢及羊肉品质影响的研究""内蒙古地方良种羊屠宰性能和肉用品质的差异和变化规律研究""放牧与舍饲条件下苏尼特羊肉品质的变异和机理研究""基于 AMPK 信号通路介导的脂肪代谢途径研究宰后羊肉风味（脂源性）的形成机制""苏尼特羊肌纤维转化关键信号通路及调控机制的研究"等，国家重点研发项目"放牧与圈养对羊肉品质影响机制和调控技术的研究"，国家"十二五"科技支撑项目（子）"优质生态家畜产品加工与市场开发"，国家博士点基金项目"内蒙古特色肉羊肉品质和产肉性能功能基因的克隆及功能研究"，内蒙古自然基金重大项目"蒙古羊脂肪代谢机理及在调控肌肉蛋白发育和肉品质中作用的研究"，内蒙古科技成果转化项目"草原羊肉加工增值和标准化生产关键技术与产业化示范"，内蒙古草原英才产业创新团队基金"高效绿色肉与肉制品加工关键技术及产业化开发"，内蒙古自治区科技重大专项"草原绿色肉业发展关键技术研究与产业化示范""乌拉特草原特色羊肉品质研究与技术开发项目""鄂尔多斯羊肉品质改善和加工增值技术研究""发酵肉制品开发与产业化示范"等的研究成果，是用一手试验数据和研究结果完成的一部专业性研究著作。书中的内容绝大多数是作者研究团队的试验数据和研究成果，但是为了保证内容的完整性，也为了方便读者系统性了解相关专业内容，对部分试验没有涉及的内容引用一些相关文献内容作为补充和完善。本书的出版旨在为肉品科学行业及相关领域内研究人员和羊肉生产与加工从业者提供一些参考和指导，为新形势下我国羊肉产业的健康发展提供理论支持和技术保障。

本书由靳烨、苏琳、赵丽华、田建军、段艳、郭月英、孙立娜、张敏、孙学颖、胡冠华共同编写完成。参与本书整理和书中所涉及试验研究过程的人员还有窦露、杨致昊、张月、刘婷、王晨蕾、翟茂琴、程峰、韩军、王待巽、王怡、张台武、谢骏康、祝欢、苏日娜、侯艳茹、刘畅、李泽、梁俊芳、靳志敏、张宏博、丁春明、罗玉龙、王柏辉、王政纲、袁倩、王德宝、要铎、宋晓彬、程海星、马晓冰、辛雪、林在琼、刘夏炜、腾克、任霆、张静、杨晶、陈洋、邱静、马霞、华晓青、李文博、张利霞、李婧、王乐、侯普馨、白艳苹、赵雅娟、尹丽卿、李权威、景智波、杨明阳、王宇、孙冰、黄欢、杜瑞、王宏迪、陈晓雨、王威皓、侯冉、刘学敏、武彩霞、贾雪晖、陈槟颖、关海天、张艳妮、杨乐、李慧姣、徐丽媛、李佳乐、王倩、王惠汀、杜宝、刘建林、解靖宇、孙尔科、李晓彤、夏玲燕、徐烨、钱敏、张世发、曲洪波、崔子豪、石白龙、王雅楠、李天乐、赵聪颖、马艺鸣、罗瑞、张巧鸽、赵佳欣等，他们为本书的出版也做出了重要贡献，在此一并表示衷心的感谢。

本书疏漏之处在所难免，敬请指正。

编者

目 录

第一章 绪论

第一节 羊的起源/2
第二节 羊的分布/4
第三节 羊的品种与特点/5
本章参考文献/15

第二章 羊肉品质特性及评价

第一节 羊肉组织结构/18
第二节 羊肉组成成分与含量/20
第三节 羊肉感官品质/22
第四节 影响肉品质的因素/28
本章参考文献/60

第三章 羊肉品质的影响因素及变化机制

第一节 遗传因素/76
第二节 饲养管理对羊肉品质的影响研究/138
第三节 环境因素：环境与菌群结构/203
第四节 宰后处理技术/210
本章参考文献/254

第四章 羊肉品质形成机制

第一节 肌纤维类型/268
第二节 肌肉能量代谢/323
第三节 脂肪代谢/345
第四节 蛋白质代谢/408
第五节 胃肠道菌群/435
本章参考文献/490

第五章 羊肉品质调控加工技术

第一节 羊肉加工技术/502
第二节 羊肉贮藏技术/587
本章参考文献/596

附 录

细菌拉丁学名对照表/602

第一章

绪 论

第一节 羊的起源

第二节 羊的分布

第三节 羊的品种与特点

本章参考文献

第一节　羊的起源

在人类的原始社会阶段，人们主要依靠狩猎和采集来获取生活所需。在这个时期，一些有蹄动物成为猎人们的主要目标之一，其中就包括羊。随着时间的推移，人们对羊的认识逐渐加深，开始尝试驯养羊，从而开始了羊的驯养历史。羊最初的驯养是在中东地区进行的。大约在公元前9000年，生活在叙利亚、伊拉克和土耳其等地的古代居民开始驯养野羊。在中国，羊的驯养历史也可以追溯到远古时期。据考古发现，中国最早的驯养羊记录可以追溯到新石器时代。在内蒙古自治区赤峰市敖汉旗宝国吐乡兴隆洼文化遗址中，考古学家发掘了一个规模较大的养羊场遗址。该遗址距今已有5000多年的历史，表明当时的人们已经开始驯养羊并利用羊来满足生活所需。在驯养过程中，人们逐渐掌握了利用羊毛制作衣服、鞋子等用品的方法。同时，羊肉也成为了人们的食物来源之一。随着时间的推移和社会的发展，羊的驯养技术不断进步和完善，羊的数量开始逐渐增多，成为了人类的重要财产。

在20世纪50年代以前，全球羊产业的主要任务是供给毛纺织加工企业纺织原料，因此羊只以生产细羊毛为主。后来，随着化工合成纤维技术的逐渐普及，人工合成纤维成本比天然生产的羊毛更具成本优势。因此市场降低了对细羊毛的需求，毛用羊产业受到巨大冲击。自20世纪60年代开始，养羊业逐渐由肉毛兼用向肉用为主转变，肉羊养殖业开始迅速发展。如图1-1所示，依据2022年联合国粮农组织统计数据库（FAOSTAT）资料，2010—2019年世界羊存栏量、出栏量和羊肉产量均基本呈现出逐年增长的趋势，羊存栏量由2010年的19.86亿只增加至2019年的23.43亿只、羊出栏量由9.48亿只增加到10.76亿只，羊肉产量由1353.43万t增加到1577.62万t，增幅分别达17.98%、13.5%、16.56%，羊存栏量增长幅度最大。

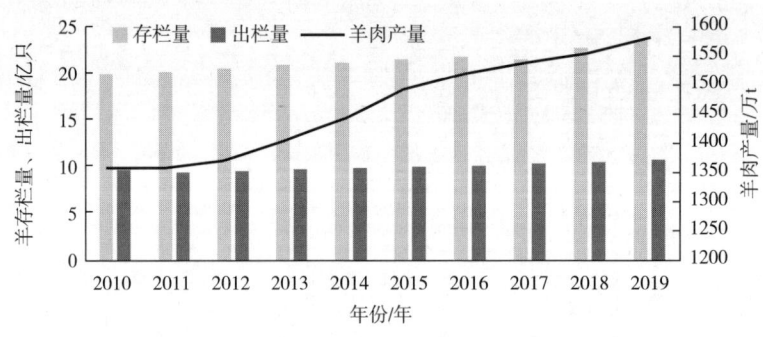

图1-1　2010—2019年世界羊存栏量、出栏量及羊肉产量

我国是养羊大国，羊存栏量、出栏量、羊肉产量均居世界第一位。长期以来，我国羊产业以羊毛生产为主，直到20世纪80年代，才逐渐由毛用为主向肉用为主转变，比现代肉羊发源地英国晚了约两个世纪。近年来，我国肉羊种业发展迅速，种质资源不断丰富，良种繁育体系逐步完善，种羊生产水平稳步提升。根据图1-2可知，2010年以来中国肉

羊产业规模不断扩大，羊存栏量和羊出栏量呈现出波动增长的趋势，羊肉产量呈现出逐年增加的趋势（除个别年份有回落）。从总量来看，2010—2022 年中国羊存栏量、出栏量和羊肉产量分别由 28730.81 万只、26808.32 万只和 406.02 万 t 增加到 32627.26 万只、33624 万只和 524.53 万 t，增加幅度分别为 13.56%、25.42% 和 22.59%。羊出栏量增加幅度高于羊肉产量，而羊存栏量增加幅度最低。

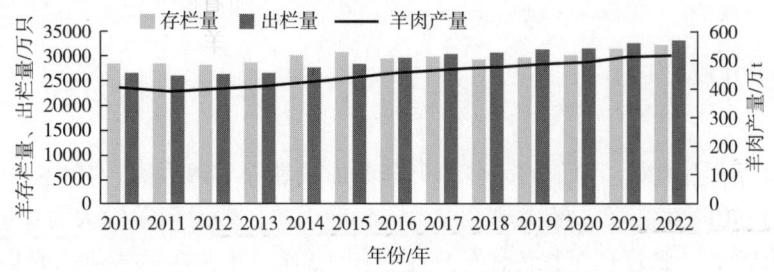

图 1-2 2010—2022 年中国羊存栏量、出栏量及羊肉产量

（资料来源：国家统计局）

内蒙古自治区发展畜牧业条件得天独厚，有 13.2 亿亩（1 亩 = 666.6 m²）天然草原和 1.39 亿亩耕地，2022 年羊肉产量为 110.25 万 t，占全国羊肉产量的 1/5 以上，居全国首位，是国家重要的绿色农畜产品生产加工输出基地。近年来，内蒙古自治区认真贯彻落实习近平总书记"加快传统畜牧业向现代畜牧业转变步伐"的重要指示精神，始终坚持"稳羊增牛"战略，肉羊肉牛饲养保持全国领先，综合生产能力进入全国前列，肉牛、肉羊两大产业链整体价值超过 1300 亿元，种养结合、草畜一体模式日趋完善，为国家牛羊肉稳产保供做出了积极贡献。由图 1-3 可知，内蒙古自治区羊存栏量由 2010 年的 5277.2 万只增加到 2022 年的 6124.1 万只，增长率为 16.05%；羊出栏量由 2010 年的 5397.93 万只增加到 2022 年的 6598 万只，增长率为 22.23%；羊肉产量由 2010 年的 89.2 万 t 增加到 2022 年的 110.2 万 t，增幅达到 23.54%。

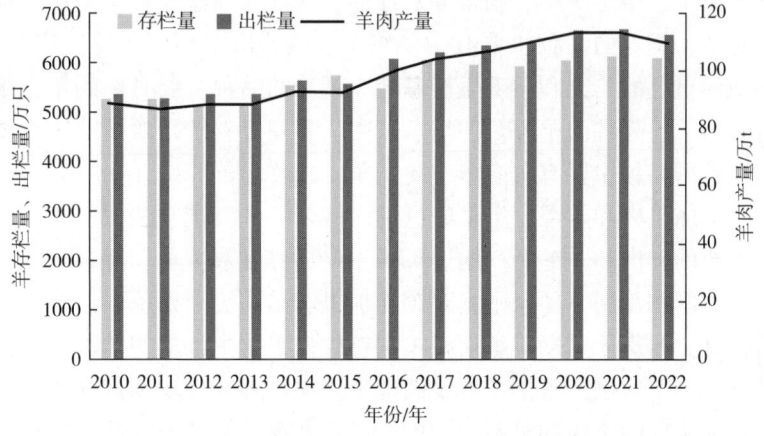

图 1-3 2010—2022 年内蒙古自治区羊存栏量、出栏量及羊肉产量

（资料来源：国家统计局）

世界肉羊养殖历史悠久，近十年世界肉羊饲养规模和羊肉产量不断增大，生产水平也逐步提升，中国肉羊养殖规模化、产业化程度也不断提高，逐步由自由放牧向规模化、集约化养殖方向发展，产业链中各个环节的技术性也越来越强，养殖机械化程度逐渐增高，生物安全水平正不断提高。世界肉羊产业正在迈向一个崭新的阶段，中国羊产业作为世界羊产业的重要组成部分，也正逐步缩小与养羊发达国家的差距。

第二节　羊的分布

目前，世界上有800多种羊的品种，可分为山羊和绵羊两大类。其中，山羊品种200多种，可分为奶山羊、肉羊、绒山羊、皮山羊、毛山羊、普通山羊六大类；绵羊品种600多种，可分为肥羊、细毛羊、半细毛羊、粗毛羊、羔羊、毛皮羊六大类。它们分布于五大洲100多个国家和地区。

亚洲地区是全球羊分布最广泛的地区之一。中国、印度、伊朗、土耳其等国家是亚洲地区重要的羊肉和羊毛生产国。其中，中国拥有丰富的羊资源，根据羊的品种和适应性，羊在中国的地域分布情况呈现出多样性，具体可细分为北方地区、西北地区、华北地区、华东地区、华南地区、西南地区。不同地区气候条件不同，所养羊的品种和用途也不相同。位于北方的内蒙古自治区是中国五大牧区之一，饲养着大量的细毛羊、肉用羊和肉毛兼用羊。内蒙古自治区的羊有很多品种，常见的有苏尼特羊、乌珠穆沁羊、阿尔巴斯羊、乌拉特山羊、杜泊羊和小尾寒羊等。山西、辽宁等省份也是北方重要的羊肉生产地，主要饲养的是细毛羊和肉用羊，如大青羊、辽宁绒山羊等。西北地区的气候干旱，适宜饲养适应干旱气候的羊种。如中国最大的细毛羊生产基地新疆维吾尔自治区就饲养着大量的高山羊、喜马拉雅山羊和阿尔泰山羊等。青海、甘肃、宁夏等省、自治区也是西北地区重要的羊肉和羊毛生产地，也饲养着都兰羊、茶卡羊、滩羊等著名的肉羊品种。山东、河南、河北等省份是华北地区重要的羊肉和羊毛生产基地，饲养的品种主要有肉用羊、细毛羊和肉毛兼用羊，如青山羊、小尾寒羊、湖羊等。江苏、浙江、福建等省份是华东地区重要的羊肉和羊毛生产基地，饲养的品种主要有中华绵羊、戴云山羊和湖羊等。广东、广西等省、自治区是华南地区重要的羊肉和羊毛生产基地，饲养的品种主要有肉用羊、细毛羊和肉毛兼用羊，如波尔山羊、隆林山羊等。四川、云南、贵州等省份是西南地区重要的羊肉和皮毛生产基地，饲养的品种主要有藏南羊、鲁班羊、云岭山羊等。

欧洲地区是全球羊肉和羊毛生产最先进的区域之一。英国、法国、德国、西班牙等国家是欧洲地区主要的羊肉和羊毛生产国。英国主要饲养多塞特羊和萨福克羊，两者都是优秀的肉羊品种。法国和德国等国家则主要饲养梅里诺羊和美利奴羊，这些羊种的特点是产肉量高且肉质优良。西班牙则以莫里斯科羊和查鲁拉羊为主，这些羊种的肉质细腻，口感极佳。在非洲地区，羊肉生产占据了重要的地位。尼日利亚、埃塞俄比亚、苏丹、肯尼亚等国家是非洲地区主要的羊肉和羊毛生产国。尼日利亚的纳岛羊和西非长尾羊是其主要饲养的羊种，埃塞俄比亚的多尔班羊和阿法尔羊则以其适应性强和产肉量高等特点而著名。相较于其他地区，美洲地区的羊肉和羊毛生产规模较小，主要集中在南美洲的阿根廷、巴西、乌拉圭等国家。阿根廷是南美洲最大的羊肉和羊毛生产国，其科尔里多羊和普雷戈利亚羊以高产和优质的羊毛而知名。巴西和乌拉圭等国也是重要的羊肉生产国。大洋洲地区的羊肉和羊毛生产主要集中在澳大利亚和新西兰。澳大利亚的梅里诺羊和澳洲细毛羊是最为常见的羊种，新西兰则以梅里诺羊和罗马尼亚细毛羊为主，这些羊种的羊毛品质优良，是制作纺织品的主要原料。

总体来说，羊在全世界的地域分布情况与当地的气候、地形和经济发展状况密切相关。不同地区饲养的羊种和数量也有所差异。通过合理选择和管理羊种，各国可以充分利用当地的资源优势，提高羊肉和羊毛的生产效益，满足人们对羊产品的需求。

第三节 羊的品种与特点

羊作为全球常见的畜牧动物之一，其用途广泛且多样化。根据其用途的不同，羊可以被分为肉用品种、乳用品种、绒用品种、皮用品种和毛用品种等类型。

（一）肉用羊

肉用羊是适应性极强的家畜之一，其耐粗饲和抗逆性使其在畜牧业中占据重要地位。近20年来，由于市场对羊毛和羊肉的需求关系发生变化，养羊业已经从以毛用为主转向肉毛兼用，并进一步发展到以肉羊为主的生产模式。现有的肉羊良种较多，我国有127个羊品种，其中产肉性能较好的有巴美肉羊、阿勒泰羊、小尾寒羊、湖羊、陕南山羊、马头山羊等。此外，还从国外引进了萨福克羊、美利奴羊、波尔山羊等世界著名的肉用羊品种。

1. 巴美肉羊

巴美肉羊（Bamei sheep）（图1-4）产于中国内蒙古自治区巴彦淖尔市，是多个品种杂交的产物（郑建梅，2016），是内蒙古自治区广大畜牧工作者历经二十余年精心培育的首个肉毛兼用品种，以适合舍饲圈养、耐粗饲、抗逆性强、适应性好、羔羊育肥增重快和性成熟早等特点而闻名（张宏博等，2016）。巴美肉羊分布于内蒙古自治区锡林郭勒盟苏尼特左旗、苏尼特右旗、阿巴嘎旗北部，乌兰察布市四子王旗，包头市达尔罕茂明安联合旗和巴彦淖尔市的乌拉特中旗等地。

图1-4 巴美肉羊

（资料来源：GB/T 36396—2018《巴美肉羊》）

成年巴美肉羊的公羊平均体重可达101.2kg，成年母羊平均体重则为60.5kg。母羊的繁殖率平均高达151.7%，展示了惊人的生产能力。育成公羊的平均体重为71.2kg，育成母羊平均体重则为50.8kg。初生的小羊羔，无论是公的还是母的，体重都表现得相当健康，平均分别为4.7 kg和4.32kg。巴美肉羊的肉质也十分优良，6月龄羔羊的平均日增重超过230g。6月龄羔羊的胴体重达24.95kg，屠宰率则高达51.13%，显示了肉质的丰厚和鲜美。巴美肉羊以其优秀的产肉性能和良好的适应性成为内蒙古地区重要的畜牧业资源（靳烨，2017）。它的成功培育不仅为内蒙古自治区的畜牧业发展注入了新的活力，也为我国畜牧业的持续发展提供了强有力的支持。

2. 苏尼特羊

苏尼特羊（Sunit sheep）（图1-5）原产于中国内蒙古自治区锡林郭勒盟苏尼特左旗和右旗的优秀羊品种，是自然选择和人工培育的结晶（张静，2015），以其独特的性能和特色成为内蒙古自治区草原羊的佼佼者。在2010年，它被列入全国优良畜种名录，这是对其优秀品质的充分认可。苏尼特羊主要分布于中国的内蒙古自治区锡林郭勒盟的苏尼特左旗和苏尼特右旗、乌兰察布市的四子王旗、包头市的达尔罕茂明安联合旗、巴彦淖尔市的乌拉特中旗。

图1-5　苏尼特羊

（资料来源：NY/T 3650—2020《苏尼特羊》）

苏尼特羊作为抗寒、耐旱的优秀羊品种，其生长发育迅速，产肉率高，肉质鲜美（李志国，2022）。这是它与其他蒙古羊品种的主要区别。苏尼特羊能够适应荒漠或半荒漠化草原的生存环境，这使得它在草原羊品种中独树一帜。苏尼特羊肉的营养价值极高，肉色呈鲜红色，蛋白质含量高（席其乐木格，2008），胆固醇含量低，而且氨基酸含量丰富，这使得苏尼特羊肉具有很高的食用品质，既能满足人们的味蕾享受，又能保证健康饮食。至于苏尼特羊的体格，成年公羊平均体重为78.83kg，成年母羊则为58.92kg。

3. 小尾寒羊

小尾寒羊（Small-tailed Han sheep）（图1-6）原产于中国河北南部、河南东部和东北部、山东西部以及皖北、苏北一带，现已分布于陕西、宁夏、甘肃、内蒙古等全国20多个省、自治区、直辖市。小尾寒羊是一种具有多重优良特性的羊种，其成熟早，早期生长发育迅速，体格高大，肉质优良（王金文，2010）。最具特色的是小尾寒羊四季发情（郭定恩等，2020）、繁殖能力强、遗传性稳定（刘强，2023），这使得该品种得以广泛推广和繁育。幼羊在6月龄时体重即可达到50kg，周岁时体重可达100kg，成年后体重可达130~190kg。周岁育肥羊的屠宰率高达55.6%，净肉率达到45.89%。此外，小尾

图1-6　小尾寒羊

（资料来源：GB/T 22909—2008《小尾寒羊》）

寒羊的繁殖能力也是其显著的特点。6月龄的小尾寒羊即可配种受胎，每年可产2胎，每胎可产2~6只小羊，有时甚至可高达8只，平均每胎产羔率达到266%以上（王杰，2008），每年产羔率可达500%以上。小尾寒羊以其出色的生长性能、优良的肉质和丰富的营养价值，以及强大的繁殖能力，成为了中国乃至全球的优质羊品种之一。

4. 乌拉特山羊

乌拉特山羊（Urad goat）（图1-7）以内蒙古巴彦淖尔市乌拉特中旗海流图镇为中心产区，分布于德岭山镇、石哈河镇、乌加河镇、巴音乌兰苏木等地。乌拉特山羊生活在位于北纬41°~42°畜牧业黄金带的乌拉特中旗草原上，能够吃到优质的天然饲料，且本地牧民进行规模化、科学化、标准化饲养，保证了羊肉的品质，每年3月份至次年1月份是收获期，羊肉肉色鲜亮，脂肪和肌肉有韧性且富有弹性，口感极佳（王泽栋，2022）。乌拉特山羊体质结实，结构匀称，头大小适中，颈短而粗，颈肩结合良好，前胸发达，背腰平直，臀部宽大，后躯发育良好，四肢端正，蹄质坚实，整个体型呈方形。乌拉特山羊肉质细嫩鲜美多汁，无膻腥味，而且胴体丰满，肉层厚实紧凑，高蛋白、低脂肪，瘦肉率高，肌间脂肪分布均匀，富有人体所需各种氨基酸和脂肪酸

图1-7 乌拉特山羊

（资料来源：https://www.bynr.gov.cn/sqgk/mptj/201912/t20191212_260774.html）

（陶晓臣，2011）。因此，乌拉特山羊不仅是手抓羊肉的首选用肉，更是涮羊肉和烧烤用极佳原料。目前，该品种的肉羊除在国内市场畅销外还对阿拉伯国家出口，在国际市场上享有盛誉。

5. 阿勒泰羊

阿勒泰羊（Altay sheep）（图1-8）是哈萨克羊种的一个分支，以体格大、肉脂生产性能高而著称，是新疆维吾尔自治区优秀的地方品种绵羊之一，主要分布在新疆维吾尔自治区北部阿勒泰地区的福海、富蕴、青河、阿勒泰、布尔津、吉木乃及哈巴河7个县、市。阿勒泰羊具有耐粗饲、抗严寒、善跋涉、体质结实、早熟、抗逆性强、适于放牧等特性（杨莉，2015）。在终年放牧、四季转移牧场条件下，仍有较强的抓膘能

图1-8 阿勒泰羊

（资料来源：T/SHZSAQS 008—2020《阿勒泰羊鉴定标准》）

力。在放牧条件下，3~4岁羊秋季平均宰前体重74.7kg，胴体重39.5kg，屠宰率52.88%。阿勒泰羊属肉、脂兼用粗毛羊（刘艳丰等，2014），生长发育快，适于肥羔生

产。阿勒泰羊在春季和秋季各剪毛一次，羔羊则在当年秋季剪一次毛。成年公羊平均剪毛量为 2kg，母羊为 1.5kg，当年生羔羊为 0.4kg。阿勒泰羊毛质较差，羊毛主要用于擀毡。

6. 巴尔虎羊

巴尔虎羊（Baerhu sheep）（图 1-9）有着悠久的历史和深厚的文化内涵，在中国呼伦贝尔大草原已繁衍了 300 余年，主要分布于新巴尔虎右旗，且正向着集约化与产业化方向蓬勃发展，已变成地区的支柱产业（沙志娟等，2013）。巴尔虎羊是一种大尾型肉用绵羊，其主要优点是体型强壮、后肢发达且肌肉分布均匀。巴尔虎羊肉富含高蛋白、低脂肪，瘦肉率高，肌间脂肪分布均匀，富有人体所需各种氨基酸和脂肪酸，容易消化，是制作涮羊肉和手把肉的极佳原料。巴尔虎羊肉还含有人体所必需的氨基酸，各种氨基酸含量较高、搭配合理，特别是谷氨酸和天冬氨酸的相对含量比其他羊肉高，使得巴尔虎羊肉鲜嫩可口，味道特别好。

图 1-9 巴尔虎羊

（资料来源：https://www.yzydt.com/6885/）

7. 短尾羊

短尾羊（Short-tailed sheep）（图 1-10）是呼伦贝尔市鄂温克族自治旗的优良品系，目前，呼伦贝尔市的短尾羊数量已达 35 万只。鄂温克草原冬天严寒，枯草期较长，但短尾羊适应能力强，它们可以通过吃草和雪来维持正常生理代谢，以此保膘度过冬天及春天。呼伦贝尔草原短尾羊对当地生态环境有很强的适应能力，抗寒暑、耐粗饲、耐气候变化（丁跃胜等，2021）；羔羊生长期发育快；尾短易配，母羊配种受胎率高；

图 1-10 短尾羊

（资料来源：DB15/T 1466—2018《草原短尾羊》）

遗传性稳定；产肉性能优良，肉质好，肌间脂肪相对多而分布均匀，深受消费者和市场的欢迎。呼伦贝尔草原短尾羊新品种的育成，既保护和开发了珍稀的地方肉羊品种，也填补了我国北方高寒地区无短脂尾型肉羊品种的空白，并具备与国际、国内优质肉羊品种一较高下的能力。鄂温克族自治旗充分利用和发挥"呼伦贝尔"的知名度和影响力，将呼伦贝尔草原短尾羊作为肉羊产业的主导品种进行推广。短尾羊的特征是尾巴短、粗、宽，后肢丰满、肌间的脂肪分布均匀，肉质性能突出（刘莉敏等，2016）。这些优势使短尾羊成为最受当地牧民欢迎的特色品种之一，也是牧区牧民生存发展的物质和经济基础之一。

8. 湖羊

湖羊（Hu sheep）（图 1-11）主要产于中国浙江嘉兴和太湖地区，是我国特有的羔皮绵羊品种，其羔皮以柔软、花案美观而闻名。湖羊具有早熟、四季发情、多胎多羔、繁殖力强、泌乳性能好、生长发育快、产肉性能理想、肉质好、耐高温高湿等优良性状（赵强等，2023）。国内湖羊养殖从原产区向全国市场扩张，目前除浙江外，安徽、陕西、内蒙古、黑龙江、吉林、辽宁等均为国内重要的湖羊养殖区域。湖羊的繁殖季节一般安排在春季4—5月配种，秋季9—10月产羔，一年一胎，每胎一般二羔，经产母羊平均产羔率220%以上。湖羊生长发育快，3月龄断奶公羔的体重在25kg以上，母羔体重在22kg以上。成年公羊体重可达65kg，母羊可达40kg。屠宰率在50%左右。

图1-11 湖羊

（资料来源：T/CAAA 051—2020《湖羊》）

9. 杜泊羊

杜泊羊（Dorper sheep）（图1-12）原产地在南非，是由有角陶赛特羊和波斯黑头羊杂交育成，适应性极强，采食性广、不挑食，而且特别耐粗饲（曹斌云等，2004），对低品质牧草、秸秆等有较高的利用率，在干旱或半热带地区生长健壮，抗病力强。杜泊羔羊生长迅速，断奶体重大（钱宏光等，2021），这一点是肉用绵羊生产的重要经济特性。3.5~4月龄的杜泊羔羊体重可达36kg，屠宰胴体约为16kg，品质优良。羔羊不

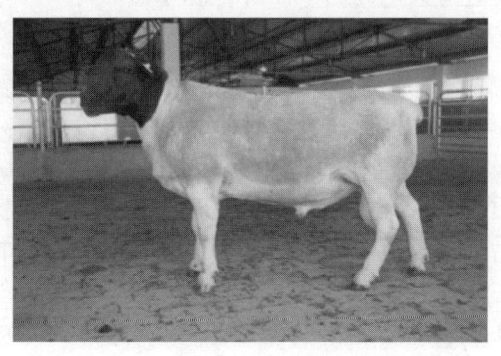

图1-12 杜泊羊

（资料来源：DB15/T 1415—2018《杜泊羊》）

仅生长快，而且具有早期采食的能力。一般条件下，羔羊平均日增重200g以上。由于杜泊羊的适应能力和产肉性能强，所以被各国引进。目前，杜泊羊已经广泛分布于南非以及世界各地杜泊羊养殖地区，我国在2001年开始引进杜泊羊，主要分布于黑龙江、吉林、辽宁、内蒙古、新疆等省、自治区（王建刚，2007）。

10. 萨福克羊

萨福克羊（Suffolk sheep）（图1-13）原产于英国英格兰东南的萨福克、诺福克、剑桥和艾塞克等地，现遍布世界各国。在中国主要分布在内蒙古和新疆等地（杨永林等，2014）。萨福克羊的特点是早熟，生长发育快，萨福克羊体格大（成年公羊体重100~136kg，成年母羊70~96kg）。剪毛量成年公羊5~6kg、成年母羊2.5~3.6kg，毛长7~8cm，细度50~58支，净毛率60%左右，被毛白色，但偶尔可发现有少量的有色纤维。产羔率141.7%~157.7%（于刚等，2020）。头短而宽，鼻梁隆起，耳大，公、母羊均无角，颈长、深且宽厚，胸宽，背、腰和臀宽而平。肌肉丰满，后躯发育良好。体躯主要部位被

毛白色，头和四肢为黑色，并且无羊毛覆盖。早熟，生长快，肉质好，繁殖率很高，适应性很强（冯东青，2021）。萨福克羊被广泛引作发展肉羊生产的终端父本，在国内与哈萨克羊、阿勒泰羊、蒙古羊等杂交，相同的饲养管理条件下，杂种羔羊具有明显的肉用体型，一代羔羊4~6月龄平均体重高于原种3~8kg，胴体重高1~5kg，净肉重高1~5kg。利用这种方式进行专门化的羊肉生产，羔羊当年即可出栏屠宰，使羊肉生产水平和效率显著提高。

图1-13　萨福克羊

（资料来源：NY/T 3134—2017《萨福克羊种羊》）

11. 波尔山羊

波尔山羊（Boer）（图1-14）是一种著名的大型肉用羊品种，波尔山羊原产于南非，现已分布于新西兰、澳大利亚、德国、美国、加拿大、斯里兰卡等国家，具有适应性广泛、生长快速、产肉量高等多重特点（张浩，2018）。其肉质细腻、口感鲜美，在全球肉类市场中占据重要地位。波尔山羊的性成熟较早，通常公羊在6月龄、母羊在10月龄时达到性成熟。其性周期大约为20d，发情持续时间则为1~2d。初次发情通常发生在6~8月龄，妊娠期大约为150d。

图1-14　波尔山羊

（资料来源：https://www.huitu.com/photo/show/20240729/102251461213.html）

值得一提的是，波尔山羊四季均可发情，大部分为多羔，其中60%为双羔，15%为三羔。波尔山羊的寿命可长达10年。波尔山羊的屠宰率超过50%，肉骨比为4.7∶1，骨重为17.5%。研究发现，良种波尔山羊的屠宰率高于绵羊，且随年龄增长而增高，8~10月龄时为48%（姚毅等，2015），2岁龄、4岁龄和6岁龄时则分别为50%、52%和54%。波尔山羊肉质瘦而不干，厚而不肥，色泽纯正，膻味小，且肉质细嫩多汁，肉味纯正，是优秀的肉用羊品种。

12. 夏洛莱羊

夏洛莱羊（Charolais）（图1-15）是一种原产于法国的大型肉用羊品种，具有肌肉发达、脂肪含量适中的特点。该品种羊的肉质细腻、口感鲜美，是法国著名的羊肉品种之一。中国在20世纪80年代末和90年代初由内蒙古畜牧科学院和河北等省、自治区引入该品种，现已广泛分布于河北、山东、山西、河南、内蒙古、黑龙江、辽宁等地区。夏洛莱羊生长发育快（Márquez et al.，2012），一般6月龄公羔体重48~53kg，母羔38~43kg；7月龄出售的种羊标准公羔50~55kg，母羔40~45kg；成年公羊体重100~150kg，成年母羊 75~95kg。夏洛莱羊胴体质量好，瘦肉多，脂肪少（田果良，2010），屠宰率在 55%以上。产羔率高，初产母羊为 135.32%，经产母羊为 182.37%。夏洛莱羊为季节性发情，在法国，一般在 8 月中旬至次年 1 月，但发情旺季在 9—10 月。被毛同质，白色，毛长 4~7cm，毛纤维细度 25.5~29.5μm，剪毛量成年公羊 3~4kg，成年母羊 1.5~2.2kg，被毛均匀度有时略差。

图 1-15　夏洛莱羊

（资料来源：T/CAAA 029—2020《夏洛莱羊种羊》）

（二）乳用羊

乳用羊是指以产乳为主要目的的羊类品种。它们被广泛饲养用于生产奶制品，如羊乳、羊奶酪和羊奶粉等。随着人们对乳制品需求的不断增长，乳用羊产业也得到了快速发展。因此，了解乳用羊品种的研究进展有助于为该产业的可持续发展提供参考。乳用羊品种主要包括东佛里生羊、萨能奶山羊等。

东佛里生羊（East Friesian sheep）（图 1-16）是一种原产于荷兰弗里斯兰省和德国的优秀奶羊品种。在经过几个世纪的精心饲养管理和遗传改良后，它们已经发展成为具有高繁殖力和产奶量的优良品种，由于其产奶量高和适应性强（Berger et al.，2005），东佛里生羊在全球范围内也有一定的分布，包括美洲、澳大利亚和新西兰等地。这些奶羊性情温顺，适应固定式挤奶系统，使得奶羊可以更舒适地生产高质量的牛奶。东佛里生羊的繁殖能力非常高，纯种母羊一般每胎可产 3~5 个羔羊（李增开

图 1-16　东佛里生羊

（资料来源：DB62/T 4475—2021《东佛里生羊》）

等，2023）。成年东佛里生公羊的体重为 90~120kg，成年母羊的体重则为 70~90kg。在 260~300d 的哺乳期中，成年母羊的产奶量可以达到 500~810kg，乳脂率则为 6%~6.5%。这些数据展示了东佛里生羊的高产奶量和优秀产奶性能。此外，东佛里生羊的奶质也非常优秀，具有很高的营养价值。因为它们是在自然环境下进行饲养的，所以这些奶羊的奶味道鲜美，营养丰富，胆固醇含量低，富含各种氨基酸和维生素。这些特点使得东佛里生羊成为了备受推崇的优良奶羊品种之一。

除此之外，还有许多其他乳用羊品种，如崂山奶山羊、努比亚山羊和关中奶山羊等。每个品种都有其独特的特点和适应性，可以根据不同的需求选择适合的品种进行饲养。

(三)其他品种

除了肉用羊和乳用羊之外,毛、绒和皮用也是羊的主要使用途径。羊毛主要由蛋白质组成。人类利用羊毛可追溯到新石器时代,由中亚向地中海和世界其他地区传播,遂成为亚欧的主要纺织原料。羊毛纤维柔软而富有弹性,可用于制作呢绒、绒线、毛毯、毡呢等纺织品。羊毛制品有手感丰满、保暖性好、穿着舒适等特点。绵羊毛在纺织原料中占相当大的比例。世界绵羊毛产量较大的有澳大利亚、俄罗斯、新西兰、阿根廷、中国等。绵羊毛按细度和长度分为细羊毛、半细毛、长羊毛、杂交种毛、粗羊毛五类。中国绵羊毛品种有蒙羊毛、藏羊毛、哈萨克羊毛。评定羊毛品质的主要因素是细度、卷曲、色泽、强度以及草杂含量等。羊绒(cashmere)是生长在山羊外表皮层、掩在山羊粗毛根部的一层薄薄的细绒,日照时间减少(秋分)时长出,抵御风寒,日照时间增加(春分)后脱落,根据光照时间的长短,自然适应气候,属于稀有的特种动物纤维。羊绒之所以十分珍贵,不仅由于产量稀少(仅占世界动物纤维总产量的0.2%),更重要的是其优良的品质和特性,交易中以克论价,被人们认为是"纤维宝石""纤维皇后",是人类能够利用的所有纺织原料都无法比拟的,因而又被称为"软黄金"。世界上约70%的羊绒产自中国,其质量上也优于其他国家。绒用羊的主要品种包括辽宁绒山羊、内蒙古绒山羊、阿尔巴斯绒山羊等。皮用羊是一种被广泛饲养的家畜品种,其皮毛被用于制造皮革和皮草产品,主要品种有槐山羊、中卫山羊等。

1. 滩羊

滩羊(Tan sheep)(图1-17)产于中国宁夏回族自治区的中部和北部,分布在黄河以西、贺兰山以东的平罗和银川等地,是宁夏的著名特产,被誉为"宁夏五宝"之一,有悠久历史。滩羊喜气候干燥,善游走,食性强,栖息在海拔1000~2000m的高平原与低山丘陵区域。滩羊公羊6~7月龄、母羊7~8月龄性成熟,妊娠期151~155d,一般每年一胎(崔保国等,2007)。滩羊的全身都是宝。滩羊的皮是名贵的裘皮原材料,

图1-17 滩羊
(资料来源:GB/T 2033—2008《滩羊》)

尤其以二毛皮著名。滩羊的毛,光泽和弹性都是非常好,可以制成上好的提花毛毯和纺织制服呢等(额尔和花等,2010)。滩羊肉肉质细嫩,脂肪分布均匀,膻味很小,深受消费者喜爱(刘文营等,2021)。

2. 哈萨克羊

哈萨克羊(Hazake sheep)(图1-18)是中国的三大粗羊毛品种之一,主要分布于新疆维吾尔自治区的阿尔泰山南部、准噶尔盆地和塔城等地区,以及甘肃、青海、新疆三省、自治区的交界处。哈萨克羊毛的毛色非常杂,多为黑色、褐色或灰褐色与白色混生在一个毛被上,纯白色毛被很少。毛丛纤维以细绒毛为主体,并含有少量两型毛和相当数量

的死毛，粗毛形成细长的毛辫。由于羊毛色杂，死毛含量多，纺织使用价值很低，被列为粗次毛品种之一。但是，这种羊毛的光泽较好，强度较高，可用来制造地毯（魏佩玲等，2017）。值得一提的是，中国第一个毛、肉兼用细毛羊品种新疆细毛羊，是以哈萨克羊作为主要母本之一培育起来的。引进的外来良种掺进其血统后，能较好地适应本地严酷的生态环境。由于持续地进行品种改良，哈萨克羊毛产量已经不多，而新疆细羊毛和各代改良羊毛则有了很大增长，羊毛品质得到了提高。

图1-18 哈萨克羊

（资料来源：NY/T 4133—2022《哈萨克羊》）

3. 阿尔巴斯绒山羊

阿尔巴斯绒山羊（Albas cashmere goat）（图1-19）是一种源自鄂尔多斯荒漠草原的山羊品种，被列为中国20个优良品种之一。其羊绒被誉为"软黄金"或"纤维宝石"，其肉质则被誉为"肉中人参"。这种山羊的外表覆盖着22~28cm长的粗毛，对底绒形成了很好的保护，使得净绒率高、梳绒量大、光泽良好、手感柔软（Meng et al.，2022）。阿尔巴斯绒山羊的绒毛具有洁白柔软、纤维长、净绒率高的特点，是山羊绒中的佼佼者。由其羊绒加工而成的羊绒衫在全球范围内享有盛名，如鄂尔

图1-19 阿尔巴斯绒山羊

（资料来源：https://nmj.ordos.gov.cn/nmyw/pzzy/xml/202302/t20230228_3353912.html）

多斯集团生产的羊绒衫。阿尔巴斯绒山羊的肉质细腻、高蛋白、低脂肪、氨基酸含量丰富，富含铁元素，胆固醇含量低，且无膻味（王昆，2023）。阿尔巴斯绒山羊经过精细的加工后，所制成的肉制品具有香美味怡的特点，是健康绿色的美食。

4. 内蒙古绒山羊

内蒙古绒山羊（Inner Mongolia cashmere goat）（图1-20）是一种产于内蒙古自治区西部地区的绒山羊品种，主要集中在内蒙古自治区西部的鄂尔多斯市、巴彦淖尔市和阿拉善盟。该地区地形复杂，气候变化大，为典型的大陆性高原气候，海拔在1500m以上。内蒙古绒山羊具有体质结实、抗逆性强、适应恶劣环境等特点。内蒙古绒山羊公、母羊均有角，公羊角粗大，母羊角细小，两角向上向后向外伸展，呈扁螺旋状、倒八字形。背腰平直，体躯深而长，四肢端正，蹄质结实。尾短而上翘。全身毛被白色，由上层的粗毛和下层的绒毛组成（史越，2023）。根据粗毛的长短，内蒙古绒山羊又分长毛型和短毛型两类。

长毛型羊主要分布在山区，也称山地型（又分细长毛和粗长毛两型）。内蒙古绒山羊剪毛量，公羊平均为570g，母羊平均为257g。抓绒量，成年公羊平均为385g，成年母羊平均为305g。绒毛长度，公羊平均为7.6cm，母羊平均为6.6cm。绒毛细度，公羊平均为14.6μm，母羊平均为15.6μm。粗毛长度，公羊平均为17.6cm，母羊平均为13.5cm（海龙等，2017）。内蒙古绒山羊的皮板厚而致密，富有弹性，是制革的上等原料。制作的皮夹克光亮、柔软、经久耐穿，颇受欢迎。长毛型绒山羊的毛皮与中卫山羊裘皮近似，可供制裘。内蒙古绒山羊所产山羊绒纤维柔软，具有丝光、强度好、伸度大、净绒率高的特点，所产羊肉细嫩（李学武等，2017）。内蒙古绒山羊是中国优良的山羊品种之一，具有很高的经济价值和社会价值。随着人们对羊肉和羊绒需求的增加，内蒙古绒山羊养殖业也逐渐发展壮大，并成为内蒙古地区的特色产业之一。

图1-20　内蒙古绒山羊

（资料来源：GB/T 43841—2024《内蒙古绒山羊》）

5. 槐山羊

槐山羊（Huai goat）（图1-21）又称槐皮山羊或黄淮山羊，于1982年11月被中国农业科学院畜禽资源考察团正式定名，并列入《河南省地方优良畜禽品种志》，成为地方优良品种。该品种山羊全身白色，被毛有光泽，躯体高大，体躯长，体质结实，结构匀称（赵梦雨，2023）；头长清秀，鼻直，眼大，耳长而立，结构匀称，骨骼较细；鼻梁平直，面部微凹，下颌有髯。槐山羊的皮板呈蜡黄色，细致柔软，油润光亮，弹性好，是优良的制革原料（范祖博等，2022）。

图1-21　槐山羊

（资料来源：DB41/T 789—2022《槐山羊》）

每年槐山羊皮的生产量达到700万至1000万张以上，约占全国山羊板皮产量的30%，年出口量约为500万张。由于其独特的品质和特性，槐山羊皮成为了制革业的优质原料，并在国内外市场上享有良好的声誉。

总之，羊的品种资源丰富，不同品种适应不同的气候环境和用途需求，因此在养殖和使用方面需要根据实际情况进行选择。同时，我国要对肉羊种质资源进行收集、保护、开发和利用，提高我国肉羊自主制种能力，提升群体生产性能，促进羊业科技进步。

本章参考文献

[1] 曹斌云,赵敬贤,张若楠,等. 杜泊肉羊繁殖性能观测 [J]. 畜牧兽医杂志, 2004, (02): 32-33.

[2] 崔保国,杨风宝,赵金宇,等. 宁夏滩羊不同年龄繁殖性能和羔羊生长发育的研究 [J]. 畜牧与饲料科学, 2007 (06): 35-36+38.

[3] 丁跃胜,乌云塔娜,邬杰,等. 提高戈壁短尾羊繁殖力的主要途径和技术措施 [J]. 养殖与饲料, 2021, 20 (11): 62-65.

[4] 额尔和花,丁伟,李颖康,等. 滩羊毛皮特性及毛囊发育相关基因的研究进展 [J]. 畜牧与饲料科学, 2010 (5): 3.

[5] 范祖博,姜义宝,权凯,等. 槐山羊品种资源与开发利用 [J]. 黑龙江动物繁殖, 2022, 30 (4): 4.

[6] 冯东青. 萨福克羊繁殖性能及GDF9基因研究 [D]. 秦皇岛:河北科技师范学院, 2021.

[7] 郭定恩,王文凯,崔彬辉,等. 小尾寒羊与湖羊生产性能比较 [J]. 吉林畜牧兽医, 2020, 41 (6): 1.

[8] 海龙,阿娜尔,苏雅,等. 内蒙古白绒山羊羊绒纤维平均直径现状与分析 [J]. 中国畜牧杂志, 2017, 53 (10): 126-130.

[9] 郊建梅. 巴美肉羊新品种培育模式 [J]. 中国畜牧兽医文摘, 2016, 32 (08): 67.

[10] 靳烨. 巴美肉羊屠宰性能、肉用品质和胴体分割与分级标准的研究 [Z]. 内蒙古自治区,内蒙古农业大学食品科学与工程学院,2017-12-10.

[11] 李学武,王瑞军,王志英,等. 内蒙古绒山羊不同毛被类型的遗传参数估计和遗传进展研究 [C]//中国畜牧兽医协会养羊学分会. 2017年全国养羊生产与学术研讨会暨养羊学分会第七次全国会员代表大会论文集, 2017.

[12] 李增开,谢宇杰,冯继英,等. 东弗里生羊繁殖性能研究进展 [J]. 中国畜禽种业, 2023, 19 (02): 65-67.

[13] 李志国. 一只苏尼特羔羊"身价"知多少?——苏尼特羊从生产端到消费端全产业链增值浅析 [J]. 内蒙古统计, 2022 (02): 12-14.

[14] 刘莉敏,郭军,杨春雪,等. 呼伦贝尔羊短尾品系不同部位肉营养成分的测定和评价 [J]. 中国食物与营养, 2016, 22 (8): 5.

[15] 刘强. 北方地区几种肉羊圈养生产性能对比试验 [J]. 畜牧兽医科技信息, 2023 (09): 30-33.

[16] 刘文营,臧明伍,李享,等. 宁夏滩羊肉质量属性及与内蒙古羊肉品质差异分析 [J]. 中国食品学报, 2021, 21 (09): 314-327.

[17] 刘艳丰,唐淑珍,张文举,等. 沙棘叶黄酮对阿勒泰羊生长性能、屠宰性能和血清生化指标的影响 [J]. 畜牧兽医学报, 2014, 45 (12): 1981-1987.

[18] 钱宏光,刘佳森,巴图,等. 肉用绵羊四品种双杂交技术的研究 [C]//中国畜牧业协会. 2006中国羊业进展——第三届中国羊业发展大会论文集. 2006:7.

[19] 沙志娟,刘瑞生,吕潇潇,等. 呼伦贝尔羊"巴尔虎"品系的外形特点 [J]. 中国畜禽种业, 2013 (2): 2.

[20] 史越. 内蒙古白绒山羊早期生长性状遗传参数的估计 [D]. 呼和浩特:内蒙古农业大学, 2023.

[21] 陶晓臣. 昭乌达羊肉与乌拉特羊肉肉品质特性及其PRKAG3, LPL, PPAR基因表达差异的研究 [D]. 呼和浩特:内蒙古农业大学, 2011.

[22] 田果良. 夏洛莱羊在内蒙古繁育及杂交利用的探讨 [J]. 畜牧与饲料科学, 2010 (6): 2.
[23] 王建刚. 杜泊羊种质特性初步研究 [D]. 咸阳: 西北农林科技大学, 2007.
[24] 王杰. 小尾寒羊、滩羊生长性能及其主要消化生理参数的比较 [D]. 咸阳: 西北农林科技大学, 2008.
[25] 王金文. 小尾寒羊种质特性与利用 [M]. 北京: 中国农业大学出版社, 2010.
[26] 王昆. 阿尔巴斯白绒山羊体重与产绒量回归预测模型的研究 [D]. 呼和浩特: 内蒙古大学, 2023.
[27] 王泽栋. 不同地区肉羊营养成分和风味特性差异性研究 [D]. 呼和浩特: 内蒙古农业大学, 2022.
[28] 魏佩玲, 官平, 邢巍婷, 等. 新疆哈萨克羊毛绒资源品质分析 [J]. 草食家畜, 2017 (1): 8.
[29] 席其乐木格. 苏尼特羊宰后肌肉品质及其变化规律的研究 [D]. 呼和浩特: 内蒙古农业大学, 2008.
[30] 杨莉. 寒冷应激对阿勒泰羊和湖羊脂肪代谢相关基因及血脂变化的对比分析 [D]. 石河子: 石河子大学, 2015.
[31] 杨永林, 杨华, 张云生, 等. 多胎萨福克羊新品系的选育 [J]. 中国草食动物科学, 2014, (S1): 162-166.
[32] 姚毅, 马红艳, 吕学斌, 等. 山羊 IGFBP-3 基因多态性及与生长性状的关联分析 [J]. 草业与畜牧, 2015 (6): 5.
[33] 于刚, 沈思军, 晁旭东, 等. 多胎萨福克与阿勒泰羊杂交 F1 羔羊生长性能研究 [J]. 草食家畜, 2020, (06): 1-5.
[34] 张浩. 年龄和腹泻因素对波尔山羊肠道菌群的影响及肠道益生菌的筛选 [D]. 泰安: 山东农业大学, 2018.
[35] 张宏博, 靳志敏, 刘树军, 等. 性别因素对巴美肉羊肉质特性影响: Ⅱ. 臂三头肌 [J]. 食品研究与开发, 2016, 37 (02): 4-8.
[36] 张静. 巴美肉羊和苏尼特羊 Fox01、MyHC 基因表达规律及对肉质的影响 [D]. 呼和浩特: 内蒙古农业大学, 2015.
[37] 赵梦雨. 沈丘县槐山羊产业高质量发展测度研究 [D]. 郑州: 河南工业大学, 2023.
[38] 赵强, 高向贵. 舍饲湖羊养殖技术 [J]. 北方牧业, 2023 (7): 23.
[39] BERGER Y M, BILLON P, BOCQUIER F, et al. Principles of sheep dairying in North America [M]. Madison: UW Extension, 2005.
[40] MÁRQUEZ G C, HARESIGN W, DAVIES M H, et al. Index selection in terminal sires improves early lamb growth [J]. Journal of Animal Science, 2012, 90 (1): 142-151.
[41] MENG Y, ZHANG B, QIN Z, et al. Stepwise Method and Factor Scoring in Multiple Regression Analysis of Cashmere Production in Liaoning Cashmere Goats [J]. Animals (Basel), 2022, 12 (15).

第二章

羊肉品质特性及评价

第一节　羊肉组织结构

第二节　羊肉组成成分与含量

第三节　羊肉感官品质

第四节　影响肉品质的因素

本章参考文献

第一节 羊肉组织结构

一、肌肉组织

家畜胴体主要由肌肉组织、脂肪组织、结缔组织和骨骼组织组成,其中肌肉组织占胴体组成的50%~60%,是肉的主要组成部分。肌肉组织在组织学上可分为骨骼肌、平滑肌和心肌,其中骨骼肌是肉及肉制品加工的主要对象。

骨骼肌的基本结构如图2-1所示。肌纤维(muscle fiber)是构成骨骼肌的基本单位,许多的肌纤维平行排列构成肌束(fascicle),每一个肌束外面都包裹着肌束膜(perimysium),每一块肌肉都由不同数量的肌束组成,并且有一层含有血管(blood vessel)和神经的结缔组织——肌外膜(epimysium)包裹在肌肉外,肌肉通过肌腱(tendon)附着在骨骼(bone)上。

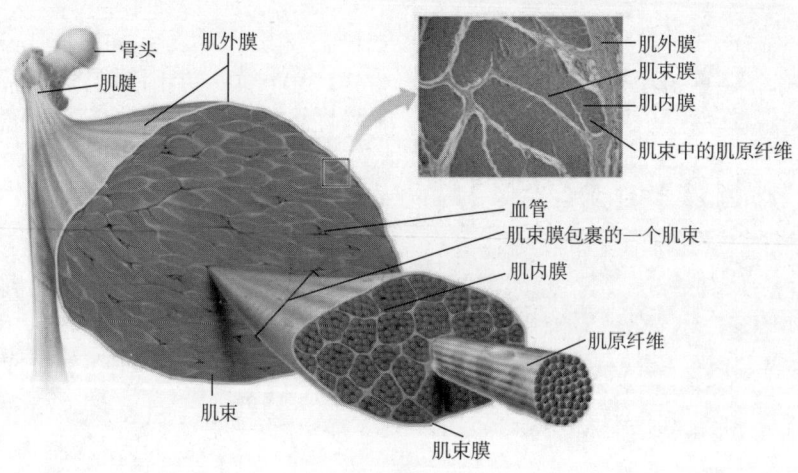

图2-1 骨骼肌的结构

二、脂肪组织

脂肪组织是仅次于肌肉组织的第二个重要组成部分,在活体组织内起着保护组织器官和提供能量的作用,此外,脂肪组织还具有较高的食用价值,是肉风味的重要前体物质,对于改善肉质、提高风味均有影响。在绵羊幼年时期,脂肪沉积以脂肪细胞数量增长为主;在成年期,则以脂肪细胞增大为主。不同畜种其脂肪沉积的部位差异较大,羊多蓄积在尾根、肋间;猪多蓄积在皮下、肾周围及大网膜;牛主要蓄积在肌肉内。脂肪蓄积在肌束内最为理想,这样的肉呈大理石花纹,肉质较好。

一般来说,脂肪在绵羊体内的沉积顺序为皮下脂肪、尾部脂肪、内脏脂肪和肌内脂肪(intramuscular fat,IMF)。其中,IMF作为影响肉嫩度和风味的重要指标,研究较为广泛。

脂肪在羊体内蓄积的部位、性质、化学成分因性别、年龄、去势与否、饲料种类不同而有很大差别，以品种为例，脂臀尾型羊的脂肪主要蓄积在脂臀部，如大脂尾羊和小脂尾羊，其脂肪主要蓄积在尾部，而内脏、肌间脂肪较少；去势羊比不去势羊容易蓄积脂肪；老龄羊的脂肪蓄积在皮下及内脏，肌间较少，而幼龄羊多蓄积在肌间，皮下和内脏较少。脂肪对肉品质有很大影响，脂肪过多则油腻，过少则肉质柴而粗糙，脂肪在肌纤维间沉积，对改善肉的感官性状、增加风味具有重要意义。

三、结缔组织

结缔组织在动物体内对各器官组织起到支持和连接作用，使肌肉保持一定弹性和硬度，主要由细胞、纤维和无定形的基质组成。细胞为成纤维细胞，存在于纤维中间；纤维由蛋白质分子聚合而成，可分胶原纤维、弹性纤维和网状纤维三种，都属于硬性的非全蛋白，其氨基酸组成中缺少人体必需的氨基酸成分，而且这三种蛋白具有坚硬、难溶、不易消化等特点，营养价值较低，因此结缔组织多的肌肉，其食用价值较低。羊肉中的结缔组织含量为20%~35%，结缔组织含量因家畜种类、年龄、性别、营养状况、运动和组织学部位的不同而异，羊肉各部位的结缔组织含量见表2-1。一般情况下前躯由于支持沉重的头部而结缔组织较后躯发达，下躯较上躯发达。肉质的软硬不仅取决于结缔组织的含量，还与结缔组织的性质有关，老龄家畜的胶原蛋白分子交联程度高，肉质硬。此外，弹性纤维含量越高，肉质越硬。

表2-1 羊胴体各部位结缔组织的含量

部位	结缔组织含量/%
前肢	12.7
后肢	9.5
颈部	13.8
腰部	11.9
胸部	12.7
背部	7.0

资料来源：南庆贤，2003。

四、骨骼组织

骨骼组织是肉的次要成分，食用价值和商品价值较低。成年动物骨骼的含量变动幅度较小，其中羊骨占胴体的8%~17%。骨组织由钙化细胞间质（骨基质）及各种细胞组成。钙化细胞间质中含35%的有机成分——胶原纤维、无定形基质与65%的无机成分——钙盐。胶原纤维占有机成分的95%左右，由Ⅰ型及Ⅴ型胶原蛋白构成；无定形基质主要包括硫酸软骨素、透明质酸、骨粘连蛋白、骨钙蛋白等，呈凝胶状态。骨骼中具有丰富的营养成分，其中Ca∶P接近2∶1，与人体极为相似，益于消化吸收。蛋白质多为胶原蛋白

(90%),有增强免疫力、预防疾病、延缓机体衰老等功能。骨骼中还有大量的生物活性物质,如甲硫氨酸,可促进人体肝功能造血;复合磷脂,可促进大脑发育等。将骨骼粉碎可以制成骨粉,作为饲料添加剂,此外还可熬出骨油和骨胶。利用超微粒粉碎机制成骨泥,是肉制品的良好添加剂,也可用于其他食品以强化食品中的 Ca 和 P。同时从骨骼中提取的胶原蛋白、硫酸软骨素等均可用于保健品的开发。

第二节 羊肉组成成分与含量

一、水分

水分是肉类食品中含量最高的营养成分,可直接影响肉的多汁性、风味及口感。羊肉中的水分含量在 70%~80%,主要以结合水、不易流动水和自由水三部分组成。其中结合水约占肌肉总水分的 5%,是指蛋白质分子表面借助极性基团与水分子的静电引力而紧密结合的水分子层,冰点低(-40℃),无溶剂特性,不易受肌肉蛋白质结构及电荷变换的影响,甚至在施加外力条件下也不会改变其与蛋白质分子紧密结合的状态;自由水约占 15%,是指存在于细胞外间隙中能自由流动的水;剩下的 80% 为不易流动水,存在于肌纤丝、肌原纤维及肌膜之间,能溶解盐及其他物质,并在 0℃ 或稍低温度下结冰,不易流动水的量取决于肌原纤维蛋白质凝胶的网状结构变化,通常用于度量肌肉的系水力及其变化。羊肉中水分含量的多少及存在状态对肉的加工质量及贮藏性具有重要影响。水分多易导致细菌、霉菌繁殖,引起肉的腐败变质,而水分过少则会影响肉的颜色、风味和组织状态。

二、蛋白质

肌肉中除水分外最主要的成分是蛋白质,占 18%~20%。蛋白质是人体生命活动的基础,对于维持细胞、组织和器官的正常功能都有很大的帮助,而羊肉是非常好的蛋白质来源。肌肉中的蛋白质按照其在肌肉组织位置的不同可分为三类,即肌原纤维蛋白、肌浆蛋白和肉基质蛋白,这些蛋白含量因动物种类和组织学部位不同而异。

氨基酸是构成蛋白质的基本单元,也是人体必需的营养素之一,对人体的生长发育和代谢过程有着至关重要的作用。氨基酸的种类与含量直接影响肉的营养价值,羊肉中的精氨酸、赖氨酸、组氨酸和苏氨酸的含量高于牛肉、猪肉和鸡肉,而丙氨酸和组氨酸的含量则相对较低。

三、脂肪

脂肪酸是脂肪的重要组成成分,决定了肉羊脂肪的特性,因此对脂肪的研究从某种意义来说就是对脂肪酸的研究。脂肪酸的组成和含量可直接影响肉的营养价值和风味,对人体健康具有重要的意义。肉类脂肪包括 20 多种脂肪酸,分为饱和脂肪酸(saturated fatty acid,SFA)和不饱和脂肪酸(unsaturated fatty acid,UFA);SFA 占总量的 40%~50%,以软脂酸（$C_{16:0}$）和硬脂酸（$C_{18:0}$）为主，UFA 又分为单不饱和脂肪酸（monounsaturated fatty acids，MUFA）和多不饱和脂肪酸（polyunsaturated fatty acid，PUFA），在 MUFA 中，油酸（$C_{18:1}$）的含量最高，在 PUFA 中，亚油酸（$C_{18:2}$）含量丰富；脂肪酸比例直接决定了肉的营养价值，一般 PUFA∶SFA 的比例在 0.4 以上的肉为佳；并且脂肪酸会对风味产生影响，是由于其氧化产生的小分子化合物如醛、酮、酸、烃等物质。此外，PUFA 和 SFA 的比值（P/S）以及 n-6 系和 n-3 系 PUFA 含量也直接影响着肉的风味和营养价值等指标。

羊作为反刍动物，其脂肪酸组成和单胃动物相比有很大差别，主要存在以下几点差异：①羊肉脂肪酸组成中共轭亚油酸的含量比较高，所以羊肉被认为是一种具有保健功能的肉类；②羊具有四个胃（瘤胃、网胃、瓣胃、皱胃），由于瘤胃微生物对脂肪酸具有氢化作用，使羊脂肪组织中的 SFA 饱和度整体高于单胃动物；③羊肉脂肪酸组成中含有致膻的支链脂肪酸，在羊肉 SFA 中，硬脂酸（18∶0）是最重要的脂肪酸，与肉的膻味密切相关，其含量越大则膻味越大，癸酸（10∶0）作为 4-甲基壬酸的同分异构体，也是造成羊肉膻味的一个重要脂肪酸。

四、浸出物

浸出物是指除蛋白质、盐类、维生素外能溶于水的浸出性物质，包括含氮浸出物和无氮浸出物。

（一）含氮浸出物

含氮浸出物为非蛋白质的含氮物质，如游离氨基酸、磷酸肌酸、核苷酸类如 ATP、ADP、腺嘌呤核苷酸（adenosine monophosphate，AMP）、次黄嘌呤单核苷酸（hypoxanthine nucleotide，IMP）及肌苷、尿素等。这些物质为香气的主要来源，影响着肉的风味，如 ATP 除供给肌肉收缩的能量外，逐级降解后生成的肌苷酸是肉香的主要成分。此外，磷酸肌酸分解成肌酸，肌酸在酸性条件下受热生成肌酐，也可增强熟肉的风味。

（二）无氮浸出物

无氮浸出物为不含氮的可浸出的有机化合物，包括糖类化合物（又称碳水化合物）和有机酸。碳水化合物主要包括糖原、葡萄糖、麦芽糖、核糖、糊精；有机酸主要是指乳酸及少量的甲酸、乙酸、丁酸和延胡索酸等。羊肉中的碳水化合物含量很低，主要以糖原的形式贮存，糖原主要存在于肝脏和肌肉中，其中肌肉中含 0.3%~0.8%，肝脏中含 2%~8%。宰前动物的状态和宰后成熟进程均会影响糖原的含量，其含量的变化对肉的 pH、保水性、颜色及贮藏性等影响较大。

五、矿物质

羊肉中的矿物质含量丰富，其中 Cu、Fe、Zn、Ca、P 的含量高于许多其他的肉类。在羊肉的矿物质组成中，K 含量最高，其次是 P。此外，Ca、Mg 参与肌肉收缩；K、Na 与细胞膜通透性有关，可提高肉的保水性；Fe^{2+} 为肌红蛋白（myoglobin，Mb）、血红蛋白的结合成分，参与氧化还原，影响肉色的变化，而 Mn 可有效降低肉羊的腹脂沉积。一般来说，山羊肉中 Fe 和 K 的含量高于绵羊肉，而 Ca 和 P 低于绵羊肉，Na 的含量则较为相近。近年来，越来越多的研究表明羊肉中的矿物质含量可作为羊肉溯源的基本依据。

六、维生素

维生素是动物为维持正常生理功能而必须从食物中获取的一类微量有机物质，在生长、代谢和发育过程中发挥着重要的作用。维生素既不参与构成人体细胞，也不为人体提供能量，是一类调节物质，在物质代谢中至关重要。羊肉中的维生素含量相对较低，主要包括维生素 A、维生素 D、维生素 E、维生素 K、烟酸及叶酸等，其中脂溶性维生素较少，而水溶性维生素较多，是人类膳食维生素 B_{12}（钴胺素）的重要来源。羊的各种组织器官中的维生素含量差异较大，羊肝中含有大量的维生素 A，其含量是其他器官组织的 100 多倍，羊肝中的叶酸和维生素 B_{12} 也远高于其他组织。各种肉类的维生素含量也不尽相同，表 2-2 为不同肉类的维生素含量对比。

表 2-2 各种生肉（100g）中的维生素含量

维生素	羊肉	牛肉	猪肉
维生素 A/IU	痕量	痕量	痕量
维生素 B_1（硫胺素）/mg	0.15	0.07	1.00
维生素 B_2（核黄素）/mg	0.25	0.20	0.20
烟酸/mg	5.00	5.00	5.00
泛酸/mg	0.50	0.40	0.60
维生素 H/μg	3.00	3.00	4.00
叶酸/μg	3.00	10.00	3.00
维生素 B_6/mg	0.40	0.30	0.50
维生素 B_{12}/μg	2.00	2.00	2.00
维生素 D/IU	痕量	痕量	痕量

资料来源：Lawrie 等，2006。

第三节 羊肉感官品质

肉的感官品质包含色泽、嫩度、pH、保水性及风味等指标，是肉类产品外观、营养及适口性的综合特性。随着消费者生活水平的改善，对肉类的品质要求也日益提高。

一、pH

宰后 pH 的变化是评价肉品品质的指标之一，pH 的下降主要是由肌糖原无氧酵解产生的乳酸和 ATP 分解产生的磷酸所致，前者是主要因素，因此 pH 是反映宰后肌肉糖酵解速率的重要指标。动物宰后供氧途径受阻，肌肉开始进行无氧糖酵解，糖酵解是糖原首先在糖原磷酸化酶的作用下生成葡萄糖，葡萄糖再经过一系列酶的作用，最终被分解生成乳酸的过程，随着乳酸生成量的增加，肌肉 pH 不断降低。而当 pH 足够低时，某些糖酵解的关键酶将被抑制，糖酵解停止，这时的 pH 称为"最终 pH"（pH_u），也称为"临界 pH"。肌肉的 pH 由乳酸生成量决定，而乳酸的生成量又与糖原含量有关，因而屠宰时肌糖原含量是影响最终 pH 的一个重要因素。pH 的大小对肉的质构、保水性和色泽等性质均有重要影响，它的变化速度和幅度是导致劣质肉发生的最主要因素。肌肉死后 pH 下降的速度决定了是否产生劣质肉，而下降幅度可影响肌肉的颜色、系水力、熟肉率和货架寿命。

二、色泽

肉的色泽能够反映肌肉内部的生理生化及微生物的变化情况，是肉品质评定中最直观的一个指标。肉的颜色主要取决于肌肉中肌红蛋白和血红蛋白的含量，其中肌红蛋白可以决定肉色鲜红程度的 80%~90%，畜禽屠宰后鲜肉内缺乏 O_2，肌红蛋白与 O_2 结合的位置被 H_2O 所取代，肌肉呈现暗红色。当肉切开于空气中暴露一段时间后 O_2 取代 H_2O 而形成氧合肌红蛋白（MbO_2），使肉呈鲜红色。随着时间的延长，氧合肌红蛋白缓慢氧化成了变性肌红蛋白（高铁肌红蛋白），肉变为暗褐色（图 2-2）。接下来鲜肉因为细菌的作用，使蛋白质分解生成 H_2S，与氧分子共同作用于肌红蛋白形成硫代肌红蛋白，使肌肉呈绿色。影响肌肉色泽的因素有很多，如动物的种类、年龄、肌肉部位、运动程度、饲养方式、宰前应激及宰后成熟进程等。目前肉色主要通过感观评定（目测法）、色差仪测定和测定肌红蛋白含量等方法来评估。

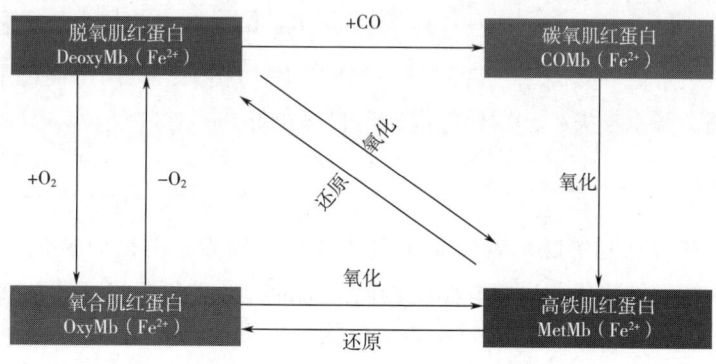

图 2-2　肌红蛋白的氧化还原形式

三、嫩度

嫩度是肌肉内各种蛋白质结构特性的总体概括，它反映了肉对牙齿压力的抵抗性、咬断肌纤维的难易程度和嚼碎程度。肉的嫩度被认为是影响消费者口感的重要因素，是消费者最重视的指标之一，是食用品质的重要组成部分，直接影响到消费者是否会再次购买。嫩度主要取决于三个方面：①肌肉蛋白质分子之间的相互作用力，包括肌肉蛋白质的溶胀性、解离度和系水力等；②肌肉中结缔组织的分布、密度和性质；③肌内脂肪含量。影响肉嫩度的因素主要有宰前因素（如品种、年龄、部位、营养水平和饲养方式、宰前状况），宰后的非加工因素（如宰后成熟时间和温度、内源蛋白水解酶）和宰后加工因素（如电刺激、加工温度或嫩化处理等）。

肉嫩度的评定方法分为主观评定和客观评定两种，主观评定是鉴定者进行品尝后对肉嫩度的主观感觉，此法受个体差异的影响较大，但却直接反映了人们对肉质的感觉和评价；客观评定目前普遍使用的方法是测定肌肉的剪切力值，此法可比性和重复性较好，能在一定程度上反映肉嫩度的优劣。另外还可以通过测定肌肉的肌原纤维小片化指数（myofibril fragmentation index，MFI）来间接表示嫩度。MFI 值代表了肌原纤维的分解程度，大量研究表明它也是衡量宰后肌肉嫩度的一个指标。MFI 值越大，表明肌原纤维内部结构的完整性受到破坏的程度越大，嫩度越好。

四、保水性

保水性，也称作持水力，是指肉及肉制品在加工与储运过程中所能吸收和保持自身水分的能力，主要通过肉在冷藏、解冻过程中对自身水分维持的能力来体现。肌肉中的水分为自由水、结合水、不易流动水，其中不易流动水占总水分的 80%，它取决于肌原纤维蛋白质的网络结构及蛋白质所带静电荷的多少。当蛋白质处于膨胀胶体状态时，网格空间越大，保水性就越高，反之保水性就越低。保水性的高低直接影响到肉的风味、颜色、质地、嫩度等，且具有重要的经济意义。对于肉类工业，较低的保水性意味着较大的经济损失。因此，良好的保水性对于肉类工业和消费者来说都具有十分重要的意义。年龄、品种、宰前管理、宰后成熟均会对其造成影响。

保水性的测定方法大体分为三类：①不施加任何外力，如测定滴水损失；②施加外力，如利用加压法测定系水力；③施加热力，如用熟肉率或蒸煮损失来反映烹调水分的损失。滴水损失、系水力和熟肉率三者间相辅相成、密切相关，熟肉率高的肌肉保水性高，也就是系水力高，滴水损失少，这样的肉嫩度自然也好。

五、风味

肉的风味包括香味和滋味。香味是由风味前体物质发生分解、氧化、还原等化学反应，产生的各种挥发性物质刺激嗅觉感受器而产生的，通常包括醛、醇、酸、酮、酯等简单物质和呋喃、噻吩等含氮、含硫的复杂化合物。生肉仅有血腥味、金属味和轻微咸味，所含有的挥发性风味物质较少。肉在受热过程中，风味前体物质发生分解、氧化、还原等一系列化学反应，产生的各种挥发性香味物质，使肉的风味物质大大增加，其中不饱和醛及含硫、氧、氮杂环化合物等物质一般阈值较低，是决定肉风味的关键物质。作者团队对不同品种、不同饲养管理、不同部位及不同成熟时间下羊肉中的挥发性风味物质进行了测定分析，发现羊肉中的风味物质大体可分为烃类、醛类、酮类、醇类、酸类、酯类及杂环类物质等。滋味物质主要由氨基酸、肽、核苷酸、糖类、有机酸和盐类等组成,鲜味是肉中主要的特征滋味,以谷氨酸钠和 IMP 为代表。

(一)香味前体物质

肉类中的前体物本身没有香味,但经过一系列变化,产生挥发性与非挥发性的成分,发生交互反应可转化为香味化合物。其前体物质比较固定,如糖类、脂类、硫胺素、氨基酸及肽类等,包括水溶性和脂溶性两大类物质(表2-3)。

脂类作为主要的香味前体物质在很大程度上影响着香味的形成;不同肉质香味的差异主要是由于脂肪氧化的产物不同而导致的。含双键的脂肪酸加热时 UFA 双键断裂产生酮、醛、酸等羰基化合物(香气阈值低);含羟基的脂肪酸在水解后可经加热脱水、环化等一系列反应生成具有肉香味的内酯化合物。糖类是肉中重要的风味前体物质,加热时参与焦糖化、美拉德等反应,其中间产物多为二酮、醛、醇、呋喃及其衍生物。美拉德反应是肉中产生香味物质的重要途径,常温下肉中可发生轻微的美拉德反应,随着温度的升高,反应变得剧烈;其中,羰基与氨基化合物经过脱水、裂解、缩合、聚合等反应生成挥发性物质;这些肉香味的化合物主要包括呋喃、吡嗪、吡咯、噻吩、噻唑、咪唑、吡啶以及环烯硫化物等(周才琼等,2010)。当加热温度持续升高时,还会发生焦糖化反应,糖分子中碳—碳键断裂,热降解产生一些挥发性的醛、酮类物质,给食品带来悦人的色泽和风味,糖类降解产物中的呋喃酮与 H_2S 反应可产生非常强烈的肉香味(欧全文等,2012)。

硫胺素是一种含硫、氮的双环化合物,在肉中含量相对较大,受热时可产生多种含硫和含氮的挥发性风味物质,包括呋喃、呋喃硫醇、噻吩和含硫化合物等(Toldra,1998)。它在中性和碱性条件下易降解,与含硫多肽等一起加热时会产生类似禽肉的风味;硫胺素的噻唑环中 C—N 键及 C—S 键的断裂能形成羟甲基硫基酮,并且硫胺素降解产生的 H_2S 可以与呋喃酮等杂环化合物反应生成含硫杂环化合物,赋予肉强烈的香味(王小龙等,2007)。

氨基酸在较高温度时(125℃以上)会发生脱羧、脱氨或脱羰基反应,产物可以相互作用形成一系列具有良好嗅感的化合物,对挥发性芳香成分的构成有一定贡献,Strecker降解的硫醇、美拉德反应的吡嗪最终产生 2-甲基丙醛、2-甲基丁醛、含硫化合物,其前体均是氨基酸。含硫氨基酸参与美拉德反应,会产生噻唑类、噻吩类及许多含硫化合物,其香气阈值较低,并具有强烈的挥发性,是熟肉香气的重要组成部分(高尧来等,2004)。

表2-3 前体物质的相关描述

前体物质	特征	反应途径	香气物质
脂类	脂溶性	脂质氧化	杂环化合物、脂肪烃、醛、酮、醇类、羧酸、内酯等
糖类	水溶性	焦糖化、美拉德	呋喃衍生物、羰基化合物、内酯、醛、酮、醇类、脂肪烃、芳香烃类等

续表

前体物质	特征	反应途径	香气物质
硫胺素	水溶性	热降解	呋喃、呋喃硫醇、噻吩、噻唑、脂肪族含硫化合物等
氨基酸及肽类	水溶性	美拉德、Strecker 降解	噻唑类、噻吩类及含硫化合物、吡咯和吡啶类、吡嗪、内酰胺等
含硫化合物	水溶性	含硫氨基酸热降解、美拉德	硫醚、硫醇、硫酮、多硫化物、硫氰酸酯、异硫氰酸酚、噻吩、噻唑等

（二）影响香气产生的内因

风味稀释因子（FD-因子）可衡量不同风味物质在食品中的贡献度。FD 越高说明这种香气成分的浓度高或其香气强度大，是主要的风味物质，每种化合物的 FD-因子都与其芳香值成正比，芳香值是指风味化合物的浓度与其气味阈值之比。

1. 气味阈值

气味阈值的高低决定了香味的浓郁程度，阈值越高，香气越弱，阈值越低，香气越强；肉类加工中产生的挥发性物质均有不同的气味阈值，只有气味阈值比较低的化合物才能对肉的香味做出直接贡献，这些化合物主要是由磷脂降解产生的一类低阈值的醛类、不饱和的酮类以及不饱和的醇类。表 2-4 为挥发性风味化合物的气味阈值及其风味特征。研究表明醛类的阈值很低，3~4 个碳原子的醛具有强烈的刺激性风味，5~9 个碳原子的醛则有清香、油香、脂肪香风味；分子质量较高的醛有类似橘子皮的风味，支链醛则具有愉快的甜味或水果特征风味（周洁等，2003）；大多数含氮、含硫化合物在肉中的浓度很低，但因其阈值较低，对肉的贡献较大，是肉品最重要的香味物质，香味描述多为肉香、烤肉香、焦香和坚果香等；2-戊基呋喃作为肉品脂质氧化的指示物可能对肉品的整体风味作用大，阈值相对较低，具有烤肉香味。

肉中的其余挥发性物质的气味阈值相对较高，对肉制品香味形成贡献不大，直链饱和醇的气味阈值（500~20000μg/kg）相对其他羰基化合物较高，随着碳链的增长，可以产生清香、木香、脂肪香的特征。烷烃类的阈值较高，但它们可能有助于提高肉品整体香味效果。一般而言，除内酯和硫酯以外的酯阈值较高，酯类会给予食品一种香甜的果香。

2. 香气物质浓度

决定香气浓郁程度的另一决定性因素是香气物质的浓度（含量），不同肉中香气物质的浓度各不相同，如某些香气阈值高的物质，在肉制品中的浓度很高，可增强肉的香味，但过高的含量也会产生一些不利的气味，如己醛和 2,4-二甲基癸醛对肉类风味做出了重要贡献，但是在含量达到一定浓度时会产生令人难以接受的风味。经嗅觉检查，含 2-甲基-3-呋喃基和 2-甲基呋喃基的化合物在浓度低于 1 μg/kg 时有肉香味和坚果香气，而高浓度时则有硫磺味和不愉快味（周洁等，2003）；硫化氢含量对香气影响比较微妙，过多时会使肉具有硫臭味；过低时则会使肉的风味下降。

表2-4 挥发性风味化合物的气味阈值及其风味特征

香气物质	气味阈值/(μg/kg)	风味描述	香气物质	气味阈值/(μg/kg)	风味描述
苯乙烯	730	树脂、花香香气	庚醇	3	清淡油脂气息、酒香
异戊醇	250	面包、谷物、果香香气	辛醇	120	强烈的油脂气味,并带有柑橘、玫瑰气味
1-戊烯-3-醇	400	果香、蔬菜香	1-壬醇	50	强烈的玫瑰、橙子香气,并伴有油脂气息
1-辛烯-3-醇	1	蘑菇香、青香、蔬菜香	反,反-2,4-庚二烯醛	10	青香、醛香,水果、鸡肉、脂肪香气
2-辛烯-1-醇	40	强烈的玫瑰、橙子香气,并伴有油脂气息	辛醛	0.7	高度稀释下具有类似甜橙、蜂蜜香气
3-甲基丁醛	1	稀释后具有愉快的水果香气	2-辛烯醛	3	肉香、脂肪
丙醛	37	青香、可可、咖啡味	苯甲醛	3	油腻的甜味、杏仁香气、果香
戊醛	20	稀释后具有果香、面包香	苯乙醛	4	清香、玫瑰香气、花香、巧克力香气
异戊醛	0.4	高度稀释时有似苹果香气、巧克力香	壬醛	1	蜡香、柑橘香、脂肪香、花香
2-己烯	17	清香、苹果香气、脂肪香气	十一醛	5	脂肪、花香、柑橘香气
庚醛	3	稀释后具有类似甜杏、坚果香气	6-甲基-5-庚烯-2-酮	50	果香
4-庚烯醛	10	清香、脂肪香气,低浓度奶油味道	戊酸乙酯	1.5	果香、酯香
3-羟基-2-丁酮	800	甜香、奶制品香,并带有脂肪的油腻气息	4-甲基苯酚	55	强烈的类似苯酚香气以及烟草酚香
乙酸丁酯	66	强烈的水果香气,近似于生梨、香蕉香气	2-乙酰基噻唑	10	烤麦片香、烤肉、坚果香
乙酸乙酯	5	醚香、菠萝、葡萄、樱桃的果香	二甲基三硫化物	0.01	槟榔香
愈创木酚	10	药香、木香以及烟熏味	二甲基二硫醚	0.06	强烈的洋葱、甘蓝、蔬菜香气
2-甲基呋喃酮	1000	杏仁、烤香、烟熏香	吲哚	140	稀释到一定浓度后,具有花香

注:阈值超过1000未列出。

第四节　影响肉品质的因素

一、肌纤维

（一）肌纤维概述

肌纤维是构成骨骼肌组织的基本单位，主要由外膜、细胞器、肌浆、肌红蛋白、肌动蛋白、肌球蛋白、原肌球蛋白和肌钙蛋白等构成。肌纤维来自于中胚层体节生肌节区的间质细胞，这些纺锤形单核细胞被称为肌节细胞。肌节细胞不断增殖、迁移、分化，形成成肌细胞。成肌细胞发生融合，形成长圆柱状多核细胞，最后形成肌纤维，即骨骼肌细胞。肌纤维的直径为 10~100 μm，属于多核细胞，由于其长度从几毫米到几厘米不等，所以每一根肌纤维中细胞核的数量也从几十个到几百个不等。图 2-3 所示为肌纤维的结构。骨骼肌纤维外包裹着一层细胞膜称为肌膜（sarcolemma），可以适应肌肉的收缩和舒张。肌膜内是肌浆，由线粒体（mitochondrion）、细胞核（nucleus）、肌原纤维（myofibril）等组成。肌纤维中含有数以千计的肌原纤维，由肌质网（sarcoplasmic reticulum）和 T 小管（transverse tubule）组成的网络状肌管系统包围着，能够传导肌肉收缩时的神经信息。肌原纤维由肌节（sarcomere）组成，呈细丝状，贯穿整个肌纤维全长。肌原纤维在光学显微镜下有明显且规则的明带和暗带。明带又称 I 带（I band），较窄。在 I 带中间有一根深色的细线称为 Z 线（Z disc）。暗带又称 A 带（A band），较宽。A 带中间的浅色区域称为 H 带（H zone），H 带中央的细线称为 M 线（M line）。在 H 带中只存在肌粗丝 [thick

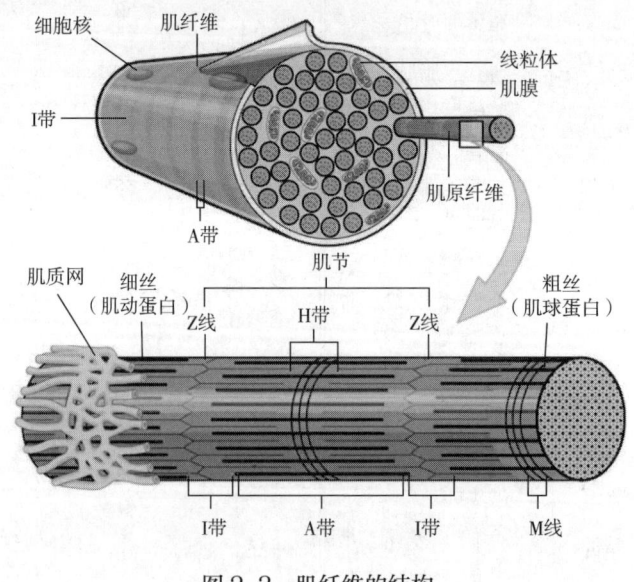

图 2-3　肌纤维的结构

(myosin) filament]，而无肌细丝 [thin (actin) filament]。每相邻的两条 Z 线之间为一个肌节单位，因此肌节由一个 A 带和 A 带相邻的各二分之一的 I 带构成。肌原纤维中含有 30 多种蛋白质，可分为细胞骨架蛋白、收缩蛋白和收缩调控蛋白三大类，其中肌球蛋白、肌动蛋白、肌联蛋白、原肌球蛋白、肌钙蛋白约占肌原纤维蛋白的 90%。

（二）肌纤维的分类

在哺乳动物中，骨骼肌纤维的数目在出生前就已发育完成，出生后其数目基本恒定不变。动物出生后，肌纤维的发育主要为肌细胞体积的增大和肌纤维类型的转化这两方面。骨骼肌是一种高度动态的组织，可以适应机体不同代谢和功能的需求。每个肌纤维的生化和代谢特性取决于纤维类型。肌纤维可以根据组织化学染色、收缩速度、疲劳能力、显性酶促途径和肌球蛋白重链（myosin heavy chain，MyHC）表达的差异划分成不同的类型。

1. 按外观分类

骨骼肌纤维根据其外观颜色可分为红肌纤维、白肌纤维和中间型肌纤维。目前发现，红肌和白肌在物理和化学方面存在较大差异。红肌含有丰富的线粒体和肌红蛋白，肌肉外观呈红色，因此称其为红肌纤维。其网状组织的量较白肌少，与肌肉收缩密切相关的 Ca^{2+} 向网状组织内输送以及释放的速率比白肌慢数倍，因此红肌收缩速度慢。白肌纤维是指颜色较白的肌肉，其特点是肌红蛋白、线粒体数量均比红肌少，但收缩速度较快。

2. 按生理分类

收缩速度是骨骼肌纤维生理学上最显著的差异，骨骼肌纤维根据收缩速度可分为慢肌纤维（I 型）和快肌纤维（II 型）（Brooke et al.，1970；Hardie，1992）。慢肌纤维属于红肌纤维，快肌纤维属于白肌纤维。慢肌纤维在受到刺激后，肌肉表现为收缩速度慢，不易疲劳，适合长时间、低强度的活动，如慢跑和骑自行车。快肌纤维受到刺激后表现为收缩速度快，同时松弛速度也快，易疲劳，适合短时间、高强度的活动，如力量训练和短跑。

3. 按染色方法分类

虽然根据外观颜色进行分类的方法更加直观，但是不能对肌纤维进行量化。随着科学的进步，研究人员又发现不同的肌纤维类型其代谢特征及酶活力也不同，可以根据肌纤维代谢类型和酶活力的差异性对肌纤维进行进一步的量化分类。根据肌球蛋白三磷酸腺苷酶（adenosine triphosphatase，ATPase）对酸碱稳定性的差异性，可以将肌纤维分成 I 型、II_A 型和 II_B 型（Brooke et al.，1970）。ATP 酶染色法的原理为因肌细胞中主要由肌球蛋白组成，肌球蛋白头部含有 ATP 酶，ATP 酶水解 ATP 为 ADP 和磷酸，同时放出能量，而磷酸与 Ca^{2+} 结合在酸活性处形成无色的磷酸钙，在酶的活性部位磷酸钙又经氯化钴和硫化铵处理形成棕黑色的硫化钴沉淀（凌启波，1989）。因此颜色最深的为 I 型纤维，颜色最浅的为 II_B 型纤维，介于两者之间颜色的为 II_A 型纤维。

常用的染色方法还有琥珀酸脱氢酶（succinic dehydrogenase，SDH）染色法和烟酰胺腺嘌呤二核苷酸四唑氧化还原酶（nicotinamide adenine dinucleotide‑tetrazolium reductase，NADH‑TR）染色法。SDH 染色法的原理是 SDH 与氯化硝基四氮唑蓝（nitrotetrazolium blue chloride，NBT）结合形成蓝色沉淀，根据染色深度对肌纤维类型进行划分。Peter 等

(1971) 分别用 ATP 酶染色法和 SDH 染色法对组织样本进行染色，并根据肌球蛋白 ATP 酶活力的大小将骨骼肌纤维分为 SO 型（慢收缩氧化型）、FOG 型（快收缩氧化酵解型）和 FG 型（快收缩酵解型）。NADH-TR 位于肌纤维内膜的脂质双分子层中，其染色原理是 NADH 脱氢酶催化 NBT 氧化在骨骼肌纤维上形成蓝紫色甲月替沉淀。NADH-TR 染色后，根据氧化能力将肌纤维分为 Ⅰ 型肌纤维（深蓝紫色）、Ⅱ$_A$ 型肌纤维（蓝紫色）、Ⅱ$_B$ 型肌纤维（淡蓝紫色），其颜色的深浅也可以反映线粒体数量的多少。根据免疫学的抗原-抗体反应也可将肌纤维利用免疫荧光技术划分成不同的类型，图 2-4 所示为作者团队对苏尼特羊背最长肌的免疫荧光染色结果，其中，红色荧光代表慢肌纤维，绿色荧光代表快肌纤维。

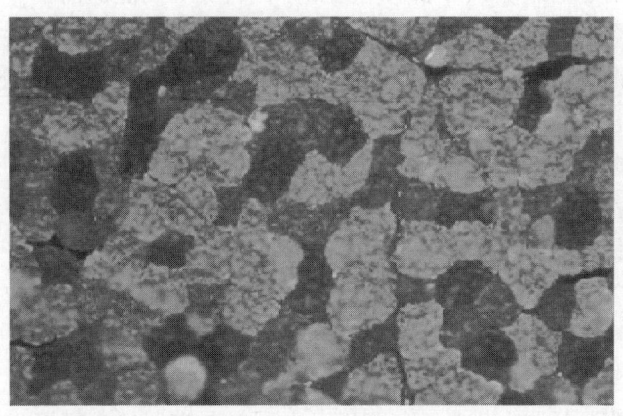

图 2-4 免疫荧光染色

4. 按肌球蛋白重链的多态性分类

肌球蛋白是骨骼肌的主要收缩蛋白，由肌球蛋白轻链（myosin light chain，MyLC）和具有 ATP 酶活性的 MyHC 组成，骨骼肌的收缩特性是由 MyHC 决定的（高美钦等，2004）。根据 MyHC 的多态性可将肌纤维划分为 Ⅰ 型（慢速氧化型）、Ⅱ$_a$ 型（快速氧化型）、Ⅱ$_x$ 型（中间型）和 Ⅱ$_b$ 型（快速酵解型）四种肌纤维类型（Schiaffino et al.，2011）。Ⅰ 型肌纤维线粒体数量多，具有较高的有氧代谢酶活力，与肌纤维收缩强度相关的 ATP 酶活性低，收缩速度慢且持久，属于耐力型肌纤维；Ⅱ$_a$ 型肌纤维含有一定数量的肌红蛋白，糖原含量较高，具有糖酵解代谢和有氧代谢两种供能途径；Ⅱ$_b$ 型肌纤维线粒体数量少，糖原含量高，ATP 酶活性高，糖酵解酶活力高，收缩速度快且短；Ⅱ$_x$ 型肌纤维的代谢和收缩特性介于 Ⅱ$_a$ 型和 Ⅱ$_b$ 型之间。

虽然根据不同的分类方式可以将肌纤维分为不同的类型，但每种分类方式之间也存在着很大的相关性。如 SO 型即 Ⅰ 型（氧化代谢型）、FOG 型即 Ⅱ$_A$ 型（氧化酵解型），均属于红肌纤维、慢肌纤维；FG 型即 Ⅱ$_B$ 型，包括有氧酵解型和无氧酵解型，其包含了分子分型法中的 Ⅱ$_x$ 型。为了更好的区分 ATP 酶染色法和分子分型法的肌纤维分类，将 ATP 酶染色法的肌纤维分类用大写字母表示，即 Ⅰ 型、Ⅱ$_A$ 型和 Ⅱ$_B$ 型；将分子分型法用小写字母表示，即 Ⅰ 型、Ⅱ$_a$ 型、Ⅱ$_x$ 型和 Ⅱ$_b$ 型。表 2-5 所示为骨骼肌纤维类型及分类方式。

表2-5 骨骼肌纤维类型及分类方式

分类方法	肌纤维类型
代谢特征	氧化型、酵解型
颜色	红肌、白肌
收缩速度	Ⅰ型（慢速收缩纤维）、Ⅱ型（快速收缩纤维）
ATP酶染色	Ⅰ型、Ⅱ$_A$型、Ⅱ$_B$型
MyHC	Ⅰ型（慢速氧化型）、Ⅱ$_a$型（快速氧化型）、Ⅱ$_x$型（中间型）、Ⅱ$_b$型（快速酵解型）

（三）调控骨骼肌纤维类型转化的分子机制

哺乳动物出生后，骨骼肌纤维的数目就已经基本恒定，后期的发育主要表现在肌细胞的增大和肌纤维类型的转化。大量研究表明，肌纤维类型转化遵循Ⅰ型↔Ⅱ$_a$型↔Ⅱ$_x$型↔Ⅱ$_b$型的顺序，这种转化是骨骼肌根据外界和内部的改变做出的适应性反应和调整。MyHC Ⅰ、MyHC Ⅱ$_a$、MyHC Ⅱ$_x$和MyHC Ⅱ$_b$分别由对应的 *MYH7*、*MYH2*、*MYH1*、*MYH4*基因编码，相应的启动子和增强子的变化都会影响到MyHC亚型的表达。肌纤维类型的转化受到多种功能基因或相关信号通路的影响，如Ca^{2+}信号通路、一磷酸腺苷激活的蛋白激酶（AMP-activated protein kinase，AMPK）信号通路、过氧化物酶体增殖物激活受体（peroxisome proliferator-activated receptors，PPARs）信号通路等。

1. Ca^{2+}信号通路

Ca^{2+}信号通路包括钙调神经磷酸酶（calcineurin，CaN）和钙调蛋白激酶（calmodulin kinase，CaMK）两条信号转导通路，都属于Ca^{2+}依赖的信号转导通路。CaN又称蛋白磷酸酶2B，其活性受Ca^{2+}/钙调素（calmodulin，CaM）活化的丝氨酸/苏氨酸蛋白磷酸酶的影响（Allen et al.，2002）。研究发现，肌肉收缩活动或药物治疗引起的细胞质Ca^{2+}浓度升高，会导致肌纤维由快肌向慢肌转化（Kubis et al.，1997）。Chin等（1998）发现CaN能够特异性上调骨骼肌中慢肌纤维基因的启动子，但加入免疫抑制剂环孢菌素A（cyclosporin A，CsA）后，CaN的活性降低，骨骼肌纤维由慢肌纤维向快肌纤维的转化速度降低，推测这种转化可能与活化T细胞核因子（calcineurin/nuclear factor of activated T cells，NFAT）和肌细胞增强因子2（myocyte enhancer factor 2，MEF2）家族的蛋白质组合机制有关。进一步研究发现激活的CaN使NFAT脱去磷酸后转位到细胞核中，在体内诱导慢纤维特异性基因转录（Mccullagh et al.，2004）。Meissner等（2007）使用经Ca^{2+}载体处理C2C12肌管，发现NFAT、成肌分化抗原（myogenic differentiation antigen，MyoD）、肌细胞增强因子2D（myocyte enhancer factor-2D，MEF2D）和共激活因子p300的复合物以CaN依赖的方式协同上调慢肌球蛋白启动子。

Ca^{2+}/CaMK通路是参与快慢肌转换的一个重要信号转导通路（Mu et al.，2007）。CaMK家族有CaMK Ⅰ~Ⅳ共4个家族成员，研究表明只有CaMK Ⅱ、CaMK Ⅳ与肌纤维类型转化相关（Fluck et al.，2000）。但也有研究表明，不含CaMK Ⅳ的转基因小鼠的快肌中具有正常的肌纤维类型组成和线粒体酶的表达，并且在长期（4周）的自愿跑步后，趾肌中 MyHC II_a、肌红蛋白、过氧化物酶体增殖物激活受体辅助活化因子（transcriptional peroxisome proliferator-activated receptor α coactivator-1，PGC-1α）和细胞色素 C 氧化酶 IV（cytochrome c oxidase IV，COX IV）的蛋白表达增加，这与野生型小鼠的反应类似。因此推测 CaMK IV 对于慢肌的维持和耐力训练诱导的线粒体生物发生和 $MyHC\ II_b$-$MyHC\ II_a$ 类型转换中是不必要的。

2. AMPK 信号通路

AMPK 是蛋白激酶级联的下游组件，属于代谢敏感的丝氨酸/苏氨酸蛋白激酶，其主要功能是根据机体的能量需求，调节整个机体的能量平衡，是一类重要的高度保守的蛋白激酶。它的活性受机体细胞 ATP/AMP 比值的影响，当细胞内 ATP 含量减少，或者 AMP 含量升高时，AMPK 被激活。AMPK 以异源三聚体的形式存在于生物体中，由 α、β 和 γ 三种亚基构成，其中 α 是催化亚基，β 和 γ 是调节亚基。每个亚基又存在不同的亚型，如 $α_1$ 和 $α_2$，$β_1$ 和 $β_2$，$γ_1$、$γ_2$ 和 $γ_3$，这使得 AMPK 存在多种不同的构象，理论上最多可达 12 种。

研究发现，长期使用 AMPK 的激活剂 5-氨基咪唑-4-甲酰胺核糖核苷酸（5-aminoimidazole-4-carboxamide-ribonucleoside，AICAR）能够促使肌纤维由快肌向慢肌转化（Suwa et al.，2003）。作者团队成员在探究 AMPK 对肌纤维类型转化的影响时发现，给大鼠持续注射 AICAR，激活的 AMPK 可促进大鼠腓肠肌中 MyHC I 和 $MyHC\ II_a$ mRNA 的表达，抑制 $MyHC\ II_b$ 和 $MyHC\ II_x$ mRNA 的表达。AMPK 在肌肉收缩时也会被激活，有规律的耐力运动诱导 AMPK 激活，同时骨骼肌纤维由快肌向慢肌转化。但这种训练诱导的肌纤维转化，在 $AMPKα_2$ 失活的转基因小鼠中减少（Rockl et al.，2007）。在 AMPK 功能缺失的转基因小鼠中发现，缺失 AMPK 后，小鼠不耐受运动疲劳；而在 AMPK 活性增加后，小鼠的线粒体氧化酶和线粒体合成能力增加（Mu et al.，2001），研究学者推测这种作用可能与 PGC-1α 有关。

PGC-1α 能够激活线粒体生物发生、增强机体氧化代谢能力，参与机体快慢肌的转化（Wu et al.，1999）。注射 4 周 AICAR 的 Wistar 大鼠腓肠肌中 I 型肌纤维数量、面积比例及 MyHC I mRNA 表达水平显著升高，II_B 型肌纤维数量比例及 $MyHC\ II_B$ 和 $MyHC\ II_x$ mRNA 水平下降，PGC-1α 的 mRNA 水平显著增加（赵雅娟，2017）。研究发现，运动诱导的 PGC-1α 激活与 AMPK 和 p38 丝裂原活化蛋白激酶（mitogen-activated protein kinase，MAPK）激活相关（Gibala et al.，2009）。AICAR 的使用也增加了肌肉中 *PGC-1α* 基因的转录。进一步的研究发现，AMPK 能够直接结合并激活肌肉中的 PGC-1α（Jäger et al.，2007）。Leick 等（2010）研究发现，AICAR 诱导的线粒体和葡萄糖转运蛋白表达是由 PGC-1α 介导的。综上所述，AMPK 至少部分通过 PGC-1α 诱导氧化特性和肌纤维类型转变。

研究表明，AMPK 和沉默信息调节因子（sirtuin，Sirt1）均可调节 PGC-1α 的表达（Wenz，2011）。AMPK 通过提高小鼠成肌细胞中 NAD^+ 的水平，进而调控 Sirt1 下游基因 *PGC-1α*（Cantó et al.，2009）。用亮氨酸处理猪骨骼肌卫星细胞 3d，结果显示，亮氨酸增加了慢肌纤维和线粒体功能相关基因的表达以及 SDH 和苹果酸脱氢酶的活性，同时增强了 Sirt1 和 AMPK 磷酸化蛋白的水平，并且 AMPKα1、siRNA、AMPK 抑制剂复合物 C 或

Sirt1 抑制剂 EX527 的使用，削弱了亮氨酸对慢肌纤维和线粒体功能相关基因表达的积极作用（Chen et al.，2019）。研究还发现，EX527 减弱了阿魏酸（ferulic acid，FA）诱导的 AMPK 和肝激酶 B1（liver kinase B1，LKB1）磷酸化水平的升高，表明 AMPK 是 Sirt1 的下游靶点。结果证明阿魏酸通过 Sirt1/AMPK 信号通路调控肌纤维类型的形成（Chen et al.，2019）。

3. PPARs 信号途径

PPARs 是调节目的基因表达的新型固醇类核内受体，有 PPARα、PPARβ、PPARγ 三种结构亚型。PPARα 在肝脏、心脏、棕色脂肪组织（brown adipose tissue，BAT）和肾脏中均有高表达，在骨骼肌中也有所表达。并且 PPARα 在脂肪酸分解代谢中发挥重要作用。PPARα 还可以调控过氧化物酶体和线粒体的 β 氧化。它还参与葡萄糖代谢，是控制能量消耗和炎症的关键（Dreyer et al.，1992）。PPARβ 在各种组织中以不同的表达水平普遍表达，并具有多种功能，是骨骼肌中主要的 PPAR 亚型，也在肌卫星细胞中表达（Yang et al.，2006）。它与糖脂代谢、能量消耗、炎症、组织修复和再生以及与体育锻炼相关的肌纤维类型转换密切相关。PPARγ 有两种同工型，即 PPARγ$_1$ 和 PPARγ$_2$。PPARγ$_1$ 在脂肪细胞中高表达，并且发现在其他组织（如肝脏和结肠）中以可变水平表达。PPARγ$_2$ 主要在脂肪组织中表达，并在脂肪形成和甘油三酯（triglyceride，TG）储存中起主要作用。PPARγ 的主要功能之一是在包括骨骼肌在内的多个器官中进行脂肪沉积（Lazar，2005）。

PPARβ 是调节机体糖脂代谢的重要核内受体，在影响肌纤维类型转化中也发挥着重要作用。用 PPARβ 的激动剂 GW501516 处理小鼠，结果表明 PGC-1α 表达水平增加，同时提高了小鼠的跑轮性能，并且增加了富含线粒体的氧化慢收缩型肌纤维（Chen et al.，2015）。肌肉特异性过表达 PPARβ 的小鼠，其快/慢肌转化中氧化肌纤维增加，并且通过线粒体氧化增强了肌肉中的脂肪酸分解代谢（Luquet et al.，2003）。在 PPARβ 功能丧失的小鼠模型中，观察到能量代谢受损，快/慢肌转化中氧化型肌纤维减少（Schuler et al.，2006）。Krämer 等（2006）研究人骨骼肌发现，PGC-1α 和 PPARβ mRNA 表达量与 Ⅰ 型肌纤维比例呈正相关，与 Ⅱ$_B$ 型肌纤维比例呈负相关。PPARβ 与 PGC-1α 的表达呈现相同的趋势，推测 PPARβ 可能受 PGC-1α 调控，从而增强骨骼肌有氧代谢相关酶活性，进而提高肌肉的有氧耐力。McCarthy（2008）提出 PPARβ 与雌性激素相关受体 γ（estrogen-related receptor，ERRγ）作用通过激活 *MYH7*（miR-208b）和 *MYH7b*（miR-499）基因的转录在氧化型肌纤维能量代谢中发挥作用。在转基因小鼠中发现，PPARβ 可利用 miRNAs 网络以及依赖 ERRγ 的激活从而上调 *MYH7* 和 *MYH7b* 的表达，*MYH7* 和 *MYH7b* 表达的上调可靶向抑制转录阻遏蛋白的表达，促进慢肌纤维的形成（Gan et al.，2013）。

PPARβ 的激活受到多种因素的影响。PPARβ 配体根据来源分为天然配体和人工合成配体。其中天然配体包括大部分 UFA、支链脂肪酸等。有研究表明，亚油酸（$C_{18:2}$）、α-亚麻酸（$C_{18:3}$）和花生四烯酸（$C_{20:4}$）等都是 PPARβ 的天然有效配体（Watanabe et al.，2020）。给老年大鼠补充油酸后，增加了 PPARα、PPARβ 及 PGC-1α 的表达量，使肌纤维类型由快肌向慢肌转化（Tardif et al.，2011）。同样也有研究表明油酸可激活 PPARβ 的表达，通过上调 MyHC Ⅰ 和 PGC-1α 的基因表达量诱导慢肌纤维的形成（Watanabe et al.，2020）。小鼠灌胃 PPARβ 激动剂 GW501516 后，小鼠的线粒体生物合成功能增强，慢肌纤维比例增加，改善了肌肉色泽（Wang et al., 2004）。Cantó 等（2010）以小鼠为实验对象，探究外源性补充 PPARβ/δ 激动剂 GW501516 和运动对肌纤维类型的影响，结果发现单纯耐力训练和 GW501516 补充都可诱导小鼠骨骼肌线粒体生物发生，同时 GW501516 补充促进了骨骼肌纤维类型从糖酵解型向有氧氧化型转换。其机制可能为 GW501516 激活 PPARβ/δ 受体后，与 PGC-1α 协同作用，进而上调线粒体的生物合成，并促使小鼠骨骼肌代谢类型的转化。这些研究提示，PPARs 可能在促进骨骼肌线粒体的生物合成和骨骼肌纤维发生代谢性质的转变中具有重要调节作用。

（四）肌纤维类型对肉品质的影响

骨骼肌是产肉动物躯体最重要的组成部分，肌纤维作为骨骼肌的主要成分，其类型的差异是影响肌肉品质的重要因素。肌纤维的直径、数目、密度等特性以及各类型之间的比例均会对肉的嫩度、色泽、保水性、风味、宰后 pH 等肉质性状关键指标产生影响。近年来，已有研究报道，通过改变肌纤维类型可以改善肉质。

1. 肌纤维对肌肉色泽的影响

肌肉色泽可以直观地反映肉质的新鲜程度，是影响消费者购买欲的重要因素，肌纤维类型中肌红蛋白含量的差异是影响肉色的直接原因。研究表明，氧化型肌纤维具有较高含量的肌红蛋白，因此氧化型肌纤维含量丰富的肌肉色泽好；酵解型肌纤维中肌红蛋白含量较少，所以酵解型肌纤维比例较高的肌肉中，肉色更加苍白（尹靖东，2011）。

2. 肌纤维对肌肉嫩度的影响

许多研究均表明骨骼肌纤维与肌肉的嫩度密切相关。一项对土耳其本土绵羊品种的研究发现，Ⅰ型肌纤维直径与背最长肌的嫩度呈正相关（Şirin et al., 2017）。作者团队在探索肌纤维类型与肉品质关系的研究中发现，巴美肉羊背最长肌、股二头肌、臂三头肌、冈上肌和半腱肌中Ⅰ型和Ⅱ$_A$型肌纤维的数量比例与剪切力呈负相关；此外，苏尼特羊肌纤维特性和 MyHC 的基因表达量与肉品质相关性分析结果显示，Ⅰ型肌纤维的直径和Ⅱ$_B$型肌纤维的数量比例与剪切力值呈显著正相关。

3. 肌纤维对肌肉风味的影响

肉的风味是消费者获得感官满足的重要因素之一。研究表明，与酵解型肌纤维相比，氧化型肌纤维中具有更高的脂质与磷脂含量，且 IMF 的含量与Ⅰ型纤维比例呈正相关关系（Serra et al., 1998）。Hwang 等（2018）研究了电子味道特征与肌纤维类型组成和核苷酸含量的关系，发现随着肌肉中Ⅱ$_B$型肌纤维比例的增加，次黄嘌呤含量增加，酸味和涩味也随之增加，还发现由于Ⅰ型和Ⅱ$_A$型肌纤维含量增加，肌肉中肌苷酸含量增加，肌肉的鲜味和风味丰富度也随之提高。

4. 肌纤维对肌肉保水性的影响

保水性是评价肌肉水分含量的重要指标，肉色发白、组织松软、汁液易渗出的 PSE 肉（pale, soft and exudative meat）和肉色发黑、组织坚硬、系水力高的 DFD 肉（dark, firm and dry meat）都是保水性差的两个极端类型。骨骼肌纤维类型与肌肉的保水性密切相关，酵解型肌纤维含量高会导致屠宰后肌肉保水性降低。Akkaraman 绵羊的背最长肌中Ⅱ$_A$型肌纤维的数量比例与系水力呈正相关（Larzul et al., 1997）。

5. 肌纤维对肌肉宰后 pH 的影响

动物被屠宰后,机体的血液循环和氧气供应中断,不能再进行有氧呼吸,只能通过体内糖原的无氧酵解获取能量。糖原经无氧酵解产生乳酸,乳酸堆积是造成动物宰后 pH 下降的主要原因。酵解型肌纤维能量代谢以糖酵解为主,因此酵解型肌纤维含量高的肌肉 pH 下降较快,易导致 PSE 肉(Franck et al.,2007)。Gil 等(2003)认为,与 MyHC I 含量较低的肌肉相比,MyHC I 含量较高的肌肉,其极限 pH 较高。研究显示,可以通过降低肌肉中 II_b 型和 II_x 型肌纤维的比例,减缓肌肉 pH 的下降速度,改善肉品品质。

(五)影响肌纤维特性及转化的因素

1. 品种

肌纤维特性会因动物品种的不同而产生一定差异,从而表现出不同的肉品品质。陈映等(2020)对 8 种不同猪的肌纤维类型组成和肉质性状差异进行比较后发现,不同品种猪的肌纤维类型在统计学上有显著差异。Zheng 等(2018)比较了不同牛肌肉中肌纤维特性的差异,结果发现锦江黄牛背最长肌中 MyHC II_x 和 MyHC II_b 的 mRNA 表达量显著高于西门塔尔牛与锦江黄牛的杂交后代,在肌纤维密度和直径方面也存在差异。作者团队以相同月龄的巴美肉羊、小尾寒羊与苏尼特羊为研究对象,对其肌纤维特性进行了测定,发现巴美肉羊拥有更高比例的氧化型肌纤维,这为解释不同品种羊肉的肉品质差异提供了重要的理论基础。

2. 部位

同一品种不同部位肌肉的肌纤维类型也有较大差异。白东义等(2019)分析了蒙古马不同部位骨骼肌的肌纤维特性,发现其颈部夹肌的慢肌纤维含量显著高于臂三头肌、背最长肌和臀中肌,而臀中肌和背最长肌中快肌纤维的含量则高于其他两个部位。王勇峰等(2018)研究了新疆褐牛不同部位肌纤维的类型,发现新疆褐牛不同部位肌肉的 I 型、II_A 型和 II_B 型肌纤维比例具有显著差异,如 I 型肌纤维在腰大肌中的含量最高,而在股二头肌中含量最低。关于不同部位下肌纤维特性的差异,作者团队近年来针对苏尼特羊、巴美肉羊、小尾寒羊、乌拉特山羊的背最长肌、股二头肌、臂三头肌等进行了大量研究,明确了不同部位肉羊的肌纤维特性差异,为研究不同部位羊肉品质差异提供了必要的数据支撑。

3. 性别和年龄

肌肉中肌纤维的分布也受到性别和年龄的影响。动物的性别会影响体内激素的分泌水平,从而导致肌纤维类型发生转化。谢宝财(2017)对关中黑猪的肌肉组织形态学进行研究发现,去势公猪和母猪不同部位的肌纤维面积均存在显著差异。动物出生后,肌纤维数目基本保持不变,但随着年龄和生理阶段的变化,其类型会随之转变。段小果(2017)研究发现,随着年龄的增长,大青山山羊中各型肌纤维的直径和横截面积逐渐增大,肌纤维密度和氧化型肌纤维的数量逐渐降低。作者团队通过探究不同月龄(4 月龄、5 月龄、6 月龄、8 月龄和 12 月龄)巴美肉羊的肌纤维特性差异及其对肉品质的影响,确定了巴美肉羊的最佳屠宰时间,即 8 月龄最适,其肉质较佳。

4. 饲养方式

饲养方式对不同类型肌纤维的分布也有一定的影响。作者团队以苏尼特羊为例，探究饲养方式及运动训练对肌纤维类型转化的影响，结果发现放牧有效提高了肌肉中氧化型肌纤维（Ⅰ型+Ⅱ$_A$型）的比例，降低了酵解型肌纤维的比例；同时利用蛋白质组学深入解析了饲养方式影响肌纤维类型转化的分子机制。此外，运动训练的试验结果表明每天进行6km 的运动训练可有效促进快肌纤维向慢肌纤维的转化。

5. 日粮组成

营养是动物正常生长发育的物质基础，出生前后的营养水平均可能影响骨骼肌发育、肌纤维类型的分布和转化。李登赴等（2019）研究发现，提高饲粮营养水平可以降低猪背最长肌中肌糖原含量，提高肌纤维直径和快速酵解型肌纤维的含量。研究还发现，对大鼠、猪、牛、羊等进行限饲均可降低肌纤维直径（Solomon et al.，1994）。作者团队在绵羊日粮中补充亚麻籽后发现，亚麻籽可通过激活 PPARβ/PGC-1α 信号通路增加线粒体呼吸和脂肪酸氧化，进而促进酵解型肌纤维向氧化型肌纤维转化。此外，日粮补充益生菌也可促使肌纤维类型发生转化，作者团队前期在绵羊日粮中添加了植物乳植杆菌（*Lactiplantibacillus plantarum*）[2g/（只·d），活菌数 3×10^{10} CFU/g]、不同梯度的乳酸菌（精料质量的 1%、2%、3%）后发现，益生菌可通过提高肌纤维类型转化关键基因如 *AMPKα1*、*Sirt1* 和 *COXIV* mRNA 的表达量促进骨骼肌线粒体生物发生，增强肌肉的氧化代谢能力，从而使肌纤维由酵解型向氧化型转化。作者团队的另一项研究对摄入精氨酸（1%基础日粮）的绵羊肌纤维特性进行测定，发现精氨酸可以激活 Sirt1/AMPK 信号通路，促进骨骼肌中慢肌纤维的形成。

二、能量代谢

（一）能量代谢概述

能量代谢（ATP 生成与转化）是肌肉的主要生理功能之一。ATP 在肌肉能量代谢中具有中心地位，是能量的载体，ATP 既是供能物质，又是储能物质。在肌肉收缩运动过程中，消耗的 ATP 不断由糖、脂肪、蛋白质等能量物质的氧化磷酸化补充，当 ATP 过剩时，还可以将其高能磷酸基转给肌酸形成磷酸肌酸能量储存起来。动物被屠宰后，血液停止流动，所携带的氧气供应停止，机体内部代谢活动发生明显变化，各种需氧生化反应转变为无氧生化反应（孙金龙等，2020）。机体内的糖原在缺氧的情况下经糖酵解产生乳酸，造成动物体内的 ATP 含量急剧减少（陈炼红等，2021）。同时 ATP 水解释放能量生成 ADP，进而生成 AMP（Savell et al.，2005）。当细胞内 AMP 与 ATP 比值上升时，细胞内的能量传感器 AMPK 会被激活，图 2-5 所示为 AMPK 活性调节示意图，作为能量代谢的控制器，激活的 AMPK 通过对脂肪、蛋白质和糖类代谢的调控来维持机体的能量平衡（图 2-6）（Skovgaard，2004）。

（二）AMPK 在调节能量代谢中的作用

1. AMPK 对碳水化合物代谢的调节

（1）促进葡萄糖吸收　随着 Merrill 等（1997）首次发现激活 AMPK 可促进肌肉对葡

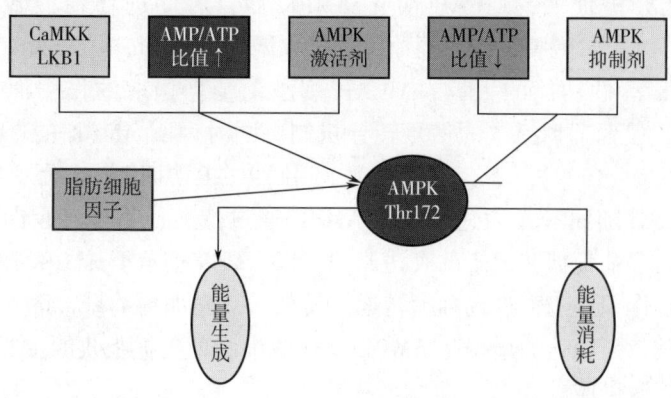

图2-5 AMPK活性调节示意图

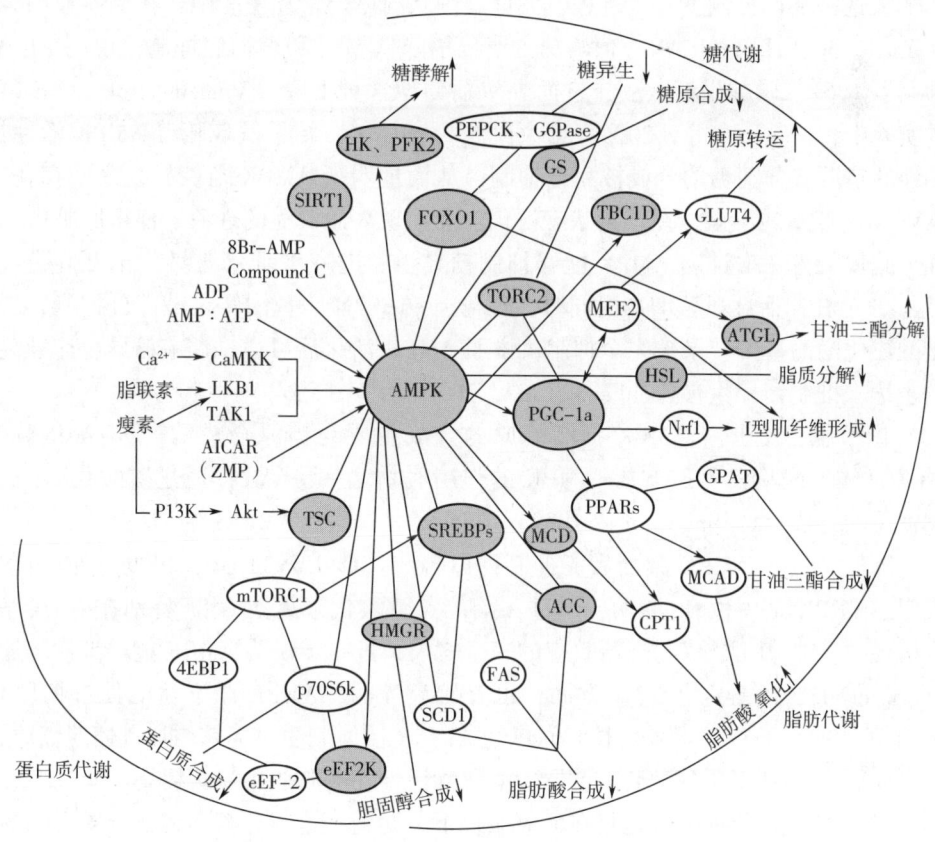

图2-6 AMPK对机体能量代谢的调节作用

萄糖的摄取，对于AMPK促进葡萄糖吸收的报道便不断增多。Bergeron等（1999）对大鼠进行的体内和体外试验均证明了AMPK的活化能促进骨骼肌葡萄糖转运。随后的研究表明，运动、缺氧、电刺激肌肉以及用AICAR活化等因素均能够导致大鼠骨骼肌AMPK活性提高，进而促进肌肉细胞对葡萄糖的吸收（Aschenbach et al.，2002）。大鼠跑台运动实验中肘肌AMPK被迅速磷酸化而激活，同时伴随3-甲基-D-葡萄糖摄取升高（Kola et al.，

2005）；免疫荧光分析证明，AICAR 活化 AMPK 后，可促进葡萄糖转运体 4（glucose transporter 4, GLUT4）向胞膜转位，葡萄糖的摄取增加（Kurth-Kraczek et al., 1999）；基因敲除后无 AMPK 活性功能的大鼠，AICAR 刺激葡萄糖摄取的作用消失。一系列研究表明 AMPK 参与促使葡萄糖摄取的信号转导机制。同时说明 AMPK 的作用机制与 GLUT4 有关（Winder et al., 1999）。Winder（2001）用 AICAR 注射大鼠后发现葡萄糖摄取和 GLUT4 转运增加并伴随 mRNA 表达，说明 AMPK 通过磷酸化目标转录因子开启了 *GLUT4* 基因的表达，参与了葡萄糖转运子的表达调控。以上研究提示了 AMPK 调节葡萄糖摄取可能通过两种方式起作用：①促进葡萄糖转运体转位；②增加葡萄糖转运子表达。GLUT4 转移率的提高以及其基因表达的增强是 AMPK 促进肌细胞葡萄糖吸收的主要因素，其生理意义是增加细胞的能源供应。

（2）抑制糖异生　AMPK 的激活可减少糖异生酶（如 1,6-二磷酸果糖磷酸酶、烯醇化酶）的表达，从而抑制糖异生进程。大鼠肝细胞的体外培养实验中，在培养液中分别加入 100 μmol、500 μmol AICAR，葡萄糖含量分别降低 50%和被彻底抑制，说明 AICAR 的加入抑制了 1,6-二磷酸果糖激酶，进而导致葡萄糖含量下降（Vincent et al., 1991）。在随后的实验中，Andreelli 等（2006）给大鼠注入 AICAR，结果发现随着 AMPK 活性提高，与之相伴的是肝脏葡萄糖的合成被完全抑制，从而证明了 AMPK 与糖异生之间存在关系。敲除 AMPKα$_2$ 亚基的小鼠，在禁食状态下仍然会出现高血糖症的现象，使得肝脏中的糖异生增强。此现象再一次证明 AMPK 能够抑制糖异生。进一步研究表明，肝细胞用 AICAR 处理后，在 AMPK 活性显著增加的同时，葡萄糖-6-磷酸酶基因转录被部分抑制、磷酸烯醇丙酮酸羧化激酶基因转录被完全抑制，说明 AMPK 活化后可通过调节糖异生途径关键酶基因的表达来抑制糖异生（Lochhead et al., 2000）。

（3）调节糖原合成　AMPK 抑制糖原的合成主要与糖原合成酶（glycogensynthase, GS）有关。体外试验表明，GS 是 AMPK 的作用底物之一，AMPK 通过磷酸化 GS 的 Ser^7 来抑制糖原的合成（Carling et al., 1989）。在运动情况下，AMPK 的活性提高，同时肝脏糖原含量降低，说明 AMPK 激活后能抑制糖原合成（Carlson et al., 1999）。体内和体外实验表明，AMPK 是一种 GS 激酶，通过 2 个位点磷酸化来灭活 GS，特别在 α$_2$ 亚基敲除后，直接导致 AICAR 诱导 GS 失活效应的完全丧失，进一步说明 AMPK 能够抑制糖原的合成（Skurat et al., 1994）。但另一方面，也有研究证明，AMPK 激活后能促进糖原合成，Holmes 等（1999）研究发现采用长时间慢性 AICAR 活体刺激，能够增加骨骼肌糖原含量。进一步研究表明，AICAR 刺激后，糖原磷酸化酶活性在腓肠肌中显著提高。

（4）调节糖酵解　糖酵解是指在无氧条件下，葡萄糖进行分解形成 2 分子丙酮酸并提供能量，丙酮酸进一步被还原为乳酸的过程（图 2-7）。糖酵解是机体在缺氧情况下能量供应的重要途径。在一般生理情况下，大多数组织有足够的氧以供有氧氧化，很少进行糖酵解。但在某些情况下，如剧烈运动时，机体能量需求增加，糖分解加速，此时即便呼吸和循环加快以提高氧的供应量，仍不能满足机体内糖完全氧化所需要的能量，此时肌肉处于相对缺氧状态，只有通过糖酵解过程来补充所需的能量。另外，一些病理情况，如呼吸功能障碍、大量失血、休克等造成的机体缺氧状态，组织细胞也会以酵解方式供应能量。糖酵解是唯一一条现代生物都具有的体内糖分解代谢途径，是生物界普遍存在的供能方式。

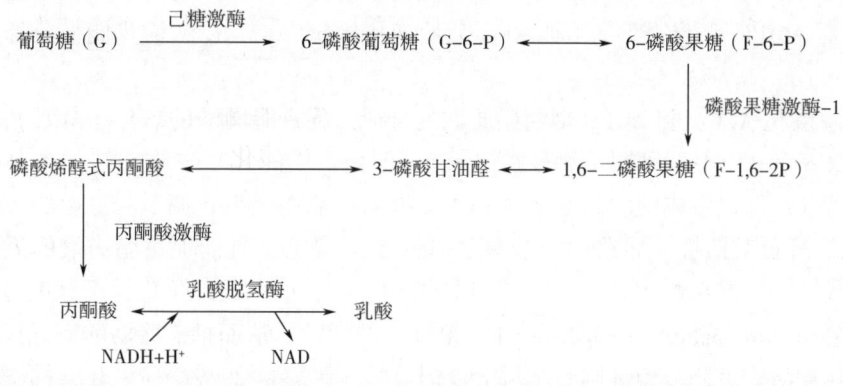

图 2-7 糖酵解过程示意图

大量研究表明，AMPK 能够调节糖酵解进程，Halse 等（2003）在离体骨骼肌细胞中发现 AMPK 通过促使葡萄糖摄取抑制糖原的合成，进而促进葡萄糖向糖酵解方向转化。骨骼肌缺氧或肌肉收缩能够提高 AMP/ATP 比例，导致 AMPK 活性提高，进而加速糖酵解进程（Mu et al.，2001）。AMPK 活化后通过对己糖激酶（hexokinase，HK）、磷酸果糖激酶（phosphofructokinase，PFK）、丙酮酸激酶（pyruvate kinase，PK）等糖酵解关键酶进行调控进而调节糖酵解进程。Holmes 等（1999）发现通过注射 AICAR 慢性活化 AMPK，可使骨骼肌中 HK 活性显著增加，从而加速糖酵解进程。局部注射 AICAR 时会导致白色和红色腓肠肌中 *HK* 基因的转录分别增加 10 倍和 6.5 倍，说明 AMPK 能够提高糖酵解限速酶 HK 的活性，促进糖酵解。另有研究表明，大鼠心脏缺血后 AMPK 激活、PFK 活性提高，进而导致 1,6-二磷酸果糖含量提高（Marsin et al.，2000）。心脏急性缺氧、缺血都能激活 AMPK，AMPK 活化后通过诱导型和心脏型磷酸果糖-2-激酶磷酸化（PFK2），刺激 2,6-二磷酸果糖产生，促进糖酵解进程产生更多 ATP（Marsin et al.，2002）。随后的研究又发现，在缺血或解偶联剂的使用（如寡霉素）使 AMPK 活性提高时，PFK2 活性提高，果糖 2,6-二磷酸的含量也增加，糖酵解增强，甚至是体外纯化的 AMPK 也可以磷酸化 PFK2，证明 AMPK 调控了 PFK 活性，参与了糖酵解的调节（Bertrand et al.，2006）。上述研究表明 AMPK 激活后可以直接磷酸化糖酵解关键酶并提高其活性，继而促进糖酵解。基于以上试验，作者团队在羊肉中注射了 AMPK 专一激活剂 AICAR 后发现，与对照组相比，注射 AICAR 能够加快宰后成熟过程中肌肉的糖酵解进程，为 AMPK 调控糖酵解进程提供了又一项有力的证明。

2. AMPK 对脂肪代谢的调节

（1）磷酸化羟基甲基戊二酸辅酶 A 还原酶（HMG-CoA red-uctase，HMGR）抑制胆固醇合成　HMGR 是胆固醇合成的关键酶，发挥着调节胆固醇代谢平衡的作用，是最早发现的 AMPK 作用底物之一，AMPK 活化后通过磷酸化 HMGR 肽链中 Ser^{871} 位点使其失活，进而抑制胆固醇的合成（Gillespie et al.，1992）。Corton 等（1995）研究发现对大鼠肝细胞进行亚砷酸盐处理及热应激或 AICAR 作用后 AMPK 被活化，与其相随的是 HMGR 被磷酸化失活，固醇合成显著受到抑制。但是，Henin 等（1995）发现，当 AMPK 活化致使乙酰 CoA 羧化酶（acetyl CoA carboxylase，ACC）完全灭活时，仅 85%的 HMGR 活性被抑制，说明 HMGR 对 AMPK 活性的变化不如 ACC 活性变化敏感，AMPK 激活只能部分抑制 HMGR 的活性。

（2）磷酸化 ACCα 和 ACCβ 抑制脂肪酸的合成，促进脂肪酸的氧化　ACC 在哺乳动物体内以 ACCα 和 ACCβ 两种同工型存在，ACCα 催化生成的丙二酸单酰 CoA 参与脂肪酸的合成，而 ACCβ 催化生成的丙二酸单酰 CoA 主要参与脂肪酸氧化调节。激活的 AMPK 通过磷酸化 ACC 降低其活性，导致丙二酸单酰 CoA 含量降低，进而促进脂肪酸的氧化，抑制脂肪酸合成。丙二酸单酰 CoA 是脂肪合成的最初产物，可以通过负反馈抑制肉毒碱棕榈酸转移酶 1（carnitine palmitoyltransferase 1，CPT1）的活性，从而抑制脂肪酸氧化以及酮体的生成。AMPK 活化后还能使细胞骨架成分及丙二酸单酰 CoA 脱羧酶磷酸化，抑制脂肪酸合成，促进脂肪酸氧化。Carlson 等（1999）的体内试验结果发现跑步使大鼠肝脏 AMPK 活化的同时，肝脏 ACC 活性和丙二酸单酰 CoA 含量显著降低，再次证明 AMPK 活化对 ACC 活性的影响。

（3）磷酸化甘油磷酸酰基转移酶（glycerol-phosphate acyltransferase，GPAT）抑制脂肪的合成　GPAT 是抑制脂肪酸酰基化的关键酶，可被活化后的 AMPK 磷酸化而降低活性，其活性降低后抑制 TG 的合成（Hardie，1992）。Muoio 等（1999）研究发现，当细胞 ATP 水平降低时，AMPK 磷酸化线粒体 GPAT 使其失活，机体会抑制脂肪合成代谢以降低能量损失，同时还通过降低 GPAT 与肉碱酰基转移酶Ⅰ竞争底物酰基 CoA 的能力，为促进脂肪酸参与氧化分解再次提供能量。进一步研究发现，运动的大鼠肝脏、骨骼肌和脂肪组织 AMPK 活性提高后，GPAT 活性降低，再次证明 AMPK 活化后可降低 GPAT 活性（Park et al.，2002）。

（4）磷酸化丙二酸单酰辅酶 A 脱羧酶（malonyl-CoAdecarboxylase，MCD）促进脂肪酸氧化　MCD 是脂肪酸合成的关键中间产物，也是调控脂肪酸氧化分解的重要生理物质。大鼠后腿肌肉在应激条件下，MCD 被活化的 AMPK 磷酸化，其活性提高，进而促进丙二酸单酰 CoA 的脱羧化进程，进而降低其含量，最终促进脂肪酸的氧化，使细胞能量很快恢复（Saha et al.，2000）。在研究大鼠运动对脂肪组织、骨骼肌和肝脏中 AMPK 和 MCD 活性的影响时发现，AMPK 活性显著增加的同时，MCD 活性提高（Park et al.，2002），进一步证实 AMPK 促进脂肪酸氧化的作用。

（5）磷酸化激素敏感脂酶（hormone-sensitive lipase，HSL）调节脂肪的水解速率　HSL 是脂肪分解的限速酶，在脂肪动员中起关键性作用。AMPK 通过磷酸化 HSL 的 Ser^{565} 位点，抑制蛋白激酶 A（protein kinase A，PKA）对 HSL Ser^{563} 位点的激活作用，进而抑制脂肪降解。AMPK 对 HSL 抑制作用的生理意义是确保游离脂肪酸被利用的速度高于脂肪降解速率，减少脂肪酸重新酯化合成胆固醇酯和 TG 时 ATP 的消耗量（Hardie et al.，1997）。

（6）调节基因表达，调控脂质代谢　AMPK 激活后可抑制脂肪酸合成酶（fatty acid synthetase，FASN）基因的表达，包括 ACC、FASN 和 L-丙酮酸激酶等。Foretz 等（1998）首次发现，AMPK 激活后主要通过抑制基因转录和降低 FASN 的基因表达量的半衰期发挥作用。随后研究发现在大鼠骨骼肌局部灌注 AICAR，使 *CPT1* 基因转录增加 2 倍，说明 AMPK 活化可促进脂肪酸氧化基因表达（Stoppani et al., 2002）。另有研究显示，AMPK 能直接磷酸化肝细胞核因子 4α（hepatic nuclear factor 4 alpha, HNF-4α），降低 HNF-4α 形成同源二聚体以及结合 DNA 的能力，同时促进 HNF-4α 在体内的降解，导致 HNF-4α 的转录活性降低。以上研究说明 AMPK 对机体能量代谢发挥着重要的生理调控作用。

3. AMPK 对蛋白质代谢的调节

目前，AMPK 对蛋白质代谢调节领域内的研究鲜有报道。初步的研究结果表明，活化的 AMPK 对蛋白合成具有一定的抑制作用，这种抑制作用在很大程度上降低了细胞的能量消耗。Kimura 等（2003）的研究结果表明，AMPK 直接关联于哺乳动物雷帕霉素靶蛋白（mammalian target of rapamycin, mTOR）信号通路，因此 AMPK 对蛋白合成的抑制作用很有可能是通过抑制 mTOR 及其相关结构来实现的。真核延长因子-2（eukaryotic elongation factor-2, eEF-2）主要调控机体蛋白质的翻译、肽链的延伸和核糖体的移动等。研究表明活化的 AMPK 可通过磷酸化真核延伸因子 2 激酶（cukaryotic clongation factor-2 kinase, eEF-2K）的 Ser^{398} 位点改变 eEF-2K 的活性（Hardie et al., 2012）。紧接着活化后的 eEF-2K 通过磷酸化 eEF-2 的 Thr^{56} 位点使其失活，减少了 eEF-2 与核糖体间的相互作用，降低蛋白质的合成（刘启梁，2016）。畜禽经屠宰放血后 AMPK 会被迅速激活，为减少 ATP 的消耗，AMPK 会导致下游靶点 mTOR 的活性急剧减弱，抑制蛋白质合成从而提高能量代谢和氨基酸的利用率（Flück，2012）。也有研究表明运动时 AMPK 被激活会抑制蛋白质的合成，但运动后的恢复期，AMPK 对蛋白质的抑制减弱，机体会提高蛋白质的合成以补充运动中流失的蛋白质。Dreyer 等（2006）研究发现运动期间活化的 AMPK 降低了真核翻译起始因子 4E 结合蛋白 1（eukaryotic translational initiation factor 4E-binding protein 1, 4EBP1）的磷酸化进而抑制蛋白质的合成，但运动后 1~2h 蛋白激酶 B（protein kinase B, Akt）、mTOR、eEF-2 等的活化提高了蛋白质的合成。

（三）影响 AMPK 活化的因素

AMPK 作为机体重要的能量中心，受到动物宰前（品种、月龄、部位、饲养方式、日粮营养组成）及宰后（宰后成熟进程）诸多因素的影响。为深入探究影响 AMPK 活化的因素，作者团队已对不同调控因素下（品种、月龄、部位、饲养方式、日粮营养组成、宰后成熟进程）AMPK 的含量和活性的变化规律及其级联效应对羊肉品质的影响进行了大量研究，结果显示 AMPK 作为"燃料开关"，对平衡机体的能量代谢发挥着重要作用，同时宰前和宰后诸多因素均对 AMPK 有不同程度的影响，而这种影响也将直接影响鲜肉品质。总体而言，作者团队关于 AMPK 的研究为调控 AMPK 从而揭示 AMPK 对动物体能量代谢及肉品质的影响奠定了重要基础。

三、脂肪代谢

（一）脂肪在机体内的代谢

1. 脂肪的合成

脂肪代谢是动物机体内重要且复杂的生化反应。当机体脂肪合成速率大于脂肪分解速率时，多余的能量会转化为 TG 被储存在脂肪细胞中（Frayn，2002）。脂肪的合成有两种途径：葡萄糖途径和脂蛋白途径。其中葡萄糖途径是指机体摄入碳水化合物后由胰腺分泌的胰岛素作用于内质网膜中的 GLUT4，GLUT4 与血液中的游离脂肪酸结合，以复合体的形式被转运至细胞中，并通过糖酵解变成 α-甘油酸和丙酮酸；经柠檬酸循环后，丙酮酸继续参与代谢生成 ACC（脂肪合成过程的限速酶），ACC 催化后生成丙二酰 CoA，然后催化生成酰基 CoA，最终与 α-甘油磷酸结合形成 TG。脂蛋白途径是乳糜微粒和极低密度脂蛋白在脂蛋白酯酶的作用下分解产生脂肪酸，产生的脂肪酸在脂肪细胞中被转化为 ACC，与葡萄糖途径生成的 α-甘油酸结合生成 TG 的过程。

2. 脂肪的分解

脂肪水解是脂肪分解的第一阶段，TG 和磷脂在酸性脂肪酶和中性脂肪酶作用下水解并产生大量游离脂肪酸。其中脂蛋白酯酶、磷脂酶和溶血磷脂酶是调控脂肪代谢的关键酶。脂肪氧化是脂肪降解的第二阶段，脂肪水解产生的游离脂肪酸会进一步氧化生成一些小分子物质（如醛类和酮类），此过程对肉品风味有很大贡献，比如牛、羊肉中的特殊香气。脂类物质的氧化反应主要分为自动氧化和酶促氧化，脂肪的自动氧化是在光、热、氧的作用下产生自由基，自由基作用于脂肪酸，从而发生链式反应；酶促氧化是 UFA 在脂肪氧化酶的催化下发生的反应。除此之外，还存在着一些其他反应类型，如一级氢过氧化物进一步氧化，转化为环氧酸；当氢过氧化物通过裂变分解时，形成了二级氧化产物，醛、酮就是对风味贡献很大的二级氧化产物（Mandal et al.，2014）。

3. 脂肪的分布

脂肪是构成动物机体的重要成分，能够为机体提供能量，脂肪细胞的增殖和脂肪前体细胞的分化决定了脂肪沉积过程。通常脂肪在绵羊体内的沉积顺序为皮下脂肪、尾部脂肪、内脏脂肪和 IMF（李琳等，2010）。绵羊皮下脂肪是指存在于绵羊真皮层以下，深层筋膜层以上的脂肪细胞，其主要的作用是保温和储能。皮下脂肪中 TG 的成分超过 99%，以 MUFA 为主，其分布范围较广，且不同部位厚度不一，研究表明当皮下脂肪厚度达到 3.0 mm 时，绵羊总增重和体重最大（Queiroz et al.，2016）。尾部脂肪是指囤积于羊尾椎周围的脂肪，对于绵羊尤为重要。在严寒而漫长的冬季，自然状态下的采食难以维持绵羊机体需求，因此，绵羊将能量以脂肪的形式大量储存于尾部帮助其应对漫长寒冷的无草季节，这使得绵羊尾部脂肪大量沉积（杨敏等，2018）。内脏脂肪主要分布在瘤胃网膜、肠系膜和肾周等部位，用作支撑、稳定和保护内脏。内脏脂肪细胞具有较强的动员能力，能够较快的分解，同时其分解后的代谢物可以直接通过门静脉进入血液循环，影响机体脂肪代谢和能量代谢（杨宏等，2018）。

IMF 是指沉积在肌束和肌纤维间的脂肪，沉积过程伴随着一系列复杂的生理生化阶段，如脂肪的合成、分解和转运等（Hocquette et al.，2010）。通常来说，IMF 按照肌肉的大血管周围、肌外膜、肌束膜和肌内膜的顺序进行沉积。当 IMF 沉积适量时，能够疏松肌肉结缔组织，降低结缔组织的物理强度，在肉的表面形成大理石花纹状的脂肪（刘雪芹等，2010）。与其他脂肪组织相比，IMF 中富含软脂酸、硬脂酸、油酸、亚油酸等脂肪酸，能够更直接地影响肉的营养价值（王寒凝等，2020）。当脂肪沉积在肌内时为理想状态，此时肉质软嫩多汁。由此可见，羊机体中脂肪分布能够直接影响羊肉品质，因此，调控羊的脂肪沉积过程对改善羊肉品质具有重要意义。

4. 解偶联作用

动物体内脂肪根据功能和结构不同可以分为白色脂肪和棕色脂肪。体内多余的能量主要是以 TG 的形式储存到白色脂肪,当其储存过多时可能会导致身体代谢紊乱以及引发一些慢性疾病;棕色脂肪组织内存在大量的线粒体和小脂滴,其可以在环境变化、饮食诱导或者交感神经兴奋时被激活,并将体内多余能量转换为热能散失,对调节局部和全身能量平衡有重要作用(Park et al., 2014)。生物体内发生的偶联作用是指在线粒体中,电子传递与磷酸化是紧密偶联的,经过这一过程可以释放出大量能量供机体使用(Sustarsic et al., 2018);而棕色脂肪发挥能量代谢作用主要是通过解偶联作用实现的,原因是在其线粒体内膜上存在一种特异性蛋白——解偶联蛋白-1 (uncoupling protein1, UCP-1)。UCP-1 是特殊的蛋白通道,氧化过程中电子传递链泵出的 H^+ 可由 UCP-1 蛋白通道直接流回线粒体内,消除了跨线粒体内膜的质子电化学梯度,使得电子传递与 ATP 形成这两个过程分开,ADP 不能在 ATP 合成酶催化下磷酸化成 ATP,底物只进行了氧化反应却不能生成 ATP,这种现象又称质子渗漏,整个过程使能量以热能形式释放,减少了 ATP 合成(温佳等,2018)。

除了外界刺激使得交感神经兴奋激活棕色脂肪,机体内很多细胞因子也能促进棕色脂肪细胞增殖,增加 UCP-1 表达。研究表明 PGC-1α 可以诱导脂肪细胞增殖,其表达增加可诱导棕色脂肪细胞中 UCP-1 表达;棕色脂肪内存在大量线粒体,增加线粒体生物发生标志基因 *PGC-1α* 的表达,可增加棕色脂肪细胞内线粒体生物发生,进一步调节机体能量代谢。此外,有研究显示敲除小鼠脂肪细胞中 shRNA 介导的锌指蛋白(positive regulatory domain containing 16, PRDM16)后,尽管其可以继续正常分化成脂肪细胞,但是棕色脂肪的特征完全丧失,其不再具有解偶联作用(Seale et al., 2007)。解偶联作用参与机体脂肪代谢,维持能量稳态,Qin 等(2016)在培养白色脂肪和棕色脂肪前体细胞以研究 n-3 长链 PUFA 的相对生物合成过程中发现,是棕色脂肪细胞而非白色脂肪细胞合成了二十二碳六烯酸(DHA)。

(二) 调控脂肪代谢的分子机制

1. 脂肪代谢相关信号分子

(1) PPARγ　PPAR 是核内受体转录因子家族成员,具有调节目标基因表达和细胞功能等多种生理功能。目前在不同物种中发现了它的亚型包括 PPARα、PPARβ 和 PPARγ (Issemann et al., 1990)。其中 *PPARγ* 基因主要存在于脂肪组织中,受其他细胞因子调控,PPARγ 与脂肪沉积呈正相关,有研究表明其表达量升高时,IMF 含量增加,而被抑制时,IMF 含量减少(李琳等,2021)。滑留帅等(2020)将包装的 PPARγ 腺病毒感染在体外培养的牛肌肉细胞,发现肌肉细胞中过表达 PPARγ 后,脂质沉积过程中正向调控的基因表达水平整体上调,同时脂质沉积负调控基因表达水平整体下调,增加了肌肉细胞内脂质的沉积。任志超(2019)的研究结果显示,高脂诱导能够明显降低小鼠血浆中 PPARγ 水平及脂肪组织 PPARγ 蛋白表达,而中等强度耐力运动训练后小鼠血浆中 PPARγ 水平及脂肪组织中 PPARγ 蛋白的表达水平同时升高。PPARγ 还可调控一系列脂肪代谢特异性基因的表达，从而参与脂肪合成、转运和沉积等脂肪代谢的全过程（宋淑珍等，2020）。

（2）FASN　FASN 是一种参与动物体脂肪酸从头合成的关键限速酶，与哺乳动物的新生脂肪形成关系密切（Roy et al.，2005）。FASN 具有七个活性位点，在乙酰 CoA 和丙二酰 CoA 的通路中合成 16 个碳饱和脂肪酸棕榈酸酯（Buckley et al.，2017）。FASN 与肉品质有一定的相关性，会影响肉的嫩度、多汁性（李红伟等，2016），其表达量与日粮营养水平、基因型以及其他一些转录因子如 PPARγ 的调控有关。Yang 等（2017）给牛提供高能量饲粮后发现 FASN、PPARγ 等与 IMF 生成调控基因的表达量增加，肉品质指标 IMF 和脂肪酸的含量也显著增加。还有研究者将 100 头肥育期的苏太猪根据 IMF 含量分成高、中、低三组，发现 *FASN* 和 *HSL* 基因转录后的比值与 IMF 含量呈显著的正相关，这表明这两个基因共同在猪背最长肌 IMF 的沉积中发挥着作用（王昱丁，2017）。

（3）HSL　HSL 是参与机体脂肪分解代谢过程的限速酶，也是关乎动物体内脂肪沉积关键候选基因之一（罗建学等，2015）。HSL 可以活化分解 TG，为机体提供能量，还可以为棕色脂肪内发生的解偶联作用提供底物（Prats et al.，2006）。机体内 HSL 的活性与家畜的品种、日粮组成、激素、运动等因素有关。杨家大等（2015）研究发现在不同地区放牧的山羊其 *HSL* 基因的表达存在显著差异，且不同部位也存在差异，皮下脂肪中 *HSL* mRNA 丰度最高。魏建翔等（2019）发现，运动强度会影响不同部位 *HSL* 基因表达量，高强度运动可以增加脂肪组织内 HSL 活性，而中等强度运动更显著地激活了骨骼肌组织内的 HSL 活性，同时减少骨骼肌中脂肪的异位沉积。Bae 等（2017）发现肥胖小鼠经过八周的跑步机训练运动后体重和脂肪量都有所减轻，同时 *HSL* 基因的表达量增加。

（4）脂蛋白酯酶（lipoprotein lipase，LPL）　LPL 是调控脂肪代谢的关键酶，在 TG 代谢中起着关键作用，其主要存在于骨骼肌、脂肪组织、心肌和乳腺中。外源性脂肪在经过消化道后变成 TG，TG 再与载脂蛋白、胆固醇一起包装成乳糜微粒从小肠黏膜细胞释出，经毛细血管进入血流和淋巴系统运送到机体各种组织（尤其是肌肉和脂肪组织），LPL 可以水解富含 TG 的脂蛋白为自由的脂肪酸和甘油一酯。研究指出 LPL 表达的高低与脂肪细胞分化的程度密切相关，对调控脂肪沉积起着重要作用，并与肉质形状有着密切的联系（Saez et al.，2009；乔永，2007）。

（5）ACC　ACC 是脂肪酸合成代谢过程中的限速酶，它催化脂肪酸合成的第一步反应，即乙酰 CoA 羧合成丙二酰 CoA，然后丙二酰 CoA 在脂肪酸延长酶系作用下进一步合成长链脂肪酸（李洁琼等，2011）。由于脂肪酸的合成部位在细胞液中，而合成的原料 ACC 产生于线粒体，其不能直接通过细胞膜，此过程需要通过柠檬酸-丙酮酸循环来实现。营养物质和激素对 ACC 的表达有显著影响，研究表明富含碳水化合物的饮食有利于机体 ACC 的表达，而饥饿状态会抑制机体 ACC 的表达（尹靖东，2011）。同时研究指出柠檬酸和胰岛素都会促进 ACC 的表达，而瘦素会抑制 ACC 的表达。另外，ACC 是 AMPK 的下游靶点，AMPK 可通过其磷酸化水平来抑制 ACC 表达，进一步调控脂肪的分解与合成代谢。

（6）CPT1　哺乳动物体内，供能前体物质——长链脂肪酸不能通过简单扩散进入线粒体内，而是通过 CPT1 系统转入到线粒体内进行脂肪酸的 β 氧化。CPT 主要存在两种形式，存在于线粒体外膜的 CPT1 主要催化肉碱和乙酰 CoA 合成乙酰基肉碱，而位于线粒体内膜的 CPT2 主要催化乙酰基肉碱和 CoA 反应释放乙酰 CoA 的反应。CPT1 是脂肪酸 β 氧化的关键限速酶，在转录和翻译水平上受到丙二酰 CoA 在内的各种调节因子的影响。

（7）PRDM16　PRDM16 是一种锌指蛋白，被称为控制棕色脂肪组织分化的 "分子开关"（姬凯茜等，2019），可在转录水平控制脂肪细胞的分化进程。Klaus 等（1995）发现在脂肪细胞分化之前引入 PRDM16，白色脂肪细胞前体可以有效地转化为棕色脂肪。在哺乳动物中，棕色脂肪组织参与脂肪代谢产生的热量是调控整体能量平衡的重要环节，PRDM16 通过对白色脂肪的调节可以影响整个机体的能量平衡（Cannon et al.，2004）。目前已有研究表明小鼠中 PRDM16 表达量会影响脂肪和肌肉的分化方向，基于此我们可以预测在畜禽肉质研究中 PRDM16 可能也发挥着重要的调控作用，其中包括调控能量代谢、内分泌以及肌肉脂肪的分化方向（杨雪蓉等，2010）。

（8）UCP-1　UCP-1 是棕色脂肪细胞发挥解偶联作用的特异性蛋白，可以调节机体能量平衡，降低血液中的 TG 含量，增加游离脂肪酸代谢。通过 UCP-1 介导的解偶联作用，在交感神经兴奋时，机体释放的去甲肾上腺素使动物出现适应性非颤抖性产热现象（Nedergaard et al.，2001）。当机体长期处于寒冷环境或者长期运动时，棕色脂肪会被激活参与能量代谢。此时棕色脂肪细胞中的小脂滴内储存的 TG 被水解为甘油和游离脂肪酸，脂肪酸进入线粒体内发生解偶联作用或者进入细胞核内促进 *UCP-1* 等基因的转录，过表达的 UCP-1 和 PGC-1α 可进一步激活棕色脂肪的活性（袁慧琦等，2016）。棕色脂肪作为能量代谢组织是近年来调控脂质代谢的研究热点，有研究表明体育训练可以提高棕色脂肪组织的细胞数量以及产热活性，并介导线粒体生物发生、诱导 UCP-1 的表达（Barbosa et al.，2018）。

2. AMPK 介导的信号通路对脂肪代谢的影响

（1）LKB1-AMPK-Sirt1 信号通路　研究证实 AMPK 的上游分子 LKB1 和钙/钙调素依赖性蛋白激酶（calcium-calmodulin dependent protien kinase，CaMKK）可共同参与 AMPK 的活化调节作用（Sharma et al.，2021）。Sirt1 是辅酶Ⅰ（nicotinamide adenine dinucleotide，NAD$^+$）依赖的组蛋白去乙酰化酶，主要定位于细胞核中，与细胞增殖、分化、衰老、凋亡和代谢密切相关（Liu et al.，2021）。LKB1 可以激活 AMPK，继而激活下游 Sirt1 及一些转录因子，抑制耗能过程。*AMPK* 是 Sirt1 上游基因，可通过升高细胞内 AMP/ATP 的比例，特别是 NAD$^+$/NADH 的水平来提高 Sirt1 的活性，而 Sirt1 通过使 LKB1 去乙酰化以促进 LKB 移位至细胞质中，继而增加 AMPK 磷酸化和活性，调节脂质代谢（Takahashi et al.，2021）。AMP/ATP 升高时，LKB1 可以直接使 AMPKα 亚单位上的 Thr^{172} 位点磷酸化从而激活 AMPK，继而激活 Sirt1，最终使下游靶点基因 *PGC-1α* 等发生去酰化，促使脂质合成基因 *ACC*、*FASN* 失活（Macdonald et al.，2018）。此外，LKB1 也可以通过不依赖细胞内 AMP/ATP 比率的方式与 LKB1 特异性接头蛋白 STRAD 组成异源三聚体磷酸化 AMPK 进而参与脂质代谢的调节，通过抑制脂质合成和促进脂肪酸氧化来减少脂质积聚。

（2）AMPK-ACC-CPT1 信号通路　作为能量代谢的调控中枢，AMPK 参与调节多种脂质代谢相关酶及转录因子，在维持脂质代谢稳态中发挥着极其重要的作用。一方面减少脂肪酸和 TG 的合成，另一方面促进脂肪酸的氧化和 TG 的分解，进而调节脂肪代谢。AMPK 被激活后就开始启动调控脂肪代谢的级联效应，迅速抑制 ACC 活性，降低 ACC mRNA 的表达从而减少脂肪酸合成，同时 ACC 活性的降低还可以减少丙二酰 CoA 的表达，减弱其对 CPT1 的抑制作用，加速脂肪酸氧化过程，进而加速脂肪代谢。研究表明 AICAR 或者瘦素长期作用于大鼠脂肪细胞可以增强 ACC 的磷酸化并降低其表达量，说明 AMPK 可通过负调控 ACC 进而降低脂肪酸的合成过程（Juszczak et al.，2020）。Ma 等（2019）发现番木瓜提取物可通过激活 AMPK-ACC 途径改善小鼠的脂质代谢和胰岛素抵抗，并逆转与糖尿病相关的肝脏和胰腺损伤，这也印证了 AMPK-ACC 可能是脂肪代谢的重要途径之一。Fang 等（2019）为探究薯蓣皂素对脂肪代谢的影响，测定了 p-AMPK、p-ACC、p-CPT1 等指标，结果显示薯蓣皂素可以减少细胞内脂质的积累，增加脂肪酸 β 氧化和减少脂质合成，并推测发现上述变化可能是由 AMPK-ACC-CPT1 途径激活介导的。AMPK-ACC-CPT1 是调控脂肪代谢的典型信号通路，因此可以作为探究宰后羊肉脂肪代谢规律及其对肉品质影响的重要途径。

（3）AMPK-mTOR 信号通路　mTOR 是调控机体代谢的重要枢纽，是营养和生长因子信号的中心整合体，其受到上游信号分子 AMPK 的调控。在脂肪形成过程中，AMPK 下游分子 mTOR 的活化可促进前体脂肪细胞分化和细胞中脂质合成，进而引起脂质的累积；PPARγ 是脂肪形成过程中的重要转录因子，有研究表明抑制 mTOR 可有效抑制 PPARγ，最终影响脂肪代谢。此外也有研究证实 mTOR 介导的脂代谢调节是通过下游信号分子核糖体蛋白 S6 激酶 1（ribosomal protein s6 kinase，S6K1）和 4EBP1 完成的。Um 等（2004）证实 S6K1 缺失的小鼠脂质分解作用增强。Brown 等（1994）证实抑制 mTOR 信号通路（18~48h）可增加外源性脂肪酸的氧化（46%~100%），并且抑制外源性脂肪酸的酯化作用和脂肪的重新合成。

（三）脂肪代谢对肉品质的影响

动物脂肪代谢的变化主要体现为动物体内脂肪含量和脂肪酸含量的变化，因此脂肪代谢对肉品质的影响研究也主要集中于脂肪和脂肪酸含量对肉质属性的影响。IMF 与肌肉的嫩度、多汁性、风味等直接相关，是评定肉质的重要指标。IMF 能切断肌纤维束间的交联结构使脂肪从肌纤维间融化出来，使肉质变得鲜嫩多汁。此外，IMF 中的磷脂通过美拉德反应的作用，改变肉中挥发性产物的含量，进而影响肉的风味。当羊体内 IMF 含量适中且分布均匀时能使肉美味多汁、口感良好；含量过少则使肉干硬乏味。脂肪酸对羊肉品质的影响主要表现在肉质硬度、风味等方面。脂肪酸对肉质硬度的影响主要是由不同类别脂肪酸在肉中的不同熔点而导致。在十八碳脂肪酸系列中，硬脂酸（18：0）的熔点为 69.6℃，油酸（18：1）的熔点为 13.4℃，亚油酸（18：2）的熔点为-5℃，亚麻油酸（18：3）的熔点为-11℃，随着不饱和性增加，其熔点降低，因此不同脂肪酸含量与类型会对肉质硬度与适口性产生影响。IMF 中所含的脂溶性成分及其降解物（如醛、醇和酮）均可提高肉的风味（Asghar et al.，1980）。烹饪时 IMF 所含的 UFA 氧化产生挥发性化合物（Domínguez et al.，2014）。醛（戊醛、己醛、庚醛、壬醛、辛醛）是肉烹饪过程中产生风味的主要物质，它便是油酸、亚油酸和花生四烯酸的产物（Nieto et al.，2011）。研究表明 $n-9$ 脂肪酸的降解可产生己醛、庚烯醇、癸醛、辛醛、庚醛和壬醛，$n-3$ 脂肪酸的氧化可生成 1-戊烯-3-醇和丙醛，$n-6$ 脂肪酸的降解会形成己醛、戊醛、戊基呋喃、戊醇、己醇、1-辛醇、2-辛醇（Volden et al.，2011）。因此，脂肪酸的动态变化对羊肉风味的形成至关重要。

（四）脂肪代谢调控途径的研究

1. 饲养方式

目前，内蒙古地区羊的养殖方式包括放牧、舍饲和放牧补饲。研究表明不同的饲养方式会对动物脂肪代谢产生较大影响。闫祥林等（2018）对不同饲养方式下多浪羊的脂肪酸组成进行分析，结果显示放牧组羊肉 PUFA 含量更高，营养价值更好。Tejerina 等（2012）发现与圈养组相比，在山区饲养的猪脂肪酸组成更合理，其中 MUFA、PUFA 的含量显著升高，SFA 的含量显著降低，在一定程度上影响了肉的风味。作者团队通过试验发现放牧和舍饲条件下肉羊的脂肪代谢水平存在较大差异，其中放牧提高了羊的脂肪代谢水平，同时还有利于亚麻酸、DHA 和 EPA 的沉积。此外，作者团队成员结合小鼠实验和细胞实验揭示了饲养方式影响羊脂肪代谢的潜在机制，为后期通过饲养管理调控脂肪代谢水平提供了新思路。

2. 日粮组成

饲粮的能量水平和营养成分组成是羊肉品质的重要影响因素，日粮中的脂肪酸经过消化系统可直接在体内沉积，从而使得羊肉中 IMF 含量、脂肪酸组成以及风味发生变化。侯川川等（2018）在研究饲粮类型对湖羊肉品质的影响时发现，与传统饲料相比，按照一定营养比例调配好的饲料可显著增加肌间脂肪沉积，进而提高肉的嫩度。还有研究表明科学搭配日粮能够提高 FASN 基因的表达量，其对控制动物体脂沉积具有重要的作用（熊文中等，2001）。除了饲粮本身的营养成分，有时为了提高肉的营养价值还可以向饲粮中添加具有其他功能或者生物活性的物质。Gómez-Cortés 等（2014）向哺乳期母羊饲粮中添加粉碎的亚麻籽，发现其脂肪组织中的 UFA 含量显著增加。作者团队在日粮营养管理改善羊机体脂肪代谢水平从而提高 IMF 沉积方面做了大量研究，数据显示日粮添加乳酸菌和亚麻籽均可有效改善肉羊的脂肪代谢水平。同时作者团队对摄入乳酸菌的苏尼特羊进行代谢组学和转录组学分析，构建了乳酸菌影响下差异代谢物和差异基因的互作网络，深度揭示了乳酸菌对羊脂肪代谢影响的作用机制。

3. 运动

适宜的运动可以增强动物脂肪代谢，调节机体能量代谢平衡；而运动不足会导致动物抗病力、耐受各种应激能力下降；还会间接影响动物的生长发育和繁殖力（李同明等，2016）。有研究显示运动调控机体脂肪代谢主要通过影响脂肪代谢相关基因表达和酶的活性，以及脂肪代谢的相关转运蛋白等来满足机体能量需求，降低血液中 TG 和胆固醇含量，进而改善机体的代谢紊乱，使中性脂肪储存和转化方向重置（陈姗等，2019）。运动还可以通过激活能量感受器 AMPK 从而使 PPARγ 磷酸化，PPARγ 进一步激活其共表达受体 PGC-1α 调控线粒体的生物合成过程，释放大量能量（Jäger et al.，2007）。另一方面，运动可通过胰岛素信号通路提高棕色脂肪中脂肪酸合酶 FSAN、乙酰 CoA 和 1,6-二磷酸果糖酶 1（fructose bisphosphatase 1，FBPase1）的表达来调控脂肪代谢能力（付鹏宇等，2018）。机体长期运动时交感神经兴奋还会促使机体部分白色脂肪"棕色化"（de Matteis et al., 2013)；"棕色化"的白色脂肪细胞代谢基因表达增加，脂肪因子分泌改变，线粒体活性和数量开始增加，维持机体的能量稳态（Lehnig et al., 2018）。为探究运动对羊脂肪代谢的影响，作者团队对苏尼特羊进行了为期3个月的运动训练（6km/d），试验结束后对脂肪代谢相关指标进行测定，结果发现运动提高了脂肪代谢水平，同时促进了白色脂肪的"棕色化"。同时作者团队利用转录组深度揭示了运动调控脂肪代谢的机制，构建了运动影响下羊脂肪代谢的网络图谱。

四、蛋白质代谢

蛋白质是体内细胞及组织的主要组成成分，它起着维持动物骨骼肌正常生理功能的关键作用，直接影响着肉的风味、嫩度和色泽等肉品质指标。当体内营养物质充足时，饮食中的蛋白质经机体消化水解成氨基酸和短肽后，被机体吸收利用，进而合成蛋白质供机体生命活动所需，同时新的蛋白继续进行着合成和分解，形成了一个动态的平衡。这种动态平衡又是调节肌肉多少的关键过程，被严格的信号网络所调控（窦露等，2022）。

（一）蛋白质代谢的分子机制

1. 蛋白质的合成代谢

在哺乳动物的生长发育过程中，骨骼肌是最多且最重要的组成部分，其大小与功能由肌肉蛋白质的合成和降解精细调控。而肌肉蛋白质含量的多少由机体蛋白质合成与蛋白质降解之间的平衡决定，此过程由多条信号通路参与完成。其中胰岛素样生长因子-1（insulin-like growth factors-1, IGF-1）、磷脂酰肌醇3-激酶（phosphatidylinositol 3-kinase, PI3K）、Akt、mTOR在调节细胞生长、增殖、分化、代谢和蛋白质合成过程中起重要作用（Guo et al., 2018），该通路对蛋白质合成的调控机制如图2-8所示，IGF-1和IGF-2通过与细胞膜上的IGF-1受体（IGF-1R）结合介导肌肉生长（许娜，2021），该结合使得PI3K被激活并一步调控Akt的表达，mTOR作为PI3K-Akt通路的应答元件，在细胞生长、发育和代谢中发挥着重要作用，活化的mTOR能够使p70核糖体蛋白S6激酶（p70 ribosomal protein S6 kinase, p70S6K）磷酸化，从而促进蛋白质合成；同时还能磷酸化下游4EBP1因子，使得4EBP1与真核细胞起始因子（eukaryotic translation initiation factor 4E, eIF4E）分离，从而降低了4EBP1对eIF4E的抑制作用，增加eIF4E水平，促进翻译水平，

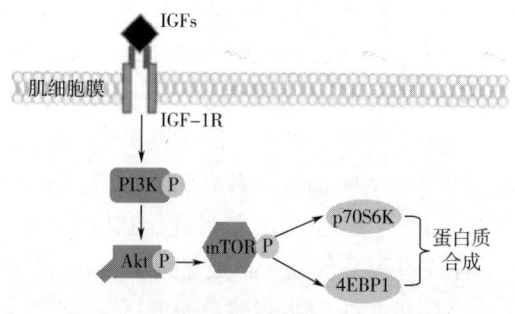

图2-8 mTOR信号通路作用机制图

达到促进蛋白质合成的目的（Condon et al.，2019）。研究发现，氨基酸运载体作为一种化学传感器，也可调控 mTOR 信号通路（Bröer et al.，2017），当氨基酸充足时，mTOR 信号通路可感受细胞所处环境的氨基酸水平、营养状况和 ATP 状况等，将信号传递给下游信号接收器（Hosokawa et al.，2009）；此时 mTOR 通路被激活。当氨基酸含量不足时，便会激活蛋白激酶 2（general control nonderepressible 2 kinase，GCN2）信号通路，细胞通过自我吞噬产生氨基酸以供应机体的需要，使得机体蛋白质合成减少。

2. 蛋白质的分解代谢

另一方面，蛋白质合成和降解途径在肌肉中是相互依存的。PI3K-Akt 信号通路还通过激活叉头框转录因子（forkhead box O，FoxO）进而抑制泛素-蛋白酶体系统（ubiquitin-proteasome system，UPS，UPP），介导蛋白降解（Hong et al.，2005）。如图 2-9 所示，UPS 途径是由 Ub 启动酶（E1）、Ub 载体蛋白（E2）和 Ub 连接酶（E3）构成的三级酶联反应，E1 启动泛素分子后将泛素传递给 E2，在 E3 的指引下将泛素转移到靶蛋白上，泛素化的蛋白经 26S 蛋白酶体降解（Kleiger et al.，2014）。研究表明泛素与蛋白质结合过程由特定的连接酶萎缩相关基因-1（E3 ligase Atrogin-1/MAFbx）和特异性环指蛋白 1（muscle ring-finger protein 1，MuRF1）介导，其发生速率是 UPS 的限速步骤，当 Akt 磷酸化受到抑制时会导致 FoxO 去磷酸化，FoxO1 和 FoxO3 可以上调 Atrogin-1 和 MuRF1 的表达来促进肌肉萎缩，进而特异性诱导肌肉蛋白降解（Sacheck et al.，2004）。

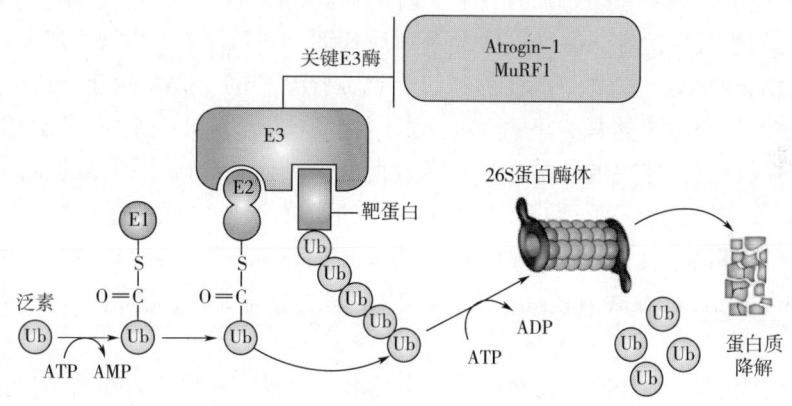

图 2-9 泛素-蛋白酶体系统作用机制图

（二）蛋白质代谢对肉品质的影响

动物肌肉蛋白质主要包括肌浆蛋白、肌原纤维蛋白和基质蛋白，目前普遍认为在为机体提供营养和催化转运功能的同时，肌肉蛋白也在很大程度上对肉品风味、色泽、保水性和嫩度等肉品质指标发挥作用。研究表明，基质蛋白中的胶原蛋白与肉品嫩度和保水性息息相关，肌动蛋白解离会影响肉品嫩度，在一定程度上改善肉品质。肌肉中肌纤维蛋白的状态（即肌球蛋白与肌动蛋白结合的紧密程度）会在很大程度上影响动物肌肉嫩度的变化。肌肉细胞蛋白质中骨架蛋白的降解则与肉品保水性紧密相关（魏秀丽等，2015）。Wojtysiak 等（2019）发现，公鸡宰后成熟过程中肌细胞膜骨架蛋白中的肌营养骨架蛋白发生降解反应会影响肉的保水性。还有研究证实畜禽体内肌红蛋白和血红蛋白的自发变化是影响肉品色泽的关键性因素，肌红蛋白是肌肉中的主要呈色物质，其含量较多时，肉的色泽较好。肌原纤维蛋白与肉品质地、保水性和风味特性密切相关，Offer 等（1989）证实蛋白质降解会破坏肌原纤维完整性，从而影响肌肉蛋白质功能及保水性。蛋白质对风味的贡献主要体现在两方面，一是蛋白质降解过程中生成的游离氨基酸和低分子肽是影响肉品风味形成的关键前体物质（Chen et al.，2015），使其具有独特的滋味；二是蛋白质通过物理或化学方式对挥发性成分进行吸附，然后在不同程度上通过增加挥发性成分的传质阻力进而改变顶空物质的浓度，以改变风味的整体平衡，对风味的释放有很大的影响（殷小钰等，2020）。研究表明肌原纤维蛋白与各类挥发性物质交互作用的能力存在差异，周昌瑜等（2016）证实适当浓度的肌原纤维蛋白可对醛类物质产生物理吸附，进而作用于风味物质的释放。

（三）蛋白质代谢调控途径的研究

目前国内外对于蛋白质代谢调控途径的研究多集中于运动、营养物质（氨基酸和葡萄糖等）和植物性添加剂等。许娜（2021）研究发现运动训练提高了草鱼甲状腺激素和生长激素的代谢水平，肌肉中 *PI3K*、*p70S6K1* 和 *mTOR* 的 mRNA 表达量增加，促进了肌肉蛋白质的周转效率。李昊（2019）研究发现高蛋白日粮和过瘤胃叶酸的协同饲喂可以提高奶牛肝脏和肌肉中生长激素和胰岛素的分泌，以及激素受体基因、氨基酸介导的 mTOR 信号通路相关基因的相对表达量，促进机体的蛋白质代谢。Wang 等（2014）研究白藜芦醇对肌肉萎缩的影响时发现，白藜芦醇能够通过上调 *mTOR*、*Akt*、*p70S6K* 和 *4EBP1* 等与蛋白质合成相关基因的相对表达量，下调 E3 泛素连接酶 *MuRF1* 和 *Atrogin-1* 的相对表达量，从而促进蛋白质合成，抑制蛋白质降解，有效抵消了肿瘤坏死因子诱导的肌肉蛋白损伤。徐稳（2017）在子宫内生长迟缓仔猪的日粮中补充亮氨酸后发现，仔猪骨骼肌中 *mTOR*、*4EBP1*、*S6K1* 和胰岛素受体底物 2（Insulin receptor substrate 2，*IRS2*）的 mRNA 表达显著上调，*MAFbx*、*MuRF1*、*FoxO1*、*FoxO3* 的 mRNA 表达显著下调，能延缓仔猪骨骼肌蛋白质的降解。

日粮补充乳酸菌可显著改善畜禽的胃肠道环境，而肠道菌群不仅维持着肠道功能，还很可能间接调控肌肉的代谢，进而改善畜禽的生长发育和肉用品质等（Zhang et al.，2017）。蔡兴才（2017）研究发现 IGF-1 在无菌小鼠肌肉中的表达明显下降，其蛋白质降解明显高于蛋白质合成，当给无菌小鼠再定植肠道微生物后，其 IGF-1 和 mTOR 的表达得以恢复。Tian 等（2021）给猪补充罗伊氏粘液乳杆菌（*Limosilactobacillus reuteri*）后发现，罗伊氏粘液乳杆菌可调节氨基酸转运并诱导 S6K1 的活化，进而通过 PI3K 促进肌肉蛋白质合成，增加了谷氨酸等氨基酸含量并改善肉品质。Lee 等（2015）研究发现乳酸菌可以通过抑制 IκB 的磷酸化来降低核因子 κB（nuclear factor kappa-B，NF-κB）的活化，进而诱导蛋白质的合成作用。在畜禽生产中，动物的骨骼肌发育和蛋白质积累会直接影响其胴体性状及产肉量，从而影响畜牧养殖业的生产效率和经济效益。基于此，作者团队通过在绵羊日粮中添加不同梯度乳酸菌（精料质量的 1%、2%、3%）、丁酸梭菌（*Clostridium butyricum*）[5g/（只·d），$5×10^8$ CFU/g] 和精氨酸（1%基础日粮）以探究羊机体内蛋白质代谢的变化，结果发现益生菌和精氨酸的添加均不同程度地提高了绵羊的蛋白质代谢水平，增加了肌肉中蛋白质的沉积。

五、胃肠道菌群

（一）胃肠道微生物

反刍动物胃肠道内寄生着大量的微生物，胃肠道微生物通过降解宿主自身难以消化的纤维（纤维素、半纤维素和木质素），为机体提供生长所需的能量和养分。肠道微生物主要依靠动物的肠道生活并协助宿主完成多种生理生化功能，最终形成微生物与宿主、微生物与微生物间的动态平衡。种类多和数目大是动物胃肠道细菌微生物的特点，其中属有30多个，种有500多个（Sonnenburg et al., 2004）。动物胃肠道中寄生的细菌主要包括三类，分别为厌氧菌、需氧菌和兼性厌氧菌。其中，厌氧菌占肠道微生物总菌数的98%以上，是肠道的优势细菌，而需氧菌和兼性厌氧菌占总菌数的1%以下（Welling et al., 2000）。动物胃肠道菌群主要是由厚壁菌门（Firmicutes）和拟杆菌门（Bacteroidetes）两类细菌组成，但也包括了放线菌门（Actinobacteria）和变形菌门（Proteobacteria）等菌门。其中，厚壁菌门的主要代表菌属为芽孢杆菌属（*Bacillus*）、梭菌属（*Clostridium*）、瘤胃球菌属（*Ruminococcus*）、乳杆菌属（*Lactobacillus*）和另枝菌属（*Alistipes*）等菌属。拟杆菌门的主要代表菌属为拟杆菌属（*Bacteroides*）、普雷沃氏菌属（*Prevotella*）等菌属（Turnbaugh et al., 2009）。这些优势菌属在促进胃肠道消化、吸收营养物质、机体供能和机体免疫中起着关键作用。

在通常情况下，动物胃肠道中细菌主要包括了共生细菌、条件致病菌和病原菌。共生细菌是动物胃肠道中的优势菌群，主要以厌氧菌为主，对机体营养物质的消化和利用具有一定的作用，如拟杆菌属、双歧杆菌属（*Bifidobacterium*）等。条件致病菌也是胃肠道微生物的重要组成部分，主要以兼性需氧菌为主，它们主要包括了肠杆菌属（*Enterobacterium*）和肠球菌属（*Enterococcus*）等。当肠道生理功能紊乱或肠道微生态平衡遭到破坏时，条件致病菌才会对机体产生不利影响。病原菌主要以需氧菌为主，其数量较少，主要包括致病性大肠杆菌属（*Escherichia coli*）、变形杆菌属（*Proteus*）、假单胞菌属（*Pseudomonas*）等。正常情况下，它不会对动物造成有害影响，仅在其大量繁殖，数量激增时，对动物造成不利影响。

（二）胃肠道菌群的生理功能

动物胃肠道微生物菌群与动物机体互利共生，不仅参与动物胃肠道消化代谢，同时与动物生长发育、健康状况密切相关。

1. 肠道屏障的保护作用

动物肠道菌群通过定植在动物肠道黏膜表面来抵御有害菌入侵，同时不破坏动物黏膜上皮细胞（图2-10）。胃肠道微生物在机体内有两种存在形式：①固定菌群；②过路菌群。固定菌群对维持机体胃肠道微生物动态平衡起重要作用。其作用主要体现在两个方面：①通过乳酸菌、双歧杆菌和增加定植抗性来抑制过路菌群对微生态平衡的影响，特别是致病性需氧菌；②通过产生抑菌物质，如细菌素或短链脂肪酸（short chain fatty acids，SCFAs）等来抑制或竞争病原菌和腐败菌的生长。

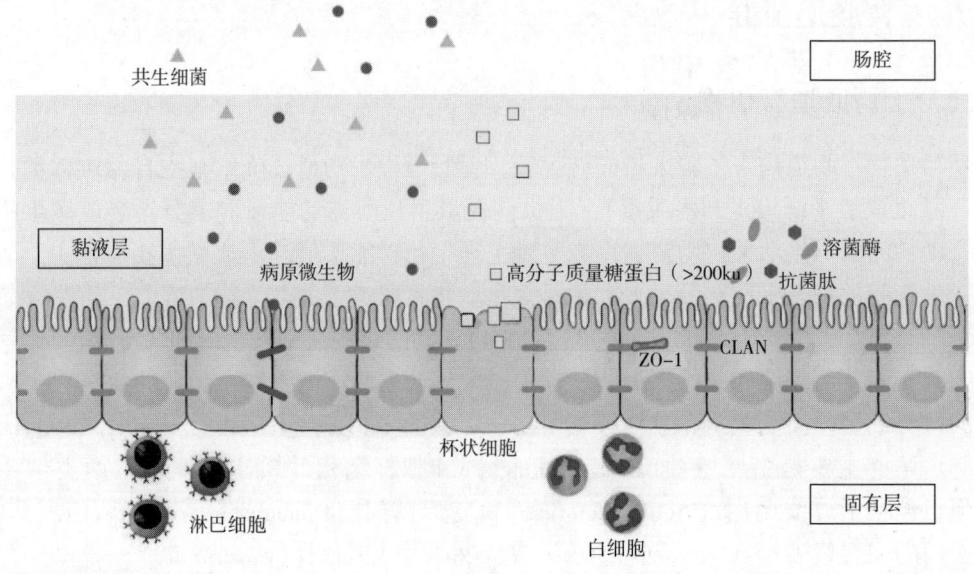

图2-10 肠黏膜屏障示意图

2. 营养代谢功能

营养代谢功能是动物胃肠道微生物主要功能之一。胃肠道微生物通过消化营养成分和合成菌体蛋白为机体代谢和自身繁殖提供能量来源，此外，胃肠道微生物其代谢产物SCFAs也可为机体上皮细胞的分化提供营养和能量。Flint等（2008）指出反刍动物机体代谢所需能量的70%来源于胃肠道微生物代谢。Hill（1997）的研究结果显示动物胃肠道微生物还参与多种维生素的合成，比如双歧杆菌属、乳酸菌与维生素B_{12}和叶酸等多种维生素的合成密切相关。大量研究证实胃肠道菌群能够参与动物机体代谢，其中胆汁酸代谢和脂质代谢最为重要。肠道微生物能够通过调控胆汁酸的代谢，影响到脂质的消化与吸收。Shen等（2014）的研究表明肠道微生物通过影响胆汁酸的形成和次级胆汁酸的分布，进而调控脂质代谢。此外，肠道微生物能调节与脂质代谢相关基因表达（Perry et al.，2016）。其代谢产物SCFAs是机体组织和细胞的能量来源，它对脂肪代谢也具有显著影响（Bjursell et al.，2011）。

3. 免疫功能

胃肠道是动物机体最大的免疫器官，在维持机体健康方面起着重要的作用，同时，胃肠道又是动物机体最大的细菌库，因此维持动物胃肠道菌群的平衡对于机体免疫功能具有重要的意义。研究表明双歧杆菌和乳酸菌是公认的有益微生物，当它黏附或定植到胃肠道中能够发挥其益生作用（时云朵等，2018）。肠道菌群不仅能够改善肠道的免疫能力，也可以促进免疫细胞分化、增加抗体和细胞因子合成，进而形成肠道屏障（Shanahan，2002）。另外，肠道菌群还能通过激活巨噬细胞活性和分泌更多的介导素，如白细胞介素-2和肿瘤坏死因子β来提高宿主的抗病能力。同时，Hooper等（2010）研究指出肠道微生物也可以与肠道黏膜上皮细胞结合，产生抑菌物质，引发非特异性防御。

（三）胃肠道菌群对脂肪代谢的调控

大量研究表明肠道微生物与肥胖有关，肠道微生物能够影响肠道中脂质的消化吸收，从而调节血液和组织中脂肪代谢水平（Lin et al.，2020）。Velagapudi 等（2010）以正常小鼠和无菌小鼠作为实验对象探究肠道菌群对脂肪代谢的调控作用，血清代谢组学分析结果显示正常小鼠血清中脂肪酸和胆固醇含量显著降低，脂质组学分析也同样表明，肠道微生物对小鼠血清和脂肪中的脂质组成有影响，可提高 TG 的清除率。杨华（2018）研究发现脂肪型的金华猪和瘦肉型的长白猪在肠道微生物组成方面存在显著差异，其脂质代谢特征也明显不同，通过粪菌移植的方法将这两种猪的肠道微生物在无菌小鼠体内表征后，无菌小鼠与供体猪呈现出相同的脂代谢能力。此外，之前的研究表明，肠道微生物中丰富的厚壁菌门和拟杆菌门在肥胖小鼠模型中差异显著，且厚壁菌门/拟杆菌门丰度比例的上升与肥胖呈正相关（Yin et al.，2020）。这些结果提示，脂肪代谢水平与肠道微生物的变化密切相关。

肠道微生物对宿主脂肪沉积的调节作用可能通过影响宿主能量代谢水平和基因表达实现，在高脂饮食诱导的小鼠肠道菌群中发现，小肠的脂肪吸收率和脂肪转运吸收的相关基因表达量显著增加（Martinez-Guryn et al.，2018）。禁食诱导脂肪因子（fasting induced adipose factor，FIAF）是一种循环 LPL 抑制剂，存在于肠黏膜和其他利用脂肪酸的组织中，抑制其表达可促进微生物诱导的脂肪细胞中 TG 的沉积。Bäckhed 等（2004）发现与正常小鼠相比，无菌小鼠肠道 *FIAF* 基因 mRNA 表达量更低。在骨骼肌中，FIAF 能抑制 LPL 活性，进而削弱肌肉对脂肪酸的摄取能力（Chang et al.，2018）。血管生成素蛋白家族与脂肪代谢息息相关，血管生成素样蛋白 4（Angiopoietin-like 4，*ANGPTL4*）基因的表达也受到肠道微生物的调控。Bäckhed 等（2007）特异性敲除无菌小鼠的 *ANGPTL4* 基因后用高脂饮食饲喂，发现与正常无菌小鼠相比，该小鼠更容易肥胖，肌肉中与脂肪分解相关基因的表达量显著降低。张丽萍（2007）通过研究发现，回肠中多形拟杆菌（*Bacteroides thetaiotaomicron*）与 *ANGPTL4* 基因的表达呈显著负相关关系。

（四）胃肠道菌群对蛋白质代谢的调控

近年来，越来越多的研究显示肠道微生物菌群在宿主能量调节和代谢方面至关重要，改变肠道微生物菌群，可影响宿主的能量代谢。随着研究的不断深入，研究者发现肠道菌群具有高效的蛋白代谢机制，因此有学者提出了"肠-肌轴"的双向信息交流机制。肠道菌群产生的多种代谢产物可被肠道黏膜吸收，影响骨骼肌的生理功能。相关研究表明与拥有肠道菌群的正常健康小鼠相比，缺乏肠道菌群的无菌小鼠骨骼肌肉质量明显下降且表现出肌肉萎缩的迹象，无菌小鼠重新定植肠道微生物可以恢复其骨骼肌质量（曹丹丹等，2017）。骨骼肌质量是由肌肉蛋白质合成和蛋白质降解之间的平衡来维持的，蔡兴才（2017）通过研究发现，无菌小鼠肌肉蛋白质的降解超过了蛋白质的合成，表现为肌肉中 IGF-1 的表达降低，这在一定程度上可能是导致无菌小鼠骨骼肌肌肉量下降的原因，重新定植肠道微生物可以恢复无菌小鼠 IGF-1 及 mTOR 的表达。也有研究表明无菌小鼠骨骼肌中肌钙蛋白编码基因表达降低，预示着肌肉蛋白降解的发生（褚晓蕾等，2011），这一研究说明了肠道微生物对肌肉蛋白质代谢的重要作用。此外，对骨骼肌、肝脏和血清的核磁共振光谱分析显示，与正常小鼠相比，无菌小鼠的能量稳态被破坏，氨基酸代谢途径受到明显的干扰（赵敏洁，2019）。

SCFAs是肠道细菌代谢膳食纤维的主要产物，研究表明SCFAs可增加Akt的磷酸化，为IGF-1相关信号通路的激活创造条件。Frampton等（2020）的研究揭示了肠道菌群失调通常是选择性地减少产SCFAs的细菌，从而可能降低骨骼肌的促合成代谢或抗分解代谢作用。Yan等（2016）的实验表明，SCFAs的使用可缓解由抗生素引起的蛋白质降解，IGF-1与肌肉质量均可恢复至使用抗生素之前的水平，因此学者推测微生物是通过SCFAs诱导IGF-1的表达进而影响肌肉发育及骨骼健康。Lahiri等（2019）比较了无菌小鼠和常规小鼠的肌肉，发现无菌小鼠中IGF-1表达减少，同时与线粒体功能相关基因的表达量降低，肌肉蛋白含量降低。研究证实给无菌小鼠补充SCFAs可以部分逆转骨骼肌的损伤，通过防止肌肉萎缩和增强肌肉力量来支持骨骼肌功能。以上研究表明肠道微生物能够影响和干预动物肌肉蛋白代谢，此外有研究指出共生菌对丙氨酸、天冬氨酸、谷氨酸、甘氨酸和色氨酸等氨基酸的分离、合成和吸收具有重要作用。小肠中的梭状芽孢杆菌（*Clostridium*）、芽孢杆菌-乳酸菌（*Streptococcus*）-链球菌和变形菌门细菌都可对消化道内蛋白质的消化和氨基酸的吸收起重要作用，进而参与蛋白质的代谢和氨基酸的平衡调节（孙玲利等，2021）。

（五）影响胃肠道菌群的因素

动物胃肠道菌群是一个动态的生物系统，影响胃肠道菌群组成和多样性的因素主要包括饲养方式、动物日粮、年龄和运动训练等。

1. 饲养方式

不同的饲养方式也会对动物肠道系统稳态产生影响。孙娟（2014）探究了两种育肥方式对绵羊小肠黏膜的影响，结果发现相比于自然放牧，放牧补饲可以显著提高绵羊小肠绒毛的长度，降低隐窝深度，增强小肠消化吸收能力。放牧饲养对西藏绒山羊十二指肠隐窝深度产生明显影响，提高了绒山羊十二指肠上皮细胞的分泌能力（巴贵等，2020）。有研究指出自由放养的蛋鸡肠道中放线菌、拟杆菌较笼养更加丰富，将自由放养母鸡筛选得到的乳酸菌应用于饲料中，可以促进雏鸡空肠绒毛长度的增加（Cui et al.，2017）。以上研究结果表明，放牧条件下的畜禽，肠道菌群组成与黏膜形态优于舍饲，有利于机体肠道系统稳态的维持。作者团队近几年已针对不同饲养方式下（放牧、放牧补饲和舍饲）绵羊胃肠道菌群及其代谢产物进行了大量研究，试验结果显示饲养方式对绵羊的胃肠道微生态影响较大。这些研究为深度揭示饲养方式对羊肉品质影响的潜在机制，和通过日粮营养调控改善绵羊胃肠道环境及机体代谢奠定了重要的基础。

2. 日粮组成

动物肠道系统与摄入的日粮直接接触，因此日粮的组成会对动物肠道稳态产生直接影响。饲料添加2%的甘露聚糖会降低湖羊回肠绒毛长度，增加结肠中拟杆菌门、广古菌门（Euryarchaeota）相对丰度（刘绘汇，2021）。相比单纯饲喂玉米纤维和大豆纤维，添加

10%麦麸纤维或豌豆纤维可以增加仔猪肠道绒毛长度、隐窝深度的比值（Chen et al.，2013）。Jacquier 等（2019）发现饲喂了枯草芽孢杆菌（*Bacillus subtilis*）的肉鸡，其盲肠内瘤胃球菌、厌氧球菌（*Anaerococcus*）及丁酸弧菌属（*Butyrivibrio*）相对丰度显著增加，同时回肠微绒毛长度也显著增加。长期摄入低蛋白饲粮会损害仔猪肠道形态，抑制肠道激素分泌，降低结肠中有益菌的相对丰度（Yu et al.，2019）。而长期饲喂高谷物日粮则会导致山羊结肠微生物结构紊乱和组织结构损伤，诱发肠道黏膜炎症，增加机体肠道疾病发生率（叶慧敏，2016）。用蛋白质取代等量的小麦淀粉饲喂小鼠，结果显示高蛋白的饮食导致小鼠肠道紧密连接蛋白基因表达量下降，肠道通透性增加，诱导肾损伤的发生（Snelson et al.，2021）。研究证明高脂肪饮食会改变肠道厚壁菌门和拟杆菌门的相对丰度，影响宿主脂质代谢（de La Serre et al.，2010）。综上所述，多样化的日粮组成会对动物肠道黏膜形态和菌群结构造成不同程度的影响，但日粮中的营养过剩或缺乏都可能导致动物肠道系统功能紊乱，诱发某些疾病。关于日粮组成对绵羊胃肠道微生态的影响，作者团队以苏尼特羊，杜泊羊×小尾寒羊杂一代绵羊为例进行相关试验，发现日粮补充不同梯度乳酸菌（精料质量的1%、2%、3%）、植物乳植杆菌 [2g/(只·d)，活菌数 3×10^{10} CFU/g] 和丁酸梭菌 [5g/(只·d)，5×10^{8} CFU/g] 均能有效平衡羊的瘤胃和肠道菌群，这对改善机体代谢、提高绵羊的生长性能和肉品质至关重要。

3. 运动

有研究指出，动物运动量不够容易出现食欲不振，甚至引发疾病，继而导致畜禽体型偏小，难以达到最优的养殖经济效益。这可能与运动锻炼会影响动物机体肠道黏膜屏障和菌群多样性有关（Monda et al.，2017）。Campbell 等（2016）研究了在高脂饮食前提下运动与不运动小鼠间肠道系统差异，结果显示高脂饮食对肠道上皮形态造成不良影响，尤其是十二指肠，而运动可以防止这种不利影响，减少肠道炎症。强制大鼠跑步可以改变盲肠内产丁酸的菌群丰度，引起盲肠内丁酸浓度的变化（Evans et al.，2014）。而且与长时间不动的小鼠相比，运动小鼠的微生物组表现出更高的多样性和更有利的代谢能力（Liu et al.，2020）。但超负荷的运动也会导致大鼠肠道黏膜损伤，通透性增加，血液二胺氧化酶水平上升，肠道系统功能紊乱（杨加玲等，2011）。因此选择适当的运动对维持机体肠道系统稳定及改善其健康状况具有重大意义。但目前运动对机体肠道系统影响多集中于单胃动物，在反刍动物领域的研究报道仍较少。因此，作者团队以苏尼特羊为例，在试验过程中使其每天进行6km的运动训练，为期90d，数据显示，运动显著提高了肠道菌群多样性及丰富度，这有助于维持羊的肠道菌群稳态，并优化肠道黏膜结构。

六、宰后成熟

随着生活水平的提高，人们对新鲜肉类的要求越来越高，不仅要有丰富的营养成分，还要有鲜嫩多汁的口感和良好的风味。羊屠宰后，机体内氧气供应中断，内部代谢活动发生明显变化，各种需氧型生物化学反应变为无氧型生物化学反应，造成动物体内ATP的含量急速减少，肌肉内的肌球蛋白和肌动蛋白发生不可逆的结合，生成肌动球蛋白，引起永久性的肌肉收缩，结果产生外观上僵直的状态，经过一段时间后，这种僵直现象逐渐消失，胴体变得柔软，这一过程被称为肉的成熟过程。冷鲜肉是指严格执行兽医检疫制度，对屠宰后的胴体迅速进行冷却处理，使胴体温度在24h内降为0~4℃，并在后续加工、流通和销售过程中始终保持0~4℃的生鲜肉。冷鲜肉经过完整的僵直、解僵和成熟过程，肉质变得鲜嫩，风味愈发浓郁（王亚娜等，2015）。同时，冷鲜肉在冷却环境下表面形成一层干油膜，不仅减少胴体内部水分的蒸发，使肉质柔软多汁，还可以防止微生物的侵入和繁殖，延长肉的保藏期限（姚倩儒等，2022）。冷却排酸能显著提高肉的整体接受度，是肉类品质提升的重要手段。作者团队已分别对不同饲养管理、不同排酸方式、不同排酸温度及不同排酸时间下宰后成熟羊肉的品质指标进行了评估，同时为深入探究宰后成熟过程中羊肉品质的变化机制，作者团队利用广泛靶向脂质组学和代谢组学解析了排酸羊肉的脂质转化机制，并明确了肉羊的最佳成熟时间，为宰后成熟过程中脂肪代谢和肉品质的动态演变提供了新见解。

（一）肌肉宰后成熟机制

1. 钙蛋白酶系统对宰后成熟的调控

钙蛋白酶是目前研究最广泛的细胞内源酶家族，有许多研究表明，钙蛋白酶分解肌原纤维蛋白有助于宰后嫩化。钙蛋白酶是细胞内半胱氨酸蛋白酶的一个大家族，到目前为止，已确定了14名成员，这些成员会在特殊情况下被激活而发挥作用。在骨骼肌中，钙蛋白酶系统由μ-钙蛋白酶（μ-calpain）、m-钙蛋白酶（m-calpain）、P94（calpain 3）和钙蛋白酶抑制蛋白（calpastatin）四种蛋白酶组成。μ-钙蛋白酶和m-钙蛋白酶需要一定浓度的钙离子激活才能发挥作用，研究表明，μ-钙蛋白酶若想要达到最大活性的一半，需要3~50μmol/L的Ca^{2+}，而m-钙蛋白酶则需要400~800μmol/L。μ-钙蛋白酶和m-钙蛋白酶被Ca^{2+}激活后，由80ku的大亚基单位分别自溶成76ku和78ku多肽，由此发挥降解肌原纤维蛋白的作用，随着成熟的进行，两种酶会进一步自溶成28ku，甚至18 ku的多肽亚单位，从而失去活性。P94是一种肌肉特异性钙蛋白酶，分子质量为94ku，平常与肌动蛋白结合在一起，对蛋白水解有一定促进作用。钙蛋白酶抑制蛋白具有可变的多肽片段，主要包括46ku、70~76ku和87ku，这些片段组成了4个抑制区，每个结构域均能抑制钙蛋白酶活性（Zhao et al.，2016）。

2. 细胞凋亡酶系统对宰后成熟的调控

含半胱氨酸的天冬氨酸蛋白水解酶（cysteinyl aspartate specific proteinase，caspases）是引发细胞凋亡的关键酶。自从细胞凋亡理论被应用到肉品科学领域，细胞凋亡与宰后肌肉嫩化之间的关系就成为了研究热点。随着caspases对宰后成熟过程中肌肉嫩化的贡献不断被证实，caspases成为继组织蛋白酶和钙蛋白酶之后，可以解释宰后肌肉嫩化机制的又一类内源性蛋白酶。

细胞死亡是多细胞生物发育、组织稳态和完整性的重要过程。细胞的死亡方式主要有细胞坏死和细胞凋亡。坏死被认为是一种"无序的"细胞死亡。在坏死期间，细胞会膨胀到质膜发生裂解，细胞内容物外泄。与坏死相反，细胞凋亡被认为是"有序的"细胞死亡，在此过程中不会完全被破坏，从而避免细胞内容物的释放以及对邻近细胞造成的后续损害。细胞凋亡过程会引起形态和生化变化，如膜起泡、细胞收缩、染色质凝聚、DNA裂解和细胞分裂成膜结合的凋亡小体。细胞凋亡过程是由caspases家族精准调控的，作为一类半胱氨酸依赖性细胞凋亡蛋白酶，对凋亡通路中细胞的生物化学反应和形态变化都具有重要作用。当细胞遭遇特殊环境后，caspases 能被迅速裂解激活并将凋亡信号逐级放大，启动序列性酶解死亡程序，使细胞发生不可逆的死亡。正常情况下，caspases 以无活性的酶原形式在细胞内广泛存在，只有在感知到凋亡信号时才能发挥作用，主要通过三个通路被激活，分别为死亡受体通路、线粒体通路（图 2-11）和内质网通路。目前的研究共发现 14 种细胞凋亡酶，其家族成员在氨基酸序列、结构及酶的特性上均相似。该酶原是一个分子质量为 30~50ku 的单一多肽，根据大小亚单位序列的同源性以及功能，将细胞凋亡酶分为三个亚族：caspases-2，8，9，10（启动子）启动细胞凋亡；caspases-3，6，7（效应子）降解蛋白质；caspases-1，4，5，13（炎症组）诱发炎症走向细胞坏死。

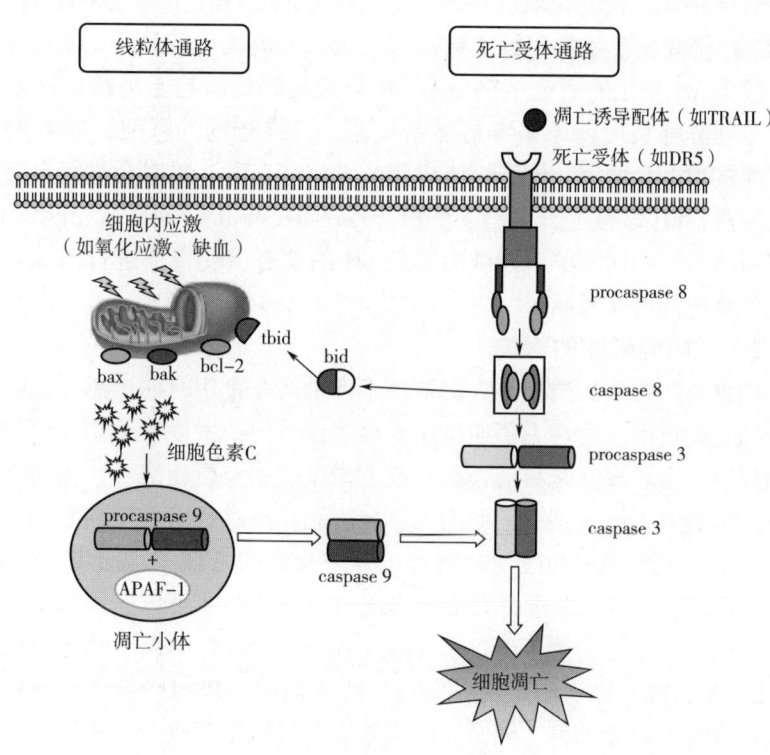

图 2-11 细胞凋亡通路图（Loreto et al.，2014）

动物屠宰和放血过程诱导的缺氧和缺血条件可以激活骨骼肌中的 caspases 并诱导细胞凋亡。孙志昶（2015）的研究表明牦牛宰后成熟过程中确实发生了细胞凋亡，并且 caspase-9 介导的内在通路和 caspase-8 介导的外在通路均参与了 caspase-3 的激活。王琳琳（2018）对宰后牦牛肉的线粒体通路细胞色素 C（cytochrome C，Cyt-c）的释放进行了深入的研究，结果表明从线粒体释放到胞浆的 Cyt-c 以氧化形态形成凋亡小体，激活线粒体凋亡通路，参与肌肉嫩化。近期有研究人员对比了 Callipyge 羊和正常羊的蛋白组学和代谢组学差异，发现 Callipyge 羊中 Cyt-c 含量下调，而抗凋亡蛋白如 HSP70、BAG3 和 PARK7 上调，两种表型羊宰后蛋白水解程度的差异可以归因于凋亡特性（Ma et al.，2020）。以上的研究表明在宰后成熟期间，细胞凋亡是宰后骨骼肌细胞死亡的方式，

caspases 可被激活，并靶向切割其特定底物，在肌肉嫩化中起作用。

（二）宰后成熟对肉品质的影响

宰后成熟过程是肌肉向肉转化的必经过程，有利于改善肉品质，已有许多研究表明，成熟后的肉味道鲜美、柔嫩多汁，具有良好的食用品质。

1. 宰后成熟对肌肉 pH 的影响

pH 是反映宰后肌肉肌糖原酵解速率的重要指标，是宰后成熟过程中引起肉质性状发生差异的主要因素，直接影响肉的蒸煮损失和加工能力等（郭建凤等，2009）。动物活体肌肉 pH 一般为 7.0 左右，屠宰后，肌肉从有氧呼吸变为无氧酵解，体内产生乳酸，乳酸无法从血液转运至肝脏，只能在肌肉中积累，导致肌肉的 pH 下降（Shen et al.，2005）。Young 等（2003）研究发现随着宰后成熟时间的延长，鸡肉的 pH 呈下降趋势。关于绒山羊宰后成熟过程中 pH 变化的研究结果显示 pH 呈现先降低后趋于平衡，这是由于宰后动物肌肉主要通过糖酵解利用糖原来维持能量代谢，其终产物为乳酸，随着成熟时间的增加，肌肉中乳酸沉积也会增加。但当机体中肌纤维相互交联，肌肉会进行自溶反应，随后进入解僵成熟阶段，pH 缓慢上升，趋于平稳（Pezeshki et al.，2017）。作者团队已对宰后成熟过程中苏尼特羊、小尾寒羊以及绒山羊肉 pH 的动态演变规律进行了深入解析，并探讨了影响其变化规律的潜在机制。

2. 宰后成熟对肌肉嫩度的影响

嫩度是羊肉重要的食用品质，是人们常用于评价肉在食用时的口感，也是消费者用来评判肉类质量的主要指标。剪切力值通常用来客观评估肉的嫩度，剪切力值的大小直接显示肉质的柔嫩程度。宰后成熟是目前公认的改善嫩度的主要措施之一，动物宰后，失血和缺氧很快导致肌细胞进入无氧状态，肌肉为维持细胞稳态进行了一系列复杂的生理生化反应，肌肉的嫩度随之发生相应的改变。僵直过程中肌肉的 ATP 含量不断下降，细胞质中 Ca^{2+} 浓度增加，肌动蛋白与肌球蛋白大量且快速的结合，形成不可逆的肌动球蛋白，肌肉的弹性和延展性消失，嫩度持续下降（Ferguson et al.，2014）。僵直达到极限后，肌肉的 pH 和嫩度开始逐渐升高，进入解僵成熟阶段。成熟期间，肌间线蛋白及细胞骨架蛋白发生降解，肌肉嫩度得到极大改善，同时肉的系水力与风味得到改善。李桂霞等（2017）研究得出羊从宰后 2h 开始僵直，48h 开始解僵，完成了肌肉向肉的转变。Ilian 等（2004）对绵羊宰后 7d 内嫩度的变化和肌原纤维蛋白的降解情况进行了研究，结果发现嫩度处于持续上升的状态，并与肌原纤维蛋白的降解呈正相关。作者团队成员对苏尼特羊、小尾寒羊以及绒山羊宰后过程中肉品质的变化进行了研究，结果发现随着成熟时间的延长，羊肉的嫩度显著改善。

3. 宰后成熟对肌肉色泽的影响

肉的颜色主要与机体内肌红蛋白的含量及存在形式相关。动物放血后，体内肌红蛋白在无氧环境中以脱氧肌红蛋白形式存在，使肉色呈现紫红色；而在有氧环境中会以氧合肌红蛋白形式存在，使肉色呈现鲜红色；氧气过量则会以高铁肌红蛋白形式存在，使肉色呈现褐红色。宰后成熟期间会伴随着肌红蛋白的氧化过程。脂肪的氧化会促使肌红蛋白的氧化，成熟期间脂肪的氧化会产生大量自由基和次级氧化产物，而自由基通过夺取肌红蛋白

血红素辅基中 Fe^{2+} 的电子，促使肌红蛋白氧化（王琳琳等，2022）。Wulf 等（1999）发现，羊肉 a^* 值因为肌肉中肌红蛋白与氧气结合形成氧合肌红蛋白，呈现逐渐上升趋势。Hopkins 等（2013）发现宰后成熟时间的延长会对羊肉的颜色氧化稳定性造成负面影响。

4. 宰后成熟对肌肉保水性的影响

研究发现宰后成熟时间的长短会影响肉的保水性。羊的宰后成熟过程中，pH 的变化和蛋白结构的水解程度是影响肌肉保水性的主要因素（Huff-Lonergan et al.，2005）。动物宰后糖酵解会使肌肉的 pH 逐渐下降，在达到包含肌原纤维蛋白在内的多种蛋白的等电点时，肌肉中蛋白质产生了静电荷效应，电荷之间的相互作用力减弱，分子间的静电斥力减小，使其处于紧缩状态，肌肉内部空间变小，导致肌肉的保水性降低（Farouk et al.，2014）。同时肌肉中的酸性物质含量增加，降低了蛋白质的亲水性，导致水分流失。朱立贤等（2018）发现随着成熟时间的延长，肌肉的蒸煮损失逐渐增加。李桂霞等（2017）对宰后羊肉品质进行了研究，结果发现成熟 7d 后羊肉保水性降低。杨文婷等（2017）对羊宰后背最长肌的研究也得出了类似的结论。

5. 宰后成熟对肌肉风味的影响

风味对于肉的食用至关重要，生肉必须经过成熟或者烹饪后，才会产生良好风味（Shahidi et al.，1986）。肌肉中脂肪酸的组成及比例与风味物质的形成密切相关（Hocquette et al.，2010），肉中 90% 的挥发性风味化合物来自于脂质的分解与氧化（李敬等，2019）。剩余 10% 则是由美拉德反应和硫胺素降解产生的（尹靖东，2011）。动物被屠宰后，肌肉中的游离 UFA 通过氧化方式（光敏、酶促）生成氢过氧化物，并根据其断键位置的不同，产生醛、醇、酮和呋喃类化合物，赋予肉不同的风味，如油酸氧化降解可以产生具有水果香气、甜香味的醛类物质（如庚醛、壬醛和 2-壬烯醛等）（沈晓玲等，2008）。同时一些脂肪酸中的羟基经过脱水环化后可以产生内酯类化合物（张葳，2012）。但是过度的脂质氧化与脂肪酸败可能造成肉的不良风味，如 PUFA 氧化生成具有刺激性气味的饱和直链醛、烯醛等。肖雄等（2019）研究发现宰后 1h、1d、3d 和 5d 的风味物质种类数分别为 34、36、28 和 26，风味物质种类整体呈现先升高后降低的趋势。尤丽琴等（2021）发现随着宰后成熟时间的延长，羊肉中风味前体物质的总体水平升高，有利于羊肉风味的改善。作者团队通过对不同成熟时间点下羊肉中的挥发性风味物质进行测定后发现，宰后成熟丰富了羊肉中挥发性风味物质的种类，这也印证了宰后成熟有助于改善肉质风味的理论。

本章参考文献

[1] 巴贵,索朗达,次仁德吉,等. 不同饲养方式对西藏绒山羊机体免疫及胃肠道组织发育的影响[J]. 畜牧与兽医, 2020, 52 (2): 54-59.

[2] 白东义,图格琴,赵若阳,等. 蒙古马不同部位骨骼肌肌纤维特性分析[J]. 内蒙古农业大学学报:自然科学版, 2019, 40 (04): 1-5.

[3] 蔡兴才. 外源添加α-酮戊二酸对骨骼肌蛋白质合成与降解的影响及其机制研究[D]. 广州:华南农业大学, 2017.

[4] 曹丹丹,马灌楠,董梦醒,等. 肠道菌群与儿童营养不良关系的研究进展[J]. 发育医学电子杂志, 2017, 5 (1): 45-49+59.

[5] 陈炼红,王琳琳,高代微. AMPK活化调控的能量代谢对宰后牦牛肉肉色稳定性影响的研究[J]. 食品工业科技, 2021, 42 (22): 37-46.

[6] 陈姗,张培珍. 运动训练对血脂代谢影响的研究进展[J]. 中国预防医学杂志, 2019, 20 (09): 881-886.

[7] 陈映,葛桂华,徐旭,等. 品种和肌纤维类型对猪肉质性状的影响[J]. 中国畜牧杂志, 2020, 56 (11): 52-55+62.

[8] 褚晓蕾,牛燕媚,袁海瑞,等. 蛋白组学技术研究有氧运动影响C57BL/6小鼠骨骼肌代谢系列报道之四——有氧运动对胰岛素抵抗小鼠骨骼肌蛋白折叠/降解通路相关蛋白的影响[J]. 中国运动医学杂志, 2011, 30 (12): 1071-1077.

[9] 窦露,刘畅,杨致昊,等. 动物肌肉组织蛋白质代谢调控的研究进展[J]. 动物营养学报, 2022, 34 (1): 39-50.

[10] 段小果. 大青山山羊肉肌纤维特性及品质的研究[D]. 呼和浩特:内蒙古农业大学, 2017.

[11] 付鹏宇,龚丽景,胡扬. 运动对棕色脂肪功能的影响及作用机制[J]. 体育科学, 2018, 38 (11): 92-97.

[12] 高美钦,晋雯,张文敏. 肌球蛋白三磷酸腺苷酶的染色技术[J]. 解剖学杂志, 2004, 27 (1): 104-105.

[13] 高尧来,朱晶莹. 美拉德反应与肉的风味[J]. 广州食品工业科技, 2004, 20 (1): 91-94.

[14] 郭建凤,武英,呼红梅,等. 不同储存温度、时间对长白猪肌肉pH及失水率的影响[J]. 西北农业学报, 2009, 18 (1): 33-36.

[15] 侯川川,马莲香,邱家凌,等. 饲粮类型对育肥湖羊生长性能、屠宰性能和肉品质的影响[J]. 动物营养学报, 2018, 30 (12): 5023-5031.

[16] 滑留帅,王璟,徐照学,等. 利用重组腺病毒过表达PPARγ对牛肌肉细胞脂质沉积的影响[J]. 农业生物技术学报, 2020, 28 (3): 475-482.

[17] 姬凯茜,焦丹,谢忠奎,等. 棕色脂肪细胞特异基因PRDM16的研究进展与展望[J]. 中国生物工程杂志, 2019, 39 (4): 84-93.

[18] 李登赴,郎洪权,何军. 品种和营养水平对猪背最长肌肌糖原和肌纤维类型的影响[J]. 西南农业学报, 2019, 32 (4): 936-941.

[19] 李桂霞,李欣,李铮,等. 宰后僵直及成熟过程中羊背最长肌理化性质的变化[J]. 食品科学, 2017, 38 (21): 112-118.

[20] 李昊. 蛋白质和叶酸对奶公牛生长性能和蛋白质代谢基因表达的影响[D]. 太原:山西农业大

学,2019.

[21] 李红伟,陈圆,鲍淼,等.惠阳胡须鸡LPL、FASN基因多态性的研究[J].福建农业学报,2016,31(7):690-693.

[22] 李洁琼,郑世学,喻子牛,等.乙酰辅酶A羧化酶:脂肪酸代谢的关键酶及其基因克隆研究进展[J].应用与环境生物学报,2011,17(5):753-758.

[23] 李敬,杨媛媛,赵青余,等.肉风味前体物质与风味品质的关系研究进展[J].中国畜牧杂志,2019,55(11):1-7.

[24] 李琳,刘丽婷,段艳宇,等.猪腹脂脂肪细胞大小、数量及其与脂肪沉积能力和脂肪酸组成的相关性研究[J].中国畜牧杂志,2010,46(21):16-19.

[25] 李琳,郑卓,贺红专.PPARγ基因调控猪脂肪沉积研究进展[J].中国猪业,2021,11(8):57-60.

[26] 李同明,王素强,刘洪军,等.运动对动物脂肪代谢和能量代谢的影响研究进展[J].山东畜牧兽医,2016,37(1):56-58.

[27] 凌启波.实用病理特殊染色和组化技术[M].广州:广东高等教育出版社,1989:1-30.

[28] 刘绘汇.饲粮中添加甘露寡糖对湖羊生长和屠宰性能、胃肠道组织形态及微生物区系的影响[D].兰州:甘肃农业大学,2021.

[29] 刘启梁.eEF2K与肿瘤[J].生命的化学,2016,36(05):633-638.

[30] 刘雪芹,杨飞云,刘作华,等.营养调控猪肌内脂肪的研究[J].饲料工业,2010,31(20):52-54.

[31] 罗建学,兰玉倩,杨桂秀,等.激素敏感脂酶基因研究进展[J].生物技术世界,2015,3(165):189-190.

[32] 南庆贤.肉类工业手册[M].北京:中国轻工业出版社,2003:55.

[33] 欧全文,王卫,张崟,等.肉类风味的研究进展[J].食品科技,2012,37(12):107-111.

[34] 乔永.湖羊羔羊不同部位肌肉肌内脂肪沉积相关基因表达的发育性变化研究[D].南京:南京农业大学,2007.

[35] 任志超.有氧耐力训练高脂诱导肥胖模型小鼠白色脂肪组织和血浆PPARγ的水平变化[J].中国组织工程研究,2019,23(19):3056.

[36] 沈晓玲,李诚.脂类物质与肉的风味[J].肉类研究,2008,22(3):25-28.

[37] 时云朵,孙豪.乳酸菌改善肠道防御功能的研究进展[J].饲料博览,2018(4):44-47+51.

[38] 宋淑珍,吴建平,高良霜,等.过氧化物酶体增殖物激活受体γ信号通路调控脂质代谢的研究进展[J].动物营养学报,2020,32(04):1473-1483.

[39] 孙金龙,师希雄,黄峰,等.藏羊肉宰后成熟过程中热休克蛋白27对肌原纤维蛋白及细胞凋亡酶的影响[J].食品科学,2020,41(3):24-29.

[40] 孙娟.育肥方式对呼伦贝尔及呼杜杂交羔羊消化道组织形态及酶活的影响[D].呼和浩特:内蒙古农业大学,2014.

[41] 孙玲利,宁俊平,韩战强,等.家禽肠道菌群与营养物质代谢的研究进展[J].黑龙江畜牧兽医,2021,3:54-57.

[42] 孙志昶.宰后牦牛肉成熟过程中细胞凋亡的发生及其对肉品质与微观结构变化的影响[D].兰州:甘肃农业大学,2015.

[43] 王寒凝,祁智,李雪玲,等.肌内脂肪沉积的营养调控与分子机制[J].动物营养学报,2020,32(7):2947-2958.

[44] 王琳琳, 陈炼红, 张岩. 不同部位牦牛肉宰后成熟过程中肉色稳定性研究 [J]. 食品与发酵工业, 2022, 48 (20): 29-35.

[45] 王琳琳. Cyt-c 释放和介导宰后牦牛肉线粒体凋亡途径激活机制及对嫩度影响的研究 [D]. 兰州: 甘肃农业大学, 2018.

[46] 王小龙, 黄兴国, 刘祝英. 多不饱和脂肪酸对畜禽产品脂肪酸的影响 [J]. 饲料博览: 技术版, 2007, 11: 28-30.

[47] 王亚娜, 王晓香, 王振华, 等. 大足黑山羊宰后成熟过程中挥发性风味物质的变化 [J]. 食品科学, 2015, 36 (22): 107-112.

[48] 王勇峰, 丰永红, 万红兵, 等. 新疆褐牛不同部位牛肉肌纤维类型及品质差异研究 [J]. 食品工业科技, 2018, 39 (6): 19-24.

[49] 王昱丁. 猪背最长肌肌内脂肪含量相关基因的筛选及表达分析 [D]. 泰安: 山东农业大学, 2017.

[50] 魏建翔, 刘阳, 何玉秀. 一次高强度间歇运动与中等强度持续运动激活骨骼肌脂肪水解酶的比较研究 [C] // 中国体育科学学会. 第十一届全国体育科学大会论文摘要汇编, 2019, 2: 7549-7550.

[51] 魏秀丽, 谢小雷, 张春晖, 等. 猪宰后肌肉体系中 μ-calpain 及肌原纤维蛋白理化特性的变化规律 [J]. 中国农业科学, 2015, 48 (12): 2428-2438.

[52] 温佳, 王一民, 葛静, 等. 动物白色脂肪组织棕色化的调控机制 [J]. 家畜生态学报, 2018, 39 (8): 8-12.

[53] 肖雄, 张德权, 李铮, 等. 宰后僵直和解僵过程羊肉风味品质分析 [J]. 现代食品科技, 2019, 35 (6): 287-294.

[54] 谢宝财. 性别对关中黑猪生长性能、胴体性状及肉品质的影响 [D]. 杨凌: 西北农林科技大学, 2017.

[55] 熊文中, 杨凤, 周安国. 猪重组生长激素对不同杂交肥育猪脂肪代谢调控的研究 [J]. 畜牧兽医学报, 2001, 32 (1): 1-4.

[56] 徐稳. 日粮补充亮氨酸调控 IUGR 仔猪蛋白质代谢及胰岛素信号通路相关基因的机制研究 [D]. 南京: 南京农业大学, 2017.

[57] 许娜. 运动训练对草鱼生长性能和肌肉蛋白质代谢的影响 [D]. 武汉: 华中农业大学, 2021.

[58] 闫祥林, 任晓镁, 刘瑞, 等. 饲养方式对新疆多浪羊肉品质的影响 [J]. 食品科学, 2018, 39 (15): 80-87.

[59] 杨宏, 周小玲, 颜琼娴, 等. 限饲对妊娠中期母羊血液生化指标及内脏脂肪组织脂肪代谢的影响 [J]. 动物营养学报, 2018, 30 (6): 2182-2193.

[60] 杨华. 金华猪肠道微生物结构解析及其与脂肪沉积的关联分析 [D]. 北京: 中国农业大学, 2018.

[61] 杨加玲, 顾明. 过度训练对大鼠小肠粘膜屏障的影响以及大豆多肽的干预作用 [J]. 山东体育学院学报, 2011, 27 (4): 39-44.

[62] 杨家大, 陈祥, 龙威海, 等. 放牧条件下山羊激素敏感性甘油三酯脂肪酶基因的表达 [J]. 西南农业学报, 2015, 28 (5): 2263-2267.

[63] 杨敏, 韩吉龙, 刘建斌, 等. 绵羊尾部脂肪沉积基因定位及细胞生物学机制研究进展 [J]. 中国畜牧杂志, 2018, 54 (6): 23-29.

[64] 杨文婷, 柏霜, 罗瑞明, 等. 排酸方式对成熟过程中滩羊肉品质和水分变化的影响 [J]. 食品

工业科技, 2017, 38 (19): 40-44.

[65] 杨雪蓉, 陈代文, 余冰, 等. PRDM16 的研究进展 [J]. 动物营养学报, 2010, 22 (06): 1477-1481.

[66] 姚倩儒, 陈历水, 李慧, 等. 冷鲜肉保鲜包装技术现状和发展趋势 [J]. 包装工程, 2021, 42 (9): 194-200.

[67] 叶慧敏. 高谷物日粮对山羊瘤胃和结肠微生物发酵、微生物区系及上皮形态结构的影响 [D]. 南京: 南京农业大学, 2016.

[68] 殷小钰, 刘昊天, 邹汶蓉, 等. 肌肉蛋白与挥发性风味物质的相互作用机制及影响因素研究进展 [J]. 食品科学, 2020, 41 (15): 288-294.

[69] 尹靖东. 动物肌肉生物学与肉品科学 [M]. 北京: 中国农业大学出版社, 2011: 112.

[70] 尤丽琴, 姬琛, 罗瑞明. 蛋白质组学揭示滩羊宰后成熟过程中风味前体物质的变化机理 [J]. 食品科学, 2021, 42 (19): 20-27.

[71] 袁慧琦, 侯少贞. 影响棕色脂肪组织产热活性因素的研究进展 [J]. 动物医学进展, 2016, 37 (10): 98-103.

[72] 张丽萍. 不同品种猪肠道微生物与体脂、ANGPTL4 基因关系的研究 [D]. 四川: 四川农业大学, 2007.

[73] 张葳. 阐述中式烹饪过程中香味形成途径与机理 [J]. 黑龙江科技信息, 2012, 27: 49.

[74] 赵敏洁. 基于多组学策略研究月桂酸单甘油酯对高脂膳食饲喂小鼠脂代谢的调节作用及机制 [D]. 杭州: 浙江大学, 2019.

[75] 赵雅娟. AMPK 活性调控对纤维类型组成的影响及机制初探 [D]. 呼和浩特: 内蒙古农业大学, 2017.

[76] 周才琼, 代小容, 杜木英. 酸肉发酵过程中挥发性风味物质形成的研究 [J]. 食品科学, 2010 (7): 98-104.

[77] 周昌瑜, 蒋娅婷, 曹锦轩, 等. 肌原纤维蛋白浓度对风味物质吸附能力的影响 [J]. 核农学报, 2016, 30 (5): 904-911.

[78] 周洁, 王立, 周惠明. 肉品风味的研究综述 [J]. 肉类研究, 2003, 17 (2): 16-18.

[79] 朱立贤, 张一敏, 毛衍伟. 宰后不同温度处理对牛背最长肌 AMPK 活性, 糖酵解及肉品质的影响 [J]. 食品与发酵工业, 2018, 44 (2): 148.

[80] ALLEN D L, LEINWAND L A. Intracellular calcium and myosin isoform transitions: calcineurin and calcium-calmodulin kinase pathways regulate preferential activation of the IIa myosin heavy chain promoter [J]. Journal of Biological Chemistry, 2002, 277 (47): 45323-45330.

[81] ANDREELLI F, FORETZ M, KNAUF C, et al. Liver adenosine monophosphate-activated kinase-α2 catalytic subunit is a key target for the control of hepatic glucose production by adiponectin and leptin but not insulin [J]. Endocrinology, 2006, 147 (5): 2432-2441.

[82] ASCHENBACH W G, HIRSHMAN M F, FUJII N, et al. Effect of AICAR treatment on glycogen metabolism in skeletal muscle [J]. Diabetes, 2002, 51 (3): 567-573.

[83] ASGHAR A, PEARSON A M. Influence of ante-and postmortem treatments upon muscle composition and meat quality [J]. Advances in Food Research, 1980, 26: 53-213.

[84] BÄCKHED F, DING H, WANG T, et al. The gut microbiota as an environmental factor that regulates fat storage [J]. Proceedings of the National Academy of Sciences, 2004, 101 (44): 15718-15723.

[85] BÄCKHED F, MANCHESTER J K, SEMENKOVICH C F, et al. Mechanisms underlying the resistance

to diet-induced obesity in germ-free mice [J]. Proceedings of the National Academy of Sciences, 2007, 104 (3): 979-984.

[86] BAE J Y, WOO J, ROH H T, et al. The effects of detraining and training on adipose tissue lipid droplet in obese mice after chronic high-fat diet [J]. Lipids in Health and Disease, 2017, 16 (1): 1-7.

[87] BARBOSA M A, GUERRA-SÁ R, DE CASTRO U G M, et al. Physical training improves thermogenesis and insulin pathway, and induces remodeling in white and brown adipose tissues [J]. Journal of Physiology and Biochemistry, 2018, 74: 441-454.

[88] BERGERON R, RUSSELL R R, YOUNG L H, et al. Effect of AMPK activation on muscle glucose metabolism in conscious rats [J]. American Journal of Physiology-Endocrinology and Metabolism, 1999, 276 (5): E938-E944.

[89] BERTRAND L, GINION A, BEAULOYE C, et al. AMPK activation restores the stimulation of glucose uptake in an in vitro model of insulin-resistant cardiomyocytes via the activation of protein kinase B [J]. American Journal of Physiology-Heart and Circulatory Physiology, 2006, 291 (1): H239-H250.

[90] BJURSELL M, ADMYRE T, GÖRANSSON M, et al. Improved glucose control and reduced body fat mass in free fatty acid receptor 2-deficient mice fed a high-fat diet [J]. American Journal of Physiology-Endocrinology and Metabolism, 2011, 300 (1): E211-E220.

[91] BRÖER S, BRÖER A. Amino acid homeostasis and signalling in mammalian cells and organisms [J]. Biochemical Journal, 2017, 474 (12): 1935-1963.

[92] BROOKE M H, KAISER K K. Muscle fiber types: how many and what kind? [J]. Archives of Neurology, 1970, 23 (4): 369-379.

[93] BROOKE M H, KAISER K K. Three "myosin adenosine triphosphatase" systems: the nature of their pH lability and sulfhydryl dependence [J]. Journal of Histochemistry and Cytochemistry, 1970, 18 (9): 670-672.

[94] BROWN E J, ALBERS M W, BUM SHIN T, et al. A mammalian protein targeted by G1-arresting rapamycin-receptor complex [J]. Nature, 1994, 369 (6483): 756-758.

[95] BUCKLEY D, DUKE G, HEUER T S, et al. Fatty acid synthase-modern tumor cell biology insights into a classical oncology target [J]. Pharmacology & Therapeutics, 2017, 177: 23-31.

[96] CAMPBELL S C, WISNIEWSKI P J, NOJI M, et al. The effect of diet and exercise on intestinal integrity and microbial diversity in mice [J]. PLoS one, 2016, 11 (3): e0150502.

[97] CANNON B, NEDERGAARD J. Brown adipose tissue: function and physiological significance [J]. Physiological Reviews, 2004, 84 (1): 277-359.

[98] CANTÓ C, AUWERX J. AMP-activated protein kinase and its downstream transcriptional pathways [J]. Cellular and Molecular Life Sciences, 2010, 67: 3407-3423.

[99] CANTÓ C, GERHART-HINES Z, FEIGE J N, et al. AMPK regulates energy expenditure by modulating NAD^+ metabolism and Sirt1 activity [J]. Nature, 2009, 458 (7241): 1056-1060.

[100] CARLING D, HARDIE D G. The substrate and sequence specificity of the AMP-activated protein kinase. Phosphorylation of glycogen synthase and phosphorylase kinase [J]. Biochimica et Biophysica Acta (BBA) -Molecular Cell Research, 1989, 1012 (1): 81-86.

[101] CARLSON C, WINDER W. Liver AMP-activated protein kinase and acetyl-CoA carboxylase during

and after exercise [J]. Journal of Applied Physiology, 1999, 86 (2): 669-674.

[102] CHANG H, KWON O, SHIN M S, et al. Role of Angptl4/Fiaf in exercise-induced skeletal muscle AMPK activation [J]. Journal of Applied Physiology, 2018, 125 (3): 715-722.

[103] CHEN H, CHEN D, MICHIELS J, et al. Dietary fiber affects intestinal mucosal barrier function by regulating intestinal bacteria in weaning piglets [M]. 2013, 78 (1): 71-78.

[104] CHEN Q, LIU Q, SUN Q, et al. Flavour formation from hydrolysis of pork sarcoplasmic protein extract by a unique LAB culture isolated from Harbin dry sausage [J]. Meat Science, 2015, 100: 110-117.

[105] CHEN W, GAO R, XIE X, et al. A metabolomic study of the PPARδ agonist GW501516 for enhancing running endurance in Kunming mice [J]. Scientific Reports, 2015, 5 (1): 9884.

[106] CHEN X, GUO Y, JIA G, et al. Ferulic acid regulates muscle fiber type formation through the Sirt1/AMPK signaling pathway [J]. Food & Function, 2019, 10 (1): 259-265.

[107] CHEN X, XIANG L, JIA G, et al. Leucine regulates slow-twitch muscle fibers expression and mitochondrial function by Sirt1/AMPK signaling in porcine skeletal muscle satellite cells [J]. Animal Science Journal, 2019, 90 (2): 255-263.

[108] CHIN E R, OLSON E N, RICHARDSON J A, et al. A calcineurin-dependent transcriptional pathway controls skeletal muscle fiber type [J]. Genes & Development, 1998, 12 (16): 2499-2509.

[109] CONDON K J, SABATINI D M. Nutrient regulation of mTORC1 at a glance [J]. Journal of Cell Science, 2019, 132 (21): jcs222570.

[110] CORTON J M, GILLESPIE J G, HAWLEY S A, et al. 5-Aminoimidazole-4-carboxamide ribonucleoside: a specific method for activating AMP-activated protein kinase in intact cells? [J]. European Journal of Biochemistry, 1995, 229 (2): 558-565.

[111] CUI Y, WANG Q, LIU S, et al. Age-related variations in intestinal microflora of free-range and caged hens [J]. Frontiers in Microbiology, 2017, 8: 1310.

[112] de LA SERRE C B, ELLIS C L, LEE J, et al. Propensity to high-fat diet-induced obesity in rats is associated with changes in the gut microbiota and gut inflammation [J]. American Journal of Physiology-Gastrointestinal and Liver Physiology, 2010, 299 (02): 440-448.

[113] de MATTEIS R, LUCERTINI F, GUESCINI M, et al. Exercise as a new physiological stimulus for brown adipose tissue activity [J]. Nutrition, Metabolism and Cardiovascular Diseases, 2013, 23 (6): 582-590.

[114] DOMÍNGUEZ R, GÓMEZ M, FONSECA S, et al. Effect of different cooking methods on lipid oxidation and formation of volatile compounds in foal meat [J]. Meat Science, 2014, 97 (2): 223-230.

[115] DREYER C, KREY G, KELLER H, et al. Control of the peroxisomal β-oxidation pathway by a novel family of nuclear hormone receptors [J]. Cell, 1992, 68 (5): 879-887.

[116] DREYER H C, FUJITA S, CADENAS J G, et al. Resistance exercise increases AMPK activity and reduces 4E-BP1 phosphorylation and protein synthesis in human skeletal muscle [J]. The Journal of Physiology, 2006, 576 (2): 613-624.

[117] EVANS C C, LEPARD K J, KWAK J W, et al. Exercise prevents weight gain and alters the gut microbiota in a mouse model of high fat diet-induced obesity [J]. PLoS One, 2014, 9 (3): e92193.

[118] FANG K, WU F, CHEN G, et al. Diosgenin ameliorates palmitic acid-induced lipid accumulation via AMPK/ACC/CPT-1A and SREBP-1c/FAS signaling pathways in LO2 cells [J]. BMC Complementary and Alternative Medicine, 2019, 19: 1-12.

[119] FAROUK M M, AL-MAZEEDI H M, SABOW A B, et al. Halal and kosher slaughter methods and meat quality: A review [J]. Meat Science, 2014, 98 (3): 505-519.

[120] FERGUSON D, GERRARD D. Regulation of post-mortem glycolysis in ruminant muscle [J]. Animal Production Science, 2014, 54 (4): 464-481.

[121] FLINT H J, BAYER E A. Plant cell wall breakdown by anaerobic microorganisms from the mammalian digestive tract [J]. Annals of the New York Academy of Sciences, 2008, 1125 (1): 280-288.

[122] FLUCK M, WAXHAM M N, HAMILTON M T, et al. Skeletal muscle Ca^{2+}-independent kinase activity increases during either hypertrophy or running [J]. Journal of Applied Physiology, 2000, 88 (1): 352-358.

[123] FLÜCK M. Regulation of protein synthesis in skeletal muscle [J]. Deutsche Zeitschrift fur Sportmedizin, 2012, 63 (3): 75.

[124] FORETZ M, CARLING D, GUICHARD C, et al. AMP-activated protein kinase inhibits the glucose-activated expression of fatty acid synthase gene in rat hepatocytes [J]. Journal of Biological Chemistry, 1998, 273 (24): 14767-14771.

[125] FRAMPTON J, MURPHY K G, FROST G, et al. Short-chain fatty acids as potential regulators of skeletal muscle metabolism and function [J]. Nature Metabolism, 2020, 2 (9): 840-848.

[126] FRANCK M, FIGWER P, GODFRAIND C, et al. Could the pale, soft, and exudative condition be explained by distinctive histological characteristics? [J]. Journal of Animal Science, 2007, 85 (3): 746-753.

[127] FRAYN K. Adipose tissue as a buffer for daily lipid flux [J]. Diabetologia, 2002, 45 (9): 1201-1210.

[128] GAN Z, RUMSEY J, HAZEN B C, et al. Nuclear receptor/microRNA circuitry links muscle fiber type to energy metabolism [J]. The Journal of Clinical Investigation, 2013, 123 (6): 2564-2575.

[129] GIBALA M J, MCGEE S L, GARNHAM A P, et al. Brief intense interval exercise activates AMPK and p38 MAPK signaling and increases the expression of PGC-1α in human skeletal muscle [J]. Journal of Applied Physiology, 2009, 106 (3): 929-934.

[130] GIL M, OLIVER M À, GISPERT M, et al. The relationship between pig genetics, myosin heavy CHAIN I, biochemical traits and quality of m. longissimus thoracis [J]. Meat Science, 2003, 65 (3): 1063-1070.

[131] GILLESPIE J G, HARDIE D G. Phosphorylation and inactivation of HMG-CoA reductase at the AMP-activated protein kinase site in response to fructose treatment of isolated rat hepatocytes [J]. FEBS Letters, 1992, 306 (1): 59-62.

[132] GÓMEZ-CORTÉS P, GALLARDO B, MaNTECóN A, et al. Effects of different sources of fat (calcium soap of palm oil vs. extruded linseed) in lactating ewes' diet on the fatty acid profile of their suckling lambs [J]. Meat Science, 2014, 96 (3): 1304-1312.

[133] GUO L, LIANG Z, ZHENG C, et al. Leucine affects α-amylase synthesis through PI3K/Akt-mTOR signaling pathways in pancreatic acinar cells of dairy calves [J]. Journal of Agricultural and Food Chemistry, 2018, 66 (20): 5149-5156.

[134] HALSE R, FRYER L G, McCORMACK J G, et al. Regulation of glycogen synthase by glucose and glycogen: a possible role for AMP-activated protein kinase [J]. Diabetes, 2003, 52 (1): 9-15.

[135] HARDIE D G, CARLING D. The AMP-activated protein kinase: Fuel gauge of the mammalian cell? [J]. European Journal of Biochemistry, 1997, 246 (2): 259-273.

[136] HARDIE D G, ROSS F A, HAWLEY S A. AMPK: a nutrient and energy sensor that maintains energy homeostasis [J]. Nature Reviews Molecular Cell Biology, 2012, 13 (4): 251-262.

[137] HARDIE D G. Regulation of fatty acid and cholesterol metabolism by the AMP-activated protein kinase [J]. Biochimica et Biophysica Acta (BBA) -Lipids and Lipid Metabolism, 1992, 1123 (3): 231-238.

[138] HENIN N, VINCENT M F, GRUBER H E, et al. Inhibition of fatty acid and cholesterol synthesis by stimulation of AMP-activated protein kinase [J]. The FASEB Journal, 1995, 9 (7): 541-546.

[139] HILL M. Intestinal flora and endogenous vitamin synthesis [J]. European Journal of Cancer Prevention, 1997, 6 (2): S43-S45.

[140] HOCQUETTE J, GONDRET F, BAÉZA E, et al. Intramuscular fat content in meat-producing animals: development, genetic and nutritional control, and identification of putative markers [J]. Animal, 2010, 4 (2): 303-319.

[141] HOLMES B F, KURTH-KRACZEK E, WINDER W. Chronic activation of 5′-AMP-activated protein kinase increases GLUT-4, hexokinase, and glycogen in muscle [J]. Journal of Applied Physiology, 1999, 87 (5): 1990-1995.

[142] HONG H A, DUC L H, CUTTING S M. The use of bacterial spore formers as probiotics [J]. FEMS Microbiology Reviews, 2005, 29 (4): 813-835.

[143] HOOPER L V, MACPHERSON A J. Immune adaptations that maintain homeostasis with the intestinal microbiota [J]. Nature Reviews Immunology, 2010, 10 (3): 159-169.

[144] HOPKINS D L, LAMB T, KERR M, et al. Examination of the effect of ageing and temperature at rigor on colour stability of lamb meat [J]. Meat Science, 2013, 95 (2): 311-316.

[145] HOSOKAWA N, HARA T, KAIZUKA T, et al. Nutrient-dependent mTORC1 association with the ULK1-Atg13-FIP200 complex required for autophagy [J]. Molecular Biology of the Cell, 2009, 20 (7): 1981-1991.

[146] HUFF-LONERGAN E, LONERGAN S M. Mechanisms of water-holding capacity of meat: The role of postmortem biochemical and structural changes [J]. Meat Science, 2005, 71 (1): 194-204.

[147] HWANG Y H, ISMAIL I, JOO S T. The relationship between muscle fiber composition and pork taste-traits assessed by electronic tongue system [J]. Korean Journal for Food Science of Animal Resources, 2018, 38 (6): 1305.

[148] ILIAN M A, BEKHIT A E D, BICKERSTAFFE R. The relationship between meat tenderization, myofibril fragmentation and autolysis of calpain 3 during post-mortem aging [J]. Meat Science, 2004, 66 (2): 387-397.

[149] ISSEMANN I, GREEN S. Activation of a member of the steroid hormone receptor superfamily by peroxisome proliferators [J]. Nature, 1990, 347 (6294): 645-650.

[150] JACQUIER V, NELSON A, JLALI M, et al. Bacillus subtilis 29784 induces a shift in broiler gut microbiome toward butyrate-producing bacteria and improves intestinal histomorphology and animal performance [J]. Poultry Science, 2019, 98 (6): 2548-2554.

[151] JÄGER S, HANDSCHIN C, PIERRE J, et al. AMP-activated protein kinase (AMPK) action in skeletal muscle via direct phosphorylation of PGC-1α [J]. Proceedings of the National Academy of Sciences, 2007, 104 (29): 12017-12022.

[152] JUSZCZAK F, CARON N, MATHEW A V, et al. Critical role for AMPK in metabolic disease-induced chronic kidney disease [J]. International Journal of Molecular Sciences, 2020, 21 (21): 7994.

[153] KIMURA N, TOKUNAGA C, DALAL S, et al. A possible linkage between AMP-activated protein kinase (AMPK) and mammalian target of rapamycin (mTOR) signalling pathway [J]. Genes to Cells, 2003, 8 (1): 65-79.

[154] KLAUS S, ELY M, ENCKE D, et al. Functional assessment of white and brown adipocyte development and energy metabolism in cell culture dissociation of terminal differentiation and thermogenesis in brown adipocytes [J]. Journal of Cell Science, 1995, 108 (10): 3171-3180.

[155] KLEIGER G, MAYOR T. Perilous journey: a tour of the ubiquitin-proteasome system [J]. Trends in Cell Biology, 2014, 24 (6): 352-359.

[156] KOLA B, HUBINA E, TUCCI S A, et al. Cannabinoids and ghrelin have both central and peripheral metabolic and cardiac effects via AMP-activated protein kinase [J]. Journal of Biological Chemistry, 2005, 280 (26): 25196-25201.

[157] KRÄMER D, AHLSEN M, NORRBOM J, et al. Human skeletal muscle fibre type variations correlate with PPARα, PPARδ and PGC-1α mRNA [J]. Acta Physiologica, 2006, 188 (3-4): 207-216.

[158] KUBIS H P, HALLER E A, WETZEL P, et al. Adult fast myosin pattern and Ca^{2+}-induced slow myosin pattern in primary skeletal muscle culture [J]. Proceedings of the National Academy of Sciences, 1997, 94 (8): 4205-4210.

[159] KURTH-KRACZEK E J, HIRSHMAN M F, GOODYEAR L J, et al. 5'AMP-activated protein kinase activation causes GLUT4 translocation in skeletal muscle [J]. Diabetes, 1999, 48 (8): 1667-1671.

[160] LAHIRI S, KIM H, GARCIA-PEREZ I, et al. The gut microbiota influences skeletal muscle mass and function in mice [J]. Science Translational Medicine, 2019, 11 (502): eaan5662.

[161] LARZUL C, LEFAUCHEUR L, ECOLAN P, et al. Phenotypic and genetic parameters for longissimus muscle fiber characteristics in relation to growth, carcass, and meat quality traits in large white pigs [J]. Journal of Animal Science, 1997, 75 (12): 3126-3137.

[162] LAWRIE R A, LEDWARD D. Lawrie's Meat Science: Seventh Edition [M]. Abington: Woodhead publishing, 2006: 371-415.

[163] LAZAR M A. PPARγ, 10 years later [J]. Biochimie, 2005, 87 (1): 9-13.

[164] LEE J J, LOH K, YAP Y S. PI3K/Akt/mTOR inhibitors in breast cancer [J]. Cancer Biology & Medicine, 2015, 12 (4): 342.

[165] LEHNIG A C, STANFORD K I. Exercise-induced adaptations to white and brown adipose tissue [J]. Journal of Experimental Biology, 2018, 221: jeb161570.

[166] LEICK L, FENTZ J, BIENSØ R S, et al. PGC-1α is required for AICAR-induced expression of GLUT4 and mitochondrial proteins in mouse skeletal muscle [J]. American Journal of Physiology-Endocrinology and Metabolism, 2010, 299 (3): E456-E465.

[167] LIN Z, HAN F, LU J, et al. Influence of dietary phospholipid on growth performance, body

composition, antioxidant capacity and lipid metabolism of Chinese mitten crab, Eriocheir sinensis [J]. Aquaculture, 2020, 516: 734653.

[168] LIU K, ZHANG Y, YU Z, et al. Ruminal microbiota-host interaction and its effect on nutrient metabolism [J]. Animal Nutrition, 2021, 7 (1): 49-55.

[169] LIU Y, WANG Y, NI Y, et al. Gut microbiome fermentation determines the efficacy of exercise for diabetes prevention [J]. Cell Metabolism, 2020, 31 (1): 77-91.

[170] LOCHHEAD P A, SALT I P, WALKER K S, et al. 5-aminoimidazole-4-carboxamide riboside mimics the effects of insulin on the expression of the 2 key gluconeogenic genes PEPCK and glucose-6-phosphatase [J]. Diabetes, 2000, 49 (6): 896-903.

[171] LORETO C, LA ROCCA G, ANZALONE R, et al. The role of intrinsic pathway in apoptosis activation and progression in Peyronie's disease [J]. BioMed Research International, 2014, 2014: 616149.

[172] LUQUET S, LOPEZ-SORIANO J, HOLST D, et al. Peroxisome proliferator-activated receptor δ controls muscle development and oxydative capability [J]. The FASEB Journal, 2003, 17 (15): 2299-2301.

[173] MA D, YU Q, HEDRICK V E, et al. Proteomic and metabolomic profiling reveals the involvement of apoptosis in meat quality characteristics of ovine M. longissimus from different callipyge genotypes [J]. Meat Science, 2020, 166: 108140.

[174] MA W Y, MA L P, YI B, et al. Antidiabetic activity of Callicarpa nudiflora extract in type 2 diabetic rats via activation of the AMPK-ACC pathway [J]. Asian Pacific Journal of Tropical Biomedicine, 2019, 9 (11): 456.

[175] MACDONALD A F, BETTAIEB A, DONOHOE D R, et al. Concurrent regulation of LKB1 and CaMKK2 in the activation of AMPK in castrate-resistant prostate cancer by a well-defined polyherbal mixture with anticancer properties [J]. BMC Complementary and Alternative Medicine, 2018, 18 (1): 1-13.

[176] MANDAL S, DAHUJA A, KAR A, et al. In vitro kinetics of soybean lipoxygenase with combinatorial fatty substrates and its functional significance in off flavour development [J]. Food Chemistry, 2014, 146: 394-403.

[177] MARSIN A S, BERTRAND L, RIDER M H, et al. Phosphorylation and activation of heart PFK-2 by AMPK has a role in the stimulation of glycolysis during ischaemia [J]. Current Biology, 2000, 10 (20): 1247-1255.

[178] MARSIN A S, BOUZIN C, BeRTRAND L, et al. The stimulation of glycolysis by hypoxia in activated monocytes is mediated by AMP-activated protein kinase and inducible 6-phosphofructo-2-kinase [J]. Journal of Biological Chemistry, 2002, 277 (34): 30778-30783.

[179] MARTINEZ-GURYN K, HUBERT N, FRAZIER K, et al. Small intestine microbiota regulate host digestive and absorptive adaptive responses to dietary lipids [J]. Cell Host & Microbe, 2018, 23 (4): 458-469.

[180] MCCARTHY J J. MicroRNA-206: the skeletal muscle-specific myomiR [J]. Biochimica et Biophysica Acta (BBA) -Gene Regulatory Mechanisms, 2008, 1779 (11): 682-691.

[181] MCCULLAGH K J, CALABRIA E, PALLAFACCHINA G, et al. NFAT is a nerve activity sensor in skeletal muscle and controls activity-dependent myosin switching [J]. Proceedings of the National

Academy of Sciences, 2004, 101 (29): 10590-10595.

[182] MEISSNER J D, UMEDA P K, CHANG K C, et al. Activation of the β myosin heavy chain promoter by MEF-2D, MyoD, p300, and the calcineurin/NFATc1 pathway [J]. Journal of Cellular Physiology, 2007, 211 (1): 138-148.

[183] MERRILL G F, KURTH E J, HARDIE D, et al. AICA riboside increases AMP-activated protein kinase, fatty acid oxidation, and glucose uptake in rat muscle [J]. American Journal of Physiology-Endocrinology and Metabolism, 1997, 273 (6): E1107-E1112.

[184] MONDA V, VILLANO I, MESSINA A, et al. Exercise modifies the gut microbiota with positive health effects [J]. Oxidative Medicine and Cellular Longevity, 2017, 2017: 3831972.

[185] MU J, BROZINICK J T, VALLADARES O, et al. A role for AMP-activated protein kinase in contraction-and hypoxia-regulated glucose transport in skeletal muscle [J]. Molecular Cell, 2001, 7 (5): 1085-1094.

[186] MU X, BROWN L D, LIU Y, et al. Roles of the calcineurin and CaMK signaling pathways in fast-to-slow fiber type transformation of cultured adult mouse skeletal muscle fibers [J]. Physiological Genomics, 2007, 30 (3): 300-312.

[187] MUOIO D M, SEEFELD K, WITTERS L A, et al. AMP-activated kinase reciprocally regulates triacylglycerol synthesis and fatty acid oxidation in liver and muscle: evidence that sn-glycerol-3-phosphate acyltransferase is a novel target [J]. Biochemical Journal, 1999, 338 (3): 783-791.

[188] NEDERGAARD J, GOLOZOUBOVA V, MATTHIAS A, et al. UCP1: the only protein able to mediate adaptive non-shivering thermogenesis and metabolic inefficiency [J]. Biochimica et Biophysica Acta (BBA) -Bioenergetics, 2001, 1504 (1): 82-106.

[189] NIETO G, BAÑÓN S, GARRIDO M D. Effect of supplementing ewes' diet with thyme (Thymus zygis ssp. gracilis) leaves on the lipid oxidation of cooked lamb meat [J]. Food Chemistry, 2011, 125 (4): 1147-1152.

[190] OFFER G, KNIGHT P, JEACOCKE R, et al. The structural basis of the water-holding, appearance and toughness of meat and meat products [J]. Food Structure, 1989, 8 (1): 17.

[191] PARK A, KIM W K, BAE K H. Distinction of white, beige and brown adipocytes derived from mesenchymal stem cells [J]. World Journal of Stem Cells, 2014, 6 (1): 33.

[192] PARK H, KAUSHIK V K, CONSTANT S, et al. Coordinate regulation of malonyl-CoA decarboxylase, sn-glycerol-3-phosphate acyltransferase, and acetyl-CoA carboxylase by AMP-activated protein kinase in rat tissues in response to exercise [J]. Journal of Biological Chemistry, 2002, 277 (36): 32571-32577.

[193] PERRY R J, PENG L, BARRY N A, et al. Acetate mediates a microbiome-brain-β-cell axis to promote metabolic syndrome [J]. Nature, 2016, 534 (7606): 213-217.

[194] PETER J, SAWAKI S, BARNARD R, et al. Lactate dehydrogenase isoenzymes: distribution in fast-twitch red, fast-twitch white, and slow-twitch intermediate fibers of guinea pig skeletal muscle [J]. Archives of Biochemistry and Biophysics, 1971, 144 (1): 304-307.

[195] PEZESHKI P, YAVARMANESH M, NAJAFI H M B, et al. Effect of meat aging on survival of MS2 bacteriophage as a surrogate of enteric viruses on lamb meat [J]. Journal of Food Safety, 2017, 37 (3): e12336.

[196] PRATS C, DONSMARK M, QVORTRUP K, et al. Decrease in intramuscular lipid droplets and

translocation of HSL in response to muscle contraction and epinephrine [J]. Journal of Lipid Research, 2006, 47 (11): 2392-2399.

[197] QIN X, PARK H G, ZHANG J Y, et al. Brown but not white adipose cells synthesize omega-3 docosahexaenoic acid in culture [J]. Prostaglandins, Leukotrienes and Essential Fatty Acids, 2016, 104: 19-24.

[198] QUEIROZ L D O, de MACÊDO F, SANTOS G, et al. Productive performance and economic analysis of Santa Inês sheep slaughtered at different subcutaneous fat levels [J]. Boletim de Indústria Animal, 2016, 73 (1): 46-52.

[199] ROCKL K S, HIRSHMAN M F, BRANDAUER J, et al. Skeletal muscle adaptation to exercise training: AMP-activated protein kinase mediates muscle fiber type shift [J]. Diabetes, 2007, 56 (8): 2062-2069.

[200] ROY R, TAOURIT S, ZARAGOZA P, et al. Genomic structure and alternative transcript of bovine fatty acid synthase gene (FASN): comparative analysis of the FASN gene between monogastric and ruminant species [J]. Cytogenetic and Genome Research, 2005, 111 (1): 65-73.

[201] SACHECK J M, OHTSUKA A, MCLARY S C, et al. IGF-I stimulates muscle growth by suppressing protein breakdown and expression of atrophy-related ubiquitin ligases, atrogin-1 and MuRF1 [J]. American Journal of Physiology-Endocrinology and Metabolism, 2004, 287 (4): E591-E601.

[202] SAEZ G, DAVAIL S, GENTÈS G, et al. Gene expression and protein content in relation to intramuscular fat content in Muscovy and Pekin ducks [J]. Poultry Science, 2009, 88 (11): 2382-2391.

[203] SAHA A K, SCHWARSIN A J, RODUIT R, et al. Activation of malonyl-CoA decarboxylase in rat skeletal muscle by contraction and the AMP-activated protein kinase activator 5-aminoimidazole-4-carboxamide-1-β-D-ribofuranoside [J]. Journal of Biological Chemistry, 2000, 275 (32): 24279-24283.

[204] SAVELL J, MUELLER S, BAIRD B. The chilling of carcasses [J]. Meat Science, 2005, 70 (3): 449-459.

[205] SCHIAFFINO S, REGGIANI C. Fiber types in mammalian skeletal muscles [J]. Physiological Reviews, 2011, 91 (4): 1447-1531.

[206] SCHULER M, ALI F, CHAMBON C, et al. PGC-1α expression is controlled in skeletal muscles by PPARβ, whose ablation results in fiber-type switching, obesity, and type 2 diabetes [J]. Cell Metabolism, 2006, 4 (5): 407-414.

[207] SEALE P, KAJIMURA S, YANG W, et al. Transcriptional control of brown fat determination by PRDM16 [J]. Cell Metabolism, 2007, 6 (1): 38-54.

[208] SERRA X, GIL F, PÉREZ-ENCISO M, et al. A comparison of carcass, meat quality and histochemical characteristics of Iberian (Guadyerbas line) and Landrace pigs [J]. Livestock Production Science, 1998, 56 (3): 215-223.

[209] SHAHIDI F, RUBIN L J, DSOUZA L A, et al. Meat flavor volatiles: A review of the composition, techniques of analysis, and sensory evaluation [J]. Critical Reviews in Food Science & Nutrition, 1986, 24 (2): 141-243.

[210] SHANAHAN F. The host-microbe interface within the gut [J]. Best Practice & Research Clinical Gastroenterology, 2002, 16 (6): 915-931.

[211] SHARMA A, ANAND S K, SINGH N, et al. Berbamine induced activation of the Sirt1/LKB1/AMPK signaling axis attenuates the development of hepatic steatosis in high-fat diet-induced NAFLD rats [J]. Food & Function, 2021, 12 (2): 892-909.

[212] SHEN Q, DU M. Effects of dietary α-lipoic acid on glycolysis of postmortem muscle [J]. Meat Science, 2005, 71 (2): 306-311.

[213] SHEN W, GASKINS H R, MCINTOSH M K. Influence of dietary fat on intestinal microbes, inflammation, barrier function and metabolic outcomes [J]. The Journal of Nutritional Biochemistry, 2014, 25 (3): 270-280.

[214] ŞIRIN E, AKSOY Y, UĞURLU M, et al. The relationship between muscle fiber characteristics and some meat quality parameters in Turkish native sheep breeds [J]. Small Ruminant Research, 2017, 150: 46-51.

[215] SKOVGAARD N. Lawrie's Meat Science [J]. International Journal of Food Microbiology, 2004, 90 (1): 118.

[216] SKURAT A V, WANG Y, ROACH P J. Rabbit skeletal muscle glycogen synthase expressed in COS cells. Identification of regulatory phosphorylation sites [J]. Journal of Biological Chemistry, 1994, 269 (41): 25534-25542.

[217] SNELSON M, CLARKE R E, NGUYEN T V, et al. Long term high protein diet feeding alters the microbiome and increases intestinal permeability, systemic inflammation and kidney injury in mice [J]. Molecular Nutrition & Food Research, 2021, 65 (8): 2000851.

[218] SOLOMON M, CAPERNA T, MROZ R, et al. Influence of dietary protein and recombinant porcine somatotropin administration in young pigs: Ⅲ. Muscle fiber morphology and shear force [J]. Journal of Animal Science, 1994, 72 (3): 615-621.

[219] SONNENBURG J L, ANGENENT L T, GORDON J I. Getting a grip on things: how do communities of bacterial symbionts become established in our intestine? [J]. Nature Immunology, 2004, 5 (6): 569-573.

[220] STOPPANI J, HILDEBRANDT A L, SAKAMOTO K, et al. AMP-activated protein kinase activates transcription of the UCP3 and HKII genes in rat skeletal muscle [J]. American Journal of Physiology-Endocrinology and Metabolism, 2002, 283 (6): E1239-E1248.

[221] SUSTARSIC E G, MA T, LYNES M D, et al. Cardiolipin synthesis in brown and beige fat mitochondria is essential for systemic energy homeostasis [J]. Cell Metabolism, 2018, 28 (1): 159-174.

[222] SUWA M, KUMAGAI S, NAKANO H. Effects of chronic AICAR treatment on fiber composition, enzyme activities, UCP3 and PGC-1 in rat muscles [J]. Advances in Exercise and Sports Physiology, 2003, 9 (4): 149.

[223] TAKAHASHI Y, SERADA S, OHKAWARA T, et al. LSR promotes epithelial ovarian cancer cell survival under energy stress through the LKB1-AMPK pathway [J]. Biochemical and Biophysical Research Communications, 2021, 537: 93-99.

[224] TARDIF N, SALLES J, LANDRIER J F, et al. Oleate-enriched diet improves insulin sensitivity and restores muscle protein synthesis in old rats [J]. Clinical Nutrition, 2011, 30 (6): 799-806.

[225] TEJERINA D, GARCÍA-TORRES S, de VACA M C, et al. Effect of production system on physical-chemical, antioxidant and fatty acids composition of longissimus dorsi and Serratus ventralis muscles

from Iberian pig [J]. Food Chemistry, 2012, 133 (2): 293-299.

[226] TIAN Z, CUI Y, LU H, et al. Effect of long-term dietary probiotic Lactobacillus reuteri 1 or antibiotics on meat quality, muscular amino acids and fatty acids in pigs [J]. Meat Science, 2021, 171: 108234.

[227] TOLDRA F. Proteolysis and lipolysis in flavour development of dry-cured meat products [J]. Meat Science, 1998, 49: S101-S110.

[228] TURNBAUGH P J, GORDON J I. The core gut microbiome, energy balance and obesity [J]. The Journal of physiology, 2009, 587 (17): 4153-4158.

[229] UM S H, FRIGERIO F, WATANABE M, et al. Absence of S6K1 protects against age- and diet-induced obesity while enhancing insulin sensitivity [J]. Nature, 2004, 431 (7005): 200-205.

[230] VELAGAPUDI V R, HEZAVEH R, REIGSTAD C S, et al. The gut microbiota modulates host energy and lipid metabolism in mice [J]. Journal of Lipid Research, 2010, 51 (5): 1101-1112.

[231] VINCENT M F, MARANGOS P J, GRUBER H E, et al. Inhibition by AICA riboside of gluconeogenesis in isolated rat hepatocytes [J]. Diabetes, 1991, 40 (10): 1259-1266.

[232] VOLDEN J, BJELANOVIC M, VOGT G, et al. Oxidation progress in an emulsion made from metmyoglobin and different triacylglycerols [J]. Food Chemistry, 2011, 128 (4): 854-863.

[233] WANG D T, YIN Y, YANG Y J, et al. Resveratrol prevents TNF-α-induced muscle atrophy via regulation of Akt/mTOR/FoxO1 signaling in C2C12 myotubes [J]. International Immunopharmacology, 2014, 19 (2): 206-213.

[234] WANG Y X, ZHANG C L, YU R T, et al. Regulation of muscle fiber type and running endurance by PPARδ [J]. PLoS Biology, 2004, 2 (10): e294.

[235] WATANABE N, KOMIYA Y, SATO Y, et al. Oleic acid up-regulates myosin heavy chain (MyHC) 1 expression and increases mitochondrial mass and maximum respiration in C2C12 myoblasts [J]. Biochemical and Biophysical Research Communications, 2020, 525 (2): 406-411.

[236] WELLING G W, WILDEBOER-VELOO L, RAANGS G C, et al. Variations of bacterial populations in human faeces measured by FISH with group-specific 16S rRNA-targeted oligonucleotide probes [J]. Bioscience and Microflora, 2000, 19 (2): 79-84.

[237] WENZ T. Mitochondria and PGC-1α in aging and age-associated diseases [J]. Journal of Aging Research, 2011, 4: 810619.

[238] WINDER W A, HARDIE D. AMP-activated protein kinase, a metabolic master switch: possible roles in type 2 diabetes [J]. American Journal of Physiology-Endocrinology and Metabolism, 1999, 277 (1): E1-E10.

[239] WINDER W. Energy-sensing and signaling by AMP-activated protein kinase in skeletal muscle [J]. Journal of Applied Physiology, 2001, 91 (3): 1017-1028.

[240] WOJTYSIAK D, CALIK J, KRAWCZYK J, et al. Postmortem degradation of desmin and dystrophin in breast muscles from capons and cockerels [J]. Annals of Animal Science, 2019, 19 (3): 835-846.

[241] WU Z, PUIGSERVER P, ANDERSSON U, et al. Mechanisms controlling mitochondrial biogenesis and respiration through the thermogenic coactivator PGC-1 [J]. Cell, 1999, 98 (1): 115-124.

[242] WULF D, WISE J. Measuring muscle color on beef carcasses using the L*a*b* color space [J]. Journal of Animal Science, 1999, 77 (9): 2418-2427.

[243] YAN J, HERZOG J W, TSANG K, et al. Gut microbiota induce IGF-1 and promote bone formation and growth [J]. Proceedings of the National Academy of Sciences, 2016, 113 (47): E7554-E7563.

[244] YANG C, LIU J, WU X, et al. The response of gene expression associated with lipid metabolism, fat deposition and fatty acid profile in the longissimus dorsi muscle of Gannan yaks to different energy levels of diets [J]. PLoS One, 2017, 12 (11): e0187604.

[245] YANG X, DOWNES M, RUTH T Y, et al. Nuclear receptor expression links the circadian clock to metabolism [J]. Cell, 2006, 126 (4): 801-810.

[246] YIN J, LI Y, HAN H, et al. Administration of exogenous melatonin improves the diurnal rhythms of the gut microbiota in mice fed a high-fat diet [J]. Msystems, 2020, 5 (3): 2-20.

[247] YOUNG J, StAGSTED J, JENSEN S, et al. Ascorbic acid, alpha-tocopherol, and oregano supplements reduce stress-induced deterioration of chicken meat quality [J]. Poultry Science, 2003, 82 (8): 1343-1351.

[248] YU D, ZHU W, HANG S. Effects of long-term dietary protein restriction on intestinal morphology, digestive enzymes, gut hormones, and colonic microbiota in pigs [J]. Animals, 2019, 9 (4): 180.

[249] ZHANG J, LAN L Y. MicroRNA in skeletal muscle: its crucial roles in signal proteins, muscle fiber type, and muscle protein synthesis [J]. Current Protein and Peptide Science, 2017, 18 (6): 579-588.

[250] ZHAO L, JIANG N, LI M, et al. Partial autolysis of μ/m-calpain during post mortem aging of chicken muscle [J]. Animal Science Journal, 2016, 87 (12): 1528-1535.

[251] ZHENG Y, WANG S, YAN P. The meat quality, muscle fiber characteristics and fatty acid profile in Jinjiang and F1 Simmental× Jinjiang yellow cattle [J]. Asian-Australasian Journal of Animal Sciences, 2018, 31 (2): 301.

第三章

羊肉品质的影响因素及变化机制

第一节　遗传因素

第二节　饲养管理对羊肉品质的影响研究

第三节　环境因素：环境与菌群结构

第四节　宰后处理技术

本章参考文献

第一节 遗传因素

羊肉是全国乃至全球地区的重要食物，肉羊肉品质与遗传因素之间的关系是肉类科学领域一个备受关注的复杂课题。羊肉在全球范围内被广泛消费，其品质直接关系到食用者的健康和满足感。羊肉品质受多种因素的综合影响，包括但不限于品种、年龄、性别、部位和基因。了解这些因素如何相互作用以及它们对羊肉品质的具体影响，对于优化养殖实践、提高肉羊养殖效益具有重要意义。本节将对这五个因素与羊肉品质的关系进行深入探讨，以期为肉羊养殖业的可持续发展提供科学依据。

一、品种对羊肉品质的影响

品种对胴体有很大的影响，品种不同，羊的产肉潜能也不同，这是动物在胚胎时期所决定的。在相同的饲养管理条件和日粮营养水平下，杂种育肥羊的生长速度和饲料利用率往往超过双亲品种。此外，相对于大型晚熟羊，小型早熟羊能较早地结束生长期，提前进入育肥阶段，出栏率也相对较高。同时，不同品种在生长速度、肌肉发育等方面也存在差异，这些因素与羊肉的嫩度和肥瘦比例密切相关。因此，深入研究不同肉羊品种的遗传特性，对于选择适宜品种、优化养殖方式、提高羊肉品质具有指导意义。作者团队为了研究品种对肉品质的影响，对不同品种的羊（呼伦贝尔羊、苏尼特羊、巴美肉羊、乌拉特山羊等）肉品质进行了对比和分析。

（一）呼伦贝尔羊（巴尔虎羊和短尾羊）

呼伦贝尔羊是内蒙古呼伦贝尔草原孕育出的地方特色优良品种，呼伦贝尔羊根据其尾巴大小的不同分为"巴尔虎"和"短尾"两种品系。这两种尾型的呼伦贝尔羊在自然条件下均可度过呼伦贝尔的寒冬，但在同一饲养条件下具有不同的肉用品质。为了解两种品系间的品质差异，以5月龄体重相近的巴尔虎羊和短尾羊（每组10只）作为研究对象，通过测定其背最长肌、臂三头肌与股二头肌的食用品质与营养成分，并且测定其脂肪分布、脂肪酸组成、mRNA相对表达量，研究不同品系呼伦贝尔羊肉品质的差异与脂肪代谢重要基因网络对脂肪分布和脂肪酸组成的影响。

1. 肉品质

巴尔虎羊与短尾羊食用品质的比较如表3-1所示。国内外的肉色研究通常使用色差仪直接测定肉样颜色，根据 L^*（亮度值）、a^*（红度值）、b^*（黄度值）等客观量化指标来评定肉色。

pH：在羊宰后45min测定肌肉pH，记作 pH_{45min}，在0~4℃下冷藏24h后再次测定，记作 pH_{24h}。

蒸煮损失：取50g左右的样品，称重并记录（m_1）。将样品在80℃的水浴锅中加热至中心温度达到70℃，取出后冷却至室温，用滤纸吸干表面水分，称重并记录（m_2）。

$$蒸煮损失（\%） = \frac{m_1 - m_2}{m_1} \times 100\%$$

剪切力：取 50g 左右的样品，将样品在 80℃ 的水浴锅中加热至中心温度达到 70℃，取出后冷却至室温，沿肌纤维方向切成 3cm × 1cm × 1cm 的肉条。使用嫩度仪垂直于肌纤维剪切测定其剪切力值，每个样品重复测定 8~10 次。

表 3-1 巴尔虎羊与短尾羊食用品质的比较

部位	指标	巴尔虎羊	短尾羊
背最长肌	L^*	37.19±1.34^a	36.58±1.38^b
	a^*	20.05±0.44^b	20.22±0.58^a
	b^*	4.18±0.35^a	3.92±0.51^b
	pH_{45min}	5.76±0.60^a	5.85±0.18^a
	pH_{24h}	5.59±0.19^a	5.67±0.08^a
	蒸煮损失率/%	40.32±4.57^a	40.69±2.71^a
	剪切力/N	69.53±11.33^b	81.67±10.98^a
臂三头肌	L^*	41.29±1.22^a	39.14±1.59^b
	a^*	20.47±0.72^a	21.06±0.82^a
	b^*	5.15±0.28^a	5.55±0.82^a
	pH_{45min}	6.05±0.22^a	6.03±0.19^a
	pH_{24h}	5.97±0.16^a	5.99±0.19^a
	蒸煮损失率/%	42.91±1.69^a	39.03±2.47^b
	剪切力/N	62.41±12.23^a	71.67±8.98^a
股二头肌	L^*	40.31±1.45^a	37.49±1.80^b
	a^*	20.61±1.01^a	20.19±1.07^a
	b^*	4.91±0.20^a	3.96±0.55^b
	pH_{45min}	5.94±0.16^a	6.01±0.20^a
	pH_{24h}	5.92±0.29^a	5.97±0.13^a
	蒸煮损失率/%	41.15±3.08^a	43.88±0.90^a
	剪切力/N	48.35±9.27^a	56.93±4.07^a

注：同行小写字母肩注不同表示差异显著（$P<0.05$）。

由表 3-1 可知，短尾羊 3 个肌肉部位的 L^* 均显著小于巴尔虎羊（$P<0.05$），背最长肌与股二头肌的 b^* 显著小于巴尔虎羊（$P<0.05$）。在本研究中，巴尔虎羊、短尾羊的胴体 pH 均处于正常的排酸阶段，基本符合消费者易接受的羊肉 pH 范围（5.8~6.0），两个品种羊的初始酸度和终极酸度均无显著性差异（$P>0.05$）。此外研究结果显示，巴尔虎羊臂三头肌的蒸煮损失率显著大于短尾羊（$P<0.05$），说明短尾羊损失的可溶性物质及液体

较巴尔虎羊少，多汁性较好。可能是由于巴尔虎羊和短尾羊肌肉结构蛋白、代谢酶、应激相关蛋白和转运蛋白的差异引起的（Zuo et al.，2018）。同时，本研究中，巴尔虎羊背最长肌的剪切力显著小于短尾羊（$P<0.05$），说明巴尔虎羊背最长肌的嫩度要优于短尾羊，这可能与巴尔虎羊和短尾羊肌原纤维蛋白水解模式的差异有关（della Malva et al.，2017）。

2. 营养成分

巴尔虎羊和短尾羊基础营养成分的比较如表3-2所示。两个品种羊的蛋白质含量均在21%左右，其蛋白质含量、胶原蛋白含量与水分含量无显著性差异（$P>0.05$）。在不同部位的比较中发现两个品种羊背最长肌的蛋白质含量均显著大于臂三头肌和股二头肌（$P<0.05$），水分含量显著低于臂三头肌与股二头肌（$P<0.05$）。此外，两个品种中短尾羊背最长肌的灰分含量显著大于巴尔虎羊（$P<0.05$），说明巴尔虎羊背最长肌的矿物质含量较低。

表3-2　巴尔虎羊与短尾羊基础营养成分的比较　　　　单位：%

部位	指标	巴尔虎羊	短尾羊
背最长肌	蛋白质	22.31±0.41[A]	22.41±0.48[A]
	脂肪	2.07±0.60[b]	2.65±0.55[a]
	糖原	0.07±0.02[a]	0.08±0.04[a]
	水分	73.20±0.74[B]	72.56±0.68[B]
	灰分	1.28±0.15[b]	1.77±0.29[a]
	胶原蛋白	0.71±0.13[a]	0.88±0.27[a]
臂三头肌	蛋白质	21.19±0.67[B]	21.14±0.81[B]
	脂肪	2.15±0.21[b]	2.34±0.30[a]
	糖原	0.06±0.02[a]	0.08±0.05[a]
	水分	74.61±0.48[A]	74.54±0.76[A]
	灰分	1.42±0.10[a]	1.30±0.16[a]
	胶原蛋白	0.72±0.20[a]	0.70±0.14[a]
股二头肌	蛋白质	21.03±0.98[B]	21.39±0.28[B]
	脂肪	2.61±0.35[a]	2.58±0.42[a]
	糖原	0.08±0.03[a]	0.09±0.03[a]
	水分	75.08±1.05[A]	74.50±0.76[A]
	灰分	1.36±0.14[a]	1.22±0.17[a]
	胶原蛋白	0.83±0.23[a]	0.91±0.18[a]

注：同行小写字母肩注、同列同指标大写字母肩注相同或无字母表示差异不显著，肩注不同表示差异显著（$P<0.05$）。

3. 脂肪分布

脂肪分布是呼伦贝尔羊在生长发育过程中脂肪沉积的结果，脂肪沉积是贮存能量的主要方式，脂肪沉积的先后因机体部位而异，其肌内脂肪、皮下脂肪和尾部脂肪作为胴体主要脂肪对肉用品质（屠宰性能、食用品质和营养价值等）影响较大。由表3-3可知，短尾羊背最长肌脂肪含量、臂三头肌脂肪含量、肌内脂肪含量、肌内脂肪质量、胴体总脂肪质量和胴体脂率均显著大于巴尔虎羊（$P<0.05$），皮下脂肪含量和质量有此趋势但不显著（$P>0.05$），说明短尾羊的体脂含量较高主要体现在皮脂和肌内脂肪方面，皮脂是肉类加工的重要原料，而肉类的肌内脂肪含量可以通过影响其大理石花纹、风味等食用品质进而影响消费者的选择（Dervishi et al., 2012），因此短尾羊肉用品质优势明显。

表3-3 巴尔虎羊和短尾羊的脂肪分布

指标	巴尔虎羊	短尾羊
胴体质量/kg	13.80±1.58[a]	14.89±1.05[a]
瘦肉质量/kg	6.40±0.73[a]	6.53±0.67[a]
胸腹皮下组织质量/kg	3.50±0.53[a]	3.70±0.53[a]
皮下脂肪质量分数/%	22.60±6.97[a]	26.99±5.27[a]
皮下脂肪质量/kg	1.02±0.11[a]	1.14±0.09[a]
背最长肌脂肪质量分数/%	2.05±0.58[b]	2.62±0.55[a]
臂三头肌脂肪质量分数/%	2.18±0.18[b]	2.51±0.33[a]
股二头肌脂肪质量分数/%	2.59±0.40[a]	2.67±0.39[a]
肌内脂肪质量分数/%	2.26±0.35[b]	2.69±0.27[a]
肌内脂肪质量/kg	0.14±0.03[b]	0.18±0.04[a]
尾部脂肪质量/kg	0.32±0.10[a]	0.36±0.08[a]
胴体总脂肪质量/kg	1.29±0.23[b]	1.61±0.31[a]
胴体脂率/%	9.26±1.48[b]	11.06±1.78[a]

注：同行小写字母肩注不同表示差异显著（$P<0.05$）。

4. 脂肪酸组成

研究发现（表3-4）在肌肉组织中，巴尔虎羊背最长肌和股二头肌饱和脂肪酸占比显著大于短尾羊（$P<0.05$）；巴尔虎羊背最长肌月桂酸和硬脂酸占比显著大于短尾羊（$P<0.05$）；同时短尾羊背最长肌多不饱和脂肪酸占比显著大于巴尔虎羊（$P<0.05$）；在反式脂肪酸中，巴尔虎羊背最长肌反式油酸和股二头肌反式亚油酸占比显著大于短尾羊（$P<0.05$）。以上结果表明短尾羊肌肉组织中饱和脂肪酸占比较小，不饱和脂肪酸占比较大，相较于巴尔虎羊，短尾羊肉脂肪酸组成更为合理，更有益于人体健康。

此外，在多不饱和脂肪酸中，巴尔虎羊臂三头肌亚油酸占比显著大于短尾羊（$P<$

0.05），短尾羊背最长肌α-亚麻酸、花生四烯酸、二十二碳五烯酸、二十碳五烯酸、二十二碳六烯酸，臂三头肌二十二碳六烯酸、二十二碳五烯酸和股二头肌花生四烯酸、二十二碳五烯酸、二十二碳六烯酸占比均显著高于巴尔虎羊（$P<0.05$），说明整体上看，短尾羊肌肉组织α-亚麻酸、花生四烯酸、二十二碳五烯酸、二十碳五烯酸和二十二碳六烯酸占比较高，这些功能性脂肪酸作为人类的重要营养素发挥着重要作用。

表3-4 巴尔虎羊和短尾羊肌肉组织中的脂肪酸组成　　　单位：%

脂肪酸	背最长肌		臂三头肌		股二头肌	
	巴尔虎羊	短尾羊	巴尔虎羊	短尾羊	巴尔虎羊	短尾羊
癸酸（$C_{10:0}$）	0.16±0.05^a	0.17±0.02^a	0.08±0.02^a	0.13±0.06^a	0.15±0.07^a	0.14±0.02^a
月桂酸（$C_{12:0}$）	0.49±0.01^a	0.32±0.05^b	0.21±0.09^a	0.23±0.06^a	0.37±0.08^a	0.33±0.06^a
肉豆蔻酸（$C_{14:0}$）	4.27±0.61^a	3.49±0.68^a	2.10±0.59^a	2.46±0.53^a	3.66±0.78^a	2.93±0.27^a
豆蔻油酸（$C_{14:1}$）	1.99±0.11^a	2.14±0.36^a	3.47±0.78^a	2.73±0.11^a	2.35±0.41^a	3.20±0.67^a
棕榈酸（$C_{16:0}$）	22.16±1.18^a	20.07±3.92^a	17.60±2.25^a	18.22±2.73^a	19.63±1.69^a	19.19±2.06^a
棕榈油酸（$C_{16:1}$）	1.45±0.41^a	1.66±0.35^a	1.33±0.27^a	1.59±0.12^a	1.70±0.17^a	1.55±0.27^a
硬脂酸（$C_{18:0}$）	20.53±0.29^a	16.45±0.90^b	18.13±0.87^a	16.34±0.97^a	18.58±1.86^a	16.83±1.74^a
反式油酸（$C_{18:1n-9t}$）	3.49±0.36^a	2.63±0.39^b	3.46±0.04^a	2.75±0.17^a	3.59±0.87^a	3.02±0.21^a
油酸（$C_{18:1n-9c}$）	32.42±1.06^a	35.67±2.84^a	30.89±4.42^a	33.97±1.69^a	32.03±1.46^a	33.80±0.28^a
反式亚油酸（$C_{18:2n-6t}$）	0.36±0.03^a	0.34±0.05^a	0.34±0.04^a	0.39±0.01^a	0.40±0.01^a	0.34±0.03^b
亚油酸（$C_{18:2n-6c}$）	9.72±2.51^a	9.22±2.44^a	14.82±2.18^a	10.35±0.78^b	10.48±1.06^a	9.74±0.45^a
γ-亚麻酸（$C_{18:3n-6}$）	0.09±0.03^a	0.08±0.02^a	0.13±0.01^a	0.15±0.05^a	0.09±0.01^a	0.10±0.02^a
α-亚麻酸（$C_{18:3n-3}$）	1.23±0.07^b	1.58±0.08^a	1.49±0.12^a	1.57±0.07^a	1.32±0.31^a	1.46±0.02^a

续表

脂肪酸	背最长肌		臂三头肌		股二头肌	
	巴尔虎羊	短尾羊	巴尔虎羊	短尾羊	巴尔虎羊	短尾羊
共轭亚油酸（$C_{18:2}$）	0.88 ± 0.21^a	0.87 ± 0.12^a	0.84 ± 0.14^a	1.04 ± 0.25^a	0.98 ± 0.20^a	0.98 ± 0.19^a
花生四烯酸（$C_{20:4}$）	2.62 ± 0.12^b	4.77 ± 0.52^a	4.79 ± 0.78^a	4.39 ± 0.59^a	2.87 ± 0.60^b	4.18 ± 0.76^a
二十碳五烯酸（$C_{20:5}$）	0.66 ± 0.30^b	1.13 ± 0.23^a	0.86 ± 0.09^a	0.98 ± 0.08^a	0.59 ± 0.02^b	0.77 ± 0.03^a
二十二碳五烯酸（$C_{22:5}$）	0.85 ± 0.18^b	1.87 ± 0.29^a	1.54 ± 0.18^b	1.86 ± 0.13^a	1.00 ± 0.23^b	1.44 ± 0.13^a
二十二碳六烯酸（$C_{22:6}$）	0.23 ± 0.03^b	0.67 ± 0.15^a	0.42 ± 0.10^b	0.59 ± 0.04^a	0.27 ± 0.09^b	0.50 ± 0.15^a
饱和脂肪酸	46.20 ± 0.13^a	37.72 ± 3.37^b	38.12 ± 2.10^a	36.41 ± 2.84^a	42.47 ± 0.82^a	39.42 ± 0.56^b
单不饱和脂肪酸	40.10 ± 1.78^a	38.73 ± 1.75^a	38.84 ± 4.29^a	40.84 ± 1.77^a	39.67 ± 1.93^a	41.53 ± 0.47^a
多不饱和脂肪酸	13.88 ± 2.04^b	21.61 ± 1.72^a	20.53 ± 3.61^a	22.72 ± 3.09^a	17.86 ± 1.59^a	19.18 ± 1.19^a

注：同行同部位小写字母肩注不同表示差异显著（$P<0.05$）。

由表3-5可知，在脂肪组织中，短尾羊尾部脂肪中的饱和脂肪酸比例显著大于巴尔虎羊（$P<0.05$），皮下脂肪也有此趋势，但并不显著（$P>0.05$）。进一步研究发现短尾羊尾部脂肪癸酸、月桂酸、肉豆蔻酸和棕榈酸，皮下脂肪中癸酸和棕榈酸占比均显著大于巴尔虎羊（$P<0.05$）。同时巴尔虎羊尾部脂肪单不饱和脂肪酸与多不饱和脂肪酸，皮下脂肪多不饱和脂肪酸占比显著大于短尾羊（$P<0.05$）。说明巴尔虎羊脂肪组织中饱和脂肪酸占比较小，不饱和脂肪酸所占比例较大，相较于短尾羊，巴尔虎羊脂肪组织脂肪酸组成较好。具体来说，巴尔虎羊尾部脂肪油酸、亚油酸、γ-亚麻酸和共轭亚油酸，皮下脂肪亚油酸和共轭亚油酸占比显著大于短尾羊（$P<0.05$）。

表3-5 巴尔虎羊和短尾羊脂肪组织中的脂肪酸组成　　　　单位：%

脂肪酸	尾部脂肪		皮下脂肪	
	巴尔虎羊	短尾羊	巴尔虎羊	短尾羊
癸酸（$C_{10:0}$）	0.17 ± 0.01^b	0.24 ± 0.04^a	0.18 ± 0.02^b	0.27 ± 0.01^a
月桂酸（$C_{12:0}$）	0.39 ± 0.01^b	0.49 ± 0.01^a	0.51 ± 0.02^a	0.50 ± 0.16^a
肉豆蔻酸（$C_{14:0}$）	4.40 ± 0.01^b	6.38 ± 0.90^a	3.84 ± 0.50^a	4.56 ± 0.28^a
豆蔻油酸（$C_{14:1}$）	0.25 ± 0.01^a	0.39 ± 0.08^a	0.77 ± 0.02^a	0.87 ± 0.03^a

续表

脂肪酸	尾部脂肪		皮下脂肪	
	巴尔虎羊	短尾羊	巴尔虎羊	短尾羊
棕榈酸（$C_{16:0}$）	21.09±0.68^b	23.30±0.84^a	23.04±0.56^b	24.90±0.35^a
棕榈油酸（$C_{16:1}$）	2.20±0.59^a	2.42±0.43^a	2.53±0.02^a	1.83±0.04^b
硬脂酸（$C_{18:0}$）	17.01±1.82^a	17.24±2.00^a	19.50±1.05^a	18.28±1.04^a
反式油酸（$C_{18:1n-9t}$）	5.04±1.17^a	4.36±0.64^a	5.25±0.54^a	4.59±0.25^a
油酸（$C_{18:1n-9c}$）	41.45±0.24^a	38.46±0.18^b	37.59±1.36^a	38.43±1.07^a
反式亚油酸（$C_{18:2n-6t}$）	0.47±0.04^a	0.45±0.03^a	0.48±0.04^a	0.55±0.01^a
亚油酸（$C_{18:2n-6c}$）	3.11±0.20^a	2.52±0.14^b	3.74±0.03^a	3.14±0.17^b
γ-亚麻酸（$C_{18:3n-6}$）	0.09±0.01^a	0.05±0.01^b	0.12±0.01^a	0.07±0.03^b
α-亚麻酸（$C_{18:3n-3}$）	0.68±0.10^a	0.66±0.04^a	0.60±0.01^a	0.61±0.06^a
共轭亚油酸（$C_{18:2}$）	1.64±0.08^a	1.19±0.19^b	1.24±0.06^a	0.99±0.03^b
花生四烯酸（$C_{20:4}$）	0.22±0.05^a	0.23±0.11^a	0.36±0.06^a	0.22±0.09^a
二十碳五烯酸（$C_{20:5}$）	0.03±0.00^a	0.03±0.00^a	0.04±0.00^b	0.03±0.01^a
二十二碳五烯酸（$C_{22:5}$）	0.03±0.00^a	0.05±0.01^a	0.03±0.01^a	0.03±0.02^a
二十二碳六烯酸（$C_{22:6}$）	0.02±0.01^a	0.03±0.00^a	0.03±0.00^a	0.02±0.00^a
饱和脂肪酸	43.83±0.52^b	47.93±1.11^a	47.06±1.00^a	48.58±0.67^a
单不饱和脂肪酸	49.86±0.47^a	46.20±0.24^b	46.14±0.87^a	45.72±0.89^a
多不饱和脂肪酸	6.17±0.25^a	5.28±0.13^b	6.80±0.14^a	5.70±0.22^b

注：同行同部位小写字母肩注不同表示差异显著（$P<0.05$）。

5. 脂肪代谢重要基因网络 mRNA 表达量

脂肪代谢中存在着庞大的调控元件，这些物质在脂肪代谢中起到了重要的调节作用。过氧化物酶体增殖物激活受体 PPARγ 是脂肪细胞分化过程中重要的调节因子（Perera et al.，2006），在诱导纤维母细胞的脂肪分化过程中起着重要作用，具有脂肪组织特异性，能被脂肪酸和外源性过氧化物酶增值激活，进而参与脂质代谢酶的表达。

AMPK-ACC-CPT1 信号通路参与调节多种脂质代谢相关酶及转录因子，在维持脂质代谢稳态中发挥着极其重要的作用，AMPK 被激活后就开始启动调控脂肪代谢的级联效应，磷酸化后迅速抑制 ACC 活性，同时降低 ACC 的 mRNA 表达从而减少脂肪酸合成（Gross et al.，2019），ACC 活性的降低还可以减少丙二酰 CoA 的表达，减弱其对 CPT1 的抑制作用，故 AMPK 被激活后可促进线粒体中脂肪酸的 β 氧化，进而加速脂肪代谢产能，同时 AMPK 通过磷酸化肉碱循环通路中 ACC2，增加糖摄取和脂肪氧化，减少 TAG 的合成，同时 FTO mRNA 也受到 AMPK 调控，影响骨骼肌中的脂滴聚集。

UCP1 通过解偶联作用破坏氧化（电子传递）和磷酸化（形成 ATP）的偶联，造成物质氧化，消除线粒体内膜两侧 H^+ 浓度差，阻碍了 ATP 的正常产生，从而参与脂肪合成（徐红伟，2012）。棕色脂肪组织通过线粒体产生并耗散热量，对机体起到保暖和控制肥胖的重要作用，而甲基化酶 METTL3 通过调控 m6A 修饰从而可以影响棕色脂肪组织的发育和能量平衡，参与调控脂肪代谢（朱琳娜，2015）。

综上，本节选取 FTO、METTL3、PPARγ、UCP1、AMPK、ACC、CTP1 七种重要脂肪代谢调控元件进行分析。

由图 3-1 可知，巴尔虎羊背最长肌和臂三头肌的 FTO 和 METTL3 的 mRNA 相对表达量显著高于短尾羊（$P<0.05$）；皮下脂肪中 FTO 和 METTL3 的 mRNA 相对表达量显著低于短尾羊（$P<0.05$）；巴尔虎羊尾部脂肪的 FTO mRNA 相对表达量显著高于短尾羊，METTL3 的 mRNA 相对表达量显著低于短尾羊（$P<0.05$）；FTO 和 METTL3 的 mRNA 在脂肪组织表达较高。UCP1 的 mRNA 在巴尔虎羊和短尾羊肌肉部位的相对表达量极低，在皮脂中表达量较高，而巴尔虎羊尾部脂肪 UCP1 mRNA 相对表达量显著高于短尾羊（$P<0.05$）。PPARγ 的 mRNA 在巴尔虎羊和短尾羊脂肪组织中的相对表达量均高于肌肉组织，其中皮下脂肪 PPARγ 的 mRNA 相对表达量显著低于短尾羊（$P<0.05$）。巴尔虎羊臂三头肌、股二头肌和尾部脂肪 AMPK 的 mRNA 相对表达量显著高于短尾羊（$P<0.05$），背最长肌、臂三头肌、股二头肌和皮下脂肪 ACC 的 mRNA 相对表达量显著低于短尾羊（$P<0.05$），背最长肌、皮下脂肪和尾部脂肪 CPT1 的 mRNA 相对表达量显著高于短尾羊（$P<0.05$），且 AMPK、ACC 和 CPT1 的 mRNA 相对表达量在脂肪部位较高，尤其是皮下脂肪。

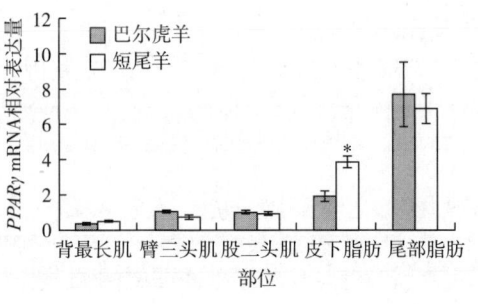
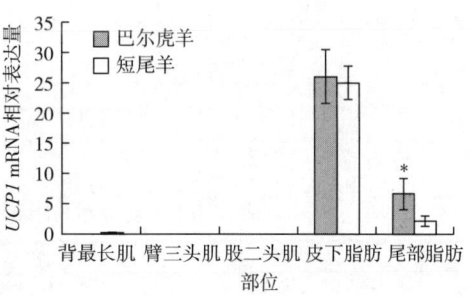
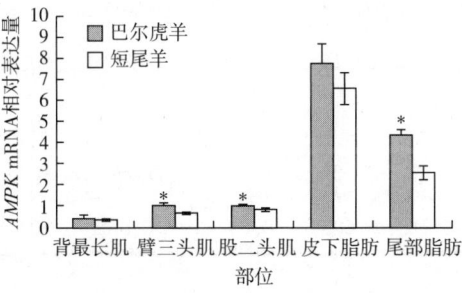
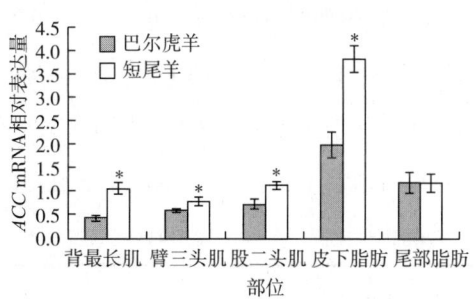

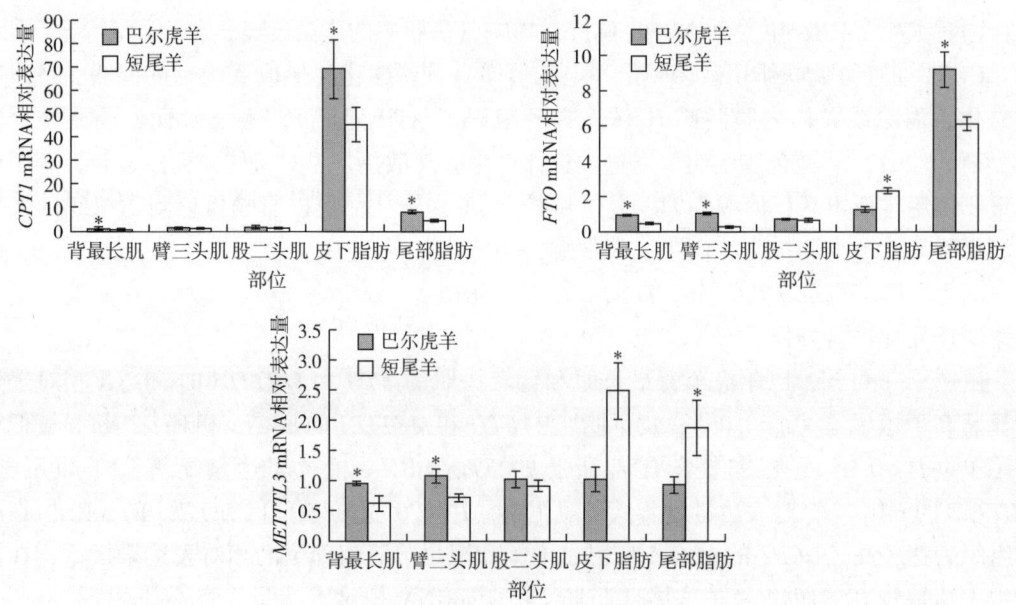

图 3-1　巴尔虎羊和短尾羊重要基因网络 mRNA 的表达量

[* 品种间差异显著（$P<0.05$）]

6. 脂肪分布与脂肪代谢重要基因表达量相关性分析

脂肪分布与脂肪代谢重要基因表达量相关性分析如表 3-6 所示，皮下脂肪质量与其 *FTO* 基因表达量呈显著正相关（$P<0.05$），与 *METTL3* 基因呈显著负相关（$P<0.05$），说明 *FTO* 基因可能正向调控脂肪沉积，*METTL3* 基因反之。5 个部位脂肪含量/质量与其 *PPARγ* 基因表达量均呈正相关，但不显著（$P>0.05$），说明 *PPARγ* 的表达可能对脂肪沉积有促进作用。臂三头肌脂肪含量与其 *AMPK* 基因表达量呈显著负相关，股二头肌脂肪含量与其 *ACC* 基因表达量呈显著正相关（$P<0.05$），背最长肌脂肪含量与其 *CPT1* 基因表达量呈显著负相关（$P<0.05$），说明 *AMPK* 和 *CPT1* 基因可能负向调控脂肪沉积，*ACC* 基因可能正向调控脂肪沉积。

表 3-6　脂肪分布与脂肪代谢重要基因表达量相关性分析

指标	*FTO*	*METTL3*	*PPARγ*	*UCP1*	*AMPK*	*ACC*	*CPT1*
背最长肌脂肪含量	0.406	-0.301	0.542	-0.744	-0.549	0.285	-0.544*
臂三头肌脂肪含量	0.445	-0.438	0.537	-0.915	-0.590*	0.567	-0.406
股二头肌脂肪含量	0.417	-0.330	0.516	0.722	-0.115	0.670*	-0.516
皮下脂肪质量	0.765*	-0.768*	0.494	-0.707	-0.138	0.070	-0.537
尾部脂肪质量	0.393	-0.481	0.429	-0.683	0.098	-0.508	-0.459

注：* 表示显著相关（$P<0.05$）。

脂肪酸组成与脂肪代谢重要基因表达量相关性分析如表 3-7 所示，由表可知，*FTO* 基因表达量与癸酸、月桂酸、肉豆蔻酸和棕榈酸呈显著负相关（$P<0.05$），说明 *FTO* 基因可能下调饱和脂肪酸的组成比例。*PPARγ* 基因与多不饱和脂肪酸、油酸和二十碳五烯酸呈显著负相关（$P<0.05$），*UCP1* 基因表达量与反式油酸、油酸和亚油酸呈显著正相关（$P<0.05$），说明 *UCP1* 基因可上调不饱和脂肪酸的组成比例，*PPARγ* 基因反之。*ACC* 基因表达量与油酸呈显著正相关（$P<0.05$），与单不饱和脂肪酸正相关但不显著（$P>0.05$），*CPT1* 基因表达量与油酸和单不饱和脂肪酸均呈显著正相关（$P<0.05$），说明 *ACC* 和 *CPT1* 基因可能有助于单不饱和脂肪酸的沉积。

表 3-7 脂肪酸组成与脂肪代谢重要基因表达量相关性分析

指标	FTO	METTL3	PPARγ	UCP1	AMPK	ACC	CPT1
癸酸（$C_{10:0}$）	-0.383*	0.076	-0.016	0.080	-0.096	-0.266	-0.032
月桂酸（$C_{12:0}$）	-0.449*	-0.086	0.004	0.110	0.113	-0.225	-0.200
肉豆蔻酸（$C_{14:0}$）	-0.428*	-0.077	-0.013	0.109	0.025	-0.234	-0.064
豆蔻油酸（$C_{14:1}$）	-0.086	0.097	-0.157	-0.212	0.015	0.010	-0.267
棕榈酸（$C_{16:0}$）	-0.401*	0.028	0.099	0.167	0.053	-0.129	0.086
棕榈油酸（$C_{16:1}$）	-0.219	-0.060	0.064	0.143	-0.101	-0.212	-0.016
硬脂酸（$C_{18:0}$）	0.101	-0.142	0.206	0.168	0.165	-0.054	-0.151
反式油酸（$C_{18:1n-9t}$）	-0.045	-0.187	0.331	0.355*	-0.103	-0.247	0.093
油酸（$C_{18:1n-9c}$）	0.212	-0.069	-0.662*	0.794**	-0.140	0.478*	0.489*
反式亚油酸（$C_{18:2n-6t}$）	0.027	-0.052	0.212	0.227	-0.167	-0.208	0.119
亚油酸（$C_{18:2n-6c}$）	0.047	0.075	-0.183	0.529*	0.053	0.074	-0.226
γ-亚麻酸（$C_{18:3n-6}$）	0.141	-0.031	0.136	-0.007	-0.041	-0.024	-0.045
α-亚麻酸（$C_{18:3n-3}$）	0.137	0.198	-0.255	-0.257	0.025	0.145	-0.190
共轭亚油酸（$C_{18:2}$）	-0.044	-0.154	0.026	0.066	-0.235	-0.167	0.188
花生四烯酸（$C_{20:4}$）	0.155	0.109	-0.195	-0.250	0.013	0.076	-0.241
二十碳五烯酸（$C_{20:5}$）	0.324	0.235	-0.681*	-0.249	0.030	0.185	-0.212
二十二碳五烯酸（$C_{22:5}$）	0.279	0.202	-0.192	-0.246	0.017	0.136	-0.242
二十二碳六烯酸（$C_{22:6}$）	0.312	0.246	-0.233	-0.236	-0.023	0.126	-0.220
饱和脂肪酸	-0.317	-0.081	0.159	0.217	0.124	-0.178	-0.055
单不饱和脂肪酸	0.144	-0.095	0.145	0.148	-0.175	0.470	0.435*
多不饱和脂肪酸	0.129	0.115	-0.514*	-0.244	0.025	0.086	-0.238

注：* 表示显著相关（$P<0.05$），** 表示极显著相关（$P<0.01$）。

基于此，作者团队认为即使同属呼伦贝尔羊，脂肪代谢重要基因网络（*FTO*、*METTL3*、*PPARγ*、*UCP1*、*AMPK*、*ACC* 和 *CPT1*）表达的差异也最终造成了巴尔虎羊和短尾羊脂肪分布与脂肪酸组成的差异。从脂肪分布上看，巴尔虎羊胴体脂肪含量低于短尾羊，主要体现在低水平的肌内脂肪含量和皮下脂肪质量，这可能会造成其产肉性能、食用品质、营养价值和饲料报酬的降低；从脂肪酸组成看，短尾羊肌肉组织脂肪酸的组成比例较好，主要体现在不饱和脂肪酸占比较高，巴尔虎羊脂肪组织脂肪酸的组成比例较好，主要体现在不饱和脂肪酸所占比例较大，如亚油酸和共轭亚油酸等。巴尔虎羊和短尾羊脂肪分布与脂肪酸组成的不同可能最终导致了其屠宰性能、食用品质和营养价值的差异。

（二）苏尼特羊、巴美肉羊和乌拉特山羊

为了探究品种对羊肉品质和风味的影响，选取 12 月龄苏尼特羊、巴美肉羊和二狼山白绒山羊（乌拉特山羊）各 12 只，测定其屠宰性能，另取股二头肌测定肉品质和挥发性风味物质并进行比较。

1. 屠宰性能及肉品质

屠宰性能作为肉用品质评价体系之一，可直观的反映肉羊的产肉特性和经济效益，对肉羊的生产和加工意义重大。动物屠宰性能与产肉量密切相关，可通过胴体质量、屠宰率、背膘厚和眼肌面积等指标反映。屠宰率高表明畜禽生产性能更好。眼肌面积可以评价动物体发育程度及产肉率，眼肌面积越大产肉率越高，与胴体质量呈正相关。背膘厚可以反映畜禽体脂肪沉积量，有研究表明背膘厚与瘦肉率呈负相关，背膘厚越低，瘦肉率越高。

由表 3-8 可知，巴美肉羊的胴体质量和背膘厚显著高于苏尼特羊和乌拉特山羊（$P<0.05$），乌拉特山羊的胴体质量显著高于苏尼特羊（$P<0.05$），而背膘厚显著低于苏尼特羊（$P<0.05$）。不同品种含有的控制肉品性状的基因不同，因此所表达的肉品质的物理形态和化学成分也不同。本研究结果表明，在胴体 pH 方面，苏尼特羊胴体 pH_{45min} 显著高于乌拉特山羊（$P<0.05$），而巴美肉羊与二者无显著差异（$P>0.05$）。苏尼特羊和巴美肉羊的 L^*、b^* 均显著高于乌拉特山羊（$P<0.05$），a^* 的大小顺序为巴美肉羊>苏尼特羊>乌拉特山羊，说明巴美肉羊的肉色较红，这可能与肉的抗氧化能力有关（Suman et al., 2014）。

表 3-8 三个品种羊的品质比较

指标	苏尼特羊	巴美肉羊	乌拉特山羊
胴体质量/kg	15.81±1.13[a]	26.64±2.95[c]	18.74±2.97[b]
胴体高/cm	56.17±2.58[a]	71.51±5.90[c]	62.10±2.19[b]
胴体深/cm	19.38±0.88[a]	19.92±1.08[a]	21.25±1.05[b]
背膘厚/mm	6.60±1.16[b]	8.31±2.39[c]	3.57±1.26[a]
pH_{45min}	6.74±0.26[b]	6.68±0.17[ab]	6.54±0.11[a]
L^*	37.13±2.25[b]	37.86±1.82[b]	32.15±1.38[a]
a^*	18.68±1.28[b]	20.79±0.85[c]	17.02±1.22[a]
b^*	4.53±0.25[b]	4.24±0.25[b]	3.24±0.25[a]

注：同行不同小写字母肩注表示差异显著（$P<0.05$）。

2. 不同品种羊肉风味强度的差异分析

三种羊肉的气味响应值如表3-9所示，其中W5S、W6S、W1S、W2S和W3S传感器的响应值均在1以上，可作为评判气味特征的主要指标。除W6S传感器的响应值无显著差异外（$P>0.05$），其余4个传感器都呈现苏尼特羊显著高于巴美肉羊和乌拉特山羊的趋势（$P<0.05$）。W5S传感器对氮氧化合物敏感，W1S传感器对甲烷敏感，W2S传感器对醛类、醇类和酮类物质敏感，而W3S传感器主要对烷烃类敏感，说明苏尼特羊肉中烷类、醛类、醇类和酮类物质比较丰富，需要进一步对羊肉中的挥发性成分进行具体分析。

表3-9　三个品种羊肉的气味响应值

传感器	苏尼特羊	巴美肉羊	乌拉特山羊
W1C	0.78 ± 0.04^a	0.82 ± 0.02^b	0.88 ± 0.02^c
W5S	2.48 ± 0.41^c	1.95 ± 0.23^b	1.69 ± 0.12^a
W3C	0.97 ± 0.15^a	0.94 ± 0.00^a	1.01 ± 0.16^a
W6S	1.25 ± 0.19^a	1.17 ± 0.02^a	1.21 ± 0.20^a
W5C	1.05 ± 0.29^a	0.98 ± 0.00^a	1.00 ± 0.00^a
W1S	4.31 ± 0.37^b	2.09 ± 0.22^a	1.89 ± 0.08^a
W1W	1.74 ± 0.45^b	1.03 ± 0.13^a	0.86 ± 0.05^a
W2S	2.83 ± 0.40^c	2.01 ± 0.14^b	1.75 ± 0.08^a
W2W	1.51 ± 0.45^b	0.95 ± 0.07^a	0.82 ± 0.05^a
W3S	1.71 ± 0.02^c	1.65 ± 0.07^b	1.55 ± 0.01^a

注：同行不同小写字母肩注表示差异显著（$P<0.05$）。

利用SIMCA-P软件对不同品种羊肉的电子鼻响应值进行主成分分析（principal component analysis, PCA），结果如图3-2所示，第1主成分和第2主成分的贡献率分别为51.7%和33.9%，两者贡献率之和达到85%以上。巴美肉羊和乌拉特山羊的样品区域有部分重叠，说明两种羊肉的挥发性成分相似，而苏尼特羊与其他两种羊的数据区域间基本无重叠，说明苏尼特羊肉的挥发性成分与其他两种羊肉差异较大，通过PCA能进行有效区分。在图3-2中，代表醇类、醛类、酮类的传感

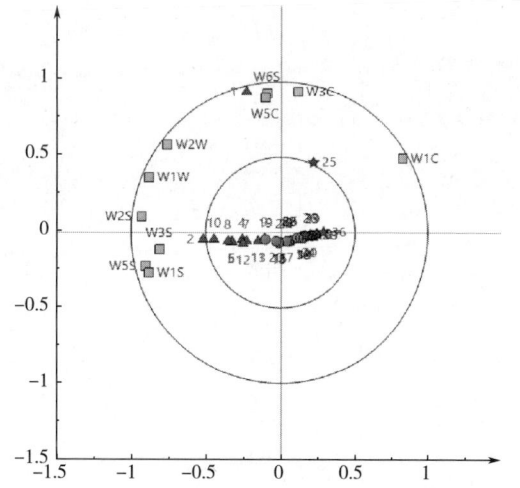

图3-2　不同品种羊肉电子鼻主成分分析图
（内圆 $r=0.5$，外圆 $r=1$）

器 W2S 与苏尼特羊距离较近，说明苏尼特羊肉中醇类、醛类、酮类化合物含量较高。

3. 不同品种羊肉挥发性成分比较

羊肉中的挥发性风味物质是肉品质的重要指标之一，羊肉中的挥发性风味物质主要包括醛类、醇类、酮类、烃类及其他化合物（罗玉龙等，2018）。苏尼特羊、巴美肉羊、乌拉特山羊三种羊肉中共检测到 36 种挥发性风味物质（表3-10），其中苏尼特羊肉中共检测出 28 种风味物质（醛类 13 种，醇类 10 种，酮类、烃类、酸类各为 1 种，其他风味化合物为 2 种），巴美肉羊为 25 种（醛类 10 种，醇类 6 种，酮类 2 种，烃类 4 种，酸类和其他化合物分别为 1 种和 2 种），乌拉特山羊共有 34 种物质（醛类 13 种，醇类 11 种，酮类 3 种，烃类 4 种，酸类和其他化合物分别为 1 种和 2 种）。乌拉特山羊肉中风味物质种类较其他两个品种丰富。当挥发性风味物质含量较为丰富且种类也较多时，其风味更加饱满（王联联，2015），肉类品质也相对提高，苏尼特羊肉中的醛类、醇类以及酮类化合物的总相对含量高于其他两种羊，且种类也较为丰富（Seesaard et al.，2022）。

表3-10 三个品种羊肉中的挥发性成分

类别	化合物名称	相对含量/%		
		苏尼特羊	巴美肉羊	乌拉特山羊
醛类	总醛	39.45 ± 4.07^b	20.38 ± 1.60^a	20.33 ± 1.88^a
	己醛	1.55 ± 0.29^a	11.11 ± 2.75^b	0.27 ± 0.08^a
	庚醛	3.21 ± 0.98^b	2.48 ± 0.80^b	1.48 ± 0.99^a
	辛醛	6.37 ± 1.65^b	1.89 ± 0.79^a	2.88 ± 1.09^a
	壬醛	22.61 ± 3.76^b	5.25 ± 1.56^a	7.43 ± 2.09^a
	癸醛	1.55 ± 0.35^a	ND	1.32 ± 0.32^a
	戊醛	0.24 ± 0.074^a	ND	0.41 ± 0.02^b
	十一醛	0.25 ± 0.13^a	0.73 ± 0.330^b	ND
	十二醛	0.52 ± 0.17^a	0.83 ± 0.228^b	0.42 ± 0.16^a
	十四醛	0.71 ± 0.13^b	ND	0.44 ± 0.19^a
	十五醛	1.09 ± 0.28^a	ND	0.84 ± 0.07^a
	十六醛	ND	3.81 ± 1.36^a	2.09 ± 0.50^a
	反-2-壬烯醛	0.59 ± 0.136^a	0.80 ± 0.30^a	0.67 ± 0.12^a
	反-2-癸烯醛	0.57 ± 0.13^a	0.87 ± 0.27^b	1.12 ± 0.14^c
	反-2-辛烯醛	0.47 ± 0.03^a	0.76 ± 0.04^b	0.59 ± 0.16^{ab}

续表

类别	化合物名称	相对含量/%		
		苏尼特羊	巴美肉羊	乌拉特山羊
醇类	总醇	42.38±3.90^a	47.45±3.88^a	45.21±1.95^a
	1-戊醇	5.87±1.31^{ab}	7.43±1.82^b	5.48±0.86^a
	2-庚醇	ND	0.58±0.12^b	0.18±0.09^a
	1-己醇	5.94±1.39^b	1.66±0.71^a	2.50±1.05^a
	1-庚醇	5.22±1.67^a	ND	3.99±0.98^a
	1-辛醇	11.27±2.06^b	ND	7.02±1.51^a
	1-壬醇	2.26±0.99^a	ND	1.58±0.551^a
	1-辛烯-3-醇	8.88±1.74^a	23.84±9.05^b	18.37±2.84^b
	乙醇	3.92±1.33^a	ND	4.51±1.23^a
	反-2-辛烯醇	1.63±0.65^b	2.86±1.25^b	0.30±0.22^a
	反-2-戊烯-1-醇	0.41±0.17^a	12.15±3.85^b	0.63±0.27^a
	2-乙基己醇	2.27±1.05^a	ND	5.89±2.03^b
酮类	总酮	1.09±0.36^a	5.95±1.90^b	6.70±1.11^b
	3-羟基-2-丁酮	ND	3.60±0.90^a	7.320±1.56^b
	2,3-辛二酮	ND	4.388±1.294^a	5.22±0.09^a
	2-庚酮	1.09±0.36^a	ND	1.23±0.04^a
烃类	总烃	0.29±0.09^a	14.25±0.40^c	9.32±3.64^b
	癸烷	0.29±0.09^a	2.66±0.80^b	2.58±0.58^b
	(反,反)-2,4壬二烯	ND	2.24±0.83^a	0.20±0.01^a
	苯酚	ND	1.64±0.53^a	3.52±0.91^b
	正己烷	ND	11.56±0.19^b	6.08±2.23^a
酸类	总酸	2.33±0.461^a	4.19±0.84^b	2.012±1.04^a
	乙酸	2.33±0.461^a	4.19±0.84^b	2.01±1.04^a
其他	其他	10.03±1.14^b	3.75±1.191^a	12.84±0.29^c
	2-丁酸乙酯	2.03±0.87^a	2.01±0.271^a	ND
	乙醚	9.11±0.38^a	ND	11.46±2.39^a
	反-2-己烯基苯甲酸酯	ND	2.14±0.74^b	1.01±0.28^a

注:"ND"代表未检测出,同行不同小写字母肩注表示差异显著($P<0.05$)。

4. 不同品种羊肉中关键风味物质的确定

表3-11所示为不同品种羊肉中挥发性物质中相对气味活度值（ROAV）。通过挥发性成分的相对含量及阈值判断，壬醛在苏尼特羊肉中相对含量较高，且阈值为1μg/kg，对苏尼特羊肉的风味贡献最大，因此定义壬醛为苏尼特羊肉中的关键风味物质（$ROAV_{stan}$ = 100）。同样的，1-辛烯-3-醇为巴美肉羊和乌拉特山羊肉中风味贡献最大的物质（$ROAV_{stan}$ = 100）。当ROAV≥1时，此挥发性成分为羊肉的关键风味物质；当0.1≤ROAV<1时，则对羊肉总体风味有重要修饰作用。根据挥发性物质的ROAV值共筛选出18种关键风味物质，其中，庚醛、辛醛、壬醛、反-2-壬烯醛、1-辛烯-3-醇、反-2-癸烯醛和十二醛可作为三种羊肉共有的关键风味物质。醛类物质主要来源于脂肪酸的氧化降解，阈值较低，对风味形成具有重要作用（Arshak et al.，2004）。由表3-11可知，庚醛、辛醛、壬醛、反-2-壬烯醛、癸醛、反-2-癸烯醛和十二醛在三种羊肉的香气中起重要作用（ROAV≥1）。己醛（青草味）来源于亚油酸和花生四烯酸的氧化，可作为巴美羊肉和苏尼特羊的关键风味物质（ROAV≥1），但对乌拉特山羊的风味只起修饰作用（0.1≤ROAV<1）。可能是由于山羊全天用于反刍的时间比绵羊短，且瘤胃固相食糜滞留时间显著低于绵羊，这使得食糜受微生物侵蚀、发酵的时间减少，消化率下降，可能导致乌拉特山羊肉的青草味不及巴美羊肉和苏尼特羊。庚醛和辛醛是三种羊肉中的关键风味物质（ROAV≥1），能赋予羊肉油脂风味。苏尼特羊和巴美羊肉中庚醛含量显著高于乌拉特山羊（$P<0.05$），且苏尼特羊肉中的辛醛含量显著高于其他两种羊（$P<0.05$），使得苏尼特羊和巴美肉羊比乌拉特山羊有更浓的油脂味。山羊的采食习性使得其运动量高于绵羊，可增强其机体的抗氧化能力，从而降低了不饱和脂肪酸的氧化程度，这可能是庚醛含量较低的原因（李大彪，2008）。壬醛来源于油酸的氧化，呈清香气味，苏尼特羊肉中壬醛为风味贡献最大的物质，而巴美肉羊和乌拉特山羊中壬醛的ROAV也均大于1，表明壬醛是三种羊肉中的关键风味物质。癸醛阈值较低，具有脂香味，苏尼特羊和乌拉特山羊癸醛的ROAV值都相对较高，对羊肉的风味贡献较大。十一醛在巴美羊肉中的相对含量显著高于乌拉特山羊（$P<0.05$），其在苏尼特羊和巴美羊肉中起到修饰作用。反-2-癸烯醛和十二醛在三种羊肉中也可作为关键风味物质（ROAV≥1）。羊肉中检出了11种醇类化合物，其中1-辛烯-3-醇、戊醇、己醇、辛醇的相对含量较高。1-辛烯-3-醇具有蘑菇香和柑橘气味，同时也是巴美肉羊和乌拉特山羊肉中对风味贡献最大的物质（$ROAV_{stan}$ = 100），对苏尼特羊肉风味形成也具有重要作用。1-庚醇是苏尼特羊和乌拉特山羊中的关键风味物质（ROAV≥1），赋予羊肉脂肪气味，但未在巴美羊肉中检测出此物质。

表3-11　三个品种羊肉中挥发性物质的ROAV值

化合物名称	阈值/（μg/kg）	香型	ROAV		
			苏尼特羊	巴美肉羊	乌拉特山羊
己醛	4.5	青草味、果香	1.52	10.35	0.27
庚醛	3	脂肪、柑橘、花香	4.73	3.46	2.69
辛醛	0.7	脂肪、柑橘、肥皂	40.24	11.33	22.39

续表

化合物名称	阈值/(μg/kg)	香型	ROAV		
			苏尼特羊	巴美肉羊	乌拉特山羊
壬醛	1	脂肪、花香、柑橘香	100.00	22.05	40.46
戊醛	12	果香	0.092	ND	0.18
癸醛	0.1	肥皂、柑橘、脂肪	69.63	ND	72.27
十一醛	5	脂肪、蜡、肥皂	0.22	0.61	ND
十二醛	0.53	洋葱	4.35	6.62	4.39
反-2-辛烯醛	3	肉、坚果	0.70	1.07	3.00
反-2-壬烯醛	0.08	脂肪	32.82	42.35	45.91
反-2-癸烯醛	0.3	木头	8.51	12.23	20.39
1-戊醇	4000	面包香、果香、酒香	0.01	0.01	0.01
己醇	2500	花、脂肪	0.01	0.01	0.01
1-庚醇	3	脂肪	7.70	ND	7.24
1-辛醇	110	脂肪、蜡质、坚果	0.45	ND	0.34
1-辛烯-3-醇	1	蘑菇香、柑橘、玫瑰	39.29	100.00	100.00
2-庚酮	140	杏仁	0.03	ND	0.04
苯酚	0.65	甜香	ND	10.60	29.53

注："ND"代表未检测出。

总体上看，品种对风味的种类及相对含量影响较大。苏尼特羊肉中辛醛、壬醛的相对含量和ROAV值都高于其他两种羊，有更丰富的柑橘和花香气味。巴美肉羊和乌拉特山羊肉中反-2-癸烯醛和1-辛烯-3-醇的相对含量都高于苏尼特羊，且乌拉特山羊的ROAV值高于巴美肉羊，因此脂肪、蘑菇香以及玫瑰气味较浓郁。

通过以上研究，认为品种对肉羊的屠宰性能、肉品质以及挥发性风味物质影响较大，明确不同品种羊肉的品质以及风味物质的差异，能够客观评价肉类资源，实现肉羊的改良育种以及产品的开发利用。

（三）巴美肉羊、小尾寒羊和苏尼特羊

随机选择相同饲养条件下5月龄公母各半的巴美肉羊、小尾寒羊和苏尼特羊各20只，对比分析其屠宰品质与肉质特性。

1. 不同品种的屠宰性能和胴体质量比较分析

由表3-12可知，巴美肉羊的体高显著大于苏尼特羊，但却显著小于小尾寒羊（$P<0.05$）。然而，巴美肉羊的体长与小尾寒羊相比差异不显著（$P>0.05$）；巴美肉羊的胸围、

活体质量、胴体质量和净肉质量显著大于小尾寒羊和苏尼特羊的同类指标（$P<0.05$）。同时由表3-13可知，巴美肉羊的眼肌面积显著大于小尾寒羊和苏尼特羊的同类指标（$P<0.05$）。

表3-12 不同品种羊屠宰性能的比较

指标	巴美肉羊	小尾寒羊	苏尼特羊
体高/cm	60.60±2.58^b	66.20±4.79^a	54.50±1.69^c
体长/cm	61.70±2.54^a	64.80±6.22^a	57.33±2.26^b
胸围/cm	83.20±4.36^a	75.80±2.87^b	70.50±4.20^c
活体质量/kg	39.70±6.92^a	34.42±5.35^b	26.78±1.54^c
胴体质量/kg	18.19±3.33^a	15.51±2.60^b	12.63±0.65^c
净肉质量/kg	13.42±2.38^a	10.60±1.79^b	8.56±0.69^c
骨质量/kg	3.89±1.02^a	3.60±0.44^b	2.52±0.19^c
肉骨比	3.46±0.35^a	2.97±0.19^b	3.39±0.18^a

注：同行不同小写字母肩注表示差异显著（$P<0.05$）。

表3-13 胴体质量的分析

指标	巴美肉羊	小尾寒羊	苏尼特羊
胴体长/cm	50.10±3.66^b	53.10±2.69^a	46.17±2.88^c
胴体深/cm	20.60±1.75^a	21.70±1.38^a	21.50±1.31^a
眼肌面积/cm^2	15.50±4.48^a	13.73±2.57^b	12.39±1.25^b

注：同行不同小写字母肩注表示差异显著（$P<0.05$）。

2. 不同品种羊肉品质差异分析

由表3-14可知，巴美肉羊股二头肌的L^*显著大于小尾寒羊和苏尼特羊的L^*（$P<0.05$），而巴美肉羊的a^*与小尾寒羊的a^*差异性不显著（$P>0.05$）。巴美肉羊的剪切力值显著大于苏尼特羊的剪切力值（$P<0.05$）。

表3-14 不同品种羊肉品质分析

指标	巴美肉羊	小尾寒羊	苏尼特羊
L^*	28.49±2.85^a	25.25±2.37^b	25.69±1.88^b
a^*	7.38±3.28^a	7.55±2.32^a	6.39±1.22^a
pH_{45min}	6.57±0.25^a	6.62±0.25^a	6.61±0.15^a

续表

指标	巴美肉羊	小尾寒羊	苏尼特羊
pH_{24h}	5.85±0.12[a]	5.80±0.24[a]	5.77±0.26[a]
剪切力/N	48.16±4.45[a]	41.35±6.38[c]	45.25±7.69[b]

注：同行不同小写字母肩注表示差异显著（$P<0.05$）。

由表3-15可知，巴美肉羊常规营养成分没有明显优势。巴美肉羊的脂肪含量与小尾寒羊、苏尼特羊相比，差异性不显著（$P>0.05$）。研究结果显示，脂肪含量在2%~3%时肉的食用品质最好。

表3-15 不同品种羊常规营养成分分析　　　　单位：%

项目	巴美肉羊	小尾寒羊	苏尼特羊
水分	74.91±1.38[a]	74.67±1.35[a]	74.85±0.63[a]
灰分	1.02±0.12[a]	1.07±0.11[a]	1.06±0.14[a]
脂肪	3.26±0.37[ab]	3.18±0.63[b]	3.37±0.37[a]
蛋白质	19.34±0.62[a]	19.25±1.21[a]	19.51±0.77[a]

注：同行不同小写字母肩注表示差异显著（$P<0.05$）。

由表3-16可知，巴美肉羊的钙、铁、镁的含量与苏尼特羊相比没有显著优势（$P>0.05$），铜含量显著高于小尾寒羊和苏尼特羊（$P<0.05$）。

表3-16 不同品种羊矿物质含量的分析　　　　单位：mg/kg

项目	巴美肉羊	小尾寒羊	苏尼特羊
钙	163.39±33.71[a]	159.17±28.59[a]	142.58±55.31[b]
铁	24.25±5.89[a]	23.81±5.73[a]	23.50±6.82[a]
锌	6.77±1.08[c]	8.01±1.46[b]	10.51±1.99[a]
镁	156.88±19.73[a]	154.91±20.56[a]	154.35±17.82[a]
铜	3.88±1.37[a]	3.15±2.59[b]	2.87±2.25[c]
锰	0.32±0.37[b]	0.32±0.16[b]	0.49±0.41[a]
矿物质总量	355.49	349.37	334.30

注：同行不同小写字母肩注表示差异显著（$P<0.05$）。

基于此最终认为，5月龄巴美肉羊在屠宰性能方面优势较小，但其活体质量、胴体质量和净肉质量显著大于小尾寒羊与苏尼特羊。

在胴体质量方面，5月龄巴美肉羊由于其眼肌面积的优势，具有很强的瘦肉生长性能。肉质特性方面，巴美肉羊的嫩度没有优势，但熟肉率优于小尾寒羊和苏尼特羊。巴美肉羊常规营养指标没有明显优势，然而，其铜含量显著高于小尾寒羊和苏尼特羊。

二、年龄对羊肉品质的影响

肌肉在动物体生长发育的不同年龄阶段具有不同的特性，所以不同年龄的肉羊其羊肉品质也存在差异，因此评价羊肉品质影响因素的变量不单有品种差异，年龄同样也是重要因素。肉羊在 8 月龄之前的生长速度比较快，因此，为了获得更好的经济效益，大多数牧民都实行当年的羔羊在当年屠宰，以防止长期饲养造成的经济损失。饲养时间过长的羊胴体中脂肪比例高，肉质变差，会发生养殖效益减弱。此外，年龄主要是通过影响肌肉中胶原蛋白含量而影响肉的嫩度，进一步影响肉的品质。年龄小的动物，其肌肉中胶原蛋白含量少，所形成的交联数量较少，并且胶原蛋白大多呈可溶性，在加工烹饪过程中会被断裂分解，所以人们咀嚼起来较为容易，肉的嫩度较好；年龄大的动物其肌肉中所含的胶原蛋白含量并不增加，但是胶原蛋白所形成的交联数量很多，并不处于可溶性状态，所以肉的嫩度就会降低，肉质较硬，咀嚼起来较为费力。因此，相比较而言，年龄小的动物的肌肉嫩度优于年龄大的动物的肌肉。

为探究年龄对羊肉品质的影响，作者团队选取在同一饲养水平、发育正常和健康无病的 4 个不同月龄（4 月龄、6 月龄、8 月龄、12 月龄）的巴美肉羊和小尾寒羊杂交一代（巴寒 F_1）、巴美肉羊、小尾寒羊和苏尼特羊 4 个试验组。每个试验组各选择 10 只，进行差异性分析。

（一）年龄对羊增重指标的影响

各试验组在不同月龄的活体质量和日增重如表 3-17 所示。结果表明，同一品种在不同年龄组之间的差异具有显著性，且统计学上达到 $P<0.05$ 的显著水平。苏尼特羊的活体质量随年龄显著增加，从 4 月龄的（25.17±2.56）kg 增加至 12 月龄的（43.76±3.72）kg（$P<0.05$）。相反，日增重随时间显著下降，从 4 月龄的（209.70±21.4）g/d 下降至 12 月龄的（121.60±10.4）g/d（$P<0.05$），表明随着羊只成熟，生长速率显著减缓。巴美肉羊也表现出类似的趋势，活体质量从 4 月龄的（30.87±5.05）kg 增加至 12 月龄的（77.26±9.51）kg（$P<0.05$），日增重从 4 月龄的（257.30±42.10）g/d 下降至 12 月龄的（214.60±26.40）g/d，其生长速率的下降幅度比苏尼特羊略小。小尾寒羊的活体质量也显著增加，从 4 月龄的（28.19±4.76）kg 上升至 12 月龄的（70.08±9.43）kg（$P<0.05$），同时日增重从 4 月龄的（234.90±39.70）g/d 减少至 12 月龄的（194.70±26.30）g/d。巴寒 F_1 杂交羊的活体质量显著增长，从 4 月龄的（30.65±4.97）kg 增加至 12 月龄的（72.72±8.54）kg，日增重则从 4 月龄的（255.40±41.40）g/d 下降至 12 月龄的（202.10±23.70）g/d。综上所述，所有品种的活体质量随着月龄显著增加，而日增重则随时间显著减少。这一趋势表明，尽管随着年龄增长羊只的体重持续积累，但其生长速率下降，这可能与代谢需求的变化和生长阶段的转变有关。不同品种之间的差异进一步表明了它们在生长效率和发育模式上的显著不同（$P<0.05$）。

表 3-17 不同月龄各组羊活体质量和日增重测定结果

月龄	项目	苏尼特羊	巴美肉羊	小尾寒羊	巴寒 F_1
4月龄	活体质量/kg	25.17±2.56^{bD}	30.87±5.05^{aD}	28.19±4.76^{abD}	30.65±4.97^{aD}
	日增重/(g/d)	209.70±21.4^{bA}	257.30±42.10^{aA}	234.90±39.70^{abA}	255.40±41.40^{aA}
6月龄	活体质量/kg	27.08±1.60^{bC}	45.29±7.12^{aC}	43.98±5.28^{aC}	44.27±8.40^{aC}
	日增重/(g/d)	150.50±8.90^{bB}	251.6±39.60^{aA}	244.3±29.30^{aA}	247.90±44.40^{aA}
8月龄	活体质量/kg	33.58±2.25^{bB}	62.46±10.42^{aB}	55.64±7.93^{aB}	60.60±7.44^{aB}
	日增重/(g/d)	139.90±9.40^{bC}	260.3±43.40^{aA}	231.8±33.10^{aA}	252.50±31.10^{aA}
12月龄	活体质量/kg	43.76±3.72^{bA}	77.26±9.51^{aA}	70.08±9.43^{aA}	72.72±8.54^{aA}
	日增重/(g/d)	121.60±10.40^{bD}	214.6±26.40^{aB}	194.7±26.30^{aB}	202.10±23.70^{aB}

注：同行小写字母肩注不同表示差异显著（$P<0.05$），同列同指标大写字母肩注不同表示差异显著（$P<0.05$）。

（二）年龄对羊体尺的影响

1. 年龄对羊体尺指标的影响

各试验组在不同月龄的体长和体高如表 3-18 所示。苏尼特羊的体长从 4 月龄的 (57.67±2.16) cm 显著增加至 12 月龄的 (73.83±1.72) cm（$P<0.05$），体高从 (56.17±3.76) cm 增加至 (68.00±3.16) cm（$P<0.05$），胸围从 (74.17±2.14) cm 增长至 (92.33±8.07) cm（$P<0.05$）。随着月龄的增加，体尺各项指标均显著增长。巴美肉羊表现出类似的趋势，体长从 4 月龄的 (58.10±2.56) cm 增加至 12 月龄的 (85.40±7.18) cm（$P<0.05$），体高从 (57.50±3.75) cm 增加至 (77.30±3.86) cm（$P<0.05$），胸围从 (83.70±5.03) cm 增加至 (121.20±5.73) cm（$P<0.05$），表明巴美肉羊在体尺方面的增长速度较快。小尾寒羊的体长也显著增加，从 4 月龄的 (63.10±5.78) cm 增长至 12 月龄的 (88.90±7.19) cm（$P<0.05$），体高从 (61.00±5.01) cm 增加至 (84.90±6.49) cm（$P<0.05$），胸围从 (74.80±6.34) cm 增加至 (108.70±10.18) cm（$P<0.05$）。巴寒 F_1 杂交羊的体长从 4 月龄的 (64.40±3.70) cm 增加至 12 月龄的 (90.20±4.44) cm（$P<0.05$），体高从 (62.10±2.86) cm 增加至 (81.60±3.13) cm（$P<0.05$），胸围从 (78.95±8.95) cm 增加至 (111.80±6.84) cm（$P<0.05$）。

4 月龄时，巴寒 F_1 的体长和体高极显著大于苏尼特羊和巴美肉羊（$P<0.05$），小尾寒羊的体长和体高显著大于苏尼特羊和巴美肉羊（$P<0.05$）。6 月龄、8 月龄、12 月龄时，巴美肉羊、小尾寒羊和巴寒 F_1 的体长和体高极显著大于苏尼特羊（$P<0.05$）。8 月龄时，小尾寒羊的体长显著大于巴美肉羊（$P<0.05$）。6 月龄、8 月龄、12 月龄体高的变化趋势为小尾寒羊>巴寒 F_1>巴美肉羊，其中 6 月龄、8 月龄小尾寒羊的体高显著大于巴美肉羊和巴寒 F_1（$P<0.05$），12 月龄时小尾寒羊的体高显著大于巴美肉羊（$P<0.05$）。此外，由表 3-18 可以看出，在各月龄，巴美肉羊的胸围极显著大于苏尼特羊和小尾寒羊（$P<0.01$），巴美肉羊略大于巴寒 F_1（$P>0.05$）。6 月龄、8 月龄、12 月龄巴美肉羊、小尾寒

羊和巴寒 F_1 的胸围显著大于苏尼特羊（$P<0.05$）。

表3-18　不同月龄各组羊体尺测定结果　　　　　　　　单位：cm

月龄	项目	苏尼特羊	巴美肉羊	小尾寒羊	巴寒 F_1
4月龄	体长	57.67±2.16^{bB}	58.10±2.56^{bC}	63.10±5.78^{aC}	64.40±3.70^{aC}
	体高	56.17±3.76^{bC}	57.50±3.75^{bC}	61.00±5.01^{aC}	62.10±2.86^{aC}
	胸围	74.17±2.14^{bB}	83.70±5.03^{aB}	74.80±6.34^{bB}	78.95±8.95^{abC}
6月龄	体长	60.58±2.33^{bB}	69.10±2.47^{aB}	72.30±4.85^{aB}	72.10±4.20^{aB}
	体高	56.50±1.76^{cC}	64.40±2.41^{bB}	70.70±4.11^{aB}	65.10±3.63^{bC}
	胸围	78.17±4.12^{cB}	89.50±5.48^{aB}	82.70±2.91^{bB}	86.30±5.42^{abB}
8月龄	体长	64.00±3.35^{cB}	77.20±3.79^{bA}	82.50±3.47^{aA}	79.70±4.88^{abB}
	体高	62.17±1.47^{dB}	71.30±4.45^{cA}	78.60±1.96^{aA}	74.60±2.95^{bB}
	胸围	83.67±1.03^{cB}	113.00±5.21^{aA}	102.00±7.45^{bB}	107.90±6.56^{aA}
12月龄	体长	73.83±1.72^{bA}	85.40±7.18^{aA}	88.90±7.19^{aA}	90.20±4.44^{aA}
	体高	68.00±3.16^{cA}	77.30±3.86^{bA}	84.90±6.49^{aA}	81.60±3.13^{abA}
	胸围	92.33±8.07^{cA}	121.20±5.73^{aA}	108.70±10.18^{bB}	111.80±6.84^{abA}

注：同行小写字母肩注不同表示差异显著（$P<0.05$），同列同指标大写字母肩注不同表示差异显著（$P<0.05$）。

综上所述，不同品种羊的体尺指标在随月龄增加时均呈现显著增长，且不同品种间的体长、体高和胸围均存在差异。这种体尺的差异不仅反映了各品种的生长发育特性，也说明了它们在不同生长阶段的显著性发育差异。巴美肉羊具有体躯短，四肢矮小粗壮，胸圆而宽的肉用羊体型特征。小尾寒羊仍表现为体长、体高、骨骼较细、前胸狭窄、肋骨开张不够的体型特点（韩卫杰，2006）。巴寒 F_1 遗传了小尾寒羊体格高大的特点，而胸部的发育得到了改善。

2. 年龄对羊体尺指数的影响

各试验组在不同月龄的体尺指数如表3-19所示，以如下方式计算体尺指标。

体型指数=体长/体高（反映体长和体高的相对发育状况）

胸围指数=胸围/体高（反映前躯的相对发育状况）

体躯指数=胸围/体长（反映躯干的相对发育状况）

可以看出体型指数在各试验阶段的差异不显著（$P>0.05$）。在试验的不同月龄，胸围指数的变化趋势为巴美肉羊>巴寒 F_1>苏尼特羊>小尾寒羊（4月龄除外）。巴美肉羊的胸围指数均显著大于同龄的苏尼特羊和小尾寒羊（$P<0.05$）；4月龄时巴美肉羊显著大于巴寒 F_1（$P<0.05$），12月龄时差异显著（$P<0.05$）。6月龄、8月龄时，巴寒 F_1 的胸围指数显著大于小尾寒羊和苏尼特羔羊（$P<0.05$）。各试验组体躯指数的变化趋势为巴美肉羊>巴寒 F_1>苏尼特羊>小尾寒羊。4月龄、6月龄、8月龄的巴美肉羊体躯指数显著大于同龄的苏尼特羊、小尾寒羊和巴寒 F_1（$P<0.05$）；12 月龄巴美肉羊体躯指数显著大于同龄的苏尼特羊、小尾寒羊和巴寒 F_1（$P<0.05$）。在 4 月龄、8 月龄巴寒 F_1 的体躯指数显著大于小尾寒羊（$P<0.05$）。试验结果表明，各试验组中，巴美肉羊和巴寒 F_1 的胸围指数和体躯指数均优于苏尼特羊和小尾寒羊，表明巴美肉羊和巴寒 F_1 的前驱和躯干发育能力相对较好。巴美肉羊和巴寒 F_1 的胸围指数和体躯指数在 8 月龄时增幅明显。

苏尼特羊的体型指数在月龄间变化较小，从 4 月龄的 1.05±0.09 到 12 月龄的 1.09±0.07；胸围指数和体躯指数分别从 1.32±0.13 和 1.22±0.03 小幅增加至 1.36±0.07 和 1.24±0.13。巴美肉羊的体型指数和胸围指数也呈增长趋势，但体躯指数在 12 月龄时略有下降。小尾寒羊和巴寒 F_1 杂交羊的体型指数和胸围指数增加（$P>0.05$）。结果表明，各品种在不同月龄下的生长模式存在一定差异。

表 3-19 不同月龄各组体尺指数结果

月龄	项目	苏尼特羊	巴美肉羊	小尾寒羊	巴寒 F_1
4 月龄	体型指数	1.05±0.09^{aA}	0.99±0.05^{aA}	1.03±0.05^{aA}	1.04±0.03^{aA}
	胸围指数	1.32±0.13^{bA}	1.46±0.08^{aA}	1.20±0.08^{cA}	1.27±0.10^{bcA}
	体躯指数	1.22±0.03^{bA}	1.47±0.03^{aA}	1.16±0.06^{cA}	1.26±0.09^{bA}
6 月龄	体型指数	1.03±0.06^{aA}	1.07±0.06^{aA}	1.02±0.04^{aA}	1.08±0.05^{aA}
	胸围指数	1.26±0.09^{bA}	1.39±0.09^{aA}	1.17±0.04^{cA}	1.33±0.03^{aA}
	体躯指数	1.18±0.06^{bA}	1.30±0.09^{aA}	1.15±0.04^{bA}	1.20±0.06^{bA}
8 月龄	体型指数	1.06±0.04^{aA}	1.08±0.05^{aA}	1.05±0.04^{aA}	1.07±0.06^{aA}
	胸围指数	1.35±0.03^{cA}	1.59±0.09^{aA}	1.30±0.10^{cA}	1.45±0.13^{abA}
	体躯指数	1.31±0.07^{bA}	1.47±0.07^{aA}	1.24±0.06^{cA}	1.36±0.07^{bA}
12 月龄	体型指数	1.09±0.07^{aA}	1.11±0.10^{aA}	1.05±0.11^{aA}	1.11±0.05^{aA}
	胸围指数	1.36±0.07^{bA}	1.57±0.11^{aA}	1.29±0.20^{bA}	1.37±0.13^{bA}
	体躯指数	1.24±0.13^{bA}	1.43±0.14^{aA}	1.23±0.14^{bA}	1.25±0.10^{bA}

注：同行小写字母肩注不同表示差异显著（$P<0.05$），同列同指标大写字母肩注不同表示差异显著（$P<0.05$）。

（三）年龄对羊屠宰性能指标的影响

1. 年龄对羊胴体质量和净肉质量的影响

各试验组在不同月龄的胴体质量和净肉质量如表 3-20 所示，胴体质量和净肉质量的变化趋势为巴美肉羊>巴寒 F_1>小尾寒羊>苏尼特羊。4 月龄时差异不显著（$P>0.05$），6 月龄、8 月龄、12 月龄时，巴美肉羊、小尾寒羊和巴寒 F_1 的胴体质量和净肉质量显著大于苏尼特羊（$P<0.05$）。8 月龄时，巴美肉羊的净肉质量显著大于小尾寒羊（$P<0.05$）。试验结果表明随着月龄的增加，巴美肉羊的净肉质量与苏尼特羊差异明显，在 12 月龄达

到显著水平（$P<0.05$）；巴美肉羊和巴寒 F_1 的胴体质量显著大于苏尼特羊（$P<0.05$）。

苏尼特羊的胴体质量从 4 月龄的（11.60±1.22）kg 增长至 12 月龄的（23.10±2.07）kg，净肉质量从（8.21±0.82）kg 增加至（17.00±2.24）kg，显示出显著的增长趋势（$P<0.05$）。巴美肉羊的胴体质量和净肉质量也表现出显著增加，12 月龄时分别达到（41.34±5.10）kg 和（32.71±4.19）kg（$P<0.05$）。小尾寒羊和巴寒 F_1 杂交羊在 12 月龄时的胴体质量和净肉质量也显著高于较低月龄时（$P<0.05$）。结果表明，各品种羊的胴体质量和净肉质量在不同月龄间存在显著差异，巴美肉羊在 12 月龄时表现出显著的胴体质量和净肉质量优势（$P<0.05$）。

表 3-20 不同月龄各组胴体质量和净肉质量的测定结果　　　　单位：kg

月龄	项目	苏尼特羊	巴美肉羊	小尾寒羊	巴寒 F_1
4 月龄	胴体质量	11.60±1.22[aC]	13.58±2.15[aC]	12.76±2.46[aD]	13.53±2.38[aD]
	净肉质量	8.21±0.82[aB]	9.35±1.63[aC]	8.44±2.02[aD]	9.18±1.72[aD]
6 月龄	胴体质量	12.56±0.73[bC]	21.84±3.27[aB]	20.10±2.51[aC]	21.82±4.42[aC]
	净肉质量	9.06±0.72[bB]	15.96±2.52[aB]	14.36±1.88[aC]	16.10±3.33[aC]
8 月龄	胴体质量	15.64±0.65[bB]	31.36±4.95[aA]	28.04±3.46[aB]	29.40±3.35[aB]
	净肉质量	10.35±0.63[cB]	24.26±4.19[aA]	20.19±3.19[bB]	21.69±2.67[abB]
12 月龄	胴体质量	23.10±2.07[bA]	41.34±5.10[aA]	36.40±5.70[aA]	39.58±4.57[aA]
	净肉质量	17.00±2.24[cA]	32.71±4.59[aA]	26.35±4.94[bA]	29.56±3.77[abA]

注：同行小写字母肩注不同表示差异显著（$P<0.05$），同列同指标大写字母肩注不同表示差异显著（$P<0.05$）。

2. 年龄对羊眼肌面积的影响

各试验组在不同月龄的眼肌面积如表 3-21 所示，眼肌面积的变化趋势为巴美肉羊>巴寒 F_1>小尾寒羊>苏尼特羊。4 月龄时，巴美肉羊的眼肌面积显著大于苏尼特羊和小尾寒羊（$P<0.05$），巴寒 F_1 显著大于苏尼特羊（$P<0.05$）；6 月龄时，巴美肉羊和巴寒 F_1 的眼肌面积显著大于苏尼特羊和小尾寒羊（$P<0.05$），巴美肉羊显著大于巴寒 F_1（$P<0.05$）；8 月龄时，巴美肉羊显著大于苏尼特羊和小尾寒羊（$P<0.05$），巴寒 F_1 显著大于苏尼特羊（$P<0.05$）；12 月龄时，巴美肉羊和巴寒 F_1 显著大于苏尼特羊（$P<0.05$）。

苏尼特羊随着月龄增加，眼肌面积显著增长（$P<0.05$），从 4 月龄的（10.67±2.03）cm² 增长到 12 月龄的（17.17±2.21）cm²，尤其在 4 到 6 月龄之间增幅较大。巴美肉羊的眼肌面积也随月龄显著增加（$P<0.05$），从 4 月龄的（15.23±2.55）cm² 增长到 12 月龄的（26.29±4.72）cm²，并且在 4 到 6 月龄的增幅最为显著，之后持续增长。小尾寒羊的眼肌面积虽然增长较为平稳，但依然呈现出显著差异（$P<0.05$），从 4 月龄的（11.66±2.61）cm² 增长到 12 月龄的（21.41±3.08）cm²。对于巴寒 F_1，眼肌面积从 4 月龄的（13.27±3.01）cm² 增长到 12 月龄的（22.68±3.94）cm²，增长较为平稳，主要集中在 6 到 12 月龄之间。总体来看，各个品种随着月龄增加，眼肌面积显著增大，其中巴美肉羊

和巴寒 F_1 的增长尤为显著。这些数据对肉科学研究中评估羊的生长性能以及肉质特性具有重要参考价值。

表 3-21　不同月龄各组眼肌面积的测定结果

月龄	眼肌面积/cm^2			
	苏尼特羊	巴美肉羊	小尾寒羊	巴寒 F_1
4 月龄	10.67±2.03^{cC}	15.23±2.55^{aB}	11.66±2.61^{bcB}	13.27±3.01^{abB}
6 月龄	13.03±1.32^{cB}	22.22±4.52^{aA}	14.95±2.62^{cB}	18.83±2.22^{bA}
8 月龄	15.35±3.71^{cA}	24.83±5.44^{aA}	17.61±3.42^{bcA}	20.21±3.86^{abA}
12 月龄	17.17±2.21^{cA}	26.29±4.72^{aA}	21.41±3.08^{bA}	22.68±3.94^{abA}

注：同行小写字母肩注不同表示差异显著（$P<0.05$），同列大写字母肩注不同表示差异显著（$P<0.05$）。

3. 年龄对羊屠宰率、净肉率和胴体产肉率的影响

各试验组在不同月龄的屠宰率、净肉率和胴体产肉率如表 3-22 所示。4 月龄时，苏尼特羊的屠宰率与净肉率显著大于其他品种（$P<0.05$）。6 月龄时，巴寒 F_1 的屠宰率、净肉率和胴体产肉率显著大于小尾寒羊和苏尼特羊（$P<0.05$）。8 月龄时，巴美肉羊、小尾寒羊和巴寒 F_1 的屠宰率、净肉率和胴体产肉率显著大于苏尼特羊（$P<0.05$），巴美肉羊的胴体产肉率显著大于小尾寒羊（$P<0.05$）。12 月龄时，巴寒 F_1 的屠宰率显著大于小尾寒羊和苏尼特羊（$P<0.05$），巴美肉羊的屠宰率显著大于小尾寒羊（$P<0.05$）；巴美肉羊的净肉率和胴体产肉率极显著大于小尾寒羊和苏尼特羊（$P<0.01$），巴寒 F_1 的净肉率显著大于小尾寒羊（$P<0.05$），胴体产肉率显著大于苏尼特羊（$P<0.05$）。

试验结果表明，在四种羔羊生长初期时，苏尼特羊表现出良好的屠宰性能。6 月龄时，巴寒 F_1 的屠宰性能具有明显的优势。从 8 月龄开始，巴美肉羊和巴寒 F_1 的屠宰性能优于苏尼特羊，以 12 月龄最为突出。屠宰率、净肉率和胴体产肉率随月龄增加而增加，但幅度较小。

表 3-22　不同月龄各组屠宰率、净肉率和胴体产肉率测定结果　　　单位：%

月龄	项目	苏尼特羊	巴美肉羊	小尾寒羊	巴寒 F_1
4 月龄	屠宰率	46.08±0.43^{aB}	44.05±1.51^{bC}	44.95±1.64^{bB}	43.56±2.03^{bC}
	净肉率	32.64±1.28^{aB}	30.25±1.42^{bC}	30.23±2.35^{bB}	30.18±2.18^{bA}
	胴体产肉率	66.56±2.69^{aB}	68.68±1.73^{aC}	67.18±3.08^{aB}	67.25±4.09^{aB}
6 月龄	屠宰率	46.38±0.25^{bB}	48.31±0.92^{abB}	45.71±1.74^{bB}	50.7±7.91^{aB}
	净肉率	32.84±0.99^{bB}	35.27±1.25^{abB}	32.66±2.01^{bB}	37.42±6.32^{aA}
	胴体产肉率	69.03±2.34^{bA}	73.01±2.08^{abB}	71.41±2.35^{bA}	73.72±2.27^{aA}

续表

月龄	项目	苏尼特羊	巴美肉羊	小尾寒羊	巴寒 F_1
8月龄	屠宰率	46.58±1.09^{bB}	50.24±1.56^{aB}	50.83±6.89^{aA}	48.57±1.84^{aB}
	净肉率	32.86±1.39^{bB}	38.84±1.84^{aB}	36.57±5.89^{aA}	35.87±2.18^{aA}
	胴体产肉率	69.24±1.73^{cA}	77.29±1.89^{aA}	71.83±4.11^{bA}	73.81±2.21^{abA}
12月龄	屠宰率	52.85±2.08^{bA}	53.52±1.09^{abA}	51.82±1.61^{cA}	54.46±1.85^{aA}
	净肉率	38.89±2.47^{bcA}	42.3±2.23^{aA}	37.42±2.75^{cA}	40.63±2.08^{abA}
	胴体产肉率	70.11±5.78^{cA}	78.02±3.43^{aA}	72.17±4.26^{bA}	74.63±3.37^{abA}

注：同行小写字母肩注不同表示差异显著（$P<0.05$），同列大写字母肩注不同表示同指标差异显著（$P<0.05$）。

4. 年龄对羊骨质量、肉骨比的影响

各试验组在不同月龄的骨质量、肉骨比情况如表3-23所示。4月龄时，巴美肉羊和小尾寒羊的骨质量显著大于苏尼特羊（$P<0.05$）。6月龄、8月龄、12月龄时，巴美肉羊、小尾寒羊和巴寒 F_1 的骨质量显著大于苏尼特羊（$P<0.05$）。4月龄、6月龄时，骨质量的变化趋势为巴美肉羊>小尾寒羊>巴寒 F_1>苏尼特羊，而在8月龄、12月龄，骨质量的变化趋势为巴寒 F_1>小尾寒羊>巴美肉羊>苏尼特羊。4月龄时，苏尼特羊的肉骨比显著大于小尾寒羊、巴美肉羊和巴寒 F_1（$P<0.05$）。6月龄时，苏尼特羊和巴寒 F_1 的肉骨比显著大于小尾寒羊（$P<0.05$）。8月龄时，巴美肉羊的肉骨比显著大于其他试验组（$P<0.05$），巴寒 F_1 和小尾寒羊显著大于苏尼特羊（$P<0.05$）。12月龄时，巴美肉羊的肉骨比显著大于苏尼特羊和小尾寒羊（$P<0.05$），巴寒 F_1 和小尾寒羊显著大于苏尼特羊（$P<0.05$）。肉骨比在4月龄、6月龄时为苏尼特羊>巴寒 F_1>巴美肉羊>小尾寒羊，而8月龄、12月龄时，变化趋势为巴美肉羊>巴寒 F_1>小尾寒羊>苏尼特羊。8月龄、12月龄时，随着月龄的增加，巴美肉羊的骨质量增长减慢，而巴寒 F_1 的骨质量增长突出。

表3-23 不同月龄各组骨质量和肉骨比测定结果

月龄	项目	苏尼特羊	巴美肉羊	小尾寒羊	巴寒 F_1
4月龄	骨质量/kg	2.67±0.37^{bB}	3.42±0.54^{aB}	3.18±0.56^{aC}	3.06±0.51^{abB}
	肉骨比	3.10±0.37^{aB}	2.74±0.31^{bC}	2.64±0.28^{bB}	2.75±0.32^{bB}
6月龄	骨质量/kg	2.58±0.21^{bB}	4.93±0.78^{aA}	4.70±0.59^{aB}	4.59±0.87^{aA}
	肉骨比	3.53±0.21^{aA}	3.25±0.29^{abB}	3.06±0.21^{bA}	3.52±0.45^{aA}
8月龄	骨质量/kg	3.45±0.44^{bA}	5.75±1.13^{aA}	5.78±0.60^{aA}	6.10±1.01^{aA}
	肉骨比	3.05±0.41^{cB}	4.26±0.42^{aA}	3.51±0.53^{bA}	3.80±0.36^{bA}
12月龄	骨质量/kg	3.66±0.28^{bA}	6.64±1.32^{aA}	6.91±1.09^{aA}	7.39±1.37^{aA}
	肉骨比	3.64±0.40^{cA}	4.99±0.42^{aA}	3.88±0.86^{bA}	4.08±0.64^{abA}

注：同行小写字母肩注不同表示差异显著（$P<0.05$），同列同指标大写字母肩注不同表示差异显著（$P<0.05$）。

（四）年龄对羊肉品质的影响

1. 年龄对羊肉品质的影响

不同月龄羊肉 pH、剪切力及熟肉率的测定如表 3-24 所示，各试验组中，以苏尼特羊的剪切力最低（除 6 月龄），巴美肉羊和巴寒 F_1 的剪切力均小于小尾寒羊。

表3-24　不同月龄各组羊肉品质指标的测定

项目	月龄	苏尼特羊	巴美肉羊	小尾寒羊	巴寒 F_1
pH_{45min}	4 月龄	6.73±0.22^{aA}	6.71±0.11^{aA}	6.78±0.24^{aA}	6.80±0.08^{aA}
	6 月龄	6.53±0.21^{aA}	6.51±0.32^{aA}	6.64±0.20^{aA}	6.50±0.22^{aA}
	8 月龄	6.53±0.21^{aA}	6.36±0.12^{aA}	6.49±0.21^{aA}	6.44±0.17^{aA}
	12 月龄	6.49±0.19^{aA}	6.51±0.11^{aA}	6.63±0.21^{aA}	6.55±0.12^{aA}
剪切力/N	4 月龄	42.70±3.47^{aA}	43.23±2.80^{aA}	46.45±4.05^{aA}	42.81±6.15^{aA}
	6 月龄	42.28±3.55^{aA}	39.59±7.57^{aA}	43.73±3.78^{aA}	42.41±7.13^{aA}
	8 月龄	46.21±5.87^{aA}	47.01±8.44^{aA}	49.31±9.42^{aA}	47.01±5.54^{aA}
	12 月龄	49.20±16.51^{aA}	50.87±8.74^{aA}	54.10±11.61^{aA}	51.44±6.23^{aA}
熟肉率/%	4 月龄	58.31±3.55^{aA}	58.98±5.37^{aA}	57.84±3.63^{aA}	59.23±4.45^{aA}
	6 月龄	59.78±3.29^{aA}	60.05±4.98^{aA}	59.39±2.11^{aA}	59.30±4.08^{aA}
	8 月龄	61.23±3.45^{aA}	62.33±1.68^{aA}	59.98±3.77^{aA}	61.03±4.29^{aA}
	12 月龄	62.79±3.29^{aA}	62.68±2.49^{aA}	60.89±2.56^{aA}	61.54±4.42^{aA}
a^*	4 月龄	16.51±4.43^{aA}	14.69±2.67^{aA}	16.31±3.39^{aA}	14.84±3.25^{aA}
	6 月龄	4.59±2.83^{abA}	6.75±3.05^{aA}	3.28±0.64^{bA}	4.23±2.04^{abA}
	8 月龄	17.56±1.17^{aA}	15.06±1.93^{aA}	13.49±2.04^{aA}	16.31±4.35^{aA}
	12 月龄	24.19±1.98^{aA}	22.05±4.93^{aAB}	15.62±4.63^{cB}	19.19±3.94^{bcAB}

注：同行小写字母肩注不同表示差异显著（$P<0.05$），同列同指标大写字母肩注不同表示差异显著（$P<0.05$）。

2. 年龄对羊常规营养成分的影响

不同月龄各试验组营养成分的测定如表 3-25 所示，可以看出，四个品种的羊在相同月龄时肉中水分、灰分的含量无显著的差异（$P>0.05$），粗蛋白、粗脂肪的含量在各个月龄有所差异。巴寒 F_1 的粗蛋白含量在不同月龄均大于其他试验组，其中 4 月龄时差异显著（$P<0.05$）。粗脂肪的含量在 4 月龄、8 月龄、12 月龄的变化趋势为小尾寒羊>苏尼特羊>巴美肉羊>巴寒 F_1；4 月龄时，小尾寒羊和苏尼特羊的粗脂肪含量显著大于巴寒 F_1（$P<0.05$）；6 月龄时差异不显著（$P>0.05$）；8 月龄时，小尾寒羊、苏尼特羊粗脂肪含量显著大于巴寒 F_1（$P<0.05$）；12 月龄时，小尾寒羊粗脂肪含量显著大于巴寒 F_1（$P<0.05$）。

试验结果表明,巴寒 F_1 脂肪含量各月龄均低于各其余品种,表现低脂的特点。四种绵羊肌内水分含量在4月龄、6月龄、8月龄逐步增长,而在12月龄开始下降;灰分随月龄的变化不明显;粗蛋白和粗脂肪的含量随着月龄逐渐增加。

表3-25 不同月龄各组常规营养成分的测定 单位:%

项目	月龄	苏尼特羊	巴美肉羊	小尾寒羊	巴寒 F_1
水分	4月龄	72.82±4.5^{aA}	73.02±1.78^{aA}	74.25±1.93^{aA}	73.18±2.03^{aA}
	6月龄	74.70±0.77^{aA}	74.88±1.42^{aA}	74.33±1.42^{aA}	74.66±1.29^{aA}
	8月龄	75.32±0.9^{aA}	74.99±1.15^{aA}	75.13±1.42^{aA}	74.68±1.53^{aA}
	12月龄	73.42±3.45^{aA}	73.40±0.15^{aA}	73.24±0.45^{aA}	74.21±0.18^{aA}
灰分	4月龄	1.06±0.08^{aA}	1.07±0.02^{aA}	1.05±0.04^{aA}	1.03±0.02^{aA}
	6月龄	1.08±0.01^{aA}	1.03±0.05^{aA}	1.10±0.06^{aA}	1.07±0.02^{aA}
	8月龄	1.03±0.63^{aA}	1.01±0.1^{aA}	1.06±0.04^{aA}	1.08±0.03^{aA}
	12月龄	1.04±0.03^{aA}	1.02±0.07^{aA}	1.07±0.04^{aA}	1.03±0.03^{aA}
粗蛋白	4月龄	18.03±0.38^{bB}	18.76±1.01^{bB}	18.54±0.80^{bB}	19.69±0.90^{aA}
	6月龄	19.31±0.80^{aA}	19.22±0.79^{aA}	19.10±1.19^{aA}	19.38±0.96^{aA}
	8月龄	19.55±1.46^{aA}	19.46±1.27^{aA}	19.70±1.75^{aA}	19.79±1.20^{aA}
	12月龄	19.85±1.40^{aA}	19.90±1.07^{aA}	19.87±1.74^{aA}	19.96±1.28^{aA}
粗脂肪	4月龄	3.15±0.07^{abA}	2.89±0.13^{bcAB}	3.26±0.28^{aA}	2.56±0.09^{cB}
	6月龄	3.48±0.43^{aA}	3.35±0.48^{aA}	3.29±0.76^{aA}	3.23±0.33^{aA}
	8月龄	3.75±0.16^{aAB}	3.68±0.15^{abAB}	3.83±0.12^{aA}	3.44±0.11^{bB}
	12月龄	3.89±0.29^{abA}	3.81±0.19^{abA}	4.53±0.31^{aA}	3.53±0.13^{bA}

注:同行小写字母肩注不同表示差异显著($P<0.05$),同列同指标大写字母肩注不同表示差异显著($P<0.05$)。

三、性别对羊肉品质的影响

同一个品种、不同性别的肉羊之间肉品质也存在较大的差异,主要表现在肌肉的肌内脂肪含量(大理石花纹)、多汁性、嫩度和风味等方面。一般来说,母羊,尤其是成年母羊具有较好的脂肪沉积能力,而公羊饲料转化率高,但阉割影响其生长速度。总体来说,羔羊时期育肥速度最快的是公羊,之后是羯羊,最后是母羊。为从性别角度分析巴美肉羊的品质特性,以12月龄公母各半的22只巴美肉羊为研究对象,测定其胴体品质、食用品质以及脂肪酸的组成。

(一) 性别对巴美肉羊胴体品质的影响

由表3-26可知,性别对巴美肉羊胴体品质的影响较大。公羊的胴体长和胴体深均显著高于母羊($P<0.05$),与之对应的是公羊的胴体质量也显著高于母羊($P<0.05$)。由表3-26可知,性别对巴美肉羊的背膘厚无显著影响($P>0.05$)。此外,母羊的眼肌面积显著小于公羊($P<0.05$),眼肌面积与瘦肉率呈正相关(张慧林等,2001)。总体上看,公羊的胴体品质优于母羊,具有更好的产肉性能。

表3-26 公羊与母羊屠宰性能的差异分析

指标	公羊	母羊
胴体质量/kg	27.92±2.57^b	23.93±2.13^a
胴体长/cm	76.33±2.31^b	71.29±2.68^a
胴体深/cm	20.63±1.13^b	19.5±1.49^a
背膘厚/mm	7.68±1.17^a	8.14±2.26^a
眼肌面积/cm²	21.52±3.39^b	18.48±3.12^a

注:同行不同小写字母肩注表示差异显著($P<0.05$)。

(二) 性别对巴美肉羊食用品质的影响

1. 性别对巴美肉羊pH、嫩度、熟肉率和色泽的影响

食用品质即消费者对羊肉的主观感受,以客观指标评价,主要包括pH、色泽、嫩度和蒸煮损失等。由表3-27可知,性别对羊肉的pH_{45min}无显著影响($P>0.05$)。剪切力是反映肉嫩度的指标,剪切力越大,嫩度越低。性别对羊肉嫩度影响显著,公羊的剪切力显著高于母羊($P<0.05$),表明母羊的嫩度显著高于公羊。母羊的蒸煮损失率显著低于公羊($P<0.05$),肉蒸煮损失率越高,熟肉率越低,表明公羊的熟肉率显著低于母羊。L^*越大,肉色越亮,公羊的L^*显著高于母羊($P<0.05$),表明公羊肉较母羊肉明亮。肉的色泽主要由肌红蛋白含量和氧化状态决定,氧合肌红蛋白占的比例高,则肉色呈鲜红色(陈茜茜等,2013)。因此,由肌红蛋白含量和氧化状态的差异可能导致公羊肉的色泽更亮。

表3-27 公羊与母羊肉品质的差异分析

指标	公羊	母羊
pH_{45min}	6.75±0.20^a	6.65±0.13^a
剪切力/N	77.46±8.56^b	66.36±3.65^a
蒸煮损失/%	38.81±1.58^b	36.66±1.40^a
L^*	40.37±0.07^b	37.37±1.96^a

续表

指标	公羊	母羊
a^*	18.62 ± 0.71^a	18.21 ± 1.43^a
b^*	7.80 ± 0.41^a	7.83 ± 0.82^a

注：同行不同小写字母肩注表示差异显著（$P<0.05$）。

2. 性别对巴美肉羊滋味的影响

肉的滋味主要取决于游离氨基酸、核苷酸及代谢产物、小分子肽及无机盐等。电子舌共能检测出9种味觉指标，本研究结果显示咸味、苦味、鲜味和丰度强度均高于无味点，可以作为评价巴美肉羊滋味的有效指标。由图3-3可以看出，巴美肉羊肉的滋味指标中咸味和鲜味强度较高。咸味主要取决于细胞内外的钾、钠离子，公羊与母羊的咸味差异不显著（$P>0.05$），这表明不同性别羊的细胞内外钾、钠离子浓度差异不显著。母羊的苦味略高于公羊，可能是母羊中与苦味相关的肽或氨基酸如丙氨酸、异亮氨酸、亮氨酸等含量较高。鲜味是肉品风味的重要指标，氨基酸和肌苷酸是鲜味的主要贡献者，丰度是鲜味的回味。从图3-3可以看出，公羊与母羊的鲜味及丰度并无显著差异（$P>0.05$）。

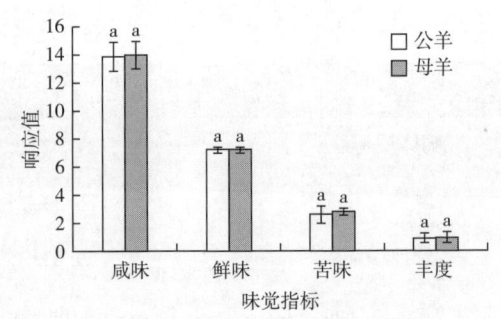

图3-3　公羊与母羊背最长肌的味觉指标

[同指标相同小写字母表示差异不显著（$P>0.05$）]

3. 性别对巴美肉羊挥发性风味物质的影响

从表3-28可以看出，公羊与母羊背最长肌中共检测出36种挥发性化合物，包括酮类、醇类、醛类、酸类、烃类、其他。公羊共检测出31种挥发性香气物质，母羊检测出35种，且有5种挥发性风味物质的含量与公羊差异显著（$P<0.05$）。巴美肉羊共检测出3种酮类化合物：3-羟基-2-丁酮、2,3-辛二酮和2-甲基-3-辛酮。公羊的3-羟基-2-丁酮含量显著低于母羊（$P<0.05$）。公羊的2,3-辛二酮含量显著高于母羊（$P<0.05$），可以赋予公羊肉较强的奶油香气（赵景丽，2014）。巴美肉羊检测出8种醛类物质，其中己醛、壬醛含量较高。从表中可看出，母羊的苯甲醛含量显著高于公羊（$P<0.05$）。巴美肉羊中酸类物质种类多、且含量高，是一类重要的气味成分，其中辛酸、壬酸、己酸和庚酸等占主要地位。3-羟基十二烷酸仅存在于母羊中。母羊肌肉中癸酸含量显著低于公羊（$P<0.05$）。癸酸又称羊蜡酸，具有酸败气味，是影响羊肉膻味的主要物质，因此癸酸可能是引起公羊与母羊膻味差异的主要酸类物质。烃类化合物主要源于脂肪酸烷氧自由基的断裂。本研究中共检测出五种烃类化合物，其中甲苯仅存在于公羊，而反-2-辛烯和癸烷仅存在于母羊中。母羊中的1-甲氧基-十二烷含量显著低于公羊（$P<0.05$）。由于烃类化合物的嗅觉阈值一般较高，对羊肉气味的直接贡献并不大。

表3-28 公羊与母羊背最长肌挥发性香风味物质相对含量的差异分析

类别	中文名称	分子式	风味描述	公羊	母羊
酮类	3-羟基-2-丁酮	$C_4H_8O_2$	黄油、脂肪、酸味	18.12±3.42[b]	30.38±9.04[a]
	2,3-辛二酮	$C_8H_{14}O_2$	奶油	15.36±2.78[a]	7.94±2.98[b]
	2-甲基-3-辛酮	$C_9H_{18}O$	—	2.94±1.26[a]	2.72±0.54[a]
醇类	正戊醇	$C_5H_{12}O$	面包香、果香、酒香	8.76±2.86[a]	8.44±3.14[a]
	2-戊烯-1-醇	$C_5H_{10}O$	绿色、塑料、橡胶	11.26±2.32[a]	10.9±3.7[a]
	正己醇	$C_6H_{14}O$	花、脂肪、绿色	5.00±1.92[a]	3.26±1.54[a]
	反-2-辛烯-1-醇	$C_8H_{16}O$	—	ND	8.26±3.24
	1-辛烯-3-醇	$C_8H_{16}O$	清香、熟蘑菇	8.19±2.79[a]	10.27±1.97[a]
醛类	3-羟基-正丁醛	$C_4H_8O_2$	—	3.96±1.92[a]	3.82±1.14[a]
	己醛	$C_6H_{12}O$	鲜草、绿草	10.72±4.72[a]	13.04±4.22[a]
	苯甲醛	C_7H_6O	坚果、杏仁	3.28±0.7[b]	5.60±1.94[a]
	庚醛	$C_7H_{14}O$	脂肪、柑橘、花香	2.86±0.90[a]	3.74±1.00[a]
	辛醛	$C_8H_{16}O$	脂肪、柑橘、肥皂	2.24±0.82[a]	3.60±1.64[a]
	壬醛	$C_9H_{18}O$	脂肪、柑橘、花香	5.92±2.62[a]	7.48±2.54[a]
	反-2-癸烯醛	$C_{10}H_{18}O$	木头	2.00±1.06[a]	1.90±0.98[a]
	十一醛	$C_{11}H_{22}O$	脂肪、蜡、肥皂	1.50±0.52[a]	2.24±1.58[a]
酸类	乙酸	$C_2H_4O_2$	醋酸	6.28±2.26[a]	5.68±1.54[a]
	戊酸	$C_5H_{10}O_2$	酸的	2.80±1.06[a]	3.14±0.9[a]
	己酸	$C_6H_{12}O_2$	山羊般的	10.12±2.56[a]	9.86±1.92[a]
	庚酸	$C_7H_{14}O_2$	—	17.60±2.12[a]	10.00±3.88[a]
	辛酸	$C_8H_{16}O_2$	蜡、奶酪、脂肪	15.10±3.96[a]	17.68±4.80[a]
	壬酸	$C_9H_{18}O_2$	蜡、奶酪、脂肪	9.90±3.46[a]	11.22±3.24[a]
	癸酸	$C_{10}H_{20}O_2$	酸败,脂肪	1.64±0.56[a]	0.74±0.28[b]
	十一酸	$C_{11}H_{22}O_2$	—	2.26±0.82[a]	2.88±0.92[a]
	2-十二碳烯酸	$C_{12}H_{22}O_2$	—	5.44±1.54[a]	5.92±2.28[a]
	3-羟基十二烷酸	$C_{12}H_{24}O_3$	—	ND	1.66±0.44
	反-2-己烯-苯甲酸	$C_{13}H_{16}O_2$	—	3.98±1.18[a]	3.22±0.82[a]

续表

类别	中文名称	分子式	风味描述	公羊	母羊
烃类	甲苯	C_7H_8	果香、甜的	27.08±4.14	ND
	反-2-辛烯	C_8H_{16}	果香、甜的	ND	1.18±0.56
	癸烷	$C_{10}H_{22}$	—	ND	4.44±0.76
	1-甲氧基-十二烷	$C_{13}H_{28}O$	—	2.52±0.82^a	1.66±0.36^b
	8-亚甲基-十五烷	$C_{16}H_{32}$	—	1.30±0.36^a	1.78±0.26^a
其他	苯酚	C_6H_6O	甜的	2.70±0.74^a	2.48±0.66^a
	3-甲基-苯酚	C_7H_8O	—	ND	1.58±0.46
	12-甲基十四烷酸甲酯	$C_{16}H_{32}O_2$	—	4.14±1.2^a	5.54±2.08^a
	烯丙基-2-乙基-丁酸盐	$C_9H_{16}O_2$	—	3.70±1.57^a	4.96±2.72^a

注：同行不同小写字母肩注表示差异显著（$P<0.05$）；"—"表示未从文献中查到；"ND"表示未在样品中检测到。

总体上看，巴美肉羊的挥发性风味物质中 3-羟基-2-丁酮、2,3-辛二酮、1-辛烯-3-醇、己醛、己酸、庚酸和辛酸等占主要地位。母羊肉中挥发性风味成分种类高于公羊，风味物质更加丰富。3-羟基十二烷酸和反-2-辛烯仅在母羊中检测到，而甲苯仅存在公羊中。母羊肉中 3-羟基-2-丁酮、苯甲醛含量显著高于公羊（$P<0.05$）；公羊肉中 2,3-辛二酮和癸酸含量显著高于母羊（$P<0.05$）。

4. 性别对巴美肉羊脂肪酸的影响

由表 3-29 可知，巴美肉羊共检测出 24 种脂肪酸，包括饱和脂肪酸 8 种、单不饱和脂肪酸 5 种以及多不饱和脂肪酸 11 种。性别因素对总 SFA 含量影响显著，母羊肌肉的总 SFA 含量显著高于公羊（$P<0.05$）。其中母羊的棕榈酸含量显著高于公羊（$P<0.05$）。公羊与母羊的总 MUFA 含量差异显著（$P<0.05$）。公羊的反-9-十八碳一烯酸甲酯含量显著高于母羊。公羊的花生二烯酸含量显著高于母羊。公羊 P/S 值为 0.35，母羊为 0.28，从营养角度上看，公羊肉的营养价值要高于母羊。总体上看，母羊的总脂肪酸含量高于公羊，但公羊脂肪酸的营养价值高于母羊。公羊与母羊的差异脂肪酸为棕榈酸、反-9-十八碳一烯酸甲酯、油酸以及花生二烯酸。脂肪酸组成的差异可能与性别类固醇有关。

表 3-29 公羊与母羊背最长肌脂肪酸的差异分析

脂肪酸/($AU×10^8/g$)	公羊	母羊
饱和脂肪酸	56.11±10.74^b	82.35±11.65^a
癸酸（$C_{10:0}$）	0.21±0.08^a	0.20±0.03^a
月桂酸（$C_{12:0}$）	0.15±0.07^a	0.17±0.09^a

续表

脂肪酸/($AU×10^8/g$)	公羊	母羊
肉豆蔻酸（$C_{14:0}$）	$2.83±1.54^a$	$2.86±0.80^a$
十五烷酸（$C_{15:0}$）	$0.46±0.22^a$	$0.44±0.14^a$
棕榈酸（$C_{16:0}$）	$34.81±8.57^b$	$52.07±5.25^a$
十七烷酸（$C_{17:0}$）	$1.59±0.74^a$	$1.44±0.59^a$
硬脂酸（$C_{18:0}$）	$17.15±1.40^a$	$24.48±5.75^a$
花生酸（$C_{20:0}$）	$0.14±0.07^a$	$0.09±0.04^a$
单不饱和脂肪酸	$61.29±6.34^b$	$106.58±6.02^a$
豆蔻油酸（$C_{14:1}$）	$0.10±0.01^a$	$0.17±0.08^a$
棕榈油酸（$C_{16:1}$）	$1.16±0.23^a$	$1.81±0.63^a$
油酸（$C_{18:1}$）	$0.90±0.43^a$	$0.87±0.33^a$
反-9-十八碳一烯酸甲酯（$C_{18:1n-9t}$）	$2.89±0.34^a$	$1.41±0.67^b$
顺-9-十八碳一烯酸甲酯（$C_{18:1n-9c}$）	$56.32±6.53^b$	$101.80±6.46^a$
多不饱和脂肪酸	$20.23±4.95^a$	$19.22±5.07^a$
反,反-9,12-十八碳二烯酸甲酯（$C_{18:2n-6t}$）	$0.23±0.19^a$	$0.22±0.10^a$
亚油酸（$C_{18:2n-6c}$）	$17.61±6.87^a$	$13.32±4.24^a$
γ-十八烷三烯酸（$C_{18:3n-6}$）	$0.25±0.09^a$	$0.22±0.08^a$
α-亚麻酸（$C_{18:3n-3}$）	$0.25±0.03^a$	$0.29±0.02^a$
共轭亚麻油酸	$0.43±0.20^a$	$0.70±0.54^a$
花生二烯酸（$C_{20:2}$）	$0.34±0.08^a$	$0.13±0.03^b$
花生三烯酸（$C_{20:3n-6}$）	$0.26±0.07^a$	$0.24±0.05^a$
二十碳三烯酸（$C_{20:3n-3}$）	$0.42±0.16^a$	$0.25±0.01^a$
花生四烯酸（$C_{20:4n-6}$）	$3.08±0.32^a$	$3.54±0.72^a$
二十碳五烯酸（$C_{20:5n-3}$）	$0.11±0.04^a$	$0.09±0.01^a$
二十二碳六烯酸（$C_{22:6n-3}$）	$0.08±0.03^a$	$0.09±0.04^a$
P/S	$0.35±0.13^a$	$0.28±0.07^a$

注：同行不同小写字母肩注表示差异显著（$P<0.05$）。

通过对巴美肉羊公羊和母羊品质特性的比较，最终认为公羊的胴体品质优于母羊，具有更好的产肉性能；母羊的食用品质如嫩度和熟肉率优于公羊；母羊的风味物质种类较公羊丰富；公羊的脂肪酸的营养价值优于母羊。

四、部位对羊肉品质的影响

羊的不同部位活动量存在较大差异，这使其具有不同的生理功能，影响脂肪、肌红蛋白氧化程度以及体内抗氧化系统，最终引起肉品质的差异。不同部位肌肉含有的肌纤维类型比例不同，间接影响部位间肌肉组织的氧化程度。氧化系统与抗氧化系统之间存在动态平衡，这会进一步影响肉的色泽和风味物质等感官指标。

选取12月龄苏尼特羊25只，对其股二头肌、臂三头肌和背最长肌抗氧化系统指标进行差异性研究，进一步探究部位对羊肉品质的影响。

（一）不同部位苏尼特羊肌肉氧化程度的差异

测定不同部位苏尼特羊肌肉中丙二醛（MDA）含量，结果如图3-4所示。丙二醛是脂质过氧化的产物，是能够反映脂质氧化程度的重要指标（Turgut et al., 2017）。MDA含量越高，表明脂质氧化程度越高，含量越低表明脂质氧化程度越低，抗氧化性能越强。由图3-4可知，背最长肌的MDA含量为1.377nmol/mg蛋白质，低于股二头肌和臂三头肌（$P>0.05$），这表明背最长肌的脂质氧化程度低于股二头肌和臂三头肌。背最长肌的脂质氧化程度最低，这可能与苏尼特羊不同部位活动量差异有关。臂三头肌与股二头肌相对背最长肌运动较多，运动会增加有氧代谢的活性，并会使肌纤维类型发生转化，使酵解型肌纤维转化为氧化型肌纤维。氧化型肌纤维含有的总脂类物质是酵解型肌纤维的3倍，且含有相对较多的线粒体，这就导致三个部位中背最长肌的脂质氧化程度最低（de Feyter et al., 2006）。

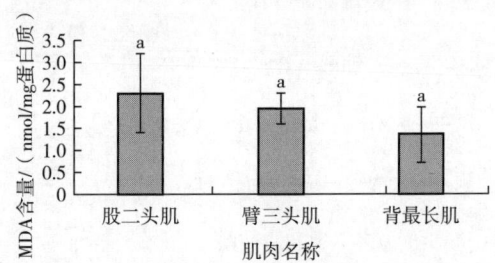

图3-4 苏尼特羊不同部位肌肉的丙二醛含量

[相同小写字母表示差异不显著（$P>0.05$）]

对不同部位苏尼特羊肌肉中肌红蛋白氧化状态进行测定，结果如图3-5所示。肉中的肌红蛋白氧化状态，能反映肉的色泽。氧合肌红蛋白占的比例高，肉色呈鲜红色，高铁肌红蛋白占的比例高，肉色呈棕褐色（吴成帆等，2015）。由图可知，股二头肌肌红蛋白氧化程度与其他两个部位间差异显著（$P<0.05$）。股二头肌氧合肌红蛋白相对含量最高，

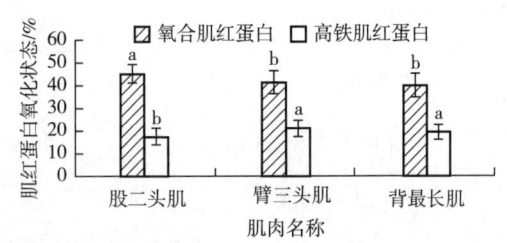

图3-5 苏尼特羊不同部位肌肉的肌红蛋白氧化状态

[不同小写字母表示不同部位差异显著（$P<0.05$）]

臂三头肌次之，背最长肌中的氧合肌红蛋白相对含量最低（$P<0.05$）；股二头肌的高铁肌红蛋白相对含量显著低于其他两个部位。

（二）不同部位羊肉抗氧化系统的研究

测定不同部位苏尼特羊肌肉中抗氧化系统，结果见表3-30。抗氧化系统由抗氧化酶系统和非酶系统组成。抗氧化酶系统主要有超氧化物歧化酶（superoxide dismutase，SOD）、过氧化氢酶（catalase from micrococcus lysodeiktic，CAT）以及谷胱甘肽过氧化物酶（glutathione peroxidase，GSH-Px）等。SOD可催化超氧自由基，生成有害的活性氧H_2O_2，继而被CAT和GSH-Px清除，这三者具有协同抗氧化作用（Wijeratne et al.，2005）。由表可知，SOD活性在部位之间差异显著（$P<0.05$），其中臂三头肌SOD活性最高，显著高于其他两个部位（$P<0.05$）；背最长肌的CAT活性显著高于股二头肌（$P<0.05$），但与臂三头肌没有显著差异（$P>0.05$）；臂三头肌中GSH-Px的活性最高，显著高于背最长肌（$P<0.05$）；总体上，臂三头肌的抗氧化酶活性要高于其他部位，这可能与不同部位活动量不同有关。臂三头肌中氧化型肌纤维所占比例较多，而运动可以提高氧化型肌纤维的SOD活性，但对酵解型肌纤维无显著影响。每天的运动时间越长，越能够促进骨骼肌SOD和GSH-Px的活性，但耐力训练对CAT的活性的影响与之相反，每日运动量相对较多的臂三头肌和股二头肌中SOD和GSH-Px活性较背最长肌高，而CAT活性较低。

表3-30　不同部位苏尼特羊肌肉的抗氧化系统

测定指标	股二头肌	臂三头肌	背最长肌
SOD/（U/mg 蛋白质）	112.50 ± 13.85^b	133.73 ± 8.82^a	92.55 ± 14.38^c
CAT/（U/mg 蛋白质）	2.11 ± 0.83^b	2.37 ± 0.84^{ab}	2.82 ± 0.79^a
GSH-Px/（U/mg 蛋白质）	6.52 ± 1.30^{ab}	7.30 ± 1.96^a	5.83 ± 1.61^b
CUPRAC/（mg/g）	2030.35 ± 382.78^b	1899.59 ± 242.31^b	2296.82 ± 278.60^a
RSA/%	24.23 ± 3.01^{ab}	22.78 ± 3.27^b	24.86 ± 2.06^a

注：同行不同小写字母肩注表示差异显著（$P<0.05$）。

非酶促系统是由一些抗氧化物质组成的，如维生素C、生育酚、类胡萝卜素等。铜还原抗氧化能力（CUPric reducing antioxidant capacity，CUPRAC）能反映组织内抗氧化物质的含量情况，氧化自由基吸收能力（oxygen radical absorbance capacity，RSA）反映肌肉组织所有抗氧化物质清除自由基的能力，而自由基能够引发脂质氧化链式反应。由表3-30可知，不同部位中背最长肌的CUPRAC显著高于股二头肌和臂三头肌（$P<0.05$），且背最长肌的RSA值最高，这表明部位间背最长肌中的抗氧化物质含量最高，能有效清除组织内的自由基，这也可能是背最长肌的丙二醛含量最低的原因。

综上，背最长肌的抗氧化物质含量最高，清除自由基的能力最强，CAT活性最高，因此综合衡量，不同部位中背最长肌的抗氧化能力最强。

(三）不同部位对苏尼特羊肌肉 pH 和色泽的影响

测定不同部位苏尼特羊肌肉 pH 和色泽，结果如表 3-31 所示。一般羊的活体肌肉 pH 为中性，屠宰后胴体的一些生化反应仍在继续，肌纤维内呼吸酶活性降低和底物消耗的不同造成了部位间 pH 的差异（陈景宜等，2012）。由表可以看出，股二头肌的 pH 显著低于背最长肌（$P<0.05$）。背最长肌的 L^* 显著低于股二头肌和臂三头肌（$P<0.05$），说明背最长肌的色泽最暗。氧合肌红蛋白相对含量高会使 a^* 增大，肉色变得鲜红。背最长肌的 a^* 显著低于股二头肌和臂三头肌（$P<0.05$），表明股二头肌和臂三头肌的色泽比背最长肌鲜红。b^* 反映的是肉的黄度值，脂肪的氧化会使 b^* 增大。背最长肌的 b^* 显著低于股二头肌和臂三头肌，这可能与背最长肌的脂质氧化程度低有关。

表 3-31　苏尼特羊不同部位的 pH 和色泽

指标	股二头肌	臂三头肌	背最长肌
pH_{45min}	6.43 ± 0.38^b	6.49 ± 0.37^{ab}	6.68 ± 0.29^a
L^*	39.13 ± 1.70^a	39.96 ± 2.42^a	34.86 ± 2.18^b
a^*	21.12 ± 0.86^a	20.70 ± 1.80^a	17.34 ± 1.82^b
b^*	4.56 ± 0.64^a	4.48 ± 0.68^a	2.57 ± 0.79^b

注：同行不同小写字母肩注表示差异显著（$P<0.05$）。

通过以上研究最终认为，苏尼特羊肉中背最长肌的丙二醛显著低于股二头肌和臂三头肌（$P<0.05$），表明背最长肌的脂质氧化程度低；股二头肌的氧合肌红蛋白显著高于背最长肌和臂三头肌（$P<0.05$），但高铁肌红蛋白显著低于背最长肌和臂三头肌（$P<0.05$）。背最长肌中 CUPRAC 值显著高于股二头肌和背最长肌（$P<0.05$），RSA 值显著高于臂三头肌（$P<0.05$）。整体上，苏尼特羊背最长肌中抗氧化物质含量较高。臂三头肌的 SOD 与 GSH-Px 活性最高，背最长肌中的 CAT 活性最高。

同时认为苏尼特羊肌肉中的抗氧化酶之间具有协同作用，抗氧化酶活力的增强能相应提高机体抗氧化性能，降低氧化程度，从而维持机体氧化系统与抗氧化系统的平衡。

五、基因对羊肉品质的影响

基因与羊肉的肉品质关系密切，因为基因决定了动物在生长和发育过程中的生理和代谢特征，这些特征最终影响了其肉的品质。基因会影响肉中脂肪的含量和分布，一些基因型可能导致更多的肌内脂肪，而其他基因型可能导致脂肪更多地分布在肌肉组织之间。而肉中的肌红蛋白含量和类型也与基因有关。这些庞大的基因家族共同调控肉质性状，针对关键候选基因分析检测，可以进一步认识基因与肉品质间的关系。

（一）基因表达规律与羊肉品质的关系

在众多的基因网络体系中，基因的表达始终影响着羊肉品质。且能够决定肉质性状的并非单一基因,而是众多基因相互协作的结果。下面以 *FoxO1* 和 *MyHC* 家族基因 mRNA 为候选基因,研究其在羊肉中的表达规律及与羊肉品质的关系。

1. *FoxO1*、*MyHC* 家族基因表达规律与羊肉品质

MyHC 是调控肌纤维类型的基因,其有 *MyHC* Ⅰ、*MyHC* Ⅱ$_a$、*MyHC* Ⅱ$_b$、*MyHC* Ⅱ$_x$ 四种不同亚型。*Fox* 家族是具有一类共同 DNA 结构的基因,其中 *FoxO* 是叉头框转录因子基因家族的一个亚族,除 *MyHC* 外,*FoxO* 家族也与肉品质相关,其中的 *FoxO1* 与脂肪代谢有关,能够促进脂肪细胞分化,异常表达的 *FoxO1* 能够增强 *LPL* 的表达,从而影响肌肉中脂肪。本节选用 4 月龄巴美肉羊 6 只,5 月龄、6 月龄、8 月龄和 12 月龄巴美肉羊各 10 只(公母各半)。

(1)巴美肉羊 *FoxO1* 基因 mRNA 的表达规律　4 月龄、5 月龄、6 月龄、8 月龄和 12 月龄巴美肉羊背最长肌、臂三头肌、股二头肌三个部位 *FoxO1* 基因经过荧光定量 PCR 试验后的分析结果见表 3-32,表达规律及变化趋势见图 3-6。

表 3-32　巴美肉羊 *FoxO1* 基因表达水平

部位	4 月龄	5 月龄	6 月龄	8 月龄	12 月龄
背最长肌	0.24±0.06^a	1.74±0.22^c	0.57±0.13^{ab}	0.82±0.13^{bA}	0.61±0.11^{ab}
臂三头肌	0.39±0.12^a	1.93±0.21^c	0.93±0.15^b	1.56±0.08^{cB}	0.74±0.10^{ab}
股二头肌	0.26±0.07^a	1.37±0.30^b	0.82±0.10^{ab}	1.94±0.23^{cB}	0.40±0.12^a

注:同行小写字母肩注相同表示差异不显著,不同表示差异显著($P<0.05$);同列大写字母肩注相同表示差异不显著,不同表示差异显著($P<0.05$);无肩注表示差异不显著。

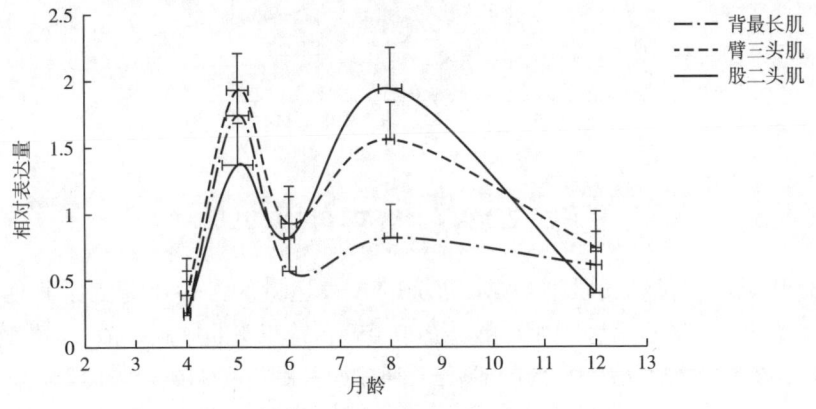

图 3-6　巴美肉羊 *FoxO1* 相对表达量

由表 3-32 可知,背最长肌中 *FoxO1* 的 mRNA 表达量 5 月龄显著大于其他月龄($P<0.05$),8 月龄显著大于 4 月龄($P<0.05$);臂三头肌中 5 月龄、8 月龄显著大于其他月龄($P<0.05$),6 月龄显著大于 4 月龄($P<0.05$);股二头肌中 8 月龄显著大于其他月龄($P<0.05$),5 月龄显著大于 4 月龄和 12 月龄($P<0.05$)。8 月龄时臂三头肌和股二头肌中 *FoxO1* 的 mRNA 表达量显著大于背最长肌($P<0.05$),其他月龄三个部位差异不显著。由图 3-6 可知,背最长肌、臂三头肌、股二头肌在 4 月龄、5 月龄、6 月龄、8 月龄、12 月

龄 *FoxO1* 基因 mRNA 表达量的变化趋势相同，都是呈上升到下降、再上升最后下降的趋势。三个部位的表达量均在 4 月龄时最低。背最长肌和臂三头肌在 5 月龄时表达量最高，但股二头肌在 8 月龄时表达量最高。

（2）巴美肉羊 *MyHC* I 基因 mRNA 的表达规律　4 月龄、5 月龄、6 月龄、8 月龄和 12 月龄巴美肉羊背最长肌、臂三头肌、股二头肌三个部位 *MyHC* I 基因经过荧光定量 PCR 试验后的分析结果见表 3-33，表达规律及变化趋势见图 3-7。

表 3-33　巴美肉羊 *MyHC* I 基因表达水平

部位	4 月龄	5 月龄	6 月龄	8 月龄	12 月龄
背最长肌	0.37 ± 0.09^{aAB}	1.76 ± 0.17^{c}	0.96 ± 0.11^{b}	0.93 ± 0.16^{bA}	0.55 ± 0.09^{abA}
臂三头肌	0.69 ± 0.15^{aB}	1.96 ± 0.20^{b}	1.04 ± 0.12^{a}	1.95 ± 0.12^{bB}	1.96 ± 0.13^{bB}
股二头肌	0.28 ± 0.06^{aA}	1.63 ± 0.17^{b}	1.39 ± 0.19^{b}	1.52 ± 0.26^{bAB}	0.80 ± 0.08^{aA}

注：同行小写字母肩注相同表示差异不显著，不同表示差异显著（$P<0.05$）；同列大写字母肩注相同表示差异不显著，不同表示差异显著（$P<0.05$）；无肩注表示差异不显著。

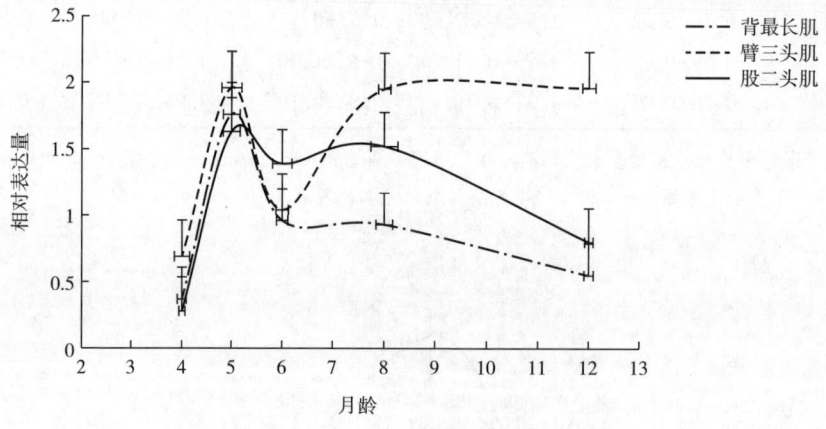

图 3-7　巴美肉羊 *MyHC* I 相对表达量

表 3-33 中显示，背最长肌中 *MyHC* I mRNA 表达量 5 月龄显著大于其他月龄（$P<0.05$），6 月龄和 8 月龄显著大于 4 月龄（$P<0.05$）；臂三头肌中 5 月龄、8 月龄、12 月龄显著大于 4 月龄和 6 月龄（$P<0.05$）；股二头肌中 5 月龄、6 月龄、8 月龄显著大于 4 月龄和 12 月龄（$P<0.05$）。4 月龄时 *MyHC* I mRNA 表达量臂三头肌显著高于股二头肌（$P<0.05$）；8 月龄时臂三头肌显著高于背最长肌（$P<0.05$）；12 月龄时臂三头肌显著高于背最长肌和股二头肌（$P<0.05$）。图 3-7 显示，在 4 月龄至 12 月龄巴美肉羊三个部位 *MyHC* I mRNA 表达量的趋势差别较大，但均在 4 月龄表达量最低，5 月龄表达量最高。背最长肌中的表达量呈先上升后下降的趋势；臂三头肌中的表达量在 4 月龄至 8 月龄间先上升后下降再上升，8 月龄至 12 月龄基本保持不变；股二头肌中的表达量到 5 月龄为止呈升高状，然后保持稳定，从 8 月龄开始下降。4 月龄至 12 月龄间的表达量臂三头肌始终高于背最长肌。

(3) 巴美肉羊 $MyHC\ II_a$ 基因 mRNA 的表达规律 4月龄、5月龄、6月龄、8月龄和 12月龄巴美肉羊背最长肌、臂三头肌、股二头肌三个部位 $MyHC\ II_a$ 基因经过荧光定量 PCR 试验后的分析结果见表 3-34，表达规律及变化趋势见图 3-8。

表 3-34 巴美肉羊 $MyHC\ II_a$ 基因表达水平

部位	4月龄	5月龄	6月龄	8月龄	12月龄
背最长肌	0.22±0.07^a	0.99±0.14^{cA}	0.59±0.09^{bA}	0.60±0.12^{bA}	0.31±0.03^{abA}
臂三头肌	0.48±0.13^a	1.62±0.14^{cB}	1.17±0.12^{bB}	1.48±0.12^{bcB}	1.62±0.14^{cC}
股二头肌	0.25±0.06^a	1.09±0.16^{cA}	0.78±0.07^{bcA}	0.61±0.10^{bA}	0.70±0.11^{bB}

注：同行小写字母肩注相同表示差异不显著，不同表示差异显著（$P<0.05$）；同列大写字母肩注相同表示差异不显著，不同表示差异显著（$P<0.05$）；无肩注表示差异不显著。

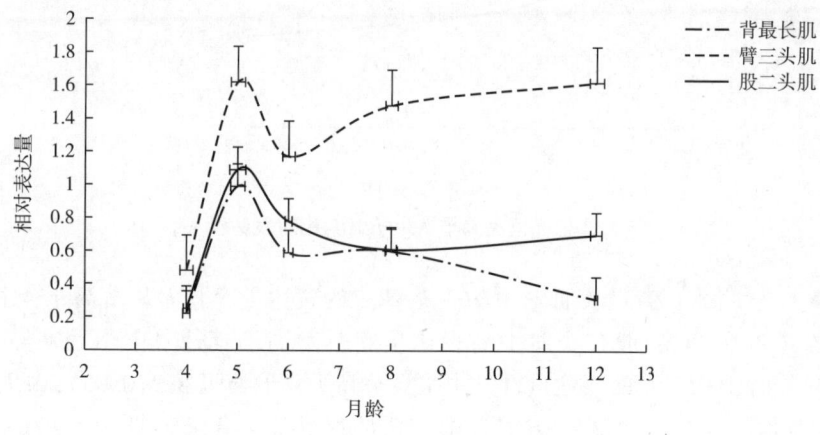

图 3-8 巴美肉羊 $MyHC\ II_a$ 相对表达量

背最长肌中 $MyHC\ II_a$ 的表达量 5月龄显著大于其他月龄（$P<0.05$），6月龄和 8月龄显著大于 4月龄（$P<0.05$）；臂三头肌中 5月龄和 12月龄显著大于 4月龄和 6月龄（$P<0.05$），6月龄显著大于 4月龄（$P<0.05$）；股二头肌中 5月龄显著大于 4月龄、8月龄、12月龄（$P<0.05$），8月龄和 12月龄显著大于 4月龄（$P<0.05$）。5月龄、6月龄、8月龄三个月龄臂三头肌中 $MyHC\ II_a$ 的表达量均显著高于背最长肌和股二头肌中的表达量（$P<0.05$）；12月龄三个部位差异显著（$P<0.05$）。图 3-8 显示，背最长肌和股二头肌中表达量先升高后降低，臂三头肌中先升高后降低最后升高，但三个部位均在 4月龄表达量最低，5月龄表达量最高；臂三头肌表达量始终高于股二头肌和背最长肌。通常基因表达量高时，相对应类型的肌纤维也较多。

(4) 巴美肉羊 $MyHC\ II_b$ 基因的 mRNA 表达规律 4月龄、5月龄、6月龄、8月龄和 12月龄巴美肉羊背最长肌、臂三头肌、股二头肌三个部位 $MyHC\ II_b$ 基因经过荧光定量 PCR 试验后的分析结果见表 3-35，表达规律及变化趋势见图 3-9。

表 3-35　巴美肉羊 $MyHC\ II_b$ 基因表达水平

部位	4 月龄	5 月龄	6 月龄	8 月龄	12 月龄
背最长肌	0.68 ± 0.09^{aA}	1.22 ± 0.09^{bA}	0.96 ± 0.13^{abA}	0.81 ± 0.09^{aA}	0.67 ± 0.11^{aA}
臂三头肌	1.33 ± 0.10^{B}	1.42 ± 0.12^{A}	1.15 ± 0.10^{AB}	1.50 ± 0.19^{B}	1.56 ± 0.16^{B}
股二头肌	1.01 ± 0.16^{aAB}	2.14 ± 0.17^{bB}	1.54 ± 0.19^{aB}	1.50 ± 0.15^{aB}	1.28 ± 0.23^{aB}

注：同行小写字母肩注相同表示差异不显著，不同表示差异显著（$P<0.05$）；同列大写字母肩注相同表示差异不显著，不同表示差异显著（$P<0.05$）；无肩注表示差异不显著。

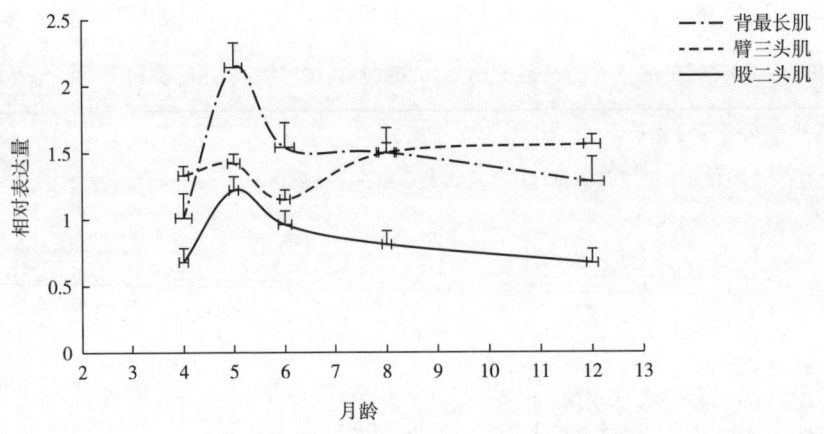

图 3-9　巴美肉羊 $MyHC\ II_b$ 相对表达量

分析表 3-35 发现，背最长肌中 $MyHC\ II_b$ 基因的表达量 5 月龄显著高于 4 月龄、8 月龄、12 月龄（$P<0.05$）；股二头肌中的表达量 5 月龄高于其他月龄，且差异显著（$P<0.05$）。4 月龄时 $MyHC\ II_b$ 的表达量臂三头肌显著高于背最长肌（$P<0.05$）；5 月龄股二头肌显著高于其他部位（$P<0.05$）；6 月龄股二头肌显著高于背最长肌（$P<0.05$）；8 月龄及 12 月龄背最长肌显著低于其他部位（$P<0.05$）。由图 3-9 可知，背最长肌和股二头肌中 $MyHC\ II_b$ 的表达量先上升后下降，5 月龄达最大值；臂三头肌中的表达量先下降后上升，6 月龄达最小值；背最长肌中的表达量整体小于臂三头肌和股二头肌。$MyHC\ II_b$ 在巴美肉羊臂三头肌和股二头肌中的表达量始终大于背最长肌中的表达量。

（5）巴美肉羊 $MyHC\ II_x$ 基因 mRNA 的表达规律　4 月龄、5 月龄、6 月龄、8 月龄和 12 月龄巴美肉羊背最长肌、臂三头肌、股二头肌三个部位 $MyHC\ II_x$ 基因经过荧光定量 PCR 试验后的分析结果见表 3-36，表达规律及变化趋势如图 3-10 所示。

表 3-36　巴美肉羊 $MyHC\ II_x$ 基因表达水平

部位	4 月龄	5 月龄	6 月龄	8 月龄	12 月龄
背最长肌	0.64 ± 0.07^{aA}	2.11 ± 0.18^{b}	0.92 ± 0.05^{a}	2.01 ± 0.22^{bB}	1.00 ± 0.17^{aA}
臂三头肌	1.18 ± 0.08^{aB}	1.81 ± 0.12^{bc}	1.27 ± 0.18^{ab}	1.81 ± 0.20^{bcAB}	1.96 ± 0.23^{cB}
股二头肌	0.60 ± 0.10^{aA}	1.67 ± 0.15^{b}	1.09 ± 0.17^{ab}	1.35 ± 0.18^{bA}	1.29 ± 0.27^{bAB}

注：同行小写字母肩注相同表示差异不显著，不同表示差异显著（$P<0.05$）；同列大写字母肩注相同表示差异不显著，不同表示差异显著（$P<0.05$）；无肩注表示差异不显著。

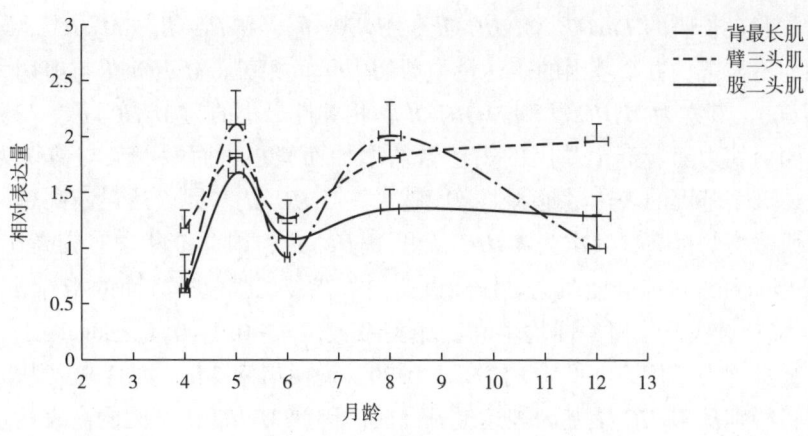

图 3-10 巴美肉羊 $MyHC\ II_x$ 相对表达量

从表 3-36 可以看出，在背最长肌中 $MyHC\ II_x$ 基因的 mRNA 表达量 5 月龄、8 月龄显著高于其他月龄（$P<0.05$）；臂三头肌中的表达量 12 月龄显著高于 4 月龄、6 月龄（$P<0.05$）；股二头肌中 4 月龄显著低于 5 月龄、8 月龄、12 月龄（$P<0.05$）。4 月龄时 $MyHC\ II_x$ 的表达量臂三头肌显著高于其他部位（$P<0.05$）；8 月龄背最长肌显著高于股二头肌（$P<0.05$）；12 月龄臂三头肌显著大于背最长肌（$P<0.05$）。背最长肌中 $MyHC\ II_x$ 表达量的变化趋势呈"M"型；臂三头肌和股二头肌趋势基本一致，上升后下降再上升；三个部位的最低值都出现在 4 月龄，背最长肌表达量大于股二头肌，且臂三头肌表达量始终大于股二头肌。

2. *FoxO1*、*MyHC* 家族基因表达规律与肉品质的相关性分析

巴美肉羊背最长肌、臂三头肌、股二头肌中 *FoxO1*、*MyHC* I、$MyHC\ II_a$、$MyHC\ II_b$、$MyHC\ II_x$ 基因表达量与剪切力、a^*、b^*、L^* 和 pH 等肉品质数据的相关性分析结果如表 3-37、表 3-38、表 3-39 所示。

表 3-37 巴美肉羊背最长肌中各基因表达量与肉质的相关性

肉质指标	基因				
	FoxO1	$MyHC\ II_x$	$MyHC\ II_a$	$MyHC\ II_b$	*MyHC* I
剪切力/N	$r=-0.192$ $P=0.757$	$r=-0.666$ $P=0.220$	$r=-0.296$ $P=0.629$	$r=-0.079$ $P=0.900$	$r=-0.211$ $P=0.734$
a^*	$r=0.300$ $P=0.624$	$r=-0.070$ $P=0.911$	$r=0.156$ $P=0.802$	$r=0.328$ $P=0.590$	$r=0.238$ $P=0.700$
b^*	$r=0.053$ $P=0.932$	$r=-0.038$ $P=0.951$	$r=-0.221$ $P=0.721$	$r=-0.192$ $P=0.756$	$r=-0.156$ $P=0.803$
L^*	$r=-0.040$ $P=0.949$	$r=-0.229$ $P=0.710$	$r=0.092$ $P=0.883$	$r=0.290$ $P=0.636$	$r=0.107$ $P=0.864$
pH_{45min}	$r=-0.034$ $P=0.957$	$r=0.251$ $P=0.684$	$r=0.052$ $P=0.934$	$r=0.000$ $P=1.000$	$r=0.006$ $P=0.994$
pH_{24h}	$r=0.829$ $P=0.083$	$r=0.605$ $P=0.279$	$r=0.847$ $P=0.070$	$r=0.825$ $P=0.086$	$r=0.862$ $P=0.060$

巴美肉羊背最长肌的 $FoxO1$、$MyHC\ II_x$、$MyHC\ II_a$、$MyHC\ II_b$、$MyHC\ I$ 与各肉质指标的相关性均不显著。五个基因的表达量与剪切力呈负相关，$MyHC\ II_x$ 与剪切力的负相关性最大为 0.666，其次为 $MyHC\ I$ 和 $MyHC\ II_a$，相关性最小的为 $MyHC\ II_b$。与剪切力呈负相关关系说明剪切力随着五个基因的表达量的增加而减小，而嫩度又与剪切力为反比关系，因此上述五个基因的表达量越大，嫩度越大。$MyHC\ II_x$ 基因表达量越高越有利于巴美肉羊背最长肌嫩度的提高，其次为 $MyHC\ I$ 和 $MyHC\ II_a$，因此推断含有较高比例的 I 型、II_a 型、II_x 型肌纤维可能会使肌肉更嫩。巴美肉羊背最长肌色泽方面的指标 a^*、b^*、L^* 以及 pH_{45min} 与五个基因的相关性均不高，相关系数位于 -0.3~0.4 之间。pH_{24h} 与各基因的相关性较高且均为正相关，平均 r 值高达 0.79，说明屠宰 24h 的 pH 随着基因表达量的增加而增加，特别是 $MyHC\ I$ 基因表达量升高时。因此 $MyHC\ I$ 基因的高表达量可能能够缓解巴美肉羊屠宰后背最长肌 pH 下降过快的情况，适当缓解过速下降的 pH 有利于提高肉质。

表 3-38　巴美肉羊臂三头肌中各基因表达量与肉质的相关性

肉质指标	基因				
	$FoxO1$	$MyHC\ II_x$	$MyHC\ II_a$	$MyHC\ II_b$	$MyHC\ I$
剪切力/N	$r=0.129$ $P=0.836$	$r=0.181$ $P=0.771$	$r=0.380$ $P=0.528$	$r=-0.127$ $P=0.838$	$r=0.177$ $P=0.775$
a^*	$r=-0.672$ $P=0.214$	$r=-0.198$ $P=0.750$	$r=-0.563$ $P=0.323$	$r=0.253$ $P=0.682$	$r=-0.368$ $P=0.543$
b^*	$r=-0.065$ $P=0.917$	$r=-0.006$ $P=0.993$	$r=-0.375$ $P=0.534$	$r=0.388$ $P=0.519$	$r=-0.082$ $P=0.895$
L^*	$r=-0.855$ $P=0.064$	$r=-0.910^*$ $P=0.032$	$r=-0.899^*$ $P=0.038$	$r=-0.676$ $P=0.210$	$r=-0.968^{**}$ $P=0.007$
pH_{45min}	$r=0.757$ $P=0.139$	$r=0.205$ $P=0.770$	$r=0.148$ $P=0.812$	$r=0.203$ $P=0.744$	$r=0.321$ $P=0.599$
pH_{24min}	$r=0.118$ $P=0.850$	$r=0.711$ $P=0.179$	$r=0.636$ $P=0.248$	$r=0.588$ $P=0.297$	$r=0.619$ $P=0.265$

注：数据中 * 表示基因和肉质显著相关，** 表示基因和肉质极显著相关。

巴美肉羊臂三头肌各基因的表达量与 L^* 相关性较高，均为反向相关，其中 $MyHC\ II_x$ 及 $MyHC\ II_a$ 的表达量与 L^* 显著相关，$MyHC\ I$ 的表达量与 L^* 极显著相关。随着上述基因表达量的增加巴美肉羊臂三头肌的亮度减小。$FoxO1$ 及 $MyHC\ II_a$ 与 a^* 负相关且相关性较高，相关性系数的绝对值都大于 0.5。基因表达量与 b^* 的相关性不高。pH 方面，$FoxO1$ 基因的表达量与宰后 pH_{45min} 相关性较高（$r=0.757$）而与宰后 pH_{24h} 相关性不高（$r=0.118$）；$MyHC$ 基因家族的四个基因却与 $FoxO1$ 相反，与 pH_{24h} 的相关性较高，相关性系数都大于 0.58，而与 pH_{45min} 的相关性较低，相关性系数都低于 0.33。说明 $MyHC$ 基因家族的表达量增加会使宰后 24h 巴美肉羊臂三头肌的 pH 相对较高。几个基因在臂三头肌的表达量与臂三头肌的剪切力相关性不高，相关性系数的绝对值均低于 0.4，除 $MyHC\ II_b$ 的表达量呈负相关外，其余均呈正相关。

表 3-39　巴美肉羊股二头肌中各基因表达量与肉质的相关性

肉质指标	基因				
	$FoxO1$	$MyHC\ II_x$	$MyHC\ II_a$	$MyHC\ II_b$	$MyHC\ I$
剪切力/N	$r=-0.540$ $P=0.347$	$r=0.082$ $P=0.896$	$r=0.259$ $P=0.674$	$r=-0.101$ $P=0.871$	$r=-0.105$ $P=0.866$
a^*	$r=-0.248$ $P=0.688$	$r=0.558$ $P=0.328$	$r=0.661$ $P=0.225$	$r=0.382$ $P=0.526$	$r=0.181$ $P=0.771$
b^*	$r=-0.399$ $P=0.506$	$r=0.091$ $P=0.884$	$r=0.108$ $P=0.863$	$r=0.127$ $P=0.838$	$r=-0.367$ $P=0.544$
L^*	$r=-0.042$ $P=0.947$	$r=-0.437$ $P=0.462$	$r=-0.268$ $P=0.662$	$r=0.023$ $P=0.970$	$r=-0.165$ $P=0.791$
pH_{45min}	$r=0.317$ $P=0.603$	$r=-0.136$ $P=0.827$	$r=0.089$ $P=0.887$	$r=0.219$ $P=0.724$	$r=0.428$ $P=0.472$
pH_{24h}	$r=-0.332$ $P=0.585$	$r=0.385$ $P=0.522$	$r=0.638$ $P=0.247$	$r=0.347$ $P=0.653$	$r=0.215$ $P=0.728$

巴美肉羊股二头肌 $FoxO1$ 基因及 $MyHC$ 基因家族的四个基因与各肉质指标没有显著的相关性。在与剪切力的相关性分析中发现，$FoxO1$ 与剪切力呈负相关，虽相关性没达到显著，但相关性较高，r 值为 -0.54。$MyHC$ 基因家族的 $MyHC\ I$ 和 $MyHC\ II_b$ 基因与剪切力负相关，$MyHC\ II_a$ 与 $MyHC\ II_x$ 基因与剪切力正相关。色泽方面，$FoxO1$ 基因与三个色泽指标均为负相关，$MyHC$ 基因家族的四个基因与 a^* 呈正相关，$MyHC\ II_x$ 和 $MyHC\ II_a$ 与之相关性较高，r 值分别为 0.558 和 0.661。$MyHC$ 基因家族与 b^* 和 L^* 相关性不高。pH 方面，除了 $MyHC\ II_a$ 与 pH_{24h} 相关性较高外（$r=0.638$），其余四个基因与 pH 的相关性都不高。

分析巴美肉羊 $FoxO1$ 基因及 $MyHC$ 基因家族的基因表达量与背最长肌、臂三头肌、股二头肌肉质相关性发现，各个基因的表达量在不同肌肉组织中相关性差异较大，但可以看出 $MyHC\ II_a$ 基因的表达量与三个部位 pH_{24h} 始终表现出较高的正相关性，r 值全部高于 0.63，推断巴美肉羊 pH_{24h} 可能随着 $MyHC\ II_a$ 基因表达量的升高而升高。pH 下降过快会使肉质变差，因此可以通过适当调控 $MyHC\ II_a$ 基因的表达量缓解 pH 下降过快的现象，从而改善肉品质量。此外，五个基因的表达量与巴美肉羊臂三头肌的 L^* 为负相关，$|r|>0.67$，其中，$MyHC\ II_a$ 和 $MyHC\ II_x$ 的表达量与 L^* 显著负相关（$P<0.05$），$MyHC\ I$ 的表达量与 L^* 极显著负相关（$P<0.01$）。

（二）基因甲基化水平与羊肉品质的关系

基因甲基化作为表观遗传学中的重要调控机制，通过在 DNA 分子中添加甲基基团，直接影响基因的表达和细胞功能。这一过程在生物体内发挥关键作用，通过改变 DNA 的甲基化水平，调节基因的可及性和某些细胞过程的执行。甲基化可以靶向性地沉默基因，抑制其表达，或者反之，促进某些基因的活化。这种潜在调控机制不仅在维护基因组的稳定性和完整性方面至关重要，同时也在发育、细胞分化等生物学过程中发挥重要作用。因此，基因甲基化作为表观遗传学的主要组成部分，为生物体的正常发育和生命活动提供了精准的调控机制，其甲基化的发生也调控了羊肉品质。生肌决定因子（myogenic determination factor，*MyoD*）也称为生肌调节因子家族（muscle regulatory factor，*MRFs*），是一个以转录因子 *MyoD* 命名的基因谱。*MRFs* 家族包括四种肌肉转录调节因子，分别为 *MyoD1*（生肌决定因子）、*MyoG*（肌细胞生成素）、*Myf5*（生肌因子 5）和 *Myf6*（生肌因子 6）。*Myf6* 基因作为 *MRFs* 基因家族中重要的一员，是一类含有螺旋-环-螺旋碱性区核蛋白的骨骼肌特异性转录调节因子，与 *MyoD*、*MyoG*、*Myf5* 基因相比，*Myf6* 的基因遗传特性及其与畜禽肉品质、风味之间相关性的研究相对较少，在肌肉中的功能和机制也更加复杂，它一般在动物出生后被激活表达（Olson et al.，1991），主要作用是调控成年动物调节次级肌纤维和肌肉量的形成，作用于肌肉表型的维持及肌纤维的形成，参与形成次级肌纤维并促使成肌细胞向肌肉细胞分化。下面选取 6 月龄、12 月龄巴美肉羊各 3 只共 6 只为实验动物，以 *FoxO1* 及 *Myf6* 作为目的基因进行实验。

1. *FoxO1* 及 *Myf6* 基因甲基化水平分析

通过 BiQ Analyzer 软件对 *FoxO1* 基因 CpG 岛的 BSP 克隆序列中含有的 15 个连续 CpG 位点进行对比分析，6 月龄、12 月龄巴美肉羊分别用 6BM、12BM 表示。由图 3-11 分析可知，*FoxO1* 基因 CpG 岛含有 15 个 CpG 位点，该 CpG 岛在所有全血基因组 DNA 样品中

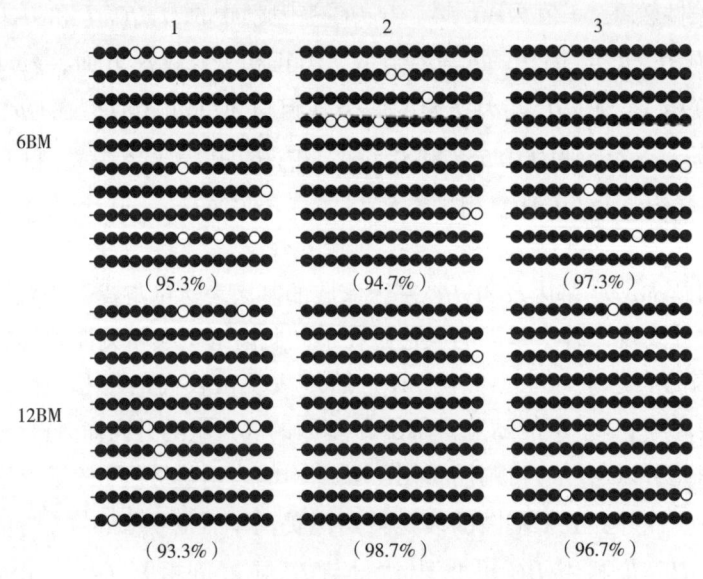

图 3-11　*FoxO1* 基因 CpG 岛甲基化模式图

均显示为超甲基化链（100%，10/10），甲基化率在巴美肉羊 6 月龄中分别为 95.3%、94.7%、97.3%，在 12 月龄中分别为 93.3%、98.7%、96.7%。表 3-40 数据分析显示，整体甲基化水平均在 90% 以上，且在个体、月龄与品种间均无显著性差异。上述结果显示本试验研究的 *FoxO1* 基因 CpG 岛在巴美肉羊中表现为稳定的高甲基化水平状态。

表 3-40 *FoxO1* 基因 CpG 岛甲基化数据分析

月龄	样品	甲基化链百分比/%	mCpGs 百分比/%	整体甲基化率/%
6BM	1	100	95.33±2.23	
	2	100	94.67±2.40	95.77±0.79
	3	100	97.33±1.09	
12BM	1	100	93.33±2.22	
	2	100	98.67±0.89	96.23±1.58
	3	100	96.67±1.79	

根据 NCBI 上公布的序列，预测 *Myf6* 基因 CpG 岛 1 含有 27 个 CpG 位点，其中第 19 个 CpG 位点在克隆测序结果中均显示为 TG，发生了 T/C 转换，为非 CG 位点。根据图 3-12 分析，超甲基化链在 1 只 6 月龄和 2 只 12 月龄巴美肉羊肌肉组织基因组 DNA 样品中的比例为 10%（1/10），在其余样品中的比例均为 0%（0/10）。甲基化率在巴美肉羊 6 月龄中分别为 8.1%、7.4%、8.5%，在 12 月龄中分别为 11.1%、4.4%、10.7%（表 3-41）。统计分析显示，该片段整体甲基化水平均低于 10%，未发现甲基化水平表现异常的个体，且在月龄间差异不显著。综上所述 *Myf6* 基因 CpG 岛 1 片段在巴美肉羊肌肉组织中的甲基化状态表现为较低水平。

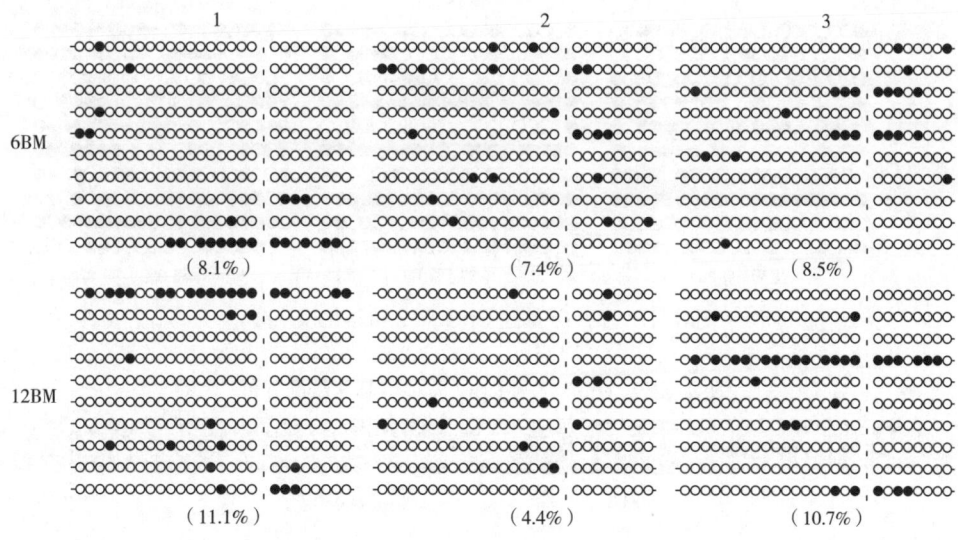

图 3-12 *Myf6* 基因 CpG 岛 1 甲基化模式图

表 3-41　*Myf6* 基因 CpG 岛 1 甲基化数据分析

月龄	样品	甲基化链百分比/%	mCpGs 百分比/%	整体甲基化率/%
6BM	1	10	8.14±4.58	
	2	0	7.41±2.34	8.00±0.32
	3	0	8.52±3.31	
12BM	1	10	11.11±5.97	
	2	0	4.44±1.21	8.73±2.17
	3	10	10.74±6.47	

根据图 3-13 和表 3-42 可以看出，*Myf6* 基因的 CpG 岛 2 区域在所有样品中均显示为马赛克式的甲基化模式，每个分组至少有一个样品的超甲基化链比例大于 50%。甲基化率在巴美肉羊 6 月龄中分别为 51.0%、43.5%、43.0%，在 12 月龄中分别为 37.5%、57.5%、58.0%。12 月龄巴美肉羊组内个体间存在较大差异，而不同月龄分组间也存在较大差异。整体统计分析显示，该片段在整体甲基化水平方面均表现为 12 月龄高于 6 月龄。

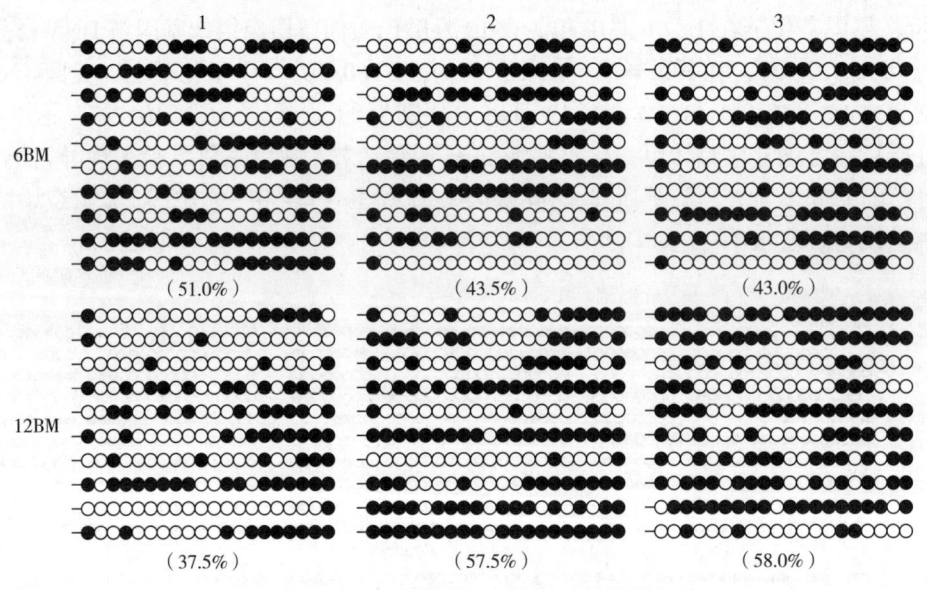

图 3-13　*Myf6* 基因 CpG 岛 2 甲基化模式图

表 3-42　*Myf6* 基因 CpG 岛 2 甲基化数据分析

月龄	样品	甲基化链百分比/%	mCpGs 百分比/%	整体甲基化率/%
6BM	1	60	51.00±5.57	
	2	40	43.50±8.69	45.83±2.59
	3	40	43.00±5.93	

续表

月龄	样品	甲基化链百分比/%	mCpGs 百分比/%	整体甲基化率/%
12BM	1	50	37.5±7.46	51.00±5.02
	2	60	57.50±9.67	
	3	60	58.00±8.00	

2. 基因甲基化水平与肉品质的相关性分析

巴美肉羊 FoxO1 基因、Myf6 基因三个 CpG 岛的整体甲基化率与剪切力、色泽（a^*、b^*、L^*）、pH（宰后 45min、24h）的相关性分析结果如表 3-43 所示。

巴美肉羊 FoxO1 基因 CpG 岛及 Myf6 基因 CpG 岛 1 的整体甲基化率与三个部位中的各肉品质指标之间均没有显著相关性。虽然 FoxO1 基因 CpG 岛甲基化率与臂三头肌中的剪切力、股二头肌中的 a^* 和 pH_{45min} 的相关系数高于 0.8，Myf6 基因 CpG 岛 1 的甲基化率与背最长肌的 pH_{24h} 的相关系数达到 -0.850，但由于 FoxO1 基因 CpG 岛整体表现为稳定的高甲基化状态，Myf6 基因 CpG 岛 1 表现为较低的甲基化状态，因而能够初步推断这两个 CpG 岛的甲基化水平对巴美肉羊的肉品质没有显著性影响。

Myf6 基因 CpG 岛 2 的整体甲基化率与肉品质指标之间存在相关性，在背最长肌中与剪切力、b^*、L^* 呈负相关，与 a^*、pH_{45min}、pH_{24h} 呈正相关，但相关性均不高；在臂三头肌中，Myf6 基因 CpG 岛 2 的整体甲基化率与 a^* 呈显著正相关（$P<0.05$），相关系数为 0.833，与 b^* 呈极显著正相关（$P<0.01$），相关系数达到 0.919，但与其他肉品质指标之间的相关性均不显著；在股二头肌中与 L^*、pH_{24h} 呈负相关，相关性不显著，但与 pH_{45min} 的相关系数为 -0.667，与 a^*、b^*、pH_{45min} 呈正相关，没有显著相关性。

表 3-43 巴美肉羊各基因 CpG 岛甲基化率与肉品质的相关性

	肉品质指标	FoxO1 基因 CpG 岛	Myf6 基因 CpG 岛 1	Myf6 基因 CpG 岛 2
背最长肌	剪切力/N	$r=-0.396, P=0.437$	$r=0.371, P=0.469$	$r=-0.291, P=0.575$
	a^*	$r=0.196, P=0.709$	$r=-0.084, P=0.874$	$r=0.647, P=0.165$
	b^*	$r=-0.429, P=0.396$	$r=-0.010, P=0.985$	$r=-0.428, P=0.397$
	L^*	$r=-0.099, P=0.852$	$r=-0.494, P=0.319$	$r=-0.059, P=0.911$
	pH_{45min}	$r=-0.628, P=0.182$	$r=0.280, P=0.592$	$r=0.056, P=0.916$
	pH_{24h}	$r=0.199, P=0.705$	$r=-0.850, P=0.052$	$r=0.354, P=0.492$
臂三头肌	剪切力/N	$r=0.890, P=0.058$	$r=0.646, P=0.166$	$r=0.078, P=0.883$
	a^*	$r=0.388, P=0.448$	$r=0.047, P=0.929$	$r=0.833^*, P=0.039$
	b^*	$r=0.490, P=0.323$	$r=-0.115, P=0.829$	$r=0.919^{**}, P=0.010$
	L^*	$r=-0.202, P=0.701$	$r=-0.566, P=0.242$	$r=-0.339, P=0.512$
	pH_{45min}	$r=-0.458, P=0.361$	$r=-0.576, P=0.232$	$r=0.687, P=0.131$
	pH_{24h}	$r=0.742, P=0.091$	$r=0.239, P=0.648$	$r=-0.558, P=0.250$

续表

	肉品质指标	*FoxO1* 基因 CpG 岛	*Myf6* 基因 CpG 岛 1	*Myf6* 基因 CpG 岛 2
股二头肌	剪切力/N	$r=0.686$, $P=0.133$	$r=0.268$, $P=0.607$	$r=0.533$, $P=0.276$
	a^*	$r=0.826$, $P=0.143$	$r=0.128$, $P=0.809$	$r=0.630$, $P=0.180$
	b^*	$r=-0.564$, $P=0.243$	$r=0.157$, $P=0.767$	$r=0.156$, $P=0.768$
	L^*	$r=-0.065$, $P=0.902$	$r=-0.351$, $P=0.496$	$r=-0.291$, $P=0.576$
	pH_{45min}	$r=0.899$, $P=0.055$	$r=0.045$, $P=0.932$	$r=-0.677$, $P=0.140$
	pH_{24h}	$r=-0.739$, $P=0.094$	$r=-0.530$, $P=0.279$	$r=0.373$, $P=0.466$

注：数据中 * 表示基因和肉质显著相关，** 表示基因和肉质极显著相关性。

（三）基因多态性与羊肉品质的关系

1. *CAST* 基因

钙蛋白酶系统主要包括钙蛋白酶和钙蛋白酶抑制蛋白，主要分布在肌原纤维的 Z 盘附近和肌质网膜上（Dayton et al., 1981）。在动物机体中参与蛋白降解有关的一系列生化过程。1978 年，NISHIURA 等首次在小鼠的肝脏中发现了钙蛋白酶抑制蛋白，该蛋白由 *CAST* 基因编码，是钙蛋白酶的内源性抑制蛋白。*CAST* 普遍存在于哺乳动物的组织中，*CAST* 基因在肌肉的形成、降解及宰后的嫩化过程中起关键作用（Ranjbari et al., 2012）。*CAST* 基因过量表达导致成肌细胞分化时 *MyoG* 基因缺失，显示 *CAST* 基因具有调节生肌因子表达的功能。因此，*CAST* 基因被作为家畜肉质性状的候选基因。下面选取 4 月龄、6 月龄、8 月龄、12 月龄巴美肉羊各 10 只进行基因型和肉质检测分析。

对 *CAST* 基因的分型、测序及遗传特性进行分析，发现巴美肉羊 *CAST* 基因 PCR-SSCP 基因分型结果如图 3-14 所示。

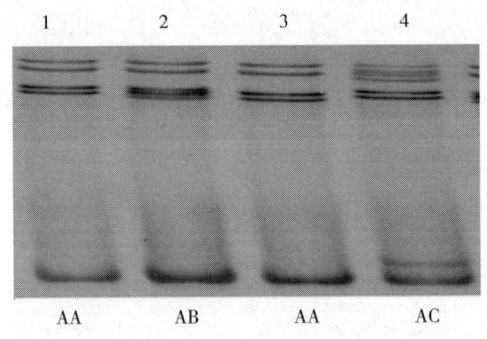

图 3-14 *CAST* 基因 PCR-SSCP 基因分型图
（泳道 1~4 分别为 *CAST* 基因不同的 PCR 产物经过 SSCP 分型后的条带）

从图 3-14 可以看出，巴美肉羊 *CAST* 基因第六外显子扩增片段存在多态性，发现三种不同的基因型，分别命名为 AA、AB 和 AC。

通过对 CAST 基因 SSCP 分型后，选取不同基因型进行测序。测序结果使用软件 DNAMAN 进行序列比对。CAST 基因型测序比对结果如图 3-15 所示。

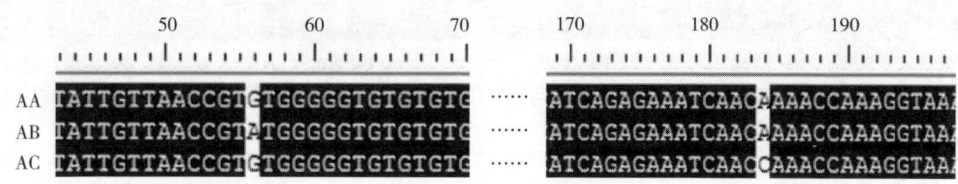

图 3-15　CAST 基因型测序比对结果

各基因型测序结果用 DNAMAN 比对，结果显示在 CAST 基因第六外显子的 56bp 处，出现等位基因替换的现象，其中 AA 型、AC 型为 G 碱基，而 AB 型此位点为 A 碱基；在 184bp 处，AA 型、AB 型的碱基为 A，而 AC 型中被 C 碱基替换。

对巴美肉羊 CAST 基因遗传学进行分析，巴美肉羊 CAST 基因基因型频率、等位基因频率和多态信息含量（PIC）如表 3-44 所示。其纯合度（Ho）、杂合度（He）、有效等位基因数（Ne）如表 3-45 所示。

表 3-44　巴美肉羊 CAST 基因型频率和等位基因频率

检测基因	样本数	基因型频率			等位基因频率			PIC
		AA	AB	AC	A	B	C	
CAST-1	101	0.60（61）	0.31（31）	0.09（9）	0.80	0.15	0.05	0.30

注：0.25<PIC<0.5 为中度多态。

由表 3-44、表 3-45 可以看出，巴美肉羊 CAST 基因 AA 型、AB 型、AC 型频率分别为 0.60、0.31 和 0.09，A、B、C 的基因频率分别为 0.80、0.15 和 0.05，多态信息含量为 0.30。AA 型基因型频率明显高于 AB 型和 AC 型，A 等位基因为优势等位基因型，多态信息含量中等。

表 3-45　巴美肉羊 CAST 遗传特性

检测基因	样本数	纯合度	杂合度	有效等位基因数
CAST-1	101	0.4642	0.5358	2.1542

纯合度是表示群体中变异水平及等位基因丰富的主要指标。PIC 值和杂合度值越大说明群体内基因型一致性越差，遗传变异大，具有选择潜力。由表 3-44、表 3-45 可以看出，巴美肉羊杂合度和多态信息含量均为中度，遗传变异较大。

对 CAST 基因不同基因型与肉品质进行相关性分析，CAST 基因不同基因型与 4 月龄巴美肉羊肉质指标的相关性如表 3-46 所示。

表3-46　CAST基因不同基因型对4月龄巴美肉羊肉质的影响

肉品质指标	部位	基因型		
		AA	AB	AC
剪切力/N	背最长肌	61.21±4.60^a	64.96±11.68^a	49.86±3.46^a
	股二头肌	44.29±3.01^a	41.70±9.81^a	41.16±4.76^a
	臂三头肌	40.61±4.36^a	29.37±7.64^a	38.99±6.91^a
a^*	背最长肌	22.10±2.36^a	23.45±2.89^a	15.85±1.66^a
	股二头肌	14.94±1.04^a	12.66±1.03^a	13.81±0.97^a
	臂三头肌	15.33±2.42^a	19.03±5.33^a	17.99±0.64^a
b^*	背最长肌	5.60±0.31^a	5.02±1.16^a	4.89±0.65^a
	股二头肌	5.31±0.52^a	3.56±0.41^a	4.87±0.45^a
	臂三头肌	5.53±0.98^a	5.07±1.51^a	6.55±0.83^a
L^*	背最长肌	27.12±0.89^a	27.23±1.65^a	24.58±1.77^a
	股二头肌	31.39±0.77^a	34.89±1.36^a	30.94±1.10^a
	臂三头肌	33.23±1.07^a	28.67±9.48^a	32.90±2.46^a
pH_{45min}	背最长肌	6.67±0.12^a	6.15±0.10^a	6.67±0.22^a
	股二头肌	6.64±0.09^a	6.82±0.18^a	6.54±0.16^a
	臂三头肌	6.63±0.07^a	6.48±0.12^a	6.77±0.03^a
pH_{24h}	背最长肌	5.62±0.01^a	5.61±0.00^a	5.62±0.02^a
	股二头肌	5.75±0.05^a	5.69±0.01^a	5.72±0.043^a
	臂三头肌	5.85±0.04^a	5.84±0.03^a	5.85±0.03^a
眼肌面积/cm^2	—	17.57±0.39^a	15.76±2.34^a	14.08±1.72^a

注：同行不同小写字母肩注表示差异显著（$P<0.05$）。

由表3-46可以看出，4月龄巴美肉羊AA型、AB型和AC型间各项肉质指标均无显著性差异，三个部位肌肉在嫩度和色差方面无明显规律；pH_{45min}和pH_{24h}基本相同。三个基因型的眼肌面积差异不显著，但AA型的眼肌面积大于AB型和AC型。

CAST基因不同基因型与6月龄巴美肉羊肉质指标的相关性如表3-47所示。

表3-47　CAST基因不同基因型对6月龄巴美肉羊肉质的影响

肉品质指标	部位	基因型		
		AA	AB	AC
剪切力/N	背最长肌	58.71±4.93^a	54.39±13.11^a	61.88±5.45^a
	股二头肌	67.24±5.68^a	56.78±6.20^a	67.24±5.38^a
	臂三头肌	51.57±8.74^a	44.46±11.38^a	61.92±6.42^a

续表

肉品质指标	部位	基因型		
		AA	AB	AC
a^*	背最长肌	13.12±1.20^a	18.66±0.72^b	12.96±1.05^a
	股二头肌	17.09±1.05^a	14.83±5.04^a	10.75±1.66^a
	臂三头肌	14.41±1.52^a	14.47±0.83^a	20.86±1.85^a
b^*	背最长肌	1.48±0.89^a	2.56±0.51^a	1.34±0.87^a
	股二头肌	2.27±0.23^a	2.73±0.75^a	0.09±0.69^a
	臂三头肌	2.63±0.57^a	1.88±0.86^a	3.67±0.48^a
L^*	背最长肌	28.54±1.77^a	24.26±2.86^a	26.06±0.98^a
	股二头肌	27.63±1.08^a	28.76±3.79^a	30.17±0.74^a
	臂三头肌	30.82±1.86^a	31.07±1.48^a	25.11±0.65^a
pH_{45min}	背最长肌	6.46±0.05^a	6.59±0.09^a	6.56±0.51^a
	股二头肌	6.72±0.10^a	6.80±0.06^a	6.78±0.09^a
	臂三头肌	6.45±0.11^a	6.63±0.12^a	6.94±0.51^a
pH_{24h}	背最长肌	5.77±0.06^a	5.64±0.05^a	5.87±0.14^a
	股二头肌	5.94±0.06^a	5.78±0.02^a	5.86±0.09^a
	臂三头肌	5.82±0.03^a	5.94±0.07^a	5.91±0.18^a
眼肌面积/cm²	—	16.58±1.39^a	14.84±1.99^a	19.03±0.78^a

注：同行不同小写字母肩注表示差异显著（$P<0.05$）。

由表 3-47 可以看出，6 月龄巴美肉羊 AA 型、AB 型和 AC 型背最长肌处的 a^* 存在显著性差异（$P<0.05$），AB 型的 a^* 明显优于 AA 型和 AC 型。其他肉质指标差异均不显著，但 AB 型的嫩度在测试的三个部位中，均有优于其他两个型的趋势；AC 型的眼肌面积大于 AB 型和 AA 型。

CAST 基因不同基因型与 12 月龄巴美肉羊肉质指标的相关性如表 3-48 所示。12 月龄巴美肉羊 AA 型、AB 型和 AC 型在股二头肌和臂三头肌处的 L^* 存在显著性差异（$P<0.05$），AA 型的 L^* 最小，其余指标无显著性差异。

表 3-48 CAST 基因不同基因型对 12 月龄巴美肉羊肉质的影响

肉品质指标	部位	基因型		
		AA	AB	AC
剪切力/N	背最长肌	58.36±4.89^a	51.06±9.19^a	74.73±4.15^a
	股二头肌	73.62±3.72^a	54.34±14.06^a	76.33±5.21^a
	臂三头肌	49.87±3.51^a	43.80±1.65^a	50.01±4.12^a

续表

肉品质指标	部位	基因型		
		AA	AB	AC
a^*	背最长肌	18.43±1.45ᵃ	13.00±4.55ᵃ	16.36±0.54ᵃ
	股二头肌	20.08±1.77ᵃ	11.05±0.89ᵃ	17.81±1.45ᵃ
	臂三头肌	18.34±0.98ᵃ	12.81±1.50ᵃ	17.91±2.15ᵃ
b^*	背最长肌	2.97±0.38ᵃ	2.46±1.66ᵃ	1.58±1.44ᵃ
	股二头肌	3.67±0.35ᵃ	2.02±1.14ᵃ	6.08±1.74ᵃ
	臂三头肌	3.57±0.35ᵃ	2.43±1.39ᵃ	3.46±2.45ᵃ
L^*	背最长肌	23.06±0.58ᵃ	21.43±1.04ᵃ	24.94±1.65ᵃ
	股二头肌	22.87±0.55ᵃ	27.98±1.66ᵇ	23.76±1.44ᵃᵇ
	臂三头肌	26.07±0.60ᵃ	29.19±0.61ᵇ	31.84±1.38ᵃᵇ
pH_{45min}	背最长肌	6.46±0.04ᵃ	6.68±0.12ᵃ	6.27±0.15ᵃ
	股二头肌	6.41±0.05ᵃ	6.37±0.05ᵃ	5.92±0.07ᵃ
	臂三头肌	6.49±0.05ᵃ	5.90±0.09ᵃ	6.27±0.06ᵃ
pH_{24h}	背最长肌	5.78±0.07ᵃ	5.50±0.08ᵃ	5.60±0.11ᵃ
	股二头肌	5.87±0.05ᵃ	5.85±0.21ᵃ	5.62±0.09ᵃ
	臂三头肌	6.11±0.07ᵃ	5.82±0.05ᵃ	6.44±1.09ᵃ
眼肌面积/cm²	—	18.56±4.40ᵃ	34.98±3.55ᵃ	21.56±2.55ᵃ

注：同行不同小写字母肩注表示差异显著（$P<0.05$）。

综上所述，在巴美肉羊的 CAST 基因第六外显子的多态性与肉质研究中均发现三种不同的基因型，说明 CAST 基因第六外显子是一个富含多态的区域。在巴美肉羊群体中，4月龄时有 AA 型的眼肌面积大于 AB 型和 AC 型的趋势。6月龄时，AA 型、AB 型和 AC 型背最长肌处的 a^* 存在显著性差异（$P<0.05$），AB 型>AA 型>AC 型；AB 型的嫩度在测试的三个部位中，均有优于其他两个型的趋势；AC 型的眼肌面积大于 AB 型和 AA 型。12月龄巴美肉羊 AA 型、AB 型和 AC 型在股二头肌和臂三头肌处的 L^* 存在显著性差异（$P<0.05$）。

2. MyoD 基因

生肌决定基因也称生肌调节因子，是决定肌细胞分化和骨骼肌系统发育的特异性蛋白因子。MyoD 基因家族是哺乳动物胚胎期肌肉发育的主导调控基因之一，对哺乳动物胚胎期和出生后肌肉生长发育有重要作用。动物肌肉发育的整个过程中，前体肌细胞的定型、增殖和肌纤维的形成，以及动物出生后肌纤维的成熟及其功能的完善，都有生肌调节因子的参与。下面则选取 26 只 12 月龄的巴美肉羊，对其 MyoD 基因分型、肉品质及相关性进行比较。

对 MyoD 基因的分型、测序及遗传特性进行分析，发现 MyoD-T1 引物的 PCR 扩增产物经 SSCP 检测后，分型结果如图 3-16 所示。

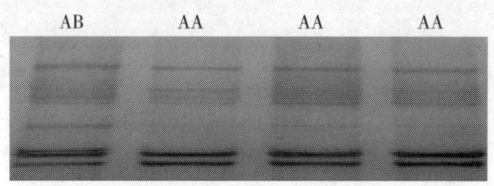

图 3-16　MyoD-T1 引物 PCR-SSCP 检测结果

本研究设计的 MyoD-T1 引物 PCR-SSCP 检测到两种不同带型，分别命名为 AA 型、AB 型。再对 MyoD-T1 引物不同基因型测序结果进行比对，结果如下。

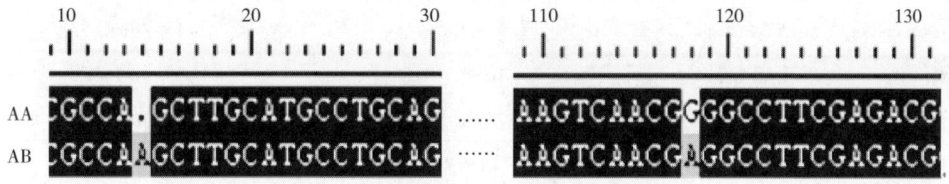

图 3-17　MyoD-T1 不同基因型测序结果

由图 3-17 可知，MyoD-T1 引物产生两个基因型（AA、AB），经测序比对发现在 14bp 处 AB 型为 A 碱基，AA 型缺失 A 碱基；在 118bp 处发生了 G-A 碱基替换，AA 型为 G 碱基，AB 型为 A 碱基。再对 MyoD 基因各基因型进行遗传特性分析，结果如表 3-49 所示。

表 3-49　MyoD 基因等位基因频率和基因型频率

检测基因	样本数	基因型频率		等位基因频率		PIC
		AA	AB	A	B	
MyoD-T1	110	0.55（61）	0.45（49）	0.777	0.223	0.286

注：0.25<PIC<0.5 为中度多态。

表 3-49 所示为 MyoD 基因的基因频率、基因型频率以及 PIC 值等信息。MyoD-T1 的 AA 型基因型频率略高于 AB 型；A 等位基因为优势基因，其基因频率约为 B 的 3 倍，PIC 值为 0.286，属于中度多态性。说明巴美肉羊 MyoD 基因在第一外显子和 5′侧翼区的检测位点上多态信息含量中等。

表 3-50　MyoD 基因多态位点的遗传特性

检测基因	样本数	纯合度（Ho）	杂合度（He）	有效等位基因数（Ne）
MyoD-T1	110	0.6535	0.3465	1.5303

表 3-50 所示为 MyoD 基因引物的纯合度、杂合度和有效等位基因数等信息，该引物

纯合度值为 0.6535，这表明 $MyoD$ 基因引物遗传稳定性较好，遗传变异可能性偏低。

表 3-51 $MyoD$ 不同基因型对巴美肉羊肉质的影响

肉品质指标	部位	基因型	
		AA	AB
剪切力/N	背最长肌	55.06±7.80^a	57.13±8.04^a
	股二头肌	54.99±3.94^a	55.66±4.45^a
	臂三头肌	49.82±2.67^a	51.31±2.60^a
	冈上肌	49.87±5.02^a	49.98±5.00^a
	半腱肌	60.38±2.82^a	60.62±2.84^a
a^*	背最长肌	12.33±2.93^a	13.71±1.93^a
	股二头肌	17.64±1.71^a	18.11±3.25^a
	臂三头肌	17.34±1.03^a	15.28±1.63^a
	冈上肌	17.16±3.40^a	19.30±3.73^a
	半腱肌	15.71±1.50^a	17.46±1.45^a
b^*	背最长肌	3.74±0.40^a	4.23±0.41^a
	股二头肌	5.88±1.23^a	5.82±1.43^a
	臂三头肌	5.28±1.02^a	6.27±1.17^a
	冈上肌	5.54±0.55^a	6.10±0.39^a
	半腱肌	5.39±0.38^a	5.58±1.01^a
L^*	背最长肌	24.72±1.69^a	24.32±2.20^a
	股二头肌	25.71±2.60^a	25.83±2.82^a
	臂三头肌	25.86±2.14^a	25.06±2.16^a
	冈上肌	28.46±1.77^a	26.04±1.92^b
	半腱肌	34.30±4.88^a	34.02±4.29^a
pH$_{45min}$	背最长肌	6.19±0.23^a	6.23±0.31^a
	股二头肌	6.55±0.29^a	6.56±0.25^a
	臂三头肌	6.35±0.28^a	6.46±0.36^a
	冈上肌	6.42±0.30^a	6.41±0.21^a
	半腱肌	5.80±0.44^a	6.01±0.48^a
pH$_{24h}$	背最长肌	5.35±0.34^a	5.28±0.30^a
	股二头肌	5.59±0.31^a	5.48±0.30^a
	臂三头肌	5.52±0.24^a	5.46±0.26^a
	冈上肌	5.62±0.26^a	5.52±0.27^a
	半腱肌	5.50±0.26^a	5.39±0.30^a
活体质量/kg	—	44.17±8.20^a	41.93±7.12^a

续表

肉品质指标	部位	基因型	
		AA	AB
胴体质重/kg	—	23.16±4.39^a	21.57±3.88^a
屠宰率/%	—	52.44±2.26^a	51.39±1.80^a

注：同行不同小写字母肩注表示差异显著（$P<0.05$）。

由表 3-51 得出，两个基因型在冈上肌处的 L^* 存在显著性差异（$P<0.05$），AB 型肉色较好。其他肉质指标无显著差异性，但 AA 型的剪切力值在背最长肌、股二头肌和臂三头肌处均低于 AB 型，表现出较好的嫩度。除股二头肌外，AA 型的 b^* 在其他部位中低于 AB 型，肉色较好。由此可以认为 AA 型肉质较好于 AB 型。

（四） miRNA 与羊肉品质的关系

miRNA 通过与靶 mRNA 作用影响基因的转录后水平来发挥生物学作用，目前大多报道仍处于研究 miRNA 发生活性变化的数量、种类和组织分布等层面，加之 miRNA 的数量众多且下游靶标具有多样性，这使得对其功能的研究更加复杂。miRNA 作为表观遗传学机制之一，对其功能深入研究，将有利于我们对生物体生理、病理、代谢机制的理解。因此对于 miRNA 作用的靶标 mRNA 功能的了解是研究 miRNA 功能的关键。

miRNA 在动物肌肉发育过程中发挥的作用已经越来越明显，但是对于其作用机制和如何调控肉品质，即发挥作用需要调节的靶基因或通路还没有系统的解释。研究显示，miR-30a 可直接与转录因子 PRDM1 结合而发挥作用，PRDM1 可影响快肌基因和慢肌基因的表达。SOX6、TNNT3 和 PROX1、TNNC1 表达的高低与快肌和慢肌直接相关，在家畜动物中快慢肌的比例与肉品质紧密相关，如色泽、嫩度、肌内脂肪含量等。这些基因的表达均受到了 miRNA 的影响，下面以放牧、圈养两种羊为研究对象，探究 8 种 miRNA 与背最长肌、股二头肌、臂三头肌三个部位肉质间的关系。

1. 苏尼特羊 miRNAs 表达量分析

参照 miRbase 中提供的 miRNA 成熟序列设计了针对 oar-miR-1、oar-miR-206、oar-miR-128、oar-miR-486、oar-miR-133、oar-miR-23a、oar-miR-30a 和 oar-miR-223 的茎环式反转录引物和 PCR 扩增引物，以及管家基因 U6 PCR 扩增引物。对放牧与圈养两种饲养条件下苏尼特羊三个部位的 miR-1、miR-206、miR-128、miR-486、miR-133、miR-23a、miR-30a 和 miR-223 实时定量 PCR 检测数据进行计算。表 3-52 显示，8 个 miRNAs 在苏尼特羊背最长肌均出现不同程度的表达，整体上在放牧苏尼特羊中表达量高于圈养，其中放牧条件下 miR-1、miR-128、miR-486、miR-133 表达量均约为圈养条件下的 2 倍，且 miR-128、miR-486、miR-30a 和 miR-133 在两种饲养方式下差异显著（$P<0.05$）。苏尼特羊臂三头肌中 8 个 miRNAs 均有表达，且整体上放牧高于圈养。8 个 miRNAs 在苏尼特羊股二头肌中也均有表达且各个 miRNAs 在两种饲养方式下表达量差异不大，几乎是同水平表达。

综上，虽然各 miRNAs 表达模式不同，但整体趋势上放牧高于圈养，说明饲养方式的不同可以影响 miRNA 的表达。

表 3-52 不同饲养方式苏尼特羊 miRNAs 表达水平

miRNAs	饲养条件	背最长肌	臂三头肌	股二头肌
miR-1	放牧	0.369±0.102	0.282±0.047	0.207±0.026
	圈养	0.169±0.030	0.225±0.058	0.285±0.073
miR-206	放牧	1.108±0.246^a	2.848±0.506^b	2.407±0.428^b
	圈养	0.759±0.142^a	1.795±0.359^b	2.584±0.258^c
miR-128	放牧	0.090±0.027^A	0.119±0.034	0.080±0.020
	圈养	0.025±0.006^B	0.272±0.222	0.078±0.020
miR-486	放牧	1.469±0.251^{aA}	3.767±0.686^b	2.872±0.598^{ab}
	圈养	0.800±0.198^{aB}	2.151±0.457^b	2.731±0.500^b
miR-133	放牧	0.625±0.117^A	0.945±0.210	0.688±0.135
	圈养	0.273±0.080^{aB}	0.512±0.121^{ab}	0.617±0.095^b
miR-23a	放牧	0.484±0.094^a	1.685±0.414^b	1.328±0.366^{ab}
	圈养	0.279±0.065^a	0.793±0.314^{ab}	1.126±0.216^b
miR-30a	放牧	1.174±0.183^A	1.874±0.369	1.458±0.192
	圈养	0.582±0.112^B	1.263±0.403	0.990±0.105
miR-223	放牧	1.006±0.180	1.169±0.243	1.223±0.262
	圈养	0.624±0.149	1.066±0.312	1.210±0.209

注：同行小写字母肩注相同表示差异不显著，不同表示差异显著（$P<0.05$）；同列大写字母肩注相同表示差异不显著，不同表示差异显著（$P<0.05$）；无肩注表示差异不显著。

2. 苏尼特羊 miRNAs 与肉品质的关系

对放牧和圈养条件下苏尼特羊背最长肌、臂三头肌和股二头肌的剪切力、L^*、a^*、b^*、pH_{45min}、pH_{24h}、熟肉率及蒸煮损失进行测定，比较两种饲养方式下苏尼特羊的肉品质，结果如表 3-53 所示。

表 3-53 放牧、圈养苏尼特羊肉品质比较

肉品质指标	饲养条件	背最长肌	臂三头肌	股二头肌
剪切力/N	放牧	62.316±2.327^A	47.844±2.775^{bB}	54.463±2.347^B
	圈养	66.685±1.464^A	63.372±2.727^{aA}	55.419±2.732^B
L^*	放牧	25.558±0.701^B	30.656±1.066^A	26.267±0.967^B
	圈养	26.082±0.752^B	30.264±0.849^A	30.288±1.700^A

续表

肉品质指标	饲养条件	背最长肌	臂三头肌	股二头肌
a^*	放牧	18.973±1.217^{bC}	26.711±1.166^{aA}	23.035±1.247^B
	圈养	24.664±0.851^a	23.629±0.813^b	23.619±1.211
b^*	放牧	14.400±0.864^a	14.766±0.908^a	14.825±1.198^a
	圈养	9.011±0.656^b	9.536±0.481^b	10.451±0.748^b
pH_{45min}	放牧	6.204±0.055^{bB}	6.461±0.056^A	6.255±0.059^B
	圈养	6.424±0.060^a	6.516±0.077	6.388±0.084
pH_{24h}	放牧	5.238±0.044^{bB}	5.545±0.065^A	5.542±0.055^A
	圈养	5.438±0.066^a	5.613±0.058	5.576±0.074
熟肉率	放牧	0.622±0.009^A	0.623±0.009^A	0.563±0.007^B
	圈养	0.620±0.006^A	0.620±0.008^A	0.566±0.005^B
蒸煮损失	放牧	0.374±0.009^B	0.384±0.005^B	0.437±0.007^A
	圈养	0.378±0.006^B	0.380±0.008^B	0.434±0.005^A

注：同行大写字母肩注相同表示差异不显著，不同表示差异显著（$P<0.05$）；同列小写字母肩注相同表示差异不显著，不同表示差异显著（$P<0.05$）；无肩注表示差异不显著。

由分析结果可知，剪切力在苏尼特羊中均为圈养高于放牧，且在臂三头肌中达到显著（$P<0.05$）。说明在臂三头肌中放牧苏尼特羊肉质较细嫩。a^*在背最长肌中圈养显著高于放牧（$P<0.05$），臂三头肌中放牧显著高于圈养（$P<0.05$），就背最长肌而言，圈养肉色较放牧鲜红，但是臂三头肌中相反。pH_{45min}和pH_{24h}在背最长肌中圈养显著高于放牧（$P<0.05$）。

各部位之间比较，放牧苏尼特羊剪切力在三个部位存在显著差异性，背最长肌显著大于臂三头肌和股二头肌（$P<0.05$）；a^*在臂三头肌显著高于股二头肌和背最长肌（$P<0.05$）；a^*在背最长肌中最低，可能由于背最长肌相对于其余两个部位，运动量相对稳定，使运输铁离子能力较其余两个部位减弱，导致肌红蛋白含量下降，肉红色程度较其余两个部位差；pH_{45min}和pH_{24h}在三个部位存在一定差异性，但是在臂三头肌中均显著高于其余两个部位（$P<0.05$），肉在排酸过程中pH有所下降，从大约6.3下降到5.2，宰后以糖酵解作用为主，是肌肉宰后的生理变化过程导致。排酸过程中，羊肉的色泽由鲜红色逐渐转变为亮色，肉的口感得到了改善，肉质更加细嫩，由此也说明了圈养背最长肌肉质优于放牧；熟肉率与蒸煮损失在三个部位也存在差异性，熟肉率在背最长肌和臂三头肌显著高于股二头肌（$P<0.05$）。圈养苏尼特羊剪切力在背最长肌和臂三头肌显著高于股二头肌（$P<0.05$）；L^*在臂三头肌和股二头肌中显著高于背最长肌（$P<0.05$），a^*在三个部位差异不是很大，基本在23至24之间，三个部位间没有显著性差异；pH_{45min}和pH_{24h}在三个部位没有达到统计学上的显著性水平；熟肉率和蒸煮损失差异性规律与放牧条件下一致。

采用实时荧光定量对miRNAs进行定量，与对应的肉质指标进行相关性分析，表3-

54、表 3-55、表 3-56 分别是苏尼特羊背最长肌、臂三头肌、股二头肌的相关性分析结果。

表 3-54　苏尼特羊背最长肌肉品质与 miRNAs 表达相关性

肉品质指标	miR-1	miR-206	miR-128	miR-486	miR-133	miR-23a	miR-30a	miR-223
剪切力	$r=-0.154$	$r=-0.021$	$r=-0.16$	$r=0.190$	$r=0.002$	$r=-0.045$	$r=0.173$	$r=-0.104$
L^*	$r=-0.083$	$r=0.179$	$r=-0.06$	$r=0.127$	$r=0.207$	$r=-0.126$	$r=0.136$	$r=0.113$
a^*	$r=-0.308$	$r=-0.143$	$r=-0.203$	$r=-0.292$	$r=-0.676^{**}$	$r=-0.537^{**}$	$r=-0.623^{**}$	$r=-0.556^{**}$
b^*	$r=0.007$	$r=0.284$	$r=-0.165$	$r=0.364$	$r=0.026$	$r=0.005$	$r=-0.042$	$r=0.098$
pH_{45min}	$r=0.095$	$r=-0.127$	$r=0.219$	$r=-0.263$	$r=-0.117$	$r=-0.057$	$r=-0.111$	$r=-0.114$
pH_{24h}	$r=-0.169$	$r=-0.406^*$	$r=0.091$	$r=-0.625^{**}$	$r=-0.303$	$r=-0.037$	$r=-0.196$	$r=-0.287$
熟肉率	$r=0.334$	$r=0.235$	$r=0.306$	$r=0.123$	$r=0.243$	$r=0.257$	$r=0.216$	$r=0.055$
蒸煮损失	$r=-0.334$	$r=-0.236$	$r=-0.305$	$r=-0.126$	$r=-0.245$	$r=-0.257$	$r=-0.217$	$r=-0.056$

注：数据中 * 表示显著相关，** 表示极显著相关。

由表 3-54 可知，miR-133、miR-23a、miR-30a 和 miR-223 与 a^* 呈极显著负相关；miR-206 和 miR-486 与 pH_{24h}（排酸后）呈显著负相关。研究显示，pH 变化受多种因素的影响，如动物种类、基因型、活体质量以及宰后因素等，所以根据相关性分析，miR-206 和 miR-486 对可能 pH 变化有一定的影响。

表 3-55　苏尼特羊臂三头肌肉品质与 miRNAs 表达相关性

肉品质指标	miR-1	miR-206	miR-128	miR-486	miR-133	miR-23a	miR-30a	miR-223
剪切力	$r=-0.124$	$r=0.114$	$r=-0.065$	$r=-0.093$	$r=-0.111$	$r=-0.054$	$r=-0.181$	$r=0.136$
L^*	$r=0.352$	$r=0.31$	$r=-0.03$	$r=0.366$	$r=0.458^*$	$r=0.102$	$r=0.428^*$	$r=0.168$
a^*	$r=0.133$	$r=0.223$	$r=-0.041$	$r=0.234$	$r=0.145$	$r=0.192$	$r=0.123$	$r=0.135$
b^*	$r=0.064$	$r=0.184$	$r=-0.06$	$r=0.200$	$r=0.112$	$r=0.22$	$r=0.126$	$r=0.173$
pH_{45min}	$r=-0.071$	$r=-0.249$	$r=0.055$	$r=-0.173$	$r=-0.283$	$r=-0.248$	$r=-0.151$	$r=-0.269$
pH_{24h}	$r=-0.161$	$r=-0.165$	$r=-0.184$	$r=-0.150$	$r=-0.239$	$r=0.087$	$r=0.103$	$r=0.134$
熟肉率	$r=-0.018$	$r=-0.297$	$r=-0.033$	$r=-0.219$	$r=-0.170$	$r=0.235$	$r=0.035$	$r=-0.177$
蒸煮损失	$r=0.018$	$r=0.297$	$r=0.032$	$r=0.218$	$r=0.170$	$r=-0.232$	$r=-0.035$	$r=0.178$

注：数据中 * 表示显著相关。

由表 3-55 可以得出，只有 miR-133 和 miR-30a 与 L^* 呈显著正相关关系。

表 3-56　苏尼特羊股二头肌肉品质与 miRNAs 表达相关性

肉品质指标	miR-1	miR-206	miR-128	miR-486	miR-133	miR-23a	miR-30a	miR-223
剪切力	$r=-0.065$	$r=-0.254$	$r=0.108$	$r=-0.113$	$r=-0.160$	$r=-0.065$	$r=-0.147$	$r=-0.464^*$
L^*	$r=0.307$	$r=-0.011$	$r=0.273$	$r=-0.036$	$r=-0.131$	$r=-0.021$	$r=0.046$	$r=0.179$
a^*	$r=-0.197$	$r=-0.278$	$r=-0.297$	$r=-0.023$	$r=-0.242$	$r=-0.191$	$r=-0.110$	$r=-0.474$
b^*	$r=-0.191$	$r=-0.200$	$r=-0.003$	$r=-0.143$	$r=-0.012$	$r=0.125$	$r=-0.179$	$r=-0.302$
pH_{45min}	$r=0.052$	$r=-0.502^*$	$r=0.212$	$r=-0.237$	$r=-0.324$	$r=0.023$	$r=0.045$	$r=-0.371$
pH_{24h}	$r=-0.108$	$r=-0.571^{**}$	$r=0.112$	$r=-0.298$	$r=-0.388$	$r=-0.013$	$r=0.019$	$r=-0.338$
熟肉率	$r=-0.089$	$r=0.098$	$r=-0.275$	$r=-0.051$	$r=0.191$	$r=0.093$	$r=0.140$	$r=0.211$
蒸煮损失	$r=0.089$	$r=-0.098$	$r=0.274$	$r=0.051$	$r=-0.191$	$r=-0.093$	$r=-0.141$	$r=0.211$

注：数据中 * 表示显著相关，** 表示极显著相关。

由表 3-56 可知，miR-206 与宰后肌肉 pH 呈显著负相关，随着排酸时间的延长，这种相关性极显著，说明基因对动物宰后 pH 变化可能有影响；miR-223 与剪切力呈显著负相关。

综上由 miRNAs 与肉品质相互关联分析可以得出，在苏尼特羊背最长肌中 miR-30a 与 a^* 有着极显著负相关关系，而肉的红色程度与红肌（慢肌）与白肌（快肌）的相互转化有关，所以推测 miR-30a 对红肌与白肌有着一定的影响，可能在表观遗传学方面，对肉色具有调控作用。

进一步有研究报道通过荧光素酶报告载体研究发现，miR-30a 在 PRDM1 对红肌和白肌的调控过程起直接作用，PRDM1 是 miR-30a 的直接靶标，而 PRDM1 可以调控其下游快肌基因 SOX6 与 TNNT3 和慢肌基因 TNNC1 与 PROX1 进而影响肉的 a^*。未来可选择以背最长肌中发现的相关性规律，即 miR-30a 与 a^* 显著负相关作为主要分析思路和对象，研究 miR-30a 如何通过与调控快肌和慢肌基因作用来调控色泽，在 mRNA 水平上初步探讨 miRNA 的功能，因 miRNAs 的表达受运动的影响，背最长肌相对运动较稳定且大量的实验都以背最长肌为研究对象来探讨 miRNAs 的调控作用与功能。

（五）转录组学技术探究基因与羊肉品质的关系

转录组主要用于探究某物种的特定组织或某种特定的细胞在一定生理阶段或生物过程中的基因表达水平的变化，转录组作为一个重要的组学，在研究后基因组的时代，它不仅可以进行基因表达和调控机制的研究，还可以进行功能基因的挖掘，因此，转录组学成为基因功能以及基因结构研究的基础（Sangwan et al.，2013）。转录组技术获得生物样品的转录本信息相对于其他方法更快速、更全面（庄蕾等，2022）。目前，RNA-seq 技术已十分成熟，并且价格适宜，这项技术的不断革新使其在新基因及新转录本信息的挖掘中具有绝对优势，对探究肉用动物的遗传规律也十分重要（崔凯等，2019）。下面以放牧、舍饲的苏尼特羊作为实验对象,探究其不同差异基因与肉品质之间的联系,初步探究改变羊肉品质的基因调控机制。

1. 差异表达基因的筛选

苏尼特羊背最长肌样品分为运动组(T)和圈养组(C),每组3个重复。以火山图呈现出每个样品中差异表达基因(differentially expressed genes,DEGs)的分布情况,采用符合标准的卡方检验($P<0.05$ & $|\log_2 FC| >= 1$)方法去筛选具有显著性差异的基因。横坐标表示组间差异基因的差异表达倍数,纵坐标表示两组苏尼特羊基因表达量的差异的统计学检验值,$-\log_{10}$(P值)的大小与差异基因的显著性相关,试验共得到苏尼特羊运动组和圈养组样品的差异基因621个,其中上调的差异基因385个,下调的差异基因236个[图3-18(1)]。

对表达模式相同或相似的基因进行聚类分析并以热图的形式呈现,结果如图3-18(2)所示。苏尼特羊的运动组和圈养组各3个样品,聚类热图的横坐标显示,这6个样品分别聚类在一起,说明两个组别的组间关联性极高;纵坐标的DEGs划分为两个基因簇,分别为上调和下调,说明他们分别存在较高的关联性。结果表明,在本试验中,运动组和圈养组苏尼特羊背最长肌的生物学重复性好,且样本的组别划分十分合理。

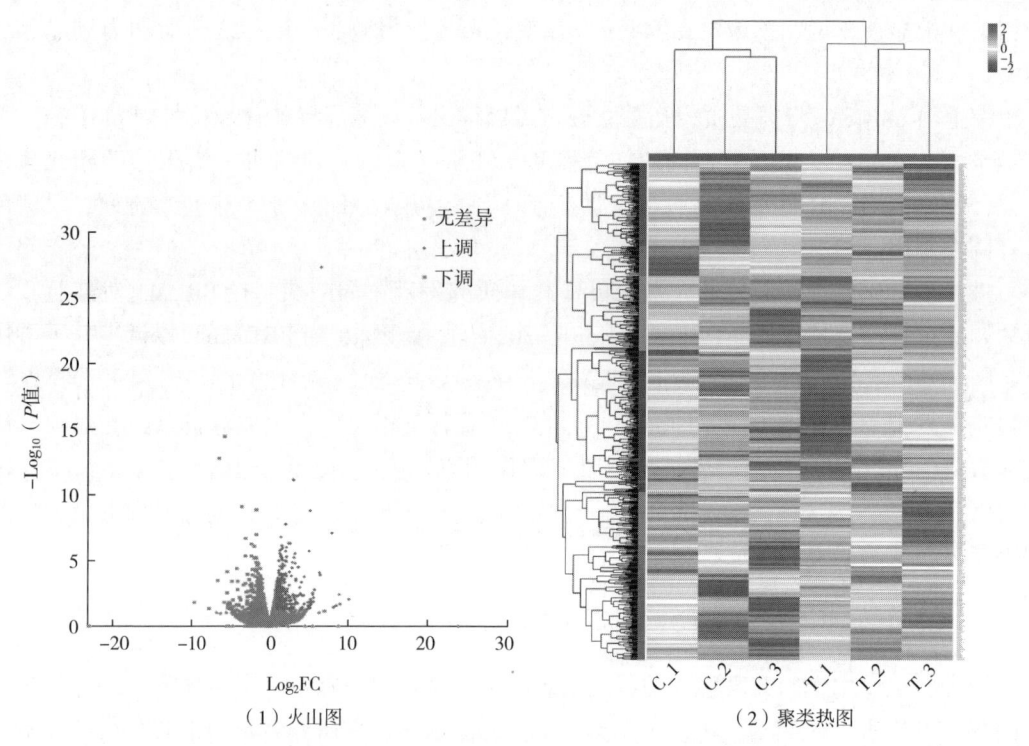

图3-18 差异基因火山图与聚类热图

2. 差异基因注释分析

差异基因的GO功能注释柱状图见图3-19,该图清楚地反映了621个差异基因富集在生物学过程(biological process,BP)、细胞组分(cellular component,CC)和分子功能

(molecular function，MF）三个部分，以及在 GO 注释上的数量分布：

（1）在生物学过程中，DEGs 主要参与了细胞过程、生物调节和代谢过程；

（2）在细胞组分中，DEGs 主要参与了细胞、细胞器、细胞膜部分；

（3）在分子功能中，DEGs 主要发挥了结合、催化活性、分子功能调节剂的功能。

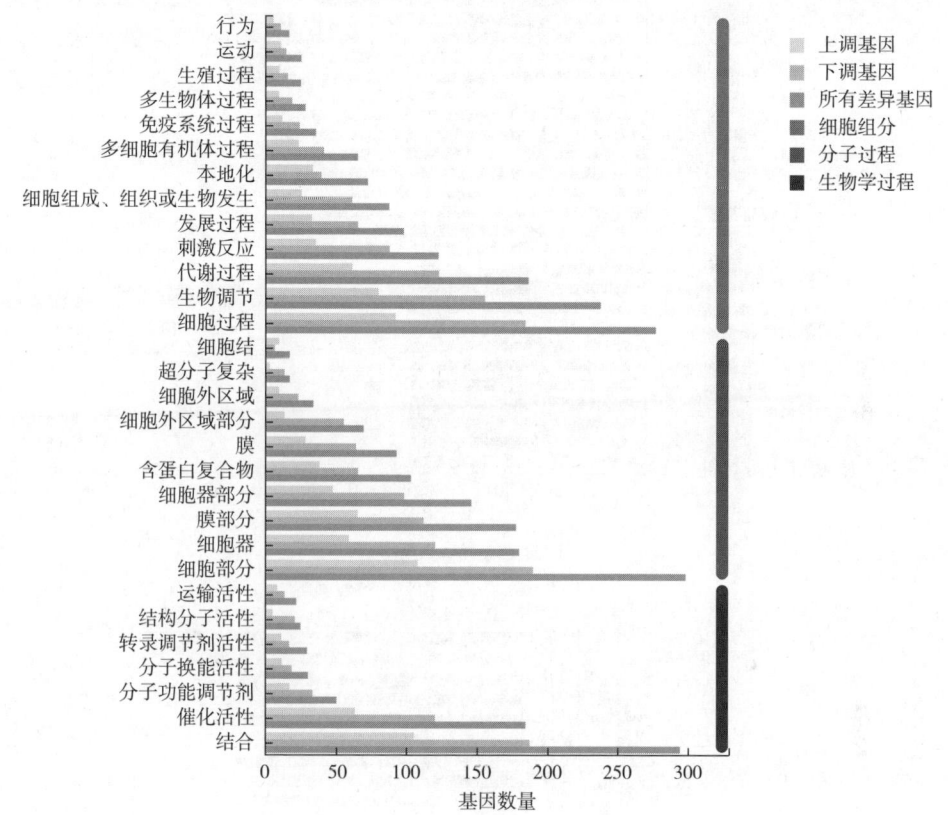

图 3-19　差异表达基因 GO 注释柱状图

3. 差异基因通路富集分析

GO 富集分析结果如图 3-20 所示，分析表明在苏尼特羊运动组和圈养组的背最长肌中上调表达的差异基因主要显著性富集在细胞对化学刺激的反应、氧化还原过程、细胞外间隙、细胞外基质、含胶原细胞外基质过程等；在苏尼特羊运动组和圈养组的背最长肌中下调表达的差异基因主要显著性富集在 mRNA 切割与多聚腺苷酸化特异性因子复合物、mRNA 切割因子复合物、自然杀伤细胞分化、对激素的反应、中性氨基酸转运过程等。在这些 GO 富集条目中 DEGs 参与多项生物学过程，需对这些差异基因做下一步验证。

对差异基因进行 KEGG 富集分析，发现被注释到 KEGG 数据库 621 个 DEGs 参与了近 275 个通路，将得到的结果依据 KEGG 中通路类型进行分类，结果见图 3-21，DEGs 参与肉质性状和生长发育相关的通路有氨基酸代谢通路、脂质代谢通路、碳水化合物代谢通路、聚糖的生物合成和代谢通路、能量代谢通路、循环系统、生物降解和代谢通路等。

苏尼特羊背最长肌中差异基因富集的通路主要包括果糖和甘露糖代谢、氮素代谢、精

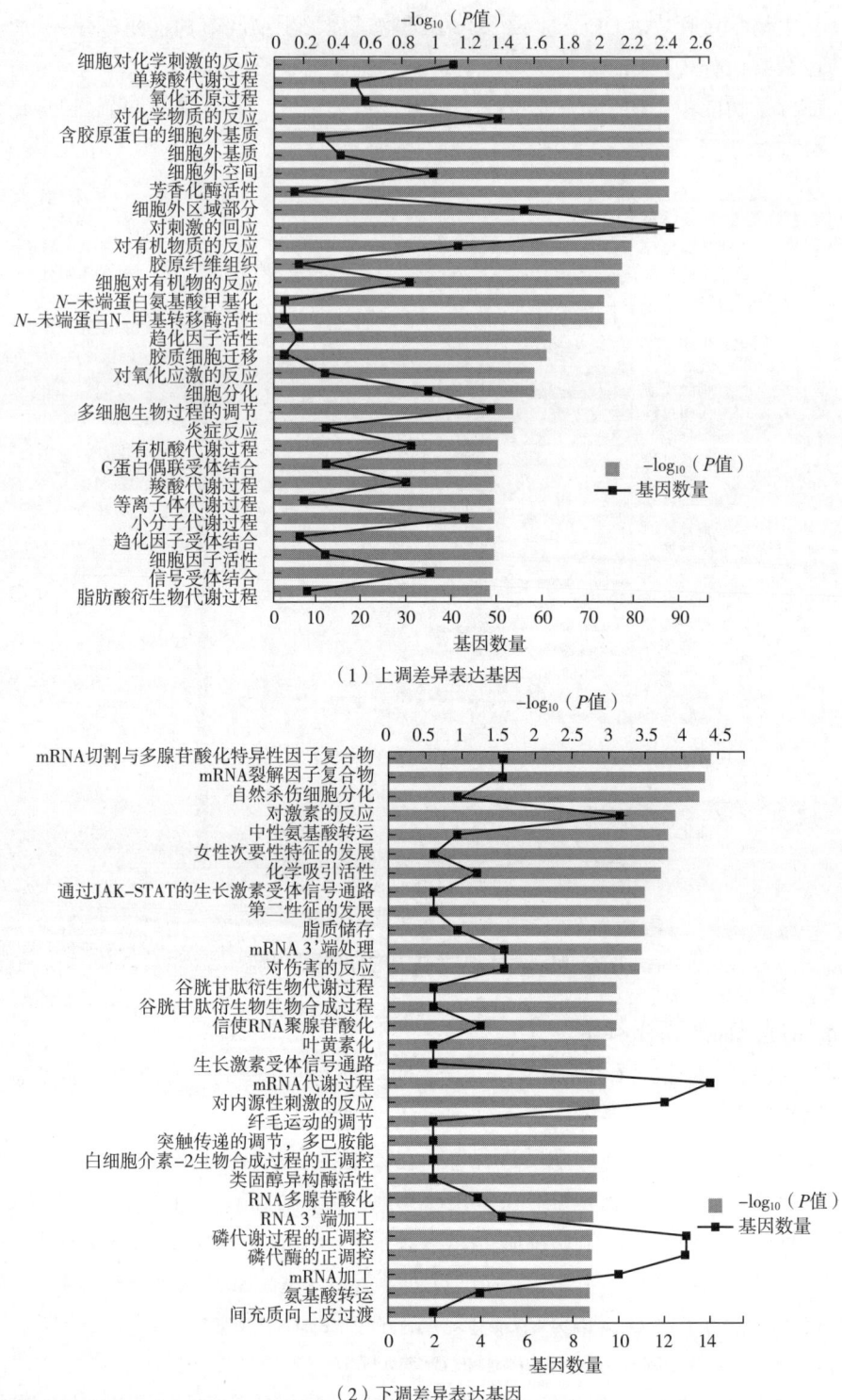

(1) 上调差异表达基因

(2) 下调差异表达基因

图 3-20 上、下调差异表达基因 GO 富集分析图

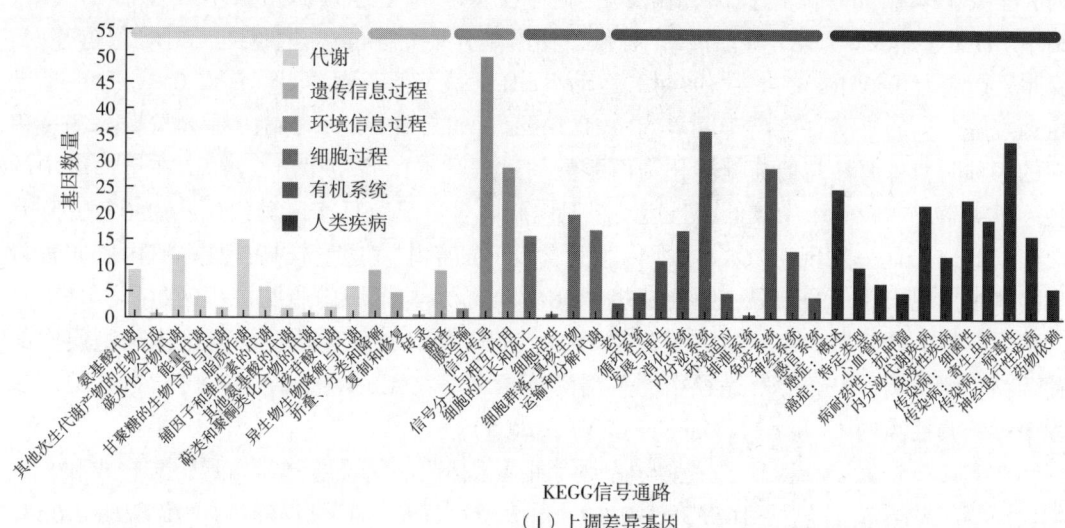

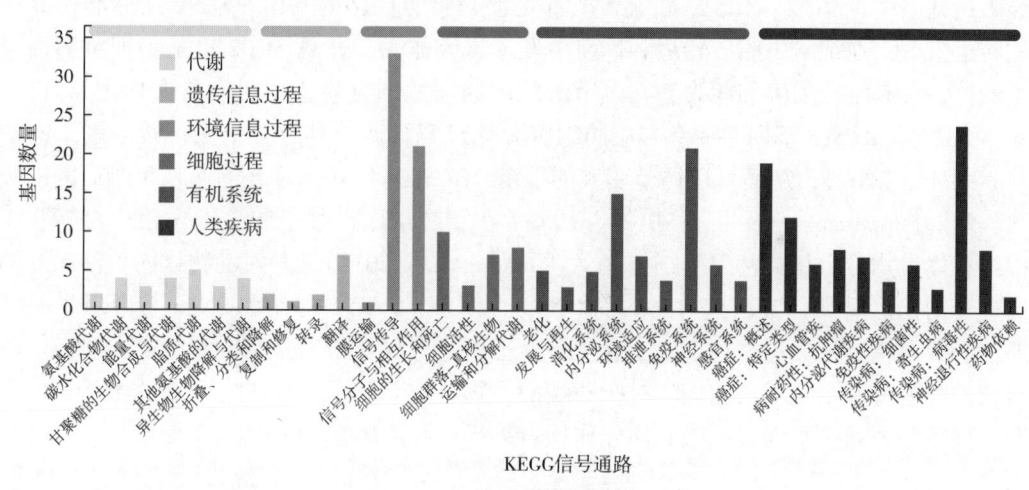

图 3-21 上、下调差异表达基因 KEGG 富集分析图

氨酸生物合成、糖酵解/糖异生、脂肪酸合成和甘油酯代谢通路，从表中可以看出，DEGs 主要参与了能量代谢和脂质代谢等过程。运动组的苏尼特羊在饲养过程中，除了每日的自由饮水和按时饲喂饲料，每日上下午还增加了 40min 的运动，增加了运动组羊的体能消耗，所以差异基因富集的通路主要集中在脂质代谢和能量代谢中。

4. 富集信号通路与肉品质机制解析

在 KEGG 分析中（图 3-21），DEGs 显著富集的代谢通路有果糖和甘露糖代谢、氮代谢、精氨酸生物合成、糖酵解/糖异生、脂肪酸合成和甘油酯代谢等，这些信号通路在肉质形成的过程中均参与重要的调节过程。

本研究中，苏尼特羊背最长肌差异基因富集通路中，发现与糖酵解代谢有关的信号通路，主要是果糖和甘露糖代谢、糖酵解/糖异生等，参与这些的差异基因包括 *HKDC1*、*HK2*、*TPI1*、*PKM*、*PGK1* 等。pH_{24h} 越低，糖酵解产生的乳酸总量越高，则肉色越苍白，保水性越差（de Vries et al.，1994）。运动组 pH_{24h} 显著低于圈养组（$P<0.05$），表明运动组糖酵解产生的乳酸总量高于圈养组（Hovenier et al.，1992）。PGK1 是参与糖酵解过程中的一种酶，主要参与葡萄糖转化为丙酮酸的过程，本试验中得出，*PGK1* 在运动组中的表达量更高，在圈养组中较低，且运动组肌内脂肪含量显著低于圈养组（$P<0.05$），陈其美等（2014）研究发现，*PGK1* 在肌内脂肪含量低的猪中表达量较高，且在肌内脂肪含量高的猪中呈现出相反的趋势，因此猜想，*PGK1* 可能参与了肌内脂肪沉积的过程，是对其产生影响的下调基因，本试验与其结果相似。TPI1 是一种催化酶，参与机体细胞质内的葡萄糖分解代谢，是糖酵解途径中的关键酶分子之一（Alber et al.，1981），在糖酵解过程中影响调控肉的 L^* 和 b^*（Mancini et al.，2005）。

在 KEGG 通路中，得到了一些与脂类代谢显著相关的信号通路，如脂肪酸合成和甘油酯代谢等，差异基因包括 *ACSF3*、*ACSL3*、*AKR1B1*、*GK*、*SCP2*、*PLIN1*、*LPIN1*、*DGAT2* 等。说明苏尼特羊运动组和圈养组的背最长肌在脂肪合成和代谢方面存在显著差异。在差异表达基因中，*SCP2*、*ACSL3* 和 *PLIN1* 都是参与脂肪代谢的基因。SCP2 又称非特异性脂质转运蛋白，在细胞内脂质转运和代谢中发挥重大作用，并且 SCP2 也是一种可溶性甾醇类载体，具有结合固醇的能力，在调节细胞内胆固醇的含量方面具有重要作用（Hiller et al.，2012）。*ACSL3* 基因主要参与脂肪细胞分化过程，调节其过程中关键转录因子的活性（Bu et al.，2009），从而可以调节脂质的平衡；*ACSL3* 的 N-末端还参与调控脂肪酸的吸收和代谢（Poppelreuther et al.，2012）。*PLIN1* 在脂肪生成过程中起关键作用，与脂肪组织中线粒体生物发生相关基因呈正相关（Moreno et al.，2014），其对动物体内甘油三酯的代谢进行调控（黄龙，2014）。Raza 等（2020）发现，*PLIN1* 的 5 个 SNPs 与秦川牛的背膘厚度和肌内脂肪相关。这些 DEGs 中，部分还未进行深入研究，目前对于部分 DEGs 研究得到的功能特性中发现，它们均对脂肪酸的生物合成及氧化有影响，可将这些 DEGs 作为调控肉品质的候选基因，探索其功能作用，进行后续的研究。

第二节 饲养管理对羊肉品质的影响研究

目前，我国肉羊的饲养模式分为传统放牧、舍饲以及放牧加舍饲饲养等。内蒙古地区肉羊主要以传统放牧为主，但过度放牧容易造成草场退化、土地沙漠化等危害，大大降低了我国草原的可利用面积；随着我国退化草地限牧、退牧还草、禁牧及恢复草地等一系列政策的出台，内蒙古肉羊的养殖逐渐向集约化生产发展，这种饲养方式的转变明显改善了生态环境，提高了社会效益，增加了动物的产肉性能，缩短了出栏时间。但舍饲养殖的日粮多为玉米秸秆、干草以及精饲料，接触青绿饲料的机会少，同时集中喂养后，舍饲羊的运动量大大减少，这势必会造成羊生产性能、免疫力以及肉品质的下降。作者团队分析对比了不同饲养方式下的羊肉品质，并通过给羊饲喂不同的营养物质（亚麻籽、精氨酸、乳酸菌等）来改善羊肉的品质，此外还研究了运动对羊肉品质的影响。

一、饲养方式对羊肉品质的影响

饲养方式一般指牲畜的饲喂方式,包括以饲料就牲畜和以牲畜就饲料两种基本类型。前者多为牲畜舍喂,故称舍饲;后者多为牲畜自行采食,故称放牧;放牧和舍饲混合饲养称为补饲,其形式分为白天放牧、晚间舍饲,夏秋放牧、冬春舍饲,育成阶段放牧、育肥阶段舍饲,并在地区上形成同一牲畜先在牧区育成、后在农区育肥等。在许多国家和地区,饲养方式不尽相同,但从放牧到舍饲是饲养方式的总趋势,象征着畜牧业从粗放经营向集约化经营的发展。对于内蒙古地区肉羊来说,饲养方式主要由饲粮、环境、规模和周期等要素构成,通过饲养方式的调控能够改善羊的肉用品质。近年来,由于禁牧限牧政策的实施和传统饲养方式的改变,不同饲养方式对羊肉品质的影响已成为当前研究的热点。

作者团队以内蒙古地区常见的饲养方式(放牧与舍饲)为出发点,以 3 月龄放牧和舍饲的苏尼特羊 24 只(公母各半)为研究对象。饲养期间测定其生长性能,至 6 月龄后屠宰,取背最长肌、臂三头肌和股二头肌作为试验材料。比较两种饲养方式下苏尼特羊的生长性能(总增重、日平均增重、增长率等)、屠宰性能(活体质量、胴体质量、胴体长、眼肌面积、屠宰率、净肉率等)、食用品质(pH、色泽、剪切力、蒸煮损失等)及营养品质(脂肪、蛋白质、水分和灰分等)。

(一)生长性能

生长性能是衡量畜禽生长性状的指标,主要包括体重、体长、体高、胸围及其增重等。饲喂家畜理想的状态是在保证良好的生长性能前提下,饲粮营养在机体内有更好的分配方式。如果生长性能较差,则肉用品质即使再好也缺乏生产价值。反之,生长性能好也不意味着肉用品质好。故同时兼顾苏尼特羊的生长性能和肉用品质是实现肉羊产业经济持续发展的重要途径之一。不同饲养方式(放牧、舍饲)对苏尼特羊生长性能的影响如图 3-22 及表 3-57 所示。由图 3-22 可知,6 月龄舍饲组苏尼特羊体重显著大于放牧组($P<0.05$),4 月龄和 5 月龄有此趋势但无显著差异($P>0.05$),同时由表 3-57 可知,舍饲组苏尼特羊 3~6 月龄总增重、平均日增重和增长率显著高于放牧组($P<0.05$),说明舍

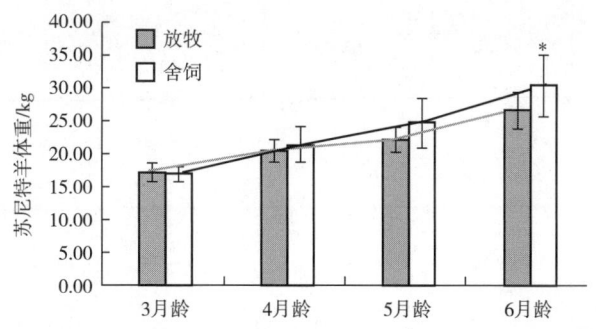

图 3-22　不同饲养方式下苏尼特羊不同生长阶段的体重差异

[* 表示差异显著($P<0.05$)]

饲组苏尼特羊生长性能较好，分析原因可能是相较于放牧苏尼特羊采食牧草，舍饲苏尼特羊饲粮能量较高且运动量较少，饲料以蛋白质、脂肪等能量物质形式沉积在体内，使其体重增加。

表3-57　饲养方式对苏尼特羊生长性能的影响

指标	放牧组	舍饲组
总增重/kg	9.71±1.45^b	13.80±3.58^a
平均日增重/kg	0.11±0.02^b	0.15±0.04^a
增长率/%	58.53±7.17^b	83.92±18.15^a

注：同行不同小写字母肩注表示差异显著（$P<0.05$），相同表示差异不显著（$P>0.05$）。

（二）屠宰性能

饲养方式对6月龄苏尼特羊屠宰性能的影响如表3-58所示，舍饲组苏尼特羊的活体质量、胴体质量、胴体长、肋骨质量、净肉质量、胴体产肉率、肉骨比和屠宰率显著大于放牧组（$P<0.05$），胴体宽显著小于放牧组（$P<0.05$），其他指标无显著差异（$P>0.05$），说明舍饲苏尼特羊屠宰性能较好，尤其是产肉特性较好，分析原因可能是舍饲苏尼特羊饲粮能量摄入大于消耗，大量的能量物质沉积于体内，同时饲粮相较于牧草更易消化吸收，直接对苏尼特羊的生长速率产生影响。具体来说，胴体质量、胴体长和胴体深等胴体性状与商品羊的胴体产肉量和分割肉产量有关，屠宰率、净肉率、胴体产肉率和肉骨比等不仅可以反映苏尼特羊宰前生长情况，而且反映宰后胴体产肉性能，故舍饲苏尼特羊屠宰性能优势明显，从产肉角度来看，相较于放牧苏尼特羊更有经济优势。

表3-58　饲养方式对苏尼特羊（6月龄）屠宰性能的影响

指标	放牧组	舍饲组
活体质量/kg	30.28±1.42^b	33.88±3.89^a
胴体质量/kg	12.16±0.67^b	14.04±1.75^a
胴体长/cm	65.20±1.62^b	71.12±3.45^a
胴体宽/cm	19.50±0.83^a	17.45±0.64^b
眼肌面积/cm^2	13.84±2.02^a	12.58±2.23^a
背膘厚/mm	4.29±1.43^a	5.24±1.52^a
净肉质量/kg	7.73±0.97^b	10.62±1.53^a
棒骨质量/kg	1.03±0.11^a	1.04±0.05^a
肋骨质量/kg	0.51±0.05^b	0.64±0.05^a
脊骨质量/kg	1.62±0.14^a	1.67±0.13^a

续表

指标	放牧组	舍饲组
骨质量/kg	3.40±0.15^a	3.46±0.18^a
净肉率/%	25.60±2.22^b	32.07±1.46^a
胴体产肉率/%	64.04±3.10^b	72.15±4.92^a
肉骨比	2.33±0.21^b	3.17±0.37^a
屠宰率/%	39.61±0.95^b	43.99±1.20^a

注：同行不同小写字母肩注表示差异显著（$P<0.05$），相同表示差异不显著（$P>0.05$）。

（三）食用品质

饲养方式对苏尼特羊肉食用品质的影响如表 3-59 所示。肉色是衡量新鲜程度的重要指标，作为视觉感官影响消费者对肉制品的选择。其关键作用物质是肌红蛋白，表现为 a^* 越高、L^* 和 b^* 越低，肉色就越好。由表 3-59 可知，放牧组苏尼特羊臂三头肌和股二头肌 a^* 和 b^* 显著大于舍饲组（$P<0.05$），其他指标无显著差异（$P>0.05$），说明放牧苏尼特羊肉色更加鲜红，饲养方式对羊肉的 a^* 和 b^* 具有显著影响。放牧羊肉具有较高的 a^*，分析原因可能是放牧苏尼特羊运动量大，耗氧量高，拥有更多的肌红蛋白，与氧气接触时，产生更多的氧合血红蛋白，使肉呈鲜红色，另外，肌肉中含有较高的血红素和类胡萝卜素也会使肉色变红。

动物宰后肌肉的 pH 是反映宰后肌肉糖酵解速率和肌肉酸碱度的重要指标，也是用来鉴定 PSE 肉和 DFD 肉的重要依据。根据排酸时间 pH 可分为初始 pH（pH_{45min}）和终极 pH（pH_{24h}），正常肉的 pH_{45min} 为 6.0~6.5，pH_{24h} 为 5.4~5.8，宰后肌肉利用糖原酵解产生维持机体的能量，糖酵解的最终产物是乳酸，随着机体内乳酸的堆积，pH 开始下降，随着成熟时间的延长，肌肉僵直解除，pH 缓慢回升。由表 3-59 可知，两组苏尼特羊胴体 pH_{45min} 整体上大于 pH_{24h}，说明放牧组和舍饲组苏尼特羊均处于正常的排酸阶段，非 PSE 肉和 DFD 肉。放牧组苏尼特羊背最长肌和臂三头肌的 pH_{45min} 显著大于舍饲组，pH_{24h} 显著小于舍饲组（$P<0.05$），说明放牧组苏尼特羊肉在排酸过程中 pH 变化范围较大，肌肉糖降解反应程度不同，这可能与放牧组苏尼特羊长期行走采食有关。

蒸煮损失率反映烹饪过程中失去的可溶性物质及液体，而这些可溶性物质及液体常与肉质的多汁性和风味有关。研究表明，在蒸煮过程中，蛋白质变性导致肌肉质地基质崩解，水分流失，剩余的水分以毛细作用滞留在蛋白质结构中。由表 3-59 可知，放牧组苏尼特羊臂三头肌的蒸煮损失显著大于舍饲组（$P<0.05$），说明舍饲组臂三头肌保水性较好，汁液不易流失。有研究报道，草料饮食的羊肉具有较高的蒸煮损失，蒸煮损失率与羊肉中肌内脂肪的含量呈显著正相关（Santos-Silva et al., 2002）。两种饲养方式苏尼特羊肉蒸煮损失的差异可能是由肌肉结构蛋白、代谢酶、应激相关蛋白和转运蛋白的差异引起的（Huixin et al., 2018）。这些研究进一步从微观角度说明保水性好的羊肉有较稳定的蛋白

网络结构，可以防止汁液流失。

嫩度即消费者通常所说的鲜嫩程度，常以剪切力表示，该值与嫩度成反比，肌纤维的类型和直径大小、结缔组织的含量、肌内脂肪的含量对肉的嫩度均有直接的影响。由表3-59可知，放牧组苏尼特羊股二头肌的剪切力显著小于舍饲组（$P<0.05$），背最长肌和臂三头肌有此趋势但不显著（$P>0.05$），说明放牧苏尼特羊肉嫩度较好。有研究表明，饲喂粗饲料的动物嫩度较饲喂精料好，而在饲料中添加生长因子，会使肌肉中肌纤维变粗，导致嫩度下降，因此放牧条件下家畜嫩度高于圈养条件。分析原因可能是放牧苏尼特羊长期采食牧草，牧草中脂肪酸及微量元素对肌肉组织胶原蛋白网络交联和水溶性产生一定的影响（Koesmara et al., 2019）。

表3-59 饲养方式对苏尼特羊（6月龄）食用品质的影响

部位	指标	放牧组	舍饲组
背最长肌	L^*	33.82±1.40[a]	34.67±1.13[a]
	a^*	17.34±0.76[a]	17.90±0.91[a]
	b^*	3.14±0.36[a]	2.94±0.48[a]
	pH_{45min}	6.64±0.31[a]	6.40±0.20[b]
	pH_{24h}	5.34±0.05[b]	5.69±0.11[a]
	蒸煮损失/%	41.10±2.09[a]	41.91±4.39[a]
	剪切力/N	81.58±5.39[a]	87.95±9.02[a]
臂三头肌	L^*	40.28±3.33[a]	39.58±1.92[a]
	a^*	21.99±1.35[a]	20.36±1.25[b]
	b^*	5.87±1.26[a]	3.70±0.77[b]
	pH_{45min}	6.62±0.27[a]	6.55±0.20[b]
	pH_{24h}	5.74±0.15[b]	5.80±0.09[a]
	蒸煮损失/%	43.27±1.43[a]	41.34±1.85[b]
	剪切力/N	51.95±7.69[a]	55.28±7.45[a]
股二头肌	L^*	38.06±1.85[a]	36.94±1.71[a]
	a^*	19.30±1.07[a]	17.98±1.25[b]
	b^*	4.63±0.85[a]	2.80±1.00[b]
	pH_{45min}	6.61±0.14[a]	6.73±0.19[a]
	pH_{24h}	5.62±0.09[b]	5.77±0.12[a]
	蒸煮损失/%	42.07±2.41[a]	41.03±2.36[a]
	剪切力/N	63.33±3.24[b]	69.37±6.43[a]

注：同行不同小写字母肩注表示差异显著（$P<0.05$），相同表示差异不显著（$P>0.05$）。

(四) 营养成分

饲养方式对苏尼特羊肉营养成分的影响如表 3-60 所示。肉的营养成分主要涉及蛋白质含量及氨基酸组成、脂肪含量及脂肪酸组成、维生素含量和矿物质含量等。蛋白质和水分是肉的重要组成，肉中蛋白质是人类必需氨基酸的重要来源，影响肉的食用品质和风味。两种饲养方式的苏尼特羊肌肉蛋白质含量无显著差异（$P>0.05$），说明饲养方式对羊肉蛋白质含量的影响较小。Fluharty 等（1997）研究表明不同的饲养管理对羔羊胴体蛋白质没有显著影响，与本研究结果一致。肉类的肌内脂肪含量可以通过影响其大理石花纹、风味等食用品质进而影响消费者的选择。放牧组苏尼特羊股二头肌脂肪含量显著大于舍饲组（$P<0.05$），背最长肌和臂三头肌有此趋势但不显著（$P>0.05$），说明放牧苏尼特羊肌内脂肪含量较高。水分决定了肉的多汁性、保水性和干物质含量。放牧组苏尼特羊背最长肌水分含量显著低于舍饲组（$P<0.05$），说明放牧组苏尼特羊肉干物质较多，舍饲组苏尼特羊肉多汁性好。灰分是衡量肉品营养价值的一个重要的标准，常用灰分衡量食物中矿物质含量的多少。放牧组苏尼特羊三个肌肉部位灰分含量均大于舍饲组但不显著（$P>0.05$），说明放牧组苏尼特羊肉的矿物质含量较高，这可能与长期采食新鲜牧草有关。

表 3-60 饲养方式对苏尼特羊（6月龄）营养成分的影响

部位	营养指标/%	放牧组	舍饲组
背最长肌	蛋白质	21.56±1.08[a]	21.69±1.11[a]
	脂肪	2.53±0.97[a]	2.21±0.29[a]
	水分	73.40±0.74[b]	76.09±0.88[a]
	灰分	3.39±0.21[a]	3.28±0.45[a]
臂三头肌	蛋白质	21.49±1.72[a]	21.61±0.40[a]
	脂肪	2.37±0.62[a]	1.46±0.29[a]
	水分	76.79±1.05[a]	77.54±0.63[a]
	灰分	1.19±0.12[a]	1.09±0.03[a]
股二头肌	蛋白质	21.81±2.03[a]	21.20±0.52[a]
	脂肪	2.81±0.46[a]	2.38±0.49[b]
	水分	75.70±1.74[a]	75.15±1.15[a]
	灰分	1.10±0.19[a]	1.09±0.12[a]

注：同行不同小写字母肩注表示差异显著（$P<0.05$），相同表示差异不显著（$P>0.05$）。

(五) 风味

1. 气味

(1) 羊肉的气味指纹图谱　电子鼻能敏感获取肉品的气味信息，挥发性化合物的微小变化可能导致传感器响应的差异，因而能较好反映出肉中总体挥发物。通过提取 6 月龄苏尼特羊肉对电子鼻10个传感器的响应强度（响应值），建立不同部位和饲养方式的肉样香味指纹图谱，结合表3-61进行分析。两种饲养方式下不同肌肉样对传感器的响应强度如图3-23所示，两种饲养方式下背最长肌肉样对传感器的响应强度如图3-24所示，W1S、W1W、W2S传感器的响应值均为放牧高于舍饲，其他6种传感器的响应强度均大致重合。通过指纹图谱得到气味的大致轮廓，不同饲养方式下肉样气味差异主要存在于芳香类、烃类、硫化物和胺类等化合物上，需要进一步分析肉的挥发性物质。

表3-61　PEN3电子鼻传感器名称及性能描述

阵列序号	传感器名称	性能描述
1	W1C	芳香成分，苯类
2	W5S	灵敏度大，对氮氧化合物很灵敏
3	W3C	芳香成分灵敏，氨类
4	W6S	主要对氢化物有选择性
5	W5C	短链烷烃芳香成分
6	W1S	对甲基类灵敏
7	W1W	对硫化物灵敏
8	W2S	对醇类、醛酮类灵敏
9	W2W	芳香成分，对有机硫化物灵敏
10	W3S	对长链烷烃灵敏

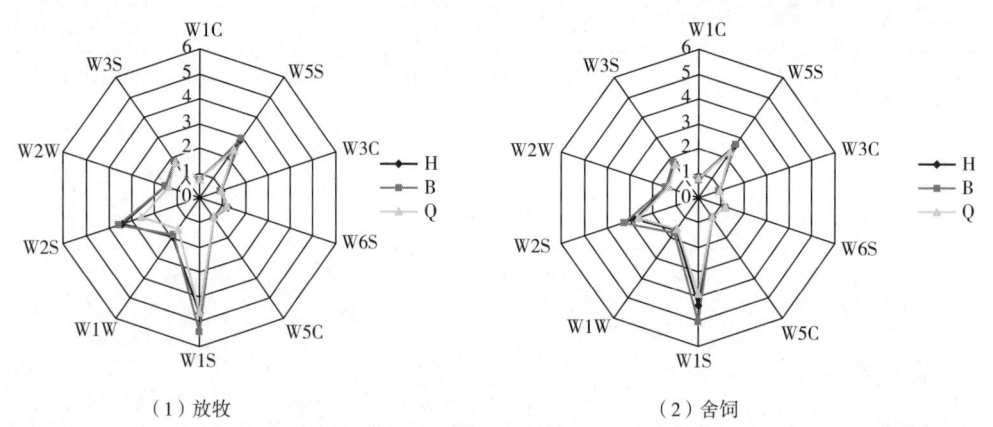

图3-23　放牧、舍饲条件下不同部位苏尼特羊肉气味指纹图谱

（H、B、Q分别代表股二头肌、背最长肌、臂三头肌）

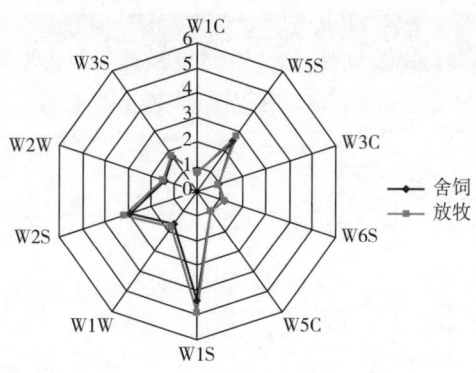

图3-24　放牧和舍饲条件下苏尼特羊（背最长肌）气味指纹图谱

（2）羊肉气味响应值　两种饲养方式下羊肉气味响应值如表3-62所示，W5S、W6S、W1S、W1W、W2S、W2W和W3S传感器的响应值均在1以上，是评判气味特征的主要指标。对比两种饲养方式，放牧组股二头肌中W2S、W2W的响应值显著高于舍饲组（$P<0.05$），W2W传感器主要对有机硫、芳香类物质敏感，这说明放牧组股二头肌中含有较高的有机硫、芳香类物质；放牧组背最长肌中W6S的响应值显著高于舍饲组（$P<0.05$），W6S传感器主要对氢气敏感，在羊肉的香味检测中，不作为主要的评判指标；放牧组臂三头肌中W1S、W1W和W3S的响应值显著高于舍饲组（$P<0.05$），而W6S响应值显著低于舍饲组（$P<0.05$），W1W传感器主要对含硫有机化合物敏感，说明放牧组的臂三头肌中含有丰富的烷烃类、含硫有机化合物。研究发现，含硫有机化合物中萜烯类、吡嗪类物质风味阈值较低，对羊肉的香味贡献很大。因此整体来说，放牧组在有机硫化合物、芳香类上有一定优势，这是放牧羊肉有良好嗅感的主要原因。

表3-62　两种饲养方式下苏尼特羊肉气味响应值

部位	传感器	放牧	舍饲
背最长肌	W1C	0.725±0.056[a]	0.711±0.086[a]
	W5S	2.945±0.805[a]	2.666±0.708[a]
	W3C	0.919±0.009[a]	0.915±0.017[a]
	W6S	1.220±0.024[a]	1.199±0.014[b]
	W5C	0.965±0.007[a]	0.961±0.015[a]
	W1S	5.404±1.112[a]	5.036±0.899[a]
	W1W	1.861±0.541[a]	1.739±0.408[a]
	W2S	3.558±1.194[a]	3.262±0.949[a]
	W2W	1.518±0.264[a]	1.470±0.219[a]
	W3S	1.794±0.037[b]	1.802±0.068[a]

续表

部位	传感器	放牧	舍饲
臂三头肌	W1C	0.760±0.036^a	0.771±0.029^a
	W5S	2.403±0.309^a	2.287±0.271^a
	W3C	0.925±0.005^a	0.929±0.007^a
	W6S	1.187±0.005^b	1.198±0.015^a
	W5C	0.971±0.004^a	0.973±0.005^a
	W1S	4.630±0.495^a	3.881±0.407^b
	W1W	1.544±0.252^a	1.534±0.246^b
	W2S	2.591±0.420^a	2.640±0.494^a
	W2W	1.364±0.161^a	1.345±0.130^a
	W3S	1.765±0.028^a	1.667±0.047^b
股二头肌	W1C	0.750±0.026^b	0.781±0.021^a
	W5S	2.866±0.433^a	2.642±0.368^a
	W3C	0.926±0.006^a	0.931±0.005^a
	W6S	1.237±0.167^a	1.199±0.010^a
	W5C	0.970±0.004^a	0.973±0.004^a
	W1S	4.667±0.546^a	4.350±0.366^a
	W1W	1.953±0.487^a	1.590±0.232^b
	W2S	3.395±0.648^a	2.802±0.409^b
	W2W	1.533±0.177^a	1.357±0.115^b
	W3S	1.726±0.035^a	1.718±0.022^a

注：同行不同小写字母肩注表示差异显著（$P<0.05$）。

2. 挥发性风味物质

利用 GC-MS 对苏尼特羊肉的挥发性物质进行测定，色谱结果如图 3-25 和图 3-26 所示。通过 NIST 数据库检索鉴定苏尼特羊肉中的挥发性成分，如表 3-63 所示，主要包括醛类及醇类化合物。

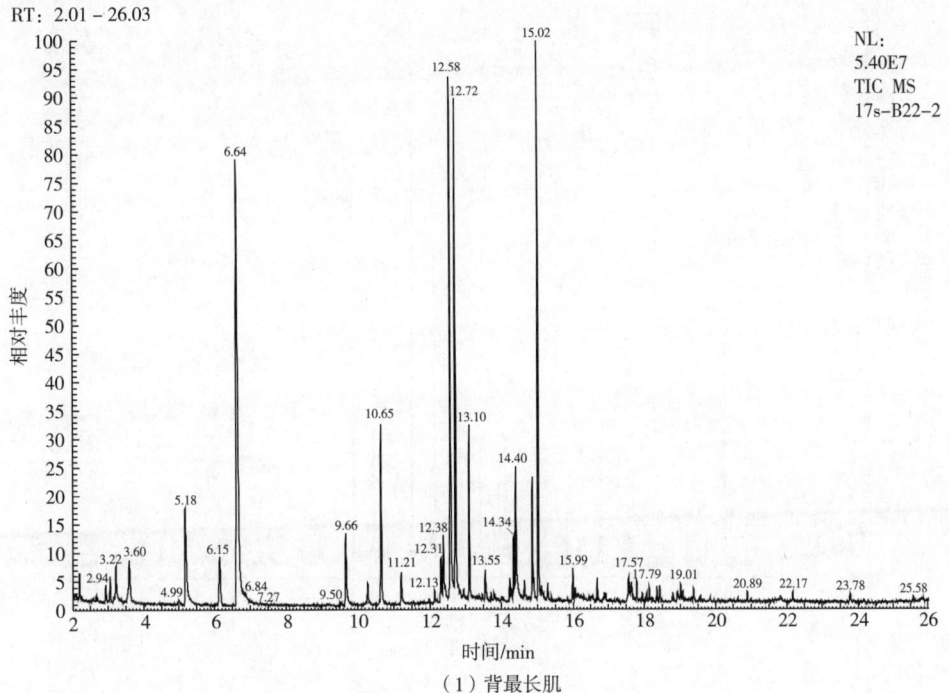

（1）背最长肌

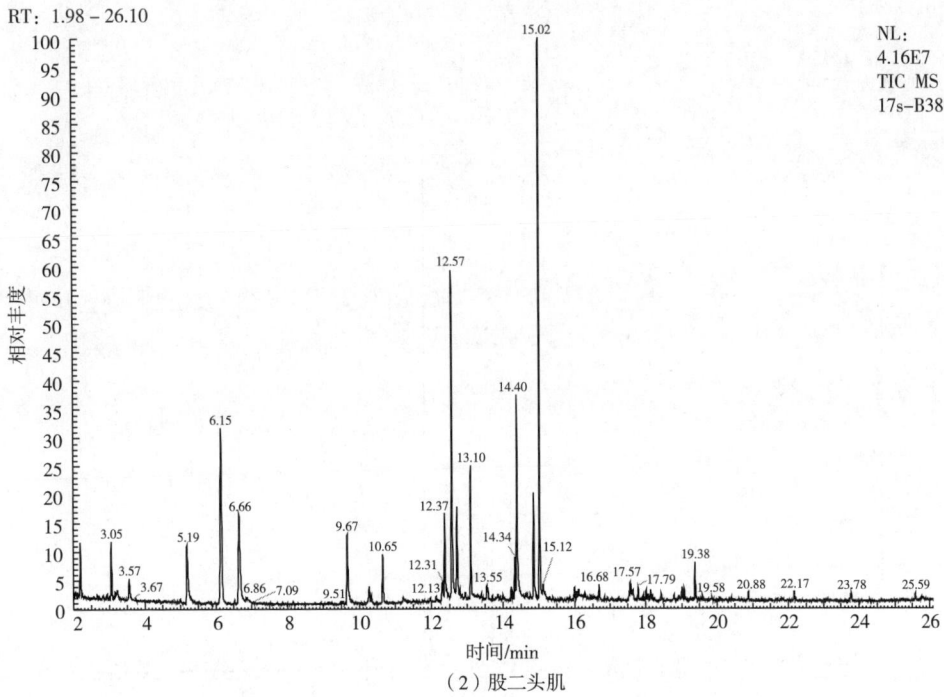

（2）股二头肌

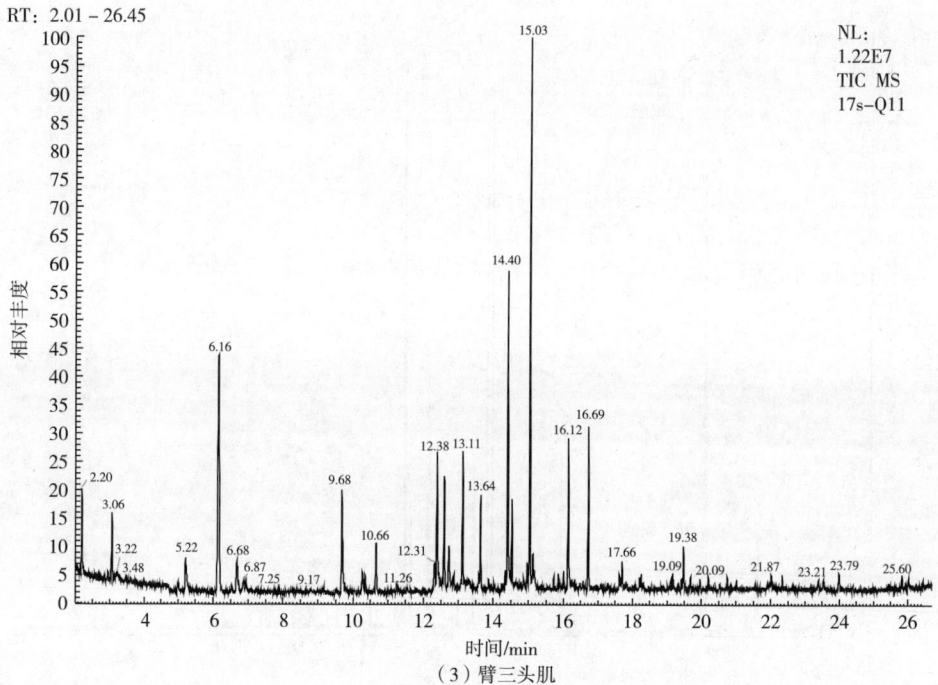

（3）臂三头肌

图 3-25　放牧条件下不同部位肌肉中挥发性物质色谱图

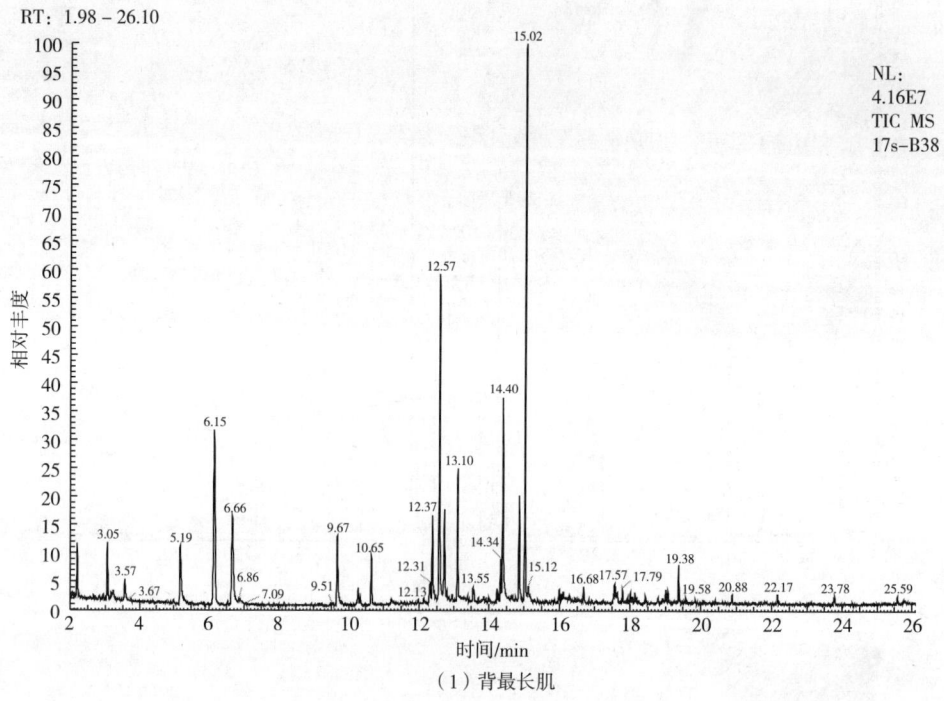

（1）背最长肌

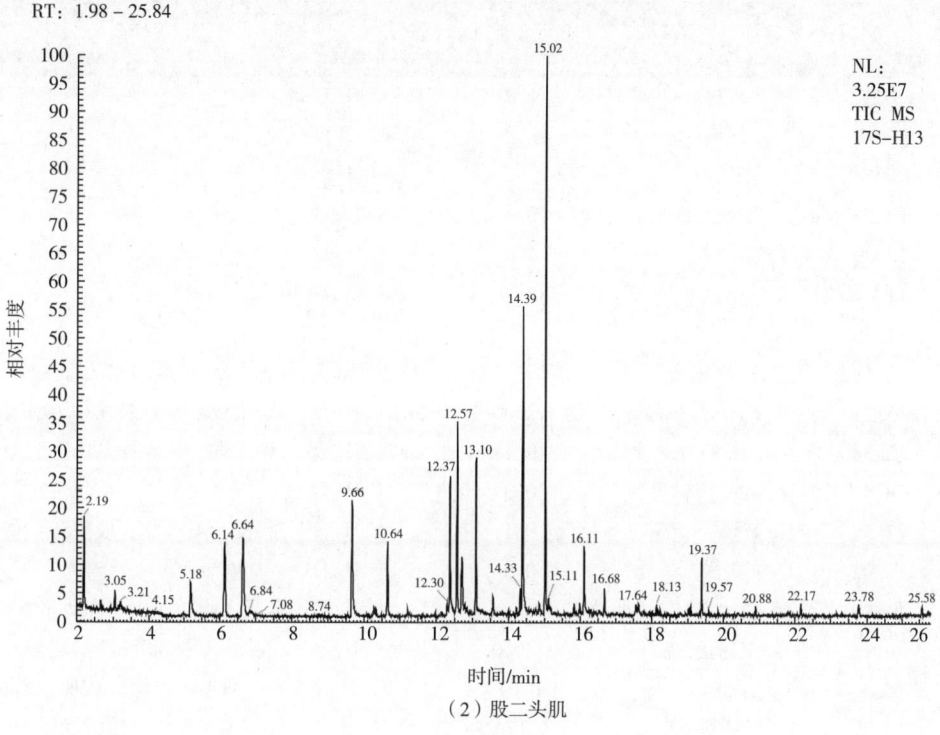

(2)股二头肌

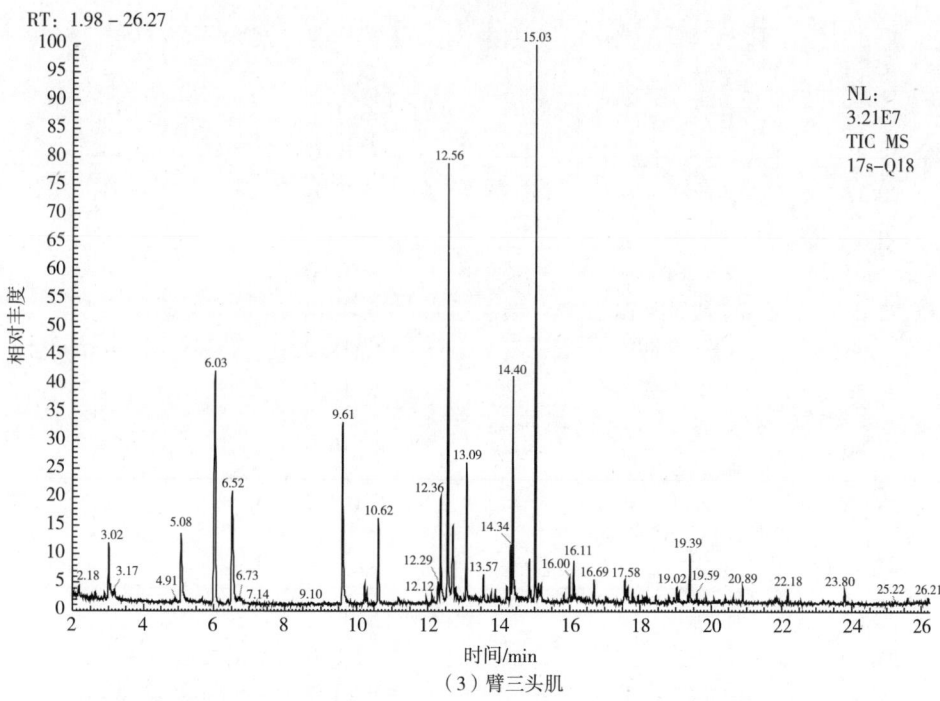

(3)臂三头肌

图 3-26 舍饲条件下不同部位肌肉中挥发性物质色谱图

表 3-63 苏尼特羊肉挥发性风味物质成分

编号	保留时间/min	名称	气味阈值/($\mu g/100g$)	分子式	气味描述
1	3.22	戊醛	1.2	$C_5H_{10}O$	—
2	6.68	己醛	0.45	$C_6H_{12}O$	青草
3	8.59	乙苯	—	C_8H_{10}	—
4	10.66	庚醛	0.3	$C_7H_{14}O$	—
5	10.89	戊醇	400	$C_5H_{12}O$	不愉快的油脂味道
6	11.61	辛醛	0.07	$C_8H_{16}O$	焦香
7	11.85	反-2-庚烯醛	1.3	$C_7H_{12}O$	青草香气
8	12.18	2,3-辛二酮	—	$C_8H_{14}O_2$	甜的奶油香
9	15.23	己醇	250	$C_6H_{14}O$	微带酒香、果香和脂肪气息
10	12.36	壬醛	0.1	$C_9H_{18}O$	烤焦香、油炸香、焦香、金属味
11	18.42	反-2-辛烯醛	0.3	$C_8H_{14}O$	—
12	12.58	1-辛烯-3-醇	0.1	$C_8H_{16}O$	蘑菇、薰衣草、玫瑰和干草香气
13	13.02	庚醇	0.3	$C_7H_{16}O$	—
14	14.09	反,反-2,4-庚二烯醛	1	$C_7H_{10}O$	青草、脂肪、水果和香辛料似香味
15	14.12	2-乙基己醇	27000	$C_8H_{18}O$	甜味和淡淡的花香
16	15.54	癸醛	0.01	$C_{10}H_{20}O$	甜橙、柠檬、玫瑰、蜡香
17	16.79	苯甲醛	35	C_7H_6O	苦杏仁、樱桃及坚香
18	17.41	反-壬烯醛	0.008	$C_9H_{16}O$	—
19	18.19	辛醇	11	$C_8H_{18}O$	—
20	18.95	白菖烯	—	$C_{15}H_{24}$	—
21	19.87	反-2-辛烯醇	4	$C_8H_{16}O$	—
22	20.13	丁酸	—	$C_4H_8O_2$	—
23	20.32	4-十二酮	—	$C_{10}H_{24}O$	—
24	21.65	反-2-癸烯醛	0.03	$C_{10}H_{18}O$	—
25	22.00	2-乙基丁酸烯丙酯	—	$C_9H_{16}O_2$	—
26	22.35	反-2-十一烯醛	—	$C_{11}H_{20}O$	—
27	22.56	1-十二烯-3-醇	—	$C_{12}H_{24}O$	—
28	22.86	反,反-2,4-十二碳二烯醛	0.007	$C_{10}H_{16}O$	—
29	23.13	甲氧基苯基肟	—	$C_8H_9NO_2$	—
30	23.26	反,反-2,4-十二碳二烯醛	—	$C_{12}H_{20}O$	—
31	23.62	茴香脑	—	$C_{10}H_{12}O$	—
32	23.75	己酸	—	$C_6H_{12}O$	—
33	23.91	苯甲醇	—	C_7H_8O	—
34	24.36	十四醛	—	$C_{14}H_{28}O$	—
35	25.59	十六醛	—	$C_{16}H_{32}O$	—

注:"—"表示未查到相关文献。

表 3-64　放牧和舍饲苏尼特羊不同部位肌肉中的挥发性成分

部位	类别	中文名称	含量/(μg/100g)	
			放牧	舍饲
背最长肌	醛类	戊醛	1.660±0.302^b	2.099±0.497^a
		己醛	63.798±6.099^b	85.652±14.175^a
		庚醛	6.875±1.074^a	4.712±0.892^b
		辛醛	6.046±0.821^b	9.176±2.173^a
		反-2-庚烯醛	ND	0.241±0.114
		壬醛	14.934±1.995^b	36.165±8.076^a
		反-2-辛烯醛	0.357±0.093^b	1.143±0.286^a
		反,反-2,4-庚二烯醛	0.208±0.031^b	0.434±0.151^a
		癸醛	0.281±0.045	ND
		苯甲醛	2.961±0.680^a	0.250±0.042^b
		反-壬烯醛	0.680±0.067^b	1.485±0.675^a
		反-癸烯醛	0.322±0.071^b	1.040±0.220^a
		反-十一烯醛	0.238±0.049^b	0.910±0.219^a
		反,反-2,4-十二碳二烯醛	ND	0.277±0.067
		2,4-十二碳二烯醛	0.281±0.045^b	0.543±0.167^a
		十三醛	0.354±0.061	ND
		十四醛	0.271±0.045^a	0.324±0.068^a
		十六醛	0.640±0.189^a	0.229±0.055^b
	醇类	戊醇	3.880±0.822^a	2.212±0.575^b
		己醇	3.427±0.655^a	0.890±0.233^b
		1-辛烯-3-醇	6.773±0.725^b	9.711±2.229^a
		庚醇	1.444±0.238^a	0.841±0.171^b
		2-乙基己醇	0.464±0.066	ND
		辛醇	2.653±0.342^a	2.469±0.390^a
		反-2-辛烯醇	1.001±0.217^b	1.427±0.353^a
		2,7-辛二烯-1-醇	0.193±0.026	ND
		1-十二烯-3-醇	0.162±0.015^b	0.207±0.045^a
		苯甲醇	0.395±0.124^a	0.239±0.039^b
	酮类	2,3-辛二酮	11.971±2.849^b	51.645±10.356^a
		3,5-辛二烯-2-酮	0.297±0.090	ND
		6-甲基-5-庚烯-2-酮	0.145±0.009	ND
		4-十二酮	0.419±0.126^b	0.998±0.275^a

续表

部位	类别	中文名称	含量/(μg/100g)	
			放牧	舍饲
背最长肌	酸类	乙酸	ND	ND
		丁酸	0.206±0.075	ND
		己酸	0.347±0.078[b]	0.569±0.125[a]
	烃类	乙苯	0.285±0.270	ND
		对二甲苯	0.301±0.268	ND
		十二烷	ND	ND
		十三烷	0.455±0.118[a]	0.225±0.037[b]
		3-甲基十三烷	0.571±0.122	ND
		白菖烯	ND	0.287±0.091
		十六烷	0.920±0.144[a]	0.920±0.144[a]
	其他	3-羟基-2-丁酮	ND	ND
		2-乙基丁酸烯丙酯	0.292±0.108[b]	0.585±0.165[a]
		甲氧基苯基肟	0.450±0.083[a]	0.232±0.048[b]
		茴香脑	ND	0.169±0.025
臂三头肌	醛类	戊醛	1.901±0.290[a]	1.313±0.447[b]
		己醛	42.329±4.119[b]	58.847±12.912[a]
		庚醛	2.951±0.330[b]	6.723±1.554[a]
		辛醛	4.735±0.858[a]	4.669±1.551[a]
		反-2-庚烯醛	0.146±0.041[b]	0.339±0.076[a]
		壬醛	13.812±2.924[a]	14.935±6.439[a]
		反-2-辛烯醛	0.464±0.090[b]	1.819±0.476[a]
		反,反-2,4-庚二烯醛	0.220±0.030[b]	0.756±0.155[a]
		癸醛	0.313±0.083	ND
		苯甲醛	1.360±0.172[a]	0.503±0.102[b]
		反-壬烯醛	1.339±0.375[a]	1.491±0.275[a]
		反-癸烯醛	0.325±0.062[b]	1.895±0.585[a]
		反-十一烯醛	0.245±0.045[b]	1.259±0.231[a]
		反,反-2,4-十二碳二烯醛	ND	0.575±0.141
		2,4-十二碳二烯醛	0.313±0.083[b]	1.532±0.286[a]
		十三醛	ND	ND
		十四醛	0.244±0.028[b]	0.529±0.140[a]
		十六醛	0.501±0.082[a]	0.428±0.113[a]

续表

部位	类别	中文名称	含量/(μg/100g)	
			放牧	舍饲
臂三头肌	醇类	戊醇	2.172±0.392^b	7.635±0.778^a
		己醇	1.261±0.145^a	1.321±0.465^a
		1-辛烯-3-醇	5.318±0.545^b	19.878±4.671^a
		庚醇	0.718±0.125^b	1.243±0.349^a
		2-乙基己醇	0.428±0.081^a	0.441±0.100^a
		辛醇	1.432±0.299^b	4.308±0.842^a
		反-2-辛烯醇	0.607±0.130^b	3.136±0.438^a
		2,7-辛二烯-1-醇	0.168±0.031	ND
		1-十二烯-3-醇	0.138±0.037^b	0.403±0.403^a
		苯甲醇	0.270±0.032^a	0.332±0.093^a
	酮类	2,3-辛二酮	5.202±0.940^b	16.322±3.655^a
		3,5-辛二烯-2-酮	0.183±0.033	ND
		6-甲基-5-庚烯-2-醇	ND	ND
		4-十二酮	0.334±0.067^b	1.375±0.258^a
	酸类	乙酸	ND	ND
		丁酸	ND	0.324±0.024
		己酸	ND	0.504±0.100
	烃类	乙苯	0.083±0.031^b	1.081±0.092^a
		对二甲苯	0.059±0.032	ND
		十二烷	0.626±0.115	ND
		十三烷	0.314±0.087^b	1.012±0.166^a
		3-甲基十三烷	0.472±0.097	ND
		白菖烯	ND	0.499±0.169
		十六烷	0.495±0.106^a	0.495±0.106^a
	其他	3-羟基-2-丁酮	0.165±0.044	ND
		2-乙基丁酸烯丙酯	0.162±0.032^b	0.572±0.130^a
		甲氧基苯基肟	0.404±0.108^b	0.739±0.159^a
		茴香脑	0.220±0.032^b	0.385±0.104^a

续表

部位	类别	中文名称	含量/(μg/100g)	
			放牧	舍饲
股二头肌	醛类	戊醛	1.287±0.170[a]	1.117±0.229[a]
		己醛	36.289±4.843[b]	100.65±20.774[a]
		庚醛	3.721±0.401[b]	8.390±2.629[a]
		辛醛	5.647±0.717[a]	4.744±1.208[a]
		反-2-庚烯醛	ND	0.473±0.157
		壬醛	11.858±1.849[b]	20.339±5.318[a]
		反-2-辛烯醛	0.480±0.060[b]	1.535±0.595[a]
		反,反-2,4-庚二烯醛	0.146±0.024[b]	0.645±0.201[a]
		癸醛	0.301±0.074[a]	0.137±0.039[b]
		苯甲醛	3.133±0.391[a]	0.348±0.075[b]
		反-壬烯醛	2.643±0.420[a]	1.935±0.551[b]
		反-癸烯醛	0.481±0.068[b]	1.647±0.529[a]
		反-十一烯醛	0.271±0.029[b]	0.484±0.065[a]
		反,反-2,4-十二碳二烯醛	ND	0.357±0.024
		2,4-十二碳二烯醛	0.301±0.074[b]	0.79±0.142[a]
		十三醛	ND	ND
		十四醛	0.324±0.087[b]	0.429±0.083[a]
		十六醛	1.454±0.426[a]	0.945±0.270[b]
	醇类	戊醇	2.984±0.362[a]	2.322±0.783[b]
		己醇	1.022±0.226[a]	0.510±0.178[b]
		1-辛烯-3-醇	5.581±0.681[b]	7.618±2.472[a]
		庚醇	0.694±0.074[a]	0.519±0.148[b]
		2-乙基己醇	0.529±0.129[a]	0.262±0.041[b]
		辛醇	1.403±0.262[a]	1.291±0.307[a]
		反-2-辛烯醇	0.804±0.092[b]	1.050±0.285[a]
		2,7-辛二烯-1-醇	0.425±0.092	ND
		1-十二烯-3-醇	0.151±0.030[a]	0.135±0.015[a]
		苯甲醇	0.507±0.113[a]	0.611±0.249[a]
	酮类	2,3-辛二酮	4.852±0.773[b]	17.979±2.900[a]
		3,5-辛二烯-2-酮	0.175±0.015	ND
		6-甲基-5-庚烯-2-醇	ND	ND
		4-十二酮	0.295±0.062[a]	0.385±0.123[a]

续表

部位	类别	中文名称	含量/(μg/100g)	
			放牧	舍饲
股二头肌	酸类	乙酸	0.704±0.147	ND
		丁酸	0.462±0.085^a	0.418±0.116^a
		己酸	0.275±0.045^a	0.228±0.030^a
	烃类	乙苯	ND	0.507±0.070
		对二甲苯	ND	ND
		十二烷	1.035±0.156	ND
		十三烷	ND	ND
		3-甲基十三烷	0.300±0.071	ND
		白菖烯	ND	0.416±0.092
		十六烷	0.462±0.101^a	0.462±0.101^a
	其他	3-羟基-2-丁酮	ND	ND
		2-乙基丁酸烯丙酯	0.156±0.034^a	0.154±0.030^a
		甲氧基苯基肟	1.022±0.113^a	0.539±0.269^b
		茴香脑	0.280±0.050^a	0.249±0.022^a

注：同行不同小写字母肩注表示差异显著（$P<0.05$）；相同表示差异不显著（$P>0.05$）；"ND"表示未检出。

放牧条件下苏尼特羊肉共检出44种挥发物，其中醛类17种，醇类10种，酮类4种，酸类3种，烃类6种，其他化合物4种。由表3-64可知，醛类含量最多，代表性的物质为己醛、庚醛、辛醛、壬醛和苯甲醛等，这些物质阈值低、含量高，是影响香气浓郁的重要因素。其中己醛的含量最高，其次为壬醛，这两种可占到总量的60%。舍饲条件下苏尼特羊肉共检出39种挥发物，风味物质的总量增加，但种类少于放牧。以醛类和醇类为主，醛类17种，醇类9种；酮类和酸类各检出2种；烃类检出4种；其他化合物检出3种。详细对比两种饲养方式，放牧组醛类低于舍饲组，其中舍饲组的己醛显著高于放牧组（$P<0.05$），舍饲组背最长肌中辛醛显著高于放牧组（$P<0.05$），舍饲组背最长肌和股二头肌中壬醛显著高于放牧组（$P<0.05$）；在芳香醛中，放牧组背最长肌、臂三头肌及肌二头肌中苯甲醛显著高于舍饲组（$P<0.05$），醛类物质是脂质氧化的标志，适度的氧化对羊肉的香味有益，但过度氧化能使羊肉产生异味。己醛和壬醛能影响羊肉香气的形成，含量低时，己醛会产生青草香，壬醛会产生焦香、油炸香等，但含量不宜过高，否则会产生形成酸败味；苯甲醛是羊肉中主要的芳香醛（YC et al.，2006）。在醇类中，1-辛烯-3-醇最高，放牧组的1-辛烯-3-醇显著低于舍饲组（$P<0.05$），臂三头肌中辛醇和戊醇显著低于舍饲组（$P<0.05$），但背最长肌和股二头肌中戊醇和己醇显著高于舍饲组（$P<0.05$），1-

辛烯-3-醇阈值低，能产生蘑菇香、青香、蔬菜香，对羊肉风味的形成有一定作用（Wettasinghe et al.，2000）。而戊醇具有油脂味道，辛醇带有柑橘、玫瑰气味，己醇则有微带酒香、果香和脂肪气息，这对于羊肉的气味有加和作用。羊肉中含量比较丰富的另一物质是 2,3-辛二酮，它是脂质氧化的另一产物，阈值较高，是形成杂环化合物的中间体，也是风味的重要补充。舍饲组的 2,3-辛二酮含量显著高于放牧组（$P<0.05$）。整体上，舍饲组的风味物质含量高于放牧组，但风味种类偏低，这与舍饲组单一的采食来源有关。

3. 滋味

（1）羊肉的滋味指纹图谱　通过提取苏尼特羊肉对电子舌传感器的响应强度，建立起苏尼特羊肉的滋味指纹图谱（滋味雷达图）。对比两种饲养方式（图 3-27、图 3-28），放牧组咸味和鲜味略高于舍饲组，而舍饲组的苦味高于放牧组。咸味是羊肉的基本滋味，苦味是肉中所需要避免的，羊肉的鲜味是组织内的核苷酸、氨基酸产生的，也是反映肉质鲜美的主要标志，因此通过羊肉滋味雷达指纹图谱发现，相比舍饲羊，放牧羊的肉质更为鲜美。

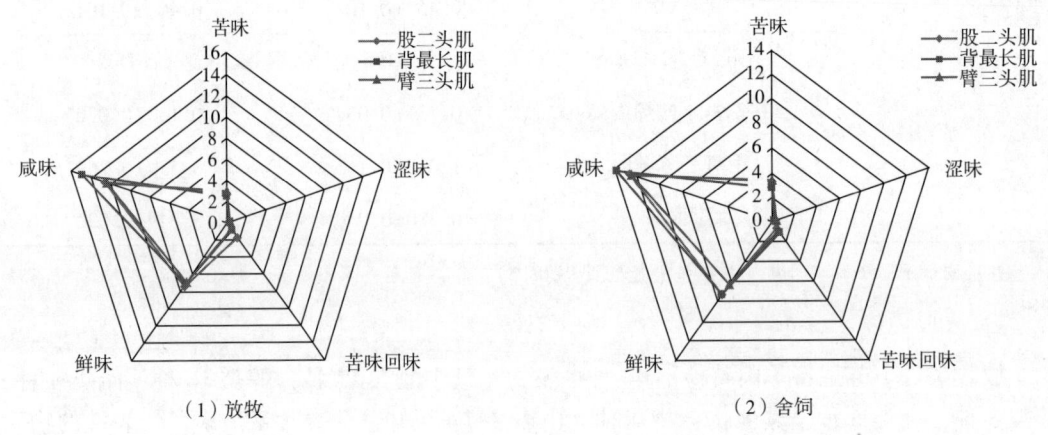

图 3-27　放牧、舍饲苏尼特羊不同部位肉滋味指纹图谱

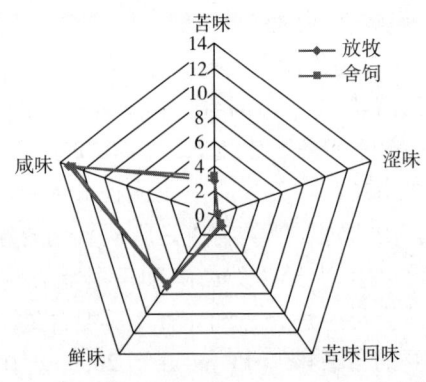

图 3-28　放牧与舍饲条件下苏尼特羊（背最长肌）滋味指纹图谱

（2）羊肉滋味的响应值　羊屠宰后，羊肉中的蛋白质水解成小分子肽、氨基酸等产生滋味，一些核苷酸、谷氨类氨基酸可产生鲜味等，而疏水性氨基酸则产生苦味（Kong et al.，2017；Zilin et al.，2018）。由表3-65可知，鲜味和咸味对羊肉滋味的影响最大，苦味次之；整体上放牧条件下苏尼特羊肉的鲜味显著高于舍饲（$P<0.05$）。肉的咸味来自于谷氨酸单钠盐、天冬氨酸钠以及氯化钠等无机盐（Chun et al.，2014）。放牧羊的背最长肌咸味显著高于舍饲（$P<0.05$）。产生涩味的物质主要为明矾类与多酚类等，苦味则以单宁、苯硫脲为主（Erin et al.，2016）。整体上放牧的苏尼特羊肉中苦味和涩味低于舍饲，是由于长期摄入一些草本植物（沙葱、碱韭、沙茴香等），有效抑制了羊肉中的不良滋味，而舍饲则长期食用饲料，肉中积累了大量的单宁，使肉的苦味和涩味增加（Gobindram et al.，2016）。从味觉指标上评价，放牧的羊肉鲜味和咸味高于舍饲，苦味和涩味低于舍饲，因此放牧的肉质更为鲜美。

表3-65　两种饲养方式下苏尼特羊肉的味觉特征差异分析

部位	味觉特征	放牧	舍饲
背最长肌	鲜味	7.34±0.18[a]	7.06±0.11[b]
	咸味	14.85±0.18[a]	13.62±0.97[b]
	苦味	2.53±0.15[b]	2.77±0.25[a]
	涩味	0.30±0.10[a]	0.20±0.07[b]
	苦味回味	0.88±0.19[a]	1.08±0.26[a]
臂三头肌	鲜味	6.82±0.44[a]	6.25±0.26[b]
	咸味	12.36±0.23[a]	12.35±0.44[a]
	苦味	2.96±0.32[b]	3.42±0.22[a]
	涩味	0.31±0.05[b]	0.40±0.08[a]
	苦味回味	0.71±0.13[b]	0.93±0.14[a]
股二头肌	鲜味	7.40±0.16[a]	7.19±0.07[b]
	咸味	12.48±0.11[a]	12.53±0.20[a]
	苦味	2.79±0.37[b]	3.15±0.42[a]
	涩味	0.21±0.03[b]	0.31±0.06[a]
	苦味回味	1.66±0.38[a]	0.62±0.22[b]

注：同行不同小写字母肩注表示差异显著（$P<0.05$）；相同表示差异不显著（$P>0.05$）。

（3）呈味氨基酸　游离氨基酸是肉中呈味成分中最重要的滋味物质，游离氨基酸不仅具有本身呈味特性，还能相互协同产生滋味感受。在肉中主要的呈味氨基酸有5种，包括天冬氨酸（Asp）、丝氨酸（Ser）、谷氨酸（Glu）、丙氨酸（Ala）和脯氨酸（Pro），其中Ala和Ser对甜味有贡献，Asp和Glu能产生鲜味，并且与肌苷酸有协同增强鲜味的效果。

对比两种饲养方式（表 3-66），放牧组背最长肌中 Asp 和 Glu 显著高于舍饲组（$P<0.05$），但 Ser 和 Pro 显著低于舍饲组（$P<0.05$）；放牧组股二头肌和臂三头肌中的 Glu 显著高于舍饲组（$P<0.05$），Glu 是肉中的呈鲜味物质，并且在肉中的含量相对较低，因此对羊肉滋味有直接贡献，通过表 3-66 发现，放牧羊肉的鲜味优于舍饲羊肉。

表 3-66　两种饲养方式下苏尼特羊肉的游离氨基酸物质含量　单位：mg/100g

部位	味觉特征	游离氨基酸	放牧	舍饲
背最长肌	甜/鲜 (+)	天冬氨酸	8.058±0.857[a]	5.149±1.198[b]
	甜 (+)	丝氨酸	0.365±0.027[b]	0.461±0.069[a]
	鲜 (+)	谷氨酸	22.716±6.414[a]	13.151±3.187[b]
	甜 (+)	丙氨酸	11.560±1.619[a]	12.664±1.807[a]
	甜/苦 (+)	脯氨酸	2.600±0.369[b]	3.347±0.567[a]
臂三头肌	甜/鲜 (+)	天冬氨酸	4.518±1.176[a]	4.648±0.987[a]
	甜 (+)	丝氨酸	0.366±0.100[a]	0.409±0.083[a]
	鲜 (+)	谷氨酸	19.059±1.920[a]	16.118±1.837[b]
	甜 (+)	丙氨酸	17.165±2.970[a]	14.385±1.707[b]
	甜/苦 (+)	脯氨酸	2.906±0.563[a]	2.611±0.163[a]
股二头肌	甜/鲜 (+)	天冬氨酸	4.948±0.722[a]	4.429±0.628[a]
	甜 (+)	丝氨酸	0.368±0.069[a]	0.396±0.075[a]
	鲜 (+)	谷氨酸	14.492±2.005[a]	9.898±1.694[b]
	甜 (+)	丙氨酸	11.586±0.974[a]	12.437±0.950[a]
	甜/苦 (+)	脯氨酸	2.442±0.751[a]	2.934±0.372[a]

注：同行不同小写字母肩注表示差异显著（$P<0.05$）；相同表示差异不显著（$P>0.05$）。

（4）肌苷酸及相关物质　"鲜"是苏尼特羊的突出风味特征，鲜味的主要来源是一些致鲜肽类和核苷酸。肌苷酸（IMP）含量高，降解缓慢，能够提高羊肉的鲜味，被作为评定肉质中鲜味的重要指标（Masic et al., 2014）。与 IMP 代谢相关的产物也影响着肉的鲜味，包括肌苷（INO）和次黄嘌呤（HYP）等。表 3-67 为两种饲养方式下苏尼特羊肉的鲜味物质含量。对比两种饲养方式，放牧苏尼特羊肉的 INO 显著高于舍饲（$P<0.05$）。放牧方式对 HPY 没有显著影响。ADP 和 AMP 是形成 IMP 的前体物质，AMP 可在脱氨酶作用下形成 IMP，放牧的臂三头肌和股二头肌中的 AMP 显著高于舍饲（$P<0.05$），但背最长肌中的 AMP 显著低于舍饲（$P<0.05$）。一方面，放牧羊运动强度大，代谢活动增强，使机体内的 ATP 含量增加，生成 IMP 的能力也随之提高，使得放牧的肉质较为鲜美。另一方面，放牧羊摄食牧草，使得肉中沉积了丰富的抗氧化物质，组织细胞膜的完整性得到了保护，鲜味物质流失减少从而提高了 IMP 的含量。此外，IMP 可在磷

酸脂酶和核苷水解酶的作用下进一步分解形成 INO 和 HYP，从而使肉鲜味变得浓郁（罗燕等，2013）。

表 3-67 两种饲养方式下苏尼特羊肉的鲜味物质含量

部位	鲜味物质	放牧	舍饲
背最长肌	肌苷酸	1.70±0.17^a	1.46±0.16^b
	肌苷	0.68±0.09^a	0.48±0.11^b
	次黄嘌呤	0.43±0.07^a	0.46±0.20^a
	一磷酸腺苷	0.119±0.021^b	0.168±0.023^a
	二磷酸腺苷	0.100±0.017^a	0.114±0.016^a
臂三头肌	肌苷酸	1.72±0.16^a	1.46±0.14^b
	肌苷	0.52±0.04^a	0.39±0.04^b
	次黄嘌呤	0.36±0.05^a	0.35±0.03^a
	一磷酸腺苷	0.115±0.010^a	0.072±0.008^b
	二磷酸腺苷	0.081±0.009^a	0.076±0.004^a
股二头肌	肌苷酸	1.50±0.14^a	1.48±0.15^a
	肌苷	0.52±0.07^a	0.47±0.03^b
	次黄嘌呤	0.39±0.04^a	0.31±0.04^a
	一磷酸腺苷	0.107±0.013^a	0.084±0.025^b
	二磷酸腺苷	0.075±0.014^a	0.078±0.012^a

注：同行不同小写字母肩注表示差异显著（$P<0.05$）；相同表示差异不显著（$P>0.05$）。

（六）风味沉积与代谢机制

1. 瘤胃代谢

（1）瘤胃的微生物区系　在细菌的门水平上，优势菌群为拟杆菌门和厚壁菌门，这两者占总体的76%。饲养方式对瘤胃菌群（门水平）的影响见表 3-68 和图 3-29，放牧组的厚壁菌门、互养菌门（Synergistetes）、软壁菌门（Tenericutes）、蓝藻门（Cyanobacteria）显著高于舍饲组（$P<0.05$），而变形菌门、螺旋体门（Spirochaetae）、迷踪菌门（Elusimicrobia）显著低于舍饲组（$P<0.05$）。在相对丰度高于2%以上的菌群中，放牧组的优势菌群为拟杆菌门、厚壁菌门、互养菌门和软壁菌门，而舍饲组则为拟杆菌门、厚壁菌门、变形菌门和螺旋菌门，两种饲养方式之间的菌群差异比较大。

表 3-68 放牧和舍饲下瘤胃微生物的门水平

菌群（门水平）	放牧/%	舍饲/%	P 值
拟杆菌门	58.15±10.8	55.92±14.73	0.704
厚壁菌门	24.89±5.8	11.77±5.62	<0.001
变形菌门	1.67±0.53	23.12±14.87	<0.001

续表

菌群（门水平）	放牧/%	舍饲/%	P 值
互养菌门	6.45±3.78	0.12±0.09	<0.001
软壁菌门	2.85±0.90	1.69±1.18	0.032
螺旋体门	1.18±0.35	3.30±1.82	0.002
纤维杆菌门	1.01±0.69	0.79±0.53	0.469
蓝藻门	1.64±0.73	0.19±0.10	<0.001
黏胶球形菌门	0.65±0.39	0.27±0.25	0.052
迷踪菌门	0.33±0.17	0.57±0.55	<0.001
其他	1.30±0.76	0.13±0.07	<0.001

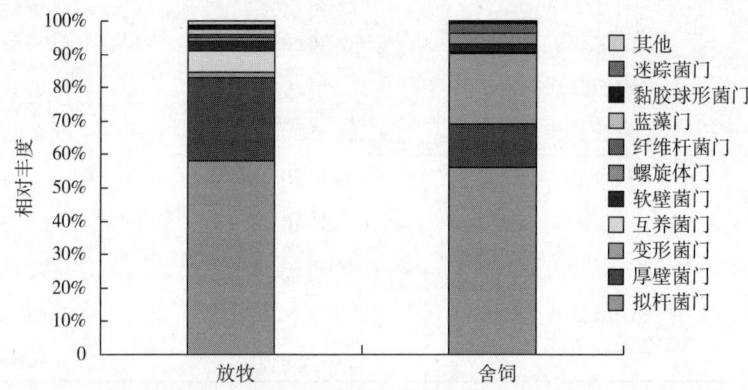

图 3-29　放牧和舍饲下瘤胃微生物的门水平

（2）瘤胃代谢产物的鉴定

在苏尼特羊的瘤胃代谢组中的 LC-TOF/MS TIC 色谱数据共鉴定出 7675 个特征谱峰（小分子代谢物）（图 3-30、图 3-31），其中正离子模式下的代谢物为 3946 种，负离子模式下的代谢物为 3769 种，将特征谱峰与商业数据库进行比对和鉴定，将代谢物量化后，结合聚类分析，初步筛选出两种饲养方式下的差异代谢物共 70 种，聚类分析结果如图 3-32 所示。

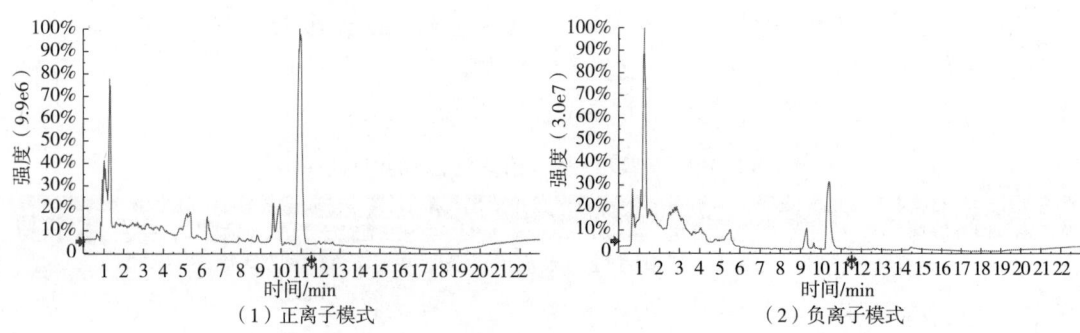

图 3-30　舍饲羊瘤胃液代谢物色谱图

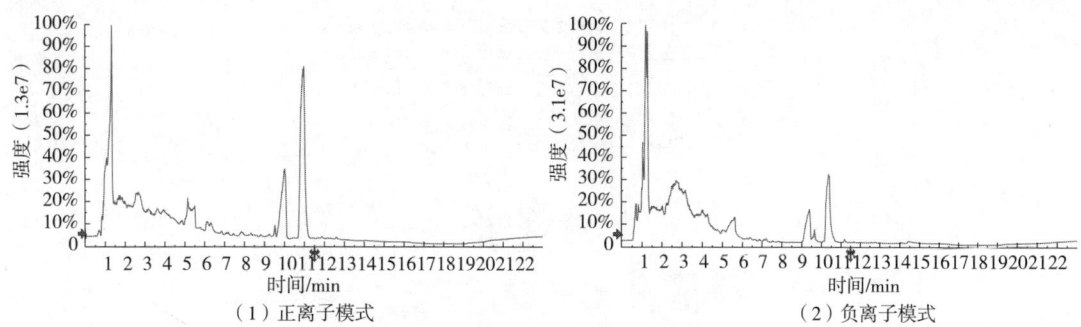

图3-31 放牧羊瘤胃液代谢物色谱图

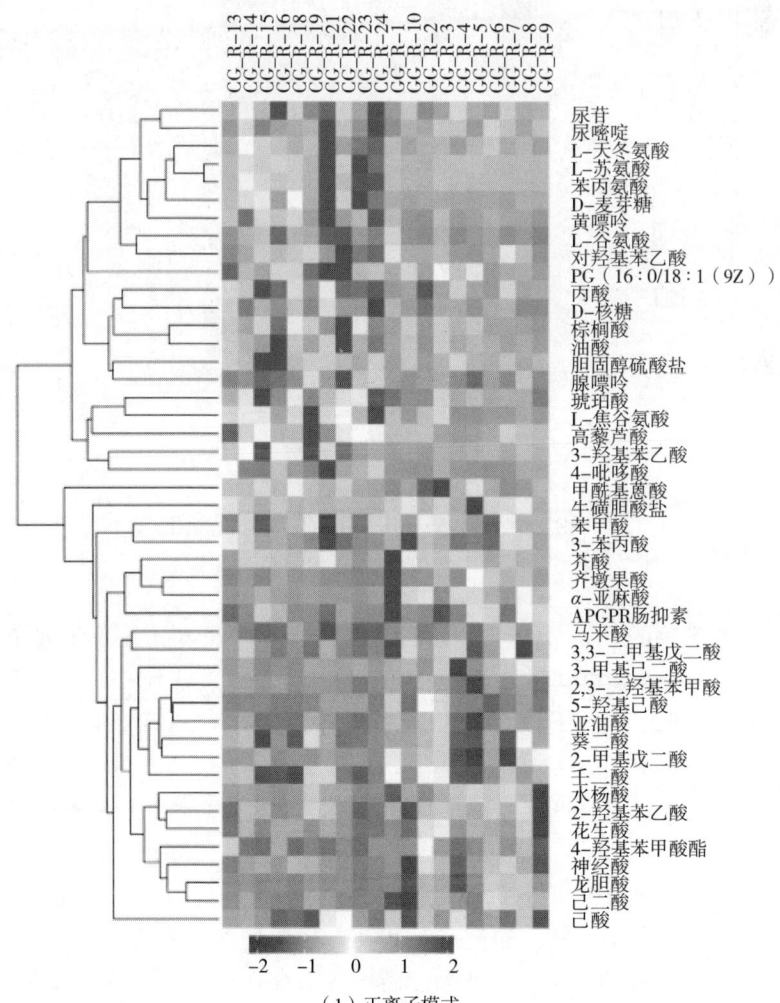

(1) 正离子模式

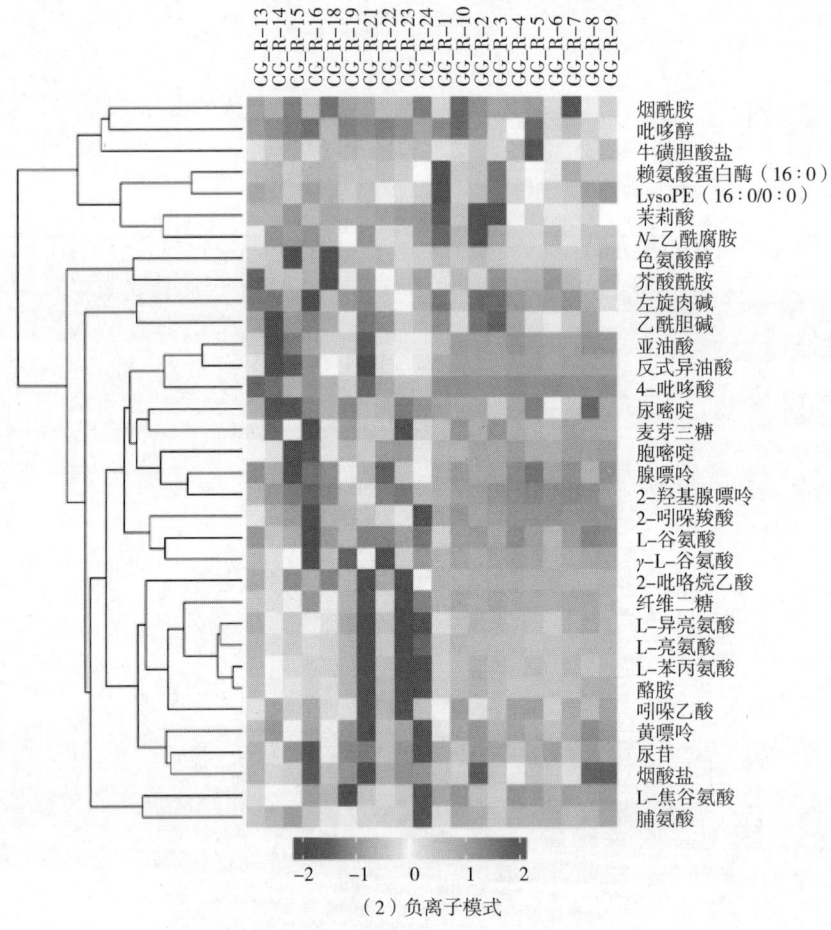

(2)负离子模式

图3-32 瘤胃差异代谢物层次聚类分析热图
(CG代表对照组,GG代表放牧组,R-1代表样品1号)

(3)瘤胃代谢产物的PCA分析 由PCA得分图3-33可知,在正负离子模式下,放牧组和舍饲组的瘤胃代谢物可明显分开,负离子模式下,PC1解释23.3%的变异,PC2解释12.7%的变异;正离子模式下,PC1解释32.7%的变异,PC2解释11.7%的变异。

(4)瘤胃代谢物的PLS-DA分析 基于PLS-DA的分析模型,进一步对放牧组和舍饲组的瘤胃代谢物分析(图3-34),发现在负离子模式下,瘤胃液PLS1解释了23.2%的变异,PLS2解释了8.1%的变异;在正离子模式下,瘤胃液PLS1解释了32.6%的变异,PLS2解释了8.9%的变异;放牧组和舍饲组的代谢物可被PLS-DA模型明显区分开。

(5)瘤胃中的差异代谢产物 通过对VIP>1的代谢物进行筛选,并结合t-检验下$P<0.05$的分析结果,发现在两种饲养方式下,瘤胃液中存在的显著差异代谢物为61种,其中正离子模式下的差异代谢物26种,负离子模式下的差异代谢物35种(表3-69)。以差

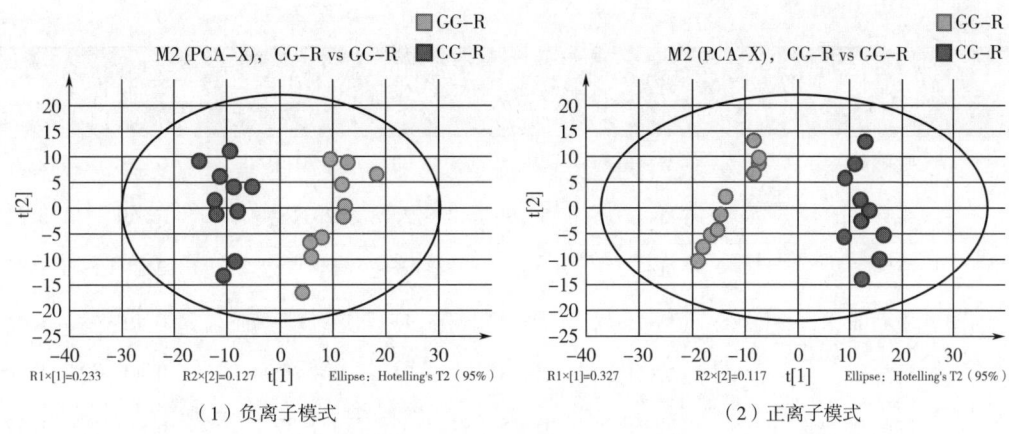

图3-33 瘤胃液中的代谢物主成分分析图

(GG-R 代表放牧组;CG-R 代表舍饲组;t 代表主成分)

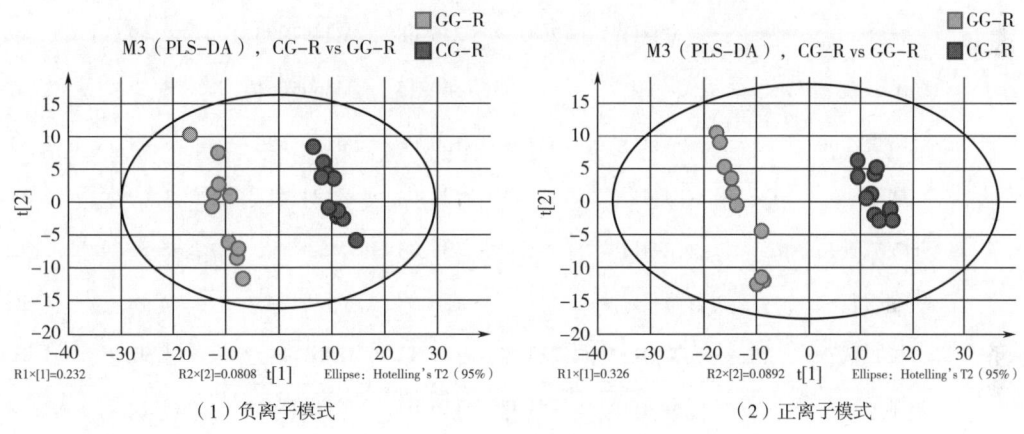

图3-34 瘤胃液中的代谢物 PLS-DA 分析

(GG-R 代表放牧组;CG-R 代表舍饲组;t 代表主成分)

异倍数(fold change)值为界定标准(CG 与 GG 的比值),fold change 值大于1,则舍饲组的相应代谢物高于放牧组,fold change 值小于1,则相反。

表3-69 瘤胃的差异代谢物

代谢物	离子模式	保留时间/s	质子数/电荷数	ID 号	Fold change	VIP 值
4-吡哆酸	$(M+H)^+$	67.67	184.06	M184T68	24.33	3.01
2-羟基腺嘌呤	$(M+H)^+$	417.51	152.06	M152T418	5.44	1.56
2-吲哚羧酸	$(M+H)^+$	83.21	162.05	M162T83	15.53	3.60
腺嘌呤	$(M+H)^+$	288.00	136.06	M136T288_2	3.63	9.22
亚油酸	$(M+H)^+$	78.07	281.25	M281T78_2	5.01	9.11

续表

代谢物	离子模式	保留时间/s	质子数/电荷数	ID 号	Fold change	VIP 值
吡哆醇	(M+H)⁺	193.89	170.08	M170T194	0.29	2.74
反式异油酸	(M+H)⁺	80.96	283.26	M283T81_2	16.69	3.61
L-谷氨酸盐	(M+H)⁺	756.93	148.06	M148T757_2	2.21	3.48
茉莉酸	(M+H)⁺	365.09	211.13	M211T365	0.19	1.25
烟酰胺	(M+H)⁺	110.64	123.05	M123T111	0.43	1.00
胞嘧啶	(M+H)⁺	356.54	112.05	M112T357	6.45	1.17
γ-L-谷氨酰基-L-谷氨酸	(M+H)⁺	881.89	277.10	M277T882	12.85	1.15
麦芽三糖	(M+NH$_4$)⁺	868.21	522.20	M522T868	3.78	1.04
尿苷	(M+H)⁺	294.54	245.08	M245T295	2.49	1.49
纤维二糖	(M+NH$_4$)⁺	750.68	360.15	M360T751	8.53	2.46
2-吡咯烷乙酸	(M+H)⁺	622.11	130.08	M130T622	8.43	2.53
烟酸	(M+H)⁺	411.94	124.04	M124T412	1.69	1.94
芥酸酰胺	(M+H)⁺	55.34	338.34	M338T55	2.35	2.52
吲哚乙酸	(M+H)⁺	247.96	176.07	M176T248	2.48	1.45
乙酰胆碱	(M+H)⁺	713.88	146.12	M146T714_2	1.97	3.31
D-脯氨酸	(M+H)⁺	584.09	116.07	M116T584	3.10	1.33
N-(4-氨基丁基)-乙酰胺	(M+H−H$_2$O)⁺	380.19	113.11	M113T380	0.31	1.38
酪胺	(M+H−H$_2$O)⁺	475.22	120.08	M120T475	3.65	1.16
L-苯丙氨酸	(M+H)⁺	476.20	166.09	M166T476_2	3.46	1.44
L-亮氨酸	(M+H)⁺	489.27	132.10	M132T489	3.23	1.43
牛黄胆酸	(M+NH$_4$)⁺	375.32	533.32	M533T375	0.27	1.35
4-羟基苯甲酸	(M−H)⁻	328.41	137.02	M137T328	0.13	3.16
龙胆酸	(M−H)⁻	75.18	153.02	M153T75	0.09	4.74
辛二酸	(M−H)⁻	701.65	173.08	M173T702	0.20	2.28
5-羟基己酸	(M−H)⁻	453.92	131.07	M131T454	0.12	2.72
己二酸	(M−H)⁻	742.99	145.05	M145T743	0.14	1.30
齐墩果酸	(M−H)⁻	64.38	455.35	M455T64	0.07	3.11
癸二酸	(M−H)⁻	639.00	201.11	M201T639	0.37	1.63

续表

代谢物	离子模式	保留时间/s	质子数/电荷数	ID 号	Fold change	VIP 值
马来酸	(M-H)⁻	91.64	115.00	M115T92	0.39	1.37
花生酸	(M-H)⁻	64.97	311.30	M311T65	0.17	10.31
3,3-二甲基戊二酸	(M-H)⁻	160.78	159.07	M159T161	0.23	6.28
2,3-二羟基苯甲酸	(M-H)⁻	90.39	153.02	M153T90	0.20	2.66
2-甲基戊二酸	(M-H)⁻	727.50	145.05	M145T727	0.18	1.02
神经酸	(M-H)⁻	66.41	365.34	M365T66	0.17	1.44
D-核糖	(M-H)⁻	284.66	149.05	M149T285	2.93	3.29
3-甲基己二酸	(M-H)⁻	724.39	159.07	M159T724	0.18	1.26
2-羟基苯乙酸	(M-H)⁻	70.68	151.04	M151T71	0.30	2.11
壬二酸	(M-H)⁻	672.14	187.10	M187T672_2	0.58	2.78
α-亚麻酸	(M-H)⁻	73.28	277.22	M277T73_2	0.09	4.75
水杨酸	(M-H)⁻	62.64	137.02	M137T63	0.12	2.57
黄嘌呤	(M-H)⁻	391.45	151.03	M151T391	3.31	1.62
肠抑素	(M-H)⁻	42.73	495.28	M495T43_1	0.39	1.11
D-麦芽糖	(M-H)⁻	749.48	341.11	M341T749	8.94	1.74
3-羟基苯基乙酸	(M-H)⁻	345.66	151.04	M151T346	3.36	1.17
己酸	(M-H)⁻	142.72	115.08	M115T143	0.46	9.89
苯甲酸	(M-H)⁻	223.57	121.03	M121T224	0.76	1.03
L-天冬氨酸	(M-H)⁻	776.04	132.03	M132T776	2.76	1.12
3-苯丙酸	(²M-H)⁻	164.52	299.13	M299T165	0.55	3.06
尿嘧啶	(M-H)⁻	143.55	111.02	M111T144	2.17	4.67
对羟基苯乙酸	(M-H)⁻	371.93	151.04	M151T372	1.98	1.17
丙酸	(M-H)⁻	341.04	73.03	M73T341	1.29	4.41
L-焦谷氨酸	(M-H)⁻	578.02	128.04	M128T578	3.36	1.36
油酸	(M-H)⁻	188.95	281.25	M281T189	2.66	1.55
棕榈酸	(M-H)⁻	125.49	255.23	M255T125	2.82	5.33
芥酸	(M-H)⁻	67.414	337.31	M337T67	0.36	1.08
琥珀酸盐	(M-H)⁻	755.31	117.02	M117T755_2	1.72	2.06

注：两组在 0.05 水平下选出的差异代谢物。

在舍饲组中有 33 种代谢物含量高于放牧组，代谢产物主要是糖、核苷酸和氨基酸等。在糖类中，舍饲组中的麦芽糖、纤维二糖、麦芽三糖和核糖显著高于放牧组（$P<0.05$），在核苷酸中，舍饲组的 4-吡哆酸、2-吲哚羧酸、胞嘧啶、2-羟基腺嘌呤、腺嘌呤、黄嘌呤、尿嘧啶以及尿苷的含量显著高于放牧组（$P<0.05$）；在氨基酸中，舍饲组的苯丙氨酸、焦谷氨酸、天冬氨酸、亮氨酸和脯氨酸的含量显著高于放牧组（$P<0.05$）。放牧组中有 28 种代谢物的含量高于舍饲组，绝大多数为酸类（23 种），包括茉莉酸、辛二酸、己酸、丙酸、癸二酸、花生酸和 α-亚麻酸等，这些物质与脂肪酸的合成和分解密切相关。

（6）瘤胃代谢通路富集分析　对瘤胃液的差异代谢物进行富集分析结果见图 3-35，羊瘤胃液中主要富集的通路包括苯丙氨酸代谢、蛋白质消化与吸收、不饱和脂肪酸的合成、ABC 转运蛋白通路、酪氨酸代谢、胆汁分泌、味觉转导及烟碱和烟酰胺代谢等。其中苯丙氨酸代谢、蛋白质消化与吸收以及酪氨酸代谢的通路在舍饲组的瘤胃中比较活跃，能促进这些物质的生成，使得糖、核苷酸和氨基酸的含量高于放牧组。而在放牧组的瘤胃中不饱和脂肪酸的合成通路比较活跃，促进了一些酸类的生成，使酸类的含量较高。造成舍饲组和放牧组瘤胃中代谢物差异的原因与摄食因素有关，放牧组主要以牧草为主，其含有比较丰富的不饱和脂肪酸，因此在瘤胃微生物中参与调控不饱和脂肪酸的合成比较活跃，这使得酸类的含量较高；而舍饲组多以饲料为主，蛋白质以及碳水化合物等物质摄取的量较高，从而使瘤胃中参与糖、核苷酸和氨基酸的微生物比较活跃。

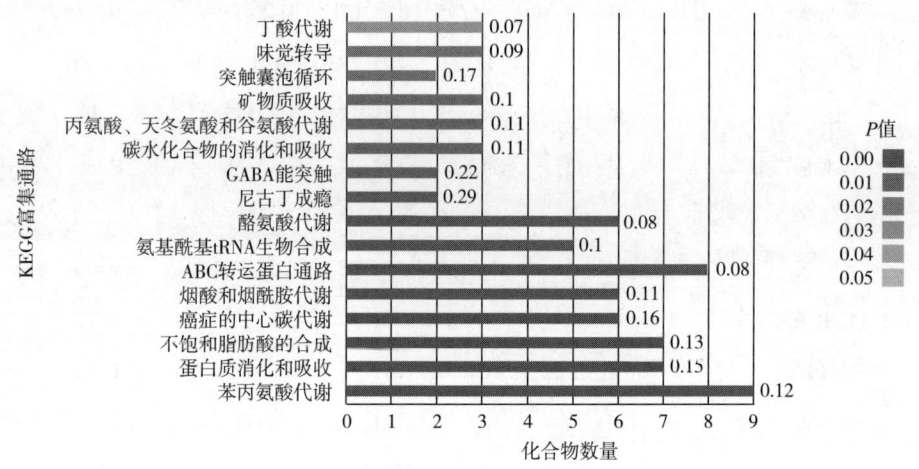

图 3-35　瘤胃代谢通路富集分析

苯丙氨酸代谢通路见图 3-36，其中涉及 9 个差异代谢物，分别为苯丙氨酸、4-羟基苯甲酸、2-羟基苯乙酸、水杨酸、3-羟基苯基乙酸、苯甲酸、3-苯丙酸、丙酸、琥珀酸盐，这些差异代谢物在舍饲组瘤胃中的含量较高，使得舍饲组中的苯丙氨酸代谢比较活跃。

不饱和脂肪酸的合成通路见图 3-37，涉及 7 个差异代谢物，分别为亚油酸、花生酸、神经酸、α-亚麻酸、油酸、棕榈酸和芥酸。这些差异代谢物在放牧组瘤胃中的含量较高，使得放牧组中的不饱和脂肪酸合成比较活跃。

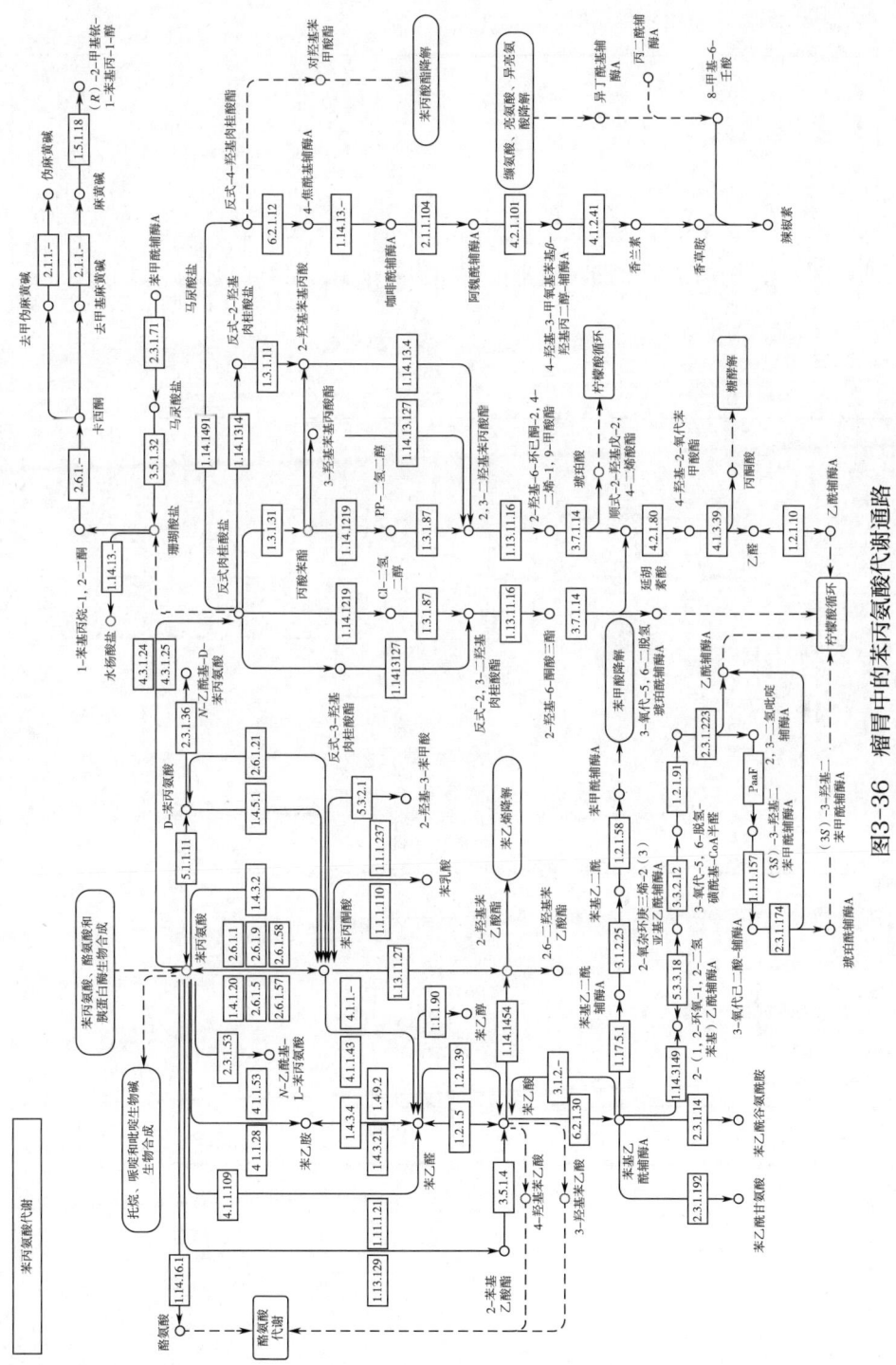

图3-36 瘤胃中的苯丙氨酸代谢通路

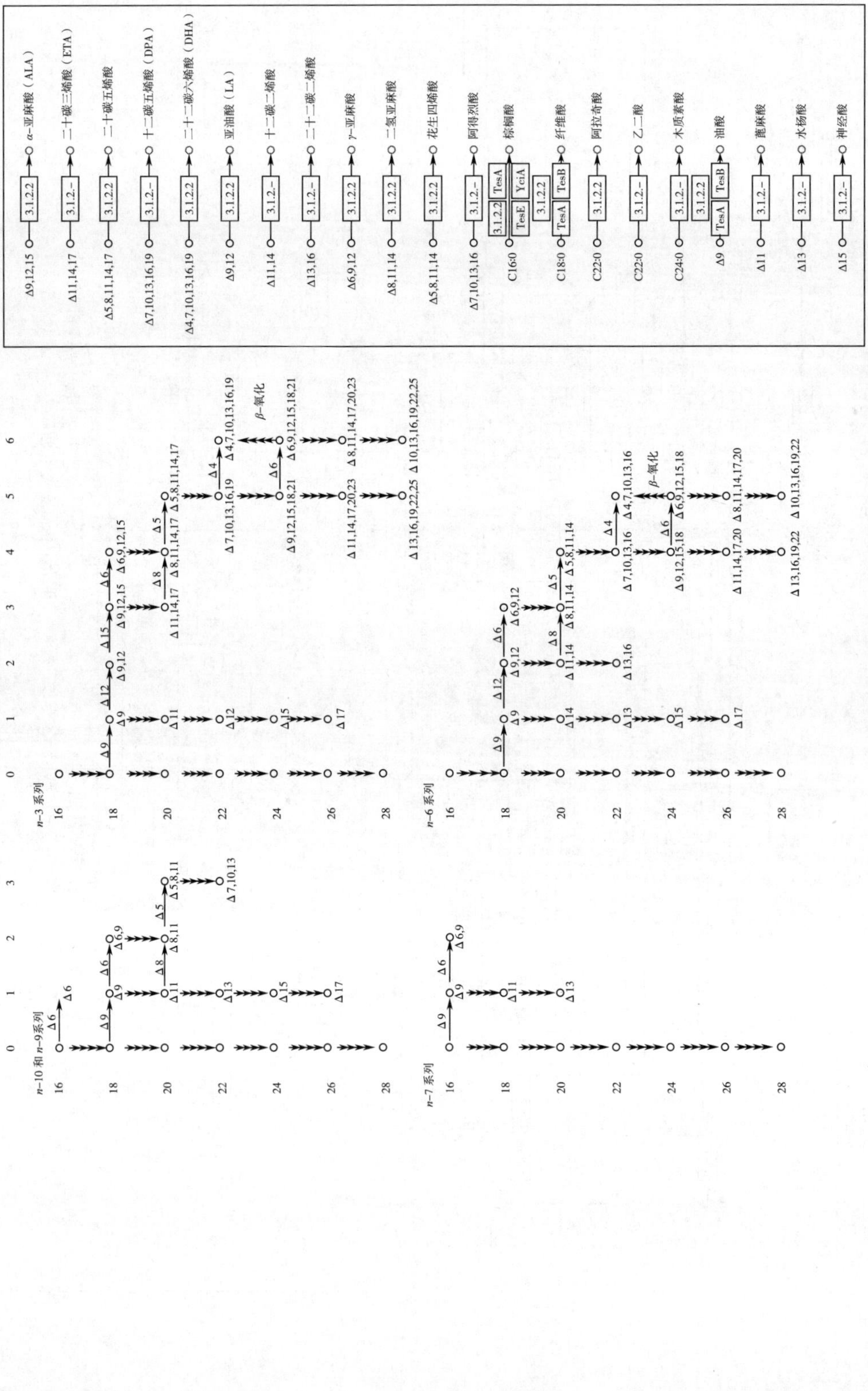

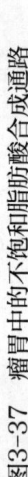

图3-37 瘤胃中的不饱和脂肪酸合成通路

（7）菌群与代谢产物之间的相关性分析　将不饱和脂肪酸合成相关代谢产物与瘤胃微生物进行相关性分析，结果见表3-70。厚壁菌门与亚油酸、棕榈酸呈显著负相关（$P<0.05$），与α-亚麻酸呈显著正相关（$P<0.05$），与花生酸和神经酸呈极显著正相关（$P<0.01$）；变形菌门与花生酸、神经酸、α-亚麻酸呈显著负相关（$P<0.05$），与油酸和棕榈酸呈极显著正相关（$P<0.01$）；互养菌门与亚油酸呈极显著负相关（$P<0.01$），与芥酸呈显著正相关（$P<0.05$），与花生酸、神经酸和α-亚麻酸呈极显著正相关（$P<0.01$）；螺旋体门与神经酸和α-亚麻酸呈显著负相关（$P<0.05$），与花生酸呈极显著负相关（$P<0.01$）；蓝藻门与亚油酸呈极显著负相关（$P<0.01$），与花生酸、神经酸呈极显著正相关（$P<0.01$）；迷踪菌门和与亚油酸呈显著负相关（$P<0.05$），与花生酸、神经酸呈显著正相关（$P<0.05$）。

表3-70　菌群与不饱和脂肪酸合成相关代谢产物相关性

菌群	亚油酸	花生酸	神经酸	α-亚麻酸	油酸	棕榈酸	芥酸
拟杆菌门	0.064	0.025	-0.127	0.038	-0.263	-0.302	-0.043
厚壁菌门	-0.492*	0.618**	0.709**	0.477*	-0.395	-0.448*	0.334
变形菌门	0.424	-0.555*	-0.545*	-0.506*	0.615**	0.684**	-0.327
互养菌门	-0.575**	0.678**	0.711**	0.770**	-0.211	-0.235	0.527*
软壁菌门	-0.120	0.114	0.216	0.133	-0.249	-0.203	0.288
螺旋体门	0.409	-0.620**	-0.493*	-0.525*	0.145	0.091	-0.352
纤维杆菌门	0.163	-0.248	-0.157	-0.197	-0.035	-0.055	-0.076
蓝藻门	-0.632**	0.583**	0.621**	0.420	-0.415	-0.399	0.190
黏胶球形菌门	-0.299	0.134	0.222	0.182	-0.429	-0.306	0.183
迷踪菌门	-0.470*	0.541*	0.473*	0.331	-0.414	-0.410	0.276

注：** 表示差异极显著（$P<0.01$）；* 表示差异显著（$P<0.05$）。

将苯丙氨酸相关代谢物与瘤胃微生物进行相关性分析，结果如表3-71所示。厚壁菌门与4-羟基苯甲酸、2-羟基苯乙酸、水杨酸呈极显著正相关（$P<0.01$），与丙酸呈极显著负相关（$P<0.01$）；变形菌门与4-羟基苯甲酸、水杨酸呈显著负相关（$P<0.05$），与2-羟基苯乙酸呈极显著负相关（$P<0.01$），与丙酸呈显著正相关（$P<0.05$）；互养菌门与3-羟基苯基乙酸呈显著负相关（$P<0.05$），与4-羟基苯甲酸、2-羟基苯乙酸、水杨酸呈极显著正相关（$P<0.01$）；螺旋体门与2-羟基苯乙酸、水杨酸呈显著负相关（$P<0.05$），与4-羟基苯甲酸呈极显著负相关（$P<0.01$），与琥珀酸盐呈显著正相关（$P<0.05$），与3-羟基苯基乙酸呈极显著正相关（$P<0.01$）；纤维杆菌门与3-羟基苯基乙酸呈显著正相关（$P<0.01$）；蓝藻门与苯丙氨酸呈显著负相关（$P<0.05$），与丙酸呈极显著负相关（$P<0.01$），与2-羟基苯乙酸、水杨酸、苯甲酸、3-苯丙酸呈显著正相关（$P<0.05$），与4-羟基苯甲酸呈极显著正相关（$P<0.01$）；黏胶球形菌门与丙酸呈显著负相关（$P<0.05$）；迷踪菌门与丙酸呈显著负相关（$P<0.05$），与4-羟基苯甲酸、2-羟基苯乙酸、水杨酸呈显著正相关（$P<0.05$）。

表3-71 菌群与苯丙氨酸代谢产物相关性

菌群	苯丙氨酸	4-羟基苯甲酸	2-羟基苯乙酸	水杨酸	3-羟基苯基乙酸	苯甲酸	3-苯丙酸	丙酸	琥珀盐酸
拟杆菌门	0.366	0.033	-0.056	-0.105	-0.285	-0.079	0.103	0.055	0.093
厚壁菌门	-0.206	0.587**	0.664**	0.632**	-0.24	0.172	0.322	-0.583**	-0.221
变形菌门	-0.038	-0.534*	-0.587**	-0.520*	0.331	-0.133	-0.353	0.501*	-0.054
互养菌门	-0.262	0.706**	0.659**	0.741**	-0.551*	0.346	0.341	-0.367	-0.114
软壁菌门	0.025	0.005	0.233	0.239	0.254	-0.081	-0.086	-0.332	0.0205
螺旋体门	0.200	-0.569**	-0.518*	-0.531*	0.565**	-0.278	-0.249	0.374	0.532*
纤维杆菌门	-0.198	-0.304	-0.073	-0.147	0.765**	-0.109	-0.228	0.010	0.462*
蓝藻门	-0.464*	0.655**	0.656**	0.488*	-0.369	0.464*	0.483*	-0.585**	-0.349
黏胶球形菌门	-0.35	0.192	0.242	0.309	0.014	0.341	0.120	-0.559*	-0.035
迷踪菌门	-0.332	0.466*	0.632*	0.715**	-0.361	0.255	0.191	-0.446*	-0.385

注：** 表示差异极显著（$P<0.01$）；* 表示差异显著（$P<0.05$）。

2. 血液代谢

（1）血液代谢产物的鉴定　放牧和舍饲条件下苏尼特羊的血液代谢组的 LC-TOF/MS TIC 色谱数据共鉴定出 11053 个特征谱峰（小分子代谢物）（图 3-38、图 3-39），将特征谱峰与 LECO-FiehnRtx5、KEGG 等商业数据库进行比对和鉴定，将代谢物量化后，结合聚类分析，初步筛选出两种饲养方式下血液中的差异代谢物共 43 种，聚类分析结果如图 3-40 所示。

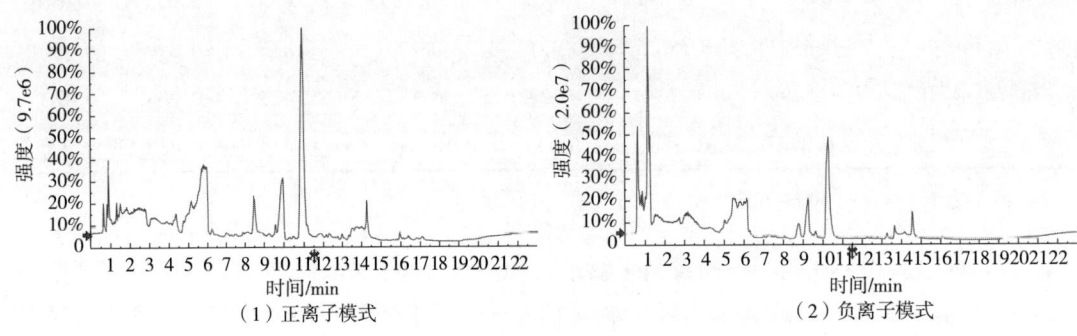

图 3-38　放牧羊血液代谢物色谱图

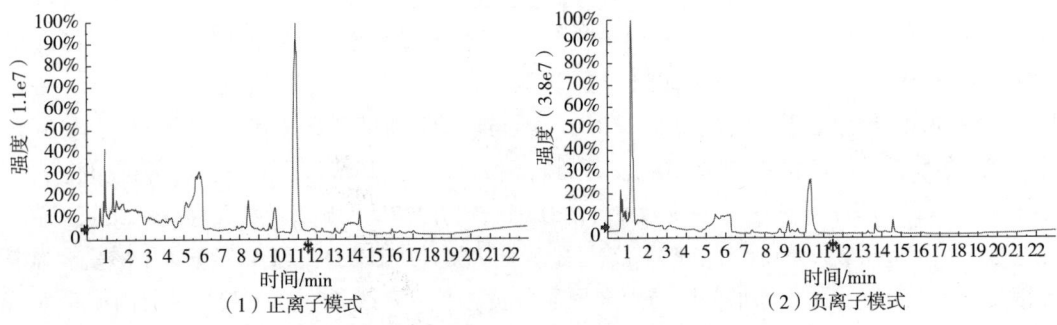

图 3-39　舍饲羊血液代谢物色谱图

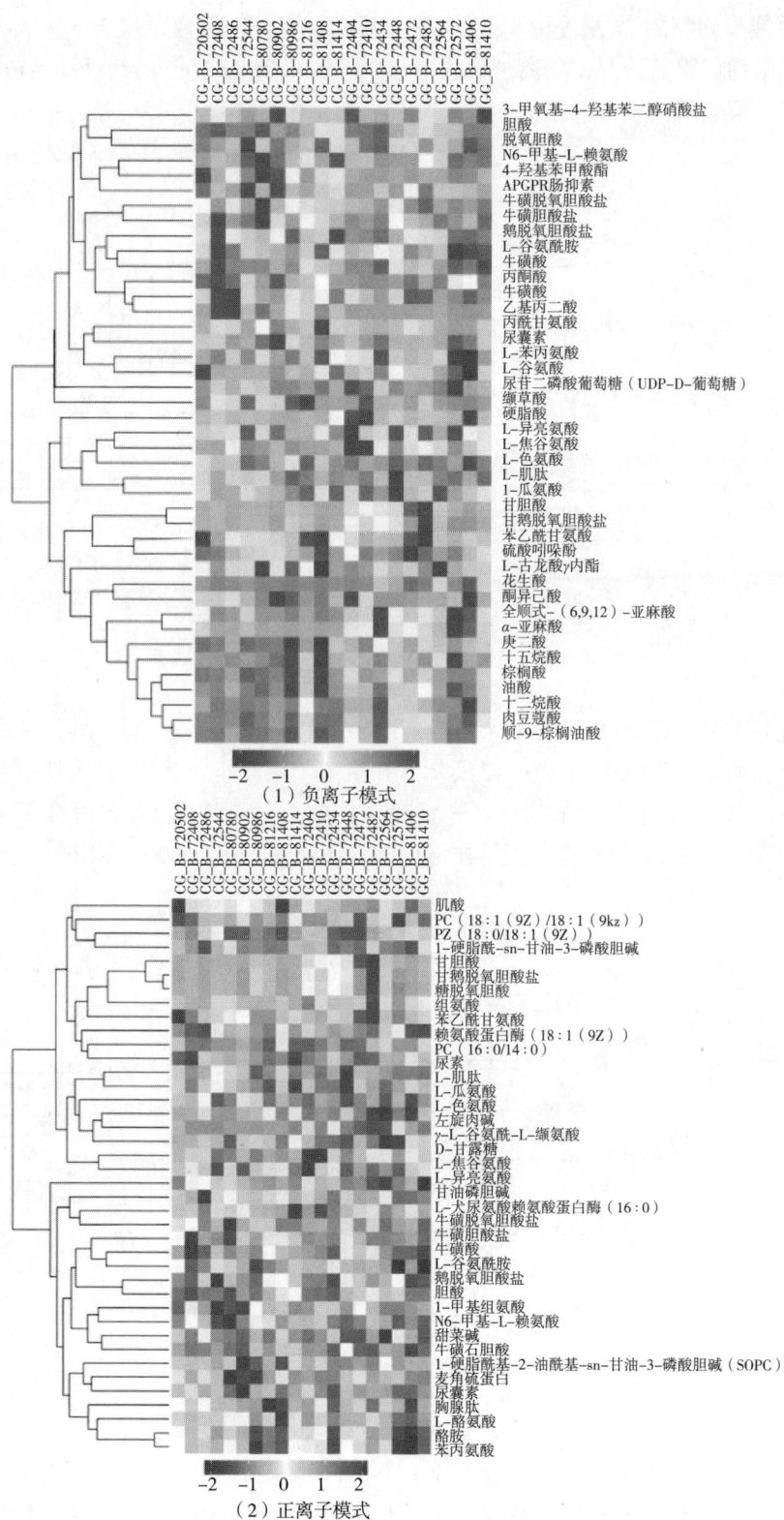

图 3-40 血液差异代谢物层次聚类分析热图

(CG 代表对照组,GG 代表放牧组,B 代表样品)

(2) 血液代谢物的 PCA 分析　由图 3-41 可知，在正、负离子模式下，放牧组和舍饲组的血液代谢物可明显分开。负离子模式下，PC1 解释 30.0% 的变异，PC2 解释 11.6% 的变异。正离子模式下，PC1 解释 17.4% 的变异，PC2 解释 14.7% 的变异。

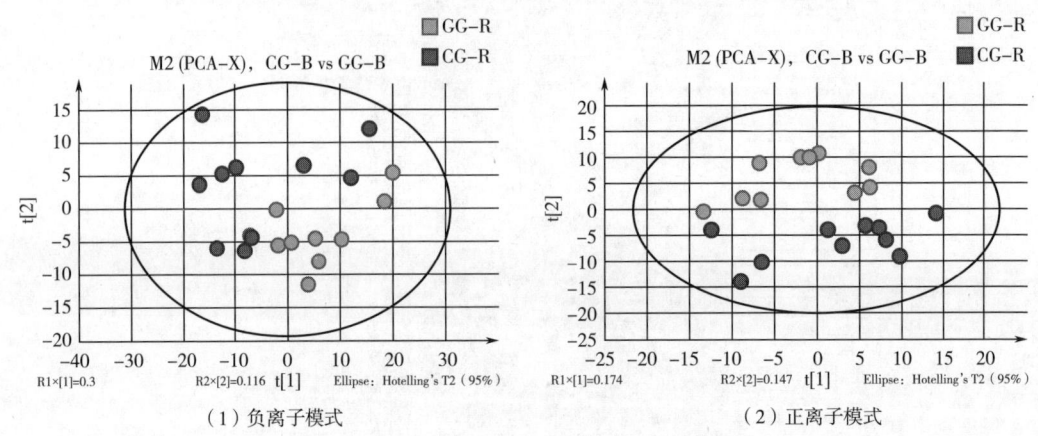

图 3-41　血液中的代谢物主成分分析图
(GG-R 代表放牧组；CG-R 代表舍饲组；t 代表主成分)

(3) 血液代谢物的 PLS-DA 分析　基于 PLS-DA 的分析模型，进一步对放牧组和舍饲组的瘤胃代谢物分析，结果如图 3-42 所示。在负离子模式下，瘤胃液 PLS1 解释了 24.9% 的变异，PLS2 解释了 15.4% 的变异。在正离子模式下，瘤胃液 PLS1 解释了 14.6% 的变异，PLS2 解释了 10.5% 的变异。两组血液中的代谢物可被 PLS-DA 模型明显区分开。

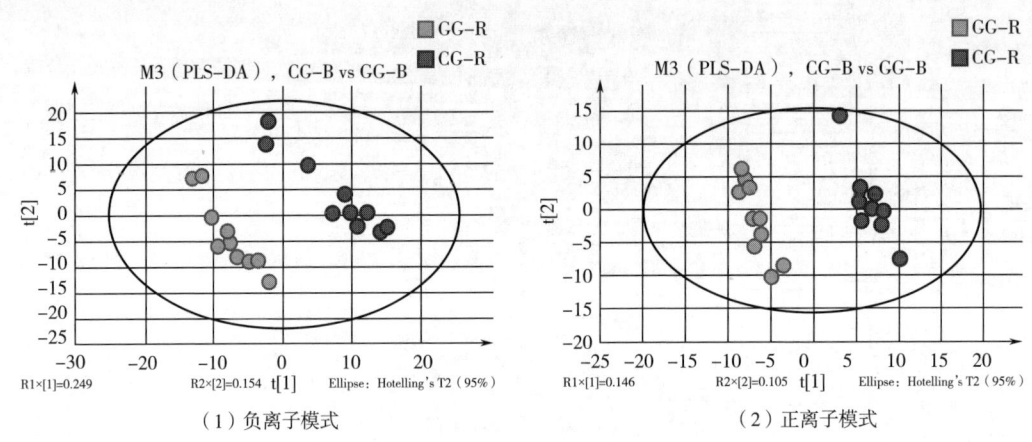

图 3-42　瘤胃液中的代谢物 PLS-DA 分析
(GG-R 代表放牧组；CG-R 代表舍饲组；t 代表主成分)

(4) 血液的差异代谢产物　通过对 VIP>1 的代谢物进行了筛选，结合 t-检验下 $P<0.05$ 的分析结果，结果发现在两种饲养方式下，血液中存在的显著的差异代谢物有 43 种，其中在正离子模式下的差异代谢物有 19 种，负离子模式下的差异代谢物有 24 种（表 3-72）。

在舍饲组中有21种代谢物含量显著高于放牧组（$P<0.05$），以胆酸和氨基酸等及其代谢产物为代表。在胆酸及其代谢产物中，舍饲组的牛黄胆酸、胆酸、鹅去氧胆酸以及去氧胆酸的含量显著高于放牧组（$P<0.05$）；在氨基酸中，舍饲组的丙甘氨酸、1-甲基-组氨酸、L-酪氨酸、L-谷氨酰胺和L-苯丙氨酸的含量显著高于放牧组（$P<0.05$）。在放牧组中有22种代谢物的含量显著高于舍饲组（$P<0.05$），以酸类为代表，检测代谢物中有6种，包括α-亚麻酸、棕榈油酸、月桂酸、十五烷酸、油酸和棕榈酸等。

表3-72 放牧和舍饲下羊血液中的差异代谢物

代谢物	离子模式	保留时间/s	质子数/电荷数	ID号	差异倍数	VIP值
牛黄酸	$(M+H)^+$	555.70	126.02	M126T556_2	2.00	6.17
甜菜碱	$(M+H)^+$	510.33	118.09	M118T510_3	1.29	17.08
尿素	$(M+H)^+$	176.40	61.04	M61T176	0.72	2.87
肌酸	$(M+H)^+$	655.39	132.08	M132T655	0.63	1.58
鹅去氧胆酸	$(M+NH_4)^+$	275.54	410.32	M410T276	2.02	2.13
5-甲基脲嘧啶	$(M+H)^+$	169.25	127.05	M127T169	1.28	1.39
1-甲基-L-组氨酸	$(M+H)^+$	683.28	170.09	M170T683	1.62	3.07
甘氨脱氧胆酸	$(M+H)^+$	389.52	450.32	M450T390	0.17	2.04
甘磷酸胆碱	M^+	737.93	258.11	M258T738	1.19	2.44
L-酪氨酸	$(M+H)^+$	560.83	182.08	M182T561	1.51	1.70
对羟基苯乙胺	$(M+H-H_2O)^+$	475.70	120.08	M120T476	1.24	1.88
L-肌肽	$(M+H)^+$	800.11	227.11	M227T800	0.66	4.67
麦角硫因	$(M+H)^+$	617.15	230.09	M230T617	2.31	1.41
L-异亮氨酸	$(M+H)^+$	513.13	132.10	M132T513	0.83	1.84
L-瓜氨酸	$(M+H)^+$	741.23	176.10	M176T741	0.75	3.02
L-组氨酸	$(M+H)^+$	800.37	156.08	M156T800	0.51	1.27
L-犬尿氨酸	$(M+H)^+$	480.62	209.09	M209T481	1.80	1.13
左旋肉碱	$(M+H)^+$	696.47	162.11	M162T696	0.75	3.38
胆酸	$(M+NH_4)^+$	420.74	426.32	M426T421	2.04	3.26
二十酸	$(M-H)^-$	64.09	311.30	M311T64	0.09	9.95
乙基丙二酸	$(M-H)^-$	597.13	131.03	M131T597	8.12	1.71
丙酮醛	$(M-H)^-$	375.13	71.01	M71T375	2.65	1.02

续表

代谢物	离子模式	保留时间/s	质子数/电荷数	ID 号	差异倍数	VIP 值
α-亚麻酸	(M-H)⁻	72.27	277.22	M277T72	0.24	12.76
3-吲哚基-β-D-吡喃葡萄糖苷	(M-H)⁻	44.08	212.00	M212T44	0.57	5.14
去氧胆酸	(M-H)⁻	267.97	391.29	M391T268	1.95	1.83
十五烷酸	(M-H)⁻	74.14	241.22	M241T74_2	0.62	5.01
L-谷氨酰胺	(M-H)⁻	704.56	145.06	M145T705	1.36	2.85
甘氨胆酸	(M-H)⁻	476.47	464.30	M464T476	0.09	3.24
牛黄胆酸	(M-H)⁻	380.04	514.28	M514T380	2.75	4.11
L-苯丙氨酸	(M-H)⁻	470.11	164.07	M164T470	1.30	3.20
苯乙酰甘氨酸	(M-H)⁻	363.39	192.07	M192T363	0.58	1.84
甘氨鹅脱氧胆酸	(M-H)⁻	391.85	448.31	M448T392	0.16	1.81
L-色氨酸	(M-H)⁻	468.39	203.08	M203T468	0.62	2.18
L-古洛糖酸-γ-内酯	(M-H)⁻	208.89	177.04	M177T209	0.74	1.79
4-羟基-3-甲氧基苯基乙二醇-4-硫酸钾盐	(M-H)⁻	66.94	263.02	M263T67	1.24	1.26
油酸	(M-H)⁻	70.12	281.25	M281T70	0.64	21.68
棕榈油酸	(M-H)⁻	72.99	253.22	M253T73	0.58	7.43
L-焦谷氨酸	(M-H)⁻	578.69	128.04	M128T579	0.61	2.31
尿囊素	(M-H)⁻	329.48	157.04	M157T329	1.35	3.58
月桂酸	(M-H)⁻	76.39	199.17	M199T76	0.62	2.33
丙甘氨酸	(M-H)⁻	470.25	130.05	M130T470	3.13	1.34
棕榈酸	(M-H)⁻	73.13	255.23	M255T73	0.72	11.92
正戊酸	(M-H)⁻	180.34	101.06	M101T180	1.44	1.88

注：两组在0.05水平下选出的差异代谢物。

（5）血液代谢通路富集分析　对血液的差异代谢物进行富集分析，结果见图3-43，发现羊血液中主要富集的通路包括胆碱代谢、蛋白质消化与吸收、胆汁酸合成、甘油磷脂代谢、不饱和脂肪酸合成、ABC转运蛋白通路、精氨酸合成、组氨酸代谢、亚油酸代谢和α-亚麻酸代谢等。在舍饲组的血液中，1-甲基-组氨酸、L-酪氨酸、L-苯丙氨酸、L-谷氨酰胺的含量增加，在调控的精氨酸合成、组氨酸代谢的通路比较活跃，这与瘤胃中调控氨基酸代谢的通路较为一致。在放牧组的血液中，α-亚麻酸、棕榈油酸、月桂酸、十五烷酸、油酸和棕榈酸含量丰富，这些代谢物是亚油酸代谢和α-亚麻酸代谢的重要组成物质，也有利于放牧羊中多不饱和脂肪酸的合成。

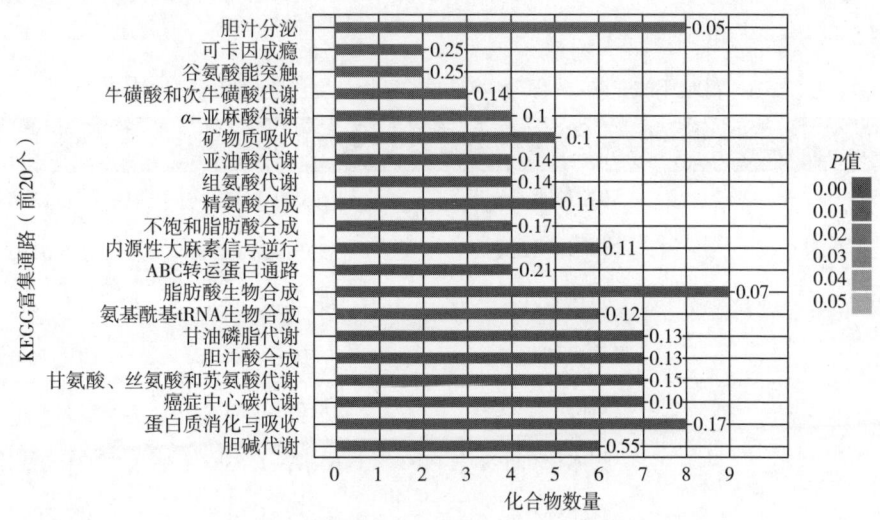

图3-43 放牧和舍饲羊血液代谢通路富集分析

二、日粮添加亚麻籽对羊肉品质的影响

作者团队通过对放牧和舍饲两种饲养方式下苏尼特羊肉品质的差异性研究，发现舍饲羊的生长性能，屠宰性能均优于放牧羊，包括平均日增重、活体质量、净肉质量、胴体产肉率、屠宰率等；但是由于舍饲羊缺乏牧草营养，羊肉的色泽、嫩度、脂肪含量、风味等品质均有所下降。而亚麻籽又称胡麻子，是一种富含营养性成分和功能性成分的油料作物。亚麻籽不饱和脂肪酸含量丰富，主要包括亚油酸和α-亚麻酸，可作为一些深海鱼油制品的平价替代。研究发现，牧草饲喂的反刍动物与谷物喂养的相比，肌肉中含有更多的α-亚麻酸。此外，亚麻籽中含有丰富的酚类物质，可作为抗氧化剂的良好来源。肉中的抗氧化系统与氧化系统维持动态平衡，抗氧化能力的提升能够防止过氧化反应的发生，对肉的品质产生影响。同时，在反刍动物中，由于瘤胃微生物的氢化作用，其肌肉中会含有大量的饱和脂肪酸，不利于改善羊肉品质，而亚麻籽中富含α-亚麻酸、亚麻木酚素、可溶性纤维和维生素等，是优质的饲粮添加剂。因此，作者团队以3月龄苏尼特羊（公母各半）为研究对象，分为对照组及亚麻籽组共两个组进行为期90d的喂养试验，对照组饲喂基础日粮，亚麻籽组在基础日粮的中添加8%的亚麻籽，以背最长肌和股二头肌为样本，探究分析日粮添加亚麻籽对羊肉品质的影响。

（一）生长性能及屠宰性能

在日粮中添加8%的亚麻籽后对苏尼特羊屠宰性能和胴体品质的影响如表3-73所示。亚麻籽组苏尼特羊的胴体长小于对照组（$P<0.05$），而胴体宽大于对照组（$P<0.05$），对

其他指标没有显著性影响。刘哲（2007）、Ozdogan 等（2017）研究结果均表明日粮添加不饱和脂肪酸对动物宰后的屠宰性能、胴体品质等没有影响。但也有一些研究结果与此不一致，武雅楠等（2012）研究表明，在羔羊日粮中添加 5%～10%亚麻籽，可以增加羔羊的胴体质量、屠宰率和眼肌面积。褚海义（2008）研究显示，日粮中添加 15%亚麻籽，可以提高肉羊的屠宰率和眼肌面积。

表 3-73　日粮添加亚麻籽对苏尼特羊（6 月龄）生长性能和屠宰性能的影响

	指标	亚麻籽组	对照组
生长性能	初始体重/kg	16.03±0.91^a	17.12±1.69^a
	终末体重/kg	33.51±2.41^a	32.02±3.67^a
	总增重/kg	17.48±2.62^a	15.42±3.26^a
	平均日增重/kg	0.19±0.03^a	0.17±0.04^a
屠宰性能	胴体质量/kg	14.08±1.38^a	14.07±2.27^a
	胴体长/cm	65.17±1.53^b	71.13±3.45^a
	胴体宽/cm	18.54±1.01^a	17.50±1.13^b
	净肉质量/kg	6.88±0.82^a	8.08±1.49^a
	棒骨质量/kg	0.49±0.03^a	0.52±0.02^a
	肋骨质量/kg	0.34±0.03^a	0.35±0.05^a
	脊骨质量/kg	0.87±0.06^a	0.86±0.06^a
	屠宰率/%	42.04±2.85^a	43.94±1.66^a
	净肉率/%	21.28±3.58^a	23.53±2.81^a
	胴体产肉率/%	49.56±4.16^a	52.51±3.28^a
	肉骨比	4.05±3.44^a	4.67±3.98^a

注：同行不同小写字母肩注表示差异显著（$P<0.05$），相同表示差异不显著（$P>0.05$）。

（二）食用品质

在日粮添加 8%的亚麻籽后对苏尼特羊肉品质的影响如表 3-74 所示。日粮添加亚麻籽饲喂后，苏尼特羊背最长肌和股二头肌部位肌肉的 L^* 显著降低（$P<0.05$），股二头肌的 a^* 和 b^* 均高于对照组（$P<0.05$）。研究表明，日粮添加亚麻籽能显著提高背最长肌和股二头肌中Ⅰ型肌纤维的比例，同时测得肌球蛋白重链 $MyHC\ I$、$MyHC\ I_a$、$MyHC\ II_x$ 基因表达量均上调表达，因此肉色的变化可能是日粮添加亚麻籽提高了肌肉中氧化型肌纤维比例，因氧化型肌纤维中细胞色素和肌红蛋白丰富，使得肉色更加鲜红。邓波等（2019）研究表明，日粮中添加 5%亚麻籽，显著降低了猪背最长肌的 L^*，对 a^* 和 b^* 无显著影响。门小明（2012）报道，日粮中添加 1.2%共轭亚油酸，显著提高了氧化型肌纤维的比例，提高肉

色 a^*。此外，亚麻籽组苏尼特羊的 pH_{24h} 低于对照组（$P<0.05$），说明不同的肌纤维类型组成肌肉的糖酵解程度不同，也有可能是肌肉僵直-解僵-成熟的时间不同。日粮添加亚麻籽对苏尼特羊背最长肌和股二头肌的蒸煮损失没有影响。亚麻籽组苏尼特羊不同部位肌肉的剪切力值均显著小于对照组（$P<0.05$），可能是由于日粮添加亚麻籽显著降低了各类型肌纤维的直径。

表 3-74　日粮添加亚麻籽对苏尼特羊肉（6 月龄）食用品质的影响

指标	部位	亚麻籽组	对照组
L^*	背最长肌	33.60±1.38[b]	35.57±1.03[a]
	股二头肌	35.77±1.63[b]	38.48±1.90[a]
a^*	背最长肌	18.09±1.24[a]	17.92±0.53[a]
	股二头肌	20.28±0.97[a]	17.45±1.01[b]
b^*	背最长肌	3.02±0.40[a]	2.99±0.48[a]
	股二头肌	4.15±0.71[a]	3.05±0.78[b]
pH_{45min}	背最长肌	6.32±0.39[a]	6.38±0.36[a]
	股二头肌	6.67±0.31[a]	6.74±0.26[a]
pH_{24h}	背最长肌	5.45±0.18[b]	5.76±0.19[a]
	股二头肌	5.59±0.15[b]	5.85±0.31[a]
蒸煮损失/%	背最长肌	39.50±3.53[a]	41.57±4.81[a]
	股二头肌	39.88±5.61[a]	40.43±4.55[a]
剪切力/N	背最长肌	69.13±2.79[b]	90.16±4.34[a]
	股二头肌	63.42±2.42[b]	76.88±4.16[a]

注：同行不同小写字母肩注表示差异显著（$P<0.05$），相同表示差异不显著（$P>0.05$）。

（三）营养成分

由表 3-75 可知，亚麻籽组背最长肌的水分、灰分含量大于对照组（$P<0.05$），股二头肌的脂肪含量小于对照组（$P<0.05$）。褚海义等（2008）研究表明，日粮中分别添加 5%、10%、15% 的亚麻籽对羊肉的水分、蛋白质、灰分的含量无显著影响，但提高了羊肉中的脂肪含量。作者团队赵丽华等（2006）研究则表明，日粮添加油料籽实（8%胡麻籽+2%麻籽+2%葵花籽）对羊肉的水分、灰分、脂肪和蛋白质均无显著影响。

表 3-75　日粮添加亚麻籽对苏尼特羊肉（6 月龄）营养成分的影响

营养成分/%	部位	亚麻籽组	对照组
水分	背最长肌	76.06±1.15[a]	73.60±2.81[b]
	股二头肌	75.97±1.80[a]	74.88±1.18[b]

续表

营养成分/%	部位	亚麻籽组	对照组
蛋白质	背最长肌	22.84±0.82^a	21.77±1.13^a
	股二头肌	24.83±6.80^a	21.76±1.43^a
脂肪	背最长肌	3.08±1.14^a	3.99±1.06^a
	股二头肌	1.13±0.90^b	2.57±0.52^a
灰分	背最长肌	4.54±1.19^a	3.39±0.55^b
	股二头肌	1.01±0.13^a	1.19±0.28^a

注：同行不同小写字母肩注表示差异显著（$P<0.05$），相同表示差异不显著（$P>0.05$）。

（四）风味

1. 电子鼻风味检测

电子鼻具有快速检测的特点，已广泛应用于掺假、溯源地追踪等方面。电子鼻可对羊肉的风味轮廓进行综合分析。如图3-44所示，W5S、W1S、W1W和W2S传感器对苏尼特羊肉风味响应值较大，表明上述传感器对应的风味物质含量较多。亚麻籽的添加降低了上述传感器的响应值，表明亚麻籽降低了羊肉的风味强度。总体上看，利用电子鼻技术可以有效地区分不同日粮羊肉的风味，添加亚麻籽影响了苏尼特羊肉的风味轮廓。

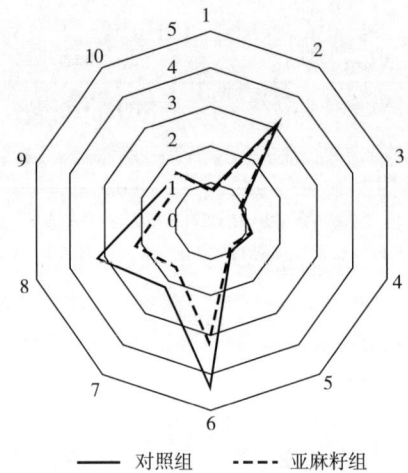

图3-44 两组苏尼特羊肉的电子鼻雷达图

2. 挥发性风味物质组成

对苏尼特羊肉的挥发性成分进行测定，发现苏尼特羊肉中挥发性风味物质包括醇类、醛类、酮类、烃类及其他化合物，如表3-76所示。风味物质中醇类化合物种类最多，其次为醛类。试验共检测出47种挥发性化合物，其中对照组检测出33种，而亚麻籽组风味物质种类较对照组丰富，共检测出38种。从表3-77可以看出，对照组的1-戊醇、己醛相对含量显著高于亚麻籽组（$P<0.05$）。亚麻籽的添加显著提高了戊醛、反-2-辛烯醛、癸醛和2-庚酮的相对含量（$P<0.05$）。这表明日粮添加亚麻籽影响了羊肉的风味物质组成及含量，丰富了风味物质的种类。

表3-76　对照组与亚麻籽组苏尼特羊肉（6月龄）挥发性风味物质的差异分析　　单位：%

组别	醇类	醛类	烃类	酮类	其他化合物
亚麻籽组	43.40±5.95[a]	37.44±9.71[a]	10.31±3.72[b]	3.62±0.91[a]	2.10±0.46[b]
对照组	45.12±5.12[a]	41.17±12.69[a]	5.41±1.26[a]	4.22±1.30[a]	4.76±1.49[a]

注：同行不同小写字母肩注表示差异显著（$P<0.05$），相同表示差异不显著（$P>0.05$）。

（1）关键风味物质　试验检测出的挥发性风味物质种类较多，并非每种都对苏尼特羊肉的风味形成起决定性作用，因此，作者团队采用ROAV法来确定两组苏尼特羊肉的关键风味物质，并结合各物质的气味特性进行分析，结果如表3-77所示。ROAV≥1的挥发性物质为羊肉的关键风味物质，0.1≤ROAV<1的挥发性物质对羊肉总体风味有重要修饰作用，ROAV值越大对羊肉总体风味贡献越大。

醇类化合物是苏尼特羊肉中的主要风味物质。从表3-77可以看出，经ROAV分析，醇类物质中仅1-辛烯-3-醇可对羊肉风味形成起到关键作用，是对照组中贡献最大的风味物质。1-辛烯-3-醇可赋予羊肉浓厚的熟蘑菇味。1-辛醇具有脂肪、蜡质和坚果气味，在两组中的ROAV值均大于0.1，对羊肉风味起到修饰作用。

醛类物质是检测出种类最多的类别。戊醛在对照组羊肉风味形成中起到修饰作用（0.1≤ROAV<1），且是亚麻籽组羊肉风味形成中的关键风味物质（ROAV>1）。从表3-77可以看出，亚麻籽组戊醛的相对含量为4.37%，显著高于对照组（$P<0.05$），因此添加亚麻籽可提升羊肉的麦芽香气。己醛具有鲜草气味，在对照组羊肉风味形成中起关键作用（ROAV>1），对亚麻籽组风味可起到修饰作用。对照组己醛含量为13.78%，显著高于亚麻籽组（$P<0.05$），表明对照组羊肉较亚麻籽组具有更强的鲜草香气。己醛来源于亚油酸、花生四烯酸的氧化，对照组己醛含量高于亚麻籽组的原因可能与肉中抗氧化能力有关，抗氧化能力的提高可降低不饱和脂肪酸氧化程度，因此降低亚油酸氧化产物己醛的含量。庚醛在两组中均是关键风味物质（ROAV>1），可赋予羊肉脂肪香、柑橘香和花香。反-2-辛烯醛具有肉香和坚果香气，是苏尼特羊的关键风味物质（ROAV>1）。由表可知，添加亚麻籽将反-2-辛烯醛的相对含量显著提高至1.41%（$P<0.05$），表明亚麻籽可赋予羊肉更强的肉香和坚果香气。辛醛和反-2-壬烯醛的ROAV值均大于1，是苏尼特羊肉中的关键风味物质，可以赋予羊肉脂肪香气。对照组壬醛的含量（11.12%）显著高于亚麻籽组（$P<0.05$）。壬醛具有脂肪、花香和柑橘气味，对羊肉风味形成起决定性作用。（反，反）-2,4-癸二烯醛是亚油酸的产物，具有肉香和烧烤味，是亚麻籽组特有的风味物质。反-2-癸醛的具有木头气味，在两组中的ROAV值均大于1，是苏尼特羊的关键风味物质。癸醛对羊肉风味形成具有重要作用（ROAV>1），从表3-77可以看出，亚麻籽组癸醛的含量（1.35%）显著高于对照组（$P<0.05$），表明亚麻籽的添加可赋予羊肉更浓厚的肥皂、橘皮和脂肪气味。十一醛为对照组中特有的风味物质，具有脂肪、蜡和肥皂气味；十二醛

为亚麻籽组特有，具有洋葱和酵母气味。

由表 3-77 可以看出，亚麻籽的添加显著提高了烃类物质的相对含量，但烃类化合物阈值较高，对羊肉风味形成无直接贡献。苯酚具有甜香气味，是亚麻籽组特有的风味物质，对亚麻籽组羊肉风味起到修饰作用（$0.1 \leq ROAV < 1$）。

表 3-77　关键风味物质及对应 ROAV 值

编号	中文名称	分子式	阈值/($\mu g/kg$)	气味	相对含量/% 亚麻籽组	相对含量/% 对照组	ROAV 亚麻籽组	ROAV 对照组
1	1-戊醇	$C_5H_{12}O$	4000	面包香、果香、酒香	3.92±1.95[b]	6.96±1.78[a]	0.005	0.014
2	正己醇	$C_6H_{14}O$	500	花、脂肪	4.10±1.62[a]	4.09±1.34[b]	0.04	0.068
3	庚醇	$C_7H_{16}O$	520	木头、脂肪	4.22±1.31[b]	4.63±1.57[a]	0.039	0.074
4	1-辛烯-3-醇	$C_8H_{16}O$	1	熟蘑菇	8.68±3.85[b]	12.06±3.18[a]	42	100
5	1-辛醇	$C_8H_{18}O$	126	脂肪、蜡质、坚果	8.11±1.98[a]	7.18±2.09[a]	0.311	0.473
6	戊醛	$C_5H_{10}O$	12	花香	4.37±2.09[a]	1.02±0.26[b]	1.762	0.705
7	己醛	$C_6H_{12}O$	10	鲜草	0.88±0.46[b]	13.78±7.04[a]	0.852	11.426
8	苯甲醛	C_7H_6O	350	坚果、杏仁	ND	1.32±0.55	ND	0.031
9	庚醛	$C_7H_{14}O$	3	脂肪、柑橘、花香	4.81±1.31[a]	4.99±1.55[a]	7.758	13.792
10	反-2-辛烯醛	$C_8H_{14}O$	3	肉、坚果	1.41±0.47[a]	0.78±0.28[b]	2.274	2.156
11	辛醛	$C_8H_{16}O$	0.7	脂肪、柑橘、肥皂	4.08±1.39[a]	4.65±2.16[a]	28.203	55.082
12	反-2-壬烯醛	$C_9H_{16}O$	0.19	脂肪	0.52±0.14[a]	0.44±0.12[a]	13.243	19.202
13	壬醛	$C_9H_{18}O$	1	脂肪、花香、柑橘	7.73±3.24[b]	11.12±2.60[a]	37.403	92.206
14	（反,反）-2,4-癸二烯醛	$C_{10}H_{16}O$	0.03	肉、烧烤	0.62±0.19	ND	100	ND
15	反-2-癸烯醛	$C_{10}H_{18}O$	0.3	木头	1.08±0.36[a]	0.96±0.32[a]	17.419	26.534
16	癸醛	$C_{10}H_{20}O$	0.1	肥皂、柑橘、脂肪	1.35±0.51[a]	0.89±0.27[b]	65.323	73.798
17	十一醛	$C_{11}H_{22}O$	5	脂肪、蜡、肥皂	ND	0.76±0.15	ND	1.26
18	十二醛	$C_{12}H_{24}O$	0.53	洋葱	0.87±0.28	ND	7.943	ND
19	2-庚酮	$C_7H_{14}O$	140	甜蜜的花朵、辛辣、腐臭的杏仁	1.51±0.49[a]	1.13±0.18[b]	0.052	0.067

续表

编号	中文名称	分子式	阈值/(μg/kg)	气味	相对含量/%		ROAV	
					亚麻籽组	对照组	亚麻籽组	对照组
20	苯酚	C_6H_6O	3.9	甜香	0.72±0.28	ND	0.893	ND

注:"ND"表示未在样品中检测到;同行不同小写字母肩注表示差异显著($P<0.05$)。

总体上看,苏尼特羊肉的关键风味物质包括1-辛烯-3-醇、己醛、庚醛、反-2-辛烯醛、辛醛、反-2-壬烯醛、壬醛、反-2-癸烯醛和癸醛。对照组中己醛和壬醛含量显著高于亚麻籽组($P<0.05$),十一醛仅在对照组中检测出。亚麻籽显著提高了戊醛、反-2-辛烯醛和癸醛的相对含量($P<0.05$),(反,反)-2,4-癸二烯醛、十二醛和苯酚仅在亚麻籽组中检测出,且对风味形成起到重要作用。对照组羊肉的特征风味为熟蘑菇、脂肪、花香、橘皮、肥皂和木头气味,亚麻籽组的特征风味为肉香、烧烤味、脂肪、柑橘、肥皂、熟蘑菇、花香、木头、洋葱和坚果气味。亚麻籽使苏尼特羊肉增添了肉香、烧烤味、洋葱和坚果气味。

(2)关键风味物质主成分 对照组和亚麻籽组的样品中关键风味物质(ROAV>1)主成分分析结果如图3-45所示,样品点越接近,表明其风味组成及含量越接近。可以看出,对照组的样品集中分布在上方;亚麻籽组除个别样品,主要分布在下方,这表明亚麻籽对苏尼特羊肉关键风味的组成及含量影响较大。样品与关键风味距离越近,表明相关性越

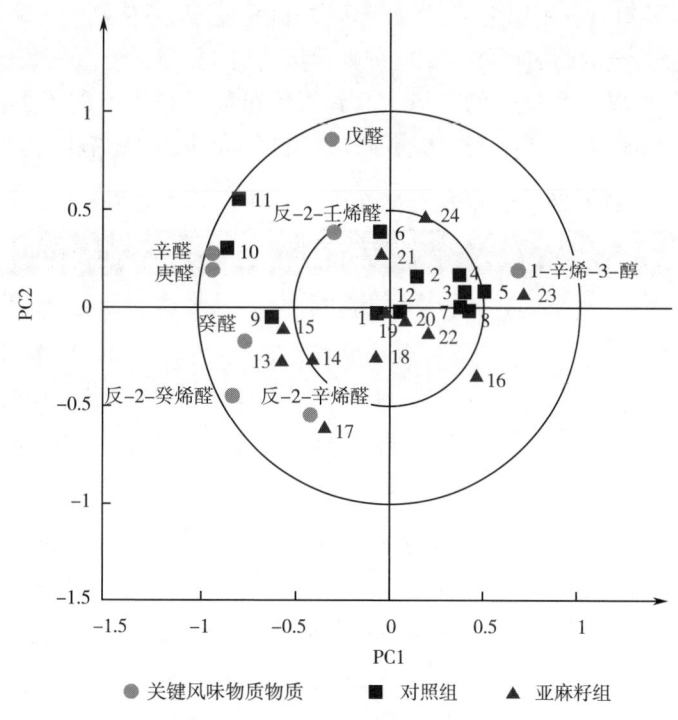

图3-45 关键风味物质主成分分析图

高。此外，对照组与辛醛、庚醛、1-辛烯-3-醇、反-2-壬烯醛和壬醛具有较强的正相关。亚麻籽组与癸醛、反-2-辛烯醛和反-2-癸烯醛具有较强的正相关，因此，日粮添加亚麻籽可以影响苏尼特羊肉中挥发性风味物质的沉积。

三、日粮添加精氨酸对羊肉品质的影响

精氨酸（arginine）简称 Arg，从豆科植物幼苗和动物蛋白中均可分离所得，由氨基、胍基和羧基组成。精氨酸可分为 L-精氨酸和 D-精氨酸，而在机体内主要是 L-精氨酸发挥作用（刘兆金等，2005）。研究表明精氨酸是畜禽生长的必需氨基酸，也是合成一氧化氮、谷氨酸、鸟氨酸和蛋白质等的重要前体物质。大量研究证实，精氨酸在畜禽的生长性能（Gao et al.，2012）、肉品质、免疫功能和抗氧化功能方面均发挥至关重要的作用。而动物机体内的精氨酸既可以从日粮中摄取，也可通过体内蛋白质分解或氨基酸转化来获得。

作者团队选用 3 月龄体重相近、健康无病、体况良好的小尾寒羊（母羊）进行分组试验，对照组饲喂基础日粮（以玉米、青贮和精饲料为主），基础日粮是羊体重的 3%，精氨酸组在对照组日粮基础上添加 1% 的 L-精氨酸。试验期为 90d，结束后取其背最长肌和股二头肌作为试验材料，发现日粮补充精氨酸可在一定程度上改善肉品质。

（一）屠宰性能

作者团队探究精氨酸对小尾寒羊屠宰性能的影响结果见表 3-78。研究发现日粮补充精氨酸对肉羊的屠宰性能无显著影响（$P>0.05$），这与李燕舞（2019）和周招洪等（2013）的研究结果相似。相比之下，Tan 等（2011）发现 L-精氨酸可显著提高猪的平均日增重，出现这种差异的原因可能与试验周期等因素有关。此外，我们发现日粮添加精氨酸有增加眼肌面积和降低背膘厚的趋势，究其原因可能是精氨酸的添加使得一氧化氮富集，而一氧化氮已被证实了可参与分解机体内脂肪组织并促进脂肪酸氧化，从而提高瘦肉率。

表 3-78 精氨酸对小尾寒羊（6 月龄）屠宰性能的影响

屠宰性能	精氨酸组	对照组
活体质量/kg	50.90±5.13[a]	51.50±4.70[a]
净肉质量/kg	14.36±0.84[a]	14.49±0.68[a]
肋骨质量/kg	1.14±0.18[a]	1.08±0.22[a]
棒骨质量/kg	1.87±0.24[a]	1.98±0.21[a]
脊骨质量/kg	2.58±0.44[a]	2.98±0.41[a]
屠宰率/%	47.54±2.01[a]	48.35±1.35[a]
净肉率/%	28.21±2.13[a]	28.14±1.37[a]
胴体质量/kg	24.20±3.00[a]	24.90±3.80[a]
胴体长/cm	83.70±2.80[a]	82.30±5.20[a]
胴体深/cm	22.50±1.30[a]	23.20±1.20[a]
背膘厚/mm	5.80±1.60[a]	6.60±0.90[a]

续表

屠宰性能	精氨酸组	对照组
眼肌面积/cm²	19.83±6.42ª	16.94±3.45ª

注：同行字母不同表示差异显著（$P<0.05$），相同表示无显著差异（$P>0.05$）。

（二）食用品质

日粮添加精氨酸对羊肉品质的影响如表 3-79 所示。由表可知，精氨酸组羊不同部位（背最长肌和股二头肌）肌肉的 L^* 较对照组显著降低（$P<0.05$），a^* 显著升高（$P<0.05$），背最长肌的 b^* 较对照组显著降低（$P<0.05$）；陈李（2021）等使用精氨酸处理猪肉后发现精氨酸可以有效降低肉品的 L^* 和 b^*，提高 a^*。试验说明精氨酸能够改善肉的色泽，使其呈现鲜红色。此外，pH_{45min} 在精氨酸组和对照组间无明显差异（$P>0.05$），且与对照组相比，饲喂精氨酸后羊背最长肌和股二头肌的 pH_{24h} 均显著降低（$P<0.05$）。作者团队研究还表明精氨酸对羊不同肌肉部位蒸煮损失影响不大（$P>0.05$）；对照组羊两个部位的肌肉剪切力值均显著大于精氨酸组（$P<0.05$）。Zhang 等（2020）的研究也表明鸡胸肉经 L-精氨酸注射后，剪切力值降低，嫩度改善。试验结果表明精氨酸组羊不同肌肉部位剪切力均小于对照组，侧面反映了精氨酸组肌肉的嫩度更好。

表 3-79 精氨酸对小尾寒羊（6 月龄）肉品质的影响

指标	部位	精氨酸组	对照组
L^*	背最长肌	30.32±1.25ᵇ	33.82±3.19ª
	股二头肌	32.71±1.57ᵇ	38.39±3.32ª
a^*	背最长肌	18.79±2.06ª	16.84±1.80ᵇ
	股二头肌	19.47±1.23ª	17.16±1.79ᵇ
b^*	背最长肌	3.35±0.43ᵇ	4.61±0.70ª
	股二头肌	3.87±0.48ª	4.60±1.41ª
pH_{45min}	背最长肌	6.79±0.21ª	6.89±0.19ª
	股二头肌	6.70±0.24ª	6.73±0.36ª
pH_{24h}	背最长肌	5.56±0.19ᵇ	5.88±0.33ª
	股二头肌	5.78±0.20ᵇ	6.23±0.43ª
蒸煮损失/%	背最长肌	25.30±2.76ª	26.27±4.72ª
	股二头肌	26.29±4.56ª	28.56±2.57ª
剪切力/N	背最长肌	62.81±3.65ᵇ	79.70±6.02ª
	股二头肌	61.81±1.93ᵇ	72.29±4.16ª

注：同行不同小写字母肩注表示差异显著（$P<0.05$）；相同表示差异不显著（$P>0.05$）。

四、日粮添加乳酸菌对羊肉品质的影响

乳酸菌是广泛存在于自然界的有益微生物,是一种厌氧或兼性厌氧菌,广泛分布于机体的肠道、胃和生殖道中,对酸性环境有很强的耐受性,大多数对机体没有损害,可以利用碳水化合物发酵产生大量乳酸。由于乳酸菌具有无污染、无残留、绿色安全等特点,因此被广泛应用到饲料与养殖业中来保障畜禽的健康,改善畜禽生产性能与肉品质。

(一)复合菌株(植物乳植杆菌+副干酪乳杆菌)对羊肉品质的影响

不同水平乳酸菌对羊肉品质的影响也可能存在较大差异,因此作者团队通过将不同梯度乳酸菌(1%,2%,3%)添加到羊的饲料中,探究其对羊肉品质的影响。选取24只健康、体重相近的苏尼特羊,随机分为对照组(C)、1%乳酸菌组(L1)、2%乳酸菌组(L2)、3%乳酸菌组(L3),每组6只。对照组饲喂基础日粮,试验组按照精料质量分别添加1%、2%、3%的乳酸菌。每日饲喂1次,自由饮水。预饲期7d结束后开始为期90d的正式试验,选取背最长肌与股二头肌肉样进行肉品质的相关检测。乳酸菌为内蒙古和美科盛生物技术有限公司提供的乳安邦,是一种专门用于反刍动物的乳酸菌微生态制剂,其主要成分为副干酪乳杆菌(*Lacticaseibacillus paracasei*)HM-09、植物乳植杆菌HM-10及乳酸菌代谢产物,总活菌数达 1.5×10^9 CFU/g。

1. 生长性能和屠宰性能

不同梯度水平乳酸菌对苏尼特羊生长性能和屠宰性能的结果如表3-80所示。各组苏尼特羊的分组前体重和饲喂三个月后的体重均无显著差异($P>0.05$),与对照组相比,L3组的骨肉比显著降低($P<0.05$),L1组的眼肌面积显著增大($P<0.05$),其他生长性能和屠宰性能在各组间无显著差异($P>0.05$)。对照组的眼肌面积为 13.67cm^2,L1组为 17.12cm^2,提高了25.24%。侯改凤等(2016)研究同样发现,饲喂乳酸菌有提高育肥猪眼肌面积的趋势。虽然L1组苏尼特羊的眼肌面积显著增加,但净肉质量和产肉率并没有显著性差异,说明日粮添加1%的乳酸菌对苏尼特羊的屠宰性能仍无显著改善作用。生长性能和屠宰性能主要受遗传、环境、年龄、饲料和饲养管理等多方面因素的共同影响,在

表3-80 乳酸菌对苏尼特羊(6月龄)生长性能和屠宰性能的影响

	指标	L1组(1%)	L2组(2%)	L3组(3%)	对照组
生长性能	初始体重/kg	18.94±2.57[a]	19.15±3.34[a]	19.00±4.51[a]	18.35±3.73[a]
	终末体重/kg	33.52±4.43[a]	33.48±1.92[a]	32.22±3.96[a]	34.50±4.59[a]
	总增重/kg	13.40±0.86[a]	13.37±2.39[a]	14.18±1.25[a]	15.14±2.15[a]
屠宰性能	棒骨质量/kg	0.47±0.07[a]	0.47±0.04[a]	0.47±0.04[a]	0.47±0.05[a]
	脊骨质量/kg	1.27±0.16[a]	1.27±0.11[a]	1.30±0.14[a]	1.33±0.22[a]
	肋骨质量/kg	0.29±0.03[a]	0.29±0.05[a]	0.30±0.03[a]	0.31±0.06[a]
	净肉质量/kg	5.68±1.18[a]	5.40±0.68[a]	5.42±1.00[a]	6.11±1.25[a]

续表

	指标	L1组（1%）	L2组（2%）	L3组（3%）	对照组
屠宰性能	屠宰率/%	47.52±1.55^a	45.86±0.56^a	46.31±1.98^a	46.76±1.57^a
	净肉率/%	17.18±1.25^a	16.86±0.41^a	17.03±0.90^a	16.98±0.75^a
	胴体产肉率/%	36.62±0.97^a	36.77±0.83^a	36.07±1.13^a	37.12±0.70^a
	肉骨比	2.80±2.49^{ab}	2.66±3.13^{ab}	2.62±4.24^b	2.90±2.50^a
	胴体质量/kg	15.47±2.89^a	14.70±1.86^a	14.97±2.35^a	16.09±2.66^a
	胴体长/cm	70.33±3.72^a	71.67±4.41^a	71.33±5.05^a	72.33±3.52^a
	胴体宽/cm	18.67±0.82^a	18.50±1.05^a	18.33±0.52^a	18.50±0.90^a
	背膘厚/mm	4.07±1.22^a	4.58±1.32^a	5.15±1.32^a	5.03±1.45^a
	眼肌面积/cm^2	17.12±3.29^a	13.89±2.37^b	14.48±2.33^{ab}	13.67±2.32^b

注：同行不同小写字母肩注表示差异显著（$P<0.05$），相同表示差异不显著（$P>0.05$）。

相同条件下饲粮是影响生长性能和屠宰性能的主要因素。据报道，乳酸菌能代谢产生SCFA，使肠道pH降低，促进有益菌生长，抑制有害菌，有助于保护动物肠黏膜的屏障功能，同时还能产生必需氨基酸和维生素等多种营养物质以及消化酶，促进小肠对营养物质的消化吸收，因而能够显著改善动物的生长性能。但也有研究表明，日粮补充罗伊氏乳杆菌42d后，仔猪的体重显著增加，但长期补充并未明显增加屠宰时的体重（Zhimei et al.，2021），说明除了乳酸菌的添加量、基础日粮组成、动物品种外，动物生长阶段也是影响乳酸菌在生产实践中应用效果的重要因素。

2. 食用品质

日粮添加不同梯度乳酸菌对苏尼特羊肉品质的影响如表3-81所示。日粮添加乳酸菌对苏尼特羊背最长肌和股二头肌的L^*和a^*均无显著影响（$P>0.05$），L1组苏尼特羊股二头肌的b^*显著高于对照组（$P<0.05$），而在背最长肌中无显著差异（$P>0.05$）。pH$_{45min}$在各组间无显著差异，静置排酸24h后，L1组、L2组及L3组背最长肌的pH和L3组股二头肌的pH均显著高于对照组（$P<0.05$）。与对照组相比，L2组和L3组在两个部位的剪切力值均显著升高（$P<0.05$），L1组股二头肌的剪切力值显著降低（$P<0.05$），这可能与肌纤维特性有关。

作者团队研究发现，日粮添加1%的乳酸菌显著提高股二头肌的b^*。各组苏尼特羊不同部位肌肉的pH均在正常范围内，静置排酸24h后，L1组、L2组、L3组的羊肉pH升高，且随着乳酸菌添加量的增加而逐渐升高，这可能是由于乳酸菌可减弱肌肉细胞的无氧酵解，乳酸产生量减少。L1组、L2组及L3组在两个部位的蒸煮损失均极显著低于对照组，说明日粮添加乳酸菌有助于提高肌肉的系水力。Dowarah等（2018）研究饲粮中添加益生菌对育肥猪血清生化、胴体及肉品理化性能的影响时发现，益生菌能提高宰后猪肉的系水力。

表3-81 乳酸菌对苏尼特羊（6月龄）肉品质的影响

指标	部位	L1组（1%）	L2组（2%）	L3组（3%）	对照组
L^*	背最长肌	35.31±3.67^a	35.51±1.94^a	37.60±2.10^a	35.21±1.85^a
	股二头肌	38.67±2.59^a	37.83±1.48^a	39.85±3.71^a	37.68±2.26^a
a^*	背最长肌	20.02±2.08^a	19.64±1.74^a	21.51±1.86^a	20.19±1.09^a
	股二头肌	20.46±0.92^a	19.80±1.43^a	21.10±1.41^a	20.54±0.70^a
b^*	背最长肌	3.59±0.87^a	4.03±0.79^a	4.07±0.55^a	4.00±0.63^a
	股二头肌	4.19±0.50^a	3.71±0.48^{ab}	4.01±0.94^{ab}	3.42±0.49^b
pH_{45min}	背最长肌	6.43±0.28^a	6.54±0.23^a	6.61±0.26^a	6.52±0.27^a
	股二头肌	6.36±0.30^a	6.62±0.10^a	6.45±0.29^a	6.35±0.09^a
pH_{24h}	背最长肌	5.44±0.03^a	5.43±0.05^a	5.48±0.07^a	5.27±0.05^b
	股二头肌	5.52±0.06^{ab}	5.58±0.08^{ab}	5.66±0.20^a	5.46±0.10^b
蒸煮损失/%	背最长肌	28.49±1.6^b	28.79±1.66^b	30.39±2.84^b	33.44±2.75^a
	股二头肌	28.29±5.3^b	27.11±4.43^b	27.70±6.00^b	36.20±1.70^a
剪切力/N	背最长肌	47.67±7.89^b	58.55±5.94^a	60.18±6.39^a	45.41±6.72^b
	股二头肌	28.09±3.78^c	48.00±8.40^a	46.74±5.70^a	36.18±7.28^b

注：同行不同小写字母肩注表示差异显著（$P<0.05$），相同表示差异不显著（$P>0.05$）。

3. 营养成分

日粮添加乳酸菌对苏尼特羊肉中常规营养成分的影响如表3-82所示。L1组、L2组及L3组背最长肌和股二头肌中灰分含量均显著低于对照组（$P<0.05$）；L1组背最长肌中脂肪含量显著高于对照组（$P<0.05$），股二头肌中蛋白质含量显著低于对照组和L3组（$P<0.05$）；水分含量在各组间无显著差异（$P>0.05$）。日粮添加1%的乳酸菌增加了背最长肌中肌内脂肪含量，分析其原因是与L1组Ⅰ型肌纤维的数量比例和 $MyHC$ Ⅰ mRNA 表达量较高、$MyHC$ Ⅱ$_b$ mRNA 表达量较低有关。据报道，肌内脂肪含量与肌肉中Ⅰ型肌纤维的数量比例呈正相关，而与Ⅱ$_B$型肌纤维的数量比例呈负相关。肌内脂肪主要沉积于肌束之间，与肌肉中的膜蛋白紧密结合，其含量与肉质多汁性和嫩度呈显著正相关。胡新旭等（2015）对生长育肥猪生产性能、血液生化指标和肉品质进行研究发现，日粮添加益生菌制剂对提高肌肉中肌内脂肪含量有显著作用。还有研究表明，乳杆菌可通过 PPARα 调节肌肉的脂肪酸代谢，通过诱导较高的生脂率和较低的脂解率来维持较高的肌内脂肪含量（Zhimei et al.，2021）。

表3-82 乳酸菌对苏尼特羊（6月龄）肉常规营养成分的影响　　单位：%

营养成分	部位	L1组（1%）	L2组（2%）	L3组（3%）	对照组
水分	背最长肌	73.85±0.54^a	73.71±0.70^a	73.71±0.53^a	74.01±0.69^a
	股二头肌	75.87±1.22^a	76.14±0.76^a	75.91±0.37^a	75.27±0.88^a

续表

营养成分	部位	L1组（1%）	L2组（2%）	L3组（3%）	对照组
灰分	背最长肌	1.51±0.21^b	1.46±0.17^b	1.43±0.07^b	2.11±0.25^a
	股二头肌	1.36±0.15^b	1.32±0.12^b	1.36±0.12^b	1.98±0.17^a
脂肪	背最长肌	3.73±0.70^a	3.28±0.58^{ab}	3.35±1.07^{ab}	2.87±0.68^b
	股二头肌	2.28±0.68^a	2.14±0.67^a	2.34±1.01^a	2.31±0.49^a
蛋白质	背最长肌	21.57±0.82^a	21.44±1.00^a	22.11±0.46^a	22.14±0.91^a
	股二头肌	19.40±1.42^b	20.51±0.68^{ab}	21.55±0.70^a	21.45±0.86^a

注：同行不同小写字母肩注表示差异显著（$P<0.05$），相同表示差异不显著（$P>0.05$）。

4. 风味

综合上述乳酸菌对苏尼特羊生长性能、屠宰性能、食用品质及营养成分的影响，作者团队发现1%乳酸菌的效果相对最好，因此选择1%乳酸菌组的背最长肌进行了挥发性风味物质的测定（图3-46）。由表3-83可知，试验共检测出38种风味物质，其中，醛类物质

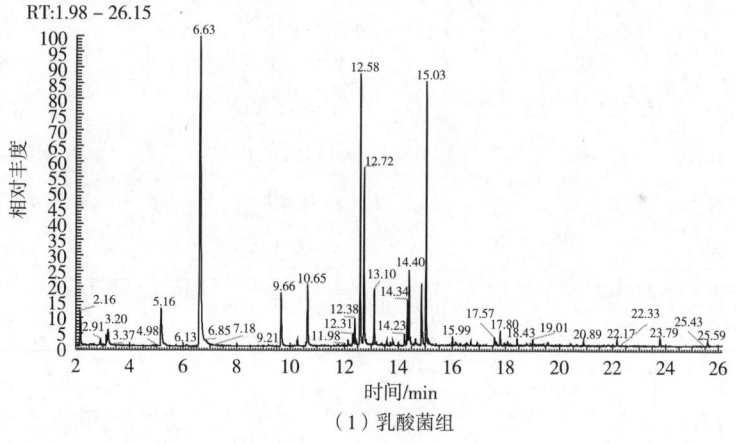

（1）乳酸菌组

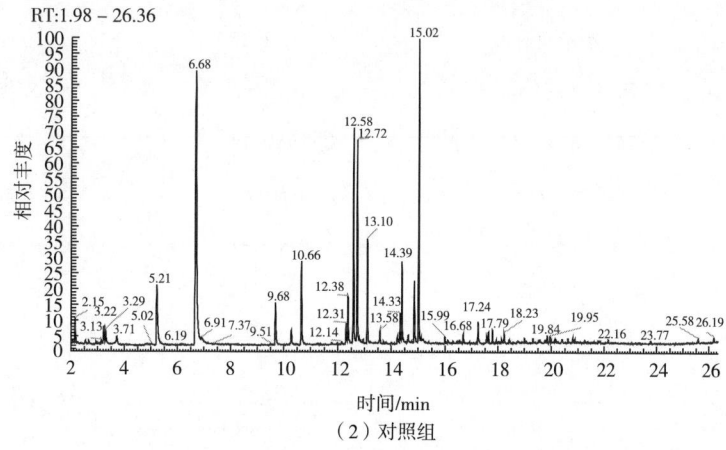

（2）对照组

图3-46 苏尼特羊肉的挥发性风味物质色谱图

13 种,主要物质为己醛、庚醛和壬醛等;醇类 13 种,包括 1-戊醇、正己醇、庚醇;烃类有 5 种,其中丁烷是最具代表性的物质;酮类 3 种;其他物质 4 种。两组羊肉中,乳酸菌组中风味物质有 29 种,对照组中为 26 种,这表明日粮添加乳酸菌(植物乳植杆菌+副干酪乳杆菌)丰富了风味物质的种类。

表 3-83 日粮添加乳酸菌对苏尼特羊肉挥发性风味物质的影响

种类	序号	中文名称	相对含量	
			乳酸菌组	对照组
醛类	1	戊醛	ND	1.23±0.23
	2	3-羟基丁醛	2.47±1.25[b]	0.75±0.42[a]
	3	己醛	9.43±2.11[a]	9.36±1.91[a]
	4	苯甲醛	ND	1.54±0.58
	5	庚醛	3.01±1.12[a]	6.04±1.72[b]
	6	反-2-辛烯醛	ND	1.16±0.54
	7	正辛醛	2.99±1.59[a]	4.70±1.36[b]
	8	壬醛	4.27±1.50[a]	13.66±1.63[b]
	9	癸醛	0.89±0.33[a]	1.76±0.89[b]
	10	反-2-癸烯醛	0.66±0.26[a]	1.17±0.39[b]
	11	十一醛	0.45±0.18	ND
	12	十二醛	0.64±0.35	ND
	13	十四醛	0.78±0.28	ND
醇类	14	3-甲基-2-丁醇	ND	1.34±0.32
	15	1-戊醇	4.76±1.13[a]	10.24±1.73[b]
	16	正己醇	2.91±0.93[a]	6.24±1.32[b]
	17	庚醇	3.21±0.75[a]	5.89±1.07[b]
	18	1-辛烯-3-醇	6.91±2.23	ND
	19	2-乙基-1-己醇	2.40±1.57[a]	2.03±1.02[a]
	20	2,4-二甲基-环己醇	0.53±0.15	ND
	21	顺-2-辛烯-1-醇	1.80±0.78[a]	2.53±0.94[b]
	22	1-辛醇	4.93±1.41	ND
	23	松油烯-4-醇	0.26±0.14	ND
	24	4-甲基-5-癸醇	1.78±0.72	ND
	25	顺-10-戊烯-1-醇	ND	1.037±0.36
	26	2-十六醇	ND	2.06±0.94

续表

种类	序号	中文名称	相对含量	
			乳酸菌组	对照组
酮类	27	3-羟基-2-丁酮	0.74±0.01	ND
	28	2-庚酮	0.90±0.23^a	1.48±0.32^b
	29	2,3-辛二酮	ND	0.70±0.47
烃类	30	丁烷	24.43±5.01^b	3.06±1.73^a
	31	甲基环戊烷	2.54±0.86^a	2.80±1.04^a
	32	3-甲基戊烷	ND	1.75±0.32
	33	癸烷	0.73±0.42	ND
其他	34	苯酚	ND	2.67±1.59
	35	正己酸乙酯	1.54±0.54^a	4.88±2.40^b
	36	2-乙基丁酸烯丙酯	1.53±0.77^a	4.63±1.46^b
	37	N,N-二丁基甲酰胺	3.24±1.88	ND
	38	苯并噻唑	4.01±1.03	ND

注：同行不同小写字母肩注代表差异显著，相同或无字母代表差异不显著；"ND"代表未检测出。

阈值的高低决定了香味的浓郁程度，只有气味阈值低的挥发性成分才能对风味做出直接贡献。通过挥发性成分的相对含量及阈值判断，癸醛在苏尼特羊肉中相对含量较高，且阈值为0.1μg/kg，对苏尼特羊肉的风味贡献最大，因此定义癸醛为两组羊肉的关键风味物质（$ROAV_{stan}=100$）。根据挥发性物质的ROAV值共筛选出19种关键风味物质，其结果如表3-84所示。

表3-84 关键风味物质及对应ROAV值

序号	中文名称	阈值/($\mu g/kg$)	香型	ROAV	
				乳酸菌组	对照组
1	戊醛	12	麦芽香、烤坚果味	ND	0.582
2	己醛	4.5	鲜草	23.546	11.818
3	苯甲醛	350	坚果、杏仁	ND	0.025
4	庚醛	3	脂肪、花香、柑橘	11.273	11.440
5	反-2-辛烯醛	3	油脂香、肉	ND	2.197
6	辛醛	0.7	甜香、淡脂香	47.994	38.150
7	壬醛	1	脂肪、青草香	47.978	77.614

续表

序号	中文名称	阈值/(μg/kg)	香型	ROAV 乳酸菌组	ROAV 对照组
8	癸醛	0.1	橡胶味、油脂香	100	100
9	反-2-癸烯醛	0.3	水果味	24.719	22.159
10	十一醛	5	花香、柑橘味	1.011	ND
11	十二醛	0.53	脂肪、洋葱、橙子味	13.568	ND
12	正己醇	500	花、脂肪	0.065	0.071
13	1-戊醇	4000	面包香、果香、酒香	0.013	0.015
14	庚醇	520	脂肪、酒香	0.070	0.064
15	1-辛烯-3-醇	1	蘑菇香、玫瑰	77.640	ND
16	1-辛醇	126	脂肪、蜡质、坚果	0.440	ND
17	3-羟基-2-丁酮	55	黄油、脂肪	0.151	ND
18	2-庚酮	140	香蕉味	0.072	0.060
19	苯酚	3.9	甜香味	ND	3.890

注："ND"代表未检测出。

醛类物质对风味形成具有重要作用。己醛是不饱和脂肪酸的氧化产物,可作为两组羊肉的关键风味物质(ROAV>1),赋予羊肉独特的青草味。庚醛、辛醛和壬醛在两组羊肉的风味中均是关键物质(ROAV>1),为羊肉提供脂肪香、花香和青草气息。由表3-83可知,对照组庚醛、辛醛的含量显著高于乳酸菌组($P<0.05$),其原因可能是日粮添加乳酸菌提高了苏尼特羊的抗氧化能力,从而降低了不饱和脂肪酸的氧化程度。戊醛可对对照组羊肉的风味起到修饰作用(0.1≤ROAV<1),但在乳酸菌组中未检测到。由表3-83可知,对照组的壬醛相对含量显著高于乳酸菌组($P<0.05$),这表明对照组羊肉有更浓的油脂味,这也说明饲粮中加入乳酸菌能有效抑制肉质氧化。反-2-癸烯醛呈现清新的水果气息,为苏尼特羊肉带来独特风味,两组羊肉中反-2-癸烯醛的ROAV值都大于1,是具有重要修饰作用的风味物质。十一醛(花香、柑橘味)和十二醛(脂肪香、洋葱、橙子味)仅在乳酸菌组中检测到,说明日粮添加乳酸菌丰富了羊肉的风味物质种类,使羊肉的风味更协调。

醇类主要由肌肉中的共轭亚油酸被脂肪氧合酶和氢过氧化酶降解产生。醇类阈值较高,对肉香的贡献不如醛类,但也会左右风味的形成。正己醇、1-戊醇和庚醇对羊肉风味无明显贡献。1-辛醇和1-辛烯-3-醇仅在乳酸菌组中检测到,前者提升了羊肉的坚果和黄油味,后者是亚油酸和花生四烯酸的氧化产物,在乳酸菌组中是关键风味物质,其ROAV值达到77以上,赋予羊肉浓郁的蘑菇香和玫瑰气味。

酮类化合物是脂肪氧化的另一种产物,由不饱和脂肪酸氧化产生。酮类对风味的贡献要小于醛类和醇类,但对羊肉的风味形成具有不可替代的作用。二酮类化合物是美拉德反应最初阶段的产物,能为肉制品提供肉香和黄油香;3-羟基-2-丁酮对乳酸菌组羊肉具有重要修饰作用($0.1 \leq ROAV<1$)。

烃类可分为烷烃和芳香烃,对肉的风味贡献较小,但对肉的香味起到加和作用,其中有香味的烃为脂质热降解产生,也可在烷基自由基的脂质氧化或类胡萝卜素的分解中生成。苯酚呈现甜香气味,仅在对照组中检测到,且是对照组的关键风味物质($ROAV>1$)。

总体上,在苏尼特羊饲粮中添加乳酸菌可改善羊肉风味的种类和相对含量。对照组羊肉的特征风味为油脂、青草和甜香气味;乳酸菌组为鲜草、柑橘、洋葱、玫瑰、花香、淡脂香和蘑菇香,因此日粮添加乳酸菌组丰富了羊肉气味。

(二)植物乳植杆菌对羊肉品质的影响

通过前期饲喂复合菌株(植物乳植杆菌+副干酪乳杆菌)的研究发现其对肉品质有明显的改善作用,但并不明确发挥作用的菌株,因此进一步对复合乳杆菌之一的植物乳植杆菌进行研究。选取来自乌拉特中旗顺遂农牧专业合作社的体况良好、平均体重为(19.77 ± 3.94)kg 的 3 月龄苏尼特羊 12 只,随机分为对照组和植物乳植杆菌组,每组 6 只。对照组饲喂基础日粮(以玉米、精饲料为主),不含任何抗生素。植物乳植杆菌组在对照组日粮的基础上补充植物乳植杆菌($3\times10^{10}CFU/g$),添加水平为 2g/只,每日饲喂 1 次。预实验期为 7d,正式试验期为 90d,试验期间自由饮水。植物乳植杆菌购于山东宝来利来生物工程股份有限公司。喂养试验结束后以背最长肌为样本进行肉品质检测。

1. 生长性能和屠宰性能

日粮添加植物乳植杆菌对苏尼特羊生长性能和屠宰性能的影响如表 3-85 所示。研究发现,日粮添加植物乳植杆菌对苏尼特羊的屠宰率、体重增长、眼肌面积、背膘厚度等均无显著影响($P>0.05$)。说明植物乳植杆菌对苏尼特羊的生长性能和屠宰性能无明显作用。

表 3-85 日粮添加植物乳植杆菌对苏尼特羊(6 月龄)生长性能和屠宰性能的影响

指标	植物乳植杆菌组	对照组
初始体重/kg	21.27 ± 3.46^a	19.02 ± 4.26^a
活体质量/kg	34.13 ± 5.65^a	35.25 ± 5.09^a
胴体质量/kg	15.57 ± 3.15^a	16.52 ± 2.93^a
胴体高/cm	72.83 ± 5.08^a	72.33 ± 3.52^a
胴体深/cm	19.17 ± 0.75^a	18.50 ± 0.90^a
背膘厚/mm	5.53 ± 2.52^a	4.40 ± 0.99^a
屠宰率/%	45.32 ± 2.97^a	46.67 ± 2.07^a
眼肌面积/cm^2	13.44 ± 1.93^a	13.67 ± 2.32^a

注:同行不同小写字母肩注表示差异显著($P<0.05$),相同表示差异不显著($P>0.05$)。

2. 食用品质

植物乳植杆菌对苏尼特羊食用品质的影响如表 3-86 所示。与对照组相比，植物乳植杆菌组的 pH_{24h} 显著升高（$P<0.05$），蒸煮损失和剪切力值显著降低（$P<0.05$）。日粮添加植物乳植杆菌对苏尼特羊色泽和 pH_{45min} 均无显著影响（$P>0.05$）。研究发现，用乳酸菌发酵的饲粮饲喂育肥猪，育肥猪的日增重显著增加，料肉比显著降低，同时增加了肌肉的 L^* 和 a^*，降低了肌肉的剪切力值，改善了肉的色泽和嫩度（徐秀景等，2018）。研究表明，给生长育肥猪添加 100 mL 的乳酸菌液，可以改善肌肉的嫩度，并且有改善肌肉滋味的趋势（张天阳，2013）。乳酸菌制剂可以显著增加育肥猪背最长肌的眼肌面积和 a^*，降低蒸煮损失。研究表明，乳酸菌在促进肌纤维类型转化、改善肌肉力量和肌肉抗疲劳能力也有很大的作用。作者团队研究发现乳酸菌提高了苏尼特羊背最长肌氧化型肌纤维的比例，增加了Ⅰ型肌纤维的直径和横截面积，增强了肌肉的有氧代谢能力（详见第四章）。植物乳植杆菌组的剪切力值显著低于对照组，这可能是由于该组中氧化型肌纤维比例高。pH_{45min} 在两组之间无显著性差异，静置排酸 24h 后，植物乳植杆菌组的 pH_{24h} 显著高于对照组，分析其原因，可能是乳酸菌减弱了细胞的无氧酵解能力，因此产生的乳酸减少，pH 下降速度变慢。Ryu（2006）研究表明，Ⅰ型肌纤维的数量与滴水损失呈负相关，这与本试验中植物乳植杆菌组氧化型肌纤维比例高、蒸煮损失较低的结果相一致。

表 3-86 日粮添加植物乳植杆菌对苏尼特羊（6月龄）肉品质的影响

指标	植物乳植杆菌组	对照组
L^*	34.77 ± 3.15^a	34.58 ± 2.45^a
a^*	20.05 ± 2.59^a	20.46 ± 1.13^a
b^*	3.57 ± 1.19^a	3.99 ± 0.61^a
pH_{45min}	6.43 ± 0.28^a	6.46 ± 0.25^a
pH_{24h}	5.44 ± 0.03^a	5.30 ± 0.07^b
蒸煮损失/%	28.49 ± 1.63^b	33.73 ± 2.54^a
剪切力/N	46.62 ± 1.90^b	64.22 ± 10.11^a

注：同行不同小写字母肩注表示差异显著（$P<0.05$），相同表示差异不显著（$P>0.05$）。

（三）丁酸梭菌对羊肉品质的影响

作者团队前期在日粮添加植物乳植杆菌对苏尼特羊的肉品质研究中发现，植物乳植杆菌的添加能够明显改善羊肉品质，使肠道菌群内容物短链脂肪酸（丁酸）的含量显著增加，影响肠上皮上的 G 蛋白家族，进而参与脂肪/蛋白质代谢，结果引导我们进一步关注丁酸。而丁酸梭菌是一种能够产丁酸的益生菌，因此采用该菌株进行肉品质的影响研究。选取来自内蒙古自治区呼和浩特市和林格尔县养殖场健康无病且体重相近的 3 月龄小尾寒羊母羊共 18 只，完全随机设计试验，将其分为对照组和丁酸梭菌组，每组 9 只。对照组饲喂基础日粮；丁酸梭菌组在对照组日粮的基础上每只羊每天补充 5g 丁酸梭菌，试验所用丁酸梭菌的活菌数为 $5.0×10^8 CFU/g$，购买自山东宝来利来生物工程有限公司。预试期为 7d，正式试验期为 90d。对选取的绵羊进行屠宰，屠宰后取背最长肌作为试验材料进行后续试验。

1. 生长性能与屠宰性能

丁酸梭菌对小尾寒羊的生长性能及屠宰性能的影响如表 3-87 所示。用丁酸梭菌饲喂小尾寒羊 90d 后，小尾寒羊的终末体重及平均日增重显著增大（$P<0.05$）。韦区（2020）在实验中发现，鸡在散养条件下通过日粮补充益生菌可显著提高平均日增重。陈振等（2017）的研究结果表明复合益生菌的添加可显著改善仔猪的生长性能。Estienne 等（2005）同样发现益生菌的添加可以提高猪的平均日增重。研究表明益生菌可产生丁酸、乙酸等短链脂肪酸进而降低肠道的 pH，抑制有害菌的生长，从而有助于提高消化酶活性；此外，益生菌还可产生维生素、氨基酸、淀粉酶、纤维素酶及木聚糖酶等多种物质改善瘤胃的内环境，促进机体对营养物质的吸收，通过提高饲料转化率来提高动物的生长性能。

由表 3-87 可知，与对照组相比，丁酸梭菌组小尾寒羊的胴体高显著增大（$P<0.05$），胴体质量、胴体深及眼肌面积均有所提高，但无显著差异（$P>0.05$），说明日粮添加丁酸梭菌可改善小尾寒羊的屠宰性能，究其原因可能是丁酸梭菌产生的多种消化酶有利于调节机体对日粮中营养物质的消化吸收，提高饲料利用效率，同时有助于加快非蛋白氮转化合成菌体蛋白，改善饲料品质，从而影响小尾寒羊的屠宰性能及胴体品质（Perre et al.，2010）。张方（2021）研究发现，日粮补充复合益生菌制剂可提高肉牛的胴体质量、屠宰率、眼肌面积等指标。作者团队研究结果表明丁酸梭菌组的背膘厚低于对照组（$P>0.05$），说明丁酸梭菌有降低小尾寒羊脂肪沉积的趋势，这可能是因为丁酸梭菌进入肠道后可产生不同种类的短链脂肪酸，这些短链脂肪酸会影响整个机体的脂肪代谢，进而降低背膘厚（刘松珍等，2013）。

表 3-87 丁酸梭菌对小尾寒羊（6月龄）生长性能及屠宰性能的影响

指标		丁酸梭菌组	对照组
生长性能	初始体重/kg	$27.18±2.38^a$	$27.75±1.52^a$
	终末体重/kg	$50.11±3.95^a$	$43.16±4.66^b$
	平均日增重/kg	$0.20±0.03^a$	$0.15±0.01^b$
屠宰性能	胴体质量/kg	$24.73±3.32^a$	$23.03±2.88^a$
	胴体高/cm	$82.00±1.77^a$	$78.74±3.64^b$
	胴体深/cm	$22.99±1.15^a$	$22.28±1.83^a$
	屠宰率/%	$49.35±4.64^a$	$53.35±2.34^a$
	背膘厚/mm	$5.82±0.78^a$	$6.78±0.87^a$
	眼肌面积/cm²	$14.28±1.93^a$	$14.07±1.98^a$

注：同行不同小写字母肩注表示差异显著（$P<0.05$），相同表示差异不显著（$P>0.05$）。

2. 食用品质

丁酸梭菌对小尾寒羊食用品质的影响如表 3-88 所示。丁酸梭菌组小尾寒羊肉的 pH_{24h} 显著低于对照组（$P<0.05$）。有研究表明，益生菌可通过提高畜禽体的抗氧化能力进而改善肌肉色泽。作者团队发现丁酸梭菌组的 b^* 低于对照组（$P<0.05$），而 a^* 高于对照组（$P>0.05$），说明日粮添加丁酸梭菌可在一定程度上改善羊肉色泽。Česlovas 等（2005）发现日粮中添加益生菌可降低猪肉的蒸煮损失并提高肉质保水性。试验发现丁酸梭菌组的蒸煮损失显著降低（$P<0.05$），且剪切力低于对照组（$P>0.05$），表明丁酸梭菌可通过保持肌肉水分使羊肉更加柔嫩多汁。研究结果显示日粮中补充丁酸梭菌后，小尾寒羊肉的剪切力值显著降低，肌内脂肪含量显著提高。胡亦清（2021）的研究结果也表明日粮补充益生菌可诱导山羊肌肉中Ⅰ型肌纤维形成并降低剪切力值，因此益生菌对剪切力值的改善作用可能与动物体肌内脂肪含量提高及Ⅰ型肌纤维的形成有关。

表 3-88　丁酸梭菌对小尾寒羊（6月龄）肉品质的影响

指标	对照组	丁酸梭菌组
pH_{45min}	6.92±0.19[a]	6.76±0.20[a]
pH_{24h}	5.83±0.18[a]	5.64±0.13[b]
L^*	34.27±3.24[a]	32.76±1.97[a]
a^*	16.49±1.68[a]	18.84±2.03[a]
b^*	4.46±0.75[a]	3.64±0.80[b]
蒸煮损失/%	23.41±2.03[a]	20.96±1.43[b]
剪切力/N	88.03±5.52[a]	82.19±3.85[a]

注：同行不同小写字母肩注表示差异显著（$P<0.05$），相同表示差异不显著（$P>0.05$）。

3. 风味

（1）气味　电子鼻可以灵敏获取肉制品中的气味信息，对羊肉的风味轮廓进行综合分析，挥发性化合物发生细微的变化均可能导致传感器响应差异（王靖等，2017）。绵羊背最长肌电子鼻10个传感器在两组羊肉中的气味响应值结果如表3-89所示。W5S、W6S、W1S、W1W、W2S、W2W 和 W3S 传感器的气味响应值均在1以上，是评判羊肉气味特征的主要指标，表明上述传感器对应的风味物质含量较多。

从雷达图可以看出，两组羊肉中 W5S、W1S 和 W2S 的响应强度明显高于其他传感器，其中 W5S 传感器对氮氧化物灵敏，W1S 对甲基类灵敏，W2S 对醇、醛和酮类灵敏，说明两组羊肉中氮氧化合物、甲烷及醇、醛和酮类等芳香化合物含量较高。基于电子鼻技术可以有效地区分不同日粮羊肉的风味，添加丁酸梭菌能够影响羊肉的风味轮廓。由表 3-89 可知，丁酸梭菌的添加显著提高绵羊背最长肌 W3C、W6S 和 W5C 响应值（$P<0.05$），W3C 传感器对芳香族成分灵敏，W6S 对氢化物有选择性，W5C 传感器对烷烃类化合物灵敏，说明丁酸梭菌可使绵羊背最长肌中芳香族成分、氢化物和烷烃类化合物含量更加丰富。

表 3-89　丁酸梭菌对小尾寒羊气味响应值的影响

传感器名称	丁酸梭菌组	对照组
W1C	0.58±0.11[a]	0.49±0.09[a]
W5S	2.48±0.13[a]	2.06±0.56[a]
W3C	0.81±0.06[a]	0.72±0.06[b]
W6S	1.21±0.04[a]	1.16±0.02[b]
W5C	0.86±0.05[a]	0.78±0.06[b]
W1S	2.70±0.36[a]	2.53±0.37[a]
W1W	1.38±0.10[a]	1.30±0.14[a]
W2S	1.77±0.20[a]	1.67±0.14[a]
W2W	1.03±0.02[a]	1.04±0.02[a]
W3S	1.35±0.04[a]	1.32±0.05[a]

注：同行不同小写字母肩注表示差异显著（$P<0.05$），相同表示差异不显著（$P>0.05$）。

（2）挥发性风味　羊肉中挥发性风味物质是前体物质经蛋白质降解、美拉德反应及脂质氧化等过程所产生的化合物相互作用形成的。有研究指出益生菌的部分代谢物可由动物体吸收并沉积在肌肉中，间接影响肉中挥发性风味物质的生成。试验选用 ROAV 值来确定羊肉中的关键风味物质，并结合各种物质的气味阈值进行分析，结果如图 3-47、表 3-90、表 3-91 所示。两组羊肉共检测出 51 种挥发性风味物质，其中醛类物质 12 种，主要包括辛醛、壬醛和癸醛等；醇类物质 15 种，主要包括 1-辛烯-3-醇、1-辛醇和 2-乙基-1-己醇等；酮类物质 2 种；烃类物质 9 种；酸类物质 5 种；其他物质 8 种。对照组羊肉中风味物质有 38 种，而丁酸梭菌组有 41 种，表明丁酸梭菌的补充丰富了羊肉中风味物质的种类，Wang 等（2017）也通过实验证实益生菌可增加肉中风味物质的种类，使羊肉的风味更加饱满。两组羊肉中癸醛的相对含量较高，且阈值较低（0.1μg/kg），对风味贡献作用最大，因此定义癸醛为两组羊肉的关键风味物质（$ROAV_{stan}=100$）。$ROAV \geqslant 1$ 的挥发性物质为羊肉中的关键风味物质，$0.1 \leqslant ROAV<1$ 的物质对羊肉风味有重要修饰作用，研究表明 ROAV 值越大代表对整体风味贡献越大。

辛醛具有甜香味和淡脂香味，壬醛具有青草香味，均是两组羊肉的关键风味物质（$ROAV>1$）。己醛和庚醛对两组羊肉风味的形成具有重要的修饰作用（$0.1 \leqslant ROAV<1$），可赋予羊肉鲜草味、油脂味、花香和柑橘味。结合表 3-90 的结果可知丁酸梭菌组己醛、壬醛和癸醛含量显著低于对照组（$P<0.05$）。肌肉蛋白包括肌原纤维蛋白、肌球蛋白和肌浆蛋白等，其中肌原纤维蛋白氨基酸侧链具有多样性，能够与不同种类的挥发性风味物质相结合。研究表明肌原纤维蛋白与各类风味物质相互作用的能力不同，周昌瑜等（2016）证实一定浓度的肌原纤维蛋白可对醛类物质产生物理吸附，进而影响风味物质的释放。因

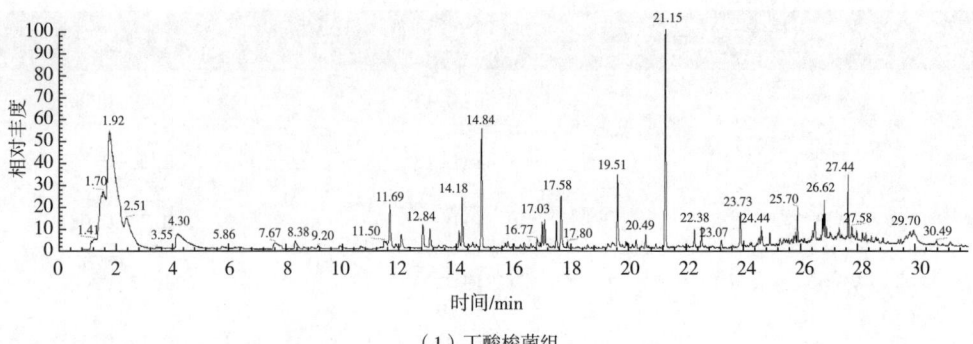

(1)丁酸梭菌组

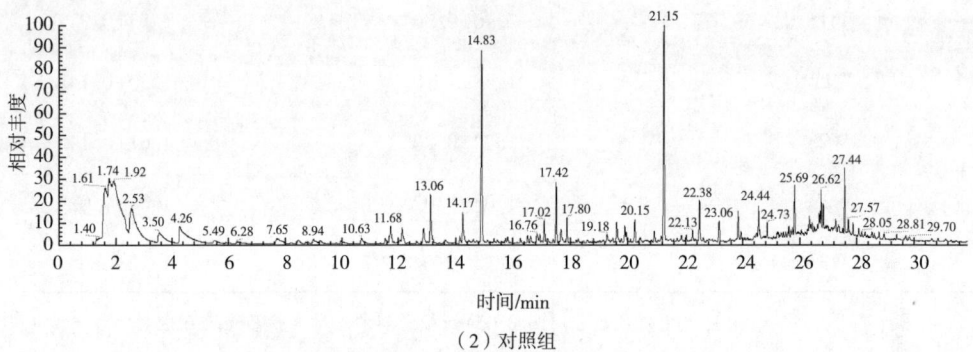

(2)对照组

图3-47 小尾寒羊挥发性风味物质色谱图

此可以推测,丁酸梭菌的添加促进了肌原纤维蛋白的生成,肌原纤维蛋白进一步对己醛、癸醛产生较强的物理吸附作用,导致其含量下降。苯甲醛是芳香族氨基酸——苯丙氨酸降解产生的风味物质,与蛋白质代谢密切相关,在两组中均检测到,且其相对含量呈现丁酸梭菌组高于对照组的趋势($P>0.05$),说明日粮添加丁酸梭菌可通过调控氨基酸代谢影响羊肉风味。反-2-壬烯醛和反-2-癸烯醛散发黄瓜、柑橘、脂肪香气和水果味,对两组羊肉的风味起到关键作用(ROAV>1),从表3-90可知,两种物质在对照组中的相对含量均显著高于丁酸梭菌组($P<0.05$)。十一醛(花香、柑橘味)对两组羊肉风味发挥重要修饰作用($0.1 \leqslant ROAV<1$),十二醛(脂肪香、洋葱和橙子味)是两组羊肉的关键风味物质(ROAV>1),且丁酸梭菌组十二醛相对含量为2.56%,显著高于对照组($P<0.05$),表明丁酸梭菌的添加可赋予羊肉更强的洋葱香和橙子香味。

表3-90 丁酸梭菌对小尾寒羊挥发性风味物质的影响

种类	序号	中文名称	相对含量/%	
			丁酸梭菌组	对照组
醛类	1	己醛	0.43 ± 0.09^b	0.89 ± 0.10^a
	2	苯甲醛	0.78 ± 0.04^a	0.75 ± 0.08^a
	3	庚醛	0.37 ± 0.06^b	0.83 ± 0.13^a

续表

种类	序号	中文名称	相对含量/%	
			丁酸梭菌组	对照组
醛类	4	辛醛	2.09±0.26^a	2.16±0.35^a
	5	壬醛	10.40±1.96^b	22.81±2.36^a
	6	反-2-壬烯醛	0.29±0.06^b	0.62±0.10^a
	7	癸醛	1.53±0.27^b	4.31±0.71^a
	8	反-2-癸烯醛	0.43±0.10^b	0.66±0.10^a
	9	十一醛	0.51±0.13^a	0.56±0.20^a
	10	十二醛	2.56±0.34^a	1.43±0.29^b
	11	十四醛	4.19±0.94	ND
	12	10-十八醛	0.59±0.03^a	0.41±0.06^b
醇类	13	1-戊醇	0.75±0.14	ND
	14	1-己醇	0.70±0.18^b	1.03±0.24^a
	15	1-庚醇	1.11±0.36^a	1.06±0.25^a
	16	1-辛烯-3-醇	8.11±1.47^a	4.40±1.33^b
	17	2-乙基-1-己醇	2.74±0.42^b	8.36±1.12^a
	18	顺-2-辛烯-1-醇	2.50±0.55	ND
	19	反-2-辛烯-1-醇	ND	1.24±0.40
	20	1-辛醇	6.82±0.93^a	5.64±0.63^b
	21	2-癸烯-1-醇	ND	0.80±0.08
	22	S-3,7-二甲基-7-辛烯-1-醇	1.43±0.22	ND
	23	1-壬醛	ND	1.67±0.26
	24	1-十二烯-3-醇	ND	0.27±0.09
	25	1-十二醇	3.71±0.93^b	5.19±1.04^a
	26	2-甲基-1-十六烷醇	1.42±0.37^a	0.65±0.21^b
	27	2-十六醇	0.29±0.11^a	0.28±0.12^a
酮类	28	2-庚酮	0.53±0.12	ND
	29	苯乙酮	ND	0.91±0.13
烃类	30	二乙氧基甲烷	ND	2.77±0.86
	31	苯酚	4.94±0.94^a	3.98±0.42^a
	32	十二烷	ND	2.00±0.38
	33	2,6,11-三甲基十二烷	0.50±0.17^b	1.91±0.29^a
	34	2,6,10-三甲基十四烷	0.70±0.18^a	0.71±0.19^a
	35	十三烷	0.49±0.18^b	2.20±0.37^a
	36	十四烷	0.65±0.15^b	3.51±0.56^a
	37	十六烷	1.51±0.10	ND
	38	十九烷	1.47±0.34^b	2.56±0.48^a

续表

种类	序号	中文名称	相对含量/%	
			丁酸梭菌组	对照组
酸类	39	二脲基乙酸	5.93±1.85	ND
	40	壬酸	1.17±0.04	ND
	41	3-羟基十二烷酸	ND	0.66±0.10
	42	9-十六烯酸	0.41±0.23^a	0.46±0.08^a
	43	油酸	ND	0.89±0.25
其他	44	乳酰胺	11.68±1.63	ND
	45	乙酸乙酯	ND	6.54±1.36
	46	2-乙基丁酸烯丙酯	1.61±0.39	ND
	47	二丁基亚硝胺	0.39±0.16	ND
	48	N,N-二丁基甲酰胺	6.96±1.57^b	12.71±1.56^a
	49	壬酸乙酯	0.28±0.08	ND
	50	邻苯二甲酸丁基烷基酯	0.78±0.22	ND
	51	十六酸乙酯	0.44±0.05^b	0.59±0.04^a

注：同行小写字母不同表示差异显著（$P<0.05$）；"ND"代表在样品中未检出。

由表3-91可知，醇类中仅1-辛烯-3-醇对两组羊肉风味发挥关键作用（ROAV>1），可赋予羊肉类似蘑菇和玫瑰的香味。1-辛醇具有脂肪、蜡质和坚果香味，对羊肉风味起到修饰作用（0.1≤ROAV<1）。丁酸梭菌组1-辛烯-3-醇和1-辛醇的相对含量均显著高于对照组（$P<0.05$），说明日粮添加丁酸梭菌可使羊肉的蘑菇香和坚果香等风味得到提升。

表3-91 关键风味物质及对应ROAV值

种类	序号	中文名称	阈值/(μg/kg)	香味	ROAV	
					丁酸梭菌组	对照组
醛类	1	己醛	4.5	鲜草	0.625	0.459
	2	苯甲醛	350	坚果、杏仁、焦糖味	0.015	0.005
	3	庚醛	3	脂肪、花香、柑橘	0.806	0.642
	4	辛醛	0.7	甜香、淡脂香	19.514	7.159
	5	壬醛	1	脂肪香、青草香	67.974	52.923
	6	反-2-壬烯醛	0.08	黄瓜、醛、柑橘、脂肪	23.693	17.981
	7	癸醛	0.1	橡胶味、油脂香	100	100
	8	反-2-癸烯醛	0.3	水果味	9.368	5.104
	9	十一醛	5	花香、柑橘味	0.667	0.260
	10	十二醛	0.53	脂肪、洋葱、橙子味	31.570	6.260

续表

种类	序号	中文名称	阈值/($\mu g/kg$)	香味	ROAV 丁酸梭菌组	ROAV 对照组
醇类	11	2-戊醇	4000	面包香、果香、酒香	0.001	ND
	12	2-己醇	500	花、脂肪	0.009	0.005
	13	2-庚醇	520	脂肪、酒香	0.014	0.005
	14	1-辛烯-3-醇	1	蘑菇香、青草味、油脂味、玫瑰	53.007	10.209
	15	2-乙基-1-己醇	270000	蘑菇香	<0.001	<0.001
	16	1-辛醇	126	脂肪、蜡质、坚果	0.354	0.104
	17	1-壬醛	50	橙香、油脂味	ND	0.077
酮类	18	2-庚酮	140	香蕉味	0.025	ND
	19	苯乙酮	65	杏仁香、甜香	ND	0.032
烃类	20	苯酚	3.9	甜香味	8.279	2.368
酸类	21	壬酸	3000	脂肪香、椰子香	0.003	ND
其他	22	乙酸乙酯	5	果香	ND	3.035

注:"ND"代表在样品中未检出。

2-庚酮由亚油酸氧化产生,呈香蕉味,仅在丁酸梭菌组中检出,苯乙酮具有杏仁和甜香味,仅在对照组中检出。烃类物质主要来自于脂肪酸烷氧自由基的断裂,对于羊肉风味的形成有加和作用。苯酚是酪氨酸代谢产生的烃类物质,具有甜香味,是两组羊肉风味的关键物质(ROAV>1),日粮添加丁酸梭菌有提高苯酚含量的趋势。酯类物质主要产生于醇和酸的酯化反应,部分内酯来自羟基羧酸分子内酯化反应。乙酸乙酯呈果香,仅在对照组检出,且对羊肉风味发挥关键作用(ROAV>1)。

总体上,羊肉的关键风味物质包括辛醛、壬醛、反-2-壬烯醛、癸醛、反-2-癸烯醛、十二醛、1-辛烯-3-醇、苯酚。对照组羊肉的特征风味为黄瓜味、脂肪香、水果味、橡胶味、青草香和甜香;丁酸梭菌组为水果味、洋葱味、脂肪香、甜香、蘑菇香、青草味和玫瑰香,因此日粮补充丁酸梭菌可丰富羊肉的洋葱、蘑菇香和玫瑰香气味,使得羊肉中的风味特征更加丰富。

(3) 滋味 肉的滋味主要取决于动物体内游离氨基酸、小分子肽以及无机盐等物质含量,一般采用电子舌进行测定。表3-92为丁酸梭菌对小尾寒羊肉滋味响应值的影响,共检测出九种味觉指标(甜味、咸味、鲜味、苦味、涩味、苦味回味、涩味回味、酸味和丰度),两组羊肉的咸味、鲜味和丰度响应值均高于无味点,判定以上味道可以作为小尾寒羊滋味的评价指标。

咸味主要受动物细胞内外的钾离子、钠离子浓度所影响。丁酸梭菌组的咸味响应值强度显著高于对照组($P<0.05$),可能是丁酸梭菌的添加通过影响绵羊细胞内外钾离子、钠离子浓度差从而调节肉的咸味。鲜味是肉品风味的重要指标,主要取决于核苷酸、氨基酸等鲜味物质的含量,丰度是鲜的回味,试验中丁酸梭菌组背最长肌鲜味响应值显著高于对

照组（$P<0.05$），丰度也有高于对照组的趋势（$P>0.05$），因此可以判定日粮补充丁酸梭菌可使羊肉味道更加鲜美，滋味更好。

表3-92 丁酸梭菌对小尾寒羊滋味响应值的影响

滋味	丁酸梭菌组	对照组
酸味	-29.3 ± 0.59^a	-28.94 ± 0.50^a
苦味	-6.56 ± 0.06^a	-6.46 ± 0.15^a
涩味	-5.14 ± 0.29^a	-5.59 ± 0.03^b
苦味回味	-0.67 ± 0.13^a	-0.71 ± 0.13^a
涩味回味	-0.44 ± 0.09^a	-0.24 ± 0.09^a
丰度	2.41 ± 0.15^a	1.80 ± 0.35^a
咸味	13.55 ± 0.24^a	12.86 ± 0.47^b
鲜味	3.76 ± 0.06^a	3.61 ± 0.10^b
甜味	-4.78 ± 0.10^a	-4.58 ± 0.27^a

注：同行不同小写字母肩注表示差异显著（$P<0.05$），相同表示差异不显著（$P>0.05$）。

五、运动对羊肉品质的影响

为改善舍饲羊的品质问题，作者团队前期主要对舍饲羊的日粮进行了调整，研究发现日粮添加亚麻籽、精氨酸及乳酸菌均能使肉质得到改善。而对比舍饲和放牧两种饲养方式，其不仅在日粮上有所差异，运动量上也有所不同。适宜的运动可增强动物脂肪代谢水平，调节机体能量代谢平衡，影响动物骨骼发育等。因此，作者团队在内蒙古自治区乌拉特中旗牧区挑选14只体重相近、健康无病的苏尼特羊，随机分为对照组及运动组两组，每组7只。在相同的羊舍集中饲养，其中控制运动组每日运动公里数6km以上。两组苏尼特羊饮食均以青贮饲料、精饲料为主，饲喂期间自由饮水。90d试验期结束后取背最长肌及股二头肌进行屠宰性能、胴体品质、食用品质及营养成分的测定。

（一）屠宰性能和胴体品质

运动对苏尼特羊屠宰性能和胴体品质的影响见表3-93。运动组的屠宰率显著低于对照组（$P<0.05$），且该组背膘厚低于对照组（$P<0.05$）。两组间的胴体质量、眼肌面积、净肉质量、净肉率等胴体品质和屠宰性能等指标均无显著性差异（$P>0.05$）。背膘厚作为胴体脂肪含量的重要标志，运动促使机体总能量消耗增加，脂肪酸氧化能力提高，增加脂肪代谢水平，减少了脂肪堆积。有研究表明运动可以降低生物体的体重和脂肪含量（林诚等，2017），与试验的结果相似。降低饲养密度，扩大活动空间，有助于改善苏尼特羊的生长性能和屠宰性能。此外，保证每天进行有规律的、适宜的运动可以增强动物机体健康免疫状况，改善动物体组织和器官的功能状态，同时调节动物机体骨骼肌能量代谢和脂肪代谢平衡，维持机体健康（李同明等，2016）。

表3-93 运动对苏尼特羊屠宰性能和胴体品质的影响

	指标	运动组	对照组
屠宰性能	初始体重/kg	21.05±1.63^a	18.83±2.87^a
	活体质量/kg	34.04±3.20^a	33.79±4.63^a
	棒骨质量/kg	0.49±0.04^a	0.46±0.05^a
	脊骨质量/kg	0.96±0.44^a	1.33±0.22^a
	肋骨质量/kg	0.33±0.05^a	0.31±0.05^a
	净肉质量/kg	13.86±0.33^a	12.23±0.49^a
	屠宰率/%	50.26±0.21^b	52.32±1.82^a
	净肉率/%	40.72±2.20^a	36.19±1.36^a
胴体品质	胴体质量/kg	17.11±1.91^a	17.68±2.71^a
	胴体高/cm	72.66±1.86^a	72.42±3.04^a
	胴体深/cm	18.83±0.75^a	18.71±0.75^a
	背膘厚/mm	4.85±0.83^b	6.03±0.60^a
	眼肌面积/cm^2	13.18±2.14^a	13.28±2.41^a

注：同行不同小写字母肩注表示差异显著（$P<0.05$），相同表示差异不显著（$P>0.05$）。

（二）食用品质

运动对苏尼特羊食用品质的影响如表3-94所示。在苏尼特羊背最长肌和股二头肌中，pH_{45min}表现为运动组显著低于对照组（$P<0.05$），静置排酸24h后，运动组苏尼特羊背最长肌、股二头肌的pH均显著高于对照组（$P<0.05$），可能是运动组苏尼特羊肌肉pH下降速率和回升速率较对照组更快，加快了肉的成熟速度。与对照组相比，运动组苏尼特羊背最长肌的L^*、a^*、b^*均显著降低（$P<0.05$），运动组苏尼特羊股二头肌的a^*显著高于对照组（$P<0.05$），L^*、b^*在股二头肌中无显著差异（$P>0.05$）。Jin等（2019）报道，在运动场中饲养的皖南三黄鸡腿肌a^*显著高于无运动场饲养的皖南三黄鸡，并且鸡肉风味物质含量也能得到有效改善。肉色会受到pH下降速率和程度的影响，肌肉pH较高表明氧化代谢增加、血红素色素较高，这可能是导致运动组股二头肌的a^*高于对照组的原因之一（Henckel，2000；Meyer et al.，2019）。运动对苏尼特羊背最长肌和股二头肌的蒸煮损失均无显著影响（$P>0.05$）。与对照组相比，运动组在两个部位的剪切力值均显著升高（$P<0.05$）。运动量增加能够促使动物的肌肉发育，从而导致肌纤维直径增粗、横截面积增大、密度降低，而剪切力与肌纤维的直径和横截面积均呈正相关，这也可能是苏尼特羊肌肉嫩度降低的原因。

表 3-94 运动对苏尼特羊食用品质的影响

指标	部位	运动组	对照组
pH_{45min}	背最长肌	6.13±0.19[b]	6.45±0.25[a]
	股二头肌	6.07±0.23[b]	6.48±0.22[a]
pH_{24h}	背最长肌	5.49±0.03[a]	5.30±0.07[b]
	股二头肌	5.66±0.09[a]	5.42±0.10[b]
L^*	背最长肌	31.74±1.19[b]	35.29±1.78[a]
	股二头肌	37.50±1.00[a]	36.75±2.37[a]
a^*	背最长肌	18.21±0.90[b]	20.35±1.20[a]
	股二头肌	22.11±1.21[a]	20.62±0.56[b]
b^*	背最长肌	2.91±0.44[b]	3.94±0.62[a]
	股二头肌	4.48±0.33[a]	4.14±0.41[a]
蒸煮损失/%	背最长肌	34.50±2.17[a]	33.83±2.59[a]
	股二头肌	34.75±1.25[a]	36.83±3.43[a]
剪切力/N	背最长肌	77.74±14.89[a]	66.17±13.98[b]
	股二头肌	67.72±10.44[a]	50.47±9.32[b]

注：同行不同小写字母肩注表示差异显著（$P<0.05$），相同表示差异不显著（$P>0.05$）。

（三）营养成分

运动对苏尼特羊营养成分的影响见表 3-95。运动组两部位的灰分含量均显著低于对照组（$P<0.05$），运动组背最长肌肌内脂肪含量显著低于对照组（$P<0.05$），蛋白质和水分含量在两组间无显著差异（$P>0.05$）。Marcus 等（2010）发现 12 周的运动会改善人体脂肪代谢紊乱，有效降低肌内脂肪的含量。肌内脂肪含量与肌肉中I型肌纤维的数量比例呈正相关，而与II$_B$型肌纤维的数量比例呈负相关（Joo et al.，2017；王丽莎等，2020）。加强运动可能使肌纤维类型发生改变，肌肉力量增加，最终导致羊肉嫩度变差（GANGNAT et al.，2016）。整体上，增加运动量不利于苏尼特羊肉的肌内脂肪蓄积且会降低灰分含量。

表 3-95 运动对苏尼特羊营养成分的影响   单位：%

营养指标	部位	运动组	对照组
水分	背最长肌	73.61±0.53[a]	73.65±1.04[a]
	股二头肌	73.75±1.07[a]	74.78±1.16[a]
灰分	背最长肌	1.54±0.22[b]	2.11±0.25[a]
	股二头肌	1.38±0.12[b]	2.08±0.28[a]

续表

营养指标	部位	运动组	对照组
脂肪	背最长肌	2.87±0.87[b]	3.61±0.68[a]
	股二头肌	2.38±0.45[a]	2.42±0.60[a]
蛋白质	背最长肌	22.48±1.18[a]	21.79±1.49[a]
	股二头肌	21.87±0.61[a]	22.09±1.20[a]

注：同行不同小写字母肩注表示差异显著（$P<0.05$），相同表示差异不显著（$P>0.05$）。

第三节 环境因素：环境与菌群结构

一、宰前处理

（一）动物福利

动物福利就是为了使动物可以在舒适的环境里健康幸福的生活；狭义上讲，动物福利的本质是能满足动物个体的舒适生存条件（郭欣，2022），提升动物福利是助力畜牧行业高质量发展的必要措施（袁军虎等，2022）。

在对羊进行饲养的过程中，如果没有采取科学合理的管理方案，就会影响羊的生长，同时也会发生各种常见的疾病（波拉提江等，2022）。部分养殖场会不顾粗饲料的霉变情况而进行投喂，造成霉菌毒素超标，严重者导致孕羊流产。部分粗饲料中常夹杂有碎薄膜、短绳、铁钉等杂物，导致羊食用后胃肠道堵塞或刮伤，身体消瘦甚至死亡。多数肉羊场很少对饮用水质进行安全检测和消毒处理，致使饮水中存在细菌、寄生虫等，造成羊只腹泻甚至引起其他多种疾病，导致羊群药残增大，食品安全风险上升。此外，肉羊肢蹄过长可能会导致行走不便甚至瘸腿，肉羊口疮病长期存在，会导致口腔疼痛、进食困难，严重危害肉羊的健康。

（二）宰前运输对肉品质的影响

畜禽在运输至屠宰厂的过程中，容易产生应激反应从而导致畜禽生理性状的改变以及影响宰后肉的感官品质。与我国含有动物运输内容的法律、法规、部门规章等不同的是，国外拥有专门的动物运输福利法，它们对动物运输车辆、运输动物的物种、生理阶段、年龄和性别分类、运输时间、拴系、中途饲喂和饮水、停车休息、装卸设施、驿站、运输记录装置、车辆地板、防疫、检疫等做了相应的细致规定（叶唯，2022）。如欧盟现行规定（EC No.1/2005）中将运输动物的饲喂间隔和饮水间隔分别修改为不超过24h和12h。与欧盟试图减少运输牛饲喂间隔的法规相反，新西兰则建议运输前的牛应禁食4~6h，他们认为这样能减少牛在运输过程中的粪便排放，进而改进运输牛的福利。

不合理的运输方式和运输时间都会引起畜禽体内水分流失，体重下降；强烈的应激反应还会导致畜禽糖原损失，使肉的最终 pH 过高，进而影响肉质。如陆运运输时畜禽会发生掉膘、擦伤，运输时狭小、密闭的空间还会造成畜禽窒息甚至死亡，所以如何安排和选择合理的运输时间及方式对于改善肉品质是很重要的。运输对动物的影响通常被称作运输应激，即在运输途中的禁食/限饲、环境变化（混群、密度、温度、湿度）、颠簸、心理压力等应激原的综合作用下，动物机体产生本能的适应性和防御性反应，这是影响畜禽肉品质的重要宰前因素之一。运输应激条件下，动物往往表现为呼吸急促、心跳加速、恐惧不安、性情急躁，体内的营养、水分大量消耗，并最终影响动物的生产性能、免疫水平和肉品品质。

有关研究显示，运输过程的疲劳和饥饿会引起畜禽肌肉中水分和糖原的减少，同时，饥饿也会导致畜禽之间的争斗，产生新的应激反应。所以运输时间较长时，应适量供给饲粮和水。

（三）宰前运输影响肉品质的可能因素

宰前运输一直被认为是一种会损害动物福利和影响肉品质的主要诱导应激因素（Huertas et al.，2018）。动物运输中经常会产生各种各样的生理刺激和心理刺激，破坏其体内平衡和新陈代谢，从而增加酶和激素的活动（van Engen et al.，2018），在装载运输过程中谨慎的操作、良好的设施、合适的装载密度和平稳的驾驶技术都可以将装载和运输初始阶段的应激反应降至最低（Wu et al.，2021）。

选择运输方式时应该考虑许多因素，其中成本很重要，但是必须根据运输的质量和潜在的损失进行衡量。我国肉羊运输距离长短不一，有短途的省内运输，也有产羊区向其他地区跨省的长途运输（内蒙古、新疆向山东、河北等地贩卖等）。目前，在运输过程中给水饲喂、挤压摩擦、环境及病毒方面常伴有应激（尚菲，2015）。由于运输环节不够规范，有的企业为了节省运输次数，加大运输密度，容易使羊产生热应激，机体的体温调节出现障碍，发生新陈代谢紊乱，导致机体免疫力下降。运输过程也存在仅仅为了追求时效而选择"走小路，抄近道"现象，因颠簸给肉羊机体带来损伤病害，造成不必要的损失。在进行肉羊运输时，首先要考虑运输工具，现在市场上的运输车结构上基本相似，采用仓栅式车厢体，在人们对肉品质要求提升背景下，运输车辆性能逐渐受到重视（梁粱，2014）。其次，运输时要有好的运输方案，选择路况较好的交通网，可以使肉羊避免因颠簸带来的机体损伤和群体应激反应。同时运输人员的选用也十分重要，肉羊转移过程难免受到颠簸、震摇、碰撞情况，如果严重就需要承运人下车检查，对出现病情羊只治疗。总之，运输前的准备工作越周到，肉羊的运输应激越少。随着我国产业升级优化，畜牧业发展也将迎来一次大的变革，肉羊运输作为研究的重要一环，在提高肉质、减少动物病痛环节具有较大研究价值。

运输过程也会影响畜禽宰后肌肉的变化。畜禽屠宰后，机体氧供应被切断，细胞的呼吸方式也由有氧呼吸变为无氧呼吸，肌糖原进行无氧酵解。一般认为，肌糖原的降解是糖酵解代谢的第一步。糖原磷酸化酶是参与糖分解的关键酶。糖原磷酸化酶通过断裂 1,4-糖苷键的连接，将葡萄糖分子从糖原链中移除（Yadgary et al.，2012）。同时，糖酵解代谢途径也受到一些限速酶的高度调控。己糖激酶是糖酵解途径中的第一个酶，可将葡萄糖转化为葡萄糖-6-磷酸。丙酮酸激酶和乳酸脱氢酶（lactate dehydrogenase，LDH）作为糖酵解途径的关键末端酶，在厌氧条件下将磷酸烯醇丙酮酸转化为丙酮酸并将丙酮酸转化为乳酸（Liu et al.，2015）。糖酵解过程中的糖原含量、糖酵解潜力及糖酵解酶活性均影响着宰后肌肉变化。运输过程加速了生猪体内 ATP 的耗竭，从而使机体处于低能量状态，进而导致 AMPK 激活，加快糖酵解，使 PSE 肉发生率升高（Johnson，2018）。Xing 等（2016）在肉鸡上的研究发现，宰前运输应激增加了宰后肌肉中乳酸含量，降低了肌肉 pH，增加了糖酵解过程中的 2,6-磷酸果糖酶活性，加速了肌肉的糖酵解。

在运输应激条件下，动物机体能量代谢加强，如葡萄糖、糖原等通过糖酵解作用补充能量，导致宰后肌肉中糖原和乳酸含量发生变化，从而影响肉品质。随着宰前运输时间的延长，肌肉剧烈收缩，无氧酵解反应增加，使产生的乳酸在肌肉中不断积累，导致肌肉 pH_{24h} 降低（Young et al.，2004）。此外，应激会使磷脂酶 A_2 活性增加，激发 Ca^{2+} 释放，造成线粒体和肌浆中 Ca^{2+} 浓度增加。Ca^{2+} 可激活肌原纤维 ATP 酶和磷酸化酶使得糖原酵解加剧，提高细胞内乳酸浓度，降低肌肉 pH。此外，在宰前运输应激条件下，自由基不断产生，活性氧增多，脂质氧化生成大量丙二醛。丙二醛是极活泼的交联剂，会使细胞发生交联从而失去活力，进而使肌肉对水的吸附能力下降。同时，蛋白质变性和脂质氧化会使细胞膜的正常结构和功能受到破坏，细胞内液释出。大量渗出液使肌肉表面潮湿，反射自然光能力增加，导致 L^* 增加（Beauclercq et al.，2016）。

宰前运输包括多种应激因素。作为动物屠宰前所经历的强度最大、时间较长的应激来源，其对动物机体的影响也渗透到各个方面，而其作用机制也很可能涵盖了已知的大部分应激信号转导通路。因此，对宰前运输的控制也应当着眼于对多种因素的综合控制。

（四）宰前休息对肉品质的影响

肉羊在适当的环境进行充分休息，有利于恢复宰前应激带来的疲劳和紧张，改善宰后羊肉品质。GB 18393—2001《牛羊屠宰产品品质检验规程》建议牛羊宰前应进入待宰圈禁食静养 12~24h，宰前 3h 停止供水。从养殖场到屠宰场这一段时间里，畜禽要经历驱赶、混群、上车、途中颠簸、下车等一系列过程，在此期间畜禽会产生大量的应激反应，这些应激对于动物的情绪以及新陈代谢都有很大的影响。过分疲劳及受热应激的畜禽在屠宰时易放血不净，而且宰后肉的品质（颜色、质构、保水性等）和保存性均不良。张林等（2009）认为在运输后，适当地休息一段时间对提高肉品质具有显著影响。合适的静养时间内，肌肉在糖酵解酶的作用下产生大量的乳酸，能够使 pH 在短时间内下降较快，激活内源性组织酶，加快成熟过程，肌组织降解完全，剪切力较低，嫩度大。

（五）宰前禁食对肉品质的影响

宰前禁食是指畜禽宰前的一定时间内停止饲喂饲料，但通常需要充足供水。禁食包括被动和主动两种情况，即在装卸、运输过程中不可避免的断料断水及屠宰前畜禽休息期人为控制的禁食供水。宰前禁食切断了动物外源能量的供应，引起体内能量储备的消耗，这可降低动物肌肉中的糖原含量，提高宰后肌肉的极限 pH，从而提高保水性（尹靖东，2011）。同时禁食降低了运输时排泄物及屠宰时破肠造成的胴体污染，有利于维护食品安全。另外，禁食期间供应的充足饮水，可以降低血液浓度，避免放血不良，提高放血合格率，从而提高肉的贮藏性。但也有研究者对宰前禁食达到的效果持有不同的观点，这是因为动物经过长时间运输（超过 10h 或更长）后再禁食会导致屠宰率下降，进而影响养殖者的经济效益，但对肉的品质没有显著的影响（Becker et al.，1989）。

（六）宰前致晕方式对肉品质的影响

致晕是指利用物理或化学方法使动物在无痛苦或痛苦较低的状态下失去知觉（昏迷或死亡），并且保证在后续的屠宰流程中不再苏醒。动物宰前致晕对屠宰和肉品加工业有着重大的影响，而且也是动物福利的重要组成部分。为了提高动物福利，实行人道屠宰，许多国家提倡宰前致晕。在发达国家和地区（如欧盟）由于人们对动物福利的重视，法律和标准对屠宰致晕过程有严格的要求（胥蕾等，2017）。如果家畜屠宰时不进行击晕，其神经就会受到恐怖、愤怒和痛苦等刺激，容易引起内脏的收缩，血液剧烈集流于肌肉内，致使放血不完全，降低肉的品质。

Zivotofsky 等（2012）认为，电致晕和人类医学上的"电休克疗法"很相似，而且动物的电致晕不可能针对个体准确地定位电极，不可能施加麻醉剂和肌肉松弛剂，所以可能导致电击遗漏、电击不当、恐惧、疼痛和肌肉损伤，这种痛苦应该比人类的电休克疗法更大。传统的水浴电致晕（电击晕）存在动物福利的问题，以及动物福利与肉品质的矛盾，因此目前控制气体击晕成为大规模集约化屠宰场的首要选择，其中多阶段逐步增加 CO_2 或逐步缺氧的低气压致晕系统在胴体和肉品质方面具有优势，但低气压致晕系统在确保畜禽无痛苦地死亡方面还未得到足够认可。

国内外关于不同击晕方式及不同击晕电压对不同动物肉品质的影响均进行了深入研究。Vergara 等（2000）采用 125V 电压击晕羔羊后宰杀，发现电击晕宰杀组与非击晕宰杀组的 pH_{45min}、pH_{24h} 及 pH_{8d} 差异均不显著，对肉色（L^*、a^*、b^*）、保水性、剪切力也没有影响。Petersen 等（1982）认为羊羔在宰前采用合理的电压进行击晕，可以减小其应激反应，减缓肌肉糖酵解速率，减少乳酸的生成，使肌肉 pH 下降速率减缓，进而降低 PSE 肉的发生，但随着成熟时间的延长，肌肉最终 pH 基本一致。然而宰前电击晕对肌肉嫩度的影响，有学者认为电击晕对羊肌肉嫩度无显著影响（Linares et al.，2007），而闫祥林等（2018）的研究发现，90V 电击晕组羊肉因 pH 快速下降而导致嫩度较差，成熟 7d 后，127V 和 220V 电击晕组的嫩度显著优于非击晕和 90V 电击晕组，原因可能是动物的深度击晕导致肌细胞结构被破坏及肌节断裂，剪切力值减小，同时肌细胞的破坏使其胞内酶大量外泄，改善了肉的嫩化过程。事实上，电击晕的电压、电流强度、频率、致晕时间等对肉品质都有显著影响，找到适当的电击晕方式至关重要。

二、应激反应

应激是指机体短期或长期受到体内或体外不同非特异性的、不良的、异常的胁迫因子刺激，引起机体非特异性的适应反应的总和，并且通过导致机体代谢和功能发生改变来维持体内环境的相对稳定。应激反应最早由加拿大科学家 Hans 研究发现，他认为应激是机体自带的一种生理反应，并非所有应激都绝对有害（Liste et al.，2009）。应激原（stressor）是指引起应激反应的各种刺激因素，从大的方面可以分为三类：外环境因素；机体的内在因素（疾病）；心理、社会环境因素。根据应激原的性质不同，应激反应可分为躯体应激（physical stress）和心理应激（psychological stress）两大类。温和的应激原有利于机体在紧急状态下的战斗或逃避，称为良性应激（eustress）。如果应激原过于强烈，则会引起病理变化，甚至死亡，称为劣性应激（distress）。

引起宰前应激的因素有很多，主要包括以下几个方面：①环境因素，酷暑、暴晒、极寒、低压、高压、高湿、强风、噪声等；②自身因素，动物品种、性别、年龄、热休克蛋白基因和其他与应激有关的基因等；③管理因素，宰前驱赶、禁食、监禁、惊吓、拥挤、运输、争斗、饲养方式、屠宰方式等；④微生物因素，细菌、病毒等的侵染（甄少波，2014）。

（一）应激对肉品质的影响

1. 环境因素对肉品质的影响

有研究显示当秦川牛处在 40℃ 环境时，其采食时间、采食次数、采食速度、咀嚼时间、咀嚼次数与 20℃ 时相比显著降低，且日增重出现负增重（贾鼎铮，2019）。宰前过度应激反应不仅会对动物自身机体造成损害，也会使宰后肉品质下降，导致劣质肉发生率升高。生猪在高温、寒冷、捆扎、运输、转群、争斗、饥饿等条件下均会出现应激效应，导致其全身肌肉僵直性收缩，体内不断进行需氧代谢和糖酵解反应，消耗猪体内大量的糖和ATP，产生大量热量和 CO_2，进而导致生猪体温应激性升高；同时，过多的糖酵解反应会消耗大量氧气，从而使氧气供应量不足，在缺氧条件下糖酵解产生的丙酮酸被还原为乳酸，导致肌肉中大量酸累积，使肌肉 pH 异常降低（张爽等，2017；吴笑音，2015），这也是产生 PSE 肉的最主要原因。几十年来，相关学者在宰前应激方面进行了大量研究，证明过度的宰前应激会导致牲畜死亡率升高、机体损伤和肉质下降。Rey-salgueiro 等（2018）研究发现可以将猪唾液中皮质醇或皮质酮作为高应激的标志物，嘈杂的环境和恶劣的待宰条件会导致生猪体内皮质醇、皮质酮含量显著升高。Ageeva 等（2018）的研究发现宰前应激和季节会影响大西洋鳕鱼的保水性和质构特性，导致大西洋鳕鱼蛋白质含量下降而肌肉含水量增加，肌肉质地变软。Xing 等（2016）研究发现模拟夏季高温运输会提高鸡肉汁液损失、蒸煮损失及 L^*。Sandercock 等（2001）研究发现宰前急性热应激显著增加了鸡肉宰后 72h 的汁液损失。Saribey 等（2018）研究发现宰前 3h 运输会造成羔羊体重降低，肉质变差，而宰前使用抗坏血酸可以有效地缓解糖原升高，从而降低应激反应。

肉色是评定肉品质的重要指标，其主要决定于肌纤维中所含的血红蛋白、肌红蛋白的含量和毛细血管丰富度。其中肌红蛋白的氧合状态直接影响肉色，随着肌红蛋白氧合程度的变化，肉色也随之改变。苏莹莹（2015）对肉鸡进行间歇性冷刺激后发现冷应激对肉鸡肉色无显著影响。而郭春华等（2005）研究结果表明，持续热应激会对育肥猪肉色产生影响。动物宰前应激和宰后氧气不足会造成三羧酸循环产生氧离子速度与肌肉糖酵解产生的氢离子结合速率改变、乳酸生成量发生改变，导致 pH 变化。从而影响肉品多汁性、色泽、嫩度、保水性、贮藏期等，剧烈变化时会产生 PSE 肉和 DFD 肉，其营养价值、加工性能都劣于正常肉（贾洪涛等，2018）。

2. 管理因素对肉品质的影响

畜禽宰前可能会受到如抓捕、惊吓、驱赶、混群、饥饿、拥挤等应激源的刺激，导致发生心理和生理的应激变化，不仅会导致体重降低，行为也会出现异常变化。

屠宰加工环节涉及的动物福利主要体现为人道屠宰，即在装卸、运输、待宰停留阶段以及屠宰家畜时，要采取符合家畜生理和心理特点的手段，尽量减少畜禽的紧张和恐惧感。这不仅符合人道主义，而且有助于提高畜禽的肉质。关于屠宰方面的动物福利，欧盟于 1993 年制订了有关活体动物在屠宰过程中的福利保护法规（93/119/EC 欧洲理事会令），规范动物屠宰和处死时的保护。指令对屠宰过程中的卸车操作、宰前保定、宰时致晕放血等关键点都作出详细规定，并且强调动物在屠宰前必须要用电击晕，应尽量使待宰动物在无痛苦的状态下死亡；屠宰过程不得让其他待宰动物看到；要确定动物完全昏迷方能放血等（Harley et al., 2012）。2007 年 1 月 4 日，欧盟委员会又发布了活体动物在屠宰过程中的福利新规（2/2005/EC），对活体动物在屠宰过程中的福利保护作了更详细的规定，如保定环境和屠宰设备的要求、保定停留的时间、驱赶方式，提倡二氧化碳致晕等（Llonch et al., 2012；Velarde et al., 2012）。

运输密度是指在运输过程中单位面积畜禽的重量。运输密度越大，畜禽的活动空间越小，越不利于通风散热和畜禽生命活动正常进行。有学者认为，夏季适当降低运输密度可有效降低鸡笼内的温度和湿度，数据显示运输密度下降时，肉鸡死亡率降低。关于运输密度对肉鸡肌肉品质影响的研究相对较少。猪的运输密度研究表明，随着运输时间的增加，高运输密度组乳酸脱氢酶、促肾上腺皮质激素含量与低运输密度组相比都显著升高。肌肉品质指标方面，滴水损失、pH_{24h}、肌纤维电镜结果在运输密度不同的情况下也都有显著差异。因此在实际生产中，选择合理的运输时间、季节、运输强度和运输方式，对改善宰后猪肉品质非常重要。

宰前应激可能会通过消耗动物宰前体内糖原含量而影响肉品质。多数宰前管理会对肉质产生不利影响，如宰前装卸和运输会使畜禽产生应激反应。但一部分宰前操作，如合理的禁食和运输后休息可能会缓解宰前应激，对肉质有一定的改善作用。前人研究认为，动物宰前肌内糖原含量以及宰后的糖酵解速度和程度决定了肌肉的乳酸含量和极限 pH，最终对肉品嫩度、色泽、产生影响。蛋白质磷酸化是指蛋白激酶催化或上位的磷酸基转移到被激活蛋白质氨基酸残基上的过程，是糖酵解反应中的重要环节。Huang 等（2011）研究认为蛋白质磷酸化反应可通过对糖酵解酶活性的调控来影响肉品质。目前，关于宰前管理对畜禽宰后肌肉蛋白质磷酸化水平影响的研究甚少，王思丹等（2013）研究鸡宰前不同禁食时间下蛋白质磷酸化的变化，得出禁食可以提高宰后肌浆蛋白和肌原纤维蛋白磷酸化水平的结论，并推测宰前禁食可能通过提高肌肉中糖酵解相关酶的磷酸化水平而调控肌肉宰后僵直进程，进而影响肉质。

3. 自身因素对肉品质的影响

对于相同的应激原，不同畜禽的抵抗能力大有不同，即便是同种畜禽，不同品系和个体的抵抗能力也有所不同。

陈浩等（2019）探究了热应激对内蒙古草原不同品种放牧肉牛免疫功能和抗氧化功能的影响，利用酶联免疫法对处于热应激状态下的不同品种放牧肉牛进行了血清免疫指标和抗氧化指标的测定。结果表明在热应激状态，蒙古牛的白细胞介素-2（IL-2）、白细胞介素-4（IL-4）、SOD 及总抗氧化能力（T-AOC）的含量显著高于西门塔尔牛和安格斯牛（$P<0.05$），而西门塔尔牛和安格斯牛之间的差异不显著（$P<0.05$）；蒙古牛的丙二醛含量显著低于西门塔尔牛和安格斯牛（$P<0.05$）；安格斯牛和西门塔尔牛的 IgA 和 IgM 含量有高于蒙古牛的趋势，但差异不显著（$P<0.05$）；以上试验牛之间 IgG 含量无显著差异（$P<0.05$）。说明在热应激状态下，蒙古牛的免疫功能和抗氧化功能较强，耐热应激能力强于西门塔尔牛和安格斯牛。

（二）应激反应的调控

1. 抗应激动物品种的选育

根据动物遗传因素，可以利用遗传育种的方法，选育抗应激品种，淘汰应激敏感品种，逐步建立抗应激种群，以此作为解决畜禽应激问题的一种有效途径。

2. 环境调控

生存的环境如温度、湿度、密度、空气污染度、光照、噪声等对羊群的应激有直接影响，因此应做好以下几点。冬季注意关闭门窗防风保暖，夏季注意通风防暑降温，尽量使羊舍温度保持在 14~22℃；羊舍空气相对湿度在 60%左右，无恶劣天气时，让羊只在舍外活动以适应天气变化，雨季时在羊舍内放生石灰，降低湿度；调整羊群密度，不至于过挤或过于宽松，其饲养密度可参考以下参数，（每平方米）种公羊 1.5~2 只，种母羊 1~1.5 只，青年羊 0.6~0.8 只，羔羊 0.3~0.5 只，带羔母羊 2.2~2.5 只，并且通常每群羊以 20~30 只为宜；羊舍内保持干燥卫生，每日清扫 1 次羊粪，降低羊舍空气中有害气体及尘埃、病原微生物的浓度；光照对绵羊、山羊的繁殖功能、育肥及生理功能都具有重要调节作用，由于羊属于短日照动物，应实行短光照制度，即每日 8h 光照、16h 黑暗；保持羊舍周围环境安静，羊舍内及其周围避免车辆、机器、人员、其他动物等噪声应激，有条件的可在羊舍内对羊特别是乳用羊和妊娠期羊播放轻音乐。

在日常管理中，需要时刻关注天气预报，遇到外界温度突然变化时，应认真观察畜禽采食、饮水等情况，如果有采食量和饮水量突然增加的情况，需要立即查看是否受到冷应激，这是检测畜禽受到冷应激的最佳时机。如果确定畜禽受凉，需要及时将舍温提高 1~2℃，这样能够及时改善舍内环境，避免冷应激产生进一步的危害，从而减少畜禽发病概率。环境温度过高可使肉羊产生热应激，造成运动缓慢、代谢失常、呼吸困难、免疫功能降低等问题。环境温度过低则可使肉羊产生冷应激，造成饲料消化率、免疫力下降，一些抵抗力较差的肉羊患病率提高甚至死亡。

3. 营养调控

使用饲料添加剂可改善日粮的营养水平，如减少蛋白质含量、提高脂肪浓度等，这些添加剂能改善日粮的消化率或改善动物的外分泌物水平和脂质代谢。有文献报道，某些添加剂能够增加动物机体中的外分泌物（如胰脂肪酶）水平，提高脂肪消化率，从而提高动物对饲料的利用率。在应对热应激时，除了避免动物发生代谢衰竭（如呼吸性碱中毒）外，保持肠道的完整性也很重要。在这方面，重点是如何使动物在局部状态（即肠道水平）和全身水平上保持低炎症状态，以促进生理稳定。对自然界中具有抗氧化（如多酚）和抗炎（如三萜）特性的植物性生物活性物质的研究发现，其有可能作为饲料添加剂用于动物营养，有助于动物在遭遇热应激后迅速恢复。

（1）维生素的抗应激功能　根据研究，饲喂比饲料营养推荐量稍多的维生素 C（抗坏血酸）有助于维持肾上腺功能、并能防止皮质醇水平过高；维生素 E 能增加热应激期间 T 淋巴细胞的活性，并显著提高血浆中 T_3、T_4 浓度、降低皮质酮的浓度。维生素 B_1 能保护肾上腺功能不受损害；维生素 B_{12} 能改变皮质醇分泌高峰，使生物节律更适应时间表。

（2）电解质的抗应激功能　热应激可导致动物机体产生呼吸性碱中毒和电解质紊乱，使体液中离子丢失，因此补充电解质尤为重要。在饮水或饲料中添加碳酸氢钠、碳酸氢钾、氯化钠、氯化钾等电解质，可维持动物机体酸碱平衡，缓解热应激。

（3）功能性氨基酸的抗应激功能　研究发现，添加精氨酸可显著提高育肥猪生长性能，修复肠道黏膜损伤，有助于肠道功能恢复，缓解热应激；另外在肠外营养液中添加高浓度支链氨基酸（亮氨酸、异亮氨酸、缬氨酸），可减少骨骼肌的分解并改善全身蛋白质平衡。所以应激时，营养支持可以增加治愈率。

适宜营养可以预防生理性氧化应激对机体造成的损伤。即使损伤发生，也常是暂时性的或轻微的，可以恢复正常。氧化应激时氧自由基若未能及时清除，可能会引发低密度脂蛋白氧化，从而诱发心血管疾病。为了预防氧化损伤，还原性维生素 C 和维生素 E 在机体应激状态下的供给是必须的，并且这 2 种维生素无副作用。许多学者认为，有必要增加维生素 E、维生素 C 等抗氧化剂在氧化应激中的供应。在特殊情况下，尤其是生病时，为了保护身体免受氧化损伤，可以大量使用药用抗氧化剂。对于健康动物，在氧化应激时，抗氧化剂供给量，如维生素 E、维生素 C 可分别增加 2~4 倍与 1~2 倍以保证机体的自稳态平衡。

第四节　宰后处理技术

一、成熟（排酸）

动物宰杀后，肌肉组织转化成适宜食用的肉要经历一系列变化，包括肉的僵直、解僵和成熟等。动物屠宰放血后，肌肉内的能源物质，如 ATP、磷酸肌酸和糖原随着一系列生理生化反应而被逐步耗尽，肌肉的活动所产生的乳酸在肌肉中不断积聚，从而导致了肌肉的酸化，即表现为肌肉 pH 的逐渐降低；此时，胴体进入尸僵状态，而胴体肌肉也表现为坚硬和紧缩；随着成熟时间的延长，肌纤维发生断裂而肌肉重新变软，该过程称为肌肉的嫩化或熟化，即排酸。排酸是一种提高肉品品质和营养的宰后成熟工艺，在 0~4℃下排酸可使肉充分的解僵和成熟，可以使大多数微生物的生长繁殖受到抑制，同时会排空血液以及占体重 18%~20% 的体液，肉的安全卫生得到了保证。与宰后不经过排酸直接冷冻的肉相比，排酸肉由于经历了充分的解僵过程，肉的嫩度有所改善，肉质变得柔软、多汁、有弹性，口感好且营养价值较高。研究表明，排酸时间的延长能够改善肉的质地（North et al.，2012；Laster et al.，2008）。

作者团队针对不同的排酸时间、不同排酸方式、不同排酸温度进行了系统研究，并发现其对肉品质（pH、蒸煮损失、剪切力值、脂肪酸组成及含量、氨基酸含量、风味等）均产生了一定的影响。

（一）干法成熟

干法成熟是一种传统工艺，将宰后动物的胴体或其分割部分完全暴露在严格的温度、相对湿度和空气流速控制条件下的环境中，通过其内部自发的如脂质氧化与分解、蛋白质降解、美拉德反应等一系列生理生化反应，从而提高肉品嫩度、风味和多汁性的一种成熟方式。成熟时间需要28~60d，甚至更久。由于胴体或分割肉完全暴露在低温环境下，引起肌肉收缩和水分流失而产生较高的产品损耗，因此，这种做法多见于中小型肉类加工企业、高档酒店、餐厅和美食市场。相对于湿法成熟，干法成熟耗时更长且对成熟环境的要求更为严格，且由于干法成熟水分损失严重，产品表面会产生坚硬的外壳，后期修整会损失部分质量。但干法成熟处理后的产品比湿法成熟后的风味更佳。随着科技的进步，新型干法成熟技术应运而生，主要包括干法成熟袋成熟和逐步干/湿法成熟。干法成熟袋成熟采用可透水透氧袋将肉品包装进行干法成熟，达到与传统干法成熟肉品相似的品质，又能减少生产过程产量损耗。逐步干/湿法成熟是先将胴体进行干法成熟（或湿法成熟），然后将样品再进行湿法成熟（或干法成熟），该成熟技术既能提高干法成熟肉的可销售产量，也便于肉品运输和销售、降低能源消耗及运营成本。

1. 干法成熟对肉品质的影响

（1）风味　干法成熟肉品风味通常被描述为"浓郁肉味""黄油味""坚果味"和"炸肉味"等，并且这些风味是其他方式无法获得的。干法成熟过程中，肉中的蛋白质和脂肪发生分解，产生氨基酸和脂肪酸，其中色氨酸、苯丙氨酸、缬氨酸、酪氨酸、谷氨酸、异亮氨酸和亮氨酸的浓度高于湿法成熟样品，释放出的脂肪族氨基酸具有甜味，含有硫原子的氨基（半胱氨酸和甲硫氨酸）、天冬氨酸和谷氨酸具有鲜味，这些风味前体物既能对肉的风味产生积极影响，也是加工过程中美拉德反应的中间产物。肉中的核苷酸降解产生肌苷酸、鸟苷酸、肌苷和次黄嘌呤等滋味物质。同时，成熟过程中水分逐渐降低，导致游离氨基酸、游离脂肪酸比例升高，在进一步加工过程中，风味前体物相互作用形成挥发性风味化合物，进一步增强肉品的风味。

（2）嫩度　动物宰后成熟初期，钙蛋白酶对肌肉骨架蛋白进行降解，在成熟后期组织蛋白酶对肌肉骨架蛋白进一步的降解，使嫩度提高。干法成熟可以提高肉品嫩度，Warren等（1992）发现，肉品干法成熟11d后嫩度评分显著高于成熟第0天。干法成熟14d牛排的嫩度比干法成熟7d牛排更好，感官评价结果表明，当干法成熟时间超过28d时，肉品嫩度显著提高。Hulánková等（2018）研究表明，适当延长干法成熟时间对肉品嫩度具有积极影响。Campbell等（2001）报道了干法成熟21d时牛肉的剪切力和感官得分分别显著低于和高于真空包装成熟的牛肉。

（3）色泽　一般来说，干法成熟的肉比湿法成熟的颜色更深（L^*更低），a^*和色度值更低，这可能是由于干法成熟使水分含量更低，同时光线在肌肉表面的散射方式发生变化。干法成熟肉表面完全暴露于空气中，导致肌红蛋白氧化成高铁肌红蛋白，肉色变暗。Kim等（2020）研究表明，与湿法成熟的牛肉相比，干法成熟牛肉色泽（L^*、a^*和b^*）有下降的趋势。Lepper-Blilie等（2016）结果显示，在干法成熟过程中，肉色a^*随成熟时间延长而降低。针对干法成熟肉品中肌红蛋白易氧化的问题，有关学者通过饲喂羊维生素E营养强化剂来延缓成熟肉中的肌红蛋白氧化，提高肉色稳定性（Jose et al.，2016）。另一方面，干法成熟下肉颜色的稳定性要高于其他成熟方式。此外，Ha等（2019）发现，比起湿法成熟，干法成熟肉在去掉干硬表皮后肉的颜色变化变得更缓慢。图3-48、图3-49分别为干法成熟不同时期肉的色泽以及干法成熟开始到两个月的肉的状态。

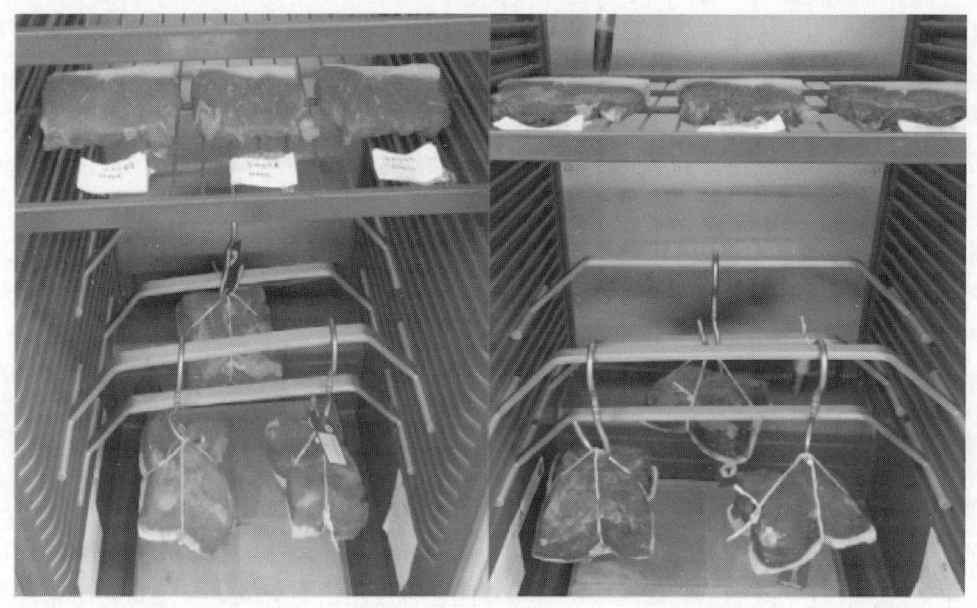

（1）20d

（2）48d

图3-48　干法成熟不同时期肉的色泽（Sita T J A I F）

图 3-49　干法成熟开始到两个月的肉的状态

（4）微生物　由于干法成熟的肉完全暴露在环境中，尽管处于低温环境，但仍有微生物不断产生，然而由于水分的流失，肉表面自然地产生一层保护层，肉表面的低水分活度会减少或抑制微生物的生长。一些研究报告称，在去除干硬的外皮后，干法成熟产品的细菌总数与湿法成熟相比更低。干法成熟也会促进肉表面有益菌的生长，如枝霉（*Thamnidium*）、青霉（*Penicillium*）、根霉（*Rhizopus*）或毛霉（*Mucor*），这些微生物释放的蛋白质水解酶能够渗透到肉中分解肌肉和结缔组织，对肉的嫩化也有一定作用。

2. 干法成熟的影响因素

由于干法成熟是将新鲜肉直接置于低温环境中，因此环境温度、空气流速、相对湿度、空气洁净度以及成熟时间等条件需要严格控制，这些是影响肉整体食用质量和微生物含量的关键因素。相对湿度是干法成熟过程主要的影响因素之一。相对湿度过高使肉品表面聚集过多水分，产生黏着感，加速霉菌的生长，使肉产生异味，降低消费者的购买欲。一般适宜的相对湿度在 49%~87%，过高的相对湿度会引起肉的变质而对风味产生不利影响；反之，如果相对湿度过低，会加速肉的干燥收缩，增加损失。贮藏温度也是干法成熟的关键因素，与肉中微生物生长和酶活性有关。较低的温度会减缓酶的活性，阻碍微生物的生长，从而阻止微生物诱导的风味进一步发展。较高的温度不适合长时间成熟，这会增加肉类腐败的风险。尽管不同研究的结果有所不同，但干法成熟温度大多在 0~4℃。嫩度的改善和风味的形成还与成熟时间的长短有关。一般成熟 14d 就开始表现出理想的肉质，也有多项研究发现需要 21d 才能形成明显的风味。Kim 等（2020）研究发现干法成熟 14d 猪肉的理化特性和感官特性均优于成熟 7d 的猪肉。Cho 等（2018）感官实验结果也表明，随着成熟天数的增加，带骨牛腰肉的嫩度、多汁性、风味和整体可接受性的评分增加。成熟时间和成熟温度的交互作用对肉品的嫩度、风味和多汁性产生极大影响，有必要进一步探究，以达到最优品质。空气流速也是干法成熟的基本参数之一，因为空气流速可以使肉表面形成干膜，防止腐败和异味产生。足够的空气流速，使肉表面均匀干燥，可防止肉品产生异味和腐败。若空气流速慢，肉不能蒸发出足够多的水分，会影响肉中风味前体物质的浓度和最终风味。如果空气流速快，肉表面过度干燥，增加产品的修整损失。空气流速通过改变肉品表面微生物的种类和数量，进而影响肉品风味。

（二）湿法成熟

湿法成熟通常是将分割肉或动物胴体进行真空包装处理，在 0~4℃ 的冷藏条件下，放置 14d 以上的成熟方法。关于湿法成熟的时间，研究报道不一，有报道称至少 14d，此时硬度得到最大程度的降低，但进一步的成熟对嫩度的改善效果不显著；也有报道称成熟 21d 时，产品的多汁性、风味等整体食用品质评价较高，但超过这个时间继续成熟，对产品品质没有更好的提升，反而会产生负面影响。Kim 等（2018）发现湿法成熟时间在 40d 以后会发生恶化，主要是由于厌氧微生物的影响。湿法成熟操作方便，易于运输，方便后期流通和销售环节的进行。相较于干法成熟，湿法成熟应用广泛，设备要求低，成熟时间短，汁液损失可以忽略不计，有更少的修剪损失；缺点是湿法成熟的产品容易出现酸味、金属味和血腥味，容易影响口感。

（三）干湿法结合成熟

干湿法结合成熟技术要先将胴体进行干法成熟，然后再进行一段时间湿法成熟，是一种改良的干法成熟方式。Kim 等（2018）对比 17d 的干法成熟方法与 10d 干法成熟结合 7d 湿法成熟的方法对牛肉品质的影响研究发现，干法成熟产品的滴水损失和剪切力显著高于结合法的产品，而感官品质和色泽差异不显著，表明干湿成熟结合的方法可以产生干成熟的效果并提高产品保水性，同时减少成熟时间，进而可以降低生产成本。但想要充分利用干湿成熟方法的优点，还需要进一步研究确定干湿成熟工艺的最佳组合。

二、成熟（排酸）时间对羊肉品质的影响

（一）不同排酸时间对肉品质的影响

1. 不同排酸时间对 pH 的影响

pH 是反映宰后肌肉肌糖原酵解速率的重要指标，是宰后成熟过程中引起肉质性状发生差异的主要因素，直接影响肉的蒸煮损失和加工能力等（郭建凤等，2009）。作者团队以绵羊为试验对象，采集背最长肌和股二头肌肉样，在 4℃、相对湿度 85% 条件下，测定宰后不同排酸时间点（0d、1d、2d、3d、4d 和 5d）对肉品质指标的影响，结果如表 3-96 所示，宰后成熟过程中绵羊背最长肌和股二头肌的 pH 均在 1d 时显著降低（$P<0.05$），1d 之后无显著性变化（$P>0.05$），作者团队李文博和杨致昊的研究也取得了一致的结果（李文博，2021；杨致昊，2023）。动物屠宰后，肌肉从有氧呼吸变为无氧酵解，体内产生乳酸，由于乳酸无法从血液转运至肝脏，只能在肌肉中积累，所以导致肌肉的 pH 下降（Shen et al.，2005）。

2. 不同排酸时间对剪切力值的影响

由表 3-96 可知，宰后成熟 0~1d 时绵羊背最长肌和股二头肌的剪切力值最大，嫩度最差，说明 0~1d 羊肉处于僵直状态。然而 1d 之后剪切力值持续下降，这与 Kim 等（2018）的研究结果一致，原因可能是随着成熟时间的延长，肌原纤维周围的黏多糖被分解，使肌原纤维的网状结构变得松散，剪切力也随之下降，嫩度得到改善（肖雄等，

2019)。Yan 等（2022）研究也显示羔羊宰后剪切力值呈现先增大后减小的趋势，并在 12~24h 达到僵直期。

3. 不同排酸时间对蒸煮损失率的影响

由表 3-96 可知，绵羊背最长肌的蒸煮损失率在宰后成熟 4d 显著高于 1d（$P<0.05$），而股二头肌无显著变化（$P>0.05$）。肖雄等（2019）研究发现羔羊肉的蒸煮损失率在宰后成熟 12h 达到最小，12h 之后不断增加，在 168h 时达到最大。推测原因可能是随着成熟时间的延长使得 pH 下降至接近等电点，减弱了肌肉蛋白之间的静电荷作用，蛋白质分子间的静电斥力也会减少，使肌肉网状结构变得紧密，水分就会减少，保水性就会变差（崔丽娟等，2012）。

表 3-96 排酸对绵羊肉 pH、剪切力和蒸煮损失的影响

时间/d	部位	pH	剪切力/N	蒸煮损失率/%
0	背最长肌	6.73±0.25[a]	76.06±1.06[a]	23.23±0.95[ab]
	股二头肌	6.74±0.29[a]	68.78±1.14[a]	31.68±2.31[a]
1	背最长肌	6.02±0.24[b]	70.50±1.09[a]	22.05±0.40[b]
	股二头肌	6.08±0.27[b]	59.68±1.13[b]	29.73±2.22[a]
2	背最长肌	5.85±0.21[b]	64.64±0.87[a]	24.56±0.33[ab]
	股二头肌	5.92±0.23[b]	57.98±1.07[b]	34.08±2.05[a]
3	背最长肌	5.90±0.12[b]	58.77±0.75[b]	24.29±0.22[ab]
	股二头肌	5.85±0.18[b]	54.24±0.98[b]	30.52±2.19[a]
4	背最长肌	5.90±0.07[b]	42.18±0.61[c]	27.17±0.42[a]
	股二头肌	5.79±0.16[b]	45.60±0.67[c]	31.09±2.02[a]
5	背最长肌	5.89±0.10[b]	42.70±0.51[c]	25.31±0.35[ab]
	股二头肌	5.76±0.15[b]	42.54±0.32[c]	31.38±2.04[a]

注：小写字母肩注表示同一部位宰后不同时间差异显著（$P<0.05$）。

4. 不同排酸时间对色泽的影响

由表 3-97 可知，绵羊背最长肌的 L^* 在宰后成熟 5d 达到最大，股二头肌在成熟 2~5d 显著高于 0d（$P<0.05$）。整体而言，随着成熟时间的延长，L^* 呈现逐渐增加的趋势，究其原因可能是宰后肌肉中的 pH 下降至蛋白质等电点，使蛋白质分子不带电，对水分子的吸引能力下降，存在于肌肉中的水分便逐渐迁移到表面，因而能够增强肉对光的折射作用，L^* 随之增大（李培迪，2019）。a^* 主要反映肌红蛋白的数量，a^* 越大，肉的颜色越红（张晓顿，2019）。Marino 等（2014）人通过研究牛肉宰后成熟过程中 a^* 的变化规律后发现，随着宰后成熟时间的延长，a^* 不断增加，推测可能的原因是宰后成熟会增加机体肌膜对肌红蛋白的渗透性，加强肌肉获得氧气的能力，使肉色变得更红。b^* 表示肉的黄度值，与肉的新鲜度呈反比。绵羊背最长肌的 b^* 在宰后成熟 1~5d 显著高于 0d（$P<0.05$），

而股二头肌在成熟 5d 显著高于 1~3d（$P<0.05$），这可能是因为宰后成熟过程中肌肉表面发生氧化反应使高铁肌红蛋白含量产生变化所导致。

表 3-97　排酸对绵羊肉色泽的影响

时间/d	部位	L^*	a^*	b^*
0	背最长肌	31.72±0.46[c]	17.74±0.83[b]	4.30±0.08[b]
	股二头肌	35.77±0.78[b]	16.18±1.76[b]	3.95±0.09[c]
1	背最长肌	36.83±0.65[b]	19.83±0.64[a]	7.99±0.06[a]
	股二头肌	38.77±1.82[ab]	19.22±1.33[a]	7.49±0.07[b]
2	背最长肌	37.81±0.90[ab]	18.88±0.58[ab]	7.19±0.05[b]
	股二头肌	40.29±1.15[a]	18.74±1.36[a]	7.74±0.05[b]
3	背最长肌	38.01±1.37[ab]	18.01±1.04[a]	7.10±0.08[b]
	股二头肌	41.04±1.14[a]	18.48±1.17[a]	7.85±0.10[b]
4	背最长肌	38.52±1.28[ab]	18.48±1.02[a]	8.28±0.09[a]
	股二头肌	39.22±1.04[a]	18.05±1.15[a]	8.27±0.10[ab]
5	背最长肌	39.37±1.19[a]	18.45±1.03[ab]	8.88±0.06[a]
	股二头肌	39.80±1.13[a]	17.80±1.14[a]	9.64±0.08[a]

注：小写字母肩注表示同一部位宰后不同时间差异显著（$P<0.05$）。

（二）不同排酸时间对羊肉风味的影响

1. 电子鼻传感器响应值的变化

电子鼻对肉的气味信息非常敏感，挥发性化合物即使发生微小的变化，传感响应系统也能检测到差异（罗玉龙等，2018），因此能较为准确、客观地反映出肉中总体挥发性物质的变化（王德宝等，2020）。由表 3-98 可知，绵羊背最长肌的 W5S、W6S、W1S、W2S 和 W3S 传感器的响应值均在 1 以上，是评判气味特征的主要指标。其中 W1S 对烷类物质的反应较强；W5S 传感器对氮氧化合物较为敏感；W3S 传感器对烷类、脂肪类物质反应较强；W6S 传感器对氢过氧化物敏感。绵羊股二头肌的 W5S、W6S、W1S、W2S 和 W3S 传感器的响应值均在 1 以上。

表 3-98　排酸对绵羊肉电子鼻传感器响应值的影响

传感器物质种类	部位	宰后成熟时间/d					
		0	1	2	3	4	5
W1C	背最长肌	0.66±0.03[a]	0.65±0.03[a]	0.57±0.04[a]	0.63±0.02[a]	0.64±0.03[a]	0.57±0.05[a]
	股二头肌	0.67±0.03[a]	0.67±0.02[a]	0.65±0.06[a]	0.66±0.02[a]	0.58±0.01[b]	0.51±0.01[b]

续表

传感器物质种类	部位	宰后成熟时间/d					
		0	1	2	3	4	5
W5S	背最长肌	1.25±0.03^b	1.32±0.04^b	1.48±0.03^{ab}	1.96±0.06^a	1.97±0.05^a	1.42±0.02^{ab}
	股二头肌	1.24±0.13^d	1.33±0.05^{cd}	1.21±0.01^d	1.40±0.08^c	1.58±0.10^b	1.48±0.13^a
W3C	背最长肌	0.81±0.04^a	0.84±0.03^a	0.81±0.03^a	0.83±0.02^a	0.82±0.04^a	0.76±0.02^a
	股二头肌	0.83±0.02^a	0.83±0.01^a	0.82±0.03^a	0.85±0.01^a	0.73±0.06^b	0.69±0.01^b
W6S	背最长肌	1.26±0.04^b	1.25±0.02^b	1.24±0.02^b	1.27±0.04^b	1.36±0.04^a	1.33±0.03^a
	股二头肌	1.26±0.02^c	1.26±0.03^c	1.24±0.02^d	1.38±0.07^a	1.31±0.03^b	1.24±0.04^d
W5C	背最长肌	0.86±0.04^a	0.85±0.05^a	0.86±0.02^a	0.85±0.02^a	0.86±0.02^a	0.83±0.03^a
	股二头肌	0.87±0.01^a	0.88±0.02^a	0.87±0.03^a	0.89±0.01^a	0.78±0.06^b	0.73±0.01^c
W1S	背最长肌	2.24±0.06^b	2.65±0.07^{ab}	3.11±0.03^a	2.79±0.05^a	2.88±0.06^a	2.94±0.05^a
	股二头肌	2.38±0.17^c	2.29±0.18^c	2.58±0.14^c	2.52±0.23^b	3.76±0.36^a	3.81±0.29^a
W1W	背最长肌	0.81±0.02^b	0.90±0.02^b	0.97±0.02^{ab}	0.95±0.02^{ab}	1.28±0.03^a	1.22±0.02^a
	股二头肌	0.76±0.03^c	0.77±0.01^c	0.83±0.07^c	1.01±0.05^c	1.32±0.30^b	1.77±0.32^a
W2S	背最长肌	1.76±0.02^b	1.83±0.02^b	1.83±0.03^b	1.76±0.03^b	2.52±0.05^a	2.26±0.04^{ab}
	股二头肌	1.80±0.08^b	1.77±0.06^b	1.81±0.10^b	1.64±0.06^b	2.37±0.21^a	2.60±0.26^a
W2W	背最长肌	0.83±0.01^b	0.91±0.02^{ab}	0.96±0.03^a	0.96±0.01^a	0.11±0.02^a	0.97±0.03^a
	股二头肌	0.95±0.02^c	0.95±0.01^c	0.95±0.02^c	1.01±0.01^b	1.02±0.04^b	1.09±0.01^a
W3S	背最长肌	1.55±0.05^b	1.86±0.03^{ab}	1.86±0.04^{ab}	1.97±0.05^a	1.96±0.05^a	1.85±0.05^{ab}
	股二头肌	1.94±0.04^a	1.88±0.07^b	1.96±0.08^a	1.67±0.06^c	1.84±0.04^b	1.83±0.06^b

注：小写字母肩注表示同一组别宰后不同时间差异显著（$P<0.05$）。

2. 挥发性风味物质含量的变化

宰后成熟过程醛类物质的产生主要来源于脂肪的氧化和降解反应，其阈值较低，对肉的整体风味有重要的贡献（罗玉龙等，2018）。羊肉中共检出13种醛类物质，主要有己醛、辛醛、壬醛和癸醛等。醇类物质主要通过脂肪氧合酶和氢过氧化物酶将肌肉中的共轭亚油酸降解产生，虽然醇类的阈值相对于醛类较高，但对羊肉风味的形成也有较大的贡献。罗玉龙等的研究中检测到的醇类物质共有8种，主要有己醇、庚醇和1-辛烯-3醇等。酮类化合物是由氨基酸的降解和脂肪的氧化产生。酮类物质对羊肉的贡献虽小于醛类和醇类，但也无法替代。由表3-99可知，绵羊肉中共有2种酮类物质，3-羟基-2-丁酮和2-庚酮。烃类包括烷烃和芳香烃2种物质，主要通过脂肪酸的烷氧基均裂反应生成（李伟等，2013）。其阈值一般较高，对羊肉的风味贡献很小，在绵羊肉成熟过程中检测到的较少，共有2种，分别是癸烷和6-甲基-十八烷。通过ROAV值筛选出了背最长肌中的关键风味物质，主要包括庚醛、辛醛、壬醛、反-2-癸烯醛和1-辛烯-3醇、苯酚。如表3-99所示，宰后成熟的0~5d时，绵羊背最长肌中分别检测出19、19、20、25、22、22种挥发性风味物质，说明随着成熟时间的延长，挥发性风味物质呈现先上升后下降趋势，且成熟3d时绵羊肉中挥发性风味物质的种类达到最多。

探究羊肉宰后成熟过程中挥发性风味物质含量的变化发现，背最长肌中壬醛（脂肪香味）的相对含量在宰后成熟1d时达到最高，作者团队王柏辉（2020）在绒山羊宰后成熟过程中风味变化的研究也发现了相似的结果，并推测这可能是因为羊肉中的油酸被氧化生成壬醛，使其含量增加。绵羊背最长肌中辛醛的相对含量随着宰后成熟时间的延长呈下降趋势。研究表明宰后成熟过程中机体内脂肪酸氧化和甘油三酯的分解作用减少，同时醛类物质会被进一步氧化成酸和其他物质，这可能是辛醛含量下降的原因。绵羊背最长肌中2-庚酮的相对含量在宰后成熟3~4d时显著高于成熟1d和5d（$P<0.05$），2-庚酮能赋予羊肉杏仁味，是羊肉中潜在的风味化合物（ROAV<0.1）。

表3-99 排酸对绵羊背最长肌挥发性风味物质的影响

种类	物质名称	挥发性风味物质的相对含量/%					
		0d	1d	2d	3d	4d	5d
醛类	戊醛	1.50±0.04^a	0.96±0.02^b	1.08±0.03^b	0.83±0.02^b	0.88±0.02^b	0.79±0.02^c
	己醛	1.84±0.03^a	1.77±0.04^a	1.84±0.04^a	1.38±0.03^b	1.77±0.03^a	1.79±0.06^a
	庚醛	0.94±0.01^c	0.95±0.02^{bc}	1.05±0.03^b	1.75±0.05^a	1.28±0.03^b	1.08±0.02^{bc}
	辛醛	6.57±0.20^a	5.16±0.15^b	4.19±0.13^{bc}	3.71±0.12^c	3.39±0.11^c	2.65±0.10^d
	壬醛	15.63±0.82^b	19.12±0.91^a	15.25±0.72^b	11.44±0.67^c	11.94±0.70^c	7.99±0.37^d
	癸醛	2.20±0.08^d	2.42±0.09^{bc}	2.49±0.08^c	5.47±0.20^a	2.71±0.06^b	2.57±0.07^{bc}
	苯甲醛	5.11±0.17^a	4.03±0.12^b	1.45±0.04^c	1.06±0.02^c	1.56±0.04^c	1.35±0.04^c
	反-2-辛烯醛	ND	ND	0.35±0.02^c	0.43±0.01^b	0.31±0.01^c	0.68±0.02^a
	反-2-癸烯醛	1.25±0.04^a	0.99±0.03^b	0.31±0.01^c	0.34±0.01^c	0.36±0.03^c	0.24±0.01^c
	3-羟基-丁醛	0.59±0.01^a	0.52±0.01^{ab}	0.46±0.01^b	0.56±0.02^a	ND	ND
醇类	戊醇	5.77±0.13^b	6.09±0.16^b	ND	7.21±0.18^a	ND	ND
	己醇	1.60±0.04^b	1.23±0.02^c	1.44±0.04^b	2.57±0.06^a	1.76±0.03^{ab}	1.44±0.02^b
	庚醇	3.88±0.11^{ab}	1.66±0.06^c	1.47±0.03^c	3.87±0.15^{ab}	2.18±0.06^b	4.26±0.14^a
	1-辛烯-3-醇	12.99±0.43^b	8.24±0.32^c	11.68±0.42^b	15.55±0.52^a	10.23±0.67^b	8.18±0.54^c
	顺-2-辛烯-1-醇	2.65±0.09^a	2.79±0.12^a	2.46±0.47^{ab}	2.19±0.06^b	2.02±0.07^b	1.49±0.05^c
	辛醇	4.57±0.11^c	5.42±0.15^b	5.87±0.16^b	8.15±0.29^a	ND	ND
	壬醇	1.61±0.02^a	ND	ND	1.24±0.01^b	1.55±0.01^a	1.20±0.01^b
	2-十六醇	0.50±0.01^a	0.45±0.01^b	0.43±0.01^b	0.31±0.01^c	0.35±0.01^{bc}	0.24±0.01^d

续表

种类	物质名称	挥发性风味物质的相对含量/%					
		0d	1d	2d	3d	4d	5d
酮类	3-羟基-2-丁酮	0.51±0.01[b]	ND	ND	0.52±0.02[b]	0.55±0.01[a]	0.45±0.01[c]
	2-庚酮	1.14±0.02[b]	ND	0.67±0.01[c]	1.25±0.03[a]	1.57±0.02[a]	1.21±0.02[b]
烃类	癸烷	ND	0.82±0.02[b]	ND	0.99±0.02[b]	0.97±0.02[a]	0.87±0.02[b]
	6-甲基-十八烷	ND	0.75±0.02[a]	ND	0.48±0.01[c]	0.55±0.02[b]	0.28±0.03[d]
其他	苯酚	ND	ND	4.32±0.11[a]	3.38±0.09[c]	3.94±0.08[b]	3.23±0.07[c]
	2-乙基丁酸烯丙酯	ND	ND	6.18±0.16[a]	3.29±0.07[b]	2.89±0.04[c]	2.48±0.03[d]
	N,N-二丁基甲酰胺	ND	3.95±0.08[a]	2.53±0.05[b]	3.54±0.06[ab]	3.44±0.05[ab]	3.34±0.04[ab]

注：小写字母肩注表示同一组别宰后不同时间差异显著（$P<0.05$）；"ND"表示未检测出。

绵羊股二头肌宰后成熟过程中挥发性风味物质含量变化如表3-100所示，股二头肌中共检测出19种挥发性风味物质。其中醛类物质有8种，主要包括壬醛、辛醛和癸醛等。醇类物质有6种，主要包括1-辛烯-3醇、己醇和庚醇等。酮类物质有2种，3-羟基-2-丁酮和2-庚酮。烃类物质1种和其他类物质2种。通过ROAV值筛选出了股二头肌中的关键风味物质，主要包括庚醛、辛醛、壬醛、癸醛、反-2-癸烯醛、1-辛烯-3-醇和苯酚。股二头肌中壬醛、苯甲醛和辛醛的相对含量均随着宰后成熟时间的延长呈显著下降趋势（$P<0.05$），而庚醛、癸醛、1-辛烯-3醇和辛醇的相对含量在成熟的3d显著升高（$P<0.05$）。由此可知，宰后3d时绵羊肉中具有更加浓郁的蘑菇和坚果香味。苯酚的相对含量在宰后成熟3~4d时显著增加（$P<0.05$）。

表3-100 排酸对绵羊股二头肌挥发性风味物质的影响

种类	物质名称	挥发性风味物质的相对含量/%					
		0d	1d	2d	3d	4d	5d
醛类	戊醛	2.32±0.09[a]	2.03±0.08[a]	1.86±0.06[b]	1.32±0.05[c]	1.24±0.07[c]	0.97±0.03[d]
	己醛	2.88±0.12[a]	2.76±0.13[a]	2.50±0.11[b]	2.11±0.08[c]	ND	ND
	庚醛	0.99±0.02[c]	1.11±0.02[bc]	1.23±0.04[bc]	1.88±0.03[a]	1.52±0.05[b]	1.32±0.02[bc]
	辛醛	4.32±0.19[a]	3.98±0.20[b]	3.21±0.13[bc]	3.11±0.13[c]	2.93±0.12[c]	2.12±0.11[d]
	壬醛	10.35±1.11[a]	9.10±1.10[b]	10.27±0.98[a]	8.32±0.57[c]	8.01±0.43[c]	7.12±0.15[d]
	癸醛	2.02±0.04[d]	2.40±0.05[c]	2.46±0.05[c]	4.37±0.09[a]	3.19±0.05[b]	2.59±0.04[c]
	苯甲醛	ND	3.18±0.05[b]	3.43±0.06[a]	3.04±0.06[c]	2.97±0.05[c]	3.02±0.06[c]
	反-2-癸烯醛	ND	ND	1.64±0.08[a]	1.31±0.06[b]	1.34±0.05[b]	1.23±0.05[b]

续表

种类	物质名称	挥发性风味物质的相对含量/%					
		0d	1d	2d	3d	4d	5d
醇类	戊醇	ND	4.97±0.04^a	4.98±0.07^a	4.23±0.05^b	ND	ND
	己醇	1.09±0.02^c	1.22±0.03^{bc}	1.43±0.04^b	1.77±0.02^a	1.74±0.02^a	1.42±0.03^b
	庚醇	2.70±0.10^{ab}	2.42±0.13^b	2.04±0.03^c	3.03±0.24^a	2.97±0.17^a	2.25±0.14^{bc}
	1-辛烯-3-醇	8.74±0.31^d	9.45±0.34^c	8.66±1.02^d	11.51±1.11^a	10.47±0.98^b	9.11±0.76^c
	辛醇	ND	3.98±0.17^{bc}	3.81±0.16^{bc}	4.74±0.21^a	4.10±0.22^b	3.00±0.17^c
	壬醇	ND	2.11±0.19^a	2.53±0.17^a	2.95±0.20^c	3.41±0.19^b	ND
酮类	3-羟基-2-丁酮	1.01±0.02^b	1.15±0.04^b	1.45±0.03^a	1.50±0.02^a	0.89±0.03^{bc}	0.77±0.05^c
	2-庚酮	0.98±0.04^{ab}	0.76±0.03^b	0.81±0.03^b	1.27±0.04^a	1.15±0.06^a	0.89±0.03^b
其他	癸烷	1.14±0.02^a	1.23±0.04^a	1.00±0.02^{ab}	0.81±0.03^b	0.80±0.04^b	0.91±0.02^b
	苯酚	1.91±0.10^b	1.72±0.04^b	1.56±0.03^b	3.02±0.06^a	3.23±0.05^a	1.55±0.03^b
	N,N-二丁基甲酰胺	ND	ND	ND	ND	ND	ND

注：小写字母肩注表示同一组别宰后不同时间差异显著（$P<0.05$）；"ND"表示未检测出。

（三）不同排酸时间对羊肉中游离氨基酸含量的影响

肉的风味包括香味和滋味。氨基酸作为滋味物质的重要前体物质，可以改善肉的风味（Ho et al.，2002）。其中鲜味氨基酸包括天冬氨酸、谷氨酸等，甜味氨基酸包括甘氨酸和丙氨酸，而甲硫氨酸、亮氨酸、苯丙氨酸等赋予羊肉苦味（Lazutkaite et al.，2017）。研究绵羊背最长肌宰后成熟过程中游离氨基酸的变化后发现，背最长肌中共有16种游离氨基酸。背最长肌宰后成熟过程中谷氨酸、丙氨酸、丝氨酸、酪氨酸的含量均显著增加（$P<0.05$），说明宰后成熟过程会使羊肉呈现更鲜甜的口感。此外，随着宰后成熟时间的延长，缬氨酸、异亮氨酸和亮氨酸的含量也呈逐渐增加的趋势。Warner等（2015）研究发现宰后成熟过程中，羊背最长肌中异亮氨酸、亮氨酸和缬氨酸的含量增加，与表3-101的结果一致。通过测定宰后成熟过程中绵羊股二头肌游离氨基酸的变化后发现，绵羊股二头肌中异亮氨酸、亮氨酸、甲硫氨酸、苯丙氨酸、赖氨酸、天冬氨酸、精氨酸、丝氨酸、酪氨酸的含量均随着宰后成熟时间的延长逐渐增加，说明成熟过程丰富了绵羊肉中氨基酸的含量（表3-102）。

表3-101 排酸对绵羊背最长肌游离氨基酸含量的影响　　　　单位：mg/100g

氨基酸	宰后成熟时间/d					
	0	1	2	3	4	5
缬氨酸	2.62±0.16^e	2.57±0.20^d	3.33±0.21^d	4.24±0.27^c	4.50±0.33^b	6.25±0.57^a

续表

氨基酸	宰后成熟时间/d					
	0	1	2	3	4	5
异亮氨酸	1.18±0.04^d	1.52±0.06^c	1.71±0.05^c	1.77±0.06^c	2.34±0.11^b	3.47±0.33^a
亮氨酸	1.86±0.09^e	2.30±0.11^{de}	2.79±0.16^{cd}	3.03±0.15^c	4.41±0.22^b	6.53±0.40^a
甲硫氨酸	0.96±0.02^{cd}	3.23±0.11^a	1.11±0.04^{cd}	1.30±0.05^c	2.41±0.09^b	0.81±0.01^d
苯丙氨酸	1.27±0.03^d	1.60±0.07^{cd}	1.97±0.10^c	2.24±0.10^c	3.55±0.21^b	5.58±0.40^a
赖氨酸	47.39±1.96^c	45.84±1.83^c	51.49±2.05^b	50.48±2.13^b	53.59±2.21^b	58.74±2.83^a
天冬氨酸	1.25±0.04^a	1.16±0.05^a	1.07±0.04^a	1.33±0.07^a	1.41±0.05^a	1.17±0.04^a
苏氨酸	36.74±1.70^a	22.26±1.04^c	29.21±1.21^b	26.44±1.09^{bc}	ND	ND
谷氨酸	5.27±0.14^c	4.01±0.08^d	4.88±0.19^{cd}	5.33±0.17^c	5.61±0.12^b	8.62±0.20^a
组氨酸	1.69±0.07^d	2.16±0.13^{cd}	2.43±0.16^{cd}	2.55±0.18^c	3.02±0.20^b	3.79±0.28^a
精氨酸	2.44±0.11^f	3.47±0.18^e	4.19±0.21^d	5.06±0.25^c	5.92±0.28^b	7.50±0.67^a
丝氨酸	2.81±0.14^d	2.96±0.17^d	4.16±0.28^c	4.31±0.23^c	5.31±0.27^b	6.57±0.36^a
甘氨酸	9.70±0.84^b	12.87±1.05^a	10.32±1.12^{ab}	11.48±1.15^a	10.96±0.93^{ab}	11.84±1.01^a
丙氨酸	24.02±1.76^c	29.25±1.56^b	32.07±2.01^{ab}	31.67±1.57^b	31.31±1.60^{ab}	34.62±1.68^a
酪氨酸	1.53±0.06^d	1.86±0.11^{cd}	2.23±0.13^c	2.36±0.14^c	4.00±0.18^b	5.81±0.35^a
脯氨酸	2.09±0.13^{ab}	1.88±0.09^b	1.80±0.07^b	1.91±0.10^b	2.28±0.18^a	2.35±0.21^a

注：小写字母肩注表示同一组别宰后不同时间差异显著（$P<0.05$）；"ND"表示未检测出。

表3-102 排酸对绵羊股二头肌游离氨基酸含量的影响　　单位：mg/100g

氨基酸	宰后成熟时间/d					
	0	1	2	3	4	5
异亮氨酸	0.52±0.03^d	0.56±0.05^{cd}	0.90±0.11^{bc}	1.08±0.09^{ab}	0.70±0.09^{cd}	1.38±0.13^a
亮氨酸	1.11±0.06^d	1.36±0.06^{cd}	1.54±0.08^{cd}	1.82±0.10^{bc}	2.30±0.13^{ab}	2.68±0.20^a
甲硫氨酸	0.74±0.03^b	0.81±0.04^{ab}	1.11±0.10^a	1.04±0.13^a	0.93±0.05^{ab}	0.80±0.03^{ab}
苯丙氨酸	0.86±0.05^e	1.07±0.07^{de}	1.24±0.11^{cd}	1.50±0.17^c	1.93±0.17^b	2.41±0.20^a
赖氨酸	19.61±1.22^c	26.67±1.73^{ab}	29.17±1.60^a	28.61±1.94^a	26.18±1.53^{ab}	22.88±1.06^{bc}
天冬氨酸	ND	0.87±0.05^c	1.42±0.10^{ab}	1.54±0.15^a	2.01±0.10^a	2.10±0.13^a
组氨酸	1.07±0.04^c	0.89±0.02^c	2.30±0.45^b	2.35±0.26^b	3.09±0.58^a	2.31±0.33^b
精氨酸	5.14±0.48^{ab}	3.64±0.39^b	5.60±0.45^{ab}	4.73±0.26^{abc}	4.25±0.30^{bc}	6.29±0.50^a

续表

氨基酸	宰后成熟时间/d					
	0	1	2	3	4	5
丝氨酸	2.82±0.28^c	3.51±0.62^b	3.89±0.22^b	3.76±0.19^b	5.20±0.43^a	5.10±0.43^a
酪氨酸	1.13±0.07^c	1.05±0.08^c	1.43±0.12^{bc}	1.62±0.02^b	1.78±0.16^{ab}	2.13±0.19^a
脯氨酸	0.92±0.08^c	0.57±0.06^c	2.12±0.21^a	2.17±0.16^a	2.36±0.13^a	1.36±0.09^b

注：小写字母肩注表示同一组别宰后不同时间差异显著（$P<0.05$）；"ND"表示未检测出。

（四）不同排酸时间对羊肉中脂肪酸含量的影响

作者团队研究中共检测到18种脂肪酸。如表3-103所示，绵羊背最长肌中饱和脂肪酸的相对含量随着宰后成熟时间的延长呈逐渐增加的趋势，而单不饱和脂肪酸和多不饱和脂肪酸的相对含量呈显著降低的趋势。作者团队杨致昊在研究苏尼特羊宰后成熟过程中背最长肌脂肪酸相对含量的变化时得到了相同的结果（杨致昊，2023）。股二头肌饱和脂肪酸的相对含量逐渐增加，而单不饱和脂肪酸和多不饱和脂肪酸的相对含量逐渐减少。推测原因可能是长链多不饱和脂肪酸的分解会使饱和脂肪酸的相对含量增加，而机体发生氧化反应会导致单不饱和脂肪酸和多不饱和脂肪酸的相对含量减少。

表3-103 排酸对绵羊肌肉脂肪酸组成的影响 单位：%

脂肪酸	组别	宰后成熟时间/d					
		0	1	2	3	4	5
癸酸 ($C_{10:0}$)	背最长肌	0.15±0.02^a	0.14±0.01^a	0.12±0.01^a	0.15±0.03^a	0.12±0.02^a	0.13±0.02^a
	股二头肌	0.10±0.02^a	0.14±0.03^a	0.12±0.02^a	0.12±0.05^a	0.16±0.03^a	0.17±0.05^a
月桂酸 ($C_{12:0}$)	背最长肌	0.10±0.01^a	0.21±0.02^a	0.29±0.01^a	0.32±0.01^a	0.31±0.01^a	0.40±0.01^a
	股二头肌	0.09±0.01^b	0.10±0.03^b	0.10±0.02^b	0.13±0.03^{ab}	0.10±0.01^b	0.16±0.04^a
肉豆蔻酸 ($C_{14:0}$)	背最长肌	2.15±0.05^a	1.53±0.04^b	1.53±0.04^b	1.91±0.04^{ab}	1.72±0.02^b	1.60±0.04^b
	股二头肌	1.47±0.24^c	1.53±0.21^c	1.40±0.17^c	1.75±0.22^b	1.89±0.50^{ab}	2.02±0.43^a
棕榈酸 ($C_{16:0}$)	背最长肌	25.53±1.14^a	22.20±0.85^{cd}	23.39±0.82^{bc}	24.97±0.88^{ab}	23.50±0.75^{bc}	21.41±0.64^d
	股二头肌	33.87±2.98^{ab}	36.09±2.09^a	35.45±3.33^a	33.99±2.10^b	30.50±2.33^b	26.02±2.11^c
硬脂酸 ($C_{18:0}$)	背最长肌	16.21±0.92^b	16.30±0.84^b	15.43±0.75^b	17.42±0.66^b	18.03±0.62^a	18.78±0.31^a
	股二头肌	16.15±0.62^b	16.43±0.84^b	15.35±1.39^c	16.36±1.04^b	17.04±1.02^{ab}	18.83±1.38^a
花生酸 ($C_{20:0}$)	背最长肌	0.77±0.02^d	1.61±0.06^a	1.48±0.04^{ab}	1.34±0.06^a	1.22±0.05^{bc}	0.95±0.02^{cd}
	股二头肌	0.21±0.01^c	0.37±0.07^a	0.22±0.04^c	0.30±0.05^b	0.30±0.04^b	0.27±0.04^b

续表

脂肪酸	组别	宰后成熟时间/d					
		0	1	2	3	4	5
饱和脂肪酸	背最长肌	42.29±1.80^a	40.76±1.20^b	36.92±0.72^c	40.71±0.97^b	42.26±0.63^a	43.25±0.83^a
(ΣSFA)	股二头肌	48.09±1.55^a	43.15±1.67^b	38.01±1.98^c	37.09±2.10^c	40.92±1.03^{bc}	45.82±1.72^b
豆蔻油酸	背最长肌	0.12±0.04^c	0.32±0.05^{ab}	0.26±0.03^{ab}	0.19±0.02^{bc}	0.20±0.03^{bc}	0.35±0.06^a
($C_{14:1}$)	股二头肌	0.31±0.06^a	0.34±0.07^a	0.23±0.05^a	0.24±0.10^a	0.21±0.03^a	0.23±0.11^a
棕榈油酸	背最长肌	2.17±0.11^a	1.93±0.10^{ab}	1.66±0.09^{bc}	1.41±0.12^c	1.54±0.08^c	1.54±0.07^c
($C_{16:1}$)	股二头肌	1.29±0.30^a	0.93±0.21^b	1.16±0.04^{ab}	1.11±0.13^{ab}	1.15±0.12^{ab}	1.02±0.09^b
油酸	背最长肌	39.15±1.38^a	33.70±1.11^b	33.73±1.09^b	31.81±0.89^b	35.01±0.79^b	35.67±0.66^{ab}
($C_{18:1cis-9}$)	股二头肌	31.44±1.34^b	30.19±1.09^{bc}	35.56±1.78^a	36.88±2.10^a	27.01±2.01^c	32.33±1.80^b
单不饱和脂肪酸	背最长肌	41.67±0.50^a	36.43±1.18^{bcd}	37.78±1.49^b	35.63±1.61^{cd}	36.83±1.45^{bc}	34.63±1.36^d
(ΣMUFA)	股二头肌	33.09±2.22^a	33.79±1.12^a	32.39±2.29^{ab}	33.70±1.29^a	33.88±1.67^a	28.52±1.08^b
反式亚油酸	背最长肌	0.17±0.02^b	0.15±.02^b	0.20±0.01^b	0.25±0.01^{ab}	0.30±0.01^a	0.19±0.01^b
($C_{18:2trans-9trans-12}$)	股二头肌	0.20±0.02^b	0.25±0.08^b	0.53±0.07^a	0.30±0.03^b	0.23±0.03^b	0.22±0.03^b
亚油酸	背最长肌	11.82±0.17^c	19.39±0.19^a	20.10±0.27^a	16.77±0.11^{ab}	17.45±0.15^a	14.73±0.19^{bc}
($C_{18:2cis-9cis-12}$)	股二头肌	19.21±2.16^a	21.51±1.77^a	20.59±1.67^a	21.83±0.55^a	20.00±1.55^a	19.77±0.89^a
γ-亚麻酸	背最长肌	0.20±0.02^b	0.41±0.03^a	0.21±0.02^b	0.20±0.02^b	0.24±0.02^b	0.16±0.01^b
($C_{18:3n-6}$)	股二头肌	0.38±0.05^a	0.39±0.06^a	0.38±0.10^a	0.35±0.01^{ab}	0.30±0.03^b	0.28±0.04^b
α-亚麻酸	背最长肌	0.20±0.01^b	0.23±0.02^b	0.14±0.01^b	0.18±.02^b	0.39±0.03^a	0.32±0.04^a
($C_{18:3n-3}$)	股二头肌	0.24±0.07^{cd}	0.18±0.02^d	0.33±0.05^c	0.43±0.11^b	0.48±0.15^a	0.52±0.06^a
花生三烯酸	背最长肌	0.41±0.07^c	0.75±0.13^b	0.76±0.06^b	0.76±0.10^b	0.93±0.16^a	0.69±0.11^b
($C_{20:3n-6}$)	股二头肌	0.16±0.06^d	0.33±0.05^c	0.64±0.06^a	0.50±0.13^b	0.47±0.15^b	0.71±0.21^a
花生四烯酸	背最长肌	0.30±0.05^d	0.35±0.03^c	0.46±0.02^{bc}	0.66±0.03^a	0.51±0.02^b	0.38±0.04^c
($C_{20:4n-6}$)	股二头肌	0.61±0.07^a	0.55±0.06^a	0.41±0.06^b	0.30±0.05^c	0.27±0.10^c	0.21±0.01^c
二十碳五烯酸	背最长肌	0.42±0.02^b	0.81±0.06^a	0.75±0.02^a	0.67±0.03^a	0.56±0.03^a	0.42±0.02^a
(EPA$_{n-3}$)	股二头肌	0.68±0.16^a	0.59±0.09^{ab}	0.49±0.07^b	0.37±0.10^{bc}	0.15±0.05^c	0.17±0.07^c
二十四碳烯酸	背最长肌	0.35±0.03^b	0.34±0.03^b	0.50±0.05^a	0.41±0.03^{ab}	0.33±0.02^b	0.31±0.02^b
(ARA)	股二头肌	0.22±0.03^a	0.20±0.01^a	0.24±0.04^a	0.25±0.03^a	0.20±0.04^a	0.24±0.04^a
多不饱和脂肪酸	背最长肌	21.79±1.23^a	22.44±2.35^a	19.63±1.02^{ab}	20.55±1.66^a	17.09±1.45^b	14.30±1.16^c
(ΣPUFA)	股二头肌	23.79±0.98^{bc}	22.96±1.22^c	20.79±1.33^c	21.80±1.09^c	19.62±1.29^b	17.30±1.16^c

注：小写字母肩注表示同一组别宰后不同时间差异显著（$P<0.05$）。

三、成熟（排酸）温度对肉品质的影响

排酸温度一般处于 0~4℃，不同的排酸温度对羊肉品质是否有影响，有何影响，在作者团队贾雪晖（2013）的一项研究中，以乌珠穆沁羊为研究对象，通过测定不同排酸温度（0℃、4℃、6℃）下背最长肌、股二头肌和臂三头肌的 pH 和剪切力变化，探究排酸三种不同温度对肉品质的影响。三部位肌肉 pH 均在第 1 天急剧下降（$P<0.05$）。这与 Abdullah 等（2009）的研究结果相似，pH 的下降主要发生在宰后成熟的初始 24h 内。在 0~6℃排酸，背最长肌、股二头肌和臂三头肌 pH 变化均先下降后上升，且温度越高 pH 下降越快（图 3-50~图 3-52）。

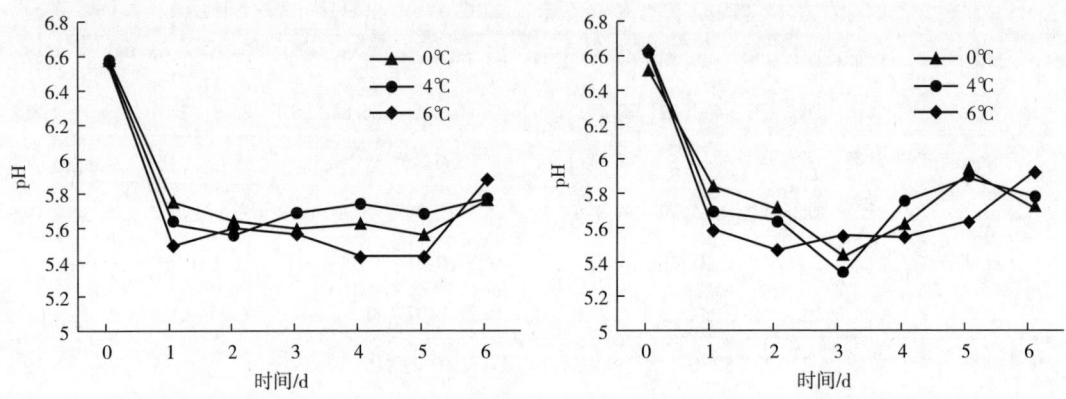

图 3-50　不同排酸温度对背最长肌 pH 的影响　　图 3-51　不同排酸温度对股二头肌 pH 变化的影响

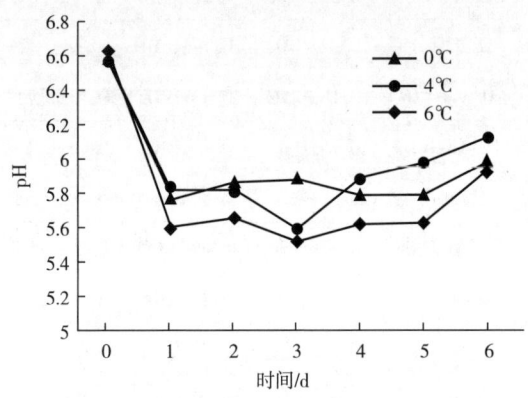

图 3-52　不同排酸温度对臂三头肌 pH 的影响

背最长肌、股二头肌和臂三头肌在不同温度下排酸，剪切力均呈先上升后下降趋势（图 3-53~图 3-55）。4℃、6℃排酸背最长肌剪切力值均在 2d 时达到尸僵最大值，0℃排酸背最长肌剪切力值在 3d 时达到尸僵最大值，之后开始解僵。在 0℃、4℃、6℃排酸股二头肌剪切力值均在 1d 时达到尸僵最大值，而后开始解僵。在 0℃排酸的剪切力值下降趋势缓慢。在 4℃、6℃排酸，股二头肌的剪切力值在 1~2d 下降较快。4℃、6℃排酸臂三头肌

均在1d时达到尸僵最大值，0℃排酸臂三头肌在2d时达到尸僵最大值，而后开始解僵。臂三头肌剪切力值在0℃排酸3d时下降较快。由此可见，排酸温度高的羊肉能够较早进入僵直，剪切力值达到最大后解僵。温度越高，羊肉完成成熟的时间越短（Jones et al.，2017）。

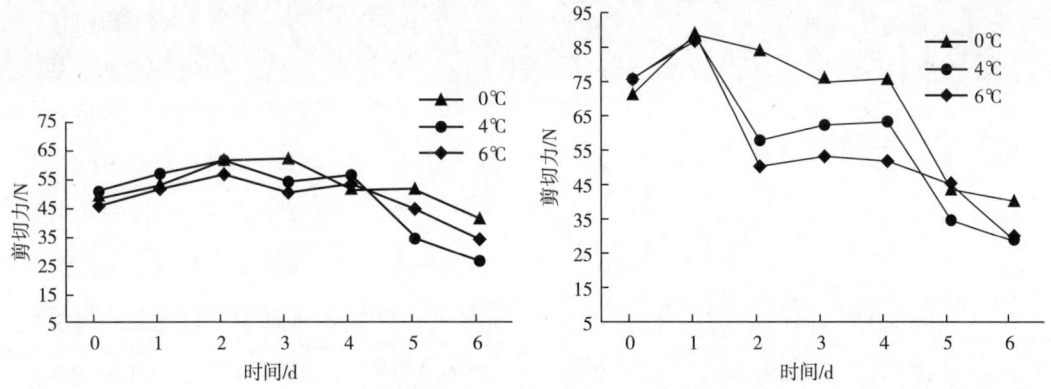

图3-53　不同排酸温度对背最长肌剪切力的影响　　图3-54　不同排酸温度对股二头肌剪切力的影响

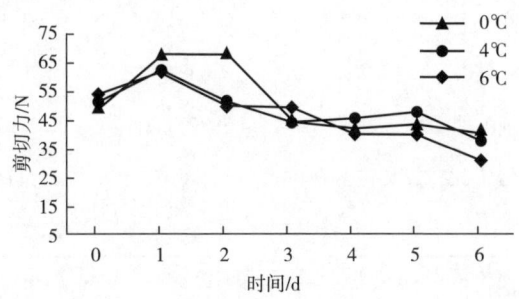

图3-55　不同排酸温度对臂三头肌剪切力的影响

四、成熟方式（吊挂）对肉品质的影响

吊挂排酸是企业常用的排酸方式，吊挂借助胴体本身的重力作用使肌肉得到拉伸，从而导致肌纤维断裂，使肉质嫩化。胴体吊挂技术简单易行，投资成本低，因此备受各屠宰企业的青睐。作者团队成员随机选择相同饲养条件下的巴美肉羊，对比吊挂排酸和非吊挂排酸两种方式对羊肉品质（pH和剪切力）的影响，分别测定巴美肉羊不同部位0.5~48h pH的变化规律和24~72h剪切力的变化规律。如表3-104所示，在吊挂排酸方式下股二头肌的pH在1.25~1.5h显著下降（$P<0.05$）。背最长肌pH在0.75~1h和6~8h显著下降（$P<0.05$）。臂三头肌pH在8~24h显著下降（$P<0.05$）。非吊挂排酸羊的股二头肌、背最长肌、臂三头肌均在宰后6h或8h的pH显著小于吊挂排酸羊（$P<0.05$）。通过pH判定牛肉新鲜度的理论基础是新鲜肉呈中性或弱碱性，宰后糖原开始分解形成乳酸，肌磷酸等分解为磷酸，使肌肉处于酸性（王柏辉等，2020）。一般认为，屠宰后45min时pH低于5.8，同时伴有肉色灰白和大量渗出现象的肉，可判定为PSE肉；宰后24h时pH高于

6.0，并伴有肉色暗褐和表面干涩现象的则为 DFD 肉。巴美肉羊三个部位的 $pH_{45min}>5.8$，$pH_{24h}<6.0$，均属新鲜优质肉范围，符合鲜肉标准，排除了 PSE 肉、DFD 肉。

表3-104　不同排酸方式对羊肉 pH 的影响

时间/h	背最长肌		股二头肌		臂三头肌	
	非吊挂	吊挂	非吊挂	吊挂	非吊挂	吊挂
0.50	6.59±0.51^{aA}	6.70±0.10^{aB}	6.90±0.03^{aA}	6.51±0.07^{aAB}	6.94±0.37^{aAB}	6.46±0.04^{aA}
0.75	6.76±0.44^{aAB}	6.94±0.01^{aA}	6.94±0.11^{aABC}	6.72±0.01^{aA}	6.99±0.46^{aAB}	6.30±0.04^{aABCD}
1.00	6.51±0.53^{aABC}	6.54±0.07^{aBC}	6.69±0.13^{aAB}	6.59±0.01^{aA}	6.92±0.22^{aAB}	6.40±0.07^{bABC}
1.25	6.40±0.34^{aABC}	6.41±0.10^{aBCD}	6.52±0.24^{aABC}	6.44±0.12^{aABC}	7.02±0.17^{aA}	6.37±0.07^{bABC}
1.50	6.55±0.39^{aABC}	6.20±0.33^{aCDE}	6.47±0.22^{aABCD}	6.00±0.41^{aDEFG}	6.68±0.24^{aABC}	6.28±0.04^{aABCDE}
2.00	6.33±0.17^{aABC}	6.47±0.01^{aBC}	6.42±0.50^{aABCD}	6.46±0.10^{aA}	6.46±0.23^{aABCD}	6.17±0.16^{aCDE}
3.00	6.26±0.34^{aABC}	6.35±0.19^{aBCD}	6.27±0.20^{aABCD}	6.48±0.06^{aAB}	6.33±0.19^{aABCD}	6.23±0.10^{aABCDE}
4.00	5.86±0.07^{aABC}	6.06±0.09^{bDEF}	6.06±0.17^{aBCD}	6.19±0.05^{aBCD}	6.27±0.30^{aBCD}	6.23±0.02^{aABCDE}
6.00	5.76±0.38^{aABC}	6.96±0.01^{bA}	5.79±0.21^{aBCD}	6.08±0.05^{aCDE}	6.02±0.08^{aCD}	6.19±0.06^{bBCDE}
8.00	5.76±0.16^{aBC}	5.96±0.01^{aEFG}	5.73±0.01^{aD}	6.04±0.02^{bDEF}	5.79±0.04^{aD}	6.30±0.01^{bABC}
24.00	5.75±0.16^{aBC}	5.69±0.04^{aFGH}	5.97±0.35^{aBCD}	5.72±0.05^{aEFG}	5.79±0.11^{aD}	6.01±0.12^{aEF}
36.00	5.67±0.22^{aBC}	5.66±0.22^{aGH}	5.73±0.09^{aD}	5.68±0.01^{aFG}	5.84±0.28^{aD}	5.84±0.01^{aF}
48.00	5.64±0.08^{aC}	5.58±0.01^{aH}	5.73±0.04^{aD}	5.65±0.02^{bG}	5.82±0.16^{aD}	6.03±0.18^{aDEF}

注：不同小写字母肩注表示同一部位不同方式对比差异显著（$P<0.05$）；不同大写字母肩注表示同一排酸方式不同时间点对比差异显著（$P<0.05$）。

由表3-105可知，随时间增加，非吊挂排酸羊股二头肌和臂三头肌的剪切力均显著大于吊挂排酸羊（$P<0.05$）；而非吊挂排酸羊背最长肌在48h和72h剪切力显著大于吊挂排酸羊（$P<0.05$）。非吊挂排酸方式下，同一部位不同时间，股二头肌、背最长肌、臂三头肌的剪切力差异均不显著（$P>0.05$）。在吊挂排酸方式下，股二头肌48～72h出现显著上升；背最长肌在24～48h出现显著下降，在48～72h出现显著上升（$P<0.05$）；臂三头肌24～72h无显著差异变化（$P>0.05$）。

表3-105　不同排酸方式对羊肉剪切力的影响　　　　　　　　　　　单位：N

部位	时间/h	非吊挂排酸羊	吊挂排酸羊
股二头肌	24	57.44±6.61^{aA}	46.83±5.31^{bA}
	48	43.16±7.41^{aA}	36.17±6.32^{bC}
	72	54.25±9.55^{aA}	40.20±6.50^{bB}

续表

部位	时间/h	非吊挂排酸羊	吊挂排酸羊
背最长肌	24	47.10±12.08^{aA}	52.10±10.12^{aA}
	48	51.35±10.06^{aA}	41.35±8.12^{bC}
	72	58.32±4.62^{aA}	42.38±10.20^{bB}
臂三头肌	24	51.61±9.65^{aA}	41.20±8.32^{bA}
	48	50.46±11.21^{aA}	35.34±9.62^{bA}
	72	50.23±7.31^{aA}	38.27±8.65^{bA}

注：不同小写字母肩注表示同一部位不同方式对比差异显著（$P<0.05$）；不同大写字母肩注表示同一排酸方式不同时间点对比差异显著（$P<0.05$）。

五、宰后成熟对羊肉品质影响的机制研究

（一）宰后成熟过程中的脂质转化

宰后成熟对肉质有改善作用，多年来已被全球肉类行业广泛采用。宰后成熟会诱导内源酶介导的脂质、糖酵解和蛋白质发生分解。例如，钙蛋白酶系统通常被认为是大多数蛋白水解和嫩化过程的主要驱动力（Wood et al.，2004）。此外，糖酵解酶（如甘油醛-3-磷酸脱氢酶）和脂肪分解酶（如脂肪酶）也在肉质特性中发挥作用。虽然宰后成熟已被广泛研究（Kim et al.，2018；Williamson et al.，2014），但很少有研究专注于与成熟过程相关的脂质生物标志物。脂质是肉类中的丰富成分，是其具有令人满意的口感、特有风味、良好质地、多汁性和提高烹饪产量的原因。Arshad等（2018）报告称，脂质的不饱和度直接影响脂质氧化产生的挥发性物质的类型和浓度，从而极大地影响肉的风味。此外，脂质组成和结构也影响肉的多汁性、脂肪硬度和保质期（Wood et al.，2004）。

因此作者团队通过广泛靶向的脂质组学［UPLC-ESI-MS/MS（MRM）］代谢的变化，并为改善羊肉品质提供理论支持。在所有样品中共鉴定出 812 种脂质分子，这些脂质被分为六类：甾醇脂类（ST）、脂肪酰类（FA）、甘油磷脂类（GP）、鞘脂类（SP）、甘油脂类（GL）和异戊烯醇脂类（PR）（图 3-56）。然后，进一步将这六类脂质进行二级分类，结果显示 ST 类别中有 2 个亚类［胆汁酸（BA）和胆固醇（Cho）］，FA 类别中有 3 个亚类［类花生酸（eicosanoid）、游离脂肪酸（FFA）和酰基肉碱（CAR）］，GP 类别中有 19 个亚类［磷脂酸（PA）、磷脂酰胆碱（PC）、磷脂酰乙醇胺（PE）、磷脂酰甘油（PG）、磷脂酰肌醇（PI）、磷脂酰丝氨酸（PS）、溶血磷脂酸（LPA）、溶血磷脂酰胆碱（LPC）、溶血磷脂酰乙醇胺（LPE）、溶血磷脂酰甘油（LPG）、溶血磷脂酰肌醇（LPI）、溶血磷脂酰丝氨酸（LPS）、磷脂酰胆碱（醚键）（PC-O）、磷脂酰乙醇胺（醚键）（PE-O）、磷脂酰乙醇胺（烯醚键）（PE-P）、溶血磷脂酰胆碱（醚键）（LPC-O）、溶血磷脂酰乙醇胺（烯醚键）（LPE-P）、N-酰基-溶血磷脂酰乙醇胺（LNAPE）、磷脂酰甲醇（PMeOH）］，SP 类别中有 6 个亚类［1-磷酸神经酰胺（CerP）、鞘氨醇（SPH）、神经酰胺（Cer）、糖

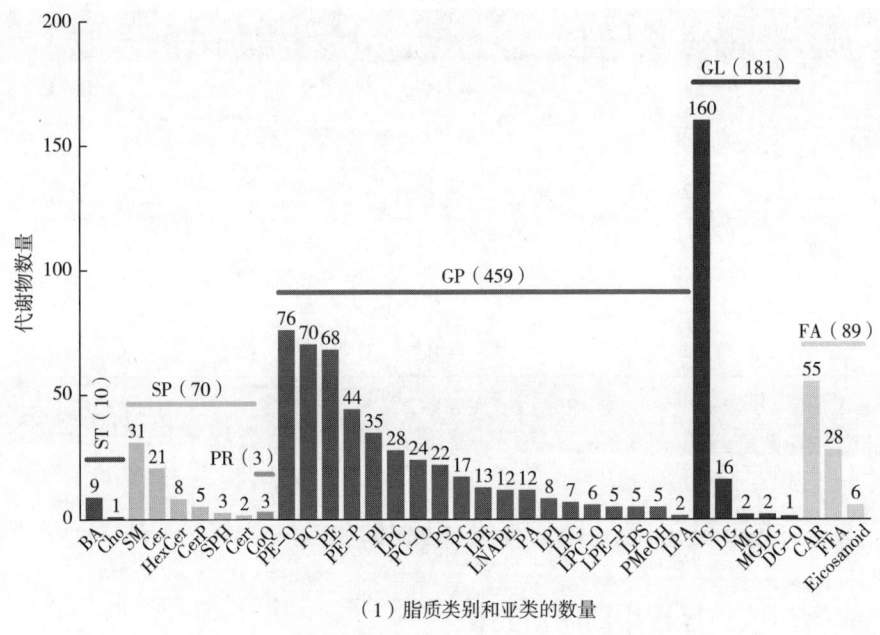

(1)脂质类别和亚类的数量

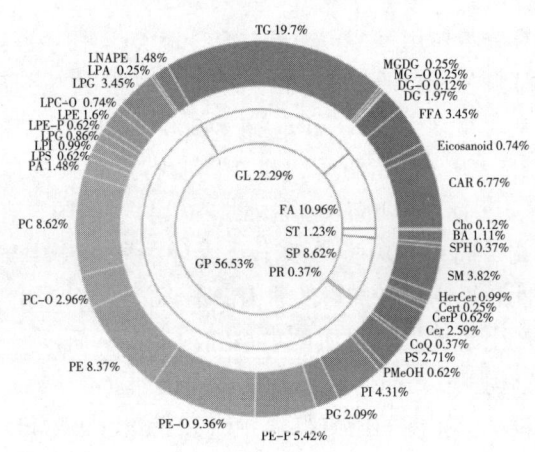

(2)脂质类别和亚类的百分比

图3-56 绵羊宰后成熟过程中脂质的变化

鞘脂(HexCer)、鞘磷脂(SM)和植物神经酰胺(Cert)],PR类别中有1个亚类[辅酶Q(CoQ)],GL类别中有5个亚类[甘油二酯(DG)、甘油一酯(MG)、甘油三酯(TG)、甘油二酯(醚键)(DG-O)和单糖甘油二酯(MGDG)]。排列检验显示 $R^2X = 0.188$,$R^2Y = 0.895$,$Q^2 = 0.652$,说明建立的正交偏最小二乘判别分析(OPLS-DA)模型具有良好的预测能力(图3-57)。可能与成熟过程相关的差异脂质有95种。这95种脂质分为五类:ST($n=2$)、FA($n=41$)、GP($n=47$)、SP($n=4$)和GL($n=1$)[图3-58(1)]。进一步分析显示,0h样品的脂质含量与其他组样品显著不同,其中GP和FA含量的差异最显著。0h样品的脂质组成与动物活体相似,这表明宰后成熟过程是其他成熟

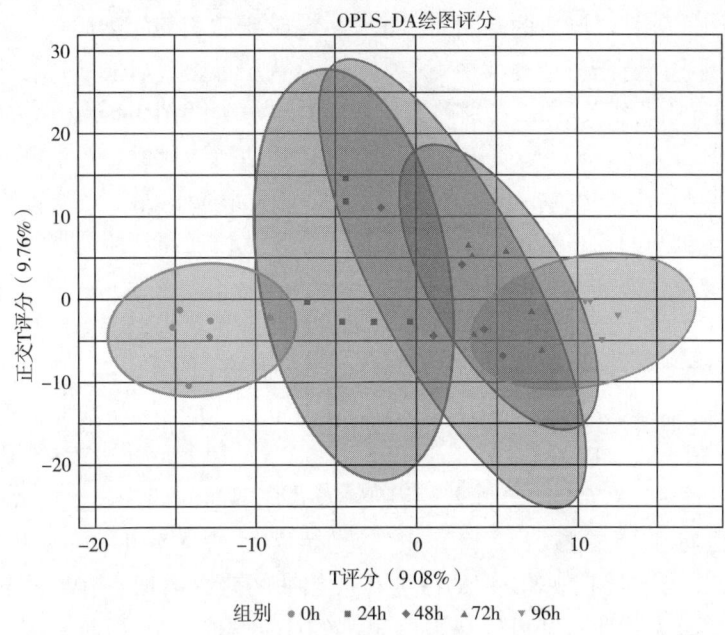

(1) 不同成熟时间的OPLS-DA分数图

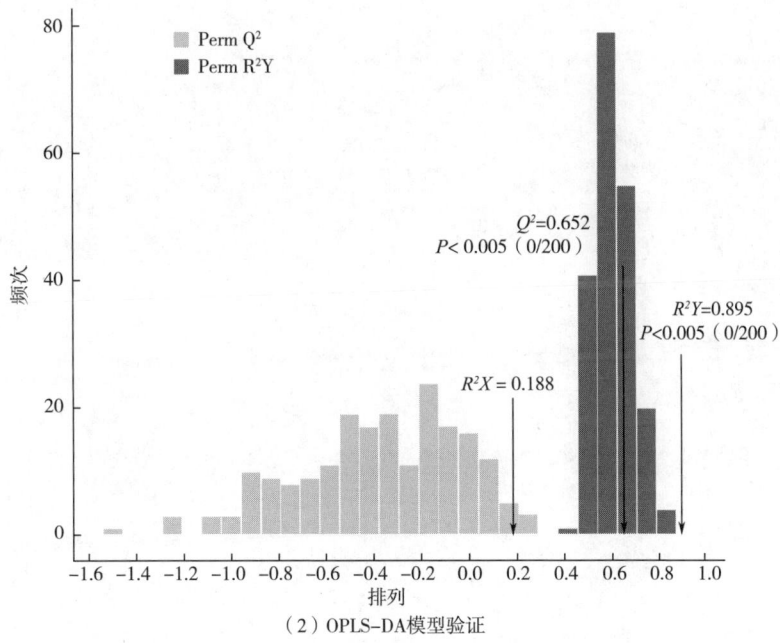

(2) OPLS-DA模型验证

图3-57 建立和验证正交偏最小二乘判别分析（OPLS-DA）模型（0h、24h、48h、72h、96h）

时间脂质组成改变的原因。为了更好地研究宰后成熟过程中脂质成分的变化趋势，使用K均值聚类（K-means）根据脂质积累模式将95种差异脂质分为10类［图3-58（2）］。对这10个聚类的分析有助于揭示不同类别中脂质的动态演变。此外，根据皮尔逊相关系数（$|r| \geq 0.8$，$P \leq 0.05$），筛选出相关性强的脂质，制成相关网络［图3-58（3）］。

结果表明，在这个网络中只存在 FA 和 GP 类别，它被分成两个模块。相关网络图中每个圆圈的大小表示其重要性。脂质的圆圈面积越大，与该脂质相关的脂质数量就越多。值得注意的是，网络图中所有脂质种类都是正相关关系。为了探索宰后成熟过程中脂质的代谢通路，将 95 种差异脂质相关的 82 种通路进行了 KEGG 分类［图 3-59（1）］和 KEGG 富集分析［图 3-59（2）］。各种脂质代谢通路，包括甘油磷脂代谢、亚油酸代谢、花生四烯酸代谢、不饱和脂肪酸的生物合成、鞘脂代谢和 α-亚麻酸代谢，是研究宰后成熟过程中脂质转化的分子机制的靶点路径。此外，构建了脂质代谢通路和脂质网络图，以阐明与特征脂质相关的途径［图 3-59（3）］。

在目前的研究中，FA 和 GP 的含量在宰后成熟过程中变化最为显著。宰后成熟早期的特征是脂解和氧化。脂肪分解主要涉及磷脂，最终结果是游离 PUFA 上调，而氧化在风味相关化合物的形成中起着关键作用（Tatiyaborworntham et al.，2022）。游离脂肪酸，包括 FFA（18∶2）、FFA（20∶3）、FFA（20∶4）、FFA（20∶5）和 FFA（22∶5），呈上升趋势，48h 后水平稳定［图 3-58（2）］。随着冷藏（4℃）成熟时间的延长，EPA（$C_{20∶5}$）、亚油酸（$C_{18∶2}$）和花生四烯酸（$C_{20∶4}$）的浓度显著增加（Williamson et al.，2014）。Coombs 等（2018）也证明了总 PUFA 的浓度在成熟期间趋于增加。有趣的是，线粒体可以在宰后早期继续氧化代谢，并可以在宰后成熟 24h 内发挥作用（Liu et al.，2022）。因为脂肪酸通过不受控制的扩散穿过线粒体膜，所以只有可溶性和较简单的中链脂肪酸被内

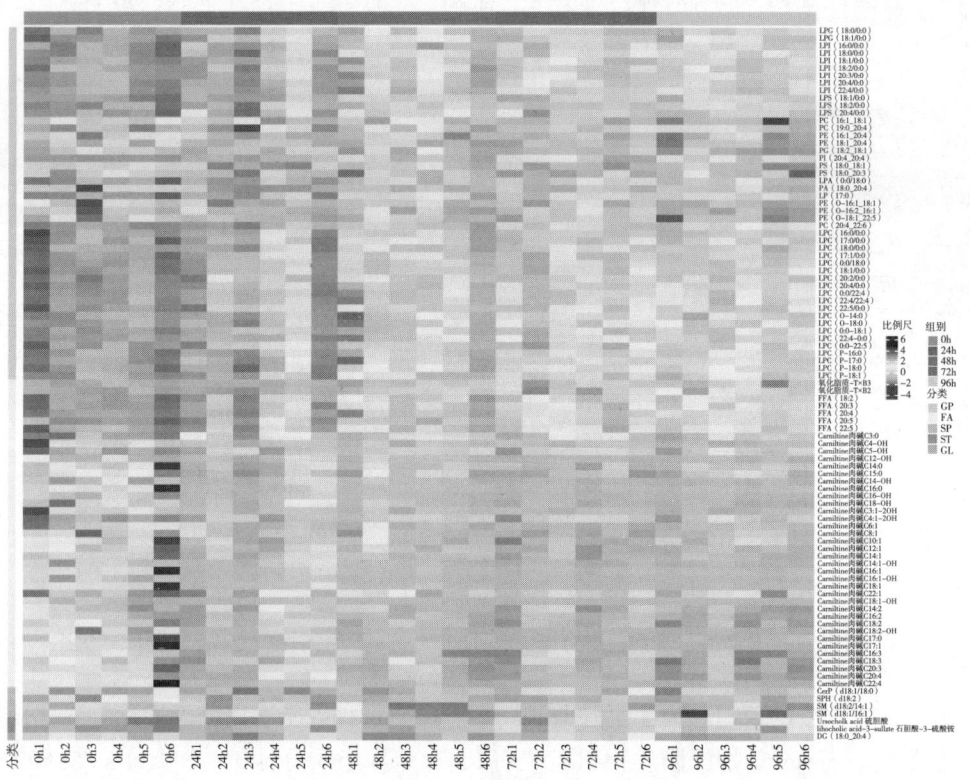

（1）聚类分析95种差异脂质的HCA热图

子类	总数	一级分类	化合物
1	8	ST	BA(Ursocholic acid 熊胆酸),BA(lithocholic acid-3-sulfate 石胆酸-3-硫酸盐)
		FA	Eicosanoid氧化脂质(TxB3),Eicosanoid氧化脂质(TXB2)
		GP	PC(19:0_20:4),PI(20:4_20:4),PC(20:4_22:6)
		SP	CerP(d18:1/18:0)
2	3	GL	DG(18:0_20:4)
		SP	SM(d18:1/14:0),SM(d18:1/16:1)
3	4	GP	PS(18:0_18:1),PA(18:0_20:4)
		FA	CAR C15:0,CAR C10:1
4	11	FA	FFA(18:2)
		GP	LPG(18:0/0:0),LPG(18:1/0:0),LPC(17:0/0:0),LPC(17:1/0:0), LPC(0:0/18:1)LPC(18:1/0:0),LPC(20:4/0:0),LPC(22:5/0:0),LPE(0:0/18:1),LPE(0:0/22:5)
5	6	GP	PC(16:1_18:1),PE(O-16:1_18:1),PE(O-16:2_16:1),PE(O-18:1_22:5),SPH(d18:2)
		FA	CAR(C16:3)
6	20	GP	PE(16:1_20:4),PS(18:0_20:3)
		FA	CAR C12-OH,CAR C14:0,CAR C14-OH,CAR C16:0,CAR C16-OH,CAR C18-OH,CAR C6:1,CAR C8:1,CAR C12:1,CAR C14:1-OH,CAR C16:1,CAR C16:1-OH,CAR C18:1,CAR C18:1-OH,CAR C18:2-OH,CAR C17:0,CAR C17:1,CAR C22:4
7	5	FA	CAR C3:0,CAR C5-OH,CAR C4:1-2OH,CAR C22:1
		GP	LPC(20:2/0:0)
8	12	FA	FFA(20:3),FFA(20:4),FFA(20:5),FFA(22:5)
		GP	LPI(18:0/0:0),LPI(17:0),LPS(18:1/0:0),LPS(18:2/0:0),LPS(20:4/0:0),LPC(0:0/22:4),LPC(22:4/0:0),LPE(P-17:0)
9	11	GP	PE(18:1_20:4),PG(18:2_18:1)
		FA	CAR C14:1,CAR C14:2,CAR C16:2,CAR C18:2,CAR C18:3,CAR C20:3,CAR C20:4
10	15	GP	LPI(16:0/0:0),LPI(18:1/0:0),LPI(18:2/0:0),LPI(20:3/0:0),LPI(20:4/0:0),LPI(22:4/0:0),LPA(0:0/18:0),LPC(16:0/0:0),LPC(18:0/0:0),LPC(O-14:0),LPC(O-18:0),LPE(22:4/0:0),LPE(P-16:0),LPE(P-18:0),LPE(P-18:1)

（2）差异脂质的K-均值聚类

（3）差异脂质相关性网络图（ | r | >0.8，P<0.05）

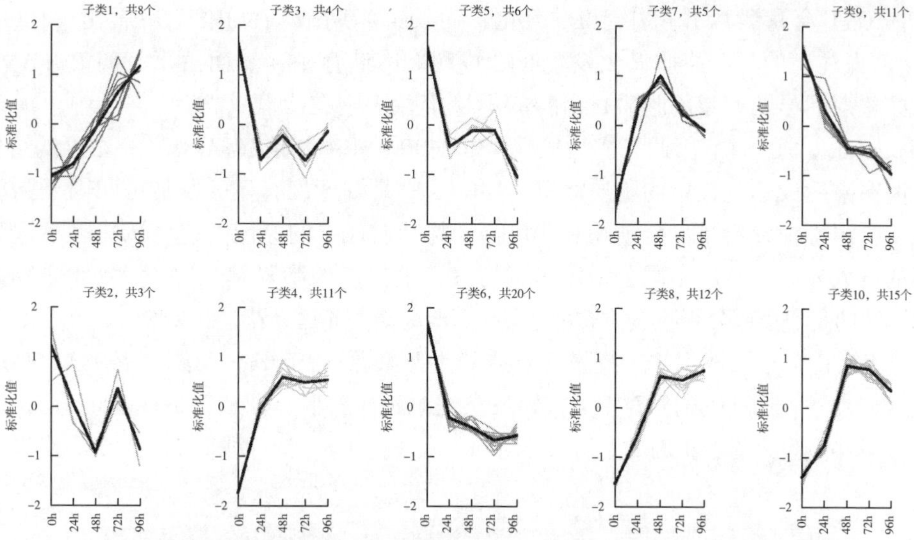

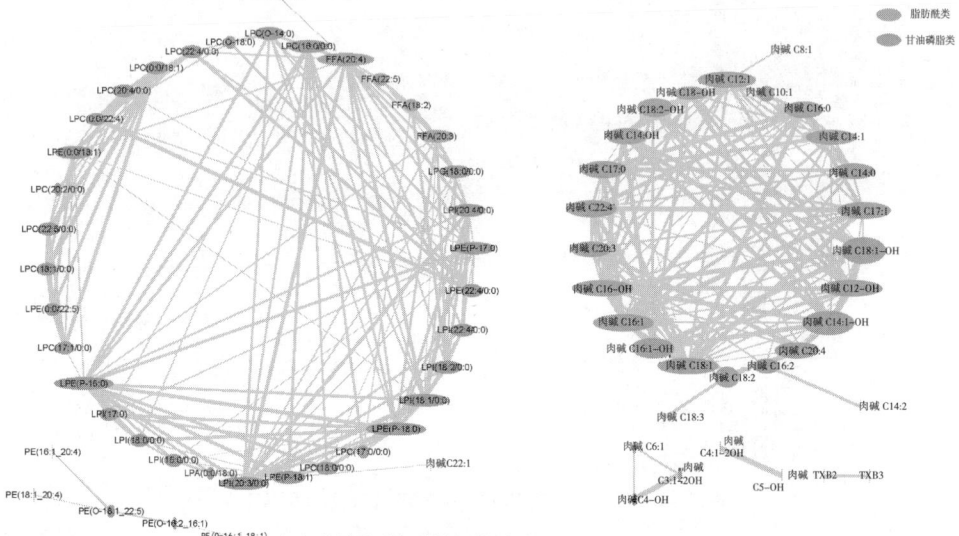

图3-58　绵羊在不同宰后成熟时间（0h、 24h、 48h、 72h、 96h）下的差异脂质分析

[图（3）中的所有脂质呈正相关]

部线粒体 CoA 合酶激活并可用于 β-氧化,而长链脂肪酸不可用于 β-氧化(Ho et al.,2002)。值得注意的是,脂质氧化发生在冷藏和冷冻储存中,然而由于游离 PUFA 水平的增加和冷藏期间早期积累的脂质自由基的不稳定性,它在冷藏(4℃)肉类中出现得更快(Coombs et al.,2018)。因此,宰后成熟 48h 前 FFA(主要是游离 PUFA)浓度的增加可归因于羊肉在宰后成熟过程中的脂质水解;48h 后 FFA 浓度没有显著增加可归因于脂质氧化的加强。脂源性挥发物是反刍动物和非反刍动物特有风味的原因,这些风味因不饱和脂肪酸沉积的巨大差异而有所不同,不饱和脂肪酸产生更多的脂降解产物(挥发性羰基)。研究表明,即使是一小部分脂肪酸的氧化也会显著改变肉的味道。花生四烯酸($C_{20:4}$)在烹饪过程中被快速氧化,是形成肉味的挥发性物质的重要来源(Mottram et al.,1998)。高水平的亚油酸($C_{18:2}$)与风味强度负相关,导致烹饪过程中油腻、甜或淡的味道(Fisher et al.,2000)。从这个角度来看,羊肉的宰后成熟时间不宜超过 48h。亚麻酸($C_{18:3}$)是反刍动物产生

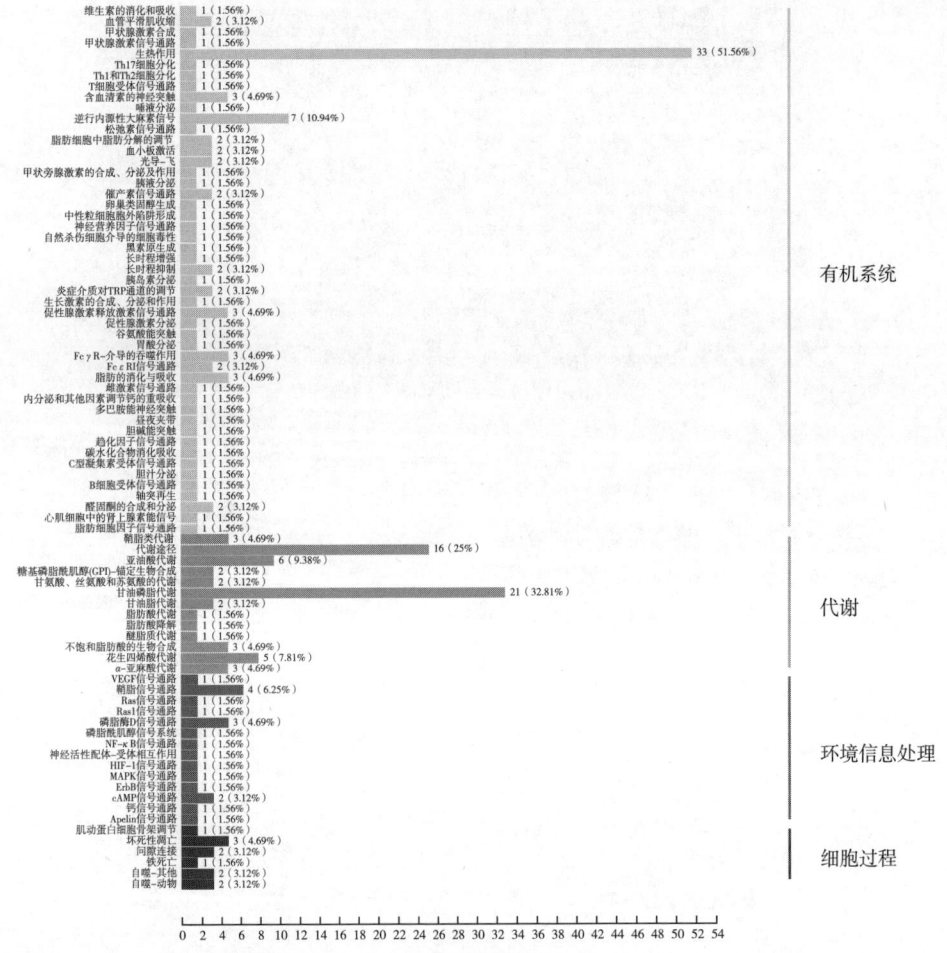

(1) 95种差异脂质的KEGG途径注释(X轴表示注释到该途径的代谢物的比例和数量,Y轴表示该途径的名称)

第三章 羊肉品质的影响因素及变化机制 233

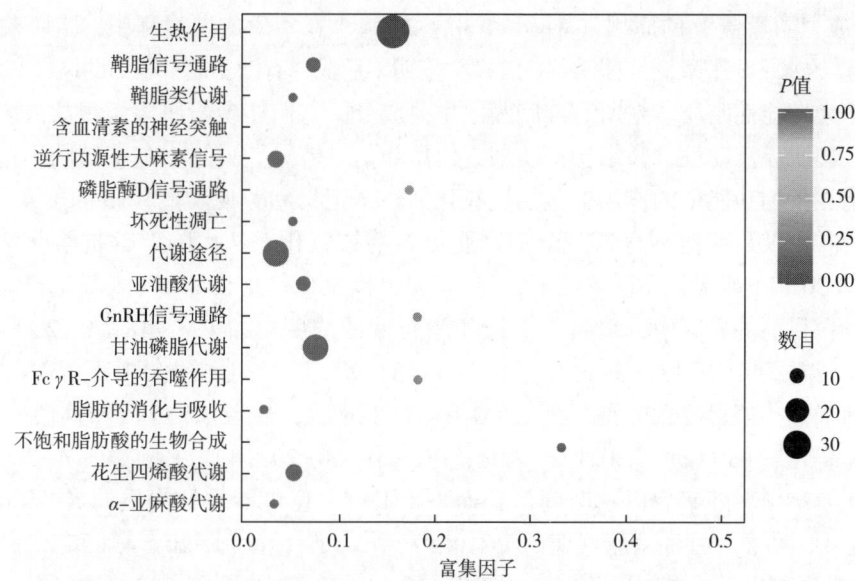

(2) KEGG富集统计 (X轴表示各途径对应的富集因子, Y轴表示KEGG代谢途径的名称。气泡的大小和颜色分别代表了不同脂质的富集数量和程度。具有相同形状标注的路径属于一个类别)

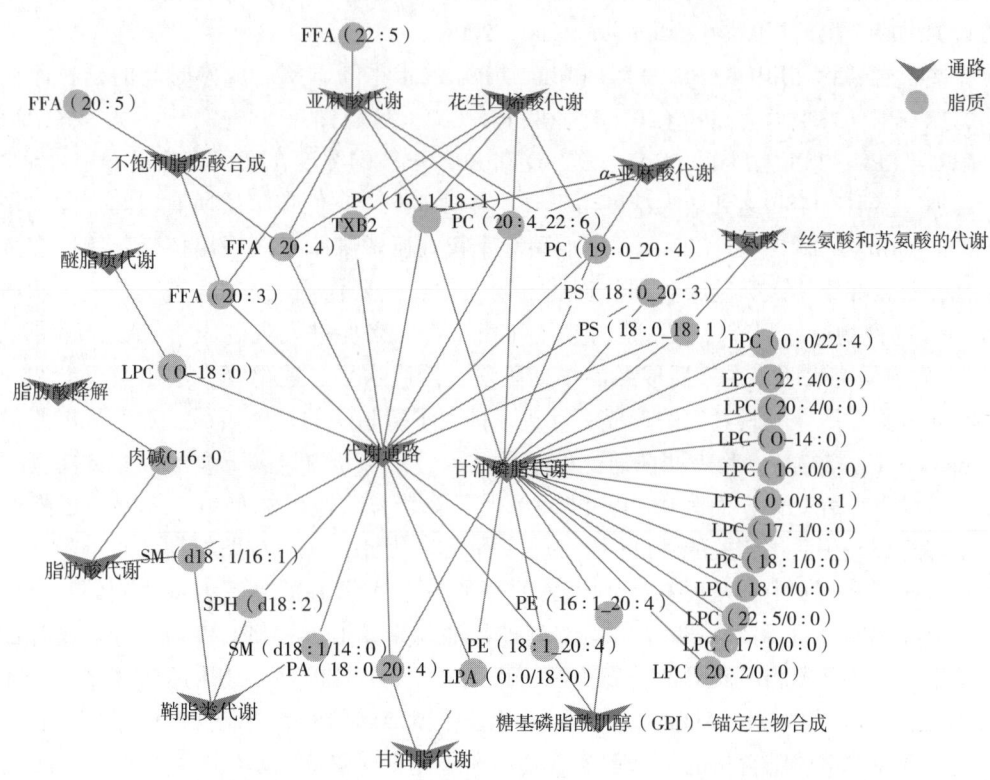

(3) 路径和脂质的网络图阐明了特征脂质参与的途径

图3-59 差异脂质的KEGG途径分析

"鱼腥味"或"青草味"的原因（Wood et al., 2004）。在宰后成熟过程中，脂肪酰类 $C_{18:3}$（$CARC_{18:3}$）的水平显著降低［图3-58（2）］表明宰后成熟有助于改善羊肉的风味。

磷脂作为功能性脂质，是所有细胞膜的主要成分。它们还参与肌肉组织的许多生理和生化功能，如肌膜流动性、膜结构、胰岛素作用和信号转导。磷脂中酰基链的不饱和度显著影响磷脂在生物功能中的作用，包括抗氧化活性、记忆和免疫功能。Hidalgo 等（2005）报道，PC 和 PI 以及其他不含氨基酸的磷脂更容易被氧化，从而降低其抗氧化活性。同时，Jia 等（2021）证明，在低浓度下，PE 表现出抗氧化作用，而 PC 表现出自动氧化作用。因此，在目前的研究中，磷脂与不饱和脂肪酸的浓度，如 PA（18：0-20：4）、PE（16：1-20：4）和 PS（18：0-20：3）［图3-58（2）］，可能会由于宰后成熟过程中的自动氧化而降低。值得注意的是，在-20℃下储存12d后，某些 PC 和 PE 的增加会导致肉类质量迅速恶化（Jia et al., 2021）。因此，PC（19：0-20：4）、PI（20：4-20：4）和 PC（20：4-22：6）随宰后成熟时间延长而直接上调，也可能导致肉质的劣变［图3-58（2）］。此外，在参与甘油磷脂代谢的 PC 和 PE 中，PE（16：1-20：4）和 PE（18：1-20：4）的水平在宰后成熟期间下降，而 PC（19：0-20：4）和 PC（20：4-22：6）的水平在宰后成熟期间上升［图3-59（3）］，可能是因为 PE 可以产生 PC（Jia et al., 2021）。结构磷脂也显示出对熟肉的风味有贡献。PUFA 在磷脂中的比例高于甘油三酯，尤其是花生四烯酸。因此，磷脂在烹饪过程中更容易氧化，其脂质氧化物也影响熟肉中通过美拉德反应产生的挥发物（Mottram et al., 2005）。

一些溶血磷脂（LPI、LPS、LPC 和 LPE-P）的水平随着宰后成熟时间的延长而显著升高，如 LPE（18：1）、LPS（20：4）和 LPC（22：5）［图3-58（2）］。另一些溶血磷脂（LPG、LPC、LPE、LPI、LPA、LPC-O 和 LPE-P）的浓度在宰后成熟过程中直至48h显著增加，然后在48h达到最大浓度后下降。尽管如此，它们在宰后所有时间点的水平都高于鲜肉（0h）［图3-58（2）］。溶血磷脂不仅在巨噬细胞中表现出抗氧化特性和抗凋亡活性，而且在维持人类健康和预防疾病方面发挥着重要作用（Nishikawa et al., 2015）。富含 LPA 的食物通过调节胃肠黏膜的整体和功能稳态来促进人类健康（Tokumura et al., 2011）。先前研究表明，在宰后成熟的早期阶段，磷脂水平迅速下降，这是由于上调的磷脂酶活性和凋亡诱导的膜囊泡的形成，反过来扩大了磷脂酶的接触表面，加速了磷脂的降解（Rao et al., 2003）。作者团队研究的结果显示，在48h内显著下调的大多数磷脂水平在48h后没有显著变化，而其中一些继续呈现下降趋势。这可能是由于在宰后成熟的后期，水解酶和与酶活化相关的辅助因子的水平下降。因此，宰后成熟早期的水解酶活性高于后期。在当前研究中，发现 PA 和 PC 水平降低与 LPA 和 LPC 水平升高之间的脂质转化与甘油磷脂代谢有关［图3-59（3）］。其他甘油磷脂如 LPG、LPI 和 LPS 分别是甘油磷脂、磷脂酰肌醇和磷脂酰肌醇的分解产物，而 LPC、PC、LPE 和 PE 的裂解模式与 Jia 等（2021）之前描述的类似。Chen 等（2017）论证了游离脂肪酸是磷脂降解的重要产物，其水平的上升速率与磷脂含量的下降程度有关。本研究发现游离脂肪酸与溶血磷脂呈显著正相关，表明磷脂通过水解酶降解为游离脂肪酸和溶血磷脂。

酰基肉碱有助于将脂肪酸分解产物运送到线粒体内部基质进行氧化磷酸化，并在过氧化物酶体中长链或极长链脂肪酸的 β-氧化过程中产生（Hettema et al., 2000）。Jia 等

（2021）指出，经过 12d 的冷链储存（-20℃），由于线粒体功能障碍，酰基肉碱的积累导致肉质恶化。在目前的研究中，只有少数脂肪酰基肉碱的水平随着成熟时间的增长而增加，而大多数脂肪酰基肉碱的水平显著下降 [图 3-58（2）]。这可能是由于酰基肉碱参与了宰后早期被抑制的脂肪酸代谢和 β-氧化过程。然而，早期证据表明，长链脂肪酸不能直接激活线粒体内的 β-氧化磷酸化，但可以在线粒体内膜解偶联产生 ATP（Garlid et al.，1996）。一般来说，线粒体中 ATP 的产生主要依赖于电子传递链。线粒体解偶联最初被发现与冷暴露诱导的非颤抖性产热有关（Mcfadden et al.，2019）。最近，人们发现它参与了几种细胞或生物过程，如活性氧产生、Ca^{2+} 体内平衡、细胞死亡、凋亡、脂肪组织的代谢适应和细胞信号转导，所有这些都与宰后成熟过程中的代谢密切相关（Mcfadden et al.，2019）。作者团队发现，酰基肉碱在产热途径中富集。因此，假设屠宰后呼吸停止和线粒体氧化磷酸化途径被迅速抑制，为了补充 ATP 的供应，PUFA 积累促进了线粒体解偶联，这可能是产热途径中酰基肉碱富集的原因。

神经酰胺包含基于鞘氨醇的主链和脂肪酸，充当调节细胞死亡和存活、分化、衰老、自噬和迁移的脂质介体。神经酰胺的积累反映在细胞对各种刺激和环境变化的反应中。在细胞死亡过程中，神经酰胺与线粒体外膜或内膜上的潜在结合位点相互作用，增加膜的通透性（Zheng et al.，2019）。此外，神经酰胺主要由饱和脂肪酸产生，神经酰胺的过度积累促进细胞凋亡（Ackerman et al.，2018）。在作者团队的研究中，Cerp（D18：1-18：0）在宰后成熟过程中显著上调 [图 3-58（2）]，表明其在屠宰后细胞死亡和凋亡中的作用。Jia 等（2021）还提出，冷链储存期间的细胞凋亡伴随着神经酰胺（D18：1-16：0）水平的增加。先前的研究表明，含有棕榈酸（$C_{16:0}$）的神经酰胺的水平是细胞凋亡和生长的信号（Mcfadden et al.，2019）。然而，作者团队研究结果中评估的神经酰胺的脂肪酸链与其他研究中的不同，这可能是由于以前的研究中使用的鲜肉品种不同，具有不同的脂质成分，成熟的温度也有所差异。此外，本研究结果显示 SM 水平在宰后成熟 48h 之前迅速下降，SM 向 Cer 的持续转化可能导致自动氧化的快速增加，从而导致肉质的劣变（Jia et al.，2021）。因此，宰后成熟对羊肉品质的影响与宰后成熟时间密切相关。这项工作对于了解绵羊宰后成熟过程中脂质转化和改善肉品质具有重要意义。

（二）绵羊宰后成熟过程中代谢物的动态变化

宰后成熟是肉类的增值过程，对肉质属性有积极作用。虽然多年来已经被广泛研究，但是还没有使用广泛靶向代谢组学对羊肉宰后早期的代谢产物和代谢途径的全面研究。宰后成熟时间的延长对涉及蛋白水解酶和细胞凋亡的各种生物化学反应和生理途径都有显著影响，从而影响肉品质和风味。因此通过构建成熟过程中的代谢产物谱，对宰后成熟过程中代谢物的动态变化和代谢途径进行系统地全面分析，揭示绵羊宰后成熟期间的代谢途径，为评价绵羊在各个成熟阶段的肉品品质和制定最佳成熟策略奠定基础。

作者团队对取自不同成熟时间（0h、24h、48h、72h、96h 和 120h）的样品进行广泛靶向代谢组学分析。共鉴定出 1093 种代谢物，其中氨基酸及其代谢物 397 种（36.32%），有机酸及其衍生物 132 种（12.08%），脂肪酰类（FA）122 种（11.16%），核苷酸及其代谢物 103 种（9.42%），甘油磷脂类（GP）74 种（6.77%），杂环化合物 57 种（5.22%），碳水化合物及其代谢物53种（4.85%），醇类51种（4.67%），其他类5种（0.46%），色胺、胆碱、色素类3种（0.27%）和醛、酮、酯类1种（0.09%）[图3-60（1）]。如图3-60（2）所示，绵羊不同成熟阶段存在共同的和一些独有的代谢产物。更重要的是，代谢物的数量随着宰后成熟时间的延长而增加。图3-60（1）和图3-60（2）表明，大多数代谢产物是所有宰后成熟阶段共有的，氨基酸及其代谢物是羊肉中最丰富的成分。因为肌肉类食物富含高蛋白，必需氨基酸含量高，提供了合适的食材，满足了人体的营养需求。此前，在羔羊真伪鉴别的研究中，氨基酸及其衍生物也是非靶向代谢组学检测到的数量最多的标记物（Qie et al.，2022）。为了更直观地观察总代谢物的变化，获得了所有代谢物的分类热图[图3-60（3）]。结果表明，在宰后成熟过程中，除少量FA和少数代谢产物下降外，代谢物整体呈上升趋势或先上升后下降趋势。对绵羊宰后成熟过程中代谢产物进行OPLS-DA（图3-61），发现该模型具有良好的预测能力，排列检验显示 $R^2X = 0.388$，$R^2Y = 0.975$，$Q^2 = 0.935$。

为了阐明宰后成熟时间对羊肉代谢物的影响，对宰后成熟过程中的差异代谢物进行研究。通过结合单变量和多变量统计分析，根据VIP≥1和FDR<0.05的原则筛选了467种差异代谢产物。这些差异代谢产物分为14类，其中氨基酸及其代谢产物（$n=221$）所占比例最大，其次是FA（$n=72$）、GP（$n=47$）、核苷酸及其代谢产物（$n=33$）、有机酸及其衍生物（$n=23$）、杂环化合物（$n=19$）、碳水化合物及其代谢产物（$n=16$）、苯及其取代衍生物（$n=13$）以及醇和胺类（$n=11$）、激素和激素相关化合物（$n=3$）、辅酶和维生素（$n=3$）、胆汁酸（$n=3$）、其他（$n=2$）、色胺、胆碱、色素（$n=1$）所占比例最小[图3-62（1）]。图3-62（2）显示了在每个宰后成熟时间中具有显著变化的代谢物的数量，并且代谢物的数量为72h>96h>48h>120h>24h>0h。氨基酸及其代谢物是在宰后成熟期间差异代谢物的主要类别。

图3-63为差异代谢物谱的聚类差异代谢物的K-均值聚类。为了揭示绵羊宰后成熟过程中发生的各种代谢途径，对467种差异代谢物进行KEGG富集分析[图3-64（1）]，涉及157条途径，属于5个模块：生物体系统（63种途径），代谢（70种途径），遗传信息处理（2种途径），环境信息处理（17种途径）和细胞过程（5种途径）。然后进行KEGG富集分析，前20个途径显示在图3-64（2）中。花生四烯酸代谢、亚油酸代谢、不饱和脂肪酸生物合成、氨酰-tRNA生物合成、磷脂酶D信号通路、矿物质吸收、核苷酸代谢、碳代谢、蛋白质消化和吸收以及硫胺素代谢等途径被认为是研究宰后成熟过程中代谢物演变机制的潜在目标。此外，提出了包含KEGG富集分析和注释的代谢物的前20个途径的网络图，以可视化宰后成熟期间的代谢物转化[图3-65（1）]和注释的代谢物的动态变化的热图[图3-65（2）]。

正如预期的那样，在宰后成熟过程中所有样品检测到的大多数代谢物的丰度均随着宰后成熟时间的延长而增加[图3-60（3）]。Williamson等（2014）观察到，在4℃贮藏的牛肉中，水溶性成分随着时间的推移而增加，这些水溶性前体物质与牛肉风味呈正相关。作者团队的研究中，在氨基酸及其代谢物类别中发现了小肽、氨基酸衍生物和氨基酸。这一类的含量随宰后成熟时间的延长而增加，在96h和120h达到最高（图3-63）。结果中的一些氨基酸的趋势与You（2019）和Koutsidis等（2008）的结果趋势相似。此外，一些

（1）所有代谢物类别比例的环形图

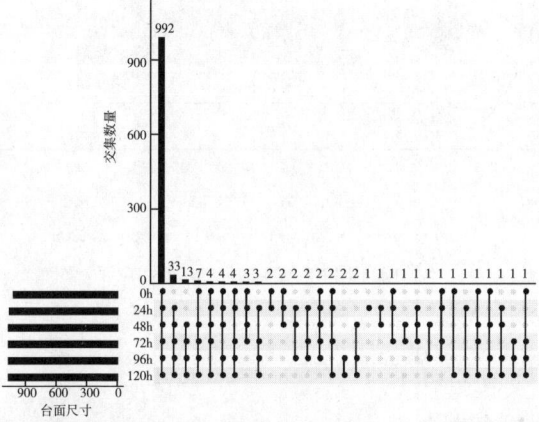

（2）不同宰后成熟阶段（0h、24h、48h、72h、96h和120h）代谢物的高级维恩图
（黑点：重叠组；交叉大小：交叉代谢物的数量；集合大小：每组中代谢物的数量）

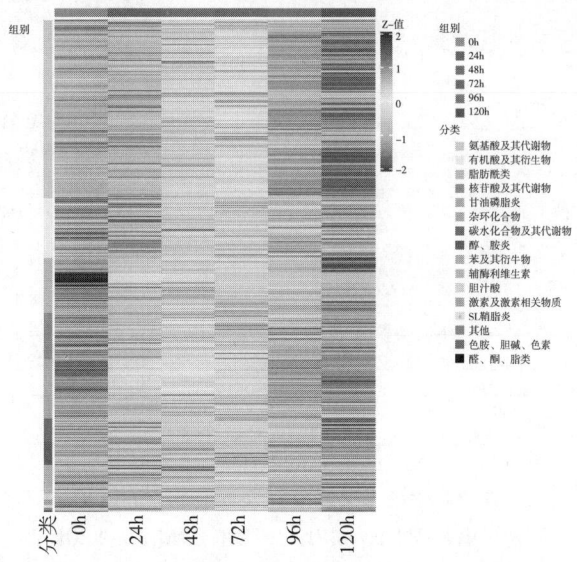

（3）宰后成熟过程中代谢物丰度的热图

图3-60　绵羊宰后成熟过程中代谢产物的鉴定
（其他包括枞酸、甜菜碱、丁烯酰基PAF、曲二糖和双硫胺甲酰）

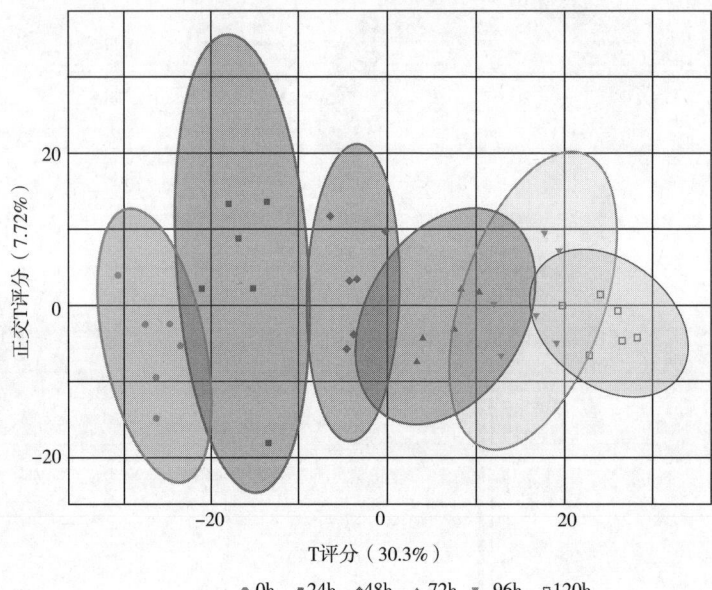

（1）不同宰后成熟时间的OPLS-DA评分图

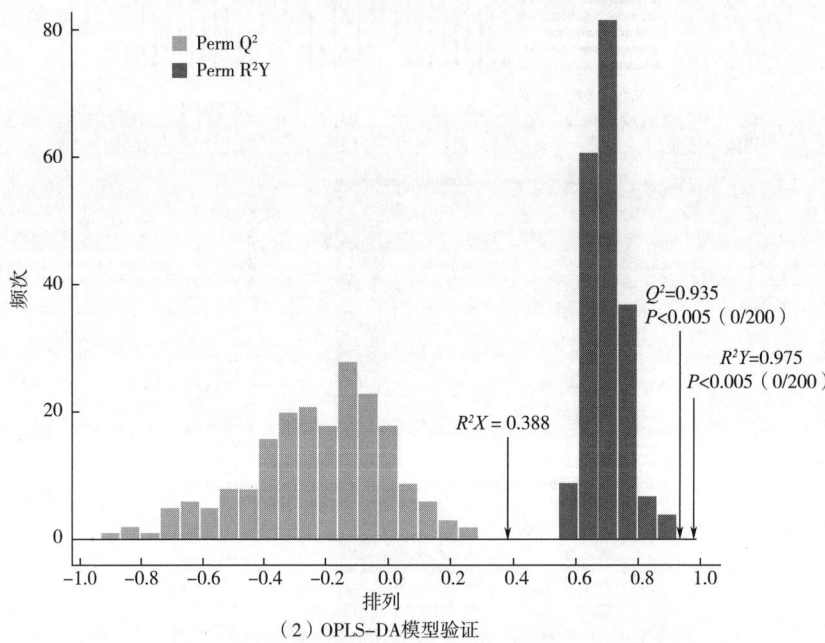

（2）OPLS-DA模型验证

图3-61 建立和验证正交偏最小二乘判别分析（OPLS-DA）模型（0h、24h、48h、72h、96h、120h）

第三章 羊肉品质的影响因素及变化机制 239

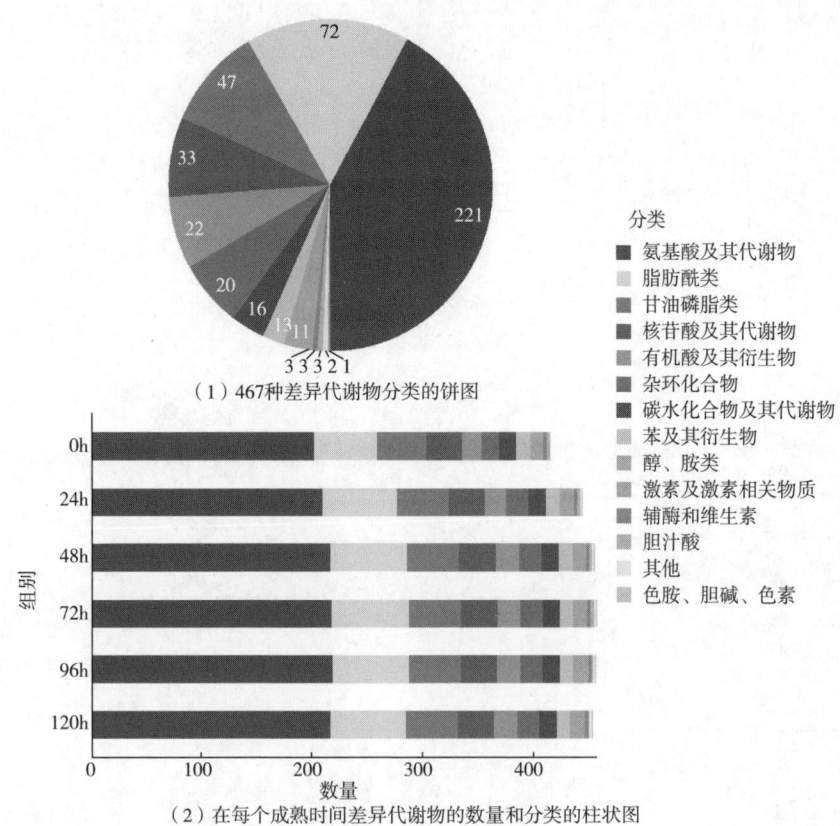

图 3-62 绵羊在宰后成熟过程中的差异代谢物分析（0h、24h、48h、72h、96h、120h）
（其他包括枞酸和丁烯酰基 PAF）

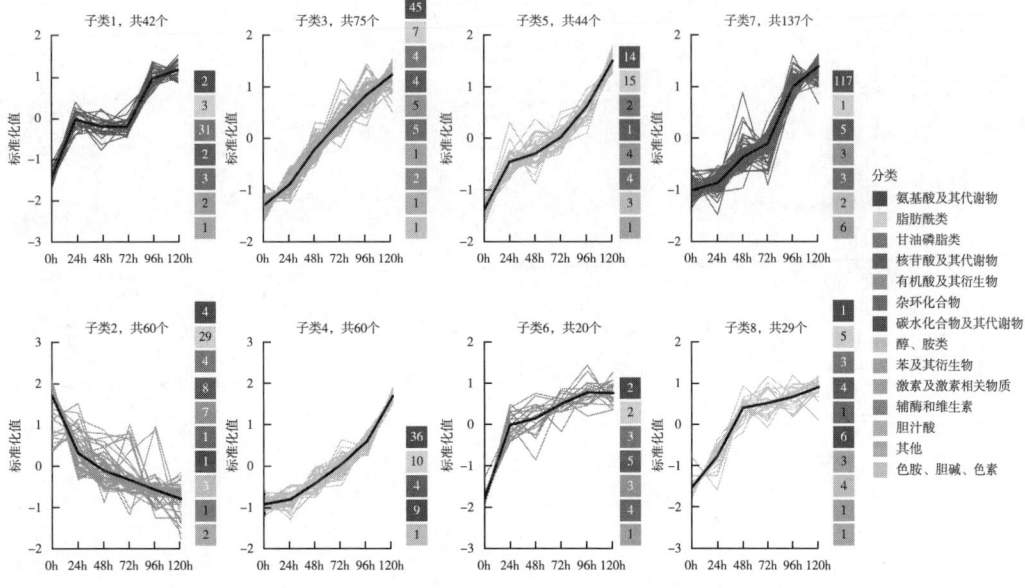

图 3-63 差异代谢物谱的聚类差异代谢物的 K-均值聚类

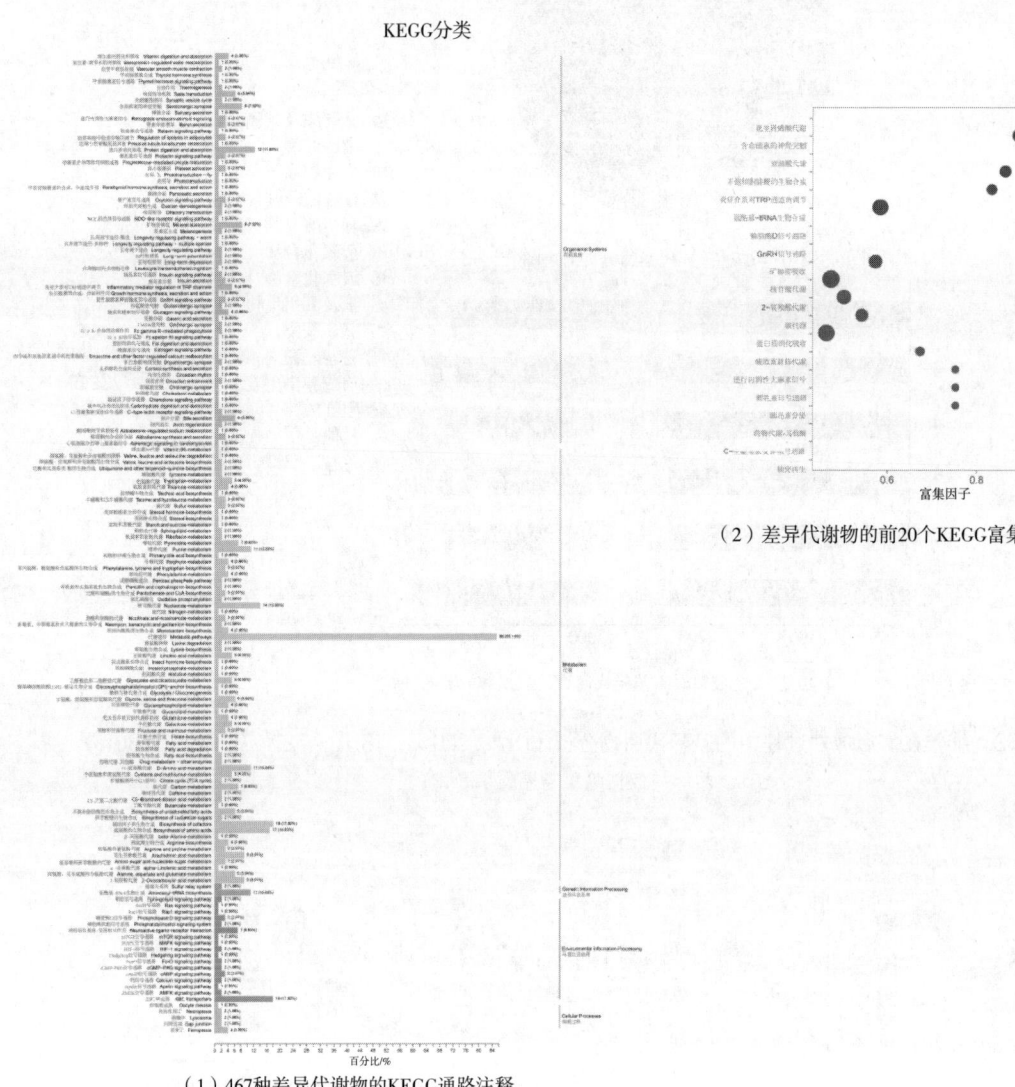

(1) 467种差异代谢物的KEGG通路注释。
(X轴:注释的代谢物的比例和数量; Y轴:通路)

(2) 差异代谢物的前20个KEGG富集通路

图 3-64 差异代谢物的 KEGG 通路分析

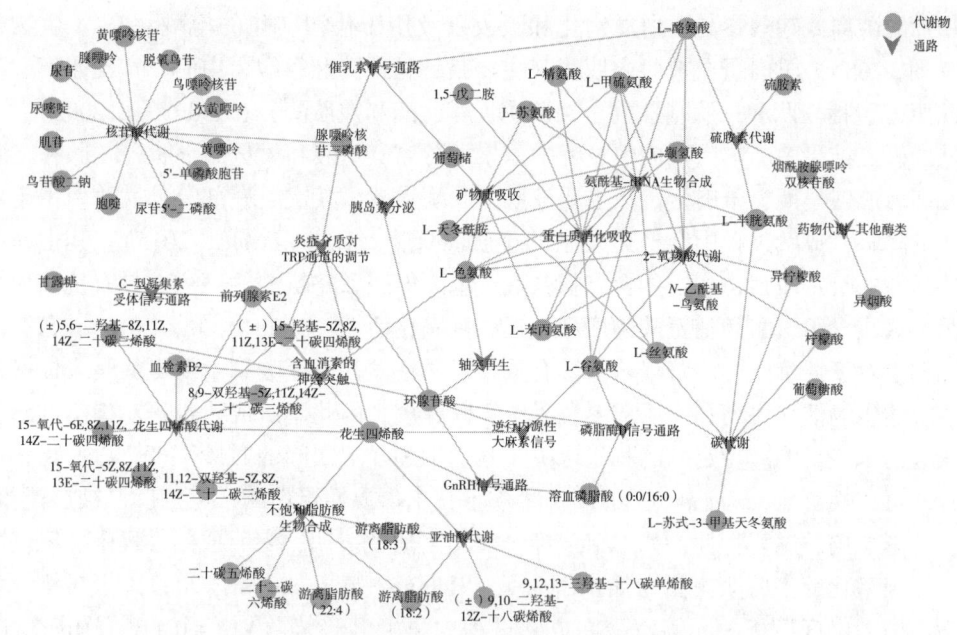

（1）前20个KEGG富集通路的网络图和注释差异代谢物

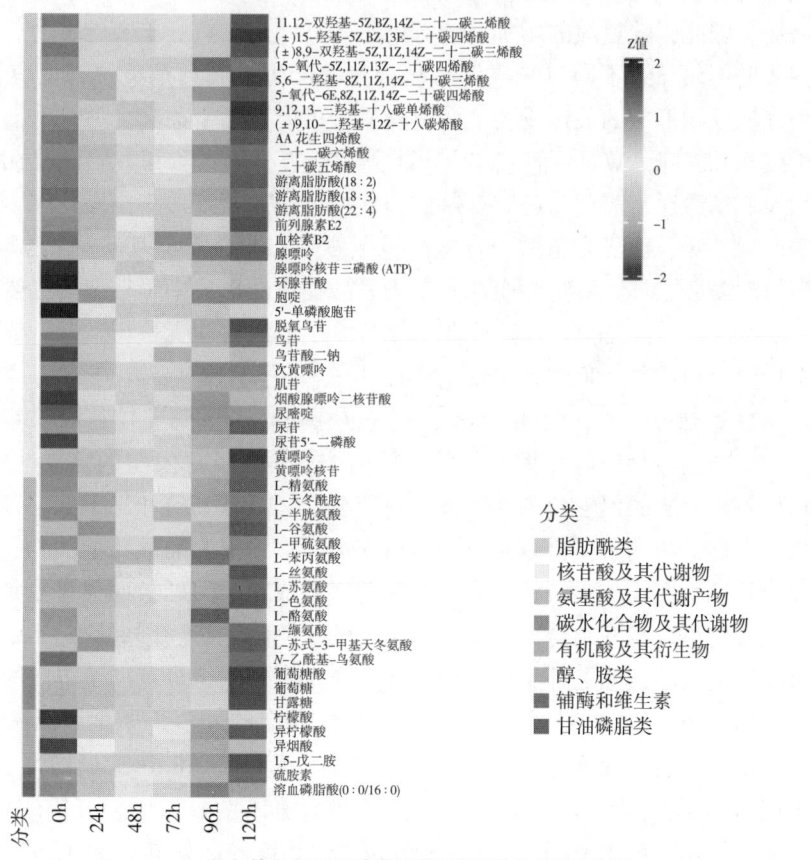

（2）前20个KEGG富集通路的注释差异代谢物热图

图3-65 绵羊宰后成熟过程中差异代谢物的演变轨迹

显著增加的游离氨基酸参与蛋白质消化和吸收以及用于代谢转化的氨酰 t-RNA 生物合成途径（图 3-65）。羊肉蛋白被肌内肽酶（主要是钙蛋白酶和组织蛋白酶）广泛水解，其次是外肽酶（包括三肽和二肽基肽酶、二肽酶、氨肽酶和羧肽酶）（Toldrá 等，2002）。在作者团队的研究结果中，羊肉在成熟过程中积累了游离氨基酸和大量的小肽（二肽和三肽），表明在宰后成熟早期，羊肉蛋白质主要被肌内肽酶水解，其次是一部分外肽酶。由于肉类蛋白质的降解，成熟过程中会产生复杂的小肽混合物（Lopez et al.，2015）。其中一些具有生物活性的特定序列，如一些含有脯氨酸、苯丙氨酸和酪氨酸的序列，具有抗高血压活性，另一些富含组氨酸和脯氨酸的序列，具有抗氧化活性（Mora et al.，2015）。芳香族氨基酸的测定对于评价肉类的营养价值具有重要意义，尤其色氨酸和苯丙氨酸是人体必需氨基酸。上述生物活性序列在宰后成熟过程中不断释放，因此宰后成熟过程对肉类的营养品质有很大的积极影响。特定肽的积累取决于其产生和降解之间的微妙平衡，以及母体底物的含量和可用性（Lopez et al.，2015）。事实上，由内源性蛋白酶产生的肽已被广泛报道；其中一些影响肉的感官特性，如 Carlos 等（2006）研究表明，宰后成熟过程中的氨基酸积累与导致肉嫩化的宰后肌肉蛋白质水解有关。Ramirez-Zamudio 等（2022）报告称，赖氨酸丰度与肉的嫩度正相关。赖氨酸在成熟过程中呈上升趋势（VIP = 0.66，FDR < 0.05），而含赖氨酸的二肽，如 Lys-Asn、Lys-Asp、Lys-His、Lys-Leu、Lys-Ser，也在成熟过程中显著增加。因此，赖氨酸的增加可能有助于提高宰后成熟后羊肉的嫩度。

氨基酸谱不仅导致不同口味和风味化合物的产生，而且是美拉德反应和 Streker 降解产生的香气挥发物形成的关键物质。游离氨基酸可能有助于甜味、酸味和苦味，而它们的盐有助于咸味和鲜味。Wang 等（2021）证实丙氨酸、丝氨酸和苏氨酸是甜味的来源，而谷氨酸和天冬氨酸通常表现为鲜味氨基酸。此外，必需氨基酸亮氨酸、苯丙氨酸、色氨酸和酪氨酸产生苦味，而异亮氨酸、赖氨酸、缬氨酸和非必需氨基酸脯氨酸无味。亮氨酸、异亮氨酸、丝氨酸、苏氨酸、缬氨酸和苯丙氨酸在风味形成中很重要，提供了 streker 醛化合物（Koutsidis et al.，2008）。这些游离氨基酸在羊肉内均有检出，除丙氨酸和异亮氨酸外，其余均随宰后成熟时间的增长而增加，虽然差异不显著，但在宰后成熟后期（72h、96h 和 120h）达到最大值。此外，Mottram 等（1995）考虑到美拉德反应系统模型，证实游离氨基酸半胱氨酸是肉风味挥发物的有效前体，是含硫挥发物的前体。Lisa 等（2007）发现，添加甲硫氨酸的熟鲑鱼中的甲基、甲硫醇、二甲基二硫和二甲基三硫增加，所有这些化合物都是肉香味的重要贡献者。在本研究中，作为重要的风味前体物，含硫化合物甲硫氨酸和半胱氨酸在绵羊中被检测到，并随着宰后成熟时间延长而显著增加。值得注意的是，这些化合物可以相互结合，产生羊肉独特的氨基酸风味。因此，除了每种氨基酸的浓度或其对味道的单独影响之外，这些前体在加热过程中的组合有助于羊肉的整体风味。

脂肪酸的分布和浓度与营养价值和质量参数如肉的外观、质地、风味和硬度密切相关。人类和动物不能合成必需脂肪酸，如亚油酸（$C_{18:2}$）和 α-亚麻酸（$C_{18:3}$），它们也是通过去饱和与延伸过程合成长链 n-3 脂肪酸的前体，如二十碳五烯酸（EPA，$C_{20:5}$）和二十二碳六烯酸（DHA，$C_{22:6}$），长链 n-6 脂肪酸，如花生四烯酸（AA，$C_{20:4}$）。Ponnampalam 等（2019）许多研究报告称，这些脂肪酸（尤其是 n-3 脂肪酸）提供了许多健康益处，对个体生长和发育非常重要。SuzukiK 等（2006）报告说，饱和脂肪酸

($C_{14:0}$) 和不饱和脂肪酸酯（$C_{18:2}$）分别与肉的亮度和暗度呈正相关。在作者团队的研究结果中，多不饱和脂肪酸的含量，如 DHA、EPA、AA、FFA（18∶2）、FFA（18∶3）、FFA（22∶4）和 FFA（22∶6），在宰后成熟过程中显著增加。本研究结果与作者团队前期的结果一致（Zhang et al.，2023）的研究结果相似；此外，Coombs 等（2018）研究表明，总多不饱和脂肪酸的浓度在冷藏期间增加。途径分析表明，脂质代谢在宰后成熟过程中起重要作用，主要涉及花生四烯酸代谢、亚油酸代谢、不饱和脂肪酸生物合成、磷脂酶 D 信号通路、GnRH 信号通路［图 3-64（2）］，并富含显著增加的 FA 类别（图 3-65）。宰后成熟早期脂质降解主要涉及脂质分解和氧化，涉及磷脂分解引起的游离上调（Zhang et al.，2023）。因此，脂肪代谢是羊宰后成熟早期的主要过程之一，促进脂肪酸类的有益转化，从而影响脂肪相关的营养价值和肉质。此外，FA 中的酰基肉碱在宰后成熟过程中显著减少（图 3-63）。Jia 等（2021）指出，在 12d 的冷链储存过程中，酰基肉碱的积累会导致线粒体功能障碍，从而导致肉质恶化。酰基肉碱帮助脂肪酸分解产物进入线粒体基质进行氧化磷酸化，由长链或极长链脂肪酸在 β-氧化过程中产生，但这些过程在宰后成熟后受到抑制，这是酰基肉碱下降和 FFA 增加的原因（Zhang et al.，2023）。

此外，Mottram 等（1998）解释说，脂肪酸的氧化可以显著改变肉类的味道。已证明脂肪酸降解产生 1-辛烯-3-醇，1-辛烯-3-醇是挥发性物质的重要来源，并提供蘑菇和肉类脂肪风味（Yang et al.，2017）。此外，由于过度氧化，成熟时间过长会导致令人不愉快的气味（Spanier et al.，1997）。Olivares 等（2011）指出，加工过程中不饱和脂肪酸的含量越高，牛肉中的脂质越容易被氧化。在作者团队研究的结果中，氧化脂质的浓度也随着宰后成熟时间显著增加。Yu 等（2021）观察到宰后成熟肉的渗出液中也含有抗氧化物质，使脂肪和蛋白质氧化进一步增加。另一方面，高水平的亚麻酸（$C_{18:2}$）与风味强度呈负相关，产生油腻、甜味或淡淡的风味；亚麻酸（$C_{18:3}$）也能产生异常风味（Zhang et al.，2023）。因此，即使宰后成熟可以增加代谢产物的含量，改善肉类的营养品质，但基于其他研究结果从风味的角度来看，如果宰后成熟时间过长，高水平的不饱和脂肪酸及其氧化产物可能是不利的。

肉类中的 GPs 是比蛋白质和碳水化合物更重要的风味形成物质。除 LPC（0∶0-18∶0）外，LPC（18∶0-0∶0）、LPC（O-16∶0-2∶0）和 O-磷酰乙醇胺含量下降，而其余 GP 含量随宰后成熟时间显著增加（图 3-63），其中有许多含有多不饱和脂肪酸的溶血磷脂。这些脂质物质的演变进一步表明宰后成熟对肉的品质和营养价值有积极的影响（Zhang et al.，2023）。

肉制品中除氨基酸外，糖类、有机酸、核苷酸及其衍生物是主要的低分子量非挥发性成分，通常被认为是呈味物质（Martins et al.，2000）。在作者团队的研究中，参与核苷酸代谢途径的核苷酸及其代谢物中 ATP 显著降低，并且还参与了成熟过程中的其他生理反应（图 3-65）。虽然核苷酸的总量在宰后成熟早期没有变化，但是肌苷和次黄嘌呤随着宰后成熟时间显著增加［图 3-65（2）］。在 4℃条件下对滩羊的背最长肌进行宰后处理发现，AMP 被 AMP 脱氨酶转化为 IMP，并进一步降解为肌苷和次黄嘌呤（You et al.，2019）。由此可见，核苷酸及其代谢产物的浓度变化代表了它们内部的相互转化过程，其中这些代谢产物是肌肉中 ATP 分解产生的下游化合物。

碳水化合物及其代谢产物，如 D-甘露糖、D-葡萄糖和 D-甘露醇［除了 D-蔗糖 1,4-内酯（水合物）］，随宰后成熟时间积累（图 3-63）。Meinert 等（2009）指出，高浓度的甘露糖在猪肉风味的产生中发挥了作用。因此，宰后成熟过程中碳水化合物及其代谢产物的释放也可能有助于羊肉风味的形成。

六、其他宰后处理技术

（一）电刺激

电刺激是指在动物屠宰后，肌肉尚未进入僵直期之前，给胴体施予适当的电压、电流，使其肌肉呈收缩状态（尹忠平等，2004）。电刺激的作用就在于能够加速羊宰杀死亡之后的糖酵解过程，使肌肉 pH 的下降速度加快，胴体的僵硬更早。按照采用电压的高低分为两种：高压电刺激、低压电刺激。高电压电刺激电压在 550~600V，电流为 5~15A，频率是 60Hz，2s 左右；低压电刺激电压在 40~90V，电流小于 1A，频率是 60Hz，15~20s，以连续或中断形式进行。动物屠宰后尽早实施电刺激，以保证有足够的糖酵解基质。经过电刺激处理后，胴体肌肉糖酵解作用的速率加快，pH 急剧下降，尸僵过程加快，肉的食用品质如嫩度得到改善。目前对电刺激改善肌肉嫩度方面的推测和研究有三类：①通过改变肌纤维的超微结构，促进 pH 下降，改善肉的嫩度；②使肉在最佳条件下进入尸僵从而防止冷收缩，加速成熟，改善嫩度；③加速蛋白质降解改善肌肉嫩度。国内学者近年来对电刺激嫩化技术的报道也屡见不鲜。低压电刺激处理可以有效保护牛肉的色泽稳定性，使牛肉在宰后 24h 内拥有更高的 a^*，主要是由于电刺激处理增加了肌肉中的氧合肌红蛋白含量；此外，电刺激处理对牛肉的保水性也没有造成不良影响。电刺激不仅在改善嫩度和适口性属性上有突出表现，而且对肉的颜色也有改善作用。在一般情况下，电刺激可使剪切力值下降 15%~30%（Janz et al.，2000）。感官评定测试人员小组认为电刺激组比未经电刺激组肉的嫩度提高 10%~50%，且电刺激后的胴体比起未经电刺激的胴体颜色更明亮，更红（Martin et al.，1983）。

作者团队丁春明研究了高压电刺激对野牛肉品质的影响。将 40 头加拿大野牛分 4 批宰杀，整个胴体分割成二分体，并于宰后 45min 用高压电刺激右边胴体（高频电压，400V峰值，每秒 15 个 5ms 的脉冲，共 30s），而后全部样品于 2℃ 的环境吊挂 48h。屠宰间可观察到高压电刺激后胴体有明显反应，胴体肌肉痉挛在本试验每次高频周期的末尾停止。高压电刺激后 pH 并没有显著的下降（$P=0.11$）（图 3-66）。将对照组 pH 减去高压电刺激组 pH 进行对比，数值在 0.05~0.15。可能由于野牛容易受宰前环境（装载、运输、进圈等）影响，导致胴体肌肉糖原不足，没有足够的能量来应对高压电刺激，无法像通常肉牛响应高压电刺激那样响应。高压电刺激显著增加了乳酸含量（$P=0.0006$）（表 3-106）。高压电刺激组与乳酸水平较高还与耗氧量率（OC）的增加略有关系（62.76vs61.39nmol；$P=0.04$）（表 3-107），糖原水平低于对照组，而葡萄糖水平高于对照组（分别为 $P=0.1289$，$P=0.1282$）（表 3-106），重要的是，残留在胴体内的肌糖原（$>70\mu mol/g$）和一个相关的总糖代谢潜力（$94\mu mol/g$）表明野牛应该有足够的能量应对高压电刺激。野牛已被证明有更高比例的 I 型肌肉纤维，因此野牛快速糖分解能力整体可能较低，影响了其

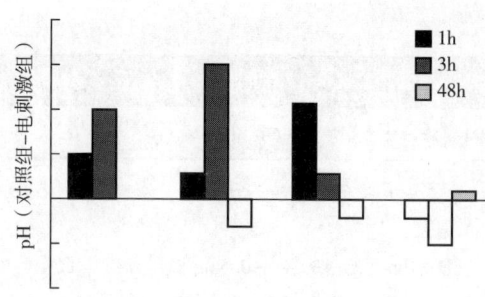

图3-66 四批宰杀电刺激组和对照组pH的不同（对照组减去电刺激组）

[横坐标轴以上表示pH（对照组-电刺激组）为正，以下则表示为负]

表3-106 高压电刺激对野牛里脊的分级采样颜色和糖代谢产物的影响

指标		n	对照组	高压电刺激组	标准误差	P
野牛品质分级颜色特性	L^*	80	32.62	32.90	0.26	0.1943
	a^*	80	19.72	19.50	0.37	0.3801
	b^*	80	8.07	7.97	0.22	0.5580
	纯度/%	80	21.32	21.07	0.43	0.4139
	色调/°	80	22.10	22.05	0.23	0.7781
高压电刺激后糖代谢特性/（μmol/g）	糖原	40	75.37	72.57	3.41	0.1289
	乳酸	40	33.64^b	37.82^a	1.65	0.0006
	葡萄糖	40	1.86	2.63	0.39	0.1282
	总糖代谢潜力	40	94.05	94.11	3.14	0.9713

注：同行不同小写字母肩注表示处理存在差异（$P<0.05$）。

表3-107 高压电刺激对野牛里脊的某些品质和代谢参数的影响

指标	对照组	高压电刺激组	标准误差	P（>F）
剪切力/kg	7.70	7.83	0.33	0.3586
剪切力标准差[1]/kg	1.68	1.71	0.08	0.5822
烤制损失/（mg/g）	213.57	210.40	3.19	0.2289
烤制时间/（s/g）	6.58	6.52	0.19	0.7024
零售展示损失/（mg/g）	40.04^a	37.59^b	0.95	0.0021
成熟冷藏损失/（mg/g）	19.32	18.88	0.96	0.5273
肌原纤维小片化指数[2]	129.79	126.75	4.19	0.1646
高铁肌红蛋白还原能力[3]/%	34.41	34.90	0.66	0.3957

续表

指标	对照组	高压电刺激组	标准误差	P (>F)
氧气消耗率[4]/nmol	61.39^b	62.76^a	0.78	0.0401

注：同行不同小写字母肩注表示处理存在差异（$P<0.05$）。
[1] 牛排内的核心的标准剪切值偏差。
[2] 肌原纤维小片化指数以单位蛋白质的光密度（每 0.5mg 肌原纤维蛋白质的吸光度×200）来衡量。
[3] 高铁肌红蛋白还原能力以样品每 30min 变化 2.5cm^{-3} 计算。
[4] 氧气消耗率以样品每 120min 变化 2.5cm^{-3} 计算，1000nmol=1μmol。

对高压电刺激的响应，因此尽管从乳酸、耗氧量率等反映出野牛胴体对高压电刺激的响应，但因为野牛较低的快速糖分解能力导致高压电刺激对野牛宰后 24h 进行品质分级取得的背肌横切面采样点肉的颜色或剪切力，以及野牛冷鲜肉产品牛排及肉饼的改善都不明显（表 3-108）。

表 3-108　高压电刺激对展柜肉饼的整体颜色影响

指标	对照组	高压电刺激组	标准误差	P (>F)
肉饼中脂肪含量/%	10.15	10.23	0.39	0.7995
L^*	37.86	37.76	0.18	0.5816
纯度/%	24.13	24.32	0.17	0.1661
色调/°	21.82	21.09	0.41	0.0552
高铁肌红蛋白/%	0.329	0.326	0.004	0.5568
肌红蛋白/%	0.158	0.155	0.018	0.8542
氧合肌红蛋白/%	0.513	0.520	0.016	0.6708
肉主观颜色分值[1]	6.52	6.48	0.05	0.4062
肉主观失色分值[2]	1.62	1.56	0.05	0.3069
硫代巴比妥酸值/（μmol/g）	0.47	0.45	0.05	0.7131

注：[1] 肉主观颜色分值，1 代表白色，8 代表极深红色。
[2] 肉主观失色分值 1 代表表面无变色，7 代表表面完全变色，在所测量的参数中，零售时间与刺激没有双向交互作用（$P>0.05$）。

总体而言，高压高频电刺激对野牛肉颜色和嫩度无显著改善。宰后经高压电刺激 pH 下降不显著（$P=0.11$），乳酸显著高于对照组（$P=0.0006$），肌肉耗氧量率显著增加（$P=0.04$），糖原水平及葡萄糖水平均无显著不同，但肌糖原（>70μmol/g）和相关的总糖代谢潜力（94μmol/g）水平仍较高。高压电刺激与成熟时间对肌原纤维碎裂指数（MFI）有显著交互影响（$P<0.05$）（表 3-107）。

利用高压电刺激对牛排及肉饼感官评定的影响进行测定，发现对于大多数感官评定性状，牛排和肉饼在高压电刺激组与对照组对比并没有明显不同（表 3-109、表 3-110）。高压电刺激组与对照组的风味（金属味、酸味、肝味、谷子味、血腥味、其他的味道、无法分辨、没有）和纹理（典型的野牛纹理、糊状、粉状、海绵、橡胶、易碎的）也没有显著不同。然而，高压电刺激组牛排的持续多汁性的感官评分显著高于控制组（分别为 5.37 和 5.18，$P=0.0356$）。相比之下，高压电刺激组肉饼的起始多汁性和持续多汁性的感官评分显著低于对照组肉饼（分别为 4.28 和 4.58，$P=0.0022$，4.75 和 5.04，$P=0.0009$）。与高压电刺激及成熟期 13d 相关的高的肌原纤维小片化指数和低的零售展示质量损失表明经高压电刺激后的牛排具有更好的持水能力，表现为牛排烤制后高的可持续多汁性感官评价得分。但是与之相对应的会导致肉饼因加工剁碎，在烤制时损失更多的水分，并且因此会在感官评价时，得到较低的多汁性得分。Janz 等（1999）对野牛宰后使用低电压刺激，未发现低压电刺激之后公野牛牛肉的感官评价与未经低压电刺激之后公野牛牛肉感官评价有明显不同。

表 3-109 高压电刺激对牛排的感官评定

	指标	n	对照组	高压电刺激组	标准误差	P （>F）
感官属性	嫩度	35	5.30	5.19	0.41	0.4866
	汁液	35	5.10	5.09	0.15	0.8686
	味道强度	35	5.39	5.55	0.16	0.2349
	可持续多汁性	35	5.18[b]	5.37[a]	0.19	0.0356
	整体适口度	35	4.67	4.78	0.26	0.4198
烹饪属性	烹饪损失/(mg/g)	35	267.6	271.4	7.39	0.6817
	烹饪时间/(s/g)	35	6.25	6.37	0.25	0.6588

注：同行不同小写字母肩注表示处理存在差异（$P<0.05$）。

表 3-110 高压电刺激对牛肉饼的感官评定

	指标	n	对照组	高压电刺激组	标准误差	P （>F）
感官属性	嫩度	40	6.4	6.29	0.13	0.2575
	汁液	40	4.58[a]	4.28[b]	0.19	0.0022
	味道强度	40	5.37	5.32	0.15	0.5638
	可持续多汁性	40	5.04[a]	4.75[b]	0.23	0.0009
	整体适口度	40	5.08	4.95	0.16	0.3230
烹饪属性	烹饪损失/(mg/g)	40	351.07	357.31	9.17	0.3731

注：同行不同小写字母肩注表示处理存在差异（$P<0.05$）。

（二）高压处理

高压处理是一种宰后处理形式，通过液体变送器将压力静态施加到产品上，压力达到或高于100MPa。压力均匀地传递到产品上，从而达到灭菌、物料改性和改变食品的某些理化反应速度的效果。高压（超高压）处理技术主要是依靠这种高压，使得肌肉超微结构和内源蛋白酶发生一定变化，从而使肉质松软，提高肉品的贮藏性，改善肉质的嫩度。因为此技术基本不改变肉质的营养成分，是一种很有意义的新型加工技术。作者团队靳烨（2001）通过对牛肉施加不同的压力和不同时间的处理，分析测定牛肉在宰后理化指标的变化。结果表明在室温下用250MPa的压力处理宰后热剔骨（6h以内）真空包装的牛肉10min，0~4℃冷藏条件下贮存2~3d，可获得理想嫩度的牛肉。高压处理可缩短牛肉的宰后成熟时间，并可延长保质期。AliEE等（1977）采用高压（超高压）处理技术对宰后牛肉和猪肉的僵直前期处理，发现其肌原纤维I带中的蛋白会发生变形和聚集，此时A带附近的M线消失；当压力继续增加时，其肌原纤维I带开始逐渐由变形变为被破坏，M线消失；在200MPa压力处理时，肌原纤维I带和A带都明显被破坏；在300MPa压力处理时，A带在遭受破坏的同时产生了开裂。这些现象都说明了高压能使肌上膜和肌内膜发生分离，从而导致肌原纤维间隙增大。不同压力对肉品的肌纤维组织形态结构以及感官特性都会产生不同的影响，而这种影响往往与受到压力的时间、压力的强度成正比。而在有的研究中发现，受压力的程度对嫩度的影响要比受压时间更有一定制约性，嫩度的改善也与胶原结缔组织结构和肌原纤维组织有直接关系。钙激活酶活性在宰后初期水平最高，随着贮藏时间的延长，活性逐渐降低，但经高压处理后，其降低速率减缓（图3-67）。其根本原因是高压处理导致肌质网和线粒体中的Ca^{2+}释放，肌浆中高浓度的Ca^{2+}一方面激活钙激活酶，使其蛋白质水解能力增强，另一方面又加速钙激活酶的自溶，从而使钙激活酶的活性降低。不同酶对高压的敏感度不同，酸性蛋白酶对压力的耐受力比中性和碱性蛋白酶要大，对此有研究发现，经过高压处理的牛肉酸性磷酸酶和碱性磷酸酶的活性与对照组没有显著性差异。碱性磷酸酶活性在贮存初期比对照组要低，但随着贮藏时间延长两组趋于一致（图3-68）。此外，由于宰后肌肉的pH低于7，碱性磷酸酶发挥不出作用，其活性变化对肌肉的成熟影响很小。

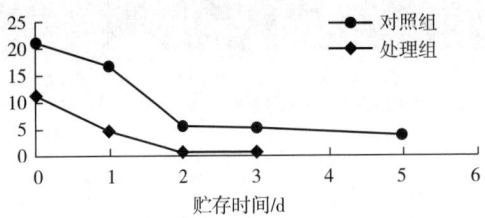

图3-67 高压对牛肉中钙激活酶活性的影响

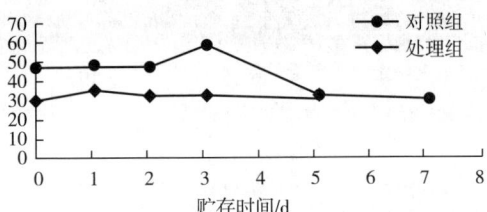

图3-68 高压对牛肉中碱性磷酸酶活性的变化

研究发现，高压处理对牛肉嫩度的影响程度在牛肉各个部位各不相同，越是优质部位的肉高压嫩化的效果越明显（表3-111）。究其原因，嫩化作用中内源酶起关键作用，压力处理的机械作用破坏了肌肉细胞细胞膜的完整性，Ca^{2+}释放出来进入肌浆中，存在于肌浆中的钙激活酶受到Ca^{2+}的激活后开始水解蛋白质，肌纤维结构中的Z线崩解直至消失，从而使细丝稳定的状态遭到破坏，最后导致肌节断裂，肌原纤维小片化，肌肉嫩化而钙激活酶对胶原和弹性蛋白几乎不起作用，因此高压处理对肌肉结缔组织作用很小。

表 3-111 不同肌肉高压处理后的剪切力和熟制率的变化

指标		背最长肌	里脊	嫩肩	臀肉	胸肉	半腱肌	颈肉
剪切力/g	对照组（X1）	5021.1±1132	5895.6±966	8040.2±2146	9456.2±859	9815.6±1115	12274.2±1195	12328.8±867
	处理组（X2）	1837.3±321	3273.1±482	4516.6±575	6345.4±759	7222.3±1147	9338.7±1411	10019.2±1546
	X2/X1/%	36.4	55.5	56.2	67.1	73.4	76.1	81.3
熟制率/%	对照组	66.03	67.67	64.61	63.13	61.43	57.96	62.7
	处理组	70.15	68.25	66.86	63.19	65.79	60.63	62.59

研究表明，宰后牛肉的熟制率与牛肉的成熟过程密切相关（图3-69），随着宰后牛肉僵直的发生，牛肉的熟制率下降，当牛肉开始解僵和成熟时其熟制率又开始上升，最后成熟的牛肉的熟制率甚至大于刚屠宰肉。而高压处理能明显提高同期贮藏牛肉的熟制率，这是由于高压处理使肌动蛋白和肌球蛋白解离、促进肌原蛋白溶解，最终导致肉的保水性能和肉中蛋白热凝胶性能升高。这对加工肉制品如香肠、肉泥等产品具有商业价值。

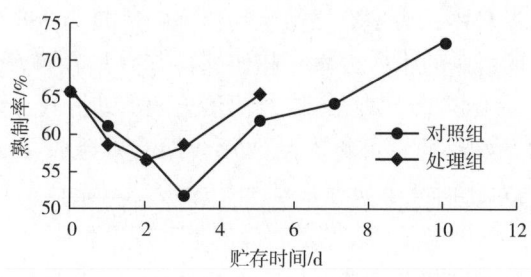

图 3-69 高压处理对牛肉熟制率的影响

肌肉中的钙激活酶系统是一个复杂的调控和功能体系，钙激活酶的活性受多个因素综合作用。有研究发现，钙激活酶对 300MPa 以下的压力具有一定的耐受性，250MPa 的压力处理后活性仍有较高水平，但压力在 300MPa 以上时钙激活酶的活性下降较快，这一点可能对解释肌肉的嫩化作用在压力超过 300MPa 时会减缓有一定意义。与此同时，钙激活酶抑制蛋白对压力更敏感，250MPa 的压力处理后活性只能保留 50% 左右（图 3-70）。由于钙激活酶抑制蛋白的压力失活速度远大于钙激活酶的失活速度，钙激活酶因压力处理导致的部分失活由于钙激活酶抑制蛋白抑制作用的解除而得到补偿，因此高压处理并不降低钙激活酶的总体活性和降解蛋白质的能力。高压处理过程是一个纯物理过程，瞬间压缩、作用均匀、操作安全、耗能低，处理过程中不伴随化学变化的发生，有利于生态环境的保护。

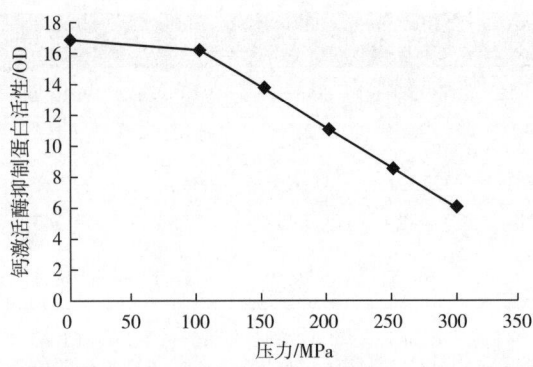

图 3-70 不同压力对钙激活酶抑制蛋白活性的影响

（三）冷却

宰后对胴体冷却的目的是减少胴体表面的微生物，增加货架期和减少胴体收缩，降低胴体的水分损失，以及减少 PSE 肉的发生和提高肉的保水性和色泽属性（Springer et al., 2003）。常见的冷却方式有常规冷却、喷雾冷却、多段式冷却、超快速冷却。常规冷却是指畜禽屠宰后将胴体转入 2~4℃ 的冷却间中，使其中心温度逐渐降低至 0~4℃ 的冷却方式（Bellés et al., 2017）。这种冷却方式存在微生物污染的风险，会产生较大汁液损失，能源消耗也相对较高，增加了企业的生产成本。超快速冷却是指在畜禽宰后 5h 内将肌肉的中心温度快速降至 -1℃ 的一项新型冷却技术。对比传统的冷却方式，该冷却方式能够更好地维持鲜肉贮藏过程中的良好品质，可将肉品的货架期有效延长 1.5~4 倍（Bellés et al., 2017）。作者团队张宏博对比研究了快速冷却和传统冷却对猪肉品质的影响。研究发现快速冷却使 pH 显著降低（$P<0.05$），试验猪的极限 pH 均在 5.6~5.9 的合理的变化范围之内，而对胴体温度的影响不显著（表 3-112）（$P>0.05$），即在相同的试验环境下，试验猪胴体温度的变化规律和幅度均相同。同时，试验结果也表明，胴体在快速冷却后直至进一步分割的开始，胴体温度已不影响后续肉品质的测定和评价。快速冷却并未使试验猪肉的亮度和色调值发生显著性变化（表 3-112）（$P>0.05$），色度值显著低于传统冷却（$P<0.05$）。试验结果与 Taylor 等（1995）对快速冷却处理对试验猪色泽影响的研究结果一致。快速冷却显著提高了猪肉的剪切力值（表 3-112）（$P<0.05$）。然而，该试验结果与 Jeremiah（1992）、Jones（1993）和 Springer（2003）对不同冷却方式处理后肉样的保水性的试验结果相反，其原因是本试验所采用的冷却方式与前人试验不同，从而导致了胴体温度变化范围、时间的不同。同时快速冷却导致滴水损失显著增加（$P<0.05$），而使贮藏损失和烤制损失显著降低（$P<0.05$）。该试验结果与 Juárez 等（2011）对不同冷却方式处理的肉样保水性的研究结果一致，而与 van derwal 等（1995）对不同冷却方式处理的肉样保水性的结果相反。造成该试验结果的原因是低 pH 会导致肌原纤维的网格结构发生收缩，肌肉蛋白质净电荷减少，蛋白质之间排斥力减小使蛋白质分子相互靠近，分子之间空间缩小而将分布在其中的水分排出到猪肉的表面，形成猪肉汁液的流失（姜晓文，2010）。由于保水性对剪切力值有影响，因此，快速冷却处理后样品滴水损失的增加也是导致其剪切

力值增加的原因。有研究表明,快速冷却对保水性的提高直接降低了 PSE 肉发生的可能性(Springer et al., 2003)。Shackelford 等(2012)对不同冷却方式处理肉样的保水性的研究发现,快速冷却能够提猪肉的保水性。经过不同冷却方式处理试验猪背最长肌水分、脂肪和蛋白质含量的影响均不显著(表 3-112)($P>0.05$)。通过对不同冷却方式处理的试验猪背最长肌大理石花纹评分的测定,结果如表 3-113 所示,冷却因素对大理石花纹的影响不显著($P>0.05$)。

通过对不同冷却方式处理的试验猪背最长肌食用品质的测定,结果如表 3-113 所示,快速冷却显著降低了猪肉的初始嫩度和总体嫩度,提高初始多汁性($P<0.05$),而对多汁性的持续性影响并不显著($P>0.05$),该试验结果与 Kerth 等(2003)和 Springer 等(2003)对不同冷却方式处理的试验猪多汁性评分的试验结果一致。同时,Shackelford 等(2012)研究发现,快速冷却也能够提高肉的保水性,快速冷却对所有的风味特性,以及总体可接受性没有显著提高($P>0.05$)。但经过快速冷却和传统冷却的试验猪食用品质评分均在嫩度方面表现出优越性。总之,快速冷却使 pH 显著降低,从而使猪肉的红色程度降低、剪切力值提高、滴水损失增加、嫩度和多汁性评分下降;而造成快速冷却处理后肉样剪切力值增加的原因并不是肌节长度和肌纤维直径。快速冷却是造成肉样保水性提高的原因,而肌内脂肪在该部分试验中对保水性,以及风味的提高没有影响。

表 3-112 冷却对猪肉品质的影响

指标	n	快速冷却	传统冷却	P (>F)
pH	1926	$5.78^b \pm 0.01$	$5.80^a \pm 0.01$	<0.0001
温度/℃	1926	17.85 ± 0.49	17.97 ± 0.48	0.1569
亮度	1284	50.11 ± 0.40	50.43 ± 0.40	0.0554
色度	1284	$9.71^b \pm 0.19$	$9.89^a \pm 0.19$	0.0446
色调	1284	24.49 ± 0.45	24.45 ± 0.43	0.8749
剪切力/N	1926	$4.98^a \pm 0.11$	$4.17^b \pm 0.11$	0.0001
贮藏损失/%	642	$1.30^b \pm 0.10$	$3.06^a \pm 0.09$	0.0048
滴水损失/%	642	$61.74^a \pm 4.77$	$40.58^b \pm 4.77$	0.0005
烤制损失/%	642	$171.97^b \pm 2.81$	177.83 ± 2.81	0.0217
水分/%	1284	72.59 ± 0.9	72.61 ± 0.08	0.7417
脂肪/%	1284	2.53 ± 0.09	2.55 ± 0.08	0.6365
蛋白质/%	1284	24.85 ± 0.05	24.88 ± 0.05	0.4967

注:同行不同小写字母肩注表示差异显著($P<0.05$)。

表 3-113 冷却方式对猪肉的感官评定

指标	n	快速冷却	传统冷却	P（>F）
大理石花纹评分	642	1.66±0.04	1.66±0.03	0.9505
初始嫩度	3852	5.98^b±0.10	6.24^a±0.10	0.0208
总体嫩度	3852	6.45^b±0.17	6.68^a±0.17	0.0324
初始多汁	3852	5.04^a±0.20	4.97^b±0.20	0.0135
多汁持续性	3852	5.09±0.22	5.05±0.22	0.2105
风味可接受性	3852	5.12±0.21	5.09±0.21	0.4741
风味强度	3852	5.09±0.18	5.04±0.18	0.9631
总体可接受性	3852	4.53±0.20	4.47±0.20	0.992

注：同行不同小写字母肩注表示差异显著（$P<0.05$）。

（四）冷热剔骨

冷却肉在生产过程中，需要进行剔骨分割，冷却分割肉的加工有两种剔骨工艺，即冷剔骨和热剔骨。冷剔骨指胴体在冷却后再进行分割剔骨，一个世纪以来，大型屠宰场实行的都是冷剔骨工艺，胴体除去头、尾、蹄、内脏后，先被冷却排酸，然后剔骨分割，被加工成各种分割肉和边角料。热剔骨是不进行冷却，直接进行分割剔骨，然后再进行冷却。热剔骨要进行大规模工业生产必须要具备良好的卫生条件，将微生物风险控制在可接受的范围内。热剔骨工艺可有效降低干耗、减少冷却空间、节约能耗，具有更高的产量，节约劳动力和运输成本，具有更高的经济效益。热剔骨工艺下牛肉的剪切力显著高于冷剔骨工艺，其牛肉的感官嫩度评分更差，肌节长度更短，质构分析中硬度、胶黏性、咀嚼性数值显著更高。热剔骨工艺显著提高了牛肉的 L^*，但对 a^* 和 b^* 影响不显著。牛肉保水性不受剔骨方式的影响。此外，热剔骨工艺显著提高了己醛、庚醛、1-辛烯-3-醇、2-戊基呋喃等与脂质氧化作用有关的挥发性组分的含量，总之热剔骨工艺会降低牛肉的嫩度，并提高了牛肉的亮度，同时能够影响其挥发性化合物的组成。然而，热剔骨工艺带来巨大经济价值的同时，却很可能会对肉品的品质造成其他不良影响。比如热剔骨的肉初始 pH 偏高，其 ATP 水平也较高，这些因素都会诱发肉的冷收缩和硬化。热剔骨的肌肉因剔骨后冷却时没有骨骼的约束，收缩程度更大，且不带骨的肉冷却速度极快，这些都会引起肉的冷收缩和硬化。这种肉的成型度差，胴体的屠宰、去骨、分割等工艺需要同步进行，卫生标准要求高，厂房、设备、员工培训的投资成本很高。因此在保证质量安全的前提下，采取有效措施对肉品品质改善是非常必要的，热剔骨工艺是和肉的成熟嫩化过程紧密联系在一起的，因此，改善以嫩度为主的肉品品质是最方便有效的途径，可以使用电刺激处理来有效改善热剔骨工艺肉品品质。

（五）冲击波

冲击波，又名流体动力学压力，是指在几分之一毫秒内瞬时产生的高达 1GPa 的压力波，可在液体介质（通常是水）中传播，最后对肉类施加压力。一般来说冲击波可由两种方法产生：一种是通过水下引爆爆炸物的化学方法产生，这种方法产生的冲击波叫爆炸冲击波（explosive shock wave），最先用于牛肉的嫩化；另一种是通过水下放电产生，得到电生冲击波（electrical shock wave），最开始也是用于牛肉的嫩化，后来被用来嫩化禽肉。目前许多研究表明，冲击波可以用于肉类产品的嫩化，并有十分理想的效果。与传统嫩化方法相比，冲击波更易控制，更适于工业化生产；与其他新兴嫩化技术相比，冲击波成本低、效率高，而且作用过程中几乎不产生热效应，对食品品质稳定性和外观没有负面影响。

（六）电磁脉冲

脉冲电场（pulsed electric field，PEF）是食品行业为提高食品安全性、改善食品结构、提取食品生物活性物质而发明的一种非热处理技术。该技术可以在短时间内（ns 级、ms 级）将高压脉冲施加到两电极之间的物料上，具有高效、环保、无污染等优点。PEF 主要由脉冲发生装置、脉冲处理室、示波器等组成，其最初应用于牛奶、果蔬汁等液态食品的加工中，近年来在牛肉嫩化方面也表现出巨大的应用潜力。有研究表明，当 PEF 处理参数设置在 5~10kV、20~90Hz 时，牛背最长肌和半膜肌可获得较优嫩化效果。但有时也会因为品种、年龄、性别等因素而对牛肉嫩度产生不良影响。

（七）超声波

超声波是一种由纵波产生的能量，频率超过 20kHz，高于人类听觉上限。超声波技术属于非热物理加工技术，在肉制品加工中应用广泛。该技术通过超声波处理过程中产生的空化效应、机械效应和热效应来改善牛肉嫩度，其中空化效应最为重要。

超声波技术使得声波产生耦合作用，肉被迫振动，结缔组织和肌纤维蛋白在一定程度上被破坏，肉质内部快速地压缩或舒张使得肌肉结构被破坏，从而起到嫩化的作用，且本质上不影响肉品的风味和营养是机械波在食品领域中的全新进展。Jayasooriya 等（2007）使用超声波（24kHz，12W/cm^2）对牛肉的最长肌和半腱肌进行实验处理，超声波的处理可以有效地降低肉品的硬度和剪切力；Pohlman 等（1997）采用相对高场强的超声波（20kHz，22W/cm^2）对牛肉的胸大肌进行实验处理，超声波的预处理作用可使得肉品的剪切力有一定程度的降低。

本章参考文献

[1] 波拉提江，马华娟，杨丽丽，等．肉羊饲养管理及常见病的防治措施［J］．中国动物保健，2022，24（6）：63-64．

[2] 陈浩，敖日格乐，王纯洁，等．热应激状态下不同品种肉牛免疫功能和抗氧化功能的比较研究［J］．中国农业大学学报，2019，24（8）：72-77．

[3] 陈景宜，牛力，黄明，等．影响牛肉肉色稳定性的主要生化因子［J］．中国农业科学，2012，45（16）：3363-3372．

[4] 陈李．外源性L-精氨酸和L-赖氨酸对冷鲜调理猪排理化性质的影响及其嫩化机理研究［D］．合肥：合肥工业大学，2021．

[5] 陈其美．猪肌内脂肪沉积相关基因的筛选鉴定及其特征分析［D］．泰安：山东农业大学，2014．

[6] 陈茜茜，王俊，黄峰，等．蛋白质氧化对肉类成熟的影响研究进展［J］．食品科学，2013，34（3）：285-289．

[7] 陈振，谢全喜，亓秀晔，等．复合益生菌替代抗生素对断奶仔猪生长性能、胃肠道pH和免疫器官指数的影响［J］．中国畜牧杂志，2017，53（04）：112-115．

[8] 褚海义，马旭平，孙茂红．亚麻籽对羊肉营养成分及食用品质的影响［J］．畜牧与兽医，2008，40（10）：43-45．

[9] 崔凯，吴伟伟，刁其玉．转录组测序技术的研究和应用进展［J］．生物技术通报，2019，35（7）：1-9．

[10] 崔丽娟，仁庆考日乐，王政纲，等．负向近冰点温度下绵羊宰后肌肉主要理化指标变化［J］．食品工业科技，2012，33（3）：63-67．

[11] 邓波，门小明，吴杰，等．亚麻籽对生长育肥猪生长性能、胴体性状、肉质和脂肪酸组成的影响［J］．动物营养学报，2019，31（09）：4024-4032．

[12] 郭春华，柴映青，王康宁．高温和低温对生长育肥猪生产性能影响模式的研究［J］．养猪，2005（5）：12-16．

[13] 郭建凤，武英，呼红梅，等．不同储存温度、时间对长白猪肌肉pH及失水率的影响［J］．西北农业学报，2009，18（1）：33-36．

[14] 郭欣．动物福利科学兴起的研究［D］．南京：南京农业大学，2022．

[15] 韩卫杰．肉用绵羊杂交组合筛选及胴体分割方法的研究［D］．咸阳：西北农林科技大学，2006．

[16] 侯改凤，李瑞，刘明，等．德氏乳杆菌对育肥猪胴体性状及肉品质的影响［J］．动物营养学报，2016，28（06）：1814-1822．

[17] 胡新旭，周映华，卞巧，等．无抗发酵饲料对生长育肥猪生产性能、血液生化指标和肉品质的影响［J］．华中农业大学学报，2015，34（01）：72-77．

[18] 胡亦清．中药多糖和复合益生菌对圈养山羊肌肉品质的影响及机理［D］．南昌：江西农业大学，2021．

[19] 黄龙．安徽地方猪种胴体与肉质性状候选基因研究［D］．合肥：安徽农业大学，2014．

[20] 贾鼎锌．不同温度对秦川牛行为及血液生理生化指标的影响［D］．咸阳：西北农林科技大学，2019．

[21] 贾洪涛，宋静茹，王飞，等．pH值判定PSE肉的方法初探［J］．肉类工业，2018（3）：36-37．

[22] 贾雪晖. 宰后不同处理方式对羊肉品质的影响 [D]. 呼和浩特: 内蒙古农业大学, 2013.
[23] 姜晓文. 肌肉水分分布、抗氧化性与生鲜猪肉持水性的关系 [D]. 杭州: 浙江工商大学, 2010.
[24] 靳烨, 南庆贤. 牛肉高压嫩化工艺参数的研究 [J]. 食品与机械, 2001 (4): 23-25.
[25] 李大彪. 绵羊和绒山羊采食行为以及对三种不同粗饲料日粮纤维消化率的比较研究 [D]. 呼和浩特: 内蒙古农业大学, 2008.
[26] 李培迪. 冰温贮藏对宰后羊肉成熟进程的影响 [D]. 银川: 宁夏大学, 2019.
[27] 李同明, 王素强, 刘洪军, 等. 运动对动物脂肪代谢和能量代谢的影响研究进展 [J]. 山东畜牧兽医, 2016, 37 (01): 56-58.
[28] 李伟, 罗瑞明, 李亚蕾, 等. 宁夏滩羊肉的特征香气成分分析 [J]. 现代食品科技, 2013, 29 (5): 1173-1177.
[29] 李文博. 饲养方式对苏尼特羊宰后肌原纤维蛋白与肉品质的影响 [D]. 呼和浩特: 内蒙古农业大学, 2021.
[30] 李燕舞, 石英, 庞纪彩. L-精氨酸对肥育猪生长性能、营养物质消化率、气体排放和肉质的影响 [J]. 中国饲料, 2019 (18): 76-79.
[31] 梁梁. 肉牛长途运输的技术措施 [J]. 湖北畜牧兽医, 2014, 35 (6): 70-71.
[32] 林诚, 柳珍秀, 杨明轩, 等. 运动训练降低代谢综合征大鼠糖脂代谢的作用及机制 [J]. 中华高血压杂志, 2017, 25 (07): 663-667.
[33] 刘松珍, 张雁, 张名位, 等. 肠道短链脂肪酸产生机制及生理功能的研究进展 [J]. 广东农业科学, 2013, 40 (11): 99-103.
[34] 刘兆金, 印遇龙, 邓敦, 等. 精氨酸生理营养研究 [J]. 氨基酸和生物资源, 2005, 27 (4): 4.
[35] 刘哲, 韩学平, 张利平, 等. 整粒油籽对舍饲成年母羊肉品质和生产性能的影响 [J]. 草业科学, 2007, 24 (6): 5.
[36] 罗燕, 谷新利, 赵宗胜, 等. 中草药添加剂对绵羊肌肉组织中鲜味物质含量的影响 [J]. 中国畜牧兽医, 2013, 40 (12): 99-103.
[37] 罗玉龙, 王柏辉, 赵丽华, 等. 苏尼特羊和小尾寒羊的屠宰性能、肉品质、脂肪酸和挥发性风味物质比较 [J]. 食品科学, 2018, 39 (8): 103-107.
[38] 门小明. 肌肉纤维类型组成对猪肉品质的影响及其机理研究 [D]. 无锡: 江南大学, 2012.
[39] 尚菲. 浅谈羊的运输应激反应原因及对策 [J]. 今日畜牧兽医, 2015 (8): 58-59.
[40] 苏莹莹. 间歇式冷刺激对肉鸡生产性能、肉质、免疫及抗氧化功能的影响 [D]. 哈尔滨: 东北农业大学, 2015.
[41] 王柏辉, 韩利伟, 王德宝, 等. 绒山羊宰后成熟过程中羊肉品质和风味的变化分析 [J]. 食品工业科技, 2020, 41 (8): 230-235.
[42] 王德宝, 马文淑, 王柏辉, 等. 成熟时间对燕麦羊肉香肠食用品质、脂质氧化及风味物质积累的影响 [J]. 食品与发酵工业, 2020, 46 (11): 191-198.
[43] 王丽莎, 王航, 李侠, 等. 不同部位猪肉肌纤维类型组成与品质特性比较研究 [J]. 肉类研究, 2020, 34 (06): 1-7.
[44] 王绪, 李璐, 王佳奕, 等. 电子鼻结合气相色谱-质谱法对宁夏小尾寒羊肉中鸭肉掺假的快速检测 [J]. 食品科学, 2017, 38 (20): 222-228.
[45] 王思丹, 李春保, 温思颖, 等. 禁食处理和宰后时间对鸡肉蛋白磷酸化水平的影响 [J]. 食品科学, 2013, 34 (19): 270-274.
[46] 王朕朕. 限时放牧对羊肉风味物质沉积的影响及其机制初探 [D]. 北京: 中国农业大学, 2015.

[47] 韦区. 不同饲养模式添加丁酸梭菌和复合菌对广西黎村三黄鸡生长性能、肉品质与血清生化指标的影响 [D]. 南宁：广西大学，2020.

[48] 吴成帆，韩玲，陈骋，等. 中国荷斯坦育肥公犊肉储藏过程中脂肪氧化对肌红蛋白稳定性的影响 [J]. 食品工业科技，2015，36（7）：323-327.

[49] 吴笑音. 猪应激综合征 HRM 检测方法的建立与应用 [D]. 晋中：山西农业大学，2015.

[50] 武雅楠，曹玉凤，高艳霞，等. 日粮中添加亚麻籽对羔羊产肉性能和肉品质的影响 [J]. 畜牧兽医学报，2012，43（09）：1392-1400.

[51] 胥蕾，张海军，王志跃，等. 家禽宰前致晕的进展：I 国际新标准 [J]. 中国畜牧杂志，2017a，53（3）：100-105+111.

[52] 徐红伟. 兰州大尾羊脂肪代谢功能相关基因 mRNA 时空表达规律的研究 [D]. 兰州：西北民族大学，2012.

[53] 徐秀景，谢长文，刘敏，等. 乳酸菌发酵饲料对猪生长性能、肉品质和血液抗氧化指标的影响 [J]. 中国饲料，2018（10）：67-71.

[54] 闫祥林，任晓镁，刘瑞，等. 不同屠宰方式对新疆多浪羊肉品质的影响 [J]. 食品科学，2018，39（17）：73-78.

[55] 杨致昊. 饲养方式对苏尼特羊宰后能量代谢及肉品质的影响 [D]. 呼和浩特：内蒙古农业大学，2023.

[56] 叶唯. 论动物福利立法 [D]. 哈尔滨：黑龙江大学，2022.

[57] 尹靖东. 动物肌肉生物学与肉品科学 [M]. 北京：中国农业大学出版社，2011：379-394.

[58] 尹忠平，夏延斌，宋雪辉，等. 宰后电刺激与肌肉嫩化研究及其在肉类工业中的应用 [J]. 广州食品工业科技，2004（4）：141-143.

[59] 袁军虎，王熠略，韩艳杰，等. 抓好养殖环节 提升动物福利 [J]. 福建畜牧兽医，2022，44（3）：47-48.

[60] 张方. 复合益生菌制剂对肉牛生长性能、屠宰性能及经济效益的影响 [J]. 中国饲料，2021（01）：72-75.

[61] 张慧林，刘小林. 关中黑猪活体及胴体性状与瘦肉量的相关分析 [J]. 西北农林科技大学学报（自然科学版），2001（1）：106-109.

[62] 张爽，张楠，朱良齐，等. 宰后早期猪肉、牛肉和鸡肉中能量代谢及蛋白质磷酸化 [J]. 食品科学，2017，38（9）：72-78.

[63] 张天阳. 饲喂乳酸菌对生长育肥猪生长、胴体及肉质特性影响的研究 [D]. 泰安：山东农业大学，2013.

[64] 张晓顗. 不同贮藏温度结合真空包装对羊肉品质的影响研究 [D]. 保定：河北农业大学，2019.

[65] 赵景丽. 金华火腿风味形成过程中游离氨基酸参与的美拉德反应研究 [D]. 郑州：河南农业大学，2014.

[66] 赵丽华，敖长金，杨帆，等. 沙葱和油料籽实对羊肉营养成分及食用品质的影响 [J]. 中国草食动物，2006，026（004）：43-45.

[67] 周昌瑜，蒋娅婷，曹锦轩，等. 肌原纤维蛋白浓度对风味物质吸附能力的影响 [J]. 核农学报，2016，30（05）：904-911.

[68] 周招洪，陈代文，郑萍，等. 饲粮能量和精氨酸水平对育肥猪生长性能、胴体性状和肉品质的影响 [J]. 中国畜牧杂志，2013，49（15）：40-45.

[69] 朱琳娜. FTO、METTL3 基因表达对猪脂肪细胞 mRNA N6-甲基腺苷水平及脂肪沉积的影响研

究［D］. 杭州：浙江大学，2015.

[70] 庄蕾，吴森. 高通量测序技术在牦牛相关研究中应用［J］. 家畜生态学报，2022，43（3）：77-82.

[71] ABDULLAH A Y, QUDSIEH R I. Effect of slaughter weight and aging time on the quality of meat from Awassi ram lambs［J］. Meat Science, 2009, 82（3）: 309-316.

[72] ACKERMAN D, TUMANOV S, QIU B, et al. Triglycerides Promote Lipid Homeostasis during Hypoxic Stress by Balancing Fatty Acid Saturation［J］. Cell Reports, 2018, 24（10）: 2596-2605.

[73] AGEEVA T N, OLSEN R L, JOENSEN S, et al. Effects of Long-Term Feed Deprivation on the Development of Rigor Mortis and Aspects of Muscle Quality in Live-Stored Mature Atlantic Cod（Gadus Morhua L.）［J］. Journal of Aquatic Food Product Technology, 2018, 27（4）: 477-485.

[74] ALBER T, BANNER D W, BLOOMER A C, et al. On the three-dimensional structure and catalytic mechanism of triose phosphate isomerase［J］. Philosophical Transactions of the Royal Society of London. SERIES B, Biological Sciences, 1981, 293（1063）: 159-171.

[75] ALI E E. The effects of ultra-hydrostatic pressurization of pre-rigor muscle on characteristics of economic importance［J］. Hydrostatic Pressure, 1977.

[76] ARSHAD M S, SOHAIB M, AHMAD R S, et al. Ruminant meat flavor influenced by different factors with special reference to fatty acids.［J］. Lipids in health and disease, 2018. 17（1）: 233-246.

[77] ARSHAK K, MOORE E, LYONS G M, et al. A review of gas sensors employed in electronic nose applications［J］. Sensor Review, 2004, 24（2）: 181-198.

[78] BEAUCLERCQ S, NADAL-DESBARATS L, HENNEQUET-ANTIER C, et al. Serum and Muscle Metabolomics for the Prediction of Ultimate pH, a Key Factor for Chicken-Meat Quality［J］. Journal of Proteome Research, 2016, 15（4）: 1168-1178.

[79] BECKER B A, MAYES H F, HAHN G L, et al. Effect of fasting and transportation on various physiological parameters and meat quality of slaughter hogs［J］. Journal of Animal Science, 1989, 67（2）: 334-341.

[80] BELLÉS M, ALONSO V, RONCALÉS P, et al. A review of fresh lamb chilling and preservation［J］. Small Ruminant Research, 2017, 146: 41-47.

[81] BELLÉS M, ALONSO V, RONCALÉS P, et al. The combined effects of superchilling and packaging on the shelf life of lamb［J］. Meat Science, 2017, 133: 126-132.

[82] BU S Y, MASHEK M T, MASHEK D G. Suppression of Long Chain Acyl-CoA Synthetase 3 Decreases Hepatic de Novo Fatty Acid Synthesis through Decreased Transcriptional Activity *［J］. Journal of Biological Chemistry, 2009, 284（44）: 30474-30483.

[83] CHEN Q, WANG X, CONG P, et al. Erratum to: Mechanism of Phospholipid Hydrolysis for Oyster Crassostrea plicatula Phospholipids During Storage Using Shotgun Lipidomics.［J］. Lipids, 2017, 52（12）: 1059-1060.

[84] CHO S, KANG S M, KIM Y S, et al. Comparison of Drying Yield, Meat Quality, Oxidation Stability and Sensory Properties of Bone-in Shell Loin Cut by Different Dry-aging Conditions［J］. Korean journal for food science of animal resources, 2018, 38（6）: 1131-1143.

[85] CHUN J-Y, KIM B-S, LEE J-G, et al. Effect of NaCl/Monosodium Glutamate（MSG）Mixture on the Sensorial Properties and Quality Characteristics of Model Meat Products［J］. Korean journal for food science of animal resources, 2014, 34（5）: 576-81.

[86] COOMBS C E O, HOLMAN B W B, PONNAMPALAM E N, et al. Effects of chilled and frozen storage conditions on the lamb M. longissimus lumborum fatty acid and lipid oxidation parameters [J]. Meat Science, 2018, 136: 116-122.

[87] DAYTON W R, SCHOLLMEYER J V. Immunocytochemical localization of a calcium-activated protease in skeletal muscle cells [J]. Experimental Cell Research, 1981, 136 (2): 423-433.

[88] de FEYTER H M M L, SCHAART G, HESSELINK M K et al. Regional variations in intramyocellular lipid concentration correlate with muscle fiber type distribution in rat tibialis anterior muscle [J]. Magnetic Resonance in Medicine, 2006, 56 (1): 19-25.

[89] de VRIES A G, van DER WAL P G, LONG T, et al. Genetic parameters of pork quality and production traits in Yorkshire populations [J]. Livestock Production Science, 1994, 40 (3): 277-289.

[90] della MALVA A, MARINO R, SANTILLO A, et al. Proteomic approach to investigate the impact of different dietary supplementation on lamb meat tenderness [J]. Meat Science, 2017, 131: 74-81.

[91] DERVISHI E, JOY M, ALVAREZ-RODRIGUEZ J, et al. The forage type (grazing versus hay pasture) fed to ewes and the lamb sex affect fatty acid profile and lipogenic gene expression in the longissimus muscle of suckling lambs [J]. Journal of Animal Science, 2012, 90 (1): 54-66.

[92] DOWARAH R, VERMA A K, AGARWAL N, et al. Efficacy of species-specific probiotic Pediococcus acidilactici FT28 on blood biochemical profile, carcass traits and physicochemical properties of meat in fattening pigs [J]. Research in Veterinary Science, 2018, 117: 60-64.

[93] ERIN E F, GREGORY R Z, JOHN E H. Salivary protein levels as a predictor of perceived astringency in model systems and solid foods [J]. Physiology & Behavior, 2016, 163: 56-63.

[94] ESTIENNE M J, HARTSOCK T G, HARPER A F. Effects of Antibiotics and Probiotics on Suckling Pig and Weaned Pig Performance [J]. International journal of applied research in veterinary medicine, 2005 (3): 303-308.

[95] FISHER A V, ENSER M, RICHARDSON R I, et al. Fatty acid composition and eating quality of lamb types derived from four diverse breed × production systems [J]. Meat Science, 2000, 55 (2): 141-147.

[96] FLUHARTY F L, MCCLURE K E. Effects of dietary energy intake and protein concentration on performance and visceral organ mass in lambs [J]. Journal of Animal Science, 1997 (3): 604.

[97] FOX P F, MCSWEENEY P. Advanced Dairy Chemistry [M]. Cork: Advanced Dairy Chemistry, 2009.

[98] GANGNAT I D M, LEIBER F, DUFEY P A, et al. Physical activity, forced by steep pastures, affects muscle characteristics and meat quality of suckling beef calves [J]. The Journal of Agricultural Science, 2016, 155 (2): 348-359.

[99] GAO K, JIANG Z, LIN Y, et al. Dietary l-arginine supplementation enhances placental growth and reproductive performance in sows [J]. Springer Vienna, 2012, 42 (6): 2207-2214.

[100] GARLID K D, OROSZ D E, MODRIANSK M, et al. On the Mechanism of Fatty Acid-induced Proton Transport by Mitochondrial Uncoupling Protein [J]. Journal of Biological Chemistry, 1996, 271 (5): 2615-2620.

[101] GOBINDRAM N E, BOGNANNO M, LUCIANO G, et al. Carob pulp inclusion in lamb diets: effect on intake, performance, feeding behaviour and blood metabolites [J]. Animal Production Science,

2016, 56 (5): 850-858.

[102] GROSS A S, ZIMMERMANN A, PENDL T, et al. Acetyl-CoA carboxylase 1-dependent lipogenesis promotes autophagy downstream of AMPK [J]. Journal of Biological Chemistry, 2019, 294 (32): 12020-12039.

[103] HA Y, HWANG I, V BA H, et al. Effects of Dry- and Wet-ageing on Flavor Compounds and Eating Quality of Low Fat Hanwoo Beef Muscles [J]. Food Science of Animal Resources, 2019, 39 (4): 655-667.

[104] HARLEY S, MORE S, BOYLE L, et al. Good animal welfare makes economic sense: potential of pig abattoir meat inspection as a welfare surveillance tool [J]. Irish Veterinary Journal, 2012, 65 (1): 11.

[105] HENCKEL P. Influence of feeding intensity, grazing and finishing feeding on meat and eating quality of young bulls and the relationship between muscle fibre characteristics, fibre fragmentation and meat tenderness [J]. Meat Science, 2000, 54 (2): 187-195.

[106] HERRERA-MENDEZ C H, BECILA S, BONDJELLAL A, et al. Meat ageing: Reconsideration of the current concept [J]. Trends in Food Science & Technology, 2006, 17 (8): 394-405.

[107] HETTEMA E H, TABAK H F. Transport of fatty acids and metabolites across the peroxisomal membrane [J]. Biochimica Et Biophysica Acta, 2000, 1486 (1): 18-27.

[108] HIDALGO F J, NOGALES F, ZAMORA R. Changes Produced in the Antioxidative Activity of Phospholipids as a Consequence of Their Oxidation [J]. Journal of Agricultural and Food Chemistry, 2005, 53 (3): 659-662.

[109] HILLER B, HOCQUETTE J-F, CASSAR-MALEK I, et al. Dietary n-3 PUFA affect lipid metabolism and tissue function-related genes in bovine muscle [J]. The British Journal of Nutrition, 2012, 108 (5): 858-863.

[110] HO J K, DUCLOS R I, HAMILTON J A. Interactions of acyl carnitines with model membranes [J]. Journal of Lipid Research, 2002, 43 (9): 1429-1439.

[111] HOVENIER R, KANIS E, van ASSELDONK T, et al. Genetic parameters of pig meat quality traits in a halothane negative population [J]. Livestock Production Science, 1992, 32 (4): 309-321.

[112] HUANG H, LARSEN M R, KARLSSON A H, et al. Gel-based phosphoproteomics analysis of sarcoplasmic proteins in postmortem porcine muscle with pH decline rate and time differences [J]. Proteomics, 2011, 11 (20): 4063-4076.

[113] HUERTAS S M, KEMPENER R E A M, van EERDENBURG F J C M. Relationship between Methods of Loading and Unloading, Carcass Bruising, and Animal Welfare in the Transportation of Extensively Reared Beef Cattle [J]. Animals: an open access journal from MDPI, 2018, 8 (7): 119.

[114] HUIXIN Z, LING H, QUNLI Y, et al. Proteomic and bioinformatic analysis of proteins on cooking loss in yak longissimus thoracis [J]. European Food Research and Technology, 2018, 244 (7): 1211-1223.

[115] HULÁNKOVÁ R, KAMENÍK J, SALÁKOVÁ A, et al. The effect of dry aging on instrumental, chemical and microbiological parameters of organic beef loin muscle [J]. FOOD SCIENCE AND TECHNOLOGY -ZURICH-, 2018, 89: 559-565.

[116] JANZ J A M, AALHUS J L, PRICE M A. The influence of elevated temperature conditioning on bison (Bison bison bison) meat quality [J]. Meat Science, 2000, 56 (3): 279-284.

[117] JANZ J A M. Characterization of bison muscle tissue and evaluation of the efficacy of postmortem carcass treatments designed to influence the quality of bison meat [D]. Edmonton: Univ. of Alberta, 1999.

[118] JAYASOORIYA S D, TORLEY P J, D'ARCY B R, et al. Effect of high power ultrasound and ageing on the physical properties of bovine Semitendinosus and Longissimus muscles [J]. Meat Science, 2007, 75 (4): 628-639.

[119] JEREMIAH L E, JONES S D M, TONG A K W, et al. The effects of gender and blast-chilling time and temperature on cooking properties and palatability of pork longissimus muscle [J]. Canadian Veterinary Journal La Revue Veterinaire Canadienne, 1992, 72 (3): 501-506.

[120] JIA W, LI R, WU X, et al. Molecular mechanism of lipid transformation in cold chain storage of Tan sheep [J]. Food Chemistry, 2021, 347: 129007.

[121] JIN S, FAN X, YANG L, et al. Effects of rearing systems on growth performance, carcass yield, meat quality, lymphoid organ indices, and serum biochemistry of Wannan Yellow chickens [J]. Animal science journal, 2019, 90 (7): 887-893.

[122] JOHNSON J. Heat stress: Impact on livestock well-being and productivity and mitigation strategies to alleviate the negative effects [J]. Animal Production Science, 2018, 58 (8): 1404-1413.

[123] JONES J E C, ESLER W P, PATEL R, et al. Inhibition of Acetyl-CoA Carboxylase 1 (ACC1) and 2 (ACC2) Reduces Proliferation and De Novo Lipogenesis of EGFRvIII Human Glioblastoma Cells [J]. PLos One, 2017, 12 (1): 15-35.

[124] JONES S D M, JEREMIAH L E, ROBERTSON W M. The effects of spray and blast-chilling on carcass shrinkage and pork muscle quality [J]. Meat Science, 1993, 34 (3): 351-362.

[125] JOO S T, JOO S H, HWANG Y H. The Relationships between Muscle Fiber Characteristics, Intramuscular Fat Content, and Fatty Acid Compositions in M. longissimus lumborum of Hanwoo Steers [J]. Korean journal for food science of animal resources, 2017, 37 (5): 780-786.

[126] JOSE C G, JACOB R H, PETHICK D W, et al. Short term supplementation rates to optimise vITAMIN E concentration for retail colour stability of Australian lamb meat [J]. Meat Science, 2016, 111 (JAN.): 101-109.

[127] JUÁREZ M, CAINE W R, DUGAN M E R, et al. Effects of dry-ageing on pork quality characteristics in different genotypes [J]. Meat Science, 2011, 88 (1): 117-121.

[128] KERTH C R, CARR M A, RAMSEY C B, et al. Vitamin-mineral supplementation and accelerated chilling effects on quality of pork from pigs that are monomutant or noncarriers of the halothane gene. [J]. Journal of Animal Science, (9): 2346-2355.

[129] KIM J H, KIM T K SHIN D M, et al. Comparative effects of dry-aging and wet-aging on physicochemical properties and digestibility of Hanwoo beef [J]. Asian-Australasian Journal of Animal Sciences, 2020, 33 (3): 501-505.

[130] KIM Y H B, MA D, SETYABRATA D, et al. Understanding postmortem biochemical processes and post-harvest aging factors to develop novel smart-aging strategies [J]. Meat Science, 2018, 144 (OCT.): 74-90.

[131] KOESMARA H, BUDISATRIA I G S, BALIARTI E, et al. Effect of feeding different forage and concentrate levels on carcass characteristics and meat quality of Aceh cattle [J]. IOP Conference Series: Earth and Environmental Science, 2019, 387: 012080-012080.

[132] KONG Y, YANG X, DING Q, et al. Comparison of non-volatile umami components in chicken soup and chicken enzymatic hydrolysate [J]. Food Research International, 2017, 102: 559-566.

[133] KOUTSIDIS G, ELMORE J S, ORUNA-CONCHA M J, et al. Water-soluble precursors of beef flavour. Part II: Effect of post-mortem conditioning [J]. Meat Science, 2008, 79 (2): 270-277.

[134] LAZUTKAITE G, SOLDÀ A, LOSSOW K, et al. Amino acid sensing in hypothalamic tanycytes via umami taste receptors [J]. Molecular Metabolism, 2017, 6 (11): 1480-1492.

[135] LINARES M B, BÓRNEZ R, VERGARA H. Effect of different stunning systems on meat quality of light lamb [J]. Meat Science, 2007, 76 (4): 675-681.

[136] LISA M, MARIA T, JOSE M O, et al. Influence of Sulfur Amino Acids on the Volatile and Nonvolatile Components of Cooked Salmon (Salmo salar) [J]. Journal of Agricultural and Food Chemistry, 2007, 55 (4): 1427-1436.

[137] LISTE G, MIRANDA-DE LA LAMA G, CAMPO M, et al. Effect of lairage on lamb welfare and meat quality [J]. Animal Production Science, 2011, 51: 952-958.

[138] LIU C, WEI Q, LI X, et al. Proteomic analyses of mitochondrial damage in postmortem beef muscles [J]. Journal of the science of food and agriculture, 2022, 102 (10): 4182-4192.

[139] LIU Y, LI J L, LI Y J, et al. Effects of dietary supplementation of guanidinoacetic acid and combination of guanidinoacetic acid and betaine on postmortem glycolysis and meat quality of finishing pigs [J]. Animal Feed Science and Technology, 2015, 205: 82-89.

[140] LLONCH P, RODRÍGUEZ P, GISPERT M, et al. Stunning pigs with nitrogen and carbon dioxide mixtures: effects on animal welfare and meat quality [J]. Animal: An International Journal of Animal Bioscience, 2012, 6 (4): 668-675.

[141] LOPEZ C M, BRU E, VIGNOLO G M, et al. Identification of small peptides arising from hydrolysis of meat proteins in dry fermented sausages [J]. Meat Science, 2015, 104 (jun.): 20-29.

[142] MANCINI R A, HUNT M C. Current research in meat color [J]. Meat Science, 2005, 71 (1): 100-121.

[143] MARCUS R, ADDISON O, KIDDE J, et al. Skeletal muscle fat infiltration: impact of age, inactivity, and exercise [J]. The journal of nutrition, health & aging, 2010, 14 (5): 362-366.

[144] MARINO R, ALBENZIO M, DELLA MALVA A, et al. Changes in meat quality traits and sarcoplasmic proteins during aging in three different cattle breeds [J]. Meat Science, 2014, 98 (2): 178-186.

[145] MARTIN A H, MURRAY A C, JEREMIAH L E, et al. Electrical Stimulation and Carcass Aging Effects on Beef Carcasses in Relation to Postmortem Glycolytic Rates [J]. Journal of Animal Science, 1983 (6): 1456-1462.

[146] MARTINS S I F S, JONGEN W M F, BOEKEL M A J S V. A review of Maillard reaction in food and implications to kinetic modelling [J]. Trends in Food Science & Technology, 2000, 11 (9-10): 364-373.

[147] MASIC U, YEOMANS M R. Umami flavor enhances appetite but also increases satiety [J]. The American journal of clinical nutrition, 2014, 100 (2): 532-538.

[148] MCFADDEN J W, RICO J E. Invited review: Sphingolipid biology in the dairy cow: The emerging role of ceramide [J]. Journal of Dairy Science, 2019, 102 (9): 7619-7639.

[149] MEINERT L, SCHFER A, BJERGEGAARD C, et al. Comparison of glucose, glucose 6-phosphate,

ribose, and mannose as flavour precursors in pork; the effect of monosaccharide addition on flavour generation [J]. Meat Science, 2009, 81 (3): 425-432.

[150] MEYER M M, JOHNSON A K, BOBECK E A. A novel environmental enrichment device improved broiler performance without sacrificing bird physiological or environmental quality measures [J]. Poultry Science, 2019, 98 (11): 5247-5256.

[151] MORA L, GALLEGO M, ESCUDERO E, et al. Small peptides hydrolysis in dry-cured meats [J]. International Journal of Food Microbiology, 2015, 212: 9-15.

[152] MORENO-NAVARRETE J M, ORTEGA F, SERRANO M, et al. CIDEC/FSP27 and PLIN1 gene expression run in parallel to mitochondrial genes in human adipose tissue, both increasing after weight loss [J]. International Journal of Obesity (2005), 2014, 38 (6): 865-872.

[153] MOTTRAM D S, ELMORE J S. The Interaction of Lipid-Derived Aldehydes with the Maillard Reaction in Meat Systems [M]. 2005.

[154] MOTTRAM D S, WHITFIELD F B. Volatile Compounds from the Reaction of Cysteine, Ribose, and Phospholipid in Low-Moisture Systems [J]. Journal of Agricultural & Food Chemistry, 1995, 43 (4): 984-988.

[155] MOTTRAM D S. Flavour formation in meat and meat products: a review [J]. Food Chemistry, 1998, 62 (4): 415-424.

[156] NISHIKAWA Y, FURUKAWA A, SHIGA I, et al. Cytoprotective Effects of Lysophospholipids from Sea Cucumber Holothuria atra [J]. PloS One, 2015, 10 (8): e0135701.

[157] NORTH M, LOVATT S. Chilling and Freezing Meat [M] // HUI H Y. Handbook of Meat and Meat Processing, 2nd Edition. Grimsby: CRC Press, 2012.

[158] OLIVARES A, DRYAHINA K, NAVARRO J L, et al. SPME-GC-MS versus Selected Ion Flow Tube Mass Spectrometry (SIFT-MS) analyses for the study of volatile compound generation and oxidation status during dry fermented sausage processing [J]. Journal of Agricultural & Food Chemistry, 2011, 59 (5): 1931.

[159] OZDOGAN M, USTUNDAG A O, YARALI E. Effect of mixed feeds containing different levels of olive cake on fattening performance, carcass, meat quality and fatty acids of lambs [J]. Tropical animal health and production, 2017, 49 (8): 1631-1636.

[160] PERERA R J, MARCUSSON E G, KOO S, et al. Identification of novel PPARgamma target genes in primary human adipocytes [J]. Gene, 2006, 369: 90-99.

[161] PERRE V, PERMENTIER L, BIE S, et al. Effect of unloading, lairage, pig handling, stunning and season on pH of pork [J]. Meat Science, 2010, 86 (4): 931-937.

[162] PETERSEN G V, BLACKMORE D K. The effect of different slaughter methods on the post mortem glycolysis of muscle in lambs [J]. New Zealand Veterinary Journal, 1982, 30 (12): 195-198.

[163] POHLMAN F W, DIKEMAN M E, KROPF D H. Effects of high intensity ultrasound treatment, storage time and cooking method on shear, sensory, instrumental color and cooking properties of packaged and unpackaged beef pectoralis muscle [J]. Meat Science, 1997, 46 (1): 89-100.

[164] PONNAMPALAM E N, VAHEDI V, GIRI K, et al. Muscle Antioxidant Enzymes Activity and Gene Expression Are Altered by Diet-Induced Increase in Muscle Essential Fatty Acid (α-linolenic acid) Concentration in Sheep Used as a Model [J]. Nutrients, 2019, 11 (4): 723-737.

[165] POPPELREUTHER M, RUDOLPH B, DU C, et al. The N-terminal region of acyl-CoA synthetase 3

is essential for both the localization on lipid droplets and the function in fatty acid uptake [J]. Journal of Lipid Research, 2012, 53 (5): 888-900.

[166] QIE M, LI T, LIU C C, et al. Direct analysis in real time high-resolution mass spectrometry for authenticity assessment of lamb [J]. Food Chemistry, 2022, 390: 133-143.

[167] RAMIREZ-ZAMUDIO G D, SILVA L H P, VIEIRA N M, et al. Effect of short-term dietary protein restriction before slaughter on meat quality and skeletal muscle metabolomic profile in culled ewes [J]. Livestock Science, 2022, 261. 104956.

[168] RAO V K, KOWALE B N, VERMA A K. Effect of feeding water washed neem (Azadirachta indica) seed kernel cake on the quality, lipid profile and fatty acid composition of goat meat [J]. Small Ruminant Research, 2003, 47 (3): 213-219.

[169] RAZA S H A, SHIJUN L, KHAN R, et al. Polymorphism of the PLIN1 gene and its association with body measures and ultrasound carcass traits in Qinchuan beef cattle [J]. Genome, 2020, 63 (10): 483-492.

[170] REY-SALGUEIRO L, MARTINEZ-CARBALLO E, FAJARDO P, et al. Meat quality in relation to swine well-being after transport and during lairage at the slaughterhouse [J]. Meat Science, 2018, 142: 38-43.

[171] SANDERCOCK D A, HUNTER R R, NUTE G R, et al. Acute heat stress-induced alterations in blood acid-base status and skeletal muscle membrane integrity in broiler chickens at two ages: implications for meat quality [J]. Poultry Science, 2001, 80 (4): 418-425.

[172] SANGWAN R S, TRIPATHI S, SINGH J, et al. De novo sequencing and assembly of Centella asiatica leaf transcriptome for mapping of structural, functional and regulatory genes with special reference to secondary metabolism [J]. Gene, 2013, 525 (1): 58-76.

[173] SANTOS-SILVA J, MENDES I A, BESSA R J B. The effect of genotype, feeding system and slaughter weight on the quality of light lambs: 1. Growth, carcass composition and meat quality [J]. Livestock Production Science, 2002, 77 (2-3): 187-194.

[174] SARIBEY M, KARACA S. Effects of pre-slaughter ascorbic acid administration on some physiological stress response and meat quality traits of lambs and kids subjected to road transport [J]. Animal Production Science, 2018, 59.

[175] SEESAARD T, GOEL N, KUMAR M, et al. Advances in gas sensors and electronic nose technologies for agricultural cycle applications [J]. Computers and Electronics in Agriculture, 2022, 193: 106673.

[176] SHACKELFORD S D, KING D A, WHEELER T L. Chilling rate effects on pork loin tenderness in commercial processing plants1, 2 [J]. Journal of Animal Science, 2012, 90 (8): 2842-2849.

[177] SHEN Q W, DU M. Effects of dietary α-lipoic acid on glycolysis of postmortem muscle [J]. Meat Science, 2005, 71 (2): 306-311.

[178] SITA T J A I F, RESEARCH N. Advances in Food and Nutrition Research [J]. 2009, 56 (2): 81-95.

[179] SPANIER A M, FLORES M, MCMILLIN K W, et al. The effect of post-mortem aging on meat flavor quality in Brangus beef. Correlation of treatments, sensory, instrumental and chemical descriptors [J]. Food Chemistry, 1997, 59 (4): 531-538.

[180] SPRINGER M P, CARR M A, RAMSEY C B, et al. Accelerated chilling of carcasses to improve pork quality [J]. Journal of Animal Science, 2003, 81 (6): 1464-1472.

[181] SUMAN S P, HUNT M C, NAIR M N, et al. Improving beef color stability: Practical strategies and underlying mechanisms [J]. Meat Science, 2014, 98 (3): 490-504.

[182] SUZUKI K, ISHIDA M, KADOWAKI H, et al. Genetic correlations among fatty acid compositions in different sites of fat tissues, meat production, and meat quality traits in Duroc pigs [J]. Journal of Animal Science, 2006, 84 (8): 2026-2034.

[183] TAN B, YIN Y, LIU Z, et al. Dietary l-arginine supplementation differentially regulates expression of lipid-metabolic genes in porcine adipose tissue and skeletal muscle [J]. The Journal of Nutritional Biochemistry, 2011, 22 (5): 441-445.

[184] TATIYABORWORNTHAM N, OZ F, RICHARDS M P, et al. Paradoxical effects of lipolysis on the lipid oxidation in meat and meat products [J]. Food chemistry: X, 2022, 14.

[185] TAYLOR A A, MARTOCCIA L. The effect of low voltage and high voltage electrical stimulation on pork quality [J]. Meat Science, 1995, 39 (3): 319-326.

[186] TOKUMURA A. Physiological Significance of Lysophospholipids that Act on the Lumen Side of Mammalian Lower Digestive Tracts [J]. Journal of Health Science, 2011, 57 (2): 115-128.

[187] TOLDRÁ F. Dry-Cured Meat Products [M]. Trumbull: Food & Nutrition Press, Inc., 2002.

[188] TURGUT S S, IŞIKÇI F, SOYER A. Antioxidant activity of pomegranate peel extract on lipid and protein oxidation in beef meatballs during frozen storage [J]. Meat Science, 2017, 129: 111-119.

[189] van der WAL P G, ENGEL B, van BEEK G, et al. Chilling pig carcasses: Effects on temperature, weight loss and ultimate meat quality [J]. Meat Science, 1995, 40 (2): 193-202.

[190] van ENGEN N K, COETZEE J F. Effects of transportation on cattle health and production: a review [J]. Animal Health Research Reviews, 2018, 19 (2): 142-154.

[191] VELARDE A, DALMAU A. Animal welfare assessment at slaughter in Europe: moving from inputs to outputs [J]. Meat Science, 2012, 92 (3): 244-251.

[192] VERGARA H, GALLEGO L. Effect of electrical stunning on meat quality of lamb [J]. Meat Science, 2000, 56 (4): 345-349.

[193] WANG B, WANG Y, ZUO S, et al. Untargeted and Targeted Metabolomics Profiling of Muscle Reveals Enhanced Meat Quality in Artificial Pasture Grazing Tan Lambs via Rescheduling the Rumen Bacterial Community [J]. Journal of Agricultural and Food Chemistry, 2021, 69 (2): 846-858.

[194] WARNER R D, JACOB R H, ROSENVOLD K, et al. Altered post-mortem metabolism identified in very fast chilled lamb M. longissimus thoracis et lumborum using metabolomic analysis [J]. Meat Science, 2015, 108 (oct.): 155-164.

[195] WARREN K E, KASTNER C L. A Comparison of Dry-Aged and Vacuum-Aged Beef Strip Loinsl [J]. Journal of Muscle Foods, 1992, 3 (2): 151-157.

[196] WETTASINGHE M, VASANTHAN T, TEMELLI F, et al. Volatiles from roasted byproducts of the poultry-processing industry [J]. Journal of agricultural and food chemistry, 2000, 48 (8): 3485-3492.

[197] WILLIAMSON J, RYLAND D, SUH M, et al. The effect of chilled conditioning at 4°C on selected water and lipid-soluble flavor precursors in Bison bison longissimus dorsi muscle and their impact on sensory characteristics [J]. Meat Science, 2014, 96 (1): 136-146.

[198] WOOD J D, RICHARDSON R I, NUTE G R, et al. Effects of fatty acids on meat quality: a review

[J]. Meat Science, 2004, 66 (1): 21-32.

[199] WU M, TANG X, RAZA S H A, et al. Small RNA-Seq Analysis Reveals miRNA Expression of Short Distance Transportation Stress in Beef Cattle Blood [J]. Animals: an open access journal from MDPI, 2021, 11 (10): 2850.

[200] XING T, XU X, JIANG N, et al. Effect of transportation and pre-slaughter water shower spray with resting on AMP-activated protein kinase, glycolysis and meat quality of broilers during summer [J]. Animal Science Journal, 2016, 87 (2): 299-307.

[201] YADGARY L, UNI Z. Yolk sac carbohydrate levels and gene expression of key gluconeogenic and glycogenic enzymes during chick embryonic development [J]. Poultry Science, 2012, 91 (2): 444-453.

[202] YAN T, HOU C, WANG Z, et al. Effects of chilling rate on progression of rigor mortis in postmortem lamb meat [J]. Food Chemistry, 2022, 373 (Pt B): 131463.

[203] YAN W, JING S, HANG Z, et al. Effect of probiotics on the meat flavour and gut microbiota of chicken [J]. Scientific reports, 2017, 7 (1-4): 6400.

[204] YANG Y, ZHANG X, WANG Y, et al. Study on the volatile compounds generated from lipid oxidation of Chinese bacon (unsmoked) during processing [J]. European Journal of Lipid Science and Technology, 2017, 119 (10): 1600512.

[205] YC R, BC K. Comparison of histochemical characteristics in various pork groups categorized by postmortem metabolic rate and pork quality [J]. Journal of animal science, 2006, 84 (4): 894-901.

[206] YOU L, LUO R. Effect of Chilled Ageing Conditioning at 4°C in Lamb Longissimus Dorsi Muscles on Water-Soluble Flavour Precursors as Revealed by a Metabolomic Approach [J]. Journal of Food Quality, 2019: 1-7.

[207] YOUNG O A, THOMSON R D, MERHTENS V G, et al. Industrial application to cattle of a method for the early determination of meat ultimate pH [J]. Meat Science, 2004, 67 (1): 107-112.

[208] YU Q, COOPER B, SOBREIRA T, et al. Utilizing Pork Exudate Metabolomics to Reveal the Impact of Aging on Meat Quality. [J]. Foods, 2021 (3): 688-701.

[209] ZHANG M, SU R, CORAZZIN M, et al. Lipid transformation during postmortem chilled aging in Mongolian sheep using lipidomics [J]. Food Chemistry, 2023, 405 (Pt B): 134882.

[210] ZHANG Y, ZHANG D, HUANG Y, et al. l-Arginine and l-lysine degrade troponin-T, and l-arginine dissociates actomyosin: their roles in improving the tenderness of chicken breast [J]. Food Chemistry, 2020, 318 (prepublish): 126516.

[211] ZHENG L, FLEITH M, GIUFFRIDA F, et al. Dietary Polar Lipids and Cognitive Development: A Narrative Review [J]. Advances in Nutrition, 2019, 10 (6): 1163-1176.

[212] ZHIMEI T, YIYAN C, HUIJIE L, et al. Effect of long-term dietary probiotic Lactobacillus reuteri 1 or antibiotics on meat quality, muscular amino acids and fatty acids in pigs [J]. Meat Science, 2021, 171 (prepublish): 108234.

[213] ZILIN Y, HONGRUI J, RONGCAN G, et al. Taste, umami-enhance effect and amino acid sequence of peptides separated from silkworm pupa hydrolysate [J]. Food Research International, 2018, 108: 144-150.

[214] ZIVOTOFSKY A Z, STROUS R D. A perspective on the electrical stunning of animals: are there

lessons to be learned from human electro-convulsive therapy (ECT)? [J]. Meat Science, 2012, 90 (4): 956-961.
[215] ZUO H, HAN L, YU Q, et al. Proteomic and bioinformatic analysis of proteins on cooking loss in yak longissimus thoracis [J]. European Food Research and Technology, 2018, 244 (7): 1211-1223.

第四章

羊肉品质形成机制

第一节　肌纤维类型

第二节　肌肉能量代谢

第三节　脂肪代谢

第四节　蛋白质代谢

第五节　胃肠道菌群

本章参考文献

第一节　肌纤维类型

　　肌纤维是一种肌细胞，是骨骼肌的基本结构单位，由细胞器、外膜、肌红蛋白、肌球蛋白和肌动蛋白等部分组成。肌纤维占骨骼肌总体积的75%~90%，肌纤维的特性从根本上决定了肉的品质，如肉色、嫩度、肌内脂肪含量、保水性、宰后pH下降的速率及最终pH等多种指标。

　　一般来说，肌纤维根据颜色、收缩速度、代谢特性可分为以下几类：红肌纤维（也称Ⅰ型纤维）为慢收缩氧化型肌纤维；白肌纤维（也称$Ⅱ_B$型纤维）为快收缩酵解型肌纤维和中间型肌纤维（也称$Ⅱ_A$型纤维）。根据MyHC的多态性还可将肌纤维划分为4种肌纤维类型。Ⅰ型（慢速氧化型）肌纤维线粒体数量较多，具有较高的肌红蛋白含量及有氧代谢酶活力，但ATP酶活性较低，故收缩速率慢且持久；$Ⅱ_a$型（快速氧化型）肌纤维含有一定数量的肌红蛋白，糖原含量较高，具有有氧代谢和糖酵解代谢两种供能途径；$Ⅱ_b$型（快速酵解型）肌纤维线粒体数量少，糖原含量高，ATP酶活性高，糖酵解酶活力高，收缩速率快且短；$Ⅱ_x$型（中间型）肌纤维的线粒体数量、肌红蛋白含量、一系列酶活性以及代谢和收缩特性均介于$Ⅱ_a$型和$Ⅱ_b$型肌纤维之间。作者团队从遗传因素（品种、部位、月龄等）、饲养方式及饲粮调控等多重角度系统探讨其对内蒙古羊肌纤维特性的影响。

一、遗传因素对肌纤维类型的影响

（一）品种

　　实验选择内蒙古自治区巴彦淖尔市牧区6月龄的苏尼特羊6只、同月龄的巴美肉羊10只、小尾寒羊10只，取股二头肌为试验样品。以pH4.6的醋酸盐缓冲液为酸性前孵育液的ATP酶组织化学染色法染色。用显微彩图分析软件（Leica Qwin V3）在10×10倍下观察并分析肌纤维特性。选择3~4个视野，使研究的肌纤维数目不少于1500根（Dreiling et al.，1987）。对视野内不同类型肌纤维分别进行计数，计算每种类型肌纤维的数量比例，圈出每种类型肌纤维的轮廓，利用软件获得每种肌纤维的面积，计算每种类型肌纤维的面积比例。每种类型纤维的截面积是各型肌纤维的平均值。肌纤维横截面上最长两点间距离作为肌纤维直径，测多根求平均值。测出每个视野的面积，并计算出每个视野内肌纤维的根数，然后换算成每平方毫米的根数，作为被测样本的肌纤维密度。实验结果如下。

1. 不同品种对肌纤维密度的影响

　　由图4-1可知，苏尼特羊、巴美肉羊、小尾寒羊的肌纤维密度分别为927.0N/mm^2、863.5N/mm^2、955.5N/mm^2，6月龄绵羊三个品种间肌纤维密度无显著性差异（$P>0.05$）。

2. 不同品种对肌纤维数量比例、面积比例的影响

　　氧化型肌纤维（Ⅰ型）中肌红蛋白的含量高，所以氧化型肌纤维所占比例较高时，肌肉颜色鲜红，肉色评分较高，相反，$Ⅱ_B$型肌纤维所含肌红蛋白量很低，如果$Ⅱ_B$型肌纤维在肌肉中所占比例高，肌肉颜色则显得苍白，肉色评分较低。$Ⅱ_B$型纤维具有高活性的

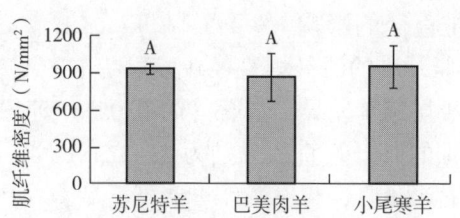

图 4-1　不同品种羊的肌纤维密度

[字母不同表示有显著性差异（$P<0.05$）]

ATP 酶和高含量的糖原，当肌肉中 II_B 型纤维所占比例大时，会使肌肉中的乳酸和磷酸迅速积聚，而导致 pH 大幅下降，甚至会产生 PSE 肉。由图 4-2、图 4-3 可知，苏尼特羊 I 型肌纤维的数量比例为 20.79%，面积比例为 14.76%，显著小于巴美肉羊（$P<0.05$），与小尾寒羊无显著差异（$P>0.05$）。II_A 型肌纤维的肌纤维数量比例在苏尼特羊、巴美肉羊、小尾寒羊三个品种的羊中分别为 4.82%、6.14%、4.05%，苏尼特羊与巴美肉羊、小尾寒羊无显著差异（$P>0.05$），但巴美肉羊显著大于小尾寒羊（$P<0.05$）。II_A 型肌纤维面积比例在苏尼特羊、巴美肉羊、小尾寒羊三个品种的羊中分别为 4.8%、6.76%、5.82%，即苏尼特羊显著小于巴美肉羊和小尾寒羊（$P<0.05$）。II_B 型肌纤维的数量比例和面积比例在苏尼特羊和小尾寒羊两个品种间差异均不显著（$P>0.05$），而巴美肉羊的 II_B 型肌纤维的数量比例和面积比例显著低于其他品种（$P<0.05$）。

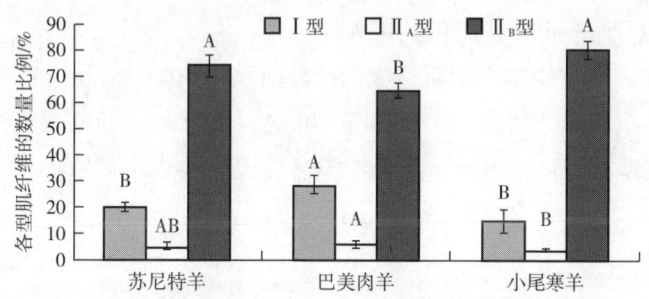

图 4-2　不同品种羊的各型肌纤维数量比例（股二头肌）

[字母不同表示组间有显著性差异（$P<0.05$）]

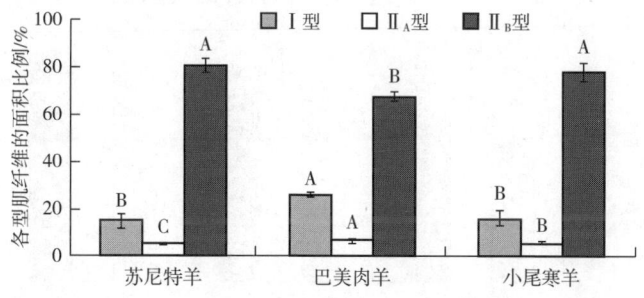

图 4-3　不同品种羊的各型肌纤维面积比例（股二头肌）

[字母不同表示组间有显著性差异（$P<0.05$）]

3. 不同品种对肌纤维直径的影响

由图 4-4 可知，Ⅰ型肌纤维的肌纤维直径在苏尼特羊中最小（38.26μm），显著小于巴美肉羊（$P<0.05$），与小尾寒羊差异不显著（$P>0.05$）。苏尼特羊、巴美肉羊、小尾寒羊三个品种的Ⅱ$_A$型肌纤维的肌纤维直径分别为 41.11μm、48.68μm、52.06μm，即苏尼特羊显著小于小尾寒羊（$P<0.05$），与巴美肉羊差异不显著（$P>0.05$）。苏尼特羊、巴美肉羊和小尾寒羊的Ⅱ$_B$肌纤维直径分别为 44.74μm、55.11μm、46.26μm，三个品种之间无显著性差异（$P>0.05$），苏尼特羊的各型肌纤维直径均小于巴美肉羊和小尾寒羊。

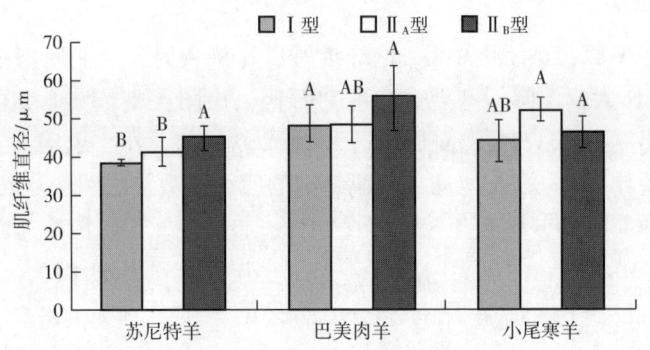

图 4-4　不同品种羊的各型肌纤维直径（股二头肌）

［字母不同表示组间有显著性差异（$P<0.05$）］

4. 不同品种对肌纤维横截面积的影响

由图 4-5 可知，苏尼特羊Ⅰ型肌纤维的横截面积为 1041.2μm^2，巴美肉羊和小尾寒羊的Ⅰ型肌纤维的横截面积分别为 1327.67μm^2 和 1420.29μm^2，苏尼特羊Ⅰ型肌纤维的横截面积显著小于小尾寒羊（$P<0.05$）。苏尼特羊、巴美肉羊、小尾寒羊的Ⅱ$_A$型肌纤维的横截面积分别为 1300.79μm^2、1502.25μm^2、1571.54μm^2，Ⅱ$_A$型肌纤维横截面积在三个品种的羊中差异不显著（$P>0.05$）。苏尼特羊、巴美肉羊、小尾寒羊的Ⅱ$_B$型肌纤维的横截面积分别为 1243.88μm^2、1549.12μm^2、1621.46μm^2，即Ⅱ$_B$型肌纤维横截面积为苏尼特羊显著小于小尾寒羊（$P<0.05$），与巴美肉羊差异不显著（$P>0.05$）。综上可知，苏尼特羊的各型肌纤维横截面积均小于巴美肉羊和小尾寒羊。

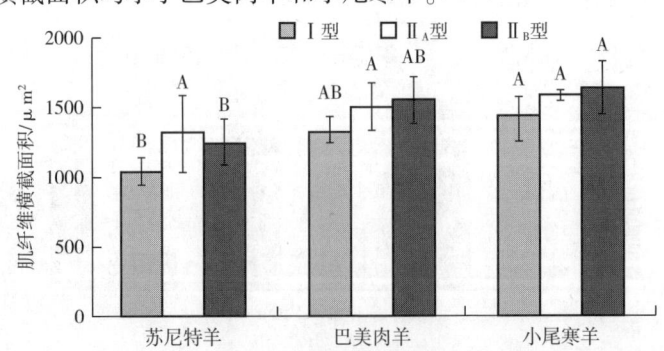

图 4-5　不同品种羊的各型肌纤维横截面积（股二头肌）

［字母不同表示组间有显著性差异（$P<0.05$）］

（二）部位

对于动物个体，不同部位的肌肉肌纤维组成有很大的差异，以适应不同部位的生理功能。以 8 月龄巴美肉羊的背最长肌、股二头肌和臂三头肌为对象，研究不同部位肌纤维的差异，结果如下。

由图 4-6 可知，肌纤维主要由三种类型组成，ATP 酶活性处在 pH4.6 酸性前孵育液中出现棕褐色硫化钴沉淀。Ⅰ型纤维表现出高的 ATP 酶活性，染色后颜色最深，呈黑色；而 $Ⅱ_B$ 型纤维在此 pH 下没有反应，染色后颜色最浅，呈浅黄色；$Ⅱ_A$ 型纤维在 pH4.6 时有一定的 ATP 酶活性，染色后颜色介于前两者之间，呈棕褐色。

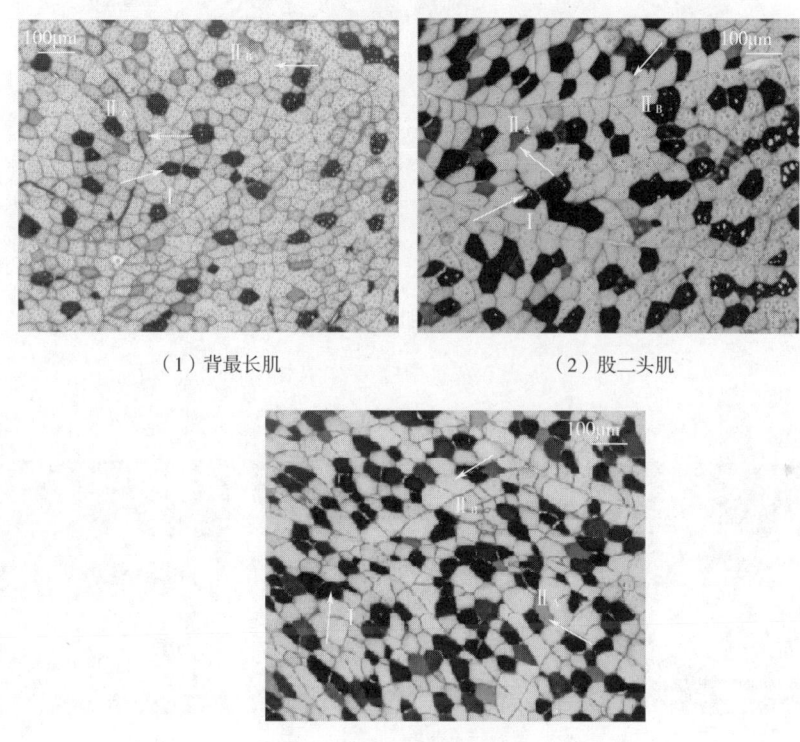

（1）背最长肌　　　　　　（2）股二头肌

（3）臂三头肌

图 4-6　巴美肉羊不同部位 ATP 酶染色图（10×10）

（三）月龄

选取内蒙古自治区巴彦淖尔市五原县巴美肉羊养殖示范基地，在相同条件下饲养的 4 月龄、5 月龄、6 月龄、8 月龄、12 月龄的巴美肉羊各 10 只。分别取其背最长肌、股二头肌和臂三头肌进行冰冻切片及 ATP 酶染色，对比其不同生长阶段肌纤维类型、肌纤维面积、肌纤维密度和肌纤维直径的变化。

1. 不同月龄巴美肉羊肌纤维 ATP 酶染色结果

图 4-7、图 4-8 和图 4-9 结果均表明随着巴美肉羊月龄增加，肌纤维密度降低，肌纤维直径增大，且肌纤维类型组成在不同部位间有明显差异，但均以 $Ⅱ_B$ 型纤维为主。

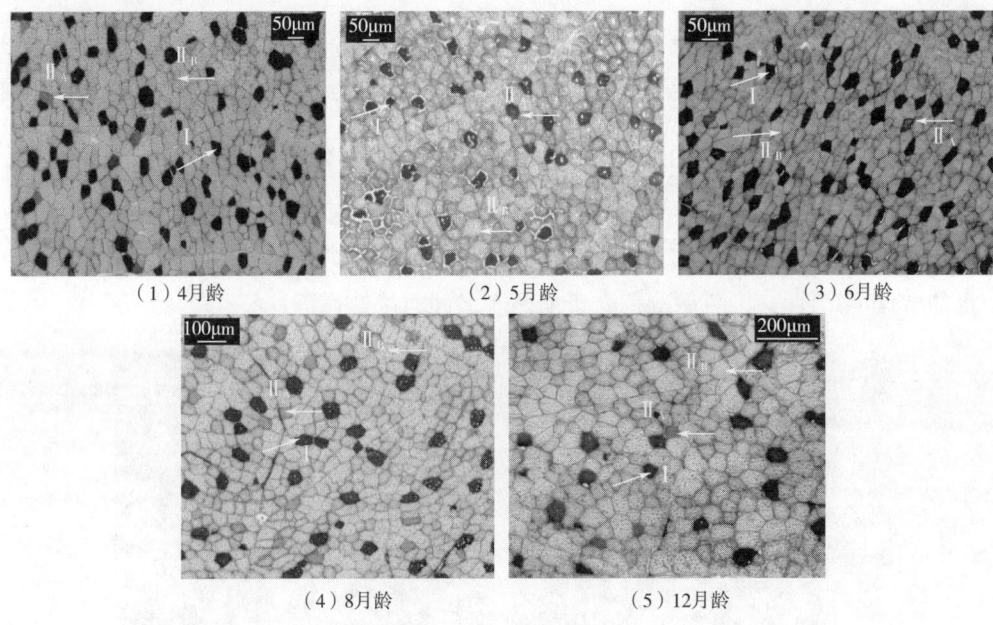

图 4-7 不同月龄背最长肌 ATP 酶染色（10×10）

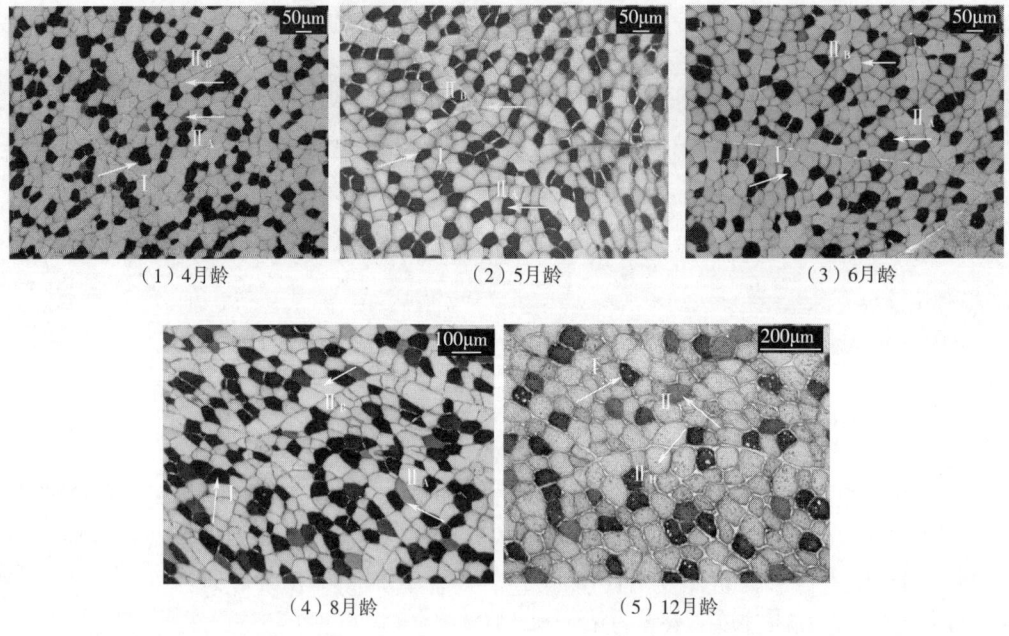

图 4-8 不同月龄股二头肌 ATP 酶染色（10×10）

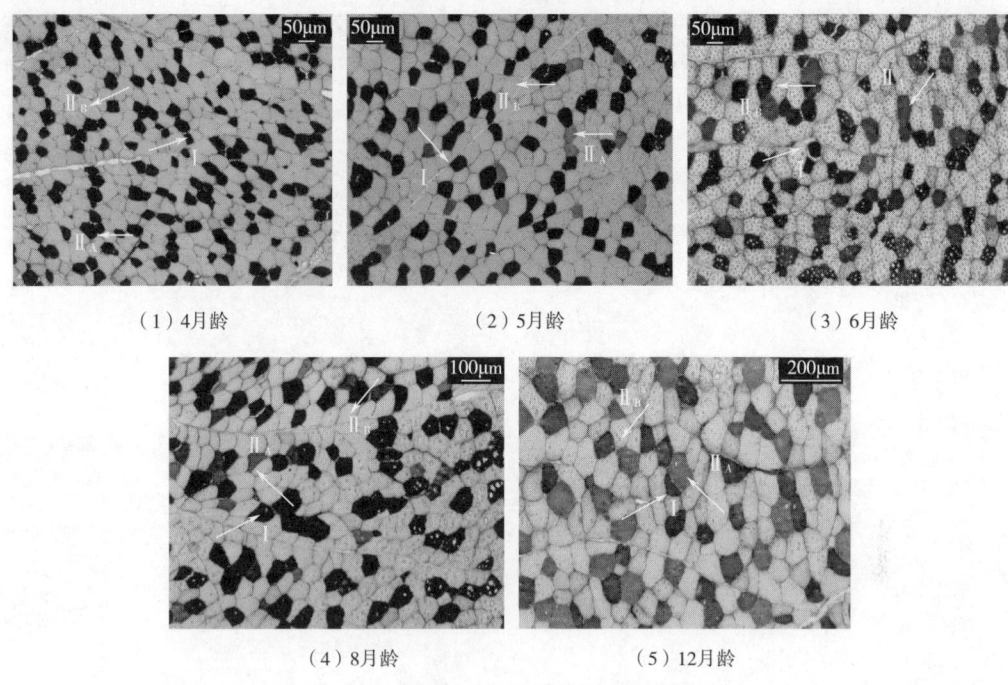

图4-9 不同月龄臂三头肌 ATP 酶染色（10×10）

2. 月龄对巴美肉羊肌纤维特性影响

（1）不同月龄巴美肉羊背最长肌肌纤维特性 以不同月龄巴美肉羊的背最长肌为对象，研究不同月龄巴美肉羊背最长肌肌纤维特性的变化规律，结果见表4-1。在不同月龄的羊背最长肌中，均以 II_B 型纤维为主。 I 型肌纤维数量比例为 4 月龄显著大于其他月龄（$P<0.05$），面积比例为 4 月龄、8 月龄显著大于其他月龄（$P<0.05$）。 I 型肌纤维直径和横截面积为 8 月龄显著大于其他月龄（$P<0.05$）。肌纤维类型在羔羊出生后不停地发生转化，高峰为出生至 10 周龄这一阶段，但高峰过后氧化型肌纤维比例会继续下降，酵解型肌纤维的比例继续增加，但增幅较慢。 II_A 型肌纤维数量比例和面积比例变化不稳定，5 月龄显著小于 4 月龄、6 月龄和 12 月龄（$P<0.05$），6 月龄、12 月龄显著大于其他月龄（$P<0.05$）。肌纤维的转化是按照 I $\leftrightarrow$ II_A $\leftrightarrow$ II_B 的路径， I 向 II_A 转化， II_A 向 II_B 转化，中间可能会出现 II_A 型肌纤维增多，而 II_B 型纤维并未增多的情况。 II_A 型肌纤维直径随着月龄增加而增加，12 月龄显著大于其他月龄（$P<0.05$）。 II_B 型肌纤维数量比例和面积比例有随月龄增加而逐渐增加的趋势，12 月龄肌纤维直径和横截面积显著大于其他月龄（$P<0.05$）。

表4-1 不同月龄巴美肉羊背最长肌肌纤维特性（$n=10$）

肌纤维特性	4 月龄	5 月龄	6 月龄	8 月龄	12 月龄
肌纤维密度/（N/mm²）	785.52±56.16^a	629.36±83.27^b	647.84±72.18^b	531.93±79.02^c	470.73±63.42^d

续表

肌纤维特性		4月龄	5月龄	6月龄	8月龄	12月龄
Ⅰ型肌纤维	数量比例/%	10.84±2.81^a	6.56±1.56^c	7.58±1.30^{bc}	8.46±1.68^b	4.57±1.82^d
	面积比例/%	7.31±2.98^a	3.99±0.96^b	4.79±0.82^b	7.27±1.34^a	2.24±1.33^c
	肌纤维直径/μm	34.23±2.69^e	36.13±1.53^d	40.21±2.22^c	48.54±3.10^a	44.43±3.47^b
	横截面积/μm²	945.38±163.36^d	1026.71±85.98^d	1272.85±140.68^c	1856.65±237.44^a	1615.94±255.17^b
Ⅱ$_A$型肌纤维	数量比例/%	4.95±2.09^b	3.20±0.94^c	6.58±1.96^a	4.06±1.87^{bc}	6.22±1.94^a
	面积比例/%	4.41±2.46^b	2.73±0.61^c	5.85±2.05^a	3.54±2.23^{bc}	5.99±1.44^a
	肌纤维直径/μm	38.78±3.48^c	43.36±1.86^b	41.30±4.46^{bc}	42.75±3.15^b	58.64±3.26^a
	横截面积/μm²	1244.87±183.17^c	1478.36±123.90^b	1353.55±281.92^{bc}	1442.02±207.55^b	2675.79±281.02^a
Ⅱ$_B$型肌纤维	数量比例/%	87.18±4.36^{bc}	90.10±2.36^a	83.58±2.04^c	86.58±4.24^{bc}	88.83±2.18^{ab}
	面积比例/%	90.43±2.08^b	93.32±1.76^a	88.55±1.36^c	89.25±3.41^{bc}	90.65±1.44^b
	肌纤维直径/μm	40.86±2.02^d	45.18±3.51^c	45.92±2.98^c	51.10±4.21^b	53.53±2.71^a
	横截面积/μm²	1333.77±124.22^d	1493.85±194.57^c	1604.84±159.65^c	1863.27±227.69^b	2254.83±232.04^a

注：同行不同小写字母肩注表示差异显著（$P<0.05$），相同表示差异不显著（$P>0.05$）。

（2）不同月龄巴美肉羊股二头肌肌纤维特性　以不同月龄巴美肉羊的股二头肌为对象，研究不同月龄巴美肉羊肌二头肌肌纤维特性的变化规律，结果见表4-2。不同月龄的羊股二头肌，Ⅰ型肌纤维数量比例为4月龄显著大于5月龄、6月龄、12月月龄（$P<0.05$），8月龄显著大于12月龄（$P<0.05$）。Ⅰ型肌纤维面积比例为8月龄显著大于其他月龄（$P<0.05$）。12月龄的Ⅰ型纤维数量比例、面积比例均显著小于其他月龄。Ⅰ型肌纤维直径和横截面积为8月龄、12月龄显著大于其他月龄（$P<0.05$），而其二者之间差异不显著（$P>0.05$）。Ⅱ$_A$型肌纤维数量比例为12月龄显著大于6月龄、8月龄（$P<0.05$），面积比例12月龄为11.69%，显著大于5月龄、6月龄、8月龄（$P<0.05$）。Ⅱ$_A$型肌纤维直径和横截面积随着月龄增加而增大，12月龄显著大于其他月龄（$P<0.05$）。Ⅱ$_B$型肌纤维数量比例为12月龄显著大于其他月龄（$P<0.05$）。Ⅱ$_B$型肌纤维直径和横截面积为12月龄显著大于其他月龄（$P<0.05$）。

表 4-2　不同月龄巴美肉羊股二头肌肌纤维特性（$n=10$）

肌纤维特性		4月龄	5月龄	6月龄	8月龄	12月龄
肌纤维密度/(N/mm^2)		716.01±93.67^a	595.19±71.43^b	575.68±78.96^c	483.26±55.75^d	413.91±34.22^d
Ⅰ型肌纤维	数量比例/%	19.52±4.80^a	17.20±1.86^b	16.93±1.63^b	18.79±2.86^{ab}	14.01±2.23^c
	面积比例/%	9.50±2.95^b	8.34±1.36^{bc}	9.57±1.32^b	11.84±2.34^a	7.08±1.39^c
	肌纤维直径/μm	33.85±1.76^c	34.59±2.45^c	39.48±2.53^b	44.03±2.24^a	42.89±2.16^a
	横截面积/μm^2	892.36±73.86^d	1009.17±193.76^c	1211.98±148.09^b	1504.74±160.82^a	1595.24±249.82^a
Ⅱ$_A$型肌纤维	数量比例/%	11.00±3.68^{ab}	11.04±1.37^{ab}	10.38±2.25^b	10.14±2.82^b	12.87±1.52^a
	面积比例/%	10.23±2.71^{ab}	9.07±1.17^{bc}	8.67±1.41^c	8.55±2.51^c	11.69±1.11^a
	肌纤维直径/μm	42.10±4.74^d	44.64±3.28^c	45.87±2.56^c	53.05±2.49^b	56.07±2.81^a
	横截面积/μm^2	1471.83±319.92^c	1582.24±262.76^c	1617.69±206.60^c	2235.16±193.98^b	2440.84±212.55^a
Ⅱ$_B$型肌纤维	数量比例/%	68.29±3.04^c	72.21±2.39^b	71.72±2.85^b	72.18±2.90^b	75.89±4.02^a
	面积比例/%	80.33±2.80^b	82.68±2.55^a	82.08±1.24^a	80.23±2.04^b	83.37±3.00^a
	肌纤维直径/μm	46.42±3.87^d	48.37±2.52^d	50.82±4.08^c	55.83±3.65^b	60.93±3.56^a
	横截面积/μm^2	1602.57±205.60^c	1841.35±190.76^c	1957.15±251.89^c	2485.38±305.30^b	2888.90±318.49^a

注：同行不同小写字母肩注表示差异显著（$P<0.05$），相同表示差异不显著（$P>0.05$）。

（3）不同月龄巴美肉羊臂三头肌肌纤维特性　以不同月龄巴美肉羊的臂三头肌为对象，研究不同月龄巴美肉羊臂三头肌肌纤维特性的变化规律，结果见表 4-3。不同月龄的巴美肉羊臂三头肌，Ⅰ型肌纤维数量比例、面积比例 4 月龄显著大于 5 月龄、6 月龄、8 月龄（$P<0.05$），5 月龄、6 月龄、8 月龄间无显著性差异（$P>0.05$），但均显著大于 12 月龄（$P<0.05$）。Ⅰ型肌纤维直径、横截面积 8 月龄显著大于 12 月龄（$P<0.05$），12 月龄显著大于 6 月龄（$P<0.05$），而 6 月龄又显著大于 4 月龄、5 月龄（$P<0.05$）。Ⅱ$_A$型肌纤维数量比例和面积比例变化不稳定，可能与其是中间转化型纤维有关。Ⅱ$_B$型肌纤维数量比例随月龄增加有增多趋势，12 月龄显著大于 4 月龄（$P<0.05$）。Ⅱ$_B$型肌纤维直径和

横截面积为 12 月龄显著大于其他月龄（$P<0.05$）。

表 4-3　不同月龄巴美肉羊臂三头肌肌纤维特性（$n=10$）

肌纤维特性		4 月龄	5 月龄	6 月龄	8 月龄	12 月龄
肌纤维密度/（N/mm²）		614.73±98.62[a]	527.00±35.66[b]	474.28±62.01[c]	373.04±44.67[d]	310.49±40.74[e]
Ⅰ型肌纤维	数量比例/%	21.89±2.68[a]	16.58±2.56[b]	17.06±2.27[b]	18.31±1.76[b]	11.88±2.10[c]
	面积比例/%	13.08±3.81[a]	10.58±2.31[b]	11.41±1.84[b]	11.62±1.26[b]	5.73±1.75[c]
	肌纤维直径/μm	38.16±4.32[d]	39.23±1.74[d]	43.54±2.74[c]	52.82±3.51[a]	49.25±4.73[b]
	横截面积/μm²	1130.99±213.03[d]	1210.79±106.21[d]	1548.84±193.92[c]	2031.23±193.32[a]	1837.20±299.16[b]
ⅡA型肌纤维	数量比例/%	13.74±2.46[ab]	12.03±2.55[bc]	15.26±3.71[a]	11.13±1.22[c]	14.18±1.93[a]
	面积比例/%	12.18±3.56[a]	9.27±2.59[c]	11.56±2.2[ab]	9.76±1.73[bc]	12.61±2.257[a]
	肌纤维直径/μm	44.28±3.18[e]	47.14±1.99[d]	49.85±3.62[c]	57.45±4.62[b]	64.85±4.26[a]
	横截面积/μm²	1547.02±223.81[d]	1762.29±142.17[c]	1893.34±201.25[c]	2343.42±208.14[b]	3559.39±337.30[a]
ⅡB型肌纤维	数量比例/%	66.07±5.28[c]	69.36±2.61[ab]	68.15±3.25[bc]	69.84±2.36[ab]	71.14±2.87[a]
	面积比例/%	78.62±3.78[a]	79.11±2.85[a]	78.43±2.66[a]	78.44±2.1[a]	78.53±2.79[a]
	肌纤维直径/μm	49.48±4.02[e]	52.48±1.61[d]	56.76±4.41[c]	61.34±3.28[b]	69.55±4.23[a]
	横截面积/μm²	1941.53±249.45[d]	2205.02±151.49[c]	2312.28±156.21[c]	2967.76±200.88[b]	3864.26±416.46[a]

注：同行不同小写字母肩注表示差异显著（$P<0.05$），相同表示差异不显著（$P>0.05$）。

（四）体重

选取内蒙古农牧业科学院饲养的 12 月龄巴美肉羊 24 只，30～40kg、40～50kg、50～60kg 各 8 只，均为公羊，分别取其背最长肌、股二头肌和臂三头肌进行冰冻切片及 ATP 酶染色，对比其不同体重肌纤维类型、肌纤维面积、肌纤维密度和肌纤维直径的变化。

1. 不同体重巴美肉羊肌纤维 ATP 酶染色结果

由图 4-10、图 4-11、图 4-12 可看出巴美肉羊肌纤维随着体重增加肌纤维密度降低，肌纤维直径增大，且肌纤维类型组成在不同部位间有明显差异但均以ⅡB型纤维为主。

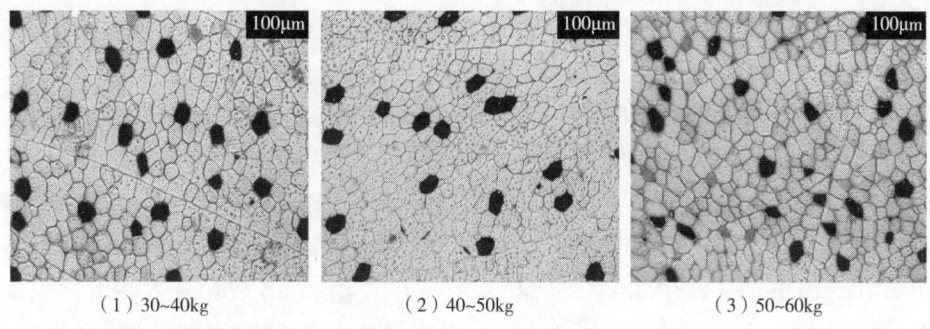

(1) 30~40kg　　　　　　(2) 40~50kg　　　　　　(3) 50~60kg

图 4-10　不同体重背最长肌 ATP 酶染色（10×10）

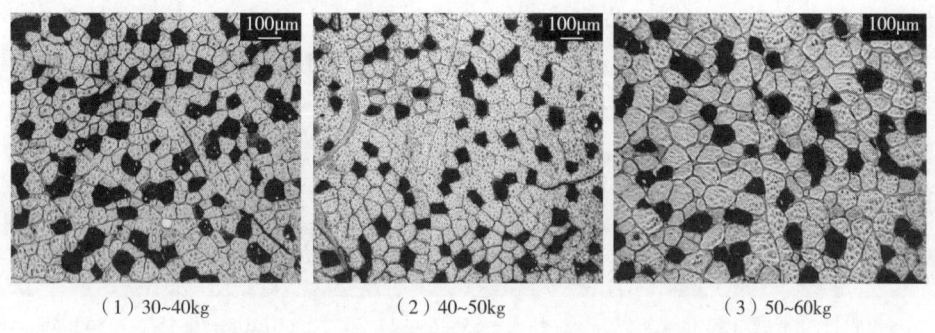

(1) 30~40kg　　　　　　(2) 40~50kg　　　　　　(3) 50~60kg

图 4-11　不同体重股二头肌 ATP 酶染色（10×10）

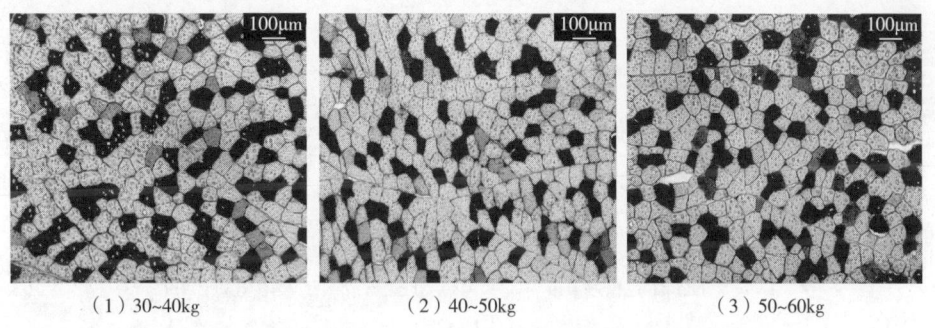

(1) 30~40kg　　　　　　(2) 40~50kg　　　　　　(3) 50~60kg

图 4-12　不同体重臂三头肌 ATP 酶染色（10×10）

2. 体重对肌纤维特性的影响

（1）体重对巴美肉羊背最长肌肌纤维特性的影响　以 30~40kg、40~50kg、50~60kg 巴美肉羊背最长肌为研究对象，测定不同体重羊背最长肌肌纤维特性，结果见表 4-4。随着体重的增加，肌纤维增粗，肌纤维密度下降。30~40kg 体重组羊背最长肌肌纤维密度为 655.69N/mm^2，显著大于 40~50kg 体重组（$P<0.05$），40~50kg 体重组背最长肌的肌纤维密度又显著大于 50~60kg 体重组（$P<0.05$）。

I 型肌纤维数量比例 30~40kg 体重组为 7.90%，显著大于 40~50kg 体重组和 50~60kg 体重组（$P<0.05$），40~50kg 体重组又显著大于 50~60kg 体重组（$P<0.05$）。而面积比例 40~50kg 体重组和 50~60kg 体重组之间无显著性差异（$P>0.05$），30~40kg 体重组 I

型肌纤维面积比例显著高于前两者（$P<0.05$）。Ⅰ型肌纤维直径和横截面积 40~50kg 体重组与 50~60kg 体重组间无显著性差异，而Ⅰ型肌纤维横截面积 50~60kg 体重组显著大于 30~40kg 体重组（$P<0.05$）。可见随着体重增长，Ⅰ型肌纤维增粗变缓。

Ⅱ$_A$ 型肌纤维数量比例和面积比例 30~40kg 体重组分别为 4.74% 和 3.94%，40~50kg 体重组分别为 4.72% 和 4.33%，它们之间不存在显著差异（$P>0.05$），但均显著大于 50~60kg 体重组（$P<0.05$）。Ⅱ$_A$ 型肌纤维的直径 40~50kg 体重组为 46.63μm，显著大于其他体重组（$P<0.05$）。Ⅱ$_A$ 型肌纤维的横截面积 40~50kg 体重组和 50~60kg 体重组显著大于 30~40kg 体重组（$P<0.05$）。而 40~50kg 体重组和 50~60kg 体重组之间无显著性差异（$P>0.05$），说明随体重增加，Ⅱ$_A$ 型肌纤维的直径和横截面积增加到一定程度后增幅变缓，甚至不再增加。

Ⅱ$_B$ 型肌纤维的数量比例、面积比例和横截面积均是 50~60kg 体重组显著大于 40~50kg 体重组（$P<0.05$），40~50kg 体重组又显著大于 30~40kg 体重组（$P<0.05$）。Ⅱ$_B$ 型肌纤维的直径 50~60kg 体重组和 40~50kg 体重组均显著大于 30~40kg 体重组（$P<0.05$）。

表 4-4　不同体重巴美肉羊背最长肌肌纤维特性（$n=8$）

肌纤维特性		体重		
		30~40kg	40~50kg	50~60kg
肌纤维密度/(N/mm^2)		655.69±22.80^a	601.08±70.15^b	543.45±40.48^c
Ⅰ型肌纤维	数量比例/%	7.90±1.28^a	4.10±1.15^b	2.62±0.47^c
	面积比例/%	6.60±1.56^a	3.72±1.06^b	2.11±0.69^b
	肌纤维直径/μm	44.05±1.86^b	45.63±1.82^{ab}	46.98±3.09^a
	横截面积/μm^2	1543.21±128.52^b	1771.36±180.41^a	1786.30±273.44^a
Ⅱ$_A$ 型肌纤维	数量比例/%	4.74±0.98^a	4.72±0.79^a	3.46±1.10^b
	面积比例/%	3.94±1.02^a	4.33±0.87^a	2.83±0.97^b
	肌纤维直径/μm	41.70±2.67^b	46.63±2.09^a	43.11±3.64^b
	横截面积/μm^2	1503.98±159.42^b	1802.05±137.38^a	1795.71±257.82^a
Ⅱ$_B$ 型肌纤维	数量比例/%	86.13±1.56^c	90.66±0.61^b	93.11±1.78^a
	面积比例/%	87.35±1.31^c	90.80±1.64^b	93.46±1.65^a
	肌纤维直径/μm	45.90±2.59^b	47.09±2.52^a	47.65±2.52^a
	横截面积/μm^2	1743.39±141.35^c	1959.31±102.31^b	2138.14±131.03^a

注：同行不同小写字母肩注表示差异显著（$P<0.05$），相同表示差异不显著（$P>0.05$）。

(2) 体重对巴美肉羊股二头肌肌纤维特性的影响　以 30~40kg、40~50kg、50~60kg 巴美肉羊股二头肌为研究对象，测定不同体重羊股二头肌肌纤维特性，结果见表 4-5。由表 4-5 可知体重对巴美肉羊股二头肌肌纤维特性的影响为随着体重的增加，肌纤维增粗，肌纤维密度下降。30~40kg 体重组羊股二头肌肌纤维密度为 584.51N/mm², 显著大于 40~50kg 体重组的 500.62N/mm² ($P<0.05$), 40~50kg 体重组羊股二头肌的肌纤维密度又显著大于 50~60kg 体重组的 434.79N/mm² ($P<0.05$)。

Ⅰ型肌纤维数量比例、面积比例、肌纤维直径和横截面积在三个体重组间均无显著性差异（$P>0.05$）。

Ⅱ$_A$型肌纤维数量比例和面积比例 30~40kg 体重组分别为 13.94% 和 12.40%，显著大于 40~50kg 体重组和 50~60kg 体重组（$P<0.05$）。Ⅱ$_A$型肌纤维的直径为 40~50kg 体重组和 50~60kg 体重组显著大于 30~40kg 体重组（$P<0.05$）。Ⅱ$_A$型肌纤维的横截面积为 50~60kg 体重组显著大于 40~50kg 体重组（$P<0.05$），40~50kg 体重组又显著大于 30~40kg 体重组（$P<0.05$）。

Ⅱ$_B$型肌纤维的数量比例在三个体重组间无显著性差异（$P>0.05$），面积比例和肌纤维直径 40~50kg 体重组和 50~60kg 体重组均显著大于 30~40kg 体重组（$P<0.05$），横截面积 50~60kg 体重组显著大于 40~50kg 体重组（$P<0.05$），40~50kg 体重组又显著大于 30~40kg 体重组（$P<0.05$）。

表 4-5 不同体重巴美肉羊股二头肌肌纤维特性（$n=8$）

肌纤维特性		体重		
		30~40kg	40~50kg	50~60kg
肌纤维密度/(N/mm²)		584.51±76.32^a	500.62±50.40^b	434.79±70.16^c
Ⅰ型肌纤维	数量比例/%	11.56±2.52^a	11.28±0.96^a	10.80±1.83^a
	面积比例/%	9.27±1.84^a	9.51±1.12^a	8.69±1.17^a
	肌纤维直径/μm	42.72±4.41^a	45.85±2.04^a	45.09±3.25^a
	横截面积/μm²	1622.08±278.26^a	1633.98±133.24^a	1708.51±180.12^a
Ⅱ$_A$型肌纤维	数量比例/%	13.94±2.82^a	10.11±2.23^b	10.61±1.87^b
	面积比例/%	12.40±0.79^a	8.39±1.77^b	9.17±0.91^b
	肌纤维直径/μm	44.10±4.89^b	49.64±1.65^a	50.76±4.31^a
	横截面积/μm²	1733.74±238.4^c	2024.22±194.70^b	2261.65±265.37^a
Ⅱ$_B$型肌纤维	数量比例/%	77.27±4.51^a	79.79±2.72^a	78.33±4.34^a
	面积比例/%	77.11±4.75^b	82.09±3.39^a	83.43±3.02^a
	肌纤维直径/μm	48.31±2.24^b	55.40±0.97^a	55.50±2.28^a
	横截面积/μm²	2171.96±172.90^c	2644.98±168.74^b	2864.09±201.76^a

注：同行不同小写字母肩注表示差异显著（$P<0.05$），相同表示差异不显著（$P>0.05$）。

(3) 体重对巴美肉羊臂三头肌肌纤维特性的影响　以 30~40kg、40~50kg、50~60kg 巴美肉羊臂三头肌为研究对象，测定不同体重羊臂三头肌肌纤维特性，结果见表 4-6。由

表4-6可知体重对巴美肉羊臂三头肌肌纤维特性的影响为随着体重的增加,肌纤维增粗,肌纤维密度下降。30~40kg体重组羊臂三头肌肌纤维密度为506.33N/mm^2,显著大于40~50kg体重组（$P<0.05$）,40~50kg体重组臂三头肌的肌纤维密度又显著大于50~60kg体重组（$P<0.05$）。

Ⅰ型肌纤维数量比例30~40kg体重组为13.64%,40~50kg体重组为14.58%,均显著大于50~60kg体重组（$P<0.05$）,而面积比例40~50kg体重组为13.09%,显著大于30~40kg体重组和50~60kg体重组（$P<0.05$）。Ⅰ型肌纤维直径和横截面积40~50kg体重组与50~60kg体重组间无显著性差异（$P>0.05$）,但均显著大于30~40kg体重组（$P<0.05$）。

Ⅱ$_A$型肌纤维数量比例30~40kg体重组显著大于50~60kg体重组（$P<0.05$）,面积比例在三个体重组间无显著性差异。Ⅱ$_A$型肌纤维直径40~50kg体重组与50~60kg体重组均显著大于30~40kg体重组,横截面积40~50kg体重组显著大于50~60kg体重组（$P<0.05$）,50~60kg体重组又显著大于30~40kg体重组（$P<0.05$）。

Ⅱ$_B$型肌纤维的数量比例在三个体重组间无显著性差异（$P>0.05$）,面积比例为50~60kg体重组显著大于30~40kg体重组和40~50kg体重组（$P<0.05$）。Ⅱ$_B$型肌纤维直径和横截面积40~50kg体重组和50~60kg体重组均显著大于30~40kg体重组（$P<0.05$）。

表4-6 不同体重巴美肉羊臂三头肌肌纤维特性（$n=8$）

肌纤维特性			体重		
			30~40kg	40~50kg	50~60kg
肌纤维密度/(N/mm^2)			506.33±60.13^a	466.74±32.43^b	429.32±32.24^c
Ⅰ型肌纤维		数量比例/%	13.64±1.67^a	14.58±1.35^a	10.39±1.07^b
		面积比例/%	10.09±1.86^b	13.09±1.36^a	9.15±3.78^b
		肌纤维直径/μm	43.72±3.03^b	49.87±1.52^a	48.02±3.54^a
		横截面积/μm^2	1621.01±116.02^b	2019.75±174.24^a	1996.94±138.06^a
Ⅱ$_A$型肌纤维		数量比例/%	13.92±1.19^a	13.53±1.78^{ab}	12.01±2.38^b
		面积比例/%	13.18±1.17^a	12.72±1.95^a	11.58±1.47^a
		肌纤维直径/μm	47.97±2.46^b	51.18±1.24^a	51.40±3.39^a
		横截面积/μm^2	1964.06±145.13^c	2253.04±128.30^a	2103.23±136.39^b
Ⅱ$_B$型肌纤维		数量比例/%	73.93±4.25^a	73.53±2.86^a	74.18±1.60^a
		面积比例/%	74.90±3.70^b	73.18±3.58^b	77.82±2.26^a
		肌纤维直径/μm	50.86±2.96^b	54.93±1.29^a	54.99±2.45^a
		横截面积/μm^2	2489.91±194.47^b	2722.20±174.85^a	2806.63±216.20^a

注：同行不同小写字母肩注表示差异显著（$P<0.05$）,相同表示差异不显著（$P>0.05$）。

对比不同体重巴美肉羊肌纤维特性发现，随着体重的增加，肌纤维直径、横截面积增大，肌纤维密度下降，Ⅰ型、Ⅱ$_A$型肌纤维数量比例和面积比例下降，而Ⅱ$_B$型肌纤维数量比例和面积比例升高。40~50kg体重组巴美肉羊背最长肌中，Ⅰ型肌纤维数量比例为4.10%，Ⅱ$_A$型肌纤维数量比例为4.72%，显著大于50~60kg体重组（$P<0.05$）；臂三头肌中Ⅰ型肌纤维数量比例为14.58%，面积比例为13.09%，显著大于50~60kg体重组（$P<0.05$）。

3. 不同体重巴美肉羊肌肉中各型 *MyHC* 基因表达量

目前不同亚型的 MyHC 表达是最准确的肌肉纤维类型划分方法。MyHC 蛋白亚基表达理论上是区分不同纤维类型的主要依据，但因检测以半定量为主，筛选特异性抗体难度也较大。而 *MyHC* mRNA 转录的特异性引物较易获得，检测成本较低，易定量化，存在明显优势，因此 *MyHC* mRNA 组成比例可用来分析肌肉纤维类型组成的科学指标，*MyHC* Ⅰ、*MyHC* Ⅱ$_a$、*MyHC* Ⅱ$_x$ 和 *MyHC* Ⅱ$_b$ mRNA 分别对应慢速氧化型、快速氧化型、中间型和快速酵解型纤维。

以 30~40kg、40~50kg 和 50~60kg 体重巴美肉羊不同部位肌肉为研究对象，测定不同体重巴美肉羊肌肉中 *MyHC* 基因表达量，研究体重对其影响，结果见表4-7。

表4-7　不同体重巴美肉羊肌肉中 *MyHC* 基因表达量（$n=6$）

部位	基因	体重		
		30~40kg	40~50kg	50~60kg
背最长肌	*MyHC* Ⅰ	1.34±0.45^a	0.79±0.18^a	0.87±0.05^a
	MyHC Ⅱ$_a$	0.66±0.06^a	0.48±0.16^a	0.51±0.19^a
	MyHC Ⅱ$_x$	1.32±0.27^{ab}	0.88±0.26^b	1.61±0.32^a
	MyHC Ⅱ$_b$	1.79±0.39^a	1.95±0.41^a	1.83±0.42^a
股二头肌	*MyHC* Ⅰ	4.68±0.15^a	2.56±0.36^b	0.42±0.08^c
	MyHC Ⅱ$_a$	0.35±0.22^b	0.47±0.12^b	1.39±0.48^a
	MyHC Ⅱ$_x$	1.86±0.29^a	1.10±0.32^b	1.75±0.42^{ab}
	MyHC Ⅱ$_b$	1.31±0.13^b	1.74±0.26^b	3.79±0.56^a
臂三头肌	*MyHC* Ⅰ	7.81±1.36^a	3.41±0.78^b	1.97±0.82^b
	MyHC Ⅱ$_a$	1.17±0.26^a	0.65±0.13^b	0.69±0.28^b
	MyHC Ⅱ$_x$	1.39±0.06^c	1.96±0.32^b	3.75±0.35^a
	MyHC Ⅱ$_b$	2.67±0.65^b	3.48±0.50^b	6.01±1.36^a

注：同行不同小写字母肩注表示差异显著（$P<0.05$），相同表示差异不显著（$P>0.05$）。

由表4-7可知,不同体重组的背最长肌中 $MyHC\ I$、$MyHC\ II_a$ 和 $MyHC\ II_b$ 表达量没有明显变化,而 $MyHC\ II_x$ 表达量为50~60kg体重组显著大于40~50kg体重组($P<0.05$)。股二头肌中,$MyHC\ I$ 表达量为30~40kg体重组显著大于40~50kg体重组($P<0.05$),而40~50kg体重组又显著大于50~60kg体重组($P<0.05$);$MyHC\ II_a$ 表达量为50~60kg体重组显著大于30~40kg和40~50kg体重组($P<0.05$)。$MyHC\ II_b$ 表达量为50~60kg体重组显著大于30~40kg和40~50kg体重组($P<0.05$)。臂三头肌中 $MyHC\ I$、$MyHC\ II_a$ 表达量均为30~40kg体重组显著大于40~50kg和50~60kg体重组($P<0.05$),$MyHC\ II_x$、$MyHC\ II_b$ 表达量均为50~60kg体重组显著大于30~40kg体重组($P<0.05$)。

杨飞云等(2008)以荣昌猪和杜长大杂交猪为试验对象,研究猪背最长肌肌纤维类型的发育性变化,发现两个品种的背最长肌肌纤维类型的百分比在10~20kg时发生显著改变,I 和 II_x 型纤维比例显著降低,而 II_b 型纤维比例显著提高。两个品种10~50kg阶段的背最长肌肌纤维类型没有显著差异,但80kg时,荣昌猪的 $MyHC\ II_b$ 型纤维比例显著小于杜长大杂交猪,可能与荣昌猪的优良肉质有关。郭佳等(2012)采用荧光定量PCR法测定金华猪背最长肌中肌球蛋白重链 $MyHC\ I$、$MyHC\ II_a$、$MyHC\ II_x$ 和 $MyHC\ II_b$ 基因mRNA表达量在发育过程中的变化规律,得出 $MyHC\ I$ mRNA表达量在30d时最高,随着日龄增加,发生极显著降低,而 $MyHC\ II_a$、$MyHC\ II_x$ 和 $MyHC\ II_b$ 基因mRNA表达量随着日龄一直上升,到180d时达到最高水平。

随着体重增加,巴美肉羊背最长肌中的 $MyHC\ II_x$、股二头肌中的 $MyHC\ II_b$ 和臂三头肌的 $MyHC\ II_x$、$MyHC\ II_b$ 表达量表现为逐渐升高趋势。II_x、II_b 属于酵解型纤维,所得结果基本与ATP酶染色结果一致,即随着体重增加,氧化型纤维比例降低,酵解型纤维比例升高。

二、饲养方式对肌纤维类型的影响

为研究不同饲养方式下(放牧、圈养)羊肌纤维差异,选取来自乌拉特中旗顺遂专牧专业合作社的体况良好,体重相近,(18.34±1.86)kg,的3月龄苏尼特羊24只,随机分为两组(放牧组和圈养组),每组12只,公母各半。放牧组以采食沙生针茅、碱韭、矮锦鸡儿、芨芨草等新鲜牧草为主。圈养组以商业育肥饲料为主。预实验期为7d,正式试验期为90d,试验期间自由饮水。

(一)不同饲养方式下苏尼特羊肌肉ATP酶染色结果

如图4-13所示,苏尼特羊中 I 型肌纤维占比最少,II_B 型肌纤维占比最多。

(二)饲养方式对苏尼特羊肌纤维特性的影响

1. 饲养方式对苏尼特羊背最长肌肌纤维特性的影响

如表4-8所示,对两种饲养方式下苏尼特羊背最长肌的肌纤维特性进行测定和分析,发现放牧组肌纤维密度显著大于圈养组($P<0.05$)。放牧组 II_A 型肌纤维的数量比例和面积比例显著高于圈养组($P<0.05$),而 II_B 型肌纤维数量比例和面积比例显著低于圈养组($P<0.05$)。两种饲养方式下,I 型肌纤维数量比例和面积比例均无显著性差异($P>$

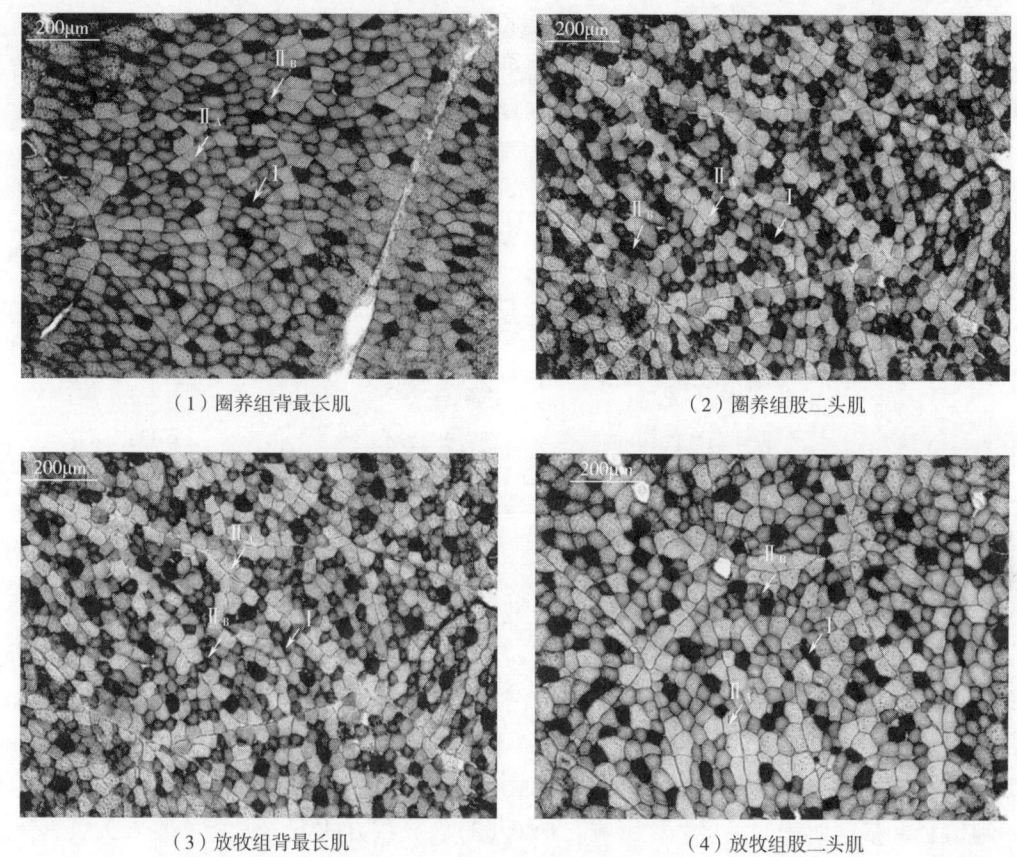

图4-13 苏尼特羊不同部位肌纤维ATP酶染色结果（10×10）

0.05）。放牧组Ⅰ型、Ⅱ$_A$型、Ⅱ$_B$型肌纤维直径和横截面积均显著小于圈养组（$P<0.05$）。放牧方式下苏尼特羊背最长肌氧化型（Ⅰ型+Ⅱ$_A$型）肌纤维的数量比例为51.81%，圈养组氧化型肌纤维的数量比例为42.31%。以上结果说明，放牧方式提高了苏尼特羊背最长肌氧化型肌纤维的数量比例，降低了酵解型肌纤维的数量比例，提高肌纤维密度，从而降低肌纤维的直径和横截面积。

表4-8 不同饲养方式下苏尼特羊背最长肌肌纤维组织学特性（$n=12$）

肌纤维特性		饲养方式	
		圈养组	放牧组
肌纤维密度/（N/mm^2）		688.01±111.13^b	1054.86±298.80^a
Ⅰ型肌纤维	数量比例/%	9.80±3.35^a	10.12±4.54^a
	面积比例/%	9.10±4.18^a	10.00±3.44^a
	肌纤维直径/μm	41.85±5.90^a	32.89±7.46^b
	横截面积/μm^2	1369.58±386.76^a	992.26±417.87^b

续表

肌纤维特性		饲养方式	
		圈养组	放牧组
II_A型肌纤维	数量比例/%	32.51±5.87^b	41.69±3.06^a
	面积比例/%	38.19±9.41^b	54.07±6.42^a
	肌纤维直径/μm	44.95±3.18^a	37.40±4.74^b
	横截面积/μm^2	1622.50±209.02^a	1283.62±293.40^b
II_B型肌纤维	数量比例/%	57.68±5.64^a	45.74±7.98^b
	面积比例/%	52.71±8.52^a	35.93±7.40^b
	肌纤维直径/μm	38.28±3.43^a	29.68±3.89^b
	横截面积/μm^2	1445.63±335.90^a	791.66±191.47^b

注：同行不同小写字母肩注表示差异显著（$P<0.05$），相同表示差异不显著（$P>0.05$）。

2. 饲养方式对苏尼特羊股二头肌肌纤维特性的影响

如表4-9所示，对两种饲养方式下苏尼特羊股二头肌的肌纤维特性进行测定和分析，发现放牧组Ⅰ型肌纤维的数量比例和面积比例均显著高于圈养组（$P<0.05$），II_B型肌纤维的数量比例显著低于圈养组（$P<0.05$）。两种饲养方式下II_A型肌纤维的数量比例和面积比例均无显著性差异（$P>0.05$）。饲养方式对苏尼特羊股二头肌Ⅰ型、II_A型和II_B型肌纤维直径和横截面积均无显著性影响（$P>0.05$）。放牧方式下苏尼特羊股二头肌氧化型（Ⅰ型+II_A型）肌纤维的数量比例为53.45%，圈养组氧化型肌纤维的数量比例为48.42%，说明放牧方式提高了苏尼特羊股二头肌氧化型肌纤维的数量比例，降低了酵解型肌纤维的数量比例。

表4-9　不同饲养方式下苏尼特羊股二头肌肌纤维组织学特性（$n=12$）

肌纤维特性		饲养方式	
		圈养组	放牧组
肌纤维密度/(N/mm^2)		694.36±65.75^a	695.67±65.51^a
Ⅰ型肌纤维	数量比例/%	16.02±2.37^b	21.58±3.39^a
	面积比例/%	13.80±2.34^b	17.44±3.27^a
	肌纤维直径/μm	39.72±4.30^a	38.62±3.22^a
	横截面积/μm^2	1264.17±251.49^a	1176.04±195.47^a
II_A型肌纤维	数量比例/%	32.40±2.05^a	31.87±2.73^a
	面积比例/%	41.17±3.66^a	38.74±2.91^a
	肌纤维直径/μm	47.55±2.05^a	47.00±2.83^a
	横截面积/μm^2	1842.03±186.06^a	1764.51±196.42^a

续表

肌纤维特性		饲养方式	
		圈养组	放牧组
Ⅱ$_B$型肌纤维	数量比例/%	51.59±3.49^a	46.55±1.65^b
	面积比例/%	45.03±3.99^a	43.82±3.58^a
	肌纤维直径/μm	35.84±2.87^a	36.89±2.93^a
	横截面积/μm^2	1267.68±142.71^a	1361.83±139.75^a

注：同行不同小写字母肩注表示差异显著（$P<0.05$），相同表示差异不显著（$P>0.05$）。

对不同饲养方式下背最长肌和股二头肌的肌纤维特性进行分析，发现放牧组肌纤维密度大于圈养组，背最长肌差异显著（$P<0.05$）。放牧组背最长肌和股二头肌的氧化型肌纤维数量比例均高于圈养组，酵解型肌纤维数量比例均低于圈养组，这说明放牧方式可以提高苏尼特羊氧化型肌纤维的数量比例，降低酵解型肌纤维的数量比例。韩剑众等（2003）人对不同饲养方式下肉鸡的肌纤维特性进行分析，发现放养鸡的红肌（氧化型）纤维含量较圈养鸡有所提高。放牧方式降低了苏尼特羊背最长肌Ⅰ型、Ⅱ$_A$型、Ⅱ$_B$型肌纤维的直径和横截面积。闫祥林等（2018）研究表明，与工厂集约化饲养相比，放养的多浪羊背最长肌的肌原纤维直径较大。朱梦婷等（2019）研究发现，笼养组黄羽肉鸡的胸肌和腿肌的肌纤维直径均显著低于散养组，这可能是由于动物的年龄、品种、体重、肌肉部位等因素均会对肌纤维的直径与横截面积的大小有所影响。

3. 饲养方式对苏尼特羊 *MyHC* 基因表达量的影响

如图4-14、图4-15所示，在背最长肌中，放牧组 *MyHC* Ⅰ 和 *MyHC* Ⅱ$_x$ mRNA 表达量均显著大于圈养组（$P<0.05$）；*MyHC* Ⅱ$_a$ 和 *MyHC* Ⅱ$_b$ mRNA 表达量在两种饲养方式下无显著性差异（$P>0.05$）。在股二头肌中，放牧组 *MyHC* Ⅰ 和 *MyHC* Ⅱ$_x$ mRNA 表达量均显著大于圈养组（$P<0.05$），*MyHC* Ⅱ$_a$ 和 *MyHC* Ⅱ$_b$ mRNA 表达量在两组之间无显著性差异（$P>0.05$）。根据以上结果可以看出，与圈养组相比，放牧组在背最长肌和股二头肌中 *MyHC* Ⅰ 和 *MyHC* Ⅱ$_x$ mRNA 表达量均显著增加，也就是说放牧方式提高了氧化型肌纤维的比例。

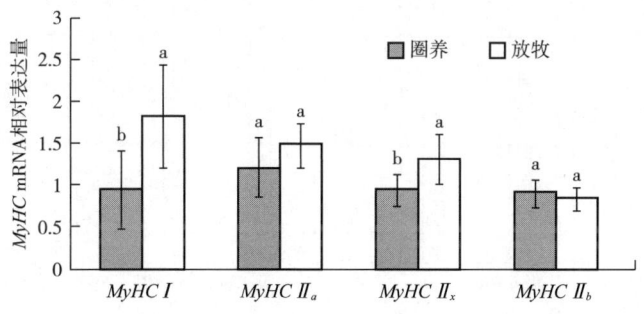

图4-14 不同饲养方式下苏尼特羊背最长肌 *MyHC* 基因表达量

[图中小写字母不同表示不同饲养方式差异显著（$P<0.05$），相同表示差异不显著（$P>0.05$）]

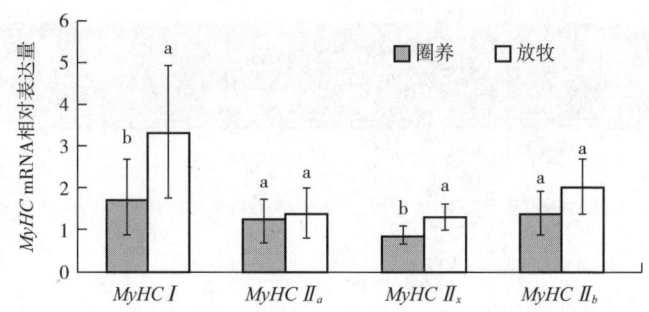

图4-15 不同饲养方式下苏尼特羊股二头肌 *MyHC* 基因表达量

[图中小写字母不同表示不同饲养方式差异显著（$P<0.05$），相同表示差异不显著（$P>0.05$）]

根据图4-13,利用ATP酶染色法对苏尼特羊背最长肌和股二头肌肌纤维类型进行分析得出,放牧组肌肉中氧化型肌纤维的比例高。通过分子分型法对 *MyHC* mRNA 表达量进行测定,测定结果与ATP酶染色法结果相一致,进一步说明了放牧方式提高了苏尼特羊肌肉中氧化型肌纤维的比例。

4. 饲养方式对苏尼特羊 Ca^{2+}、AMPK、PPAR β/δ 通路基因表达的影响

肌纤维的数目在动物出生后基本不再变化,但肌纤维类型的转化贯穿动物生长发育的整个过程,研究表明,肌纤维类型的转化与 Ca^{2+} 信号通路、AMPK 信号通路、PPARβ/δ 信号通路等相关信号通路或多种功能基因有关,因此对 Ca^{2+} 信号通路、AMPK 信号通路、PPARβ/δ 信号通路中关键基因的 mRNA 表达量进行了测定,对饲养方式影响肌纤维特性的分子机制进行初探。

(1) 饲养方式对苏尼特羊背最长肌肌纤维特性相关调控基因表达量的影响 如图4-16所示,放牧组 *AMPKα2*、*Sirt1*、*MEF2C*、*NFATc1*、*COX Ⅳ* mRNA 表达量显著高于圈养组（$P<0.05$）,*PPARβ* mRNA 表达量显著低于圈养组（$P<0.05$）,*AMPKα1*、*PGC-1α* mRNA 表达量在两组之间差异不显著（$P>0.05$）。

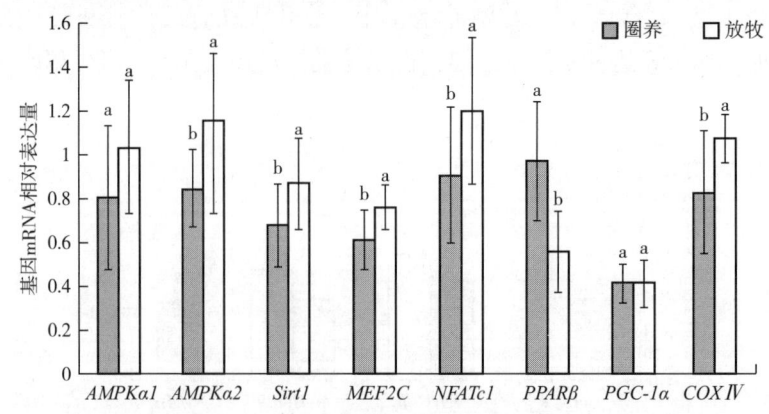

图4-16 饲养方式对苏尼特羊背最长肌肌纤维特性相关调控基因表达量的影响

[图中小写字母不同表示不同饲养方式差异显著（$P<0.05$），相同表示差异不显著（$P>0.05$）]

（2）饲养方式对苏尼特羊股二头肌肌纤维特性相关调控基因表达量的影响　如图4-17所示，放牧组中股二头肌中 *AMPKα1*、*AMPKα2*、*Sirt1*、*COX* Ⅳ mRNA 表达量均高于圈养组，且放牧组苏尼特羊氧化型肌纤维比例增加，酵解型肌纤维比例降低，这说明饲养方式对肌纤维组成的影响可能是由于放牧方式增加了 *AMPK* mRNA 表达量，进而上调 *Sirt1* mRNA 表达量，促进机体线粒体生物合成，提高肌肉的氧化代谢能力，促使肌纤维类型由酵解型向氧化型转化。但 AMPK-Sirt1-PGC-1α 轴中 *PGC-1α* mRNA 基因的表达水平并没有显著增高，这可能是由于基因表达时转录和翻译发生的时间和位点存在时间间隔。

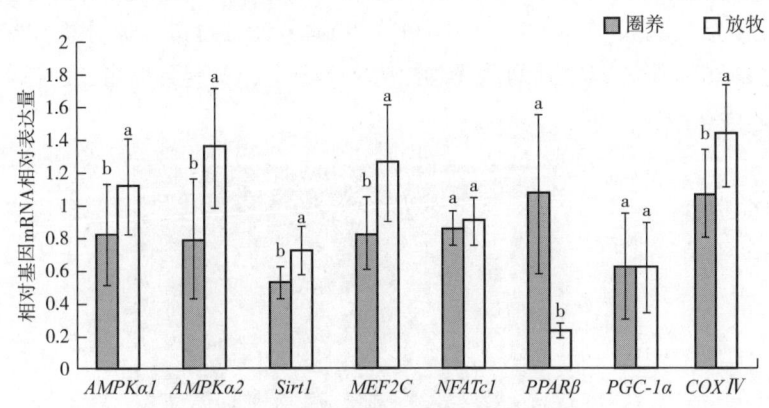

图4-17　饲养方式对苏尼特羊股二头肌肌纤维特性相关调控基因表达量的影响

［图中小写字母不同表示不同饲养方式差异显著（$P<0.05$），相同表示差异不显著（$P>0.05$）］

试验中还观察到放牧组背最长肌和股二头肌中 *MEF2C* mRNA 和 *NFATc1* mRNA 表达量均高于圈养组，*MEF2C* mRNA 表达量在两个部位中均差异显著（$P<0.05$），*NFATc1* mRNA 表达量在背最长肌中差异显著（$P<0.05$）。MEF2C 和 NFATc1 是 Ca^{2+} 信号途径中重要的调控因子。研究发现，肌肉收缩活动或药物治疗引起的细胞质钙浓度升高，会导致肌纤维由快肌向慢肌转化（Kubis et al.，2018），说明饲养方式对肌纤维组成的影响可能是由于放牧方式增加了 Ca^{2+} 信号通路中 *MEF2C* 和 *NFATc1* mRNA 的表达，促使肌纤维类型发生转化。

多项研究表明 *PPARβ/δ* 在影响肌纤维类型转化中也发挥着重要作用。Krämer et al.（2006）对人骨骼肌研究发现，*PGC-1α* 和 *PPARβ/δ* mRNA 表达量与Ⅰ型肌纤维比例呈正相关，与Ⅱ$_B$型肌纤维比例呈负相关。在试验中放牧组背最长肌和股二头肌中 *PPARβ* mRNA 表达量均低于圈养组，但放牧组中氧化型肌纤维的比例高于圈养组，这与先前的研究结果不一致，其原因有待进一步研究论证。

因此通过对肌纤维特性相关调控基因 *AMPKα1*、*AMPKα2*、*Sirt1*、*MEF2C*、*COX* Ⅳ、*PGC-1α* 和 *PPARβ* mRNA 表达量的测定，发现与圈养组相比，放牧组中 *AMPKα1*、*AMPKα2*、*Sirt1*、*MEF2C*、*NFATc1*、*COX* ⅣmRNA 表达量均上调，*PPARβ* mRNA 表达量下调。经分析，饲养方式可能通过调控 AMPK 和 Ca^{2+} 信号通路中的关键因子，促使肌纤维类型发生变化。

5. 不同饲养方式下肌纤维特性相关差异蛋白的分析

（1）不同饲养方式苏尼特羊蛋白质组的鉴定及差异分析　将提取和定量后的样品进行SDS-PAGE 检测，结果如图 4-18 所示。结果表明，12 个样品均为 A 等样品，电泳条带清晰，总量满足 2 次或者 2 次以上实验，且样本间平行性较好，蛋白质量满足实验要求，可用于 TMT 分析。

采用 TMT 技术对放牧和圈养两种饲养方式下苏尼特羊的背最长肌和股二头肌样品中的差异蛋白表达情况进行了研究。如图 4-19 所示，在质谱实验中，共鉴定到 785094 张二级质谱谱图，用软件 Mascot2.6 和 Proteome Discoverer2.1 进行查库鉴定及定量分析，本试验使用的数据库为 Uniprot_OvisAries（Sheep）_28046_20191117，经分析，鉴定肽段匹配到的谱图数为 146616 张，鉴定到的肽段总数为 25745 个，鉴定到的蛋白质总数为 3316 个。

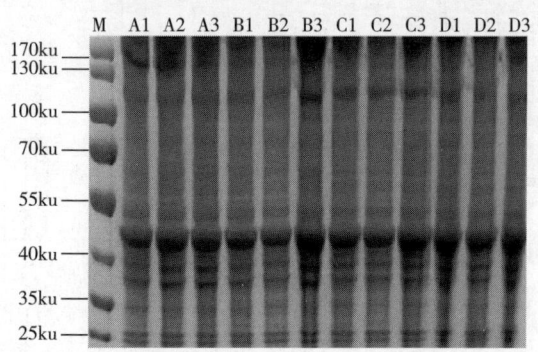

图 4-18　所提取的肌肉蛋白质质量 SDS-PAGE 检测分析

（图中 M 为蛋白分子质量标准；A1、A2、A3 表示放牧组背最长肌的三个样品；B1、B2、B3 表示圈养组背最长肌的三个样品；C1、C2、C3 表示放牧组股二头肌的三个样品；D1、D2、D3 表示圈养组股二头肌的三个样品）

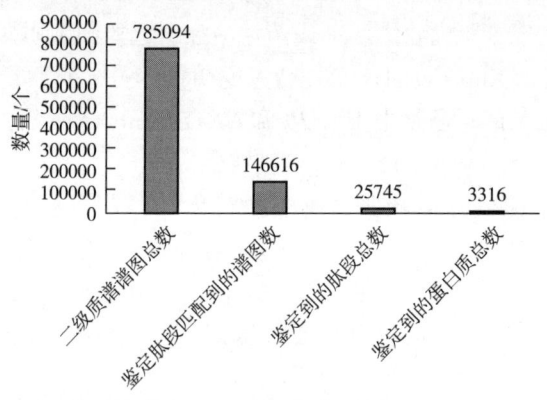

图 4-19　鉴定结果统计

试验共鉴定了放牧组背最长肌（A）、圈养组背最长肌（B）、放牧组股二头肌（C）和圈养组股二头肌（D）4 组样品的差异蛋白，设置了 2 个比较组，分别是 B vs A 和 D vs C，蛋白质的丰度对比如图 4-20、图 4-21 所示。当蛋白的差异倍数>1.2（或<0.83），且 $P<0.05$ 时，将该蛋白定义为不同样本之间的差异蛋白。结果显示，在背最长肌中（B vs

A），共鉴定到 41 个差异蛋白，其中 19 个差异蛋白上调，22 个差异蛋白下调，具体差异蛋白的信息见表 4-10；在股二头肌中（D vs C），共鉴定到 82 个差异蛋白，其中 42 个差异蛋白上调，40 个差异蛋白下调，具体差异蛋白的信息见表 4-11。

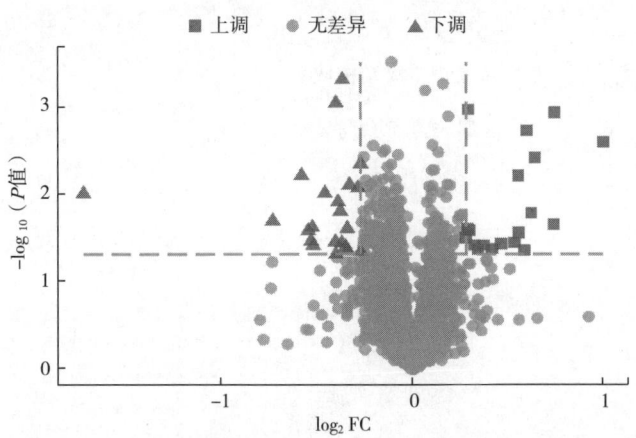

图 4-20　不同饲养方式下苏尼特羊背最长肌蛋白丰度分布

[图中横坐标为差异倍数（以 2 为底的对数变换）；纵坐标为鉴定到的蛋白质数量]

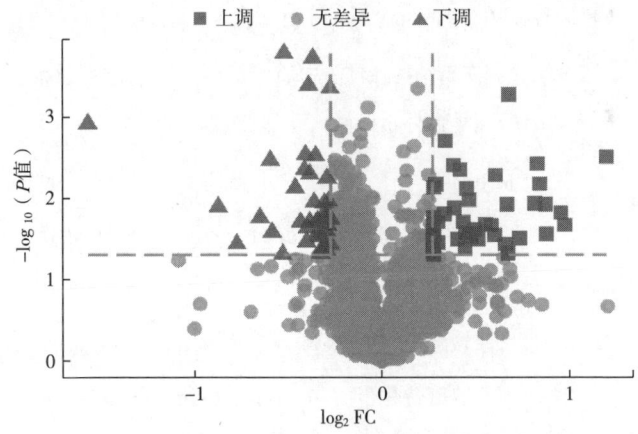

图 4-21　不同饲养方式苏尼特羊股二头肌蛋白丰度分布

[图中横坐标为差异倍数（以 2 为底的对数变换）；纵坐标为鉴定到的蛋白质数量]

表 4-10　不同饲养方式下苏尼特羊背最长肌的差异蛋白

登录号	功能描述	差异倍数	P 值
W5QDF3	未定性蛋白质	1.21	0.031
W5QBV9	含 SHSP 结构域的蛋白质	1.22	0.025
E5FXR5	Myozenin②OS =绵羊	1.22	0.001
W5Q7I2	含 Ig 样结构域的蛋白质	1.23	0.026

续表

登录号	功能描述	差异倍数	P 值
C9E8M7	细胞色素 b5 OS=绵羊	1.25	0.038
A0A1X9H6E5	肌钙蛋白 I 1 型变体 X2	1.26	0.042
A0A192UEW2	锚蛋白重复结构域 2	1.29	0.038
A0A1L2D5U0	肌钙蛋白 C 1 型	1.33	0.042
W5Q7T8	未定性蛋白质	1.37	0.037
W5NU76	含 LRRNT 结构域的蛋白质	1.44	0.035
W5PCU6	未定性蛋白质	1.46	0.006
A0A0U1Z4T4	肌球蛋白轻链 3	1.46	0.027
W5NUR7	未定性蛋白质	1.49	0.044
W5Q894	谷胱甘肽转移酶 κ	1.51	0.002
W5QDF5	未定性蛋白质	1.53	0.016
D5M8S1	NADH 脱氢酶［泛醌］1β 亚复合亚基 8，线粒体 OS=绵羊卵巢 OX=9940 PE=2 SV=1	1.55	0.004
W5Q204	含金属磷结构域的蛋白质	1.66	0.022
W5Q6S3	未定性蛋白质	1.67	0.001
A0A2P9DU24	MHC I 类分子（片段）	1.99	0.003
W5NSZ6	绒毛膜促性腺激素结合蛋白 11	0.31	0.010
B0LXN9	谷胱甘肽转移酶 A1	0.61	0.020
W5QA37	羧酸酯水解酶	0.67	0.006
W5P214	胶凝转化蛋白	0.69	0.026
W5P615	未定性蛋白质	0.70	0.034
W5PQL4	未定性蛋白质	0.70	0.024
W5PG23	组蛋白乙酰转移酶	0.70	0.038
W5P854	未定性蛋白质	0.73	0.010
W5P900	60S 核糖体蛋白 L29	0.76	0.035
W5P472	核糖体蛋白 L37	0.76	0.048
W5QBP6	谷氨酰胺合成酶	0.76	0.001
W5PQF7	未定性蛋白质	0.77	0.012

续表

登录号	功能描述	差异倍数	P值
W5PSR1	含 N2227 结构域的蛋白质	0.77	0.016
W5PUS9	核糖体蛋白 L15	0.78	0.036
Q1ZZU7	巨噬细胞移动抑制因子	0.78	0.000
W5NY70	未定性蛋白质	0.79	0.040
W5PGT5	未定性蛋白质	0.79	0.043
O19097	硒蛋白 W	0.79	0.025
W5QEU6	膜联蛋白	0.80	0.008
W5NU05	含蛋白激酶结构域的蛋白质	0.82	0.009
W5Q2S8	未定性蛋白质	0.83	0.045
W5Q682	含 GST C 末端结构域的蛋白质	0.83	0.004

注：登录号指蛋白质序列数据库（FASTA database）中蛋白质登录号；功能描述指基于蛋白质序列的数据库中功能描述对蛋白质信息进行描述。

表4-11　不同饲养方式下苏尼特羊股二头肌的差异蛋白

登录号	功能描述	差异倍数	P值
W5PVD4	GTP：AMP 磷酸转移酶 AK3，线粒体	1.21	0.035
W5PGM1	琥珀酰辅酶 A：3-酮酸辅酶 A 转移酶	1.21	0.025
W5NZ47	视黄醇结合蛋白	1.21	0.044
W5QF78	未定性蛋白质	1.21	0.017
W5PJP2	含杆状结构域的蛋白质	1.21	0.048
W5NS43	含 Aldedh 结构域的蛋白质	1.21	0.028
W5NQP8	未定性蛋白质	1.21	0.007
P50413	硫氧还蛋白	1.22	0.007
W5PUA9	未定性蛋白质	1.23	0.019
W5PWA8	未定性蛋白质	1.23	0.034
W5QDE3	谷胱甘肽转移酶	1.26	0.015
W5Q9G8	未定性蛋白质	1.26	0.002
W5PNR7	琥珀酸脱氢酶复合物铁硫亚基 B	1.3	0.004
W5P761	Jagunal 同源物 1	1.31	0.013

续表

登录号	功能描述	差异倍数	P 值
W5NRD1	含 PHB 结构域的蛋白质	1.32	0.031
W5QDD0	未定性蛋白质	1.33	0.004
W5P9I9	乙酰辅酶 A 合成酶	1.35	0.019
W5PJY7	含 Aldo_ket_red 结构域的蛋白质	1.36	0.041
W5PN69	含 Aldo_ket_red 结构域的蛋白质	1.36	0.026
W5PKQ2	未定性蛋白质	1.37	0.007
D5M8S1	NADH 脱氢酶［泛醌］1β 亚复合亚基 8，线粒体	1.38	0.010
W5PCU1	未定性蛋白质	1.39	0.026
P12303	转甲状腺素蛋白	1.39	0.029
W5NPI5	含 Ig 样结构域的蛋白质	1.41	0.024
W5Q2E1	含 LRRNT 结构域的蛋白质	1.43	0.031
W5PJU8	含 Ig 样结构域的蛋白质	1.47	0.021
P14639	血清白蛋白	1.5	0.021
W5QDF4	谷胱甘肽转移酶	1.52	0.028
W5Q6N3	未定性蛋白质	1.52	0.005
W5Q160	含杆状结构域的蛋白质	1.58	0.036
W5P854	未定性蛋白质	1.59	0.012
A0A1L2D5U0	肌钙蛋白 C 1 型	1.59	0.047
W5QG04	集钙蛋白	1.6	0.001
W5PQ67	肌球蛋白轻链 4	1.66	0.031
B9VGZ5	网状蛋白	1.76	0.011
W5Q894	谷胱甘肽 S-转移酶 κ	1.78	0.004
W5PBU7	未定性蛋白质	1.79	0.006
A0A1X9H6F1	肌钙蛋白 T 1 型变体 X1	1.83	0.012
W5PH66	含 FABP 结构域的蛋白质	1.83	0.027
A0A0U1Z4T4	肌球蛋白轻链 3	1.94	0.015
A0A2P9DU24	MHC I 类分子（片段）	1.96	0.021
W5QCI5	细小白蛋白	2.3	0.003
W5Q6S3	未定性蛋白质	0.34	0.001
W5NZZ4	蛋白丝氨酸/苏氨酸激酶	0.55	0.012

续表

登录号	功能描述	差异倍数	P 值
W5NVR8	含纤维蛋白胶原 NC1 结构域的蛋白质	0.59	0.036
W5QA37	羧酸酯水解酶	0.64	0.017
W5QDU7	核糖激酶	0.66	0.003
W5NW58	造血干细胞特异性相关结合蛋白-1	0.67	0.025
A0A3R5SS76	肌动蛋白 γ1	0.69	0.048
C5IJ91	香叶基转移酶 2 型亚基 β	0.7	0.000
W5PK12	未定性蛋白质	0.73	0.007
W5PKS2	未定性蛋白质	0.74	0.019
P60713	肌动蛋白，细胞质 1	0.75	0.004
W5PS90	肌动蛋白轻链	0.76	0.003
C5IWT6	JTV1，编码细胞表面受体蛋白基因	0.76	0.033
B0LXN9	谷胱甘肽转移酶 A1	0.76	0.023
W5PSQ8	α-甘露糖苷酶	0.76	0.000
W5PR95	40S 核糖体蛋白 S26	0.77	0.005
W5PCM6	含有 Tudor 结构域的蛋白质	0.77	0.019
W5PIV9	未表征蛋白质 OS=绵羊	0.78	0.000
W5NTG6	含有 SMB 结构域的蛋白质	0.78	0.011
W5NYJ0	未定性蛋白质	0.78	0.003
W5P2P7	含 MARVEL 结构域的蛋白质	0.79	0.019
W5PT11	未定性蛋白质	0.79	0.026
Q1ZZU7	巨噬细胞移动抑制因子	0.79	0.018
B0FZM0	核糖体蛋白 L14 样蛋白（片段）	0.79	0.028
W5PJ64	未定性蛋白质	0.8	0.047
W5Q2P8	未定性蛋白质	0.8	0.042
W5PXR5	未定性蛋白质	0.8	0.029
W5NZ91	含核糖体_S10 结构域的蛋白质	0.81	0.040
W5QJ62	未定性蛋白质	0.81	0.011
P52210	果糖二磷酸醛缩酶 B	0.81	0.014

续表

登录号	功能描述	差异倍数	P 值
W5NQP9	果糖二磷酸醛缩酶	0.81	0.024
Q09YJ1	小窝蛋白-2	0.81	0.016
W5NWG5	线粒体导入内膜转位酶亚基 TIM23	0.82	0.042
W5QEG2	未定性蛋白质	0.82	0.005
W5Q8F8	未定性蛋白质	0.82	0.021
W5NUJ4	含蛋白激酶结构域的蛋白质	0.82	0.011
W5Q5C7	未定性蛋白质	0.82	0.018
W5QBP6	谷氨酰胺合成酶	0.83	0.000
W5P1J8	胺氧化酶	0.83	0.036
W5NSA9	未定性蛋白质	0.83	0.017

注：登录号指蛋白质序列数据库（FASTA database）中蛋白质登录号；功能描述指基于蛋白质序列的数据库中功能描述对蛋白质信息进行描述。

如图4-22所示，两个比较组中，共有11个相同的差异蛋白，分别是NADH 脱氢酶（泛醌）1β 亚复合物 8（NADH ubiquinone oxidoreductase subunit B8，NDUFB8）、羧酸酯酶水解酶（carboxylic ester hydrolase，LOC101116336）、短小蛋白聚糖（brevican，BCAN）、谷氨酸氨连接酶（glutamine synthetase，GLUL）、巨噬细胞游走抑制因子（macrophage migration inhibitory factor，MIF）、慢肌肌钙蛋白C（troponin C 1，TNNC1）、肌球蛋白轻链3（Myosin light chain 3，MYL3）、慢肌肌钙蛋白T（troponin T 1，TNNT1）、谷胱甘肽硫转移酶 A1（glutathione S-transferase A 1，GSTA1）、WASH 络合亚基4（WASH Complex Subunit 4，WASHC4）、主要组织相容性复合体 I 类（MHC class I molecule，MHC I）。

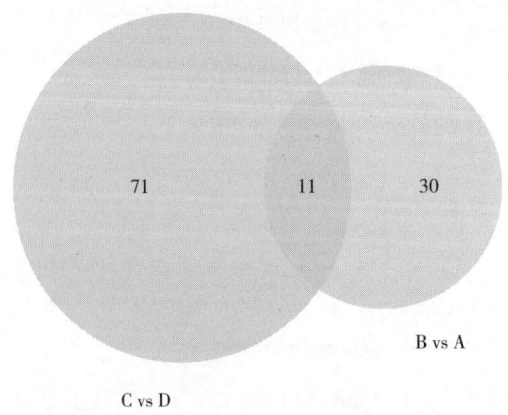

图4-22 不同饲养方式苏尼特羊差异蛋白韦恩图

(2) 不同饲养方式苏尼特羊差异蛋白表达聚类分析　对鉴定到的差异蛋白进行聚类分析，结果如图4-23所示。样本的聚类结果可以检验所筛选的目标蛋白质的合理性，即这些目标蛋白质表达量的变化可否代表生物学处理对样本造成的显著影响。图中每种颜色对应不同差异蛋白的丰度值，不同饲养方式下差异蛋白分别呈现出不同颜色，说明同一差异蛋白在不同饲养方式下丰度值不同。每种饲养方式下的3个生物学重复的差异蛋白丰度值所代表的颜色相似，这说明在同一饲养方式下差异蛋白的数据基本一致。综上可知，所筛选的目标蛋白质具有合理性，即这些目标蛋白质表达量的变化可以代表生物学处理对样本造成的显著影响。

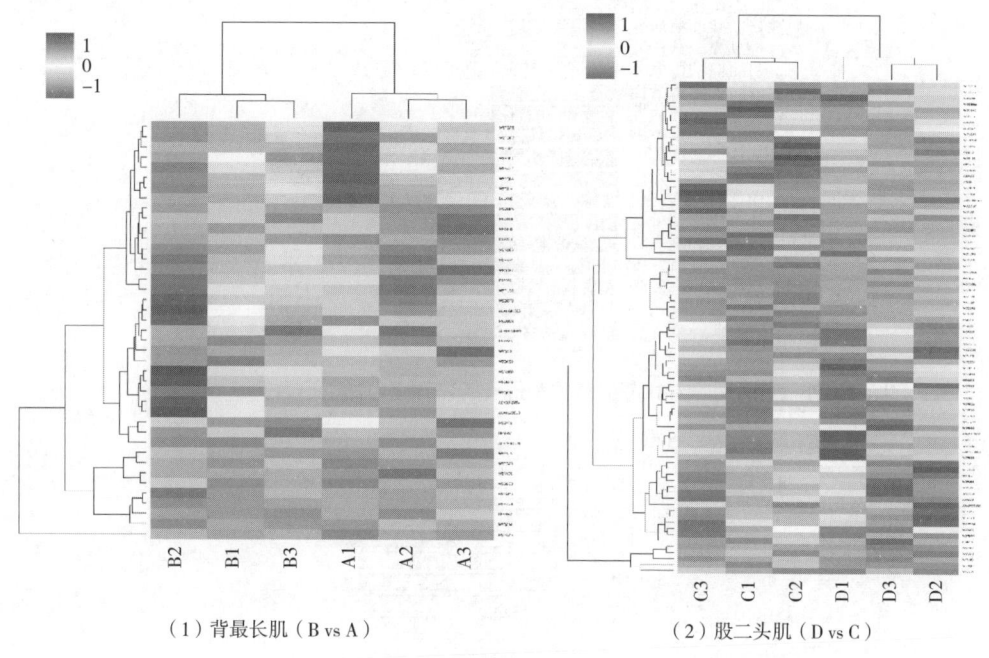

(1) 背最长肌（B vs A）　　　　(2) 股二头肌（D vs C）

图4-23　不同饲养方式苏尼特羊差异蛋白表达聚类图

(3) 不同饲养方式下苏尼特羊差异蛋白的GO富集注释　GO富集注释可以从所处的细胞组分、具有的分子功能和参与的生物学过程三个方面对差异蛋白进行注释。如图4-24所示，背最长肌中，放牧组和圈养组之间的差异蛋白所处的细胞组分有肌球蛋白复合物、心肌肌钙蛋白复合物、肌球蛋白磷酸酶复合物、肌球蛋白Ⅱ型纤维、特异性颗粒、肌梭、蛋白磷酸酶1型复合物、肌动蛋白纤维、MSL复合物和神经元网络组织；具有的分子功能有钙依赖性ATP酶活性、肌动蛋白依赖性ATP酶活性、肌钙蛋白T结合域、肌动蛋白丝结合域、微丝运动功能、肌球蛋白磷酸酶活性、钙离子结合域、肌肉结构成分、谷氨酰胺连接酶活性和肌肽N-甲基转移酶活性；参与的生物学过程有心肌纤维收缩、ATP酶活性调节、心室心肌组织形态发生、快慢肌纤维的转化、上皮细胞分化、成人心脏发育、脏肌发育、心房心肌组织形态发生、心脏生长调节和心肌纤维发育。

如图4-25所示，股二头肌中，放牧组和圈养组之间的差异蛋白所处的细胞组分有精子纤维鞘、细胞间桥、肌浆网、细胞外空间、免疫球蛋白复合物、致密体、髓鞘、精子头

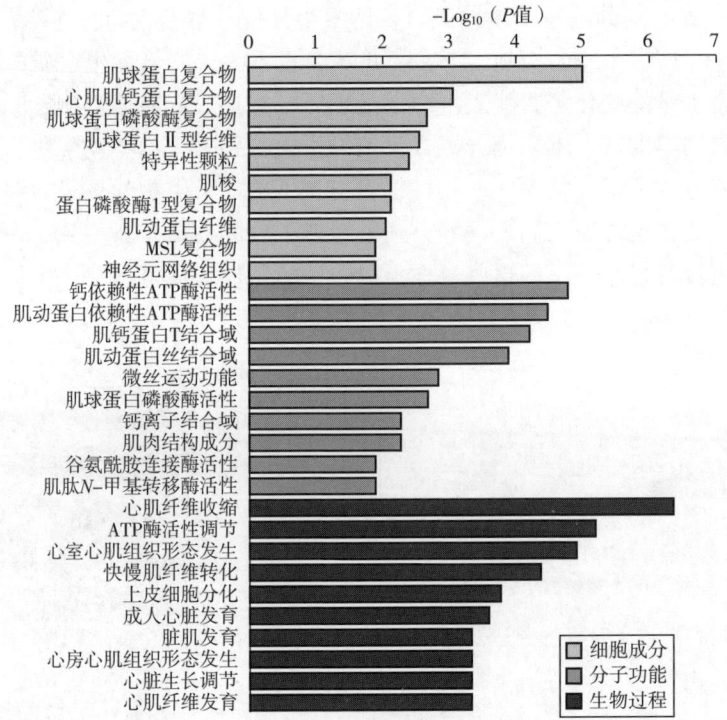

图 4-24　不同饲养方式苏尼特羊背最长肌差异蛋白的 GO 注释（前 10 个）

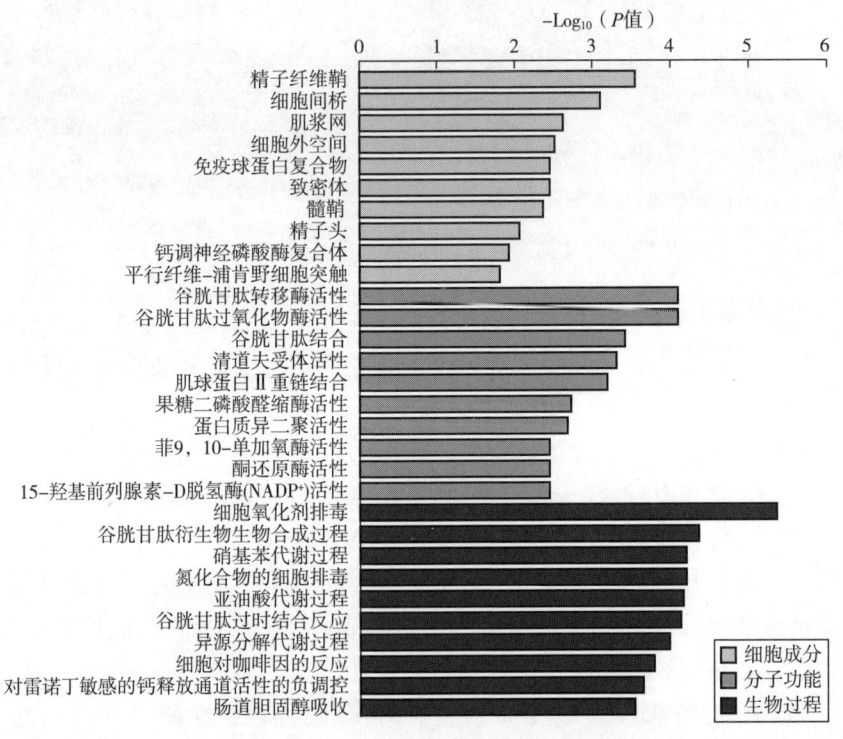

图 4-25　不同饲养方式苏尼特羊股二头肌差异蛋白的 GO 注释（前 10 个）

部、钙调神经磷酸酶复合物和平行纤维-浦肯野细胞突触；具有的分子功能有谷胱甘肽转移酶活性、谷胱甘肽过氧化物酶活性、谷胱甘肽结合、清道夫受体活性、肌球蛋白Ⅱ重链结合、果糖二磷酸醛缩酶活性、蛋白质异二聚活性、菲9,10-单加氧酶活性、酮还原酶活性和15-羟基前列腺素-D脱氢酶（$NADP^+$）活性；参与的生物学过程有细胞氧化剂排毒、谷胱甘肽衍生物生物合成过程、硝基苯代谢过程、氮化合物的细胞排毒、亚油酸代谢过程、谷胱甘肽过时结合反应、异源分解代谢过程、细胞对咖啡因的反应、对雷诺丁敏感的钙释放通道活性的负调控和肠道胆固醇吸收。

GO富集注释结果显示，两种饲养方式下鉴定到的差异蛋白主要与肌原纤维的分子组成有关，具有钙依赖性ATP酶活性、肌动蛋白依赖性ATP酶活性、肌钙蛋白T结合域、谷胱甘肽抗氧化性等功能，参与ATP酶活性调节、快慢肌纤维的转化、细胞氧化剂排毒等生物过程。GO富集注释的结果进一步说明了不同饲养方式下肉品质的差异与肌纤维的结构功能密切相关。

6. 与肌纤维相关的差异蛋白分析

肌纤维是骨骼肌的基本组成单位，其结构和功能与肉品质密切相关。利用uniprot、Genecards和NCBI数据库对所鉴定到的差异蛋白的功能进行了逐一检索，同时查阅相关文献，进一步对与肌纤维相关的蛋白质进行了分析，发现这些蛋白质与肌纤维结构、肌纤维收缩、肌纤维生长发育、氧化磷酸化、糖酵解/糖异生、Ca^{2+}信号通路有关。

（1）与肌纤维结构相关的差异蛋白 肌纤维中含有数以千计的肌原纤维，肌原纤维是肌纤维的收缩单位，能够传导肌肉收缩时的神经信息。肌原纤维由粗肌丝和细肌丝组装而成，含有30多种蛋白质，可分为细胞骨架蛋白、收缩蛋白和收缩调控蛋白三大类，其中肌球蛋白、肌动蛋白、肌联蛋白、原肌球蛋白、肌钙蛋白和半肌球蛋白约占肌原纤维蛋白的90%。粗肌丝的成分是肌球蛋白，细肌丝的主要成分是肌动蛋白，辅以原肌球蛋白和肌钙蛋白（图4-26）。背最长肌中（B vs A），两种饲养方式下富集到的与肌纤维结构相关的差异蛋白有MYL9、MYL3、MYH11、MYH7、原肌球蛋白2（tropomyosin 2，TPM2）、慢肌肌钙蛋白Ⅰ（troponin Ⅰ 1，TNNI1）、TNNC1、TNNT1，其中MYL3、MYH7、TNNI1、TNNC1、TNNT1显著上调，MYL9、MYH11、TPM2显著下调；股二头肌中（D vs C），两种饲养方式下富集到的与肌纤维结构相关的差异蛋白有β-肌动蛋白（β-actin，ACTB）、α1-辅肌动蛋白（α-actinin1，ACTN1）、TNNC1、TNNT1、MYL4、MYL3，其中TNNC1、TNNT1、MYL4、MYL3显著上调，ACTB和ACTN1显著下调。苏尼特羊背最长肌和股二头肌中的TNNC1、TNNT1和MYL3的表达在放牧组中均显著上调。

肌球蛋白由两条相同的重链和两对轻链组成，主要位于肌原纤维的粗肌丝中，具有ATP酶活性。肌球蛋白水解ATP为肌肉收缩提供能源，因此又称为肌肉收缩的分子马达。*MYH7*是*MyHC I*编码基因，在放牧组中显著上调，这与*MyHC I*的mRNA表达量的结果相一致。研究表明，*MYH7*基因表达量和慢肌与快肌的比例在大白猪背最长肌中的变化趋势一致，也就是说*MYH7*在慢肌中高表达（张贝贝，2014）。谢遇春（2018）对内蒙古绒山羊进行研究发现MYL3在不同肌肉部位中的蛋白表达量有所差异，在股二头肌中的表达量最高，利用免疫组化技术对MYL3蛋白进行定位，结果表明MYL3蛋白可能定位于Ⅰ型即氧化型肌纤维上。MYL4与肌肉的结构组分、肌肉发育和骨骼肌收缩相

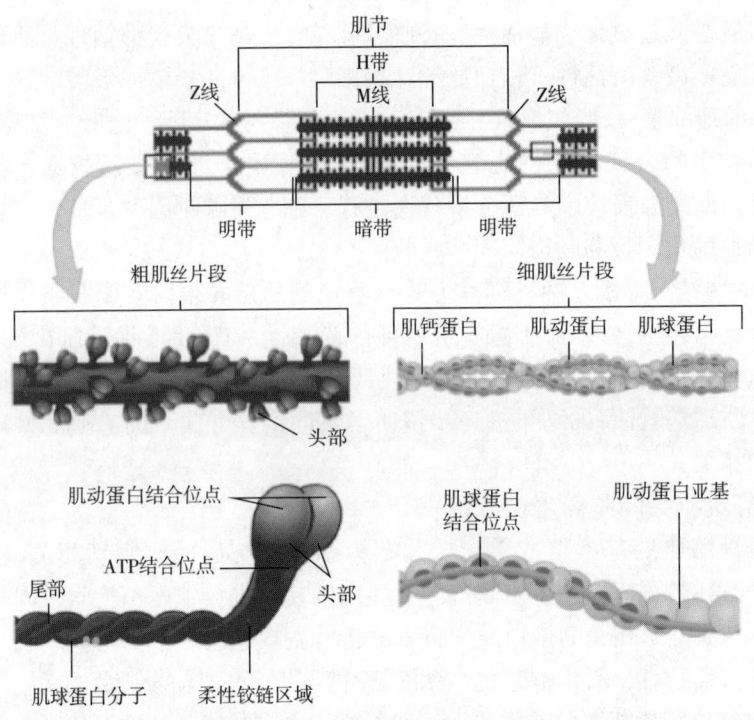

图 4-26 肌原纤维的结构

关。对不同年龄的牦牛进行差异蛋白组学分析，发现 MYL3 和 MYL9 处于蛋白网络互作的节点位置，这说明 MYL3 和 MYL9 对牦牛骨骼肌的生长发育有着重要的作用（石斌刚，2020）。

研究发现 TnC 和 TnI 与 MyHC 亚型有非常紧密的共表达规则，如在 390 个大鼠肌肉样本中，慢 TnC 和慢 TnI 均与慢 MyHC 相关，而所有快 MyHC 均与快 TnC 和快 TnI 共表达。在本试验中，TNNC1、TNNI1 和 TNNT1 的蛋白表达量在放牧组中均显著上调，这与放牧方式下肌肉中氧化型肌纤维（慢肌纤维）比例高这一结果相一致。以上实验结果进一步说明了两种饲养方式下肉品质的差异与肌纤维特性密切相关。

TPM 是肌肉收缩过程中重要的调节蛋白，其亚型 TPM2 的 GO 功能注释包括肌动蛋白结合和肌肉的结构组成，主要与肌钙蛋白复合物有关，在脊椎动物横纹肌收缩的钙依赖性调节中起着核心作用。

肌动蛋白在脊椎动物主要有 α、β 和 γ 三种亚型，分别在心肌、骨骼肌和平滑肌中表达。因试验的样本是肌肉样本，因此只检测到 β-肌动蛋白。肌动蛋白有单体（G-actin）和聚合体（F-actin）两种存在形式，且两种肌球蛋白形式可以互相转化，在细胞运动和收缩等方面发挥着关键的功能。

基于以上分析，大部分肌原纤维蛋白通过上调的表达方式影响骨骼肌肌纤维的结构，尤其是 MYL3、MYH7、TNNC1、TNNI1、TNNT1 与慢肌纤维（氧化型肌纤维）相关的差异蛋白显著上调，这一结果进一步证实了放牧组氧化型肌纤维比例高这一结论。

（2）与肌纤维收缩相关的差异蛋白　20 世纪 50 年代初 Huxly 等人提出了肌丝滑动学

说,该学说认为:肌肉在收缩时虽然可以从外观看到肌肉的缩短,但在肌细胞内的肌丝或其分子机构并没有发生缩短或卷曲,而是由于肌节中细肌丝在粗肌丝之间滑动造成的。当肌肉收缩时,由 Z 线发出的细肌丝在某种力量的作用下向 A 带中央滑动,使得相邻的各 Z 线互相靠近,肌节的长度变短,从而导致肌原纤维以至整条肌纤维和整块肌肉的缩短。其收缩机制:Ca^{2+} 与肌钙蛋白结合,促使原肌凝蛋白构象改变,暴露出肌凝蛋白上与横桥相结合的位点。由于横桥本身具有 ATP 酶的活性,可分解与其相结合的 ATP 释放能量,用于横桥与肌纤蛋白的结合、扭动。当另一个 ATP 与横桥结合时,它与肌纤蛋白解离,进而与下一个位点结合。如此循环往复牵动细肌丝向粗肌丝间隙滑行,使肌节的长度不断缩短。由此可见,Ca^{2+} 是连接电兴奋与机械收缩的关键介质。

除了与肌纤维结构相关的肌原纤维蛋白参与肌肉收缩外,还有许多其他蛋白质也在肌肉收缩中发挥重要作用。试验背最长肌(B vs A)中,两种饲养方式下富集到的与肌纤维收缩相关的差异蛋白有转胶蛋白(transgelin,TAGLN)和肌球蛋白轻链激酶 2(myosin light chain kinase 2,MYLK2,MLCK2),在放牧组中均显著下调;股二头肌(D vs C)中,两种饲养方式下富集到的与肌纤维收缩相关的差异蛋白有小清蛋白(parvalbumin,PVALB)、隐钙素 2(calsequestrin 2,CASQ2),在放牧组中均显著上调。

TAGLN 缺失小鼠表明,虽然 TAGLN 不是平滑肌发育所必需的,但它可能参与了钙依赖性平滑肌收缩(Assinder et al.,2009)。

MYLK2 是编码钙/钙调蛋白依赖性丝氨酸/苏氨酸激酶,在骨骼肌中特异性表达,又称作 skMLCK,可以磷酸化肌节中肌球蛋白的调节性轻链,*MYLK2* 基因在快速骨骼肌中表达量高于慢速骨骼肌。放牧组氧化型(慢肌)肌纤维比例高,酵解型(快肌)比例低,同时试验发现饲养方式可能通过调控 AMPK 和 Ca^{2+} 信号通路中的关键因子,促使肌纤维类型发生变化,利用 TMT 技术检测到 MYLK2 的蛋白丰度在放牧组中显著下调,这说明 *MYLK2* 是影响肌纤维组成的关键基因。

PVALB 是 Ca^{2+} 结合蛋白,是一种小分子肌浆蛋白,在肌肉松弛中起关键作用。研究表明,通过将 PVALB 的 cDNA 注射到大鼠的慢肌中诱导 PVALB 的表达,可导致大鼠 Ca^{2+} 弛缓率的增加(Müntener et al.,1995)。而在敲除 *PVALB* 基因小鼠的快肌中发现 Ca^{2+} 瞬态和弛缓率均低于野生型小鼠(Schwaller et al.,1999)。在试验中 PVALB 在放牧组股二头肌中显著上调,而放牧组氧化型(慢肌)肌纤维比例高,酵解型(快肌)纤维比例低,这与 PVALB 在快肌中高表达这一研究结果相反。这可能与动物的品种、肌肉部位等有关,这一研究结果还有待进一步验证。CASQ 是位于骨骼肌和心肌肌浆网(sarcoplamic reticulum,SR)中最丰富的 Ca^{2+} 结合蛋白,脊椎动物的基因组包含两个基因,*CASQ1* 和 *CASQ2*,*CASQ1* 和 *CASQ2* 具有高水平的同源性,但表现出特定的表达模式。在这个四元复合物中,CASQ 一方面保持肌肉收缩所需的大量 Ca^{2+} 紧靠 RyRs,另一方面直接或间接调节通道的开放和活性(Rossi et al.,2021)。

分析与肌纤维收缩相关的蛋白,TAGLN、MYLK2、PVALB、CASQ2 以上调或下调的表达方式影响骨骼肌肌纤维的收缩,其中在慢肌中低表达的 MYLK2 在放牧组中显著下调,这一结果再一次证实了放牧组氧化型(慢肌)肌纤维比例高这一结论。而 PVALB 的结果与此相反,具体的作用机制有待进一步的研究。

(3) 与肌纤维生长发育相关的差异蛋白　成年哺乳动物肌纤维的发育主要是肌纤维类型的转化和肌细胞的增大这两方面，利用 TMT 差异蛋白组学技术，还富集到肌原调节蛋白 2（myozein-2，MYOZ2）和纤维调节蛋白（fibromodulin，FMOD）两个与肌纤维生长发育相关的蛋白，在放牧组背最长肌中显著上调。

MYOZ 是一种骨骼肌 Z 线蛋白，可能是肢带肌营养不良或其他神经肌肉疾病的候选基因。MYOZ2 在成年动物的慢肌纤维和心肌中特异性表达，MYOZ1 和 MYOZ3 在快肌纤维中特异性表达。万璐（2014）对天府肉羊 *MYOZ2* 和 *MYOZ3* 基因进行了克隆并分析其在各组织中的表达情况，发现在慢肌纤维含量高的肌肉中 MYOZ2 具有更高的蛋白表达量。这与本试验结果相一致，在放牧组中氧化型（慢肌）肌纤维比例高，同时 MYOZ2 显著上调。

刘恩民等（2016）分析了骨骼肌表型差异明显的特克塞尔羊和乌珠穆沁羊 *FMOD* 基因在不同日龄、不同骨骼肌部位的表达情况。结果发现 *FMOD* 基因在股四头肌中具有较高的表达量，且在乌珠穆沁羊中的表达量高于特克塞尔羊，证实了 *FMOD* 基因是绵羊早期骨骼肌发育中重要的功能基因。

对与肌纤维结构、收缩和生长发育密切相关的 MYL9、MYL3、MYH11、OMYHCS、TPM2、TNNC1、TNNI1、TNNT1、ACTB、ACTN1、MYL4、MYLK2、TAGLN、PVALB、CASQ2、MYOZ2 和 FMOD 共 17 个差异蛋白进行蛋白网络互作分析，结果如图 4-27 所示。由图可知，除 FMOD 和 PVALB 外，其余与肌纤维相关的蛋白质均紧密联系。

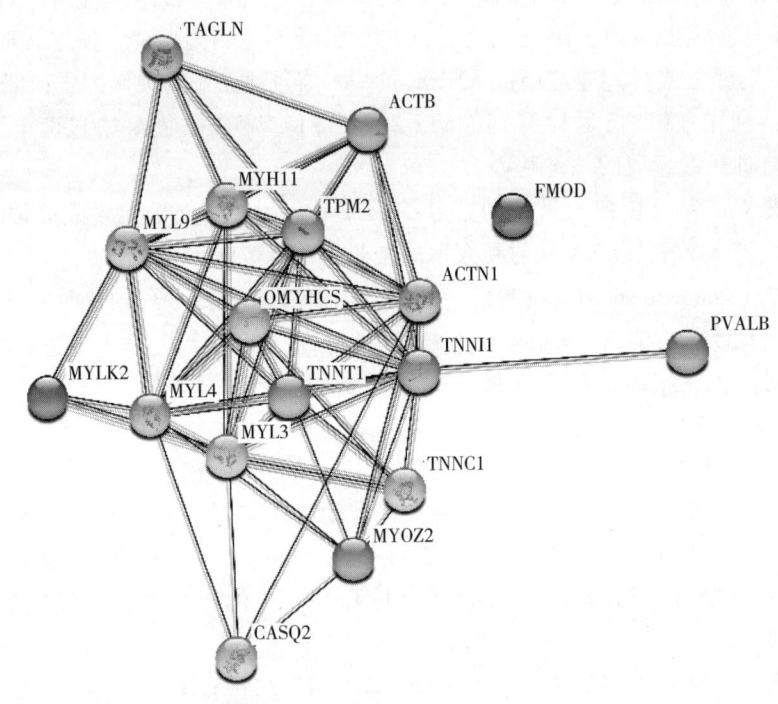

图 4-27　肌纤维相关差异蛋白互作网络

(4) 差异蛋白参与的相关代谢通路　肌肉中 ATP 再合成的通路除了磷酸肌酸补充外，

还有有氧氧化和糖酵解通路。

有氧供能系统中，许多线粒体酶，如柠檬酸合成酶、异柠檬酸脱氢酶、琥珀酸脱氢酶、细胞色素氧化酶常用来评价肌肉氧化活性。在试验中，NDUFB8 在放牧组背最长肌和股二头肌中均显著上调，琥珀酸脱氢酶（泛醌）铁硫亚基（succinate dehydrogenase complex iron sulfur subunit B，SDHB）在放牧组股二头肌中显著上调，细胞色素 c 氧化酶组装蛋白亚基 15（cytochrome c oxidase assembly protein subunit 15，COX15）在放牧组股二头肌中显著下调。

在糖酵解过程中己糖激酶、磷酸果糖激酶和丙酮酸激酶在糖酵解的过程中起催化作用。在试验中，果糖二磷酸醛缩酶 B（fructose-bisphosphate aldolase B，ALDOB）和果糖-二磷酸醛缩酶 C（fructose-bisphosphate aldolase C，ALDOC）在放牧组股二头肌中均显著下调。

Ca^{2+} 信号通路在骨骼肌代谢中也发挥着重要作用，当胞浆内 Ca^{2+} 浓度升高时，TnC 与 Ca^{2+} 结合引发肌肉收缩。胞浆内 Ca^{2+} 浓度升高的同时，肌浆网 SR 膜上的钙泵（SERCA）被激活，SERCA 将胞浆中 Ca^{2+} 回收至肌浆网，从而使胞浆中 Ca^{2+} 浓度降低，肌肉舒张。在试验中，TnC、CASQ2、CaN、MLCK 参与了 Ca^{2+} 信号通路。其中放牧组背最长肌中，TNNC1（图 4-28 中的 TnC）显著上调，MYLK2（图 4-28 中的 MLCK）显著下调；放牧组股二头肌中，TNNC1、CASQ2 和 CaN 显著上调。

肌肉的代谢类型在很大程度上是由组成肌肉的肌纤维类型决定的。氧化型肌纤维含量丰富的肌肉以氧化代谢为主，酵解型肌纤维含量丰富的肌肉以酵解代谢为主。在试验中，与圈养组相比，放牧组中氧化型肌纤维比例高，酵解型肌纤维比例低，同时放牧组中参与氧化磷酸化代谢的蛋白显著上调，参与糖酵解/糖异生的蛋白显著下调。对参与 Ca^{2+} 信号通路的相关蛋白进行分析发现，与慢肌纤维相关的 TNNC1 和 CaN 显著上调，与快肌纤维相关的 MYLK2 显著下调。研究发现 CaN 能够特异性上调骨骼肌中慢肌纤维基因的启动子，CaN 的活性降低，骨骼肌纤维由慢肌纤维向快肌纤维的转化（Chin 等，1998）。

三、日粮营养调控对肌纤维类型的影响

（一）日粮添加亚麻籽

在内蒙古自治区巴彦淖尔市乌拉特中旗川井苏木选择 3 月龄，体重（16.52±1.60）kg，体况良好的纯种苏尼特羊 24 只，随机分为亚麻籽组、对照组，每组 12 只，公母各半。采用单因素完全随机化设计，日粮为实验处理。对照组日粮：育肥饲料（10kg）、青贮饲料（8kg）和葵花饼（5kg）；亚麻籽组日粮：将亚麻籽按照对照组精饲料的 8%（质量分数）添加于对照组日粮（减去相应质量的精饲料）中混合并搅拌均匀。每日饲喂 3 次，自由饮水。预实验期 7d，实验期 90d。

1. **日粮添加亚麻籽对苏尼特羊肌纤维特性的影响**

（1）日粮添加亚麻籽对苏尼特羊背最长肌肌纤维特性的影响 对亚麻籽组和对照组肌肉的横截面进行肌球蛋白 ATP 酶染色。分析图片结果得出，在背最长肌中，亚麻籽组肌

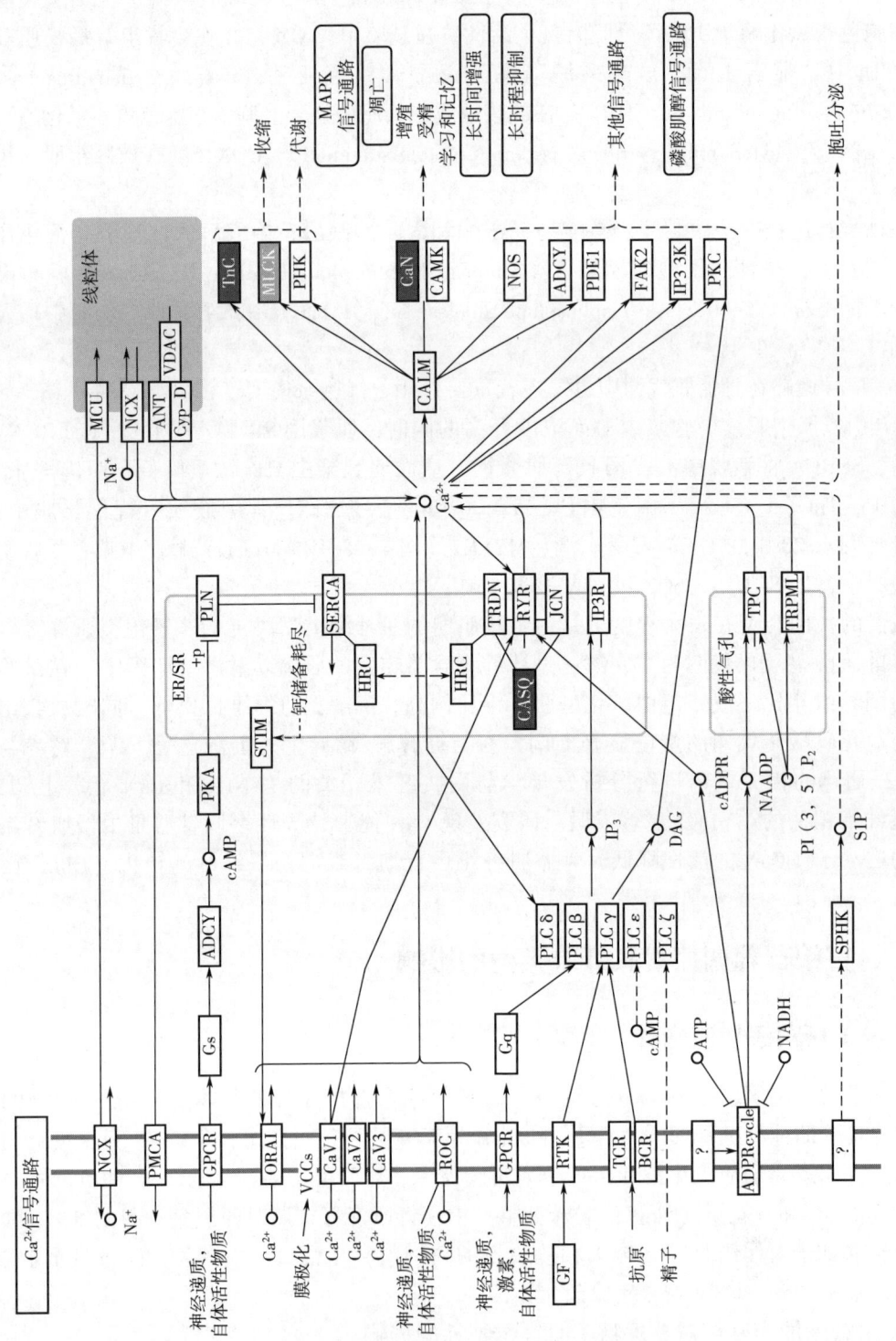

图4-28 Ca²⁺信号通路图

(图中红色为上调蛋白,绿色为下调蛋白)

纤维密度为（933.58±59.44）N/mm²，对照组为（829.11±43.36）N/mm²（$P<0.05$）。由图4-29可知，亚麻籽组和对照组苏尼特羊背最长肌不同类型肌纤维的数量比例和面积比例没有显著性差异（$P>0.05$）。与对照组相比，亚麻籽组的Ⅰ型肌纤维数量比例仅提高了约1%，Ⅱ型肌纤维的数量比例略小于对照组（$P>0.05$）。

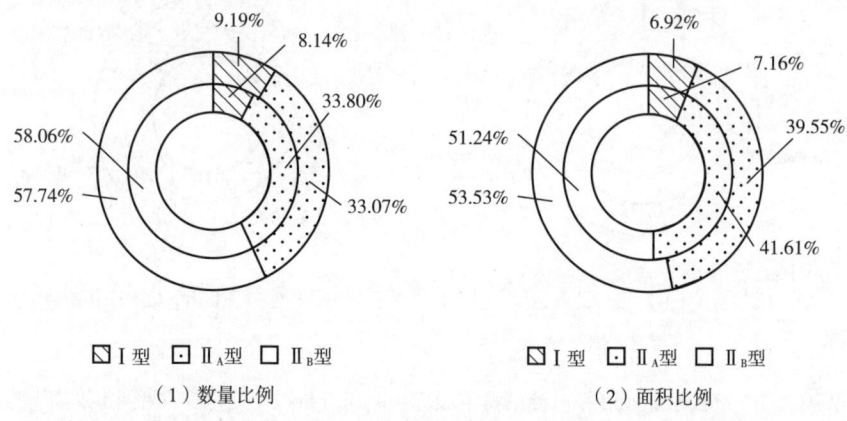

图4-29 日粮添加亚麻籽对苏尼特羊背最长肌肌纤维数量比例、面积比例的影响
（外圈为亚麻籽组，内圈为对照组）

由图4-30可知，日粮添加亚麻籽对苏尼特羊背最长肌肌纤维的直径和横截面积影响较大。亚麻籽组Ⅰ型和Ⅱ$_B$型肌纤维的直径、横截面积均小于对照组，差异显著（$P<0.01$），Ⅱ$_A$型肌纤维的直径表现为亚麻籽组小于对照组（$P<0.05$），横截面积表现为亚麻籽组小于对照组，但差异不显著（$P>0.05$）。

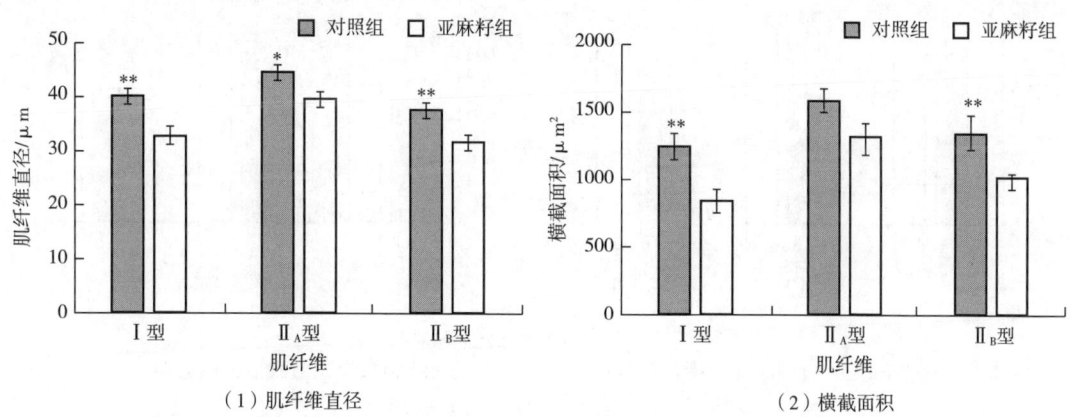

图4-30 日粮添加亚麻籽对苏尼特羊背最长肌肌纤维直径和横截面积的影响
［同一指标*表示差异显著（$P<0.05$），**表示差异极显著（$P<0.01$）］

（2）日粮添加亚麻籽对苏尼特羊股二头肌肌纤维特性的影响 在股二头肌中，亚麻籽组肌纤维密度为（600.22±31.59）N/mm²，对照组为（695.63±24.81）N/mm²（$P<0.05$）。由图4-31可知，日粮添加亚麻籽后，苏尼特羊股二头肌的Ⅰ型肌纤维数量比例显

著提高了 7.67%（$P<0.05$），II_A 型、II_B 型肌纤维的数量比例分别为 29.27%、47.26%，低于对照组但差异不显著（$P>0.05$）。与肌纤维数量比例趋势一致，肌纤维面积比例表现为亚麻籽组 I 型肌纤维高于对照组，II 型肌纤维低于对照组，差异不显著（$P>0.05$）。

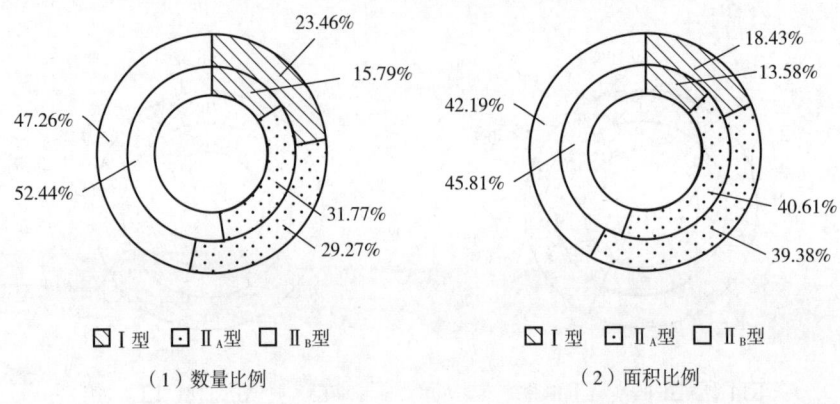

（1）数量比例　　　　　　　　　　（2）面积比例

图 4-31　日粮添加亚麻籽对苏尼特羊股二头肌肌纤维数量比例、面积比例的影响

(外圈为亚麻籽组，内圈为对照组)

由图 4-32 可知，日粮添加亚麻籽后，苏尼特羊股二头肌 II_A 型、II_B 型肌纤维的直径和横截面积都高于对照组（$P<0.05$）。亚麻籽组中 I 型肌纤维的直径为 40.21μm，横截面积为 1322.67μm²，与对照组没有显著性差异（$P>0.05$）。

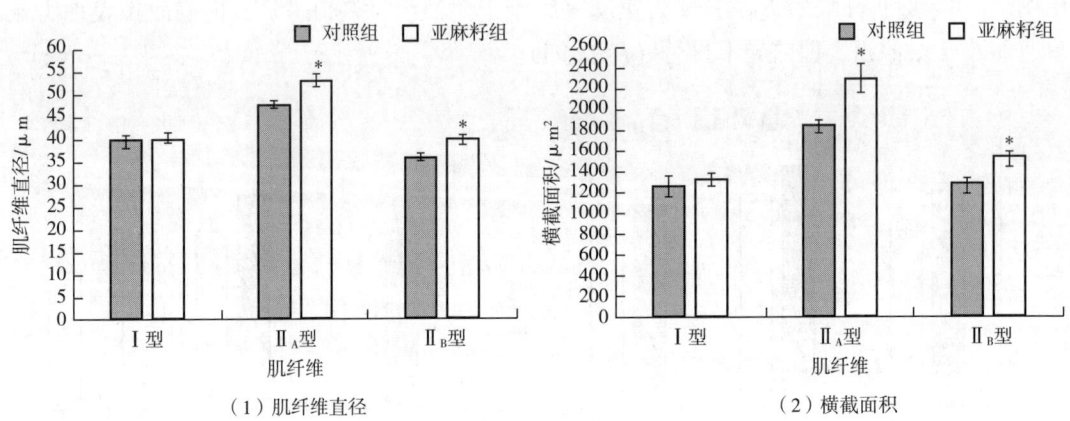

（1）肌纤维直径　　　　　　　　　　（2）横截面积

图 4-32　日粮添加亚麻籽对苏尼特羊股二头肌肌纤维直径和横截面积的影响

[同一指标*表示差异显著（$P<0.05$）]

2. 日粮添加亚麻籽对苏尼特羊 MyHC 基因表达量的影响

日粮添加亚麻籽对苏尼特羊不同部位 MyHC 基因表达量的影响如图 4-33 所示。在背最长肌中，亚麻籽组 $MyHC\ I$、$MyHC\ II_x$ 基因表达量均极显著上调（$P<0.01$），$MyHC\ II_a$ 基因表达量高于对照组（$P>0.05$），$MyHC\ II_b$ 基因表达量低于对照组（$P>0.05$）。在股二头肌中，亚麻籽组 MyHC 基因表达量均有不同程度的影响，其中 $MyHC\ II_a$ 基因表达量显著上调

（$P<0.01$），$MyHC\ I$、$MyHC\ II_x$ 基因表达量均高于对照组（$P<0.05$），$MyHC\ II_b$ 基因表达量没有显著性差异（$P>0.05$）。

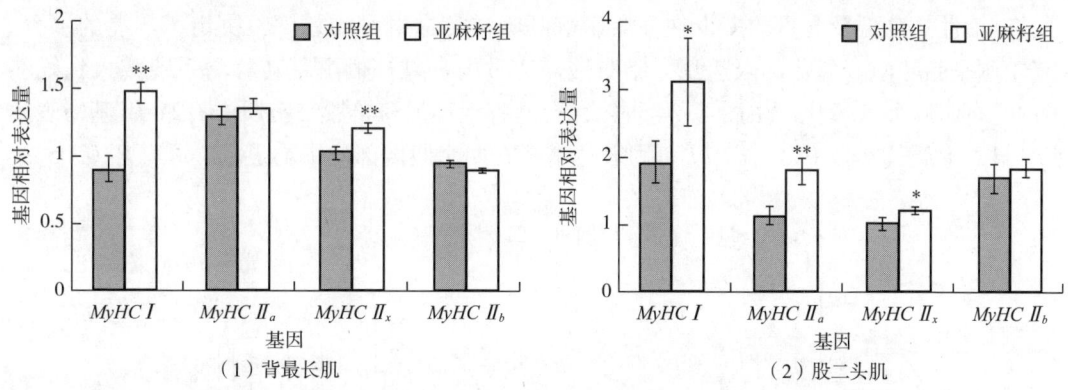

图 4-33　日粮添加亚麻籽对苏尼特羊背最长肌、股二头肌 $MyHC$ 基因表达量的影响

[同一指标 * 表示差异显著（$P<0.05$），** 表示差异极显著（$P<0.01$）]

由此可知日粮添加亚麻籽对苏尼特羊背最长肌和股二头肌肌纤维特性的影响程度不同。日粮添加亚麻籽显著提高了股二头肌中 I 型肌纤维的比例，同时提高了肌肉中 $MyHC\ I$、$MyHC\ II_a$、$MyHC\ II_x$ 基因表达量，且显著降低了背最长肌中各类型肌纤维的直径。Mizunoya 等（2013）研究了日粮中添加不同类型的膳食脂肪对大鼠肌纤维类型的影响，结果表明与摄入大豆油相比，摄入鱼油的大鼠趾长伸肌（快肌优势肌）中 $MyHC\ II_B$ 表达水平明显降低，而 $MyHC\ II_x$ 表达水平显著升高。饲喂猪油的大鼠 $MyHC$ 亚型组成介于大豆油和鱼油组之间。相比之下，日粮添加不同类型脂肪对作为慢肌优势肌的比目鱼肌的 $MyHC$ 亚型组成没有显著性影响，提示了日粮添加脂肪酸可能对调控快肌与慢肌的收缩和代谢特性存在差异。

Migdał 等（2004）研究表明在波兰猪日粮中添加 2% 共轭亚油酸显著降低了红肌纤维的直径，增加了白肌纤维的直径。Nuernberg 等（2005）研究发现，给皮特兰×德国长白猪饲喂橄榄油或亚麻籽油后，母猪背最长肌中各类型肌纤维的直径均大于公猪，导致母猪背最长肌的横截面积显著大于公猪。陶文君等（2018）研究报道，与日粮添加亚麻油相比，日粮中添加橄榄油显著提高了去势公猪各肌纤维的直径。以上研究中日粮添加脂肪酸对肌纤维直径的影响效果不一致，可能是由于不饱和脂肪酸的类型、添加量、添加阶段和添加时间不同。

3. 日粮添加亚麻籽对苏尼特羊 PPARβ/PGC-1α 通路基因表达的影响

日粮添加亚麻籽提高了苏尼特羊背最长肌和股二头肌中 I 型肌纤维的比例，同时 $MyHC\ I$、$MyHC\ II_a$、$MyHC\ II_x$ 基因均上调表达，肌肉的氧化代谢能力显著提高，说明酵解型肌纤维向氧化型肌纤维发生转化。

基于上述试验结果和相关理论依据，假设日粮添加亚麻籽主要是通过 PPARβ/PGC-1α 通路调控肌纤维类型发生转变。如图 4-34 所示，亚麻籽组和对照组苏尼特羊背最长肌中 PGC-1α 基因表达量无显著差异（$P>0.05$），股二头肌中 PGC-1α 基因表达量表现为亚麻籽组小于对照组（$P<0.05$）。与对照组相比，亚麻籽组苏尼特羊背最长肌和股二头肌中 $PPAR\beta$ 基因表达量显著降低（$P<0.01$）。除此之外，还测定了线粒体电子传递链中 $COX\ IV$ 和 $CPT1$ 的表达水平。$COX\ IV$ 处于细胞色素系统的末端，是电子传递链的最后一个载体，其活性的高低及含量的多少往往会影响呼吸链传递电子的效率，决定了产能的多少。$CPT1$ 则是脂肪酸 β 氧化的限速酶，脂肪酸需通过肉毒碱棕榈酰基转移酶系统转入到线粒体内进行脂肪酸 β 氧化。由图 4-34 可知，亚麻籽组苏尼特羊股二头肌中 $COX\ IV$ 基因表达水平显著上调（$P<0.05$），$CPT1$ 基因表达水平在两个肌肉部位中均显著上调（$P<0.05$）。

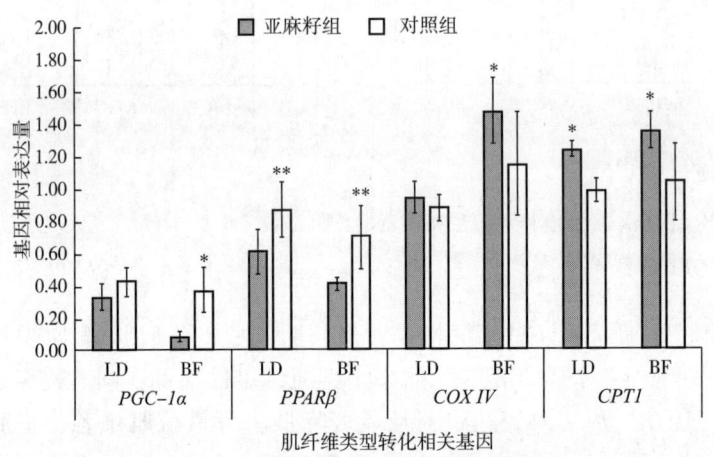

图 4-34 日粮添加亚麻籽对肌纤维类型转化相关基因表达的影响

[同一指标 * 表示差异显著（$P<0.05$），** 表示差异极显著（$P<0.01$），LD 表示背最长肌，BF 表示股二头肌]

上述试验结果中，日粮添加亚麻籽后 $PPAR\beta$ 和 PGC-1α 基因的表达水平并不高。推测可能是由于基因的表达分为转录和翻译两个层面，在基因表达时转录和翻译发生的时间和位点存在时间间隔，因而基因表达量与预期存在差异。与此同时，通过酶联免疫吸附试验测得 $PPAR\beta$ 和 PGC-1α 的表达情况，如图 4-35 所示。日粮添加亚麻籽对背最长肌中 PGC-1α 表达无显著影响（$P>0.05$），亚麻籽组苏尼特羊股二头肌中 PGC-1α 表达水平高于对照组（$P<0.05$）。亚麻组苏尼特背最长肌中 $PPAR\beta$ 的表达水平高于对照组（$P<0.01$），股二头肌中的 $PPAR\beta$ 的表达水平无显著差异（$P>0.05$）。

综上所述，日粮添加亚麻籽后，苏尼特羊背最长肌和股二头肌中氧化型肌纤维比例显著上升，肌肉氧化代谢能力提高，线粒体电子传递链中 $COX\ IV$ 基因和脂肪酸 β 氧化关键调控基因 $CPT1$ 的表达水平均显著提高，由 ELISA 测得 $PPAR\beta$ 与 PGC-1α 表达水平均有所上调，且肌纤维类型向氧化型转化，表明日粮添加亚麻籽调控肌纤维类型可能是由亚麻籽中的不饱和脂肪酸激活 $PPAR\beta$，$PPAR\beta/PGC$-1α 通过增加线粒体呼吸和脂肪酸氧化促进酵解型肌纤维向氧化型肌纤维转化。

（二）日粮添加精氨酸

作者团队选取 3 月龄体重相近，健康无病，体况良好的杜泊×小尾寒羊杂一代母羊 12 只，随机分为对照组和精氨酸组，每组各 6 只。对照组饲喂基础日粮（以玉米、青贮和精

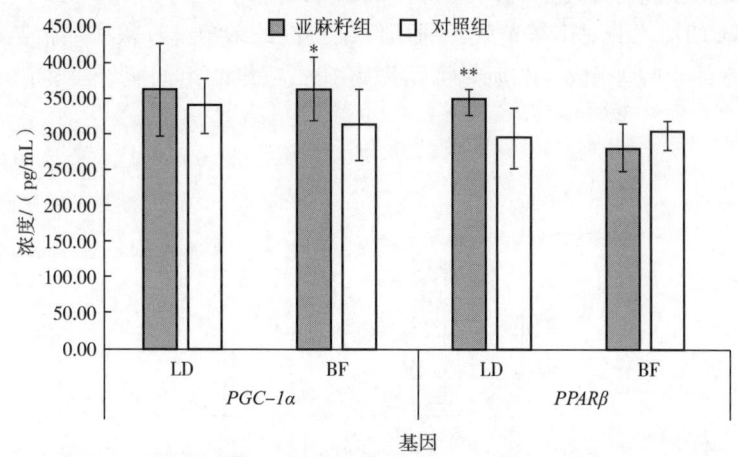

图 4-35 日粮添加亚麻籽对 $PGC-1\alpha$ 和 $PPAR\beta$ 表达的影响

[同一指标 * 表示差异显著（$P<0.05$），** 表示差异极显著（$P<0.01$），LD 表示背最长肌，BF 表示股二头肌]

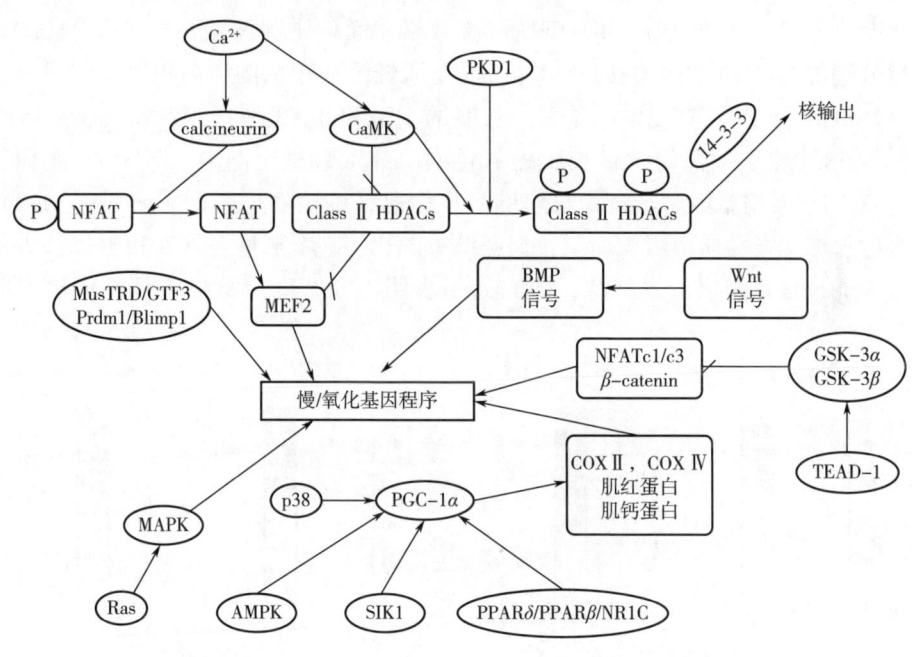

图 4-36 慢型/氧化型肌纤维形成的分子调控网络

饲料为主），基础日粮是羊体重的 3%，精氨酸组在对照组日粮基础上添加 1% 的 L-精氨酸。L-精氨酸购自湖北如天生物工程有限公司，由宁夏康德权生物科技有限公司进行过瘤胃包埋，与基础日粮均匀混合后饲喂，预实验期为 7d，正式实验期 90d，试验期间自由饮水。试验期结束后，取其背最长肌和股二头肌作为试验材料，探究饲粮添加精氨酸对羊肉肌纤维特性及肉品质影响。

1. 日粮添加精氨酸对肉羊肌纤维特性的影响

（1）日粮添加精氨酸对肉羊背最长肌肌纤维特性的影响　日粮添加精氨酸对肉羊背最长肌肌纤维密度的影响如图4-37所示，由图可知，精氨酸组的肌纤维密度显著高于对照组（$P<0.05$）。

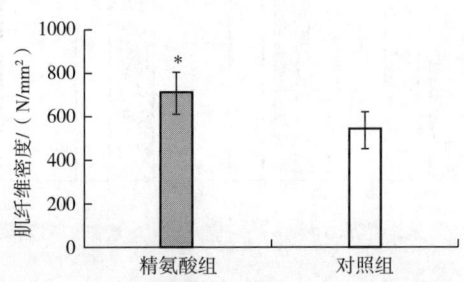

图4-37　精氨酸对肉羊背最长肌纤维密度的影响

[* 表示差异显著（$P<0.05$）]

由图4-38可知，饲喂精氨酸后羊背最长肌中Ⅰ型肌纤维数量和面积比例增加，但与对照组无明显差异（$P>0.05$）；Ⅱ$_A$型肌纤维数量、面积比例极显著增加（$P<0.01$），且较对照组分别提高了13.29%和12.23%；Ⅱ$_B$型肌纤维数量比例和面积比例均极显著低于对照组（$P<0.01$）。饲喂精氨酸后羊背最长肌的Ⅰ型和Ⅱ$_A$型肌纤维数量比例为51.50%，面积比例为58.19%；对照组背最长肌的氧化型肌纤维数量比例为35.73%，面积比例为44.33%，表明饲喂精氨酸后羊背最长肌的氧化型肌纤维比例更高。胡诚军（2017）发现精氨酸可显著增加畜禽肌肉组织内氧化型肌纤维的比例。罗燕柳等（2017）以体外添加精氨酸的方式处理猪骨骼肌卫星细胞，研究结果表明不同浓度精氨酸均显著促进慢肌纤维形成。

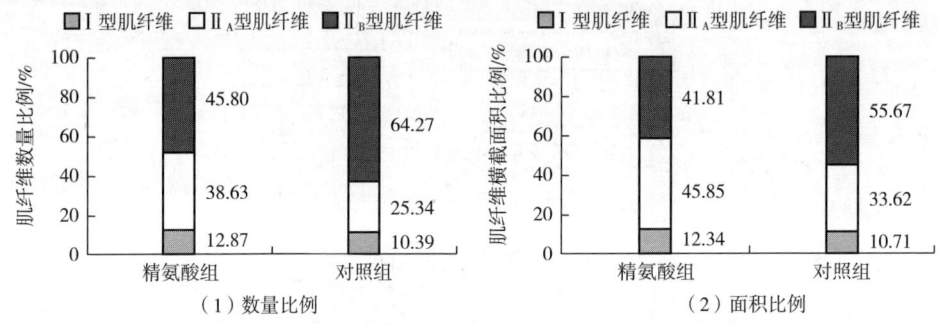

图4-38　精氨酸对肉羊背最长肌纤维的数量比例和面积比例的影响

日粮添加精氨酸对肉羊背最长肌肌纤维直径和横截面积的影响如图4-39所示。与对照组相比，添加精氨酸后肉羊背最长肌Ⅰ型肌纤维直径极显著降低（$P<0.01$），横截面积显著降低（$P<0.05$），Ⅱ$_A$型肌纤维直径显著降低（$P<0.05$），Ⅱ$_B$型肌纤维直径和横截面积显著降低（$P<0.05$）。两组羊背最长肌的肌纤维直径和横截面积均表现为Ⅱ$_B$型<Ⅰ型<Ⅱ$_A$型的规律，即日粮添加精氨酸能够降低羊背最长肌中各型肌纤维直径和横截面积。张

莉莉（2013）用精氨酸饲喂仔猪，发现精氨酸有降低仔猪背最长肌肌纤维直径和横截面积的作用。

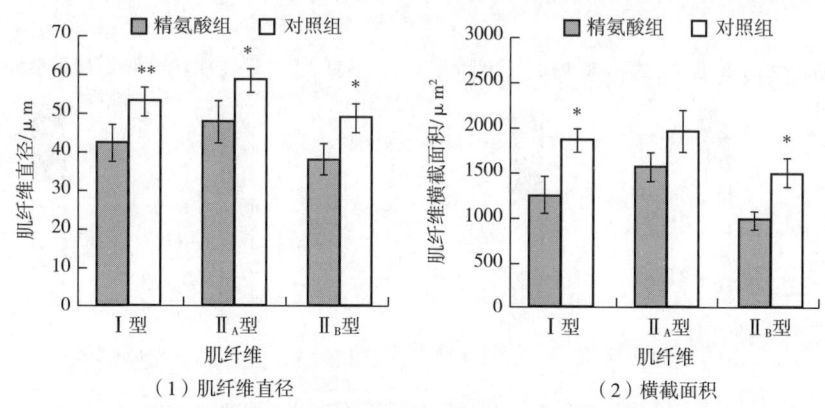

图4-39 精氨酸对肉羊背最长肌肌纤维直径和横截面积的影响

[同一指标*表示差异显著（$P<0.05$），**表示差异极显著（$P<0.01$）]

（2）日粮添加精氨酸对肉羊股二头肌肌纤维特性的影响　图4-40所示为日粮添加精氨酸对肉羊股二头肌肌纤维密度的影响，饲喂精氨酸后肌纤维密度升高，但与对照组相比无显著性差异（$P>0.05$）。

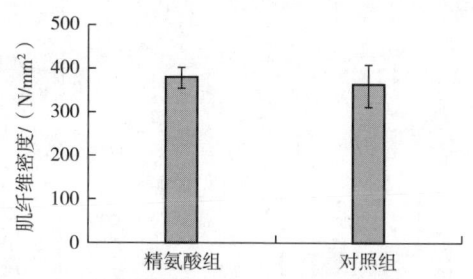

图4-40 精氨酸对肉羊股二头肌肌纤维密度的影响

[同一指标*表示差异显著（$P<0.05$），**表示差异极显著（$P<0.01$），无符号表示差异不显著]

日粮添加精氨酸对肉羊股二头肌肌纤维数量、面积比例的影响如图4-41所示。精氨酸组股二头肌Ⅰ型肌纤维数量比例和面积比例均显著高于对照组（$P<0.05$），分别提高了8.80%和9.31%；Ⅱ$_A$型肌纤维数量比例和面积比例与对照组无明显差异（$P>0.05$），精氨酸组Ⅱ$_B$型肌纤维面积比例和数量比例均极显著降低（$P<0.01$），即饲喂精氨酸后股二头肌的各型肌纤维数量比例和面积比例均受到不同程度的影响，且精氨酸的添加显著提高了股二头肌中Ⅰ型肌纤维的比例。有研究表明精氨酸显著增加了猪肌肉组织中细胞色素c的表达（罗小明，2019），而细胞色素c是线粒体呼吸链中重要组成部分。众所周知，骨骼肌纤维中氧化型肌纤维的线粒体含量更高，因此，精氨酸促进氧化型肌纤维的形成可能与肌肉中细胞色素c和线粒体含量有关。动物骨骼肌是一种动态化组织结构，骨骼肌纤

维类型及组成会受到品种、年龄、性别、营养等因素影响,而且不同部位肌肉在形态结构及肌纤维类型组成上会有所差异。试验中饲喂精氨酸对羊背最长肌和股二头肌肌纤维特性的影响结果相似,均表明精氨酸能够提高氧化型肌纤维比例。

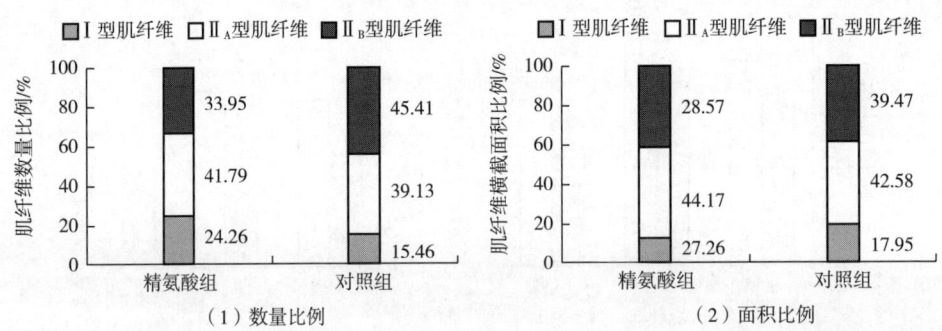

图4-41 精氨酸对肉羊股二头肌肌纤维数量比例(左)和面积比例(右)的影响

日粮添加精氨酸对肉羊股二头肌各型肌纤维直径、横截面积的影响如图4-42所示。由图可知,饲喂精氨酸后股二头肌中Ⅰ型肌纤维直径显著降低($P<0.05$),横截面积降低,但与对照组相比无明显差异($P>0.05$);Ⅱ$_A$型肌纤维的直径和横截面积均降低($P>0.05$);Ⅱ$_B$型肌纤维直径和横截面积均较对照组显著降低($P<0.05$)。两组股二头肌肌纤维直径和横截面积均呈现Ⅱ$_B$型<Ⅰ型<Ⅱ$_A$型的规律。以上数据表明精氨酸可降低各型肌纤维的直径和横截面积。

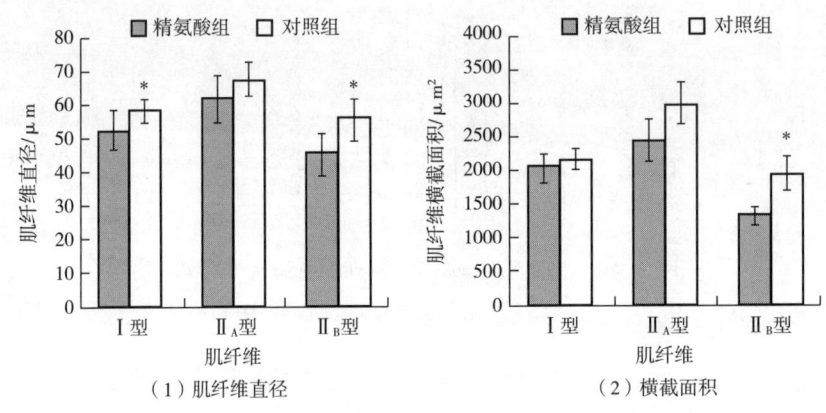

图4-42 日粮添加精氨酸对羊股二头肌肌纤维直径和横截面积的影响

[同一指标*表示差异显著($P<0.05$),**表示差异极显著($P<0.01$)]

2. 日粮添加精氨酸对肉羊 $MyHC$ 基因表达量的影响

日粮添加精氨酸对肉羊不同部位 $MyHC$ 基因表达量的影响如图4-43所示。与对照组相比,饲喂精氨酸后羊背最长肌中 $MyHC$ Ⅰ、$MyHC$ Ⅱ$_x$ 基因表达量均升高($P>0.05$),$MyHC$ Ⅱ$_a$ 基因表达量极显著升高($P<0.01$),$MyHC$ Ⅱ$_b$ 基因表达量极显著降低($P<0.01$)。精氨酸组羊股二头肌中 $MyHC$ Ⅰ 基因表达量显著升高($P<0.05$),$MyHC$ Ⅱ$_b$ 基因表达量极

显著降低（$P<0.01$），$MyHC\ II_a$ 和 $MyHC\ II_x$ 基因表达量升高，但与对照组相比差异不显著（$P>0.05$）。在不同部位肌肉显示出相似的规律，$MyHC\ I$、$MyHC\ II_a$、$MyHC\ II_x$ 基因表达量升高，$MyHC\ II_b$ 基因表达量降低。Ma 等（2015）发现饲粮添加精氨酸使育肥猪背最长肌中 $MyHC\ II_b$ 基因表达量下降，$TNNI1$ 增加。Chen 等（2018）发现精氨酸有显著上调 $MyHC\ I$ 和 $AKIRIN2$（慢肌纤维形成相关基因）基因表达量的作用。罗小明（2019）也以日粮添加精氨酸的形式探究精氨酸对猪骨骼肌纤维的影响，发现精氨酸可显著增加猪背最长肌和腰大肌中 $MyHC\ I$ 基因表达量，并且与慢肌纤维形成相关基因表达（$TNNI1$、$TNNC1$ 和 $TNNT1$）也显著上调。

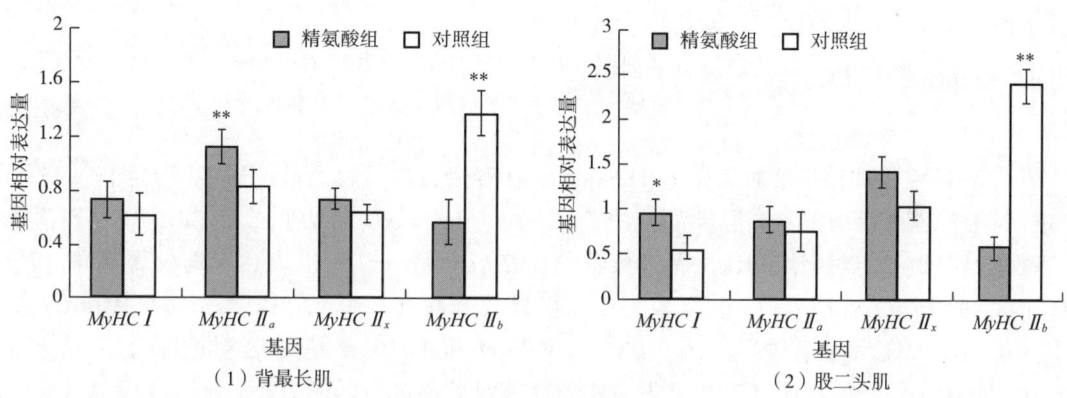

图 4-43 精氨酸对肉羊背最长肌（左）和股二头肌（右）$MyHC$ 基因表达量的影响
[同一指标 * 表示差异显著（$P<0.05$），** 表示差异极显著（$P<0.01$）]

3. 日粮添加精氨酸对肉羊 Stir1/AMPK 通路的影响

精氨酸是哺乳动物体内合成 NO 的重要前体物质，NO 是一种活性氮分子，NOS（一氧化氮合酶）是合成 NO 的主要酶。在哺乳动物骨骼肌中，nNOS（神经元型）是肌细胞内主要表现形式。NOS/NO 与肌纤维类型转化关系密切，已有研究表明 NOS/NO 信号能够促进骨骼肌中快肌纤维向慢肌纤维转化（Suwa et al.，2015）。Chen 等（2018）用精氨酸饲喂小鼠发现，$MyHC\ I$、$MyHC\ II_a$、$Sirt1$ 和 PGC-1α 基因显著上调，$MyHC\ II_b$ 基因显著下调，并且推测精氨酸可通过 Sirt1/AMPK 通路促进肌纤维类型转化。推测日粮添加精氨酸促进肉羊肌肉中肌纤维类型的转化可能是通过调控机体中 NO 水平进而激活 Sirt1/AMPK 通路实现的。

（1）日粮添加精氨酸对肉羊 nNOS 的影响　由图 4-44 可知，精氨酸组肉羊不同肌肉部位中 $nNOS$ 基因表达量和含量均高于对照组，其中背最长肌的 $nNOS$ 基因表达量和 nNOS 含量均显著升高（$P<0.05$），股二头肌中 $nNOS$ 基因表达量和 nNOS 表达水平升高（$P>0.05$），但差异不显著（$P>0.05$），说明日粮添加精氨酸提高了羊肌肉组织中 nNOS 的含量和基因表达量。罗小明（2019）的实验也证明精氨酸可显著增加断奶仔猪背最长肌中 NO 含量和 NOS 活性。Sharlo 等（2020）将大鼠后肢卸载悬挂并以 L-精氨酸处理，发现 L-精氨酸处理可提高大鼠后肢中 NO 含量、PGC-1α 基因表达水平，降低 $MyHC\ II_b$ 的基因表达量，而以 L-精氨酸和 NOS 抑制剂处理后的大鼠后肢中均没有出现以上现象。

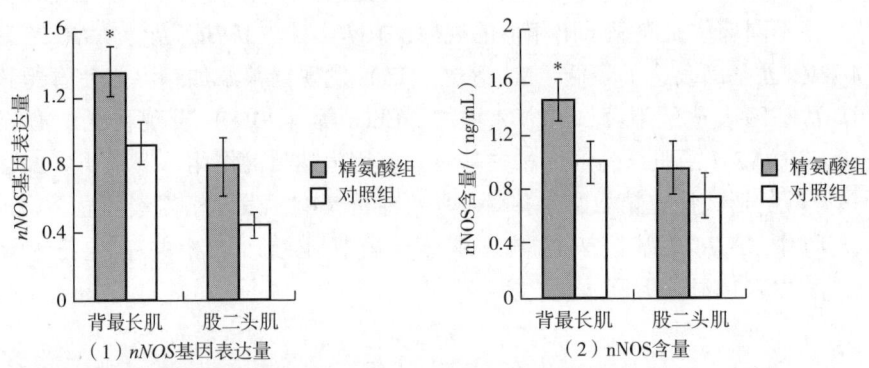

图 4-44 精氨酸对肉羊不同部位 $nNOS$ 基因表达量和 nNOS 含量的影响

[同一指标 * 表示差异显著（$P<0.05$）]

（2）日粮添加精氨酸对肉羊 Stir1/AMPK 通路相关基因表达量的影响 由图 4-45 可知，饲喂精氨酸后肉羊不同肌肉部位中 $PGC-1α$、$AMPKα1$、$AMPKα2$ 和 $Sirt1$ 基因表达量均高于对照组。与对照组相比，背最长肌中 $AMPKα1$ 和 $Sirt1$ 基因表达量均显著升高（$P<0.05$），$AMPKα2$ 和 $PGC-1α$ 基因表达量均极显著升高（$P<0.01$）；股二头肌中 $PGC-1α$ 和 $Sirt1$ 基因表达量显著升高（$P<0.05$），$AMPKα1$ 和 $AMPKα2$ 基因表达量升高，但差异不显著（$P>0.05$）。罗小明（2019）发现精氨酸能显著促进断奶仔猪背最长肌和股二头肌中氧化型肌纤维形成，显著增加 $AMPKα1$、$AMPKα2$、$Sirt1$、$PGC-1α$ 基因表达量。Lira 等（2010）的研究表明作为精氨酸的重要前体物质，NO 水平的升高会上调 PGC-1α 的表达，这一过程需要 AMPK 的协助，表明 NO 和 AMPK 协同调节 PGC-1α 在骨骼肌细胞中的表达。

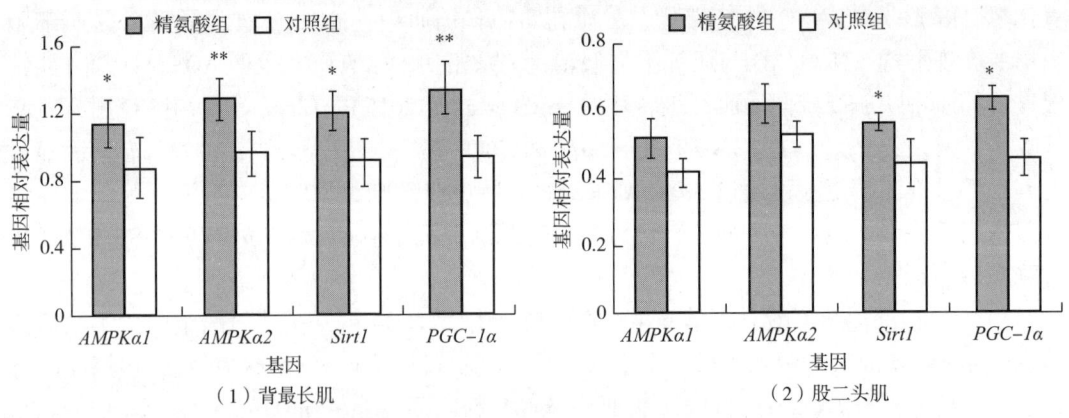

图 4-45 精氨酸对肉羊背最长肌、股二头肌 Sirt1/AMPK 通路基因表达量的影响

[* 表示显著相关（$P<0.05$），** 表示极显著相关（$P<0.01$）]

Lagouge 等（2006）的研究表明白藜芦醇可通过激活 Sirt1 来增加下游 AMPK 及 PGC-1α 的活性，进而使得小鼠慢肌纤维增加，证实了 Sirt1/AMPK 在肌纤维类型转化中起着重

要的作用。郭亚飞（2018）发现精氨酸可显著提高机体内 NOS 活性和 NO 水平，从而影响 AMPK 级联效应，而使用 NO 抑制剂后出现相反的效果，且对慢肌的上调作用也被显著抑制。由此可知，精氨酸可能通过增加机体内 NO 水平激活 Sirt1/AMPK 通路，促使肌纤维类型发生转化。

综上所述，日粮添加精氨酸后，肉羊背最长肌和股二头肌中 nNOS 含量增加，*nNOS*、*PGC-1α*、*AMPKα1*、*AMPKα2*、*Sirt1* 基因表达量升高，结合肌纤维结果可知，精氨酸通过激活 Sirt1/AMPK 通路促进肌纤维类型由酵解型向氧化型转化。

（三）日粮添加乳酸菌

选用 24 只苏尼特羊，随机分为对照组（C）、1% 乳酸菌组（L1）、2% 乳酸菌组（L2）、3% 乳酸菌组（L3），每组 6 只，公母各半。对照组饲喂基础日粮，试验组按照精料质量分别添加 1%、2%、3% 的乳酸菌。乳酸菌为内蒙古和美科盛生物技术有限公司提供的乳安邦，是一种专门用于反刍动物的乳酸菌微生态制剂，其主要成分为干酪乳杆菌 HM-09、植物乳植杆菌 HM-10，总活菌数达 1.5×10^9 CFU/g，探究饲粮添加乳酸菌对羊肉肌纤维特性及肉品质影响。

1. 乳酸菌对苏尼特羊肌纤维组织学特性的影响

（1）乳酸菌对苏尼特羊背最长肌肌纤维特性的影响　图 4-46 为日粮添加乳酸菌对苏尼特羊背最长肌肌纤维密度的影响。C 组的肌纤维密度为 761.21N/mm²，L1 组为 828.60N/mm²，L2 组为 845.60N/mm²，L3 组为 830.32N/mm²。与对照组相比，乳酸菌组的肌纤维密度略有增加，但各组苏尼特羊的肌纤维密度无显著差异（$P>0.05$），说明日粮添加不同含量的乳酸菌均对肌纤维密度无显著影响。

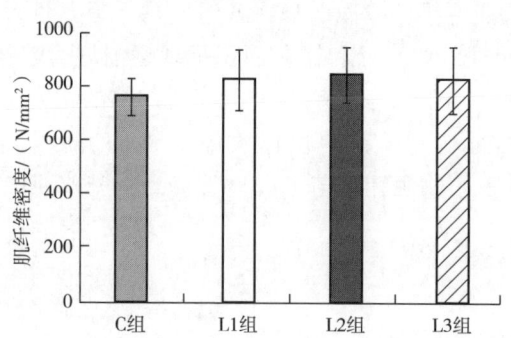

图 4-46　乳酸菌对苏尼特羊背最长肌肌纤维密度的影响

［字母不同表示差异显著（$P<0.05$），相同或无字母表示差异不显著（$P>0.05$）］

由图 4-47 可知，苏尼特羊背最长肌中肌纤维以 II$_B$ 型为主，氧化型肌纤维（I 型 + II$_A$ 型）占 40% 以上，L1 组苏尼特羊背最长肌中 I 型肌纤维的数量比例和面积比例均显著高于 C 组和 L2 组（$P<0.05$），其中面积比例差异极显著（$P<0.05$）；L3 组 II$_B$ 型肌纤维的数量比例显著低于 L2 组（$P<0.05$），面积比例显著低于 C 组（$P<0.05$）和 L2 组（$P<0.05$）；II$_A$ 型肌纤维的数量比例和面积比例在各组间无显著差异（$P>0.05$）。试验结果说明苏尼特羊背最长肌肌纤维的数量比例和面积比例均受到日粮的影响，日粮添加1%的乳酸菌对提高苏尼特羊背最长肌中氧化型肌纤维的比例有显著作用。

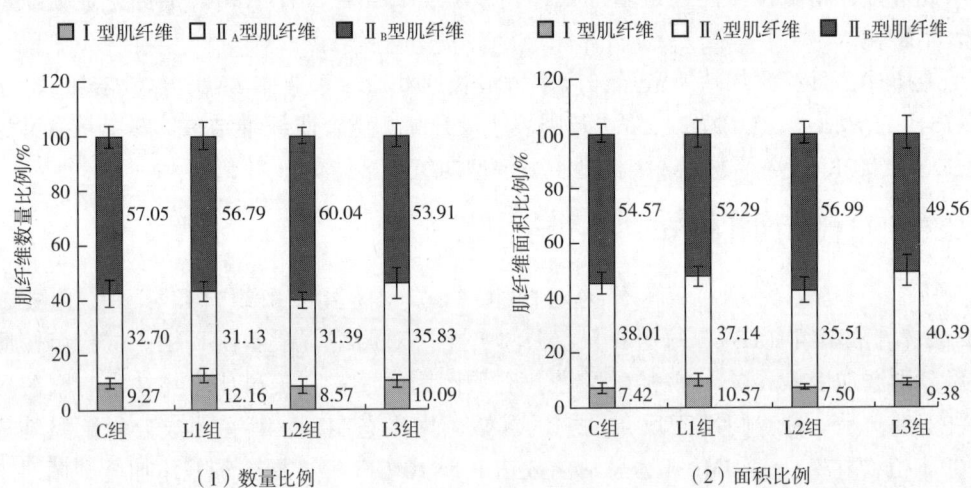

图 4-47 乳酸菌对苏尼特羊背最长肌中各型肌纤维数量比例和面积比例的影响

如图 4-48 所示，各组苏尼特羊的肌纤维直径均呈现 II_A 型> I 型> II_B 型的规律，L3组肌纤维横截面积呈现 II_A 型> I 型> II_B 型的规律，而其他各组肌纤维横截面积呈现 II_A 型> II_B 型> I 型的规律。L3 组苏尼特羊背最长肌中 I 型肌纤维的直径显著高于 C 组（$P<0.01$）、L1 组和 L2 组（$P<0.05$），L2 组和 L3 组 II_B 型肌纤维的直径显著高于 C 组（$P<0.05$）；L3 组 I 型肌纤维的横截面积显著高于 C 组和 L1 组（$P<0.05$），II_A 型肌纤维的直径和横截面积以及 II_B 型肌纤维的横截面积在各组间均无显著性差异（$P>0.05$）。随着乳酸菌添加量的增加，各型肌纤维直径和横截面积呈现逐渐增大趋势，说明日粮添加3%的乳酸菌可促进苏尼特羊肌纤维的生长发育，有助于肌纤维的增粗延长。在猪的饮食中添加益生菌同样导致肌肉纤维变粗，其中快速收缩纤维的直径显著增加（Reszka et al., 2020）。其他研究也表示，植物源乳酸菌可以显著提高育肥猪肌肉中各类型肌纤维的横截

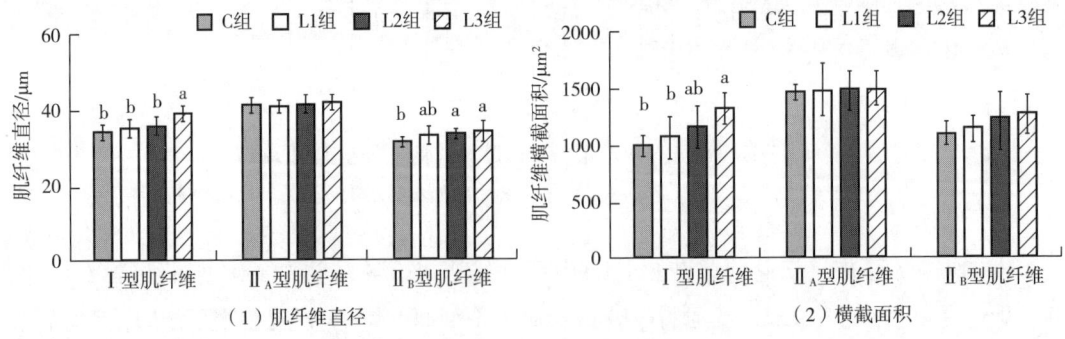

图 4-48 乳酸菌对苏尼特羊背最长肌中各型肌纤维直径、横截面积的影响

[字母不同表示差异显著（$P<0.05$），相同或无字母表示差异不显著（$P>0.05$）]

面积（梁雅妍，2008）。本试验中乳酸菌组苏尼特羊肌纤维增大可能是因为日粮添加乳酸菌利于动物对饲料营养成分的消化和吸收，使产肉性能增加，肌纤维直径和横截面积因此增大。

（2）乳酸菌对苏尼特羊股二头肌的肌纤维组织学特性的影响　图4-49为日粮添加乳酸菌对苏尼特羊股二头肌肌纤维密度的影响。与C组相比，L1组、L2组、L3组苏尼特羊的肌纤维密度显著增加（$P<0.05$），其中L1组、L3组差异极显著（$P<0.01$）。肌纤维密度越大则数量越多，说明其生长发育空间越大，据此可以认为乳酸菌的添加对苏尼特羊的生长发育是有利的。

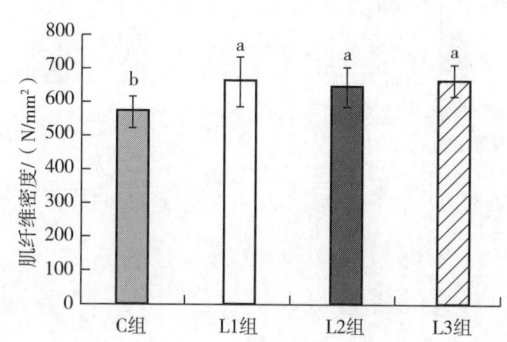

图4-49　乳酸菌对苏尼特羊股二头肌肌纤维密度的影响

［字母不同表示差异显著（$P<0.05$），相同或无字母表示差异不显著（$P>0.05$）］

由图4-50可知，苏尼特羊股二头肌中肌纤维仍以II_B型为主，氧化型肌纤维（I型+II_A型）占50%左右，苏尼特羊股二头肌中I型肌纤维的数量比例L1组显著高于C组和L2组（$P<0.05$），面积比例L3组显著高于L2组（$P<0.05$）；II_A型肌纤维的数量比例和面积比例在各组间均无显著差异（$P>0.05$）；II_B型肌纤维的数量比例L1组显著低于C组（$P<0.05$），面积比例L1组、L2组、L3组均极显著低于C组（$P<0.01$）。可见，日粮添加1%的乳酸菌可以提高苏尼特羊股二头肌中I型肌纤维的比例，降低II_B型肌纤维的比例，表明肌纤维由酵解型向氧化型转化。

如图4-51所示，C组和L3组苏尼特羊的肌纤维直径呈现II_A型>I型>II_B型的规律，L1组和L2组肌纤维直径均呈现II_A型>II_B型>I型的规律，各组苏尼特羊的肌纤维横截面积均呈现II_A型>II_B型>I型的规律。L1组苏尼特羊I型肌纤维的直径和横截面积显著低于C组和L3组（$P<0.05$），II_B型肌纤维的直径C组显著低于L2组和L3组（$P<0.05$），II_B型肌纤维的横截面积L1组显著低于C组和L2组（$P<0.05$），II_A型肌纤维的直径和横截面积在各组间均无显著差异（$P>0.05$）。Varian等（2016）研究发现，补饲罗伊氏黏液乳杆菌增加了小鼠肌纤维的平均横截面积。邬理洋（2011）研究显示，在日粮中添加乳酸菌可以提高猪的肌纤维直径和横截面积，对肌肉组织形态有调节作用。然而，还有试验表明长期补充罗伊氏黏液乳杆菌可以显著降低猪的肌纤维直径和横截面积（Tian et al.，2021）。可见乳酸菌对肌纤维特性的影响有所不同，因为这与所使用乳酸菌的种类、使用的水平和时间、日粮的组成以及动物本身的种类和年龄有关。

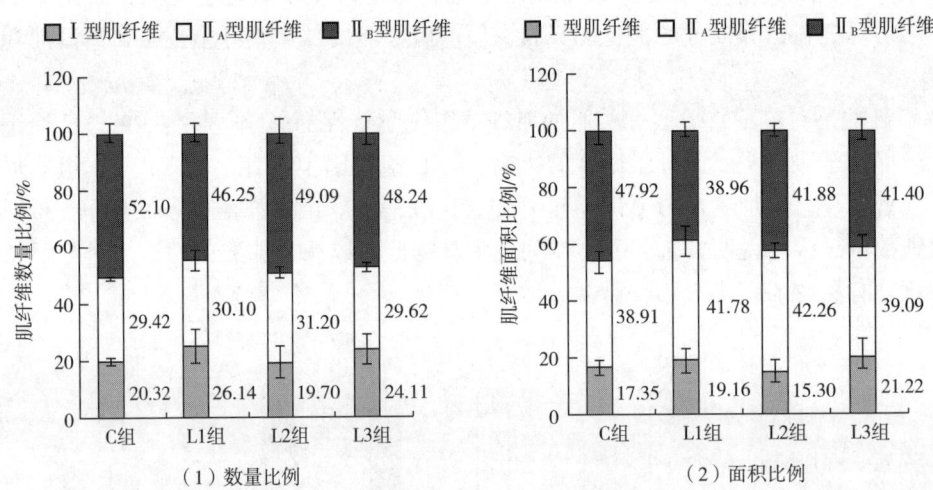

图 4-50　乳酸菌对苏尼特羊股二头肌中各型肌纤维数量比例和面积比例的影响

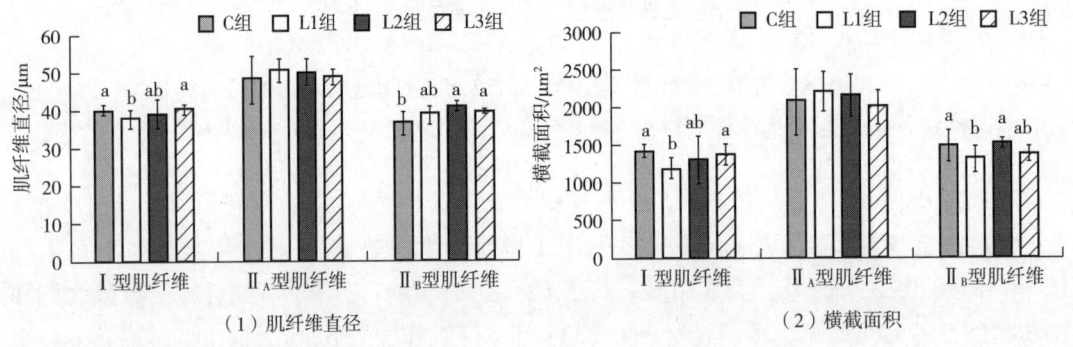

图 4-51　乳酸菌对苏尼特羊股二头肌中各型肌纤维直径、横截面积的影响

[字母不同表示差异显著（$P<0.05$），相同或无字母表示差异不显著（$P>0.05$）]

2. 乳酸菌对苏尼特羊 MyHC 基因表达量的影响

本研究对苏尼特羊不同部位 $MyHC$ 基因表达量进行了测定，结果如图 4-52 所示。在背最长肌中，L1 组苏尼特羊的 $MyHC$ Ⅰ 基因表达量显著高于 L2 组和 L3 组（$P<0.05$），$MyHC$ Ⅱ$_b$ 基因表达量显著低于 C 组（$P<0.05$）；$MyHC$ Ⅱ$_x$ 基因表达量为 C 组显著高于 L1 组、L2 组、L3 组（$P<0.05$）；$MyHC$ Ⅱ$_a$ 基因表达量在各组间无显著差异（$P>0.05$）。在股二头肌中，L1 组的 $MyHC$ Ⅱ$_a$ 基因表达量显著高于 C 组（$P<0.05$）和 L2、L3 组（$P<0.01$），$MyHC$ Ⅱ$_x$ 基因表达量为 L1 组显著高于 L2 组和 L3 组（$P<0.05$）；$MyHC$ Ⅰ 和 $MyHC$ Ⅱ$_b$ 基因表达量在各组间无显著差异（$P>0.05$）。

结合 ATP 酶染色的研究内容可知，日粮添加乳酸菌对苏尼特羊背最长肌和股二头肌肌纤维特性的影响程度不同。背最长肌中，日粮添加 1% 的乳酸菌显著提高了 Ⅰ 型肌纤维的比例，同时提高了肌肉中 $MyHC$ Ⅰ 基因表达量、降低了 $MyHC$ Ⅱ$_b$、$MyHC$ Ⅱ$_x$ 基因表达量。股二头肌中，日粮添加 1% 的乳酸菌显著提高了 Ⅰ 型肌纤维的比例，降低了 Ⅱ$_B$ 型肌纤维的比例，$MyHC\ II_a$ 和 $MyHC\ II_x$ 基因表达量显著提高。Tian 等（2021）分别在断奶仔猪日粮中添加抗生素和罗伊氏黏液乳杆菌，结果发现与抗生素组相比，日粮添加罗伊氏黏液乳杆菌显著提高了 $MyHC\ II_a$ mRNA 表达量，显著降低了 $MyHC\ II_x$ mRNA 表达量，说明乳酸菌促进了酵解型肌纤维向氧化型肌纤维的转化。

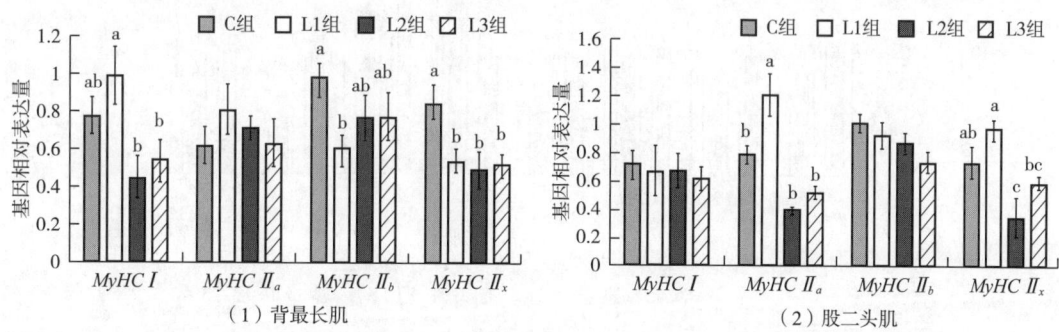

图 4-52　乳酸菌对苏尼特羊背最长肌、股二头肌 $MyHC$ 基因表达量的影响

［字母不同表示差异显著（$P<0.05$），相同或无字母表示差异不显著（$P>0.05$）］

3. 乳酸菌对苏尼特羊线粒体生物发生调控因子基因表达的影响

骨骼肌纤维含有丰富的线粒体，通常存在于肌膜下和肌原纤维间，主要与骨骼肌收缩和代谢时的能量供应和转导有关，因此肌纤维的生长发育必然伴随着线粒体的生物发生。在线粒体生物发生的这个过程中需要一系列复杂细胞信号以及分子蛋白等的协同调控，如 PGC-1α、AMPK、Sirt1、TFAM 等。对苏尼特羊肌纤维特性的研究可知，日粮添加 1% 的乳酸菌有利于酵解型肌纤维向氧化型肌纤维转化，肌肉的氧化代谢能力显著提高，同时不同部位的肌纤维特性显示出较大差异，相比于背最长肌，股二头肌中的氧化型肌纤维比例更高，酵解型肌纤维比例更低。研究表明不同肌肉类型与线粒体含量密切相关，线粒体生物发生可以驱动肌纤维类型由快速收缩纤维向慢速收缩纤维转变（Zierath et al.，2004；Chen et al.，2010）。因此基于以上研究结果，试验分别对苏尼特羊背最长肌和股二头肌线粒体生物发生调控因子的基因表达量和蛋白表达量进行测定，探究日粮添加乳酸菌改变肌纤维特性的作用机制。对苏尼特羊背最长肌、股二头肌中 7 种线粒体生物发生关键调控因子的基因表达量进行测定，结果如图 4-53 所示。

C 组和 L1 组苏尼特羊背最长肌的 $AMPK\alpha 1$ mRNA 表达量显著高于 L3 组（$P<0.05$），L1 组 $Sirt3$ mRNA 表达量显著高于 L2 组（$P<0.05$）和 L3 组（$P<0.01$），L1 组和 L2 组的 $PGC\text{-}1\alpha$ mRNA 表达量显著高于 C 组（$P<0.05$），L1 组、L2 组和 L3 组的 $NRF\text{-}1$ mRNA 表达量均显著低于 C 组（$P<0.05$），L2 组和 L3 组的 $TFAM$ mRNA 表达量也均极显著低于 C 组和 L1 组（$P<0.01$），同时 L2 组的 $COX\ IV$ mRNA 表达量显著低于 C 组和 L1 组（$P<0.05$），其他调控因子的基因表达量在各组间差异不显著（$P>0.05$）。

L1 组苏尼特羊股二头肌中 $AMPK\alpha 1$、$Sirt1$、$NRF\text{-}1$ 和 $COX\ IV$ mRNA 表达量极显著高于 C 组、L2 组和 L3 组（$P<0.01$），L1 组和 L2 组 $Sirt3$ mRNA 表达量极显著高于 C 组和 L3 组（$P<0.05$），L1 组 $PGC\text{-}1\alpha$ mRNA 表达量极显著高于 C 组（$P<0.01$），L1 组 $TFAM$

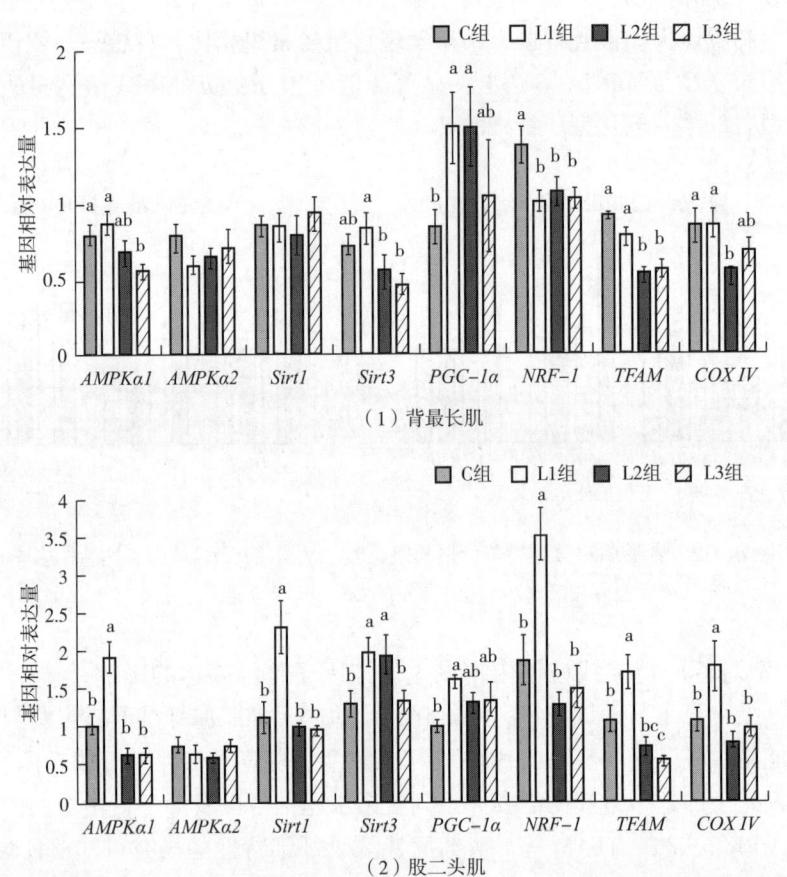

图 4-53 乳酸菌对苏尼特羊背最长肌、股二头肌线粒体生物发生调控因子基因表达的影响

[字母不同表示差异显著（$P<0.05$），相同或无字母表示差异不显著（$P>0.05$）]

mRNA 表达量显著高于 C 组（$P<0.05$）、L2 组和 L3 组（$P<0.01$），同时 C 组 TFAM mRNA 表达量显著高于 L3 组（$P<0.05$），其他调控因子的基因表达量在各组间差异不显著（$P>0.05$）。

AMPK 是由 α、β 和 γ 亚基构成的异源多聚体酶，其中 α 亚基又包括 α1 和 α2 两种亚型，起催化作用。对上述两种亚型的 mRNA 表达量进行测定，结果显示在添加 3% 的乳酸菌后，AMPKα2 在各组间差异不显著，而 AMPKα1 的 mRNA 表达量显著降低，这可能是由于乳酸菌主要通过在肠道内形成优势菌群发挥作用，饲喂的活菌数目直接关系到使用效果，数目过少可能没有明显作用，但若数目过多，超出优势菌群范围，则可能产生负面效果，因此在畜禽养殖过程中要注意适量使用。AMPK 可直接磷酸化 PGC-1α，增加 PGC-1α 的表达，触发 PGC-1α 信号级联，也可以通过激活下游 Sirt1 蛋白表达进而影响 PGC-1α，促进线粒体生物发生。试验研究发现，日粮添加乳酸菌对 Sirt1 mRNA 表达量无显著影响，而添加 1% 和 2% 的乳酸菌显著增强了 PGC-1α 的表达，表明乳酸菌直接通过 AMPK 磷酸化 PGC-1α，而不通过 Sirt1 发挥作用。Tian 等（2021）的研究同样表明，日粮补充乳酸菌可以显著提高猪肌肉中 PGC-1α 的表达量。Sirt3 是 PGC-1α 的下游靶基因，可以调控线粒体的呼吸作用，增加细胞 ATP 水平，与细胞能量代谢和 ROS 生成关系密切，在诱导线粒体生物发生中发挥作用。试验中，与对照组相比，日粮添加 1%乳酸菌对 Sirt3 mRNA 表达量无显著影响，但随着乳酸菌添加量的增加，其表达量逐渐降低。PGC-1α 对 NRF-1 的激活作用会刺激 TFAM 表达，从而促进 mtDNA 的转录、复制及拟核的形成。试验研究结果显示，日粮添加 2%和 3%的乳酸菌均显著降低了 *NRF-1* 和 *TFAM* mRNA 表达量，L2 组的 *COX Ⅳ*mRNA 表达量显著降低，可能是苏尼特羊背最长肌线粒体生成受阻。

如前所述，AMPK 是介导线粒体生物发生的关键因素，本试验中日粮添加 1%的乳酸菌显著增加了 *AMPKα1* mRNA 表达量，即植物乳植杆菌对 AMPK 有激活作用，且该作用可达到与 AMPK 激活剂相似水平，同时缓解 Compound C（抑制剂）对 AMPK 的抑制效果（Lew et al.，2018）。且 L1 组 *Sirt1* mRNA 表达量也随 *AMPKα1* 的增加而显著提高，说明 Sirt1 介导了乳酸菌诱导的 AMPK 活化。作为 *AMPK* 的下游，*AMPK* 的高表达直接刺激了 PGC-1α，导致 L1 组的 *PGC-1α* mRNA 表达量显著升高。Jang 等（2019）给雄性小鼠饲喂清酒乳杆菌（*Lactoba cillus sakei*）后发现，清酒乳杆菌可以诱导 AMPK 活化，提高 Sirt1、PGC-1α 的表达。由此可见，乳酸菌可介导 AMPK 激活 PGC-1α，通过促进其高表达而干预机体能量代谢。L2 组的 *PGC-1α* mRNA 表达量为 1.28，比 C 组提高了 28.56%，虽差异不显著，但使得 L2 组的 *Sirt3* mRNA 表达量显著升高，从而发挥维持线粒体形态和结构稳定的作用。同时，L1 组 *NRF-1*、*TFAM* mRNA 表达量的显著升高表明日粮添加 1%的乳酸菌对增加苏尼特羊股二头肌中线粒体 DNA 的数量有积极作用。L1 组 *COX Ⅳ*mRNA 表达量的极显著升高说明线粒体生物发生程度显著增强。综上，日粮添加 1%的乳酸菌提高了苏尼特羊股二头肌中 *AMPKα1*、*Sirt1*、*PGC-1α*、*Sirt3*、*NRF-1*、*TFAM* 和 *COX Ⅳ*mRNA 的表达量，对骨骼肌线粒体质量或数量的增加均有促进作用，增强了线粒体生物发生。

4. 乳酸菌对苏尼特羊线粒体生物发生调控因子蛋白表达的影响

（1）乳酸菌对苏尼特羊骨骼肌 AMPK 和 p-AMPK 蛋白表达的影响　上述结果日粮添加乳酸菌对苏尼特羊背最长肌和股二头肌中线粒体生物发生调控因子基因表达的影响不尽一致，可能是由于基因的表达分为转录和翻译两个层面，在基因表达时转录和翻译发生的时间和位点存在时间间隔，因而基因表达量与预期存在差异，所以试验进一步对线粒体生物发生中关键因子的蛋白表达量进行了测定。

为了确定日粮添加乳酸菌后骨骼肌 AMPK 信号通路是否被激活，试验对苏尼特羊背最长肌和股二头肌中 AMPK、p-AMPK 的蛋白表达量进行了测定，结果如图 4-54、图 4-55 所示。在背最长肌和股二头肌中，C 组和 L1 组、L2 组、L3 组苏尼特羊的 AMPK 蛋白表达量均无显著差异（$P>0.05$），与 C 组相比，L1 组的 p-AMPK 蛋白表达量和 p-AMPK 相对于总 AMPK 的表达量均极显著升高（$P<0.01$），L2 组和 L3 组与 C 组相比无显著差异（$P>0.05$）。

本研究中 L1 组苏尼特羊骨骼肌中 p-AMPK 和 p-AMPK/AMPK 水平显著增加，表明日粮添加 1%的乳酸菌可通过 AMPK 通路诱导骨骼肌线粒体生物发生。乳酸菌代谢产生的大量乳酸会降低肌肉和血液 pH，抑制糖代谢，使 ATP/ADP 比值下降，从而激活 AMPK。此外在肠道发酵过程中，益生菌对 SCFA 的产生有促进作用，而 SCFA 能提高肌肉组织中 AMP 浓度和 AMP/ATP 的比值，AMP/ATP 比值升高反映肌细胞能量消耗增多，从而诱导肌管和骨骼肌中 AMPK 磷酸化（Pan et al.，2015）。可见，乳酸菌可能以 AMPK 依赖性方

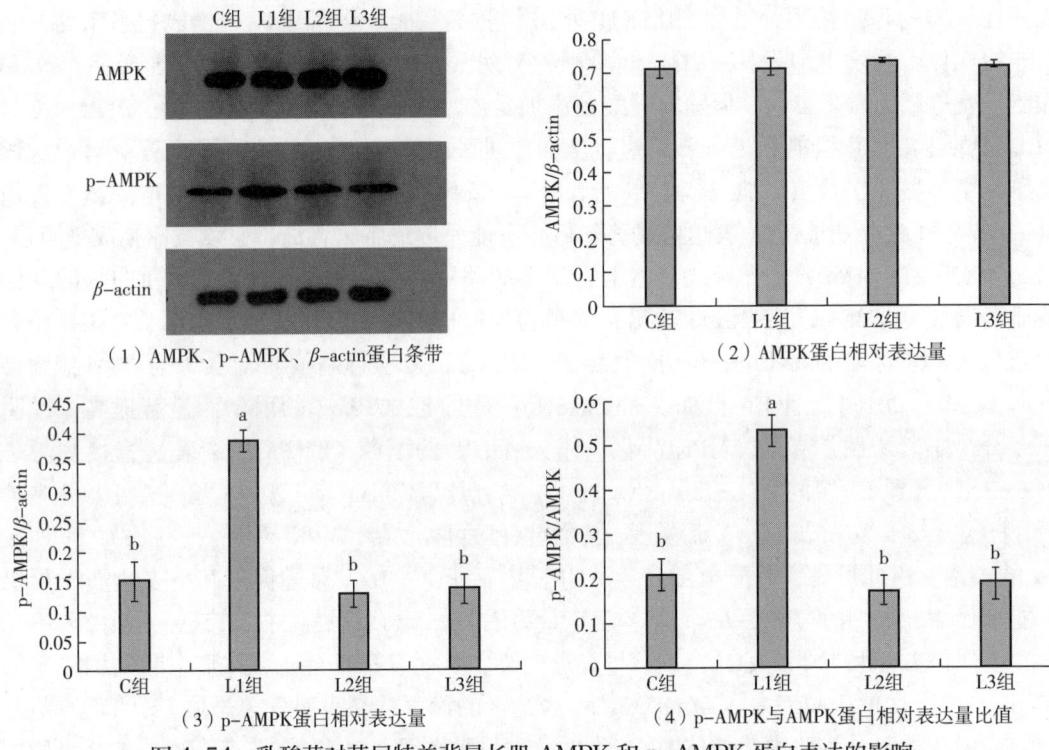

图4-54 乳酸菌对苏尼特羊背最长肌 AMPK 和 p-AMPK 蛋白表达的影响

[字母不同表示差异显著（$P<0.05$），相同或无字母表示差异不显著（$P>0.05$）]

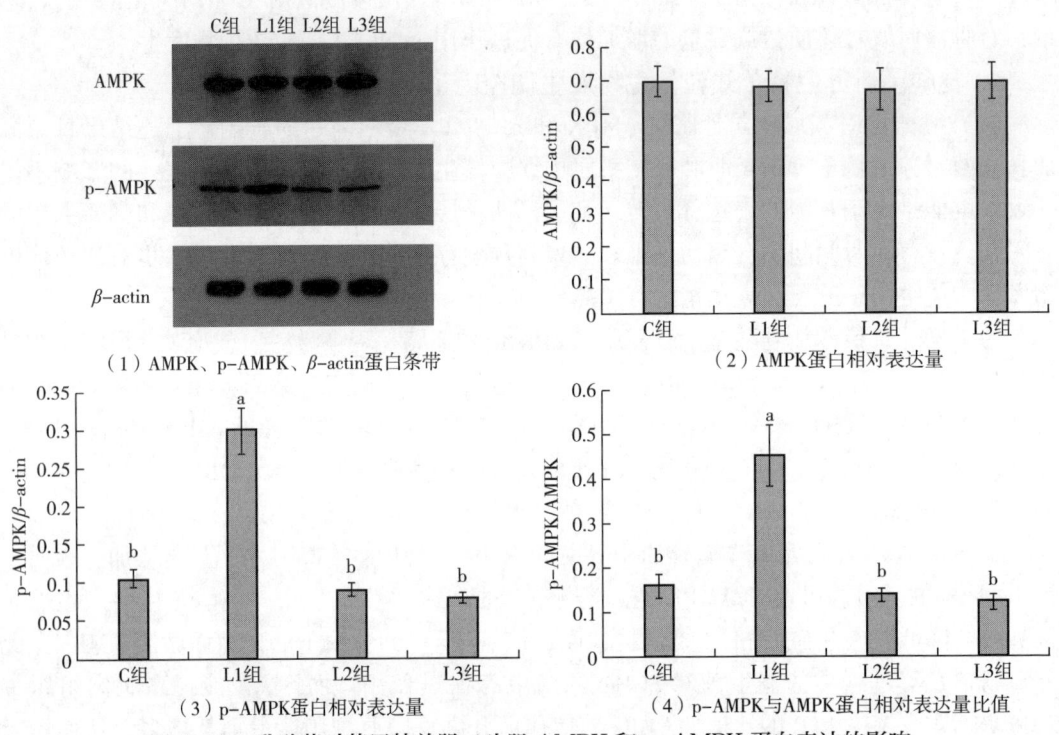

图4-55 乳酸菌对苏尼特羊股二头肌 AMPK 和 p-AMPK 蛋白表达的影响

[字母不同表示差异显著（$P<0.05$），相同或无字母表示差异不显著（$P>0.05$）]

式参与骨骼肌线粒体生物发生，保护骨骼肌健康。

(2) 乳酸菌对苏尼特羊骨骼肌 PGC-1α 蛋白表达的影响　如图 4-56、图 4-57 所示，背最长肌中，L1 组的 PGC-1α 蛋白表达极显著高于 C 组、L2 组和 L3 组（$P<0.01$），其中 L2 组和 L3 组又极显著高于 C 组（$P<0.01$）；股二头肌中，L1 组的 PGC-1α 蛋白表达也极显著高于 C 组、L2 组和 L3 组（$P<0.01$），其中 L2 组的又显著高于 C 组（$P<0.05$）和 L3 组（$P<0.05$）。

目前学者们认为，乳酸菌代谢物——乳酸可能直接作为信号分子物质调控 PGC-1α 的表达，进而影响骨骼肌线粒体生物发生。产生的大量乳酸用于 NAD^+ 的产生，促进糖酵解过程，产生大量能量；同时 NAD^+ 的大量产生促进了 Sirt1 的表达，进而刺激 PGC-1α 的表达。Hashimoto 等（2007）针对乳酸对线粒体生物发生的影响进行研究发现，高浓度乳酸可以增加 *PGC-1α* mRNA 表达，提高其下游因子 NRF-2 的 DNA 结合活性，从而导致细胞 COX 蛋白高表达。

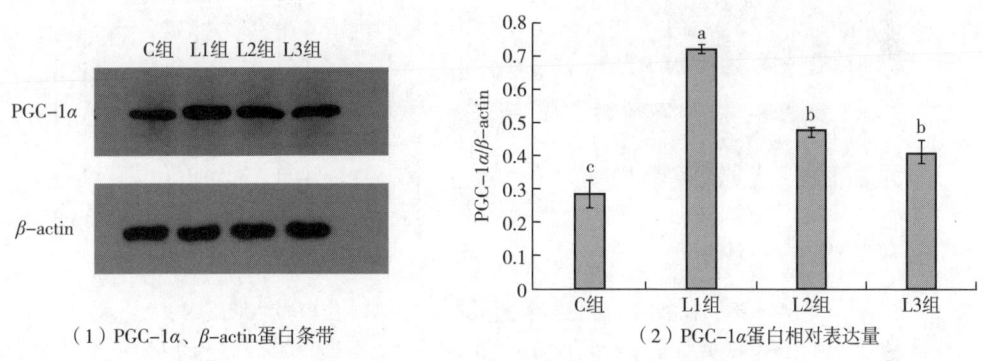

(1) PGC-1α、β-actin 蛋白条带　　(2) PGC-1α 蛋白相对表达量

图 4-56　乳酸菌对苏尼特羊背最长肌 PGC-1α 蛋白表达的影响

［字母不同表示差异显著（$P<0.05$），相同或无字母表示差异不显著（$P>0.05$）］

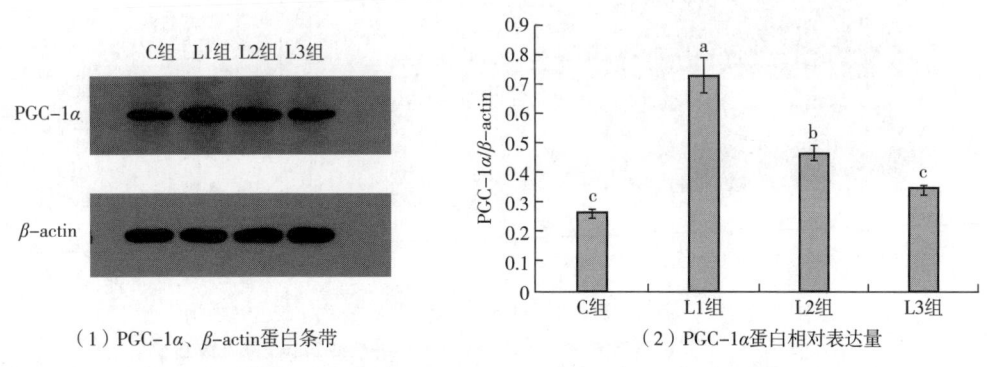

(1) PGC-1α、β-actin 蛋白条带　　(2) PGC-1α 蛋白相对表达量

图 4-57　乳酸菌对苏尼特羊股二头肌 PGC-1α 蛋白表达的影响

［字母不同表示差异显著（$P<0.05$），相同或无字母表示差异不显著（$P>0.05$）］

(3) 乳酸菌对苏尼特羊骨骼肌 TFAM 蛋白表达的影响　如图 4-58、图 4-59 所示，背最长肌中，L3 组的 TFAM 蛋白表达量显著低于 C 组（$P<0.05$），L1 组和 L2 组与 C 组相比差异不显著（$P>0.05$）；股二头肌中，L1 组的 TFAM 蛋白表达量极显著高于 C 组、L2 组

和 L3 组（$P<0.01$）。

TFAM 是维持线粒体稳定的重要因子，可以与 mtDNA 结合，广泛参与 mtDNA 的转录、复制和损失修复过程。L3 组背最长肌中 TFAM 的基因和蛋白表达量均显著降低，说明日粮添加 3% 的乳酸菌抑制了 mtDNA 的转录、复制，降低了线粒体数量。Jeung 等（2018）为了研究乳酸菌对线粒体生物发生的影响，在分化过程中用弯曲乳酸杆菌和植物乳植杆菌共同处理前脂肪细胞，结果显示，乳酸菌抑制了线粒体生物发生，线粒体质量下降，NRF-1 虽未见明显变化，但其他线粒体生物发生的主要调节因子，如 PGC-1α 和 TFAM 表达水平降低。PGC-1α 可通过直接与 TFAM 的启动子结合促进 TFAM 的转录，进而增加 mtDNA 的复制和基因表达。试验中 L1 组 PGC-1α、TFAM 的基因和蛋白表达量均显著升高，说明日粮添加 1% 的乳酸菌对提高线粒体数量有积极作用。

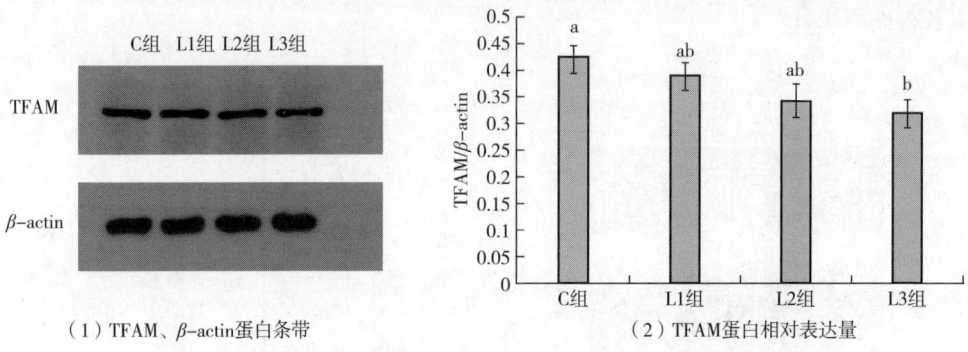

图 4-58 乳酸菌对苏尼特羊背最长肌 TFAM 蛋白表达的影响

[字母不同表示差异显著（$P<0.05$），相同或无字母表示差异不显著（$P>0.05$）]

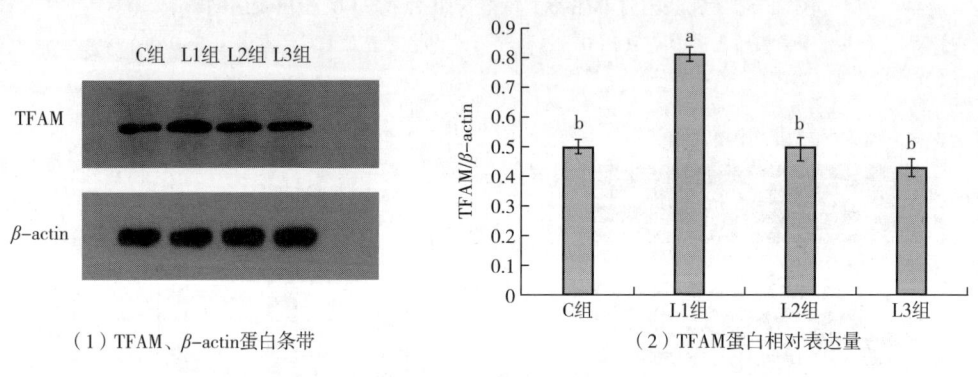

图 4-59 乳酸菌对苏尼特羊股二头肌 TFAM 蛋白表达的影响

[字母不同表示差异显著（$P<0.05$），相同或无字母表示差异不显著（$P>0.05$）]

（4）乳酸菌对苏尼特羊骨骼肌 COX Ⅳ 蛋白表达的影响　如图 4-60、图 4-61 所示，背最长肌中，L1 组的 COX Ⅳ 蛋白表达量显著高于 C 组、L2 组和 L3 组（$P<0.05$）；股二头肌中，L1 组的 COX Ⅳ 蛋白表达量显著高于 C 组和 L3 组（$P<0.05$）。目前研究认为 COX Ⅳ 是线粒体生物发生的标志，其活性高低决定了线粒体生物发生水平（邹彬，2011）。COX Ⅳ 蛋白的高表达说明苏尼特羊骨骼肌的线粒体生物发生增加。

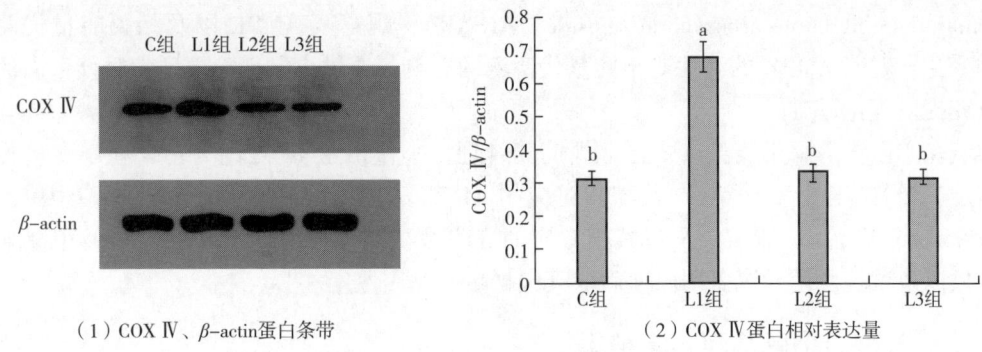

图 4-60　乳酸菌对苏尼特羊背最长肌 COX IV 蛋白表达的影响

[字母不同表示差异显著（$P<0.05$），相同或无字母表示差异不显著（$P>0.05$）]

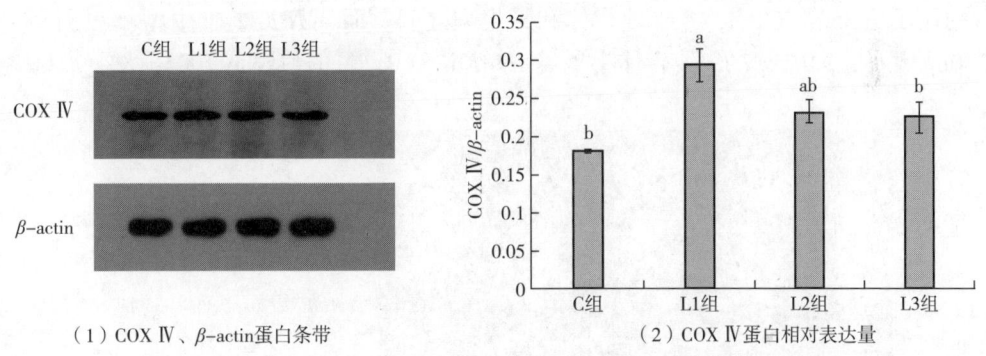

图 4-61　乳酸菌对苏尼特羊股二头肌 COX IV 蛋白表达的影响

[字母不同表示差异显著（$P<0.05$），相同或无字母表示差异不显著（$P>0.05$）]

试验从线粒体基因和蛋白两个水平比较了苏尼特羊两个部位骨骼肌线粒体生物发生水平的差异，发现日粮添加1%的乳酸菌对苏尼特羊背最长肌的线粒体数量无显著影响，对苏尼特羊股二头肌的线粒体数量和质量有促进作用，线粒体生物发生增强。结合肌纤维特性分析发现，L1组苏尼特羊的氧化型肌纤维比例较高，酵解型肌纤维比例较低，线粒体生物发生程度增加，说明线粒体生物发生对促进肌纤维类型转化有积极作用。

第二节　肌肉能量代谢

一、AMPKα 亚基对小鼠 AMPK 活性及其级联反应的影响

为了更好的深入了解 AMPK 对机体能量代谢的影响以及如何调节动物宰后的糖酵解过程，作者团队先以符合基因鉴定要求的野生型小鼠、AMPKα1 基因敲除小鼠、AMPKα2 基因敲除小鼠为试验动物，探究了 AMPK 中不同亚基在动物不同生长阶段的生理功能、对机体产生的影响以及 AMPKα1 亚基与 α2 亚基与糖代谢的关系，特别是在糖酵解过程中的作

用。然后通过对 26 只 wistar 健康雌性大白鼠注射了激活剂 5-氨基-4-甲酰胺咪唑核糖苷酸（5-amino-4-imidazolecarboxamide riboside，AICAR），观察其 AMPK 以及相关能量代谢酶活的变化，明确 AMPK 的活性对于能量代谢酶的影响，通过小鼠试验模型为后续畜肉的深入研究提供理论基础。

试验小鼠饲养采用笼养方式，常规饲养管理。小鼠出生 7d 之内剪指，剪尾，进行基因鉴定，129S2 野生型（WT）及与其对应的 *AMPKα1* 基因敲除（*AMPKα1* ko）小鼠，以及 C57BL/6J 野生型（WT）及与其相对应的 *AMPKα2* 基因敲除（*AMPKα2* ko）小鼠各选择 8 只以备试验所用，试验用鼠宰后取其肉样重复基因鉴定。

（一）试验小鼠基因鉴定结果

如图 4-62、图 4-63 所示，PCR 扩增后，*AMPKα1* 野生型小鼠目的片段是 500bp 大小，*AMPKα1* ko 纯合体小鼠（*AMPKα1-/-*）目的片段是 350bp 大小，而 *AMPKα1* ko 杂合体目的片段是 350~500bp，介于纯合体和野生型之间。而 *AMPKα2* 野生型小鼠目的片段是 200bp 大小，*AMPKα2* ko 纯合体小鼠（*AMPKα2-/-*）目的片段是 700bp 大小，*AMPKα2*

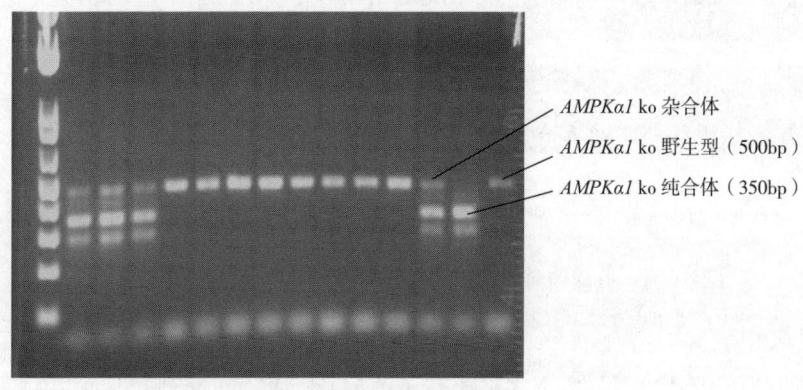

图 4-62　*AMPKα1* 纯合体、杂合体及野生型小鼠电泳图谱

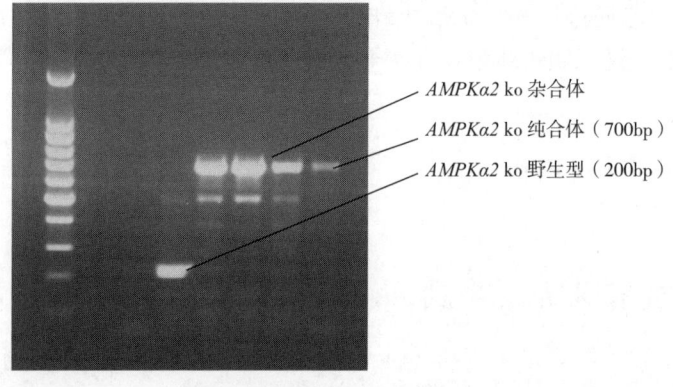

图 4-63　*AMPKα2* 纯合体、杂合体及野生型小鼠电泳图谱

杂合体目的片段是 200~700bp，介于纯合体和野生型之间。选定电泳图谱显示的片段为 500bp 大小的样品为 *AMPKα1* ko 小鼠对应的野生型小鼠、片段为 350bp 大小的样品为 *AMPKα1* ko 纯合体小鼠、片段为 200bp 大小的样品为 *AMPKα2* ko 小鼠对应的野生型小鼠、片段为 700bp 大小的样品为 *AMPKα2* ko 纯合体小鼠以作为进一步试验所用。

（二）野生型小鼠与 *AMPKα1* ko 小鼠宰后 AMPK 活性变化

将小鼠 α1 亚基敲除之后，检测其同型亚基在宰后糖酵解过程中的作用。AMPK 活性通过 α 亚基 Thr172 位点的磷酸化水平来表现。如图 4-64、图 4-65、图 4-66 所示，野生

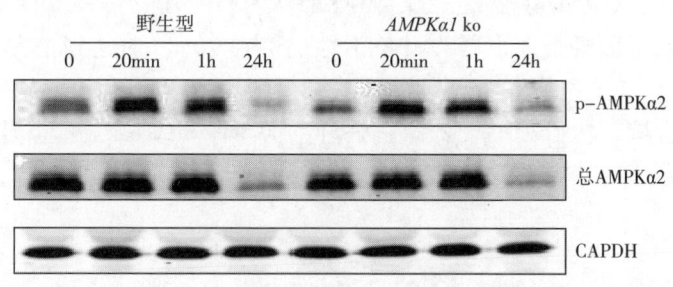

图 4-64　免疫印迹分析中 AMPK 活性

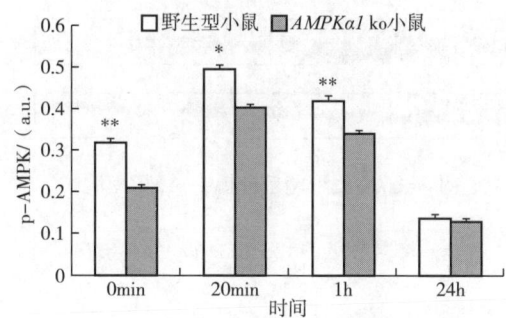

图 4-65　野生型和 *AMPKα1* 基因敲除小鼠宰后 p-AMPK 活性变化

[*表示差异显著（$P<0.05$），**表示差异显著（$P<0.01$）]

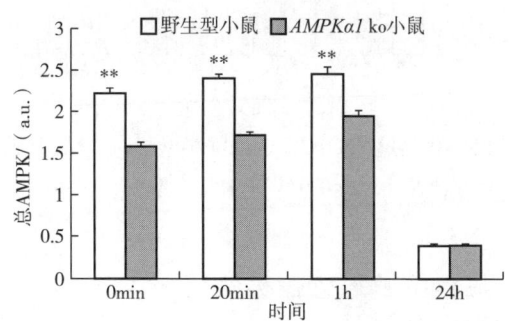

图 4-66　野生型和 *AMPKα1* 基因敲除小鼠宰后总 AMPK 活性变化

[*表示差异显著（$P<0.05$），**表示差异显著（$P<0.01$）]

型小鼠和 *AMPKα1* ko 小鼠 AMPK 磷酸化水平在宰后都呈现出随着时间不断升高，随后又逐渐减弱的趋势，在 20min 时达到最大值，之后开始逐步下降，24h 时逐渐消失。AMPK 活性由其磷酸化水平代表，这些数据表明两个处理组中 AMPK 活性都在 20min 时达到最大，之后开始逐步下降，24h 时活性逐渐消失，说明野生型小鼠和 *AMPKα1* ko 小鼠在宰后短时间内 AMPK 活性都迅速提高，此外 AMPKα1 亚基敲除之后并不影响 AMPK 活性变化，说明 AMPKα1 亚基调节宰后糖酵解的作用并不显著。

（三）野生型小鼠与 *AMPKα2* ko 小鼠宰后 AMPK 活性变化

相对于 *AMPKα1* 基因敲除小鼠，当 AMPKα2 亚基被敲除后，AMPK 活性在 20min 和 1h 并没有显著提高，而野生型小鼠 AMPK 活性仍然在 20min 时达到最大值，之后开始逐步下降，24h 时逐渐消失（图 4-67）。如图 4-68、图 4-69 所示，在 AMPKα2 亚基被敲除后，总的 AMPK 含量（包括 α1 和 α2）显著降低，说明 AMPKα2 亚基被敲除后，AMPK 活性受到了很大影响。

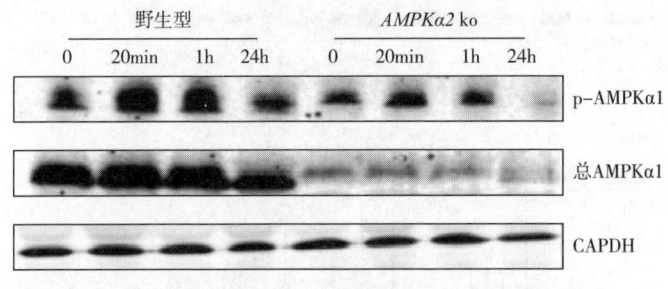

图 4-67　免疫印迹分析中 AMPK 活性

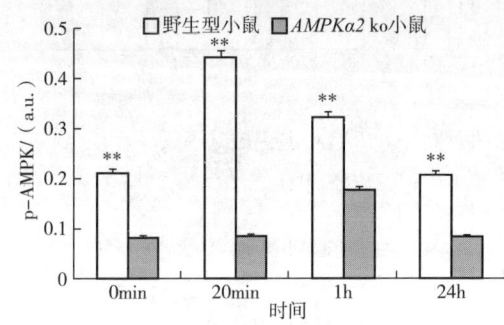

图 4-68　野生型和 *AMPKα2* 基因敲除小鼠宰后 p-AMPK 活性变化

[* 表示差异显著（$P<0.05$），** 表示差异显著（$P<0.01$）]

（四）试验小鼠宰后糖酵解过程指标变化

1. 野生型小鼠与 *AMPKα1* ko 小鼠、*AMPKα2* ko 小鼠宰后 pH 变化

对应 AMPK 活性的变化，pH 的变化趋势进一步证明 AMPKα2 亚基对于调节宰后糖酵解的重要作用，如图 4-71 所示，*AMPKα2* 基因敲除小鼠宰后 pH 变化很小，24h 时 pH 仅

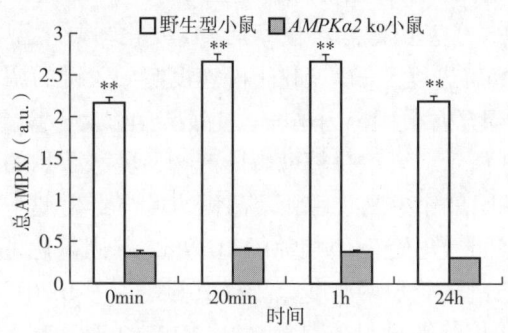

图 4-69　野生型和 *AMPKα2* 基因敲除小鼠宰后总 AMPK 活性变化

[* 表示差异显著（$P<0.05$），** 表示差异显著（$P<0.01$）]

从 6.5 降到 6.3，而相对应的野生型小鼠 pH 则下降速度很快，在 24h 时已降到 6.0（$P<0.01$）左右，野生型小鼠与 AMPKα2 基因敲除小鼠 pH 在 24h 时内变化趋势差异很大，说明 α2 亚基被敲除后，糖酵解进程受到很大影响，以致 pH 下降很慢，AMPKα2 亚基在 pH 下降过程中起到了重要作用。相反，如图 4-70 所示，AMPKα1 基因敲除小鼠宰后 pH 变化趋势与野生型小鼠相近，说明 AMPKα1 亚基被敲除后并没有对 pH 变化趋势造成很大的影响，再次证明 AMPKα2 亚基对糖酵过程影响较大，进而影响到 pH 的变化，而 AMPKα1 亚基对糖酵解没有影响或者只是有很小的影响，因此对 pH 的变化影响也较小。

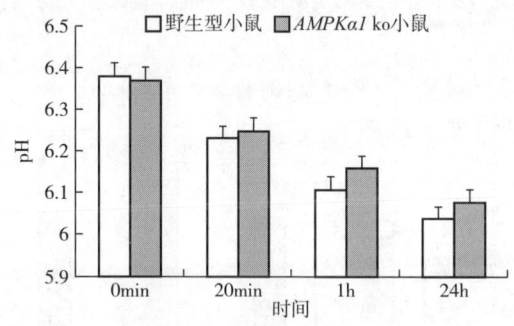

图 4-70　野生型和 *AMPKα1* 基因敲除小鼠 pH 变化

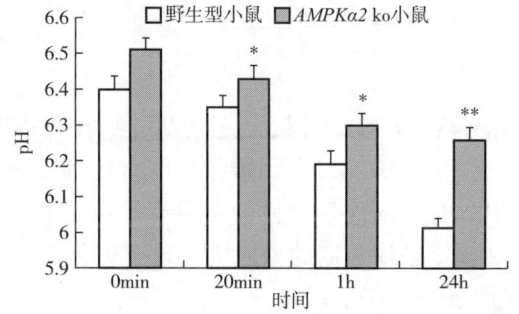

图 4-71　野生型和 *AMPKα2* 基因敲除小鼠 pH 变化

AMPKα2 基因敲除小鼠宰后 pH 没有像野生型小鼠一样迅速降低，而是在 24h 内一直保持高 pH 状态。而 AMPKα1 基因敲除小鼠宰后 pH 变化与野生型小鼠相近，宰后迅速降低。说明 AMPKα2 对糖酵解进程及 pH 变化下降速度起到关键的调节作用。

2. 野生型小鼠与 AMPKα1 ko 小鼠、AMPKα2 ko 小鼠宰后乳酸变化

如图 4-72、图 4-73 所示，乳酸是糖酵解的产物，乳酸蓄积的多少同样能说明糖酵解进程的快慢，AMPKα1 基因敲除小鼠宰后乳酸蓄积速度与野生型小鼠一致，宰后乳酸迅速积累，变化趋势与 pH 相同。与野生型相比，AMPKα2 基因敲除小鼠宰后乳酸蓄积缓慢，在 20min 时就与野生型小鼠乳酸积累速度差异极其显著（$P<0.01$），高 pH 与低乳酸蓄积说明 AMPKα2 基因敲除后糖酵解过程受到影响，AMPKα2 亚基对宰后糖酵解过程中乳酸积累起到重要影响，说明 AMPKα2 亚基在糖酵解过程中具有关键作用。

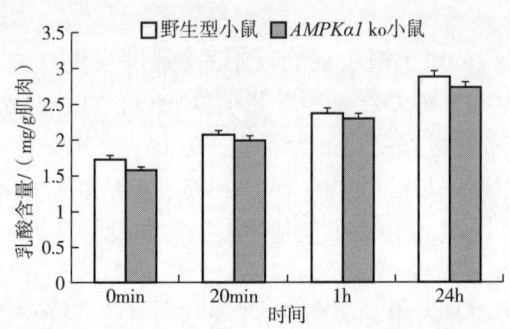

图 4-72 野生型和 AMPKα1 基因敲除小鼠乳酸变化

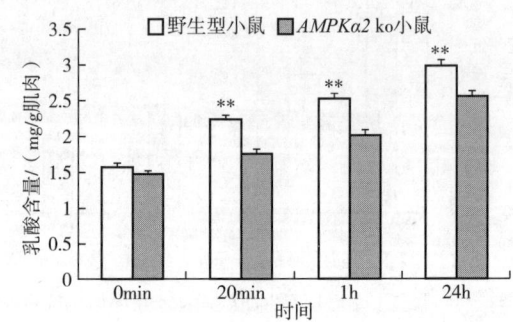

图 4-73 野生型和 AMPKα2 基因敲除小鼠乳酸变化

[** 表示差异极显著（$P<0.01$）]

3. 野生型小鼠与 AMPKα1 ko 小鼠、AMPKα2 ko 小鼠宰后糖原变化

如图 4-74、图 4-75 所示，AMPKα1 基因敲除小鼠宰后肌肉糖原含量与野生型基本相近，变化很小，说明 AMPKα1 亚基被敲除后，并没有影响糖酵解过程，乳酸很快蓄积，pH 迅速降低，而 AMPKα2 基因敲除小鼠的糖原含量显著偏低，与野生型小鼠糖原含量差异极显著（$P<0.01$），说明 AMPKα2 亚基被敲除后，影响了糖酵解过程，乳酸蓄积减少，pH 降低减缓，再次说明了 AMPKα2 亚基对糖酵解过程的重要作用。

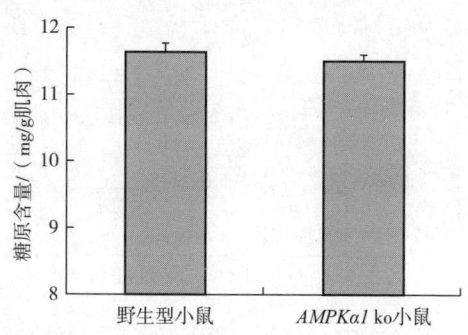

图 4-74　野生型和 *AMPKα1* 基因敲除小鼠糖原变化

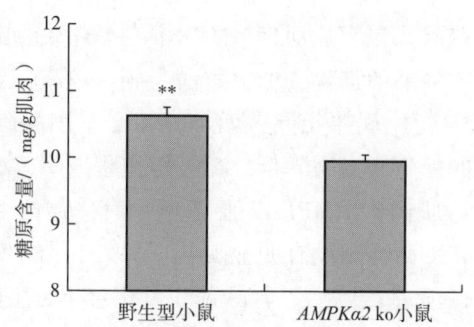

图 4-75　野生型和 *AMPKα2* 基因敲除小鼠糖原变化

[** 表示差异极显著（$P<0.01$）]

对比 *AMPKα2* 基因敲除小鼠，AMPKα1 亚基被敲除后 AMPK 活性仍然很高，糖原含量也相对较高，说明 AMPKα2 在调节 AMPK 活性、促进糖酵解进程起到关键作用。

4. 野生型小鼠与 *AMPKα1* ko 小鼠、*AMPKα2* ko 小鼠宰后糖酵解潜力变化

如图 4-76、图 4-77 所示，野生型小鼠的糖酵解潜力要远远高于 *AMPKα2* 基因敲除小鼠（$P<0.01$），而 *AMPKα1* 基因敲除小鼠与野生型小鼠的差别很小。AMPKα2 亚基对糖原及糖酵解潜力的影响远远大于 AMPKα1 的作用，说明 AMPK α2 亚基在糖酵解过程中起到关键的调节作用。

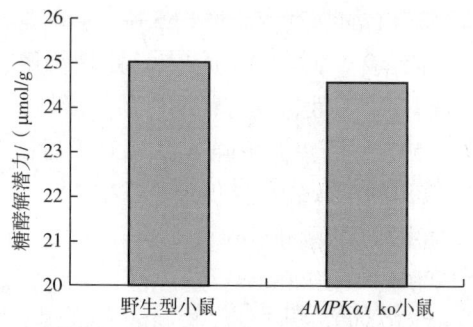

图 4-76　野生型和 *AMPKα1* 基因敲除小鼠糖酵解潜力变化

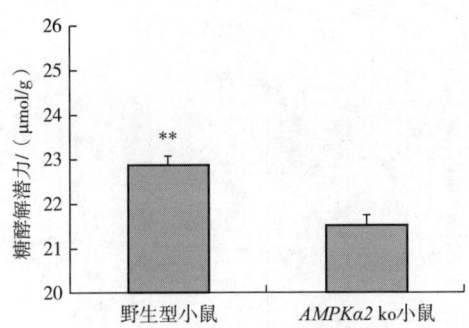

图 4-77 野生型和 *AMPKα2* 基因敲除小鼠糖酵解潜力变化

[** 表示差异极显著（$P<0.01$）]

试验中 *AMPKα1* 基因敲除小鼠宰后肌肉 AMPK 活性没有受到影响，与野生型小鼠一样迅速升高，进而调节肌肉的糖酵解进程，糖酵解潜力相对较高，该试验结果与之前研究得到的 AMPK 与糖酵解指标的变化规律相同，而 *AMPKα2* 基因敲除小鼠宰后肌肉 AMPK 活性受到了很大影响，相应的糖酵解潜力降低，糖酵解进程减缓。

多项实验结果表明宰后肌肉中 AMPKα2 亚基敲除后，致使 AMPK 活性显著降低，而 AMPKα1 亚基敲除后，AMPK 活性则没有明显变化。另外，AMPKα2 亚基敲除后，乳酸蓄积量相对较少；而 AMPKα1 亚基敲除后，乳酸蓄积量相对于野生型小鼠的变化并没有明显的差异，即 AMPKα2 亚基主要调节宰后糖酵解过程。这与之前有研究发现在活体骨骼肌中，AMPKα2 亚基是调节糖代谢的关键因子的结果相一致（Lefort et al., 2008）。与上述结果相符的是 *AMPKα2* 基因敲除后，肌肉中糖原含量降低，相反，*AMPKα1* 基因敲除后，与野生型小鼠相比，糖原含量变化不明显，这一结果再次证明 AMPKα2 亚基是 AMPK 促进葡萄糖吸收及糖酵解进程的关键因子（Wang et al., 2012）。

二、AICAR 对大鼠 AMPK 活性及其级联反应的影响

在明确 AMPK 是动物生长发育及宰后糖酵解重要的调节因子后，在此基础上，作者团队为了更加深入的了解 AMPK 对于机体能量代谢的影响，采用 AMPK 常用的激活剂 AICAR，通过激活 AMPK 活性的方式来探究其对大鼠能量代谢相关酶活的影响。AICAR 被动物摄取后，可转化为单核苷衍生物 ZMP。Henin 等（1996）比较了 ZMP 和 AMP 的作用动力学特征，结果表明二者都影响酶与其专一底物 SAMS 肽的饱和曲线，与 AMPK 的亲和力都随 ATP 的降低而增加，都结合在同一变构位点，并且作用具有可加性和竞争性，二者对大鼠 AMPK 的作用具有高度相似性，具有相同的最大激活效应。作者团队通过对活体大鼠体内注射 AICAR 来激活 AMPK 活性，明确 AMPK 对于后续能量代谢酶活的影响，旨在通过大鼠试验模型为后续畜肉的深入研究提供理论基础。

试验选取 3 周龄 wistar 健康雌性大白鼠 26 只（购自内蒙古大学动物实验中心），分为对照组和激活组（AICAR）两组，每组 13 只，适应性饲养一周后开始注射，激活组每天以 0.5mg/kg 的剂量皮下注射 AICAR，对照组以相同的剂量每天注射生理盐水，连续注射四周，期间大鼠自由饮水和取食（基础饲料）。

1. AMPK 活性

试验采用生物素双抗体夹心酶联免疫吸附法（ELISA）测定样品中磷酸化腺苷酸活化蛋白激酶（p-AMPK 的水平，即 p-AMPK 的蛋白含量来检测 AMPK 磷酸化水平（p-AMPK 的蛋白含量越高，磷酸化程度就越高，相应的 AMPK 活性就越高）。连续注射激活剂后大鼠激活组和对照组的 AMPK 活性变化如图 4-78 所示，以 0.5mg/kg 的剂量连续给大鼠皮下注射 AMPK 激活剂四周后，激活组 AMPK 活性显著高于对照组（$P<0.05$），说明试验所用激活剂 AICAR 及注射剂量有效，大鼠 AMPK 被激活。

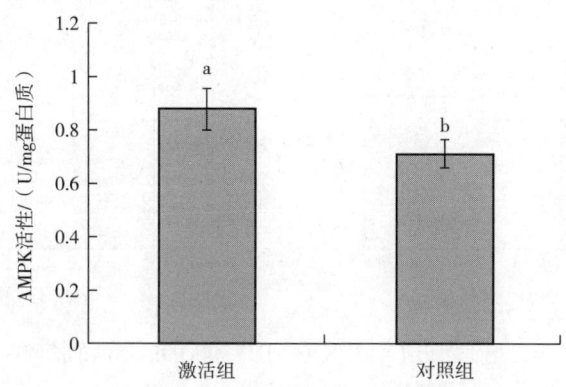

图 4-78 激活 AMPK 对 AMPK 酶活性的影响

[不同字母表示差异显著（$P<0.05$）]

2. CK 活性

大鼠持续注射 AICAR 后，大鼠腓肠肌 CK 活性变化如图 4-79 所示，给大鼠持续注射激活剂 AICAR 后，激活组 CK 活性显著高于对照组（$P<0.05$）。CK 活性越高，肌肉的能量代谢缓冲能量越强，磷酸原转化能力越强，即肌肉运动耐力越强，氧化代谢能量越强。

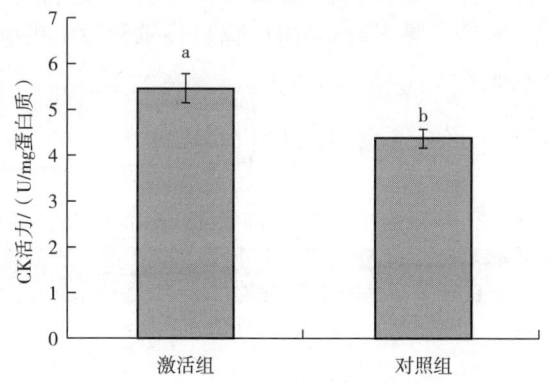

图 4-79 激活 AMPK 对 CK 酶活性的影响

[不同字母表示差异显著（$P<0.05$）]

3. SDH 和 MDH 活性

大鼠持续注射 AICAR 后,大鼠腓肠肌 SDH 和 MDH 活性变化如图 4-80 所示。注射激活剂后,与对照组相比,激活组 SDH 和 MDH 活性均显著升高($P<0.05$),说明注射激活剂后大鼠腓肠肌氧化代谢能力增强。

结果表明在连续注射 4 周的 AICAR(每天 0.5mg/kg)后,大鼠腓肠肌的 AMPK 被有效激活,其活性显著高于对照组,同时增加了大鼠的肌肉运动耐力,增强了其氧化代谢的能力。

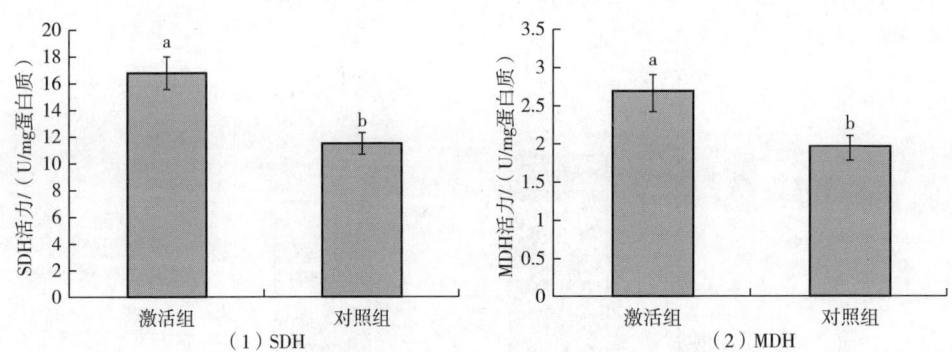

图 4-80　激活 AMPK 对 SDH 和 MDH 活性的影响

[不同字母表示差异显著($P<0.05$)]

三、饲养方式对羊肉 AMPK 活性及其级联反应的影响

由于试验鼠的可实用性,使得其非常适合作为各种机制的研究对象,但是与各种牲畜之间的生长发育、糖酵解能力及其他化学变化仍会有一些细微差别。因此,作者团队接下来以肉羊为研究对象,在明确 AMPK 能够调控肉羊宰后糖酵解进程的前提下,对不同饲养方式、月龄及宰后加工方式下肉羊 AMPK 活性及相关能量代谢酶活性进行了测定,探究了 AMPK 活性如何调控羊肉的能量代谢继而影响肉品质。

选自内蒙古自治区巴彦淖尔市海流图镇放牧和舍饲条件下的 12 月龄苏尼特羊各 10 只,每种饲养条件下公母各半。屠宰后 1h 内取背最长肌和股二头肌作为试验原料,用于测定 AMPK 活性、糖酵解指标。

(一)放牧与舍饲对羊肉 AMPK 活性的影响

表 4-12　不同饲养方式不同部位 AMPK 活性($n=10$)　　单位:ng/mL

部位	舍饲	放牧
背最长肌	48.32±1.16^B	85.16±9.36^A
股二头肌	48.08±2.25^B	60.66±1.10^A

注:同行不同字母肩注表示差异显著($P<0.05$),相同表示差异不显著($P>0.05$)。

不同饲养方式下 12 月龄苏尼特羊不同部位的 AMPK 活性如表 4-12 所示,对比两种饲养方式发现，舍饲羊背最长肌和股二头肌中 AMPK 活性均显著低于放牧羊（$P<0.05$），可能的原因是放牧羊的运动强度高于舍饲羊，而运动能够激活 AMPK，所以放牧羊宰后 AMPK 的活性高于舍饲羊。

（二）放牧与舍饲对羊肉糖酵解指标的影响

表4-13　不同饲养方式肌肉糖酵解指标（$n=10$）

糖酵解指标	部位	舍饲	放牧
肌糖原含量/(mg/g)	背最长肌	5.73±0.55[A]	4.96±0.73[B]
	股二头肌	6.44±0.22[A]	3.28±0.47[B]
LD 含量/(mmol/g 蛋白质)	背最长肌	1.24±0.18[B]	2.16±0.23[A]
	股二头肌	1.33±0.22[A]	1.42±0.25[A]
HK 活性/(U/g 蛋白质)	背最长肌	14.91±0.24[B]	16.35±0.31[A]
	股二头肌	17.35±0.35[A]	19.78±1.54[A]

注：同行不同字母肩注表示差异显著（$P<0.05$），相同表示差异不显著（$P>0.05$）。

由表 4-13 可知，在背最长肌和股二头肌中，舍饲羊肌糖原含量显著高于放牧羊（$P<0.05$）；舍饲羊背最长肌的 LD 含量和 HK 活性显著低于放牧羊（$P<0.05$）。研究表明，AMPK 激活会增加己糖激酶活性，而且 AMPK 活性与己糖激酶活性呈正相关关系（宋晓彬，2014）。本实验的结果为放牧的 AMPK 活性高于舍饲羊，己糖激酶活性结果与之一致，验证了 AMPK 活性与己糖激酶活性呈正相关这一结论。

四、月龄对羊肉 AMPK 活性及其级联反应的影响

选择 5 月龄、6 月龄、8 月龄和 12 月龄巴美肉羊，屠宰放血，分别选取股二头肌、背最长肌和臂三头肌三个部位的肉样进行检测。

（一）不同月龄对羊肉 AMPK 活性的影响

由表 4-14 可知，不同月龄肌肉中 AMPK 活性不同，同一月龄不同部位 AMPK 活性差异显著（$P<0.05$），AMPK 活性整体随月龄呈下降的趋势，而 Reznick 等（2007）研究发现给活体老鼠注射 AMPK 激活剂，28 月龄鼠的 AMPKα2 活性小于 3 月龄鼠。8 月龄肉羊的 AMPK 活性显著高于其他月龄，原因可能是其所处的发育阶段较好，机体代谢旺盛，运动能力强。

表4-14　不同月龄对肉羊不同部位 AMPK 活性的影响（$n=5$）　　单位：U/L

月龄	股二头肌	背最长肌	臂三头肌	平均值
5月龄	7.544±0.853	8.709±0.474	6.743±0.474	7.665±1.017[B]

续表

月龄	股二头肌	背最长肌	臂三头肌	平均值
6月龄	4.663±0.757	6.338±1.454	4.889±1.398	5.297±1.384^C
8月龄	11.318±0.825	11.660±2.832	10.769±1.413	11.249±1.789^A
12月龄	3.224±1.895	4.559±1.673	2.480±1.079	3.421±1.718^D
平均值	6.687±3.353^b	7.816±3.199^a	6.220±3.284^b	—

注：同列不同大写字母肩注表示差异显著（$P<0.05$）；同行不同小写字母肩注表示差异显著（$P<0.05$）。

（二）不同月龄对羊肉糖酵解指标的影响

由表4-15可知，同月龄不同部位糖原含量随着月龄的增加而下降；乳酸含量随着月龄的增加而增加；己糖激酶活性随月龄的增加呈下降趋势。研究发现鸵鸟机体中的乳酸脱氢酶活性在3月龄和4月龄时最高，其他月龄逐渐降低，说明动物肌肉中酶活性随年龄呈线性变化趋势，在适龄达到最高，其他月龄动物机体代谢率下降，酶活性逐渐降低（董武子等，2016）。试验中8月龄羊的己糖激酶活性高于12月龄羊，可能是8月龄羊的机体代谢率高于12月龄羊。

表4-15 不同月龄对肉羊不同部位糖酵解指标的影响（$n=5$）

糖酵解指标	月龄	股二头肌	背最长肌	臂三头肌	平均值
糖原含量/ (mg/g)	5月龄	7.429±0.996^a	6.423±0.505^a	2.980±1.394^b	5.324±2.337^A
	6月龄	3.783±2.078^b	6.705±1.971^a	4.354±1.640^{ab}	4.947±2.197^A
	8月龄	3.964±2.579	6.689±3.751	4.163±2.524	4.939±3.011^A
	12月龄	0.851±0.362^b	4.245±2.034^a	1.403±0.843^b	2.166±1.947^B
	平均值	3.819±2.838^b	5.928±2.437^a	3.175±1.933^b	—
乳酸含量/ (mmol/ g蛋白质)	5月龄	1.012±0.232	1.316±0.209	1.048±0.295	1.125±0.269^B
	6月龄	1.152±0.410	1.383±0.481	1.133±0.396	1.223±0.415^B
	8月龄	1.690±0.314	1.669±0.174	1.688±0.185	1.682±0.216^A
	12月龄	1.905±0.453	2.127±0.772	1.418±0.332	1.817±0.595^A
	平均值	1.440±0.504^{ab}	1.624±0.545^a	1.322±0.385^b	—
己糖激酶/ (U/g蛋白质)	5月龄	46.796±14.690	53.450±14.467	55.010±14.424	51.752±13.946^A
	6月龄	27.861±13.773	38.611±12.780	42.812±12.676	36.428±13.757^{BC}
	8月龄	48.718±21.061	43.840±15.922	47.548±17.505	46.481±16.642^{AB}
	12月龄	40.369±6.474^a	25.382±3.841^b	35.622±14.515^{ab}	33.791±10.876^C
	平均值	40.526±15.612	40.321±15.589	45.127±15.325	—

注：同列不同大写字母肩注表示差异显著（$P<0.05$）；同行不同小写字母肩注表示差异显著（$P<0.05$）。

五、宰后不同贮藏温度对羊肉 AMPK 活性及其级联反应的影响

(一) 宰后不同贮藏温度对羊肉 AMPK 活性的影响

将在不同温度下贮藏的羊肉于宰后 0h、0.5h、1h、2h 和 24h 分别测定 AMPK 活性，结果见表 4-16。由表可见，宰后不同温度下贮藏 0h 的 AMPK 活性是无显著变化的，随着贮藏时间的延长，贮藏在 0℃下的羊肉，其 AMPK 活性在 1h 达到最大值，贮藏在 4℃和 15℃下的羊肉，其 AMPK 活性在 0.5h 达到最大值。这表明贮藏温度能够影响宰后 AMPK 的活性。目前大量研究均表明温度对 AMPK 有影响。

表 4-16 宰后不同温度对羊肉 AMPK 活性的影响   单位：U/L

温度	AMPK 活性				
	0h	0.5h	1h	2h	24h
0℃	86.42±2.963[a]	96.48±6.401[b]	106.25±0.837[a]	101.92±3.447[a]	75.13±5.692[a]
4℃	84.57±4.624[a]	109.84±4.242[ab]	107.49±2.983[a]	85.73±5.277[b]	66.79±5.541[a]
15℃	84.57±5.857[a]	118.65±2.563[a]	79.88±9.085[b]	71.69±4.267[b]	48.89±2.445[b]

注：同列不同小写字母肩注表示差异显著（$P<0.05$）。

(二) 宰后不同贮藏温度对羊肉糖酵解指标的影响

表 4-17、表 4-18 是宰后不同温度对羊肉肌糖原和乳酸含量的影响。表 4-19、表 4-20、表 4-21 是宰后不同温度对羊肉糖酵解关键限速酶 HK、PK 和 LDH 活性的影响。宰后不同温度下贮藏 0h 的糖原、乳酸含量以及糖酵解关键酶活性是无显著差异的，随着贮藏时间的延长，糖原的含量逐渐下降，而乳酸的含量逐渐增多。贮藏在 0℃下的羊肉，其 HK 活性在 1h 达到最大值，贮藏在 4℃和 15℃下的羊肉，其 HK 活性在 2h 达到最大值。贮藏在 0℃下的羊肉，其 LDH 活性在 2h 达到最大值，贮藏在 4℃和 15℃下的羊肉，其 LDH 活性在 1h 达到最大值。羊肉在贮藏期间，PK 活性先上升后下降，在保存的 0~2h，贮藏于 0℃和 15℃的羊肉 PK 活性在 1h 时达到最高，贮藏于 4℃的羊肉 PK 活性在 2h 时达到最高，贮藏 24h 时各组 PK 活性都有很大程度下降。各贮藏温度之间 PK 活性差异均不显著（$P>0.05$）。

表 4-17 宰后不同温度对羊肉肌糖原含量的影响   单位：mg/g

温度	肌糖原含量				
	0h	0.5h	1h	2h	24h
0℃	2.19±0.14[a]	2.1±0.151[a]	1.87±0.091[a]	1.53±0.098[a]	1.03±0.062[a]
4℃	2.28±0.037[a]	2.09±0.078[a]	1.74±0.057[a]	1.24±0.09[b]	0.86±0.084[a]
15℃	2.24±0.157[a]	1.76±0.101[a]	1.45±0.086[b]	1.09±0.038[b]	0.58±0.047[b]

注：同列不同小写字母肩注表示差异显著（$P<0.05$）。

表4-18 宰后不同温度对羊肉乳酸含量的影响   单位：μmol/g 蛋白质

温度	乳酸含量				
	0h	0.5h	1h	2h	24h
0℃	181.67±3.36[a]	252.02±6.592[b]	301.22±16.044[c]	428.12±22.403[b]	1187.29±38.349[b]
4℃	177.66±11.74[a]	311.02±16.62[b]	381.59±21.67[b]	415.20±13.69[b]	1120.94±13.68[b]
15℃	181.44±7.007[a]	340.62±11.726[a]	519.40±6.148[a]	578.62±17.201[a]	1402.13±93.766[a]

注：同列不同小写字母肩注表示差异显著（$P<0.05$）。

表4-19 宰后不同温度对羊肉 HK 活性的影响   单位：U/g 蛋白质

温度	HK 活性				
	0h	0.5h	1h	2h	24h
0℃	6.56±0.136[a]	7.17±0.159[b]	8.38±0.082[b]	8.22±0.104[b]	4.79±0.209[b]
4℃	6.60±0.127[a]	7.58±0.206[ab]	8.97±0.149[a]	9.04±0.114[a]	5.12±0.072[b]
15℃	6.70±0.162[a]	7.95±0.142[a]	9.10±0.239[a]	9.26±0.099[a]	5.88±0.248[a]

注：同列不同小写字母肩注表示差异显著（$P<0.05$）。

表4-20 宰后不同温度对羊肉 PK 活性的影响   单位：U/g 蛋白质

温度	PK 活性				
	0h	0.5h	1h	2h	24h
0℃	2394.08±132.345[a]	3148.06±225.347[a]	3489.62±135.445[a]	3441.28±189.012[a]	2680.85±145.57[a]
4℃	2526.18±172.948[a]	3235.06±148.743[a]	3534.73±89.528[a]	3731.28±171.835[a]	2983.73±159.456[a]
15℃	2429.52±282.726[a]	3044.96±115.326[a]	3595.95±136.819[a]	3251.17±144.925[a]	2832.29±78.133[a]

注：同列不同小写字母肩注表示差异显著（$P<0.05$）。

表4-21 宰后不同温度对羊肉 LDH 活性的影响   单位：U/g 蛋白质

温度	LDH 活性				
	0h	0.5h	1h	2h	24h
0℃	1281±91.394[a]	1415±105.883[a]	1561±138.574[a]	1663±113.027[a]	968±57.951[a]
4℃	1346±57.831[a]	1533±139.672[a]	1765±115.265[a]	1728±175.381[a]	1131±71.667[a]
15℃	1363±64.291[a]	1770±74.068[a]	1905±181.115[a]	1811±56.446[a]	936±44.845[a]

注：同列不同小写字母肩注表示差异显著（$P<0.05$）。

试验发现各温度保存的羊肉,肌糖原含量不断下降,乳酸不断上升,保存于15℃的羊肉肌糖原含量下降最快,乳酸蓄积速度最快,其次是保存于4℃和0℃的羊肉。这说明宰后羊肉贮藏温度越高,糖酵解速度越快,各贮藏温度羊肉糖酵解速度为15℃>4℃>0℃。糖酵解的关键酶HK和LDH活性的高低基本遵循的规律为15℃>4℃>0℃,虽然LDH活性在各贮藏温度间差异不显著($P>0.05$),但也表现出了贮藏温度越高,酶活越高的趋势。这说明宰后不同温度贮藏的羊肉,糖酵解速度为15℃>4℃>0℃。

综上所述,不同贮藏温度对宰后羊肉的AMPK活性、糖酵解指标均有影响。贮藏温度越高,AMPK活性越高,糖酵解速度越快,羊肉越早进入僵直并完成成熟过程;反之贮藏温度越低,AMPK活性越低,糖酵解速度越慢,羊肉完成成熟的过程越长。通过对不同温度下贮藏不同时间肉羊的AMPK活性及糖酵解相关酶活的测定,我们明确了温度对于宰后羊肉的AMPK活性是至关重要的。

六、宰后不同成熟时间对羊肉AMPK活性及其级联反应的影响

试验选择12只3月龄苏尼特羔羊(公母各半)为实验对象,在完全随机的设计中,所有的动物被平均分为舍饲组和放牧组,每组6只,公母各半。试验在适应条件7d后开始,持续90d。舍饲组羔羊在8×10.5m的围栏中饲养,以商业育肥饲料为主。放牧组羔羊在以戈壁针叶草、碱韭、风铃草、沙葱、矮锦鸡儿和芨芨草等新鲜牧草为主的牧场中自由放牧90d。动物屠宰后,采集4℃成熟不同时间(0h、24h、48h、72h、96h)的背最长肌和股二头肌作为试验用材料。

(一)不同饲养方式下宰后成熟时间对羊肉AMPK活性的影响

图4-81是宰后成熟时间对苏尼特羊宰后肌肉中p-AMPK活性的影响,由图可知,苏尼特羊宰后p-AMPK活性呈先上升后下降的趋势,这与高永芳等(2022)的研究结果相一致。而随着成熟时间的延长,无氧酵解产生了大量乳酸,导致pH下降,当pH低于酶

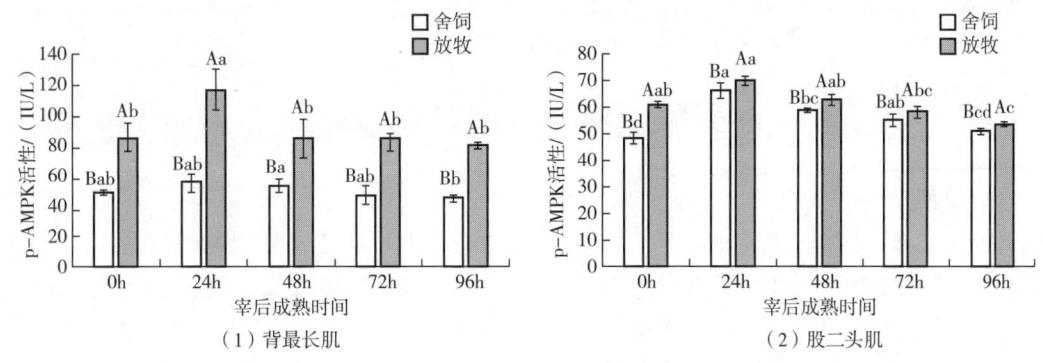

图4-81 宰后成熟时间对苏尼特羊宰后背最长肌、股二头肌p-AMPK活性的影响

[不同大写字母表示宰后同一时间不同饲养方式间差异显著($P<0.05$);
不同小写字母表示同一饲养方式宰后不同时间差异显著($P<0.05$)。下同]

的最适 pH 后，AMPK 变性失活，p-AMPK 的活性不断下降。在背最长肌中，舍饲羊 p-AMPK 活性在宰后 48~96h 显著下降（$P<0.05$）；放牧羊 p-AMPK 活性在宰后 0~24h 显著上升（$P<0.05$），在宰后 24~96h 显著下降（$P<0.05$）。在股二头肌中，舍饲羊 p-AMPK 活性在宰后 0~24h 显著上升（$P<0.05$），在宰后 24~96h 显著下降（$P<0.05$）；放牧羊 p-AMPK 活性在宰后 24~96h 显著下降（$P<0.05$）。对比两种饲养方式发现，舍饲羊背最长肌和股二头肌中 p-AMPK 活性在宰后成熟过程中均显著低于放牧羊（$P<0.05$），可能的原因是放牧羊的运动强度高于舍饲羊，而运动能够激活 AMPK，所以放牧羊宰后 AMPK 的活性高于舍饲羊。

（二）不同饲养方式下宰后成熟时间对羊肉糖酵解指标的影响

1. 肌糖原含量

由图 4-82 可知，随着宰后成熟时间的延长，舍饲羊和放牧羊背最长肌和股二头肌中糖原含量均逐渐下降，这与 Bai 等（2020）的研究结果相类似。可能的原因是在肌肉变成肉的过程中，机体内大部分循环停止。在缺乏氧气和外部燃料的情况下，肌肉代谢其糖原储备以维持体内平衡并维持 ATP 水平。这种无氧糖酵解会导致乳酸的增加和 pH 的下降（Lawrie，1985）。同时，在背最长肌中，舍饲羊肌糖原含量在宰后成熟过程中均显著高于放牧羊（$P<0.05$）；股二头肌中，舍饲羊在宰后 0h 和 48h 肌糖原含量均显著高于放牧羊（$P<0.05$）。

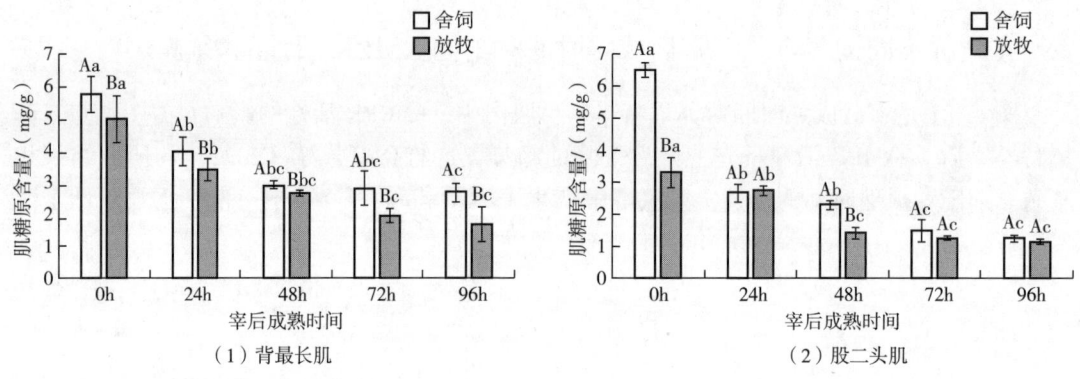

图 4-82　宰后成熟对苏尼特羊宰后背最长肌、股二头肌糖原含量的影响

2. 乳酸含量

图 4-83 是宰后成熟时间对苏尼特羊宰后背最长肌、股二头肌乳酸含量的影响，由图可知，舍饲羊背最长肌乳酸含量在宰后 0h、24h 和 96h 均显著低于放牧羊（$P<0.05$），两组乳酸含量整体呈现先升高后下降的趋势。苏尼特羊宰后股二头肌乳酸含量的变化趋势与背最长肌相同。放牧羊股二头肌乳酸含量在宰后 24~96h 均显著高于舍饲羊（$P<0.05$）。我们发现相较于舍饲羊，放牧羊肌肉中糖原含量低而乳酸含量高，可能的原因是放牧羊在宰后成熟过程，糖酵解相关酶的活性更高，导致机体产生更多的乳酸。

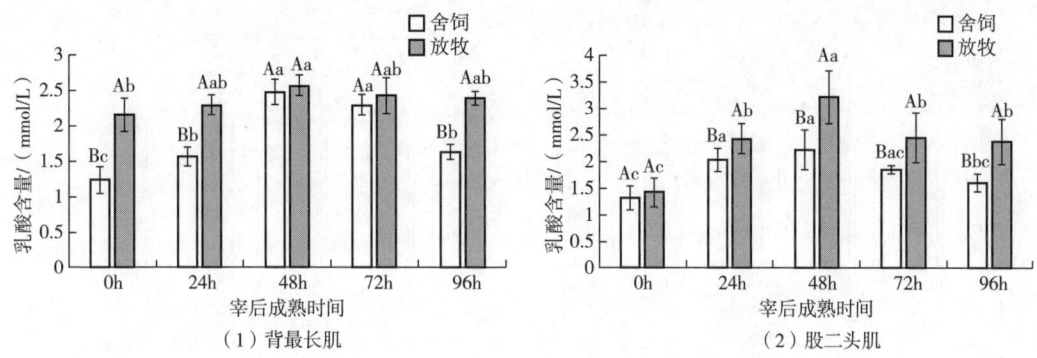

图4-83 饲养方式对苏尼特羊宰后背最长肌、股二头肌乳酸含量的影响

3. HK活性

图4-84是宰后成熟时间对苏尼特羊宰后肌肉HK活性的影响,由图可知,在宰后成熟过程中两组HK活性均呈逐渐下降趋势。在背最长肌中,两组羊HK活性在宰后0~96h显著下降($P<0.05$)。股二头肌中,两组羊HK活性在宰后0~48h和72~96h显著下降($P<0.05$)。就饲养方式而言,舍饲羊HK活性在宰后成熟过程中显著低于放牧羊($P<0.05$)。

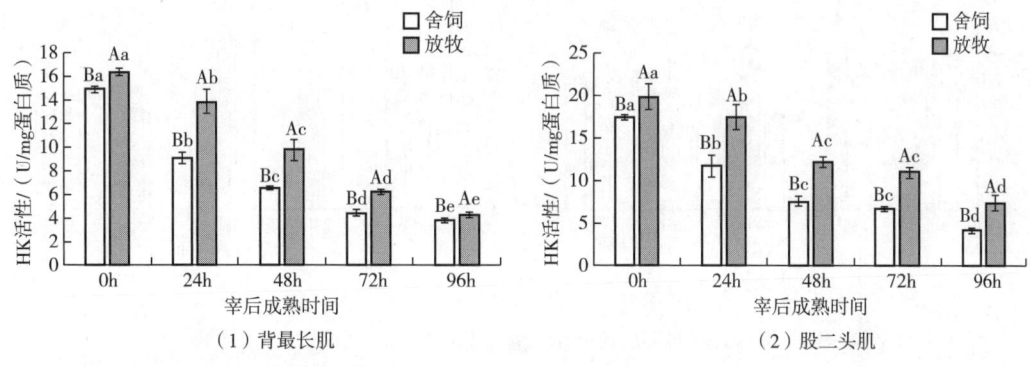

图4-84 饲养方式对苏尼特羊宰后背最长肌、股二头肌HK活性的影响

4. PFK活性

图4-85为宰后成熟时间对苏尼特羊宰后背最长肌PFK活性的影响,由图可知,苏尼特羊宰后背最长肌PFK活性在宰后成熟过程呈现先上升后下降的趋势,在宰后24h达到最大值,并显著高于其他时间($P<0.05$);舍饲羊背最长肌PFK活性在宰后成熟过程中均显著低于放牧羊($P<0.05$)。股二头肌PFK活性在宰后成熟过程的变化趋势与背最长肌相同,宰后24h PFK的活性显著高于其他时间点($P<0.05$);舍饲羊PFK活性在宰后过程中均显著低于放牧羊($P<0.05$)。

5. PK活性

图4-86所示为宰后成熟时间对苏尼特羊宰后背最长肌PK活性的影响,由图可知,苏尼特羊宰后背最长肌PK活性在宰后成熟过程呈现先上升后下降的趋势,放牧羊背最长

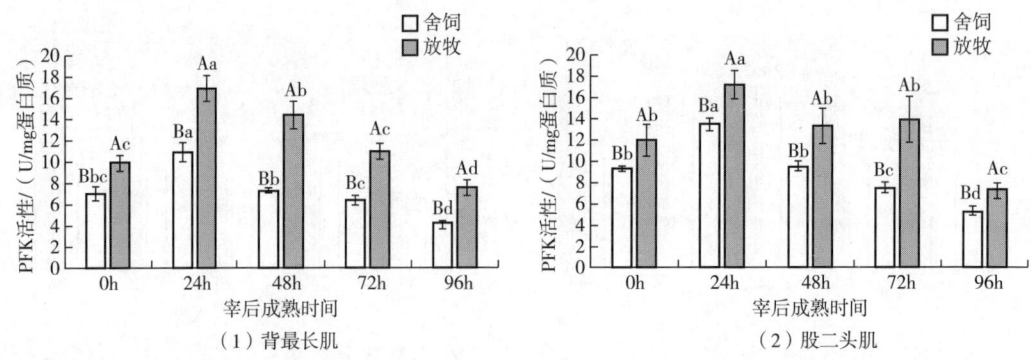

图 4-85　饲养方式对苏尼特羊宰后背最长肌、股二头肌 PFK 活性的影响

肌在宰后 24h 达到最大值,并显著高于其他时间点（$P<0.05$）。股二头肌 PK 活性在宰后成熟过程的变化趋势与背最长肌相同,宰后 48h 时 PK 活性的活性显著高于其他时间（$P<0.05$）。就饲养方式而言,两个部位中舍饲羊 PK 活性在宰后 96h 成熟期间均显著低于放牧羊（$P<0.05$）。

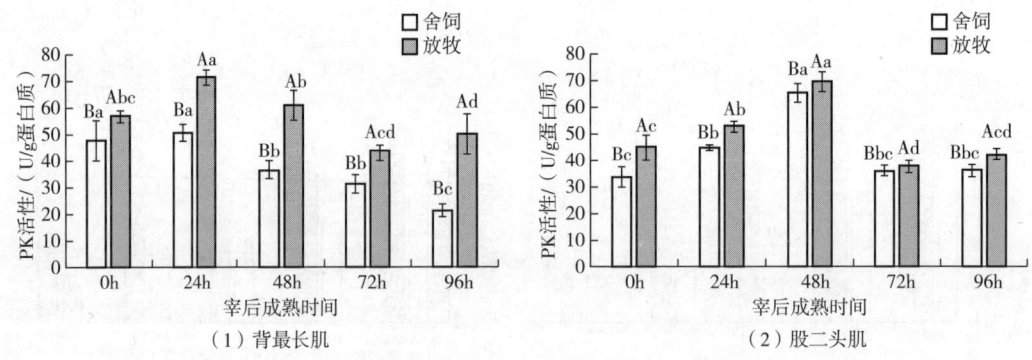

图 4-86　饲养方式对苏尼特羊宰后背最长肌、股二头肌 PK 活性的影响

6. LDH 活性

图 4-87 所示为宰后成熟时间对苏尼特羊宰后肌肉中 LDH 活性的影响,由图可知,两种饲养方式下,苏尼特羊背最长肌和股二头肌的 LDH 活性在宰后成熟过程中均逐渐下降。在背最长肌中,舍饲羊 LDH 活性在宰后 24~48h 显著降低（$P<0.05$）,放牧羊 LDH 活性在宰后 0~24h 和 72~96h 显著下降（$P<0.05$）,同时,放牧羊 LDH 活性在宰后 0h、48h、72h 和 96h 均显著高于舍饲羊（$P<0.05$）。股二头肌中,舍饲羊和放牧羊 LDH 活性均在宰后 0~24h 显著降低（$P<0.05$）,同时,放牧羊 LDH 活性在宰后 24h 和 48h 显著高于舍饲羊（$P<0.05$）。

通过对宰后成熟不同时间,放牧与舍饲苏尼特羊背最长肌和股二头肌糖酵解相关指标的测定,作者团队发现放牧与舍饲苏尼特羊背最长肌和股二头肌的肌糖原含量、HK 和 LDH 活性随着宰后成熟时间的延长而逐渐降低,而乳酸含量、PFK 和 PK 活性与 AMPK 活性在宰后的变化趋势相一致,呈现先上升后下降的趋势。这说明苏尼特羊宰后 AMPK 可以

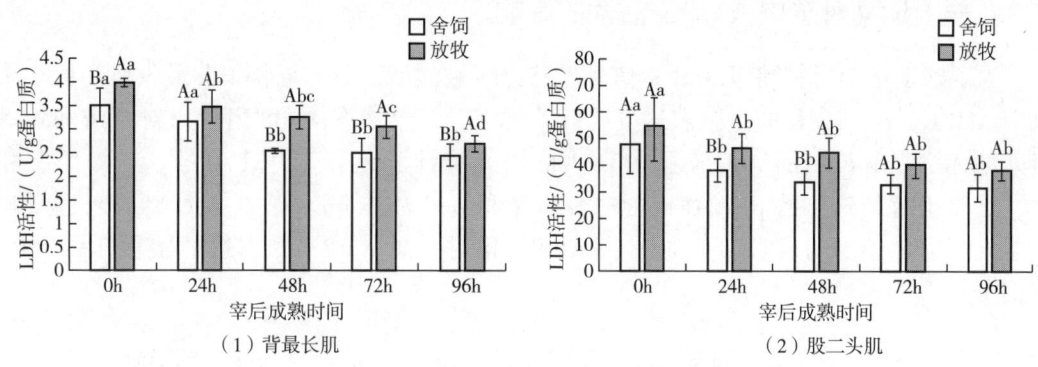

图 4-87　饲养方式对苏尼特羊宰后背最长肌、股二头肌 LDH 活性的影响

通过磷酸化糖酵解关键酶来控制糖酵解进程，影响 pH 的变化，进而影响肉的保水性、嫩度等品质。

就饲养方式而言，在宰后成熟过程中，放牧羊背最长肌中的肌糖原含量在宰后成熟过程中均显著低于舍饲羊（$P<0.05$），股二头肌的肌糖原含量仅在宰后 0h 和 48h 显著低于舍饲羊（$P<0.05$）。放牧羊背最长肌和股二头肌中 HK、PFK、PK 活性在宰后过程中均显著高于舍饲羊（$P<0.05$）。放牧羊背最长肌中 LDH 活性在宰后 0h、48h 和 72h 显著高于舍饲羊（$P<0.05$），股二头肌中 LDH 活性在宰后 24h 和 48h 显著高于舍饲羊（$P<0.05$）。放牧羊背最长肌中的乳酸含量在宰后 0h 和 96h 显著高于舍饲羊（$P<0.05$），股二头肌中乳酸含量在宰后 24h 和 96h 显著高于舍饲羊（$P<0.05$）。以上数据说明舍饲能够提高肌肉中糖原的含量，可能的原因是舍饲羊摄入的饲料中碳水的比例更高，而放牧羊宰后糖酵解相关酶活性高于舍饲羊，这是由于放牧羊具有更高的 p-AMPK 活性，促进了糖酵解相关酶的活性，在合理的范围内加速羊肉在宰后的糖酵解速率。

七、运动对羊肉 AMPK 活性及其级联反应的影响

运动可能也可以通过多种途径激活 AMPK，如增加细胞内 AMP/ATP 比值、增加钙离子浓度、改变细胞内的代谢通路等。具体而言，运动可以促进肌肉收缩，导致细胞内 ATP 水平下降，AMP/ATP 比值增加，从而激活 AMPK。此外，运动还可以增加肌肉细胞内的钙离子浓度，通过激活钙/钙调蛋白依赖性激酶来激活 AMPK。另外，运动还可以改变细胞内的代谢通路，如增加脂肪酸氧化和糖原合成，从而增加 AMPK 的活性。因此，试验通过设计增加肉羊的运动量的试验，探究运动对于肉羊 AMPK 活性及其级联效应的影响。

试验选择 3 月龄、初始平均体重为（19.77±3.81）kg、健康的苏尼特羊 14 只，随机分为对照组（C）和运动组（E），每组 7 只。两组苏尼特羊在完全相同的羊舍饲养，运动组在 8：00 和 19：00 在（18.5×10.5）m² 的运动场内进行人工驱赶运动，运动时间 30~40min，公里数 6 km 以上。饲喂期间自由饮水。预实验期 7d，正式实验期 90d。宰后 1h 内取苏尼特羊背最长肌和股二头肌。

(一)运动对羊肉 AMPK 活性的影响

为了确定运动后骨骼肌 AMPK 信号通路是否被激活,对苏尼特羊背最长肌和股二头肌中 AMPK、p-AMPK 的蛋白表达量进行了测定,结果如图 4-88 所示。对照组和运动组苏尼特羊背最长肌的 AMPK 蛋白表达量均无统计学差异 ($P>0.05$)。与对照组相比,运动组背最长肌的 p-AMPK 蛋白表达量和 p-AMPK 相对于总 AMPK 的表达量均显著升高 ($P<0.05$),股二头肌的 p-AMPK 相对于总 AMPK 的表达量显著升高 ($P<0.05$)。

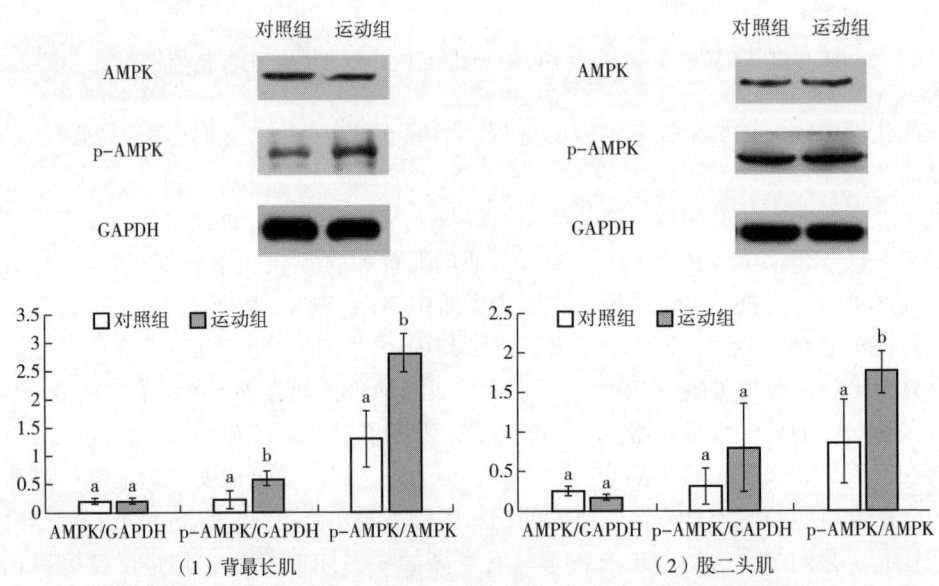

图 4-88 运动对苏尼特羊不同部位 AMPK 蛋白表达的影响
[不同小写字母表示组内差异显著 ($P<0.05$)]

运动能促进 AMPK 的蛋白表达和活性增加,并且会进一步促进糖、脂分解代谢以及 ATP 的合成 (O'Neill et al., 2013)。试验研究结果显示,对苏尼特羊进行 3 个月的运动训练后,运动组背最长肌的 p-AMPK 蛋白表达量和 p-AMPK/AMPK 的表达量均显著升高,股二头肌的 p-AMPK/AMPK 的表达量显著升高。结合前人多项的研究结果,说明运动强度设定不同确实会对 AMPK 表达产生影响。

(二)运动对羊肉中能量代谢相关酶活性的影响

表 4-22 所示为运动对苏尼特羊背最长肌和股二头肌的 LDH、SDH 和 MDH 酶活性的影响。运动组背最长肌的 SDH 和 LDH 的酶活性显著高于对照组 ($P<0.05$),MDH 酶活性在两组间无显著差异 ($P>0.05$)。运动组股二头肌 LDH 的酶活性显著低于对照组 ($P<0.01$),两组间 MDH 和 SDH 酶活性无显著差异 ($P>0.05$)。

表 4-22 运动对苏尼特羊 LDH、SDH、MDH 活性的影响

指标	部位	对照组	运动组
LDH 活性/(U/mg 蛋白质)	背最长肌	10.53±1.01^{Aa}	12.10±1.38^{Bb}
	股二头肌	11.59±2.03^{Ab}	9.23±1.11^{Aa}
SDH 活性/(U/mg 蛋白质)	背最长肌	4.73±0.56^{Aa}	6.74±1.42^{Bb}
	股二头肌	5.14±0.96^{Aa}	4.38±0.82^{Aa}
MDH 活性/(U/mg 蛋白质)	背最长肌	2.37±0.79^{Aa}	2.95±0.51^{Aa}
	股二头肌	3.24±0.74^{Ba}	3.34±0.51^{Aa}

注：同行不同小写字母肩注表示差异显著（$P<0.05$），同列不同大写字母肩注表示差异显著（$P<0.05$）。

运动组苏尼特羊背最长肌中 SDH 活性升高，表明增加运动量在一定程度上能加快机体对糖类的转化利用。运动组苏尼特羊股二头肌中 LDH 活性降低，而背最长肌中 LDH 活性升高，此刻机体无氧代谢水平加强，说明是肌肉内丙酮酸和乳酸的相互转化过程加快所导致，但为了减少物质代谢产物的堆积而加快了乳酸向丙酮酸的转化还是加快了丙酮酸向乳酸的转化仍无法确定（赵杰修等，2007）。

对比同一组别不同部位的肌肉酶活性可以得出，对照组股二头肌的 MDH 活性显著高于背最长肌（$P<0.05$），SDH 和 LDH 活性在两部位间无显著差异（$P>0.05$）。运动组背最长肌 LDH 活性极显著高于股二头肌（$P<0.01$），SDH 活性显著高于股二头肌（$P<0.05$），MDH 活性在两部位间无显著差异（$P>0.05$）。这可能是股二头肌运动量较高导致的，研究表明运动能使 SDH 活性升高，说明运动能使细胞内能量即 ATP 的生成增强，在一定程度上能提高肌肉的有氧代谢水平。

（三）运动对羊肉中糖酵解相关指标的影响

表 4-23 所示为运动对苏尼特羊背最长肌和股二头肌的 CK 和 HK 活性的影响。在背最长肌中，运动组 CK 和 HK 活性显著高于对照组（$P<0.05$）。在股二头肌中，运动组 CK 活性极显著高于对照组（$P<0.01$），HK 活性在两组间没有显著差异（$P>0.05$）。苏尼特羊每日在运动场中进行有规律的运动训练，存在有氧代谢和无氧代谢交替进行的过程，此时糖酵解通路产生大量的 ATP，所以 HK 的活力根据运动强度和自身机体状态有不同水平的提高。此外，HK 对葡萄糖的磷酸化作用是糖原合成的第一步反应，同时有利于提高运动状态停止后肌糖原的合成水平。与对照组相比，运动组背最长肌 CK 的含量显著升高，而股二头肌中 CK 的含量极显著升高，说明在运动时，苏尼特羊主要利用股二头肌做功，磷酸肌酸在磷酸原系统的作用下分解并释放能量，然后将其提供给骨骼肌的伸缩舒张过程，提升机体磷酸化合物的利用效率，从而提高苏尼特羊整个机体的有氧代谢能力。

对比同一组别不同部位间 CK 和 HK 活性分析可以得出，在对照组中，背最长肌 CK 和 HK 活性显著低于股二头肌（$P<0.05$）。在运动组中，背最长肌 CK 活性极显著低于股

二头肌（$P<0.01$），HK 活性显著低于股二头肌（$P<0.05$），可能是因为股二头肌肌肉群较背最长肌发达，所以运动后肌肉代谢酶活性变化较大。

表 4-23　运动对苏尼特羊不同部位糖酵解关键酶活性的影响

指标	部位	对照组	运动组
HK 活性/（U/mg 蛋白质）	背最长肌	14.45±1.35^{Aa}	16.52±0.76^{Ab}
	股二头肌	17.61±1.08^{Ba}	18.46±1.43^{Ba}
CK 活性/（U/mg 蛋白质）	背最长肌	75.15±15.59^{Aa}	89.68±14.10^{Ab}
	股二头肌	85.69±5.98^{Ba}	111.89±2.80^{Bb}

注：同行不同小写字母肩注表示差异显著（$P<0.05$），同列不同大写字母肩注表示差异显著（$P<0.05$）。

运动对苏尼特羊背最长肌和股二头肌的糖原和乳酸含量的影响如表 4-24 所示。在两肌肉部位中，运动组苏尼特羊的糖原均显著低于对照组（$P<0.05$）；运动组股二头肌的乳酸含量极显著高于对照组（$P<0.05$）。糖原在肌肉中以肌糖原形式储存，以糖酵解的形式供能，是机体运动时消耗的主要能源物质。本试验结果表明运动组背最长肌和股二头肌中糖原含量均显著低于对照组，这与蔡洁琼（2016）的测定结果基本相一致，说明机体在运动状态能更多地以糖原作为供能物质。

表 4-24　运动对苏尼特羊糖原和乳酸含量的影响

指标	部位	对照组	运动组
糖原/（mg/g）	背最长肌	10.64±0.97^{Bb}	5.56±0.33^{Ba}
	股二头肌	8.32±0.55^{Ab}	1.89±0.29^{Aa}
乳酸/（mmol/g 蛋白质）	背最长肌	0.63±0.07^{Ab}	0.72±0.14^{Ab}
	股二头肌	0.74±0.11^{Ba}	0.89±0.04^{Bb}

注：同行不同小写字母肩注表示差异显著（$P<0.05$），同列不同大写字母肩注表示差异显著（$P<0.05$）。

骨骼肌生长代谢与运动方式、强度具有高度的敏感性，经过三个月的运动训练，苏尼特羊机体对乳酸的耐受性增加，增加了对运动的适应性，进而改善苏尼特羊肌肉特别是股二头肌的发育。

对比同一组别不同部位间糖原和乳酸含量可以得出，在对照组中，背最长肌糖原含量显著高于股二头肌（$P<0.05$），乳酸含量显著低于股二头肌（$P<0.05$）。在运动组中，背最长肌糖原含量极显著高于股二头肌，乳酸含量极显著低于股二头肌（$P<0.01$）。研究发现，不同强度运动下，糖原的消耗规律与肌纤维类型有关，小强度运动几乎不消耗肌糖原，主要由脂肪酸氧化提供能量；中等强度运动先消耗慢肌糖原，然后消耗机体全部的肌糖原；大强度运动主要消耗快肌糖原（李良等，2021）。本实验结果显示股二头肌的乳酸含量要显著高于背最长肌，这可能是因为背最长肌和股二头肌的肌肉结构发育、肌肉代谢

产物与运动方式、强度等具有高度的敏感性。试验结果表明，相比于背最长肌，股二头肌肌糖原消耗的更快，且乳酸含量更多，说明运动强度和形式均与肌糖原储备和再合成速率有直接联系。

研究结果显示对苏尼特羊进行 3 个月的运动训练后，运动组背最长肌的 p-AMPK 蛋白表达量和 p-AMPK/AMPK 的表达量均显著升高，股二头肌的 p-AMPK/AMPK 的表达量显著升高。运动组背最长肌的 SDH、LDH、CK 和 HK 的活性显著高于对照组。运动组股二头肌 LDH 的活性显著低于对照组，而乳酸含量极显著高于对照组。在两个肌肉部位中，运动组苏尼特羊的糖原均显著低于对照组。说明运动量增加使苏尼特羊能在一定程度上提高肌肉的有氧代谢水平，能促使机体更多地利用糖原作为供能物质，并且增加了苏尼特羊对运动的适应性，改善苏尼特羊肌肉特别是股二头肌的发育。

AMPK 作为"能量开关"与肉品质密切相关，通过对不同饲养方式、不同月龄以及宰后不同处理方式（贮藏温度、成熟时间）羊肉中的 AMPK 活性及相关能量代谢酶的活性进行测定可知以上因素均影响羊肉 AMPK 活性及其级联效应，最终通过日粮添加乳酸菌、增加运动量等方式调控 AMPK 活性从而影响其机体能量代谢，继而提升肉品质。

第三节　脂肪代谢

脂肪的分布是肉羊在生长发育过程中脂肪沉积的结果，而脂肪的沉积是储存能量的主要方式，体脂沉积是在神经调节、体液调节以及酶调节下脂肪合成、分解与转运的一种动态平衡状态，主要涉及脂肪细胞的增殖和增大及脂肪前体细胞的分化（朱琳娜，2015）。幼年绵羊脂肪沉积主要是以细胞数量增长为主，成熟之后，则以脂肪细胞的增大为主，脂肪沉积的顺序依次为皮下脂肪、腹脂、肌内脂肪，其中肌内脂肪对肉的食用品质影响最大（杨东等，2016）。肌内脂肪是指存在于肌肉内部的脂肪，沉积于肌束、肌内外膜，使肉质表面形成大理石花纹。肌内脂肪先沉积于肌肉的大血管周围，随后按照肌外膜、肌束膜和肌内膜的顺序沉积，家畜营养状况好时，其肌纤维膜的毛细血管上也有脂肪沉积（Hocquette et al.，2010）。肌内脂肪与其他脂肪相比，磷脂类物质含量较为丰富，磷脂中富含大量的饱和脂肪酸，主要是软脂酸和硬脂酸；不饱和脂肪酸中油酸含量最多，其次是亚油酸、亚麻酸和 ARA 等（Raj et al.，2010）。尾部脂肪和皮下脂肪是肉羊重要的脂肪组织，尾部脂肪是羔羊在逆境生存所必需的生物性状。在冬季寒冷时节，绵羊则可动用脂尾中的脂肪产生能量，帮助其顺利度过冬季（刘政等，2015）。皮下脂肪是储存在真皮下深层筋膜层以上的被浅筋膜包裹的脂肪细胞。对于冬眠的哺乳动物皮下脂肪几乎提供过冬的全部能量，而对于羊来说，皮下脂肪主要的作用在于绝热和贮存。皮下脂肪可改善羊的外形和肉质，但皮下脂肪并不好分离，分割时多与肌肉混合包装。

脂肪分布与脂肪酸组成是肉羊宰前生长发育的结果，反映生命周期内脂肪和脂肪酸含量在肉羊体内的沉积水平。脂肪分布与脂肪酸组成对其肉用品质的影响体现在诸多方面，如屠宰性能、食用品质和营养价值等。片面地追求羔羊的生长速度，造成大多数肉羊脂肪过度沉积，分布失衡，最终降低了养殖的经济效益，造成不必要的资源浪费。对于消费者来说，过量的脂肪摄入还会引起各种疾病，如肥胖症、糖尿病和冠状动脉硬化疾病等，不利于人体健康。肉制品被认为是多不饱和脂肪酸的主要来源，如二十碳五烯酸和二十二碳六烯酸，它们是人类必需的营养素，随着脂肪营养的不断深入研究，脂肪酸的吸收、代谢以及对疾病的预防作用日益受到人们的重视（Pewan et al.，2020）。脂肪代谢是一个复杂的生物学过程，受饲养方式、日粮、运动等多重因素的调控。本节将从以上几个角度，以苏尼特羊为主要的研究对象，探讨各种因素对肉羊脂肪代谢的影响。

一、饲养方式对羊脂肪代谢的影响

作者团队选取48只苏尼特羊，随机分为放牧组、放牧+舍饲组、舍饲组，探究不同饲养方式对苏尼特羊脂肪代谢的影响。

（一）饲养方式对羊脂肪酸组成的影响

1. 肌肉组织

饲养方式对苏尼特羊背最长肌中脂肪酸含量的影响，如表4-25所示。由表4-25可以看出放牧、舍饲、放牧+舍饲三种饲养方式下苏尼特羊背最长肌中脂肪酸主要以油酸、棕榈酸和硬脂酸为主，占75%~79%。放牧组和放牧+舍饲组中$n-3$多不饱和脂肪酸的含量显著高于舍饲组（$P<0.05$）且在三种饲养方式下α-亚麻酸的含量存在显著差异（$P<0.05$），放牧组羊肉亚麻酸含量较高可能是由于牧草中亚麻酸含量较高而导致的。放牧组和放牧+舍饲组中二十碳五烯酸和二十二碳六烯酸的含量显著高于舍饲组（$P<0.05$）。舍饲组的亚油酸含量显著高于放牧组（$P<0.05$）。舍饲组中多不饱和脂肪酸和$n-6$多不饱和脂肪酸的含量显著高于放牧组，这可能是由不同饲养模式下亚油酸含量的差异引起的。此外，放牧组中共轭亚油酸显著高于舍饲组（$P<0.05$），这与饮食亚麻酸和瘤胃微生物的氢化有一定的影响。

放牧、放牧+舍饲和舍饲饲养方式下羊肉的$n-6$多不饱和脂肪酸/$n-3$多不饱和脂肪酸比例分别为4.36、3.88和17.45，且差异显著（$P<0.05$）。放牧和放牧+舍饲两种饲养模式的比值都接近欧美等国家推荐的4:1，而舍饲组中其比值较大。

表4-25 饲养方式对苏尼特羊背最长肌中脂肪酸的影响　　　　单位：%

脂肪酸种类	放牧组	放牧+舍饲组	舍饲组
辛酸（$C_{8:0}$）	0.02±0.01	0.02±0.01	0.03±0.03
癸酸（$C_{10:0}$）	0.12±0.46[b]	0.17±0.03[a]	0.11±0.03[b]
月桂酸（$C_{12:0}$）	0.17±0.07[a]	0.11±0.04[b]	0.12±0.05[b]
肉豆蔻酸（$C_{14:0}$）	2.05±0.65	1.98±0.68	1.79±0.63
豆蔻油酸（$C_{14:1}$）	0.07±0.04	0.07±0.01	0.08±0.02
棕榈酸（$C_{16:0}$）	23.24±1.57	22.65±1.17	22.87±1.24
棕榈油酸（$C_{16:1}$）	1.61±0.72[b]	2.29±0.0.38[a]	1.32±0.68[b]

续表

脂肪酸种类	放牧组	放牧+舍饲组	舍饲组
硬脂酸（$C_{18:0}$）	18.17±2.34[b]	19.69±1.29[a]	16.60±2.06[c]
反式油酸（$C_{18:1反-9}$）	2.0±0.89	1.59±0.90	2.28±1.14
油酸（$C_{18:1顺-9}$）	39.41±3.41	38.68±3.28	39.15±3.28
反式亚油酸（$C_{18:2反-11顺-9}$）	0.17±0.13[a]	0.20±0.08[a]	0.07±054[b]
亚油酸（$C_{18:2顺-9反-11}$）	6.83±3.79[b]	6.65±1.01[b]	11.49±3.79[a]
花生酸（$C_{20:0}$）	0.07±0.04	0.07±0.02	0.07±0.02
γ-亚麻酸（$C_{18:3n-6}$）	0.06±0.04	0.11±0.02	0.06±0.03
α-亚麻酸（$C_{18:3n-3}$）	1.37±0.55[a]	0.948±0.33[b]	0.46±0.22[c]
共轭亚油酸（CLA）	0.77±0.24[a]	0.62±0.22[b]	0.30±0.11[c]
花生二烯酸（$C_{20:2}$）	0.05±0.04	0.05±0.02	0.09±0.03
花生三烯酸（$C_{20:3n-6}$）	0.12±0.10	0.13±0.02	0.22±0.09
花生四烯酸（$C_{20:4n-6}$）	2.52±1.1	2.62±0.67	2.46±1.00
二十碳五烯酸（$C_{20:5n-3}$）	0.69±0.33[a]	0.75±0.24[a]	0.29±0.12[b]
二十二碳六烯酸（$C_{22:6n-3}$）	0.47±0.46[b]	0.93±0.26[a]	0.14±0.08[c]
饱和脂肪酸（SFA）	43.86±2.90[a]	44.60±2.46[a]	41.58±2.42[b]
单不饱和脂肪酸（MUFA）	43.09±2.72	42.56±2.53	42.83±3.15
多不饱和脂肪酸（PUFA）	13.05±4.53[b]	12.84±1.8[b]	15.59±4.47[a]
n-3 多不饱和脂肪酸	2.53±1.25[b]	2.64±0.73[b]	0.89±0.37[a]
n-6 多不饱和脂肪酸	9.71±4.13[b]	9.58±1.53[b]	14.31±4.4[a]
n-6/n-3	4.36±1.97[b]	3.88±1.14[b]	17.45±4.88[a]

注：同行不同小字字母肩注表示差异显著（$P<0.05$），无字母或字母相同表示差异不显著（$P>0.05$）。

饲养方式对苏尼特羊股二头肌中脂肪酸含量的影响如表 4-26 所示，可以看出三种饲养方式下，放牧组和舍饲组中股二头肌中肉豆蔻酸的含量显著高于放牧+舍饲组（$P<0.05$）。放牧组和放牧+舍饲组中硬脂酸的含量显著大于舍饲组（$P<0.05$）。放牧+舍饲组股二头肌油酸的含量显著高于放牧组和舍饲组（$P<0.05$），而反式油酸的含量低于放牧组和舍饲组（$P<0.05$），可能是以饲料为主的饮食有可能影响去饱和酶的活性，进而降低了单不饱和脂肪酸的沉积。股二头肌的 n-6 多不饱和脂肪酸含量在舍饲组中显著高于放牧组和放牧+舍饲组（$P<0.05$）。放牧组花生酸的含量低于舍饲组（$P<0.05$）。三种饲养方式

下苏尼特羊股二头肌中 $n-3$ 多不饱和脂肪酸的含量差异显著（$P<0.05$），其大小依次为放牧组>舍饲组>放牧+舍饲组。放牧组和放牧+舍饲组 α-亚麻酸含量显著高于舍饲组（$P<0.05$），而放牧+舍饲组中 γ-亚麻酸的含量显著高于舍饲组（$P<0.05$）。放牧组中二十碳五烯酸和二十二碳六烯酸的含量显著高于舍饲组（$P<0.05$）。

表 4-26 饲养方式对苏尼特羊股二头肌中脂肪酸的影响　　　　单位：%

脂肪酸种类	放牧组	放牧+舍饲组	舍饲组
辛酸（$C_{8:0}$）	0.02±0.02	0.02±0.02	0.02±0.00
癸酸（$C_{10:0}$）	0.12±0.08	0.97±0.02	0.13±0.64
月桂酸（$C_{12:0}$）	0.17±0.10^a	0.67±0.03^b	0.15±0.03^a
肉豆蔻酸（$C_{14:0}$）	2.09±1.16^a	1.257±0.37^b	2.23±0.55^a
豆蔻油酸（$C_{14:1}$）	0.28±0.11^a	0.13±0.06^b	0.27±0.12^a
棕榈酸（$C_{16:0}$）	22.30±2.08	22.10±1.28	23.65±2.41
棕榈油酸（$C_{16:1}$）	1.34±0.37	1.25±0.19	1.33±0.31
硬脂酸（$C_{18:0}$）	18.68±2.09^a	18.43±3.35^a	15.37±2.70^b
反式油酸（$C_{18:1反-9}$）	2.01±1.37^a	0.77±0.44^b	2.45±0.98^a
油酸（$C_{18:1顺-9}$）	42.52±3.29^b	46.98±3.97^a	40.33±5.04^b
反式亚油酸（$C_{18:2反-11顺-9}$）	0.20±0.08^a	0.10±0.01^b	0.04±0.01^c
亚油酸（$C_{18:2顺-9反-11}$）	5.24±1.33^b	4.72±0.37^b	10.32±4.81^a
花生酸（$C_{20:0}$）	0.05±0.03^b	0.02±0.01^c	0.09±0.04^a
γ-亚麻酸（$C_{18:3n-6}$）	0.07±0.05^{ab}	0.09±0.02^a	0.06±0.03^b
α-亚麻酸（$C_{18:3n-3}$）	1.27±0.39^a	0.71±0.23^b	0.39±0.13^c
共轭亚油酸（CLA）	0.78±0.31^a	0.49±0.24^b	0.45±0.11^b
花生二烯酸（$C_{20:2}$）	0.06±0.03^a	0.03±0.01^b	0.02±0.01^b
花生三烯酸（$C_{20:3n-6}$）	0.40±0.11^a	0.40±0.10^a	0.29±0.09^b
花生四烯酸（$C_{20:4n-6}$）	1.61±0.64	1.60±0.41	2.03±1.03
二十碳五烯酸（$C_{20:5n-3}$）	0.50±0.19^a	0.45±0.18^a	0.23±0.12^b
二十二碳六烯酸（$C_{22:6n-3}$）	0.20±0.08^a	0.17±0.73^{ab}	0.11±0.04^b
饱和脂肪酸（SFA）	43.46±3.08	41.99±3.90	41.61±2.10
单不饱和脂肪酸（MUFA）	46.14±2.99^{ab}	49.12±3.76^a	44.37±4.57^b
多不饱和脂肪酸（PUFA）	10.383±2.35^b	8.88±1.10^b	14.01±1.09^a
$n-3$ 多不饱和脂肪酸	1.98±0.63^a	1.32±0.48^c	1.73±0.28^b
$n-6$ 多不饱和脂肪酸	7.61±1.91^b	7.07±0.86^b	12.79±2.88^a
$n-6/n-3$	4.01±0.79^b	5.86±1.08^b	17.86±4.87^a

注：同行不同小字字母肩注表示差异显著（$P<0.05$），无字母或字母相同表示差异不显著（$P>0.05$）。

2. 脂肪组织

饲养方式对苏尼特羊皮下脂肪中脂肪酸含量的影响如表4-27所示，可以看出三种饲养方式下苏尼特羊皮下脂肪中主要以油酸、棕榈酸、硬脂酸和肉豆蔻酸为主，占79%~84%。放牧组和放牧+舍饲组的饱和脂肪酸显著高于舍饲组（$P<0.05$）；放牧组中单不饱和脂肪酸的含量显著低于放牧+舍饲组（$P<0.05$）；多不饱和脂肪酸的含量大小依次为舍饲组>放牧组>放牧+舍饲组，且差异显著（$P<0.05$）。

皮下脂肪中 $n-3$ 多不饱和脂肪酸和 α-亚麻酸的含量放牧组和放牧+舍饲组显著高于舍饲组（$P<0.05$），而放牧+舍饲组中 γ-亚麻酸的含量显著高于舍饲组（$P<0.05$）。皮下脂肪中二十碳五烯酸和二十二碳六烯酸的含量在放牧+舍饲组中最高。舍饲组皮下脂肪中 $n-6$ 多不饱和脂肪酸的含量显著高于放牧组（$P<0.05$）。三种饲养方式下亚油酸的含量差异显著（$P<0.05$），大小依次为舍饲组>放牧+舍饲组>放牧组。

表4-27 饲养方式对苏尼特羊皮下脂肪中脂肪酸的影响　　　　单位：%

脂肪酸种类	放牧组	放牧+舍饲组	舍饲组
辛酸（$C_{8:0}$）	0.02±0.12^a	0.04±0.01^b	0.15±0.00^a
癸酸（$C_{10:0}$）	0.26±0.69^b	0.37±0.072^a	0.28±0.11^b
月桂酸（$C_{12:0}$）	0.467±0.18^a	0.27±0.11^b	0.29±0.15^b
肉豆蔻酸（$C_{14:0}$）	7.19±1.64^a	5.58±1.48^b	6.70±1.93^{ab}
豆蔻油酸（$C_{14:1}$）	0.49±0.05	0.57±0.02	0.80±0.04
棕榈酸（$C_{16:0}$）	24.09±2.55	24.29±2.45	22.71±2.92
棕榈油酸（$C_{16:1}$）	2.08±0.99^b	3.35±1.18^a	3.38±2.23^a
硬脂酸（$C_{18:0}$）	24.61±6.13^a	26.63±3.05^a	17.24±2.73^b
反式油酸（$C_{18:1反-9}$）	7.43±0.54^a	3.20±0.01^b	7.45±2.47^a
油酸（$C_{18:1顺-9}$）	26.80±14.44	26.63±8.77	32.63±3.46
反式亚油酸（$C_{18:2反-11顺-9}$）	1.05±1.07	1.12±0.84	0.87±2.57
亚油酸（$C_{18:2顺-9反-11}$）	1.95±0.98^c	3.73±1.18^b	5.67±3.82^a
花生酸（$C_{20:0}$）	0.96±1.38^a	1.62±1.272^a	0.03±0.01^b
γ-亚麻酸（$C_{18:3\,n-6}$）	0.09±0.77^{ab}	0.15±0.13^a	0.02±0.01^b
α-亚麻酸（$C_{18:3\,n-3}$）	1.00±0.76^a	1.07±0.41^a	0.31±0.14^b
共轭亚油酸（CLA）	1.12±1.01	1.26±0.37	1.32±0.92
花生二烯酸（$C_{20:2}$）	0.61±0.02	0.54±0.02	0.03±0.03
花生三烯酸（$C_{20:3\,n-6}$）	0.01±0.01	0.02±0.01	0.04±0.01
花生四烯酸（$C_{20:4\,n-6}$）	0.19±0.15^b	0.37±0.14^a	0.12±0.11^b
二十碳五烯酸（$C_{20:5\,n-3}$）	0.01±0.04^c	0.10±0.05^a	0.02±0.01^b

续表

脂肪酸种类	放牧组	放牧+舍饲组	舍饲组
二十二碳六烯酸（$C_{22:6n-3}$）	0.11 ± 0.01^b	0.27 ± 0.06^a	0.02 ± 0.01^c
饱和脂肪酸（SFA）	57.60 ± 9.28^a	58.78 ± 4.68^a	47.26 ± 5.15^b
单不饱和脂肪酸（MUFA）	27.39 ± 7.03^b	33.18 ± 6.64^a	28.87 ± 4.03^{ab}
多不饱和脂肪酸（PUFA）	15.01 ± 5.39^b	8.03 ± 2.36^c	23.87 ± 5.49^a
$n-3$ 多不饱和脂肪酸	1.17 ± 0.93^a	1.38 ± 0.44^a	0.34 ± 0.15^b
$n-6$ 多不饱和脂肪酸	3.32 ± 2.04^b	5.37 ± 1.91^{ab}	6.81 ± 6.220^a
$n-6/n-3$	2.84 ± 12.46^b	3.92 ± 0.84^b	25.34 ± 2.39^a

注：同行不同小写字母肩注表示差异显著（$P<0.05$），无字母或字母相同表示差异不显著（$P>0.05$）。

饲养方式对苏尼特羊尾部中脂肪酸含量的影响如表4-28所示，可以看出三种饲养方式下苏尼特羊尾部脂肪中主要脂肪酸所占的比例为油酸>棕榈酸>硬脂酸>肉豆蔻酸。苏尼特羊尾部脂肪中饱和脂肪酸主要包括了硬脂酸、棕榈酸和肉豆蔻酸，分别占总脂肪酸的17.74%、23.11%和5.88%。苏尼特羊尾部脂肪中单不饱和脂肪酸主要以棕榈油酸、反式油酸和油酸为主，分别约占总脂肪酸的3.20%、4.66%和39.77%。舍饲组尾部脂肪酸中棕榈油酸的含量显著高于放牧+舍饲组（$P<0.05$），而油酸的含量低于放牧+舍饲组（$P<0.05$）。同时，尾部脂肪的$n-6$多不饱和脂肪酸含量在舍饲组中显著高于放牧组和放牧+舍饲组（$P<0.05$）。α-亚麻酸的含量放牧组显著高于舍饲组和放牧+舍饲组（$P<0.05$）。放牧+舍饲组中二十碳五烯酸和二十二碳六烯酸的含量是最高的，且二十二碳六烯酸的含量放牧组显著高于舍饲组（$P<0.05$）。

表4-28 饲养方式对苏尼特羊尾部脂肪中脂肪酸的影响 单位：%

脂肪酸种类	放牧组	放牧+舍饲组	舍饲组
辛酸（$C_{8:0}$）	0.13 ± 0.01^b	0.02 ± 0.01^a	0.01 ± 0.00^b
癸酸（$C_{10:0}$）	0.27 ± 0.22	0.23 ± 0.06	0.29 ± 0.13
月桂酸（$C_{12:0}$）	0.57 ± 0.51	0.24 ± 0.12	0.43 ± 0.25
肉豆蔻酸（$C_{14:0}$）	6.55 ± 3.30^a	4.22 ± 1.42^b	6.87 ± 1.34^a
豆蔻油酸（$C_{14:1}$）	0.27 ± 0.27	0.31 ± 0.13	0.45 ± 0.22
棕榈酸（$C_{16:0}$）	22.60 ± 1.60^b	26.45 ± 3.92^a	20.28 ± 1.35^c
棕榈油酸（$C_{16:1}$）	3.26 ± 2.55^{ab}	1.76 ± 0.80^b	4.59 ± 0.33^a
硬脂酸（$C_{18:0}$）	21.52 ± 2.97^a	17.44 ± 1.74^{ab}	14.25 ± 2.43^b
反式油酸（$C_{18:1反-9}$）	2.53 ± 0.17^b	5.25 ± 0.98^a	6.22 ± 0.98^a
油酸（$C_{18:1顺-9}$）	36.11 ± 7.39^b	44.80 ± 5.27^a	38.40 ± 2.51^b

续表

脂肪酸种类	放牧组	放牧+舍饲组	舍饲组
反式亚油酸（$C_{18:2反-11顺-9}$）	0.15±0.31	0.13±0.03	0.16±0.05
亚油酸（$C_{18:2顺-9反-11}$）	2.14±1.22[b]	2.28±0.35[b]	5.75±2.88[a]
花生酸（$C_{20:0}$）	0.02±0.01	0.02±0.02	0.03±0.01
γ-亚麻酸（$C_{18:3n-6}$）	0.06±0.07	0.08±0.01	0.12±0.41
α-亚麻酸（$C_{18:3n-3}$）	0.84±0.35[a]	0.55±0.16[b]	0.36±0.13[b]
共轭亚油酸（CLA）	2.69±1.61[a]	1.71±0.58[ab]	1.52±0.89[b]
花生二烯酸（$C_{20:2}$）	0.01±0.00	0.01±0.00	0.02±0.01
花生三烯酸（$C_{20:3n-6}$）	0.03±0.32[b]	0.15±0.08[a]	0.36±0.10[a]
花生四烯酸（$C_{20:4n-6}$）	0.06±0.06[b]	0.08±0.01[b]	0.16±0.02[a]
二十碳五烯酸（$C_{20:5n-3}$）	0.07±0.04[b]	0.18±0.12[a]	0.02±0.00[b]
二十二碳六烯酸（$C_{22:6n-3}$）	0.06±0.045[b]	0.11±0.49[a]	0.02±0.00[c]
饱和脂肪酸（SFA）	49.10±2.60	48.60±5.19	42.15±2.91
单不饱和脂肪酸（MUFA）	42.18±5.89[b]	46.56±5.23[a]	49.67±3.96[a]
多不饱和脂肪酸（PUFA）	6.10±3.10[b]	4.83±0.93[b]	8.18±3.04[a]
n-3 多不饱和脂肪酸	0.97±0.39[a]	0.84±0.19[a]	0.40±0.13[b]
n-6 多不饱和脂肪酸	2.46±1.415[b]	2.28±0.36[b]	6.24±1.95[a]
$n-6/n-3$	2.68±1.27[b]	2.86±0.70[b]	16.26±5.47[a]

注：同行不同小写字母肩注表示差异显著（$P<0.05$），无字母或字母相同表示差异不显著（$P>0.05$）。

（二）饲养方式对羊脂肪酸代谢基因 mRNA 表达的影响

饲养方式对苏尼特羊不同组织中脂肪酸组成的影响，也改变着组织中脂肪酸代谢的相关基因的表达。脂肪酸代谢相关基因可主要分为三大类，脂肪酸合成相关基因（脂肪酸合成酶、乙酰辅酶 A 羧化酶、硬脂酰辅酶 A 去饱和酶、脂肪酸脱氢酶等）、脂肪酸分解相关基因（脂蛋白酯酶）、脂肪酸转运相关基因（脂肪酸结合蛋白、肉碱脂酰转移酶等）。如图 4-89 所示，为探究饲养方式对脂肪酸代谢基因表达量的影响，作者团队对不同饲养方式下苏尼特羊不同组织中的 *ACC*、*CPT1*、*FASN*、*SCD*、*FADS1*、*FADS2*、*ELOVE5*、*LPL*、*FABP4*、*PPARγ* mRNA 表达量进行了对比和分析。

1. 乙酰辅酶 A 羧化酶

表 4-29 为饲养方式对苏尼特羊 *ACC* mRNA 表达的影响。在股二头肌和皮下脂肪中，放牧组中 *ACC* mRNA 表达量显著高于舍饲组（$P<0.05$）；而放牧+舍饲组中尾部脂肪的 *ACC* mRNA 表达量显著高于放牧组和舍饲组（$P<0.05$）。不同组织间 *ACC* mRNA 表达量存在显著差异，三种饲养方式下 *ACC* mRNA 表达量都呈现脂肪组织高于肌肉组织。

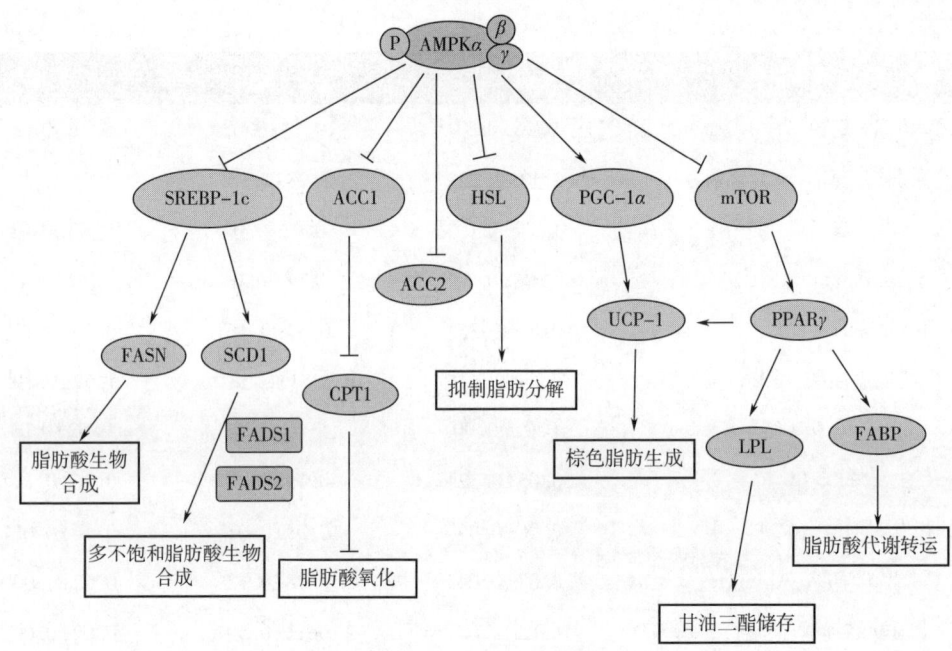

图 4-89　脂代谢关系图谱

表 4-29　饲养方式对 *ACC* mRNA 表达的影响

部位	放牧组	放牧+舍饲组	舍饲组
背最长肌	0.60±0.31^{aB}	0.58±0.08^{aC}	0.40±0.19^{aC}
股二头肌	0.57±0.33^{aB}	0.32±0.19^{bC}	0.37±0.18^{bC}
皮下脂肪	5.17±0.82^{aA}	4.04±2.522^{abB}	2.92±0.31^{bB}
尾部脂肪	5.25±1.16^{bA}	12.64±2.10^{aA}	6.06±1.21^{bA}

注：同行不同小写字母肩注表示组别之间差异显著（$P<0.05$），同列不同大写字母肩注表示部位之间差异显著，字母相同表示差异不显著（$P>0.05$）。

2. 肉碱脂酰转移酶 I

饲养方式对苏尼特羊 *CPT1* mRNA 表达的影响，如表 4-30 所示。放牧组背最长肌和尾部脂肪中 *CPT1* mRNA 表达量显著高于舍饲组（$P<0.05$），而在三种饲养方式下股二头肌和皮下脂肪中 *CPT1* mRNA 表达量无显著性差异（$P>0.05$）。不同组织间 *CPT1* mRNA 表达量存在差异，背最长肌和股二头肌中 *CPT1* mRNA 表达量显著高于皮下脂肪和尾部脂肪，这可能是由于肌肉组织具有较强的 β 氧化能力而导致的。

表 4-30　饲养方式对 *CPT1* mRNA 表达的影响

部位	放牧组	放牧+舍饲组	舍饲组
背最长肌	35.86±2.96^{aA}	28.31±2.69^{abB}	25.64±6.244^{bB}

续表

部位	放牧组	放牧+舍饲组	舍饲组
股二头肌	35.09±18.02^{aA}	42.14±4.72^{aA}	34.71±9.48^{aA}
皮下脂肪	0.91±0.70^{aB}	0.70±0.27^{aC}	0.59±0.16^{aC}
尾部脂肪	0.71±0.42^{aB}	0.74±0.18^{aC}	0.20±0.15^{bC}

注：同行不同小写字母肩注表示组别之间差异显著（$P<0.05$），同列不同大写字母肩注表示部位之间差异显著，字母相同表示差异不显著（$P>0.05$）。

3. 脂肪酸合成酶

饲养方式对苏尼特羊 $FASN$ mRNA 表达量，如表 4-31 所示。在背最长肌中，放牧组显著高于放牧+舍饲组和舍饲组（$P<0.05$）。而皮下脂肪中 $FASN$ mRNA 表达与其相反，放牧组显著低于舍饲组（$P<0.05$）。不同组织中 $FASN$ mRNA 表达存在差异，整体趋势呈现皮下脂肪和尾部脂肪的 $FASN$ mRNA 表达量高于背最长肌和股二头肌，可能是由于不同部位脂肪组织的调控 $FASN$ 基因在序列的启动时间和空间上存在着差异所引起的。

表 4-31　饲养方式对 $FASN$ mRNA 表达的影响

部位	放牧组	放牧+舍饲组	舍饲组
背最长肌	1.95±1.28^{aC}	0.91±0.49^{bD}	1.28±0.90^{bD}
股二头肌	6.02±2.96^{aB}	8.26±0.21^{aC}	4.41±1.33^{bC}
皮下脂肪	10.65±2.46^{bA}	13.27±1.81^{bB}	20.75±8.30^{aA}
尾部脂肪	10.52±4.05^{bA}	31.85±12.51^{aA}	8.49±2.04^{bB}

注：同行不同小写字母肩注表示组别之间差异显著（$P<0.05$），同列不同大写字母肩注表示部位之间差异显著，字母相同表示差异不显著（$P>0.05$）。

4. 硬脂酰辅酶 A 去饱和酶

饲养方式对苏尼特羊 SCD mRNA 表达量的影响如表 4-32 所示，在皮下脂肪中，放牧组 SCD mRNA 表达显著高于舍饲组（$P<0.05$）；而在尾部脂肪中，放牧组小于舍饲组（$P<0.05$）。

表 4-32　饲养方式对 SCD mRNA 表达的影响

部位	放牧组	放牧+舍饲组	舍饲组
背最长肌	0.36±0.23^{aC}	0.310±0.324^{aC}	0.38±0.23^{aC}
股二头肌	0.35±0.31^{aC}	0.220±0.152^{aC}	0.31±0.23^{aC}
皮下脂肪	6.01±2.75^{aB}	4.59±1.20a^{bB}	3.09±1.50^{bB}
尾部脂肪	26.13±2.57^{bA}	54.16±13.38^{aA}	41.12±15.89^{aA}

注：同行不同小写字母肩注表示组别之间差异显著（$P<0.05$），同列不同大写字母肩注表示部位之间差异显著，字母相同表示差异不显著（$P>0.05$）。

5. 脂肪酸去饱和酶 1

饲养方式对苏尼特羊 FADS1 mRNA 表达的影响如表 4-33 所示。放牧组和放牧+舍饲组中背最长肌和股二头肌的 FADS1 mRNA 表达量显著高于舍饲组（$P<0.05$）；在皮下脂肪中，放牧组和舍饲组要显著高于放牧+舍饲组（$P<0.05$）；在尾部脂肪中，舍饲组中 FADS1 mRNA 表达量显著高于放牧组和放牧+舍饲组（$P<0.05$）。不同组织中 FADS1 mRNA 表达量存在显著差异（$P<0.05$），整体上呈现肌肉组织中 FADS1 mRNA 的表达量高于脂肪组织。

表 4-33 饲养方式对 FADS1 mRNA 表达的影响

部位	放牧组	放牧+舍饲组	舍饲组
背最长肌	2.55 ± 0.92^{aA}	2.49 ± 0.79^{aA}	1.68 ± 0.68^{bA}
股二头肌	2.36 ± 1.26^{aA}	1.91 ± 0.49^{aB}	1.53 ± 0.82^{bA}
皮下脂肪	1.01 ± 0.42^{aB}	0.47 ± 0.15^{bC}	0.93 ± 0.48^{aB}
尾部脂肪	0.44 ± 0.26^{bC}	0.55 ± 0.11^{bC}	0.93 ± 0.37^{aB}

注：同行不同小写字母肩注表示组别之间差异显著（$P<0.05$），同列不同大写字母肩注表示部位之间差异显著，字母相同表示差异不显著（$P>0.05$）。

6. 脂肪酸去饱和酶 2

饲养方式对苏尼特羊 FADS2 mRNA 表达的影响如表 4-34 所示。放牧组和放牧+舍饲组中背最长肌和股二头肌的 FADS2 mRNA 表达量显著高于舍饲组（$P<0.05$），而在皮下脂肪和尾部脂肪中 FADS2 mRNA 表达量差异不显著（$P>0.05$）。不同组织中 FADS2 mRNA 表达量存在显著差异（$P<0.05$）。不同饲养模式下肌肉组织中 FADS2 mRNA 表达量显著高于脂肪组织。

表 4-34 饲养方式对 FADS2 mRNA 表达的影响

部位	放牧组	放牧+舍饲组	舍饲组
背最长肌	2.45 ± 0.93^{aB}	3.73 ± 0.15^{aA}	1.56 ± 0.80^{bA}
股二头肌	3.30 ± 1.22^{aA}	2.37 ± 0.93^{aB}	1.16 ± 0.58^{bA}
皮下脂肪	0.30 ± 0.17^{aC}	0.40 ± 0.17^{aC}	0.25 ± 0.13^{aB}
尾部脂肪	0.32 ± 0.17^{aC}	0.32 ± 0.17^{aC}	0.45 ± 0.22^{aB}

注：同行不同小写字母肩注表示组别之间差异显著（$P<0.05$），同列不同大写字母肩注表示部位之间差异显著，字母相同表示差异不显著（$P>0.05$）。

7. 长链脂肪酸延长酶

饲养方式对苏尼特羊 ELOVL5 mRNA 表达量的影响如表 4-35 所示。在背最长肌中，放牧组和舍饲组的 ELOVL5 mRNA 表达量显著低于放牧+舍饲组（$P<0.05$）。在股二头肌中，放牧组的 ELOVL5 mRNA 表达量显著高于舍饲组（$P<0.05$）。在三种饲养模式下，不

同组织中 ELOVL5 mRNA 表达量差异不显著（$P>0.05$）。

表 4-35　饲养方式对苏尼特羊 ELOVL5 mRNA 表达的影响

部位	放牧组	放牧+舍饲组	舍饲组
背最长肌	1.93±1.03^{bA}	2.88±1.11^{aA}	1.70±0.92^{bAB}
股二头肌	1.99±1.03^{aA}	1.65±0.53^{aA}	1.11±0.50^{bB}
皮下脂肪	2.50±1.33^{aA}	1.65±0.63^{aA}	2.06±0.91^{aA}
尾部脂肪	2.15±1.23^{aA}	2.81±0.49^{aA}	2.22±1.16^{aA}

注：同行不同小写字母肩注表示组别之间差异显著（$P<0.05$），同列不同大写字母肩注表示部位之间差异显著，字母相同表示差异不显著（$P>0.05$）。

8. 脂蛋白酯酶

饲养方式对苏尼特羊 LPL mRNA 表达的影响如表 4-36 所示。在背最长肌和皮下脂肪中，放牧组 LPL mRNA 表达量显著高于放牧+舍饲组和舍饲组（$P<0.05$），在股二头肌中，放牧组 LPL mRNA 表达量显著高于舍饲组（$P<0.05$），其原因可能是放牧组饮食含有较高的多不饱和脂肪酸会促进脂肪组织 LPL mRNA 的表达。在尾部脂肪中，三种饲养方式无显著性差异（$P>0.05$）。在放牧组和放牧+舍饲组中，皮下脂肪、尾部脂肪和背最长肌 LPL mRNA 的表达存在显著差异（$P<0.05$）。

表 4-36　饲养方式对苏尼特羊 LPL mRNA 表达的影响

部位	放牧组	放牧+舍饲组	舍饲组
背最长肌	1.24±0.41^{aC}	0.41±0.13^{bC}	0.39±0.30^{bC}
股二头肌	2.68±0.92^{aB}	2.37±1.01^{abB}	1.71±0.71^{bB}
皮下脂肪	4.05±1.26^{aA}	3.72±0.61^{bA}	2.31±0.59^{bAB}
尾部脂肪	2.44±1.27^{aB}	2.14±1.42^{aB}	2.69±1.49^{aA}

注：同行不同小写字母肩注表示组别之间差异显著（$P<0.05$），同列不同大写字母肩注表示部位之间差异显著，字母相同表示差异不显著（$P>0.05$）。

9. 脂肪酸结合蛋白

表 4-37　饲养方式对苏尼特羊 FABP4 mRNA 表达的影响

部位	放牧组	放牧+舍饲组	舍饲组
背最长肌	1.05±0.55^{aB}	0.32±0.17^{bC}	0.42±0.23^{bC}
股二头肌	0.88±0.65^{aB}	0.34±0.17^{bC}	0.21±0.13^{bC}
皮下脂肪	44.37±19.54^{aA}	47.55±21.40^{aB}	60.78±7.66^{aA}
尾部脂肪	42.82±19.30^{aA}	79.83±10.79^{aA}	36.21±7.99^{aB}

注：同行不同小写字母肩注表示组别之间差异显著（$P<0.05$），同列不同大写字母肩注表示部位之间差异显著，字母相同表示差异不显著（$P>0.05$）。

饲养方式对苏尼特羊 *FABP4* mRNA 表达量的影响如表 4-37 所示。在背最长肌和股二头肌中，放牧组 *FABP4* mRNA 表达量显著高于放牧+舍饲组和舍饲组（$P<0.05$）。三种饲养方式下，皮下脂肪和尾部脂肪中 *FABP4* mRNA 表达量显著高于背最长肌和股二头肌（$P<0.05$）。在舍饲组中，皮下脂肪的 *FABP4* mRNA 表达量显著高于尾部脂肪（$P<0.05$），而放牧+舍饲组中尾部脂肪高于皮下脂肪（$P<0.05$）。

10. 过氧化物酶体增殖物激活受体 γ

饲养方式对苏尼特羊 *PPARγ* mRNA 表达量的影响如表 4-38 所示。在背最长肌和股二头肌中，放牧组 *PPARγ* mRNA 表达量显著高于舍饲组（$P<0.05$）；三种饲养方式下，在尾部脂肪中 *PPARγ* mRNA 表达量差异显著（$P<0.05$），大小依次为放牧+舍饲组>放牧组>舍饲组。可能是由于牧草中含有的亚油酸，增加了绵羊瘤胃中短链脂肪酸的沉积，使脂肪合成的底物量增加，有利于 *PPARγ* 基因的表达（Ebrahimi et al., 2013）。

表 4-38　饲养方式对苏尼特羊 *PPARγ* mRNA 表达的影响

部位	放牧组	放牧+舍饲组	舍饲组
背最长肌	0.67 ± 0.34^{aB}	0.54 ± 0.28^{abC}	0.37 ± 0.33^{bB}
股二头肌	0.50 ± 0.27^{aB}	0.83 ± 0.39^{aC}	0.39 ± 0.24^{bB}
皮下脂肪	4.33 ± 1.85^{aA}	4.89 ± 2.69^{aB}	4.83 ± 2.52^{aA}
尾部脂肪	5.89 ± 1.93^{bA}	13.01 ± 3.02^{aA}	3.15 ± 1.22^{cA}

注：同行不同小写字母肩注表示组别之间差异显著（$P<0.05$），同列不同大写字母肩注表示部位之间差异显著，字母相同表示差异不显著（$P>0.05$）。

（三）不同因素对骨骼肌卫星细胞成脂分化的影响

骨骼肌卫星细胞在成熟的肌肉组织中处于静息状态，当肌肉长期运动或受到损伤时能够激活并进行功能性分化。肌源干细胞在运动和营养的刺激下进行激活过程和分化过程，这能够对动物骨骼肌结构、肌内脂肪含量产生一定的影响。饲养方式的不同主要集中表现在饲料差异和运动量高低上。在饲料方面舍饲组主要为以含玉米淀粉、大豆淀粉为主的葡萄糖源，而放牧组主要为以粗纤维为主的牧草，所以在营养上两组的差异主要是淀粉类物质的含量。

基于此，作者团队通过体外分离培养大鼠骨骼肌卫星细胞，并通过高糖和 AICAR 诱导实验观察分析在不同浓度诱导剂的诱导下骨骼肌卫星细胞的增殖与分化情况，研究不同饲养方式对骨骼肌卫星细胞分化产生影响的机制。

取三周龄的 Wister 大鼠趾长伸肌进行分离培养骨骼肌卫星细胞，并通过差速贴壁法纯化得到骨骼肌卫星细胞（图 4-90）。在组织块贴壁 48h 后，组织周围开始有细胞爬出，此时细胞的形态呈圆形，且折光性较强。培养期间每隔 48h 换一次液，待细胞汇合度达到 80% 以上，进行差速贴壁法纯化。分离出的细胞一般有三种：骨骼肌卫星细胞、平滑肌细胞和纤维细胞。此三种细胞最先贴壁的是纤维细胞，形态为细长形；经 2h 后贴壁的为平滑肌细胞，形态为类五角星型；经 12h 后贴壁的为骨骼肌卫星细胞，形态为短梭形。

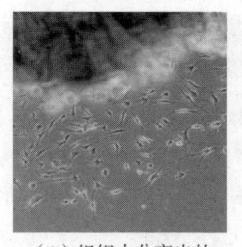
（1）组织中分离出的细胞形态

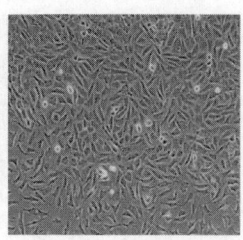
（2）未纯化前细胞形态

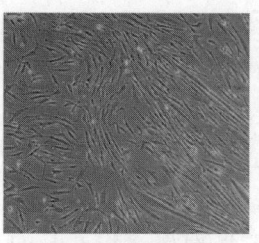
（3）差速贴壁2h后的细胞形态

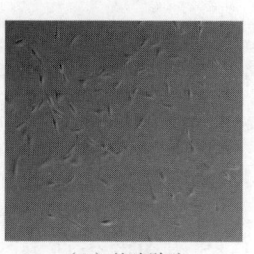
（4）差速贴壁12h后的细胞形态

图4-90　分离纯化过程中骨骼肌卫星细胞的细胞形态（100μmol/L）

1. 葡萄糖体外诱导对骨骼肌卫星细胞成脂分化的影响

分别添加15mmol/L、25mmol/L、35mmol/L葡萄糖到骨骼肌卫星细胞的生长培养液中进行10d的分离培养，分别标记为空白、H-15、H-25、H-35。在第0天、第3天、第5天、第7天和第10天取样分别进行细胞形态观察、相关蛋白表达量测定、油红O脂滴数量测定。以骨骼肌卫星细胞为实验模型，通过不同浓度葡萄糖诱导观察卫星细胞的分化情况，研究以葡萄糖源为主的膳食对动物肌源干细胞的成脂分化和棕色脂肪细胞表达的影响。

成脂细胞的特异性蛋白PPARγ在不同浓度葡萄糖诱导下表达量的变化情况由图4-91可见，在空白组中PPARγ的表达量在分化中期有显著上升（$P<0.05$），但在分化末期表达量也有显著下降（$P<0.05$），可见骨骼肌卫星细胞在自然生长环境下能够向成脂细胞分化。在H-15组，PPARγ蛋白表达量呈现一种先升高后降低的趋势，且在分化中期

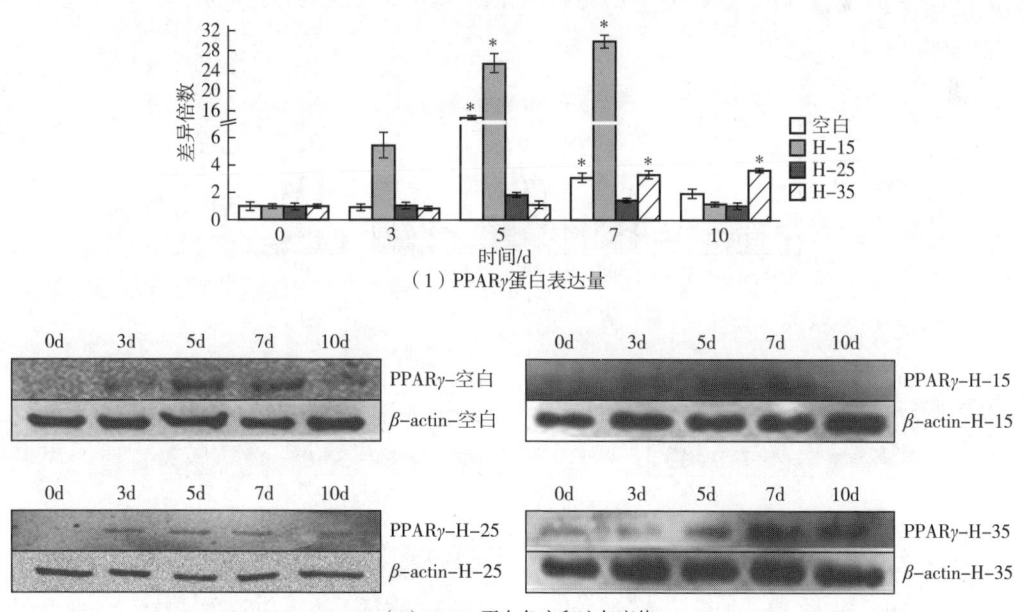

图4-91　高糖诱导成脂细胞特异性蛋白在分化阶段的蛋白表达量

[* 表示同组不同时间差异显著（$P<0.05$）]

(5d、7d）差异显著（$P<0.05$）。与空白组相比，15mmol/L 葡萄糖浓度能够在卫星细胞分化阶段促进卫星细胞向成脂细胞的分化，本组中 PPARγ 蛋白表达量的显著上升主要是因为 15mmol/L 葡萄糖浓度能够促进卫星细胞的自我增殖，使卫星细胞激活进入分化阶段。在 H-25 组中，PPARγ 蛋白表达量呈现先上升后下降的趋势，但差异不显著（$P<0.05$），可知 25mmol/L 葡萄糖浓度对骨骼肌卫星细胞向成脂细胞分化的影响并不大。PPARγ 在 H-35 组中的蛋白表达量呈现出逐步上升的趋势，且在分化后期（7d、10d）差异显著（$P<0.05$），可见 35mmol/L 葡萄糖浓度能够诱导骨骼肌卫星向成脂细胞分化，且能够在整个分化阶段持续诱导成脂分化。

棕色脂肪细胞的特异性蛋白 UCP-1 在不同浓度葡萄糖诱导下表达量的变化情况由图 4-92 可见，在空白组中 UCP-1 的蛋白表达量在数值上呈现先升高后降低的趋势，并在第 5 天达到最大（$P<0.05$）。但空白组的灰度图可以看出第 5 天的灰度非常低，UCP-1 的表达只是在数值上显著升高，但含量是非常微小的。这证明骨骼肌卫星细胞在自然分化过程中能够激活少量的 UCP-1 蛋白活性。在 H-15 组中，UCP-1 的表达量在分化前期并没有变化，在第 5 天表达量显著升高（$P<0.05$），并在随后几天持续表达。可见骨骼肌卫星细胞在 15mmol/L 葡萄糖浓度诱导下能够在分化后期分化出棕色脂肪细胞。在 H-25 组中，UCP-1 在分化过程中表达量逐步上升，且在分化第 5 天表达量显著升高（$P<0.05$），表明 25mmol/L 葡萄糖浓度能够诱导骨骼肌卫星细胞向棕色脂肪细胞分化。与 H-15 相比，H-25 组的 UCP-1 更早地在分化阶段表达。与前两组浓度不同，UCP-1 蛋白在 H-35 组的表达量并没有显著变化，且在分化终期（10d）表达量并没有升高，而是相对于第 5 天、第 7 天显著降低（$P<0.05$）。由此可知，35mmol/L 葡萄糖浓度不能诱导骨骼肌卫星细胞分化为棕色脂肪细胞。

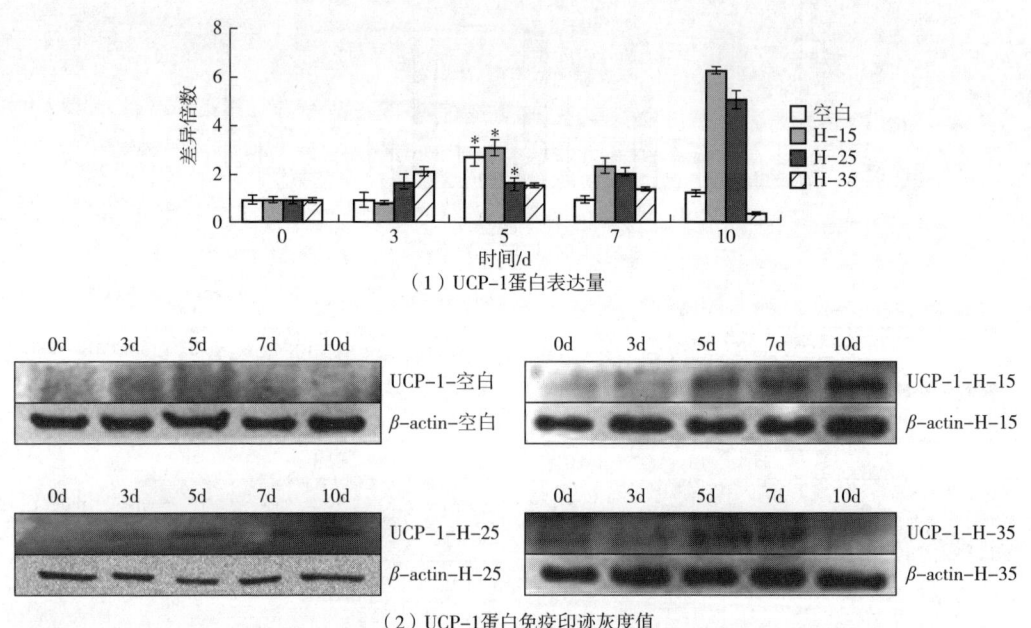

图 4-92　高糖诱导棕色脂肪细胞特异性蛋白在分化阶段的蛋白表达量

[*表示同组不同时间差异显著（$P<0.05$）]

综上所述，不同浓度葡萄糖对骨骼肌卫星细胞分化的影响各不相同。与空白组相比，卫星细胞在体外通过 15mmol/L 葡萄糖浓度诱导能够被激活进行成脂分化，成脂肪细胞特异性蛋白 PPARγ 表达量的先升高后降低的现象则说明 15mmol/L 葡萄糖并没有成功诱导卫星细胞分化为成脂肪细胞。根据棕色脂肪细胞产热蛋白 UCP-1 表达量在诱导阶段的逐步上升推测，被激活的 PPARγ 蛋白并未进入向成熟脂肪即脂滴形成分化的通路，而是进入激活 UCP-1 生成棕色脂肪细胞的通路（李伟等，2013）。为了验证推测，H-15 组进行了油红 O 染色，结果如图 4-93 所示，H-15 组脂滴并未随着时间的增加而沉积，分光光度计测得五个时间点的 OD 值也并没有显著差异（$P<0.05$）。由此证明 15mmol/L 葡萄糖浓度体外诱导卫星细胞表达 PPARγ 并进入棕色脂肪细胞分化通路。

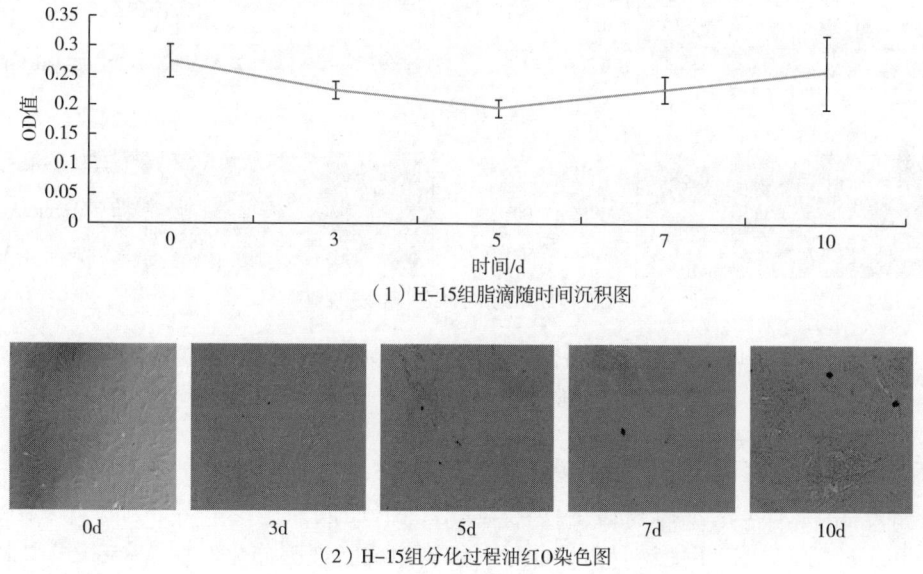

图 4-93　油红 O 染色 H-15 组分化过程脂滴形成情况

2. AICAR 激活 AMPK 活性对骨骼肌卫星细胞成脂分化的影响

根据比较不同饲养方式对苏尼特羊屠宰性能的测定中的运动情况可以发现，放牧和舍饲两组间的动物的运动量有着很大的差异。AMPK 蛋白在肌肉持续运动时被显著地激活并进行磷酸化作用，因此也是能够表征机体长期运动的一个标志性蛋白。AICAR 是 AMPK 蛋白活性的激活剂，分别添加 300μmol/L、500μmol/L、700μmol/L AICAR 到骨骼肌卫星细胞的生长培养液中进行 10d 的分离培养，标记为空白、A-300、A-500、A-700。在第 0 天、第 3 天、第 5 天、第 7 天和第 10 天取样分别进行实验，以骨骼肌卫星细胞为实验模型，通过不同浓度 AMPK 激活剂 AICAR 激活卫星细胞中 AMPK 蛋白磷酸化水平并观察其分化情况，研究运动对动物肌源干细胞的成脂分化的影响。

不同浓度 AICAR 激活骨骼肌卫星细胞中 AMPK 蛋白磷酸化水平变化如图 4-94 所示，AMPK 磷酸化水平在 300μmol/L、500μmol/L、700μmol/L 浓度的 AICAR 激活下均有显著提高，而对照组中 AMPK 蛋白磷酸化水平并没有随着细胞的生长而升高，可见体外 AICAR 激活剂的添加能够成功激活骨骼肌卫星细胞中的 AMPK 蛋白并进行磷酸化。

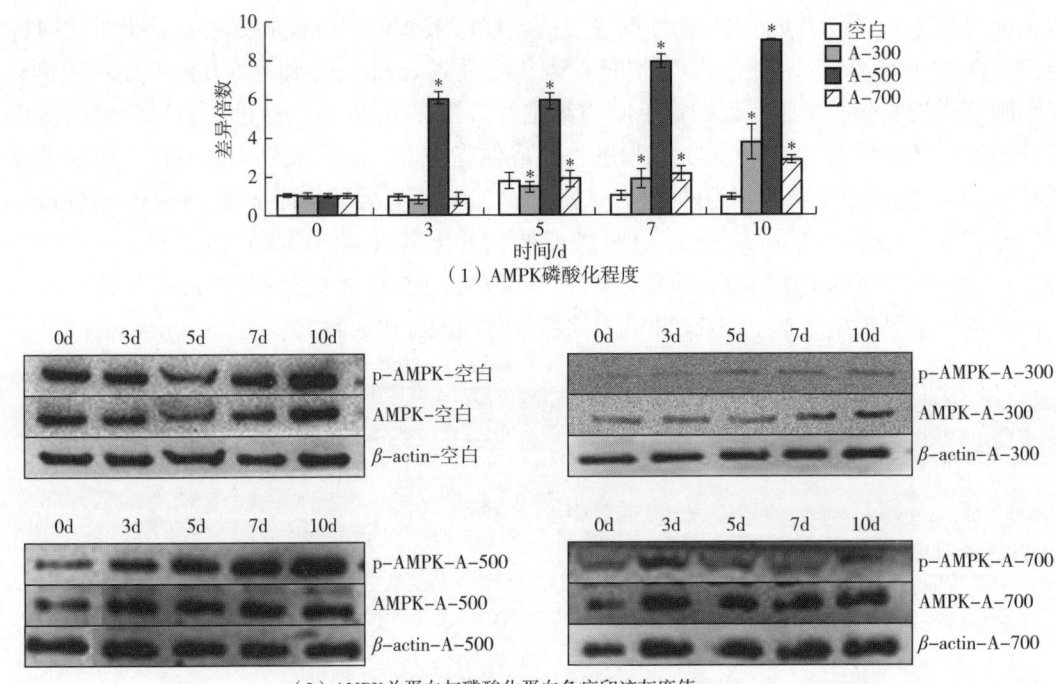

图4-94 AICAR诱导骨骼肌卫星细胞分化时AMPK蛋白磷酸化程度

[*表示同组不同时间差异显著（$P<0.05$）]

不同AICAR浓度诱导骨骼肌卫星细胞分化对PPARγ蛋白表达量的影响如图4-95所示，A-300组PPARγ的蛋白表达量变化不大，且各时间点间的差异不显著（$P>0.05$），表明300μmol/L AICAR不能诱导骨骼肌卫星细胞向成脂细胞分化。在A-500组中PPARγ蛋白表达量呈现逐步上升的趋势，在分化第10天达到最大，但差异不显著（$P>0.05$）。由此表明500μmol/L AICAR在一定程度上诱导骨骼肌卫星细胞向成脂细胞分化。A-700组中的PPARγ蛋白表达量呈现先升高后降低的趋势，但各时间点间并没有显著性差异（$P>0.05$）。表明700μmol/L AICAR不能诱导骨骼肌卫星细胞向成脂细胞分化。与自然条件下卫星细胞向成脂细胞分化情况相比，三种浓度AICAR对PPARγ的表达量的影响规律并不一致。总结来说，浓度为300μmol/L、700μmol/L的AICAR能够抑制骨骼肌卫星细胞向成脂细胞的分化。而500μmol/L浓度的AICAR却有促进成脂分化的趋势。

不同浓度AICAR诱导骨骼肌卫星细胞分化对UCP-1蛋白表达量的影响如图4-96所示，A-300组中UCP-1蛋白表达量在卫星细胞分化过程中呈现先升高后降低的趋势，且在第5天和第7天出现显著性升高（$P<0.05$），但在分化终期（10d）出现显著下降（$P<0.05$）。表明300μmol/L AICAR能够诱导骨骼肌卫星细胞分化为棕色脂肪细胞，但分化不持续。在A-500组中UCP-1蛋白表达量在分化的前中期变化不明显，在分化第10天出现显著性降低，表明500μmol/L AICAR不能诱导骨骼肌卫星细胞向棕色脂肪细胞分化。A-700组中UCP-1的表达量随诱导时间的延长差异不显著（$P>0.05$），表明700μmol/L AICAR对骨骼肌卫星细胞向棕色脂肪细胞分化诱导不明显。结合空白组UCP-1蛋白的

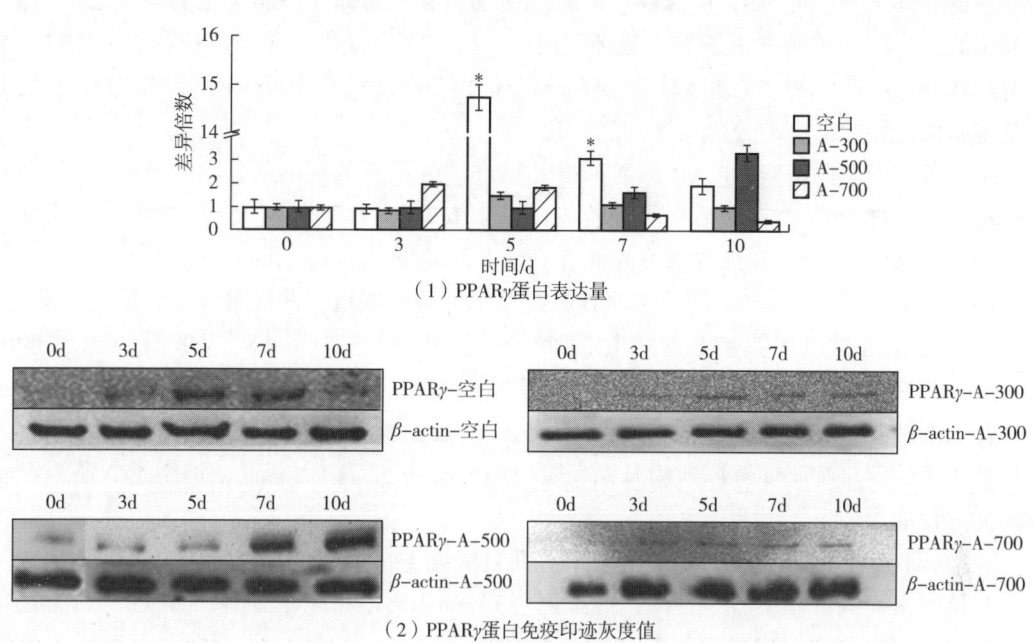

图 4-95 AICAR 诱导成脂细胞特异性蛋白在分化阶段的蛋白表达量

[*表示同组不同时间差异显著（$P<0.05$）]

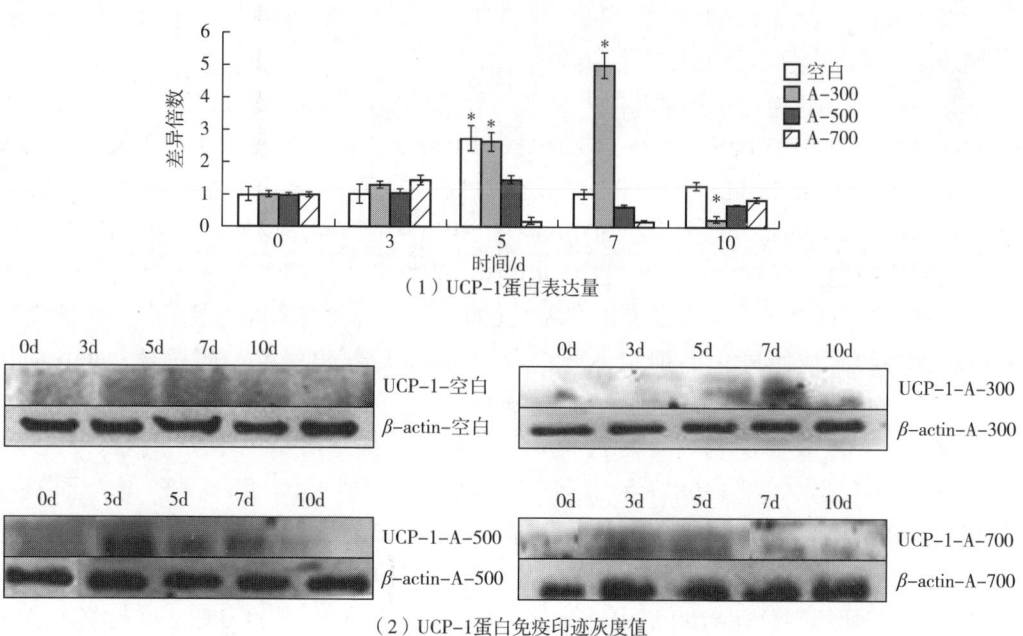

图 4-96 AICAR 诱导棕色脂肪细胞特异性蛋白在分化阶段的蛋白表达量

[*表示同组不同时间差异显著（$P<0.05$）]

表达量情况，三种浓度 AICAR 诱导骨骼肌卫星细胞分化为棕色脂肪细胞的情况总结如下：300μmol/L AICAR 能够显著诱导卫星细胞向棕色脂肪细胞分化，但诱导效果是暂时的，不能持续到分化终期；与空白组相比，500μmol/L 和 700μmol/L 浓度的 AICAR 对骨骼肌卫星细胞向棕色脂肪细胞的分化均有抑制作用。

综上所述，不同浓度 AICAR 激活 AMPK 活性对骨骼肌卫星细胞分化的影响并不相同。三种浓度 AICAR 能够有效激活卫星细胞内的 AMPK 磷酸化活性，但卫星细胞的活性及分化潜能并不是随着 AICAR 浓度的升高而升高的。结合图 4-94、图 4-95、图 4-96 可以看出 300μmol/L 浓度的 AICAR 能够激活骨骼肌卫星细胞的增殖，并促进棕色脂肪细胞分化，其他两组 AICAR 浓度对卫星细胞的激活和增殖能力的影响并不明显。500μmol/L 浓度的 AICAR 只在分化后期随着细胞数量的堆积使卫星细胞的分化能力有所提高，并且与空白组相比此浓度抑制了卫星细胞向棕色脂肪细胞分化的能力。700μmol/L 浓度的 AICAR 与体外自然生长的卫星细胞能够向成脂及棕色脂肪细胞分化的空白组相比，抑制了骨骼肌卫星细胞的分化能力。

3. 葡萄糖与 AICAR 协同诱导对骨骼肌卫星细胞成脂分化的影响

在单因素高糖诱导实验中发现，低浓度（15mmol/L）和中浓度（25mmol/L）的葡萄糖能够诱导卫星细胞生成棕色脂肪细胞，而高浓度（35mmol/L）葡萄糖显著激活了骨骼肌卫星后却抑制了 AMPK 蛋白的磷酸化活性和棕色脂肪细胞的生成。那么在 H-35 组中是否因为 AMPK 蛋白的磷酸化活性影响了卫星细胞向棕色脂肪分化的能力？我们选取 25mmol/L、35mmol/L 两种葡萄糖浓度与 300μmol/L AICAR 对骨骼肌卫星细胞进行协同诱导，观察在 AMPK 蛋白激活状态下高糖对骨骼肌卫星细胞分化的影响，研究运动与营养水平共同作用下肌源干细胞的成脂分化能力。

葡萄糖与 AICAR 协同诱导骨骼肌卫星细胞分化过程中对成脂细胞特异性蛋白 PPARγ 表达量的影响如图 4-97 所示，H25-A300 组中 PPARγ 的蛋白表达量在第 3 天达到最大，较空白组、单因素 H-25 组和 A-300 组都更快达到最大值，但随后开始降低直至分化结束达到最低。可见 25mmol/L 葡萄糖与 300μmol/L AICAR 的协同作用不能诱导骨骼肌卫星细胞分化为成脂细胞。在 H35-A300 组中，PPARγ 的蛋白表达量在第 3 天达到最大（$P<0.05$），并在随后的几天中显著高表达（$P<0.05$），但在分化终期降为最低。与单因素 A-300 组对卫星细胞成脂分化的抑制不同，经 35mmol/L 葡萄糖参与的诱导，300μmol/L AICAR 在分化中期激活了骨骼肌卫星细胞的成脂分化，但没有持续到分化终期。

葡萄糖与 AICAR 协同诱导骨骼肌卫星细胞分化过程中对棕色脂肪细胞特异性蛋白 UCP-1 表达量的影响如图 4-98 所示，与空白组相似，H25-A300 组中 UCP-1 的蛋白表达量呈现先升高后降低的趋势，在第 5 天达到最大（$P<0.05$），随后降低直到分化终期达到最小（$P<0.05$）。由图 4-92 可以看出在单因素 H-25 组中 UCP-1 的表达量呈现逐渐上升的趋势，而在多因素 H25-A300 组中的分化后期却显著下降（$P<0.05$），这与单因素 A-300 组对 UCP-1 在分化后期的影响相似，可见在 300μmol/L AICAR 的参与下使 25mmol/L 葡萄糖抑制骨骼肌卫星细胞在分化后期的棕色脂肪细胞分化。在 H35-A300 组中，UCP-1 蛋白在分化中期（3~7d）显著高表达（$P<0.05$）并在第 5 天达到最大，但在分化第 10 天显著降低（$P<0.05$）。H35-A300 组的 UCP-1 表达量与单因素 H-35 组和 A-300 组的趋

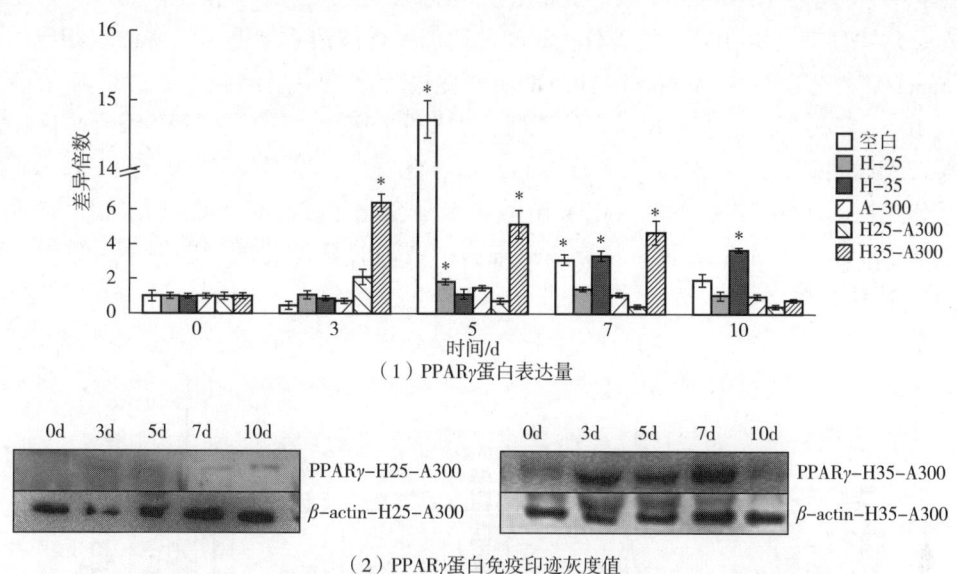

图4-97 葡萄糖与 AICAR 协同诱导成脂细胞特异性蛋白在分化阶段的蛋白表达量

[*表示同组不同时间差异显著（$P<0.05$）]

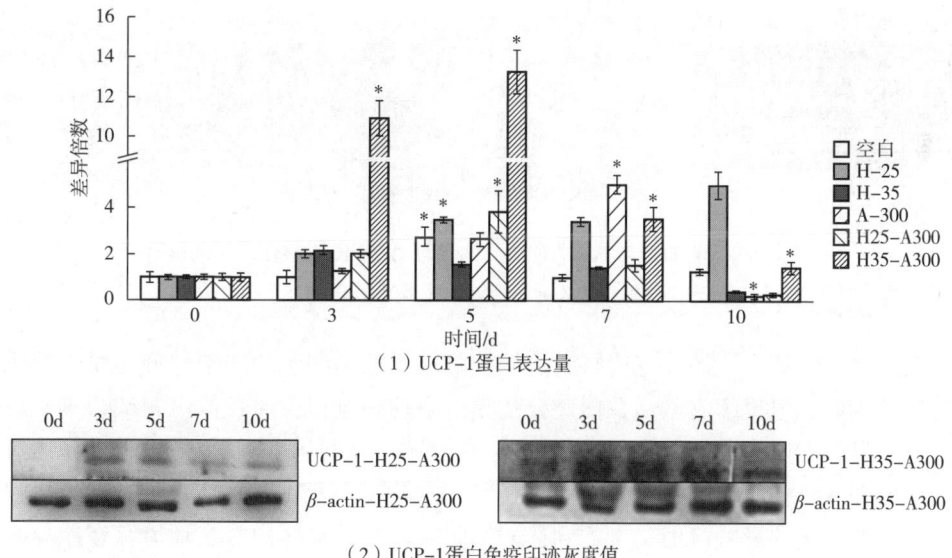

图4-98 葡萄糖与 AICAR 协同诱导棕色脂肪细胞特异性蛋白在分化阶段的蛋白表达量

[*表示同组不同时间差异显著（$P<0.05$）]

势类似，但在分化末期 UCP-1 的表达量仍高于分化初期（1.4 倍），可见 35mmol/L 葡萄糖与 300μmol/L AICAR 协同作用能够使骨骼肌卫星细胞在分化末期表达 UCP-1。

葡萄糖与 AICAR 协同诱导骨骼肌卫星细胞分化过程中对 AMPK 蛋白磷酸化水平的影

响如图 4-99 所示。H25-A300 组中 AMPK 蛋白磷酸化水平在分化前期（0~3d）变化不大，在分化中后期（5~10d）随着分化时间的增加呈现波浪式上升。与空白组相比，多因素 25mmol/L 葡萄糖与 300μmol/L AICAR 能够促进骨骼肌卫星细胞中的 AMPK 蛋白磷酸化。在 H35-A300 组中，AMPK 蛋白的磷酸化水平呈波浪式变化，在第 3 天升高后逐渐降低至第 7 天达到最低，在第 10 天上升为最大。与空白组、单因素 H-35 组和 A-300 组的稳定规律相比，H35-A300 组的 AMPK 磷酸化水平变化较多，可见在分化阶段 35mmol/L 葡萄糖与 300μmol/L AICAR 两种诱导剂对细胞中 AMPK 磷酸化的影响并不一致，导致变化忽上忽下不稳定。

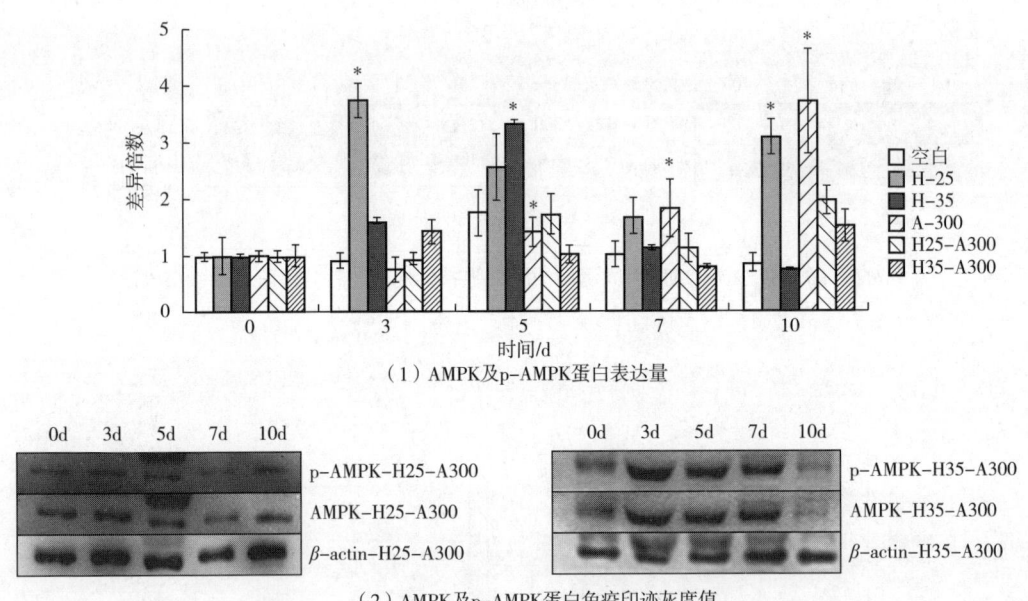

图 4-99　葡萄糖与 AICAR 协同诱导对 AMPK 磷酸化水平的影响

[* 表示同组不同时间差异显著（$P<0.05$）]

综上所述，饲养方式的改变能够通过调控骨骼肌卫星细胞的增殖与分化而改变肌肉的组织结构。骨骼肌卫星细胞激活并增殖分化是一个动态过程，通过体内测试绵羊宰后肌肉的蛋白表达量只能展现一个静态的结果，因此通过体外培养骨骼肌卫星细胞，并通过不同浓度葡萄糖和 AICAR 激活剂诱导，验证了营养差异和运动激活对卫星细胞成脂细胞或棕色脂肪细胞的分化的影响。但是考虑到体外细胞实验和羔羊体内真实环境存在差异，日粮营养和运动对羔羊体内脂肪代谢能否发挥同样的调控作用，还需要进一步的研究。因此，作者团队基于日粮营养和运动的调控手段，更深入地阐明日粮营养和运动对苏尼特羊脂肪代谢的影响机制。

二、日粮对羊脂肪代谢的影响

日粮是反刍动物家畜维持各项生命代谢活动的物质基础，其营养物质摄入量直接关系到后续胃肠道中的消化吸收以及动物生产性能的发挥。

（一）亚麻籽对羊脂肪代谢的影响

基于先前的研究，作者团队认为放牧和舍饲较为明显的差异在于摄入日粮的组分不同，牧草中含有丰富的亚麻籽。含有丰富的 α-亚麻酸、亚油酸及木酚素等。日粮添加亚麻籽可能通过影响多不饱和脂肪酸的沉积，从而影响机体脂代谢。

为深入了解亚麻籽对苏尼特羊脂肪代谢的影响，选取 3 月龄左右、体重相近的苏尼特羊 40 只，进行单因素完全随机试验设计，实验分为亚麻籽组和对照组，探究亚麻籽对苏尼特羊脂肪代谢的影响。

1. 亚麻籽对羊脂肪分布的影响

饲粮添加亚麻籽对苏尼特羊脂肪分布的影响如表 4-39 所示。亚麻籽组苏尼特羊股二头肌脂肪含量显著低于对照组（$P<0.05$），尾部脂肪占比显著高于对照组（$P<0.05$），说明饲粮添加亚麻籽不利于肌内脂肪沉积，脂肪多沉积于尾部。研究表明，饲粮添加多不饱和脂肪酸可通过促进动物肌内脂肪分解或抑制脂肪合成，进而降低肌内脂肪的含量，提高脂肪组织质量，其脂肪代谢机制主要体现在降低脂肪组织中的脂解作用和促进脂肪组织对脂肪的摄取作用（Gaíva et al., 2001）。这可能是本研究中饲粮添加亚麻籽改变脂肪分布的主要原因之一。

表 4-39　饲粮添加亚麻籽对苏尼特羊脂肪分布的影响

部位	脂肪含量/%	
	亚麻籽组	对照组
背最长肌	1.90 ± 0.65^a	2.53 ± 0.97^a
股二头肌	0.95 ± 0.45^b	2.38 ± 0.43^a
皮下（胸部）	35.11 ± 2.76^a	35.70 ± 3.64^a
皮下（腹部）	51.91 ± 3.05^a	54.88 ± 4.26^a
尾部	6.21 ± 1.59^a	4.61 ± 1.75^b

注：同行不同小写字母肩注表示差异显著（$P<0.05$），相同表示差异不显著（$P>0.05$）。

2. 亚麻籽对羊脂肪酸组成的影响

由表 4-40 可以看出亚麻籽喂养后苏尼特羊背最长肌中主要以油酸、棕榈酸和硬脂酸为主，占 85% 左右。亚麻籽组苏尼特羊肌肉中多不饱和脂肪酸的含量显著高于对照组（$P<0.05$）。亚麻籽喂养苏尼特羊肌肉中饱和脂肪酸主要包括棕榈酸和硬脂酸。亚麻籽组苏尼特羊肌肉中单不饱和脂肪酸主要以棕榈油酸和油酸为主，分别约占总脂肪酸的 1.70% 和 44.28%。亚麻籽组苏尼特羊背最长肌中 $n-3$ 多不饱和脂肪酸的含量显著高于对照组（$P<0.05$）。α-亚麻酸、二十碳五烯酸和二十二碳五烯酸的含量亚麻籽组显著大于对照组（$P<0.05$）。亚麻籽喂养下羊肉的 $n-6/n-3$ 比例为 6.57，显著低于对照组（$P<0.05$）。

表4-40 亚麻籽对苏尼特羊背最长肌脂肪酸组成的影响　　　　单位：%

脂肪酸	对照组	亚麻籽组
癸酸（$C_{10:0}$）	0.11 ± 0.03^a	0.09 ± 0.03^b
月桂酸（$C_{12:0}$）	0.23 ± 0.34	0.08 ± 0.04
肉豆蔻酸（$C_{14:0}$）	2.39 ± 0.75^a	1.74 ± 0.54^b
豆蔻油酸（$C_{14:1}$）	0.07 ± 0.04	0.08 ± 0.09
棕榈酸（$C_{16:0}$）	26.08 ± 3.29^a	22.49 ± 3.26^b
棕榈油酸（$C_{16:1}$）	1.79 ± 0.56	1.70 ± 0.26
硬脂酸（$C_{18:0}$）	15.69 ± 5.12^b	17.22 ± 1.39^a
反式油酸（$C_{18:1反-9}$）	0.86 ± 0.03	0.79 ± 0.08
油酸（$C_{18:1顺-9}$）	42.85 ± 4.13	44.28 ± 4.40
反式亚油酸（$C_{18:2反-11顺-9}$）	0.28 ± 0.18	0.34 ± 0.07
亚油酸（$C_{18:2顺-9顺-11}$）	6.30 ± 2.67	6.49 ± 1.48
γ-亚麻酸（$C_{18:3n-6}$）	0.08 ± 0.04	0.08 ± 0.03
α-亚麻酸（$C_{18:3n-3}$）	0.32 ± 0.08^b	0.86 ± 0.24^a
共轭亚油酸（CLA）	0.43 ± 0.10	0.47 ± 0.09
花生四烯酸（$C_{20:4n-6}$）	2.79 ± 1.73	2.81 ± 0.83
二十碳五烯酸（$C_{20:5n-3}$）	0.17 ± 0.11^b	0.43 ± 0.18^a
二十二碳五烯酸（$C_{22:5n-6}$）	0.32 ± 0.25^b	0.69 ± 0.26^a
二十二碳六烯酸（$C_{22:6n-3}$）	0.10 ± 0.10	0.16 ± 0.06
n-3 多不饱和脂肪酸	0.74 ± 0.37^b	1.71 ± 0.54^a
n-6 多不饱和脂肪酸	10.20 ± 4.62	10.88 ± 2.49
总饱和脂肪酸（SFA）	44.51 ± 6.14	41.62 ± 3.58
单不饱和脂肪酸（MUFA）	44.71 ± 4.18	46.06 ± 4.34
多不饱和脂肪酸（PUFA）	10.93 ± 4.97^b	12.58 ± 2.96^a
n-6/n-3	14.16 ± 1.82^a	6.57 ± 1.16^b
PUFA/SFA	0.26 ± 0.16	0.31 ± 0.08

注：同行不同小写字母肩注表示差异显著（$P<0.05$），无字母或相同表示差异不显著（$P>0.05$）。

（二）乳酸菌对羊脂肪代谢的影响

乳酸菌是最早应用于饲料中的一种微生物制剂。将乳酸菌作为日粮直接添加到动物饲料中能够促进动物机体中淀粉酶、脂肪酶等多种酶的活性，促进饲料中营养物质的分解和转化，发挥饲料的营养价值，并提高动物的生产性能。乳酸菌作为日粮添加剂对动物脂肪代谢具有改善作用也逐渐被证实。基于此，作者团队按照随机分组将24只苏尼特羊均分对照组、1%乳酸菌组（1%组）、2%乳酸菌组（2%组）、3%乳酸菌组（3%组），每组6只。对照组饲喂基础日粮；1%、2%、3%乳酸菌组除基础日粮外，额外摄入精料质量1%、2%、3%的乳酸菌，深入探究乳酸菌对苏尼特羊脂肪代谢的影响。

1. 乳酸菌对羊脂肪分布的影响

乳酸菌对苏尼特羊脂肪分布的影响如图4-100所示。由图可知，脂肪在苏尼特羊尾部沉积最多，对照组尾部脂肪质量达到1.26kg，总脂肪质量达到2.14kg。与对照组相比，1%组、2%组和3%组尾部脂肪和总脂肪质量均显著降低（$P<0.05$），分别为0.96kg、0.98kg、0.85kg和1.62kg、1.59 kg、1.44kg。在本试验中，与对照组相比，添加1%、2%和3%的乳酸菌使苏尼特羊尾部脂肪和总脂肪质量分别降低了23.80%、25.40%、32.54%和24.30%、27.57%、32.71%，这说明乳酸菌能够减弱苏尼特羊蓄积脂肪沉积，改善其脂肪分布，可能的原因是乳酸菌能够发酵碳水化合物产生大量乳酸，改善反刍动物胃肠道菌群结构，影响机体脂肪合成，最终体现为改变其脂肪分布。

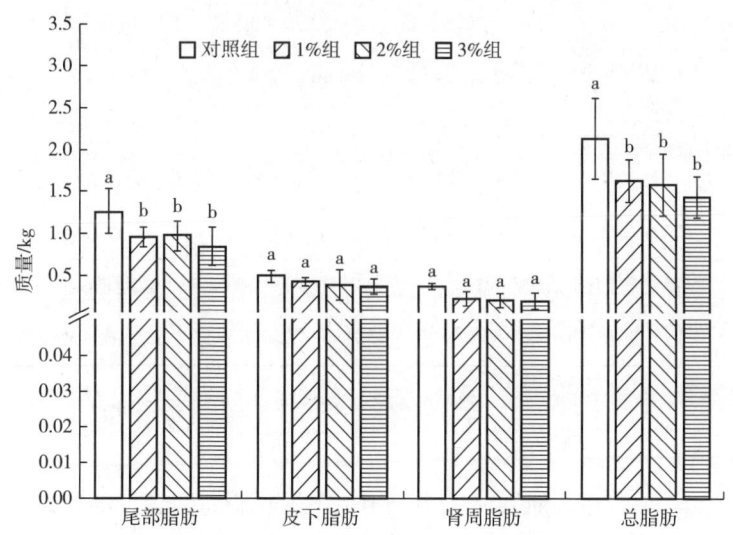

图4-100　日粮添加乳酸菌对苏尼特羊脂肪分布的影响

［字母不同表示同一部位不同组差异显著（$P<0.05$），相同表示差异不显著（$P>0.05$）］

2. 乳酸菌对羊脂肪酸组成的影响

（1）肌肉组织　乳酸菌对苏尼特羊背最长肌和股二头肌中饱和脂肪酸含量的影响如表4-41所示。在背最长肌中，1%组月桂酸含量显著低于2%组和3%组（$P<0.05$）；对照组与1%组肉豆蔻酸含量显著低于2%组和3%组（$P<0.05$），且随着乳酸菌添加量的增加，

肉豆蔻酸含量逐渐增加。在股二头肌中，与对照组相比，1%组、2%组和3%组月桂酸含量极显著降低（$P<0.01$），1%组和2%组肉豆蔻酸含量显著降低（$P<0.05$）；1%组棕榈酸含量显著降低（$P<0.05$）；同时，对照组和1%组硬脂酸含量显著低于2%组和3%组（$P<0.05$）；1%组花生酸和总饱和脂肪酸含量均极显著低于对照组、2%组和3%组（$P<0.01$）。添加1%的乳酸菌可降低苏尼特羊股二头肌中棕榈酸和硬脂酸的含量，同时使总饱和脂肪酸含量降低了8.14%，说明适量的乳酸菌能够降低苏尼特羊饱和脂肪酸的含量。

表4-41　日粮添加乳酸菌对苏尼特羊肌肉组织饱和脂肪酸含量的影响

脂肪酸名称	部位	脂肪酸含量/%			
		对照组	1%组	2%组	3%组
癸酸 （$C_{10:0}$）	背最长肌	0.12 ± 0.04^{Aa}	0.09 ± 0.03^{Aa}	0.11 ± 0.03^{Aa}	0.11 ± 0.03^{Aa}
	股二头肌	0.10 ± 0.02^{Aa}	0.10 ± 0.01^{Aa}	0.09 ± 0.02^{Aa}	0.08 ± 0.02^{Aa}
月桂酸 （$C_{12:0}$）	背最长肌	0.11 ± 0.02^{Bab}	0.10 ± 0.01^{Ab}	0.13 ± 0.01^{Aa}	0.13 ± 0.01^{Aa}
	股二头肌	0.23 ± 0.06^{Aa}	0.10 ± 0.02^{Ab}	0.11 ± 0.02^{Ab}	0.11 ± 0.03^{Ab}
肉豆蔻酸 （$C_{14:0}$）	背最长肌	1.80 ± 0.23^{Ab}	1.70 ± 0.04^{Bb}	2.23 ± 0.06^{Aa}	2.33 ± 0.14^{Aa}
	股二头肌	1.65 ± 0.10^{Aa}	0.85 ± 0.08^{Bb}	0.97 ± 0.09^{Bb}	1.52 ± 0.17^{Ba}
棕榈酸 （$C_{16:0}$）	背最长肌	23.15 ± 0.70^{Aa}	22.80 ± 0.94^{Aa}	23.27 ± 0.98^{Aa}	22.69 ± 0.97^{Aa}
	股二头肌	21.46 ± 0.88^{Ba}	20.02 ± 0.88^{Bb}	20.20 ± 1.21^{Bab}	20.22 ± 1.05^{Bab}
硬脂酸 （$C_{18:0}$）	背最长肌	15.55 ± 0.38^{Aa}	15.46 ± 0.58^{Aa}	15.76 ± 0.66^{Aa}	15.78 ± 0.77^{Aa}
	股二头肌	14.42 ± 0.67^{Ab}	13.80 ± 0.58^{Bb}	15.27 ± 1.15^{Aa}	15.71 ± 1.72^{Aa}
花生酸 （$C_{20:0}$）	背最长肌	0.16 ± 0.04^{Ba}	0.15 ± 0.02^{Aa}	0.16 ± 0.02^{Ba}	0.18 ± 0.04^{Ba}
	股二头肌	0.21 ± 0.05^{Ab}	0.11 ± 0.01^{Bc}	0.39 ± 0.07^{Aa}	0.38 ± 0.01^{Aa}
总饱和脂肪酸 （SFA）	背最长肌	40.9 ± 0.74^{Aa}	40.31 ± 0.28^{Aa}	41.67 ± 1.66^{Aa}	41.22 ± 1.41^{Aa}
	股二头肌	38.08 ± 0.88^{Aa}	34.98 ± 0.88^{Bb}	37.02 ± 0.50^{Aa}	38.03 ± 0.24^{Aa}

注：同行不同小写字母肩注表示组别之间差异显著（$P<0.05$），同列不同大写字母肩注表示部位之间差异显著，字母相同表示差异不显著（$P>0.05$）。

乳酸菌对苏尼特羊背最长肌和股二头肌中单不饱和脂肪酸含量的影响如表4-42所示。在背最长肌中，1%组豆蔻油酸含量极显著高于对照组、2%组和3%组（$P<0.01$）；3%组油酸含量显著低于对照组（$P<0.05$）。在股二头肌中，1%组、2%组和3%组棕榈油酸含量极显著高于对照组（$P<0.01$），1%组总单不饱和脂肪酸含量极显著高于对照组和3%组（$P<0.01$）。随着乳酸菌添加量的增加，苏尼特羊肌肉中豆蔻油酸、棕榈油酸和油酸的含量均逐渐减少，说明添加1%的乳酸菌对改善苏尼特羊肌肉中单不饱和脂肪酸含量具有更好的效果。在本研究中，1%组、2%组和3%组股二头肌中$C_{16:1}$含量比对照组分别提高了2.87倍、2.82倍和2.80倍。

表4-42　日粮添加乳酸菌对苏尼特羊肌肉组织单不饱和脂肪酸含量的影响

脂肪酸名称	部位	脂肪酸含量/%			
		对照组	1%组	2%组	3%组
豆蔻油酸 ($C_{14:1}$)	背最长肌	0.47±0.06^{Bb}	1.01±0.09^{Ba}	0.38±0.02^{Bbc}	0.30±0.03^{Bc}
	股二头肌	1.35±0.10^{Aa}	1.43±0.09^{Aa}	1.39±0.16^{Aa}	1.35±0.14^{Aa}
棕榈油酸 ($C_{16:1}$)	背最长肌	1.25±0.25^{Aa}	1.65±0.31^{Ba}	1.19±0.06^{Ba}	1.11±0.29^{Ba}
	股二头肌	1.27±0.20^{Ab}	3.65±0.30^{Aa}	3.58±0.29^{Aa}	3.56±0.11^{Aa}
油酸 ($C_{18:1}$)	背最长肌	44.66±1.45^{Aa}	44.71±0.65^{Aa}	44.19±0.72^{Aab}	42.73±0.99^{Ab}
	股二头肌	43.90±1.47^{Aa}	44.09±1.95^{Aa}	42.36±1.30^{Aab}	40.58±1.08^{Ab}
总单不饱和脂肪酸 (MUFA)	背最长肌	47.58±1.54^{Aa}	47.62±1.32^{Aa}	46.25±1.08^{Aa}	45.84±0.69^{Aa}
	股二头肌	46.51±1.33^{Ab}	49.17±2.23^{Aa}	47.34±1.56^{Aab}	45.49±1.81^{Ab}

注：同行不同小写字母肩注表示组别之间差异显著（$P<0.05$），同列不同大写字母肩注表示部位之间差异显著，字母相同表示差异不显著（$P>0.05$）。

乳酸菌对苏尼特羊背最长肌和股二头肌中多不饱和脂肪酸含量的影响如表4-43所示。在背最长肌中，1%组、2%组和3%组γ-亚麻酸、花生四烯酸和二十碳五烯酸含量显著高于对照组（$P<0.05$），二十四碳烯酸含量极显著高于对照组（$P<0.01$）；1%组α-亚麻酸含量显著高于对照组、2%组和3%组（$P<0.05$）。在股二头肌中，1%组γ-亚麻酸、α-亚麻酸及总多不饱和脂肪酸含量显著高于对照组（$P<0.05$），1%组和3%组花生四烯酸含量显著高于对照组和2%组（$P<0.05$）；1%组、2%组和3%组二十碳五烯酸、二十四碳烯酸含量显著高于对照组（$P<0.05$）。

表4-43　日粮添加乳酸菌对苏尼特羊肌肉组织多不饱和脂肪酸含量的影响

脂肪酸名称	部位	脂肪酸含量/%			
		对照组	1%组	2%组	3%组
反式亚油酸 ($C_{18:2\text{反-}9\text{反-}12}$)	背最长肌	0.24±0.08^{Aa}	0.30±0.07^{Aa}	0.28±0.02^{Ba}	0.27±0.06^{Ba}
	股二头肌	0.29±0.08^{Aa}	0.33±0.12^{Aa}	0.39±0.05^{Aa}	0.39±0.02^{Aa}
亚油酸 ($C_{18:2\text{顺-}9\text{顺-}12}$)	背最长肌	7.55±1.19^{Ba}	8.24±2.02^{Ba}	8.35±1.37^{Ba}	8.30±2.09^{Ba}
	股二头肌	11.85±0.84^{Aa}	12.41±1.94^{Aa}	11.62±1.31^{Aa}	12.84±0.55^{Aa}
γ-亚麻酸 ($C_{18:3\,n-6}$)	背最长肌	0.24±0.08^{Bb}	0.42±0.06^{Ba}	0.43±0.04^{Ba}	0.45±0.08^{Ba}
	股二头肌	0.55±0.05^{Ab}	0.68±0.06^{Aa}	0.66±0.04^{Aab}	0.64±0.09^{Aab}
α-亚麻酸 ($C_{18:3\,n-3}$)	背最长肌	0.47±0.04^{Ab}	0.57±0.07^{Aa}	0.45±0.03^{Ab}	0.45±0.05^{Ab}
	股二头肌	0.51±0.11^{Ab}	0.75±0.14^{Aa}	0.21±0.11^{Bc}	0.30±0.37^{Abc}
花生三烯酸 ($C_{20:3\,n-6}$)	背最长肌	0.33±0.03^{Aa}	0.43±0.09^{Aa}	0.48±0.25^{Aa}	0.46±0.01^{Aa}
	股二头肌	0.35±0.03^{Aa}	0.39±0.01^{An}	0.33±0.02^{Ba}	0.35±0.01^{Ba}

续表

脂肪酸名称	部位	脂肪酸含量/%			
		对照组	1%组	2%组	3%组
花生四烯酸 $(C_{20:4n-6})$	背最长肌	0.20 ± 0.05^{Bc}	0.32 ± 0.14^{Ab}	0.34 ± 0.05^{Ab}	0.47 ± 0.03^{Aa}
	股二头肌	0.35 ± 0.03^{Ab}	0.50 ± 0.01^{Aa}	0.38 ± 0.10^{Ab}	0.46 ± 0.20^{Aa}
二十碳五烯酸 $(C_{20:5n-3})$	背最长肌	0.37 ± 0.05^{Ab}	0.48 ± 0.04^{Aa}	0.40 ± 0.03^{Ab}	0.39 ± 0.01^{Ab}
	股二头肌	0.20 ± 0.03^{Bc}	0.37 ± 0.02^{Ba}	0.31 ± 0.01^{Bb}	0.29 ± 0.01^{Bb}
二十四碳烯酸 $(C_{24:1})$	背最长肌	0.18 ± 0.03^{Ab}	0.62 ± 0.20^{Aa}	0.53 ± 0.08^{Aa}	0.62 ± 0.10^{Aa}
	股二头肌	0.20 ± 0.05^{Ac}	0.66 ± 0.01^{Aa}	0.55 ± 0.11^{Ab}	0.54 ± 0.12^{Ab}
总多不饱和脂肪酸 (PUFA)	背最长肌	9.38 ± 1.43^{Ba}	10.97 ± 1.83^{Ba}	11.73 ± 1.23^{Ba}	11.97 ± 1.24^{Ba}
	股二头肌	14.36 ± 1.90^{Ab}	16.09 ± 2.43^{Aa}	14.45 ± 1.68^{Ab}	15.84 ± 2.43^{Aab}

注：同行不同小写字母肩注表示组别之间差异显著（$P<0.05$），同列不同大写字母肩注表示部位之间差异显著，字母相同表示差异不显著（$P>0.05$）。

本研究中，对照组和1%组、2%组和3%组肌肉组织中亚油酸含量均无显著性变化（$P>0.05$），但各组股二头肌中亚油酸含量均显著高于背最长肌（$P<0.05$），表明乳酸菌对不同部位的亚油酸影响程度不同。亚麻酸在去饱和酶和碳延长酶的催化作用下，能够合成具有生理活性的二十碳五烯酸，二十碳五烯酸属于多不饱和脂肪酸，能够参与机体多种代谢活动，维持人体健康（陶国琴等，2000）。研究结果表明，乳酸菌能够同时提高苏尼特羊背最长肌和股二头肌中γ-亚麻酸、α-亚麻酸和二十碳五烯酸含量。与对照组相比，添加1%的乳酸菌分别将背最长肌和股二头肌中二十碳五烯酸含量提高了29.72%和37.03%。可能是由于乳酸菌分泌的代谢产物减少了亚麻酸的完全氢化，使得未被氢化的亚麻酸直接沉积到肌肉组织中，或者由于日粮中的乳酸菌能够影响羊的瘤胃菌群结构，改变其对亚麻酸的利用途径从而使其沉积。

（2）脂肪组织（尾部脂肪和肾周脂肪） 乳酸菌对苏尼特羊尾部脂肪和肾周脂肪中饱和脂肪酸含量的影响如表4-44所示。在尾部脂肪中，1%组、2%组和3%组棕榈酸、硬脂酸、花生酸及总饱和脂肪酸含量显著低于对照组（$P<0.05$）。在肾周脂肪中，与对照组

表4-44 日粮添加乳酸菌对苏尼特羊脂肪组织饱和脂肪酸含量的影响

脂肪酸名称	部位	脂肪酸含量/%			
		对照组	1%组	2%组	3%组
癸酸 $(C_{10:0})$	尾部脂肪	0.28 ± 0.12^{Aa}	0.17 ± 0.04^{Aa}	0.21 ± 0.02^{Aa}	0.22 ± 0.03^{Aa}
	肾周脂肪	0.24 ± 0.06^{Aa}	0.22 ± 0.05^{Aa}	0.22 ± 0.05^{Aa}	0.25 ± 0.01^{Aa}
月桂酸 $(C_{12:0})$	尾部脂肪	0.41 ± 0.15^{Aa}	0.26 ± 0.13^{Aa}	0.27 ± 0.05^{Aa}	0.30 ± 0.04^{Aa}
	肾周脂肪	0.17 ± 0.04^{Ba}	0.13 ± 0.03^{Ba}	0.17 ± 0.04^{Ba}	0.18 ± 0.06^{Ba}

续表

脂肪酸名称	部位	脂肪酸含量/%			
		对照组	1%组	2%组	3%组
肉豆蔻酸 ($C_{14:0}$)	尾部脂肪	3.87±0.93^{Aa}	3.18±0.74^{Aa}	3.89±0.61^{Aa}	4.18±0.77^{Aa}
	肾周脂肪	3.88±0.07^{Aa}	2.83±0.05^{Ab}	3.72±0.51^{Aa}	3.41±0.51^{Aab}
棕榈酸 ($C_{16:0}$)	尾部脂肪	26.03±0.89^{Aa}	23.13±1.68^{Ab}	22.88±0.87^{Ab}	22.71±1.34^{Ab}
	肾周脂肪	22.67±1.53^{Ba}	20.99±0.41^{Ba}	22.44±1.14^{Aa}	23.15±0.05^{Aa}
硬脂酸 ($C_{18:0}$)	尾部脂肪	20.18±1.37^{Ba}	17.78±0.02^{Bb}	17.89±1.31^{Bb}	16.39±1.54^{Bb}
	肾周脂肪	26.87±0.9^{Aa}	22.06±2.05^{Ab}	24.65±0.28^{Aab}	23.88±2.95^{Aab}
花生酸 ($C_{20:0}$)	尾部脂肪	0.06±0.01^{Aa}	0.03±0.02^{Ab}	0.03±0.01^{Ab}	0.03±0.01^{Ab}
	肾周脂肪	0.08±0.04^{Aa}	0.07±0.03^{Aa}	0.04±0.02^{Aa}	0.05±0.01^{Aa}
总饱和脂肪酸 (SFA)	尾部脂肪	50.82±0.67^{Ba}	44.56±1.65^{Bb}	45.17±2.16^{Bb}	43.84±2.75^{Bb}
	肾周脂肪	53.91±2.92^{Aa}	46.74±1.45^{Ab}	51.16±4.08^{Aab}	50.91±1.12^{Aab}

注：同行不同小写字母肩注表示组别之间差异显著（$P<0.05$），同列不同大写字母肩注表示部位之间差异显著，字母相同表示差异不显著（$P>0.05$）。

相比，1%组肉豆蔻酸、硬脂酸、总饱和脂肪酸含量显著减少（$P<0.05$）。与肌肉组织相同，硬脂酸和棕榈酸也是苏尼特羊脂肪组织中饱和脂肪酸的主要组成成分，其含量过高不利于羊肉的风味，脂肪组织中的硬脂酸含量与羊的膻味有关（李维红等，2005）。研究结果表明，乳酸菌能降低苏尼特羊尾部和肾周脂肪组织中硬脂酸的含量，与对照组相比，1%组的降幅最大，分别降低了11.89%和17.90%。

乳酸菌对苏尼特羊尾部脂肪和肾周脂肪中单不饱和脂肪酸含量的影响如表4-45所示。在尾部脂肪中，1%组油酸、总单不饱和脂肪酸含量极显著高于对照组、2%组和3%组（$P<0.01$）；随着乳酸菌添加量的增加，豆蔻油酸、棕榈油酸、油酸含量逐渐降低。在肾周脂肪中，2%组豆蔻油酸含量显著高于1%组、3%和对照组（$P<0.05$）。结果显示，添加1%乳酸菌使得尾部脂肪中总单不饱和脂肪酸含量比对照组提高了6.42%，同时各组苏尼特羊脂肪组织中总单不饱和脂肪酸在尾部脂肪中含量较多，在肾周脂肪中含量较少。同时，1%的乳酸菌能够极显著降低苏尼特羊尾部脂肪中油酸含量（$P<0.01$），而对苏尼特羊肾周脂肪中油酸含量影响不显著（$P>0.05$）。说明乳酸菌对苏尼特羊不同部位油酸含量影响程度不同。

表4-45 日粮添加乳酸菌对苏尼特羊脂肪组织单不饱和脂肪酸含量的影响

脂肪酸名称	部位	脂肪酸含量/%			
		对照组	1%组	2%组	3%组
豆蔻油酸 ($C_{14:1}$)	尾部脂肪	0.77±0.09^{Aa}	0.89±0.20^{Aa}	0.84±0.06^{Aa}	0.73±0.03^{Aa}
	肾周脂肪	0.57±0.03^{Bbc}	0.62±0.01^{Ab}	0.69±0.07^{Ba}	0.52±0.03^{Bc}

续表

脂肪酸名称	部位	脂肪酸含量/%			
		对照组	1%组	2%组	3%组
棕榈油酸 ($C_{16:1}$)	尾部脂肪	2.57±0.41^{Aab}	2.91±0.30^{Aa}	2.54±0.52^{Aab}	2.15±0.40^{Ab}
	肾周脂肪	2.55±0.28^{Aa}	2.63±0.35^{Aa}	2.75±0.07^{Aa}	2.65±0.07^{Aa}
油酸 ($C_{18:1}$)	尾部脂肪	46.64±0.20^{Ab}	49.38±0.39^{Aa}	46.39±1.44^{Ab}	46.70±2.16^{Ab}
	肾周脂肪	37.67±3.67^{Ba}	39.02±0.94^{Ba}	38.39±1.28^{Ba}	37.21±1.60^{Ba}
总单不饱和脂肪酸 (MUFA)	尾部脂肪	49.98±1.08^{Ab}	53.19±0.27^{Aa}	49.12±1.20^{Abc}	49.58±0.80^{Ac}
	肾周脂肪	40.79±0.61^{Ba}	41.92±1.10^{Ba}	41.83±1.38^{Ba}	41.38±1.32^{Ba}

注：同行不同小写字母肩注表示组别之间差异显著（$P<0.05$），同列不同大写字母肩注表示部位之间差异显著，字母相同表示差异不显著（$P>0.05$）。

表4-46 日粮添加乳酸菌对苏尼特羊脂肪组织多不饱和脂肪酸含量的影响

脂肪酸名称	部位	脂肪酸含量/%			
		对照组	1%组	2%组	3%组
反式亚油酸 ($C_{18:2反-9反-12}$)	尾部脂肪	0.61±0.05^{Aa}	0.39±0.04^{Bb}	0.38±0.06^{Bb}	0.59±0.35^{Aa}
	肾周脂肪	0.52±0.03^{Aa}	0.54±0.01^{Aa}	0.51±0.01^{Aa}	0.55±0.02^{Aa}
亚油酸 ($C_{18:2顺-9顺-12}$)	尾部脂肪	2.62±0.19^{Ba}	2.83±0.36^{Ba}	2.58±0.42^{Ba}	2.62±0.15^{Ba}
	肾周脂肪	3.42±0.30^{Aa}	3.63±0.12^{Aa}	3.68±0.15^{Aa}	3.5±0.28^{Aa}
γ-亚麻酸 ($C_{18:3n-6}$)	尾部脂肪	0.29±0.03^{Aa}	0.33±0.04^{Aa}	0.3±0.03^{Aa}	0.32±0.01^{Aa}
	肾周脂肪	0.13±0.03^{Bb}	0.27±0.05^{Aa}	0.26±0.03^{Aa}	0.25±0.02^{Aa}
α-亚麻酸 ($C_{18:3n-3}$)	尾部脂肪	0.04±0.00^{Bb}	0.06±0.01^{Aa}	0.04±0.02^{ab}	0.04±0.01^{Ab}
	肾周脂肪	0.05±0.01^{Aab}	0.07±0.00^{Aa}	0.05±0.01^{Aab}	0.05±0.00^{Ab}
花生三烯酸 ($C_{20:3n-6}$)	尾部脂肪	0.02±0.02^{Bab}	0.04±0.01^{Ba}	0.02±0.01^{Bb}	0.03±0.02^{Bab}
	肾周脂肪	0.04±0.00^{Aa}	0.05±0.00^{Aa}	0.04±0.01^{Aa}	0.05±0.00^{Aa}
花生四烯酸 ($C_{20:4n-6}$)	尾部脂肪	0.16±0.04^{Ab}	0.29±0.07^{Aa}	0.16±0.01^{Ab}	0.19±0.04^{Ab}
	肾周脂肪	0.19±0.07^{Aa}	0.22±0.04^{Aa}	0.13±0.03^{Aa}	0.16±0.00^{Aa}
二十碳五烯酸 ($C_{20:5n-3}$)	尾部脂肪	0.04±0.00^{Ab}	0.05±0.01^{Aa}	0.03±0.00^{Ac}	0.02±0.01^{Ac}
	肾周脂肪	0.02±0.001^{Ba}	0.03±0.002^{Ba}	0.03±0.02^{Aa}	0.03±0.01^{Aa}
二十四碳烯酸 ($C_{24:1}$)	尾部脂肪	0.06±0.01^{Bb}	0.08±0.02^{Aa}	0.05±0.01^{Ba}	0.06±0.01^{Ba}
	肾周脂肪	0.03±0.02^{Aa}	0.04±0.01^{Bb}	0.03±0.01^{Bb}	0.05±0.02^{Ab}

续表

脂肪酸名称	部位	脂肪酸含量/%			
		对照组	1%组	2%组	3%组
总多不饱和脂肪酸（PUFA）	尾部脂肪	3.93±0.38^{Ab}	4.07±0.81^{Aa}	3.67±0.38^{Bb}	3.87±0.36^{Bb}
	肾周脂肪	4.24±0.53^{Aa}	4.80±0.20^{Aa}	4.75±0.21^{Aa}	4.78±0.36^{Aa}

注：同行不同小写字母肩注表示组别之间差异显著（$P<0.05$），同列不同大写字母肩注表示部位之间差异显著，字母相同表示差异不显著（$P>0.05$）。

乳酸菌对苏尼特羊尾部脂肪和肾周脂肪多不饱和脂肪酸含量的影响如表4-46所示。在尾部脂肪中，1%组和2%组反式亚油酸含量显著低于对照组和3%组（$P<0.05$），1%组α-亚麻酸含量显著高于对照组（$P<0.05$），花生四烯酸、二十碳五烯酸、二十四碳烯酸以及总多不饱和脂肪酸含量显著高于对照组、2%组和3%组（$P<0.05$）；在肾周脂肪中，与对照组相比，1%组、2%组、3%组γ-亚麻酸含量均显著增加（$P<0.05$）。1%的乳酸菌能够显著增加苏尼特羊总多不饱和脂肪酸在尾部脂肪中的含量（$P<0.05$），可能的原因是在日粮中添加适量的乳酸菌能够在一定程度上抑制部分氢化菌活性，减缓反刍动物的氢化作用，使更多的多不饱和脂肪酸沉积到机体中（Doyle et al.，2019）。

3. 乳酸菌对羊脂肪代谢相关酶活性和基因相对表达量的影响

乳酸菌能调节细胞内各种激酶的活性，使激酶参与机体代谢，能够参与调节多种脂肪代谢相关酶及转录因子。基于此，从AMPK信号通路相关酶含量、活性以及基因相对表达量入手，对乳酸菌改善苏尼特羊脂肪沉积和脂肪酸含量的内在机制进行研究至关重要。

（1）乳酸菌对羊肌肉组织酶活性的影响　乳酸菌对苏尼特羊背最长肌和股二头肌中脂肪代谢相关酶含量及活性的影响如图4-101所示。

添加1%乳酸菌的苏尼特羊背最长肌和股二头肌中p-AMPK活性显著降低，ACC活性显著升高，背最长肌中CPT1活性显著降低。这说明添加1%的乳酸菌能够降低苏尼特羊背最长肌和股二头肌中AMPK的活化程度，减少AMPK对ACC的磷酸化，使得肌肉组织中更多的ACC具有活性，从而减少肌肉中脂肪酸β-氧化，增加了肌肉组织中脂肪酸的合成。同时，1%的乳酸菌能够显著提高苏尼特羊背最长肌和股二头肌中FASN活性（$P<0.05$），这表明乳酸菌对脂肪酸生物合成具有重要贡献（Duan et al.，2019）。此外，1%的乳酸菌能够提高苏尼特羊背最长肌和股二头肌中LPL活性，这可能与其能够提高肌肉组织中多不饱和脂肪酸的含量有关，研究表明机体中多不饱和脂肪酸能够诱导LPL合成增加（李婷婷等，2021）。有研究认为LPL活性高能够提高肌内脂肪沉积，这也可能是1%组乳酸菌苏尼特羊肌内脂肪含量升高的原因（Voshol et al.，2001）。乳酸菌能够提高苏尼特羊背最长肌中HSL活性，同时随着乳酸菌添加量增加其含量也逐渐增加，说明添加乳酸菌在促进脂肪合成的过程中也能够提高苏尼特羊肌肉组织脂肪分解的能力，但由于动物肌内脂肪沉积是脂肪合成和分解的净结果，乳酸菌可能更大程度的促进了脂肪合成，进而提高了肌肉中脂肪含量。

（2）乳酸菌对羊脂肪组织酶活性的影响　乳酸菌对苏尼特羊尾部脂肪和肾周脂肪中脂

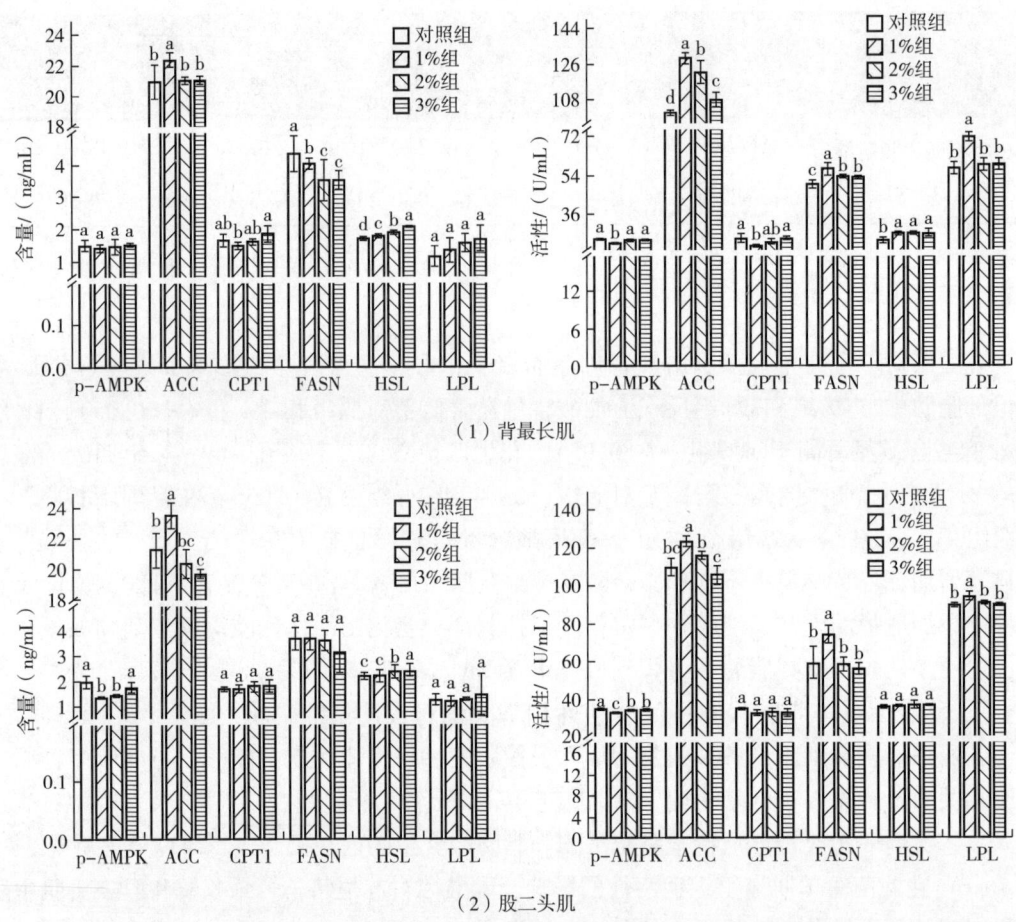

图4-101 日粮添加乳酸菌对苏尼特羊背最长肌和股二头肌中脂肪代谢相关酶含量及活性的影响

[字母不同表示同一种酶不同组之间差异显著（$P<0.05$），字母相同表示差异不显著（$P>0.05$）]

肪代谢相关酶含量及活性的影响如图4-102所示。在尾部脂肪中，1%组、2%组和3%组 p-AMPK、ACC 含量和活性分别显著（$P<0.05$）和极显著（$P<0.01$）低于对照组，且乳酸菌添加量越多，p-AMPK 和 ACC 的含量越少、活性越低；CPT1 和 LPL 活性分别显著（$P<0.05$）和极显著（$P<0.01$）低于对照组；HSL 活性显著高于对照组（$P<0.05$）。在肾周脂肪中，与对照组相比，1%组、2%组和3%组 p-AMPK 含量显著降低（$P<0.05$），ACC、CPT1 含量和活性均极显著降低（$P<0.01$），LPL 活性极显著降低（$P<0.01$），HSL 活性显著升高（$P<0.05$）。研究表明当组织中 AMPK 的磷酸化受到抑制时，AMPK 的活性也会相应的降低，此时 ACC 活性升高，CPT1 活性降低，促进机体的脂肪合成过程（Moreno-Navarrete et al.，2009），但目前本试验研究结果显示，乳酸菌使苏尼特羊尾部脂肪和肾周脂肪中 AMPK、ACC、CPT1 活性显著降低，说明乳酸菌对苏尼特羊脂肪组织中 AMPK、ACC、CPT1 的活性产生了整体性的抑制，同时可能伴随着脂肪合成减少。同时，随着乳酸菌添加量的增加，苏尼特羊尾部脂肪和肾周脂肪中 FASN 活性均呈下降的趋势，说明乳酸菌能够减弱脂肪组织中 FASN 活性，减少脂肪在脂肪组织中贮存。研究认为当

LPL在白色脂肪组织中活性高时，有利于机体贮存脂质，因此LPL在脂肪组织中的相对活性是表示机体脂肪是否被贮存的重要指标之一（丁琳琳，2008；陈文等，2004）。

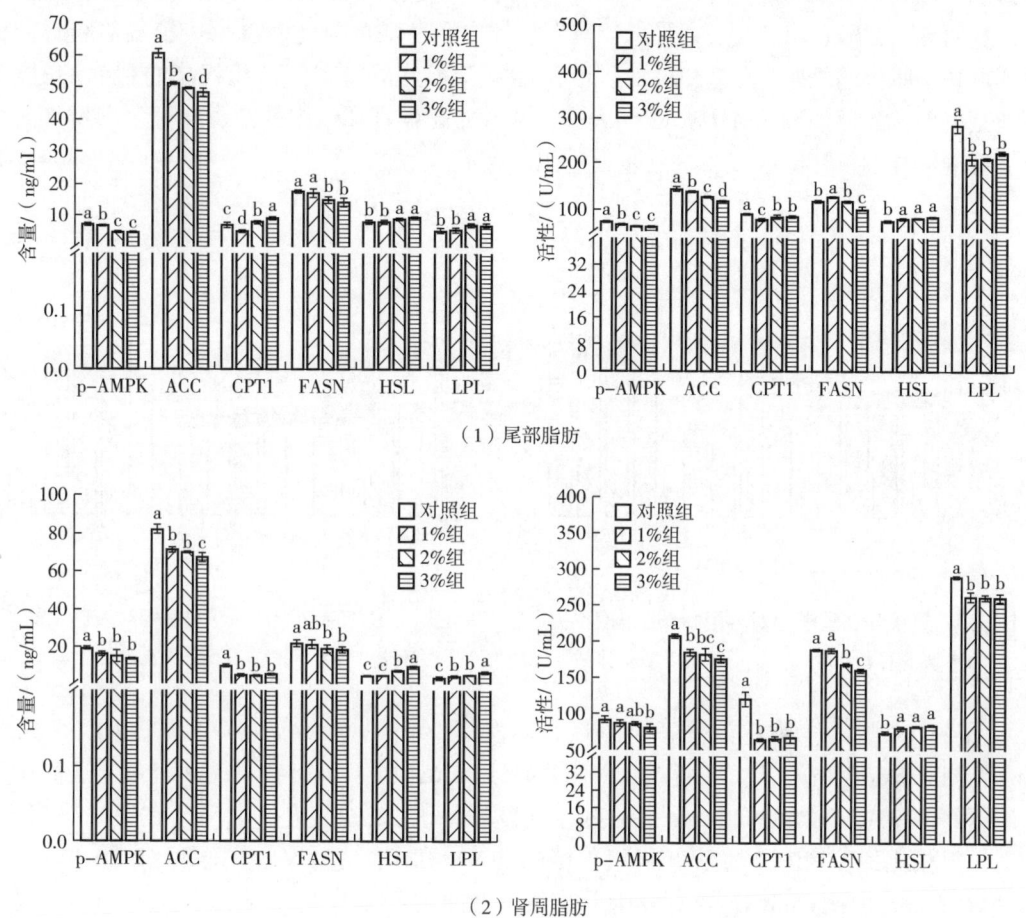

图4-102 日粮添加乳酸菌对苏尼特羊尾部脂肪和肾周脂肪中脂肪代谢相关酶含量及活性的影响

［字母不同表示同一种酶不同组之间差异显著（$P<0.05$），字母相同表示差异不显著（$P>0.05$）］

综上所述，通过对苏尼特羊背最长肌、股二头肌、尾部脂肪、肾周脂肪中脂肪代谢相关酶含量和活性进行测定、分析发现，乳酸菌对苏尼特羊肌肉组织和脂肪组织中脂肪代谢酶含量和活性均有差异。在肌肉组织中，乳酸菌能够促进脂肪合成，其中添加1%的乳酸菌能够降低AMPK活性、增强ACC、FASN、LPL活性，显著促进了肌肉组织中脂肪的沉积。在脂肪组织中，乳酸菌能够抑制脂肪合成，促进脂肪的分解，同时随着乳酸菌添加量的增加，脂肪组织中AMPK、ACC、FASN活性逐渐降低。但仅通过乳酸菌对苏尼特羊肌肉组织和脂肪组织中脂肪代谢相关酶含量和活性的研究并不能确定其对苏尼特羊脂肪代谢的影响机制，因此进一步对上述脂肪代谢相关酶的基因相对表达量进行测定。

（3）乳酸菌对羊肌肉组织基因表达量的影响　乳酸菌对苏尼特羊背最长肌和股二头肌中 $AMPK\alpha2$、ACC 和 $CPT1$ mRNA 相对表达量的影响如图4-103所示。在背最长肌中，1%组 $AMPK\alpha2$ 和 $CPT1$ mRNA 相对表达量均显著低于对照组（$P<0.05$），ACC mRNA 相对

表达量极显著高于对照组、2%组和3%组（$P<0.01$）。在股二头肌中，与对照组、2%组和3%组相比，1%组 $AMPK\alpha2$ 和 $CPT1$ mRNA 相对表达量显著降低（$P<0.05$）。1%的乳酸菌抑制了苏尼特羊肌肉组织中 $AMPK$ mRNA 的表达，使更多的 ACC 进行转录后参与机体代谢，从而导致 $CPT1$ mRNA 表达降低，减弱机体中脂肪酸的氧化程度，使较多的脂肪贮存在苏尼特羊肌肉组织中。说明1%的乳酸菌能够调控苏尼特羊肌肉组织脂肪代谢的过程，可能是由于乳酸菌抑制了 $AMPK\alpha2$ 的表达，从而对靶器官和组织的脂肪酸氧化产生负向影响，促进了甘油三酯的合成，进一步促进脂肪生成。

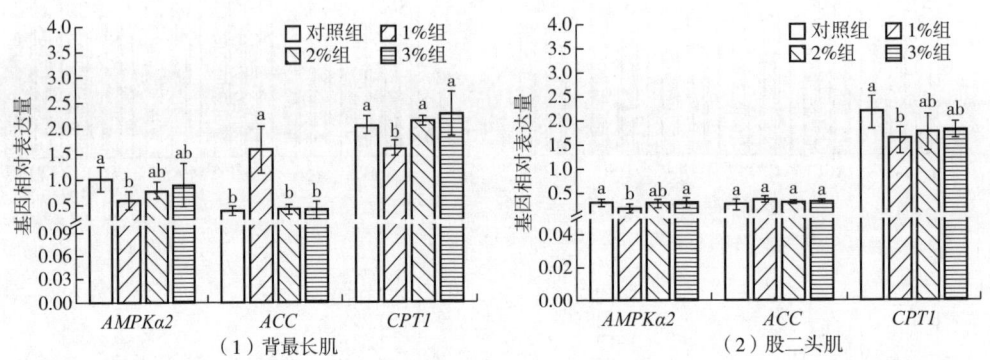

图4-103　日粮添加乳酸菌对苏尼特羊肌肉组织中 $AMPK\alpha2$、ACC 和 $CPT1$ mRNA 相对表达量的影响

［字母不同表示同一基因不同组之间差异显著（$P<0.05$），字母相同表示差异不显著（$P>0.05$）］

图4-104 为乳酸菌对苏尼特羊背最长肌和股二头肌中 $SREBP$-$1c$、$PPAR\gamma$ 和 $FASN$ mRNA 相对表达量的影响。在背最长肌中，1%组 $SREBP$-$1c$ mRNA 相对表达量显著高于对照组（$P<0.05$）、$PPAR\gamma$ mRNA 相对表达量显著高于2%组（$P<0.05$）。在股二头肌中，与对照组相比，1%组、2%组和3%组 $FASN$ mRNA 相对表达量均显著降低（$P<0.05$），而 $SREBP$-$1c$ 和 $PPAR\gamma$ mRNA 相对表达量在各组之间均无显著差异（$P>0.05$）。1%的乳酸菌促进了苏尼特羊背最长肌中 $SREBP$-$1c$ mRNA 的表达，同时 $FASN$ mRNA 相对表达量也

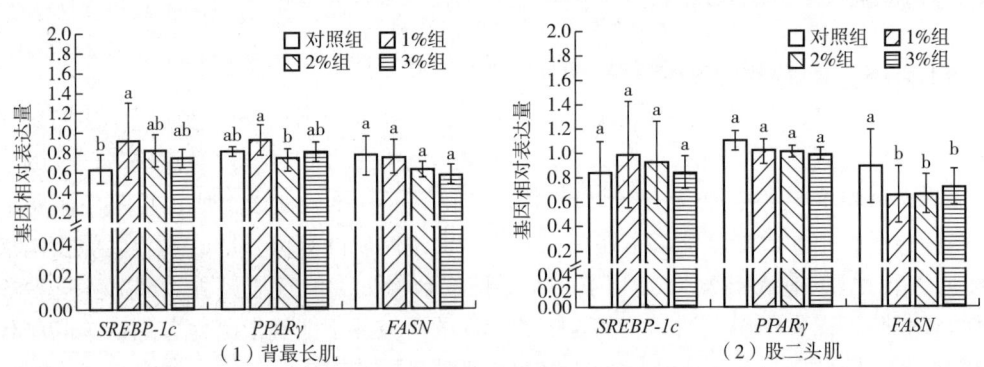

图4-104　日粮添加乳酸菌对苏尼特羊肌肉组织中 $SREBP$-$1c$、$PPAR\gamma$ 和 $FASN$ mRNA 相对表达量的影响

［字母不同表示同一基因不同组之间差异显著（$P<0.05$），字母相同表示差异不显著（$P>0.05$）］

有上调的趋势,说明添加1%的乳酸菌能通过调节 *SREBP-1c* 和 *FASN* mRNA 相对表达量改变苏尼特羊肌肉组织脂肪沉积,可能是由于乳酸菌能够产生大量调节脂肪代谢的有机酸,影响肠道菌群的代谢产物,从而调控苏尼特羊肌肉组织脂肪合成。此外,1%的乳酸菌能够促进苏尼特羊背最长肌中 *PPARγ* mRNA 的相对表达,可能是由于乳酸菌能够诱导肠道更多地合成含有羟基和羰基的脂肪酸,这些脂肪酸是 PPARγ 的重要配体,能够参与机体脂肪代谢 (Kishino et al.,2013)。

图 4-105 为乳酸菌对苏尼特羊背最长肌和股二头肌中 *HSL* 和 *LPL* mRNA 表达量的影响。由图可知,在背最长肌中,与对照组相比,1%组、2%组和3%组 *HSL* mRNA 表达量均显著增加 ($P<0.05$),*LPL* mRNA 表达量各组之间均无显著差异 ($P>0.05$)。在股二头肌中,各组 *HSL* 和 *LPL* mRNA 表达量差异均不显著 ($P>0.05$)。

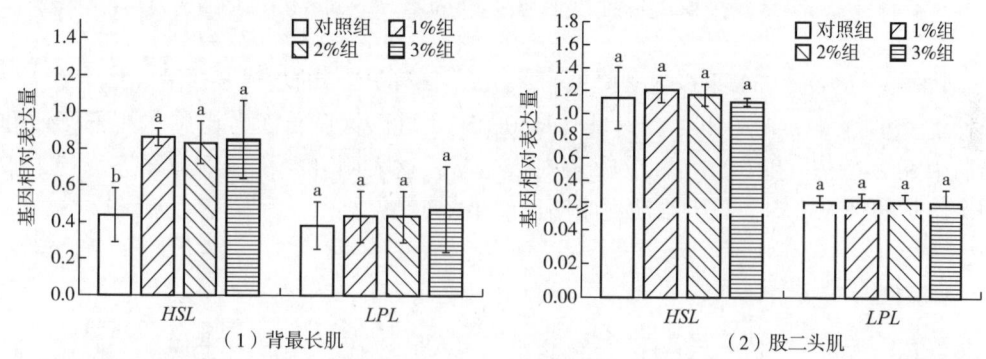

图 4-105 日粮添加乳酸菌对苏尼特羊背最长肌和股二头肌中 *HSL* 和 *LPL* mRNA 相对表达量的影响
[字母不同表示同一基因不同组之间差异显著 ($P<0.05$),字母相同表示差异不显著 ($P>0.05$)]

本研究中,添加乳酸菌后苏尼特羊肌肉中 *LPL* mRNA 表达量呈现上升趋势,其中1%组的增加幅度最大,且与上文中1%组 LPL 活性趋势一致,说明添加1%的乳酸菌能对 LPL 活性和 mRNA 表达量同时产生影响,导致1%组苏尼特羊背最长肌中肌内脂肪含量显著增加。

(4) 乳酸菌对羊脂肪组织基因表达量的影响 图 4-106 为乳酸菌对苏尼特羊尾部脂肪和肾周脂肪中 *AMPKα2*、*ACC* 和 *CPT1* mRNA 相对表达量的影响。与对照组相比,1%组、2%组和3%组苏尼特羊 *AMPKα2*、*ACC* 和 *CPT1* mRNA 相对表达量在尾部脂肪和肾周脂肪中均显著降低 ($P<0.05$)。乳酸菌降低了苏尼特羊尾部脂肪和肾周脂肪中 *AMPKα2* 和 *ACC* mRNA 的表达量,说明饲料添加乳酸菌能够整体抑制苏尼特羊脂肪组织中 AMPK-ACC 信号通路,减弱苏尼特羊脂肪组织脂肪合成过程。

当 *SREBP-1c* mRNA 表达减少时,细胞内形成的脂滴则会减少,细胞脂质合成与沉积也会相应减少,而 *SREBP-1c* mRNA 表达增加能够促进机体脂肪合成和脂肪酸分泌过程 (付常振,2014)。图 4-107 为乳酸菌对苏尼特羊尾部脂肪和肾周脂肪中 *SREBP-1c*、*PPARγ* 和 *FASN* mRNA 相对表达量的影响。由图可知,在尾部脂肪中,1%组、2%组和3%组 *SREBP-1c* 和 *PPARγ* mRNA 的相对表达量均极显著低于对照组 ($P<0.01$),同时2%组和3%组的 *PPARγ* mRNA 表达量也显著低于1%组 ($P<0.05$)。在肾周脂肪中,与对照组

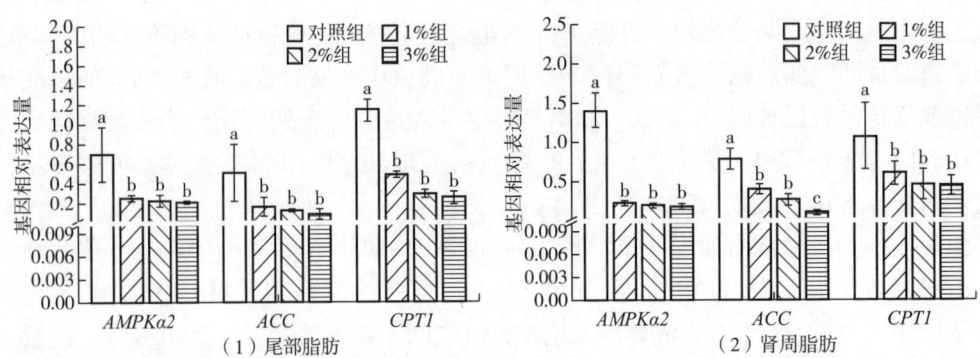

图4-106 日粮乳酸菌对苏尼特羊脂肪组织中 $AMPK\alpha2$、ACC 和 $CPT1$ mRNA 相对表达量的影响

[字母不同表示同一基因不同组之间差异显著（$P<0.05$），字母相同表示差异不显著（$P>0.05$）]

相比，1%组、2%组和3%组极显著降低了 $SREBP\text{-}1c$ mRNA 的相对表达量（$P<0.01$），显著降低了 $PPAR\gamma$ mRNA 的相对表达量（$P<0.05$）。乳酸菌降低了苏尼特羊尾部脂肪和肾周脂肪中 $SREBP\text{-}1c$ 和 $PPAR\gamma$ mRNA 相对表达量，这表明乳酸菌能够减弱苏尼特羊脂肪组织中脂肪的合成过程，减少脂肪在脂肪组织中的沉积。

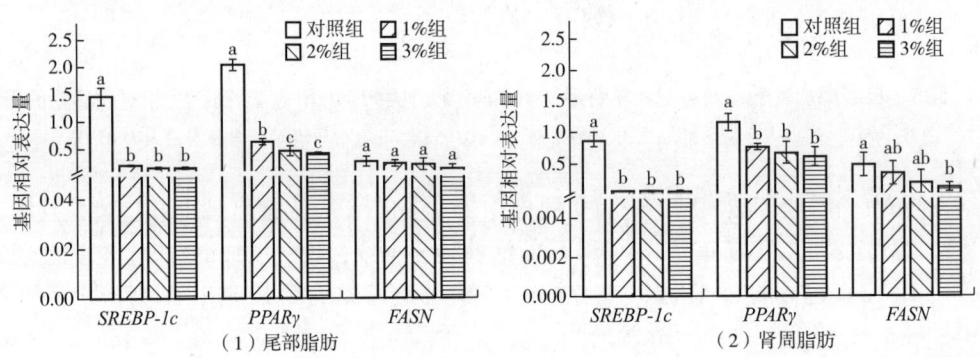

图4-107 日粮乳酸菌对苏尼特羊脂肪组织中 $SREBP\text{-}1c$、$PPAR\gamma$ 和 $FASN$ mRNA 相对表达量的影响

[字母不同表示同一基因不同组之间差异显著（$P<0.05$），字母相同表示差异不显著（$P>0.05$）]

HSL 主要在动物的白色脂肪组织中表达，能够直接作用于脂肪组织，调控动物体内脂肪含量。图4-108 为乳酸菌对苏尼特羊尾部脂肪和肾周脂肪中 HSL 和 LPL mRNA 相对表达量的影响。由图可知，在尾部脂肪中，2%组和3%组 HSL mRNA 表达量极显著高于1%组和对照组（$P<0.01$）。在肾周脂肪中，与对照组相比，2%组、3%组 HSL mRNA 相对表达量分别显著（$P<0.05$）和极显著（$P<0.01$）升高。LPL mRNA 的相对表达量在各组两个部位之间均无显著性差异（$P>0.05$）。

乳酸菌能够促进苏尼特羊尾部脂肪和肾周脂肪中 HSL mRNA 的表达，且其相对表达量随着乳酸菌添加量的增加而增加，和酶含量的影响呈现相同的趋势，因此推测 HSL mRNA 的表达量可能与酶的含量有密切关系（Harada et al.，2003）。

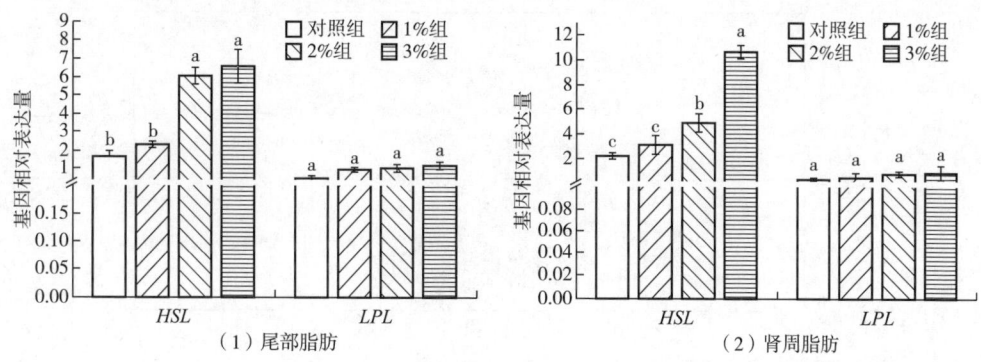

图4-108 日粮添加乳酸菌对苏尼特羊脂肪组织中 *HSL* 和 *LPL* mRNA 相对表达量的影响

[字母不同表示同一基因不同组之间差异显著（$P<0.05$），字母相同表示差异不显著（$P>0.05$）]

通过对苏尼特羊肌肉组织和脂肪组织中脂肪代谢过程中的关键基因表达量进行测定后发现，乳酸菌对苏尼特羊肌肉组织和脂肪组织中 *AMPKα2*、*ACC* 和 *CPT1* mRNA 相对表达量的影响趋势与酶活性相同。其中1%的乳酸菌能够促进肌肉组织中 SREBP-1c、PPARγ 信号因子的表达，诱导肌肉组织中脂肪沉积。此外，乳酸菌也能促进脂肪组织中 *HSL* mRNA 的表达，促进脂肪组织脂肪分解。结合脂肪代谢相关酶活性和相关调控基因 mRNA 表达量的结果来看，乳酸菌能够通过调控脂肪代谢过程中的 AMPKα2-ACC-CPT1 信号通路及 SREBP-1c、PPARγ 信号因子来调节苏尼特羊脂肪代谢过程。

（三）多组学探究乳酸菌对羊脂肪代谢的影响机制

基于以上研究结果，为了进一步探究乳酸菌对苏尼特羊脂肪代谢的影响机制，以日粮添加1%乳酸菌苏尼特羊背最长肌为研究对象，对其进行代谢组学和转录组学分析，多组学探究乳酸菌对苏尼特羊脂肪代谢的具体影响机制。

1. 基于代谢组学探究乳酸菌对羊脂肪代谢的影响机制

（1）显著性差异代谢物　利用 XCMS 提取具有正离子模式（$n=13069$）和负离子模式（$n=12289$）的代谢物离子峰。基于统计分析和从 PLS-DA 和 OPLS-DA 获得的 VIP 值，两组之间有45种肌肉组织代谢物差异显著（VIP>1）。代表差异代谢物分离和聚类情况的火山图和聚类热图如图4-109和图4-110所示，显示乳酸菌诱导的代谢产物更紧密聚集，包括它们与对照组的分离。如表4-47所示，与脂质代谢相关的代谢物有14种，乳酸菌组苏尼特羊背最长肌中 DL-乳酸（DL-lactate）、柠檬酸（citrate）、L-谷氨酰胺（L-glutamine）、L-谷氨酸（L-glutamate）、琥珀酸（succinate）、顺式乌头酸（cis-Aconitate）和甘油-3-磷酸（glycerol 3-phosphate）含量显著高于对照组（$P<0.05$），L-棕榈酰肉碱（L-palmitoylcarnitine）、甘油二酯（diacylglycerol，DAG）、磷酸胆碱（phosphocholine，PC）、胞苷二磷酸胆碱（cytidine 5′-diphosphocholine，CDP-choline）、油酸（oleic acid）、α-亚麻酸（α-linolenic acid）和 9R,10S-EpOME 含量显著低于对照组（$P<0.05$），说明日粮添加乳酸菌对苏尼特羊肌肉组织脂肪代谢产生重要的影响。

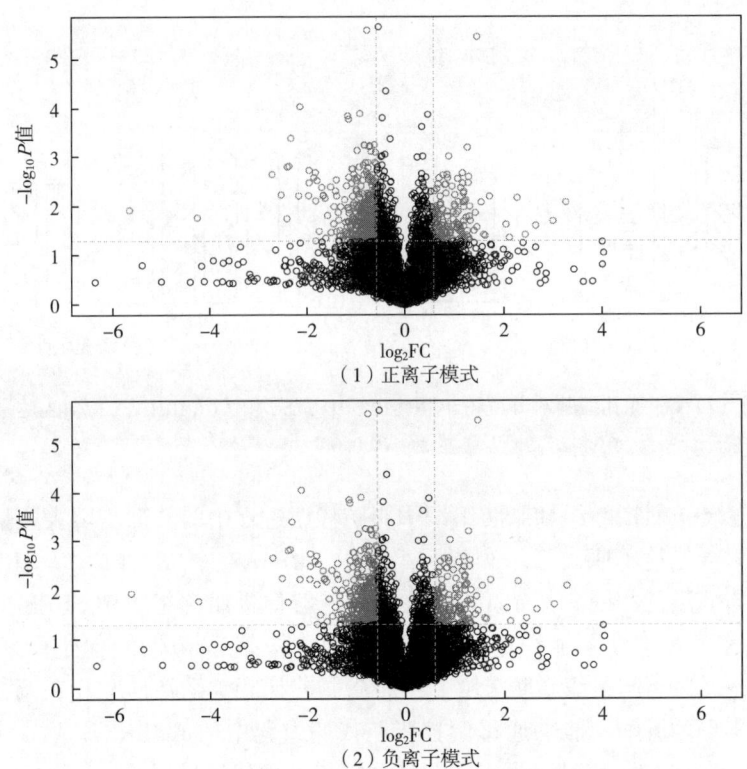

图 4-109 正负离子模式下肌肉组织差异代谢物火山图

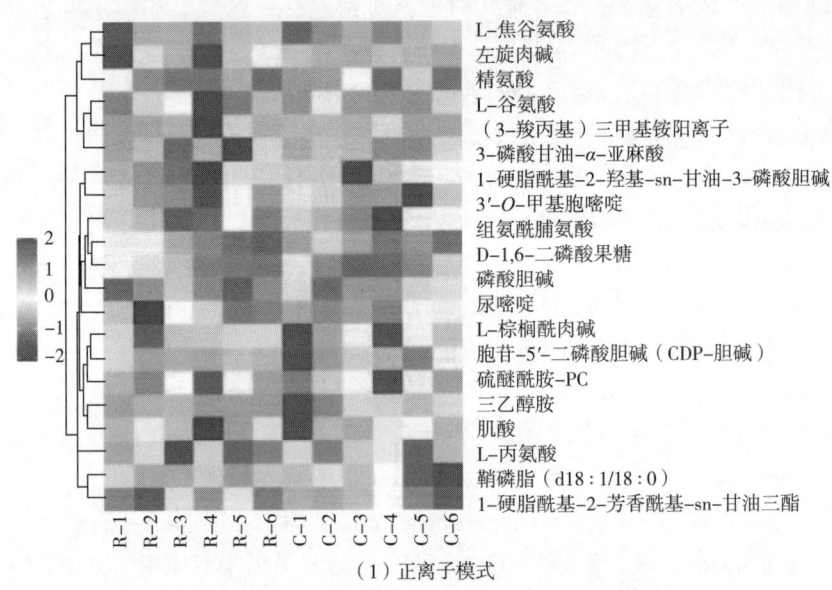

(1) 正离子模式

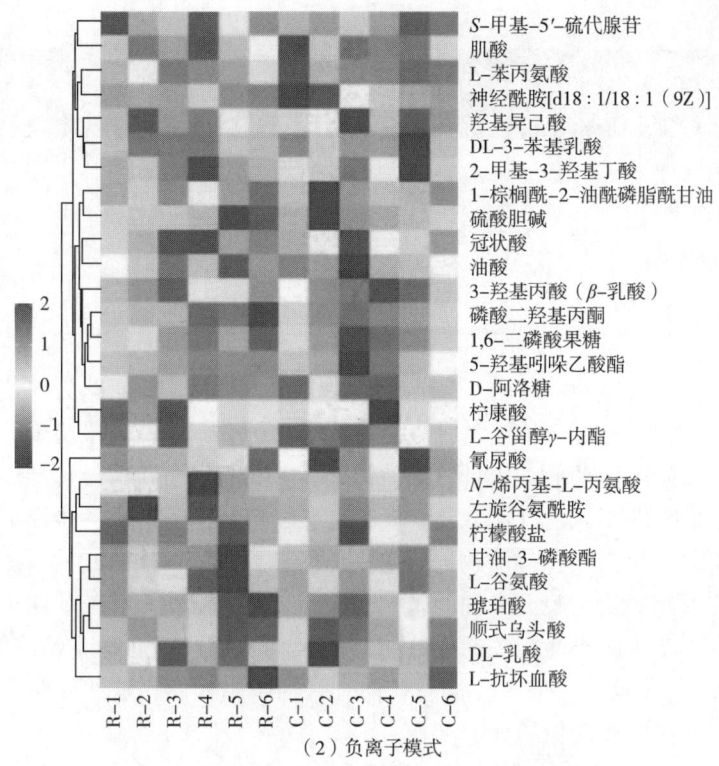

(2) 负离子模式

图 4-110 正负离子模式下肌肉组织差异代谢物层次聚类热图

(C 为对照组样品，R 为乳酸菌组样品)

表 4-47 乳酸菌组和对照组肌肉组织中的显著性差异代谢物

离子模式	名称	VIP 值	差异倍数	P 值	m/z	保留时间/s	相关通路
ESI (+)	L-棕榈酰肉碱	2.58	0.7525	0.0993	422.3252	171.9230	脂肪酸降解
ESI (-)	DL-乳酸	11.4	1.1220	0.0227	89.0248	227.1560	糖酵解/糖异生
ESI (-)	柠檬酸	7.57	1.9459	0.0808	191.0196	574.3290	三羧酸循环
ESI (-)	L-谷氨酰胺	7.30	1.6911	0.0744	145.0615	391.8860	GABA 能突触
ESI (+)	L-谷氨酸	1.92	1.9671	0.0424	148.0593	399.4170	GABA 能突触
ESI (-)	L-谷氨酸	2.90	1.6907	0.0544	146.0452	398.0070	GABA 能突触
ESI (-)	琥珀酸	1.51	1.7933	0.0425	117.0188	384.8635	三羧酸循环
ESI (-)	顺式乌头酸	1.42	1.1651	0.0970	173.0086	437.7190	三羧酸循环
ESI (+)	甘油二酯	1.09	0.7131	0.0110	627.5335	190.0720	胆碱代谢
ESI (+)	磷酸胆碱	6.53	0.5397	0.0187	184.0726	497.9830	胆碱代谢
ESI (+)	胞苷二磷酸胆碱	2.02	0.6775	0.0532	489.1134	442.6170	胆碱代谢
ESI (+)	甘油-3-磷酸酯	1.48	2.6541	0.0380	173.0198	433.702	甘油脂质代谢

续表

离子模式	名称	VIP值	差异倍数	P值	m/z	保留时间/s	相关通路
ESI（−）	甘油-3-磷酸酯	3.29	2.2969	0.0440	171.0056	432.109	甘油脂质代谢
ESI（−）	油酸	10.2	0.7449	0.0693	281.2481	63.7170	脂肪酸生物合成
ESI（+）	α-亚麻酸	2.58	0.8092	0.0407	296.2574	35.0220	脂肪酸生物合成
ESI（−）	9R，10S-EpOME	2.25	0.6961	0.0253	295.2267	55.7230	脂肪酸降解

（2）KEGG 通路富集分析　KEGG 通路富集分析是以 KEGG 通路为单位，以该物种或亲缘关系较接近的物种所参与的代谢通路为背景，通过 Fisher 精确检验来分析计算各个通路代谢物富集度的显著性水平，从而确定受到显著影响的代谢和信号转导通路。一般情况下，KEGG 通路富集结果中 P 值越小越显著。在本试验中，为了进一步评估乳酸菌引起的肌肉组织代谢组的变化，结合代谢物数量和 P 值列出最为显著的 20 条 KEGG 通路富集，结果如图 4-111 所示。为了找到合理的影响机制，对脂质沉积相关的代谢产物和通路进行了筛选，其中有 7 条脂肪代谢相关通路：脂肪酸生物合成、脂肪酸生物降解、糖酵解/糖异生、三羧酸循环、GABA 能突触、胆碱代谢、甘油磷脂代谢，这些通路有助于了解饲粮添加乳酸菌引起肌内脂肪增加的分子机制。

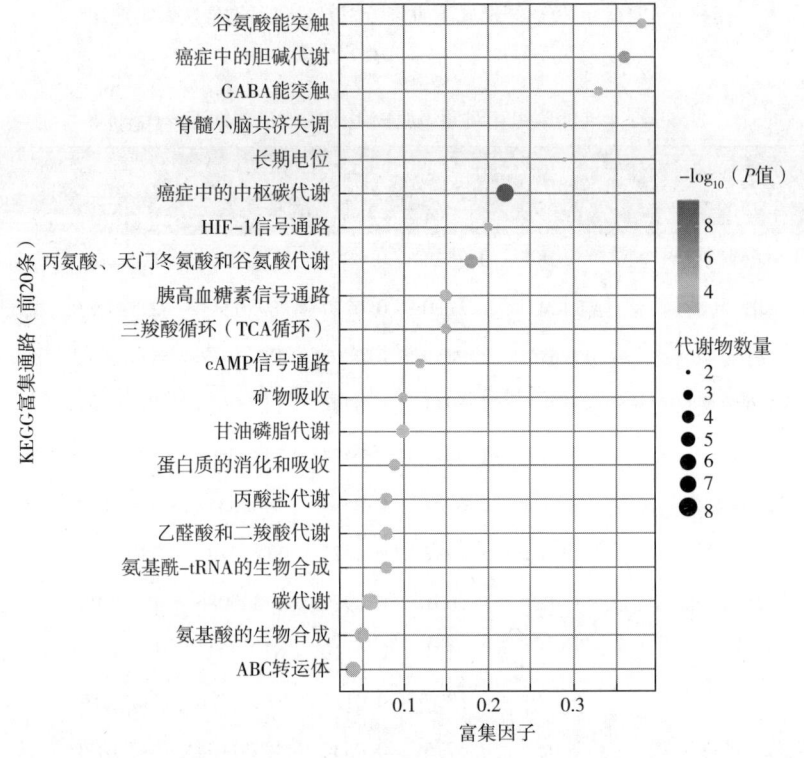

图 4-111　苏尼特羊肌肉组织 KEGG 通路富集图

（3）相关通路　为进一步评估日粮添加乳酸菌改善苏尼特羊脂肪分布与脂肪酸组成的机制，对已筛选到的代谢物和通路，结合 AMPK-ACC-CPT1 代谢通路进行了深入的讨论。以下将针对脂肪代谢主要相关通路：肉碱循环、三羧酸循环、甘油磷酰胆碱代谢通路，脂肪酸代谢通路进行讨论，以期从代谢组学角度阐明乳酸菌影响苏尼特羊脂肪分布与脂肪酸组成的机制。

脂质是绵羊体内重要的能量储存和供给物质，也是生物膜的组成成分。脂质代谢是指 TAG 的合成和分解等许多过程，其中线粒体脂肪酸 β-氧化占主导地位。Brooks 等（2020）认为乳酸作为线粒体 β-氧化抑制剂，产生丙二酰 CoA 可以通过调控 CPT1 抑制棕榈酰肉碱。值得注意的是，长链酰基 CoA 不能直接通过线粒体膜运输，其底物转移依赖于肉碱循环，需先通过线粒体外膜的 CPT1 作用转化为长链酰肉碱（McGarry et al., 1997）。因此，L-棕榈酰肉碱作为长链酰基 CoA 运输到线粒体的中间产物，在脂质的转移和使用中发挥主要作用，可被视为脂质氧化的标志物（Saylor et al., 2012；Korman et al., 2005）。此外，乳酸菌产生的乳酸抑制肠细胞乳糜微粒分泌并促进脂质储存，其机制为乳酸转化为丙二酰 CoA，随后抑制 β-氧化并在一系列反应后最终导致肌内脂肪沉积（Araújo et al., 2020）。日粮添加乳酸菌后，苏尼特羊肌肉乳酸水平升高，背最长肌中 L-棕榈酰肉碱的水平降低，同时 AMPK-ACC-CPT1 代谢通路受到抑制，说明乳酸菌可能导致肌肉内乳酸的增加，通过减少 L-棕榈酰肉碱抑制苏尼特羊肌肉脂肪酸的 β-氧化，导致肌内脂肪的增加。

线粒体脂肪酸 β-氧化是肌肉组织能量代谢的重要通路。肌肉中脂肪酸氧化的最终产物为乙酰 CoA，直接作为三羧酸循环的能量来源（Merritt et al., 2018）。如图 4-112 所示，三羧酸循环是一个重要的十字路口，连接多种合成代谢和分解代谢通路，其代谢产物也作为重要的信号转导和修饰分子影响着许多细胞过程，AMPK-ACC-CPT1 代谢通路则通过乙酰 CoA 与之相连。柠檬酸被输出到胞质中，被转化为乙酰 CoA 以促进脂肪合成。当三羧酸循环的中间产物出于生物合成的目的而离开线粒体时，这个循环必须以同源性补充来保持其运行（Martinez-Reyes et al., 2020）。例如，在 GABA 能突触传递中，谷氨酰胺转化为谷氨酸，然后转化为琥珀酸，再转化为 α-酮戊二酸，当线粒体输出柠檬酸盐导致 α-酮戊二酸水平下降时，经常使用这个机制（DeBerardinis et al., 2016；Mullen et al., 2011；Hertz et al., 2016）。苏尼特羊食用乳酸菌后，背最长肌中谷氨酸、谷氨酰胺、琥珀酸、柠檬酸和顺式乌头酸的含量较高，由此推断，饲粮添加乳酸菌后，有更多的柠檬酸从线粒体输出到胞质中，产生乙酰 CoA，经 ACC 可催化用于重新合成脂质，而 α-酮戊二酸的回补可能通过谷氨酰胺和谷氨酸完成，直到苏尼特羊肌内脂肪显著沉积。整体上说明三羧酸循环加快，柠檬酸合成增多，向肌内脂肪合成方向发展。

甘油磷酰胆碱代谢通路如图 4-113 所示，主要包括 GPC、胆碱、PC、CDP-胆碱、DAG 和磷酸二酰胆碱。GPC 磷酸二酯酶将 GPC 降解为胆碱和甘油-3-磷酸，胆碱返回 GPC 通路（Cao et al., 2012）。TAG 的形成与 GPC 通路直接相关，来自 1,2-甘油磷酸二酯的代谢物 DAG 可转化为 TAG（Santos et al., 2012）。日粮添加乳酸菌苏尼特羊的背最长肌 GPC 代谢通路中 DAG、PC、CDP-胆碱含量较低，甘油-3-磷酸含量较高，说明 GPC 代谢通路可能受到抑制，有更多 DAG 用于脂质合成，如 Michel 等（2011）研究发现胆碱合成 PC 钝化，通过诱导肌细胞胆碱缺乏直接导致 DAG 和 FA 用于 TAG 合成的可用性增加

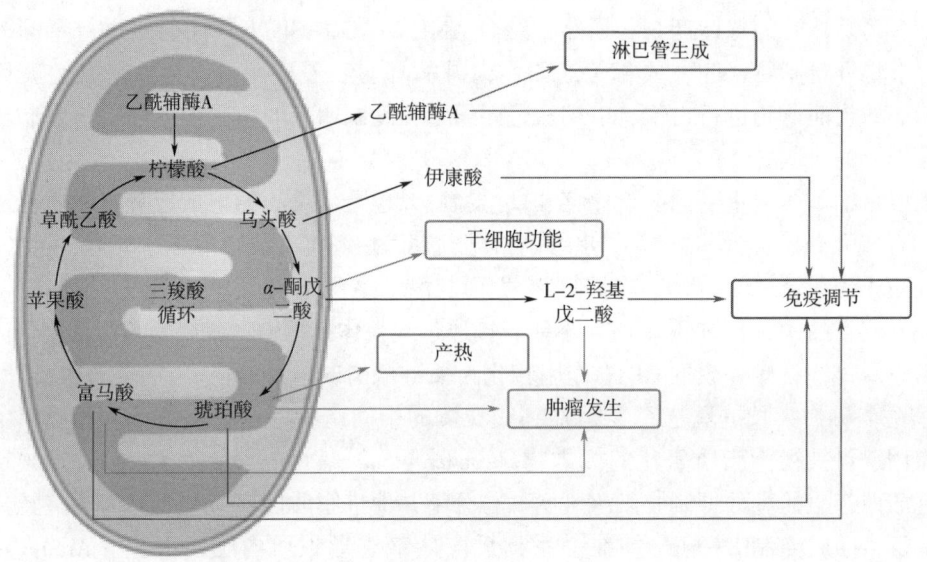

图 4-112　三羧酸循环的代谢引擎作用（Tang et al.，2005）

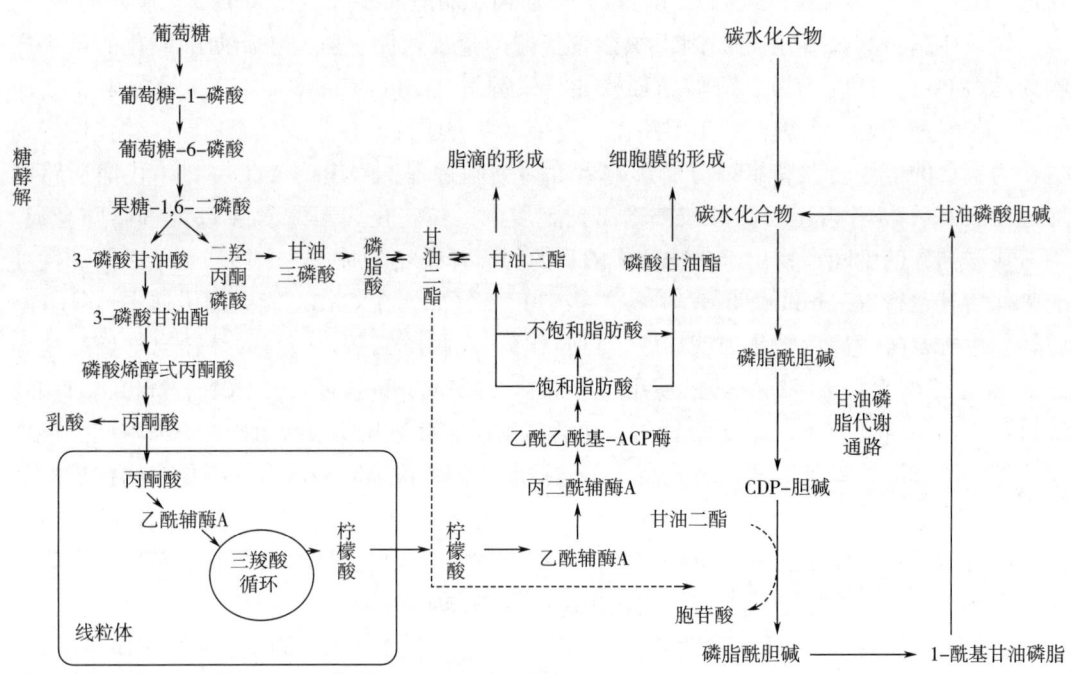

图 4-113　GPC 代谢通路与糖脂代谢（Sonkar et al.，2019）

（Michel et al.，2011）。对于脂肪组织来说，GPC 代谢通路同样适用。日粮添加乳酸菌使苏尼特羊尾部脂肪中 CDP-胆碱和 PC 含量升高，这说明尾脂 GPC 代谢通路可能受到激活，更多的 DAG 合成磷脂酰胆碱，从而减少尾部脂肪沉积，这可能是日粮添加乳酸菌改善苏尼特羊脂肪分布的原因之一。

研究表明，部分由肠道微生物群代谢产生的短链脂肪酸可以影响脂质代谢，包括醋酸盐、丙酸盐和丁酸盐，其为宿主提供大量的卡路里，同时可进入血液并到达特定器官，然后进行链的延伸和加工，最终沉积在脂肪组织中（Wang et al.，2020），苏尼特羊食用乳酸菌后，肌肉组织中游离的油酸、α-亚麻酸及其分解代谢产物9R，10S-EpOME的含量降低，说明这些脂肪酸的降低是由于脂肪的合成，因此日粮添加乳酸菌可以促进肌内脂肪的沉积。

2. 基于转录组学探究乳酸菌对羊脂肪代谢的影响机制

（1）差异表达基因　在图4-114中，横坐标表示乳酸菌组和对照组基因间的差异表达倍数（即处理样的表达量除以对照样的表达量得到的数值），纵坐标表示两组苏尼特羊基因表达量的差异的统计学检验值P，$-\log_{10}(P$值$)$的大小与差异基因的显著性相关，$-\log_{10}(P$值$)$越大则两组间表达差异越显著。测序平台采用卡方检验（$P<0.05$ & $|\log_2FC|\geqslant 1$）去筛选具有显著性差异的基因。火山图中每个点分别代表一个特定的基因，红点表示显著上调的基因（共416个），绿点表示显著下调的基因（共235个），灰点表示无显著性差异的基因。

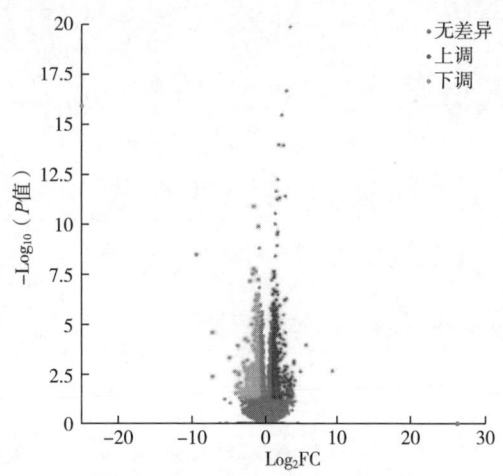

图4-114　差异表达基因火山图

图4-115中每列分别代表12个样品，C1~C6为对照组，R1~R6为乳酸菌组，每行表示一个基因，每列表示12个样本中基因的表达量值，高表达量用红色表示，低表达量用蓝色表示。左侧分支离得越近，说明乳酸菌组和对照组苏尼特羊的表达量越接近、存在较高的关联性。结果说明这12个样本所有基因的表达模式较为接近，由图可知，乳酸菌组和对照组苏尼特羊背最长肌的生物学重复性好，即基因表达量变化趋势接近。

（2）通路富集分析　图4-116为差异基因GO功能注释柱状图，该图清晰地反映了乳酸菌组和对照组中651个差异基因在细胞组分（cellular component，CC）、生物学过程（biological process，BP）和分子功能（molecular function，MF）三个部分的富集情况。

GO富集分析结果如图4-117所示，结果表明，在乳酸菌组苏尼特羊和对照组苏尼特羊的背最长肌中上调表达的差异基因主要显著富集的通路有信号传导、生物调节、多细胞

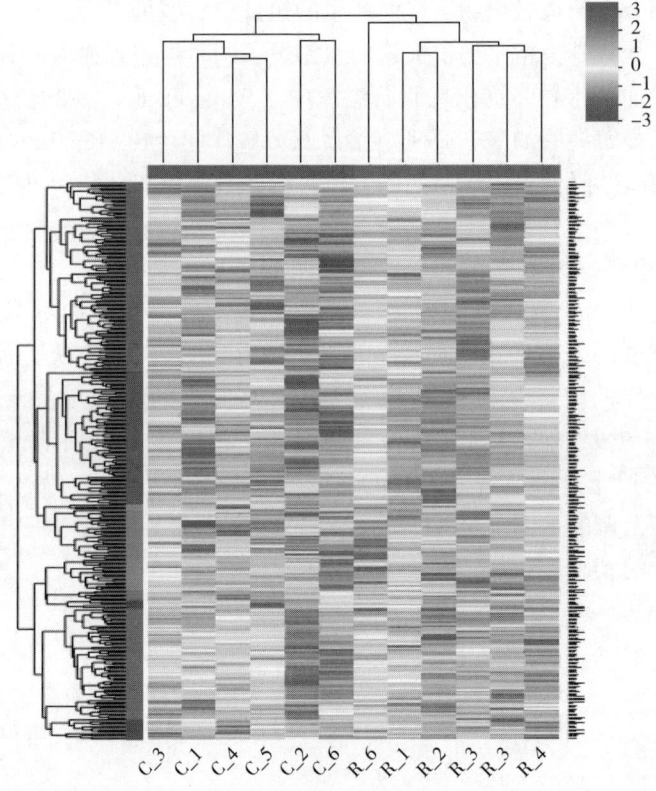

图 4-115　差异表达基因聚类分析热图

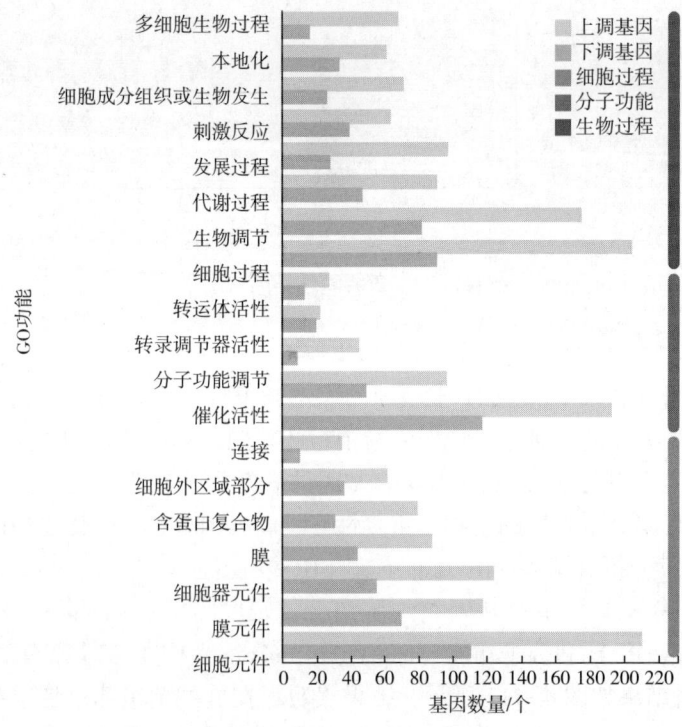

图 4-116　差异基因 GO 功能注释柱状图

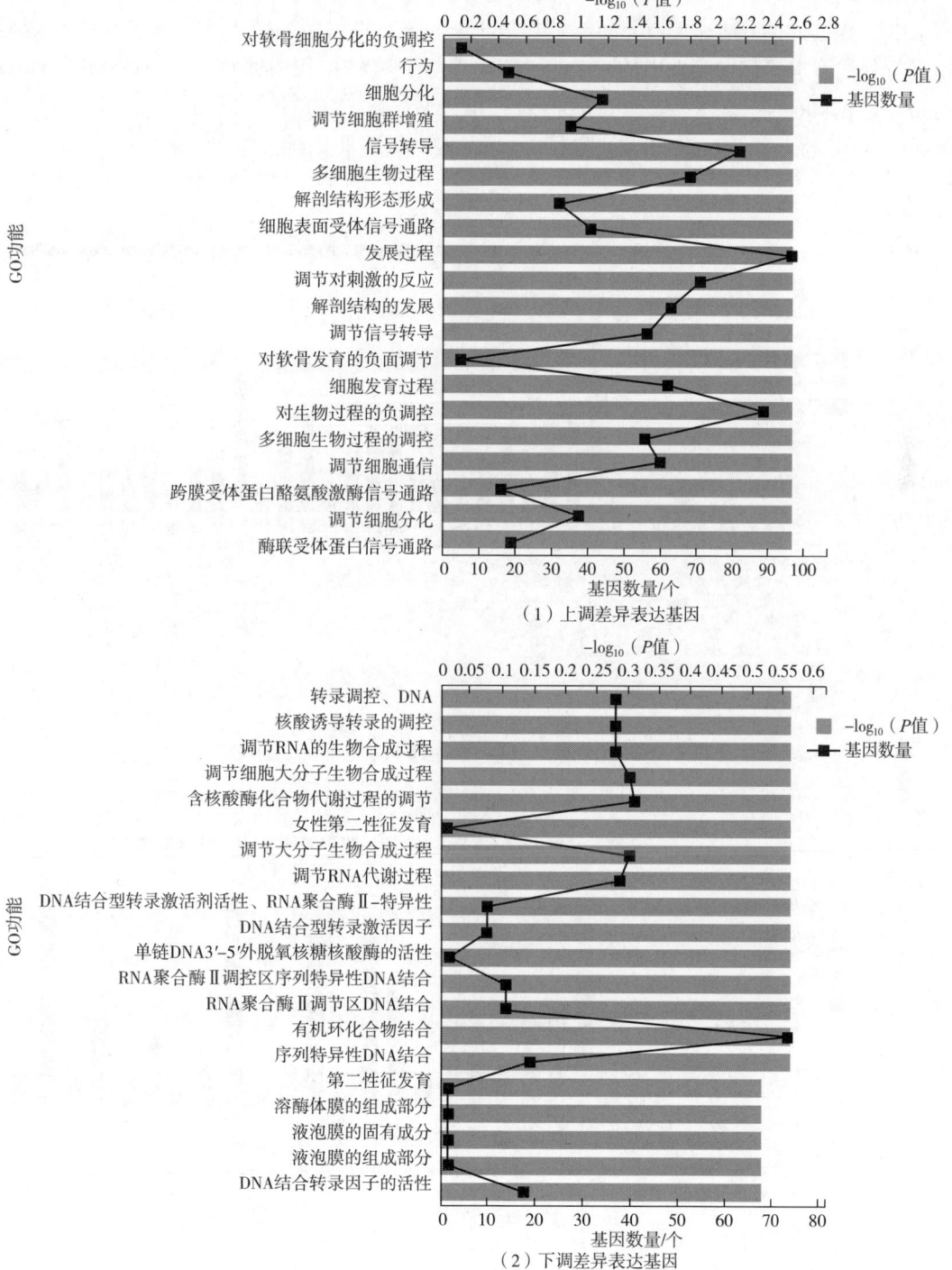

图4-117 上、下调差异表达基因GO富集分析图

生物过程等；下调表达的差异基因主要显著性富集的通路有大分子代谢过程的调节、RNA生物合成过程的调控、RNA代谢过程的调节等其他生物过程。由图4-118可知，被注释到KEGG数据库的651个DEGs参与了共265个通路，将得到的结果依据KEGG中通路类型进行分类。本研究中筛选出的651个DEGs参与了MAPK代谢通路（map04010）、FoxO通路（map04068）、PI3K-Akt（map04151）信号通路、AMPK信号通路（map04152）、磷酸肌醇代谢通路（map00562）、细胞凋亡（map04210）、胆固醇代谢（map04979）等。

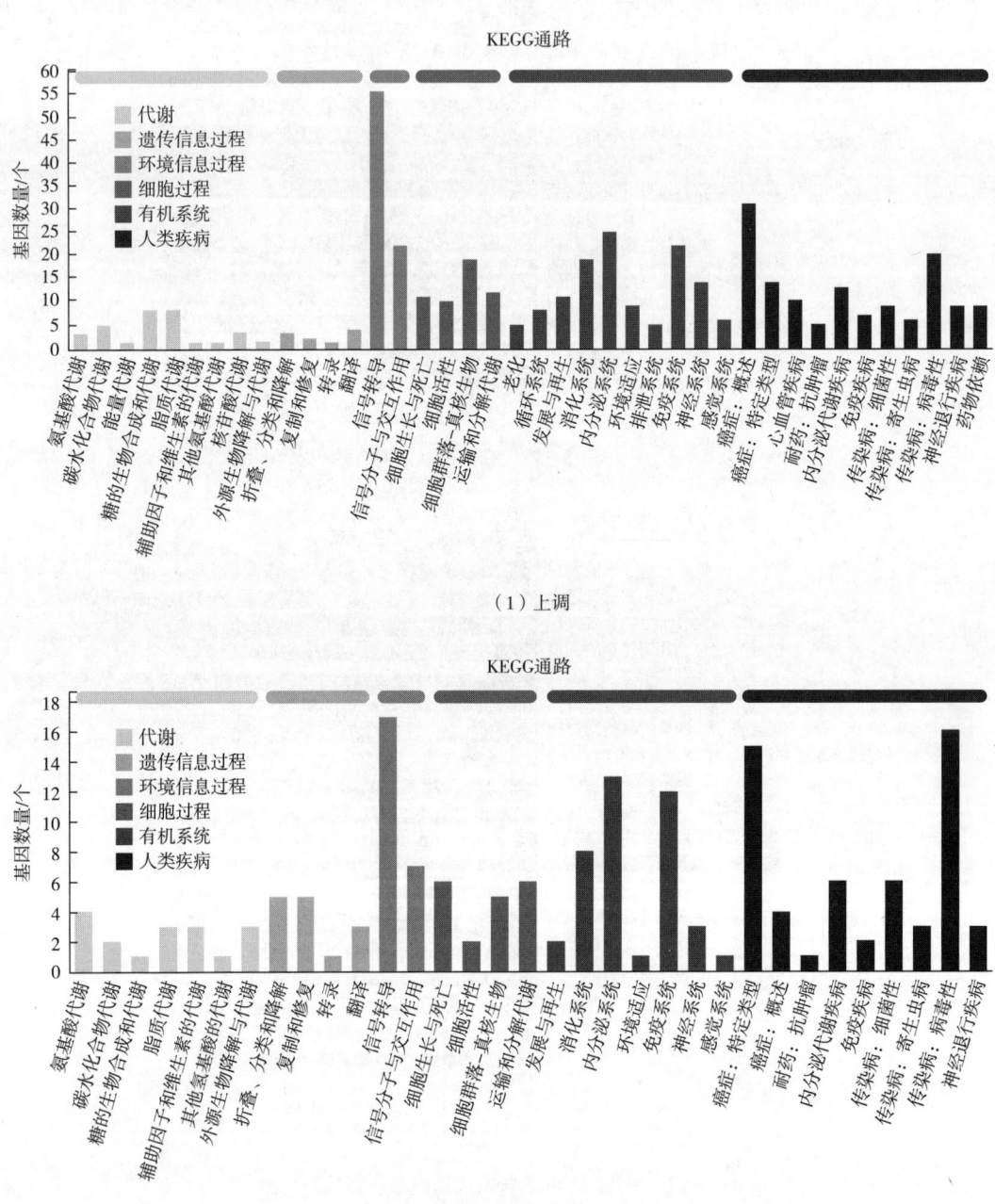

图4-118 上、下调差异表达基因功能注释的KEGG通路

图4-119所示为265条KEGG富集通路中，富集最显著的前20条通路，主要包括MAPK（MitogenActivated Protein Kinase，丝裂原活化蛋白激酶）代谢通路、PI3K-Akt代谢通路、FoxO代谢通路等。

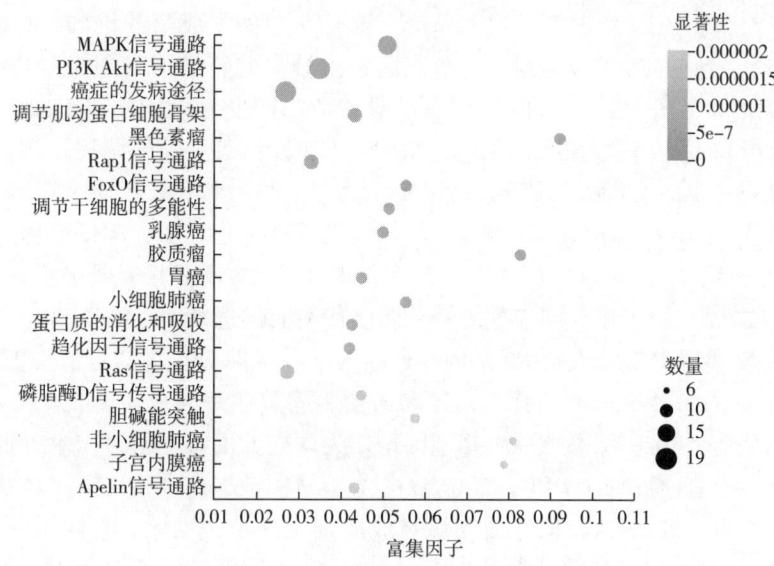

图4-119 KEGG富集分析气泡图

（3）相关信号通路 通过KEGG功能富集分析和表4-48可知，*PIK3R3*、和*PPARGC1A*基因参与了MAPK代谢通路。

表4-48 背最长肌差异基因富集通路

通路编号	通路名称	基因数目/个	参与基因
map04010	MAPK代谢通路	19	ANGPT1、CDKN1A、COL4A3、COL6A6、CREB5、FGF3、FGF6、FGFR4、GNG4、IL7R、ITGA2、ITGA6、KITLG、KRAS、FGFR3、LOC114112700、LOC114113739、PIK3R3、LOC101122444
map04151	PI3K-Akt通路	17	ANGPT1、CACNA1B、CACNG7、DDIT3、FGF3、FGF6、GADD45A、GADD45B、GADD45G、KITLG、MRAS、RPS6KA6、RASA2KRAS、MAP3K2、FGFR3、FGFR4
map04068	FoxO通路	9	CDKN1A、GADD45A、GADD45B、GADD45G、LOC101122444、LOC114116628、IL7R、KRAS、PIK3R3

日粮补充乳酸菌后苏尼特羊背最长肌*PPARGC1A*基因表达量显著提高，这表明日粮添加乳酸菌可以降低苏尼特羊体内的脂肪沉积，对肉质有良好的改善作用。因此*PPARGC1A*基因可作为调控苏尼特羊脂肪代谢的候选基因。在MAPK代谢通路中富集有*KITLG*、

FGF3、*FGF6*、*FGFR3*、*MAFA* 基因，*FGF3* 和 *FGF6* 基因都属于成纤维细胞生长因子（雷森林等，2022），可以促进平滑肌细胞的增殖，调控细胞生长发育（胡慧宇等，2021）。有研究表明，松褐鲈可能通过 MAPK 通路调节脂肪代谢（Chu et al.，2021）。Shamsi 等（2020）研究发现，UCP-1 在棕色脂肪组织的能量耗散中起核心作用，FGF6 作为 UCP-1 在脂肪细胞和前脂肪细胞表达的强效诱导剂，这是一个独立成脂的机制，并涉及 FGF 受体-3（FGFR3），且 FGF6 可以通过与棕色脂肪发生分离的转录网络调控 UCP-1，进而调节系统能量代谢。Xu 等（2019）的研究通过对草鱼不同发育阶段和组织中 *FGF6* 基因的生物信息学分析和表达模式分析，探讨了 *FGF6* 对草鱼肌肉生长的调控作用，结果表明，*FGF6a* 和 *FGF6b* 基因是 FGF6 家族的两个同源基因，qRT-PCR 结果显示 *FGF6a* 和 *FGF6b* 在肌肉中高表达，*FGF6a* 和 *FGF6b* 的表达均与纤维直径呈正相关，与纤维密度呈负相关。这些结果共同表明 *FGF6a* 和 *FGF6b* 在草鱼肌肉生长调节中起重要作用（Xu et al.，2019）。因此 *FGF6* 基因可作为调控苏尼特羊脂肪代谢的候选基因。

FoxO 通路富集有 *IL7R*、*PIK3R3* 基因。通过 KEGG 通路分析可知，低密度脂蛋白受体（low density lipoprotein receptor，LDLR）还参与了胆固醇代谢与皮质醇代谢等脂肪代谢相关通路（李怡华等，2020）。因此 *LDLR* 基因可作为调控苏尼特羊脂肪代谢的候选基因。

参与 PI3K-Akt 通路的 DEGs 有 *KITLG*、*FGF3*、*FGF6*、*FGFR3*、*PIK3R3*、*ITGA6*、*IL7R*。有研究表明，PI3K-Akt 信号通路参与成肌细胞增殖，因此，骨骼肌的生长和发育可以受益于 PI3K-Akt 信号通路调节（Ling et al.，2021）。除此之外糖酵解/糖异生通路也是 PI3K-Akt 通路的下游通路，Akt 能够通过磷酸化抑制或增强靶蛋白的活性（孙冠聪等，2021），从而调节多种类型的下游通路。在 PI3K-Akt 通路被激活后，经过一系列反应，糖酵解也随之发生，糖酵解代谢过程会产生乳酸，乳酸会通过影响肉的 pH 和肉的色泽进而影响肉品质（王宇，2019）。因此可选择 PI3K-Akt 通路中的关键基因 *PIK3R3* 作为调控苏尼特羊肉质的候选基因。

在 KEGG 通路分析中，还发现了一些与脂质代谢相关的信号通路：胆固醇代谢和调节脂肪细胞的脂分解，其中的差异基因包括 *MYLIP* 和 *PIK3R3*。另外，参与磷酸肌醇代谢通路的差异基因只有 *PLCB1*。基于此，初步认为 *PPARGC1A*、*FGF6*、*LDLR*、*PIK3R3* 可作为苏尼特羊肉质性状的候选基因。

（四）丁酸梭菌对羊脂肪代谢的影响

丁酸梭菌（*Clostridium butyricum*）是在人体和动物肠道中普遍存在的益生菌，在生物分类学上，它属于厚壁菌门、梭菌属（*Clostridium*）。由于丁酸梭菌以芽孢的形式存在，具有极强的耐热、耐酸特性，这一特性使得丁酸梭菌能够在胃肠道中发挥其调节和益生的作用。

为探究丁酸梭菌对羊脂肪代谢的影响，本课题组以 24 只小尾寒羊为研究对象，将其随机分为对照组和丁酸梭菌组，丁酸梭菌组在饲喂基础日粮的基础上，添加 5g/(d·只) 丁酸梭菌，对其肌肉中脂肪酸组成、脂肪代谢相关酶活性和基因及胆汁酸相关通路进行测定分析，深入探究丁酸梭菌对小尾寒羊脂肪代谢的影响机制。

1. 丁酸梭菌对羊脂肪酸的影响

丁酸梭菌对绵羊背最长肌和股二头肌中饱和脂肪酸含量的影响如表 4-49 所示。在背最长肌中，丁酸梭菌组棕榈酸、硬脂酸和总饱和脂肪酸含量显著低于对照组（$P<0.05$）。在股二头肌中，与对照组相比，丁酸梭菌组月桂酸和花生酸的含量显著降低（$P<0.05$）。对同组绵羊不同部位的脂肪酸含量比较发现，对照组股二头肌月桂酸和花生酸的含量显著高于背最长肌（$P<0.05$），棕榈酸和总饱和脂肪酸的含量显著低于背最长肌（$P<0.05$）。同时，丁酸梭菌组股二头肌硬脂酸的含量显著高于背最长肌（$P<0.05$）。

本试验中，添加丁酸梭菌可降低绵羊背最长肌中硬脂酸的含量，究其原因可能是硬脂酸主要源于不饱和 C18 脂肪酸的生物氢化作用，日粮添加的丁酸梭菌能产生丁酸等代谢产物，降低了瘤胃 pH，导致聚离子脂肪酸的生物加氢活性降低，进而减少硬脂酸的沉积（Jenkins et al.，2008）。

表 4-49 日粮添加丁酸梭菌对绵羊肌肉组织中饱和脂肪酸含量的影响

脂肪酸	部位	脂肪酸含量/%	
		对照组	丁酸梭菌组
癸酸 （$C_{10:0}$）	背最长肌	0.17 ± 0.03^{Aa}	0.16 ± 0.02^{Aa}
	股二头肌	0.14 ± 0.02^{Aa}	0.15 ± 0.03^{Aa}
月桂酸 （$C_{12:0}$）	背最长肌	0.16 ± 0.04^{Ba}	0.16 ± 0.03^{Aa}
	股二头肌	0.32 ± 0.05^{Aa}	0.20 ± 0.06^{Ab}
肉豆蔻酸 （$C_{14:0}$）	背最长肌	2.26 ± 0.15^{Aa}	2.31 ± 0.19^{Aa}
	股二头肌	2.16 ± 0.15^{Aa}	2.05 ± 0.17^{Aa}
十五烷酸 （$C_{15:0}$）	背最长肌	0.38 ± 0.02^{Aa}	0.37 ± 0.03^{Aa}
	股二头肌	0.30 ± 0.05^{Aa}	0.28 ± 0.06^{Aa}
棕榈酸 （$C_{16:0}$）	背最长肌	24.56 ± 1.50^{Aa}	22.98 ± 1.51^{Ab}
	股二头肌	22.86 ± 1.04^{Ba}	22.58 ± 0.83^{Aa}
硬脂酸 （$C_{18:0}$）	背最长肌	15.10 ± 1.26^{Aa}	13.90 ± 0.95^{Bb}
	股二头肌	14.83 ± 0.6^{Aa}	14.57 ± 1.14^{Aa}
花生酸 （$C_{20:0}$）	背最长肌	0.10 ± 0.02^{Ba}	0.09 ± 0.03^{Aa}
	股二头肌	0.20 ± 0.03^{Aa}	0.10 ± 0.01^{Ab}
总饱和脂肪酸 （SFA）	背最长肌	42.40 ± 1.42^{Aa}	40.34 ± 1.62^{Ab}
	股二头肌	41.05 ± 1.25^{Ba}	40.10 ± 0.88^{Aa}

注：同行不同小写字母肩注表示组别之间差异显著（$P<0.05$），同列不同大写字母肩注表示部位之间差异显著，字母相同表示差异不显著（$P>0.05$）。

丁酸梭菌对绵羊背最长肌和股二头肌中单不饱和脂肪酸含量的影响如表 4-50 所示。在背最长肌中，丁酸梭菌组油酸的含量显著高于对照组（$P<0.05$），豆蔻油酸显著低于对照组（$P<0.05$）。在股二头肌中，丁酸梭菌组棕榈油酸和总单不饱和脂肪酸含量显著高于

对照组（$P<0.05$）。对同组绵羊不同部位的单不饱和脂肪酸含量比较发现，丁酸梭菌组背最长肌中豆蔻油酸、棕榈油酸和总单不饱和脂肪酸含量显著低于股二头肌（$P<0.05$），对照组股二头肌中豆蔻油酸的含量显著高于背最长肌（$P<0.05$）。

表4-50 日粮添加丁酸梭菌对绵羊肌肉组织中单不饱和脂肪酸含量的影响

脂肪酸	部位	脂肪酸含量/%	
		对照组	丁酸梭菌组
豆蔻油酸（$C_{14:1}$）	背最长肌	0.17 ± 0.02^{Ba}	0.09 ± 0.01^{Bb}
	股二头肌	0.92 ± 0.16^{Aa}	1.05 ± 0.18^{Aa}
棕榈油酸（$C_{16:1}$）	背最长肌	1.84 ± 0.29^{Aa}	1.83 ± 0.16^{Ba}
	股二头肌	1.95 ± 0.20^{Ab}	2.89 ± 0.36^{Aa}
十七碳烯酸（$C_{17:1}$）	背最长肌	1.31 ± 0.07^{Aa}	1.21 ± 0.16^{Aa}
	股二头肌	1.24 ± 0.20^{Aa}	1.11 ± 0.25^{Aa}
油酸（$C_{18:1顺-9}$）	背最长肌	36.34 ± 1.01^{Ab}	37.76 ± 1.08^{Aa}
	股二头肌	37.08 ± 1.15^{Aa}	37.80 ± 1.30^{Aa}
总单不饱和脂肪酸（$\Sigma MUFA$）	背最长肌	39.65 ± 1.14^{Aa}	40.89 ± 1.15^{Ba}
	股二头肌	40.86 ± 2.30^{Ab}	42.65 ± 1.56^{Aa}

注：同行不同小写字母肩注表示组别之间差异显著（$P<0.05$），同列不同大写字母肩注表示部位之间差异显著，字母相同表示差异不显著（$P>0.05$）。

丁酸梭菌组背最长肌中油酸的含量高于对照组，且股二头肌中丁酸梭菌组的油酸含量也有增加的趋势，产生这一结果的原因可能是丁酸梭菌的添加增加了肌肉组织中$\Delta 9$-去饱和酶活性，促进机体将硬脂酸内源性转化成油酸（Nunes et al., 2017）。Liu 等（2018）研究表明，添加高剂量和低剂量的丁酸梭菌均能增加北京鸭胸肌中油酸的含量，这与本试验研究结果一致。除油酸外，棕榈油酸也是羊肉中重要的不饱和脂肪酸，高水平的棕榈油酸能够降低人体患糖尿病的风险（Long et al., 2014）。

丁酸梭菌对绵羊背最长肌和股二头肌中多不饱和脂肪酸含量的影响如表4-51所示。丁酸梭菌组背最长肌中的α-亚麻酸、二十碳五烯酸的相对含量显著高于对照组（$P<0.05$），股二头肌中花生四烯酸、二十碳五烯酸和二十二碳六烯酸的相对含量显著高于对照组（$P<0.05$），但股二头肌中的花生三烯酸的相对含量显著低于对照组（$P<0.05$）。

本试验中丁酸梭菌组背最长肌中α-亚麻酸含量的提高，对羊肉风味的形成具有积极作用。本研究认为丁酸梭菌干预显著提高了绵羊背最长肌和股二头肌中二十碳五烯酸的相对含量，且股二头肌中的二十碳五烯酸含量显著高于对照组，进一步说明益生菌能提高绵羊肉的保健功效。

表 4-51　日粮添加丁酸梭菌对绵羊肌肉组织中多不饱和脂肪酸含量的影响

脂肪酸	部位	脂肪酸含量/%	
		对照组	丁酸梭菌组
亚油酸	背最长肌	6.71±0.29^{Aa}	6.49±0.52^{Aa}
($C_{18:2\text{顺}-9\text{反}-11}$)	股二头肌	6.63±0.67^{Aa}	7.06±1.34^{Aa}
γ-亚麻酸	背最长肌	0.17±0.02^{Aa}	0.16±0.02^{Aa}
($C_{18:3\,n-6}$)	股二头肌	0.19±0.07^{Aa}	0.24±0.06^{Aa}
α-亚麻酸	背最长肌	0.28±0.05^{Ab}	0.53±0.07^{Aa}
($C_{18:3\,n-3}$)	股二头肌	0.24±0.04^{Aa}	0.19±0.06^{Ba}
花生三烯酸	背最长肌	0.20±0.04^{Aa}	0.20±0.03^{Ba}
($C_{20:3\,n-6}$)	股二头肌	0.21±0.04^{Aa}	0.09±0.02^{Ab}
花生四烯酸	背最长肌	4.18±0.67^{Aa}	4.45±1.40^{Ba}
($C_{20:4\,n-6}$)	股二头肌	4.95±0.89^{Ab}	6.30±0.55^{Aa}
二十碳五烯酸	背最长肌	0.40±0.04^{Ab}	0.63±0.07^{Ba}
(EPA)	股二头肌	0.55±0.19^{Ab}	1.10±0.29^{Aa}
二十四碳烯酸	背最长肌	0.18±0.02^{Aa}	0.18±0.02^{Aa}
(ARA)	股二头肌	0.16±0.03^{Aa}	0.19±0.05^{Aa}
二十二碳六烯酸	背最长肌	0.15±0.03^{Ba}	0.18±0.03^{Ba}
(DHA)	股二头肌	0.29±0.08^{Ab}	0.79±0.18^{Aa}
总多不饱和脂肪酸	背最长肌	12.28±0.93^{Aa}	12.81±1.13^{Ba}
(ΣPUFA)	股二头肌	13.12±1.48^{Aa}	14.18±0.79^{Aa}
n-6 多不饱和脂肪酸	背最长肌	11.41±0.46^{Aa}	11.12±0.52^{Ba}
	股二头肌	11.87±1.45^{Aa}	12.20±0.55^{Aa}
n-3 多不饱和脂肪酸	背最长肌	0.83±0.04^{Ab}	1.34±0.13^{Bb}
	股二头肌	1.08±0.23^{Ab}	2.09±0.36^{Aa}
n-6/n-3	背最长肌	13.47±1.01^{Aa}	8.39±1.03^{Ab}
	股二头肌	11.36±2.65^{Aa}	6.94±1.41^{Bb}

注：同行不同小写字母肩注表示组别之间差异显著（$P<0.05$），同列不同大写字母肩注表示部位之间差异显著，字母相同表示差异不显著（$P>0.05$）。

绵羊不同肌肉部位的脂肪酸组成显示背最长肌中 α-亚麻酸、花生三烯酸含量显著高于股二头肌（$P<0.05$），花生四烯酸、二十碳五烯酸和二十二碳六烯酸含量显著低于股二头肌（$P<0.05$）。本研究中丁酸梭菌组绵羊肌肉中 n-3 多不饱和脂肪酸的含量显著高于对照组，且股二头肌中 n-3 多不饱和脂肪酸的含量高于背最长肌，说明饲粮加入丁酸梭菌可增加肌肉中 n-3 多不饱和脂肪酸，这对于肉的品质有改善作用。

2. 丁酸梭菌对羊脂肪代谢相关酶活性和基因相对表达量的影响

丁酸梭菌对绵羊背最长肌和股二头肌中脂肪代谢相关酶活性的影响如图 4-120 所示。

在背最长肌中，丁酸梭菌组 FASN、ACC 活性显著高于对照组（$P<0.05$）。在股二头肌中，与对照组相比，丁酸梭菌组 HSL 活性显著降低（$P<0.05$）。

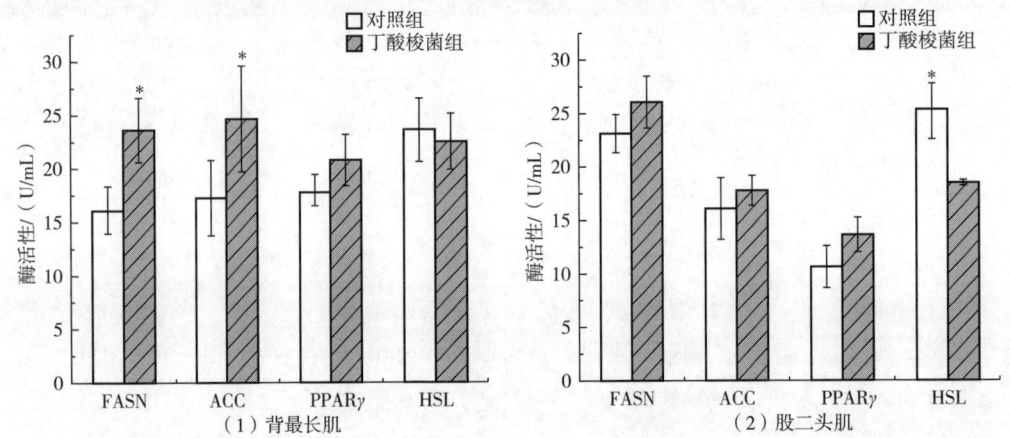

图 4-120 日粮添加丁酸梭菌对绵羊背最长肌和股二头肌中脂肪代谢相关酶活性的影响

[*表示差异显著（$P<0.05$）]

丁酸梭菌能显著提高绵羊背最长肌中 FASN 的活性。Duan 等（2019）在动物饲粮中补充丁酸梭菌，发现体内 FASN 酶活性显著上调，促进了长链脂肪酸的生物合成，这与本研究结果一致（Duan 等，2019）。添加丁酸梭菌的绵羊背最长肌的 ACC 活性显著升高，说明丁酸梭菌能增加绵羊背最长肌中脂肪酸的合成，可能会抑制脂肪酸的氧化进程。

本试验中，添加丁酸梭菌后肌肉中 PPARγ 的活性呈上升趋势，这说明丁酸梭菌的添加有利于绵羊肌肉内脂质的沉积。HSL 能够将甘油三酯进一步水解为单酰脂肪酸，在脂肪分解过程中发挥重要作用。Zhao 等（2018）在 42 日龄肉鸡中添加丁酸梭菌后发现，胸部肌肉中 HSL 活性显著降低，促进胸肌中脂肪的分解（Zhao 等，2018）。丁酸梭菌能降低绵羊股二头肌中 HSL 活性，说明丁酸梭菌降低了股二头肌中脂肪分解能力。

丁酸梭菌对绵羊背最长肌中 *AMPKα2*、*ACC* 和 *CPT1* mRNA 相对表达量的影响如图 4-121 所示。在背最长肌中，丁酸梭菌组绵羊背最长肌中 *ACC* mRNA 相对表达量显著高于对照组（$P<0.05$），*AMPKα2* 和 *CPT1* mRNA 相对表达量均显著低于对照组（$P<0.05$）。在股二头肌中，与对照组相比，丁酸梭菌组 *CPT1* mRNA 相对表达量显著降低（$P<0.05$），*ACC* 和 *AMPKα2* mRNA 相对表达量无显著性差异（$P>0.05$）。

图 4-122 为丁酸梭菌对绵羊背最长肌和股二头肌中 *SREBP-1c*、*FASN*、*SCD*、*HSL* 和 *LPL* mRNA 相对表达量的影响。在背最长肌中，丁酸梭菌组 *SREBP-1c* 和 *SCD* 的 mRNA 相对表达量显著高于对照组（$P<0.05$）。在股二头肌中，与对照组相比，丁酸梭菌组 *FASN* 和 *SCD* mRNA 相对表达量均显著增加（$P<0.05$），而 *HSL* mRNA 相对表达量显著降低（$P<0.05$）。

丁酸梭菌的添加促进了绵羊背最长肌中 *SREBP-1c* mRNA 的表达，提高了背最长肌和股二头肌中 *SCD* mRNA 相对表达量，并且背最长肌中油酸的相对含量更高，说明丁酸梭菌对绵羊肌肉中脂肪酸代谢的影响可能是通过影响 SREBP-1c-SCD 通路而实现的。*FASN* 基

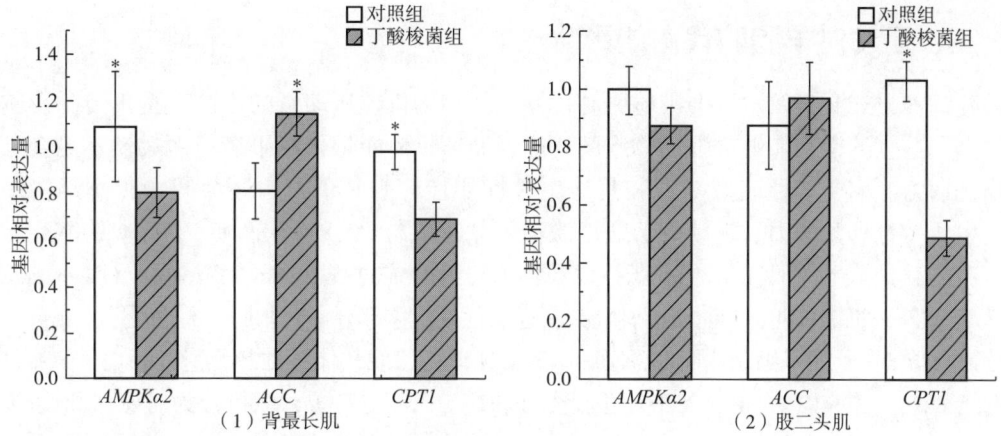

图 4-121　日粮添加丁酸梭菌对绵羊背最长肌和股二头肌中 $AMPK\alpha2$、
ACC 和 $CPT1$ mRNA 相对表达量的影响

[*表示差异显著（$P<0.05$）]

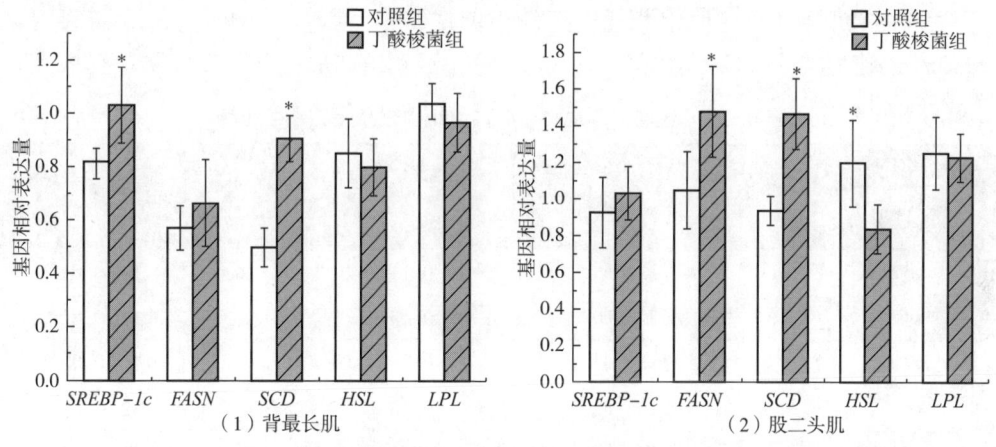

图 4-122　日粮添加丁酸梭菌对绵羊背最长肌和股二头肌中 $SREBP-1c$、
$FASN$、SCD、HSL 和 LPL mRNA 相对表达量的影响

[*表示差异显著（$P<0.05$）]

因不但可以促进体内脂肪积累，而且可以在其他酶及因素的协助下，协同作用于乙酰 CoA 等底物，从而提高棕榈酸的生物合成。

本试验中，添加丁酸梭菌后绵羊肌肉中 LPL mRNA 表达量呈现下降趋势，并与上文中多不饱和脂肪酸含量的变化趋势一致，说明丁酸梭菌组绵羊肌内脂肪的增加可能与 LPL 基因的抑制有关。HSL 在动物脂肪代谢中起着关键作用，它在生物体内可将甘油三酯水解为甘油和脂肪酸。本试验结果中，丁酸梭菌能降低肌肉组织中 HSL mRNA 相对表达量，且在股二头肌中呈显著下调（$P<0.05$）。

综上所述，丁酸梭菌的添加可能促进了肌内脂肪的合成代谢，抑制其分解代谢，因此使得肌肉中肌内脂肪含量增加。

三、运动对羊脂肪代谢的影响

除饲养方式和日粮水平会影响脂肪代谢外，动物机体运动量的多少也是重要的影响因素之一。适宜的运动能够增强动物脂肪代谢，调节机体能量代谢平衡；而运动不足会导致动物抗病力、耐受各种应激能力和其他生长性能指标水平下降，还会间接影响动物的活力、生长发育和繁殖力。运动能够通过激活能量感受器AMPK从而使PPARγ磷酸化，进一步激活其共表达受体PGC-1α调控线粒体的生物合成过程，释放大量能量（Jäger et al.，2007）。此外，机体长期运动时交感神经兴奋还会促使机体部分白色脂肪"棕色化"，"棕色化"的白色脂肪细胞代谢基因表达增加，脂肪因子分泌改变，线粒体活性和数量开始增加，维持机体的能量稳态（Vidal et al.，2020）。因此，选取12只苏尼特羊，随机分为对照组和运动组，每组6只，运动组每日早晚在18.5×10.5 m²的羊圈中进行驱赶运动各40min，使用环形弹性带计步器计步，以平均0.56 m/s的速度进行运动，探究运动对苏尼特羊脂肪代谢的影响。

（一）运动对羊脂肪酸组成的影响

1. 肌肉组织

由表4-52可知，与对照组相比，运动组苏尼特羊背最长肌中月桂酸含量显著增加（$P<0.05$），花生酸的含量显著降低（$P<0.05$）。运动组苏尼特羊股二头肌中癸酸和花生

表4-52 运动对苏尼特羊肌肉组织中饱和脂肪酸的影响

脂肪酸	部位	脂肪酸含量/%	
		对照组	运动组
癸酸	背最长肌	0.11±0.02^{Aa}	0.13±0.01^{Aa}
（$C_{10:0}$）	股二头肌	0.09±0.02^{Bb}	0.11±0.02^{Aa}
月桂酸	背最长肌	0.10±0.01^{Bb}	0.41±0.08^{Aa}
（$C_{12:0}$）	股二头肌	0.68±0.17^{Aa}	0.32±0.09^{Bb}
肉豆蔻酸	背最长肌	1.81±0.21^{Ba}	2.11±0.55^{Aa}
（$C_{14:0}$）	股二头肌	1.59±0.15^{Aa}	1.45±0.37^{Ba}
棕榈酸	背最长肌	23.06±0.91^{Ba}	23.49±0.97^{Aa}
（$C_{16:0}$）	股二头肌	21.58±0.84^{Aa}	21.86±0.83^{Aa}
硬脂酸	背最长肌	14.73±0.86^{Aa}	14.92±0.8^{Aa}
（$C_{18:0}$）	股二头肌	14.83±0.6^{Aa}	14.37±1.14^{Ba}
花生酸	背最长肌	0.32±0.13^{Ba}	0.14±0.04^{Bb}
（$C_{20:0}$）	股二头肌	0.21±0.02^{Ab}	0.29±0.15^{Aa}
饱和脂肪酸	背最长肌	40.19±0.94^{Ba}	40.92±1.98^{Aa}
（SFA）	股二头肌	38.76±0.7^{Aa}	38.69±0.48^{Ba}

注：同行不同小写字母肩注表示组别之间差异显著（$P<0.05$），同列不同大写字母肩注表示部位之间差异显著，字母相同表示差异不显著（$P>0.05$）。

酸的含量显著高于对照组（$P<0.05$），月桂酸含量显著低于对照组（$P<0.05$），其他饱和脂肪酸无显著差异（$P>0.05$）。与背最长肌相比，股二头肌中饱和脂肪酸含量较低，反刍动物摄入的不饱和脂肪酸在经过瘤胃时，在瘤胃微生物氢化作用下形成饱和脂肪酸最终沉积在肌肉中，因此相较单胃动物，反刍动物的饱和脂肪酸含量更高。

由表4-53可知，与对照组相比，运动组苏尼特羊背最长肌中豆蔻油酸、油酸含量显著降低（$P<0.05$），股二头肌中单不饱和脂肪酸总含量显著降低（$P<0.05$），其他单不饱和脂肪酸含量无显著性差异（$P>0.05$）。不同部位单不饱和脂肪酸含量存在差异，同一组内股二头肌中豆蔻油酸含量显著高于背最长肌（$P<0.05$），棕榈油酸、油酸含量显著低于背最长肌（$P<0.05$）。可能是运动减少了硬脂酰辅酶A去饱和酶的含量，使得亚油酸不能被催化生成油酸。

表4-53　运动对肌肉组织中单不饱和脂肪酸的影响

脂肪酸	部位	脂肪酸含量/%	
		对照组	运动组
豆蔻油酸（$C_{14:1}$）	背最长肌	0.50 ± 0.09^{Ba}	0.35 ± 0.06^{Bb}
	股二头肌	1.28 ± 0.16^{Aa}	1.35 ± 0.18^{Aa}
棕榈油酸（$C_{16:1}$）	背最长肌	2.37 ± 0.48^{Aa}	2.23 ± 0.37^{Aa}
	股二头肌	1.94 ± 0.30^{Aa}	2.11 ± 0.34^{Aa}
油酸（$C_{18:1顺-9}$）	背最长肌	45.75 ± 1.16^{Aa}	44.13 ± 1.26^{Ab}
	股二头肌	44.56 ± 0.94^{Ba}	42.45 ± 1.91^{Aa}
单不饱和脂肪酸（MUFA1）	背最长肌	48.23 ± 1.05^{Aa}	47.00 ± 1.46^{Aa}
	股二头肌	47.54 ± 1.01^{Aa}	45.59 ± 1.97^{Ab}

注：同行不同小写字母肩注表示组别之间差异显著（$P<0.05$），同列不同大写字母肩注表示部位之间差异显著，字母相同表示差异不显著（$P>0.05$）。

由表4-54可知，运动对苏尼特羊肌肉中多不饱和脂肪酸影响显著。对照组背最长肌中的反式亚油酸、花生三烯酸和花生四烯酸含量显著高于运动组（$P<0.05$），股二头肌中二十碳五烯酸含量显著低于运动组（$P<0.05$），运动对其他多不饱和脂肪酸含量无显著影响（$P>0.05$）。运动组背最长肌中多不饱和脂肪酸总含量显著低于对照组（$P<0.05$），股二头肌中n-3多不饱和脂肪酸含量显著高于对照组（$P<0.05$），且n-6/n-3比例显著低于对照组（$P<0.05$）。由于运动增加骨骼肌中脂肪酸代谢能力，经过一系列脂代谢酶和肾上腺素等细胞因子的调节，机体内甘油三酯被动员后参与β-氧化，释放能量为机体供能。但也可能由于运动消耗营养未能及时补充，减少了不饱和脂肪酸的沉积。

苏尼特羊不同肌肉部位的多不饱和脂肪酸含量存在差异，背最长肌内亚油酸、γ-亚麻酸、α-亚麻酸、花生三烯酸含量显著低于股二头肌（$P<0.05$）。股二头肌中二十碳四烯酸的含量极显著高于背最长肌（$P<0.01$）。

表 4-54　运动对肌肉组织中多不饱和脂肪酸的影响

脂肪酸	部位	脂肪酸含量/%	
		对照组	运动组
反式亚油酸 ($C_{18:2\text{反-}11\text{顺-}9}$)	背最长肌	0.33 ± 0.14^{Aa}	0.17 ± 0.09^{Ab}
	股二头肌	0.15 ± 0.01^{Ba}	0.16 ± 0.05^{Aa}
亚油酸 ($C_{18:2\text{顺-}9\text{反-}11}$)	背最长肌	10.20 ± 1.05^{Ba}	8.89 ± 1.62^{Ba}
	股二头肌	12.11 ± 1.42^{Aa}	11.61 ± 1.12^{Aa}
γ-亚麻酸 ($C_{18:3\,n-6}$)	背最长肌	0.35 ± 0.11^{Ba}	0.40 ± 0.07^{Ba}
	股二头肌	0.61 ± 0.05^{Aa}	0.62 ± 0.28^{Aa}
α-亚麻酸 ($C_{18:3\,n-3}$)	背最长肌	0.29 ± 0.08^{Ba}	0.38 ± 0.08^{Ba}
	股二头肌	0.51 ± 0.07^{Aa}	0.49 ± 0.09^{Aa}
花生三烯酸 ($C_{20:3\,n-6}$)	背最长肌	0.43 ± 0.09^{Aa}	0.17 ± 0.05^{Bb}
	股二头肌	0.46 ± 0.05^{Aa}	0.49 ± 0.07^{Aa}
花生四烯酸 ($C_{20:4\,n-6}$)	背最长肌	0.34 ± 0.08^{Aa}	0.17 ± 0.04^{Ab}
	股二头肌	0.12 ± 0.03^{Ba}	0.10 ± 0.03^{Ba}
二十碳五烯酸（EPA）	背最长肌	0.39 ± 0.12^{Aa}	0.31 ± 0.05^{Ba}
	股二头肌	0.45 ± 0.04^{Ab}	0.66 ± 0.12^{Aa}
二十四碳烯酸（ARA）	背最长肌	0.16 ± 0.03^{Aa}	0.19 ± 0.04^{Ba}
	股二头肌	0.19 ± 0.04^{Ab}	0.26 ± 0.08^{Aa}
多不饱和脂肪酸（PUFA）	背最长肌	11.68 ± 2.40^{Ba}	10.94 ± 2.15^{Ba}
	股二头肌	14.20 ± 1.65^{Aa}	14.25 ± 0.90^{Aa}
n-6 多不饱和脂肪酸	背最长肌	11.81 ± 1.58^{Aa}	8.82 ± 1.38^{Ba}
	股二头肌	12.74 ± 1.50^{Aa}	13.74 ± 1.67^{Aa}
n-3 多不饱和脂肪酸	背最长肌	0.96 ± 0.22^{Aa}	0.75 ± 0.16^{Ba}
	股二头肌	0.97 ± 0.09^{Ab}	1.32 ± 0.06^{Aa}
n-6/n-3	背最长肌	13.51 ± 1.90^{Aa}	11.61 ± 1.82^{Aa}
	股二头肌	12.88 ± 1.72^{Ba}	11.36 ± 1.31^{Aa}

注：同行不同小写字母肩注表示组别之间差异显著（$P<0.05$），同列不同大写字母肩注表示部位之间差异显著，字母相同表示差异不显著（$P>0.05$）。

2. 脂肪组织

由表 4-55 可知，与对照组相比，运动组尾部脂肪中饱和脂肪酸总含量显著增加（$P<0.05$），肉豆蔻酸、棕榈酸含量显著增加（$P<0.05$），其他饱和脂肪酸含量无显著性差异（$P>0.05$）。运动组苏尼特羊肾周脂肪中月桂酸、肉豆蔻酸、硬脂酸和花生酸的含量显著高于对照组（$P<0.05$），其他饱和脂肪酸含量无差异（$P>0.05$）。同一组内，不同脂肪部位饱和脂肪酸含量也存在差异，尾部脂肪中饱和脂肪酸含量极显著低于肾周脂肪（$P<0.01$）。运动后脂肪组织中饱和脂肪酸含量显著增加，可能是由于运动提高了机体能量代

谢水平,脂肪代谢水平增加。

表 4-55 运动对脂肪组织中饱和脂肪酸的影响

脂肪酸	部位	脂肪酸含量/%	
		对照组	运动组
癸酸	尾部脂肪	0.28 ± 0.16^{Aa}	0.31 ± 0.12^{Aa}
($C_{10:0}$)	皮下脂肪	0.24 ± 0.05^{Aa}	0.33 ± 0.20^{Aa}
月桂酸	尾部脂肪	0.19 ± 0.05^{Aa}	0.22 ± 0.04^{Aa}
($C_{12:0}$)	皮下脂肪	0.14 ± 0.02^{Ab}	0.21 ± 0.02^{Aa}
肉豆蔻酸	尾部脂肪	2.80 ± 0.23^{Ab}	3.94 ± 0.59^{Aa}
($C_{14:0}$)	皮下脂肪	2.98 ± 0.47^{Ab}	4.07 ± 0.42^{Aa}
棕榈酸	尾部脂肪	21.49 ± 1.63^{Ab}	23.85 ± 1.46^{Ba}
($C_{16:0}$)	皮下脂肪	23.86 ± 0.83^{Ab}	30.01 ± 3.09^{Aa}
硬脂酸	尾部脂肪	16.63 ± 1.55^{Ba}	16.07 ± 1.58^{Ba}
($C_{18:0}$)	皮下脂肪	26.93 ± 0.83^{Ab}	33.73 ± 2.27^{Aa}
花生酸	尾部脂肪	0.13 ± 0.04^{Aa}	0.14 ± 0.04^{Ba}
($C_{20:0}$)	皮下脂肪	0.08 ± 0.01^{Ab}	0.28 ± 0.03^{Aa}
饱和脂肪酸	尾部脂肪	41.33 ± 2.28^{Bb}	46.01 ± 6.24^{Ba}
(SFA)	皮下脂肪	52.68 ± 0.99^{Ab}	69.44 ± 3.18^{Aa}

注:同行不同小写字母肩注表示组别之间差异显著($P<0.05$),同列不同大写字母肩注表示部位之间差异显著,字母相同表示差异不显著($P>0.05$)。

运动对苏尼特羊脂肪部位单不饱和脂肪酸的含量的影响如表 4-56 所示,运动组苏尼特羊尾部脂肪中豆蔻油酸含量显著高于对照组($P<0.05$),单不饱和脂肪酸总量显著低于对照组($P<0.05$)。运动组苏尼特羊肾周脂肪中豆蔻油酸、棕榈油酸含量显著增加($P<0.05$),油酸含量极显著降低($P<0.01$)。

表 4-56 运动对脂肪部位中单不饱和脂肪酸的影响

脂肪酸	部位	脂肪酸含量/%	
		对照组	运动组
豆蔻油酸	尾部脂肪	0.88 ± 0.11^{Ab}	1.09 ± 0.18^{Aa}
($C_{14:1}$)	皮下脂肪	0.65 ± 0.08^{Bb}	0.84 ± 0.08^{Ba}
棕榈油酸	尾部脂肪	3.34 ± 0.42^{Aa}	3.46 ± 0.38^{Aa}
($C_{16:1}$)	皮下脂肪	2.45 ± 0.35^{Ab}	3.49 ± 0.27^{Aa}
油酸	尾部脂肪	49.69 ± 2.21^{Aa}	48.70 ± 1.41^{Aa}
($C_{18:1顺-9}$)	皮下脂肪	40.00 ± 1.83^{Ba}	21.27 ± 3.75^{Bb}
单不饱和脂肪酸	尾部脂肪	54.00 ± 2.10^{Aa}	49.69 ± 6.37^{Ab}
(MUFA)	皮下脂肪	42.99 ± 2.26^{Ba}	24.66 ± 4.02^{Bb}

注:同行不同小写字母肩注表示组别之间差异显著($P<0.05$),同列不同大写字母肩注表示部位之间差异显著,字母相同表示差异不显著($P>0.05$)。

运动对苏尼特羊脂肪部位多不饱和脂肪酸的含量的影响如表 4-57 所示,对照组苏尼特羊尾部脂肪中 n-3 多不饱和脂肪酸含量显著低于运动组($P<0.05$),运动组皮下脂肪中 γ-亚麻酸、含量显著高于对照组($P<0.05$),亚油酸、花生四烯酸、二十碳五烯酸和二十四碳烯酸含量显著低于对照组($P<0.05$),其他多不饱和脂肪酸含量无显著性差异($P>0.05$)。运动降低了多不饱和脂肪酸含量,原因可能是多不饱和脂肪酸含有多个不饱和键(3~6 个双键),因此能量代谢增加时在血液及组织中易被人体细胞正常新陈代谢产生的自由基或活性氧所氧化。

表 4-57 运动对脂肪组织中多不饱和脂肪酸的影响

脂肪酸	部位	脂肪酸含量/%	
		对照组	运动组
反式亚油酸 ($C_{18:2\text{ 反-11 顺-9}}$)	尾部脂肪	2.87±0.29^{Ba}	2.57±0.41^{Ba}
	皮下脂肪	3.40±0.41^{Aa}	3.78±0.53^{Aa}
亚油酸 ($C_{18:2\text{ 顺-9 反-11}}$)	尾部脂肪	0.19±0.05^{Aa}	0.16±0.03^{Aa}
	皮下脂肪	0.17±0.04^{Aa}	0.08±0.03^{Bb}
γ-亚麻酸 ($C_{18:3\ n-6}$)	尾部脂肪	0.31±0.03^{Aa}	0.33±0.04^{Aa}
	皮下脂肪	0.18±0.04^{Bb}	0.37±0.04^{Aa}
α-亚麻酸 ($C_{18:3\ n-3}$)	尾部脂肪	0.89±0.16^{Aa}	1.02±0.22^{Aa}
	皮下脂肪	0.61±0.13^{Ba}	0.75±0.17^{Ba}
花生三烯酸 ($C_{20:3\ n-6}$)	尾部脂肪	0.05±0.03^{Ba}	0.06±0.03^{Aa}
	皮下脂肪	0.1±0.06^{Aa}	0.07±0.01^{Aa}
花生四烯酸 ($C_{20:4\ n-6}$)	尾部脂肪	0.27±0.12^{Ba}	0.15±0.04^{Aa}
	皮下脂肪	0.49±0.21^{Aa}	0.14±0.03^{Ab}
二十碳五烯酸 (EPA)	尾部脂肪	0.04±0.01^{Aa}	0.05±0.02^{Aa}
	皮下脂肪	0.06±0.03^{Aa}	0.02±0.01^{Bb}
二十四碳烯酸 (ARA)	尾部脂肪	0.07±0.02^{Aa}	0.05±0.02^{Ab}
	皮下脂肪	0.09±0.02^{Aa}	0.04±0.01^{Ab}
多不饱和脂肪酸 (PUFA1)	尾部脂肪	4.72±0.57^{Aa}	4.62±1.00^{Ba}
	皮下脂肪	5.12±0.37^{Ba}	5.53±1.00^{Aa}
n-6 多不饱和脂肪酸	尾部脂肪	3.70±0.44^{Aa}	3.56±0.75^{Ba}
	皮下脂肪	4.55±0.57^{Ba}	4.79±0.75^{Aa}
n-3 多不饱和脂肪酸	尾部脂肪	0.93±0.16^{Ab}	1.49±0.22^{Aa}
	皮下脂肪	0.65±0.10^{Aa}	0.65±0.15^{Ba}
n-6/n-3	尾部脂肪	4.19±0.62^{Ba}	3.12±0.42^{Ba}
	皮下脂肪	6.78±1.53^{Aa}	6.94±1.82^{Aa}

注:同行不同小写字母肩注表示组别之间差异显著($P<0.05$),同列不同大写字母肩注表示部位之间差异显著,字母相同表示差异不显著($P>0.05$)。

（二）运动对羊脂肪代谢相关酶含量和基因表达的影响

1. 运动对羊脂肪代谢相关酶含量的影响

运动对苏尼特羊脂肪代谢酶含量的影响如图 4-123 所示，与对照组相比，运动组背最长肌中 HSL 和 FASN 含量极显著增加（$P<0.01$），股二头肌中三种酶含量都有所增加，但无显著性差异（$P>0.05$）。有研究表明小鼠骨骼肌脂肪甘油三酯脂肪酶（adipose triglyceride lipase，ATGL）的过量表达会导致肌内脂肪储备下降，下调 ATGL 表达会引起肌内脂肪储备增加的作用。因此，运动组苏尼特羊肌内脂肪减少原因是运动增加了 ATGL 含量。运动组尾部脂肪的 ATGL、FASN 含量显著高于对照组（$P<0.05$），肾周脂肪中三种酶含量均极显著高于对照组（$P<0.01$）。运动的时长和强度均会影响动物的脂肪代谢，Watt 等（2008）发现耐力运动训练能使 *ATGL* mRNA 相对表达量明显升高，同时 HSL 含量和活性增加，从而能增加机体脂质代谢的速率，提高脂肪供能在运动过程中的比例。

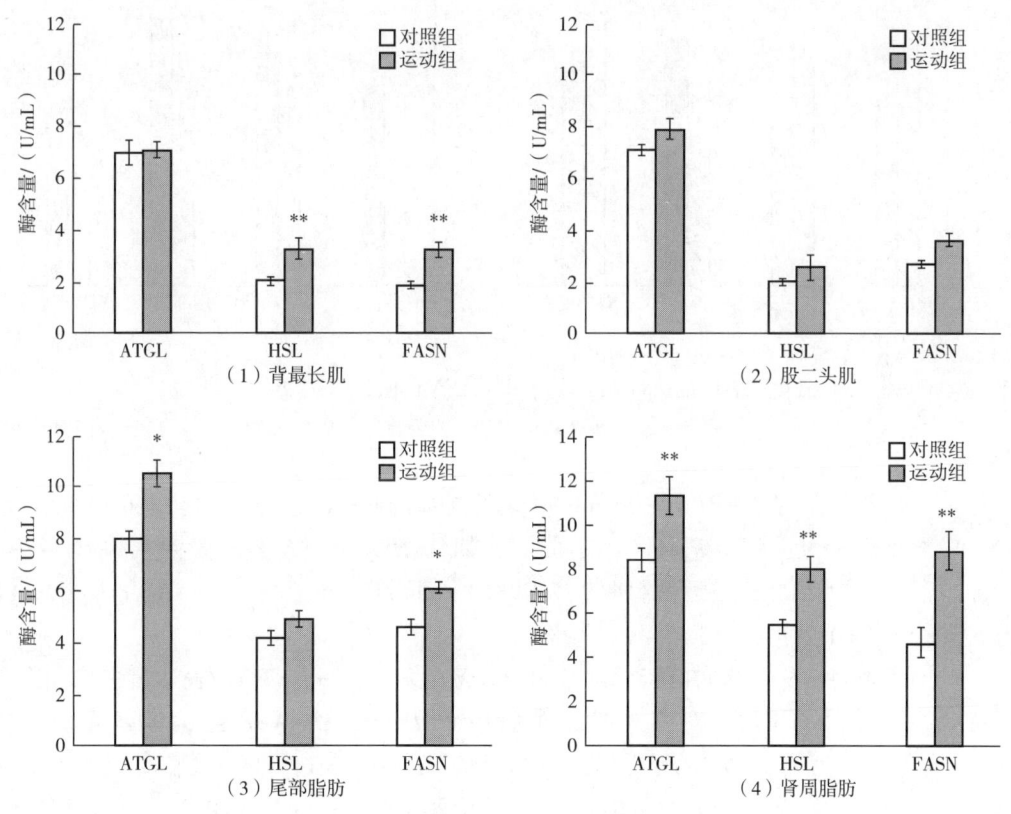

图 4-123　运动对 ATGL、HSL 和 FASN 酶含量的影响

[* 表示差异显著（$P<0.05$），** 表示差异显著（$P<0.01$）]

2. 运动对羊脂肪代谢相关基因表达的影响

畜禽体内脂肪代谢是一个复杂且精密的调控网络，多种基因和酶参与、调控整个代谢过程从而维持机体代谢的稳态，如 *PPARγ*、*PGC-1α*、*FASN* 和 *HSL*；当运动后交感神经兴

奋时，棕色脂肪的分化及标志基因 PRDM16 和 UCP-1 也会参与到这个代谢过程中。因此，为探究运动对苏尼特羊脂肪代谢基因的影响，对上述基因的表达量进行测定分析。

运动对苏尼特羊脂肪代谢基因表达的影响如图4-124所示。运动组肌肉组织（背最长肌、股二头肌）和肾周脂肪部位中 PPARγ mRNA 表达量显著降低（$P<0.05$），尾部脂肪中 PPARγ mRNA 表达量显著增加（$P<0.05$）。运动组 FASN mRNA 表达量在肾周脂肪中显著增加（$P<0.05$），在其他三个部位中均极显著增加（$P<0.01$）。研究结果表明运动组背膘厚、肌内脂肪含量均降低，且 PPARγ mRNA 表达量也显著降低，表明运动降低脂肪沉积的调控基因表达，减少了脂肪的沉积。本研究中 FASN mRNA 表达量升高，然而肌内脂肪含量却降低，原因可能是运动增加了机体脂肪代谢，能量需求增加，然而在运动过程中未能及时补充能量，因此造成脂肪沉积的减少。

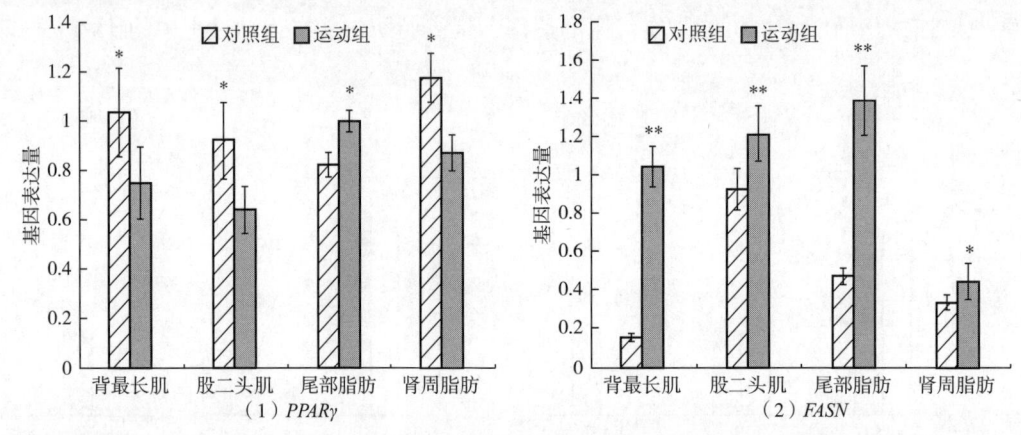

图4-124 运动对 PPAR γ 和 FASN mRNA 表达量的影响

[*表示差异显著（$P<0.05$），**表示差异显著（$P<0.01$）]

运动对苏尼特羊 HSL 和 PGC-1α mRNA 表达量如图4-125所示，运动组背最长肌 HSL mRNA 极显著高于对照组（$P<0.01$），股二头肌中 HSL mRNA 表达量显著高于对照组（$P<0.05$）。与对照组相比，运动组股二头肌和尾部脂肪中 PGC-1α mRNA 表达量极显著高于对照组（$P<0.01$）。

运动对苏尼特羊棕色脂肪的特异性基因 PRDM16 和 UCP-1 mRNA 表达量影响如图4-126所示。与运动组相比，对照组股二头肌中 PRDM16 mRNA 表达量显著降低（$P<0.05$），背最长肌、尾部脂肪和肾周脂肪中 PRDM16 mRNA 表达量极显著降低（$P<0.01$）。两组苏尼特羊背最长肌中 UCP-1 mRNA 表达量无显著性差异（$P>0.05$），运动组肾周脂肪中 UCP-1 mRNA 表达量显著高于对照组（$P<0.05$），股二头肌和尾部脂肪中 UCP-1 mRNA 表达量极显著高于对照组（$P<0.01$）。PRDM16 是棕色脂肪组织的分化开关，有研究表明当机体在受到寒冷刺激或者运动时，会刺激交感神经系统，激活负责棕色和米色脂肪分化的分子通路，包括棕色脂肪激活标记物（UCP1，PGC-1α）的上调和内分泌激活物，参与机体脂肪代谢，增加机体内的能量代谢（李娅斐等，2019）。本研究中运动组 PRDM16 和 UCP-1 mRNA 表达量增加，表明运动促进了棕色脂肪的表达和部分白色脂肪

的"棕色化"。

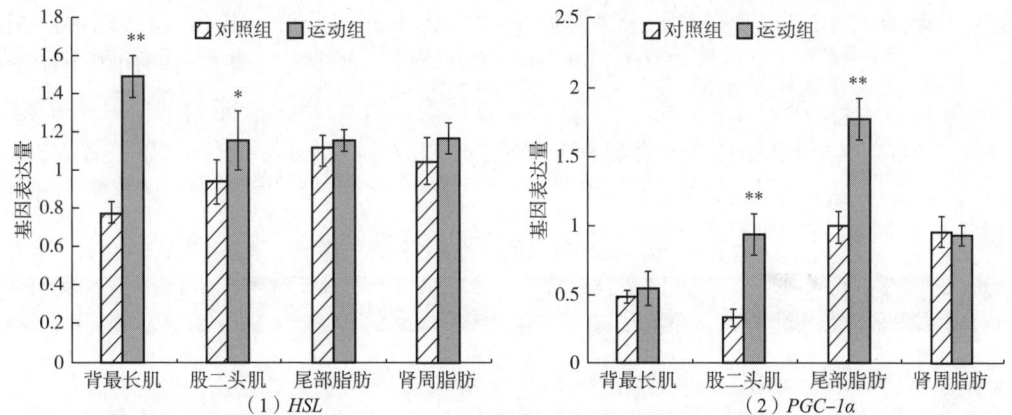

图 4-125　运动对 *HSL* 和 *PGC-1α* 基因表达量的影响
[*表示差异显著（$P<0.05$），**表示差异显著（$P<0.01$）]

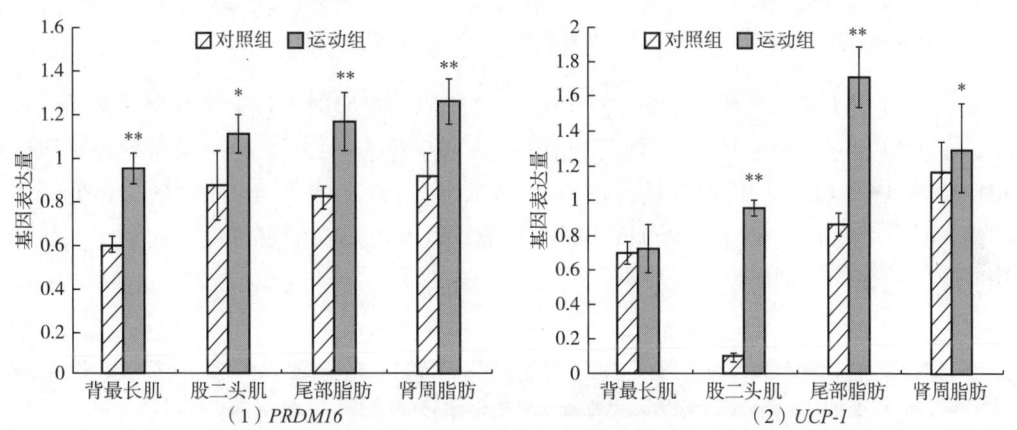

图 4-126　运动对 *PRDM16* 和 *UCP-1* 基因表达量的影响
[*表示差异显著（$P<0.05$），**表示差异显著（$P<0.01$）]

因此，运动组苏尼特羊的脂肪代谢相关调控基因表达量都有所升高，表明运动提高了机体整体的脂肪代谢水平。动物体重降低，肌内脂肪沉积减少，一方面可能是由于运动增加了机体能量消耗未能及时补充，另一方面可能是运动促进白色脂肪棕色化，增加了线粒体生物发生，脂肪酸 β-氧化增加使得脂肪含量降低。

3. 运动对白色脂肪棕色化影响的机制研究

为了更进一步的探究运动对白色脂肪棕色化的影响机制研究，通过大鼠特殊运动方式模拟内蒙古自治区限牧政策下肉羊饲养模式，研究运动对动物白色脂肪棕色化的影响。

(1) 运动对大鼠基础生理指标的影响　选取运动四周、对照四周、运动八周、对照八周各组 Wistar 大鼠，分别测定其体重、体长、肝质量和日摄食量，结果见表 4-58。运动四周组体重和肝质量均显著低于对照四周组（$P<0.05$），体长和日摄食量间差异不显著（$P>0.05$）。运动八周组和对照八周组相比体重、体长、肝质量方面均没有显著变化（$P>0.05$），运动八周组日摄食量显著大于对照组（$P<0.05$）。运动八周组和运动四周组相比体重、体长、肝质量和日摄食量均显著增加（$P<0.05$），对照八周组和对照四周组相比变化同运动组（$P<0.05$）。体重主要是由运动消耗能量和食物摄取能量的平衡来决定的（Lazar，2008）。结果显示运动能够促进大鼠能量的摄入，这与以往研究结果一致（Sasaki et al.，1998；Sramkova et al.，2007）。

表4-58 运动对大鼠基础生理指标的影响

组别	体重/g	体长/cm	肝质量/g	日摄食量/g
运动四周	111.33±7.63^{bB}	14.16±0.85^{bA}	3.64±0.19^{bB}	17.80±0.16^{bA}
对照四周	130.33±3.78^{bA}	15.61±0.85^{bA}	4.36±0.36^{bA}	16.03±0.37^{bA}
运动八周	224.67±3.05^{aA}	19.60±1.21^{aA}	7.04±0.32^{aA}	26.31±1.12^{aA}
对照八周	211.33±10.69^{aA}	19.00±1.01^{aA}	6.12±1.54^{aA}	22.54±0.17^{aB}

注：运动四周和对照四周及运动八周和对照八周间差异显著用不同大写字母肩注表示（$P<0.05$），运动四周和运动八周及对照四周和对照八周间差异显著用不同小写字母肩注表示（$P<0.05$）。

（2）运动对大鼠血液指标的影响 选取运动四周、对照四周、运动八周、对照八周各组Wistar大鼠，分别测定其TC、TG和LDL-C，结果见表4-59。运动四周组和对照四周组相比TC、TG、LDL-C均没有显著差异（$P>0.05$）。运动八周组TC含量明显低于对照八周组，具有显著性差异（$P<0.05$）。因此，适宜运动可以在一定程度上起到降低血脂的作用。

表4-59 运动对大鼠血液指标的影响 单位：mmol/L

组别	TC	TG	LDL-C
运动四周	1.57±0.32^{bA}	2.16±0.13^{aA}	0.42±0.13^{aA}
对照四周	1.42±0.11^{bA}	2.22±1.07^{aA}	0.39±0.12^{bA}
运动八周	1.77±0.29^{aB}	2.24±0.31^{aA}	0.59±0.13^{aA}
对照八周	2.29±0.45^{aA}	2.11±0.29^{aA}	0.54±0.06^{aA}

注：运动四周和对照四周及运动八周和对照八周间差异显著用不同大写字母肩注表示（$P<0.05$），运动四周和运动八周及对照四周和对照八周间差异显著用不同小写字母肩注表示（$P<0.05$）。

（3）运动对大鼠白色脂肪棕色化的影响 选取运动四周、对照四周、运动八周、对照八周各组Wistar大鼠，分别测定其棕色脂肪垫、肾周脂肪垫和腹后壁脂肪垫质量，结果见表4-60。其中白色脂肪为肾周脂肪垫和腹后壁脂肪垫质量的总和。四周运动组和对照组相比肾周脂肪质量、腹后壁脂肪质量、白色脂肪和棕色脂肪质量均有显著差异，四周运动组均显著低于对照四周组对应指标（$P<0.05$）。八周运动组肾周脂肪和腹后壁脂肪质量显

著低于八周对照组（$P<0.05$）。根据白色脂肪组织在体内分布的位置不同分为皮下脂肪（腹后壁脂肪）和内脏脂肪，内脏脂肪堆积对健康的危害很大（Slocum et al., 2013）。通过分析可知，运动是能够减少大鼠内脏白色脂肪组织量积累的，这与大部分研究结果是一致的（Xu et al., 2011; Ardévol et al., 1996）。

表4-60 运动对大鼠脂肪分布的影响 单位：g

组别	肾周脂肪质量	腹壁脂肪质量	白色脂肪	棕色脂肪
运动四周	0.06 ± 0.01^{bB}	0.30 ± 0.01^{bB}	0.37 ± 0.01^{bB}	0.15 ± 0.01^{bB}
对照四周	0.13 ± 0.01^{bA}	0.61 ± 0.01^{bA}	0.74 ± 0.03^{bA}	0.24 ± 0.02^{bA}
运动八周	0.22 ± 0.01^{aB}	1.87 ± 0.01^{aB}	2.16 ± 0.16^{aA}	0.43 ± 0.03^{aA}
对照八周	0.31 ± 0.01^{aA}	2.33 ± 0.03^{aA}	2.68 ± 0.03^{aA}	0.31 ± 0.01^{aA}

注：运动四周和对照四周及运动八周和对照八周间差异显著用不同大写字母肩注表示（$P<0.05$），运动四周和运动八周及对照四周和对照八周间差异显著用不同小写字母肩注表示（$P<0.05$）。

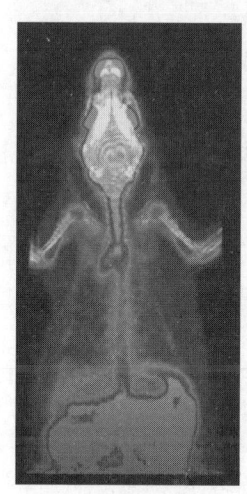 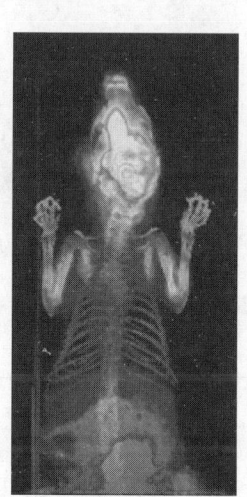 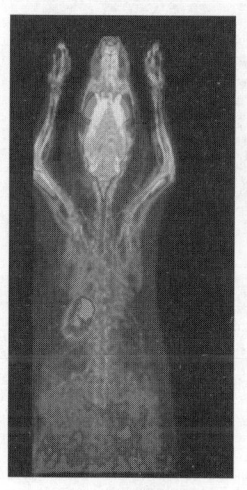 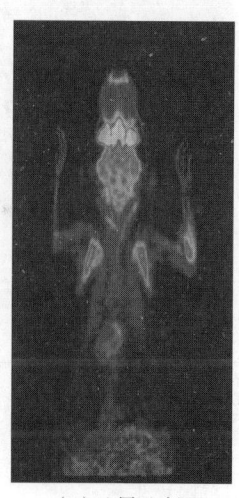

（1）四周对照组　　（2）四周运动组　　（3）八周对照组　　（4）八周运动组

图4-127 运动对棕色脂肪含量的影响
（肩胛处方框中红色代表对18-FDG放射性物质吸收较多，即棕色脂肪含量较高）

随着PET-CT的出现，分子影像在检测活体内组织器官代谢情况拓宽了新思路。18F-FDG是一种葡萄糖类似物，在肿瘤、心脏、脑组织、棕色脂肪等代谢旺盛的组织器官摄取高。小动物PET-CT能够检测18F-FDG或其他正电子药物在小动物活体内的分布情况以及随时间的变化情况，与传统实验方法相比具有更高的灵敏度，还可以节约实验成本和缩短实验时间。PET-CT广泛应用于活体棕色脂肪分布与变化的探查（Nozu et al., 1992）。PET-CT扫描检测棕色脂肪含量，结果见图4-127。由方框中肩胛处标示得知，四周运动组棕色脂肪较四周对照组有增加，但是没有八周运动组和八周对照组相比差异显著。八周运动组和四周运动组相比，棕色脂肪相对含量显著增加，说明运动可以增加大鼠肩胛处棕色脂肪相对含量。

进一步选取运动八周组和对照八周组 Wistar 大鼠皮下脂肪白色脂肪和棕色脂肪，分别通过石蜡切片 HE 染色测定皮下白色脂肪和棕色脂肪细胞形态、大小和数目，结果见图 4-128。可看出棕色脂肪富含毛细血管，且为细小密集的多泡组织，在组织形态学上和白色脂肪有很大区别。运动组和对照组白色脂肪和棕色脂肪的细胞体积和数目均有差异，截面棕色细胞数运动组显著高于对照组（$P<0.05$）。

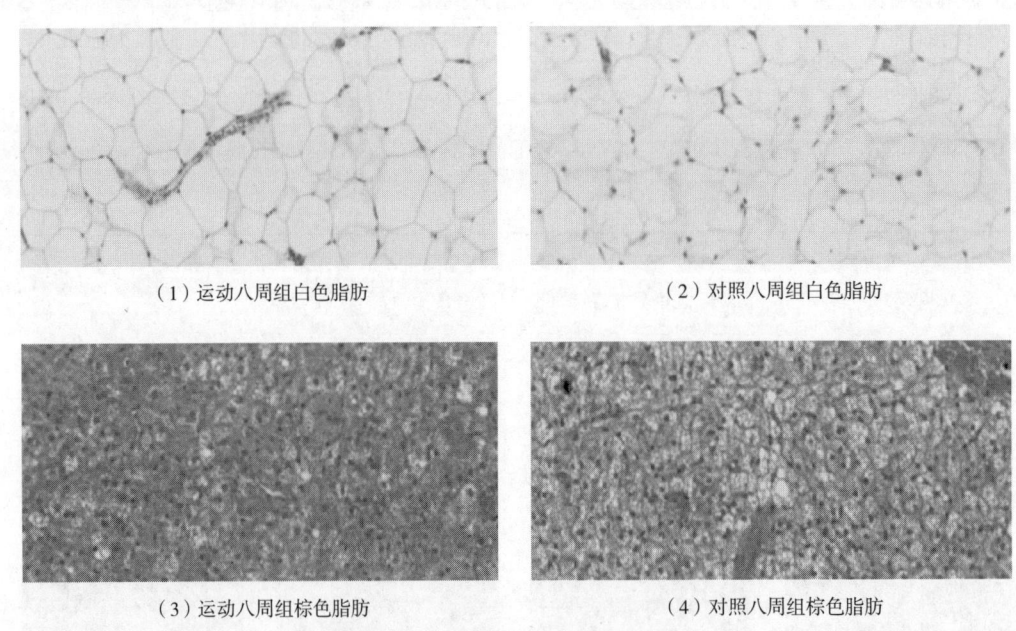

图 4-128　组织形态学染色结果

如图 4-128 的 HE 染色图片所示，在皮下白色脂肪组织中，运动组大鼠皮下白色脂肪组织中脂肪细胞数量多，体积大，大小均匀。对照组大鼠皮下白色脂肪组织呈现出正常形态，脂肪细胞体积较小，大小不均匀，细胞内脂滴增大，细胞壁不完全清楚，细胞相交处发生融合现象，有合并成大细胞的趋势。在运动组大鼠的皮下白色脂肪组织中，除可见与对照组相似的正常形态白色脂肪细胞，还可见少量类似棕色脂肪的细胞。如图 4-128（1）所示，在白色脂肪细胞间看到的一部分细胞体积较小，细胞核位于中央，细胞周围有许多小脂滴的细胞，即为米色脂肪细胞，表明在有氧运动的干预条件下白色脂肪有向棕色脂肪转化的趋势。运动组棕色脂肪组织的血管丰富，细胞形态较小，细胞数目增多，表明有氧运动可以促进棕色脂肪细胞的分化，如 4-128（3）图所示。形态结构是生理功能的基础，功能的实现需要相应的结构做保障，因此功能的变化往往体现在形态的改变，所以研究组织的形态结构是非常必要的，能够为进一步研究其功能打下基础。对大鼠脂肪组织切片进行显微观察发现棕色脂肪组织与白色脂肪组织在形态结构上存在很大的差异。结果表明，运动能够诱导大鼠肩胛棕色脂肪细胞体积朝着更小的方向发展，这与 Matteis 等（2013）的研究结果一致。曹翠玲（2016）的研究结果表明有氧运动可以改变皮下和肾周白色脂肪的细胞形态，使其往米色脂肪细胞形态转变。

为更深入地探究运动对白色脂肪棕色化的影响机制，选取运动四周、对照四周、运动八周、对照八周各组 Wistar 大鼠肌内脂肪、皮下脂肪和棕色脂肪，分别测定其 $AMPK\alpha1$、$AMPK\alpha2$、$UCP-1$、$CPT1\beta$、$PGC1-\alpha$ 基因表达量，结果见表 4-61。

表 4-61 运动对大鼠白色脂肪棕色化标志基因 mRNA 表达量的影响

基因	组别	mRNA 表达量		
		肌内脂肪	皮下脂肪	棕色脂肪
$AMPK\alpha1$	运动四周	0.69 ± 0.13^{aB}	0.72 ± 0.12^{aB}	0.77 ± 0.13^{aB}
	对照四周	1.45 ± 0.09^{aA}	1.38 ± 0.40^{aA}	1.24 ± 0.53^{aA}
	运动八周	1.43 ± 0.14^{aA}	1.24 ± 0.03^{aA}	1.46 ± 0.07^{aA}
	对照八周	1.29 ± 0.06^{aA}	1.11 ± 0.13^{aA}	1.23 ± 0.02^{aA}
$AMPK\alpha2$	运动四周	0.77 ± 0.17^{aA}	0.82 ± 0.14^{aA}	0.84 ± 0.03^{aA}
	对照四周	0.75 ± 0.12^{aA}	0.77 ± 0.18^{aA}	0.64 ± 0.02^{aA}
	运动八周	1.52 ± 0.15^{aA}	1.92 ± 0.23^{aA}	1.83 ± 0.09^{aA}
	对照八周	0.59 ± 0.17^{bB}	1.77 ± 0.27^{aA}	0.77 ± 0.16^{bB}
$UCP-1$	运动四周	3.52 ± 0.17^{aA}	3.88 ± 0.13^{aA}	3.99 ± 0.27^{aA}
	对照四周	3.47 ± 0.13^{aA}	3.67 ± 0.16^{aA}	3.70 ± 0.21^{aA}
	运动八周	2.24 ± 0.12^{bA}	3.53 ± 0.13^{aA}	3.52 ± 0.47^{aA}
	对照八周	1.01 ± 0.07^{aB}	1.05 ± 0.07^{aB}	0.99 ± 0.13^{aB}
$CPT1\beta$	运动四周	1.43 ± 0.06^{aA}	0.87 ± 0.06^{bB}	1.24 ± 0.15^{aA}
	对照四周	1.42 ± 0.09^{aA}	1.96 ± 0.08^{aA}	1.58 ± 0.05^{aA}
	运动八周	3.12 ± 0.02^{aA}	2.84 ± 0.15^{aA}	2.77 ± 0.13^{aA}
	对照八周	2.37 ± 0.09^{aB}	2.77 ± 0.23^{aA}	2.54 ± 0.07^{aA}
$PGC1-\alpha$	运动四周	1.38 ± 0.19^{aA}	1.28 ± 0.13^{aA}	1.65 ± 0.39^{aA}
	对照四周	1.69 ± 0.26^{aA}	1.20 ± 0.18^{aA}	1.76 ± 0.19^{aA}
	运动八周	2.48 ± 0.13^{aA}	2.77 ± 0.24^{aA}	2.78 ± 0.09^{aA}
	对照八周	1.02 ± 0.17^{aB}	1.08 ± 0.19^{aB}	1.02 ± 0.03^{aB}

注：部位间差异显著用不同小写字母肩注表示（$P<0.05$），运动四周组和对照四周组及运动八周组和对照八周组间差异显著用不同大写字母肩注表示（$P<0.05$）。

由表 4-61 可见，运动八周组皮下白色脂肪和棕色脂肪 $UCP-1$ 的 mRNA 表达量显著高于肌内脂肪（$P<0.05$）。对照四周组三个部位 $AMPK\alpha1$ 基因表达量显著大于运动四周组

（$P<0.05$）。运动八周组与对照八周组比较，运动组肌内脂肪和棕色脂肪 $AMPK\alpha2$ mRNA 的表达均明显高于对照组，且有显著性差异（$P<0.05$），对照八周皮下脂肪中 $AMPK\alpha2$ 表达量显著大于肌内脂肪和棕色脂肪（$P<0.05$）。运动八周组三个部位脂肪 $UCP-1$、$PGC-1\alpha$ 均表现为显著大于对照八周组（$P<0.05$），运动八周组皮下脂肪和棕色脂肪 $UCP-1$ 表达量显著大于肌内脂肪（$P<0.05$）。对照四周组皮下脂肪 $CPT1\beta$ 表达量显著高于运动四周组（$P<0.05$），运动四周组皮下脂肪 $CPT1\beta$ 含量显著低于肌内脂肪和棕色脂肪（$P<0.05$），运动八周组肌内脂肪 $CPT1\beta$ 表达量显著高于对照八周组（$P<0.05$）。

综上所述，八周训练期后，肾周脂肪和腹后壁脂肪质量显著低于对照组（$P<0.05$）。运动八周组与对照八周组和运动四周组相比棕色脂肪含量显著增加（$P<0.05$），说明运动可以增加大鼠肩胛处棕色脂肪含量。运动八周组三个部位 AMPK 活性均大于对照八周组（$P<0.05$）。运动八周组三个部位 UCP-1 蛋白表达量差异显著，表现为棕色脂肪>皮下脂肪>肌内脂肪（$P<0.05$）。运动八周组棕色脂肪和肌内脂肪中 UCP-1 蛋白表达量显著高于对照八周组（$P<0.05$）。运动八周组肌内脂肪 $UCP-1$、$PGC-1\alpha$、$CPT1\beta$ 表达量均显著大于对照八周组（$P<0.05$），运动八周组皮下脂肪和棕色脂肪 $UCP-1$ 表达量显著大于肌内脂肪（$P<0.05$）。除此之外，可以看出皮下脂肪与肌内脂肪相比更易出现白色脂肪棕色化。有文献表明运动可以使骨骼肌细胞向棕色脂肪细胞转化（Blondin et al.，2017），这可以成为通过改变肌内脂肪中棕色脂肪比例改善肉品质的可靠途径。本研究表明运动可以通过促进 AMPK 的表达，进而增加 $CPT1\beta$、$PGC1-\alpha$ 表达，同时增加下游靶基因、提高转录活性。运动能够诱导基因转录和使蛋白表达水平显著增高，运动后基因转录和蛋白表达均显著增高（Pilegaard et al.，2003）。而运动八周组 $CPT1\beta$、$PGC-1\alpha$ 及 $UCP-1$ 基因表达量显著高于对照组（$P<0.05$），表明 AMPK-$CPT1\beta$-$PGC-1\alpha$-$UCP-1$-白色脂肪棕色化这个机制可能是成立的。

第四节　蛋白质代谢

近年来，由于草原生态系统不断退化，国家陆续推行草原生态保护、封山育林及禁牧等多项政策，使得肉羊的饲养方式逐渐由传统放牧转变为舍饲或半舍饲。舍饲可能会导致畜禽营养不平衡，作为机体发育营养物质的糖、脂肪、蛋白质影响着动物的生长发育，这三类物质能够相互转化（图 4-129），而动物的骨骼肌发育和蛋白质积累会直接影响其胴体性状及产肉量，从而影响畜牧养殖业的生产效率和经济效益。骨骼肌对饲粮能量和蛋白质摄入水平、氨基酸种类及水平、维生素等营养因素反应灵敏，这些因素能够刺激骨骼肌生长发育过程中的蛋白质合成，对动物体蛋白质代谢影响显著，因此探究日粮对反刍动物蛋白代谢的影响变得尤为重要。此外，研究发现益生菌既影响畜类的肠道微生物种类及水平，也可参与调节机体蛋白质代谢，故作者团队从日粮添加益生菌对蒙古羊蛋白质代谢进行了多角度研究，从表观（血液、肌肉）中蛋白质相关指标入手，对影响肌肉蛋白发育的基因和蛋白质表达进行测定（蛋白质合成相关基因见图 4-130），并采用蛋白组学技术探究日粮添加益生菌对羊蛋白质代谢的影响机制。

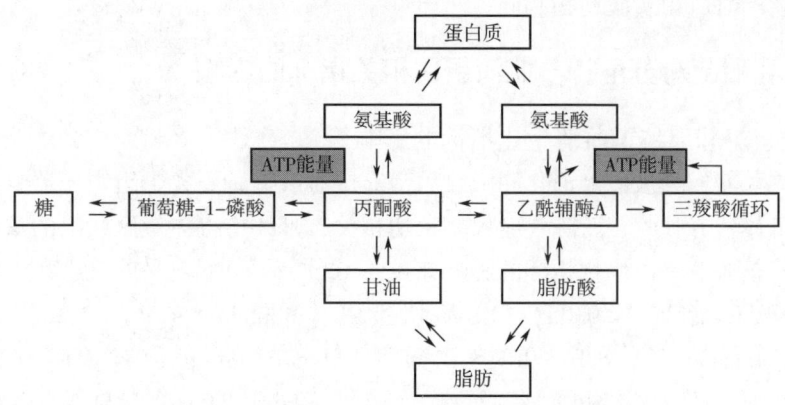

图 4-129 糖、蛋白质和脂肪代谢转化图

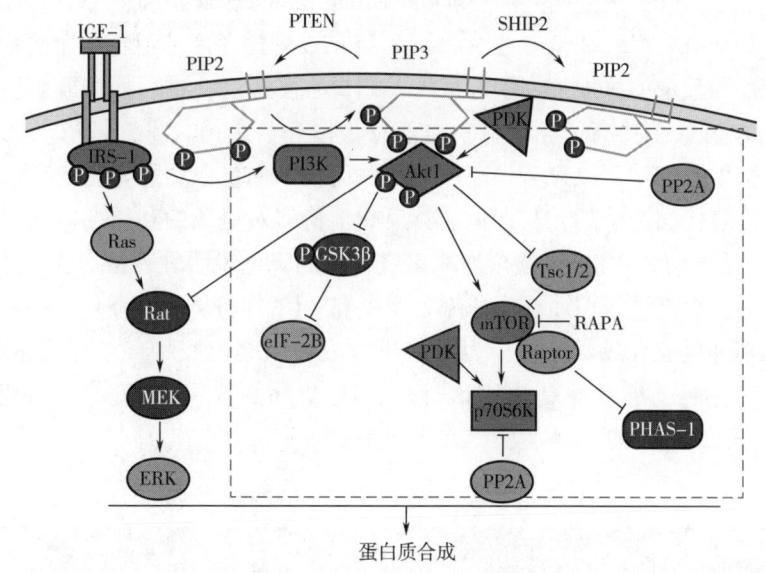

图 4-130 肌肉蛋白发育信号通路（Glass，2003）
（框中为 PI3K-Akt 通路。Akt1 的活性可以通过控制其磷酸化状态或改变其在细胞膜上结合的 PIP3 的水平来调节。红色为对肌肉蛋白发育有负面影响的信号分子，绿色为激活诱导发育的蛋白，蓝色为尚未明确对肌肉发育的蛋白）

一、日粮添加乳酸菌对苏尼特羊蛋白质代谢的影响

乳酸菌是益生菌的一个重要菌属，具有调节、保持胃肠道菌群微生态平衡、促进养分吸收等生理作用，近几年在食品、饲料、制药等领域得到了广泛的应用。研究表明其不仅可以避免动物产生抗药性的潜在风险以及动物产品（如肉、蛋和奶）中的抗生素残留，还能通过限制病原体的侵入来增强胃肠道健康，能产生确切健康功效（Cangiano et al.，2020）。

本小节实验动物与第三章第四节中研究复合菌株（植物乳植杆菌+副干酪乳杆菌）对

羊肉品质的影响时所用实验动物相同。

(一) 乳酸菌对苏尼特羊血清蛋白相关指标的影响

1. 乳酸菌对苏尼特羊血清生化指标的影响

日粮中的营养成分被机体消化和吸收后,通过血液输送到各个组织和器官,因此血清生化指标与机体营养吸收、新陈代谢效率密切相关,是评价机体健康状况的重要指标。乳酸菌对苏尼特羊血清蛋白生化指标的影响如表4-62所示。由表可知,L1组、L2组葡萄糖含量显著高于L3组($P<0.05$);L1组白蛋白(albumin,ALB)含量、谷丙转氨酶(alanine aminotransferase,ALT)和碱性磷酸酶(alkaline phosphatase,AKP)活力显著高于对照组($P<0.05$);L1组和L2组总蛋白(total protein,TP)含量显著高于对照组和L3组($P<0.05$),尿素氮(blood urea nitrogen,BUN)的含量显著低于对照组($P<0.05$);球蛋白(globulin,GLB)和谷草转氨酶(aspartate aminotransferase,AST)的含量在各组间无显著差异($P>0.05$)。试验中日粮添加1%和2%乳酸菌后苏尼特羊血清葡萄糖含量显著升高,可能是乳酸菌的添加提高了苏尼特羊瘤胃发酵速度,进而促进肝脏糖异生,产生更多葡萄糖。1%乳酸菌提高了苏尼特羊血清总蛋白和白蛋白含量,杨华(2015)同样研究发现,复合微生态制剂可以显著提高洼地绵羊血清中白蛋白和总蛋白的含量。血清尿素氮是由蛋白质分解代谢产生的,其含量能够反映出机体对氮源的利用率以及蛋白质的吸收利用程度。日粮添加1%和2%乳酸菌后尿素氮含量的降低说明乳酸菌加快了苏尼特羊体内的代谢物质转运,提高了蛋白质代谢速率。AST和ALT在机体蛋白质代谢中发挥着重要作用,能够催化多种反应合成氨基酸,为蛋白质合成提供充足底物,1%乳酸菌提高了苏尼特羊血清中ALT活性,即在日粮中添加乳酸菌可以提高氨基酸利用率,提升机体血液蛋白质代谢水平,进而促进苏尼特羊生长,其中以1%乳酸菌效果最为显著。

表4-62 乳酸菌对血清蛋白生化指标的影响

指标	对照组	L1组	L2组	L3组
葡萄糖/(mmol/L)	4.99±0.71^{ab}	5.30±0.62^a	5.23±0.34^a	4.67±0.38^b
白蛋白/(g/L)	35.34±2.43^b	39.36±2.87^a	38.03±2.51^{ab}	38.35±3.63^{ab}
球蛋白/(g/L)	38.09±3.65	41.95±4.15	43.10±4.67	34.56±4.72
总蛋白/(g/L)	73.43±4.95^b	81.30±6.42^a	81.13±9.10^a	72.91±4.26^b
尿素氮/(mmol/L)	6.58±0.59^a	4.42±0.31^b	5.41±0.98^b	5.58±0.69^{ab}
谷草转氨酶/(U/L)	17.41±1.48	18.53±1.70	15.70±4.25	14.51±6.24
谷丙转氨酶/(U/L)	3.54±0.25^b	5.81±0.48^a	4.49±0.78^{ab}	4.51±0.68^{ab}
碱性磷酸酶/(U/L)	4.59±0.31^b	6.03±0.54^a	5.63±0.81^{ab}	5.61±0.59^{ab}

注:同行不同小写字母肩注表示组间差异显著($P<0.05$),无字母或字母相同表示差异不显著($P>0.05$)。

2. 乳酸菌对苏尼特羊血清氨基酸的影响

血清中氨基酸浓度是研究氨基酸平衡模式的重要依据。乳酸菌对苏尼特羊血清氨基酸的影响如表 4-63 所示，L1 组和 L2 组必需氨基酸的含量显著高于对照组（$P<0.05$）；此外，L1 组、L2 组和 L3 组支链氨基酸及总氨基酸的含量显著高于对照组（$P<0.05$）；苏氨酸、苯丙氨酸和酪氨酸的含量呈现 L1 组>L2 组>L3 组>对照组的趋势；L1 组亮氨酸、赖氨酸、谷氨酸、精氨酸和甘氨酸的含量显著高于对照组（$P<0.05$），而与其他两组无统计学差异（$P>0.05$）；L1 组和 L2 组丝氨酸含量显著高于 L3 组（$P<0.05$），脯氨酸含量显著高于对照组和 L3 组（$P<0.05$）。

亮氨酸具有抑制机体脂肪合成和促进脂肪分解的作用，其含量升高会提高 S6K 和 4EBP1 的磷酸化程度，进而刺激肌肉蛋白质的合成。谷氨酸是主要的鲜味氨基酸之一，参与多种生化代谢过程以及生理活性物质的合成。甘氨酸可直接影响机体转氨作用、碳/氮的代谢和运输。作者团队发现，添加 1%乳酸菌可以提高这几种氨基酸的含量，并有可能进一步调节 mTOR 信号通路以改善动物的蛋白质代谢和生长发育。

表 4-63　乳酸菌对苏尼特羊血清氨基酸的影响　　　　　单位：μmol/L

指标	对照组	L1 组	L2 组	L3 组
苏氨酸	103.94±7.84^c	153.14±13.25^a	130.57±12.48^b	124.57±13.59^b
缬氨酸	148.43±12.85	197.62±20.70	220.15±9.82	194.48±8.70
异亮氨酸	67.48±2.99	71.84±9.53	75.30±2.34	71.02±6.91
亮氨酸	121.70±5.20^b	142.26±8.79^a	128.69±6.54^{ab}	133.74±9.41^{ab}
甲硫氨酸	28.62±1.82	32.64±2.78	30.10±1.63	27.92±1.41
苯丙氨酸	60.85±5.17^c	97.03±5.38^a	78.78±2.14^b	72.86±2.27^b
赖氨酸	166.60±10.58^b	186.12±10.20^a	178.49±15.09^{ab}	172.46±6.96^{ab}
天冬氨酸	29.65±1.38	32.24±3.83	29.88±2.12	28.66±1.87
谷氨酸	242.49±10.93^b	321.78±20.96^a	313.42±19.34^{ab}	296.43±11.48^{ab}
组氨酸	72.92±4.94	74.45±6.12	76.65±3.53	74.68±5.15
精氨酸	109.88±6.31^b	135.66±8.21^a	111.60±7.41^{ab}	115.64±8.98^{ab}
丝氨酸	62.39±5.19^a	86.49±4.01^a	74.06±4.53^a	52.23±4.27^b
甘氨酸	539.04±23.27^b	583.41±28.08^a	554.94±15.11^{ab}	537.71±12.29^{ab}
丙氨酸	285.31±20.72	315.89±26.11	307.46±14.95	293.20±7.76
酪氨酸	98.18±2.44^c	137.23±12.73^a	106.89±4.30^b	104.31±8.37^b
脯氨酸	34.31±2.25^b	63.16±4.32^a	51.02±1.82^a	35.88±4.61^b
半胱氨酸	19.34±3.45	24.62±1.45	24.86±1.58	22.11±1.53
必需氨基酸	701.62±51.30^b	880.65±42.67^a	842.08±47.81^a	797.05±59.24^{ab}
支链氨基酸	337.61±30.82^b	411.72±34.63^a	424.14±32.11^a	399.24±35.86^a
总氨基酸	2191.13±103.53^c	2655.58±152.49^a	2502.86±137.49^a	2357.9±151.84^b

注：同行不同小写字母肩注表示组间差异显著（$P<0.05$），无字母或字母相同表示差异不显著（$P>0.05$）。

（二）乳酸菌对苏尼特羊肌肉氨基酸的影响

必需氨基酸含量决定了肌肉蛋白质的品质，也是对人体至关重要的氨基酸，而谷氨酸、甘氨酸、天冬氨酸和丙氨酸等主要鲜味氨基酸则是肌肉风味重要的前体物质。许多氨基酸还与肌肉蛋白质的生物学功能有关，比如谷氨酰胺、精氨酸和亮氨酸可通过哺乳动物雷帕霉素靶蛋白 mTOR 和阻遏蛋白激酶 GCN2 增强或抑制其信号功能，调节翻译起始并发出相关信号，在调控相关基因的表达、蛋白质合成与降解和营养物质代谢等方面发挥重要作用。

1. 乳酸菌对苏尼特羊背最长肌氨基酸的影响

乳酸菌对苏尼特羊背最长肌氨基酸组成的影响如表 4-64 所示。在苏尼特羊背最长肌中共检测到 17 种氨基酸，包括 7 种必需氨基酸和 10 种非必需氨基酸。L1 组总氨基酸和必需氨基酸含量显著高于对照组（$P<0.05$），L1 组和 L3 组鲜味氨基酸含量显著高于对照组（$P<0.05$）。其中 L1 组苏氨酸、亮氨酸和甘氨酸的含量显著高于对照组（$P<0.05$），L1 组和 L2 组天冬氨酸和组氨酸的含量显著高于对照组（$P<0.05$），L1 组、L2 组和 L3 组赖氨酸的含量显著高于对照组（$P<0.05$），L1 组和 L3 组谷氨酸的含量显著高于对照组（$P<0.05$），对照组丝氨酸的含量显著低于 L3 组（$P<0.05$），对照组脯氨酸的含量显著高于 L3 组（$P<0.05$）。必需氨基酸/总氨基酸和支链氨基酸的含量在各组间无显著差异（$P>0.05$）。

表 4-64 乳酸菌对苏尼特羊背最长肌氨基酸的影响　　　　单位：%

指标	对照组	L1 组	L2 组	L3 组
苏氨酸	0.83 ± 0.05^b	1.16 ± 0.13^a	0.96 ± 0.08^{ab}	1.02 ± 0.11^{ab}
缬氨酸	1.18 ± 0.11	1.27 ± 0.19	1.32 ± 0.15	1.19 ± 0.07
异亮氨酸	1.32 ± 0.10	1.33 ± 0.11	1.26 ± 0.09	1.15 ± 0.10
亮氨酸	1.76 ± 0.19^b	2.13 ± 0.17^a	2.06 ± 0.23^{ab}	2.01 ± 0.14^{ab}
甲硫氨酸	0.66 ± 0.08	0.68 ± 0.04	0.61 ± 0.07	0.57 ± 0.03
苯丙氨酸	1.25 ± 0.09	1.23 ± 0.12	1.17 ± 0.18	1.09 ± 0.11
赖氨酸	1.07 ± 0.08^b	1.47 ± 0.11^a	1.43 ± 0.12^a	1.35 ± 0.17^a
天冬氨酸	1.86 ± 0.11^b	2.25 ± 0.14^a	2.38 ± 0.18^a	2.27 ± 0.24^{ab}
谷氨酸	2.03 ± 0.13^b	2.56 ± 0.23^a	2.18 ± 0.17^{ab}	2.74 ± 0.31^a
组氨酸	0.88 ± 0.05^b	1.26 ± 0.09^a	1.22 ± 0.10^a	1.11 ± 0.14^{ab}
精氨酸	1.39 ± 0.13	1.57 ± 0.14	1.45 ± 0.17	1.30 ± 0.10
丝氨酸	0.72 ± 0.06^b	0.92 ± 0.07^{ab}	0.87 ± 0.09^{ab}	1.27 ± 0.13^a
甘氨酸	1.66 ± 0.10^b	2.02 ± 0.14^a	1.83 ± 0.21^{ab}	1.88 ± 0.17^{ab}
丙氨酸	0.62 ± 0.04	0.78 ± 0.07	0.74 ± 0.06	0.71 ± 0.09
酪氨酸	0.89 ± 0.06	0.93 ± 0.07	0.89 ± 0.10	0.88 ± 0.09
脯氨酸	0.96 ± 0.08^a	0.89 ± 0.07^{ab}	0.73 ± 0.05^{ab}	0.74 ± 0.04^b

续表

指标	对照组	L1 组	L2 组	L3 组
半胱氨酸	0.51±0.07	0.47±0.05	0.49±0.04	0.44±0.02
必需氨基酸	8.09±0.74^b	9.28±0.97^a	8.81±0.68^{ab}	8.38±0.84^{ab}
总氨基酸	19.72±1.85^b	21.77±1.55^a	21.59±1.54^{ab}	21.67±2.09^{ab}
必需氨基酸/总氨基酸	41.02±2.62	42.63±2.35	40.80±3.52	38.58±3.19
鲜味氨基酸	3.89±0.48^b	4.81±0.57^a	4.56±0.37^{ab}	5.01±0.45^a
支链氨基酸	4.27±0.25	4.73±0.41	4.64±0.40	4.35±0.35

注：同行不同小写字母肩注表示组间差异显著（$P<0.05$），无字母或字母相同表示差异不显著（$P>0.05$）。

天冬氨酸在合成蛋白质的过程中起着重要的作用。丝氨酸、酪氨酸和丙氨酸有利于提高机体新陈代谢和抗氧化能力。亮氨酸、缬氨酸和异亮氨酸可通过 eIF2a 激酶激活 GCN2 调节 mRNA 的翻译，其中氨基酸不仅是重要的中间代谢物，还可作为重要信号分子调控蛋白质合成和降解过程中的 mTOR 和 GCN2 通路。试验中添加 1%的乳酸菌显著提高了背最长肌中总氨基酸、必需氨基酸和鲜味氨基酸的含量。韩东魁等（2018）研究发现，日粮中添加乳酸菌能够提高延边黄牛肌肉中赖氨酸和谷氨酸的含量。即在日粮中添加乳酸菌有利于提高氨基酸含量，进而提升营养品质。

2. 乳酸菌对苏尼特羊股二头肌氨基酸的影响

乳酸菌对苏尼特羊股二头肌氨基酸含量的影响如表 4-65 所示。在苏尼特羊股二头肌中共检测到 17 种氨基酸，包括 7 种必需氨基酸和 10 种非必需氨基酸，其中 L1 组总氨基酸含量和必需氨基酸含量均显著高于对照组和 L3 组（$P<0.05$），L1 组鲜味氨基酸的含量显著高于 L2 组和 L3 组（$P<0.05$），必需氨基酸/总氨基酸和支链氨基酸的含量在各组无显著差异（$P>0.05$）。此外 L1 组和 L2 组赖氨酸和组氨酸的含量显著高于对照组（$P<0.05$），L1 组丝氨酸和天冬氨酸的含量显著高于 L3 组（$P<0.05$），对照组和 L1 组谷氨酸的含量显著高于 L2 组和 L3 组（$P<0.05$）。

表 4-65 乳酸菌对苏尼特羊股二头肌氨基酸的影响

指标	对照组	L1 组	L2 组	L3 组
苏氨酸	0.97±0.04	1.19±0.10	0.85±0.06	0.79±0.05
缬氨酸	1.41±0.09	1.26±0.14	1.37±0.12	1.24±0.12
异亮氨酸	1.26±0.05	1.42±0.13	1.27±0.15	1.14±0.09
亮氨酸	2.27±0.14	2.44±0.08	2.18±0.25	2.04±0.20
甲硫氨酸	0.68±0.07	0.75±0.07	0.93±0.11	0.65±0.10
苯丙氨酸	1.12±0.07	1.33±0.19	1.26±0.15	1.12±0.10
赖氨酸	1.16±0.15^b	1.63±0.17^a	1.66±0.15^a	1.36±0.12^{ab}
天冬氨酸	2.29±0.24^{ab}	2.56±0.27^a	2.31±0.13^{ab}	1.98±0.15^b

续表

指标	对照组	L1组	L2组	L3组
谷氨酸	2.59±0.23^a	2.77±0.30^a	1.75±0.22^b	1.38±0.10^b
组氨酸	0.87±0.08^b	1.49±0.13^a	1.41±0.15^a	1.25±0.10^{ab}
精氨酸	1.41±0.11	1.28±0.21	1.51±0.13	1.48±0.08
丝氨酸	1.11±0.09^{ab}	1.04±0.06^a	1.03±0.07^{ab}	0.76±0.08^b
甘氨酸	1.67±0.14	1.78±0.18	1.76±0.14	1.92±0.06
丙氨酸	0.81±0.06	0.77±0.05	0.73±0.03	0.77±0.04
酪氨酸	0.92±0.07	1.10±0.06	1.02±0.07	0.89±0.08
脯氨酸	0.92±0.07	0.83±0.03	0.81±0.02	0.75±0.05
半胱氨酸	0.31±0.04	0.49±0.08	0.49±0.03	0.46±0.02
必需氨基酸	8.75±0.61^b	10.02±0.69^a	9.52±0.74^{ab}	8.34±0.66^b
总氨基酸	21.77±1.92^b	23.94±2.01^a	22.34±1.94^{ab}	19.98±1.58^c
必需氨基酸/总氨基酸	40.74±3.05	41.52±2.73	42.16±3.13	41.74±2.95
鲜味氨基酸	4.78±0.21^{ab}	5.33±0.32^a	4.06±0.38^b	3.36±0.27^b
支链氨基酸	4.94±0.29	5.12±0.32	4.82±0.38	4.42±0.29

注：同行不同小写字母肩注表示组间差异显著（$P<0.05$），无字母或字母相同表示差异不显著（$P>0.05$）。

赖氨酸作为营养信号因子可通过调控哺乳动物的mTOR通路和蛋白质翻译修饰位点来控制多种蛋白质的合成，同时参与胶原蛋白和肉碱等功能物质的形成。试验结果表明，添加1%和2%的乳酸菌增加了赖氨酸的含量，这可能是乳酸菌影响蛋白质代谢的重要因素。世界卫生组织推荐的理想蛋白质模式认为质量较好的蛋白质，其氨基酸组成必需氨基酸/总氨基酸在40%左右（Pellett et al., 1980），试验中发现苏尼特羊肉中所含氨基酸的组成及比例均在40%左右，具有较高的营养价值。整体上，L1组的必需氨基酸、鲜味氨基酸和总氨基酸含量均高于对照组，这表明添加1%的乳酸菌有利于提高羊肉的风味和营养价值，同时可能会对激活骨骼肌mTOR信号通路产生一定影响。

（三）乳酸菌对苏尼特羊肌肉蛋白质代谢相关酶活性的影响

动物体内代谢酶活性的高低能反映机体代谢程度以及对养分消化吸收能力的强弱，因此提高动物体代谢酶的活性可以进一步提高其生长发育的速度。肌肉中的AKP和LDH是与蛋白质代谢相关的典型酶，测定其活性可以一定程度反映机体蛋白质代谢的状况。AKP可以调控蛋白质磷酸化水平，调节细胞增殖、分化等过程，是动物生长代谢、维持机体健康所必需的酶，其直接参与生物体磷酸基团的转移和代谢过程，蛋白质降解为氨基酸后，主要通过转氨基和脱氨基进一步转化。LDH是糖无氧酵解及糖异生的重要酶系，将丙酮酸转化为乳酸，同时释放H^+产生NAD^+，产生的NAD^+被用于糖酵解过程以产生更多的能量供蛋白质代谢使用。

乳酸菌对苏尼特羊背最长肌、股二头肌蛋白质代谢酶活性的影响如图 4-131 所示。背最长肌中 L1 组 AKP 活性显著高于对照组（$P<0.05$），而 LDH 活性在各组无显著差异（$P>0.05$）。股二头肌中 L1 组和 L2 组的 LDH 和 AKP 活性均显著高于对照组（$P<0.05$）。

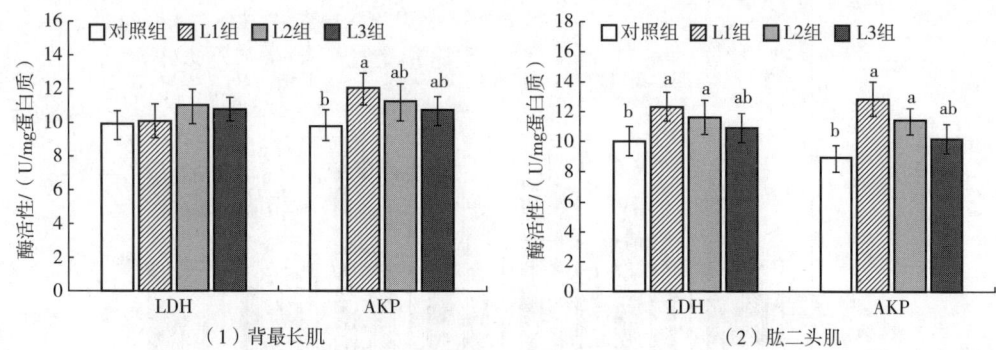

图 4-131　乳酸菌对苏尼特羊背最长肌、股二头肌蛋白质代谢酶活性的影响
［字母不同表示同一种酶不同组之间差异显著（$P<0.05$）］

作者团队研究发现乳酸菌的添加能提高苏尼特羊 AKP 活性，这可能是由于乳酸菌能够刺激动物胃肠道胰蛋白酶和糜蛋白酶等消化酶的产生，使动物的消化能力增加，其代谢能力也随之增加，进而促进蛋白质的代谢。魏莲清（2020）在日粮中添加发酵棉籽粕后也发现，白羽肉鸡肌肉和肝脏中的 AKP 和 LDH 的活性都有所增加。即日粮中添加 1% 的乳酸菌能够提高蛋白质代谢酶的活性，促进蛋白质代谢。

（四）乳酸菌对苏尼特羊蛋白代谢影响机制研究

蛋白质直接影响着肉的营养、风味、嫩度和色泽等品质指标。当体内营养物质充足时，饮食中的蛋白质经机体消化水解成氨基酸和短肽后被机体吸收利用，进而合成蛋白质供机体生命活动所需，同时新的蛋白质继续进行着合成和分解，形成了一个动态的平衡。这种动态平衡是调节肌肉多少的关键过程，被严格的信号网络所调控。在哺乳动物的生长发育过程中，骨骼肌是最多且最重要的组成部分，其大小与功能由肌肉蛋白质的合成和降解精细调控。而肌肉蛋白质含量的多少由机体蛋白质合成与蛋白质降解之间的平衡决定，且此过程由多条信号通路参与完成。其中 IGF-1/PI3K/Akt/mTOR 在调节细胞生长、增殖、分化、代谢和蛋白质合成过程中起重要作用。另一方面，蛋白质合成和降解途径在肌肉中是相互依存的。PI3K-Akt 信号通路还通过激活 FoxO 进而抑制泛素-蛋白酶体通路（UPP），介导蛋白降解。

1. 乳酸菌对苏尼特羊背最长肌蛋白质代谢相关基因表达量的影响

乳酸菌对苏尼特羊背最长肌中蛋白质合成代谢相关基因相对表达量的影响如图 4-132 所示。L2 组和 L3 组 *IGF-1* 和 *4EBP1* 的基因表达量显著高于对照组（$P<0.05$），L2 组 *PI3K* 的基因表达量显著高于对照组（$P<0.05$），L1 组、L2 组和 L3 组 *Akt1*、*mTOR*、*eIF4E* 和 *p70S6K1* 的基因表达量显著高于对照组（$P<0.05$）。*Akt1*、*mTOR*、*eIF4E* 在大量研究中已被证实参与调控蛋白质代谢过程（赵瑞英，2014；臧长江等，2012）。试验中发

现，L1 组亮氨酸、精氨酸和赖氨酸等氨基酸含量升高（表 4-64），结合添加乳酸菌后上调了苏尼特羊背最长肌中 $Akt1$、$mTOR$、$p70S6K1$ mRNA 表达量的结果，推断氨基酸可能会作为信号因子激活 mTOR 信号通路及其下游信号分子 p70S6K1 和 4EBP1 的磷酸化，进而促进蛋白质翻译、核糖体合成等代谢过程。

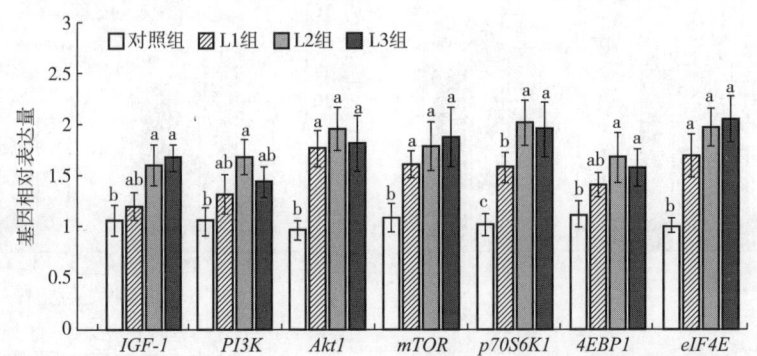

图 4-132　乳酸菌对苏尼特羊背最长肌中蛋白质合成代谢相关基因 mRNA 相对表达量的影响
［字母不同表示同一基因不同组之间差异显著（$P<0.05$）］

乳酸菌对苏尼特羊背最长肌中蛋白质分解代谢相关基因相对表达量的影响如图 4-133 所示。L1 组 $Atrogin-1$ 的基因表达量显著低于对照组（$P<0.05$），对照组和 L1 组 $MuRF1$ 的基因表达量显著低于 L2 组和 L3 组（$P<0.05$），L1 组 $FoxO1$ 的基因表达量显著低于 L2 组和 L3 组（$P<0.05$），L1 组 $FoxO3$ 的基因表达量显著低于 L3 组（$P<0.05$）。

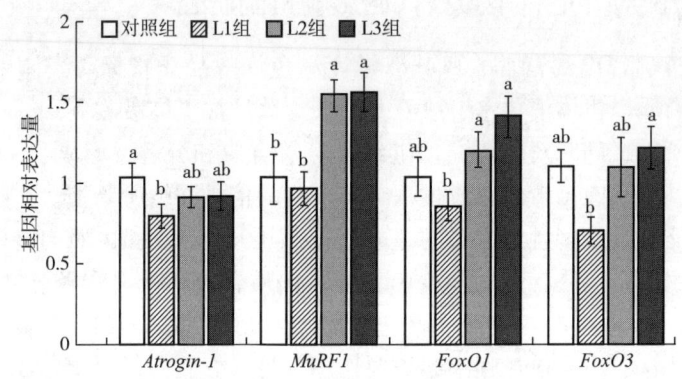

图 4-133　乳酸菌对苏尼特羊背最长肌中蛋白质分解代谢相关基因 mRNA 相对表达量的影响
［字母不同表示同一基因不同组之间差异显著（$P<0.05$）］

泛素-蛋白质酶体通路是真核生物肌肉组织中蛋白质降解的主要通路，此通路是由 Ub 启动酶（E1）、Ub 载体蛋白（E2）和 Ub 连接酶（E3）构成的三级酶联反应，E1 启动泛素分子后将泛素传给 E2，在 E3 的指引下将泛素转移到靶蛋白上，泛素化的蛋白质经 26S 蛋白酶体降解。当 Akt 磷酸化受到抑制时会导致 FoxO 去磷酸化，而 FoxO1 和 FoxO3 可以上调 Atrogin-1 和 MuRF1 的表达来促进肌肉萎缩，进而影响肌肉蛋白质的分解。作者团队研究结果表明，日粮添加 1% 的乳酸菌可显著下调 *Atrogin-1* 和 *MuRF1* 的 mRNA 表达量。Bindels 等（2012）给小鼠口服乳酸菌后下调了小鼠肌肉组织中 *MuRF1* 和 *Atrogin-1* 的 mRNA 表达量，降低了蛋白质分解代谢，有利于蛋白质沉积。

2. 乳酸菌对苏尼特羊股二头肌蛋白质代谢相关基因表达量的影响

乳酸菌对苏尼特羊股二头肌中蛋白质合成代谢相关基因相对表达量的影响如图 4-134 所示。L1 组 *PI3K* 的基因表达量显著高于对照组（$P<0.05$），L1 组、L2 组和 L3 组 *Akt1*、*P70S6K1* 和 *eIF4E* 的基因表达量显著高于对照组（$P<0.05$），L1 组和 L3 组 *mTOR* 的基因表达量显著高于对照组（$P<0.05$），*IGF-1* 和 *4E-BP1* 的基因表达量在各组间无显著差异（$P>0.05$）。

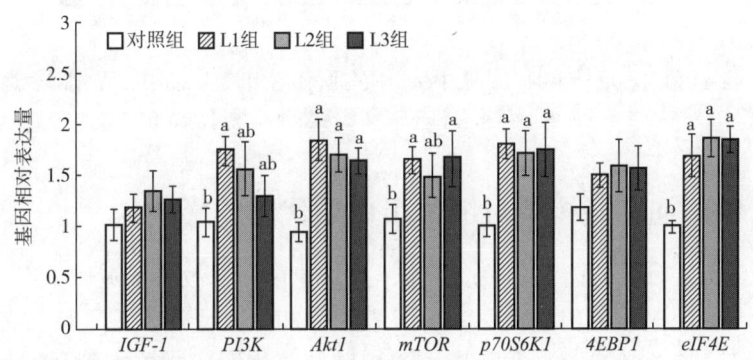

图 4-134　乳酸菌对苏尼特羊股二头肌中蛋白质合成代谢相关基因 mRNA 相对表达量的影响

[字母不同表示同一基因不同组之间差异显著（$P<0.05$）]

哺乳动物 mTOR 位于蛋白质合成和降解过程中整个信号通路的中心位点，通过调节细胞周期、蛋白质代谢、脂肪代谢以及调控动物摄食等多种途径发挥着极其重要的作用。在哺乳动物细胞中，mTOR 能响应营养物质的变化，活化并参与基因转录、蛋白质翻译起始、核糖体生物合成等细胞活动，也可参与调控细胞凋亡。未磷酸化的 4EBP1 是蛋白质合成的负向调控因子，易与 eIF4E 结合，进而抑制蛋白质的合成。mTORC1 被激活后可磷酸化 4EBP1，降低其与 eIF4E 的亲和力。而氨基酸通过 mTOR 信号转导可在转录和翻译两个水平上调节基因的表达。作者团队研究结果显示，乳酸菌均不同程度地提高了 IGF-1/PI3K/Akt/mTOR 通路中相关基因的 mRNA 表达量，进一步影响蛋白质合成代谢，且日粮添加 1% 乳酸菌的效果优于 2% 和 3%。

乳酸菌对苏尼特羊股二头肌中蛋白质分解代谢相关基因相对表达量的影响如图 4-135 所示。L1 组 *Atrogin-1* 的基因表达量显著低于对照组（$P<0.05$），L1 组 *MuRF1* 的基因表达量显著低于对照组和 L3 组（$P<0.05$），对照组和 L1 组 *FoxO1* 的基因表达量显著低于 L3 组（$P<0.05$）。试验中 L1 组的 *MuRF1* 和 *FoxO1* 基因表达量显著下调，说明乳酸菌可以通过降低 E3 特定连接酶的表达量来延缓蛋白质的降解速度。而 L3 组的 *FoxO1* 基因表达量显著高于对照组，这可能与 IGF-1/PI3K/Akt 负向调控 FoxO 有关，Akt 磷酸化水平较低时会加快 FoxO 向核内转移，*Atrogin-1* 和 *MuRF1* 的转录水平也会相应地增加。因此日粮添加乳酸菌能够降低苏尼特羊股二头肌中蛋白质的分解，可能会促进肌肉中蛋白质的

沉积。

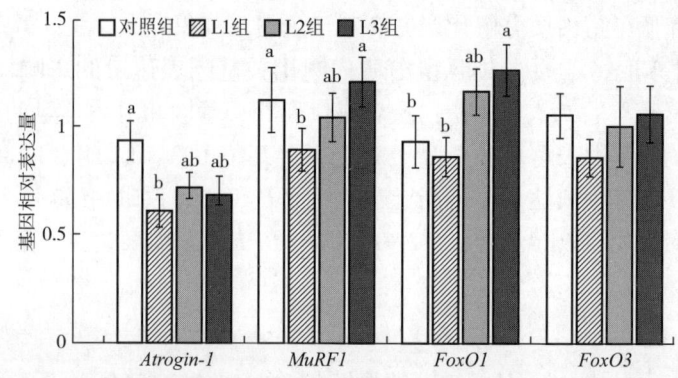

图 4-135　乳酸菌对苏尼特羊股二头肌中蛋白质分解代谢相关基因 mRNA 相对表达量的影响

［字母不同表示同一基因不同组之间差异显著（$P<0.05$）］

二、日粮添加丁酸梭菌对绵羊蛋白质代谢的影响

丁酸梭菌作为一种有益菌，能够产丁酸、纤维素酶，并改善肠道微生态平衡。同时丁酸梭菌还可参与调节机体蛋白质代谢，李玉鹏等（2021）研究发现丁酸梭菌可介导 Akt/mTOR 信号通路；Li 等（2019）发现将丁酸梭菌及其代谢产物添加到凡纳滨对虾的日粮后，体内 *mTOR*、*4EBP1*、*eIF4E1* 和 *eIF4E2* 基因的相对表达水平均提高。因此作者团队展开日粮添加丁酸梭菌对羊蛋白质代谢的影响研究。

（一）丁酸梭菌对绵羊血清生化指标的影响

丁酸梭菌对绵羊血清生化指标的影响见表 4-66。由表 4-66 可知，丁酸梭菌组绵羊血清中总蛋白含量、白蛋白含量和 AKP 活性显著高于对照组（$P<0.05$），尿素氮含量显著低于对照组（$P<0.05$），其余血清生化指标在两组间无统计学差异（$P>0.05$）。

血清中总蛋白、白蛋白含量在一定程度上体现出动物体发育状况及体内蛋白质消化吸收情况，当总蛋白、白蛋白含量升高时，机体消化和吸收营养物质的能力提高，蛋白质沉积加快。尿素氮也是体现畜禽机体内蛋白质代谢状况的重要指标之一，其含量减少表示机体可以更高效地利用蛋白质。研究表明，机体对血清葡萄糖的吸收可以促进胰岛素分泌，从而加快体内蛋白质的合成速率（耿梅梅等，2010）。AST、ALT 和 AKP 是动物体内蛋白质代谢过程的关键酶，能够为蛋白质的合成提供充足底物，前两者酶活性的高低可反映动物体的肝功能健康状况，AKP 活性越高代表畜禽体内代谢越旺盛。作者团队研究结果中丁酸梭菌组总蛋白、白蛋白含量、AKP 活性显著高于对照组，葡萄糖的含量有高于对照组的趋势，但组间无统计学差异（$P>0.05$），而尿素氮含量较对照组显著降低。即日粮添加丁酸梭菌可以提升绵羊血清蛋白质代谢水平，且能避免损伤肝脏等器官，在维持绵羊机体健康的同时促进其生长发育。

表4-66　丁酸梭菌对绵羊血清生化指标的影响

指标	对照组	丁酸梭菌组
总蛋白/(g/L)	62.40±2.82^b	67.50±2.25^a
白蛋白/(g/L)	32.92±2.78^b	36.68±2.39^a
尿素氮/(mmol/L)	6.08±0.99^a	4.60±0.63^b
葡萄糖/(mmol/L)	3.49±0.45^a	3.58±0.32^a
谷草转氨酶/(U/L)	6.27±0.76^a	6.38±0.95^a
谷丙转氨酶/(U/L)	3.34±0.68^a	3.70±0.69^a
碱性磷酸酶/(U/L)	16.03±2.96^b	24.73±3.06^a

注：同行不同小写字母肩注表示差异显著（$P<0.05$）。

（二）丁酸梭菌对绵羊肌肉粗蛋白含量的影响

粗蛋白是评价肉品营养价值的关键指标，与肉的多汁性、适口性及嫩度等紧密相关，也能反映绵羊对饲料中蛋白质等营养物质的消化吸收能力。

丁酸梭菌对绵羊粗蛋白含量的影响见图4-136。由图可知丁酸梭菌组背最长肌和股二头肌的粗蛋白含量均显著高于对照组（$P<0.05$），对照组背最长肌中粗蛋白含量为19.09%、股二头肌中为19.43%，饲喂丁酸梭菌后背最长肌中粗蛋白含量提高为22.48%、股二头肌中为22.08%，表明丁酸梭菌的添加可提高羊肉中粗蛋白含量，推测与丁酸梭菌改变绵羊体内蛋白质代谢有关，肌肉蛋白质合成强于蛋白质降解，整体上提高了羊肉的蛋白质含量。

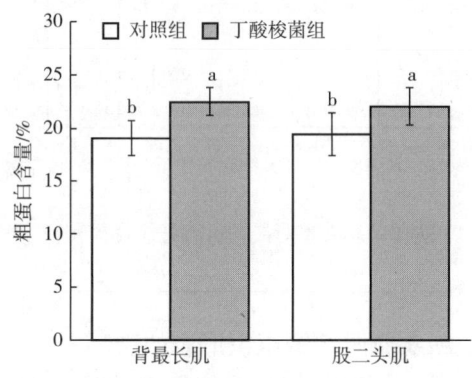

图4-136　丁酸梭菌对绵羊粗蛋白含量的影响

[字母不同表示同一部位不同组之间差异显著（$P<0.05$）]

（三）丁酸梭菌对绵羊肌纤维组织形态的影响

1. 丁酸梭菌对绵羊背最长肌肌纤维组织形态的影响

丁酸梭菌对绵羊背最长肌肌纤维组织形态的影响见图4-137、图4-138。由图可知，绵羊日粮补充丁酸梭菌后，背最长肌肌纤维直径及横截面积均显著增大（$P<0.05$）。其中肌纤维直径增加了 15.70%，横截面积增加了 20.22%，推测这可能与丁酸梭菌产生的短链脂肪酸可促进绵羊肌纤维的生长发育有关，还可能是由于丁酸梭菌进入绵羊体内后在肠道产生了消化酶，进而促进了机体的营养吸收。

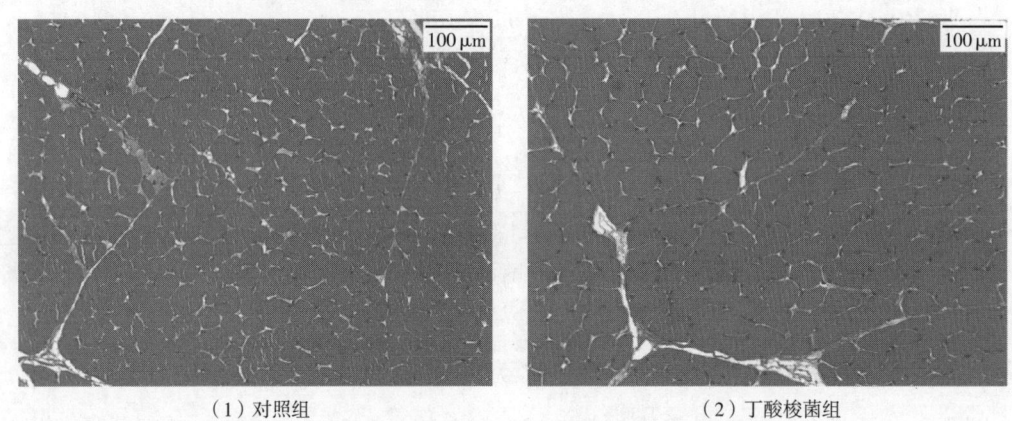

(1) 对照组　　　　　　　　　　　(2) 丁酸梭菌组

图 4-137　丁酸梭菌对绵羊背最长肌肌纤维组织形态的影响

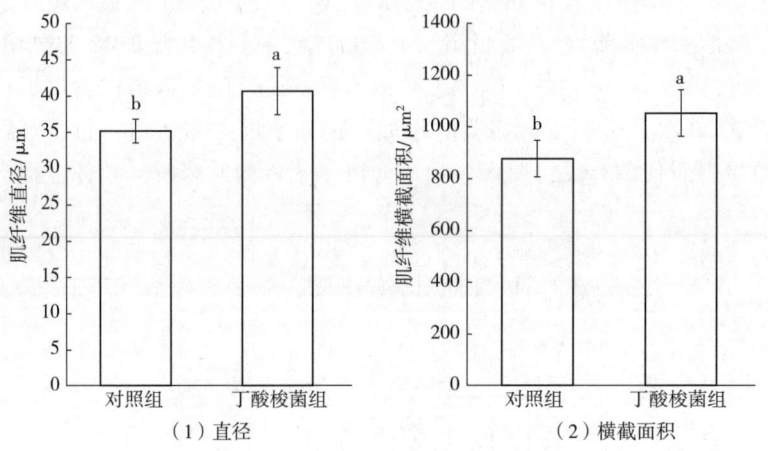

(1) 直径　　　　　　　　　　　(2) 横截面积

图 4-138　丁酸梭菌对绵羊背最长肌肌纤维直径和横截面积的影响

［字母不同表示差异显著（$P<0.05$）］

2. 丁酸梭菌对绵羊股二头肌肌纤维组织形态的影响

丁酸梭菌对绵羊股二头肌肌纤维组织形态的影响见图 4-139、图 4-140。由图可知，丁酸梭菌组绵羊股二头肌肌纤维横截面积显著增大（$P<0.05$），肌纤维直径大于对照组，但组间差异不显著（$P>0.05$）。骨骼肌的肌纤维直径和横截面积均是肌肉组织学特性指标，横截面积的增大说明动物体内蛋白质合成水平增强，机体蛋白质沉积加快。试验结果显示丁酸梭菌饲喂绵羊 90d 后，股二头肌肌纤维横截面积显著增大，进一步证实了丁酸梭菌有助于绵羊体内蛋白质沉积，促进骨骼肌发育。

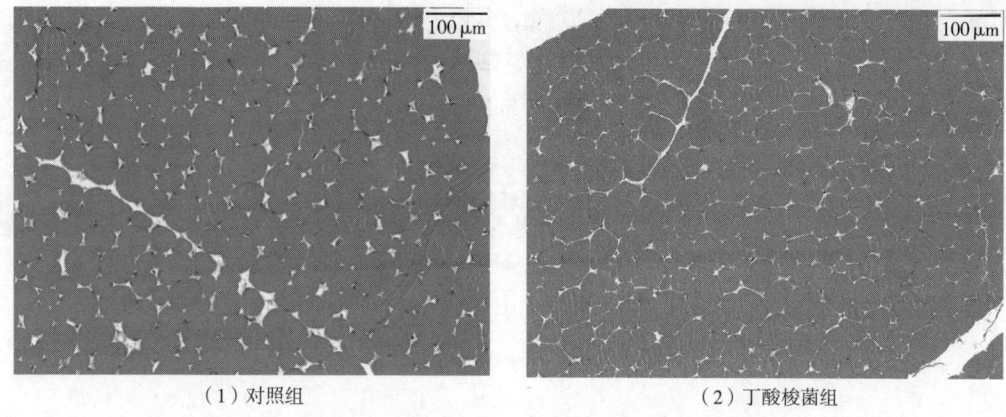

(1) 对照组　　　　　　　　　　　　　　(2) 丁酸梭菌组

图 4-139　丁酸梭菌对绵羊股二头肌肌纤维组织形态的影响

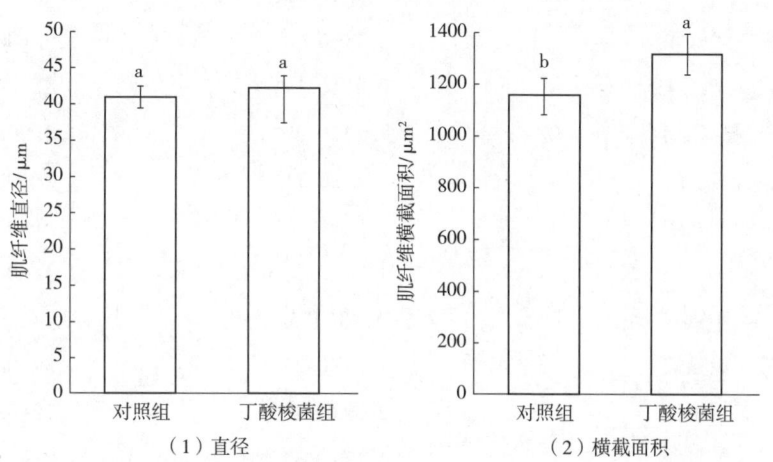

(1) 直径　　　　　　　　　　　　　　(2) 横截面积

图 4-140　丁酸梭菌对绵羊股二头肌肌纤维直径和横截面积的影响

[字母不同表示差异显著（$P<0.05$）]

（四）丁酸梭菌对绵羊肌肉氨基酸的影响

1. 丁酸梭菌对绵羊背最长肌氨基酸的影响

丁酸梭菌对绵羊背最长肌氨基酸的影响见表 4-67。由表可知，丁酸梭菌组天冬氨酸、丝氨酸、甘氨酸、缬氨酸、亮氨酸、赖氨酸、组氨酸的含量均显著高于对照组（$P<0.05$）。

肉质的鲜味主要来源于氨基酸的前体水溶物，鲜味氨基酸包括谷氨酸和天冬氨酸；甜味包括甘氨酸、丝氨酸、丙氨酸、脯氨酸和苏氨酸，甘氨酸可参与哺乳动物体内蛋白质、核苷酸等的代谢。支链氨基酸包括亮氨酸、缬氨酸和异亮氨酸，有研究指出支链氨基酸能通过调节 mRNA 翻译进程刺激骨骼肌蛋白质合成，亮氨酸及其代谢产物（α-酮异己酸和 β-羟基-β-甲基丁酸）可增强动物体对氨基酸的吸收，还可以减缓肌肉蛋白质降解速率，加快蛋白质在肌肉中的沉积速度。作者团队研究结果显示，丁酸梭菌可显著提高羊肉中天冬氨酸、亮氨酸、缬氨酸、丝氨酸和甘氨酸的含量，这表明在绵羊日粮中补充丁酸梭菌有助于提高背最长肌氨基酸含量，并通过改变氨基酸的吸收和沉积改善羊肉品质；还可能通过改变游离氨基酸组成进而刺激机体内蛋白质的合成。

表 4-67　丁酸梭菌对绵羊背最长肌氨基酸的影响　　　单位：mg/100g

指标	对照组	丁酸梭菌组
天冬氨酸	1.02±0.33[b]	1.54±0.03[a]
丝氨酸	2.41±0.27[b]	3.86±0.52[a]
谷氨酸	4.63±0.56[a]	5.00±0.65[a]
甘氨酸	9.96±1.37[b]	12.83±2.14[a]
丙氨酸	25.30±3.67[a]	22.63±3.23[a]
半胱氨酸	0.31±0.09[a]	0.30±0.08[a]
缬氨酸	2.44±0.08[b]	2.93±0.10[a]
甲硫氨酸	0.81±0.12[a]	0.87±0.08[a]
异亮氨酸	1.29±0.27[a]	1.31±0.07[a]
亮氨酸	1.92±0.11[b]	2.28±0.12[a]
酪氨酸	1.52±0.19[a]	1.51±0.09[a]
苯丙氨酸	1.26±0.14[a]	1.32±0.08[a]
赖氨酸	38.49±1.53[b]	54.56±2.31[a]
组氨酸	1.66±0.29[b]	2.39±0.25[a]
精氨酸	2.69±0.40[a]	2.75±0.67[a]
脯氨酸	1.17±0.39[a]	1.91±0.46[a]

注：同行不同小写字母肩注表示差异显著（$P<0.05$）。

2. 丁酸梭菌对绵羊股二头肌氨基酸的影响

丁酸梭菌对绵羊股二头肌氨基酸的影响见表 4-68。由表可知，丁酸梭菌组股二头肌丝氨酸、赖氨酸和组氨酸含量显著低于对照组（$P<0.05$），半胱氨酸、亮氨酸和酪氨酸含量显著高于对照组（$P<0.05$）。

半胱氨酸作为一种非必需氨基酸，可参与组成蛋白质，因此半胱氨酸含量的升高有助于机体蛋白质合成。亮氨酸是合成蛋白质的底物，还可作为信号分子调控细胞生长及蛋白质周转等进程，试验结果显示，丁酸梭菌的添加显著提高半胱氨酸和亮氨酸的含量，这可能是丁酸梭菌影响绵羊体内蛋白质代谢的重要原因之一。

表 4-68　丁酸梭菌对绵羊股二头肌氨基酸的影响　　　单位：mg/100g

指标	对照组	丁酸梭菌组
丝氨酸	4.84±0.32[a]	2.66±0.08[b]
半胱氨酸	0.92±0.12[b]	5.81±0.28[a]

续表

指标	对照组	丁酸梭菌组
甲硫氨酸	0.61±0.14[a]	0.55±0.01[a]
异亮氨酸	0.55±0.17[a]	0.69±0.19[a]
亮氨酸	1.05±0.20[b]	1.52±0.06[a]
酪氨酸	0.89±0.01[b]	1.09±0.01[a]
苯丙氨酸	0.84±0.05[a]	0.80±0.01[a]
赖氨酸	28.05±0.50[a]	23.13±1.23[b]
组氨酸	3.30±0.34[a]	0.96±0.18[b]
精氨酸	2.91±0.89[a]	2.83±0.59[a]

注：同行不同小写字母肩注表示差异显著（$P<0.05$）。

（五）丁酸梭菌对绵羊肌肉3-甲基组氨酸的影响

丁酸梭菌对绵羊3-甲基组氨酸（3-Methylhistidine，3-MH）含量的影响见图4-141。如图所示，丁酸梭菌组背最长肌和股二头肌3-MH含量均显著低于对照组（$P<0.05$）。3-MH主要存在于骨骼肌肌纤维蛋白中，是肌原纤维蛋白翻译后修饰形成的氨基酸，既不被用于合成蛋白质，也不易被降解，而是定量地从组织中释放出来，因此其含量变化可以间接反映肌肉蛋白质降解速率，可作为机体蛋白质降解的重要指标。试验结果显示补充丁酸梭菌后绵羊背最长肌3-MH含量降低了33.25%，股二头肌3-MH含量降低了17.98%，意味着丁酸梭菌的补充可有效抑制绵羊骨骼肌蛋白质降解，提高绵羊体内蛋白质沉积。

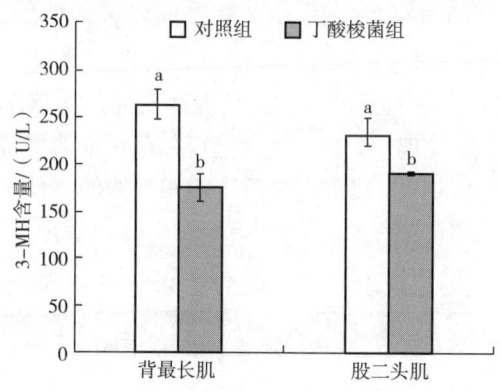

图4-141 丁酸梭菌对绵羊3-MH含量的影响

[字母不同表示同一部位不同组之间差异显著（$P<0.05$）]

（六）丁酸梭菌对绵羊肌肉蛋白质代谢相关酶活性的影响

1. 丁酸梭菌对绵羊背最长肌蛋白质代谢相关酶活性的影响

丁酸梭菌对绵羊背最长肌蛋白质代谢相关酶活性的影响如表4-69所示，丁酸梭菌组

AST、ALT、支链 α-酮酸脱氢酶（branched-chain α-ketoacid dehydrogenase complex，BCKDH）、支链氨基酸转氨酶（branched-chain amino acid aminotransferase，BCAT）、AKP 和 LDH 活性均显著高于对照组（$P<0.05$）。动物体内蛋白质代谢主要通过脱氨作用进行，AST 和 ALT 是调控该过程的关键酶，AST 和 ALT 活性升高意味着蛋白质代谢旺盛，蛋白质合成增多而降解水平下降时有助于机体蛋白质沉积。支链氨基酸是骨骼肌中含量最丰富的游离氨基酸，也是组成肌肉蛋白质的基本底物和重要的调节因子。BCKDH 和 BCAT 能够参与调节动物体内支链氨基酸分解代谢，当动物体内存在大量的支链氨基酶时，BCKDH 通过去磷酸化增加酶的活性，优先分解代谢亮氨酸。AKP 和 LDH 同样是肌肉中蛋白质代谢过程的典型酶。作者团队研究结果显示日粮补充丁酸梭菌可提高绵羊背最长肌蛋白质代谢相关酶活性，促进蛋白质积累。

表 4-69　丁酸梭菌对绵羊背最长肌蛋白质代谢相关酶活性的影响

指标	对照组	丁酸梭菌组
AST/(U/g 蛋白质)	22.58 ± 1.84^b	26.29 ± 1.60^a
ALT/(U/g 蛋白质)	8.29 ± 0.88^b	9.70 ± 0.63^a
BCKDH/(U/L)	92.86 ± 8.20^b	103.28 ± 9.88^a
BCAT/(U/L)	169.78 ± 22.52^b	200.69 ± 20.60^a
AKP/(U/g 蛋白质)	15.60 ± 3.21^b	21.50 ± 3.32^a
LDH/(U/mg 蛋白质)	33.55 ± 3.50^b	39.29 ± 3.67^a

注：同行不同小写字母肩注表示差异显著（$P<0.05$）。

2. 丁酸梭菌对绵羊股二头肌蛋白质代谢相关酶活性的影响

丁酸梭菌对绵羊股二头肌蛋白质代谢相关酶活性的影响见表 4-70。由表可知，丁酸梭菌组 AST、ALT、BCKDH、BCAT、AKP 和 LDH 活性均显著高于对照组（$P<0.05$）。动物体内代谢酶活性的高低可以直接反映机体对营养物质的代谢状况。作者团队前期研究在苏尼特羊日粮中补充乳酸菌发现，1% 和 2% 的乳酸菌可显著提高绵羊股二头肌 LDH 和 AKP 活性。而丁酸梭菌也能够提高绵羊蛋白质代谢相关酶的活性，促进蛋白质合成，加快机体蛋白质沉积。

表 4-70　丁酸梭菌对绵羊股二头肌蛋白质代谢相关酶活性的影响

指标	对照组	丁酸梭菌组
AST/(U/g 蛋白质)	38.58 ± 1.47^b	48.42 ± 3.57^a
ALT/(U/g 蛋白质)	4.27 ± 0.76^b	6.40 ± 1.02^a
BCKDH/(U/L)	252.60 ± 25.82^b	321.96 ± 37.67^a
BCAT/(U/L)	414.98 ± 38.88^b	547.24 ± 76.91^a
AKP/(U/g 蛋白质)	34.77 ± 7.73^b	49.76 ± 7.02^a
LDH/(U/mg 蛋白质)	48.48 ± 9.65^b	62.15 ± 5.88^a

注：同行不同小写字母肩注表示差异显著（$P<0.05$）。

(七）丁酸梭菌对绵羊蛋白代谢相关基因表达量的影响

1. 丁酸梭菌对绵羊肌肉发育相关基因表达量的影响

蛋白质沉积的直观表现是肌肉质量的增加，而肌肉生长调控因子主要有 MyoG、MSTN、CAPN-1 和 CAST 等，MyoG 属于生肌决定因子家族，主要在肌肉生长发育和细胞分化方向起着关键作用，有研究表明 *MyoG* 基因缺乏可能导致动物体内肌肉无法正常生成。MSTN 是调控机体骨骼肌形成与分化的重要因子，它会阻碍肌细胞和肌纤维的生长，在肌肉生长发育过程中起到负调控作用。CAPN-1 属于钙蛋白酶系统，在肌肉蛋白质降解过程中发挥着限速酶的作用，能够降解大量的肌原纤维蛋白及骨架蛋白，调节蛋白质沉积，从而调控肌肉质量。CAST 是钙蛋白酶抑制蛋白，主要通过特异性结合 CAPN-1，从而调节其活性抑制蛋白质降解进程，影响机体蛋白质沉积最终作用于肉品质。因此作者团队继续对两组绵羊背最长肌肌肉发育相关基因相对表达量进行了测定。

丁酸梭菌对绵羊背最长肌、股二头肌肌肉发育相关基因表达量的影响见图 4-142。如图所示，丁酸梭菌组背最长肌 *MyoG*、*CAPN-1* 和 *CAST* 基因相对表达量显著上调（$P<0.05$），而 *MSTN* 相对表达量显著下调（$P<0.05$）。丁酸梭菌组股二头肌 *MyoG* 基因相对表达量上调（$P>0.05$），*MSTN*、*CAPN-1* 和 *CAST* 基因相对表达量均显著下调（$P<0.05$）。结合丁酸梭菌组背最长肌肌纤维直径显著增大的结果（图 4-138）可知丁酸梭菌可有效促进骨骼肌生长发育，减缓绵羊蛋白质降解速率，增强蛋白质沉积。因此，丁酸梭菌诱导蛋白质沉积进而促进绵羊肌肉发育可能与 MyoG/MSTN 系统以及 CAPN-1/CAST 系统增强蛋白质沉积有关。有研究报道亮氨酸能提高 *MyoG* 基因表达量，结合丁酸梭菌可以显著提高肌肉中亮氨酸含量的结果（表 4-68），推测丁酸梭菌可能通过改善肌肉中亮氨酸的含量进而激活 *MyoG*，促进股二头肌发育，侧面佐证了绵羊体内蛋白质沉积加剧，这与股二头肌肌纤维直径、横截面积显著增大（图 4-140）结果完全吻合。

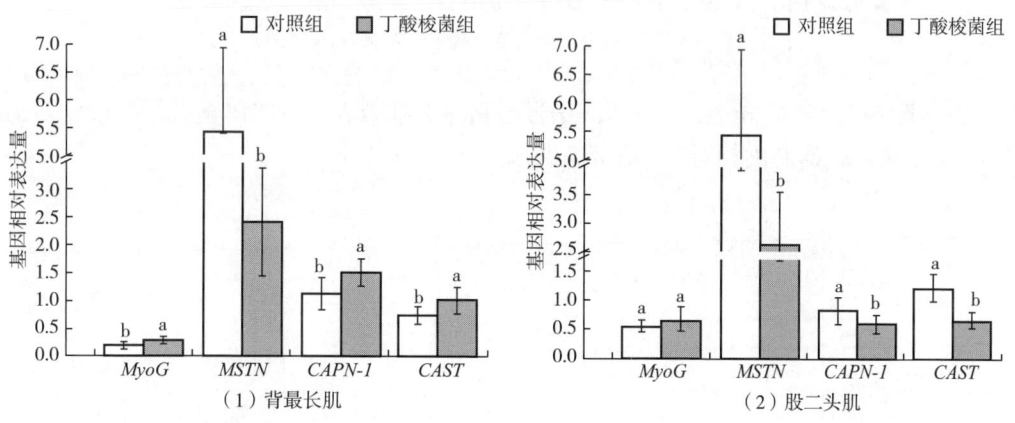

图 4-142　丁酸梭菌对绵羊背最长肌、股二头肌肌肉发育相关基因 mRNA 表达量的影响

［字母不同表示同一基因不同组之间差异显著（$P<0.05$）］

2. 丁酸梭菌对绵羊 Akt 信号通路相关基因的影响

（1）丁酸梭菌对绵羊背最长肌 Akt 信号通路相关基因表达量的影响　丁酸梭菌对绵羊背最长肌 Akt 信号通路相关基因表达量的影响见图 4-143。试验结果表明，丁酸梭菌的添加显著上调 *IGF-1* 基因相对表达量，*IGF-1R* 基因相对表达量也有升高的趋势。研究表明丁酸梭菌进入肠道后可代谢产生短链脂肪酸，短链脂肪酸有提高 IGF-1 水平的能力（Yan et al.，2016），IGF-1 诱导激活 Akt 信号通路进而促进蛋白质合成。丁酸梭菌组 *Akt1*、*mTOR*、*p70S6K* 及 *4EBP1* 基因相对表达量均显著上调，王宏迪（2022）也通过试验证实乳酸菌可激活苏尼特羊骨骼肌中 Akt、mTOR 等靶点，提示补充益生菌可通过诱导 Akt 信号通路促进肌肉蛋白质合成。丁酸梭菌可产生大量丁酸，丁酸可通过激活 Akt/mTOR 信号通路介导的蛋白质合成等机制提高紧密连接蛋白的丰度。Yan 等（2017）研究表明丁酸可提高脂多糖处理细胞体系下 p-Akt 与 Akt 的比值，即丁酸可缓解脂多糖对 Akt 信号通路的抑制作用。由此可见，丁酸梭菌可激活 Akt 信号通路进而促进绵羊肌肉蛋白质合成，这对改善生长性能及肉用品质具有积极作用。丁酸梭菌组的 *FoxO3* 和 *MAFbx* 基因表达量显著降低，表明丁酸梭菌可通过调控 Akt/FoxO3 信号通路抑制绵羊体内蛋白质降解，有效调节机体蛋白质沉积速率。

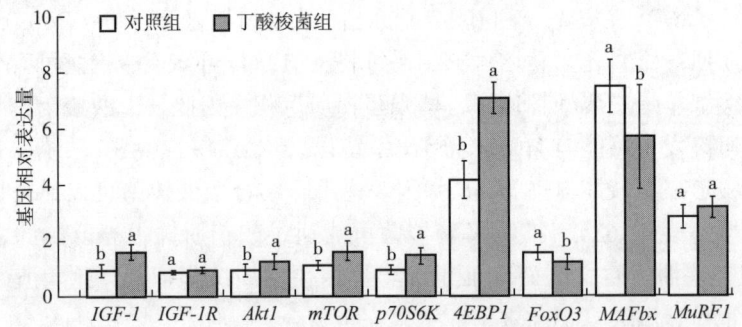

图 4-143　丁酸梭菌对绵羊背最长肌蛋白质代谢基因相对表达量的影响

[字母不同表示同一基因不同组之间差异显著（$P<0.05$）]

（2）丁酸梭菌对绵羊股二头肌 Akt 信号通路相关基因表达量的影响　丁酸梭菌对绵羊股二头肌蛋白质代谢基因相对表达量的影响见图 4-144。

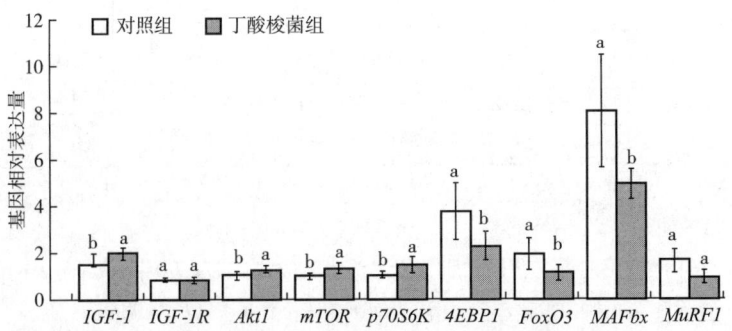

图 4-144　丁酸梭菌对绵羊股二头肌蛋白质代谢基因相对表达量的影响

[字母不同表示同一基因不同组之间差异显著（$P<0.05$）]

研究表明支链氨基酸含量升高时可激活体内 mTOR 靶点及其下游效应器 p70S6K（魏姆钰，2022），已证实日粮补充丁酸梭菌可提高亮氨酸和异亮氨酸的含量（表 4-68），结合丁酸梭菌可显著上调绵羊股二头肌 *Akt1*、*mTOR* 和 *p70S6K* 基因相对表达量的结果，推测支链氨基酸可能作为信号因子激活 Akt/mTOR 信号通路进而促进机体蛋白质合成。骨骼肌的蛋白质降解主要通过泛素-蛋白酶体、钙蛋白酶降解和自噬-溶酶体通路，MuRF1 和 MAFbx 是泛素-蛋白酶体通路影响蛋白质降解的限速酶。与对照组相比，丁酸梭菌组 *FoxO3* 和 *MAFbx* 基因相对表达量显著下调，表明丁酸梭菌可能通过分泌短链脂肪酸抑制 Akt/FoxO3 信号通路进而抑制绵羊体内蛋白质降解。即日粮补充丁酸梭菌上调 *IGF-1*、*Akt1*、*mTOR* 和 *p70S6K* 基因相对表达量，下调 *4EBP1*、*FoxO3* 和 *MAFbx* 基因相对表达量，通过介导 Akt 信号通路促进蛋白质合成的同时有效抑制蛋白质降解。

（八）丁酸梭菌对绵羊蛋白代谢相关信号通路蛋白表达的影响

1. 丁酸梭菌对绵羊背最长肌 Akt 信号通路蛋白表达的影响

丁酸梭菌对绵羊背最长肌 Akt 信号通路相关蛋白表达的影响见图 4-145。由图可知，

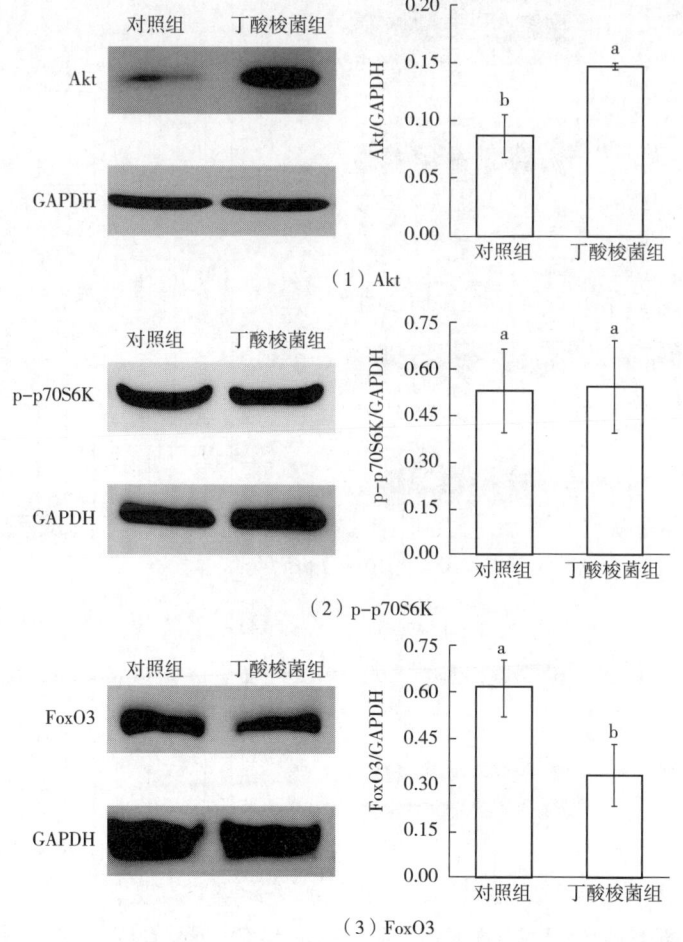

图 4-145　丁酸梭菌对绵羊背最长肌 Akt 信号通路蛋白表达的影响

［字母不同表示差异显著（$P<0.05$）］

丁酸梭菌显著上调绵羊背最长肌 Akt 蛋白表达量（$P<0.05$），显著下调 FoxO3 蛋白表达量（$P<0.05$）。

作者团队研究发现，补充丁酸梭菌后绵羊背最长肌 Akt 蛋白表达上调，提示丁酸梭菌可能通过与 Akt 信号通路的相互作用促进绵羊体内蛋白质沉积。激活的 Akt 会去磷酸化下游 FoxO3 蛋白，进而导致下游效应器 MuRF1 和 MAFbx 表达水平降低，抑制蛋白质降解。丁酸梭菌组 FoxO3 蛋白表达下调，说明丁酸梭菌通过抑制 Akt/FoxO3 信号通路降低了绵羊体内蛋白质降解速率。

2. 丁酸梭菌对绵羊股二头肌 Akt 信号通路蛋白表达的影响

丁酸梭菌对绵羊股二头肌 Akt 信号通路相关蛋白表达的影响见图 4-146。由图可知，丁酸梭菌组 FoxO3 蛋白表达显著下调（$P<0.05$），Akt 和 p-p70S6K 蛋白表达在两组间无统计学差异（$P>0.05$）。这可能是因为丁酸梭菌介导绵羊蛋白质代谢的机制在 mRNA 层面有显著的调节作用，而在蛋白质水平调控作用不显著。丁酸梭菌组股二头肌 FoxO3 蛋白

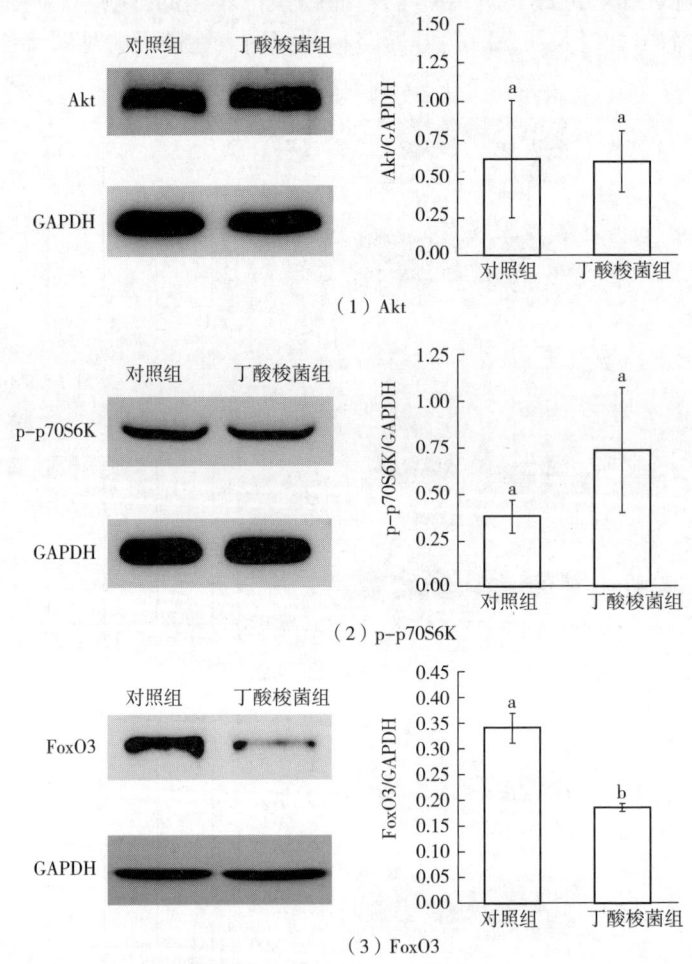

图 4-146 丁酸梭菌对绵羊股二头肌 Akt 信号通路蛋白表达的影响

[字母不同表示差异显著（$P<0.05$）]

表达显著降低，表明丁酸梭菌能够有效调节 Akt/FoxO3 信号通路从而达到抑制肌肉蛋白质降解的作用，有助于蛋白质积累。

（九）基于 TMT 蛋白质组学揭示丁酸梭菌调控蛋白质代谢的潜在机制

为了评估丁酸梭菌调控蛋白质代谢的机制，作者团队应用蛋白质组学技术确定内源性蛋白质的表达水平。内源性蛋白在丁酸梭菌组和对照组中的表达见图 4-147、图 4-148。丁酸梭菌组与对照组之间鉴定了 54 种差异表达蛋白（差异倍数>1.1 或<0.91，$P<0.05$），其中 22 种蛋白质上调，32 种蛋白质下调。与对照组相比（图 4-147），丁酸梭菌组背最长肌中的蛋白质与泛素蛋白酶、细胞凋亡、肌肉结构、能量代谢、热休克和氧化应激有关。热图显示了两组间表达模式的差异（图 4-148）。数据表明两组之间的蛋白质图谱存在差异。

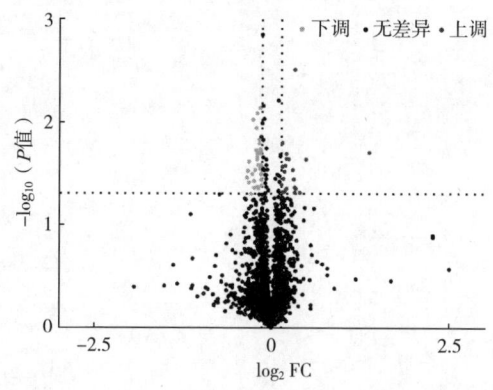

图 4-147　丁酸梭菌对绵羊蛋白质丰度的影响（差异倍数>1.1 或<0.91，$P<0.05$）

蛋白质沉积表现为骨骼肌发育，而两组参与骨骼肌发育的一些蛋白质之间的表达存在显著差异。$\beta1$ 整合素（integrin beta 1，ITGB1）作为肌源性分化的关键，是一种参与细胞黏附和肌肉再生的重要膜受体。先前的一项研究表明，ITGB1 抑制跨膜蛋白 TMEM182 的表达（Luo et al.，2021），这种相关作用阐述了 ITGB1 促进肌肉发育的积极作用。一磷酸腺苷脱氨酶（adenosine monophosphate deaminase，AMPD）是骨骼肌能量代谢的重要酶，它的缺乏是导致运动性肌病的常见原因。肌肉质量的增加是蛋白质沉积的自然表现。因此，AMPD1 的高表达可能伴随着肌肉的发育。肌球蛋白重链 3（MYH3）的高表达与蛋白质合成有关。C 型凝集素结构域家族 3 成员 B（C-type lectin domain family 3 member B，CLEC3B）是 C 型凝集素超家族的一员，在细胞中编码四连蛋白，而四连蛋白是胚胎发育、肌肉再生和体外肌肉细胞分化过程中肌肉发生的一种新标志物。多聚 ADP 核糖聚合酶 1（poly［ADP-ribose］polymerase 1，PARP-1）是一种由 *PARP-1* 基因编码的酶。蛋白磷酸酶 2 调节亚基 B alpha（protein phosphatase 2 regulatory subunit B alpha，PPP2R2A）是磷酸酶 2 调节亚基 B 家族的重要成员，对蛋白质的去磷酸化至关重要，并阻止泛素介导的蛋白水解。La 核糖核蛋白 1（La-associated protein 1，LARP1）是一种调节 mRNA 翻译并影响

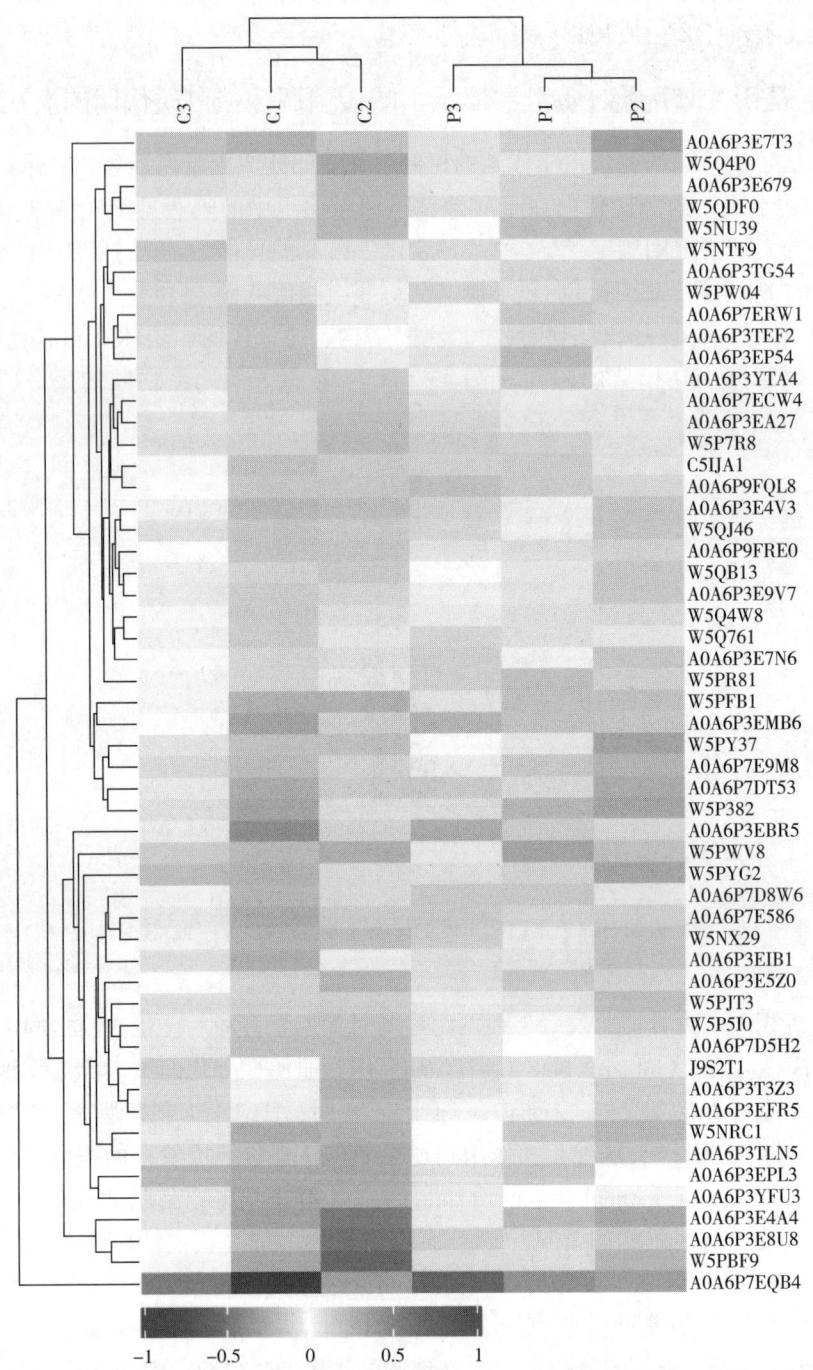

图 4-148 丁酸梭菌对绵羊差异表达蛋白质的影响
(C1~C3 为对照组；P1~P3 为丁酸梭菌组)

mRNA 稳定性的 RNA 结合蛋白，它参与蛋白质合成、细胞分裂和细胞凋亡。LARP1 可以调节 mTORC1 特异性下游 mRNA 的翻译，也可能激活 4EBP1 的表达以诱导肌肉肥大。重组脂质 1（recombinant lipin 1，LPIN1）在人类肌肉功能中发挥关键作用。蛋白质翻译发生在核糖体中，核糖体蛋白 S19（ribosomal protein S19，RPS19）编码作为 40S 亚基一部分的核糖体蛋白。40S 核糖体亚基通过促进信使核糖核酸翻译的启动参与蛋白质积累，最终诱导蛋白质合成。S100 钙结合蛋白 A16（S100 calcium binding protein A16，S100A16）通过 Akt 和 ERK1/2 信号通路促进细胞状态，表明 S100A16 和 Akt 之间存在关系。值得注意的是，丁酸梭菌组上述蛋白质均显著上调，表明日粮中补充丁酸梭菌可有效促进蛋白质沉积、肌肉发育。

酰基辅酶 A 脱氢酶家族成员 8（Acyl-CoA dehydrogenase family member 8，ACAD8）在脂肪酸和支链氨基酸代谢中具有催化脱氢功能，对缬氨酸的分解代谢尤其重要。Ericksen 等（2019）报道，肝癌细胞中支链氨基酸分解代谢缺陷导致支链氨基酸的积累，从而增强 mTORC1 的活性。作者团队研究中，ACAD8 的表达被下调，推测这将减少氨基酸的分解代谢，导致它们的积累和 mTOR 信号通路的激活。自噬和泛素-蛋白酶体系统是导致许多疾病发生和发展的两个主要蛋白质降解系统。E2 泛素偶联酶家族在泛素-蛋白酶体通路中发挥作用。UBE2D3 是 E2 泛素偶联酶家族的重要成员，参与细胞凋亡、DNA 损伤反应、肿瘤发生、细胞周期控制和各种基于细胞的活动。UBE2D2 可以通过参与泛素-蛋白酶体通路调节细胞的基本活性。当 UBE2B 降低时，蛋白酶体底物会急剧减少，揭示了 UBE2B 在蛋白质沉积中的重要性。纤维连接蛋白 1（fibronectin1，FN1）是一种存在于各种组织中的糖蛋白。研究发现 FN1 通过激活 Akt 和 p-p70S6K 和 4EBP1 来刺激非小细胞肺癌细胞的增殖。脂肪酸结合蛋白 3（fatty acid binding protein，FABP3）是 9 种已知的胞质 FABPs 之一，它在骨骼肌和其他组织中最普遍地表达，参与调节肌内脂肪含量和提高胰岛素敏感性。补体 C1q 结合蛋白（complement component C1q subcomponent binding protein，C1QBP），是一种与补体成分 C1q 和 gC1q 受体结合的酸性蛋白。原核表达的 C1QBP 可以增强猪繁殖与呼吸综合征病毒（porcine reproductive and respiratory syndrome virus，PRRSV）诱导的 NF-κB 活化和 p65 磷酸化。因此，下调的 C1QBP 蛋白可能直接导致 NF-κB 的表达降低，从而阻断蛋白质降解通路。上述所有蛋白质在丁酸梭菌组中都显著下调，这从另一个角度为丁酸梭菌促进蛋白质沉积提供了合理的解释。

根据 GO 分析，蛋白质功能包括生物过程（$n=179$）、分子功能（$n=74$）和细胞成分（$n=22$）。图 4-149 所示为差异蛋白中前 20 个富集的 GO 功能，在丁酸梭菌组与对照组的比较中，受影响的主要生物过程是钙非依赖性细胞-基质黏附（两种蛋白质；GO：0007161)、甘油-脂质生物合成过程（三种蛋白质；GO：0045017）和磷脂生物合成过程（两种蛋白质；GO：0008654)。此外，这些蛋白质功能富集于 8 个蛋白质合成、4 个细胞凋亡、6 个炎症反应和 12 个脂质代谢功能。主要的分子功能类别是催化活性（作用于 DNA；四种蛋白质；GO：0140097)、氧化还原酶活性（作为供体作用于二酚和相关物质，细胞色素作为受体；两种蛋白质；GO：0016681）和氧化还原酶活性，也富集于翻译起始因子结合（GO：0031369）和线粒体核糖体结合（GO：0097177)。细胞核（八种蛋白质；GO：0005730)、核仁部分（两种蛋白质；GO：0044452)、突触膜（两种蛋白质；G0：0097060）和 NF-κB 复合物（一种蛋白质；GO：0071159）是主要的细胞蛋白质组分类别。TORC1 复合物（GO：003131）和与整合素复合物相关的 5 个条目也被富集。进一步

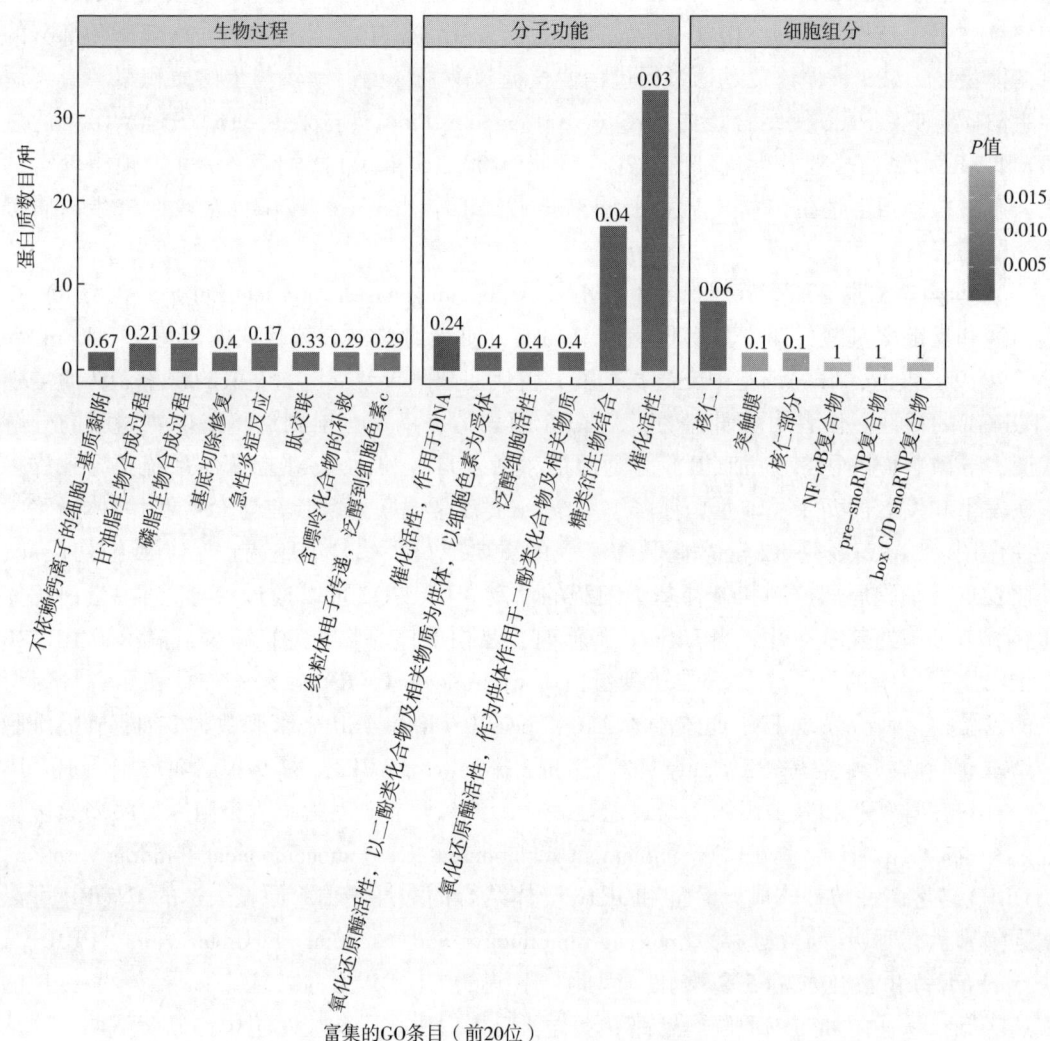

图 4-149 差异表达蛋白的 GO 注释图

进行 KEGG 分析,以确定参与蛋白质沉积的差异表达蛋白的富集通路,结果如表 4-71 所示。丁酸梭菌组的差异蛋白主要参与 61 种代谢通路,参与碱基切除修复(oas03410)、黏附分子连接(oas04520)、鞘脂信号通路(oas04071)和核黄素代谢(oas00740)的差异蛋白显著富集。功能注释聚类和通路分析表明,与蛋白质沉积相关的几种信号通路也得到了富集:PI3K-Akt 信号通路(oas04151)、NF-κB 信号通路(coas04064)、真核生物中的核糖体生物发生(oas03008)、半胱氨酸和甲硫氨酸代谢(oas00270)、赖氨酸降解(oas00310)(Sato et al., 2014)、AMPK 信号通路(oas04152)、精氨酸和脯氨酸代谢(oas 00330)和 mTOR 信号通路(oas04150)。这些信号通路通过不同的潜在机制调节蛋白质沉积。

表 4-71 KEGG 通路富集分析

代谢通路	所注释 KEGG 通路的 ID	差异蛋白质集合中与该通路相关的蛋白质数目/种	所有定性蛋白质集合中与该通路相关的蛋白质数目/种	P 值
碱基切除修复	oas03410	2	3	0.001
黏附分子连接	oas04520	2	7	0.007
鞘脂信号通路	oas04071	2	14	0.029
核黄素代谢	oas00740	1	3	0.057
嘌呤代谢	oas00230	2	23	0.073
近端小管碳酸氢盐再生	oas04964	1	4	0.076
硫胺素代谢	oas00730	1	5	0.094
NF-κB 信号通路	oas04064	1	5	0.094
PI3K-Akt 信号通路	oas04151	2	29	0.108
自然杀伤细胞介导的细胞毒性	oas04650	1	6	0.112
紧密连接	oas04530	2	30	0.115
氧化磷酸化	oas00190	3	62	0.119
心肌收缩	oas04260	2	31	0.121
甘油磷脂代谢	oas00564	1	7	0.129
泛酸盐和 CoA 生物合成	oas00770	1	7	0.129
B 细胞受体信号通路	oas04662	1	7	0.129
真核生物中的核糖体生物合成	oas03008	1	8	0.146
Wnt 信号通路	oas04310	1	9	0.163
VEGF 信号通路	oas04370	1	9	0.163
TLR 信号通路	oas04620	1	9	0.163
半胱氨酸和甲硫氨酸代谢	oas00270	1	10	0.179
破骨细胞分化	oas04380	1	10	0.179
FcεRI 信号通路	oas04664	1	10	0.179
胰液	oas04972	1	10	0.179
甘油脂代谢	oas00561	1	11	0.195
磷脂酶 D 信号通路	oas04072	1	11	0.195
Hippo 信号通路	oas04390	1	12	0.211
FcγR 介导的吞噬作用	oas04666	1	12	0.211

续表

代谢通路	所注释KEGG通路的ID	差异蛋白质集合中与该通路相关的蛋白质数目/种	所有定性蛋白质集合中与该通路相关的蛋白质数目/种	P 值
乙醛酸和二羧酸代谢	oas00630	1	13	0.226
氨酰-tRNA 生物合成	oas00970	1	13	0.226
mRNA 监视通路	oas03015	1	13	0.226
RNA 降解	oas03018	1	14	0.241
轴突导向	oas04360	1	14	0.241
白细胞跨内皮迁移	oas04670	1	14	0.241
赖氨酸降解	oas00310	1	15	0.256
趋化因子信号通路	oas04062	1	15	0.256
PPAR 信号通路	oas03320	1	16	0.271
Rap1 信号通路	oas04015	1	16	0.271
AMPK 信号通路	oas04152	1	16	0.271
柠檬酸循环（TCA 循环）	oas00020	1	17	0.285
Ras 信号通路	oas04014	1	17	0.285
细胞凋亡	oas04210	1	17	0.285
Neurotrophin 信号通路	oas04722	1	17	0.285
多巴胺能突触	oas04728	1	17	0.285
酒精性肝病	oas04936	1	18	0.299
核糖体	oas03010	2	59	0.320
cAMP 信号通路	oas04024	1	20	0.326
精氨酸和脯氨酸代谢	oas00330	1	21	0.340
mTOR 信号通路	oas04150	1	22	0.353
中性粒细胞胞外诱捕网形成	oas04613	1	22	0.353
剪接体	oas03040	1	24	0.378
吞噬体	oas04145	1	24	0.378
丙酮酸代谢	oas00620	1	25	0.390
坏死性凋亡	oas04217	1	25	0.390
热产生	oas04714	2	73	0.419
MAPK 信号通路	oas04010	1	28	0.425

续表

代谢通路	所注释KEGG通路的ID	差异蛋白质集合中与该通路相关的蛋白质数目/种	所有定性蛋白质集合中与该通路相关的蛋白质数目/种	P 值
心肌细胞中的肾上腺素能信号	oas04261	1	30	0.448
焦点黏附	oas04510	1	35	0.500
内质网中的蛋白质加工	oas04141	1	36	0.510
肌动蛋白细胞骨架的调节	oas04810	1	36	0.510
胞吞作用	oas04144	1	47	0.607

第五节 胃肠道菌群

反刍动物胃肠道内存在大量微生物，胃肠道微生物通过降解宿主自身难以消化的纤维（主要包括纤维素、半纤维素和木质素），为机体提供生长所需的能量和养分。肠道微生物主要依靠动物的肠道生活并协助宿主完成多种生理生化功能，并最终形成微生物与宿主、微生物与微生物间的动态平衡。动物胃肠道微生物菌群与动物机体互利共生，不仅参与动物胃肠道消化代谢，同时与动物生长发育、健康状况有密切关系。

一、饲养方式对羊胃肠道菌群的影响

草原生态环境的变化和国家禁牧等相关政策的实施使得原有的传统自然放牧逐步向放牧、补饲或舍饲转变，在这一过程中，因为环境的变化，动物胃肠道菌群受到影响。动物胃肠道菌群是一个动态的生物系统，影响胃肠道菌群组成和多样性的因素主要包括动物日粮、年龄和基因型等。其中日粮作为重要因素主要通过影响胃肠道菌群来影响机体各项代谢水平（如机体血脂代谢水平及蛋白质代谢水平），最终影响了羊肉品质。作者团队以内蒙古地区3~4月龄绵羊为研究对象，舍饲3个月后屠宰，取瘤胃及大肠内容物作为试验材料，分析探究了不同饲养方式对苏尼特羊胃肠道菌群的影响。通过在日粮中添加不同营养物质来改善苏尼特羊胃肠道菌群组成结构，进一步发掘改善肉品质的潜在优势菌群及关键调控因子。

（一）饲养方式对苏尼特羊瘤胃菌群的影响

1. 饲养方式对苏尼特羊瘤胃菌群 α-多样性的影响

对苏尼特羊瘤胃内容物进行16S rRNA测序，可以得出反映瘤胃菌群的 α-多样性的一些关键指标。Shannon指数和Simpson指数可以反映物种多样性，Ace指数和Chao指数可以反映物种丰富度。如表4-72所示，通过Illumina高通量测序技术检测到不同饲养方式下瘤胃液中的序列数分别为49455条、40012条和44505条，放牧羊序列数要高于舍饲羊。

根据97%序列相似性划分为一个OTU（operational taxonomic unit），共检测到2320个OTU，不同饲养模式（放牧组、放牧+舍饲组和舍饲组）下苏尼特羊瘤胃中OTU数分别为1229个、1113个和450个。本研究中放牧组中观测到Shannon指数、Ace指数和Chao指数显著高于舍饲组，说明放牧组苏尼特羊瘤胃微生物多样性和丰富度显著高于舍饲组，该结果与张晨光（2020）的研究结果一致。上述结果的出现可能是由于相比于放牧，舍饲日粮组成较为单一，而放牧条件下牧草中含有多种营养物质。研究表明不同日粮组成导致胃肠道菌群组成的不同，营养水平丰富的日粮更有利于促进胃肠道发挥其消化吸收的功能。

表 4-72　饲养方式对苏尼特羊瘤胃菌群 α-多样性的影响

指标	放牧组	放牧+舍饲组	舍饲组
序列数/条	49455	40012	44505
OTU 数/个	1229	1113	450
Shannon 指数	5.42 ± 0.35^a	5.35 ± 0.37^a	3.46 ± 0.54^b
Simpson 指数	0.02 ± 0.01	0.02 ± 0.01	0.10 ± 0.05
Ace 指数	1415.10 ± 153.73^a	1218.00 ± 199.22^b	516.32 ± 87.30^c
Chao 指数	1431.90 ± 144.23^a	1234.50 ± 217.22^b	518.04 ± 93.74^c
覆盖率/%	98.8	99.0	99.5

注：同行不同小写字母肩注表示差异显著（$P<0.05$）。

2. 饲养方式对苏尼特羊瘤胃菌群 β-多样性的影响

将构建的OTU进行基于UniFrac的非加权主成分分析，由图4-150（1）所知，第一主成分和第二主成分的解释度为34.49%和13.23%。三种饲养模式下瘤胃样品能够完全分离，不存在交叉现象，同组样品能够聚在一起。基于Unifrac非加权距离的UPGMA聚类树图［图4-150（2）］可以看出各组样品的聚类情况较好，每个组别可单独聚为一簇，进一步推断出组内样品间相似度高于组间样品相似度，不同饲养模式下苏尼特羊瘤胃微生物存在显著差异。

3. 饲养方式对苏尼特羊瘤胃菌群组成的影响

在门水平上，根据物种注释结果，苏尼特羊瘤胃细菌一共检测到了21个门，其中丰度前7的物种如图4-151和表4-73所示。拟杆菌门、厚壁菌门、变形菌门、软壁菌门、互养菌门、螺旋体门（Spirochaetes）和纤维杆菌门是苏尼特羊瘤胃液中相对丰度值较高的细菌。由表4-73可知，不同饲养方式下厚壁菌门的相对丰度存在显著差异，放牧组厚壁菌门的相对丰度为25.24%，放牧+舍饲组厚壁菌门相对丰度为31.00%，而舍饲组则为11.57%。由此，其瘤胃门水平微生物丰度高低依次为放牧+舍饲组>放牧组>舍饲组。放牧组中厚壁菌门的相对丰度高于舍饲组，进一步表明苏尼特羊胃肠道中可降解纤维的微生物存在差异。厚壁菌门是促进动物胃肠道微生物分解纤维素的优势菌群，而拟杆菌门是促进动物利用碳水化合物的优势菌群，但拟杆菌门的相对丰度在三组中无显著差异。通过分析发现舍饲组中变形菌门的比例较高，其相对丰度为29.58%，显著高于放牧组和放牧+舍饲

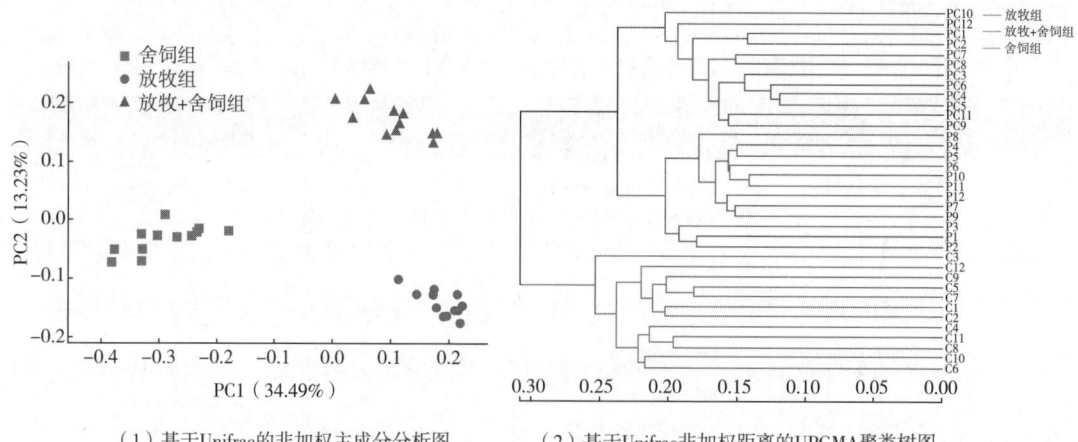

(1) 基于Unifrac的非加权主成分分析图　　(2) 基于Unifrac非加权距离的UPGMA聚类树图

图4-150　饲养方式对苏尼特羊瘤胃菌群β-多样性的影响

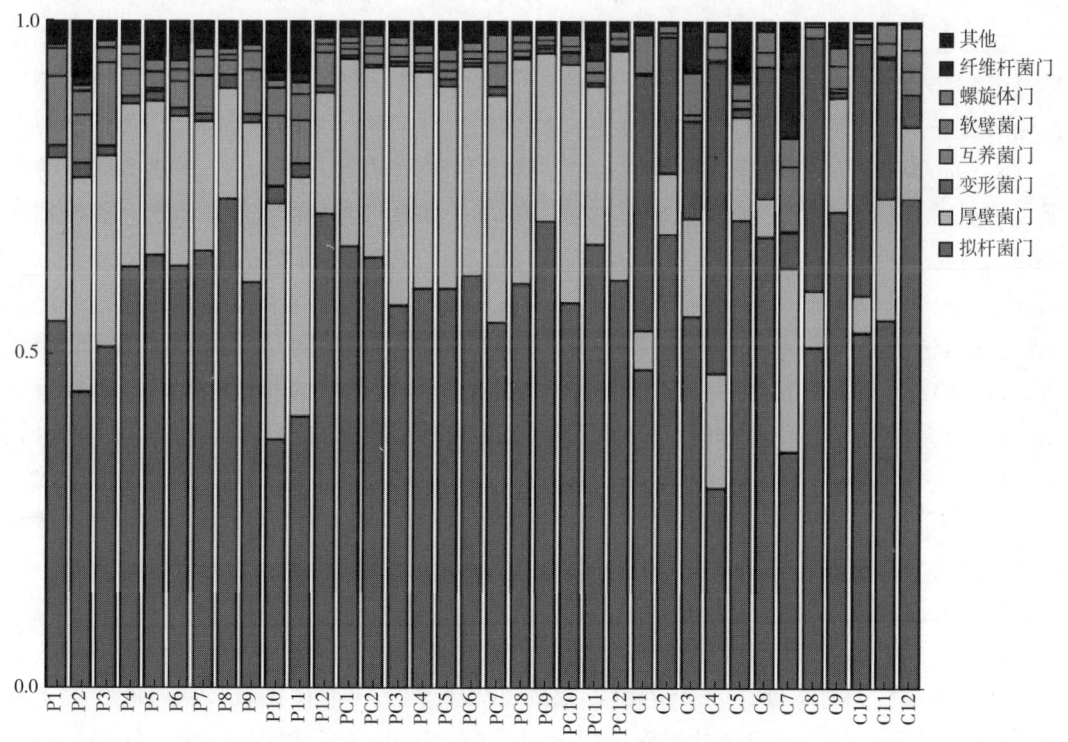

图4-151　门水平上苏尼特羊瘤胃菌群组成

(P代表放牧组，C代表舍饲组，数字代表样本编号)

组。变形菌门在瘤胃代谢中起着重要作用，并且与生物膜的形成和可溶性碳水化合物的发酵和消化有密切相关性。舍饲组中螺旋体门和纤维杆菌门的相对丰度显著高于放牧和放牧+舍饲组，而放牧组中互养菌门和软壁菌门的相对丰度显著高于舍饲组。

表4-73 饲养方式对苏尼特羊瘤胃菌群的影响（门水平）　　　　单位：%

门	放牧组	放牧+舍饲组	舍饲组
拟杆菌门	57.60±11.81	61.81±4.35	58.62±13.06
厚壁菌门	25.24±6.38[b]	31.00±4.04[a]	11.57±4.96[c]
变形菌门	1.66±0.52[b]	0.80±0.21[b]	29.58±1.86[a]
互养菌门	6.79±3.13[a]	0.71±0.47[b]	0.16±0.02[b]
软壁菌门	2.65±1.13[a]	1.19±0.32[b]	1.61±1.03[b]
螺旋体门	1.21±0.36[b]	1.43±0.48[b]	2.73±0.43[a]
纤维杆菌门	1.06±0.63[ab]	0.58±0.24[b]	1.27±0.29[a]

注：同行不同小写字母肩注表示差异显著（$P<0.05$）。

在属水平上，根据物种注释结果，苏尼特羊瘤胃液中一共检测到了176个属，其中前15个相对丰度较高的属如图4-152所示。苏尼特羊瘤胃中细菌主要包括了普雷沃氏菌属（*Prevotella*）、RC9肠道群属（*RC9_gut_group*）、反刍杆菌属（*Ruminobacter*）、琥珀酸弧菌属（*Succinivibrio*）、奎因氏菌属（*Quinella*）、纤维杆菌属（*Fibrobacter*）、产乙酸糖发酵菌属（*Saccharofermentans*）、密螺旋体属（*Treponema*）、丁酸弧菌属、瘤胃球菌属、螺旋体属（*Spirochaeta*）、解琥珀酸菌属（*Succiniclasticum*）、拟杆菌属和海旋菌属（*Thalassospira*），其中一些未分类的科的属归类为未分类（unclassified）。由表4-74可知，放牧羊瘤胃中普雷沃氏菌属和拟杆菌属的相对丰度显著高于舍饲组和放牧+舍饲组，其原因主要是日粮中含有较高的纤维含量。放牧组和放牧+舍饲组中RC9肠道群属的相对丰度显著高于舍饲组。在厚壁菌门中存在大量分解纤维的菌属，其中包括丁酸弧菌属和瘤胃球菌属。三种饲养模式下丁酸弧菌属的相对丰度差异显著，且其在瘤胃中的含量为放牧+舍饲组>放牧组>舍饲组。丁酸弧菌属是涉及十八碳脂肪酸生物氢化最活跃的瘤胃细菌属，主要包括油酸类和硬脂酸类，并且其在共轭亚油酸（conjugated linoleic acid，CLA）合成中发挥作用。从厚壁菌门来说，放牧组中奎因氏菌属的相对丰度显著高于放牧+舍饲组和舍饲组。放牧+舍饲组中产乙酸糖发酵菌属和解琥珀酸菌属的相对丰度显著高于放牧组和舍饲组。放牧组中海旋菌属的相对丰度显著高于放牧+舍饲组和舍饲组，而琥珀酸弧菌属的相对丰度低于放牧+舍饲组和舍饲组。从螺旋体门来说，舍饲组中密螺旋体属和螺旋体属的相对丰度显著高于放牧组，且增加密螺旋体属的相对丰度对提高纤维的消化能力有一定帮助。

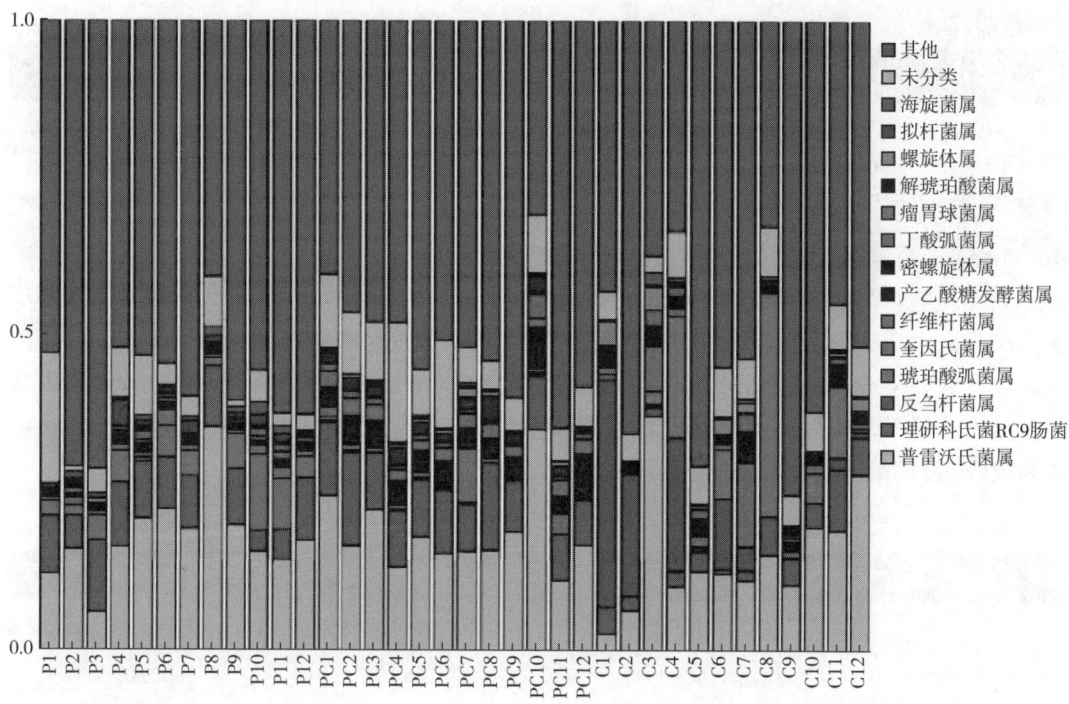

图4-152 属水平上苏尼特羊瘤胃菌群组成

表4-74 饲养方式对苏尼特羊瘤胃菌群的影响(属水平,相对丰度) 单位:%

门	属	放牧组	放牧+舍饲组	舍饲组
拟杆菌门	普雷沃氏菌属	16.58±4.56[a]	15.86±6.14[b]	13.11±4.30[b]
	RC9肠道群属	8.19±2.45[a]	9.64±2.53[a]	4.11±2.46[b]
	拟杆菌属	0.93±0.48[a]	0.17±0.09[b]	0.20±0.09[b]
厚壁菌门	奎因氏菌属	3.52±0.54[a]	0.14±0.02[b]	0.07±0.02[b]
	产乙酸糖发酵菌属	0.30±0.10[b]	3.15±1.23[a]	0.27±0.09[b]
	丁酸弧菌属	0.53±0.28[b]	2.18±0.42[a]	0.17±0.01[c]
	瘤胃球菌属	0.70±0.41	0.82±0.29	1.09±0.19
	解琥珀酸菌属	0.09±0.03[b]	2.07±0.82[a]	0.16±0.13[b]
变形菌门	海旋菌属	0.84±0.05[a]	0.18±0.13[b]	0.36±0.22[b]
	琥珀酸弧菌属	0.02±0.01[b]	0.13±0.09[b]	0.99±0.09[a]
	反刍杆菌属	0.89±0.42	0.41±0.11	0.56±0.27
纤维杆菌门	纤维杆菌属	0.91±0.41	0.78±0.08	1.39±0.98
螺旋体门	密螺旋体属	0.67±0.28[b]	0.93±0.33[b]	1.57±0.81[a]
	螺旋体属	0.29±0.07[b]	0.49±0.04[b]	1.52±0.34[a]

续表

门	属	放牧组	放牧+舍饲组	舍饲组
未分类	未分类	20.02±10.11	26.37±9.27	17.20±10.98

注：同行不同小写字母肩注表示差异显著（$P<0.05$）。

4. 饲养方式对苏尼特羊瘤胃菌群代谢物的影响

饲养模式对苏尼特羊瘤胃菌群代谢物的影响如表4-75所示。放牧+舍饲组中乙酸和戊酸含量分别为4.24 mg/mL和0.33 mg/mL，显著低于放牧组和舍饲组，而异丁酸和异戊酸的含量显著高于放牧组和舍饲组，浓度分别为12.97 mg/mL和26.56 mg/mL。放牧组丙酸的含量显著低于舍饲组和放牧+舍饲组。三种饲养模式下丁酸含量存在显著差异，大小依次为放牧+舍饲组>放牧组>舍饲组。

表4-75　饲养模式对苏尼特羊瘤胃菌群代谢物的影响　　单位：mg/mL

菌群代谢物	放牧组	放牧+舍饲组	舍饲组
乙酸	5.46±1.09^a	4.24±0.63^b	5.44±0.93^a
丙酸	1.68±0.43^b	2.15±0.87^a	2.02±0.76^a
丁酸	12.21±0.24^b	21.65±6.21^a	11.06±3.89^c
异丁酸	5.22±0.35^b	12.97±1.91^a	4.73±1.72^b
戊酸	0.61±0.07^a	0.33±0.10^b	0.57±0.02^a
异戊酸	12.86±0.67^b	26.56±5.55^a	13.23±1.39^b

注：同行不同小写字母肩注表示差异显著（$P<0.05$）。

5. 苏尼特羊瘤胃菌群与菌群代谢物的相关性分析

瘤胃菌群与其代谢物相关性分析如表4-76所示。RC9肠道群属、丁酸弧菌属、解琥珀酸菌属和产乙酸糖发酵菌属与乙酸、异丁酸、丁酸和异戊酸呈极显著正相关，丁酸弧菌属、产乙酸糖发酵菌属和解琥珀酸菌属与戊酸呈显著负相关，拟杆菌属和海旋菌属与异丁酸和异戊酸呈显著负相关。

表4-76　瘤胃菌群与菌群代谢物的相关性分析

细菌	乙酸	丙酸	异丁酸	丁酸	异戊酸	戊酸
普雷沃氏菌属	0.053	0.061	0.018	0.101	0.033	0.021
RC9肠道群属	0.536**	0.131	0.523**	0.575**	0.559**	-0.115
反刍杆菌属	-0.245	-0.074	-0.256	-0.21	-0.239	0.029
琥珀酸弧菌属	-0.207	0.138	-0.216	-0.145	-0.188	0.201
奎因氏菌属	-0.195	-0.19	-0.189	-0.252	-0.19	0.044
纤维杆菌属	-0.098	-0.015	-0.134	-0.073	-0.133	0.005

续表

细菌	乙酸	丙酸	异丁酸	丁酸	异戊酸	戊酸
产乙酸糖发酵菌属	0.744**	0.011	0.849**	0.652**	0.808**	-0.531**
密螺旋体属	-0.171	0.173	-0.154	-0.136	-0.12	0.093
丁酸弧菌属	0.915**	0.088	0.953**	0.789**	0.913**	-0.500**
瘤胃球菌属	0.065	0.087	0.045	0.128	0.085	-0.045
解琥珀酸菌属	0.817**	0.003	0.840**	0.670**	0.794**	-0.526**
螺旋体属	-0.121	-0.089	-0.126	-0.134	-0.123	-0.029
拟杆菌属	-0.359	-0.212	-0.372*	-0.33	-0.363*	0.068
海旋菌属	-0.417*	-0.019	-0.445*	-0.375*	-0.425*	0.27

注：表中数据表示相关性分析的 r 值，正负号表示正负相关性，r 值越大表示相关性越强。* 表示相关性 $P<0.05$，** 表示相关性 $P<0.01$。

（二）饲养方式对苏尼特羊肠道菌群的影响

1. 饲养方式对苏尼特羊肠道菌群 α-多样性的影响

根据表 4-77 所示，通过 Illumina 高通量测序技术检测到不同饲养方式（放牧组、放牧+舍饲组和舍饲组）下苏尼特羊肠道中序列数分别为 40952 条、43556 条和 46997 条，舍饲羊序列数要高于放牧羊。根据序列相似性大于 97% 划分为一个 OTU 单元，共检测到 1635 个 OTU。不同饲养模式下苏尼特羊肠道中每个样品中 OTU 数分别为 794 条、702 条和 525 个。放牧羊肠道中含有较多的 OTU 数，从而可推断出放牧羊肠道微生物具有较高的菌群多样性。三种饲养模式下肠道微生物多样性指数（Shannon 指数、Simpson 指数）存在显著差异，放牧组 Shannon 指数为 5.15，放牧+舍饲组为 4.97，舍饲组为 4.09。放牧组 Simpson 指数为 0.01，放牧+舍饲组为 0.02，舍饲组为 0.08。Shannon 指数越大菌群多样性越大，而 Simpson 指数越小表明多样性越大，由此可见三种饲养方式下苏尼特羊肠道菌群的多样性为放牧组>放牧+舍饲组>舍饲组。Ace 指数在放牧组、放牧+舍饲组以及舍饲组中依次为 948.71、839.68 和 634.38。Chao 指数在三组中依次是 955.34、851.70 和 651.16。这两个指数都反映出肠道菌群的丰富度为放牧组>放牧+舍饲组>舍饲组。

表 4-77 饲养方式对苏尼特羊肠道菌群 α-多样性的影响

指标	放牧组	放牧+舍饲组	舍饲组
序列数/条	40952	43556	46997
OTU 数/个	794	702	525
Shannon 指数	5.15±0.12[a]	4.97±0.18[b]	4.09±0.66[c]
Simpson 指数	0.01±0.00[c]	0.02±0.00[b]	0.08±0.06[a]

续表

指标	放牧组	放牧+舍饲组	舍饲组
Ace 指数	948.71±53.19^a	839.68±114.55^b	634.38±125.07^c
Chao 指数	955.34±54.34^a	851.70±124.85^b	651.16±129.73^c
覆盖率/%	98.8	98.9	99.2

注：同行不同小写字母肩注表示差异显著（$P<0.05$）。

2. 饲养方式对苏尼特羊肠道菌群 β-多样性的影响

将构建的 OTU 进行基于 UniFrac 的非加权主成分分析，由图 4-153（1）可知，放牧组聚类效果明显。第一主成分和第二主成分的贡献率为 34.49% 和 11.56%。基于 Unifrac 非加权距离的 UPGMA 聚类树图可以看出三组样品的聚类情况整体较好。由图 4-153（2）可知，三种饲养模式下苏尼特羊肠道样品能够完全分离，不存在交叉现象。同组样品能够聚在一起，但舍饲组样品较分散。因此，可推断出组内样品相似度高于组间样品相似度，不同饲养模式下苏尼特羊肠道微生物存在显著差异。

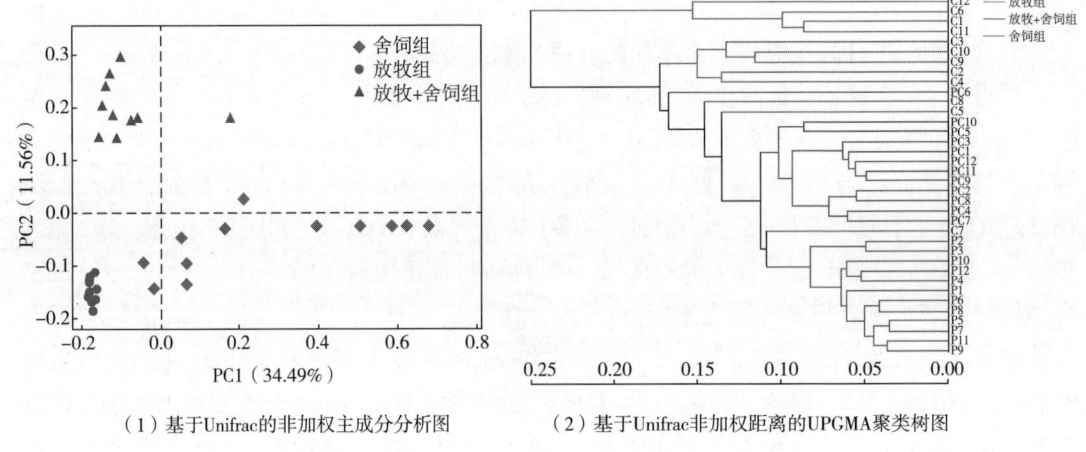

（1）基于Unifrac的非加权主成分分析图　　（2）基于Unifrac非加权距离的UPGMA聚类树图

图 4-153　饲养方式对苏尼特羊肠道菌群 β-多样性的影响

3. 饲养方式对苏尼特羊肠道菌群组成的影响

在门水平上，根据物种注释结果，苏尼特羊肠道微生物一共检测到了 15 个门，其中丰度最高的 5 个相对含量见图 4-154。从图 4-154 中可以看出拟杆菌门、厚壁菌门、变形菌门、软壁菌门和螺旋体门是苏尼特羊肠道中相对丰度值最高的细菌门。饲养方式对苏尼特羊肠道微生物在门水平上的影响如表 4-78 所示。三种饲养模式下厚壁菌门的相对丰度存在显著差异，其大小依次为放牧+舍饲组（55.67%）>放牧组（43.80%）>舍饲组（32.69%），而拟杆菌门的相对丰度在放牧组（51.12%）显著高于舍饲组（39.70%）和放牧+舍饲组（39.42%），舍饲组和放牧+舍饲组间无显著差异。在舍饲组中放线菌门和螺旋体门的相对丰度分别为 12.83% 和 9.81%，均显著高于放牧组和放牧+舍饲组。另外，放牧组（2.98%）和舍饲组（3.06%）中软壁菌门的相对丰度显著高于放牧+舍饲组（1.52%）。

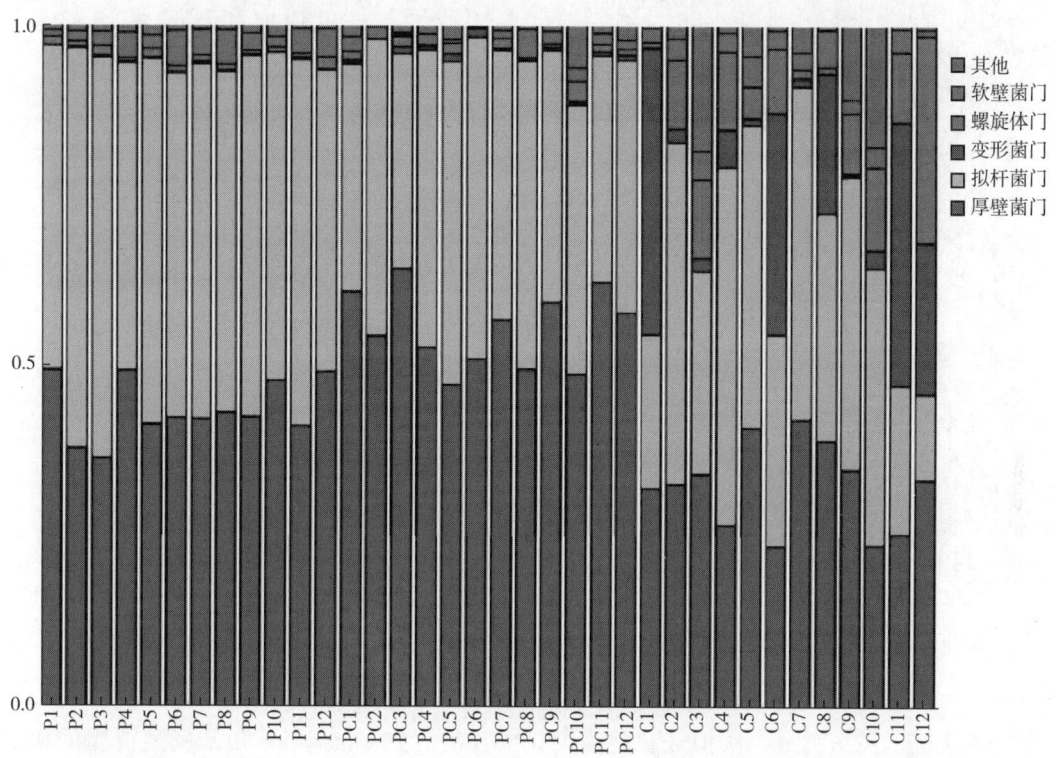

图 4-154　门水平上苏尼特羊肠道菌群组成

表 4-78　饲养方式对苏尼特羊肠道微生物的影响（门水平）　　　单位：%

门	放牧组	放牧+舍饲组	舍饲组
厚壁菌门	43.80±14.39[b]	55.67±5.65[a]	32.69±6.44[c]
拟杆菌门	51.12±4.65[a]	39.70±5.57[b]	39.42±10.70[b]
放线菌门	0.20±0.11[b]	0.64±0.41[b]	12.83±4.39[a]
螺旋体门	1.02±0.39[b]	1.04±0.86[b]	9.81±2.35[a]
软壁菌门	2.98±1.43[a]	1.52±1.07[b]	3.06±1.22[a]

注：同行不同小写字母表示差异显著（$P<0.05$）。

在属水平上，根据物种注释结果，苏尼特羊肠道中共检测到 144 个菌属，其中前 12 种相对丰度较高的物种如图 4-155 所示。苏尼特羊肠道菌群中主要包括拟杆菌属、RC9 肠道群属、另枝菌属、马赛菌属（Phocaeicola）、普雷沃氏菌属、巴氏菌属（Barnesiella）、瘤胃球菌属、考拉杆菌属（Phascolarctobacterium）、颤杆菌克属（Oscillibacter）、布劳特氏菌属（Blautia）、琥珀酸弧菌属和密螺旋体属。饲养方式对苏尼特羊肠道微生物在属水平

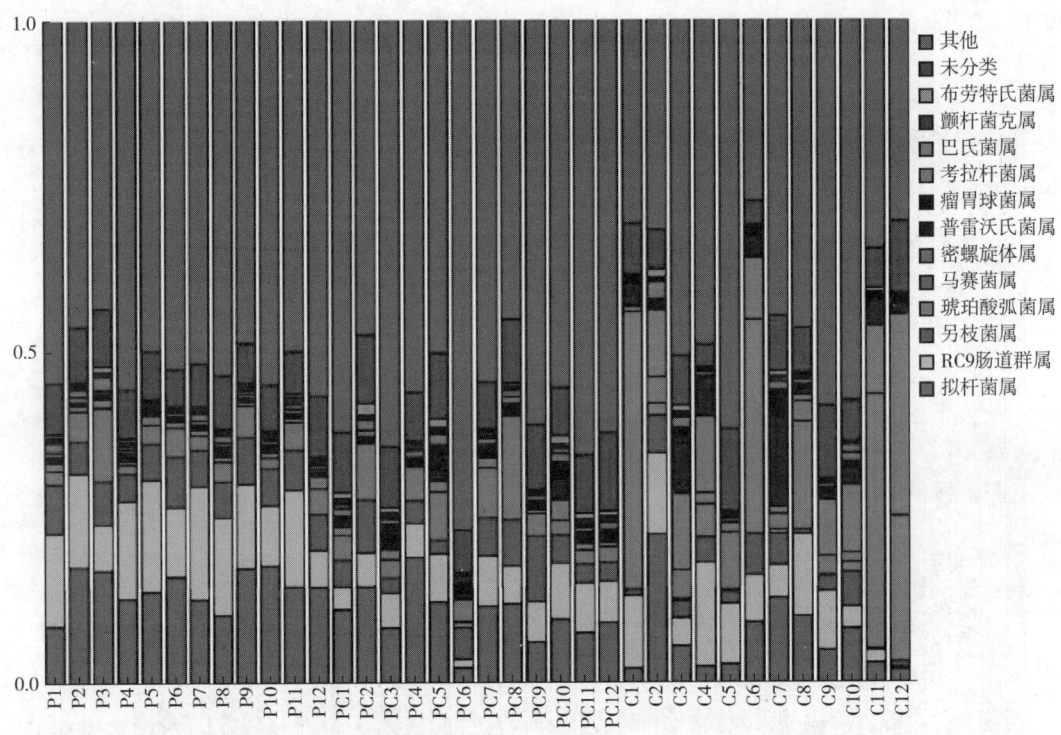

图 4-155 属水平上苏尼特羊肠道菌群组成

上的影响如表 4-79 所示。从拟杆菌门来说，放牧组（12.50%）中 RC9 肠道群属的相对丰度显著大于放牧+舍饲组（5.67%）和舍饲组（6.83%）；舍饲组（2.94%）中另枝菌属的相对丰度显著低于放牧组（5.95%）和放牧+舍饲组（4.38%）。而对于普雷沃氏菌属来说，舍饲组的相对丰度为 3.73%，放牧组为 0.01%，放牧+舍饲组为 0.17%，舍饲组的相

表 4-79 饲养方式对苏尼特羊肠道微生物的影响（属水平） 单位：%

门	属	放牧组	放牧+舍饲组	舍饲组
拟杆菌门	拟杆菌属	15.07±2.43^a	10.40±4.20^b	4.61±2.68^c
	RC9 肠道群属	12.5±3.74^a	5.67±1.98^b	6.83±2.88^b
	另枝菌属	5.95±1.04^a	4.38±1.95^a	2.94±2.11^b
	马赛菌属	3.13±1.24	4.33±2.31	2.79±2.49
	普雷沃氏菌属	0.01±0.00^b	0.17±0.29^b	3.73±0.47^a
	巴氏菌属	0.68±0.41	0.93±0.51	0.50±0.42
厚壁菌门	瘤胃球菌属	0.80±0.31^b	1.75±0.75^a	0.54±0.36^b
	考拉杆菌属	0.56±0.14^b	0.93±0.36^a	0.54±0.53^b
	颤杆菌克属	0.71±0.13^a	0.74±0.19^a	0.39±0.14^b
	布劳特氏菌属	0.36±0.19^b	0.78±0.47^a	0.39±0.37^b

续表

门	属	放牧组	放牧+舍饲组	舍饲组
变形菌门	琥珀酸弧菌属	ND	0.07±0.04^b	1.41±0.71^a
螺旋体门	密螺旋体属	1.02±0.39^b	1.01±0.85^b	9.03±1.47^a

注：同行不同小写字母肩注表示差异显著（$P<0.05$），"ND"表示未检测到。

对丰度显著高于放牧组和放牧+舍饲组，而其他两组间没有显著差异。放牧组（15.07%）肠道中拟杆菌属显著高于舍饲组（4.62%），且发现肠道中拟杆菌属显著高于瘤胃中，可能是随着菌群向后移动，菌群形态也发生了变化。从厚壁菌门来说，放牧+舍饲组中瘤胃球菌属、考拉杆菌属和布劳特氏菌属的相对丰度显著高于放牧组和舍饲组；而舍饲组中颤杆菌克属的相对丰度低于放牧组和放牧+舍饲组。从螺旋体门来说，舍饲组中密螺旋体属的相对丰度高于放牧组和放牧+舍饲组；从变形菌门来说，舍饲组中琥珀酸弧菌属的相对丰度含量较高；而放牧羊肠道中没有检测到琥珀酸弧菌属的存在。

4. 饲养方式对苏尼特羊肠道菌群代谢物的影响

饲养方式对苏尼特羊肠道菌群代谢物的影响如表4-80所示。放牧组和舍饲组中丙酸和戊酸的含量显著高于放牧+舍饲组，而异丁酸和异戊酸的含量显著低于放牧+舍饲组。舍饲组中丁酸含量（83.51 mg/mL）显著高于放牧组（54.13 mg/mL）和放牧+舍饲组（58.29 mg/mL）。三种饲养模式下乙酸含量无显著差异。

表4-80 饲养模式对苏尼特羊肠道菌群代谢物的影响　　　　单位：mg/mL

菌群代谢物	放牧组	放牧+舍饲组	舍饲组
乙酸	21.54±1.88	19.59±4.57	21.05±3.31
丙酸	73.47±24.12^a	32.35±11.12^b	73.56±14.99^a
丁酸	54.13±8.87^b	58.29±7.54^b	83.51±20.50^a
异丁酸	18.01±1.30^b	24.12±2.10^a	18.94±2.43^b
戊酸	2.61±0.36^a	1.20±0.16^b	2.49±0.24^a
异戊酸	44.08±3.27^b	56.26±5.82^a	46.19±5.78^b

注：同行不同小写字母肩注表示差异显著（$P<0.05$）。

5. 苏尼特羊肠道菌群和菌群代谢物的相关性分析

肠道菌群与其代谢物相关性分析如表4-81所示。丁酸与拟杆菌属、另枝菌属、颤杆菌克属呈极显著负相关，而与琥珀酸弧菌属、普雷沃氏菌属和密螺旋体属呈显著正相关；丙酸与瘤胃球菌属呈显著负相关；戊酸与瘤胃球菌属、布劳特氏菌属和考拉杆菌属呈显著正相关；丙酸与RC9肠道群属呈显著正相关，而与马赛菌属和布劳特氏菌属呈显著负相关；异丁酸与RC9肠道群属呈显著负相关。

表 4-81 肠道菌群与菌群代谢物的相关性分析

细菌	乙酸	丙酸	异丁酸	丁酸	异戊酸	戊酸
拟杆菌属	-0.043	-0.019	-0.005	-0.645**	-0.006	0.067
RC9 肠道群属	0.313	0.383*	-0.424*	-0.237	-0.277	-0.490**
另枝菌属	0.35	0.022	-0.031	-0.553**	0.085	0.026
琥珀酸弧菌属	-0.173	0.23	-0.292	0.513**	-0.308	-0.234
马赛菌属	-0.055	-0.372*	0.309	-0.221	0.349	0.263
密螺旋体属	-0.141	0.148	-0.341	0.656**	-0.356	-0.301
普雷沃氏菌属	-0.209	0.111	-0.222	0.597**	-0.197	-0.16
瘤胃球菌属	-0.347	-0.554**	0.449*	-0.366	0.371*	0.667**
考拉杆菌属	-0.346	-0.328	0.339	-0.258	0.362	0.511**
巴氏菌属	0.188	0.059	-0.175	-0.239	-0.161	-0.251
颤杆菌克属	-0.117	-0.316	0.409*	-0.720**	0.284	0.348
布劳特氏菌属	-0.304	-0.442*	0.361	-0.291	0.285	0.502**

注：表中数据表示相关性分析的 r 值，正负号表示正负相关性，r 值越大表示相关性越强。* 表示相关性 $P<0.05$，** 表示相关性 $P<0.01$。

放牧羊瘤胃中丁酸含量高于舍饲羊，这可能主要是胃肠道中含有较高的产丁酸菌。反刍动物瘤胃中微生物合成的丁酸和乙酸，是畜肉脂肪合成过程中最重要的前体物质。其含量不仅显著影响胃肠道微生物组成，还直接通过影响畜肉脂肪的含量而影响畜肉品质。目前研究出合成丁酸的通路主要包括丁酸激酶通路和 CoA 转移酶通路，但是具体胃肠道微生物的作用机制还需要进一步研究。

综上所述，不同饲养方式会对苏尼特羊的瘤胃菌群和肠道菌群产生明显的影响，并因此会导致短链脂肪酸的不同。胃肠道菌群和代谢物的差异会通过整个循环系统最终影响到羊肉品质，进而造成不同饲养方式下苏尼特羊肉品质的不同。

二、日粮组成对羊胃肠道菌群的影响

前期研究不同饲养方式对胃肠道菌群影响中发现放牧组瘤胃菌群和肠道菌群的多样性高于舍饲组，表明放牧条件下苏尼特羊胃肠道菌群的均匀度和丰富度较高。为了进一步改善舍饲羊肉品质，从日粮入手进行调控，因日粮中含有肠道菌群代谢所需的底物，能够通过多种方式影响胃肠道菌群的结构和功能。胃肠道菌群结构的可变性揭示了通过日粮干预手段维持胃肠道菌群微生态平衡及改善机体各项代谢水平。

（一）亚麻籽对羊胃肠道菌群的影响

与舍饲日粮相比，牧草中富含不饱和脂肪酸。因此，舍饲羊肉品质低于放牧羊是否因为日粮中缺乏不饱和脂肪酸而导致引起了关注。本小节所用实验动物与第三章第二节中研究日粮添加亚麻籽对羊肉品质的影响时所用实验动物相同。

1. 亚麻籽对苏尼特羊瘤胃菌群的影响

(1) 亚麻籽对苏尼特羊瘤胃菌群 α-多样性的影响　如表4-82所示,通过16S多样性技术对瘤胃微生物分析可知,亚麻籽组中序列数和OTU数都高于对照组,两组中分别检测到OTU数为709个和681个。通过瘤胃菌群 α-多样性分析发现,对照组多样性指数(Simpson指数、Ace指数和Chao指数)高于亚麻籽组,但无显著性差异。两组中覆盖率分别为99.43%和99.42%,表明菌群覆盖度较高。

表4-82　亚麻籽对苏尼特羊瘤胃菌群 α-多样性的影响

指标	对照组	亚麻籽组
序列数/条	40050	41464
OUT数/个	681	709
Shannon指数	4.40±0.42	4.57±0.48
Simpson指数	0.05±0.02	0.03±0.01
Ace指数	793.02±124.84	786.57±154.34
Chao指数	812.38±131.21	795.19±152.64
覆盖率/%	99.43±90.09	99.42±0.09

(2) 亚麻籽对苏尼特羊瘤胃菌群 β-多样性的影响　如图4-156所示,基于OTU通过unweighted unifrac的PCoA分析,发现两组瘤胃样品基本上无交叉,亚麻籽组中有两个样本与对照组接近,其余样本可完全分开[图4-156(1)]。通过NMDS分析,两组样品可以完全分开,进而表明饲喂亚麻籽对苏尼特羊瘤胃菌群有显著影响[图4-156(2)]。

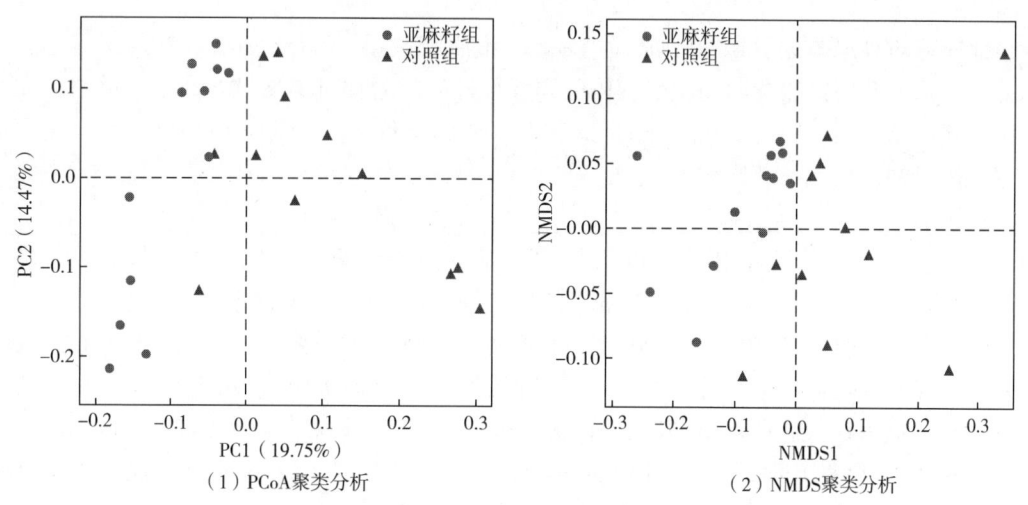

(1) PCoA聚类分析　　　　　　(2) NMDS聚类分析

图4-156　亚麻籽对苏尼特羊瘤胃菌群 β-多样性的影响

(3) 亚麻籽对苏尼特羊瘤胃菌群组成的影响 在门水平上，根据物种注释结果，苏尼特羊肠道微生物一共检测到了23个门。图4-157呈现了相对丰度前10的瘤胃微生物。亚麻籽组中瘤胃微生物主要包括拟杆菌门、厚壁菌门、变形菌门、放线菌门和螺旋体门，其相对丰度分别为62.31%、26.84%、3.50%、3.42%和1.66%。

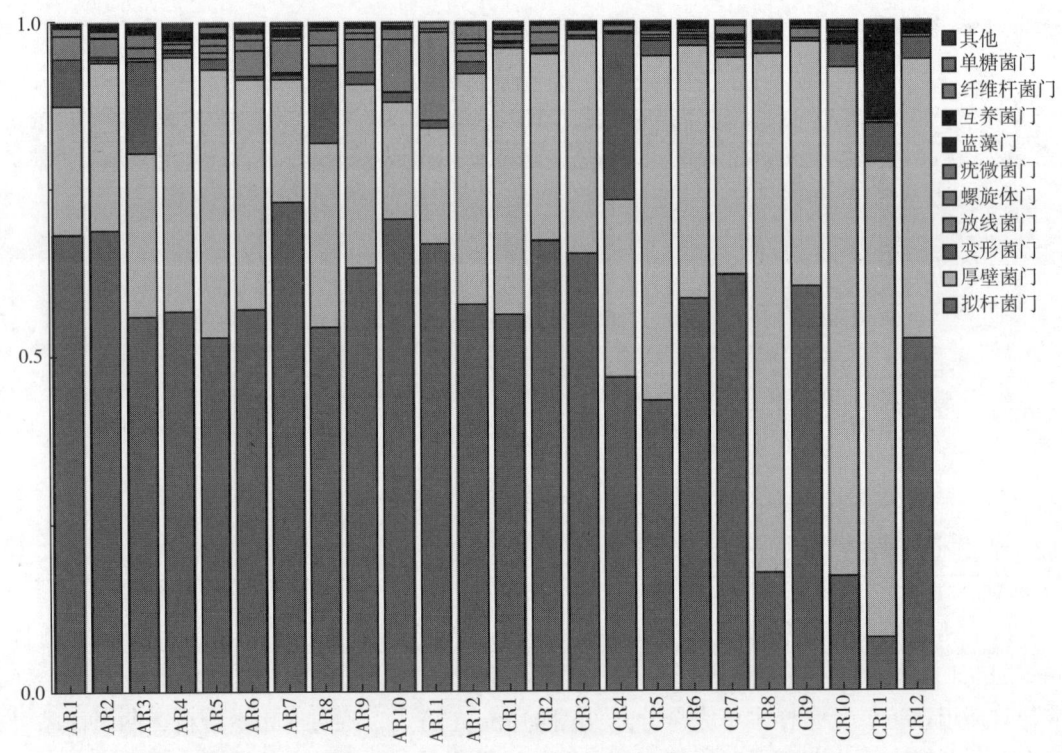

图4-157 饲喂亚麻籽对苏尼特羊瘤胃菌群组成结构分析（门水平）

亚麻籽对苏尼羊瘤胃菌群组成（门水平）的影响如图4-158所示。在门水平上，亚麻籽组中拟杆菌门、放线菌门、螺旋体门和纤维杆菌门的相对丰度显著高于对照组，而厚壁菌门和单糖菌门（Saccbaribacteria）的相对丰度显著低于对照组。饲喂亚麻籽对瘤胃液中变形菌门的数量无显著影响。

在属水平上，根据物种注释结果，苏尼特羊瘤胃微生物中一共检测到了311个属。图4-159呈现了属水平上相对丰度前22的细菌微生物。亚麻籽组中主要包括的微生物（相对丰度大于1%）：普雷沃氏菌属_1（Prevotella_1）（31.09%）、瘤胃球菌属_1（Ruminococcus_1）（1.59%）、RC9肠道群属（6.00%）、普雷沃氏菌属_UCG-001（Prevotellaceae_UCG-001）（4.36%）、解琥珀酸菌属（3.02%）、龈乳杆菌（Olsenella）（1.49%）、克里斯滕森菌属R-7（Christensenellaceae_R-7_group）（2.04%）、琥珀酸弧菌属（2.70%）、密螺旋体属_2（Treponema_2）（1.53%）、普雷沃氏菌属_UCG-003（Prevotellaceae_UCG-003）（1.14%）、产乙酸糖发酵菌属（1.08%）、双歧杆菌属（1.57%）和拟普雷沃氏菌属（Alloprevotella）（1.23%）。

亚麻籽对苏尼特羊瘤胃菌群组成（属水平）的影响如图4-160所示。在属水平上，

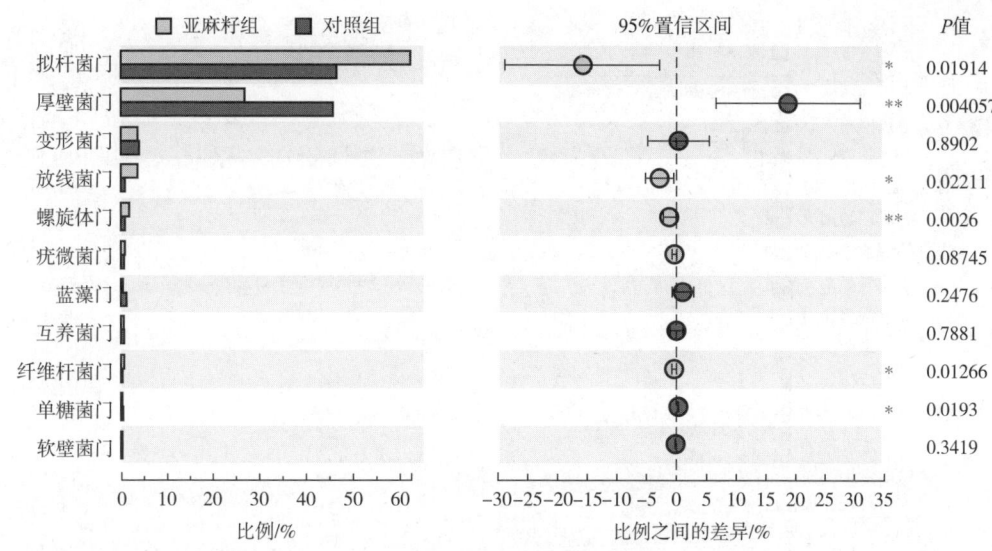

图 4-158 饲喂亚麻籽对苏尼特羊瘤胃菌群的影响（门水平）

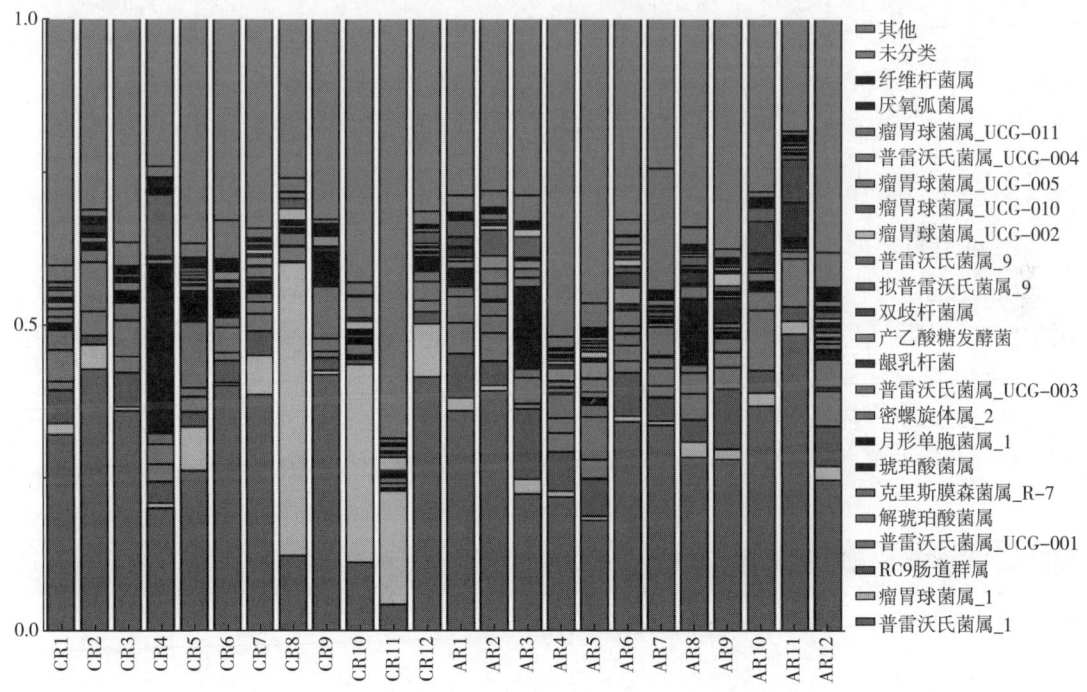

图 4-159 饲喂亚麻籽对苏尼特羊瘤胃菌群组成结构分析（属水平）

亚麻籽组中 RC9 肠道群属、普雷沃氏菌属 UCG-001、密螺旋体属_2、双歧杆菌属、拟普雷沃氏菌属和纤维杆菌属的相对丰度显著高于对照组，而瘤胃球菌属_1、月形单胞菌属_1 (*Selenomonas-1*) 和瘤胃球菌属_2 (*Ruminococcu-2*) 的相对丰度显著低于对照组。亚麻籽喂养对普雷沃氏菌属_1、解琥珀酸菌属、琥珀酸弧菌属和产乙酸糖发酵糖菌属的相对丰度均无显著影响。

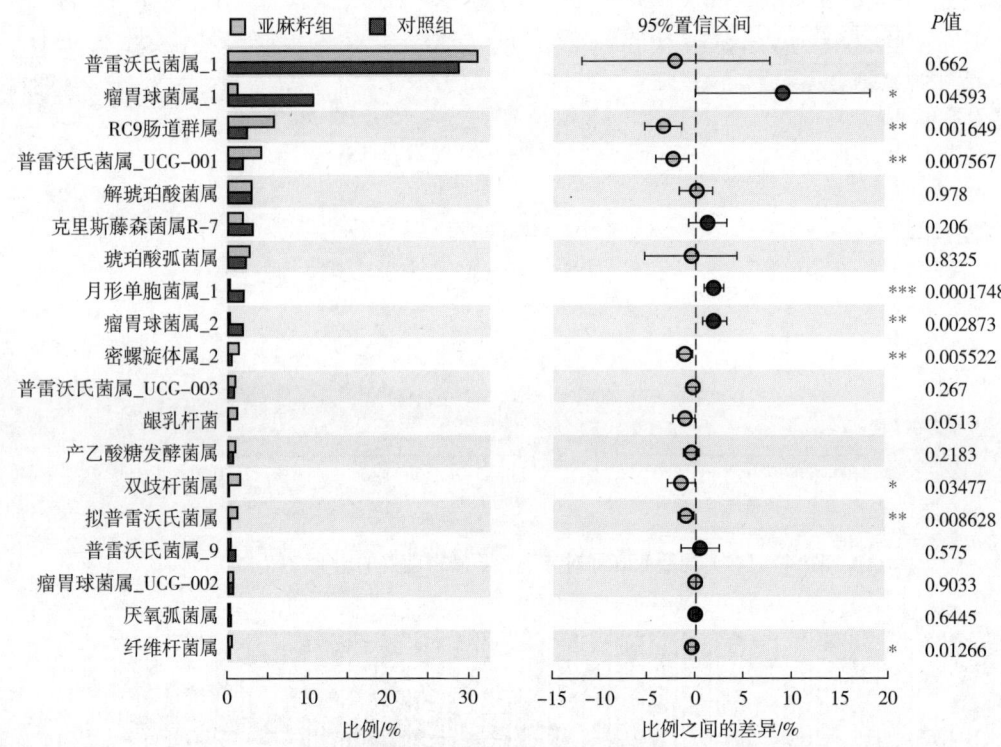

图4-160 饲喂亚麻籽对苏尼特羊瘤胃菌群的影响（属水平）

2. 亚麻籽对苏尼特羊肠道菌群的影响

（1）亚麻籽对苏尼特羊肠道菌群 α-多样性的影响　如表4-83所示，亚麻籽组和对照组中检测到OTU数分别为629个和652个。通过对肠道菌群 α-多样性分析发现，对照组中Shannon指数显著高于亚麻籽组，而Simpson指数显著低于亚麻籽组，进而表明对照组具有更高的菌群多样性。而Ace指数和Chao指数无显著差异，进而表明菌群丰富度无显著差异。两组的覆盖率分别为99.44%和99.41%，表明菌群的覆盖度较高。

表4-83　亚麻籽对苏尼特羊肠道菌群 α-多样性的影响

指标	对照组	亚麻籽组
序列数/条	44756	43858
OTU 数/个	652	629
Shannon 指数	4.80 ± 0.18^a	4.48 ± 0.37^b
Simpson 指数	0.02 ± 0.01^b	0.04 ± 0.02^a
Ace 指数	744.71 ± 98.63	733.06 ± 104.70
Chao 指数	773.57 ± 105.72	748.71 ± 100.50
覆盖率/%	99.44 ± 0.10	99.41 ± 0.08

注：同行不同小写字母肩注表示差异显著（$P<0.05$）。

(2) 亚麻籽对苏尼特羊肠道菌群 β-多样性的影响　如图 4-161 所示，基于 OTU 通过 unweighted unifrac 的 PCoA 分析，看到两组样品可以完全分开，但个别样品存在交叉，亚麻籽组组内个体差异较大 [图 4-161（1）]。通过 NMDS 分析，可以看出两组样品可以完全分开 [图 4-161（2）]，表明亚麻籽对苏尼特羊肠道菌群具有显著影响。

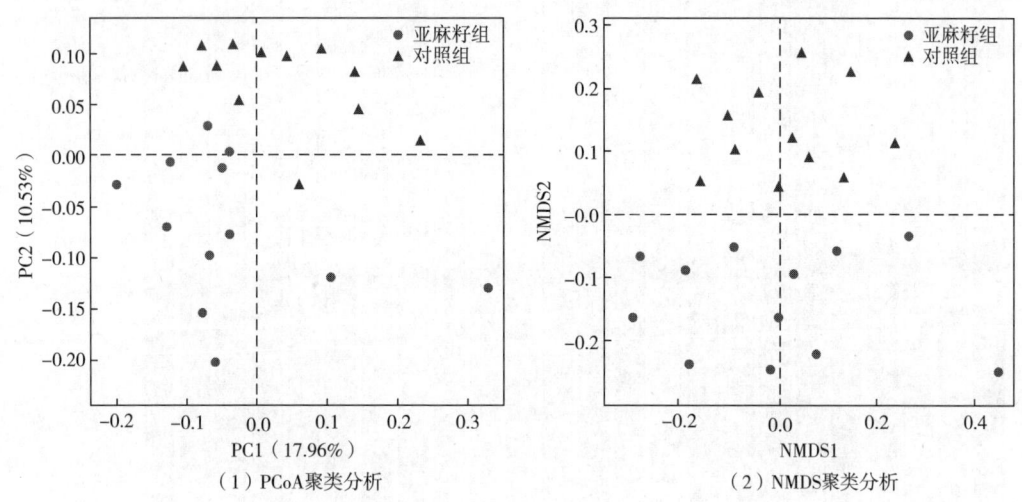

图 4-161　亚麻籽对苏尼特羊肠道菌群 β-多样性的影响

(3) 亚麻籽对苏尼特羊肠道菌群组成的影响　在门水平上，根据物种注释结果，苏尼特羊肠道微生物一共检测到了 17 个门。图 4-162 显示出了相对丰度前 8 的肠道微生物。亚麻籽组苏尼特羊肠道微生物（相对丰度大于 1%）主要包括厚壁菌门、拟杆菌门、疣微菌门、变形菌门和放线菌门，其相对丰度分别为 43.96%、39.27%、9.67%、4.19% 和 1.10%。

亚麻籽对苏尼特羊肠道菌群组成（门水平）的影响如图 4-163 所示。在门水平上，亚麻籽组中厚壁菌门的相对丰度显著低于对照组。饲喂亚麻籽对肠道中拟杆菌门、疣微菌门（Verrucomicrobia）、放线菌门、变形菌门的数量均无显著影响。

在属水平上，根据物种注释结果，苏尼特羊肠道微生物一共检测到了 224 个属。图 4-164 呈现了在属水平上苏尼特羊肠道中相对丰度前 20 的细菌微生物。亚麻籽组苏尼特羊肠道微生物（相对丰度大于 1%）主要包括：拟杆菌属（15.27%）、阿克曼菌属（Akkermansia）（8.43%）、瘤胃球菌科_UCG-005（Ruminococcaceae_UCG-005）（6.20%）、瘤胃球菌科_UCG-010（Ruminococcaceae_UCG-010）（3.80%）、马赛菌属（3.27%）、RC9 肠道群属（3.52%）、另枝菌属（2.45%）、克里斯滕森菌属 R-7（5.05%）、瘤胃球菌科_UCG-013（Ruminococcaceae_UCG-013）（1.31%）、普雷沃氏菌属_UCG-003（4.88%）、瘤胃球菌科_UCG-002（Ruminococcaceae_UCG-002）（2.65%）、弯曲杆菌属（Campylobacter）（1.89%）、考拉杆菌属（1.05%）、拟普雷沃氏菌属（1.95%）和脱硫弧菌属（Desulfovibrio）（1.27%）。

亚麻籽对苏尼特羊肠道菌群组成（属水平）的影响如图 4-165 所示。在属水平上，亚麻籽组中拟普雷沃氏菌属和克里斯滕森菌属 R-7 的相对丰度显著高于对照组；而瘤胃球菌

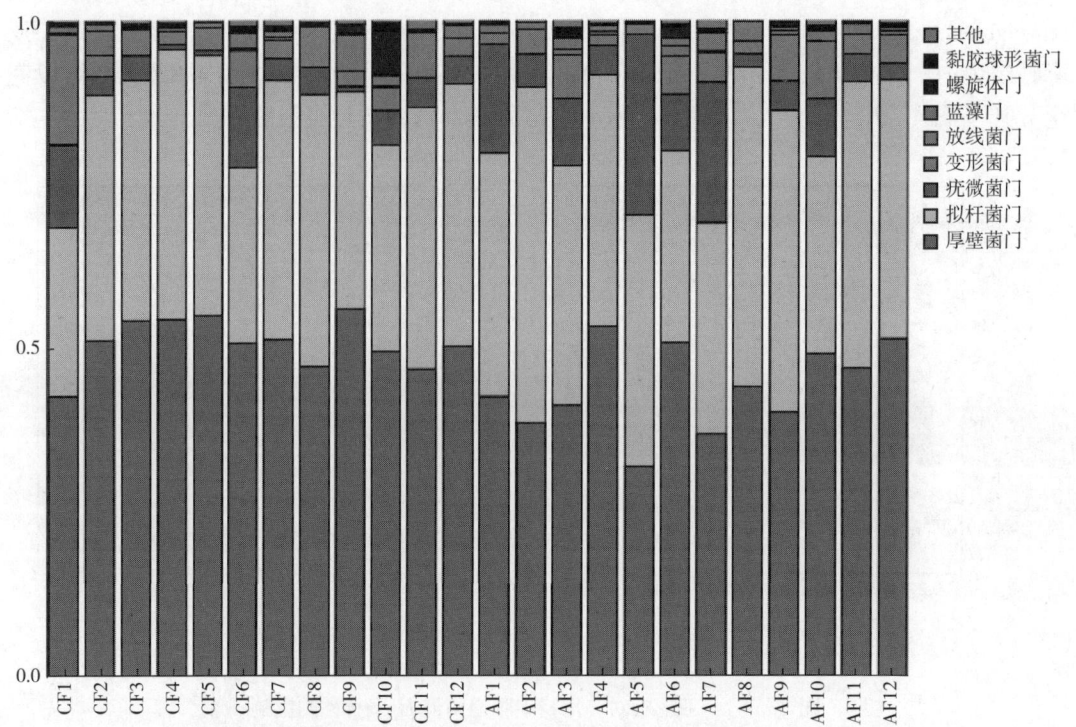

图 4-162　饲喂亚麻籽对苏尼特羊肠道菌群组成结构分析（门水平）

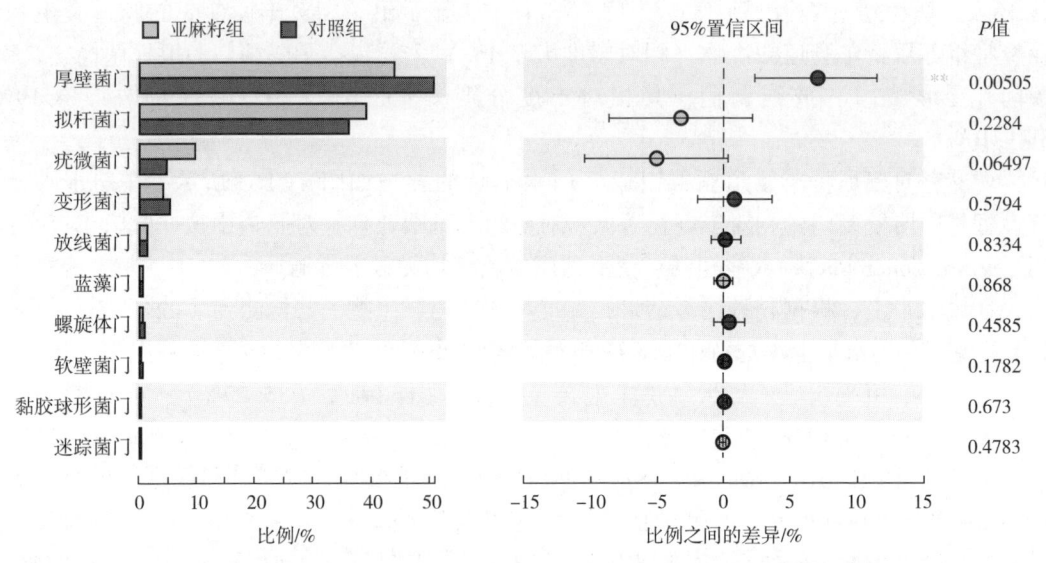

图 4-163　饲喂亚麻籽对苏尼特羊肠道菌群的影响（门水平）

科_UCG-010、马赛菌属、瘤胃球菌科_UCG-013 和琥珀酸弧菌属的相对丰度显著低于对照组。饲喂亚麻籽对拟杆菌属、阿克曼菌属和瘤胃球菌科_UCG-010 的相对丰度均无显著影响。

亚麻籽组苏尼特羊瘤胃菌群主要包括拟杆菌门、厚壁菌门、变形菌门、放线菌门。饲

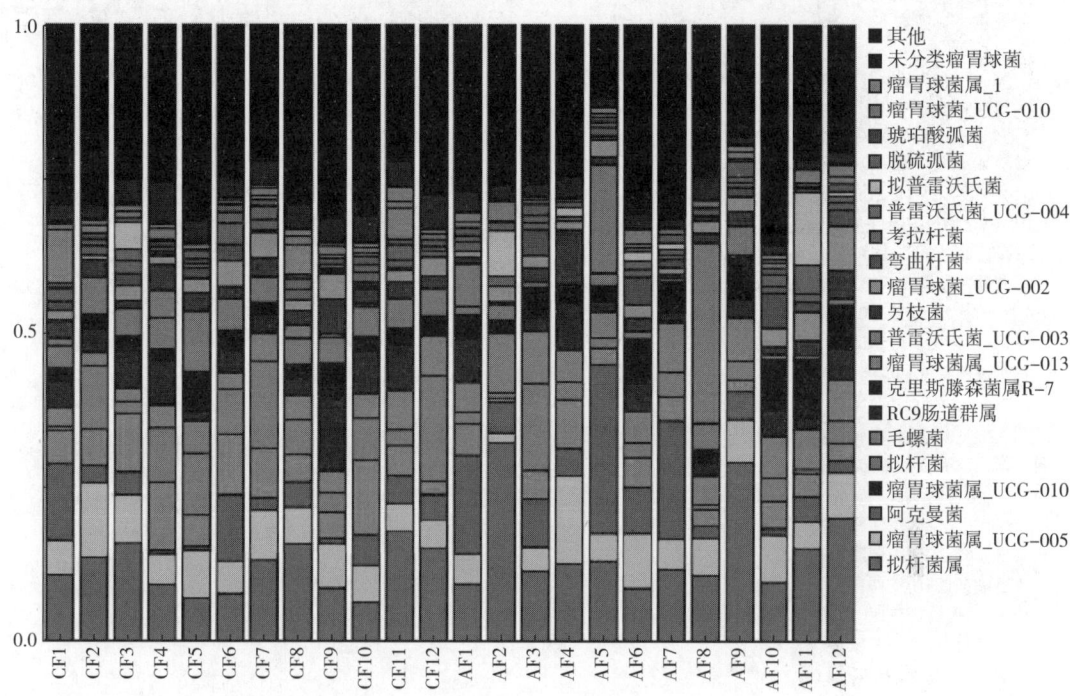

图 4-164　饲喂亚麻籽对苏尼特羊肠道菌群组成结构分析（属水平）

喂亚麻籽提高了瘤胃中拟杆菌门和放线菌门的相对丰度，降低了厚壁菌门的相对丰度，说明日粮的改变引起了瘤胃细菌的结构变化，继而导致菌群多样性发生变化。不仅是菌门结构，菌属结构也发生了变化。在作者团队研究中发现，苏尼特羊瘤胃细菌的优势菌属为普雷沃氏菌属_1 和瘤胃球菌属_1，但亚麻籽组羊瘤胃中优势菌属变为普雷沃氏菌属_1 和 RC9 肠道群属，表明日粮干预能够促使瘤胃细菌其他菌属比例的变化，从而影响瘤胃细菌的多样性组成。另外，研究发现亚麻籽喂养后瘤胃中双歧杆菌属的比例显著增加，进一步表明日粮添加亚麻籽将改变瘤胃微生物的多不饱和脂肪酸氢化能力，更有利于多不饱和脂肪酸通过瘤胃上皮细胞吸收，经血液运输沉积到脂肪和肌肉组织中。此外，饲喂亚麻籽降低了肠道中厚壁菌门、琥珀酸弧菌属和瘤胃球菌属的含量，这有利于改善苏尼特羊肠道微生物健康，降低部分致病菌并提高肠道的免疫功能。

（二）益生菌对羊胃肠道菌群的影响

在畜禽养殖中抗生素的频繁使用不但会打破胃肠道菌群均衡，还会使畜禽的胃肠道微生物群体发生抗生素的耐药性，并能转移到人体的微生物群中。我国农业农村部在 2019 年出台药物饲料添加剂退出计划和相关管理政策，规定自 2020 年 1 月 1 日起停止使用土霉素预混剂等仅有促生长作用的药物日粮添加剂，标志着我国无抗时代的到来。因此，益生菌作为一种天然的抗生素替代品，受到越来越多研究者的关注。益生菌，即"活的微生物"，当摄入充足的数量时，它能够对宿主产生有益作用。近年来已被用于动物和人类营养中促进机体胃肠道对营养物质的消化吸收，其中乳酸菌是应用最广泛的菌种之一（毛丙

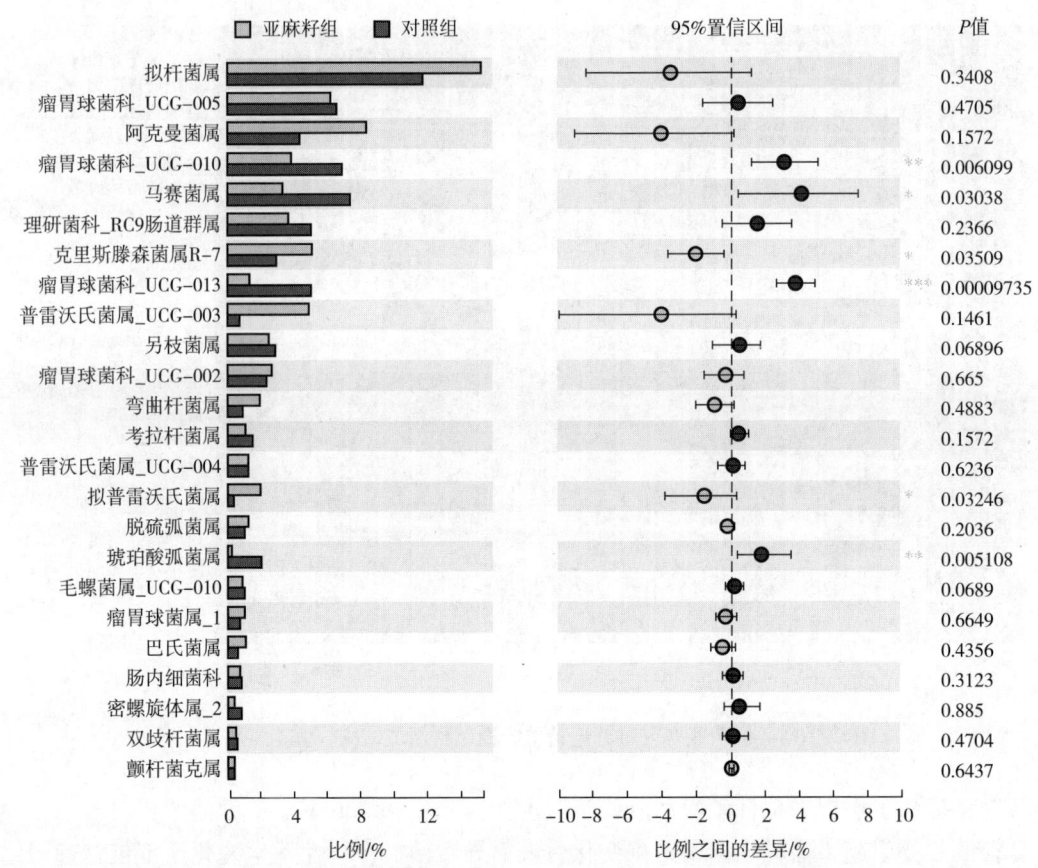

图4-165 饲喂亚麻籽对苏尼特羊肠道菌群的影响(属水平)

永等,2021)。

乳酸菌是益生菌的重要菌属,由革兰氏阳性球状或杆状细菌组成,近几年乳酸菌在食品、日粮、制药等领域均得到应用。它是一种可以将可发酵的糖等碳水化合物转变成乳酸的细菌,具有调节、维持胃肠道菌群微生态平衡,促进养分吸收等生理作用。

1. 复合益生菌对羊胃肠道菌群的影响

作者团队为探究益生菌对苏尼特羊胃肠道菌群及肉品质的影响,选择了混合益生菌制剂(干酪乳杆菌HM-09和植物乳植杆菌HM-10)。选取24只平均体重16.72kg的3月龄苏尼特羊,分为对照组和益生菌组,经过7d的预饲期后,进行90d的饲喂试验。对照组饲喂基础饲粮,饲粮成分为青贮饲料(8kg)、葵花饼(5kg)和育肥饲料(10kg),并且每月依次增加青贮饲料8kg、葵花饼5kg和育肥饲料1kg;益生菌组则在基础饲粮中加入120g复合乳酸菌(活菌数≥1.5×10^9CFU/g),并尝试通过饲喂益生菌增加胃肠道中有益菌比例,建立胃肠道优势菌群和肉品质的相关性。为改善羊肉品质提供科学的理论依据,并为日后探究对羊肉品质有良好影响的单一益生菌奠定研究基础。

(1)复合益生菌对苏尼特羊瘤胃菌群的影响

①复合益生菌对苏尼特羊瘤胃菌群α-多样性的影响:如表4-84所示,试验中检测到

的益生菌组和对照组瘤胃液中的序列数分别为 46860 条和 40050 条，益生菌组的序列数高于对照组。OTU 是根据 97%序列相似性划分的，益生菌组和对照组分别为 2524 个和 1934 个，益生菌组的 OTU 数较高，因此益生菌组的瘤胃中可能含有更多的微生物。益生菌组 Shannon 指数和 Simpson 指数分别为 4.62 和 0.03，对照组分别为 4.52 和 0.04。益生菌组瘤胃液的 Shannon 指数显著大于对照组，且 Simpson 指数显著小于对照组，说明益生菌组瘤胃微生物有较高的多样性。益生菌组的 Ace 指数和 Chao 指数均小于对照组，但差异不显著，由此推测日粮中添加复合益生菌可提高羊瘤胃微生物的多样性，对丰富度影响不大。对照组和益生菌组的覆盖率都是 99.30%。

表 4-84　复合益生菌对苏尼特羊瘤胃菌群 α-多样性的影响

指标	对照组	益生菌组
序列数/条	40050	46860
OTU 数/个	1934	2524
Shannon 指数	4.52 ± 0.43^b	4.62 ± 0.42^a
Simpson 指数	0.04 ± 0.02^a	0.03 ± 0.01^b
Ace 指数	1078.76±183.58	1043.75±159.89
Chao 指数	1094.30±190.08	1050.56±171.04
覆盖率/%	99.30±0.10	99.30±0.08

注：同行不同小写字母肩注表示差异显著（$P<0.05$）。

②复合益生菌对苏尼特羊瘤胃菌群 β-多样性的影响：如图 4-166 所示，将构建的 OTU 进行主成分分析，第一主成分和第二主成分的解释度分别为 18.33% 和 11.33%，两种饲养条件下的瘤胃样品能够完全分离，没有交叉，因此推断出经过益生菌饲喂的苏尼特羊瘤胃微生物群落与未饲喂的存在显著差异。

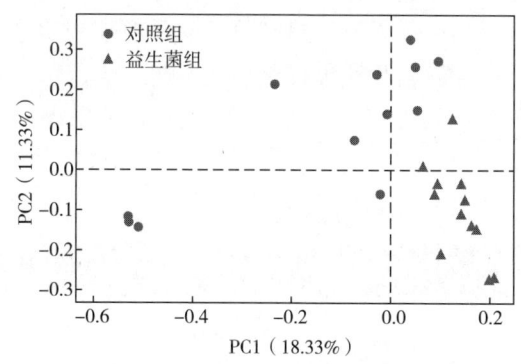

图 4-166　复合益生菌对苏尼特羊瘤胃菌群 β-多样性的影响

③复合益生菌对苏尼特羊瘤胃菌群组成的影响：在门水平上，通过物种注释共发现 25

个门。图 4-167 所示为瘤胃细菌丰度排序在前 9 的物种,其中主要是拟杆菌门和厚壁菌门,可占到总体的 90% 以上;其次为变形菌门、互养菌门、放线菌门、螺旋体门、纤维杆菌门、蓝藻门和疣微菌门。在益生菌组中丰度大于 1% 的细菌包括拟杆菌门 (61.79%)、厚壁菌门 (31.57%)、变形菌门 (1.19%)、放线菌门 (1.28%) 和螺旋体门 (1.50%);而对照组的瘤胃中丰度大于 1% 的细菌则为拟杆菌门 (46.00%)、厚壁菌门 (45.72%)、变形菌门 (3.97%) 和蓝藻门 (1.00%)。

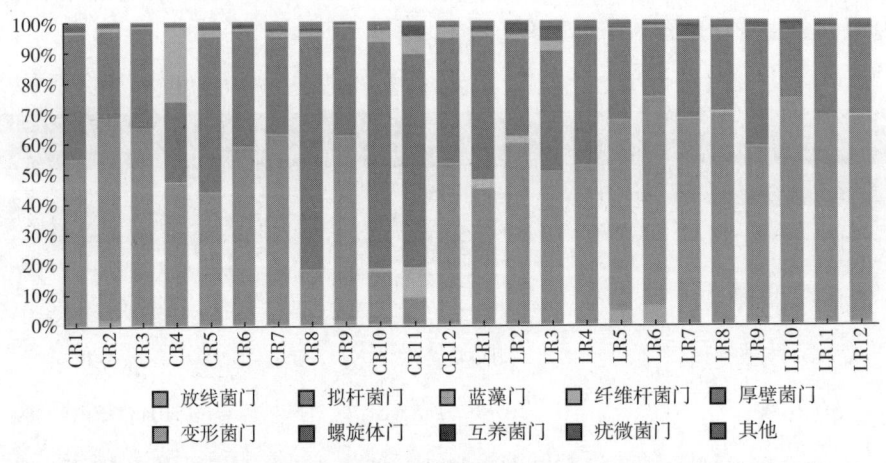

图 4-167 饲喂复合益生菌对苏尼特羊瘤胃菌群组成结构分析(门水平)

益生菌对苏尼特羊瘤胃菌群在门水平上的影响如表 4-85 所示。其中,益生菌组的拟杆菌门、放线菌门和疣微菌门显著高于对照组,而厚壁菌门和变形菌门显著低于对照组。研究发现,厚壁菌门与拟杆菌门比例的改变,能抑制有害菌的生长,维持肠道菌群结构的稳态,并有利于改善畜禽肉的风味(臧凯丽,2018)。在本试验中,益生菌组的拟杆菌门增加,厚壁菌门减少。在变形菌门中包含大肠杆菌等致病菌,能增加宿主患病率。益生菌组的变形菌门减少可能是益生菌在瘤胃内产生有机酸和抗菌化合物类等代谢产物,刺激放线菌门和疣微菌门的微生物生长,从而抑制了变形菌门。放线菌门是瘤胃微生物群中的优势微生物报告较少,但少量研究发现其有降解氨基酸和丙酮酸的能力,在益生菌组中的比例高于对照组,这一发现表明,益生菌能促进放线菌门生长繁殖。从门水平上分析,益生菌的添加使瘤胃中的菌群结构发生变化,增加了瘤胃中的有益菌的比例,降低了有害菌的比例。

表 4-85 饲喂复合益生菌对苏尼特羊瘤胃菌群的影响(门水平) 单位:%

门	对照组	益生菌组
拟杆菌门	45.99±20.29[b]	61.79±9.04[a]
厚壁菌门	45.72±18.14[a]	31.57±8.35[b]
变形菌门	3.96±6.73[a]	1.18±0.89[b]

续表

门	对照组	益生菌组
互养菌门	0.49±0.89	0.49±0.64
放线菌门	0.76±0.55[b]	1.27±2.02[a]
螺旋体门	0.49±0.32	1.52±1.06
纤维杆菌门	0.11±0.10	0.62±0.90
蓝藻门	1.00±2.78	0.07±0.09
疣微菌门	0.37±0.26[b]	0.66±0.34[a]

注：同行不同小写字母肩注表示差异显著（$P<0.05$）。

在属水平上，通过物种注释共发现498个属。图4-168显示了细菌丰度排序为前16的物种。苏尼特羊瘤胃中细菌主要包括了普雷沃氏菌属_1、瘤胃球菌属_1、克里斯滕森菌属R-7、解琥珀酸菌属和未知属f型拟杆菌目S24-7菌群（norank_f_Bacteroidales_S24-7_group）等。其中普雷沃氏菌属_1是主要的菌属，占到总菌属的30%以上。对照组的瘤胃细菌主要包括普雷沃氏菌属_1（30.82%）、瘤胃球菌属_1（9.97%）、未知属f型拟杆菌目S24-7菌（6.31%）、克里斯滕森菌属R-7（3.82%）、解琥珀酸菌属（3.21%）和理研菌科_RC9_肠道群属（Rikenellaceae_RC9_gut_group）（2.83%）。益生菌组的瘤胃细菌主要为普雷沃氏菌属_1（33.12%）、未知属f型拟杆菌目S24-7菌（6.14%）、理研菌科_RC9_肠道群属（4.74%）、未知属f型拟杆菌目BS11菌群（4.49%）、普雷沃氏菌属_UCG-001（2.91%）、解琥珀酸菌属（2.82%）和克里斯滕森氏菌属R-7（2.84%）。

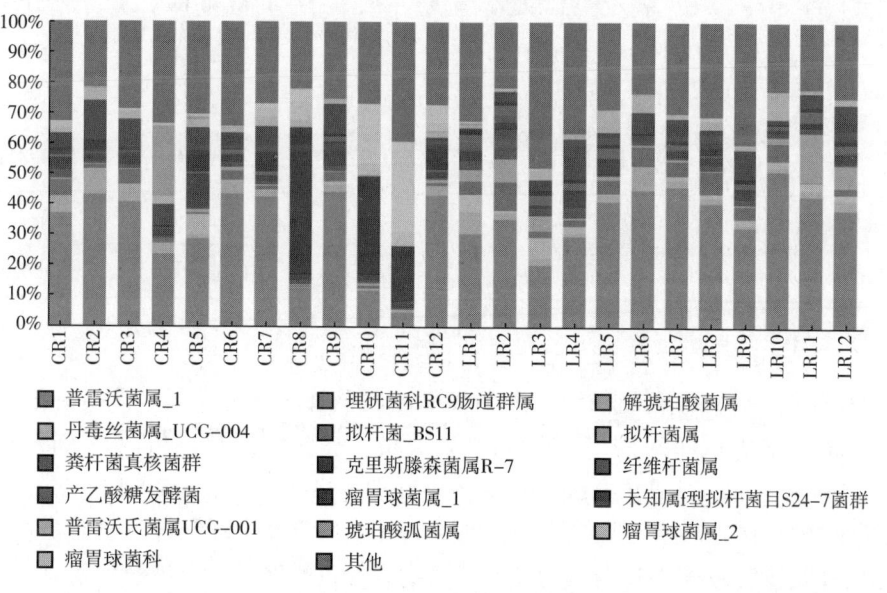

图4-168 饲喂复合益生菌对苏尼特羊瘤胃菌群组成结构分析（属水平）

益生菌对苏尼特羊瘤胃菌群在属水平上的影响如表4-86所示。在拟杆菌门中，益生菌组的普雷沃氏菌属_1（33.12%）、未知属f型拟杆菌目BS11菌群（4.49%）和拟杆菌属（3.81%）显著高于对照组。普雷沃氏菌属_1在瘤胃菌属占比最多，其高丰度与高遗传变异性相关，这使得此类菌群在瘤胃内占据不同的生态位，普雷沃氏菌属_1能消化高纤维日粮，对瘤胃微生物生态系统中日粮蛋白质的利用起重要作用。未知属f型拟杆菌目BS11菌群和拟杆菌属能将储存在植物纤维中的太阳能转化为动物所需的能量，供动物宿主使用。益生菌组中未知属f型拟杆菌目BS11菌群和拟杆菌属的增加有利于增加机体的能量供给。

表4-86 饲喂复合益生菌对苏尼特羊瘤胃菌群的影响（属水平） 单位：%

门	属	对照组	益生菌组
拟杆菌门	普雷沃菌属_1	30.82±11.72^b	33.12±10.19^a
	普雷沃氏菌属 UCG-001	2.12±1.01	2.91±2.84
	理研菌属 RC9 肠道群属	2.83±1.75	4.74±2.99
	丹毒丝菌属_UCG-004	0.95±1.95	2.37±1.97
	未知属f型拟杆菌目 BS11 菌群	2.19±1.68^b	4.49±2.61^a
	未知属f型拟杆菌目 S24-7 菌	6.31±4.11	6.14±3.99
	拟杆菌属	0.54±0.35^b	3.81±4.69^a
厚壁菌门	瘤胃球菌属_1	9.97±0.55^a	1.10±0.39^b
	瘤胃球菌属_2	1.75±1.82^a	0.29±0.15^b
	产乙酸糖发酵菌	0.67±0.59^b	2.19±1.20^a
	解琥珀酸菌属	3.21±2.42	2.82±2.31
	粪杆菌真核菌群	1.27±0.65	2.33±2.55
	克里斯滕森菌属 R-7	3.82±3.00	2.84±1.48
变形菌门	琥珀酸弧菌属	2.33±6.95	0.15±0.21
纤维杆菌门	纤维杆菌属	0.09±0.08^b	0.62±0.90^a

注：同行不同小写字母肩注表示差异显著（$P<0.05$）。

在厚壁菌门中，益生菌组的产乙酸糖发酵菌属显著高于对照组。而瘤胃球菌属_1和瘤胃球菌属_2显著低于对照组；解琥珀酸菌属、粪杆菌真核菌群（[*Eubacterium*]_*coprostanoligenes_group*）、克里斯滕森菌属R-7在两组之间没有显著影响。

在纤维杆菌门中，益生菌显著增加了纤维杆菌属的丰度。纤维杆菌属对植物纤维的降解除了自身的吸附、分解外，还能分泌纤维素酶，通过酶促反应促进微生物对植物纤维的降解和利用。益生菌增加了纤维杆菌属，改变了菌群结构，使瘤胃中纤维降解菌总数保持平衡，起到了益生作用。在变形菌门中，两组之间的琥珀酸弧菌属没有显著差异。琥珀酸弧菌属能将琥珀酸转化为丙酸,可为宿主提供能量,并对日粮的消化和代谢产生积极影响。

总之,益生菌与瘤胃微生物进行长期选择和进化的过程中使瘤胃菌群的结构发生了改变,微生物和宿主形成相互依赖的关系,维持了瘤胃健康的稳态。

④复合益生菌对苏尼特羊瘤胃菌群代谢物的影响:如表 4-87 所示,在益生菌组中,异丁酸和异戊酸含量显著高于对照组,而丙酸和丁酸占比水平显著低于对照组;戊酸和乙酸在两组之间差异不显著。日粮中添加益生菌改变了苏尼特羊瘤胃中的菌群结构,继而使瘤胃中的代谢产物发生变化,并进一步影响肉的品质。

表 4-87　复合益生菌对苏尼特羊瘤胃菌群代谢物的影响　　　　单位:%

代谢物	对照组	益生菌组
乙酸	35.03±1.08	36.27±3.64
丙酸	28.54±3.48^a	20.69±4.37^b
异丁酸	2.84±0.57^b	5.88±1.63^a
丁酸	22.21±2.96^a	17.89±1.52^b
异戊酸	6.84±1.39^b	13.70±3.59^a
戊酸	3.68±0.35	4.14±0.95

注:同行不同小写字母肩注表示差异显著($P<0.05$)。

⑤瘤胃菌群与其代谢物相关性分析:瘤胃微生物可分解可溶性的膳食纤维产生短链脂肪酸,主要包括乙酸、丙酸和丁酸。由表 4-88 可知,普雷沃氏菌属_1 与乙酸呈显著正相关,与异戊酸呈极显著负相关,说明普雷沃氏菌属_1 能促进乙酸的生成,抑制异戊酸的产生;理研菌科 RC9 肠道群属与异丁酸、异戊酸呈显著正相关,与丙酸呈显著负相关,丹毒丝菌属_UCG-004 与戊酸呈显著正相关,与异丁酸、异戊酸呈极显著正相关,与丙酸呈极显著负相关,这表明理研菌科 RC9 肠道群属和丹毒丝菌属_UCG-004 均能促进异丁酸和异戊酸的生成,并抑制丙酸的产生。未知属 f 型拟杆菌目 BS11 菌群与丁酸呈显著正相关。瘤胃球菌属_2 与丁酸呈显著正相关。产乙酸糖发酵菌与异丁酸、异戊酸和戊酸呈显著正相关,与丙酸呈显著负相关;粪杆菌真核菌群与戊酸呈显著正相关。

表 4-88　瘤胃菌群与其代谢物相关性分析

属	乙酸	丙酸	异丁酸	丁酸	异戊酸	戊酸
普雷沃菌属_1	0.404*	0.343	-0.121	-0.635	-0.531**	-0.169
普雷沃氏菌属_UCG-001	-0.030	0.005	0.217	-0.294	0.202	0.084
理研菌科 RC9 肠道群属	0.027	-0.425*	0.431*	-0.061	0.432*	0.158
丹毒丝菌属_UCG-004	-0.272	-0.522**	0.620**	0.010	0.625**	0.470*

续表

属	乙酸	丙酸	异丁酸	丁酸	异戊酸	戊酸
未知属 f 型拟杆菌目 BS11 菌群	0.337	-0.085	-0.141	0.355*	0.116	0.037
未知属 f 型拟杆菌目 S24-7	0.209	0.200	-0.048	-0.381	-0.044	-0.146
拟杆菌属	0.037	-0.249	0.385	-0.217	0.324	0.291
瘤胃球菌属_1	-0.182	0.152	-0.271	0.327	0.253	0.081
瘤胃球菌属_2	-0.201	0.191	-0.392	0.452*	-0.350	-0.168
产乙酸糖发酵菌属	-0.086	-0.483*	0.667**	-0.207	0.602**	0.480*
解琥珀酸菌属	0.235	0.497	-0.368	-0.301	-0.404	-0.311
粪杆菌真核菌群	-0.106	-0.246	0.300	-0.052	0.290	0.444*
克里斯滕森菌属 R-7	-0.218	-0.044	0.076	0.086	0.113	0.114
琥珀酸弧菌属	-0.071	-0.076	-0.091	0.324	-0.100	-0.060
纤维杆菌属	0.062	-0.235	0.178	0.031	0.136	0.248

注：表中数据表示相关性分析的 r 值，正负号表示正负相关性，r 值越大表示相关性越强。* 表示相关性 $P<0.05$，** 表示相关性 $P<0.01$。

(2) 复合益生菌对苏尼特羊肠道菌群的影响

①复合益生菌对苏尼特羊肠道菌群 α-多样性的影响：多样性的影响如表 4-89 所示。实验中检测到的益生菌组和对照组肠道中的 rRNA 序列数分别为 43589 条和 44756 条，对照组的 rRNA 序列数要高于益生菌组。益生菌组和对照组的 OTU 数分别为 1983 个和 652 个，益生菌组的 OTU 数较高。进一步分析 Shannon 指数、Simpson 指数、Ace 指数及 Chao 指数发现，益生菌组的 Shannon 指数与对照组没有显著差异，而 Simpson 指数显著高于对照组，表明对照组有较高的菌群多样性。益生菌组的 Ace 指数和 Chao 指数均显著大于对照组，说明在日粮添加益生菌能提高苏尼特羊肠道微生物的丰富度。两组样品序列的覆盖率均达到 99% 以上，说明这两组肠道微生物有较高的覆盖度，综合分析益生菌组的肠道微生物具有较高的 α-多样性。

表 4-89　复合益生菌对苏尼特羊肠道菌群 α-多样性的影响

指标	对照组	益生菌组
序列数/条	44756	43589
OUT 数/个	652	1983
Shannon 指数	4.80±0.18	4.88±0.11
Simpson 指数	0.02±0.01[b]	0.08±0.01[a]
Ace 指数	744.71±98.63[b]	1059.02±100.63[a]

续表

指标	对照组	益生菌组
Chao 指数	773.57±105.72^b	1083.28±95.88^a
覆盖率/%	99.44±0.10	99.11±0.10

注：同行不同小写字母肩注表示差异显著（$P<0.05$）。

②复合益生菌对苏尼特羊肠道菌群 β-多样性的影响：将构建的 OTU 进行主成分分析，如图 4-169 所示，第一主成分和第二主成分的贡献率分别为 15.15% 和 12.37%，两种饲养条件下的肠道样品能够完全分离，没有交叉现象，这与瘤胃微生物的研究结果一致，饲喂益生菌的苏尼特羊组肠道微生物群落与未饲喂益生菌的组存在显著差异。

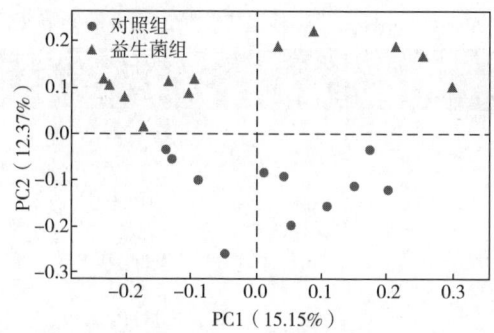

图 4-169　复合益生菌对苏尼特羊肠道菌群 β-多样性的影响

③复合益生菌对苏尼特羊肠道菌群组成的影响：在门水平上，通过物种注释共发现 18 个门。图 4-170 所示为肠道细菌丰度排序在前 9 的物种，主要的细菌为拟杆菌门和厚壁菌门，这与瘤胃菌群结果一致，可占到总菌的 80% 以上。拟杆菌门和厚壁菌门普遍存在于反

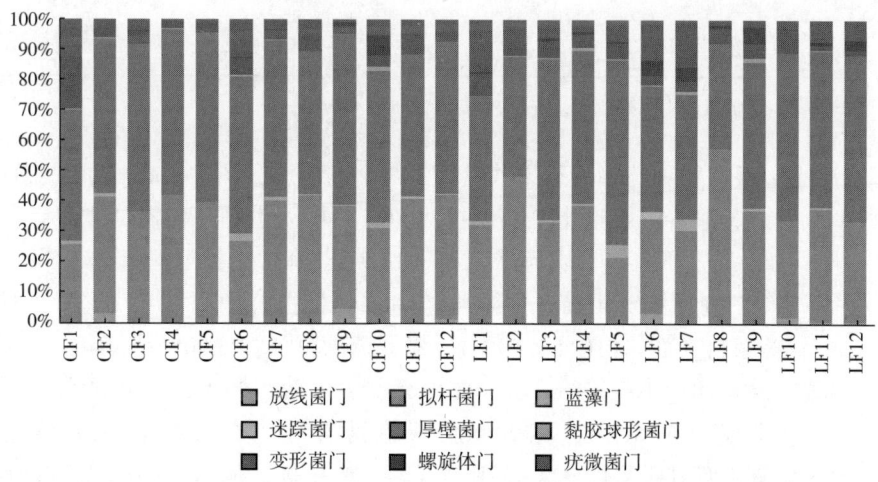

图 4-170　饲喂复合益生菌对苏尼特羊肠道菌群组成结构分析（门水平)

当动物的胃肠道中，是主要的优势菌群，其次为变形菌门、螺旋体门、迷踪菌门、蓝藻门、黏胶球形菌门、放线菌门和疣微菌门。在益生菌组中，肠道细菌包括拟杆菌门（35.88%）、厚壁菌门（46.99%）、变形菌门（4.44%）、疣微菌门（7.51%）和螺旋体门（1.98%）；对照组的肠道细菌则包括拟杆菌门（36.27%）、厚壁菌门（50.67%）、变形菌门（4.94%）、疣微菌门（4.59%）和放线菌门（1.18%），两组之间的肠道菌群结构有一定的差异。

益生菌对苏尼特羊肠道菌群在门水平上的影响如表4-90所示。肠道菌群的优势菌门为厚壁菌门、拟杆菌门和变形菌门，并且对照组和益生菌组中的肠道微生物在门水平上丰度差异不显著。相比瘤胃，益生菌组肠道中的拟杆菌门下降，而厚壁菌门增加。从门水平上分析，益生菌的添加能改变肠道中菌群结构，增加肠道中有益菌含量，降低有害菌含量，但差异不显著。

表4-90 饲喂复合益生菌对苏尼特羊肠道菌群的影响（门水平）　　　　单位：%

门	对照组	益生菌组
拟杆菌门	36.27±5.67	35.88±9.15
厚壁菌门	50.67±4.01	46.99±7.83
变形菌门	4.94±3.96	4.44±1.88
迷踪菌门	0.08±0.20	0.26±0.65
放线菌门	1.18±1.64	0.97±1.17
螺旋体门	0.77±1.89	1.98±2.04
黏胶球形菌门	0.34±0.35	0.42±0.45
蓝藻门	0.65±0.75	0.93±1.38
疣微菌门	4.59±3.99	7.51±5.14

注：同行不同小写字母肩注表示差异显著（$P<0.05$）。

在属水平上，根据物种注释的结果共发现283个细菌属，图4-171显示了细菌丰度排序为前20的物种。苏尼特羊肠道中细菌主要为拟杆菌属，占到总菌属的12%。其次为瘤胃球菌科_UCG-005、马赛菌属、瘤胃球菌科_UCG-010和未分类毛螺菌科（Unclassified_f_Lachnospiraceae）等。对照组苏尼特羊肠道细菌主要包括拟杆菌属（12.02%）、马赛菌属（7.37%）、瘤胃球菌科_UCG-010（6.99%）、瘤胃球菌科_UCG-005（6.64%）、阿克曼菌（4.32%）和瘤胃球菌科_UCG-013（4.94%）等。益生菌组肠道细菌主要包括拟杆菌属（16.79%）、阿克曼菌（5.98%）、克里斯滕森菌属R-7（5.50%）、未分类毛螺菌科（5.33%）和未知属f型拟杆菌目S24-7菌群（4.73%）等，两组之间的优势肠道微生物在属水平上有一定不同。

益生菌对苏尼特羊肠道菌群在属水平上的影响如表4-91所示。在拟杆菌门中，益

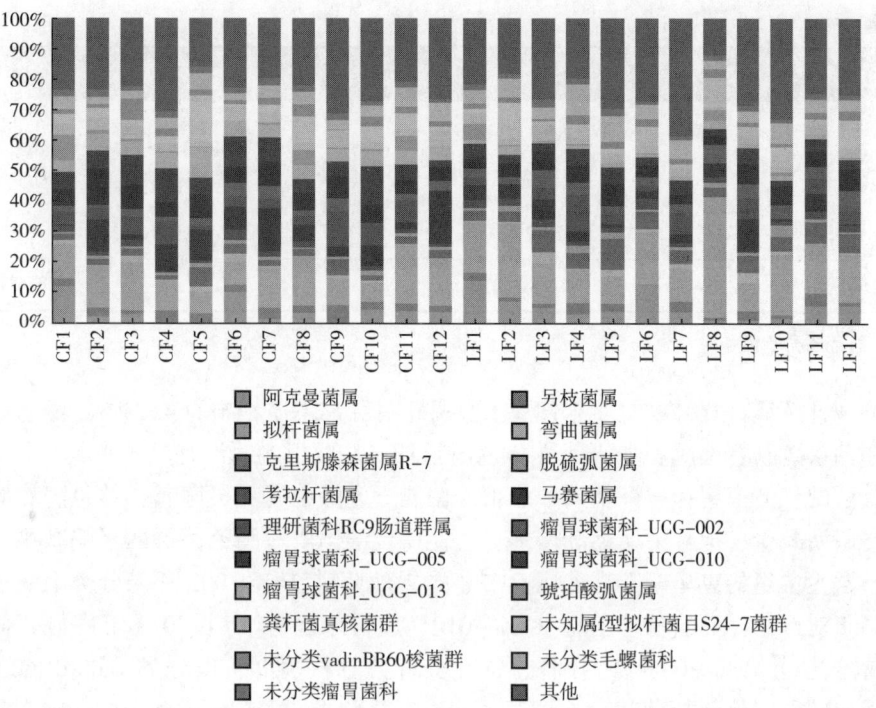

图4-171 饲喂复合益生菌对苏尼特羊肠道菌群组成结构分析（属水平）

表4-91 饲喂复合益生菌对苏尼特羊肠道菌群的影响（属水平） 单位：%

门	属	对照组	益生菌组
拟杆菌门	另枝菌属	2.21±1.30	2.92±1.14
	拟杆菌属	12.02±4.13[b]	16.79±8.42[a]
	马赛菌属	7.37±5.06	4.11±2.82
	理研菌科 RC9 肠道群属	4.85±3.06	3.81±3.44
	未知属 f 型拟杆菌目 S24-7 菌群	4.06±4.15[b]	4.73±3.75[a]
厚壁菌门	克里斯滕森菌属 R-7	2.79±1.43[b]	5.50±1.98[a]
	瘤胃球菌科_UCG-002	2.32±1.28[b]	4.01±1.44[a]
	瘤胃球菌科_UCG-005	6.64±2.15	5.21±1.54
	瘤胃球菌科_UCG-010	6.99±3.17[a]	3.61±1.31[b]
	瘤胃球菌科_UCG-013	4.94±1.59[a]	1.39±0.72[b]
	考拉杆菌属	1.46±0.83	1.87±0.80
	粪杆菌真核菌群	3.50±1.17	2.77±1.04
	未分类 vadinBB60 梭菌群	2.46±1.73	2.05±0.67
	未分类毛螺菌科	3.84±1.35[b]	5.33±2.22[a]
	未分类瘤胃菌科	1.94±0.37	1.65±0.46

续表

门	属	对照组	益生菌组
变形菌门	弯曲杆菌属	1.19±1.18	0.88±0.85
	脱硫弧菌属	1.47±0.88	0.99±0.27
	琥珀酸弧菌属	1.96±2.69	1.01±1.71
疣微菌门	阿克曼菌属	4.32±3.75	5.98±4.11

注：同行不同小写字母肩注表示差异显著（$P<0.05$）。

生菌组的拟杆菌属（16.79%）、未知属 f 型拟杆菌目 S24-7 菌群（4.73%）显著高于对照组。另枝菌属、马赛菌属和理研菌科 RC9 肠道群属在两组之间没有显著影响。研究表明绵羊肠道菌群的优势菌属为拟杆菌属、瘤胃球菌属、乳酸菌属和梭菌属，并且随着肠道的后移，乳酸菌属减少，拟杆菌属逐渐增多，这使得乳酸菌属对肠道菌群的影响减少。在厚壁菌门中，益生菌组的克里斯滕森菌属 R-7、瘤胃球菌科_UCG-002 和未分类毛螺菌科的丰度显著高于对照组，而瘤胃球菌科_UCG-010、瘤胃球菌科_UCG-013 丰度显著低于对照组，瘤胃球菌科_UCG-005、考拉杆菌属、粪杆菌真核菌群、未分类 vadinBB60 梭菌群、未分类瘤胃菌科（纤维杆菌门）在两组之间没有显著影响。在疣微菌门中，阿克曼菌属在两组之间没有显著差异，但在益生菌组中有升高的趋势。阿克曼菌属能降解肠道内壁产生的多余黏蛋白，可抗炎，并减少结肠癌的发生概率。在变形菌门中，弯曲菌属、脱硫弧菌、琥珀酸弧菌属在两组之间没有显著差异，但在益生菌组中整体低于对照组。弯曲菌属、脱硫弧菌是典型的肠道致病菌，说明益生菌进入肠道可抑制致病菌生长，肠道菌群中的优势菌能够维持肠道的健康稳定。

④复合益生菌对苏尼特羊肠道菌群代谢物的影响：如表 4-92 所示，在肠道微生物代谢物中，益生菌组的乙酸（49.91%）和异戊酸（19.16%）含量显著高于对照组，丁酸、异丁酸和戊酸含量显著低于对照组，而丙酸在两组之间显著不差异。肠道微生物能发酵未消化蛋白质产生异丁酸，因此异丁酸浓度的高低可反映肠道中未消化蛋白质量，在本研究中益生菌组异丁酸浓度低于对照组，说明复合益生菌能促进苏尼特羊对蛋白质的消化，因而在肠道中未消化的蛋白质相对较少。因此，益生菌能够调节羊肠道菌群的数量，改变的菌群代谢物，最终影响血液脂肪酸含量和肉品质。

表 4-92　益生菌对苏尼特羊肠道菌群代谢物的影响　　　　单位：%

代谢物	对照组	益生菌组
乙酸	44.31±5.99^b	49.91±3.28^a
丙酸	14.45±1.40	15.29±2.51
异丁酸	4.48±0.94^a	1.76±0.69^b
丁酸	14.21±2.01^a	8.37±2.25^b

续表

代谢物	对照组	益生菌组
异戊酸	15.08±4.58^b	19.16±4.52^a
戊酸	5.36±0.51^a	3.58±0.86^b

注：同行不同小写字母肩注表示差异显著（$P<0.05$）。

⑤肠道菌群与其代谢物相关性分析：由表4-93可知，肠道菌群中，另枝菌属与戊酸呈极显著正相关，理研菌科RC9肠道群属与戊酸呈极显著正相关，这表明另枝菌属和理研菌科RC9肠道群属均能促进戊酸的生成；克里斯滕森菌属R-7与异丁酸、丁酸呈显著负相关，说明克里斯滕森菌属R-7抑制了异丁酸和丁酸的生成，研究发现克里斯滕森菌属R-7属于厚壁菌门，在动物的肠道中广泛存在，与脂肪沉积密切相关。瘤胃球菌科_UCG-010、瘤胃球菌科_UCG-013均与异丁酸呈显著正相关，这说明瘤胃球菌科_UCG-010和瘤胃球菌科_UCG-013均能促进异丁酸的生成；瘤胃球菌科_UCG-013与丁酸呈显著负相关。粪杆菌真核菌群、未分类瘤胃菌科与戊酸呈极显著正相关，说明粪杆菌真核菌群和未分类瘤胃菌科能促进戊酸的生成；在本研究中发现摄入益生菌对肉羊粪便短链脂肪酸中的乙酸、丙酸和异戊酸有上调作用，可能促进肌肉中长链脂肪酸如$n-3$多不饱和脂肪酸的含量生成，进而影响肉品质，同时这三种脂肪酸有促进细胞代谢、影响肌肉生长等积极作用。

表4-93 肠道菌群与其代谢物相关性分析

属	乙酸	丙酸	异丁酸	丁酸	异戊酸	戊酸
另枝菌属	-0.245	-0.171	0.336	0.200	0.013	0.625**
拟杆菌属	0.097	0.208	-0.371	-0.164	0.070	-0.386
普通拟杆菌属	0.105	-0.019	0.141	0.005	-0.179	0.106
理研菌科RC9肠道群属	-0.316	0.010	0.262	0.109	0.096	0.566**
未知属f型拟杆菌目S24-7菌群	0.092	0.113	-0.134	-0.282	0.123	-0.386
克里斯滕森菌属R-7	0.353	-0.108	-0.554**	-0.405*	0.038	-0.233
瘤胃球菌科_UCG-002	0.279	-0.119	-0.497	-0.419	0.116	-0.207
瘤胃球菌科_UCG-005	-0.001	-0.189	0.226	0.067	-0.064	0.227
瘤胃球菌科_UCG-010	-0.177	-0.062	0.502*	0.279	-0.088	0.221
瘤胃球菌科_UCG-013	-0.137	-0.184	0.633**	-0.470*	-0.250	0.369
考拉杆菌属	0.254	0.303	-0.215	-0.133	-0.196	-0.399
粪杆菌真核菌群	0.001	-0.175	0.259	0.312	-0.305	0.599**
未分类vadinBB60梭菌群	-0.130	0.239	0.370	0.186	-0.101	-0.142
未分类毛螺菌科	0.210	-0.033	-0.216	-0.080	-0.083	-0.209

续表

属	乙酸	丙酸	异丁酸	丁酸	异戊酸	戊酸
未分类瘤胃菌科	0.096	-0.239	0.159	0.136	-0.222	0.406*
阿克曼菌属	-0.046	0.291	-0.079	-0.067	0.042	-0.244
弯曲杆菌属	0.225	-0.110	-0.164	-0.118	-0.095	-0.073
脱硫弧菌属	0.392	-0.257	-0.401	-0.222	-0.042	-0.350
琥珀酸弧菌属	-0.344	-0.024	0.252	0.354	0.150	0.072

注：表中数据表示相关性分析的 r 值，正负号表示正负相关性，r 值越大表示相关性越强。*表示相关性 $P<0.05$，**表示相关性 $P<0.01$。

综上，益生菌组的胃肠道菌群多样性高于对照组。瘤胃菌群在门水平上，益生菌组拟杆菌门的相对丰度显著高于对照组，厚壁菌门和变形菌门丰度显著低于对照组；在属水平上，益生菌组普雷沃氏菌属_1、未知属 f 型拟杆菌目 S24-7 菌群、拟杆菌属和产乙酸糖发酵菌属的相对丰度显著高于对照组。肠道菌群在属水平上，益生菌组拟杆菌属和瘤胃球菌科_UCG-002 的相对丰度显著高于对照组。在胃肠道代谢物中，益生菌组异戊酸含量显著高于对照组，而丁酸含量显著低于对照组。

2. 不同梯度复合益生菌对苏尼特羊胃肠道菌群的影响

本小节所用实验动物与第三章第四节中研究复合菌株（植物乳植杆菌+副干酪乳杆菌）对羊肉品质的影响时所用实验动物相同。

(1) 不同梯度复合益生菌对苏尼特羊瘤胃菌群的影响

①不同梯度复合益生菌对苏尼特羊瘤胃菌群 α-多样性的影响：对瘤胃菌群 α-多样性指数进行统计计算和差异显著性检验，结果如表 4-94 所示。由表可知，四组样本覆盖率分别为对照组 99.4%、L1 组 99.3%、L2 组 99.5%、L3 组 99.5%，都超过了 99%，说明本次测序数据量足以涵盖样本中的绝大多数物种信息。添加复合益生菌后各组丰富度指数均高于对照组，其中 L3 组的 Ace 指数和 Chao 指数显著高于对照组，表明日粮中添加乳酸菌可以增加苏尼特羊瘤胃菌群的丰富度，这可能是因为乳酸菌进入瘤胃后大量繁殖，改善了瘤胃环境，促进了内源性有益菌大量定殖。本试验中 L1 组、L2 组和 L3 组的 Simpson 指数显著低于对照组，说明日粮添加乳酸菌能够提高苏尼特羊瘤胃微生物的多样性。

表 4-94 不同梯度复合益生菌对苏尼特羊瘤胃菌群 α-多样性的影响

项目	对照组	L1 组	L2 组	L3 组
Chao 指数	415.69±75.19[b]	597.16±49.36[ab]	586.94±78.05[ab]	676.61±60.94[a]
Ace 指数	444.15±66.70[b]	610.70±63.57[ab]	604.32±88.75[ab]	661.59±57.40[a]
Shannon 指数	2.89±0.23	3.43±0.28	2.98±0.44	3.70±0.21
Simpson 指数	0.15±0.03[a]	0.06±0.02[b]	0.08±0.02[b]	0.08±0.01[b]
覆盖率/%	99.4	99.3	99.5	99.5

注：同行不同小写字母肩注表示差异显著（$P<0.05$）。

②不同梯度复合益生菌对苏尼特羊瘤胃菌群 β-多样性的影响：为探究瘤胃微生物群落组成的差异性，在 OTU 水平基于加权遗传距离矩阵（weighted unifrac distance）进行 PCoA 分析，如图 4-172 所示。由图可知第一主成分 1 贡献率为 37.98%，第二主成分贡献率为 7.91%，各组瘤胃样品的微生物群落可单独聚为一簇，组间明显分开，可以看出各组样品的聚类情况较好，组内样品间相似程度高于组间样品，说明日粮添加乳酸菌对苏尼特羊瘤胃微生物有显著影响。

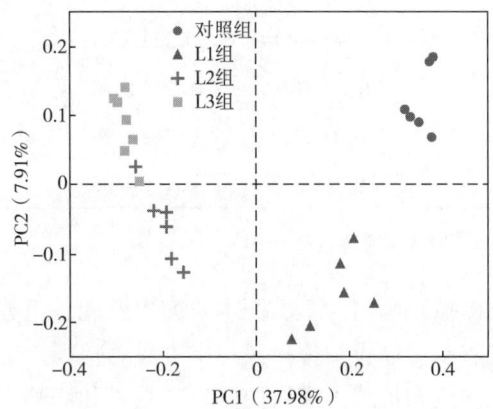

图 4-172　不同梯度复合益生菌对苏尼特羊瘤胃菌群 β-多样性的影响

③不同梯度复合益生菌对苏尼特羊瘤胃菌群组成的影响：在门水平上，通过物种注释分析共发现 23 个细菌门。如图 4-173 所示，苏尼特羊瘤胃菌群主要以拟杆菌门和厚壁菌门为主，占总菌的 75% 以上。其次为螺旋体门、变形菌门、放线菌门、互养菌门、髌骨细菌门、未分类 k_norank_d 细菌和软壁菌门。

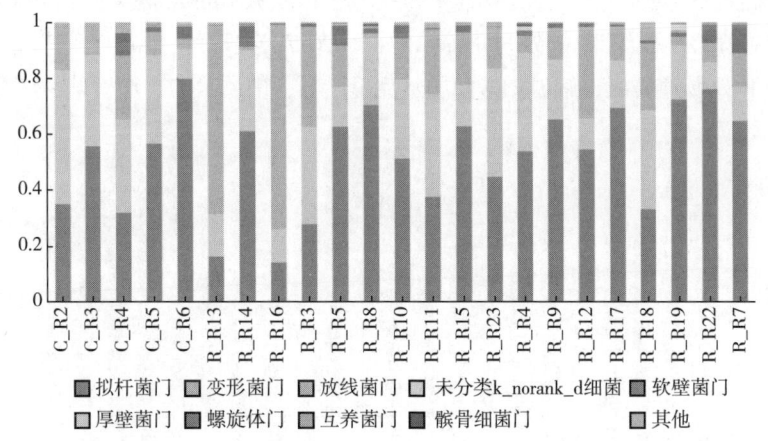

图 4-173　饲喂不同梯度复合益生菌对苏尼特羊瘤胃菌群组成结构分析（门水平）

乳酸菌对苏尼特羊瘤胃菌群门水平上的影响结果如表 4-95 所示。由表可知，L1 组、L2 组和 L3 组拟杆菌门的丰度显著高于对照组，对照组和 L2 组厚壁菌门的丰度显著高于 L1 组。L1 组和 L2 组互养菌门的丰度显著高于对照组。

表4-95　饲喂不同梯度复合益生菌对苏尼特羊瘤胃菌群的影响（门水平）　单位：%

门	对照组	L1组	L2组	L3组
拟杆菌门	42.21±5.35^b	52.77±4.34^a	54.42±3.65^a	55.81±8.07^a
厚壁菌门	29.53±2.44^a	22.27±2.69^b	29.02±2.95^a	24.02±1.94^{ab}
螺旋体门	2.47±0.67	3.17±0.37	2.05±0.56	2.90±0.50
变形菌门	2.83±0.31	1.62±0.25	2.12±0.19	2.60±0.40
放线菌门	0.81±0.14	0.12±0.04	0.45±0.25	0.62±0.17
互养菌门	0.28±0.03^b	0.59±0.06^a	0.54±0.04^a	0.37±0.05^{ab}
髌骨细菌门	0.41±0.03	0.74±0.05	0.69±0.05	0.77±0.06
软壁菌门	0.10±0.02	0.14±0.06	0.18±0.09	0.16±0.04

注：同行不同小写字母肩注表示差异显著（$P<0.05$）。

反刍动物瘤胃内主要以拟杆菌门为主，而本研究也发现各组苏尼特羊瘤胃内优势菌门均为拟杆菌门，且添加乳酸菌后瘤胃中拟杆菌门丰度显著提高。李常瑞等（2017）给绵羊补充益生菌后发现，益生菌能增加绵羊瘤胃内微生物数量和底物降解速度，产生更多酸性物质，进而降低瘤胃pH，促进瘤胃发酵，而且随着添加量的增加，发酵作用越明显，这也与本试验中日粮添加3%的乳酸菌后苏尼特羊瘤胃中细菌丰度值较1%和2%略高的结果一致。日粮中添加乳酸杆菌会改变瘤胃菌群结构，同时影响糖酵解有关的酶和原肌球蛋白的表达，从而改善肌肉品质（富舒洁，2018）。综上，日粮中添加乳酸菌能够优化苏尼特羊瘤胃菌群结构，大大增加了有益菌的定殖。

在属水平上，通过物种注释分析共发现475个细菌属，相对丰度前12的细菌如图4-174所示，苏尼特羊瘤胃中主要以普雷沃氏菌属_1为主，占到了总菌的25%以上，这与多名学者研究反刍动物瘤胃中优势菌属结果一致（Fouhse et al.，2017；吴琼等，2020），其次为琥珀酸弧菌属、理研菌科RC9肠道群属、解琥珀酸菌属、克里斯滕森菌属R-7、瘤胃球菌属等。

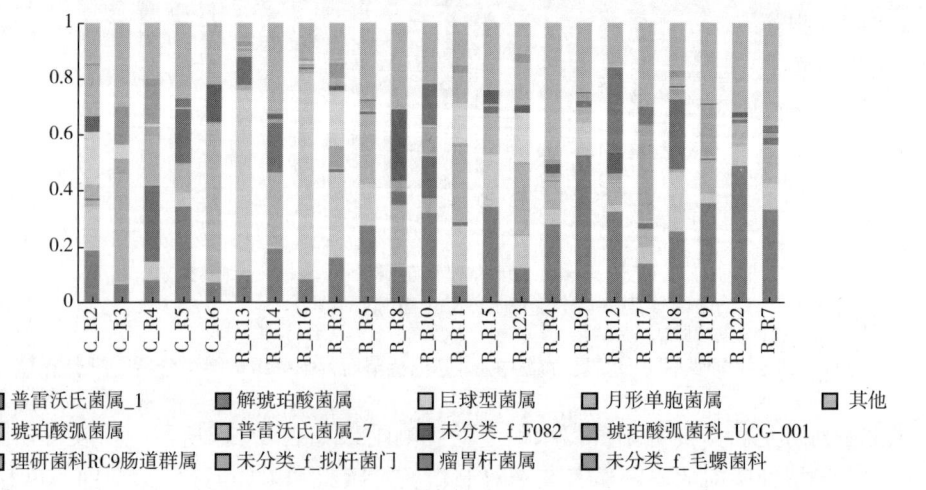

图4-174　饲喂不同梯度复合益生菌对苏尼特羊瘤胃菌群组成结构分析（属水平）

日粮添加乳酸菌对瘤胃菌群在属水平上的影响如表 4-96 所示。在拟杆菌门中，添加乳酸菌后普雷沃氏菌属_1 的相对丰度均有所增加，呈现 L3 组>L2 组>L1 组>对照组的趋势，L1 组和 L2 组瘤胃球菌属显著高于对照组。本试验发现各组苏尼特羊瘤胃中相对丰度最高的菌属是普雷沃氏菌属_1，该属微生物种型多、遗传多样性丰富、底物广泛，是瘤胃微生物的优势菌属，而且还具有降解蛋白质、小肽和多糖等多种代谢产物的能力。此外，在日粮中添加乳酸菌可以提高普雷沃氏菌属的丰度。

表 4-96 饲喂不同梯度复合益生菌对苏尼特羊瘤胃菌群的影响（属水平） 单位：%

门	属	对照组	L1 组	L2 组	L3 组
拟杆菌门	普雷沃氏菌属_1	22.89±2.45[c]	25.55±3.12[b]	27.98±2.69[b]	31.96±3.17[a]
	普雷沃氏菌属_UCG-001	1.74±0.31	1.90±0.12	1.50±0.41	2.39±0.25
	拟杆菌属	0.42±0.05	0.37±0.10	0.35±0.09	0.23±0.06
	理研菌科 RC9 肠道群属	2.20±0.18	2.56±0.21	4.83±0.56	3.78±0.45
厚壁菌门	粪杆菌真核菌群	1.07±0.02[b]	3.45±0.42[a]	3.55±0.27[a]	2.31±0.43[ab]
	克里斯滕森菌属 R-7 菌群	1.33±0.16[b]	2.23±0.43[a]	2.09±0.21[a]	2.35±0.19[a]
	瘤胃球菌属	0.89±0.02[b]	1.03±0.04[a]	1.09±0.04[a]	0.95±0.05[ab]
变形菌门	琥珀酸弧菌属	3.11±0.41	3.63±0.39	3.46±0.36	3.84±0.27
纤维杆菌门	纤维杆菌属	0.52±0.10[b]	0.84±0.11[a]	0.79±0.05[a]	0.88±0.09[a]

注：同行不同组小写字母肩注表示差异显著（$P<0.05$）。

粪杆菌真核菌群和克里斯滕森氏菌属 R-7 都是厚壁菌门中的重要菌属，本试验中，L1 组和 L2 组粪杆菌真核菌群的相对丰度显著高于对照组，L1 组、L2 组、L3 组的克里斯滕森菌属 R-7 相对丰度显著高于对照组，说明日粮添加乳酸菌能够提高瘤胃中有益菌属的定殖。

此外，在纤维杆菌门中，L1 组、L2 组、L3 组的纤维杆菌属均显著高于对照组。日粮添加乳酸菌可提高瘤胃中纤维杆菌属丰度，改变菌群结构，使瘤胃中纤维降解菌总数保持平衡，起到益生作用。于萍等（2010）在犊牛日粮中添加了枯草芽孢杆菌后发现，犊牛瘤胃中枯草芽孢杆菌大量繁殖，创造了无氧条件，导致厌氧菌（包括降解纤维的功能菌群）的大量定殖，这可能也是本试验中日粮添加乳酸菌后增加了厌氧菌数量的原因之一。

整体上，日粮添加乳酸菌能够提高苏尼特羊瘤胃微生物多样性及改善菌群结构，其中以日粮添加 3%的乳酸菌效果最为显著。

④不同梯度复合益生菌对苏尼特羊瘤胃菌群功能的影响：利用 PICRUSt1 软件对瘤胃微生物群落进行功能预测分析，共匹配到 KEGG 二级代谢通路 39 个，预测结果如图 4-175 所示。根据 PICRUSt1 软件分析，发现瘤胃中细菌微生物代谢主要包括 12 种代谢通路，分别为能量代谢、氨基酸代谢、其他氨基酸的代谢、碳水化合物代谢、辅因子和维生素的代谢、核苷酸代谢、转录、翻译、复制和修复、脂代谢、萜类化合物和聚酮化合物的

代谢、外源物质生物降解和代谢。由图4-175可知，L1组苏尼特羊瘤胃微生物中氨基酸代谢、翻译和碳水化合物代谢的活跃度高于对照组，说明日粮添加1%乳酸菌后可能会促进瘤胃中微生物参与氨基酸代谢、翻译和碳水化合物代谢。

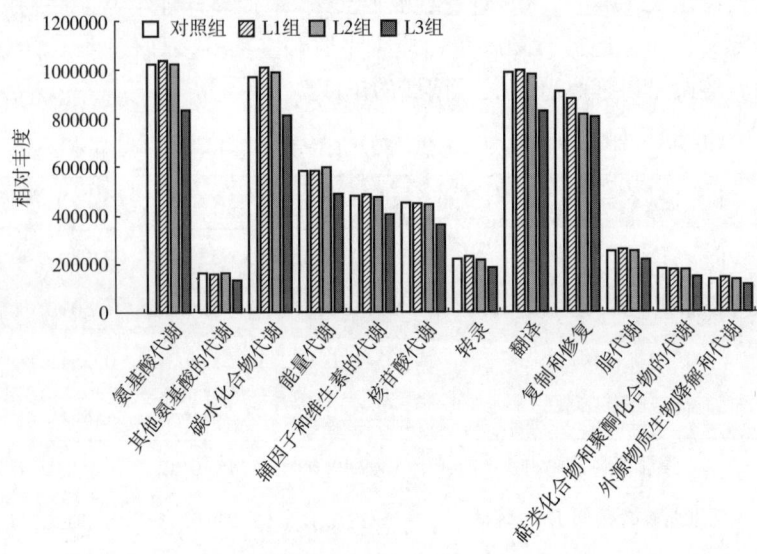

图4-175 不同梯度复合益生菌对苏尼特羊瘤胃菌群功能的影响

（2）不同梯度复合益生菌对苏尼特羊肠道菌群的影响

①不同梯度复合益生菌对苏尼特羊肠道菌群α-多样性的影响：为探究乳酸菌对苏尼特羊肠道微生物丰富度和多样性的影响，对各组的α-多样性指数进行统计计算和差异显著性检验，结果见表4-97。如表所示，L1组和L2组的Chao指数和Ace指数均显著高于对照组。L2组的Simpson指数显著低于对照组。四组样本覆盖率分别为对照组99.5%、L1组99.5%、L2组99.4%、L3组99.3%，都高于99%，说明本次测序数据量足以覆盖样本中的绝大多数物种。本试验发现添加1%和2%的乳酸菌显著提高了苏尼特羊肠道微生物的多样性和丰富度。而乳酸菌的添加会导致肠道菌群多样性发生改变，有利于发挥肠道功能，促进食糜消化。

表4-97 不同梯度复合益生菌对苏尼特羊肠道菌群α-多样性的影响

项目	对照组	L1组	L2组	L3组
Chao指数	821.24 ± 50.17^{b}	1039.80 ± 68.84^{a}	1005.61 ± 62.19^{a}	937.18 ± 70.80^{ab}
Aceo指数	827.27 ± 70.41^{b}	1020.40 ± 67.76^{a}	1010.09 ± 50.22^{a}	927.65 ± 67.43^{ab}
Shannono指数	3.68 ± 0.93	4.66 ± 0.43	4.62 ± 0.47	4.51 ± 0.47
Simpsono指数	0.05 ± 0.01^{a}	0.03 ± 0.01^{ab}	0.02 ± 0.00^{b}	0.03 ± 0.02^{ab}
覆盖率/%	99.5	99.5	99.4	99.3

注：同行不同小写字母肩注表示差异显著（$P<0.05$）。

②不同梯度复合益生菌对苏尼特羊肠道菌群 β-多样性的影响：为探究乳酸菌组与对照组肠道微生物群落组成的差异性，在 OTU 水平，基于加权遗传距离矩阵进行 PCoA 分析，结果如图 4-176 所示。图中第一主成分对检测到的总微生物的代表性贡献率为 45.63%，第二主成分贡献率为 6.77%，且对照组与 L1 组、L2 组、L3 组完全区分开，同时微生物群落各聚为一类，表明组内相似程度要高于组间。说明饲喂乳酸菌对苏尼特羊肠道微生物有显著影响。

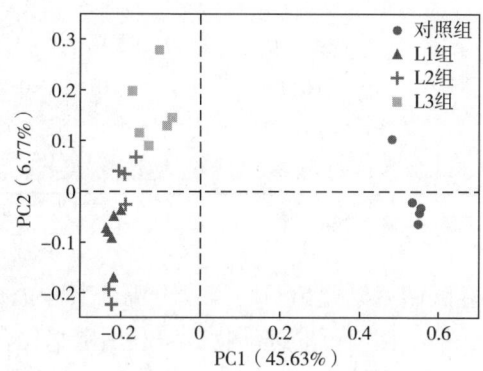

图 4-176　不同梯度复合益生菌对苏尼特羊肠道菌群 β-多样性的影响

③不同梯度复合益生菌对苏尼特羊肠道菌群组成的影响：在门水平上，通过物种注释分析共发现 21 个门。相对丰度前 12 的细菌如图 4-177 所示。苏尼特羊肠道菌群主要以厚壁菌门和拟杆菌门为主，占总菌的 80% 以上，这与瘤胃菌群结果一致，其次为螺旋体门、变形菌门、放线菌门、疣微菌门、纤维杆菌门和软壁菌门。

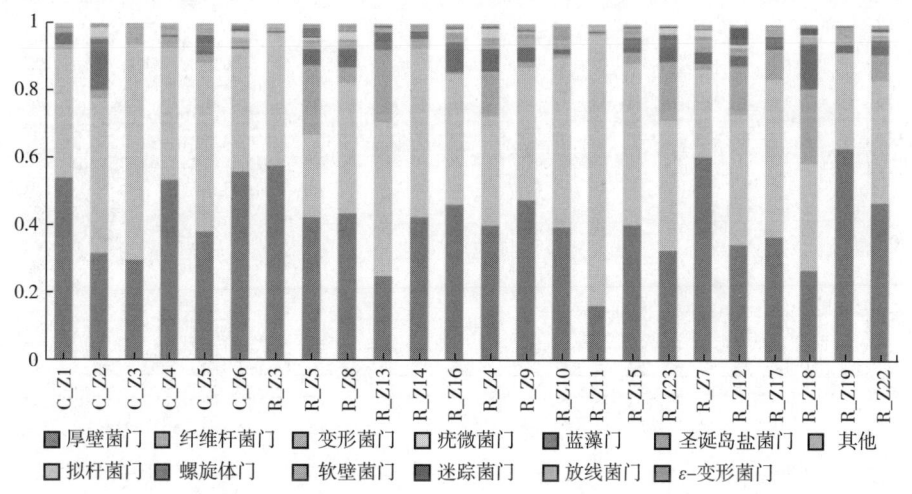

图 4-177　饲喂不同梯度复合益生菌对苏尼特羊肠道菌群组成结构分析（门水平）

乳酸菌对苏尼特羊肠道菌群门水平上的影响结果如表 4-98 所示。由表可知，厚壁菌门丰度呈 L2 组>L1 组>L3 组>对照组。对照组的拟杆菌门显著高于 L3 组，L1 组和 L2 组螺旋体门和软壁菌门的丰度显著高于对照组和 L3 组,而 L1 组和 L2 组变形菌门的丰度显著低于对照组。

表 4-98　饲喂不同梯度复合益生菌对苏尼特羊肠道菌群的影响(门水平)　　单位:%

门	对照组	L1 组	L2 组	L3 组
厚壁菌门	39.80±2.04^c	45.76±2.58^b	57.76±3.96^a	45.05±3.41^b
拟杆菌门	40.92±2.36^a	39.57±3.01^{ab}	36.58±2.51^{ab}	34.58±32.83^b
螺旋体门	2.02±0.09^b	4.23±0.57^a	5.22±0.74^a	1.79±0.25^b
变形菌门	3.87±1.31^a	2.17±0.30^b	1.71±0.38^b	2.55±0.44^{ab}
放线菌门	0.53±0.17	0.15±0.10	0.29±0.17	0.18±0.09
软壁菌门	0.48±0.10^b	1.73±0.19^a	2.61±0.24^a	0.71±0.12^b
疣微菌门	0.80±0.48	0.68±0.38	0.85±0.43	0.77±0.27

注:同行不同小写字母表示差异显著($P<0.05$)。

本试验结果显示饲喂乳酸菌后厚壁菌门的丰度升高,其中添加 2% 的乳酸菌效果最为显著。在反刍动物肠道中,拟杆菌门可促进动物分解利用碳水化合物,本试验中添加乳酸菌后拟杆菌门呈现降低趋势。变形菌门是肠道主要病原菌,它能引起动物腹泻等肠道疾病,是鉴定哺乳动物肠道健康状况的重要标志。通过分析发现日粮添加 1% 和 2% 乳酸菌能够显著降低变形菌门在肠道中的定殖,进一步表明乳酸菌可能会抑制肠道致病菌,改善肠道环境,降低苏尼特羊肠道患病的风险。

在属水平上,通过物种注释分析共发现 287 个细菌属。相对丰度前 14 的细菌。如图 4-178 所示,苏尼特羊肠道中以拟杆菌属为主,其次包括瘤胃球菌科_UCG-005、瘤胃球菌科_UCG-010、普雷沃氏菌属_1、克里斯滕森菌属 R-7、理研菌科 RC9 肠道群属等。

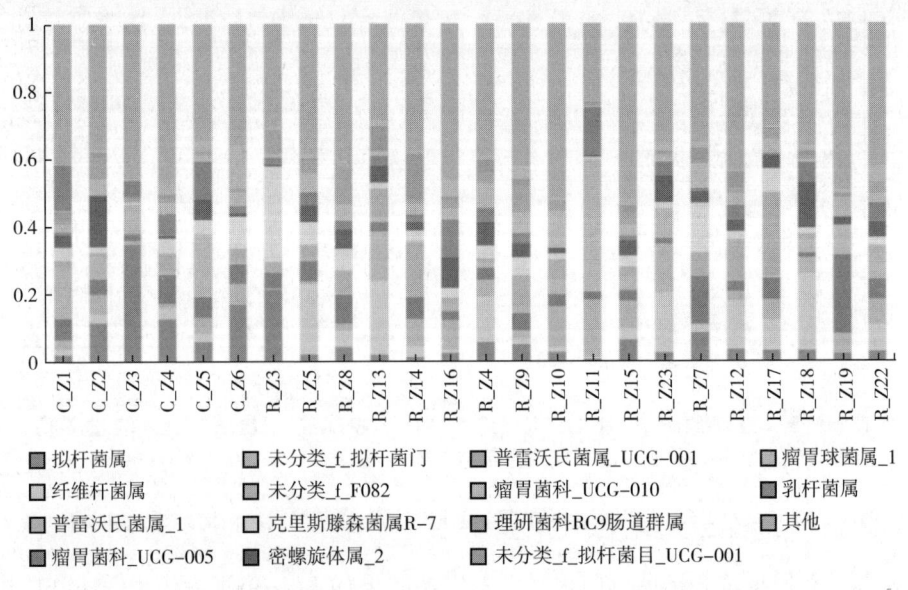

图 4-178　饲喂不同梯度复合益生菌对苏尼特羊肠道菌群组成结构分析(属水平)

乳酸菌对苏尼特羊肠道菌群属水平上的影响结果如表 4-99 所示。由表可知，L2 组瘤胃球菌科_UCG-010、拟杆菌属、另枝菌属的丰度均显著高于对照组。L1 组、L2 组和 L3 组瘤胃球菌科_UCG-013 和普雷沃氏菌属_1 的丰度显著高于对照组。而 L1 组、L2 组和 L3 组琥珀酸弧菌属的丰度均显著低于对照组。

表 4-99　饲喂不同梯度复合益生菌对苏尼特羊肠道菌群的影响（属水平）　单位：%

	项目	对照组	L1 组	L2 组	L3 组
厚壁菌门	瘤胃球菌科_UCG-005	5.77±0.42	5.24±0.71	3.36±0.46	6.07±0.56
	瘤胃球菌科_UCG-010	3.07±0.19^b	3.58±0.41^{ab}	4.91±1.66^a	3.81±0.36^{ab}
	瘤胃球菌科_UCG-013	0.84±0.26^b	1.19±0.56^a	1.86±0.33^a	1.39±0.21^a
	克里斯滕森菌属 R-7	3.21±0.15	5.22±0.40	2.85±0.78	4.63±0.53
	未分类毛螺菌属	2.39±0.80	2.71±0.66	3.16±1.05	3.24±0.34
拟杆菌门	拟杆菌属	5.78±0.49^b	6.53±1.05^{ab}	5.78±1.79^a	4.96±0.83^{ab}
	普雷沃氏菌属_1	2.06±0.03^b	5.94±1.23^a	4.81±0.87^a	4.59±1.03^a
	另枝菌属	1.71±0.71^b	1.87±0.45^{ab}	2.11±0.77^a	1.45±0.57^{ab}
	理研菌科 RC9 肠道群属	1.87±0.21^b	2.96±0.27^a	1.52±0.19^{ab}	1.65±0.33^{ab}
变形菌门	琥珀酸弧菌属	2.03±0.82^a	0.37±0.05^b	0.47±0.18^b	0.58±0.09^b
	弯曲杆菌属	0.21±0.01	0.11±0.07	0.12±0.04	0.15±0.07
	脱硫弧菌属	0.97±0.02	0.57±0.04	0.61±0.01	0.68±0.14

注：同行不同小写字母肩注表示差异显著（$P<0.05$）。

厚壁菌门中，L2 组瘤胃球菌科_UCG-010 丰度显著高于对照组，L1 组、L2 组和 L3 组瘤胃球菌科_UCG-013 的丰度均显著高于对照组。瘤胃球菌科能帮助宿主降解食物中的半纤维素和纤维素等难消化碳水化合物，产生机体和上皮组织的重要营养物质短链脂肪酸，如丁酸。日粮添加乳酸菌后显著提高了肠道中瘤胃球菌科的丰度，因此推测乳酸菌的添加可能会提高反刍动物对植物多糖的利用效率，有利于维持肠道健康。

拟杆菌门中，L2 组拟杆菌属、另枝菌属的丰度均显著高于对照组，L1 组、L2 组和 L3 组普雷沃氏菌属_1 的丰度显著高于对照组，L1 组理研菌科 RC9 肠道群属的丰度显著高于对照组。另枝菌属属于理研菌科，有研究证实日粮添加益生元可提高肠道内另枝菌属菌的相对丰度（王勇等，2020），而另枝菌属作为生物肠道微生物的优势菌属，可改善抗生素处理导致的鸡肠道微生物区系紊乱并提高了肠道菌群健康。本试验中添加 2% 乳酸菌显著提高了另枝菌属丰度，有利于改善肠道微生物紊乱。理研菌科 RC9 肠道群属也是理研菌科重要的种属，其在脂肪沉积中起到重要作用，普雷沃氏菌属_1 属于革兰氏阴性杆菌，专性厌氧菌，具有独特的黏蛋白降解能力，可降解半纤维素和木聚糖等多类营养物质。本试验添加乳酸菌后普雷沃氏菌属_1 的丰度均显著提高。

在变形菌门中，L1 组、L2 组和 L3 组琥珀酸弧菌属的丰度均显著低于对照组，另外两个典型致病菌弯曲菌属和脱硫弧菌属在本试验中组间虽无显著性差异,但 L1 组、L2 组和 L3 组有低于对照组的趋势,说明乳酸菌的添加可以抑制肠道致病菌的生长。

整体上,日粮添加乳酸菌能够提高苏尼特羊肠道微生物多样性及改善菌群结构,其中以日粮添加 1%和 2%的乳酸菌效果最为显著,这与乳酸菌对瘤胃微生物的影响结果存在差异,可能是因为不同胃肠道区段结构以及各区段生理功能不同导致的,但均能说明乳酸菌能够改变瘤胃和粪便微生物多样性水平,改善菌群结构,更好地帮助宿主高效地消化食物。

④不同梯度复合益生菌对苏尼特羊肠道菌群功能的影响:根据 PICRUSt 软件分析发现肠道中细菌微生物代谢主要包括 12 种代谢通路,如图 4-179 所示。其中代谢活跃度较高的有氨基酸代谢、碳水化合物代谢、能量代谢、辅因子和维生素的代谢、核苷酸代谢、翻译、复制和修复。其中氨基酸代谢在 L1 组和 L3 组苏尼特羊中较活跃,说明添加乳酸菌后可能会提高肠道中的微生物参与氨基酸代谢。

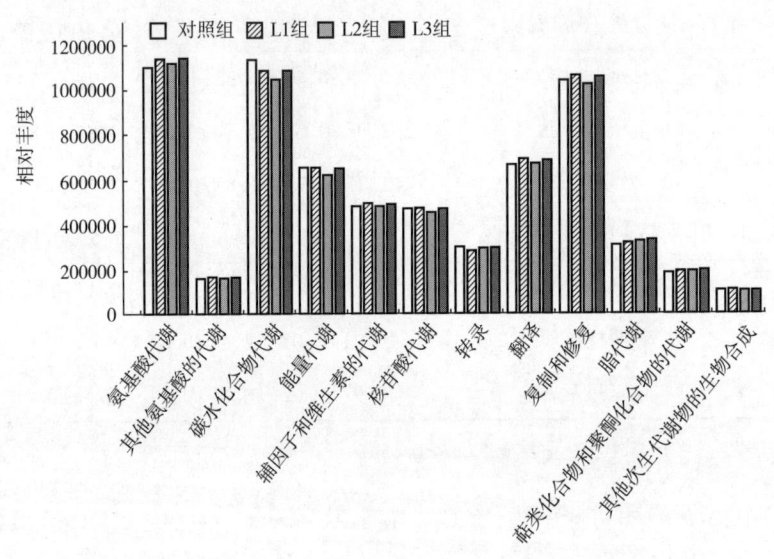

图 4-179 不同梯度复合益生菌对苏尼特羊肠道菌群功能的影响

综上所述,日粮添加乳酸菌可以提高苏尼特羊胃肠道微生物的多样性,改善胃肠道微生物组成,增加有益菌数量。在瘤胃微生物组成中,日粮添加乳酸菌提高了拟杆菌门和疣微菌门、克里斯滕森菌属 R-7、纤维杆菌属和粪杆菌真核菌群的丰度。在肠道微生物组成中,日粮添加乳酸菌提高了厚壁菌门、螺旋体门、软壁菌门、瘤胃球菌科_UCG-013 和普雷沃氏菌属_1 的丰度,降低了变形菌门和琥珀酸弧菌属的丰度。对胃肠道菌群的功能产生了显著的积极影响。

3. 植物乳杆菌对羊肠道菌群的影响

本小节所用实验动物与第三章第四节中研究植物乳植杆菌对羊肉品质的影响时所用实验动物相同。

(1) 植物乳植杆菌对苏尼特羊肠道菌群 α-多样性的影响 通过测序得到了盲肠样本的总计 321324 条高质量序列,共获得了 2138 个 OTU 操作分类单元,两组覆盖率均达到

99%，满足后续肠道菌群组成分析要求。表4-100所示植物乳植杆菌组的 Shannon 指数、Chao 指数和 Ace 指数极显著高于对照组，说明植物乳植杆菌组羊的肠道微生物群落多样性及丰富度高于对照组羊。

表4-100 植物乳植杆菌对苏尼特羊肠道菌群 α-多样性的影响

指标	对照组	植物乳植杆菌组
序列数/条	160662	164976
OTU 数/个	1589	1832
Shannon 指数	3.74 ± 0.75^b	5.1 ± 0.04^a
Ace 指数	738.69 ± 50.42^b	1125.56 ± 28.19^a
Chao 指数	836.88 ± 36.80^b	1144.43 ± 23.66^a
覆盖率/%	99	99

注：同行不同小写字母肩注表示差异显著（$P<0.05$）。

（2）植物乳杆菌对苏尼特羊肠道菌群 β-多样性的影响　利用主成分分析降维排序方法观察分析群体间的差异，鉴别饲喂植物乳植杆菌后两组肠道菌群的差异。由图4-180可知，植物乳植杆菌组和对照组每组样本点分散区域比较密集，组内微生物群落结构相似。第一主成分和第二主成分的解释度分别为 30.73% 和 17.25%。两组主成分图略有重叠，但两组肠道菌群差异总体区分不显著，说明苏尼特羊肠道菌群组成具有基因同源性。而从第一主成分能分析出饲喂植物乳植杆菌对苏尼特羊的盲肠微生物群落产生一定影响。

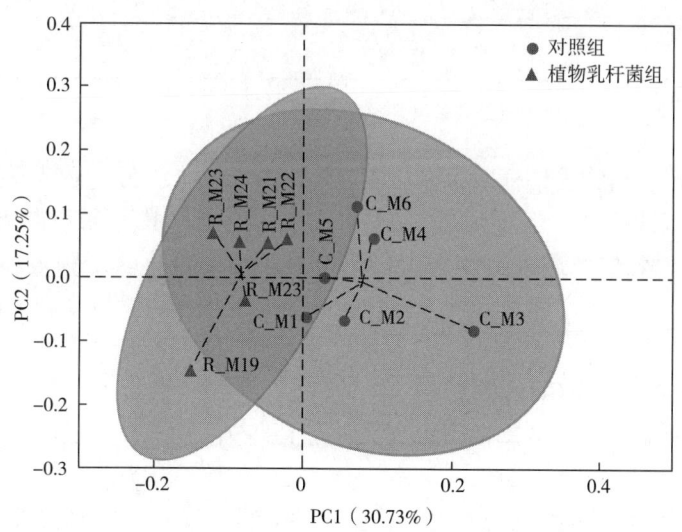

图4-180　植物乳植杆菌对苏尼特羊肠道菌群 β-多样性的影响

如表4-101所示，在门水平上，两组细菌种类的相对丰度主要以厚壁菌门和拟杆菌门为主，两者相对丰度之和超过了90%。与对照组相比，植物乳植杆菌组的拟杆菌门、疣微菌门和放线菌门丰度显著提高，而厚壁菌门、变形菌门的丰度显著降低。在属水平上，植物乳植杆菌组拟杆菌属、瘤胃球菌科_UCG-010、瘤胃球菌科_UCG-005、克里斯滕森菌属 R-7 和理研菌 RC9 肠道群属丰度显著提高（$P<0.05$），而另枝菌属、普雷沃氏菌属_UCG-003 丰度显著低于对照组。可见，饲喂植物乳植杆菌能够改变盲肠微生物群落优势菌群的组成与结构。

表 4-101　饲喂植物乳植杆菌对苏尼特羊肠道菌群的影响　　　　单位：%

类别	名称	对照组	植物乳杆菌组
门水平	厚壁菌门	60.10±0.57^a	43.45±2.23^b
	拟杆菌门	35.86±2.24^b	51.32±2.63^a
	螺旋体门	0.92±0.38	0.91±0.68
	变形菌门	1.45±0.35^a	0.67±0.34^b
	疣微菌门	0.13±0.08^b	0.61±0.12^a
	纤维杆菌门	0.31±0.47	0.32±0.26
	放线菌门	0.07±0.03^b	0.36±0.12^a
属水平	拟杆菌属	2.27±0.34^b	6.09±0.15^a
	瘤胃球菌科_UCG-010	5.75±0.94^b	10.20±1.41^a
	瘤胃球菌科_UCG-005	2.98±0.6^b	8.78±0.44^a
	克里斯滕森菌属 R-7	6.39±0.56^b	11.36±1.97^a
	理研菌科 RC9 肠道群属	2.64±0.09^b	8.67±0.31^a
	另枝菌属	7.17±1.65^a	2.78±1.79^b
	普雷沃氏菌属_UCG-001	6.12±5.43	9.10±8.12
	普雷沃氏菌属_UCG-003	7.20±1.54^a	2.13±0.64^b

注：同行不同小写字母肩注表示差异显著（$P<0.05$）。

与对照组相比，植物乳植杆菌组参与能量代谢的肠道有益菌群显著提高了肠道拟杆菌门、疣微菌门、拟杆菌属、克里斯滕森菌属 R-7、理研菌科 RC9 肠道群属和瘤胃球菌科_UCG-010 的丰度。乳酸菌进入机体后可以调节胃肠道菌群，改变肠道形态或酶的分泌，并产生抗菌化合物。此外，还可以增强膳食营养素的吸收，从而提高动物的生产性能和肉品质。

4. 丁酸梭菌对羊肠道菌群的影响

本小节所用实验动物与第三章第四节中研究丁酸梭菌对羊肉品质的影响时所用实验动物相同。

（1）丁酸梭菌对小尾寒羊肠道菌群 α-多样性的影响　α-多样性是衡量某一群落中物种丰度和均匀度的综合指标，肠道中微生物的丰度和多样性是保障肠道功能的重要因素，环境、膳食组成和营养水平的变化均能导致机体微生物群落多样性和丰度的变化。由图 4-181 可知，丁酸梭菌组 Shannon 指数和 OTU 数显著高于对照组，Simpson 指数显著低于对照组。本试验发现添加丁酸梭菌显著提高了绵羊肠道的多样性和丰度，促进营养物质的消化吸收。两组的样品覆盖率都达到了绵羊肠道中微生物菌落结构的99%,证明所测样本的测序数据量是合理的,能较好满足后续肠道菌群生物信息学分析的要求。

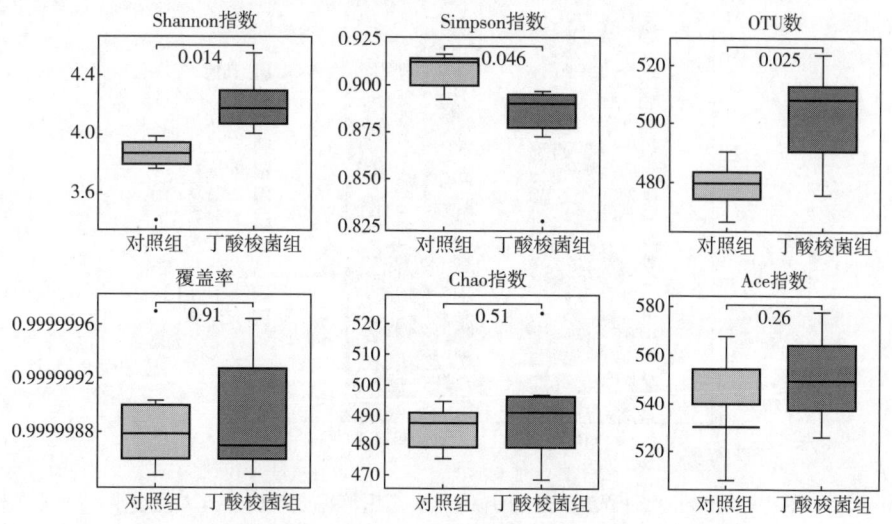

图4-181　丁酸梭菌对小尾寒羊肠道菌群α-多样性的影响

（2）丁酸梭菌对小尾寒羊羊肠道菌群β-多样性的影响　在属水平上,将丁酸梭菌组和对照组的肠道微生物进行PCoA分析,如图4-182所示。图中第一主成分和第二主成分对样本差异的贡献值分别为42.68%和18.82%,同组内的微生物菌落单独聚为一簇,说明同组内物种差异性较小,丁酸梭菌组和对照组之间样品距离较远,说明日粮添加丁酸梭菌改变了绵羊肠道微生物的多样性。

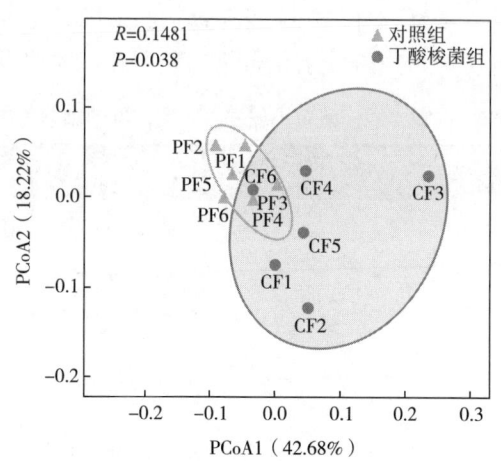

图4-182　丁酸梭菌对小尾寒羊羊肠道菌群β-多样性的影响

（3）丁酸梭菌对小尾寒羊肠道菌群组成的影响　在门水平上,由图4-183可知,肠道中优势菌门包括厚壁菌门、纤维杆菌门、拟杆菌门、疣微菌门、变形杆菌门、螺旋体门、软壁菌门、壶菌门（Chytridiomycota）、广古菌门。

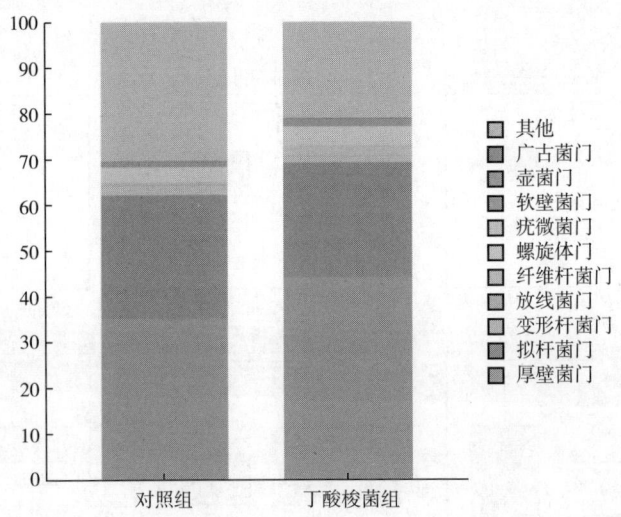

图4-183　饲喂丁酸梭菌对小尾寒羊肠道菌群组成结构分析（门水平）

关于反刍动物肠道菌群的结构组成，之前的研究表明，厚壁菌门和拟杆菌门在肠道粪便样本门水平上占主导地位（Clemmons et al.，2019），这与本研究结果一致。由表4-102可知，丁酸梭菌组厚壁菌门的相对丰度显著高于对照组，而拟杆菌门的相对丰度在两组间无显著差异，这有利于维持肠道菌群稳态，增强纤维素的分解能力。变形菌门的细菌包括多数致病菌，如大肠杆菌、沙门菌、幽门螺杆菌。本试验中丁酸梭菌组肠道中变形菌门的相对丰度显著低于对照组，可能是丁酸梭菌能够合成和分泌短链脂肪酸和细菌素，破坏致病菌的细胞膜，从而杀死或抑制致病菌生长。在本研究中，丁酸梭菌组增加了纤维杆菌门和螺旋体门的相对丰度，其中纤维杆菌门是反刍动物肠道中纤维素的主要降解菌之一，螺旋体门与果胶和植酸的降解、可发酵碳水化合物的利用和挥发性脂肪酸的产生密切相关。

表4-102　饲喂丁酸梭菌对小尾寒羊肠道菌群的影响（门水平）　　　　单位：%

类别	对照组	丁酸梭菌组
厚壁菌门	35.48±2.99[b]	44.29±3.47[a]
拟杆菌门	26.79±4.18[a]	25.64±1.85[a]
变形菌门	2.06±0.32[a]	1.35±0.13[b]
螺旋体门	2.73±0.50[b]	3.66±0.40[a]
放线菌门	0.26±0.06[a]	0.25±0.03[a]
纤维杆菌门	0.60±0.10[b]	2.17±0.45[a]
疣微菌门	0.53±0.24[a]	0.45±0.13[a]
软壁菌门	0.80±0.20[b]	1.40±0.20[a]

续表

类别	对照组	丁酸梭菌组
壶菌门	0.02±0.01ᵃ	0.01±0.00ᵃ
广古菌门	0.46±0.25ᵃ	0.37±0.13ᵃ

注：同行不同小写字母肩注表示差异显著（$P<0.05$）。

在属水平上，通过物种注释分析共发现2589个细菌属，相对丰度排名前10的细菌作菌落组成柱状图（图4-184和表4-103）。绵羊肠道中主要包括普雷沃氏菌属、拟杆菌属、梭菌属、密螺旋体属、纤维杆菌属、副拟杆菌属、乳杆菌属、链球菌属、双歧杆菌属、反刍杆菌属。

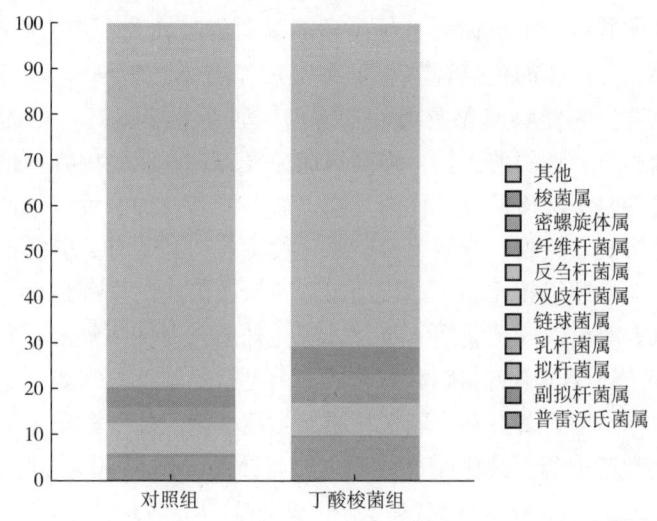

图4-184 饲喂丁酸梭菌对小尾寒羊肠道菌群组成结构分析（属水平）

表4-103 饲喂丁酸梭菌对小尾寒羊肠道菌群的影响（属水平） 单位：%

门	属	对照组	丁酸梭菌组
厚壁菌门	梭菌属	4.39±0.62ᵇ	6.20±1.23ᵃ
	链球菌属	0.05±0.01ᵃ	0.06±0.02ᵃ
	乳杆菌属	0.04±0.01ᵇ	0.10±0.01ᵃ
	反刍杆菌属	0.01±0.00ᵃ	0.01±0.00ᵃ
拟杆菌门	普雷沃氏菌属	5.05±0.97ᵇ	9.45±1.32ᵃ
	拟杆菌属	6.50±1.10ᵃ	5.84±0.74ᵃ
	副拟杆菌属	0.88±0.05ᵃ	0.48±0.10ᵇ
螺旋体门	密螺旋体属	2.70±0.72ᵇ	3.73±0.20ᵃ

续表

门	属	对照组	丁酸梭菌组
纤维杆菌门	纤维杆菌属	0.71 ± 0.25^b	2.39 ± 0.90^a
放线菌门	双歧杆菌属	0.03 ± 0.01^a	0.03 ± 0.00^a

注：同行不同小写字母肩注表示差异显著（$P<0.05$）。

厚壁菌门中，丁酸梭菌组梭菌属和乳杆菌属的相对丰度显著高于对照组。最新的研究表明梭菌属能够利用纤维素、细胞壁多糖、木质纤维素等原料，提高畜禽的纤维降解能力（Rubino et al.，2017）。日粮添加丁酸梭菌显著提高了肠道中梭菌属的相对丰度，说明丁酸梭菌提高了梭菌的菌群丰度，推测梭菌属丰度的增加可能会提高绵羊对纤维素的降解能力。有研究发现梭菌属可以利用氨基酸分解产生支链氨基酸，反刍动物在机体高速生长阶段，梭菌属富集说明其有利于机体对日粮中营养物质的吸收和利用，影响机体脂肪沉积，同时梭状芽孢杆菌属与机体的免疫调节有重大关系（冯蕾，2022）。乳杆菌属是畜禽肠道中最主要的益生菌群，它能够改善肠道的功能，同时还能够提高日粮的消化率和生物效价，并且能够抑制肠道致病菌的生长，提高机体免疫力。本试验中乳杆菌属的相对丰度显著提高，其原因可能是丁酸梭菌及其代谢产物丁酸等能有效抑制致病菌的生长，同时产生消化酶将多聚糖降解成单聚糖，为肠道有益微生物供能，利于有益菌的生长繁殖。

拟杆菌门中，与对照组相比，丁酸梭菌组普雷沃氏菌属的丰度显著增加，而副拟杆菌属的丰度显著降低。普雷沃氏菌属属于革兰氏阴性杆菌，专性厌氧菌，它不仅具有降解淀粉和蛋白质的功能，还参与必需脂肪酸的合成，满足宿主的营养需要。本试验添加丁酸梭菌后普雷沃氏菌属的丰度显著提高。副拟杆菌属是拟杆菌门的一种革兰氏阴性细菌，代谢终产物主要是乙酸和琥珀酸，其代谢合成的主要脂肪酸为饱和直链脂肪酸和anteiso-甲基支链脂肪酸。Young等（2006）研究发现，甲基支链脂肪酸是造成羊肉中膻味的重要物质，本研究结果发现饲喂丁酸梭菌会降低副拟杆菌属的丰度，这可能对羊肉风味的形成具有积极作用。

螺旋体门和纤维杆菌门中，丁酸梭菌组密螺旋体属和纤维杆菌属的相对丰度显著高于对照组。其中密螺旋体属可降解低聚糖、多糖、木质纤维素和不可消化的物质，而纤维杆菌属则可代谢产生乙酸、丙酸等短链脂肪酸，通过三羧酸循环为宿主提供能量。本试验中，密螺旋体属和纤维杆菌属丰度的增加有助于提高粗日粮的分解利用，促进营养物质的消化吸收。

（4）丁酸梭菌对小尾寒羊肠道菌群功能的影响　在二级水平上45个代谢通路的差异比较结果如图4-185所示。结果表明，消化系统、耐药性：抗肿瘤、其他氨基酸代谢和核苷酸代谢通路的相关功能基因在对照组显著富集，而脂质代谢、膜运输、糖类的生物合成和代谢、能量代谢、运输和分解代谢通路的相关功能基因在丁酸梭菌组显著富集。

本试验中，丁酸梭菌组脂质代谢、能量代谢和糖类的生物合成和代谢的代谢通路相对丰度显著增加，这提示补充丁酸梭菌可能通过调节肠道菌群，生成差异性代谢产物，从而调节糖、脂代谢，增强机体能量稳态，导致脂肪酸代谢的改变，从而影响肉品质。

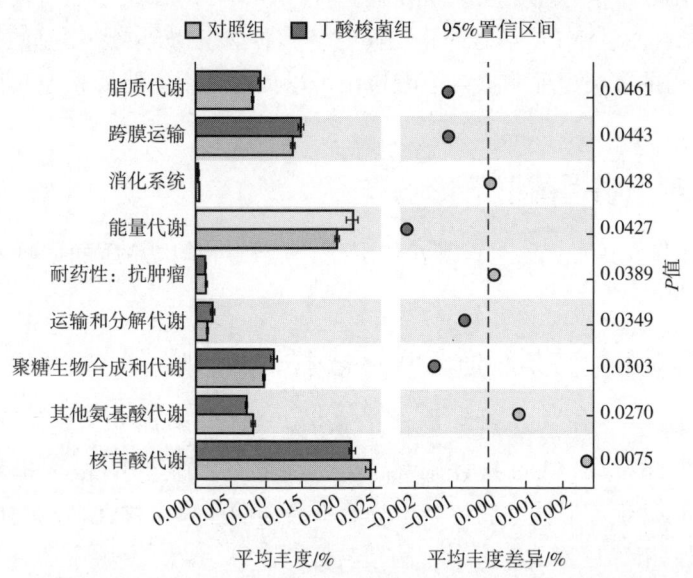

图4-185　丁酸梭菌对小尾寒羊肠道菌群KEGG二级代谢通路相关功能的影响

在三级水平上，如图4-186所示，在甘氨酸、丝氨酸和苏氨酸代谢、硒化合物的代谢、氰胺酸代谢、叶酸的一个碳库、脂多糖的生物合成和AMPK信号通路这些通路的相关功能基因中本试验丁酸梭菌组的丰度显著低于对照组，在氨基糖和核苷酸糖的代谢、初级胆汁酸的生物合成、次级胆汁酸的生物合成、脂肪酸生物合成和α-亚麻酸代谢这些通路的相关功能基因中丁酸梭菌组的丰度显著高于对照组。

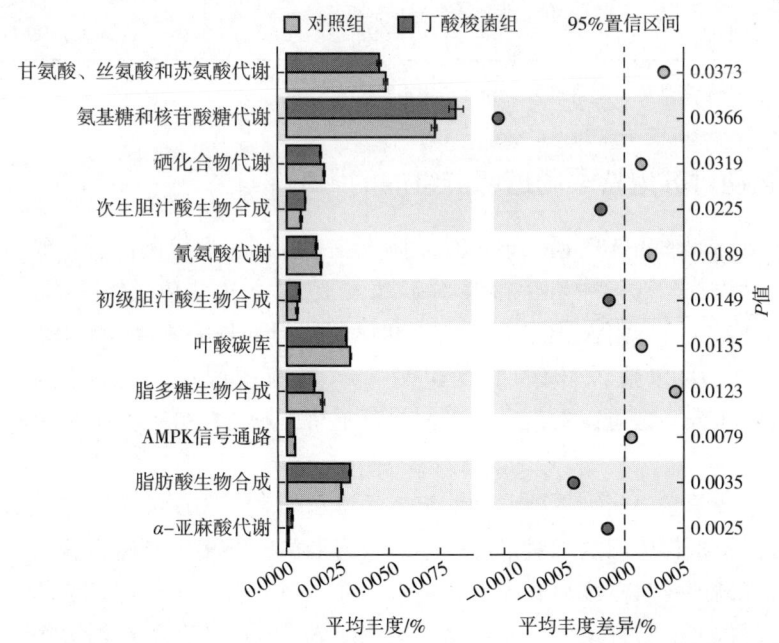

图4-186　丁酸梭菌对小尾寒羊肠道菌群KEGG三级代谢通路相关功能的影响

本试验中，AMPK 信号通路在组间具有显著差异，在对照组中显著富集，这提示丁酸梭菌的添加可能会抑制 AMPK 信号通路。同时，脂肪酸生物合成、氨基酸糖和核苷酸糖的代谢在丁酸梭菌组的富集也证明摄入丁酸梭菌可以促使微生物脂质代谢功能更加活跃，代谢多余的能量。

三、运动对羊肠道菌群的影响

本小节所用实验动物与第三章 第五节中研究运动对羊肉品质的影响时所用实验动物相同。

（一）运动对苏尼特羊肠道菌群 α-多样性的影响

如表 4-104 所示，在运动对苏尼特羊肠道菌群 α-多样性的影响中发现，运动组 Shannon 指数、Ace 指数和 Chao 指数显著高于舍饲组，舍饲组 Simpson 指数显著高于运动组。可以推断出运动组苏尼特羊肠道微生物具有较高的菌群多样性及均匀度。两组覆盖率均为 99%，表明两组苏尼特羊肠道微生物覆盖度较高。

表 4-104　运动对苏尼特羊肠道菌群 α-多样性的影响

指标	对照组	运动组
Shannon 指数	2.26 ± 0.10^b	2.69 ± 0.16^a
Simpson 指数	0.21 ± 0.03^a	0.09 ± 0.03^b
Ace 指数	262.66 ± 8.32^b	388.24 ± 50.66^a
Chao 指数	223.54 ± 24.19^b	343.42 ± 49.51^a
覆盖率/%	99	99

注：同行不同小写字母肩注表示差异显著（$P<0.05$）。

（二）运动对苏尼特羊肠道菌群组成的影响

在门水平上，如图 4-187 所示苏尼特羊肠道主要细菌为拟杆菌门、厚壁菌门，占到总体 90%左右。舍饲组羊肠道中细菌（相对丰度大于 1%）主要包括厚壁菌门（54.95%）、拟杆菌门（37.52%）、变形菌门（2.85%）和螺旋体门（1.05%）。运动组中细菌（相对丰度大于 1%）主要包括拟杆菌门（70.29%）、厚壁菌门（28.96%）和纤维杆菌门（3.11%）。在本研究中也可以看出，尽管同组苏尼特羊肠道菌群在门水平上相似，但也存在个体差异。

运动对苏尼特羊肠道门水平菌群结构组成的影响如表 4-105 所示。增加舍饲苏尼特羊运动量显著提高了拟杆菌门的相对丰度。运动组变形菌门的相对丰度显著低于舍饲组，软壁菌门和纤维杆菌门相对丰度显著高于舍饲组。在本研究中，运动提高了苏尼特羊肠道中拟杆菌门的相对丰度。拟杆菌门与厚壁菌门比例降低常与肠道菌群结构失衡有关；当其比例上升时，某些有机酸和抗菌物质增加，抑制有害微生物的生长，维持肠道微生态的稳定。而变形菌门中包括许多肠道致病菌,因此运动组肠道内变形菌门相对丰度的下降,可能与运动改变拟杆菌门与厚壁菌门比例有关。

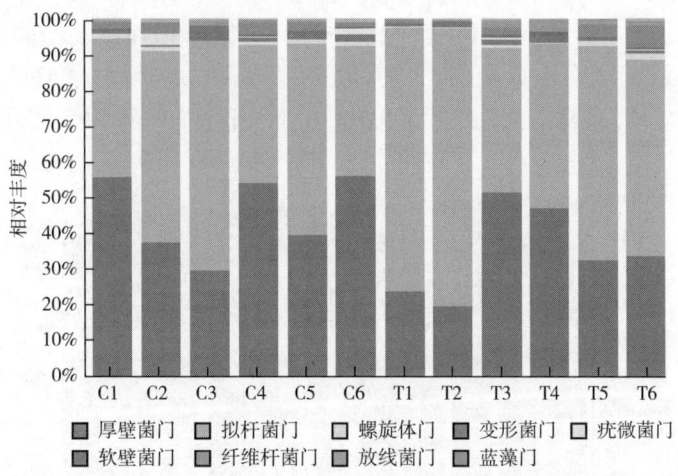

图4-187 运动对苏尼特羊肠道菌群组成结构分析(门水平)

表4-105 运动对苏尼特羊肠道菌群的影响(门水平)　　　　　　单位:%

门	对照组	运动组
拟杆菌门	37.52±1.18^b	70.29±9.42^a
厚壁菌门	54.95±1.10^a	28.96±4.51^b
变形菌门	2.85±1.31^a	0.52±0.05^b
放线菌门	0.87±0.51	0.23±0.28
螺旋体门	1.05±0.96	0.12±0.11
疣微菌门	0.08±0.06	0.21±0.14
软壁菌门	0.23±0.20^b	0.87±0.36^a
纤维杆菌门	0.13±0.10^b	3.11±0.70^a
蓝菌门	0.04±0.02	0.56±0.40
其他	0.44±0.09^b	0.91±0.26^a

注:同行不同小写字母肩注表示差异显著($P<0.05$)。

在属水平上,如图4-188所示,对照组肠道中细菌(相对丰度大于1%)主要包括拟杆菌属(5.10%)、普雷沃氏菌属_1(5.45%)、密螺旋体属(10.36%)、克里斯滕森菌属R-7(4.29%)、粪杆菌真核菌群(3.96%)、瘤胃球菌科_UCG-014(*Ruminococcaceae_UCG-014*)(3.37%)、普雷沃氏菌属_UCG-001(3.26%)、瘤胃球菌属(2.34%)、瘤胃球菌科_UCG-010(2.32%)、瘤胃球菌科_UCG-005(2.30%)、纤维杆菌属(1.95%)。

在运动组中细菌（相对丰度大于1%）主要包括了普雷沃氏菌属_1（25.62%）、拟杆菌属（14.66%）、瘤胃球菌科_UCG-005（8.12%）、克里斯滕森菌科 R-7（6.44%）、普雷沃氏菌属_UCG-001（6.14%）、粪杆菌真核菌群（5.25%）、纤维杆菌属（3.14%）、瘤胃球菌科_UCG-014（2.50%）、密螺旋体属（2.10%）、瘤胃球菌属（1.67%）、瘤胃球菌科_UCG-010（1.62%）、未分类拟杆菌（unclassified_o_Bacteroidales）（1.08%）、未分类瘤胃球菌科（1.03%）。以上结果显示，运动组肠道菌群在属水平上的菌群丰度及多样性高于对照组。

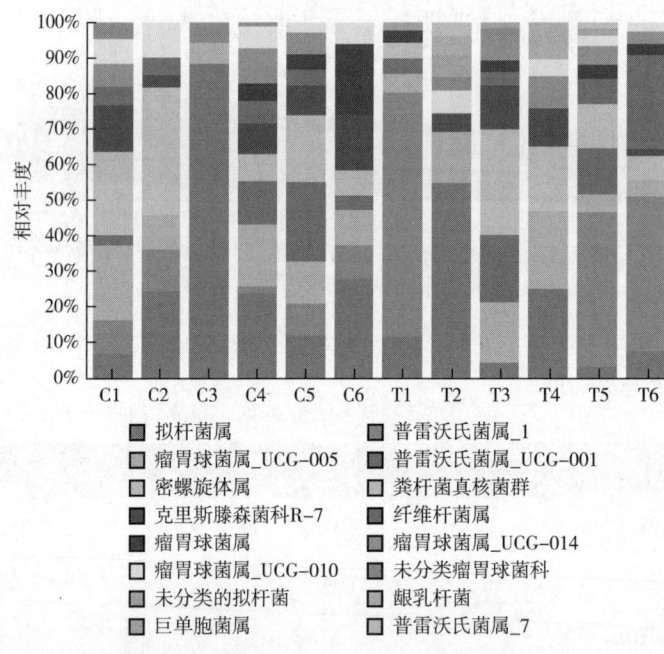

图4-188 运动对苏尼特羊肠道菌群组成结构分析（属水平）

运动对苏尼特羊属水平优势肠道菌群的影响，如表4-106所示。两种饲养方式下的苏尼特羊肠道菌属存在差异。在拟杆菌门中，对照组拟杆菌属、普雷沃氏菌属_1丰度显著低于运动组。在厚壁菌门中，对照组粪杆菌真核菌群、瘤胃球菌科_UCG-005丰度显著低于运动组；瘤胃球菌属显著高于运动组。运动组密螺旋体属丰度显著低于对照组，纤维杆菌属丰度显著高于对照组，纤维杆菌属能够分泌纤维素酶，促进宿主对纤维素的消化。拟杆菌属能增强肠道免疫系统功能，维持肠道微生态平衡。以上说明运动对维持肠道稳态及纤维物质的消化有益。

表4-106 运动对苏尼特羊肠道菌群的影响（属水平） 单位：%

门	属	对照组	运动组
	拟杆菌属	5.10±0.87^b	14.66±2.32^a
拟杆菌门	普雷沃氏菌属_1	5.45±0.64^b	25.62±2.97^a
	普雷沃氏菌属_UCG-001	3.26±2.84	6.14±3.99

续表

门	属	对照组	运动组
厚壁菌门	粪杆菌真核菌群	3.96±0.34^b	5.25±0.31^a
	克里斯藤森菌属 R-7	4.29±0.18	6.44±3.06
	瘤胃球菌属	2.34±0.23^a	1.67±0.28^b
	瘤胃球菌科_UCG-005	2.30±0.20^b	8.12±1.23^a
	瘤胃球菌科_UCG-014	3.37±1.64	2.50±0.38
	瘤胃球菌科_UCG-010	2.32±0.79	1.62±0.10
螺旋体门	密螺旋体属	10.36±4.46^a	2.10±1.09^b
纤维杆菌门	纤维杆菌属	1.95±0.33^b	3.14±0.65^a

注：同行不同小写字母肩注表示差异显著（$P<0.05$）。

（三）运动对苏尼特羊肠道菌群功能的影响

通过 PICRUSt 软件对运动组和对照组苏尼特羊肠道菌群 KEGG 通路进行丰度组成分析，结果如图 4-189 所示。两组苏尼特羊肠道菌群微生物代谢主要富集于 14 种功能中。其中运动组肠道菌群在氨基酸代谢、碳水化合物代谢、能量代谢、遗传物质的复制和修复、翻译功能富集度较高，而对照组在膜运输功能富集度较高。

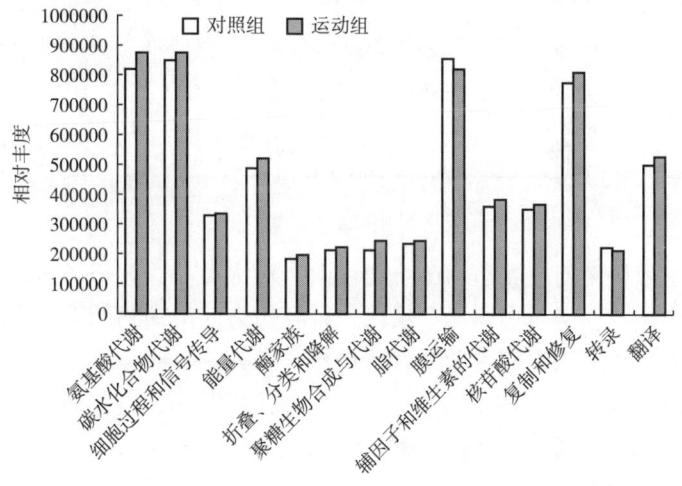

图 4-189 运动对苏尼特羊肠道菌群功能的影响

（四）运动对苏尼特羊肠道菌群代谢物的影响

对两种饲养方式下结肠和盲肠中短链脂肪酸含量进行测定，结果如表 4-107 所示。相比对照组，运动组结肠内丙酸含量显著增加。增加运动量显著降低了结肠内乙酸、丁酸、戊酸和己酸浓度。在盲肠中，两组苏尼特羊肠道异戊酸、己酸含量无显著差异；运动组乙酸、丙酸、丁酸、异丁酸及戊酸含量显著高于对照组，运动组总酸量显著增加。

表 4-107　运动对苏尼特羊肠道菌群代谢物的影响　　　　单位：mg/100g

部位	代谢物	对照组	运动组
结肠	乙酸	10.28±0.27^a	9.79±0.13^b
	丙酸	27.20±0.27^b	27.85±0.33^a
	丁酸	57.21±0.28^a	56.37±0.50^b
	异丁酸	9.68±0.21^a	9.25±0.14^b
	戊酸	27.77±0.73^a	26.38±0.72^b
	异戊酸	26.15±0.42^a	24.98±0.40^b
	己酸	13.93±0.60^a	12.92±0.26^b
	总酸	172.22±1.83^a	168.13±1.89^b
盲肠	乙酸	18.90±0.47^b	20.89±0.36^a
	丙酸	40.51±0.74^b	47.12±0.81^a
	丁酸	71.69±0.11^b	74.23±0.59^a
	异丁酸	12.05±0.08^b	12.45±0.13^a
	戊酸	29.37±0.37^b	30.60±0.69^a
	异戊酸	28.11±0.18^a	28.49±0.35^a
	己酸	12.56±0.26^a	12.64±0.19^a
	总酸	212.38±1.92^b	226.42±1.32^a

注：同行不同小写字母肩注表示差异显著（$P<0.05$）。

乙酸、丙酸是拟杆菌门在肠道内的主要代谢产物之一，这解释了运动组苏尼特羊肠道中乙酸和丙酸浓度显著高于对照组这一结果。盲肠作为反刍动物的第二大发酵场所，其内微生物可以对瘤胃和小肠未消化的营养物质进行再降解，因而盲肠内短链脂肪酸浓度，即表 4-107 中的总酸高于结肠。本试验中，运动增加了盲肠内短链脂肪酸浓度，这表明适当运动能有助于苏尼特羊后肠内物质的发酵。运动组盲肠 pH 的下降，可以抑制肠道变形菌门中有害微生物的生长繁殖。

综上所述，运动组肠道菌群丰富度及多样性显著优于对照组。在门水平上，运动组拟杆菌门丰度显著增加，变形菌门显著降低；在属水平上，拟杆菌属、普雷沃氏菌属_1、粪杆菌真核菌群、瘤胃球菌属_UCG-005、纤维杆菌属丰度显著高于对照组，有利于维持肠道微生态稳定。

无论是不同饲养方式、日粮组成还是运动均能够对羊的胃肠道菌群产生影响，提高了胃肠道中有益菌的比例。作者团队继续将肠道代谢产物短链脂肪酸作为传递介质突破口，探究日粮改变羊胃肠道菌群及其代谢产物后对营养物质的吸收、机体脂代谢及蛋白质代谢、脂肪酸及氨基酸代谢及脂沉积的影响，还将继续基于胃肠道菌群改善肉品质的方面进行深入研究与讨论。

四、影响羊胃肠道菌群的其他因素

（一）海拔对羊胃肠道菌群的影响

海拔主要通过气压、空气中的含氧量及水、温度等因素对羊产生影响。海拔主要影响羊的分布。

近年来，越来越多的研究证实肠道菌群受高原环境的影响较大，海拔可以塑造肠道微生物群落，改变肠道菌群的组成和结构。同时低气压、低温和高辐射条件是影响生物体生存和繁殖的生理应激源，会导致体内发生多种生理变化而引发高原反应或高原疾病，同样也会引发机体肠道菌群失衡。为了解释肠道菌群的差异，阐明高原环境的影响，探究肠道菌群与高原环境的相互作用关系，以及肠道菌群变化在高原适应中的作用，研究者们又进一步做了大量的试验，在不同海拔梯度的试验组中，动物肠道中能量消耗慢的微生物多富集在高海拔组，可能是高原低氧造成厌氧菌数量增加（Quagliariello et al.，2019）。肠道菌群中生成短链脂肪酸的相关菌群种类和丰度显著增加，如普雷沃氏菌属、双歧杆菌属等，这些菌属能够促进短链脂肪酸生成，其中乙酸、丙酸、丁酸等小分子代谢物为机体提供能量，同时也参与了维生素 B_6 和酮体的代谢，能够使动物体高效利用能量而适应高原环境（陈郁等，2020）。如丁酸可以改善结肠的微循环，对结肠黏膜产生营养强化的作用，促进黏膜的增长，维持肠道黏膜的完整；丙酸经结肠吸收后在肝脏进行代谢，可以抑制肝脏胆固醇的合成，调节糖、脂代谢。以上结果说明海拔的不同会影响动物肠道内微生物的组成，进而调节机体代谢。

肠道微生物的结构多样性是宿主在不同环境下选择和进化的结果。有研究表明，和宿主基因相比，环境对宿主肠道菌群的影响更大。人在低压低氧的环境时肠道菌群的变化很大，当机体对高原低氧环境产生应激时，肠黏膜通透性增加使得肠黏膜受损（Rodway et al.，2003）。肠道黏膜屏障的破坏导致肠道菌群微生态环境稳态遭到破坏，在高海拔条件下容易造成腹泻等肠道微环境紊乱的症状（颜怡炜等，2017）。反观反刍动物的研究，通过高通量测序技术对牦牛胃肠道微生物进行研究，发现牦牛后肠道具有丰富的能够促进短链脂肪酸生成的益生菌群，能够提高食物的转化效率（刘传发等，2019）。已有研究证明，在高海拔和低海拔地区，人类及其他哺乳动物之间肠道微生物的多样性和组成存在一定差异，但变化趋于一致（Ma et al.，2019）。之前的研究表明，反刍动物、啮齿类动物和人类的胃肠道微生物会随着海拔的变化而变化（Suzuki et al.，2019）。通过对生活在低压低氧环境中牦牛瘤胃液的酶活性进行测定，证实其羧甲基纤维素酶、微晶纤维素酶活性及血清谷丙转氨酶含量显著高于正常环境生活下的黄牛（赵聪聪，2019）。以上结果表明，与正常环境相比，低压低氧环境中牦牛瘤胃发酵功能较强，其肠道菌群也有所不同。

（二）季节对羊胃肠道菌群的影响

四季中不断变化的温度、湿度、光照等因素影响动物的生长，是各种自然因素共同作用的结果。羊长期适应季节交替变化，使羊的生长发育和生殖等生命活动也呈季节性变化。季节变化主要引起植物生物量的变化，这是对羊影响最大的因素。我国北方地区羊的体重随季节植物生物量的变化而呈规律性波动，即夏饱、秋肥、冬瘦、春乏。在北方地区，羊的产羔季节为春季，这样有利于羔羊出生后的生长发育，也有利于种群的延续。在南方地区植物生物量的季节性变化较小，常年有丰富的日粮供应，羊的繁殖也基本不受季节的影响，多数品种均可四季繁殖。羔羊肠道菌群变化存在季节性差异，春季与冬季羔羊菌群结构相近，夏季与秋季羔羊菌群结构相近。在不同季节圈养岩羊肠道微生物的多样性分析中得知，夏季的肠道菌群丰度高于其他季节；夏秋两季岩羊肠道优势菌属变化最大，季节变化与岩羊肠道微生物丰度、多样性及优势菌群组分的变化密切相关（吴海丽，2020）。其中门水平以厚壁菌门、拟杆菌门为主要的优势菌群，属水平中瘤胃球菌属、拟杆菌属和梭菌属为主要优势菌群，疣微菌门、螺旋体门、瘤胃球菌属、拟杆菌属、梭菌属等均存在丰度差异。而新疆北疆地区舍饲肉羊养殖环境参数在一年中也有所不同，包括圈舍温度、湿度、光照强度等。研究显示羔羊以厚壁菌门为主要菌群，其主要是日粮和季节性环境变化而引起的宿主与菌群相互作用发生的改变。接下来的研究中需要研究人员深入地了解不同季节羔羊肠道中微生物群落的组成结构和功能活性变化，从而为肉羊饲养管理提供科学性指导。

（三）经纬度对羊胃肠道菌群的影响

经纬度的不同会影响区域日照时间、温度、湿度、降水量等自然环境，因此不同产地的羊能适应环境的能力不同导致其品种也有所不同。研究显示不同纬度生长的羊体重指数（body mass index，BMI）不同，纬度越高，地方绵羊品种的体重指数越大（刘雪颖等，2020）。此结果说明不同产地羊的肉品质有差异，其优势肠道菌群也各不相同，我国许多羊品种资源具有明显的窄生态适应性，只能在特定的地区、特定的地理环境中才能发挥出特有的生产性能和生长优势。而早年生活环境对肠道菌群的形成有重要影响，不同的经纬度会形成热带、亚热带、温带、寒带等不同的气候类型，当气候类型发生变化时，羊的身体功能会受到一定的影响，进而导致免疫力降低，肠道菌群发生改变。

（四）温度对羊胃肠道菌群的影响

气温是变化最大的气候因素之一，在不同的季节，甚至同一天的不同时间里，气温都有差异。肉羊为了维持产热和散热的平衡，保持体温的恒定，随着外界环境和机体内环境的不断变化，羊机体要不停地对散热进行调控。当气温下降，散热增加时，通过提高代谢率，增加产热量，以维持体温的恒定。如果气温升高，机体散热受阻，物理调节方法不能维持体温的恒定，体内蓄热，体温升高，代谢率也随之提高。

羊的生理特征是耐寒怕热，高温对羊的危害比低温大。短期高温应激能够通过增加羊体表血流量、加快呼吸频率、调整体内激素分泌来维持体温的相对稳定。但随着高温应激的持续，肉羊机体的自主调节失去平衡，导致直肠温度升高，酶系统紊乱，可能会打破胃肠道微生物动态平衡，引起胃肠道疾病，影响肉羊采食及生长发育。

目前在肉羊领域关于低温环境对肠道菌群影响机制并不明确。有研究发现肠道菌群对于小型哺乳动物的越冬具有重要作用，可能在肉羊机体中也是通过"肠道菌群-肠-脑"互作调控对寒冷环境的适应能力。

（五）湿度对羊胃肠道菌群的影响

环境湿度大小对肉羊的散热有显著影响，高温高湿环境下，肉羊体表热量蒸发容易受到抑制，易引起代谢紊乱，并导致肉羊免疫抗病能力下降，胃肠道中有害菌逐渐成为优势菌群。相对湿度低，肉羊散热量大，产热量增加，从而使摄食量和活动量增加。

高湿条件利于病原微生物和寄生虫的生长繁殖与发育，也容易引起日粮发生霉变，在此环境下的肉羊极易发生胃肠道微生物的紊乱，进而引发各种传染病和寄生虫病。不适宜的环境湿度容易导致肉羊出现各种不健康状况，对于肉羊的育肥及后期的屠宰、销售产生重大的经济损失。

本章参考文献

[1] 蔡洁琼. 运动训练对肉鸡生长性能、肉质性状及宰后肌肉腺苷酸代谢的影响 [D]. 南京：南京农业大学, 2016.

[2] 曹婷婷, 白俊杰, 于凌云, 等. 草鱼醛缩酶B基因部分序列的SNP多态性及其与生长性状的关联分析 [J]. 水产学报, 2012, 36 (4)：8.

[3] 曾钰, 高彦华, 彭忠利, 等. 饲粮中添加酵母培养物对舍饲牦牛瘤胃发酵参数及微生物区系的影响 [J]. 动物营养学报, 2020, 32 (04)：1721-1733.

[4] 陈文, 陈代文, 黄艳群. 脂蛋白脂酶（LPL）生理功能及特异表达 [J]. 中国畜牧兽医, 2004, (04)：29-30.

[5] 陈郁, 罗勇军. 肠道菌群调控高原习服适应过程及其机制研究进展 [J]. 解放军预防医学杂志, 2020, 38 (04)：70-72+76.

[6] 丁琳琳. 野猪、野家杂交猪及家猪LPL基因表达规律及定量比较研究 [D]. 黑龙江：东北农业大学, 2008.

[7] 董武子, 张彦明, 尹燕博, 等. 不同月龄鸵鸟主要血液生化参数测定 [J]. 西北农林科技大学学报（自然科学版）, 2016, 30 (01).

[8] 冯蕾. 热应激对不同阶段荷斯坦奶牛瘤胃微生物区系和血液生理指标的影响 [D]. 泰安：山东农业大学, 2022.

[9] 付常振. SREBPs调控牛前体脂肪细胞与成纤维细胞脂质代谢的研究 [D]. 咸阳：西北农林科技大学, 2014.

[10] 富舒洁. 基于肠道菌群—宿主代谢途径的益生菌缓解原肌球蛋白致敏机理的研究 [D]. 杭州：浙江工商大学, 2018.

[11] 高永芳, 宫玉霞, 杨雅媛, 等. AMPK活性对宰后牛肉糖酵解，肌肉内环境及品质的影响 [J], 2022 (17).

[12] 耿梅梅, 印遇龙, 孔祥峰, 等. 门静脉灌注葡萄糖对宁乡猪血液生化参数的影响 [J]. 安徽农业科学, 2010, 38 (5)：2372-2375.

[13] 郭佳, 徐娥, 黄明, 等. 金华猪背最长肌中不同肌球蛋白重链基因表达的发育性变化 [J]. 中国畜牧杂志, 2012, (5)：4.

[14] 郭亚飞. 精氨酸对骨骼肌肌纤维类型转化的影响及其机制研究 [D]. 成都：四川农业大学, 2018.

[15] 韩东魁, 耿春银, 张敏. 富硒和锗酵母培养物对延边黄牛生长性能、肌肉脂肪酸和氨基酸含量的影响 [J]. 动物营养学报, 2018, 30 (7)：2850-2856.

[16] 韩剑众, 桑雨周, 周天琼. 饲养方式和饲喂水平对鸡肉肌纤维特性及肉质的影响 [J]. 畜牧与兽医, 2003, 035 (012)：17.

[17] 胡诚军. 饲粮添加精氨酸和谷氨酸对肥育猪肉品质的影响及机制研究 [D]. 广州：华南农业大学, 2017.

[18] 胡慧宇, 任思睿, 刘晨曦, 等. FGF5基因编辑细毛羊的健康状况评估 [J]. 草食家畜, 2021, (05)：9-18.

[19] 雷森林, 董琨炜, 贾绍辉, 等. 运动调控FGF21表达改善脂代谢紊乱的研究进展 [J]. 生命科学, 2022, 34 (01)：62-74.

[20] 李常瑞,冀国珍,谢明欣,等. 不同精粗比底物条件下复合益生菌液添加量对蒙古绵羊瘤胃发酵体系的影响 [J]. 黑龙江畜牧兽医, 2017, (19): 52-56.

[21] 李良, 苏浩. 运动后联合补充糖与蛋白质对肌糖原合成效果的研究进展 [J]. 体育科学, 2015, 35 (09): 84-89.

[22] 李婷婷, 褚志鹏, 李创举, 等. 饲料中不同脂肪源对杂交鲟幼鱼生长性能、体成分、养分表观消化率、肝脏脂肪代谢酶活性和血清生化指标的影响 [J]. 动物营养学报, 2021, 33 (06): 3447-3460.

[23] 李维红, 吴建平, 王欣荣. 靖远滩羊体脂脂肪酸与肉品质关系的研究 [J]. 中国草食动物, 2005, (01): 54-55+48.

[24] 李伟, 罗瑞明, 李亚蕾, 等. 宁夏滩羊肉的特征香气成分分析 [J]. 现代食品科技, 2013, 29 (05): 1173-1177.

[25] 李娅斐, 周其姝, 严翊. 运动与高脂饮食对大鼠不同部位白色脂肪中 PPARγ 和 PRDM16 的影响 [C] // 中国体育科学学会第十一届全国体育科学大会论文摘要汇编. 2019: 7357-7358.

[26] 李怡华, 杜郁, 洪斌. 低密度脂蛋白受体表达调控的研究进展 [J]. 中国医药生物技术, 2020, 15 (06): 615-622.

[27] 李玉鹏, 李海花, 郭晓飞, 等. 丁酸梭菌介导 mTOR 信号通路调控猪肠上皮细胞炎症反应的分子机制 [J]. 中国饲料, 2021 (23): 24-29.

[28] 李泽. AMPK 活性对宰后羊肉能量代谢和肉质的影响及其机理研究 [D]. 呼和浩特: 内蒙古农业大学, 2010.

[29] 刘传发, 张良志, 付海波, 等. 野牦牛和家牦牛粪便菌群与短链脂肪酸关系的研究 [J]. 兽类学报, 2019, 39 (01): 1-7.

[30] 刘恩民, 袁泽湖, 魏彩虹, 等. FST 和 FMOD 基因在绵羊胎儿妊娠中后期的表达特征比较 [J]. 中国畜牧兽医, 2016, 43 (3): 10.

[31] 刘文倩, 艾华. AMPK 与肥胖和减肥关系研究进展 [J]. 中国运动医学杂志, 2008, (06): 789-793.

[32] 刘雪颖, 刘桂琼, 种玉晴, 等. 中国地方品种绵羊体质指数的地理变异 [J]. 西南农业学报, 2020, 33 (08): 1862-1870.

[33] 刘政, 赵生国, 李华伟, 等. 脂尾去除对'兰州大尾羊'和'蒙古羊'生长性能及脂肪沉积分布的影响 [J]. 中国农学通报, 2015, 31 (05): 7-11.

[34] 罗小明. 精氨酸通过改善线粒体功能促进猪骨骼肌慢肌纤维形成的研究 [D]. 成都: 四川农业大学, 2019.

[35] 罗燕柳. Akirin2 对猪骨骼肌卫星细胞慢型肌纤维表达的影响及精氨酸的调控研究 [D]. 成都: 四川农业大学, 2017.

[36] 毛丙永, 崔树茂, 潘明罗, 等. 复合益生菌制剂对人体肠道菌群组成的调节作用 [J]. 现代食品科技, 2021, 37 (11): 8-13+113.

[37] 石斌刚. 天祝白牦牛肌肉生长和肌内脂肪沉积相关基因筛选与鉴定 [D]. 兰州: 甘肃农业大学, 2020.

[38] 宋晓彬. AMPK 活性对宰后羊肉糖酵解和肉品质的影响 [D]. 呼和浩特: 内蒙古农业大学, 2014.

[39] 孙冠聪, 焦丹, 谢忠奎, 等. PI3K/AKT 通路在动物葡萄糖代谢中的研究进展 [J]. 生命科学, 2021, 33 (05): 653-666.

[40] 陶国琴,李晨. α-亚麻酸的保健功效及应用 [J]. 食品科学, 2000, (12): 140-143.

[41] 陶文君,叶帝恩,廖国雄,等. 不同油脂来源日粮对生长育肥猪肉品质、脂肪酸含量和肌肉结构的影响 [J]. 中国饲料, 2018, (06): 65-70.

[42] 万璐. 天府肉羊MYOZ2和MYOZ3基因的克隆及其在肌肉组织和部分器官中的表达分析 [D]. 成都: 四川农业大学, 2014.

[43] 王亚娜,王晓香,王振华,等. 大足黑山羊宰后成熟过程中挥发性风味物质的变化 [J]. 食品科学, 2015, 36 (22): 6.

[44] 王勇,李忠德. 不同水平的益生菌发酵酒糟添加对育肥牛生长性能、屠宰性能及肉品质影响 [J]. 中国饲料, 2020, (11): 117-120.

[45] 王宇. 饲养方式对苏尼特羊脂肪沉积的影响 [D]. 呼和浩特: 内蒙古农业大学, 2019.

[46] 魏莲清. 热带假丝酵母发酵棉粕对肉鸡蛋白质代谢影响的研究 [D]. 石河子: 石河子大学, 2020.

[47] 魏鲟钰. 花椒麻味物质对2型糖尿病大鼠蛋白质代谢影响的机制研究 [D]. 重庆: 西南大学, 2022.

[48] 吴海丽. 不同季节圈养岩羊肠道微生物的多样性分析 [J]. 中国动物传染病学报, 2020, 28 (04): 71-78.

[49] 吴琼,王思珍,张适,等. 基于16S rRNA高通量测序技术分析草原红牛瘤胃微生物多样性和功能预测的研究 [J]. 畜牧与兽医, 2020, 52 (01): 62-67.

[50] 谢遇春. 内蒙古绒山羊骨骼肌差异蛋白质组学研究 [D]. 呼和浩特: 内蒙古农业大学, 2018.

[51] 闫祥林,任晓镁,刘瑞,等. 饲养方式对新疆多浪羊肉品质的影响 [J]. 食品科学, 2018, 39 (15): 80-87.

[52] 颜怡炜,刘祚伟. 高原缺氧环境下肠道菌群紊乱与急性重病症高原病 [J]. 临床医药文献电子杂志, 2017, 4 (23): 4530.

[53] 杨东,王文义,乔文,等. 肉羊脂肪沉积及其调控手段 [J]. 粮食与饲料工业, 2016, (01): 51-55.

[54] 杨飞云,陈代文,黄金秀,等. 猪背最长肌肌纤维类型的发育性变化及品种与营养影响特点 [J]. 畜牧兽医学报, 2008, 39 (12): 1701-1708.

[55] 杨华,吴信明. 微生态制剂对肉羊生长性能和血液生化指标的影响 [J]. 吉林农业科学, 2015, 40 (3): 80-82.

[56] 姚倩儒,陈历水,李慧,等. 冷鲜肉保鲜包装技术现状和发展趋势 [J]. 包装工程, 2021, 42 (9): 7.

[57] 于萍,王加启,刘开朗,等. 饲喂纳豆枯草芽孢杆菌对荷斯坦犊牛瘤胃细菌区系的影响 [J]. 农业生物技术学报, 2010, 18 (01): 108-113.

[58] 袁倩,王柏辉,苏琳,等. 两种饲养方式对苏尼特羊肉脂肪酸组成和脂肪代谢相关基因表达的影响 [J]. 食品科学, 2019, 40 (09): 29-34.

[59] 臧凯丽,贾彦,崔文静,等. 瑞士乳杆菌调控小鼠肠道菌群变化规律的研究 [J]. 食品科学, 2018, 39 (01): 156-164.

[60] 臧长江,张养东,王加启,等. 脂多糖对泌乳奶牛乳中氨基酸组成及蛋白质代谢相关基因表达的影响 [J]. 动物营养学报, 2012, 24 (9): 1770-1777.

[61] 张贝贝. 一个大白猪群肌纤维性状的测定及其与候选基因SNP的关联分析 [D]. 武汉: 华中农业大学, 2014.

[62] 张晨. 犊牛补饲对肠道微生物多样性及生长性能、血液指标的影响 [D]. 呼和浩特: 内蒙古农业大学, 2021.

[63] 张晨光. 放牧和舍饲对藏山羊生长发育、肉品质及胃肠道细菌区系的影响 [D]. 咸阳: 西北农林科技大学, 2020

[64] 赵聪聪. 放牧条件下黄牛、犏牛和牦牛瘤胃液生理生化指标及微生物组成比较研究 [D]. 咸阳: 西北农林科技大学, 2019.

[65] 赵杰修, 田野, 曹建民, 等. 跑台运动和营养补充对大鼠骨骼肌能量代谢酶的影响 [J]. 体育科学, 2007, 27 (1): 4.

[66] 赵瑞英. 蛋氨酸羟基类似物对肉鸡肌肉氧化还原状态和蛋白质代谢的影响 [D]. 无锡: 江南大学, 2014.

[67] 周锡红, 任阳, 黄晶, 等. 母猪日粮中添加不饱和脂肪酸对哺乳仔猪肌肉中 AMPK 表达和肌纤维组成的影响 [C] // 中国畜牧兽医学会动物营养学分会. 第七届中国饲料营养学术研讨会论文集. 农业部动物营养与饲料科学重点实验室, 浙江大学饲料科学研究所, 2014: 1.

[68] 朱琳娜. FTO、METTL3 基因表达对猪脂肪细胞 mRNA N6-甲基腺苷水平及脂肪沉积的影响研究 [D]. 浙江: 浙江大学, 2015.

[69] 朱梦婷, 王晓路, 王永健, 等. 不同饲养方式对黄羽肉鸡肉品质的影响 [J]. 江苏农业科学, 2019, 47 (19): 179-182.

[70] 邹彬. 电刺激干预对废用性肌萎缩大鼠线粒体生物合成和呼吸功能的影响 [D]. 北京: 北京体育大学, 2011.

[71] ARAÚJO J R, TAZI A, BURLEN-DEFRANOUX O, et al. Fermentation products of commensal bacteria alter enterocyte lipid metabolism [J]. Cell Host Microbe, 2020, 27 (3): 358-375. e7.

[72] ASSINDER S J, STANTON J A, PRASAD P D. Transgelin: an actin-binding protein and tumour suppressor [J]. The international journal of biochemistry & cell biology, 2009, 41 (3): 482-486.

[73] BAI Y, LI X, ZHANG D, et al. Role of phosphorylation on characteristics of glycogen phosphorylase in lamb with different glycolytic rates post-mortem [J]. Meat Science, 2020, 164 (Jun.): 108096.1-108096.8.

[74] BINDELS L B, BECK R, SCHAKMAN O, et al. Restoring specific lactobacilli levels decreases inflammation and muscle atrophy markers in an acute leukemia mouse model [J]. PLOS ONE, 2012, 7 (6): e37971.

[75] BLONDIN D P, DAOUD A, TAYLOR T, et al. Four-week cold acclimation in adult humans shifts uncoupling thermogenesis from skeletal muscles to brown adipose tissue [J]. J Physiol, 2017, 595 (6): 2099-2113.

[76] BROOKS G A. Lactate as a fulcrum of metabolism [J]. Redox Biol, 2020, 35: 101454.

[77] CAI H, SHEN H, GONG J, et al. Composition and diversity of soil fauna communities from different habitats in minqilian ancient city national nature reserve [J]. Journal of Green Science and Technology, 2019.

[78] CAO M D, DÖPKENS M, KRISHNAMACHARY B, et al. Glycerophosphodiester phosphodiesterase domain containing 5 (GDPD5) expression correlates with malignant choline phospholipid metabolite profiles in human breast cancer [J]. NMR in Biomedicine, 2012, 25 (9): 1033-1042.

[79] CHEN H, VERMULST M, WANG Y E, et al. Mitochondrial fusion is required for mtDNA stability in skeletal muscle and tolerance of mtDNA mutations [J]. Cell, 2010, 141 (2): 280-289.

[80] CHEN X, GUO Y, JIA G, et al. Arginine promotes slow myosin heavy chain expression via akirin2 and the AMP-activated protein kinase signaling pathway in porcine skeletal muscle satellite cells [J]. Journal of agricultural and food chemistry, 2018, 66 (18): 4734-4740.

[81] CHIN E R, OLSON E N, RICHARDSON J A, et al. A calcineurin-dependent transcriptional pathway controls skeletal muscle fiber type [J]. Genes Dev, 1998, 12 (16): 2499-2509.

[82] CHU P, WANG T, SUN Y R, et al. Effect of cold stress on the MAPK pathway and lipidomics on muscle of Takifugu fasciatus [J]. Aquaculture, 2021, 540: 736691.

[83] CLEMMONS B A, VOY B H, MYER P R. Altering the gut microbiome of cattle: considerations of host-microbiome interactions for persistent microbiome manipulation [J]. Microbial Ecology, 2019, 77 (2): 523-536.

[84] DE MATTEIS R, LUCERTINI F, GUESCINI M, et al. Exercise as a new physiological stimulus for brown adipose tissue activity [J]. Nutr Metab Cardiovasc Dis, 2013, 23 (6): 582-590.

[85] DEBERARDINIS R J, CHANDEL N S. Fundamentals of cancer metabolism [J]. Sci Adv, 2016, 2 (5): e1600200.

[86] DOYLE N, MBANDLWA P, KELLY W J, et al. Use of lactic acid bacteria to reduce methane production in ruminants, a critical review [J]. Front Microbiol, 2019, 10: 2207.

[87] DREILING C E, BROWN D E, CASALE L, et al. Muscle glycogen: Comparison of iodine binding and enzyme digestion assays and application to meat samples [J]. Meat Science, 1987, 20 (3): 167-177.

[88] DUAN Y, WANG Y, LIU Q, et al. Changes in the intestine microbial, digestion and immunity of Litopenaeus vannamei in response to dietary resistant starch [J]. Sci Rep, 2019, 9 (1): 6464.

[89] EBRAHIMI M, RAJION M A, GOH Y M, et al. Effect of linseed oil dietary supplementation on fatty acid composition and gene expression in adipose tissue of growing goats [J]. Biomed Res Int, 2013, 2013: 194625.

[90] ERICKSEN R E, LIM S L, MCDONNELL E, et al. Loss of BCAA catabolism during carcinogenesis enhances mTORC1 activity and promotes tumor development and progression [J]. Cell Metabolism, 2019, 29 (5): 1151-1165. e6.

[91] FOUHSE J M, SMIEGIELSKI L, TUPLIN M, et al. Host immune selection of rumen bacteria through salivary secretory IgA [J]. Front Microbiol, 2017, 8: 848.

[92] GAÍVA M H, COUTO R C, OYAMA L M, et al. Polyunsaturated fatty acid-rich diets: effect on adipose tissue metabolism in rats [J]. Br J Nutr, 2001, 86 (3): 371-377.

[93] GLASS D J. Molecular mechanisms modulating muscle mass [J]. Trends in Molecular Medicine, 2003, 9 (8): 344-350.

[94] HARADA K, SHEN W J, PATEL S, et al. Resistance to high-fat diet-induced obesity and altered expression of adipose-specific genes in HSL-deficient mice [J]. Am J Physiol Endocrinol Metab, 2003, 285 (6): E1182-1195.

[95] HARDIE D G. AMP-activated protein kinase: maintaining energy homeostasis at the cellular and whole-body levels [J]. Annual Review of Nutrition, 2012, 34 (1): 31.

[96] HASHIMOTO T, HUSSIEN R, OOMMEN S, et al. Lactate sensitive transcription factor network in L6 cells: activation of MCT1 and mitochondrial biogenesis [J]. FASEB journal : official publication of the Federation of American Societies for Experimental Biology, 2007, 21 (10): 2602-2612.

[97] HENIN N, VINCENT M F, van DEN BERGHE G. Stimulation of rat liver AMP-activated protein kinase by AMP analogues [J]. Biochim Biophys Acta, 1996, 1290 (2): 197-203.

[98] HERTZ L, ROTHMAN D L. Glucose, Lactate, β-hydroxybutyrate, acetate, gaba, and succinate as substrates for synthesis of glutamate and GABA in the glutamine-glutamate/GABA cycle [J]. Adv Neurobiol, 2016, 13: 9-42.

[99] HOCQUETTE J F, GONDRET F, BAÉZA E, et al. Intramuscular fat content in meat-producing animals: development, genetic and nutritional control, and identification of putative markers [J]. Animal, 2010, 4 (2): 303-319.

[100] JÄGER S, HANDSCHIN C, ST-PIERRE J, et al. AMP-activated protein kinase (AMPK) action in skeletal muscle via direct phosphorylation of PGC-1alpha [J]. Proc Natl Acad SCI U S A, 2007, 104 (29): 12017-12022.

[101] JANG H M, HAN S K, KIM J K, et al. Lactobacillus sakei alleviates high-fat-diet-induced obesity and anxiety in mice by inducing AMPK activation and sirt1 expression and inhibiting gut microbiota-mediated NF-κB activation [J]. Molecular nutrition & food research, 2019, 63 (6): e1800978.

[102] JENKINS T C, WALLACE R J, MOATE P J, et al. Board-invited review: Recent advances in biohydrogenation of unsaturated fatty acids within the rumen microbial ecosystem [J]. J Anim Sci, 2008, 86 (2): 397-412.

[103] JEUNG W H, SHIM J J, WOO S W, et al. Lactobacillus curvatus HY7601 and Lactobacillus plantarum KY1032 cell extracts inhibit adipogenesis in 3T3-L1 and HepG2 Cells [J]. Journal of medicinal food, 2018, 21 (9): 876-886.

[104] KISHINO S, TAKEUCHI M, PARK S B, et al. Polyunsaturated fatty acid saturation by gut lactic acid bacteria affecting host lipid composition [J]. Proc Natl Acad SCI U S A, 2013, 110 (44): 17808-17813.

[105] KORMAN S H, WATERHAM H R, GUTMAN A, et al. Novel metabolic and molecular findings in hepatic carnitine palmitoyltransFERASE I deficiency [J]. Mol Genet Metab, 2005, 86 (3): 337-343.

[106] KUBIS H P, HALLER E A, WETZEL P, et al. Adult fast myosin pattern and ca^{2+}-induced slow myosin pattern in primary skeletal muscle culture [J]. Proceedings of the National Academy of Sciences of the United States of America, 2018, 94 (8), 4205-4210.

[107] LAGOUGE M, ARGMANN C, GERHART-HINES Z, et al. Resveratrol improves mitochondrial function and protects against metabolic disease by activating SIRT1 and PGC-1alpha [J]. Cell, 2006, 127 (6): 1109-1122.

[108] LAWRIE R A, LEDWARD D. Lawrie's Meat Science: Seventh Edition [J]. Lawries Meat Science, 2006: 371-415.

[109] LAWRIE R A. The conversion of muscle to meat [M]. LAWRIE R A. Meat Science. 4th ed. Oxford: Pergamon Press, 1985: 74-91.

[110] LAZAR M A. How Now, Brown Fat? [J]. Science, 2008, 321 (5892): 1048-1049.

[111] LEE S J, MCPHERRON A C. Myostatin and the control of skeletal muscle mass [J]. Current Opinion in Genetics & Development, 1999, 9 (5): 604-607.

[112] LEFORT N, ST-AMAND E, MORASSE S, et al. The alpha-subunit of AMPK is essential for submaximal contraction-mediated glucose transport in skeletal muscle in vitro [J]. Am J Physiol

Endocrinol Metab, 2008, 295 (6): E1447-1454.

[113] LEW L C, CHOI S B, KHOO B Y, et al. Lactobacillus plantarum DR7 reduces cholesterol via phosphorylation of AMPK that down-regulated the mRNA expression of HMG-CoA reductase [J]. Korean journal for food science of animal resources, 2018, 38 (2): 350-361.

[114] LI H, TIAN X, ZHAO K, et al. Effect of Clostridium butyricum in different forms on growth performance, disease resistance, expression of genes involved in immune responses and mTOR signaling pathway of Litopenaeus vannamai [J]. Fish & Shellfish Immunology, 2019, 87: 13-21.

[115] LING M, QUAN L, LAI X, et al. VEGFB Promotes Myoblasts Proliferation and Differentiation through VEGFR1-PI3K/Akt signaling pathway [J]. INT J Mol Sci, 2021, 22 (24).

[116] LIRA V A, BROWN D L, LIRA A K, et al. Nitric oxide and AMPK cooperatively regulate PGC-1 in skeletal muscle cells [J]. J Physiol, 2010, 588 (Pt 18): 3551-3566.

[117] LIU Y, LI Y, FENG X, et al. Dietary supplementation with Clostridium butyricum modulates serum lipid metabolism, meat quality, and the amino acid and fatty acid composition of Peking ducks [J]. Poult Sci, 2018, 97 (9): 3218-3229.

[118] LONG N M, BURNS T A, VOLPILAGRECA G, et al. Palmitoleic acid infusion alters circulating glucose and insulin levels [J]. Journal of metabolic syndrome, 2014, 3: 1-6.

[119] LUO W, LIN Z, CHEN J, et al. TMEM182 interacts with integrin beta 1 and regulates myoblast differentiation and muscle regeneration [J]. Journal of Cachexia, Sarcopenia and Muscle, 2021, 12 (6): 1704-1723.

[120] MA Y, MA S, CHANG L, et al. Gut microbiota adaptation to high altitude in indigenous animals [J]. Biochemical and Biophysical Research Communications, 2019, 516 (1): 120-126.

[121] MARTINEZ-REYES I, CHANDEL N S. Mitochondrial TCA cycle metabolites control physiology and disease [J]. Nature Communications, 2020, 11 (1): 102.

[122] MCGARRY J D, BROWN N F. The mitochondrial carnitine palmitoyltransferase system. From concept to molecular analysis [J]. European Journal of Biochemistry, 1997, 244 (1): 1-14.

[123] MERRITT J L, II, NORRIS M, KANUNGO S. Fatty acid oxidation disorders [J]. Annals of Translational Medicine, 2018, 6 (24): 473.

[124] MICHEL V, SINGH R K, BAKOVIC M. The impact of choline availability on muscle lipid metabolism [J]. Food Funct, 2011, 2 (1): 53-62.

[125] MIGDAł W, PASCIAK P, WOJTYSIAK D, et al. The effect of dietary CLA supplementation on meat and eating quality, and the histochemical profile of the m. longissimus dorsi from stress susceptible fatteners slaughtered at heavier weights [J]. Meat Sci, 2004, 66 (4): 863-870.

[126] MIZUNOYA W, IWAMOTO Y, SHIROUCHI B, et al. Dietary fat influences the expression of contractile and metabolic genes in rat skeletal muscle [J]. PLoS One, 2013, 8 (11): e80152.

[127] MORENO-NAVARRETE J M, ORTEGA F J, RICART W, et al. Lactoferrin increases (172Thr) AMPK phosphorylation and insulin-induced (p473Ser) AKT while impairing adipocyte differentiation [J]. INT J Obes (Lond), 2009, 33 (9): 991-1000.

[128] MULLEN A R, WHEATON W W, JIN E S, et al. Reductive carboxylation supports growth in tumour cells with defective mitochondria [J]. Nature, 2011, 481 (7381): 385-388.

[129] MÜNTENER M, KÄSER L, WEBER J, et al. Increase of skeletal muscle relaxation speed by direct injection of parvalbumin cDNA [J]. Proc Natl Acad SCI U S A, 1995, 92 (14): 6504-6508.

[130] NOZU T, KIKUCHI K, OGAWA K, et al. Effects of running training on in vitro brown adipose tissue thermogenesis in rats [J]. INT J Biometeorol, 1992, 36 (2): 88-92.

[131] NUERNBERG K, FISCHER K, NUERNBERG G, et al. Effects of dietary olive and linseed oil on lipid composition, meat quality, sensory characteristics and muscle structure in pigs [J]. Meat Sci, 2005, 70 (1): 63-74.

[132] NUNES E A, RAFACHO A. Implications of palmitoleic acid (palmitoleate) on glucose homeostasis, insulin resistance and diabetes [J]. Curr Drug Targets, 2017, 18 (6): 619-628.

[133] O'NEILL H M, HOLLOWAY G P, STEINBERG G R. AMPK regulation of fatty acid metabolism and mitochondrial biogenesis: implications for obesity [J]. Mol Cell Endocrinol, 2013, 366 (2): 135-151.

[134] PAN J H, KIM J H, KIM H M, et al. Acetic acid enhances endurance capacity of exercise-trained mice by increasing skeletal muscle oxidative properties [J]. Biosci Biotechnol Biochem, 2015, 79 (9): 1535-1541.

[135] PELLETT P L, YOUNG V R. Nutritional evaluation of protein foods [M]. Tokyo: United Nations University Press, 1980.

[136] PEWAN S B, OTTO J R, HUERLIMANN R, et al. Genetics of omega-3 long-chain polyunsaturated fatty acid metabolism and meat eating quality in tattykeel australian white lambs [J]. Genes (Basel), 2020, 11 (5).

[137] PILEGAARD H, SALTIN B, NEUFER P D. Exercise induces transient transcriptional activation of the PGC-1alpha gene in human skeletal muscle [J]. J Physiol, 2003, 546 (Pt 3): 851-858.

[138] QUAGLIARIELLO A, DI PAOLA M, DE FANTI S, et al. Gut microbiota composition in Himalayan and Andean populations and its relationship with diet, lifestyle and adaptation to the high-altitude environment [J]. Journal of Anthropological Sciences, 2019, 97.

[139] RAJ S, SKIBA G, WEREMKO D, et al. The relationship between the chemical composition of the carcass and the fatty acid composition of intramuscular fat and backfat of several pig breeds slaughtered at different weights [J]. Meat Sci, 2010, 86 (2): 324-330.

[140] RESZKA P, CYGAN-SZCZEGIELNIAK D, JANKOWIAK H, et al. Effects of effective microorganisms on meat quality, microstructure of the longissimus lumborum muscle, and electrophoretic protein separation in pigs fed on different diets [J]. Animals: an open access journal from MDPI, 2020, 10 (10).

[141] REZNICK R M, ZONG H, LI J, et al. Aging-associated reductions in AMP-activated protein kinase activity and mitochondrial biogenesis [J]. Cell Metab, 2007, 5 (2): 151-156.

[142] RODWAY G W, HOFFMAN L A, S M H. High-altitude-related disorders—part I: pathophysiology, differential diagnosis, and treatment [J]. Heart Lung, 2003, 32 (6): 353-359.

[143] RUBINO F, CARBERRY C, WATERS S M, et al. Divergent functional isoforms drive niche specialisation for nutrient acquisition and use in rumen microbiome [J]. The Isme Journal, 2017, 11 (4): 932-944.

[144] SANTOS C R, SCHULZE A. Lipid metabolism in cancer [J]. Febs j, 2012, 279 (15): 2610-2623.

[145] SASAKI N, UCHIDA E, NIIYAMA M, et al. Anti-obesity effects of selective agonists to the beta 3-adrenergic receptor in dogs. II. Recruitment of thermogenic brown adipocytes and reduction of

adiposity after chronic treatment with a beta 3-adrenergic agonist [J]. J Vet Med Sci, 1998, 60 (4): 465-469.

[146] SAYLOR P J, KAROLY E D, SMITH M R. Prospective study of changes in the metabolomic profiles of men during their first three months of androgen deprivation therapy for prostate cancer [J]. Clin Cancer Res, 2012, 18 (13): 3677-3685.

[147] SCHWALLER B, DICK J, DHOOT G, et al. Prolonged contraction-relaxation cycle of fast-twitch muscles in parvalbumin knockout mice [J]. Am J Physiol, 1999, 276 (2): C395-403.

[148] SHAMSI F, XUE R, HUANG T L, et al. FGF6 and FGF9 regulate UCP1 expression independent of brown adipogenesis [J]. Nat Commun, 2020, 11 (1): 1421.

[149] SHARLO K A, PARAMONOVA I I, LVOVA I D, et al. NO-dependent mechanisms of myosin heavy chain transcription regulation in rat soleus muscle after 7-days hindlimb unloading [J]. Frontiers in physiology, 2020, 11: 814.

[150] SLOCUM N, DURRANT J R, BAILEY D, et al. Responses of brown adipose tissue to diet-induced obesity, exercise, dietary restriction and ephedrine treatment [J]. Exp Toxicol Pathol, 2013, 65 (5): 549-557.

[151] SONKAR K, AYYAPPAN V, TRESSLER C M, et al. Focus on the glycerophosphocholine pathway in choline phospholipid metabolism of cancer [J]. NMR Biomed, 2019, 32 (10): e4112.

[152] SRAMKOVA D, KREJBICHOVA S, VCELAK J, et al. The UCP1 gene polymorphism A-3826G in relation to DM2 and body composition in Czech population [J]. Experimental and clinical endocrinology &Diabetes, 2007, 115 (5): 303-307.

[153] SUWA M, NAKANO H, RADAK Z, et al. Effects of nitric oxide synthase inhibition on fiber-type composition, mitochondrial biogenesis, and SIRT1 expression in rat skeletal muscle [J]. Journal of sports science & medicine, 2015, 14 (3): 548-555.

[154] SUZUKI T A, MARTINS F M, NACHMAN M W. Altitudinal variation of the gut microbiota in wild house mice [J]. Molecular Ecology, 2019, 28 (9): 2378-2390.

[155] TANG J, FAUSTMAN C, MANCINI R A, et al. Mitochondrial reduction of metmyoglobin: dependence on the electron transport chain [J]. J Agric Food Chem, 2005, 53 (13): 5449-5455.

[156] TENZ T. Mitochondria and PGC-1α in aging and age-associated diseases [J]. Journal of aging research, 2011, 2011 (4): 810619.

[157] TERADA S, KAWANAKA K, GOTO M, et al. Effects of high-intensity intermittent swimming on PGC-1alpha protein expression in rat skeletal muscle [J]. Acta Physiol Scand, 2005, 184 (1): 59-65.

[158] TIAN Z, CUI Y, LU H, et al. Effect of long-term dietary probiotic Lactobacillus reuteri 1 or antibiotics on meat quality, muscular amino acids and fatty acids in pigs [J]. Meat Sci, 2021, 171: 108234.

[159] VARIAN B J, GOURISHETTI S, POUTAHIDIS T, et al. Beneficial bacteria inhibit cachexia [J]. Oncotarget, 2016, 7 (11): 11803-11816.

[160] VIDAL P, STANFORD K I. Exercise-Induced adaptations to adipose tissue thermogenesis [J]. Front Endocrinol (Lausanne), 2020, 11: 270.

[161] VOSHOL P J, JONG M C, DaHLMANS V E H, et al. In muscle-specific lipoprotein lipase-overexpressing mice, muscle triglyceride content is increased without inhibition of insulin-stimulated

whole-body and muscle-specific glucose uptake [J]. Diabetes, 2001, 50 (11): 2585-2590.

[162] WANG P, ZHANG R Y, SONG J, et al. Loss of AMP-activated protein kinase-α2 impairs the insulin-sensitizing effect of calorie restriction in skeletal muscle [J]. Diabetes, 2012, 61 (5): 1051-1061.

[163] WATT M J, VAN DENDEREN B J, CASTELLI L A, et al. Adipose triglyceride lipase regulation of skeletal muscle lipid metabolism and insulin responsiveness [J]. Mol Endocrinol, 2008, 22 (5): 1200-1212.

[164] WINDMUELLER H G, SPAETH A E. Respiratory fuels and nitrogen metabolism in vivo in small intestine of fed rats. Quantitative importance of glutamine, glutamate, and aspartate [J]. The Journal of Biological Chemistry, 1980, 255 (1): 107-112.

[165] XU X, YING Z, CAI M, et al. Exercise ameliorates high-fat diet-induced metabolic and vascular dysfunction, and increases adipocyte progenitor cell population in brown adipose tissue [J]. Am J Physiol Regula Integr Comp Physiol, 2011, 300 (5): R1115-1125.

[166] XU Y, TAN Q, HU P, et al. Characterization and expression analysis of FGF6 (fibroblast growth factor 6) genes of grass carp (Ctenopharyngodon idellus) reveal their regulation on muscle growth [J]. Fish Physiol Biochem, 2019, 45 (5): 1649-1662.

[167] YAN H, AJUWON K M. Butyrate modifies intestinal barrier function in IPEC-J2 cells through a selective upregulation of tight junction proteins and activation of the Akt signaling pathway [J]. PLoS One, 2017, 12 (6): e0179586.

[168] YAN J, HERZOG J W, TSANG K, et al. Gut microbiota induce IGF-1 and promote bone formation and growth [J]. Proceedings of the National Academy of Sciences of the United States of America, 2016, 113 (47): E7554-E7563.

[169] YOUNG O A, LANE G A, PODMORE C, et al. Changes in composition and quality characteristics of ovine meat and fat from castrates and rams aged to 2 years [J]. New Zealand Journal of Agricultural Research, 2006, 49 (4): 419-430.

[170] ZHAO X, DING X, YANG Z, et al. Effects of Clostridium butyricum on breast muscle lipid metabolism of broilers [J]. Italian Journal of Animal Science, 2018, 17 (4): 1010-1020.

[171] ZIERATH J R, HAWLEY J A. Skeletal muscle fiber type: influence on contractile and metabolic properties [J]. PLoS biology, 2004, 2 (10): e348.

第五章

羊肉品质调控加工技术

第一节　羊肉加工技术

第二节　羊肉贮藏技术

本章参考文献

第一节 羊肉加工技术

一、发酵香肠

我国是全球最大的肉类生产和消费国，肉类总产量约占世界总产量的三分之一，其中羊肉及其制品因其独特风味和营养价值深受消费者青睐。然而，当前我国羊肉加工产业仍以初级分割产品为主，加工技术水平亟待提升。现代高新技术的应用将有效提高肉羊产业经济效益，推动产品结构升级，满足消费者对高品质、高营养和特色风味羊肉制品的需求。

近年来，发酵肉制品加工技术日趋成熟，发酵肉制品以其独特风味、诱人色泽、丰富营养和较长保质期等优势，逐渐成为高端肉制品市场的新宠。其中，发酵香肠作为典型代表，是以碎肉（羊肉）和脂肪为主要原料，辅以食盐、糖类、香辛料、发酵剂及亚硝酸盐等配料，经腌制、灌肠、发酵、干燥和成熟等工艺加工而成的特色肉制品（Biesalski，2005）。目前，功能性发酵剂菌株的筛选及其对产品理化特性、安全性和风味品质的改善，已成为国内外发酵香肠研究的重点方向。

这部分将重点探讨具有抗氧化、产脂肪酶、产蛋白酶及特征风味物质生成等功能特性的发酵剂对发酵香肠品质的影响，旨在丰富发酵肉制品品类，满足消费升级需求，推动国内外发酵肉制品产业的高质量发展。

（一）发酵香肠的加工工艺

发酵香肠加工工艺如图 5-1 所示。

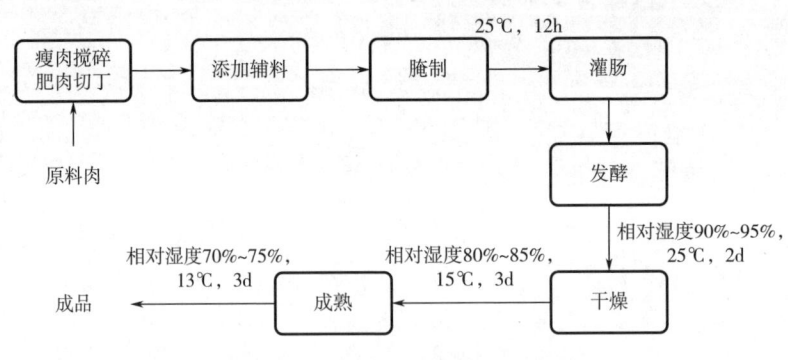

图 5-1 发酵香肠加工工艺流程

配方：苏尼特羊后腿瘦肉 800g、羊尾油 200g、食盐 25g、蔗糖 2g、亚硝酸钠 0.1 g、胡椒粉 5g、干姜粉 2g、抗坏血酸 0.5g、高度白酒（体积分数 52%）10mL、玉米淀粉 10g、乳清蛋白粉 5g、发酵剂（$1×10^8$ CFU/mL）40mL。

（二）抗氧化乳酸菌对发酵香肠品质的影响

发酵香肠中富含脂肪和蛋白质，适度的脂肪氧化有利于发酵香肠风味的形成，但过度氧化会影响其品质，主要集中在三个方面：安全性，二级脂质过氧化产物对机体有毒性作用；生物利用度，必需脂肪酸的氧化会严重降低肉制品的营养价值，还会严重降低蛋白质的溶解度和持水能力；感官质量，味道和颜色会向着不受人们喜爱的方面转变，如典型的哈喇味和棕色的外观（Lorenzo et al.，2017）。因此抑制脂肪和蛋白质过度氧化，对保证发酵香肠的品质具有重要意义。

近年来，具有抗氧化特性的乳酸菌广泛应用于发酵肉制品中，以改善发酵肉制品的品质。Zhang 等（2017）以单一的乳酸菌作为发酵剂添加到发酵香肠中，发现抗氧化性能较强的乳酸菌发酵剂使得发酵肉制品中的提取物抗氧化性能也相应提高。Baka 等（2011）以植物乳植杆菌、清酒乳杆菌作为发酵剂制作发酵香肠时，通过测定产品的硫代巴比妥酸值（thiobarbituric acid reactive substances，TBARS）发现，与自然发酵组相比，乳酸菌组降低了 1mg/kg，说明乳酸菌有效地控制了脂肪的氧化过程。乳酸菌发挥抗氧化作用的本质在于对自由基的清除能力、螯合金属离子能力、还原能力以及提高抗氧化酶活性能力等。乳酸菌的抗氧化系统是由活性氧以及自由基清除系统两部分构成，一部分主要用来阻止活性氧和自由基的生成，并清除已经形成的活性氧和自由基、防御活性氧和自由基对细胞的进一步损伤；另一部分为氧化损伤修复系统，通过调节 DNA 水平上相关蛋白质的表达来修复氧化损伤，可对细胞损伤部分进行直接或间接修复（Vandecandelaere et al.，2014）。

作者团队使用具有抗氧化能力的乳酸菌作为发酵剂制作发酵香肠，设置自然发酵组（ZR）、瑞士乳杆菌 TR13 组（TR）、戊糖片球菌 RQ3-1-7 组（RQ）、肠膜明串珠菌（*Leuconostoc mesenteroides subsp. mesenteroides*）RB4-1-5 组（RB），分析腌制后（0d）、发酵后（3d）、干燥后（9d）、成熟后（12d）、贮藏（24d）、贮藏（30d）、贮藏（60d）共 7 个阶段的品质指标变化，探究具有功能特性的乳酸菌发酵剂对发酵香肠脂肪氧化代谢与产品品质调控作用，为功能性发酵剂的研究与应用提供理论依据。

1. 抗氧化乳酸菌对香肠理化品质的影响

（1）pH 变化情况　微生物发酵产生乳酸，使得发酵香肠的酸度发生变化，此过程不仅可以表现产品中微生物的活性状态，还能够影响产品的微生物组成、风味特性以及产品最终的贮藏性能。由图 5-2 可知，腌制后各组之间的 pH 差距不大，由于在腌制过程中只添加了辅料未添加发酵剂，所以各组之间 pH 变化基本一致。在发酵后（3d），各组的 pH 集中在 5.0~5.3，TR 组的 pH 下降速率相对较快，且 TR 组的 pH 低于其他三组，RQ 组和 RB 组的 pH 下降速率明显高于自然发酵组，且最终的 pH 也低于自然发酵组，这与李艳青等（2018）的研究结果一致。

（2）水分活度（water activity，A_w）变化情况　A_w 指香肠中所含的自由水的量。本试验所制作的四组发酵香肠不同阶段的 A_w 测定结果如图 5-3 所示，在发酵结束后（3d）各组 A_w 高于腌制期（0d）各组的 A_w。干燥阶段（9d），各组的 A_w 相对于发酵阶段迅速下降，且均低于 0.85。成熟阶段（12d），各组的 A_w 继续下降，集中在 0.72~0.75。贮藏期的三个阶段，各组 A_w 在贮藏 30d 时有极小幅度的提升，而后又下降。最终自然发酵组的

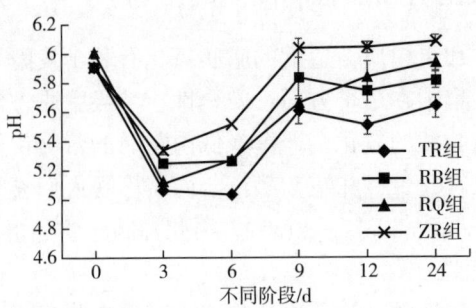

图 5-2 发酵香肠加工及贮藏过程中 pH 变化趋势

A_W 最低为 0.69，低于发酵剂组。说明发酵剂可促进香肠 A_W 下降，抑制了杂菌生长，同时在贮藏阶段又可以起到一定的保水作用，防止水分含量过低而影响发酵香肠的口感。

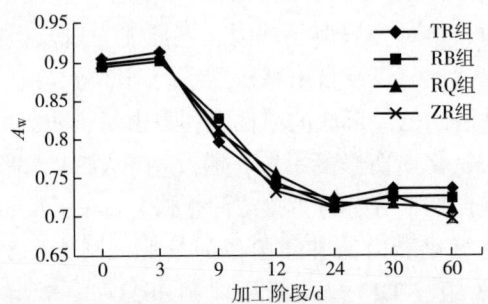

图 5-3 发酵香肠加工及贮藏过程中 A_W 变化趋势

（3）色差变化情况　发酵香肠的色泽是其内在品质的一种表现。本试验对各组发酵香肠不同阶段的色差测定结果如表 5-1 所示。腌制结束后（0d），各组的 L^* 和 a^* 基本相似。到了发酵阶段（3d），三个发酵剂组的 L^* 和 a^* 均有明显上升，其中 L^* 显著高于自然发酵组（$P<0.05$）、a^* 差异不显著，瑞士乳杆菌 TR13 促进发酵香肠 L^* 提升的效果最强。干燥至成熟阶段（9~12d），各组的 L^* 和 a^* 均显著下降（$P<0.05$）。到了贮藏期的第二个阶段（30d），各组 L^* 和 a^* 均有回升趋势。贮藏的第 60 天，各组 L^* 再次下降。从干燥后（9d）至贮藏（60d），自然发酵组的 L^* 和 a^* 始终低于三个发酵剂组，证明了乳酸菌发酵剂对于产品亮度和红度的促进作用。b^* 对于产品色泽的影响较小。

此外在色泽评价过程中常会引用 ΔE 值，发酵结束后（3d），各组的 ΔE 值均有所提高，而到了干燥结束（9d），ΔE 值达到了整个制作过程的最高值，且三个发酵剂组 ΔE 值显著高于 ZR 组（$P<0.05$），成熟阶段（12d）各组的 ΔE 值均呈现下降趋势，说明乳酸菌对于产品的色泽有明显的促进作用。Kaban 等（2009）研究表明添加乳酸菌发酵剂可显著改善产品的色泽，这与乳酸菌中含有的亚硝酸盐还原酶有关。

表 5-1 发酵香肠加工及贮藏过程中色差变化情况

指标	阶段/d	TR 组	RB 组	RQ 组	ZR 组
L^*	0	48.04±0.57^{bC}	49.15±0.32^{bB}	49.55±0.28^{bB}	50.88±0.55^{aA}
	3	54.03±0.19^{aA}	52.16±1.01^{aA}	54.25±0.30^{aA}	49.37±0.31^{bB}
	9	39.51±0.14^{cB}	42.72±0.39^{cA}	38.97±0.05^{dB}	37.88±0.59^{cC}
	12	37.67±0.24^{eB}	39.73±0.09^{dA}	36.48±0.4^{fC}	35.02±0.05^{cC}
	24	37.49±0.26^{eA}	37.88±0.15^{eA}	37.94±0.13^{eA}	33.40±0.67^{dB}
	30	39.8±0.30^{cC}	43.07±0.20^{A}	40.62±0.11^{cB}	34.45±0.17^{eD}
	60	38.46±0.42^{dB}	42.74±0.36^{cA}	37.53±0.5^{eC}	33.80±0.06^{dD}
a^*	0	13.8±0.11^{eA}	12.38±0.31^{fC}	13.14±0.07^{gB}	13.11±0.16^{eB}
	3	21.09±0.65^{aA}	21.66±0.19^{aA}	21.36±0.16^{aA}	21.51±0.2^{aA}
	9	20.89±0.09^{aA}	19.63±0.09^{bB}	20.68±0.14^{bA}	16.68±0.42^{bC}
	12	17.07±0.08^{cB}	18.51±0.04^{cA}	19.03±0.36^{dA}	13.50±0.57^{dC}
	24	16.27±0.10^{dB}	17.21±0.13^{dA}	13.58±0.01^{fC}	13.09±0.16^{fC}
	30	18.45±0.11^{bA}	17.61±0.03^{dB}	14.51±0.14^{eC}	13.83±0.26^{cC}
	60	18.90±0.10^{bB}	16.17±0.03^{eC}	19.89±0.46^{cA}	13.82±0.21^{cD}
b^*	0	11.62±0.32^{bA}	12.53±0.20^{aA}	11.99±0.22^{aA}	12.16±1.15^{aA}
	3	12.04±0.19^{aB}	12.38±0.16^{aA}	11.42±0.04^{aC}	12.08±0.05^{aA}
	9	8.57±0.14^{cdAB}	8.38±0.18^{dB}	8.29±0.16^{cB}	8.81±0.14^{bcA}
	12	8.42±0.09^{dD}	7.84±0.12^{eAB}	8.46±1.02^{cA}	7.68±0.08^{dAB}
	24	6.77±0.07^{eD}	7.10±0.13^{fC}	8.55±0.19^{cA}	7.97±0.09^{dB}
	30	8.77±0.27^{cB}	9.46±0.1^{bA}	9.49±0.26^{bA}	8.5±0.29^{cdB}
	60	8.27±0.09^{dC}	9.17±0.08^{cAB}	8.57±0.71^{cBC}	9.35±0.11^{bA}
ΔE 值	0	1.48±0.05^{fA}	1.23±0.05^{eC}	1.36±0.01^{eAB}	1.34±0.10^{eBC}
	3	2.17±0.07^{eB}	2.19±0.01^{dB}	2.29±0.02^{cA}	2.22±0.01^{bA}
	9	2.99±0.03^{aA}	2.88±0.05^{aB}	3.03±0.03^{aA}	2.33±0.05^{aC}
	12	2.48±0.02^{dB}	2.83±0.03^{bA}	2.79±0.22^{bA}	2.14±0.10^{bC}
	24	2.84±0.02^{bA}	2.88±0.02^{aA}	1.95±0.04^{dC}	2.03±0.02^{cB}
	30	2.57±0.07^{cA}	2.27±0.02^{cB}	1.89±0.03^{dD}	2.03±0.04^{cC}
	60	2.78±0.04^{bA}	2.14±0.01^{dB}	2.86±0.13^{abA}	1.89±0.04^{dC}

注：同列不同小写字母肩注表示同一指标不同阶段差异显著（$P<0.05$），同行不同大写字母肩注表示组间差异显著（$P<0.05$）。

2. 抗氧化乳酸菌对香肠氧化程度的影响

（1）过氧化值（peroxide value，POV）变化情况 发酵香肠在加工及贮藏过程中，脂肪发生氧化产生氢过氧化物等初级代谢产物，最具代表性的为过氧化氢，这种物质极不稳定，会继续氧化生成有损产品品质的次级代谢产物，POV 即可说明此类物质的含量，因此也作为衡量脂肪氧化程度的指标（李静等，2015）。

本试验不同组发酵香肠不同阶段 POV 变化趋势如图 5-4 所示，在整个加工及贮藏阶段，四组发酵香肠的 POV 呈先上升后下降的趋势。在发酵阶段，各组 POV 均显著上升，在发酵结束时，RQ 组 POV 最高，其次为 ZR 组，TR 组的 POV 值最低，为 0.0101 g/100g。发酵期结束至成熟期结束（3~12d），各组 POV 迅速下降，其中下降最明显的为

RB组,到贮藏24d时各组POV为ZR组>RQ组>TR组>RB组,TR组和RB组的POV值分别为(0.0039±0.0023)g/100g、(0.0036±0.0005)g/100g,低于ZR组和RQ组($P<0.05$),说明乳酸菌发酵剂TR13及RB4-1-5发挥了防止脂肪过度氧化的作用。贮藏期(24~60d),TR组及RB组的POV出现小波动,这可能与贮藏的条件有关。最终ZR组的POV仍高于其他三组,说明其脂肪氧化程度最大,而发酵剂能有效防止脂肪的过度氧化。

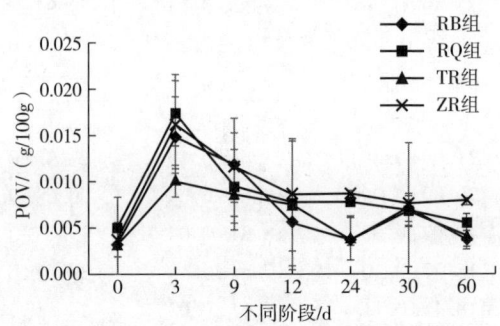

图5-4 发酵香肠加工及贮藏过程中POV变化趋势

(2)硫代巴比妥酸值变化情况 TBARS用来显示脂肪酸氧化生成的次级代谢产物丙二醛等物质的含量,以此来反映脂肪氧化的程度(Li et al., 2015)。本试验中四组香肠不同阶段的TBARS变化趋势如图5-5所示。在干燥结束时(9d),TR组和RQ组达到加工阶段的最大值,其中TR组的TBARS值为(0.56±0.02)mg/100g,高于其他三组。成熟后(12d)TR组和RQ组的TBARS开始下降,ZR组和RB组仍在上升,并且ZR组的TBARS值最高,为(0.55±0.01)mg/100g。进入贮藏期(24~30d),TR组和RQ组呈现缓慢下降趋势,到了贮藏30d时,各组TBARS为ZR组>RB组>TR组>RQ组,RQ组和TR组的TBARS值为(0.26±0.07)mg/100g和(0.3±0.02)mg/100g,说明添加的发酵剂TR13及RQ3-1-7能够有效防止脂肪的过度氧化。

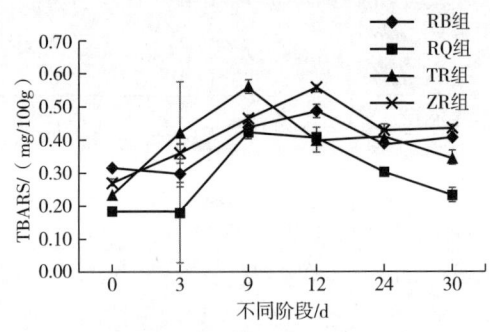

图5-5 发酵香肠加工及贮藏过程中TBARS变化趋势

3. 抗氧化乳酸菌对香肠风味物质的影响

四组发酵香肠不同阶段检测出的风味物质共90种,包含醛类、酮类、酸类、醇类、烃类、酯类及杂环类7类,其中酸类物质21种,醛类物质14种,酮类物质8种,醇类物质12种,酯类物质23种,杂环类3种,烃类9种。由表5-2可知,其中醛类物质(庚醛、

表 5-2 发酵香肠不同阶段主要风味物质及含量变化表（部分）

单位：μg/g

风味物质	组别	不同阶段/d					
		0	3	9	12	24	30	60
庚醛	TR	0.4591±0.0208eA	2.7846±0.3561bcA	3.2008±0.9562bAB	3.2075±0.2425bA	2.1519±0.2068cdB	1.9768±0.0662bcA	4.1786±0.0798aA
	RB	0.4591±0.0208dA	2.0536±0.1671aB	1.6228±0.1115bBC	1.2280±0.0706cC	1.2279±0.0004bcC	4.1113±0.0304dC	4.1113±0.0304dC
	RQ	0.4591±0.0208eA	1.2801±0.2557dC	4.2157±0.1028aA	3.3610±0.1486bA	2.7544±0.1778bcA	1.216±0.2455cdB	1.5842±0.1904cdB
	ZR	0.4591±0.0208dA	0.8304±0.0588cC	1.4273±0.2116bC	2.1132±0.2801aB	2.126±0.1069aB	0.8869±0.0117aB	0.1593±0.0115eD
苯乙醛	TR	0.0267±0.0011cA	0.2828±0.0055aA	0.2960±0.0241aB	ND	ND	0.2553±0.0016bB	0.2553±0.0016bB
	RB	0.0267±0.0011eA	0.1098±0.0181dB	0.3265±0.0278aAB	ND	ND	0.1983±0.0141cC	0.2481±0.0009bB
	RQ	0.0267±0.0011cA	0.2121±0.008bA	0.4448±0.0144aA	ND	ND	0.3027±0.0164bA	0.5361±0.0100aA
	ZR	0.0267±0.0011cA	0.0349±0.0057cC	0.2095±0.0311aB	ND	ND	0.2401±0.0017aB	0.1242±0.0327bC
戊醛	TR	0.0077±0.0001dA	0.1456±0.0503cB	0.3792±0.0382aA	0.3356±0.0158bB	0.3492±0.015bC	0.3958±0.0012bB	0.445±0.0285aA
	RB	0.0077±0.0001bA	0.3170±0.0942aA	0.3211±0.0841aA	0.2620±0.0058aB	0.2610±0.0002aD	0.0714±0.0021bD	0.0714±0.0021bD
	RQ	0.0077±0.0001cA	0.1978±0.0641aAB	0.4999±0.0129aA	0.5724±0.0121aA	0.562±0.0408aA	0.2320±0.0353bB	0.3053±0.0229bB
	ZR	0.0077±0.0001dA	0.1486±0.0183bB	0.1481±0.0124bB	0.3905±0.0621aAB	0.4224±0.0101aB	0.1104±0.0139bC	0.0358±0.0254cC
乳酸乙酯	TR	0.0162±0.0011bA	1.1908±0.5537aA	0.2653±0.0920cB	1.6886±0.854cA	0.2790±0.0557bD	ND	0.4843±0.0056bB
	RB	0.0162±0.0011dA	0.1553±0.0233cB	0.1594±0.0239cAB	0.3634±0.0113bB	0.6439±0.0133aC	0.1145±0.0032cB	0.1049±0.0306cdC
	RQ	0.0162±0.0011cA	0.2477±0.0128cB	0.1852±0.044cdC	0.1889±0.0044cB	0.9413±0.0081bB	1.1385±0.5974abA	1.4822±0.1483aA
	ZR	0.0162±0.0011dA	0.097±0.0062cdB	0.1336±0.0762cB	0.2647±0.0587bB	1.4213±0.0763aA	0.2309±0.0064bB	0.1149±0.0148cC
乙酸乙酯	TR	0.2666±0.0895cdA	0.6168±0.0494bA	0.5111±0.0298cB	ND	ND	1.0491±0.0044aA	0.4937±0.0094cB
	RB	0.2666±0.0895cA	0.3645±0.0392bB	0.5756±0.0518aB	ND	ND	0.3818±0.0318bC	0.3609±0.0275bC
	RQ	0.2666±0.0895eA	0.4337±0.0404bB	0.8225±0.0157aA	ND	ND	0.3179±0.0139bcD	0.7518±0.0097aA
	ZR	0.2666±0.0895cA	0.2090±0.0140cC	0.2942±0.0104cC	ND	ND	0.6607±0.0231aA	0.4569±0.0852bB

续表

风味物质	组别	不同阶段/d						
		0	3	9	12	24	30	60
γ-戊基丁内酯	TR	0.0913±0.0090fA	0.6955±0.0100eAB	0.5595±0.0215deA	0.6155±0.0369cdC	0.4729±0.0038eC	1.5133±0.1118aA	1.1314±0.0426bB
	RB	0.0913±0.0090cA	0.3281±0.0506dB	0.3597±0.0351dB	0.7251±0.0046bB	1.7083±0.1804aA	0.5621±0.0151cC	0.5486±0.0114cC
	RQ	0.0913±0.0090dA	1.1194±0.4856bA	0.5685±0.0831cA	0.8101±0.0115bcA	0.6207±0.0382cBC	0.6863±0.0240cB	1.6018±0.0389aB
	ZR	0.0913±0.0090eA	0.1785±0.0217dC	0.3336±0.0339cB	ND	0.7874±0.0632aB	0.7734±0.0293aB	0.4724±0.0231bD
γ-壬内酯	TR	ND	0.0595±0.00101aA	0.0899±0.0014aA	0.0585±0.0070aA	0.0584±0.0055aA	0.0685±0.0078aA	0.0155±0.0003aA
	RB	ND	0.0609±0.00104aA	0.1131±0.0019aA	0.0959±0.0010aA	0.0832±0.0079aA	0.0348±0.0046aA	0.0443±0.0077aA
	RQ	ND	0.0364±0.0063aA	0.121±0.0017aA	0.0258±0.0005aA	0.0811±0.0078aA	0.0882±0.0014aA	0.0242±0.0036aA
	ZR	ND	0.1388±0.0011aA	0.1603±0.0027aA	0.1283±0.0011aA	0.0579±0.0097aA	0.0841±0.0010aA	0.0827±0.0012aA

注：同行不同小写字母肩注表示不同阶段差异显著（$P<0.05$），同列不同大写字母表示同一指标不同组之间差异显著（$P<0.05$），"ND"表示未检测出。

苯乙醛、戊醛）及酯类物质（乙酸乙酯、乳酸乙酯、γ-戊基丁内酯、γ-壬内酯）都属于风味阈值较小，对发酵香肠特征风味起主要贡献作用的物质。乳酸菌发酵剂的添加有效提升了这几种物质的含量，如 TR 组和 RB 组的庚醛含量在发酵结束后（3d）分别提升了506%、347%；TR 组和 RQ 组的苯乙醛含量分别提升了 959%、697%；TR 组和 RQ 组的γ-戊基丁内酯含量分别提升了 662%、1126%；乙酸乙酯含量分别提升了 131%、62.68%，与 ZR 组相比提升显著（$P<0.05$），且在贮藏两个月后发酵剂组（TR、RB、RQ）苯乙醛含量仍高于自然发酵组。

（三）产脂肪酶乳酸菌对发酵香肠品质的影响

在发酵香肠加工过程中会发生一系列微生物、酶的链式反应及脂肪含量变化的生化反应。为提高发酵香肠中脂肪降解速率，国内外利用外源微生物发酵剂及内源酶来降解脂肪，缩短加工时间从而改善香肠风味品质。脂肪作为发酵香肠的重要组成部分，在内源酶及微生物脂肪酶的作用下被降解，产生低级甘油酯及游离脂肪酸等产物，这类产物既可以直接参与风味物质的形成，同时也是醛、酮、酸等小分子挥发性风味物质的重要前体。据统计，发酵香肠中由脂肪水解而产生的风味物质占总风味成分的 60%，可见发酵香肠的风味特性与脂肪代谢息息相关，其中脂肪酶起着重要的作用。

脂肪酶是作用于酰基甘油的羧酸酯键，水解催化长链酰基甘油释放甘油和脂肪酸的一种甘油三酯水解酶，又称羧酸酯酶（Hasan et al., 2006）。细菌脂肪酶具有较广的底物特异性与选择性、较强的温度稳定性与碱稳定性，从而在食品营养、药物合成及油脂化工领域中被广泛应用。脂肪酶在肉制品加工中会影响风味物质的积累与产生。Lorenzo 等（2014）把产脂肪酶的 4 种不同商业发酵剂添加到发酵香肠中，对其游离脂肪酸含量和种类进行分析，发现加工过程中脂肪酸有显著逐渐释放的现象；进一步研究发现，产脂肪酶微生物菌株不仅仅可改善风味成分的变化，对肉中油脂的特性也产生了一定的影响。

作者团队从发酵风干肉制品筛选出一株高效产脂肪酶活性的瑞士乳杆菌 TR13，将其作为发酵剂应用于发酵香肠中，设置自然组（不添加任何发酵剂）、发酵剂组（添加商业发酵剂）、脂肪酶组（添加食品级脂肪酶）、高活性组（添加瑞士乳杆菌 TR13），探究乳酸菌产脂肪酶对发酵香肠腌制期（0d）、发酵期（3d）、干燥期 1（5d）、干燥期 2（7d）、成熟期（13d）、贮藏期（27d）等阶段的脂肪分解及脂肪酸含量的影响，为改善发酵香肠品质提供理论依据。

1. 产脂肪酶乳酸菌对香肠理化品质的影响

（1）pH 的变化　测定的各试验组不同阶段发酵香肠的 pH 变化规律见图 5-6。各试验组在腌制期 pH 均保持在 5.6~5.8，由于组别的差异在产酸速率上也存在明显差异，在进入发酵期时各组 pH 下降，其中添加了目标菌株的高活性组下降速率最快，优于自然组、发酵剂组及脂肪酶组，最先达到 5.2 以下，pH 的降低可能是由于在此阶段菌株分解碳水化合物产生乳酸等有机酸而使得香肠酸度降低，此结果与 Essid 等（2013）的研究结果一致。可见，目标菌株 TR13 的产酸性能较好。此后，进入干燥及成熟阶段 pH 开始回升，贮藏期各组的 pH 维持在 5.4~5.8，上升幅度较小。

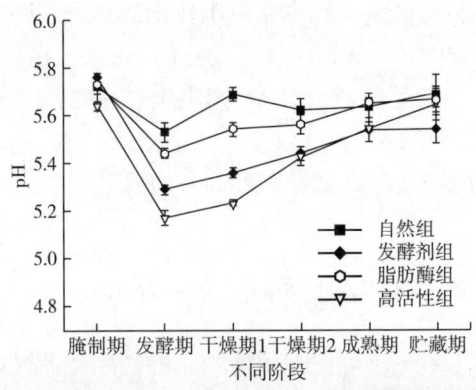

图 5-6 pH 随发酵香肠加工及贮藏时间的变化

(2) 水分活度及水分含量的变化 发酵香肠品质受到 A_W 的影响，且 A_W 也是发酵香肠稳定性的重要影响因素之一（Latoch et al.，2016）。本试验各组不同阶段发酵香肠的 A_W、水分含量变化规律见图 5-7。在发酵香肠加工过程中各试验组 A_W 与水分含量变化一致呈下降趋势，各组 A_W 在腌制期、发酵期差异不显著（$P>0.05$）；随着环境相对湿度的逐渐下降，各组的 A_W、水分含量也显著下降（$P<0.05$），干燥期各组差异不显著，但成

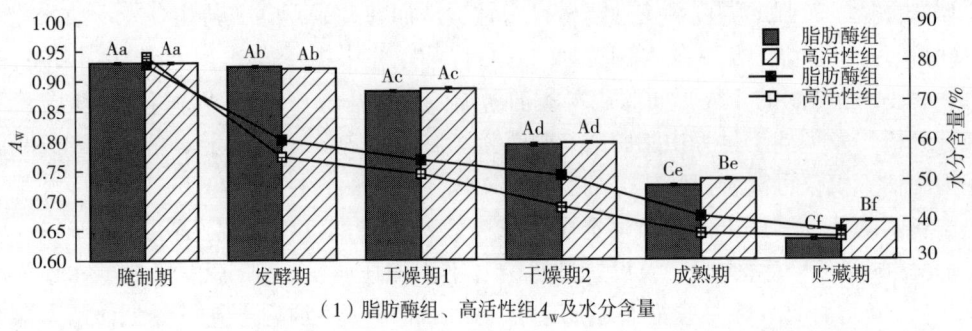

(1) 脂肪酶组、高活性组 A_W 及水分含量

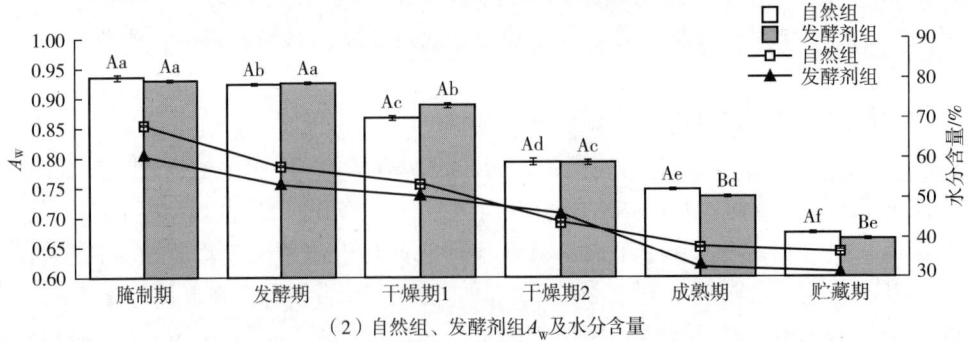

(2) 自然组、发酵剂组 A_W 及水分含量

图 5-7 A_W 及水分含量随发酵香肠加工及贮藏时间的变化

[不同大写字母表示各组差异显著（$P<0.05$），不同小写字母表示不同阶段差异显著（$P<0.05$）]

熟期脂肪酶组 A_W 均显著低于发酵组和自然组（$P<0.05$），即脂肪酶组<高活性组<发酵剂组<自然组，各组均下降到 0.8 以下，在一定程度上可以较好地抑制腐败菌的生长，且各组水分含量的下降略快；贮藏期各组 A_W 继续下降，同时各组的水分含量均保持在 30% 左右，符合半干发酵香肠的特点。因此，添加人工发酵剂或商业发酵剂可使发酵香肠的 A_W 快速降低，抑制杂菌生长的同时延长保质期，且较低的 A_W 及水分含量可减少生物胺类等有害物质的产生，从而提高发酵香肠的安全性与稳定性，这与 Kaban 等（2009）的研究结果相一致。

（3）色差的变化 各组不同阶段发酵香肠的色泽变化情况见表 5-3。各组的 L^* 呈现下降趋势，发酵期脂肪酶组的 L^* 显著高于其他试验组（$P<0.05$），干燥期脂肪酶组和高活性组 L^* 显著高于自然组（$P<0.05$），可见添加目标菌株可增加发酵香肠的 L^*，成熟期各组无显著差异（$P>0.05$）；各组的 a^* 从发酵期开始呈现先下降后上升的趋势，干燥期 1，发酵剂组和高活性组的 a^* 显著优于自然组（$P<0.05$），颜色红润较为饱满，成熟期后高活性组的 a^* 优于自然组但低于其他两组，可能是由于后期 A_W 及水分含量的下降，抑制了菌株产硝酸盐还原酶的活性从而使 a^* 较低（Yu et al.，2015），因此相比于自然发酵，添加目标菌株做发酵剂具有一定的改善作用，但效果不及商业发酵剂。各组 b^* 均呈现下降趋势，在干燥期之前各组的 b^* 差异较小，但进入成熟期后，高活性组的 b^* 显著高于其他组（$P<0.05$）。由此可得出，添加功能性目标菌株作为潜在发酵剂在发酵香肠的加工中可改善发酵香肠的 L^*、a^*，对 b^* 无显著影响，整体效果优于自然发酵但不及商业发酵剂。

表 5-3 色差随发酵香肠加工及贮藏时间的变化

指标	加工阶段	自然组	发酵剂组	脂肪酶组	高活性组
L^*	腌制期	42.37±0.8[Ca]	44.2±1.19[Ba]	45.43±0.44[ABa]	46.76±1.06[Aa]
	发酵期	37.36±0.9[Bb]	37.29±0.64[Bb]	40.97±0.58[Ab]	37.84±0.56[Bb]
	干燥期 1	36.76±0.3[Cb]	36.90±0.66[Cb]	40.60±1.08[Ab]	38.96±0.72[Bb]
	干燥期 2	34.76±1.72[Bc]	35.42±0.43[Bc]	38.20±0.41[Ac]	37.99±0.72[Ab]
	成熟期	33.50±0.52[Ac]	35.24±0.35[Ac]	34.78±0.24[Ad]	36.48±5.14[Ab]
	贮藏期	28.22±0.13[ABd]	28.21±0.25[ABd]	28.46±0.12[Ae]	27.84±0.41[Bc]
a^*	腌制期	13.26±0.26[Ab]	12.42±0.65[ABd]	11.46±0.85[Bd]	12.23±0.53[ABc]
	发酵期	17.91±0.32[ABa]	18.63±0.17[Aa]	17.17±0.43[Bb]	13.94±0.84[Cb]
	干燥期 1	13.41±0.95[Cb]	14.77±0.27[Bc]	17.93±0.38[Aab]	15.56±0.45[Ba]
	干燥期 2	10.28±3.04[Bc]	11.48±0.34[Be]	14.84±1.14[Ac]	11.27±0.56[Bc]
	成熟期	15.87±0.12[Ca]	17.29±0.51[Bb]	18.58±0.08[Aa]	15.99±0.28[Ca]
	贮藏期	11.10±0.59[Bbc]	10.02±0.06[Cf]	12.25±0.13[Ad]	11.78±0.78[ABc]

续表

指标	加工阶段	自然组	发酵剂组	脂肪酶组	高活性组
b^*	腌制期	7.33±0.13^{Bab}	7.75±0.31^{ABa}	7.91±0.23^{Aa}	8.13±0.24^{Aa}
	发酵期	7.59±0.14^{Ba}	7.44±0.14^{Ba}	7.85±0.08^{Aa}	6.35±0.11^{Cc}
	干燥期1	6.93±0.05^{Bbc}	6.64±0.33^{Bb}	7.85±0.33^{Aa}	6.78±0.22^{Bc}
	干燥期2	6.73±0.54^{Ac}	6.09±0.09^{Bc}	6.41±0.28^{ABb}	6.33±0.06^{ABc}
	成熟期	6.05±0.06^{Cd}	6.33±0.22^{BCbc}	6.75±0.02^{Bb}	7.44±0.48^{Ab}
	贮藏期	4.45±0.17^{Be}	4.31±0.12^{Bd}	4.10±0.06^{Cc}	4.71±0.06^{Ad}

注：同行不同大写字母肩注表示各组差异显著（$P<0.05$），不同小写字母肩注表示同一指标不同阶段差异显著（$P<0.05$）。

（4）亚硝酸盐含量的变化 硝酸盐在发酵香肠的制作过程中不仅具有稳定色泽的作用，还可维持产品状态、保证良好风味（杨晓钢等，2022）。然而，当亚硝酸盐与某些氨基酸和胺类物质结合时，会生成亚硝胺化合物，这些化合物被认为可能对人体健康有害。因此，应控制发酵香肠中亚硝酸盐的添加量，确保产品的安全性。本试验各组不同阶段发酵香肠的亚硝酸盐残留情况见表5-4。腌制期自然组、发酵剂组、脂肪酶组、高活性组的亚硝酸盐含量较高，分别为11.78mg/kg、10.94mg/kg、11.1mg/kg、6.44mg/kg，高活性组与其他试验组均存在显著差异（$P<0.05$），这是由于在腌制过程中微生物的活力较强，会生成一部分亚硝酸盐，所以亚硝酸盐含量偏高。发酵期各组亚硝酸盐含量均呈下降趋势，pH较低时，还原酶活性较低，从而导致亚硝酸盐含量降低。在后续的干燥、成熟及贮藏过程中高活性组中亚硝酸盐的残留量均显著低于自然组（$P<0.05$）。总体而言，各试验组在不同的加工及贮藏时期均符合国家限定标准（残留量≤30mg/kg），添加目标菌株可有效降低发酵香肠的亚硝酸盐残留量，且效果显著，可较好地保证产品的安全特性。

表5-4 亚硝酸盐随发酵香肠加工及贮藏时间的变化 单位：mg/kg

加工阶段	自然组	发酵剂组	脂肪酶组	高活性组
腌制期	11.78±0.02^{Aa}	10.94±0.04^{Aa}	11.1±1.02^{Aa}	6.44±0.01^{Ba}
发酵期	8.78±0.02^{Ab}	2.47±0.31^{De}	6.1±0.02^{Bc}	4.24±0.19^{Cb}
干燥期1	6.42±0.35^{Bc}	4.96±0.06^{Cb}	7.15±0.03^{Ab}	3.12±0.02^{Dd}
干燥期2	12.07±0.27^{Aa}	2.82±0.06^{Cd}	7.14±0.03^{Bb}	2.38±0.05^{De}
成熟期	4.41±0.16^{Bd}	3.49±0.15^{Dc}	10.86±0.16^{Aa}	3.87±0.03^{Cc}
贮藏期	2.44±0.02^{Be}	3.61±0.05^{Ac}	3.82±0.14^{Ad}	2.30±0.06^{Ce}

注：同行不同大写字母肩注表示各组差异显著（$P<0.05$），同列不同小写字母肩注表示不同阶段差异显著（$P<0.05$）。

2. 产脂肪酶乳酸菌对香肠脂肪分解代谢的影响

（1）脂肪酸种类的变化 由表5-5可知，各组发酵香肠在不同加工阶段中脂肪酸种类主要为长链脂肪酸，各组长链脂肪酸含量均高于 5mg/g。发酵期长链脂肪酸含量为高活性组高于自然组、脂肪酶组，但低于发酵剂组。干燥期发酵香肠的 $A_W<0.8$，可以抑制大多数微生物的生长，同时较低的水分含量使得酶的活性降低，因此高活性组长链脂肪酸含量低于其他试验组。进入成熟期及贮藏期后，高活性组长链脂肪酸含量高于其他试验组，成熟期显著高于脂肪酶组（$P<0.05$），贮藏期显著高于自然发酵组（$P<0.05$）。总体而言，添加产脂肪酶高活性的目标菌株可提高长链脂肪酸含量，优于自然发酵。

表 5-5　不同阶段各组发酵香肠中脂肪酸变化　　　　　　　　单位：mg/g

脂肪酸种类	组别	加工阶段				
		腌制期	发酵期	干燥期	成熟期	贮藏期
中链脂肪酸	自然组	0.67±0.04^{Aa}	0.67±0.01^{Aa}	0.68±0.04^{Aa}	0.68±0.02^{Aa}	0.64±0.02^{Ba}
	发酵剂组	0.62±0.04^{Aa}	0.61±0.02^{Bb}	0.69±0.02^{Aa}	0.67±0.03^{ABab}	0.66±0.04^{ABa}
	脂肪酶组	0.62±0.04^{Aa}	0.66±0.01^{Aa}	0.70±0.04^{Aa}	0.69±0.02^{Aa}	0.67±0.01^{ABa}
	高活性组	0.62±0.04^{Aab}	0.68±0.03^{Aab}	0.64±0.03^{Aab}	0.64±0.01^{Bb}	0.69±0.02^{Aa}
长链脂肪酸	自然组	6.98±2.25^{Aa}	6.60±1.75^{Aa}	9.19±3.01^{Aa}	7.23±0.60^{Aa}	6.16±1.61^{Ba}
	发酵剂组	6.98±2.25^{Ab}	8.23±1.13^{Aab}	10.16±0.41^{Aa}	7.12±0.89^{Aab}	8.20±2.36^{ABab}
	脂肪酶组	6.98±2.25^{Aa}	6.60±1.43^{Aa}	8.44±1.55^{Aa}	5.37±0.75^{Bb}	5.99±1.74^{Bab}
	高活性组	6.98±2.25^{Ab}	7.06±2.24^{Ab}	6.74±1.30^{Bb}	8.02±1.06^{Ab}	10.72±0.29^{Aa}

注：同列不同大写字母肩注表示同种脂肪酸各组之间差异显著（$P<0.05$），同行不同小写字母肩注表示不同阶段差异显著（$P<0.05$）。

（2）主要脂肪酸种类及含量的变化　脂肪酸含量的变化可以用来表示脂肪的水解程度，香肠中脂肪酸组成差异与营养价值密切相关。由表 5-6 可知，肉豆蔻酸（$C_{14:0}$）、硬脂酸（$C_{18:0}$）、油酸（$C_{18:1}$）及亚油酸（$C_{18:2}$）、亚麻酸（$C_{18:3}$）等游离脂肪酸是发酵香肠主要脂肪酸。随着加工时间的变化，肉豆蔻酸含量在干燥结束进入成熟期时开始增加，其中高活性组显著增加（$P<0.05$），且高活性组>脂肪酶组>发酵剂组>自然组（$P>0.05$），脂肪酶促进了脂肪的分解。进入贮藏期的肉豆蔻酸含量开始下降。硬脂酸含量同样是在成熟期增加，其中高活性组含量最高，其次为发酵剂组、脂肪酶组，且这三组的硬脂酸含量均显著高于自然组（$P<0.05$）。硬脂酸贮藏期变化趋势与肉豆蔻酸一致，高活性组、发酵剂组、脂肪酶组显著高于自然组（$P<0.05$），但三组间差异不显著（$P>0.05$）。除自然组外，其余三组油酸含量均在发酵期开始增加，而自然组在干燥期开始增加。成熟期，发酵剂组油酸含量显著低于其他三组（$P<0.05$）。进入贮藏期时高活性组和自然组油酸含量显著高于脂肪酶组和发酵剂组。在多不饱和脂肪酸中主要为顺式亚油酸（$C_{18:2n-6c}$），整个加工阶段中高活性组、脂肪酶组的顺式亚油酸含量均低于自然组，高活性组的顺式亚油酸含量只在贮藏期略高于发酵剂组，但差异不显著（$P>0.05$）。

表5-6 不同阶段各发酵香肠主要脂肪酸种类及含量变化　　　　单位：mg/g

脂肪酸种类	组别	加工阶段				
		腌制期	发酵期	干燥期	成熟期	贮藏期
$C_{14:0}$	自然组	0.55 ± 0.09^{Aa}	0.53 ± 0.02^{Aa}	0.60 ± 0.12^{Aa}	0.66 ± 0.04^{Aa}	0.38 ± 0.05^{Ab}
	发酵剂组	0.55 ± 0.09^{Aab}	0.50 ± 0.03^{Aab}	0.52 ± 0.15^{Aab}	0.67 ± 0.07^{Aa}	0.46 ± 0.07^{Ab}
	脂肪酶组	0.55 ± 0.09^{Aab}	0.53 ± 0.01^{Aab}	0.52 ± 0.11^{Aab}	0.68 ± 0.15^{Aa}	0.48 ± 0.05^{Ab}
	高活性组	0.55 ± 0.09^{Aab}	0.50 ± 0.06^{Aab}	0.42 ± 0.03^{Ab}	0.70 ± 0.09^{Aa}	0.43 ± 0.06^{Ab}
$C_{16:0}$	自然组	ND	ND	0.23 ± 0.01^{Ac}	0.35 ± 0.03^{Ab}	1.37 ± 0.04^{Aa}
	发酵剂组	ND	0.19 ± 0.03^{Ab}	0.24 ± 0.01^{Ab}	0.23 ± 0.01^{Bb}	1.50 ± 0.11^{Aa}
	脂肪酶组	ND	ND	0.18 ± 0.04^{A}	0.10 ± 0.01^{Da}	0.25 ± 0.02^{Ba}
	高活性组	ND	0.21 ± 0.02^{Ab}	0.22 ± 0.01^{Ab}	0.18 ± 0.02^{Cb}	1.18 ± 0.62^{Aa}
$C_{18:0}$	自然组	1.62 ± 0.31^{Aa}	1.42 ± 0.08^{Abc}	1.20 ± 0.02^{Acd}	1.44 ± 0.13^{Bb}	1.01 ± 0.14^{Bd}
	发酵剂组	1.62 ± 0.31^{Aa}	1.50 ± 0.11^{Aa}	1.28 ± 0.19^{Aa}	1.55 ± 0.47^{Aa}	1.27 ± 0.25^{ABa}
	脂肪酶组	1.62 ± 0.31^{Aa}	1.45 ± 0.07^{Aa}	1.14 ± 0.47^{Aa}	1.53 ± 0.08^{Aa}	1.31 ± 0.13^{Aa}
	高活性组	1.62 ± 0.31^{Aa}	1.40 ± 0.25^{Aa}	1.10 ± 0.11^{Aa}	1.62 ± 0.45^{Aa}	1.40 ± 0.12^{Aa}
$C_{20:0}$	自然组	0.17 ± 0.01^{Aa}	0.16 ± 0.04^{ABa}	0.17 ± 0.04^{Aa}	0.17 ± 0.01^{Aa}	0.16 ± 0.03^{Ba}
	发酵剂组	0.17 ± 0.01^{Aa}	0.15 ± 0.03^{Bb}	0.08 ± 0.01^{Cc}	0.17 ± 0.07^{Aa}	0.16 ± 0.01^{ABab}
	脂肪酶组	0.17 ± 0.01^{Aa}	0.16 ± 0.04^{Aa}	0.17 ± 0.01^{Aa}	0.17 ± 0.01^{Aa}	0.16 ± 0.03^{ABa}
	高活性组	0.17 ± 0.01^{Aa}	0.17 ± 0.01^{Aa}	0.16 ± 0.01^{Ba}	0.16 ± 0.01^{Aa}	0.17 ± 0.01^{Aa}
$C_{14:1}$	自然组	0.13 ± 0.02^{Aa}	0.13 ± 0.03^{Aa}	0.14 ± 0.02^{Aa}	0.14 ± 0.01^{Aa}	0.13 ± 0.01^{BCa}
	发酵剂组	0.13 ± 0.02^{Aab}	0.12 ± 0.01^{Ab}	0.13 ± 0.02^{Aab}	0.15 ± 0.01^{Aa}	0.12 ± 0.01^{Bb}
	脂肪酶组	0.13 ± 0.02^{Aa}	0.13 ± 0.02^{Aa}	0.12 ± 0.01^{Aa}	0.15 ± 0.02^{Aa}	0.12 ± 0.01^{Ba}
	高活性组	0.13 ± 0.02^{Aab}	0.12 ± 0.01^{Aab}	0.11 ± 0.04^{Ab}	0.13 ± 0.01^{Aab}	0.14 ± 0.01^{Aa}
$C_{16:1}$	自然组	0.11 ± 0.01^{Aa}	0.11 ± 0.01^{Aa}	0.31 ± 0.18^{Aa}	0.24 ± 0.21^{Aa}	0.10 ± 0.04^{Aa}
	发酵剂组	0.11 ± 0.01^{Ab}	0.10 ± 0.03^{Ab}	0.11 ± 0.02^{Bb}	0.31 ± 0.17^{Aa}	0.14 ± 0.07^{Ab}
	脂肪酶组	0.11 ± 0.01^{Aa}	0.11 ± 0.01^{Aa}	0.18 ± 0.14^{ABa}	0.24 ± 0.22^{Aa}	0.10 ± 0.01^{Aa}
	高活性组	0.11 ± 0.01^{Ab}	0.11 ± 0.05^{Ab}	0.10 ± 0.01^{Bb}	0.11 ± 0.01^{Ab}	0.12 ± 0.01^{Aa}
$C_{18:1}$	自然组	2.10 ± 1.82^{Ab}	1.40 ± 1.72^{Bb}	4.61 ± 0.20^{Aa}	2.40 ± 1.84^{Ab}	4.61 ± 0.20^{Aa}
	发酵剂组	2.10 ± 1.82^{Aa}	3.40 ± 0.68^{Aa}	2.94 ± 0.28^{Ba}	1.36 ± 1.69^{Bc}	2.94 ± 1.05^{Ba}
	脂肪酶组	2.10 ± 1.82^{Aa}	2.28 ± 1.64^{Aa}	2.88 ± 0.19^{Ba}	2.27 ± 0.18^{Aa}	2.88 ± 0.19^{Ba}
	高活性组	2.10 ± 1.82^{Ab}	2.65 ± 1.98^{Ab}	4.61 ± 0.20^{Aa}	2.36 ± 1.84^{Ab}	4.61 ± 0.20^{Aa}

续表

脂肪酸种类	组别	加工阶段				
		腌制期	发酵期	干燥期	成熟期	贮藏期
$C_{20:1}$	自然组	0.15±0.02^{Aa}	0.14±0.01^{Aa}	0.15±0.02^{Aa}	0.11±0.09^{Aa}	0.11±0.01^{Ba}
	发酵剂组	0.15±0.02^{Aab}	0.14±0.01^{Ab}	0.14±0.02^{ABb}	0.17±0.01^{Aa}	0.13±0.01^{Bb}
	脂肪酶组	0.15±0.02^{Aab}	0.14±0.02^{Aab}	0.14±0.02^{ABab}	0.17±0.02^{Aa}	0.13±0.01^{Bb}
	高活性组	0.15±0.02^{Aa}	0.14±0.01^{Aa}	0.12±0.01^{Bb}	0.15±0.02^{Aa}	0.16±0.01^{Aa}
$C_{18:2\ n-6t}$	自然组	0.08±0.01^{Ab}	0.08±0.01^{Ab}	0.08±0.01^{Ab}	0.10±0.02^{Aa}	0.08±0.01^{Ab}
	发酵剂组	0.08±0.01^{Aab}	0.07±0.02^{Ab}	0.08±0.01^{Aab}	0.08±0.01^{Bab}	0.09±0.01^{Aa}
	脂肪酶组	0.08±0.01^{Aa}	0.08±0.01^{Aa}	0.09±0.01^{Aa}	0.08±0.04^{Ba}	0.08±0.01^{Aa}
	高活性组	0.08±0.01^{Aa}	0.08±0.03^{Aa}	0.08±0.02^{Aa}	0.07±0.01^{Bb}	0.08±0.03^{Aa}
$C_{18:2\ n-6c}$	自然组	0.38±0.25^{Aab}	0.48±0.02^{Aa}	0.39±0.25^{Aab}	0.58±0.03^{Aa}	0.09±0.01^{Bb}
	发酵剂组	0.38±0.25^{Aa}	0.43±0.04^{Aa}	0.26±0.26^{Aa}	0.54±0.06^{Aa}	0.31±0.18^{ABa}
	脂肪酶组	0.38±0.25^{Aa}	0.20±0.17^{Ba}	0.36±0.25^{Aa}	0.54±0.12^{Aa}	0.20±0.11^{Ba}
	高活性组	0.38±0.25^{Aab}	0.19±0.14^{Bbc}	0.10±0.03^{Bc}	0.49±0.08^{Aa}	0.40±0.02^{Aa}
$C_{18:3\ n-6}$	自然组	0.08±0.01^{Aa}	0.08±0.02^{Aa}	0.08±0.02^{Aa}	0.08±0.01^{Aa}	0.08±0.02^{Aa}
	发酵剂组	0.08±0.01^{Aa}	0.07±0.02^{Bb}	0.08±0.03^{Aa}	0.08±0.03^{Aa}	0.08±0.05^{Aa}
	脂肪酶组	0.08±0.01^{Aa}	0.08±0.02^{Aa}	0.08±0.04^{Aa}	0.08±0.01^{Aa}	0.08±0.01^{Aa}
	高活性组	0.08±0.01^{Aa}	0.08±0.03^{Aa}	0.08±0.02^{Aa}	0.08±0.01^{Aa}	0.08±0.03^{Aa}
$C_{18:3\ n-3}$	自然组	0.15±0.01^{Aa}	0.14±0.01^{Aa}	0.16±0.02^{Aa}	0.17±0.01^{Aa}	0.11±0.01^{Cb}
	发酵剂组	0.15±0.01^{Aab}	0.14±0.01^{Aab}	0.15±0.03^{Aab}	0.17±0.01^{Aa}	0.13±0.02^{BCb}
	脂肪酶组	0.15±0.01^{Aa}	0.15±0.02^{Aa}	0.14±0.02^{Aa}	0.17±0.03^{Aa}	0.14±0.01^{Ba}
	高活性组	0.15±0.01^{Aab}	0.14±0.01^{Aab}	0.13±0.01^{Ab}	0.16±0.02^{Aa}	0.17±0.01^{Aa}
$C_{20:2}$	自然组	0.08±0.01^{Aa}	0.08±0.02^{Aa}	0.08±0.03^{Aa}	0.08±0.04^{Aa}	0.08±0.02^{Ba}
	发酵剂组	0.08±0.01^{Ab}	0.08±0.01^{Ab}	0.08±0.04^{Aab}	0.09±0.02^{Aa}	0.08±0.01^{Bb}
	脂肪酶组	0.08±0.01^{Aa}	0.08±0.01^{Aa}	0.08±0.03^{Aa}	0.08±0.01^{Aa}	0.08±0.01^{Ba}
	高活性组	0.08±0.01^{Aa}	0.08±0.04^{Aa}	0.08±0.01^{Aa}	0.08±0.04^{Aa}	0.09±0.01^{Aa}
$C_{20:3}$	自然组	0.14±0.01^{Aab}	0.12±0.01^{Ab}	0.12±0.02^{Ab}	0.15±0.01^{Aa}	0.11±0.01^{Ab}
	发酵剂组	0.14±0.01^{Aa}	0.12±0.01^{Aa}	0.12±0.03^{Aa}	0.14±0.04^{Aa}	0.11±0.01^{Aa}
	脂肪酶组	0.14±0.01^{Aa}	0.12±0.02^{Aa}	0.12±0.04^{Aa}	0.15±0.03^{Aa}	0.11±0.01^{Aa}
	高活性组	0.14±0.01^{Aa}	0.12±0.01^{Aa}	0.10±0.01^{Aa}	0.11±0.05^{Aa}	0.13±0.01^{Aa}

续表

脂肪酸种类	组别	加工阶段				
		腌制期	发酵期	干燥期	成熟期	贮藏期
$C_{20:3n-3}$	自然组	0.14±0.01^{Aab}	0.14±0.01^{Aab}	0.13±0.01^{Ab}	0.16±0.01^{Aa}	0.11±0.01^{Bb}
	发酵剂组	0.14±0.01^{Aa}	0.13±0.01^{Aa}	0.13±0.02^{Aa}	0.15±0.01^{Aa}	0.13±0.01^{ABa}
	脂肪酶组	0.14±0.01^{Aa}	0.13±0.01^{Aa}	0.14±0.03^{Aa}	0.15±0.02^{Aa}	0.12±0.01^{Ba}
	高活性组	0.14±0.01^{Aa}	0.13±0.01^{Aa}	0.11±0.01^{Aa}	0.14±0.01^{Aa}	0.14±0.01^{Aa}
$C_{20:4}$	自然组	0.16±0.01^{Aa}	0.16±0.01^{Aa}	0.16±0.03^{ABa}	0.16±0.01^{Aa}	0.15±0.03^{Aa}
	发酵剂组	0.16±0.01^{Aab}	0.15±0.03^{Bb}	0.16±0.03^{ABa}	0.16±0.01^{Aa}	0.16±0.01^{Aab}
	脂肪酶组	0.16±0.01^{Aa}	0.16±0.02^{Aa}	0.16±0.01^{Aa}	0.16±0.01^{Aa}	0.16±0.02^{Aa}
	高活性组	0.16±0.01^{Aa}	0.16±0.01^{Aa}	0.15±0.01^{Bb}	0.15±0.01^{Ab}	0.16±0.01^{Aa}

注：同列不同大写字母肩注表示同一脂肪酸各组之间差异显著（$P<0.05$），同行不同小写字母肩注表示不同阶段差异显著（$P<0.05$），"ND"表示未检测到。

（3）饱和脂肪酸含量的变化 由图5-8可知，各组发酵香肠饱和脂肪酸含量整体呈现上升趋势。腌制期、发酵期、干燥期各组饱和脂肪酸含量变化差异不大，发酵期高活性组饱和脂肪酸含量高于自然组、脂肪酶组，略低于发酵剂组。在成熟期、贮藏期，饱和脂肪酸含量升高；成熟期自然组饱和脂肪酸含量最高，贮藏期高活性组高于其他试验组。由此，验证了添加发酵剂可促进发酵香肠饱和脂肪酸的释放，提高发酵香肠加工后饱和脂肪酸的含量。

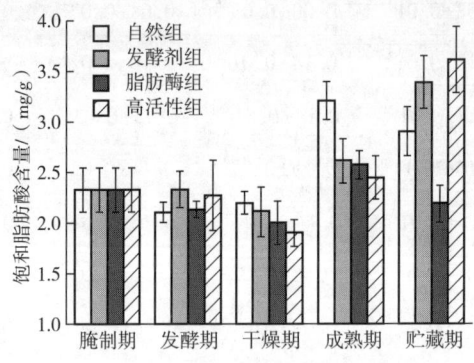

图5-8 不同阶段各组发酵香肠饱和脂肪酸变化

（4）单不饱和脂肪酸含量的变化 由图5-9可知，各组发酵香肠在加工后单不饱和脂肪酸含量有所增加。成熟期自然组、发酵剂组、脂肪酶组中单不饱和脂肪酸含量均高于高活性组，而在贮藏期高活性组的单不饱和脂肪酸含量最高，为4.84mg/g，高于其他试验组。除贮藏期外，发酵剂组在整个发酵阶段中单不饱和脂肪酸含量都高于其他试验组，可见在发酵香肠的加工制作过程中添加商业发酵剂可更好地提高单不饱和脂肪酸含量，并且效果优于添加具有产脂肪酶高活性的潜在发酵剂菌株。

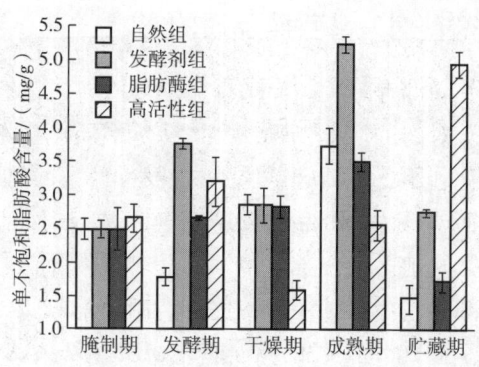

图5-9 不同阶段各组发酵香肠单不饱和脂肪酸的变化

(5) 多不饱和脂肪酸含量的变化 由图5-10可知,各组发酵香肠中多不饱和脂肪酸含量增加幅度较小,且含量低于单不饱和脂肪酸与饱和脂肪酸。干燥期各组的多不饱和脂肪酸含量略高于其他阶段,在贮藏期高活性组中多不饱和脂肪酸含量高于其他试验组,但相差变化不大,可见添加发酵剂可以提高多不饱和脂肪酸含量但效果不显著。

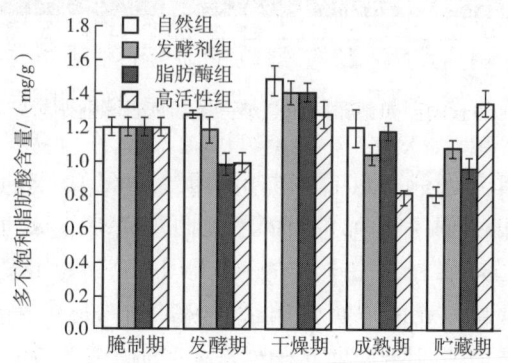

图5-10 不同阶段各组发酵香肠多不饱和脂肪酸的变化

综合上述结果,在发酵香肠的整个加工过程中单不饱和脂肪酸>饱和脂肪酸>多不饱和脂肪酸。脂肪酸含量变化是一个动态过程,甘油三酯不断水解为脂肪酸的同时脂肪酸会不断地进行氧化,Lorenzo等(2012)研究表明较快的脂质水解速度会加快其氧化的速度,同时脂肪酸含量会受到加工条件、原料肉等因素的影响。整体上,添加发酵剂可提高发酵香肠中脂肪酸含量,但对多不饱和脂肪酸效果不显著,同时添加的具有产脂肪酶功能特性的高活性菌株取得一定效果,并优于自然组与脂肪酶组,后续可作为功能特性优良的潜在发酵剂应用于发酵制品中,影响其脂肪代谢,但综合效果略低于商业发酵剂组,这可能是由于商业发酵剂中的菌株不是单一的,而是多菌株的混合菌群,整体特性较好,功能性较强,因此后续可将此高脂肪酶活性菌株与其他生物学特性较好菌株进行复配后应用于发酵制品中。

(四)产蛋白酶乳酸菌对发酵香肠品质的影响

在肉制品的发酵、成熟和储存过程中,适度蛋白质降解可以有效地改善发酵肉的风味和营养价值,但过度氧化会对肉的质地、颜色和风味等品质产生不利影响。此外,蛋白质的氧化诱导可能影响其消化利用,降低必需氨基酸的含量,会降低肉制品的营养价值,甚至造成产品腐败变质,从而严重影响产品的食用安全性(Berardo et al., 2015)。

有研究人员从不同国家及地区的传统发酵肉制品中分离筛选乳酸菌,菌株分泌的蛋白酶具有降解肌原纤维蛋白和肌浆蛋白的能力,促进肉制品蛋白质分解且利用肌浆蛋白产生更多的可溶性肽和游离氨基酸(如谷氨酸)等风味物质(刘英丽等,2020)。乳酸菌的蛋白质水解能力在发酵肉制品风味化合物的形成过程中发挥了重要的作用。在发酵肉制品成熟后期,乳酸菌自身酶系对肌肉蛋白质水解起主要作用,乳酸菌的蛋白质水解活性主要是细胞内氨肽酶、二肽酶及三肽酶等酶类发挥作用(Flores et al., 2011)。相关研究发现清酒广布乳杆菌可产生与肌肉蛋白质水解相关的酶类,包括二肽酶、氨肽酶及三肽酶等,这些酶可分解多肽等寡肽得到大量游离氨基酸,这些游离氨基酸参与发酵制品特征风味的形成(Zagorec et al., 2017)。可见肉制品中蛋白质分解是发酵肉制品独特风味形成的一个重要途径。因此了解香肠发酵、成熟等不同阶段蛋白质的分解程度及相关机制,进一步明确乳酸菌等微生物作用来提高发酵香肠的风味及品质特性就显得尤为重要。

作者团队从内蒙古传统发酵食品中筛选出两株具备良好发酵性能及蛋白质分解能力的菌株并鉴定为植物乳植杆菌(YXAR-7、XAR-10),将其作为发酵剂应用于发酵香肠。设置CK组(不添加发酵剂)、YXAR-7组(添加植物乳植杆菌YXAR-7)、XAR-10组(添加植物乳植杆菌XAR-10)。测定加工过程中腌制期(0d)、发酵期(1d)、干燥期(5d)及成品期(10d)的发酵香肠品质及蛋白质水解相关指标,探究菌株对肌肉蛋白质分解作用以及发酵香肠菌群组成及差异代谢物对香肠品质特性的影响。对发酵肉制品品质的提升具有重要意义,未来也可以通过动态调控手段调整乳酸菌蛋白质代谢水平,为工业化生产高品质发酵香肠提供一定理论支撑。

1. 产蛋白酶乳酸菌对香肠理化品质的影响

(1) pH变化分析 由图5-11及表5-7可知,腌制期(0d)三组发酵香肠样品pH并

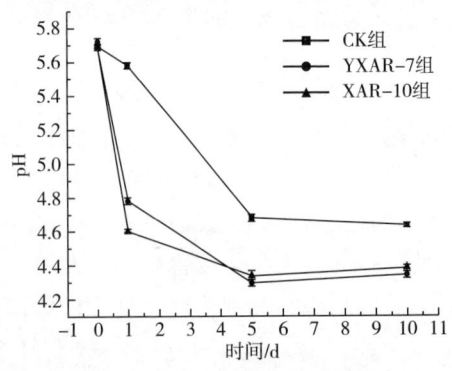

图5-11 加工阶段发酵香肠pH变化

没有显著差异（$P>0.05$），均在 5.7 左右，这也表明本试验使用的是新鲜原料肉（羊后腿肉 pH 为 5.60~6.00）（魏雅茹，2022）。从发酵期开始（1d），发酵剂组（YXAR-7 组和 XAR-10 组）的 pH 均显著低于自然发酵组（$P<0.05$）。发酵剂组发酵香肠样品 pH 整体呈现先快速下降后缓慢回升趋势，这可能是因为本研究筛选的具有肌肉蛋白质分解能力的乳酸菌参与发酵香肠中的蛋白质代谢作用，加工阶段后期蛋白质在微生物酶系作用下快速分解，产生低分子碱性化合物，如碱性氨基酸等，使得发酵香肠 pH 回升。

表 5-7　加工阶段发酵香肠各指标测定结果

测定指标	组别	加工阶段/d			
		0	1	5	10
A_W	CK 组	0.85±0.01^{Aa}	0.85±0.01^{Aa}	0.82±0.01^{Ab}	0.75±0.01^{Ac}
	YXAR-7 组	0.85±0.01^{Aa}	0.84±0.01^{Bb}	0.81±0.01^{Bc}	0.74±0.01^{Bd}
	XAR-10 组	0.85±0.01^{Aa}	0.85±0.01^{Aa}	0.78±0.01^{Cb}	0.74±0.01^{Bc}
pH	CK 组	5.70±0.02^{Aa}	5.58±0.02^{Ab}	4.69±0.02^{Ac}	4.64±0.01^{Ad}
	YXAR-7 组	5.73±0.01^{Aa}	4.78±0.01^{Bb}	4.30±0.01^{Cd}	4.35±0.01^{Cc}
	XAR-10 组	5.70±0.01^{Aa}	4.61±0.01^{Cb}	4.34±0.01^{Bd}	4.38±0.01^{Bc}
亚硝酸盐含量/ （mg/kg）	CK 组	30.91±0.18^{Aa}	26.14±1.33^{Ab}	21.26±0.32^{Ac}	18.29±1.44^{Ad}
	YXAR-7 组	28.37±0.49^{Ca}	21.58±0.84^{Bb}	16.49±0.95^{Bc}	14.47±0.18^{Bd}
	XAR-10 组	29.43±0.18^{Ba}	20.62±1.27^{Bb}	15.21±0.64^{Bc}	14.89±0.64^{Bc}
挥发性盐 基氮含量/ （mg/100g）	CK 组	15.6±0.46^{Ac}	15.92±0.36^{Ac}	19.07±0.09^{Ab}	25.45±0.30^{Aa}
	YXAR-7 组	15.41±0.07^{Ac}	15.70±0.29^{Ac}	18.42±0.54^{Ab}	23.77±0.33^{Ba}
	XAR-10 组	15.90±0.19^{Ac}	16.11±0.26^{Ac}	17.49±0.46^{Bb}	23.29±0.14^{Ba}
氨基态氮含量/ （g/100mL）	CK 组	0.21±0.01^{Bd}	0.26±0.01^{Cc}	0.33±0.01^{Cb}	0.45±0.01^{Ca}
	YXAR-7 组	0.22±0.01^{Bd}	0.30±0.01^{Bc}	0.45±0.01^{Ab}	0.61±0.01^{Aa}
	XAR-10 组	0.27±0.03^{Ac}	0.31±0.01^{Ac}	0.44±0.01^{Bb}	0.60±0.01^{Ba}
蛋白质水解 指数/%	CK 组	5.78±0.45^{Ac}	8.30±0.83^{Cb}	11.95±0.15^{Ca}	12.60±0.10^{Ca}
	YXAR-7 组	6.55±0.69^{Ad}	13.20±0.10^{Bc}	14.40±0.09^{Bb}	16.56±0.22^{Ba}
	XAR-10 组	6.62±0.61^{Ad}	14.42±0.32^{Ac}	15.62±0.59^{Ab}	17.20±0.46^{Aa}

注：同列不同大写字母肩注表示同一测定指标下各组差异显著（$P<0.05$）；同行不同小写字母肩注表示不同发酵阶段差异显著（$P<0.05$）。

（2）水分活度变化分析　由图 5-12 及表 5-7 可知，三组发酵香肠 A_W 随加工时间增加均呈现下降趋势，在发酵结束（1d）时，三组发酵香肠 A_W 与腌制期发酵香肠差异不显著（$P>0.05$）。但随着发酵环境条件变化，三组发酵香肠样品内水分向外扩散，使得 A_W 显著降低（$P<0.05$）。由表 5-7 可知，在成品时期（10d）YXAR-7 组和 XAR-10 组发酵香肠的 A_W 显著低于 CK 组（$P<0.05$），可见菌株的加入可以促使发酵香肠 A_W 降低，从而对产品贮藏稳定性产生积极作用。

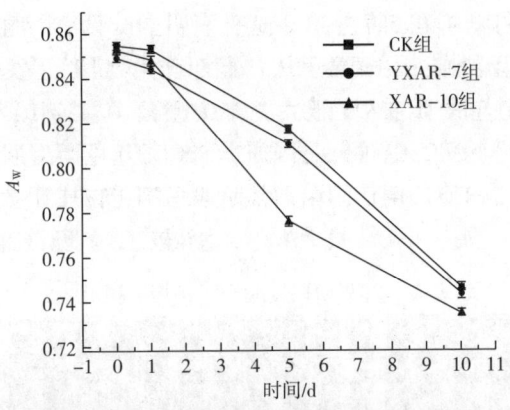

图 5-12　加工阶段发酵香肠 A_W 变化

（3）色差变化分析　各加工阶段发酵香肠色泽变化如表 5-8 所示，随加工时间的增加 ΔE 值呈现不同的波动趋势。在成品时期（10d），三组发酵香肠样品的 a^* 和 ΔE 值显著高于其他加工阶段（$P<0.05$）。随加工时间的增加发酵剂组 L^* 和 ΔE 值均显著高于自然发酵组（$P<0.05$），并且成品时期（10d）发酵剂组 a^* 显著高于自然发酵组（$P<0.05$），这可能是因为发酵剂组样品具有较低 pH，有研究表明较低的 pH 促使亚硝酸盐分解成为一氧化氮，使得亚硝基肌红蛋白含量增加，从而改善产品的色泽（Cao et al.，2019）。因此添加菌株 YXAR-7 和 XAR-10 可有效改善发酵香肠色泽。

表 5-8　加工阶段发酵香肠色泽变化

测定指标	组别	加工阶段/d			
		0	1	5	10
L^*	CK 组	54.82±0.83^{Aa}	44.73±0.24^{Bc}	46.00±0.20^{Cb}	45.15±0.18^{Cbc}
	YXAR-7 组	49.86±0.55^{Bbc}	49.64±0.05^{Ac}	50.29±0.12^{Ab}	51.20±0.15^{Aa}
	XAR-10 组	47.34±0.28^{Cb}	49.51±0.18^{Aa}	47.77±0.29^{Bb}	49.27±0.41^{Ba}
a^*	CK 组	16.28±0.27^{Cc}	19.31±0.21^{Bb}	19.12±0.12^{Cb}	20.34±0.13^{Ca}
	YXAR-7 组	19.48±0.31^{Ac}	20.86±0.04^{Ab}	21.30±0.48^{Bb}	22.58±0.05^{Ba}
	XAR-10 组	18.64±0.25^{Bd}	20.69±0.16^{Ac}	21.94±0.12^{Ab}	22.95±0.04^{Aa}
b^*	CK 组	9.18±0.13^{Bab}	9.10±0.12^{Cb}	9.01±0.07^{Cb}	9.35±0.08^{Ba}
	YXAR-7 组	9.65±0.15^{Ab}	9.27±0.02^{Bc}	9.49±0.09^{Ab}	9.85±0.04^{Aa}
	XAR-10 组	9.03±0.15^{Bc}	9.44±0.08^{Aa}	9.23±0.09^{Bb}	9.49±0.08^{Ba}
ΔE 值	CK 组	2.07±0.01^{Cd}	2.55±0.01^{Cb}	2.54±0.01^{Cc}	2.62±0.01^{Ca}
	YXAR-7 组	2.41±0.02^{Bc}	2.67±0.01^{Ab}	2.67±0.04^{Bb}	2.73±0.01^{Ba}
	XAR-10 组	2.46±0.01^{Ad}	2.61±0.01^{Bc}	2.84±0.01^{Ab}	2.88±0.02^{Aa}

注：同列不同大写字母肩注表示同一测定指标下各组差异显著（$P<0.05$）；同行不同小写字母肩注表示不同发酵阶段差异显著（$P<0.05$）。

（4）亚硝酸盐残留量分析　由图5-13及表5-7可知，三组中亚硝酸盐含量随加工时间的增加逐渐降低，并且YXAR-7组和XAR-10组各个阶段亚硝酸盐含量均显著低于CK组（$P<0.05$）。在成品期（10d）时，亚硝酸盐含量为YXAR-7组（14.47mg/kg）<XAR-10组（14.89mg/kg）<CK组（18.29mg/kg），并且三组发酵香肠亚硝酸盐残留量均低于国家标准规定的最低亚硝酸盐残留量（30mg/kg），因此发酵剂可以有效降低发酵香肠中亚硝酸盐的残留量，进而提高发酵香肠安全性。

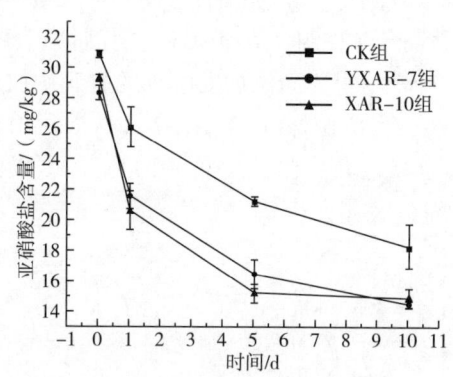

图5-13　加工阶段发酵香肠亚硝酸盐含量变化

（5）挥发性盐基氮值变化分析　挥发性盐基氮（total volatile base nitrogen，TVB-N）值可以用于评估肉制品可接受程度（肉类新鲜度）。加工阶段三组发酵香肠挥发性盐基氮含量变化如图5-14和表5-7所示，随加工时间的增加TVB-N含量均呈现上升趋势。在发酵结束（1d）时，三组样品中TVB-N含量与腌制期（0d）并没有显著差异（$P>0.05$），而在加工结束（10d）时YXAR-7组（23.77mg/kg）和XAR-10组（23.29mg/kg）的TVB-N含量显著低于CK组（25.45mg/kg）（$P<0.05$），发酵剂（YXAR-7和XAR-10）可以有效降低发酵香肠挥发性盐基氮含量进而提高产品安全稳定性，这与杨扬等（2018）的研究结果一致。

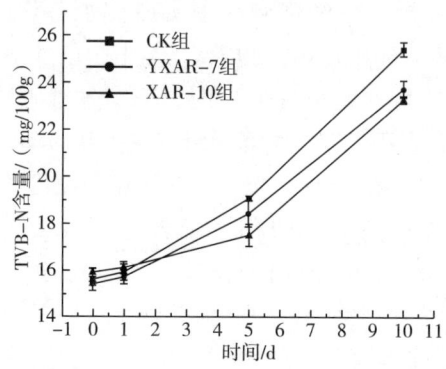

图5-14　加工阶段发酵香肠TVB-N变化

2. 产蛋白酶乳酸菌对香肠蛋白质分解代谢的影响

（1）氨基态氮含量变化分析　氨基酸自带氨基与羧基，而在自然界以游离氨基酸形式存在较为罕见（梁瑞萍等，2019），俞益芹等（2019）利用甲醛滴定法测定氨基态氮（amino acid nitrogen，AN）含量作为其风味蛋白酶活力的衡量标准。因此本试验利用甲醛点位滴定法测定发酵香肠中氨基态氮作为评估发酵剂对发酵香肠蛋白质水解程度指标之一。

加工阶段三组发酵香肠氨基态氮含量变化如图5-15及表5-7所示，各组氨基态氮含量随加工时间的增加均呈现上升趋势。发酵结束（1d）时发酵剂组（YXAR-7组和XAR-10组）的氨基态氮含量显著高于CK组（$P<0.05$），有研究表明在无发酵剂添加的情况下，发酵香肠肌动蛋白相对比较稳定，而添加发酵剂的香肠中肌动蛋白发生了较为强烈的水解（Casaburi et al.，2007），发酵菌株（YXAR-7和XAR-10）发挥蛋白质分解作用促使发酵香肠样品中氨基态氮含量较高。在成品期（10d）时，发酵香肠样品中氨基态氮含量为YXAR-7组>XAR-10组>CK组。

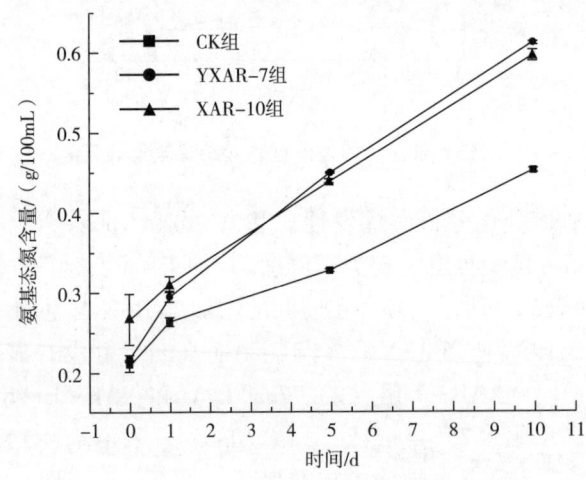

图5-15　加工阶段发酵香肠氨基态氮含量变化

（2）蛋白质水解指数分析　发酵肉制品中蛋白质水解程度通常用蛋白质水解指数（proteolysis index，PI）来评估（田建军，2019）。加工阶段发酵香肠蛋白质水解指数变化如图5-16和表5-7所示，在腌制结束（0d）时，三组发酵香肠样品的PI并没有显著差异（$P>0.05$）。在发酵结束（1d）时，发酵剂组（YXAR-7组和XAR-10组）发酵香肠的PI快速上升并显著高于CK组（$P<0.05$）。并且随着发酵香肠干燥成熟时间的增加，YXAR-7组和XAR-10组发酵香肠样品的PI均显著高于CK组（$P<0.05$）。随加工时间的增加发酵剂组（YXAR-7组和XAR-10组）发酵香肠样品的PI显著上升（$P<0.05$），而CK组发酵香肠样品的PI在发酵结束之后呈上升趋势但并不显著（$P>0.05$），这是因为在发酵结束之后CK组中pH迅速降低使得发酵香肠内源酶活性受到抑制，但发酵剂菌株具有一定的耐酸能力和蛋白质分解能力，促使发酵香肠样品中的PI持续上升，因此菌株YXAR-7和XAR-10的加入可以有效提高发酵香肠蛋白质分解程度。

（3）发酵香肠肌浆蛋白分解变化分析　加工阶段三组发酵香肠肌浆蛋白分解程度如

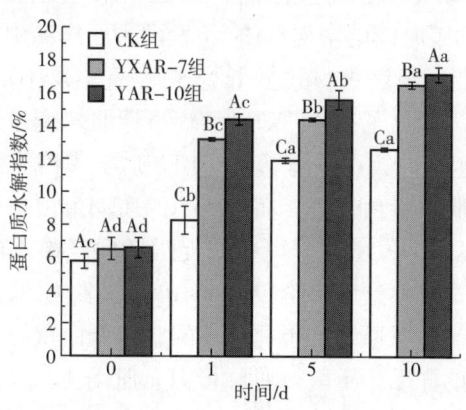

图5-16 加工阶段发酵香肠蛋白质水解指数变化

[不同大写字母表示相同加工阶段组间差异显著（$P<0.05$），
不同小写字母表示同组不同发酵阶段差异显著（$P<0.05$）]

图5-17所示，肌浆蛋白主要由肌酸激酶（100ku）、磷酸化酶（90ku）、磷酸葡糖异构酶（60ku）、肌酸激酶（30~40ku）和肌红蛋白（17ku）等组成（伏慧慧等，2021）。随加工时间的增加，三组发酵香肠肌浆蛋白分解条带中分子质量在31.0~43.0ku蛋白条带强度逐渐变弱，并且发酵剂组（YXAR-7组和XAR-10组）在43.0ku条带逐渐减弱直至消失，其中成品时期（10d）XAR-10组发酵香肠样品在这区间条带对应分子质量低于其余两组。发酵剂中肌红蛋白（17ku）对应条带随加工阶段变化逐渐减弱或几乎消失，这表明菌株的加入对低分子量肌浆蛋白产生分解作用，并且XAR-10组发酵香肠样品中对应条带强度相比于YXAR-7组强度较弱，这可能是因为菌株XAR-10对肌浆蛋白的分解能力强于菌株YXAR-7。由上述可知发酵剂可以有效促进发酵香肠肌浆蛋白分解进程。

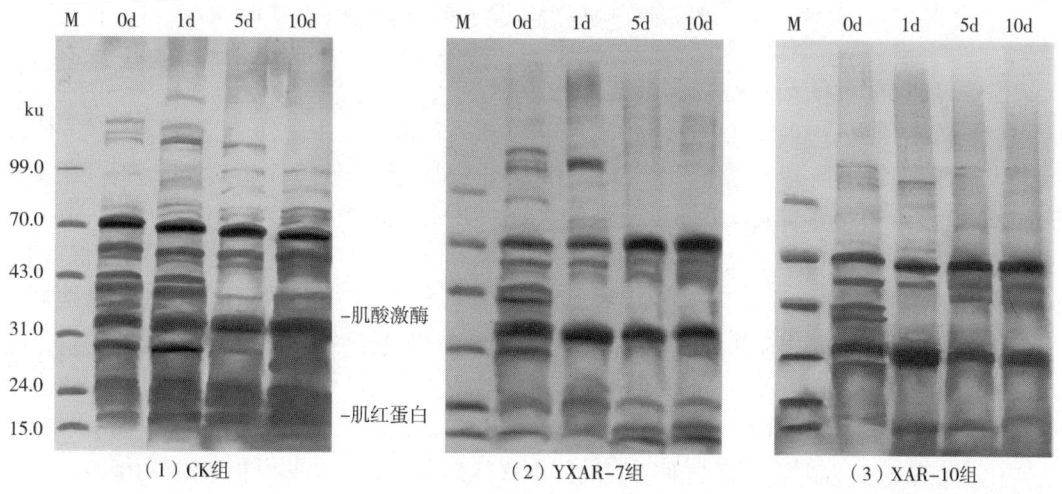

图5-17 加工阶段发酵香肠肌浆蛋白分解电泳图谱

（M：蛋白分子质量标准）

(4) 发酵香肠肌原纤维蛋白分解变化分析　加工阶段各组发酵香肠肌原纤维蛋白分解程度如图 5-18 所示，随加工时间的增加，CK 组发酵香肠样品中肌原纤维蛋白中的肌球蛋白重链（200ku）处的条带逐渐消失，并且低分子质量（42ku）的肌动蛋白条带逐渐变浅，干燥成熟阶段主要是以低分子质量的肌动蛋白、原肌球蛋白和肌球蛋白轻链为主。而发酵剂组条带变化与 CK 组不同，在发酵结束（1d）时，发酵香肠样品中肌原纤维蛋白分解条带主要是低分子质量肌球蛋白轻链，而这两组的肌动蛋白条带相比于相同加工阶段的 CK 组样品条带变浅，可见添加发酵剂可以有效促进肌原纤维蛋白中高分子量物质分解成较低分子质量物质。在干燥成熟这两个阶段（5~10d），发酵剂组在 110~140ku 的条带出现，这可能是发酵香肠样品中肌原纤维蛋白包含的肌球蛋白重链等高分子质量蛋白仍然呈现分解趋势，YXAR-7 组的样品中重酶解肌球蛋白、肌动蛋白和原肌球蛋白条带比 XAR-10 组对应阶段条带颜色浅。

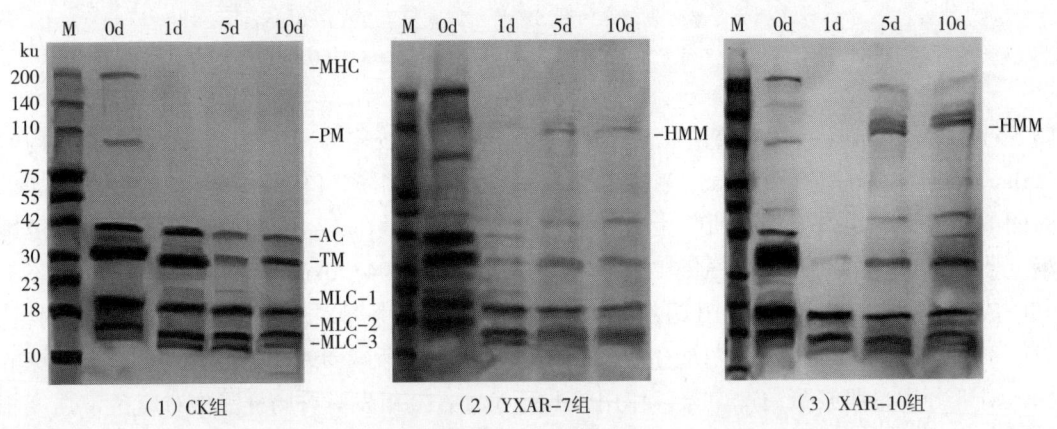

图 5-18　加工阶段发酵香肠肌原纤维蛋白分解电泳图谱

(M：蛋白分子质量标准；MHC：肌球蛋白重链；HMM：重酶解肌球蛋白；
PM：副肌球蛋白；AC：肌动蛋白；TM：原肌球蛋白；MLC：肌球蛋白轻链)

3. 产蛋白酶乳酸菌对香肠菌群结构的影响

(1) 发酵香肠 α-多样性分析　由表 5-9 可知，各组发酵香肠样品中群落菌群多样性以及丰富度随加工阶段的变化而变化。由发酵香肠样品多样性指标 Shannon 指数和 Simpson 指数可知发酵剂组（YXAR-7 组和 XAR-10 组）在发酵结束（1d）时样品中菌群多样性相比于腌制期（AZ）显著降低（$P<0.05$），但 CK 组多样性并没有显著降低（$P>0.05$）。由菌群丰度 Chao 指数和 Ace 指数变化可知，YXAR-7 组和 XAR-10 组发酵结束时样品中菌群丰度相比于腌制时期样品（AZ）并没有显著降低（$P>0.05$），而 CK 组高于腌制期样品以及发酵剂组，这有可能是因为发酵剂在发酵香肠中成为优势菌使得样品的多样性降低，而 CK 组在发酵时大量环境中的微生物附着生长使得其丰度较高。随着加工阶段的变化，发酵剂组发酵香肠样品的菌群群落多样性均呈现降低趋势。而 XAR-10 样品中菌群菌落丰度呈现先降低后小幅度上升但差异不显著（$P>0.05$）。

表5-9 加工阶段发酵香肠样品 α-多样性指数

分组	菌群多样性指数		菌群丰度指数		覆盖率/%
	Shannon	Simpson	Chao	ACE	
AZ	3.96±0.27^a	0.85±0.03^a	785.46±302.88^{ab}	804.61±324.12^{ab}	99.7
CK-1d	4.37±1.30^a	0.87±0.06^a	913.11±260.99^a	951.08±258.16^a	99.6
YXAR7-1d	2.43±1.01^b	0.44±0.19^c	764.88±185.36^{ab}	783.6±164.67^{ab}	99.7
XAR10-1d	1.22±0.64^c	0.25±0.13^d	642.27±369.79^{ab}	696.52±401.78^{ab}	99.7
CK-10d	2.50±0.48^b	0.57±0.16^b	695.8±327.03^{ab}	731.98±351.79^{ab}	99.7
YXAR7-10d	0.74±0.19^c	0.15±0.04^d	487.34±281.00^b	525.62±306.55^b	99.7
XAR10-10d	1.16±0.57^c	0.21±0.10^d	719.06±325.78^{ab}	772.46±334.45^{ab}	99.6

注：simpson 有 3 种展示形式，即 Simpson's Index (D)，Simpson's Index of Diversity (1-D) 和 Simpson's Reciprocal Index (1/D)，它们对于反映群落多样性的效果相近但是计算的结果形式不同；本分析使用 Simpson's Index of Diversity (1-D)。同列不同小写字母肩注表示差异显著（$P<0.05$）。

（2）发酵香肠 β-多样性分析　本试验选取贡献率最大的主坐标组合进行 PCoA 分析，结果如图 5-19 所示。第一主成分提供了 64.64% 的物种多样性信息贡献比例，第二主成分提供了 17.26% 的物种多样性信息贡献比例，总贡献比例超 80%，可以充分解释本试验发酵香肠样品菌群多样性信息。各组发酵香肠样品在各个加工阶段基本聚集成圈，并无离散样品点出现。随着加工阶段开始，各组样品与腌制期样品距离分散开来，这表明各加工阶段三组发酵香肠样品物种组成结构与腌制期样品产生差异，但随着加工时间的增加，三组样品距离越来越接近，这说明三组样品菌群结构相似度逐渐增加。

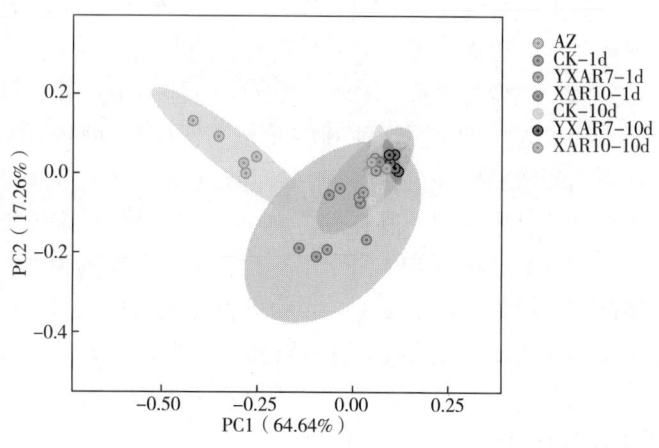

图5-19　基于 OTU 的 Weighted Unifrac 距离 PCoA 分析

（3）发酵香肠菌群群落组成分析　各组发酵香肠样品菌群群落组成在门水平上差异如图 5-20（1）所示，主要是由厚壁菌门、蓝藻门和变形菌门组成，其中厚壁菌门在各阶段各组发酵香肠中为相对丰度最高的菌门。除了在腌制期样品中相对丰度为43.79%外，其余样品中厚壁菌门占比均超过76%，为本试验发酵香肠样品中的最优菌门。各组样品中厚壁菌门相对丰度在加工阶段均呈现上升趋势，并且YXAR-7组和XAR-10组样品中厚壁菌门相对丰度均高于CK组。变形菌门和蓝藻门变化趋势与厚壁菌门变化相反，YXAR-7组（变形菌门相对丰度：21.16%~1.27%；蓝藻门相对丰度：31.29%~0.89%）和XAR-10组（变形菌门相对丰度：21.16%~2.89%；蓝藻门相对丰度：31.29%~1.62%）样品中这两个菌门相比CK组（变形菌门相对丰度：21.16%~3.26%；蓝藻门相对丰度：31.29%~2%）下降趋势更加明显，这与魏雅茹（2022）的研究一致。

各阶段样品菌群群落在属水平上和种水平上物种组成如图5-20（2）和图5-20（3）所示，在发酵香肠样品中属水平上均检测出乳植物杆菌属（$Lactiplantibacillus$）、魏斯氏菌属（$Weissella$）和乳球菌属（$Lactococcus$），在种水平上均检测出植物乳植杆菌。在发酵结束（1d）时，CK组样品中魏斯氏菌属为优势菌属（43.03%），其次为乳植物杆菌属（12.48%），而YXAR-7组和XAR-10组样品中是以乳植物杆菌属（相对丰度分别为74.24%和86.29%）为主要菌属，其中植物乳植杆菌相对丰度均超过74%。随加工时间的增加，发酵剂组发酵香肠乳植物杆菌属逐渐成为优势菌属，添加乳酸菌发酵剂使得发酵剂组样品中乳植物杆菌属在发酵结束和成品阶段样品中相对丰度均高于CK组样品，而魏斯氏菌属相对丰度下降趋势较CK组样品快，这可能是因为发酵剂在发酵香肠中生长代谢产酸，pH快速降低抑制了其他微生物生长繁殖，从而使样品中多样性及丰富度降低。此外在腌制期样品中蓝藻属相对丰度较高（26.63%）。

（4）发酵香肠菌群群落物种差异分析　为了展示各组发酵香肠样品在加工过程中微生物演替变化显著差异的物种，本试验通过LEfSe（LDA Effect Size）方法进行物种差异性比较，线性判别分析（LDA）值分布柱状图统计结果如图5-21所示，图中展示了不同组中丰度差异显著的物种，柱状图的长度代表差异物种的影响大小（即LDA值）。若图中某一组缺失，则表明此组中并无差异显著的物种。由于XAR-10组和YXAR-7组样品在相似聚类分析时展现高度相似性，因此并无显著差异物种。腌制期样品中差异物种在门水平上主要是蓝藻门和变形菌门；在发酵结束（1d）时，CK组样品中差异物种在门水平下主要为拟杆菌门，其中属水平中魏斯氏菌属物种LDA值最高；成品时期（10d），CK组样品中差异物种主要为乳杆菌属和弯曲乳杆菌，YXAR-7组的差异物种主要是厚壁菌门，其中乳植物杆菌属中植物乳植杆菌是鉴定到的所有差异物种中对样品物种丰度影响最大的物种。

总之，发酵剂的添加（YXAR-7和XAR-10）改变了发酵香肠菌群结构及多样性，有效提高样品中厚壁菌门和乳植物杆菌属丰度，植物乳植杆菌随加工时间的增加逐渐成为组中优势物种。根据微生物相对丰度及LEfSe分析可知，发酵剂组各阶段样品中植物乳植杆菌物种为标志微生物，说明植物乳植杆菌在发酵香肠加工过程中起到关键作用。

4. 产蛋白酶乳酸菌对香肠代谢产物的影响

为了更加清楚地了解各阶段各组发酵香肠样品中代谢物变化规律，样品采用UPLC-MS/MS检测平台广泛靶向代谢组技术分析，共检测到1391个代谢物。代谢物的组成具有样本特异性，不同类型的样本所包含的代谢物类别及比例不同，并且不同加工阶段各组样品中代谢物组成也会发生改变。因此通过代谢物组成比例分析整体上考察样本中的主要代

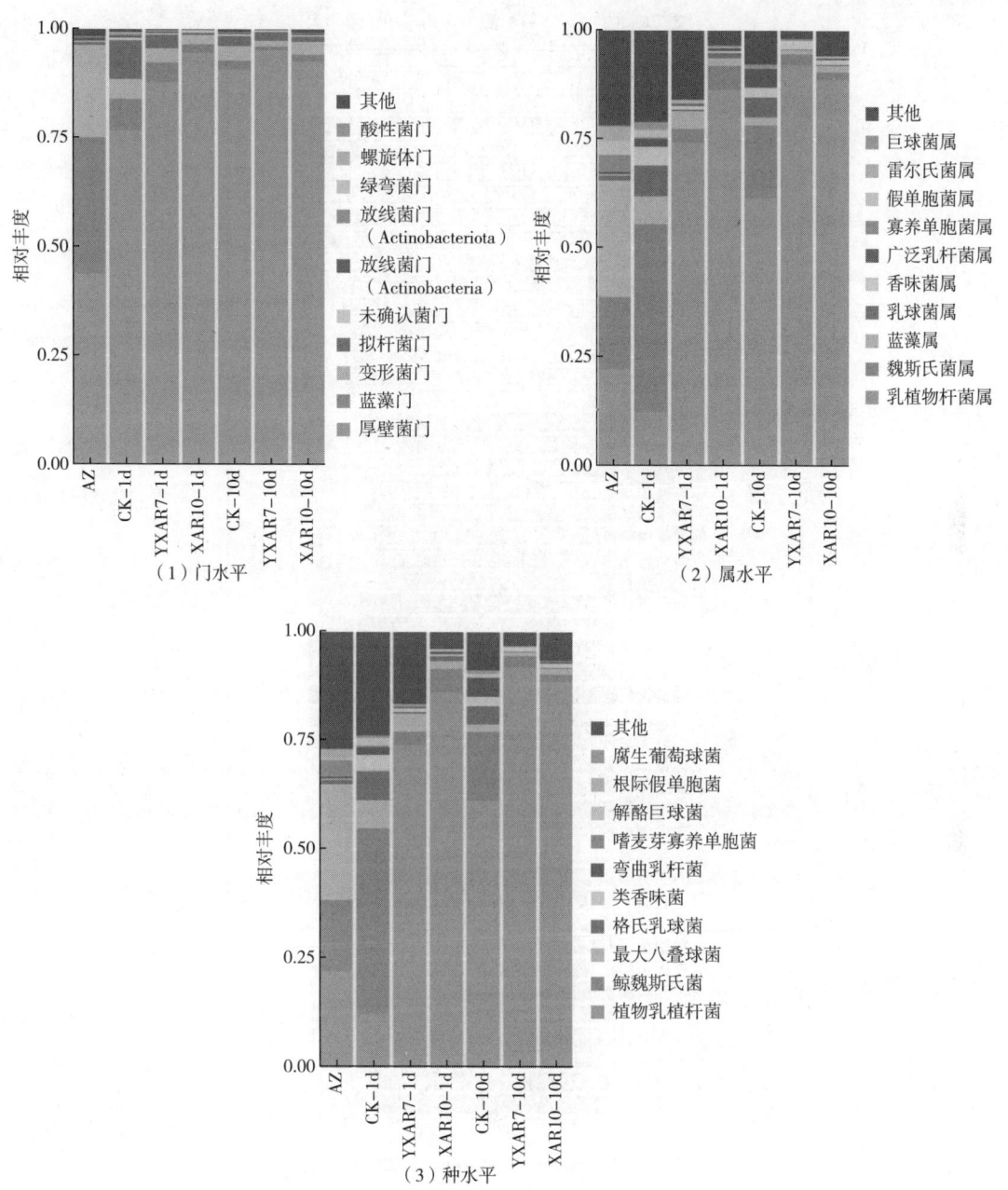

图 5-20 基于 OTU 的不同分组的物种相对丰度图（前 10 位）

谢物分布情况（图 5-22）可知，代谢物中占比较高的为氨基酸及其代谢产物（30.05%），其次是有机酸及其衍生物（12.37%）、脂肪酰类物质（11.93%）和苯及其衍生物（8.55%）。

（1）主成分分析 本试验使用主成分分析对检测到的代谢物进行分析，结果如图 5-23 所示，各组样品数据在 95% 置信区间内较为聚集，并且组与组在不同主成分上出现一定程度的分离情况。第一主成分可以解释 56.32% 的数据，第二主成分可以解释 8.52% 的

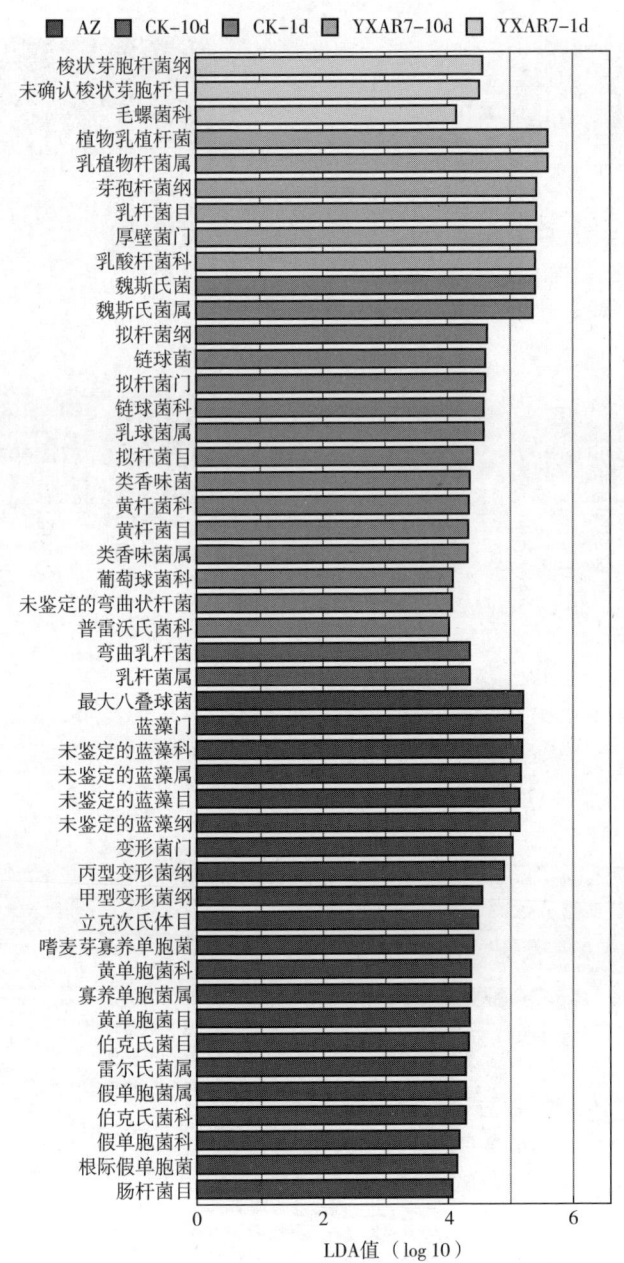

图 5-21 基于 OTU 的 LDA 值分布柱状图

数据。第一主成分在加工腌制期（AZ）和发酵结束期（1d）各组样品距离呈现较为靠近没有分离，这说明在这两个时期各组样品检测到的代谢物较为类似，而成品时期（10d）样品与之前各加工阶段样品呈现分离情况，这说明成品时期样品代谢物与腌制期样品和发酵结束时期样品代谢产物存在差异。CK 组样品与发酵剂组（YXAR-7 组和 XAR-10 组）在第二主成分上发生了分离，分离趋势逐渐明显并分布在不同区域，因此添加发酵剂会对相同处理阶段下的样品代谢物产生一定影响，其中成品时期（10d）YXAR-7 组和 XAR-

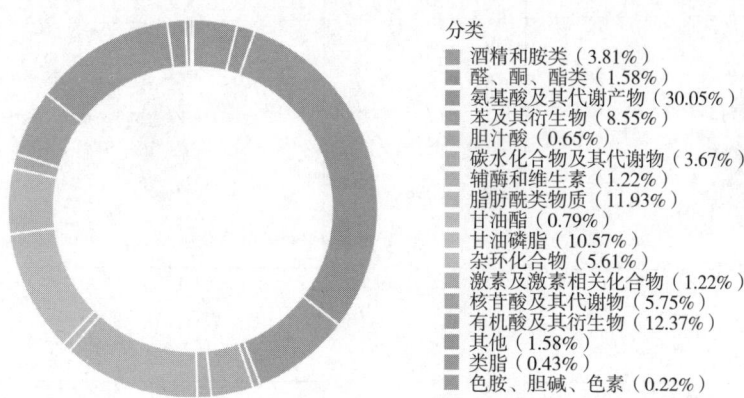

图 5-22　代谢物分类组成环形图

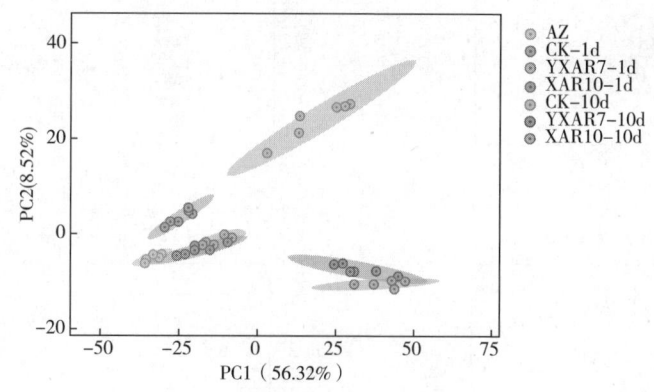

图 5-23　各组样品的 PCA 得分图

10 组样品与 CK 组样品代谢产物组成产生明显差异。

(2) 差异代谢物分析　初步筛选出各组之间差异的代谢物，结果如图 5-24 所示，与腌制期样品相比 [图 5-24 (1) ~ (3)]，CK 组、YXAR-7 组和 XAR-10 组成品样品中分别鉴定出 892 种、925 种和 944 种差异代谢产物，其中与 CK 组相比相对含量显著上调代谢物有 844 种，显著下调代谢物有 48 种；YXAR-7 组与 AZ 组相比显著上调的有 875 种，显著下调的有 50 种；XAR-10 组与 AZ 组相比显著上调的有 890 种，显著下调的有 54 种。由图 5-24 (4) ~ (6) 可知，发酵结束时，CK 组与 YXAR-7 组样品比较共有 607 种差异代谢产物，其中呈现显著上调为 487 种，显著下调代谢物为 120 种；而与 XAR-10 组样品比较共有 585 种差异代谢物（上调代谢物：380 种，下调代谢物：205 种）。发酵剂组在发酵结束 (1d) 时两组样品共有 325 种差异代谢物（上调代谢物：29 种，下调代谢物：296 种）。此外由成品时期 [图 5-24 (7) ~ (9)] 各组样品火山图可知，CK 组与 YXAR-7 组样品中 592 种代谢产物含量发生显著改变，其中 407 种差异代谢物相对含量上升，185 种差异代谢物相对含量下降；而 XAR-10 组与 CK 组相比共鉴定出 649 种差异代谢物，其中 477 种差异代谢物相对含量上升，172 种差异代谢物相对含量下降。发酵剂组

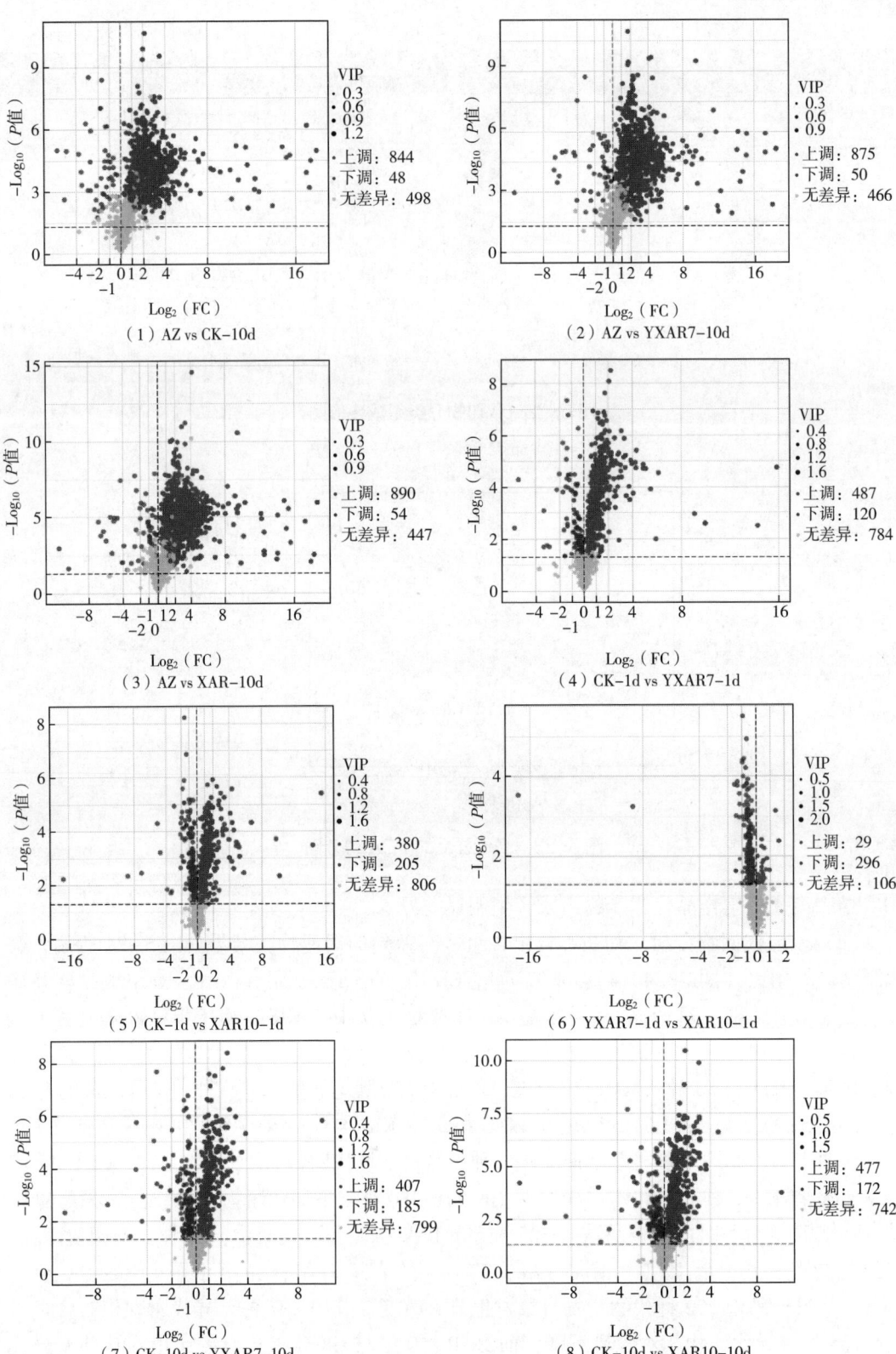

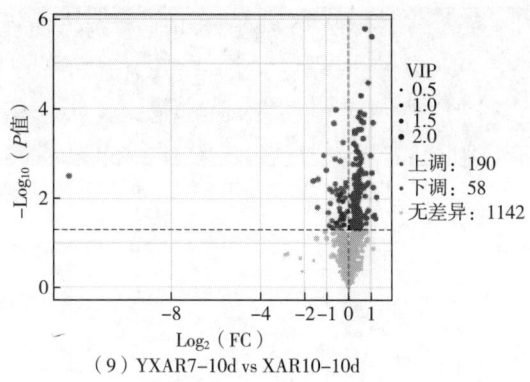

（9）YXAR7-10d vs XAR10-10d

图 5-24　样品差异代谢物火山图

（火山图中的每一个点表示一种代谢物，其中绿色的点代表下调差异代谢物，
红色的点代表上调差异代谢物，灰色代表检测到但差异不显著的代谢物）

（YXAR-7 组和 XAR-10 组）成品之间共有 248 种显著差异代谢物，其中有 190 种上调，58 种下调。

（3）发酵剂的添加对香肠代谢物差异影响分析　发酵结束阶段（1d）各组之间绝对值前 20 个差异代谢物如表 5-10 所示，主要为氨基酸及其代谢物、碳水化合物及其代谢物、有机酸及其衍生物等物质。YXAR-7 组与 CK 组相比，L-精氨酸-L-甘氨酸、L-甘氨酸-L-精氨酸和辛弗林等 18 种代谢物相对含量显著上调，烟酰胺和 S-（5-腺苷）-L-高半胱氨酸相对含量显著下调。XAR-10 组与 CK 组相比，L-精氨酸-L-甘氨酸、L-甘氨酸-L-精氨酸和辛弗林等 15 种差异代谢物相对含量上调，赖氨酸-脯氨酸和 L-甲硫氨酸-L-丝

表 5-10　发酵结束（1d）时各组发酵香肠样品差异代谢物

物质	物质分类	CK-1d vs YXAR7-1d		CK-1d vs XAR10-1d		YXAR7-1d vs XAR10-1d	
		Log$_2$FC	类型	Log$_2$FC	类型	Log$_2$FC	类型
L-精氨酸-L-甘氨酸	氨基酸及其代谢物	15.86	上调	15.45	上调	—	
L-甘氨酸-L-精氨酸	氨基酸及其代谢物	15.86	上调	15.45	上调	—	
辛弗林	苯及其衍生物	14.27	上调	14.39	上调	—	
半胱胺	醇、胺类	9.96	上调	10.21	上调	—	
阿拉伯糖醇	碳水化合物及其代谢物	9.96	上调	10.21	上调	—	
核糖醇	碳水化合物及其代谢物	9.96	上调	10.21	上调	—	
（±）17,18-环氧-5Z,8Z,11Z,14Z-二十碳四烯酸	脂肪酰类	9.09	上调	9.77	上调	—	
顺-DL-9,10-环氧硬脂酸	脂肪酰类	6.14	上调	6.70	上调	—	

续表

物质	物质分类	CK-1d vs YXAR7-1d		CK-1d vs XAR10-1d		YXAR7-1d vs XAR10-1d	
		Log_2FC	类型	Log_2FC	类型	Log_2FC	类型
亮氨酸-亮氨酸-苯丙氨酸	氨基酸及其代谢物	5.92	上调	5.77	上调	—	—
N-乙酰-L-谷氨酰胺	氨基酸及其代谢物	5.50	上调	5.22	上调	—	—
DL-3-苯基乳酸	有机酸及其衍生物	5.09	上调	5.06	上调	—	—
托品酸	有机酸及其衍生物	5.09	上调	5.06	上调	—	—
L-3-苯基乳酸	有机酸及其衍生物	4.89	上调	4.90	上调	—	—
2-(4-羟基苯基)丙酸酯	苯及其衍生物	4.89	上调	4.87	上调	—	—
京尼平	其他	4.33	上调			—	—
羟苯基乳酸	有机酸及其衍生物	4.28	上调			—	—
10-羟基硬脂酸	脂肪酰类	4.23	上调			—	—
2-羟基肉豆蔻酸	有机酸及其衍生物	4.05	上调			—	—
α-酮戊二酸	有机酸及其衍生物	—	—				
γ-L-谷氨酸-L-半胱氨酸	氨基酸及其代谢物	—	—				
1-O-十六烷基甘油	醇、胺类	—	—	5.28	上调	1.59	上调
酪胺	苯及其衍生物	—	—	-4.76	下调	-1.42	下调
烟酰胺	辅酶和维生素	-5.43	下调	-5.12	下调	—	—
S-(5-腺苷)-L-高半胱氨酸	氨基酸及其代谢物	-5.76	下调	-7.09	下调	-1.32	下调
L-甲硫氨酸-L-丝氨酸	氨基酸及其代谢物	—	—	-8.76	下调	-8.71	下调
赖氨酸-脯氨酸	氨基酸及其代谢物	—	—	-16.64	下调	-16.9	下调
2-脱氧腺苷	核苷酸及其代谢物	—	—	—	—	1.36	上调
苯丙氨酸-天冬氨酸	氨基酸及其代谢物	—	—	—	—	-0.95	下调
3,4-二羟基苯甲酸乙酯(安息香酸)	苯及其衍生物	—	—	—	—	-0.96	下调
前列腺素 D_2	脂肪酰类	—	—	—	—	-0.97	下调
组氨酸-异亮氨酸	氨基酸及其代谢物	—	—	—	—	-0.97	下调
4-乙酰氨基苯甲酸	有机酸及其衍生物	—	—	—	—	-0.98	下调
D-泛酸钙(维生素 B_5)	辅酶和维生素	—	—	—	—	-1.05	下调
亮氨酸-色氨酸	氨基酸及其代谢物	—	—	—	—	-1.16	下调

续表

物质	物质分类	CK-1d vs YXAR7-1d		CK-1d vs XAR10-1d		YXAR7-1d vs XAR10-1d	
		Log_2FC	类型	Log_2FC	类型	Log_2FC	类型
AG-490（JAKZ/EGFR 抑制剂）	苯及其衍生物	—	—	—	—	-1.17	下调
9,12,13-三羟基-十八碳单烯酸	脂肪酰类	—	—	—	—	-1.18	下调
甘氨脱氧胆酸	胆汁酸	—	—	—	—	-1.19	下调
BW-245C（DP 受体激动剂）	苯及其衍生物	—	—	—	—	-1.33	下调
糊精	碳水化合物及其代谢物	—	—	—	—	-1.44	下调
异麦芽三糖	碳水化合物及其代谢物	—	—	—	—	-1.44	下调
马尿酸	有机酸及其衍生物	—	—	—	—	-1.52	下调

注：表中各差异代谢物 VIP>1，$P<0.05$。

氨酸等 5 种差异代谢物相对含量下调。XAR-10 组与 YXAR-7 组相比，1-O-十六烷基甘油和 2-脱氧腺苷相对含量显著上调，而赖氨酸-脯氨酸、L-甲硫氨酸-L-丝氨酸、酪胺等 18 种代谢物相对含量显著下调。

成品时期（10d）各组代谢物差异倍数如表 5-11 所示，主要为氨基酸及其代谢物、有机酸及其衍生物、碳水化合物及其代谢物和脂肪酰类等。YXAR-7 组与 CK 组相比，（±）17,18-环氧-5Z,8Z,11Z,14Z-二十碳四烯酸、N-乙酰-L-谷氨酰胺和 γ-L-谷氨酸-L-半胱氨酸等 9 种差异代谢物相对含量显著上调，硫胺素单磷酸盐、色胺和酪胺等 11 种差异代谢物相对含量显著下调。XAR-10 组与 CK 组相比，（±）17,18-环氧-5Z,8Z,11Z,14Z-二十碳四烯酸和 γ-L-谷氨酸-L-半胱氨酸等 11 种差异代谢物相对含量上调，葡庚糖酸、色胺和酪胺等 9 种差异代谢物相对含量显著下调。而 XAR-10 组与 YXAR-7 组相比，L-天冬酰胺-L-甘氨酸、L-缬氨酸-L-半胱氨酸和 L-缬氨酸-L-羟脯氨酸等 10 种差异代谢物相对含量显著上调，葡庚糖酸等 7 种差异代谢物相对含量显著下调。

表 5-11 成品时期（10d）时各组发酵香肠样品差异代谢物

物质	物质分类	CK-10d vs YXAR7-10d		CK-10d vs XAR10-10d		YXAR7-10d vs XAR10-10d	
		Log_2FC	类型	Log_2FC	类型	Log_2FC	类型
（±）17,18-环氧-5Z,8Z,11Z,14Z-二十碳四烯酸	脂肪酰类	9.95	上调	10.09	上调	—	—
顺-DL-9,10-环氧硬脂酸	脂肪酰类	3.90	上调	4.66	上调	—	—

续表

物质	物质分类	CK-10d vs YXAR7-10d		CK-10d vs XAR10-10d		YXAR7-10d vs XAR10-10d	
		Log$_2$FC	类型	Log$_2$FC	类型	Log$_2$FC	类型
N-乙酰-L-谷氨酰胺	氨基酸及其代谢物	3.59	上调	—	—	—	—
D-甘露糖胺	醇、胺类	3.15	上调	3.61	上调	—	—
D-氨基葡萄糖	碳水化合物及其代谢物	3.15	上调	3.61	上调	—	—
苯丙香豆素	苯及其衍生物	3.00	上调	3.59	上调	—	—
(3aR)-(+)-香紫苏内酯	醛、酮、酯类	2.96	上调	3.07	上调	—	—
羟苯基乳酸	有机酸及其衍生物	2.94	上调	—	—	—	—
γ-L-谷氨酸-L-半胱氨酸	氨基酸及其代谢物	2.83	上调	3.05	上调	—	—
2-(α-D-甘露糖基)-3-磷酸甘油酸酯	醇、胺类	-2.88	下调	—	—	—	—
D-鸟氨酸	氨基酸及其代谢物	-3.17	下调	-3.14	下调	—	—
肌苷 5′-单磷酸	核苷酸及其代谢物	-3.19	下调	—	—	—	—
甘氨脱氧胆酸	胆汁酸	-3.41	下调	—	—	—	—
3-吡啶基偕胺肟	杂环化合物	-4.27	下调	-3.69	下调	—	—
7-(α-D-葡萄糖基)-N(6)-异戊烯基亚丁	核苷酸及其代谢物	-4.38	下调	-4.75	下调	—	—
1,5-戊二胺	醇、胺类	-4.76	下调	-4.31	下调	—	—
酪胺	苯及其衍生物	-4.83	下调	-5.65	下调	—	—
D-纤维二糖	碳水化合物及其代谢物	-5.29	下调	-5.47	下调	—	—
色胺	色胺、胆碱、色素	-7.03	下调	-8.49	下调	—	—
硫胺素单磷酸盐	杂环化合物	-10.34	下调	-10.34	下调	—	—
香附酮	醛、酮、酯类	—	—	3.14	上调	—	—
2-羟基肉豆蔻酸	有机酸及其衍生物	—	—	3.08	上调	—	—
N-花生四烯酰基-L-丙氨酸	脂肪酰类	—	—	3.08	上调	—	—
15S-羟基-8Z,11Z,13E-十八碳三烯酸	脂肪酰类	—	—	3.05	上调	1.07	上调
葡庚糖酸	碳水化合物及其代谢物	—	—	-12.50	下调	-12.61	下调
2-萘磺酸	苯及其衍生物	—	—	—	—	1.28	上调
L-天冬酰胺-L-甘氨酸	氨基酸及其代谢物	—	—	—	—	1.23	上调

续表

物质	物质分类	CK-10d vs YXAR7-10d Log$_2$FC	类型	CK-10d vs XAR10-10d Log$_2$FC	类型	YXAR7-10d vs XAR10-10d Log$_2$FC	类型
肉碱	脂肪酰类	—	—	—	—	1.20	上调
贝加普托醇	苯及其衍生物	—	—	—	—	1.12	上调
L-缬氨酸-L-半胱氨酸	氨基酸及其代谢物	—	—	—	—	1.11	上调
L-缬氨酸-L-羟脯氨酸	氨基酸及其代谢物	—	—	—	—	1.11	上调
胆酸	胆汁酸	—	—	—	—	1.06	上调
2-甲氧基乙酸	有机酸及其衍生物	—	—	—	—	0.91	上调
N-花生四烯甘氨酸	醛、酮、酯类	—	—	—	—	0.90	上调
LPE（17：0/0：0）	甘油磷脂类	—	—	—	—	-0.90	下调
六甘醇	醇、胺类	—	—	—	—	-0.92	下调
L-苏氨酸-L-天冬氨酸	氨基酸及其代谢物	—	—	—	—	-1.01	下调
D-（+）-苹果酸	有机酸及其衍生物	—	—	—	—	-1.13	下调
L-丙氨酰-L-丙氨酸	氨基酸及其代谢物	—	—	—	—	-1.42	下调
3,6,9,12,15,18,21-七氧杂二十三烷-21,23-二醇	苯及其衍生物	—	—	—	—	-1.61	下调

注：表中各差异代谢物 VIP>1，$P<0.05$。

(4) 差异代谢物代谢通路分析　发酵结束时（1d），发酵剂组与自然发酵组差异代谢物富集通路如表 5-12 所示，YXAR-7 组与 CK 组相比，差异代谢物富集于精氨酸生物合成、苯丙氨酸代谢、甘油磷酸脂代谢、酪氨酸代谢以及丙氨酸、天冬氨酸和谷氨酸代谢等代谢通路。XAR-10 组与 CK 组相比，差异代谢物富集于苯丙氨酸代谢、精氨酸生物合成、D-氨基酸代谢、甘油磷酸脂代谢、组氨酸代谢、烟酸盐和烟酰胺代谢等通路。XAR-10 组与 YXAR-7 组相比，差异代谢物富集于脂肪酸生物合成和脂肪酸降解等脂质代谢通路。

成品时期（10d），各组差异代谢物富集通路如表 5-13 所示，YXAR-7 组与 CK 组相比，富集通路主要为核苷酸代谢、嘌呤代谢、精氨酸生物合成、氨基糖和核苷酸糖代谢、组氨酸代谢和色氨酸代谢等，其中色氨酸代谢通路中色胺相对丰度显著下调。XAR-10 组与 CK 组相比，富集通路主要为谷胱甘肽代谢、酪氨酸代谢、核苷酸代谢、氨基酸代谢和合成通路等代谢通路，其中酪氨酸代谢通路中酪胺相对丰度显著下调。发酵剂组（YXAR-7 组和 XAR-10 组）与 CK 组相比，富集通路主要为氨基酸生物合成与代谢通路，并且差异代谢物中色胺、酪胺等相对丰度显著下调。YXAR-7 组和 XAR-10 组相比，富集通路主要为不饱和脂肪酸的生物合成通路、卟啉代谢、核苷酸糖生物合成，其中不饱和脂肪酸的生物合成通路中二十二碳六烯酸相对丰度在 XAR-10 组显著上调。

综上所述，各加工阶段发酵剂组（YXAR-7 组和 XAR-10 组）与同时期 CK 组相比差异代谢通路主要富集于氨基酸生物合成及其代谢通路，说明菌株 YXAR-7 和 XAR-10 的加入促使发酵香肠蛋白质分解，从而影响氨基酸生物合成及代谢通路差异表达。

表 5-12　发酵结束（1d）时期各组样品差异代谢通路及相关差异代谢物

组别	KEGG 通路	上调	下调	P 值	DA 值
CK vs YXAR-7	精氨酸生物合成	3（α-酮戊二酸）	4（L-天冬氨酸）	0.05	-0.09
	苯丙氨酸代谢	7（3-羟基肉桂酸）	2（3-羟基苯乙酸）	0.07	0.31
	甘油磷脂代谢	6（溶血磷脂酸_ LPA）	0	0.15	0.55
	半胱氨酸和甲硫氨酸代谢	4（1-氨基环丙烷-1-甲酸）	6（S-腺苷甲硫氨酸）	0.09	-0.11
	酪氨酸代谢	6（琥珀酸）	4（3-羟基苯乙酸）	0.12	0.1
	丙氨酸、天冬氨酸和谷氨酸代谢	4（α-酮戊二酸）	4（L-谷氨酰胺）	0.16	0
CK vs XAR-10	苯丙氨酸代谢	6（琥珀酸）	5（对-羟基苯乙酸）	0.01	0.06
	精氨酸生物合成	4（α-酮戊二酸）	4（L-天冬氨酸）	0.02	0
	D-氨基酸代谢	4（L-谷氨酸）	9（L-丙氨酸）	0.07	-0.21
	甘油磷脂代谢	7（溶血磷脂酸）	0	0.07	0.64
	组氨酸代谢	3（α-酮戊二酸）	5（3-N-甲基-L-组氨酸）	0.07	-0.15
	烟酸盐和烟酰胺代谢	3（琥珀酸）	4（L-天冬氨酸）	0.07	-0.09
YXAR-7 vs XAR-10	脂肪酸生物合成	0	4（月桂酸）	0.02	-0.67
	花生四烯酸代谢	0	4（十四烷酸）	0.04	-0.57
	丁酸酯代谢	1（L-谷氨酸）	3［(2S, 3S)-丁烷-2,3-二醇］	0.04	-0.29
	脂肪酸降解	0	2（十六烷酸）	0.11	-0.67

注：P 值为超几何检验 P 值，$0<P<1$，P 值越小富集越显著。上调表示上调差异代谢物数目，括号内为代表差异代谢物；下调表示下调差异代谢物数目，括号内为代表差异代谢物；差异丰度 DA 值为（上调差异代谢物个数-下调差异代谢物个数）/注释所有代谢物个数。DA>0 且值越大，通路整体表达情况越倾向于上调，反之下调。

表 5-13 成品时期（10d）时期各组样品差异代谢通路及相关差异代谢物

	KEGG 通路	上调	下调	P 值	DA 值
CK vs YXAR-7	核苷酸代谢	11（2-脱氧腺苷）	5（肌苷 5'-单磷酸）	0.01	0.27
	嘌呤代谢	12（2-脱氧腺苷）	5（肌苷 5'-单磷酸）	0.01	0.28
	精氨酸生物合成	3（L-精氨酸）	5（L-谷氨酸）	0.04	-0.18
	组氨酸代谢	0	9（N-乙酰-L-谷氨酸）	0.04	-0.69
	氨基糖和核苷酸糖代谢	7（D-氨基葡萄糖）	3（D-葡萄糖胺 6-磷酸）	0.04	0.27
	色氨酸代谢	2（甲氧基吲哚乙酸）	9（色胺）	0.05	-0.41
	氨基酸的生物合成	8（L-酪氨酸）	16（L-脯氨酸；L-谷氨酸；L-缬氨酸）	0.07	-0.18
CK vs XAR-10	精氨酸生物合成	3（L-精氨酸）	5（L-天冬氨酸）	0.03	-0.18
	组氨酸代谢	0	9（L-谷氨酸；1-甲基组氨酸）	0.04	-0.69
	谷胱甘肽代谢	4（γ-L-谷氨酸-L-半胱氨酸）	3（1,5-戊二胺）	0.06	0.1
	核苷酸代谢	10（2-脱氧腺苷）	3（L-谷氨酰胺）	0.06	0.32
	酪氨酸代谢	6（4-香豆酸）	6（酪胺）	0.06	0
	精氨酸和脯氨酸代谢	4（对苯二酚）	4（2,5-二羟基苯甲酸）	0.06	0
	嘌呤代谢	10（2-脱氧腺苷）	4（甘氨酸）	0.09	0.24
	半胱氨酸和甲硫氨酸代谢	6（D-高半胱氨酸）	5（L-天冬氨酸）	0.10	0.05
	苯丙氨酸代谢	6（3-羟基肉桂酸）	3（3-羟基苯乙酸）	0.16	0.19
	氨基酸的生物合成	7（D-高半胱氨酸）	15（L-组氨酸）	0.16	-0.18
YXAR-7 vs XAR-10	不饱和脂肪酸的生物合成	4（二十二碳六烯酸）	1（十六烷酸）	0.01	0.33
	缬氨酸、亮氨酸和异亮氨酸生物合成	3（L-异亮氨酸）	0	0.06	0.50
	甘氨酸、丝氨酸和苏氨酸的代谢	5（L-苏氨酸）	0	0.15	0.28
	半胱氨酸和甲硫氨酸代谢	4（L-磺基丙氨酸）	1（S-核糖基-L-高半胱氨酸）	0.18	0.16

续表

KEGG 通路	上调	下调	P 值	DA 值
酪氨酸代谢	3（3-碘化酪氨酸）	2（2,5-二羟基苯甲酸）	0.21	0.05
丙氨酸、天冬氨酸和谷氨酸代谢	3（N-乙酰天冬氨酸）	1（精氨基琥珀酸）	0.25	0.13
缬氨酸、亮氨酸和异亮氨酸的降解	2（L-异亮氨酸）	0	0.25	0.33
核苷酸糖的生物合成	3（D-氨基葡萄糖）	0	0.35	0.23
卟啉代谢	2（L-苏氨酸）	0	0.38	0.25
β-丙氨酸代谢	2（泛酸）	1（3-氨基丙腈）	0.40	0.07

（表格左侧合并单元格：YXAR-7 vs XAR-10）

注：P 值为超几何检验 P 值，0<P<1，P 值越小富集越显著。上调表示上调差异代谢物数目，括号内为代表差异代谢物；下调表示下调差异代谢物数目，括号内为代表差异代谢物；差异丰度 DA 值为（上调差异代谢物个数-下调差异代谢物个数）/注释所有代谢物个数。DA>0 且值越大，通路整体表达情况越倾向于上调，反之下调。

（五）高产特征风味物质乳酸菌对发酵香肠品质的影响

目前，发酵剂在肉制品中的应用越来越广泛，通过接种特定发酵剂能够有效确保肉制品发酵过程的标准化和品质稳定性（Ojha et al.，2015）。乳酸菌及过氧化氢酶阳性、凝固酶阴性的葡萄球菌是最活跃的微生物发酵剂（Hammes et al.，1998）。发酵香肠中乳酸菌等发酵剂的快速繁殖，以糖类等碳水化合物作为底物进行代谢，形成大量乳酸、乙酸等小分子有机酸，为发酵肉制品成熟过程中酯类等良好风味物质形成奠定基础。王德宝等（2019）探究复合发酵剂对发酵香肠脂质、蛋白质分解与风味形成的影响，结果表明清酒乳杆菌与木糖葡萄球菌（Staphylococcus xylosus）复合发酵剂显著增加风味物质种类和含量，也提高了香肠中特征风味物质——3-甲基丁醛、己醛、庚醛等含量，赋予香肠独特风味。

发酵肉制品中挥发性风味物质主要包括醇、醛、酯、酮、酸、烷烯烃、芳香烃、含硫化合物、含氮化合物及萜烯类等。这些挥发性化合物主要由蛋白质及脂质水解、氧化及 Strecker 降解和美拉德反应形成。在发酵肉制品的加工过程中，肌肉内源性蛋白酶与微生物分泌的酶系协同作用，共同促进蛋白质的降解转化。蛋白质降解主要生成小分子物质，其中多肽在肽酶和氨肽酶的作用下进一步水解为小肽和游离氨基酸（Mcsweeney，2004）。值得注意的是，这些生成的寡肽和特定氨基酸正是构成肉制品特征性滋味的关键呈味物质。支链游离氨基酸（亮氨酸、缬氨酸、异亮氨酸）及苯丙氨酸等经 Strecker 降解反应形成肉制品中重要风味物质，如 3-甲基丁醛、3-甲基丁醇、2-甲基丁醛、苯甲醛、苯甲醇及酯类等（Olivares et al.，2009）。甘油酯和磷脂的水解和氧化反应是脂质衍生风味物质形成的生化基础，这些反应过程对肉制品最终风味的形成具有决定性作用（Vestergaard et al.，2000）。脂质转化生成风味物质的第一步是甘油酯和磷脂经由酯酶水解作用生成游离脂肪酸，游离脂肪酸氧化生成许多不同的氢过氧化物，经过许多不同分解途径，最终形成大量挥发性化合物或芳香化合物前体，这一过程是从脂质转化为风味化合物的第二步

(Martın et al., 1999)。发酵香肠中脂肪酸主要由肉豆蔻酸、硬脂酸、棕榈油酸、油酸、亚油酸及亚麻酸等组成，6种脂肪酸占脂肪酸总含量80%以上（王德宝等，2019）。

作者团队基于肉制品发酵剂筛选标准及特征风味物质（乙偶姻、3-甲基丁醛和己醛等）合成能力，选择相对高产上述特征风味物质的清酒乳杆菌和木糖葡萄球菌为发酵剂，将试验分为复合发酵剂组（LSS，清酒乳杆菌+木糖葡萄球菌）、单一菌株组（LS，清酒乳杆菌）及自然发酵对照组（CO），通过分析发酵香肠在不同加工阶段［腌制期（0d）、发酵期（2d）、干燥期（5d）、成熟期（8d）］的蛋白质与脂质代谢动态，系统探究了发酵剂对风味物质形成机制的影响。

1. 高产特征风味物质乳酸菌对发酵香肠理化品质的影响

（1）高产特征风味物质乳酸菌对发酵香肠pH的影响　不同发酵剂对发酵香肠pH影响如图5-25所示。发酵剂组香肠pH在发酵成熟过程呈先下降后上升的趋势。0~2d发酵过程中，CO组、LS组、LSS组pH急剧降低，由起始值分别降低至5.38、4.93、4.63；发酵结束时，发酵剂组pH显著低于对照组（$P<0.05$），这是因为发酵期间乳酸菌等发酵剂数量增加促使肉中碳水化合物分解为乳酸、乙酸等小分子有机酸，乳酸等有机酸积累致使发酵剂组pH下降，下降速率显著快于对照组（$P<0.05$）。发酵结束后干燥初期（2~5d），LS组pH仍有小幅下降；而在5~8d成熟期间，发酵剂组pH呈现不同程度上升，这可能是发酵剂分解蛋白质产生氨、三甲胺等碱性物质所致（Özyurt et al., 2009）。

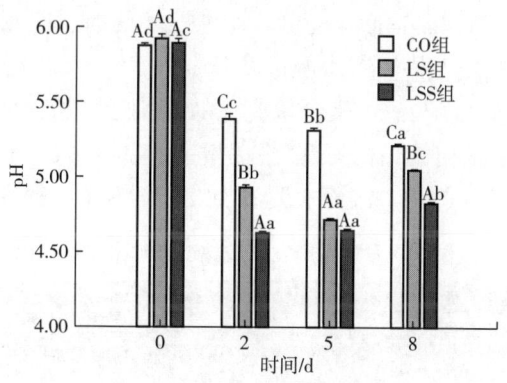

图5-25　不同发酵剂对发酵香肠发酵成熟过程pH变化的影响

［不同大写字母表示同一时间不同组之间差异显著（$P<0.05$），不同小写字母表示同组不同时间差异显著（$P<0.05$）］

（2）高产风味物质乳酸菌对发酵香肠水分活度的影响　不同发酵剂对发酵香肠A_W变化的影响如图5-26所示。三组发酵香肠A_W在发酵成熟整个过程下降显著，由起始的0.92分别降低到成熟结束时的0.72、0.74、0.68。发酵结束（2d）时各组A_W与0d时差异显著（$P<0.05$）。随着pH和制作环境湿度降低，可能改变了香肠中蛋白质与水结合能力和香肠内部与环境湿度差，促使A_W在成熟期间（8d）急剧下降。LSS组A_W下降速率显著快于CO组与LS组（$P<0.05$），且LSS组A_W在干燥成熟期间均低于其他两组，这说明A_W变化与pH下降可能具有一定线性关系。成熟期结束时，三组A_W表现为LSS组（0.68）<CO组（0.72）<LS组（0.74），说明复合发酵剂更有助于降低A_W。

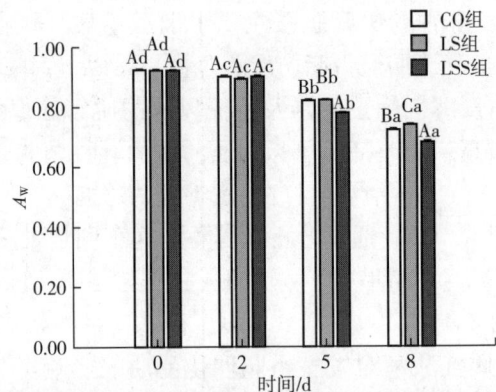

图5-26 不同发酵剂对发酵香肠发酵成熟过程水分活度变化的影响

[不同大写字母表示同一时间不同组之间差异显著（$P<0.05$），不同小写字母表示同组不同时间差异显著（$P<0.05$）]

（3）高产风味物质乳酸菌对发酵香肠色泽的影响 不同发酵剂对发酵香肠发酵成熟过程色素含量和色泽变化的影响及发酵香肠红度值与色素含量变化相关性分析如表5-14和表5-15。加工过程香肠L^*处于逐渐下降的趋势，香肠L^*在2~5d下降幅度最大，干燥成熟阶段L^*显著低于腌制结束时和发酵结束时（$P<0.05$），香肠中水分大量散失成为L^*下降的一个主要原因。发酵成熟后（2~5d）香肠a^*显著增加，高于腌制结束时（0d）肉的a^*（$P<0.05$），经发酵成熟工艺改善了香肠a^*，可能与低pH促使亚硝酸盐与肌红蛋白结合形成亚硝肌红蛋白有关（Macdougall et al.，1975）。0d时，b^*最高，显著高于其他三个阶段（$P<0.05$），后续加工过程中b^*小幅下降。

经对加工过程中香肠色泽与总色素含量变化的相关性分析，LS组和LSS组a^*变化与香肠中色素含量变化显著正相关，相关系数分别高达0.93和0.94，而对照组a^*变化与总色素含量变化相关系数仅为0.54，因而表明添加发酵剂有助于改善香肠色泽。

表5-14 不同发酵剂对发酵香肠发酵成熟过程色素含量和色泽变化的影响

色泽	组别	时间/d			
		0	2	5	8
色素含量/(mg/kg)	CO组	96.79±1.04^{Aa}	142.57±0.79^{Ab}	238.68±1.18^{Ac}	261.12±1.80^{Ad}
	LS组	94.07±0.39^{Aa}	191.99±0.39^{Bb}	263.61±0.79^{Bc}	262.25±9.62^{Ac}
	LSS组	95.88±2.72^{Aa}	195.61±3.21^{Bb}	253.41±15.60^{ABc}	279.71±19.78^{Ac}
L^*	CO组	49.21±1.10^{Ab}	48.96±0.14^{Ab}	37.13±0.11^{Aa}	37.59±0.12^{Aa}
	LS组	51.52±2.03^{Ab}	49.26±0.39^{Ab}	40.52±1.87^{Ba}	37.34±0.12^{Aa}
	LSS组	49.46±1.04^{Ab}	49.76±0.20^{Ab}	36.24±0.59^{Aa}	35.63±0.06^{Aa}
a^*	CO组	10.19±0.03^{Aa}	18.65±0.06^{Ad}	15.36±0.12^{Ab}	17.37±0.31^{Ac}
	LS组	10.22±0.17^{Aa}	19.99±0.28^{Ab}	21.78±0.86^{Bc}	20.16±0.20^{Bb}
	LSS组	9.86±0.10^{Aa}	20.76±0.18^{Ab}	22.45±0.14^{Bc}	22.48±0.04^{Cc}

续表

色泽	组别	时间/d			
		0	2	5	8
b^*	CO 组	14.50±0.24^{Ad}	10.64±0.43^{Ac}	6.62±0.03^{Aa}	8.42±0.20^{Ab}
	LS 组	14.41±0.47^{Ad}	12.32±0.19^{Ac}	10.53±1.04^{Bb}	8.67±0.06^{Aa}
	LSS 组	13.60±0.18^{Ab}	10.44±0.18^{Aa}	9.52±0.04^{Ba}	10.12±0.11^{Ba}

注：同行不同小写字母肩注表示差异显著（$P<0.05$）；同列不同小写字母肩注表示同一指标不同组之间差异显著（$P<0.05$）。

表 5-15 发酵香肠 a^* 与色素含量变化相关性分析

指标	分组	a^*			色素含量		
		CO 组	LS 组	LSS 组	CO 组	LS 组	LSS 组
a^*	CO 组	1					
	LS 组	0.86**	1				
	LSS 组	0.88**	0.99**	1			
色素含量	CO 组	0.54	0.78**	0.83**	1		
	LS 组	0.72**	0.93**	0.95**	0.95**	1	
	LSS 组	0.75**	0.90**	0.94**	0.95**	0.97**	1

注：** 表示 $P<0.01$；* 表示 $P<0.05$。

(4) 高产风味物质乳酸菌对发酵香肠质构的影响 如表 5-16 所示，统计分析表明发酵剂对发酵香肠质构的影响显著（$P<0.05$），且随着发酵成熟变化，质构变化差异也较大。香肠硬度（hardness）、黏聚性（gumminess）、咀嚼性（chewiness）随着时间变化显著升高；且发酵剂组在成熟过程（8d）中与对照组存在显著差异（$P<0.05$），硬度、黏聚性、咀嚼性均高于对照组。加工过程中香肠弹性（springiness）逐渐下降，而弹性是硬度伸缩性的结合体，这可能与香肠的硬度逐渐增加有关系，硬度的变化与水分含量的增减和可赋予弹性的肌原纤维蛋白有直接关系（Gonzalez et al., 2006）。整个过程中发酵剂组香肠弹性值均高于对照组，表明接种发酵剂可改善香肠弹性。

表 5-16 不同发酵剂对发酵香肠发酵成熟过程质构变化的影响

指标	时间/d	组别		
		CO 组	LS 组	LSS 组
硬度/（kg/cm²）	0	1.46±0.01^{Aa}	1.45±0.05^{Aa}	1.41±0.00^{Aa}
	2	1.98±0.55^{Aa}	1.95±0.12^{Aa}	1.49±0.21^{Aa}
	5	6.54±0.51^{Bb}	2.94±0.69^{Aa}	9.31±0.15^{Bc}
	8	24.73±2.02^{Ca}	28.89±5.05^{Bb}	28.60±5.24^{Cb}

续表

指标	时间/d	组别		
		CO 组	LS 组	LSS 组
弹性	0	0.95±0.02^{Da}	0.96±0.02^{Ba}	0.95±0.05^{Ba}
	2	0.60±0.02^{Ca}	0.88±0.04^{Bb}	0.92±0.11^{Bb}
	5	0.39±0.01^{Aa}	0.58±0.07^{Ab}	0.62±0.02^{Ab}
	8	0.50±0.03^{Ba}	0.57±0.07^{Aa}	0.58±0.01^{Aa}
内聚性	0	0.35±0.00^{ABa}	0.36±0.01^{Ba}	0.35±0.00^{Aa}
	2	0.43±0.11^{Bb}	0.28±0.02^{Aa}	0.35±0.07^{Aab}
	5	0.28±0.02^{Aa}	0.44±0.01^{Cb}	0.38±0.02^{Ab}
	8	0.35±0.03^{Ba}	0.34±0.01^{Ba}	0.34±0.01^{Aa}
黏聚性/（kg/cm²）	0	0.47±0.01^{Aa}	0.47±0.04^{Aa}	0.43±0.03^{Aa}
	2	0.40±0.02^{Aa}	0.69±0.04^{Ab}	0.59±0.11^{Ab}
	5	2.47±0.12^{Bb}	1.69±0.03^{Aa}	2.65±0.28^{Bb}
	8	8.42±0.24^{Ca}	16.03±1.27^{Bb}	10.02±0.66^{Ca}
咀嚼性（kg）	0	0.21±0.00^{Aa}	0.21±0.01^{Aa}	0.22±0.02^{Aa}
	2	0.41±0.01^{Aa}	0.82±0.00^{Ab}	0.69±0.03^{Bb}
	5	1.03±0.05^{Ba}	0.95±0.13^{Aa}	1.27±0.13^{Ca}
	8	5.15±0.15^{Ca}	15.49±1.27^{Bb}	18.23±1.66^{Dc}

注：同行不同小写字母肩注表示差异显著（$P<0.05$）；同列不同大写字母肩注表示同一指标下不同时间差异显著（$P<0.05$）。

2. 高产特征风味物质乳酸菌对发酵香肠中蛋白质分解代谢的影响

（1）高产特征风味物质乳酸菌对发酵香肠中蛋白质分解指数的影响　蛋白质分解指数表示香肠中蛋白质分解程度，分解产物被称为非蛋白氮，主要为核苷、核苷酸以及游离氨基酸等，这些物质在肉制品风味贡献方面起着重要作用，蛋白质分解而引起结构的变化也可改善香肠的质构感官（Benito et al.，2005）。发酵剂对发酵香肠中蛋白质分解结果如图 5-27 所示。腌制结束后（0d），各组香肠 PI 处于 5.39%~5.92%。0~2d 发酵阶段，香肠中蛋白质水解速率迅速增加；发酵结束（2d），CO 组 PI 值为 9.36%，而 LS 组和 LSS 组高达 12.98%、15.43%。2~5d，LS 组 PI 快速增加至 16.96%，高于 LSS 组，而发酵剂组显著高于 CO 组（$P<0.05$）。在 5~8d 成熟过程中 CO 组 PI 上升约 3.00%，而发酵剂组 PI 变化差异较小。发酵剂组蛋白质分解主要集中在 0~5d，添加发酵剂加快了蛋白质分解进程，分解速率也快于对照组。在 0~2d，香肠所处环境温度较高、湿度较大、盐等相对浓度较低，因而内源组织蛋白酶与发酵剂分泌蛋白酶加快了蛋白质分解代谢，促使香肠中肽、游离氨基酸等非蛋白氮含量呈增加趋势。成熟结束，发酵剂组间 PI 差异不显著（$P>0.05$），但显著高于对照组（$P<0.05$）。

（2）高产特征风味物质乳酸菌对发酵香肠中组织蛋白酶 B 活性的影响　由图 5-28 可

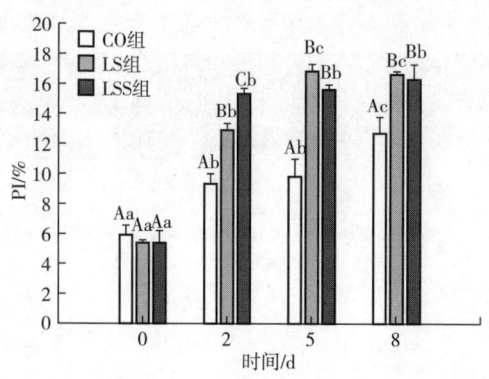

图 5-27　不同发酵剂对发酵香肠发酵成熟蛋白质分解的影响

[不同大写字母表示同一时间不同组之间差异显著（$P<0.05$），不同小写字母表示同组不同时间差异显著（$P<0.05$）]

知，发酵香肠中组织蛋白酶 B 活性随发酵成熟而呈现先上升后下降的变化趋势。腌制结束后（0d）添加清酒乳杆菌及木糖葡萄球菌的 LSS 组组织蛋白酶 B 活性显著高于 CO 组和 LSS 组（$P<0.05$）。进入发酵过程（2d），温度及香肠环境湿度较为适宜，促使 CO 组及发酵剂组（LS 组、LSS 组）组织蛋白酶 B 活性大幅上升，三组酶活性分别为 2.53U/g、3.07U/g、3.45U/g，LS 组、LSS 组组织蛋白酶 B 活性显著高于 CO 组（$P<0.05$），表明添加清酒乳杆菌和木糖葡萄球菌可提高发酵过程中香肠中组织蛋白酶 B 活性。进入 5~8d 的干燥成熟过程中，三组组织蛋白酶 B 活性均下降，5d 末三组组织蛋白酶 B 活性分别为 2.45U/g、2.56U/g、2.65U/g。8d 时，LSS 组酶活性有小幅下降。表明香肠在成熟过程中温度、环境湿度的下降和盐相对含量上升对组织蛋白酶活性呈现一定抑制作用，使得成熟过程中蛋白质分解变缓。

（3）高产特征风味物质乳酸菌对发酵香肠中游离氨基酸组成的影响　试验共测定了色氨酸除外的 17 种氨基酸，而发酵剂对发酵香肠加工过程氨基酸含量变化的影响如表 5-17 所示。

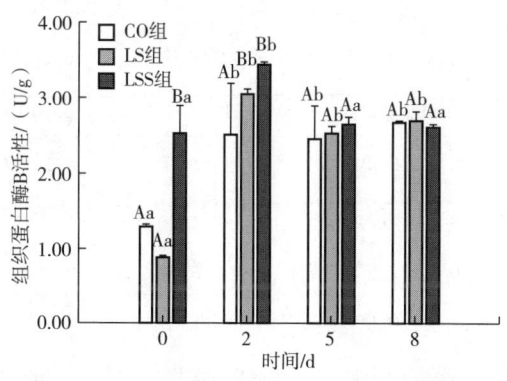

图 5-28　发酵香肠发酵成熟过程中组织蛋白酶 B 活性的变化

[不同大写字母表示同一时间不同组之间差异显著（$P<0.05$），不同小写字母表示同组不同时间差异显著（$P<0.05$）]

表 5-17 不同发酵剂对发酵香肠发酵成熟过程游离氨基酸组成的影响

单位：mg/100g

氨基酸	组别	时间/d			
		0	2	5	8
天冬氨酸	CO 组	9.12±0.72^{Ba}	9.00±0.49^{Aa}	13.58±0.74^{Ab}	10.65±3.37^{Aa}
	LS 组	7.87±0.66^{ABa}	9.44±0.56^{Ab}	10.17±1.36^{Ab}	9.89±0.27^{Ab}
	LSS 组	7.48±0.75^{Aa}	9.28±0.22^{Ab}	12.28±3.36^{Ac}	14.08±2.12^{Bc}
酪氨酸	CO 组	5.25±0.28^{Ba}	5.13±0.48^{Aa}	7.34±0.49^{Ab}	7.80±1.32^{Ab}
	LS 组	4.34±0.29^{ABa}	5.26±0.21^{Aa}	5.96±1.54^{Aa}	7.97±0.28^{Ab}
	LSS 组	3.73±0.68^{Aa}	5.10±0.17^{Ab}	7.50±2.10^{Ab}	9.53±3.82^{Ab}
精氨酸	CO 组	8.29±0.53^{Aa}	8.06±0.48^{Aa}	12.37±0.66^{Bb}	11.30±1.69^{Ab}
	LS 组	7.26±0.61^{Aa}	8.68±0.59^{Aa}	9.32±1.45^{Aa}	13.45±0.44^{Ab}
	LSS 组	5.92±1.26^{Aa}	8.44±0.22^{Ab}	11.45±3.13^{ABc}	15.72±4.65^{Ac}
丝氨酸	CO 组	5.42±0.36^{Aa}	5.37±0.29^{Aa}	8.06±0.45^{Bb}	7.52±1.05^{Ab}
	LS 组	4.71±0.41^{Aa}	5.71±0.39^{Aa}	6.15±0.79^{Aa}	8.61±0.19^{Ab}
	LSS 组	4.70±0.82^{Aa}	5.58±0.12^{Aa}	7.46±2.03^{Bb}	10.13±2.64^{Bb}
谷氨酸	CO 组	14.31±0.94^{Ba}	14.46±0.71^{Aa}	22.01±1.19^{Bb}	20.32±2.68^{Ab}
	LS 组	12.55±1.11^{Aa}	15.32±1.01^{Ab}	16.59±1.82^{Ab}	23.43±0.47^{Ac}
	LSS 组	11.21±1.02^{Aa}	14.99±0.29^{Ab}	19.64±5.32^{ABc}	27.36±6.87^{Bd}
脯氨酸	CO 组	8.41±0.56^{Aa}	9.94±1.76^{Aa}	15.35±1.29^{Ab}	14.70±2.47^{Ab}
	LS 组	7.15±0.53^{Aa}	10.54±1.20^{Ab}	12.23±2.54^{Ab}	15.68±0.35^{Ac}
	LSS 组	6.74±0.86^{Aa}	10.59±0.27^{Aab}	15.27±4.19^{Ab}	18.85±7.31^{Ab}
甘氨酸	CO 组	6.02±0.42^{Aa}	6.13±0.41^{Aa}	9.31±0.57^{Ab}	8.94±0.82^{Ab}
	LS 组	5.33±0.51^{Aa}	6.39±0.52^{Aa}	6.82±0.65^{Aa}	9.60±0.08^{Ab}
	LSS 组	5.99±2.25^{Aa}	6.21±0.10^{Aa}	8.21±2.26^{Aa}	9.64±0.03^{Aa}
丙氨酸	CO 组	6.82±0.49^{Aa}	6.91±0.37^{Aa}	10.49±0.57^{Ab}	9.43±1.44^{Aab}
	LS 组	6.01±0.53^{Aa}	7.24±0.52^{Aa}	7.85±0.84^{Aa}	8.74±1.82^{Aa}
	LSS 组	6.53±1.90^{Aa}	7.10±0.14^{Aa}	9.34±2.52^{Aab}	12.71±2.92^{Ab}
半胱氨酸	CO 组	1.24±0.09^{Aa}	1.20±0.18^{Aa}	1.73±0.04^{Aa}	13.43±1.14^{Bb}
	LS 组	1.00±0.04^{Aa}	1.09±0.08^{Aa}	1.38±0.28^{Aa}	6.54±1.96^{Ab}
	LSS 组	0.88±0.18^{Aa}	1.05±0.08^{Aa}	1.63±0.49^{Aa}	19.71±5.58^{Cb}

续表

氨基酸	组别	时间/d			
		0	2	5	8
组氨酸	CO 组	4.82±0.33^{Aa}	4.87±0.08^{Aa}	7.97±0.73^{Ab}	6.77±0.88^{Ab}
	LS 组	4.56±0.53^{Aa}	5.56±0.83^{Aa}	5.65±0.70^{Aa}	7.93±0.19^{Ab}
	LSS 组	4.13±0.35^{Aa}	5.32±0.11^{Aa}	7.00±1.71^{Ab}	9.29±2.45^{Ab}
缬氨酸	CO 组	5.30±0.34^{Aa}	5.31±0.28^{Aa}	8.07±0.43^{Ab}	7.51±0.90^{Ab}
	LS 组	4.62±0.40^{Aa}	5.56±0.38^{Aa}	6.05±0.65^{Aa}	8.81±0.19^{Ab}
	LSS 组	4.49±0.57^{Aa}	5.47±0.11^{Aa}	7.25±1.96^{Aab}	10.06±2.63^{Ab}
甲硫氨酸	CO 组	3.86±0.19^{Aa}	3.77±0.44^{Aa}	5.33±0.37^{Aa}	5.91±1.02^{Aa}
	LS 组	3.22±0.22^{Aa}	3.89±0.11^{Aa}	4.42±1.22^{Aab}	6.25±0.23^{Ab}
	LSS 组	2.97±0.38^{Aa}	3.75±0.12^{Aa}	5.61±1.63^{Aab}	7.36±2.97^{Ab}
异亮氨酸	CO 组	6.48±0.39^{Aa}	6.45±0.52^{Aa}	9.41±0.62^{Ab}	9.41±1.25^{Ab}
	LS 组	5.57±0.47^{Aa}	6.68±0.34^{Aa}	7.25±1.58^{Aa}	10.30±0.37^{Ab}
	LSS 组	5.33±0.56^{Aa}	6.52±0.20^{Aa}	9.01±2.41^{Ab}	11.74±4.28^{Ab}
亮氨酸	CO 组	8.61±0.58^{Aa}	8.63±0.43^{Aa}	13.11±0.69^{Bb}	12.23±1.43^{Ab}
	LS 组	7.50±0.64^{Aa}	9.00±0.62^{Aa}	9.77±1.02^{Aa}	14.26±0.32^{Ab}
	LSS 组	7.08±0.68^{Aa}	8.85±0.20^{Ab}	11.65±3.12^{Bc}	16.37±4.16^{Ac}
苏氨酸	CO 组	6.13±0.40^{Aa}	6.12±0.35^{Aa}	9.20±0.51^{Ab}	8.48±1.27^{Aab}
	LS 组	5.35±0.44^{Aa}	6.44±0.40^{Aa}	7.02±0.95^{Aa}	9.51±0.23^{Ab}
	LSS 组	5.19±0.68^{Aa}	6.33±0.15^{Aa}	8.49±2.31^{Aa}	11.28±2.96^{Ab}
苯丙氨酸	CO 组	6.23±0.30^{Aa}	6.10±0.53^{Aa}	8.77±0.63^{Ab}	9.22±1.55^{Ab}
	LS 组	5.29±0.40^{Aa}	6.29±0.26^{Aa}	7.09±1.82^{Aa}	9.49±0.33^{Ab}
	LSS 组	4.64±0.63^{Aa}	6.10±0.21^{Aab}	8.94±2.48^{Ab}	11.25±4.47^{Ab}
赖氨酸	CO 组	5.61±0.43^{Aa}	5.69±0.50^{Aa}	8.43±0.88^{Ab}	7.31±0.95^{Aab}
	LS 组	5.21±0.44^{Aa}	5.84±0.87^{Aa}	5.97±0.62^{Aa}	8.58±0.16^{Ab}
	LSS 组	4.67±0.42^{Aa}	6.27±0.08^{Ab}	7.19±1.95^{Ab}	9.90±2.49^{Ab}
非必需氨基酸	CO 组	69.69±3.43^{Ca}	71.06±3.57^{Aa}	108.20±5.46^{Cb}	110.86±4.13^{Ab}
	LS 组	60.80±3.01^{Ba}	75.24±3.80^{Ab}	82.13±4.16^{Ab}	111.83±5.11^{Ac}
	LSS 组	57.30±2.71^{Aa}	73.15±3.68^{Ab}	99.77±4.98^{Bc}	147.02±5.88^{Bd}

续表

氨基酸	组别	时间/d			
		0	2	5	8
必需氨基酸	CO 组	42.23±1.43^{Ba}	42.07±1.45^{Aa}	62.38±2.30^{Bb}	60.27±2.01^{Ab}
	LS 组	36.76±1.27^{Aa}	43.70±1.53^{Ab}	47.58±1.64^{Ac}	67.20±2.42^{Ad}
	LSS 组	34.36±1.23^{Aa}	42.89±1.49^{Ab}	58.15±1.90^{Bc}	77.95±2.73^{Bd}
总氨基酸	CO 组	111.92±2.76^{Ca}	113.14±2.87^{Aa}	170.58±4.44^{Cb}	170.93±3.57^{Ab}
	LS 组	97.56±2.42^{Ba}	118.94±3.07^{Ab}	129.70±3.36^{Ac}	179.04±4.18^{Ad}
	LSS 组	91.66±2.21^{Aa}	116.92±3.03^{Ab}	157.91±4.01^{Bc}	224.97±5.05^{Bd}
必需氨基酸/非必需氨基酸	CO 组	60.60%	59.21%	57.65%	54.18%
	LS 组	60.46%	58.08%	57.94%	60.09%
	LSS 组	59.97%	58.82%	58.28%	53.02%
必需氨基酸/总氨基酸	CO 组	37.73%	37.19%	36.57%	35.14%
	LS 组	37.68%	36.74%	36.68%	37.53%
	LSS 组	37.49%	37.03%	36.82%	34.65%

注：同行不同小写字母肩注表示差异显著（$P<0.05$）；同列不同大写字母肩注表示同一氨基酸不同组之间差异显著（$P<0.05$）。

蛋白质经组织蛋白酶及氨肽酶分解形成小肽及游离氨基酸。而游离氨基酸由必需氨基酸和非必需氨基酸组成。由表5-17可知，0~8d CO组和LSS组必需氨基酸占总氨基酸百分比呈下降趋势，表明非必需氨基酸的增速高于必需氨基酸。所检出的必需氨基酸由缬氨酸、甲硫氨酸、异亮氨酸、亮氨酸、苏氨酸、苯丙氨酸、赖氨酸组成。从必需氨基酸变化趋势来看，LS组和LSS组两组含量随着加工时间变化快速上升，CO组在5d末达到最高，5~8d成熟过程中含量略有下降。在2~5d，随着酶活性的增加，各组必需氨基酸呈现不同幅度的上升，CO组、LS组、LSS组三组上升幅度分别达到48.28%、8.88%和35.58%，5d末CO组含量显著高于LS组（$P<0.05$），高于LSS组但差异不显著。进入5~8d的成熟过程，三组必需氨基酸含量仍呈现不同幅度的增加，此时LS组的增加幅度最大，增加约19.62mg/100g，成熟结束时各组必需氨基酸含量为CO组（60.27mg/100g）<LS组（67.20mg/100g）<LSS组（77.95mg/100g），表明添加清酒乳杆菌及木糖葡萄球菌复合发酵剂更有利于必需氨基酸的增加。虽然必需氨基酸含量随着加工时间延长在增加，而必需氨基酸占总氨基酸的百分比有小幅下降，成熟结束CO组、LS组、LSS组三组必需氨基酸/总氨基酸比值分别为35.14%、37.53%、34.65%，相比腌制结束有0.15%~2.84%的下降。

相比必需氨基酸，香肠中非必需氨基酸的增加幅度较高。腌制结束CO组的非必需氨基酸（69.69mg/100g）含量也高于发酵剂组，LS组和LSS组两发酵剂组含量分别为60.80mg/100g、57.30mg/100g。在0~2d发酵过程中，CO组、LS组、LSS组三组非必需氨基酸含量增加了 1.37mg/100g、14.44mg/100g、15.85mg/100g，此阶段发酵剂组增加幅度高于对照组。在 2~5d 加工过程，CO 组、LS 组、LSS 组三组增加幅度分别达到 52.27%、9.16%、36.39%。在 5~8d，CO 组、LS 组、LSS 组非必需氨基酸含量分别增加了 2.66mg/100g、29.70mg/100g、47.25mg/100g。相比 0~8d 各个加工阶段，LSS 组增加幅度高于 CO 组和 LS 组。

游离氨基酸不但是人体日常所需营养素，也是肉制品滋味及香味的重要贡献来源。香肠成熟结束，CO 组、LS 组中谷氨酸含量（20.32mg/100g、23.43mg/100g）和天冬氨酸含量（10.65mg/100g、9.89mg/100g）显著低于 LSS 组谷氨酸含量（14.08mg/100g）和天冬氨酸含量（27.36mg/100g）（$P<0.05$），较高的谷氨酸及天冬氨酸含量可提高香肠的鲜味，给香肠带来较好的鲜感。

3. 高产特征风味物质乳酸菌对发酵香肠中脂质分解代谢的影响

（1）高产特征风味物质乳酸菌对发酵香肠加工过程中中性脂肪分解的影响　中性脂肪是甘油的 3 个羟基与 3 个脂肪酸经脱水缩合而成的，学名为甘油三酯，常温下呈固态的甘油三酯为脂，常温下呈液态则称为油。香肠中中性脂肪在脂肪酶的作用下被分解为甘油二酯、甘油单酯及游离脂肪酸。由表 5-18 可知，在加工过程中，LS 组和 LSS 组中甘油二酯的含量呈现上升的趋势，而 CO 组含量呈先上升后下降再上升的变化，对比各个阶段甘油二酯含量的变化，可知 0~2d 发酵阶段增加幅度与 2~8d 成熟过程增加幅度相近。2~5d 水分含量大幅下降，而发酵剂组甘油二酯的含量增加幅度较小，说明中性脂肪降解生成的甘油二酯易被分解。LS 组和 LSS 组甘油单酯含量在 0~5d 增加幅度较大，且 2~5d 增加幅度高于发酵阶段（2d），在 5~8d 成熟过程 LS 组甘油单酯增加幅度较小而 LSS 组含量却在大幅下降。香肠中中性脂肪含量呈先上升后下降的趋势，且在发酵结束后的 2~5d 成熟过程各组中性脂肪大幅下降。由此可知中性脂肪的降解主要发生在 2~5d 这一成熟阶段。

表 5-18　不同发酵剂对发酵香肠发酵成熟过程中性脂肪分解的影响

类别	组别	时间/d			
		0	2	5	8
中性脂肪/ （g/100g 脂肪）	CO 组	87.80±4.00^{Aa}	93.75±2.10^{Aa}	89.46±3.07^{Aa}	89.97±2.50^{Aa}
	LS 组	86.44±6.67^{Aa}	92.93±1.99^{Aa}	89.17±2.23^{Aa}	88.71±2.24^{Aa}
	LSS 组	87.22±1.46^{Aa}	93.44±1.90^{Ab}	89.00±1.51^{Aab}	86.65±1.06^{Aa}
甘油二酯/%	CO 组	1.84±0.60^{Aa}	2.55±0.02^{Ab}	1.92±0.03^{Aa}	3.50±0.10^{Ac}
	LS 组	1.85±0.86^{Aa}	2.53±0.15^{Ab}	2.74±1.01^{Bbc}	3.35±0.12^{Ac}
	LSS 组	1.71±0.06^{Aa}	2.58±0.06^{Ab}	2.90±0.39^{Bb}	3.39±0.14^{Ac}
甘油单酯/%	CO 组	2.15±0.04^{Aa}	3.98±0.06^{Ab}	3.96±0.37^{Ab}	5.67±0.16^{Ac}
	LS 组	2.38±0.32^{Aa}	3.82±0.11^{Ab}	5.58±0.75^{Bc}	5.73±0.35^{Ac}
	LSS 组	2.41±0.20^{Aa}	4.01±0.10^{Ab}	8.65±1.56^{Cd}	5.48±0.15^{Ac}

注：同行不同小写字母肩注表示差异显著（$P<0.05$），同列不同大写字母肩注表示同一类别不同组之间差异显著（$P<0.05$）。

（2）高产特征风味物质乳酸菌对发酵香肠加工过程中脂质组成的影响 脂质包括油脂（甘油三酯）及类酯（磷脂、固醇类），按照主要组成又可分为简单脂质、复合脂质、衍生脂质及非皂化脂类。简单脂质包括甘油单酯、甘油二酯及甘油三酯，复合脂包括磷脂类（王镜岩，2002）。

如表5-19所示，成熟结束时（8d）LSS组和LS组脂质含量分别为31.18%、34.03%，显著低于CO组的40.25%。说明添加发酵剂促进了脂质的降解。0~2d发酵过程，中性脂肪含量随着水分含量的下降而增加，而在2~5d加工过程中中性脂肪含量由92.93~93.75g/100g下降到89.00~89.46 g/100g。香肠中磷脂含量呈先下降后上升的趋势，在0~2d发酵过程中，CO组、LS组、LSS组三组磷脂含量显著下降，发酵结束时（2d）三组磷脂含量降到最低，由腌制结束时（0d）的8.51~8.86 g/100g降低为2.04~3.12g/100g；在2~8d加工过程中各组磷脂含量呈上升趋势。从中性脂肪和磷脂含量变化可知，磷脂降解率高于中性脂肪，两者降解生成的游离脂肪酸随着加工时间呈现上升的趋势，且在2~5d时CO组、LS组、LSS组各组脂肪酸含量增加幅度分别达到34.22%、60.60%、46.57%，5d末三组游离脂肪酸含量分别达到5.57g/100g、6.97g/100g、7.05g/100g，5~8d CO组和LS组仍有小幅增加，而LSS组含量降低到6.62g/100g。说明脂质的降解主要发生在0~5d的发酵成熟过程中，5~8d脂肪酸总量增加减缓，LSS组含量的下降，说明加工过程中伴随着脂肪酸的氧化分解。

表5-19 不同发酵剂对发酵香肠发酵成熟过程脂质组成的影响

类别	组别	时间/d			
		0	2	5	8
总脂质/%	CO组	19.80±2.46^{Aa}	24.39±1.78^{Aa}	38.94±4.01^{Bb}	40.25±1.97^{Bb}
	LS组	19.24±3.48^{Aa}	22.69±2.51^{Aa}	34.69±1.85^{Bb}	34.03±3.18^{Ab}
	LSS组	19.34±0.84^{Aa}	22.01±5.52^{Aab}	28.48±2.47^{Abc}	31.18±0.93^{Ac}
中性脂肪/（g/100g脂肪）	CO组	87.80±4.00^{Aa}	93.75±2.10^{Aa}	89.46±3.07^{Aa}	89.97±2.50^{Aa}
	LS组	86.44±6.67^{Aa}	92.93±1.99^{Aa}	89.17±2.23^{Aa}	88.71±2.24^{Aa}
	LSS组	87.22±1.46^{Abc}	93.44±1.90^{Ac}	89.00±1.51^{Aab}	86.65±1.06^{Aa}
磷脂/（g/100g脂肪）	CO组	8.82±3.77^{Ab}	2.61±1.34^{Aa}	4.73±2.37^{Aab}	5.64±1.51^{Aab}
	LS组	8.86±2.56^{Ab}	3.12±0.29^{Aa}	3.86±2.53^{Aa}	4.18±1.91^{Aa}
	LSS组	8.51±2.27^{Ab}	2.04±0.62^{Aa}	3.95±1.03^{Aa}	6.73±0.83^{Ab}
游离脂肪酸/（g/100g脂肪）	CO组	3.78±0.51^{Aa}	4.15±1.12^{Aa}	5.57±1.68^{Aa}	6.39±1.98^{Aa}
	LS组	4.44±1.27^{Aa}	4.34±1.17^{Aa}	6.97±1.84^{Ab}	7.11±2.21^{Ab}
	LSS组	4.00±1.11^{Aa}	4.81±1.28^{Aa}	7.05±2.22^{Ab}	6.62±1.87^{Aa}

注：同行不同小写字母肩注表示差异显著（$P<0.05$），同列不同大写字母肩注表示同一类别不同组之间差异显著（$P<0.05$）。

(3) 高产特征风味物质乳酸菌对发酵香肠中磷脂酶活性的影响　脂肪酶是丝氨酸家族中的一部分，可以水解甘油三酯（Toldrá et al., 1997）。从酶水解的作用底物和水解方式来看，磷脂酶与脂肪酶相似，但磷脂酶不是丝氨酸水解酶。发酵香肠加工过程磷脂酶活性变化规律如图5-29所示，CO组和LSS组磷脂酶活性变化规律为先下降后上升再下降，而接种清酒乳杆菌的LS组酶活性呈现先上升后下降的趋势，发酵结束（2d）时LS组磷脂酶活性为2.89U/g，高于LSS组和CO组的2.35U/g、1.61U/g。在2~5d干燥成熟过程中，LSS组磷脂酶活性显著增加，增加幅度高达68.09%，显著高于CO组（2.19U/g）（$P<0.05$），表明此时复合发酵剂可显著提高磷脂的活性。进入5~8d加工过程，香肠受到低温、高盐含量、低A_w的影响，三组酶活性呈下降趋势，8d末CO组、LS组和LSS组分别降为2.12U/g、2.84U/g、3.11U/g，发酵剂组酶活性显著高于CO组（$P<0.05$）；发酵剂组中添加复合发酵剂的LSS组磷脂酶活性高于单一清酒乳杆菌的LS组，表明清酒乳杆菌与木糖葡萄球菌的复合发酵剂更利于提高加工过程磷脂酶的活性，有助于提高香肠中风味化合物的前体物质。

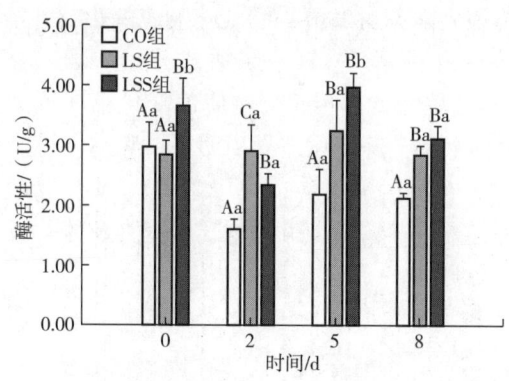

图5-29　不同发酵剂对发酵香肠发酵成熟过程磷脂酶活性的影响

［不同大写字母表示同一时间不同组之间差异显著（$P<0.05$），不同小写字母表示同组不同时间差异显著（$P<0.05$）］

(4) 高产特征风味物质乳酸菌对发酵香肠过氧化值变化的影响　POV是衡量油脂氧化酸败的重要指标，油脂氧化的初始产物为过氧化物，过氧化物因性质不稳定，在微生物等作用下很易分解生成二级脂质氧化产物——醛、酮、酸等小分子化合物（通常称为活性羰基物），当生成速度小于分解速度时，POV将会下降（Koutina et al., 2012）。

由图5-30可知，相比腌制结束（0d）时三组的POV值（CO组、LS组、LSS组分别为0.76mg/100g、0.80mg/100g、0.78mg/100g），发酵成熟过程中三组脂质过氧化产物含量大幅下降。POV下降主要发生在0~2d的发酵期间，此阶段CO组、LS组、LSS组三组POV下降幅度分别达到77.63%、68.75%、78.21%。在2~5d加工过程，CO组POV值下降，5d末下降为0.08mg/100g，此阶段LSS组POV呈现显著上升趋势（$P<0.05$），5d末LSS组POV显著高于LS组和CO组（$P<0.05$），说明添加发酵剂促进了脂质的初级氧化。进入5~8d加工过程，CO组和LSS组均有一定程度上升，LSS组生成速率可能小于分解速率，致使初级氧化产物向醛、酮等物质转变。

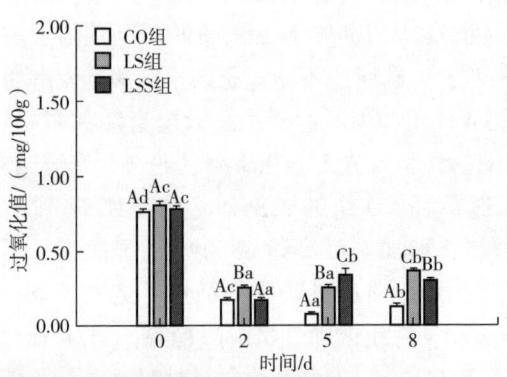

图 5-30　不同发酵剂对发酵香肠发酵成熟过程过氧化值变化的影响

[不同大写字母表示同一时间不同组之间差异显著（$P<0.05$），不同小写字母表示同组不同时间差异显著（$P<0.05$）]

4. 高产特征风味物质乳酸菌对发酵香肠中挥发性风味组成的影响

（1）高产特征风味物质乳酸菌对发酵香肠气味响应的影响　经电子鼻测定三组发酵香肠气味雷达指纹图谱如图 5-31 所示。W1C（芳香成分）、W6S（氢化物）、W3C（氨类）、W3S（长烷类）、W5C（短链烷烃类）传感器响应值变化幅度较小且响应值较小，说明不同发酵香肠在氨类、氢化物、烷类等变化差异不明显。W2S（醇类与醛酮类）、W2W（有机化合物芳香成分）、W1W（硫化物）、W1S（甲基类）、W5S（氧化合物）五个传感器响应值变化较为明显，说明醇类与醛酮类、硫化物、甲基类及芳香成分等化合物对香肠气味响应值影响较大，差异较为明显。

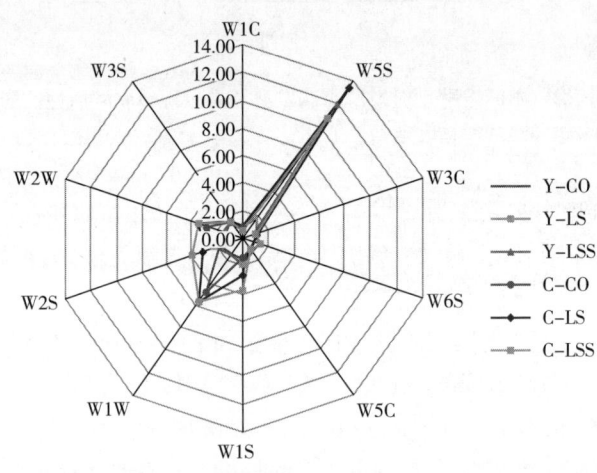

图 5-31　不同发酵剂对发酵香肠气味响应的影响

（Y 表示腌制期，C 表示成熟期）

（2）高产特征风味物质乳酸菌对发酵香肠中挥发性风味组成的影响　由表 5-20 可知，成熟期三组香肠与腌制结束后肉中特征风味组成存在较大差异。腌制结束时肉中共检出风味物质 27 种，成熟期三组发酵香肠检出风味物质 CO 组为 44 种，LS 组和 LSS 组均为

45种，其中醛类15种、醇类10种、酯类8种，酮、酸、烷烃各2种。组间比较可知，相对LS组，清酒乳杆菌与木糖葡萄球菌复合发酵（LSS组）增加了香肠中挥发性风味物质含量，特别是醛类和醇类。

表5-20 不同发酵剂对发酵香肠中风味组成的影响   单位：%

类别	序号	中文名	分子式	腌制结束	CO组	LS组	LSS组
醛类	1	戊醛	$C_5H_{10}O$	ND	1.10±0.23[a]	0.98±0.04[a]	1.29±0.11[a]
	2	3-甲基丁醛	$C_5H_{10}O$	ND	ND	0.11±0.03[a]	0.26±0.01[b]
	3	己醛	$C_6H_{12}O$	0.16±0.01[a]	6.24±1.91[c]	3.39±0.18[b]	7.70±0.62[c]
	4	2-己烯醛	$C_6H_{10}O$	0.02±0.00[a]	0.30±0.02[c]	0.08±0.00[a]	0.15±0.05[b]
	5	庚醛	$C_7H_{14}O$	3.15±0.52[a]	4.10±0.81[a]	4.58±0.22[a]	12.10±0.86[b]
	6	反-2-庚烯醛	$C_7H_{12}O$	0.83±0.08[c]	0.20±0.02[a]	0.19±0.08[a]	0.32±0.04[b]
	7	2,4-庚二烯醛	$C_7H_{10}O$	ND	0.23±0.02[b]	0.09±0.01[a]	0.12±0.01[a]
	8	反-2-辛烯醛	$C_8H_{14}O$	1.90±0.22[b]	0.22±0.10[a]	0.14±0.02[a]	0.27±0.14[a]
	9	正壬醛	$C_9H_{18}O$	ND	4.41±1.24[a]	3.70±0.44[a]	5.39±0.62[b]
	10	顺-6-壬烯醛	$C_9H_{16}O$	ND	0.50±0.03[b]	0.36±0.05[a]	1.77±0.23[c]
	11	反-2-癸烯醛	$C_{10}H_{18}O$	0.43±0.05[c]	0.14±0.06[a]	0.10±0.01[a]	0.26±0.04[b]
	12	2-十一烯醛	$C_{11}H_{20}O$	0.25±0.02[b]	0.10±0.00[a]	0.05±0.00[a]	0.05±0.01[a]
	13	苯甲醛	C_7H_6O	6.94±0.79[b]	0.24±0.03[a]	0.19±0.01[a]	0.23±0.01[a]
	14	苯乙醛	C_8H_8O	ND	0.11±0.03[a]	0.11±0.02[a]	0.17±0.02[a]
	15	4-异丙基苯甲醛	$C_{10}H_{12}O$	0.20±0.04[a]	0.56±0.14[b]	0.34±0.02[a]	0.28±0.04[a]
醇类	16	乙醇	C_2H_6O	ND	2.27±0.83[a]	1.56±0.11[a]	2.40±0.06[b]
	17	正丁醇	$C_4H_{10}O$	ND	0.22±0.03[a]	0.21±0.02[a]	0.27±0.01[a]
	18	异戊醇	$C_5H_{12}O$	ND	0.35±0.06[a]	0.27±0.02[a]	0.63±0.07[b]
	19	1-戊烯-3-醇	$C_5H_{10}O$	0.28±0.08[c]	0.09±0.03[a]	0.12±0.00[a]	0.18±0.00[b]
	20	正己醇	$C_6H_{14}O$	0.99±0.18[b]	0.52±0.08[a]	0.33±0.02[a]	1.30±0.05[b]
	21	2,3-丁二醇	$C_4H_{10}O_2$	ND	0.91±0.07[a]	2.26±0.07[b]	1.99±0.31[b]
	22	1-辛烯-3-醇	$C_8H_{16}O$	0.65±0.14[a]	0.63±0.22[a]	0.45±0.03[a]	0.50±0.03[a]
	23	正辛醇	$C_8H_{18}O$	ND	0.49±0.10[b]	0.29±0.09[a]	0.66±0.07[c]
	24	苯乙醇	$C_8H_{10}O$	0.78±0.09[c]	0.35±0.03[b]	0.39±0.01[b]	0.20±0.02[a]
	25	4-异丙基苯甲醇	$C_{10}H_{14}O$	3.51±0.18[b]	0.38±0.06[a]	0.30±0.06[a]	0.28±0.04[a]

续表

类别	序号	中文名	分子式	腌制结束	CO 组	LS 组	LSS 组
酯类	26	乙酸甲酯	$C_7H_{14}O_2$	2.98 ± 0.69^b	0.29 ± 0.05^a	0.39 ± 0.01^a	0.40 ± 0.13^a
	27	乙酸乙酯	$C_4H_8O_2$	ND	0.21 ± 0.08^a	0.16 ± 0.01^a	0.44 ± 0.09^b
	28	乳酸乙酯	$C_5H_{10}O_3$	13.42 ± 0.96^b	0.61 ± 0.07^a	0.83 ± 0.06^a	0.55 ± 0.07^a
	29	己酸乙酯	$C_8H_{16}O_2$	8.63 ± 1.54^c	0.26 ± 0.04^a	0.16 ± 0.00^a	0.44 ± 0.03^b
	30	己酸-2-苯乙酯	$C_{14}H_{20}O_2$	5.18 ± 0.32^b	0.37 ± 0.08^a	0.32 ± 0.01^a	0.36 ± 0.00^a
	31	辛酸甲酯	$C_9H_{18}O_2$	ND	0.36 ± 0.06^a	0.46 ± 0.03^a	0.47 ± 0.02^a
	32	辛酸乙酯	$C_{10}H_{20}O_2$	3.50 ± 0.18^b	0.13 ± 0.02^a	0.15 ± 0.02^a	0.18 ± 0.02^a
	33	8-甲基壬酸甲酯	$C_{11}H_{22}O_2$	ND	0.11 ± 0.01^a	0.17 ± 0.02^a	0.13 ± 0.01^a
酮类	34	3-羟基-2-丁酮	$C_4H_8O_2$	0.45 ± 0.09^b	0.12 ± 0.01^a	0.14 ± 0.01^a	0.54 ± 0.00^b
	35	4-羟基-2-丁酮	$C_4H_8O_2$	ND	0.12 ± 0.01^a	0.17 ± 0.02^a	0.13 ± 0.00^a
酸类	36	乙酸	$C_2H_4O_2$	37.35 ± 0.96^b	1.16 ± 0.25^a	0.78 ± 0.05^a	1.58 ± 0.17^a
	37	丁酸	$C_4H_8O_2$	0.15 ± 0.09^a	0.17 ± 0.09^a	0.17 ± 0.05^a	0.14 ± 0.05^a
烷烃	38	邻异丙基甲苯	$C_{10}H_{14}$	ND	1.39 ± 0.29^a	1.02 ± 0.02^a	1.19 ± 0.08^a
	39	正十九烷	$C_{19}H_{40}$	1.31 ± 0.09^b	0.19 ± 0.02^a	0.16 ± 0.01^a	0.14 ± 0.02^a
萜类及其他	40	β-蒎烯	$C_{10}H_{16}$	8.89 ± 0.52^b	1.65 ± 0.34^a	1.22 ± 0.04^a	1.25 ± 0.05^a
	41	D-柠檬烯	$C_{10}H_{16}$	2.90 ± 0.07^b	3.06 ± 1.03^b	2.16 ± 0.10^a	1.52 ± 0.19^a
	42	γ-松油烯	$C_{10}H_{16}$	ND	0.75 ± 0.08^b	0.48 ± 0.03^b	0.22 ± 0.02^a
	43	2-正戊基呋喃	$C_9H_{14}O$	0.47 ± 0.03^a	5.67 ± 0.91^b	4.07 ± 0.34^b	5.79 ± 0.60^b
	44	草蒿脑	$C_{10}H_{20}O_2$	ND	0.70 ± 0.26^b	0.41 ± 0.03^b	0.44 ± 0.05^b
	45	茴香脑	$C_{10}H_{12}O$	0.32 ± 0.02^a	0.51 ± 0.14^b	0.83 ± 0.10^c	0.57 ± 0.10^b

注：同行不同小写字母表示差异显著（$P<0.05$），"ND" 表示未检测到。

较低阈值和呈现良好香气的醛类是肉制品中重要挥发性风味物质。香肠中含量较高的三种醛类：己醛具有青草味、庚醛和正壬醛呈现油脂香味，三种醛类的前体是亚油酸和亚麻酸。较高含量的前体底物促使 LSS 组中己醛、庚醛、正壬醛含量高于其他三组。3-甲基丁醛是一种低阈值、具有苹果香味、易与肉制品中硫化物形成类似培根风味的物质，是前体氨基酸形成重要风味中的一种，结果表明 3-甲基丁醛仅在发酵剂组中检出，且 LSS 组含量高于 LS 组，说明清酒乳杆菌与木糖葡萄球菌复合发酵剂有利于促进支链氨基酸向 3-甲基丁醛的转变，且 3-甲基丁醛在一定条件下易被还原为具有坚果味的 3-甲基丁醇。LSS 组中的异戊醇（3-甲基丁醇）含量也高于其他组。综上可知，添加清酒乳杆菌与木糖葡萄球菌的复合发酵剂有助于促进香肠脂质及氨基酸特征风味物质转变。

相比醛类，醇类风味阈值较高，腌制结束后肉中检出 5 种，其他三组香肠中为 15 种。对风味贡献较大的主要是 1-辛烯-3-醇、1-戊烯-3-醇和异戊醇，前两种又称为蘑菇醇，具有浓郁蘑菇香味，主要来源于花生四烯酸和亚油酸的脂质氧化（Muriel et al., 2004）。1-辛烯-3-醇和 1-戊烯-3-醇腌制后肉中含量高于成熟期发酵香肠，说明这些特征香味醇类主要源自原料肉。酯类通常呈甜味和水果香味，阈值较低，其存在可使发酵香肠整体风味因短链脂肪酸类带来的尖刺感变得更加柔和。酯类中乙酸乙酯、辛酸乙酯、己酸-2-苯乙酯等对香肠风味贡献较大，而这些酯类可能主要源于醛类物质氧化形成酸类与醇类酯化（Stahnke et al., 1994）。相比成熟期发酵香肠，腌制结束后肉中这些酯类含量最高，综上表明，发酵剂对醇类及酯类影响微小。

酮类化合物由葡萄糖和氨基酸 strecker 降解、脂肪酸氧化热降解及微生物分解代谢产生，其风味独特、阈值低，可赋予香肠干酪水果香味、花香，且随着碳链增加风味愈加浓郁。发酵香肠中检出 3-羟基-2-丁酮和 4-羟基-2-丁酮，腌制结束的肉中仅检出 4-羟基-2-丁酮。3-羟基-2-丁酮由香肠中葡萄糖代谢产生二乙酸转化而来。LSS 组 3-羟基-2-丁酮含量显著高于 LS 组和 CO 组（$P<0.05$），与腌制结束的肉差异不显著（$P>0.05$），说明成熟过程中木糖葡萄球菌有助于代谢葡萄糖转化生成 3-羟基-2-丁酮。

腌制结束的肉与三组发酵香肠均检出酸类 2 种，分别为乙酸和丁酸，乙酸主要赋予香肠酸醋味，丁酸则可赋予香肠奶香风味。腌制结束的肉中乙酸含量显著高于三组香肠（$P<0.05$），而原料肉中丁酸与香肠间差异不显著（$P>0.05$）。

烷烃类阈值较高，仅检出邻异丙基甲苯和正十九烷，对香肠整体风味影响较小。香肠中还检出 β-蒎烯、D-柠檬烯、γ-松油烯、2-正戊基呋喃、草蒿脑、茴香脑。腌制结束后肉中 β-蒎烯显著高于三组发酵香肠，2-正戊基呋喃显著低于三组发酵香肠（$P<0.05$）；而 γ-松油烯和草蒿脑在发酵结束的肉中未发现。

二、发酵羊肉干

羊肉干作为我国传统肉制品的典型代表，凭借其高蛋白、耐贮藏等特性，在饮食文化中占据重要地位。然而，传统加工工艺中存在的氧化劣变、嘌呤代谢失衡及杂环胺生成等问题，不仅制约了产品品质的提升，更影响着食用安全性。

值得关注的是，现代微生物发酵技术为这一传统美食的创新发展带来了革命性的突破。研究表明，经过科学筛选的乳酸菌发酵剂具有多重功能特性：其一，分泌的天然抗氧化物质能有效保护脂质和蛋白质免受氧化损伤，较好地维持传统风味特征；其二，特定功能菌株展现出的嘌呤降解能力，为开发适合特殊人群的健康产品提供了可能；其三，其细胞壁特殊结构对杂环胺的选择性吸附作用，大大降低了食品安全风险。

本部分将系统阐述功能性乳酸菌发酵剂在羊肉干品质调控中的作用机制，旨在为传统肉制品的工艺革新和产业升级提供理论支撑和技术指导。通过揭示微生物发酵技术在提升产品营养价值和食用安全性方面的独特优势，为推动我国传统肉制品产业的高质量发展提供新的研究方向和实践路径。

（一）发酵羊肉干的加工工艺

通过对羊肉干生产工艺的研究，作者团队发现运用微生物的发酵方法，可以通过生物降解作用分解出营养价值更高的小分子氨基酸，不仅改善原有羊肉干的风味，还改变发酵羊肉的原有组织结构，使肉质更加软化，有利于拓展更加广阔的消费市场，将更多的消费群体吸引到羊肉干市场中来。总结改善的发酵羊肉干加工工艺及要点如图5-32、图5-33所示。

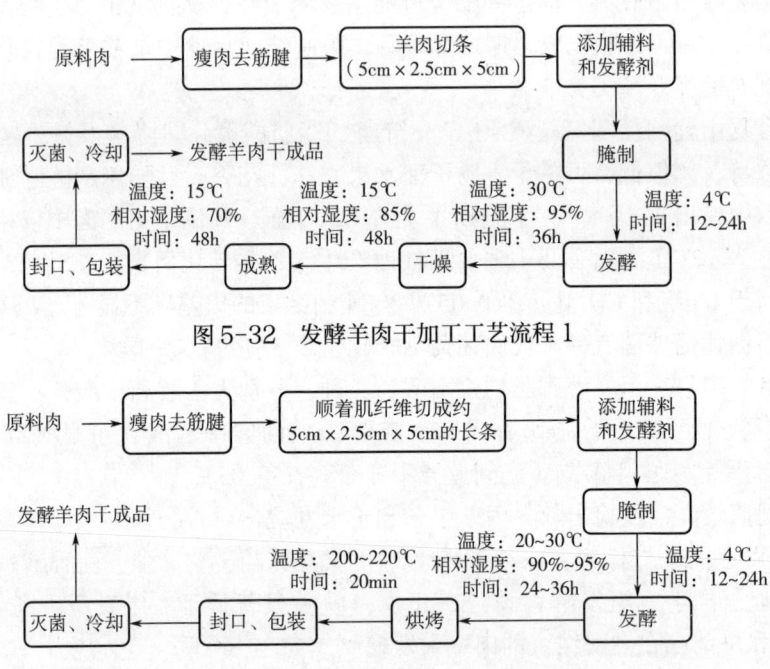

图5-32　发酵羊肉干加工工艺流程1

图5-33　发酵羊肉干加工工艺流程2

（二）抗氧化乳酸菌对发酵羊肉干品质的影响

加工条件是影响发酵羊肉干脂质氧化程度的一个关键因素。特定乳酸菌的抗氧化活性能够有效抑制肉品的氧化酸败，因此，选用具有高抗氧化活性的乳酸菌作为发酵剂，可一定程度上减缓肉干的腐败变质过程。此外，迷迭香、尾鼠草、至牛草、黑胡椒、大蒜、熟芝麻等具有抗氧性特性的香辛料也被证明能够改善脂质氧化程度。

作者团队从传统发酵肉制品中分离出24株乳酸菌，通过系统的抗氧化活性的筛选，最终获得一株具有最优抗氧化活性的菌株：戊糖片球菌37X-15。以此菌株作为发酵剂制作发酵羊肉干，试验分成四组：对照组、发酵剂组（37X-15）、香辛料组以及香辛料和发酵剂都添加的混合组。通过对比模拟工厂风干工艺与传统工艺，深层次地研究分析抗氧化乳酸菌和香辛料对发酵羊肉干的理化特性、微生物指标以及挥发性风味物质的影响。

1. 抗氧化乳酸菌对发酵羊肉干理化品质的影响

（1）抗氧化乳酸菌对发酵羊肉干pH的影响　本研究各组肉干pH的变化如表5-21

所示。

表5-21 发酵羊肉干的pH的变化

阶段	对照组	发酵剂组	香辛料组	混合组
腌制后	5.80±0.012^{Bc}	5.88±0.010^{Dd}	5.73±0.021^{Bb}	5.69±0.015^{Da}
发酵后	5.64±0.012^{Ab}	5.22±0.012^{Aa}	5.56±0.012^{Ab}	5.20±0.012^{Aa}
干燥后	6.01±0.006^{Ec}	5.54±0.006^{Ba}	5.87±0.012^{Db}	5.52±0.006^{Ba}
成熟后	5.88±0.006^{Cc}	5.55±0.012^{Ba}	5.73±0.006^{Bb}	5.51±0.012^{Ba}
模拟风干后	5.92±0.006^{Dc}	5.66±0.006^{Ca}	5.79±0.010^{Cb}	5.63±0.010^{Ca}

注：同行不同小写字母肩注表示差异显著（$P<0.05$），同列不同大写字母肩注表差异显著（$P<0.05$）。

腌制后各组的pH均在5.6~5.9，添加的发酵剂不同，在产酸速度上也有明显的差异。发酵剂组和混合组的pH从腌制后到发酵后急剧下降，发酵结束时发酵剂组和混合组的pH远低于对照组和香辛料组的pH（$P<0.05$）。在干燥后，各组pH均有所上升，可能是由于微生物及肉组织中酶的作用，使发酵肉干中的蛋白质发生降解，产生一些碱性的含氮物质。然而，此时期发酵剂组和混合组的pH明显小于其他两组（$P<0.05$）。在成熟后，各组的pH变化幅度均不大。在模拟风干后，其pH变化不大，两种工艺的pH接近。

（2）抗氧化乳酸菌对发酵羊肉干水分活度的影响　由表5-22可以看出，在发酵羊肉干的制作过程中其A_W均呈下降趋势。在腌制结束后，各组A_W值均在0.93左右。在发酵结束后，发酵剂组的A_W显著低于其他三组（$P<0.05$）。在干燥后，发酵剂组和香辛料组A_W显著低于其他两组（$P<0.05$）。在成熟后，其A_W值均降到0.8以下，据研究表明，$A_W<0.9$时可以抑制腐败微生物的生长繁殖（Mataragas et al.，2015）。在模拟风干后，A_W值降到0.7以下。此外，对比两种工艺，可以看出模拟工厂风干后的A_W显著低于传统加工工艺的A_W（$P<0.05$），模拟工厂风干的肉干更干，这也是风干肉的一个特点。

表5-22 发酵羊肉干水分活度的变化

阶段	对照组	发酵剂组	香辛料组	混合组
腌制后	0.941±0.001^{Eb}	0.934±0.001^{Ea}	0.931±0.001^{Ea}	0.936±0.002^{Eb}
发酵后	0.932±0.001^{Dd}	0.912±0.001^{Da}	0.925±0.001^{Dc}	0.917±0.001^{Db}
干燥后	0.866±0.006^{Cd}	0.853±0.001^{Ca}	0.857±0.001^{Cb}	0.861±0.001^{Cc}
成熟后	0.796±0.001^{Bd}	0.733±0.001^{Ba}	0.783±0.001^{Bc}	0.754±0.002^{Bb}
模拟风干后	0.654±0.001^{Aa}	0.666±0.001^{Ab}	0.682±0.001^{Ad}	0.673±0.003^{Ac}

注：同行不同小写字母肩注表示差异显著（$P<0.05$），同列不同大写字母肩注表示差异显著（$P<0.05$）。

（3）抗氧化乳酸菌对发酵羊肉干色差的影响　本研究四组发酵羊肉干L^*、a^*、b^*见表5-23。在发酵羊肉干整个制作过程中，发酵剂组的a^*均高于其他三组（$P<0.05$）。说

明添加发酵剂可以有效改善发酵羊肉干的色泽,使其颜色更鲜艳,更易吸引消费者。两个工艺比较,模拟工厂风干后各组的 a^* 显著低于传统工艺($P<0.05$),L^* 显著高于传统工艺($P<0.05$),说明传统发酵肉干具有独特的色泽。

表 5-23 发酵羊肉干色差的变化

阶段	组别	L^*	a^*	b^*
腌制后	对照组	39.92±0.032^{Db}	13.65±0.055^{Bb}	10.89±0.102^{Ca}
	发酵剂组	41.32±0.064^{Ed}	20.79±0.121^{Cc}	12.03±0.053^{De}
	香辛料组	36.88±0.051^{Da}	10.53±0.040^{Ba}	11.70±0.017^{Db}
	混合组	40.46±0.179^{De}	10.89±0.600^{Ba}	12.84±0.052^{Dd}
发酵后	对照组	39.03±0.165^{Cd}	20.23±0.082^{Ec}	9.60±0.025^{Ba}
	发酵剂组	38.75±0.064^{De}	21.17±0.070^{Ed}	9.63±0.053^{Aa}
	香辛料组	34.12±0.050^{Ca}	17.96±0.050^{Eb}	9.57±0.062^{Ba}
	混合组	35.59±0.101^{Cb}	14.53±0.058^{Ca}	9.75±0.060^{Ab}
干燥后	对照组	32.59±0.026^{Ad}	15.19±0.006^{Cb}	9.26±0.015^{Aa}
	发酵剂组	31.17±0.038^{Ab}	21.08±0.127^{Dd}	9.63±0.069^{Bc}
	香辛料组	30.05±0.015^{Aa}	14.22±0.017^{Ca}	9.35±0.020^{Ab}
	混合组	32.40±0.029^{Ac}	16.22±0.072^{Ec}	11.48±0.023^{Cd}
成熟后	对照组	36.71±0.042^{Bc}	15.72±0.010^{Db}	11.05±0.006^{Dc}
	发酵剂组	37.66±0.010^{Bd}	16.82±0.006^{Bd}	11.54±0.015^{Cd}
	香辛料组	33.41±0.015^{Bb}	14.89±0.023^{Da}	9.82±0.006^{Ca}
	混合组	32.83±0.010^{Ba}	16.02±0.015^{Dc}	10.80±0.020^{Bb}
模拟风干后	对照组	48.06±0.076^{Ed}	9.75±0.086^{Ab}	15.80±0.010^{Ec}
	发酵剂组	38.36±0.081^{Ca}	15.19±0.023^{Ad}	14.23±0.079^{Ea}
	香辛料组	44.02±0.416^{Ec}	9.29±0.038^{Aa}	15.44±0.044^{Eb}
	混合组	43.45±0.044^{Eb}	10.07±0.015^{Ac}	16.38±0.035^{Ed}

注:不同大写字母肩注表示同组不同阶段差异显著($P<0.05$),不同小写字母肩注表示同阶段组间差异显著($P<0.05$)。

(4)抗氧化乳酸菌对发酵羊肉干质构的影响 如表 5-24 所示,在发酵羊肉干成熟后,各组之间的硬度关系为混合组<发酵剂组<对照组<香辛料组,说明添加发酵剂对羊肉干的硬度有所改善。对照组的弹性值显著高于其他三组($P<0.05$);发酵羊肉干的黏聚性的关系为发酵剂组<混合组<香辛料组<对照组。发酵剂组的咀嚼性显著低于对照组($P<0.05$)。结合各组的硬度、弹性、黏聚性和咀嚼性来看,发酵剂组在质构方面具有显著的优势,推测抗氧化发酵剂能够改善肉干质构。

表5-24 发酵羊肉干质构指标

组别	硬度/(kg/cm²)	弹性	黏聚性/(kg/cm²)	咀嚼性/kg
对照组	2837.508±307.947^B	0.964±0.028^B	0.810±0.049^C	2153.913±337.754^B
发酵组	2206.094±186.133^A	0.866±0.024^A	0.594±0.055^A	1191.205±62.657^A
香辛料	3344.890±540.494^B	0.878±0.050^A	0.689±0.009^B	1977.816±273.211^B
混合组	1925.531±640.543^A	0.892±0.016^A	0.599±0.006^A	940.306±52.594^A

注：同列不同大写字母肩注表示差异显著（$P<0.05$）。

（5）抗氧化乳酸菌对发酵羊肉干亚硝酸盐含量的影响 本研究发酵羊肉干亚硝酸盐含量的变化见表5-25。在腌制后，发酵剂组与香辛料组的差异显著（$P<0.05$）。在发酵后，除对照组外的其他三组亚硝酸盐含量均显著增加（$P<0.05$）。在成熟后，对照组和香辛料组与发酵剂组和混合组亚硝酸盐含量差异显著（$P<0.05$）。这就说明了发酵剂对亚硝酸盐有抑制或减少的作用。两种工艺相比较，模拟风干后各组亚硝酸盐含量并无显著变化（$P>0.05$）。并且两种工艺各组羊肉干的亚硝酸盐含量均小于国家规定的30mg/kg。

表5-25 发酵羊肉干亚硝酸盐含量的变化表　　　　　　　　　　　　　　单位：mg/kg

组别	腌制后	发酵后	干燥后	成熟后	模拟风干后
对照组	2.313±0.24^{Bc}	1.873±0.093^{Aa}	2.105±0.14^{Ab}	2.552±0.21^{Dd}	2.682±0.26^{Cd}
发酵剂组	2.387±0.25^{Bb}	3.315±0.104^{Dd}	2.892±0.06^{Bc}	0.862±0.14^{Ba}	0.862±0.18^{Aa}
香辛料组	1.889±0.06^{Ab}	2.279±0.124^{Bc}	2.398±0.14^{Ac}	1.471±0.04^{Ca}	1.516±0.16^{Ba}
混合组	2.256±0.16^{Bb}	2.692±0.092^{Cc}	3.259±0.09^{Bd}	0.542±0.17^{Aa}	0.517±0.27^{Aa}

注：同行不同小写字母肩注表示差异显著（$P<0.05$），同列不同大写字母肩注表示差异显著（$P<0.05$）。

（6）抗氧化乳酸菌对发酵羊肉干硫代巴比妥酸值的影响

TBARS就是反映脂肪氧化的指标之一，本研究通过对发酵羊肉干TBARS的测定，分析发酵是否可以减少肉的脂肪氧化，结果见图5-34、表5-26。由图5-34可以看出，各组羊肉干的TBARS随着时间的增加而增加；根据表5-26可以得出，在腌制前，各组之间的TBARS差异不显著（$P>0.05$），在腌制后，各组之间的TBARS为对照组>香辛料组>发酵剂>混合组。混合组在成熟后最终的TBARS值是0.563mg/100g，此组的脂肪氧化程度最小，其次为发酵剂组、香辛料组和对照组，这说明发酵剂和香辛料都有效地降低了脂肪氧化程度。模拟工厂风干后混合组的TBARS值为0.581mg/100g，显著低于其他三组（$P<0.05$），在四组中的氧化程度最小，这进一步说明发酵剂和香辛料具有抗脂肪氧化作用。模拟工厂风干工艺各组的TBARS略高于传统发酵肉干工艺，但是相差不大，说明在两种工艺中添加发酵剂和香辛料都可以有效地降低脂肪的氧化程度。

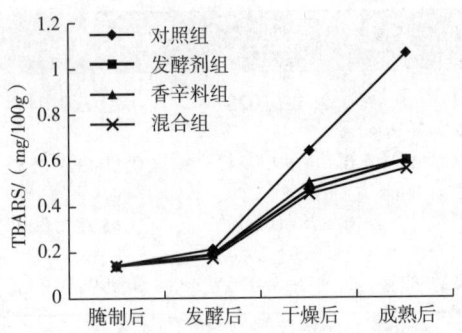

图 5-34 发酵羊肉干 TBARS 的变化

表 5-26　发酵羊肉干 TBARS 变化　　　　　　　　　　　　　单位：mg/100g

阶段	对照组	发酵剂组	香辛料组	混合组
腌制前	0.147 ± 0.005^{Aa}	0.146 ± 0.004^{Aa}	0.144 ± 0.006^{Aa}	0.144 ± 0.004^{Aa}
腌制后	0.217 ± 0.003^{Bc}	0.191 ± 0.005^{Bb}	0.193 ± 0.007^{Bb}	0.176 ± 0.001^{Ba}
发酵后	0.452 ± 0.002^{Cd}	0.312 ± 0.004^{Ca}	0.396 ± 0.002^{Cc}	0.349 ± 0.004^{Cb}
干燥后	0.640 ± 0.001^{Dd}	0.476 ± 0.003^{Db}	0.501 ± 0.004^{Dc}	0.451 ± 0.003^{Da}
成熟后	1.069 ± 0.004^{Ed}	0.598 ± 0.006^{Eb}	0.603 ± 0.003^{Ec}	0.563 ± 0.015^{Ea}
模拟风干后	1.163 ± 0.004^{Fd}	0.601 ± 0.004^{Eb}	0.617 ± 0.001^{Fc}	0.581 ± 0.024^{Fa}

注：同行不同小写字母肩注表示差异显著（$P<0.05$），同列不同大写字母肩注表示差异显著（$P<0.05$）。

2. 抗氧化乳酸菌对发酵羊肉干微生物指标的影响

（1）抗氧化乳酸菌对发酵羊肉干细菌总数的影响　本研究各组发酵羊肉干在制作过程中细菌总数变化如图 5-35、图 5-36 所示。由图 5-35 可知，发酵后发酵剂组的细菌总数为 8.5×10^9 CFU/g，高于其他三组，这可能是由于在发酵过程中，添加发酵剂使得微生物生长繁殖快，其细菌总数也会随之增加。由图 5-36 可知，模拟工厂风干后，各组细菌总数的含量均下降，但发酵剂组的细菌总数为 1.12×10^3 CFU/g，仍高于其他三组。两种加工工艺加工后各组的细菌总数相差不大，模拟工厂风干后各组的细菌总数略低于传统发酵工艺后各组的细菌总数。

（2）抗氧化乳酸菌对发酵羊肉干大肠菌群的影响　羊肉干中的初始肠杆菌科菌主要来自原料肉、辅料以及加工环节和环境卫生等方面的污染。在肉干加工过程中添加发酵剂并利用其产酸性能降低 pH，可以抑制大肠菌群的生长繁殖。

由图 5-37 和图 5-38 可以看出，在腌制后各组大肠菌群的数量差异不大，但发酵剂组略低；在发酵后，对照组的大肠菌群数有所增加，但其余三组均减少，其中发酵剂组的大肠菌群数低于其他三组，这说明在发酵过程中添加抗氧化乳酸菌发酵剂能够抑制大肠菌群的生长，保证产品的安全性；在干燥后，各组均含有少量的大肠菌群；两种工艺加工过后，各组均未检测出大肠菌群。

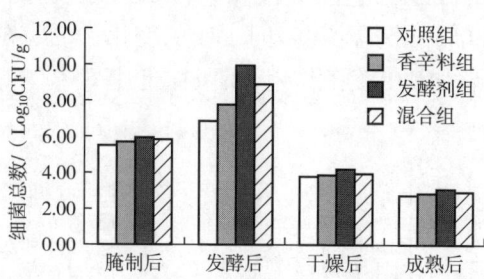

图 5-35　传统工艺发酵羊肉干制作过程中细菌总数的变化

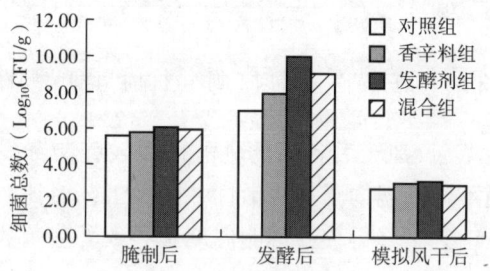

图 5-36　模拟工厂风干发酵羊肉干制作过程中细菌总数的变化

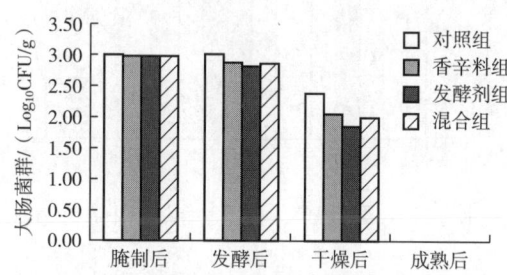

图 5-37　传统工艺发酵羊肉干加工过程中大肠菌群的变化

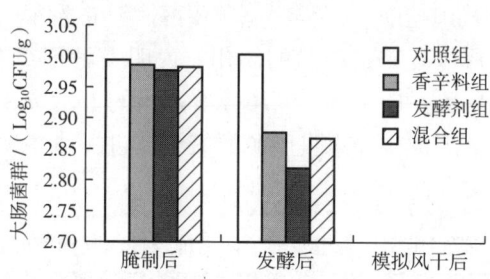

图 5-38　模拟工厂风干发酵羊肉干加工过程中大肠菌群的变化

（3）抗氧化乳酸菌对发酵羊肉干乳酸菌数的影响　乳酸菌对于发酵肉制品质构、颜色和风味的形成起着至关重要的作用，同时通过产生乳酸及抗菌性代谢产物抑制腐败菌的产生，保证产品的质量。

由图 5-39 可知，在腌制后各组乳酸菌数相差不大；在发酵后，发酵剂组的乳酸菌数显著高于其他三组（$P<0.05$），结合各组肉干 pH 的变化，说明在发酵过程中乳酸菌是其优势菌株，添加发酵剂能够加快其发酵作用，使 pH 迅速下降。

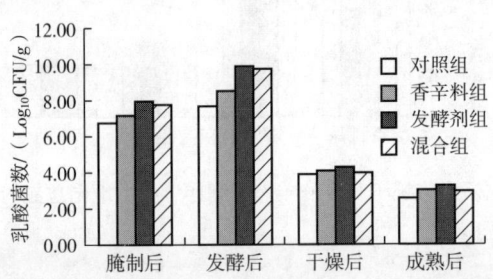

图 5-39　传统工艺发酵羊肉干制作过程中乳酸菌数的变化

由图 5-40 可知，模拟工厂风干后各组的乳酸菌数较腌制和发酵后下降，说明在模拟风干过程中温度的升高使不耐高温的菌失去活性。两种工艺对比，模拟工厂风干后各组的乳酸菌数较传统发酵肉干工艺下降得快，说明温度是导致乳酸菌数下降的主要因素。

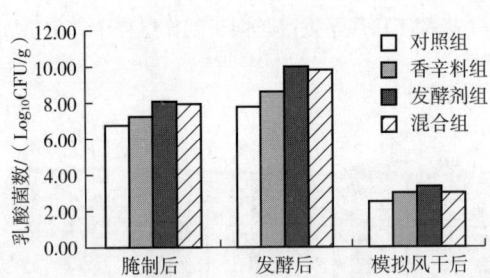

图 5-40　模拟工厂风干发酵羊肉干制作过程中乳酸菌数的变化

3. 抗氧化乳酸菌对发酵羊肉干风味物质的影响

（1）腌制后各组发酵羊肉干挥发性风味物质　由表 5-27 可以看出，腌制后检出的醛类包括壬醛、正辛醛、反式肉桂醛、4-异丙基苯甲醛，其中发酵剂组的壬醛含量低于对照组（$P<0.05$），壬醛的形成主要来自脂肪的氧化，说明发酵剂组有效减少了脂肪的氧化；醇类包括乙醇、1-辛烯-3-醇、1-辛醇，其中发酵剂组的 1-辛烯-3-醇、1-辛醇含量显著低于对照组（$P<0.05$），其形成主要来自脂肪的氧化，进一步说明发酵剂的添加减少了脂肪的氧化。

表 5-27　腌制后各组发酵羊肉干挥发性风味物质的含量　　　　单位：μg/500g

分类	名称	对照组	发酵剂组	香辛料组	混合组
烷类	十一烷	ND	0.35±0.006	ND	ND
	三氯甲烷	0.37±0.006[a]	ND	1.3±0.005[b]	ND
胺类	N,N-二丁基甲酰胺	0.88±0.003[a]	0.99±0.006[b]	ND	ND

续表

分类	名称	对照组	发酵剂组	香辛料组	混合组
醛类	正辛醛	0.57±0.003^b	0.44±0.003^a	ND	ND
	壬醛	2.69±0.007^b	1.73±0.006^a	ND	ND
	4-异丙基苯甲醛	0.57±0.003	ND	ND	ND
	反式肉桂醛	2.58±0.007^a	ND	82.39±0.507^c	80.48±0.403^b
	己醛	ND	0.58±0.004	ND	ND
	庚醛	ND	0.24±0.002	ND	ND
	苯甲醛	ND	0.35±0.004^a	ND	1.22±0.003^b
	4-异丙基苯甲醛	ND	ND	227.60±1.003^b	204.65±1.003^a
	2-甲氧基肉桂醛	ND	ND	1.97±0.002^b	1.95±0.005^a
醚类	4-烯丙基苯甲醚	1.86±0.002^b	1.16±0.003^a	146.00±2.001^d	145.58±2.001^c
	对丙烯基茴香醚	7.03±0.005^b	3.91±0.003^a	398.57±2.001^d	294.26±2.001^c
醇类	乙醇	1.66±0.003^c	1.15±0.002^b	2.26±0.006^d	1.11±0.002^a
	1-辛烯-3-醇	1.12±0.006^b	0.37±0.003^a	ND	ND
	1-辛醇	0.69±0.004^b	0.58±0.003^a	ND	ND
	1-戊醇	ND	0.21±0.004	ND	ND
	正己醇	ND	0.32±0.003	ND	ND
	2-乙基己醇	ND	0.29±0.003^a	ND	1.94±0.002^b
	桉叶油醇	ND	ND	1.67±0.004	ND
	芳樟醇	ND	ND	9.49±0.007^a	12.15±0.002^b
	A-毕橙茄醇	ND	ND	1.72±0.002	ND
酮类	葑酮	8.69±0.006^b	ND	ND	5.86±0.075^a
	1,3,3-三甲基-二环[2.2.1]庚-2-酮	ND	ND	6.94±0.055	ND
酯类	乙酸甲酯	0.89±0.004	ND	ND	ND
	丁酸甲酯	0.26±0.003	ND	ND	ND
	己酸甲酯	0.89±0.004^a	1.21±0.005^b	ND	ND
	庚酸甲酯	0.30±0.004^a	0.36±0.003^b	ND	ND
	苯甲酸甲酯	0.33±0.002^a	0.36±0.003^b	ND	ND
	辛酸甲酯	2.12±0.007^b	1.54±0.006^a	ND	ND
	壬酸甲酯	0.52±0.003^a	0.74±0.005^b	ND	ND
	癸酸甲酯	0.97±0.002^b	0.67±0.003^a	ND	ND
	月桂酸甲酯	2.11±0.006^b	1.32±0.004^a	ND	ND
	十四酸甲酯	0.23±0.003^a	0.23±0.002^a	ND	ND
	棕榈酸甲酯	0.78±0.004	ND	ND	ND

续表

分类	名称	对照组	发酵剂组	香辛料组	混合组
酸类	L-丙氨酰甘氨酸	0.77±0.004	ND	ND	ND
	3-氨基丁酸	1.15±0.003^b	1.05±0.003^a	ND	ND
酚类	丁香酚	1.17±0.002^b	0.80±0.004^a	176.65±2.006^d	136.61±2.002^c
	1-石竹烯	0.99±0.003^b	0.52±0.002^a	36.67±0.012^d	25.39±0.014^c
烯类	α-蒎烯	1.43±0.005^b	0.59±0.003^a	41.88±0.005^d	31.32±0.012^c
	氧化石竹烯	ND	ND	2.40±0.003	ND
	α-石竹烯	ND	ND	7.58±0.006^b	4.42±0.007^a
	右旋苧二烯	ND	ND	4.95±0.005^a	6.09±0.006^b
	萜品烯	ND	ND	11.61±0.010^b	10.69±0.010^a
	左旋-β-蒎烯	ND	ND	3.58±0.006^b	3.47±0.006^a
	反式角鲨烯	ND	ND	ND	65.75±0.007
其他	双甘肽	0.53±0.003	ND	ND	ND
	苯并噻唑	0.37±0.006	ND	ND	ND
	邻异丙基甲苯	ND	ND	4.67±0.007	ND
	间异丙基甲苯	ND	ND	ND	4.17±0.006

注：同行不同小写字母肩注表示差异显著（$P<0.05$），"ND"表示未检测到。

（2）发酵后各组发酵羊肉干挥发性风味物质　由表5-28可以看出，在发酵后，混合组的4-异丙基苯甲醛含量显著高于其他三组（$P<0.05$），4-异丙基苯甲醛主要来源于香辛料，它能赋予肉干独特的香味。酸类主要包括乙酸和L-丙氨酰甘氨酸。醇类主要包括苯乙醇和芳樟醇等，此物质有特殊的香味，芳樟醇作为香精常被用于蜂蜜、面包等加工生产中。酮类物质主要包括3-羟基-2-丁酮和2-庚酮，这些风味物质均来自脂肪的氧化，其含量越高标志着脂肪氧化程度更高。

表5-28　发酵后各组发酵羊肉干挥发性风味物质的含量　　单位：μg/500g

分类	名称	对照组	发酵剂组	香辛料组	混合组
醛类	苯甲醛	3.98±0.006^b	3.91±0.004^a	ND	ND
	4-异丙基苯甲醛	5.64±0.007^a	8.09±0.007^b	91.24±0.093^c	114.07±1.007^d
	反式肉桂醛	ND	ND	64.60±0.007^a	104.66±2.007^b
醚类	4-烯丙基苯甲醚	75.49±0.004^a	134.05±1.105^b	521.48±2.006^d	479.43±2.006^c
	对丙烯基茴香醚	1.56±0.003^a	4.07±2.007^b	6.77±0.006^c	5.93±0.007^c

续表

分类	名称	对照组	发酵剂组	香辛料组	混合组
醇类	异戊醇	26.39±0.005^c	11.81±0.003^a	ND	12.47±0.006^b
	(2S,3S)-(+)-2,3-丁二醇	20.96±0.006^c	9.04±0.004^b	6.20±0.003^a	ND
	2,3-丁二醇	10.89±0.010	ND	ND	ND
	1-辛烯-3-醇	1.42±0.003^a	1.67±0.005^b	ND	ND
	1-十一醇	1.85±0.002^a	2.94±0.003^b	ND	ND
	芳樟醇	11.02±0.006^a	17.16±0.007^b	27.35±0.008^c	27.37±0.008^c
	苯乙醇	7.58±0.005^b	5.37±0.004^a	7.12±0.005^b	7.59±0.006^b
	2-莰醇	1.15±0.002^a	1.87±0.003^b	ND	ND
	对异丙基苯甲醇	14.47±0.007^a	23.01±0.006^b	135.30±2.001^d	108.84±1.002^c
	2-甲基-1-丁醇	ND	1.27±0.003	ND	ND
	(2R,3R)-(-)-2,3-丁二醇	ND	13.03±0.004	ND	ND
	桉叶油醇	ND	1.35±0.002	ND	ND
	3-苯丙醇	ND	1.44±0.003^a	ND	8.22±0.012^b
	A-毕橙茄醇	ND	ND	3.90±0.004	ND
	肉桂醇	ND	ND	13.23±0.006^a	17.76±0.006^b
	桉叶油醇	ND	ND	ND	5.22±0.003
酮类	3-羟基-2-丁酮	210.51±2.01^d	108.30±1.003^b	130.70±0.005^c	72.22±2.005^a
	2-庚酮	9.62±0.003^b	5.78±0.004^a	ND	ND
	1,3,3-三甲基-二环[2.2.1]庚-2-酮	10.54±0.010^a	ND	22.31±0.007^c	19.76±0.007^b
	2-丁酮	ND	23.02±0.006^c	11.05±0.005^b	10.30±ND0.010^a
	丙酮	ND	7.01±0.005	ND	ND
	2-戊酮	ND	1.59±0.003	ND	ND
酸类	L-丙氨酰甘氨酸	ND	ND	ND	5.79±0.004
	乙酸	ND	ND	ND	14.64±0.006
酚类	甲基丁香酚	1.08±0.002^a	1.54±0.003^b	ND	ND
	丁香酚	153.45±2.06^a	263.92±2.204^b	763.99±3.005^d	747.63±3.002^c

续表

分类	名称	对照组	发酵剂组	香辛料组	混合组
烯类	α-蒎烯	4.23±0.003[b]	1.20±0.002[a]	257.03±2.026[c]	329.45±3.006[d]
	1-石竹烯	8.86±0.004[b]	1.76±0.003[a]	309.15±3.005[d]	254.65±1.008[c]
	萜品烯	ND	1.39±0.002[a]	83.03±0.007[c]	64.55±0.007[b]
	左旋-β-蒎烯	ND	ND	27.57±0.005[b]	22.00±0.012[a]
	β-蒎烯	ND	ND	5.55±0.003	ND
	右旋萜二烯	ND	ND	52.60±0.007[b]	30.32±0.006[a]
	氧化石竹烯	ND	ND	8.00±0.002[b]	7.85±0.006[a]
	α-石竹烯	ND	ND	46.48±0.009[b]	42.19±0.008[a]
其他	氨基甲酸铵	16.82±0.006	ND	ND	ND
	苯并噻唑	1.97±0.003[b]	1.70±0.004[a]	ND	ND
	二氧化碳	ND	4.32±0.005[a]	24.77±0.007[b]	27.41±0.009[c]
	邻异丙基甲苯	ND	ND	28.46±0.006[b]	21.94±0.007[a]

注：同行不同小写字母肩注表示差异显著（$P<0.05$），"ND"表示未检测到。

（3）干燥后各组发酵羊肉干挥发性风味物质　由表5-29可以看出，在干燥后检出的醛类主要包括异戊醛、戊醛、苯甲醛、苯乙醛、壬醛等，这些物质只在对照组检测到了少量，其余三组均未检测到，这些风味物质含量越高标志着脂肪氧化程度更高，说明发酵剂组、香辛料组以及混合组都有效地减少了脂质氧化。醇类主要包括异戊醇、（$2S,3S$）-（+）-2,3-丁二醇、桉叶油醇、1-十一醇、芳樟醇、苯乙醇、对异丙基苯甲醇等，其中异戊醇、1-十一醇、桉叶油醇均来自脂肪的氧化，对照组的这类物质含量显著高于其他三组（$P<0.05$），其中桉叶油醇和1-十一醇在其他三组并未检测到，说明其他三组有效减少了脂肪的氧化。

表5-29　干燥后各组发酵羊肉干挥发性风味物质的含量　　单位：μg/500g

分类	名称	对照组	发酵剂组	香辛料组	混合组
烷类	十甲基五硅氧烷	ND	0.85±0.004	ND	ND
胺类	三甲胺	ND	13.08±0.006[b]	2.80±0.002[a]	ND
醛类	异戊醛	5.02±0.003	ND	ND	ND
	戊醛	1.55±0.005	ND	ND	ND
	苯甲醛	2.31±0.004	ND	ND	ND
	苯乙醛	3.69±0.007	ND	ND	ND
	4-异丙基苯甲醛	2.54±0.003[a]	ND	ND	37.03±0.009[b]
	对异丙基苯甲醇	ND	ND	ND	48.11±0.403
	反式肉桂醛	ND	ND	10.71±0.004[a]	19.59±0.006[b]
	壬醛	0.78±0.003	ND	ND	ND

续表

分类	名称	对照组	发酵剂组	香辛料组	混合组
醚类	对丙烯基茴香醚	1.28±0.002[a]	145.34±2.02[b]	568.75±2.06[c]	641.98±3.005[d]
	4-烯丙基苯甲醚	71.47±0.009[a]	ND	263.12±1.003[b]	266.80±2.001[c]
醇类	乙醇	6.70±0.003	ND	ND	ND
	异戊醇	19.81±0.004[d]	10.32±0.003[c]	9.44±0.005[a]	9.67±0.003[b]
	2-甲基-1-丁醇	2.99±0.002	ND	ND	ND
	(2S,3S)-(+)-2,3-丁二醇	28.75±0.009[c]	17.61±0.007[b]	ND	3.44±0.003[a]
	桉叶油醇	1.02±0.002	ND	ND	ND
	1-十一醇	25.38±0.006	ND	ND	ND
	芳樟醇	7.18±0.004[a]	8.05±0.005[b]	18.94±0.007[d]	13.24±0.004[c]
	苯乙醇	5.99±0.003[c]	2.50±0.003[a]	3.73±0.002[b]	9.52±0.004[d]
	对异丙基苯甲醇	5.89±0.002[b]	4.73±0.003[a]	31.65±0.007[c]	48.11±0.008[d]
	十九醇	0.97±0.002	ND	ND	ND
	肉桂醇	ND	ND	3.33±0.003[a]	5.46±0.004[b]
	甲硫醇	ND	ND	ND	2.64±0.003
酮类	丙酮	4.34±0.003[b]	8.83±0.004[d]	6.73±0.005[c]	3.90±0.002[a]
	3-羟基-2-丁酮	125.76±1.005[c]	137.30±1.10[d]	89.85±0.023[b]	50.11±0.009[a]
	2-庚酮	5.99±0.003	ND	ND	ND
	2-壬酮	12.93±0.004[a]	ND	ND	14.54±0.005[b]
	2-丁酮	ND	31.83±0.009[c]	15.88±0.005[a]	19.18±0.008[b]
	2-戊酮	ND	2.48±0.003	ND	ND
	仲辛酮	ND	1.26±0.002	ND	ND
	1,3,3-三甲基-二环[2.2.1]庚-2-酮	ND	ND	16.81±0.009	ND
酯类	乙酸异戊酯	1.89±0.003	ND	ND	ND
酸类	L-丙氨酰甘氨酸	7.44±0.005	ND	ND	ND
	乙酸	51.86±0.008[b]	ND	51.72±0.009[a]	ND
	丙醯胺酸	0.89±0.002	ND	ND	ND
	异戊酸	0.98±0.003[a]	ND	ND	3.90±0.004[b]
	草酸	ND	ND	3.91±0.003	ND
酚类	丁香酚	67.20±0.423[b]	60.94±0.240[a]	232.43±2.05[c]	284.69±2.008[d]

续表

分类	名称	对照组	发酵剂组	香辛料组	混合组
烯类	萜品烯	2.27±0.003^b	1.59±0.002^a	56.36±0.104^c	67.37±0.203^d
	α-蒎烯	4.07±0.004^a	ND	181.62±1.35^b	ND
	1-石竹烯	4.20±0.003^b	1.70±0.002^a	84.24±0.121^c	206.61±2.102^d
	苯乙烯	ND	ND	4.56±0.003	ND
	蒎烯	ND	ND	3.04±0.002^b	2.94±0.003^a
	左旋-β-蒎烯	ND	ND	20.79±0.006^a	26.37±0.007^b
	β-蒎烯	ND	ND	5.08±0.003^a	9.64±0.005^b
	2-甲基-5-（1-甲基）-1,3-环己二烯	ND	ND	1.98±0.002	ND
	右旋萜二烯	ND	ND	39.71±0.009^b	32.91±0.1204^a
	雪松烯	ND	ND	2.94±0.002^a	4.58±0.003^b
	α-石竹烯	ND	ND	12.53±0.003^a	29.32±0.008^b
	1-十一烯	ND	ND	ND	8.89±0.003
其他	二硫化碳	18.28±0.005^b	ND	ND	14.58±0.004^a
	2,3,5-三甲基吡嗪	1.44±0.002^a	2.20±0.003^b	ND	ND
	邻异丙基甲苯	1.34±0.003^a	ND	18.45±0.006^b	21.68±0.008^c
	二氧化碳	ND	11.59±0.003^a	19.52±0.005^c	13.67±0.004^b
	2,6-二甲基吡嗪	ND	1.23±0.002	ND	ND
	合成右旋龙脑	ND	0.70±0.004	ND	ND

注：同行不同小写字母肩注表示差异显著（$P<0.05$），"ND"表示未检测到。

（4）成熟后各组发酵羊肉干挥发性风味物质　由表5-30可以看出，成熟后检出的醇类主要包括异戊醇、旋性戊醇、苯乙醇、芳樟醇、对异丙基苯甲醇等。其中异戊醇来自脂肪的氧化，其他的醇类物质大部分由碳水化合物分解产生。醛类物质大多是从对照组及发酵剂组检出，说明香辛料可以有效地降低脂肪的氧化程度。其中对照组己醛显著高于发酵剂组（$P<0.05$）；苯乙醛在发酵剂组的含量显著低于对照组（$P<0.05$）；发酵剂组和对照组中壬醛的含量相当。在香辛料组和混合组均未检出这三种醛类物质。

表5-30　成熟各组发酵羊肉干挥发性风味物质的含量　　　　单位：μg/100g

分类	名称	对照组	发酵剂组	香辛料组	混合组
烷类	十甲基环五硅氧烷	2.83±0.003^b	0.78±0.002^a	ND	ND
	三氯甲烷	3.89±0.002^b	5.23±0.003^c	2.51±0.003^a	ND
胺类	三甲胺	ND	ND	ND	11.79±0.004

续表

分类	名称	对照组	发酵剂组	香辛料组	混合组
醛类	3-甲基丁醛	14.02±0.03^d	5.65±0.004^c	4.88±0.002^a	5.36±0.003^b
	2-甲基丁醛	7.36±0.005^d	3.56±0.003^c	2.86±0.002^a	2.87±0.003^b
	己醛	5.53±0.005^b	1.56±0.002^a	ND	ND
	庚醛	1.57±0.003^a	1.86±0.002^b	ND	ND
	苯甲醛	7.36±0.003^b	6.53±0.004^a	17.61±0.005^c	19.86±0.006^d
	苯乙醛	3.86±0.002^b	1.14±0.003^a	ND	ND
	壬醛	3.26±0.004^a	3.26±0.005^a	ND	ND
	戊醛	ND	1.83±0.003	ND	ND
醚类	4-异丙基苯甲醚	ND	2.19±0.004^a	ND	58.88±0.1021^b
	反式-2-壬烯醛	ND	ND	2.63±0.003	ND
	4-烯丙基苯甲醚	31.29±0.20^a	58.63±0.009^b	284.12±2.017^d	219.05±2.001^c
	对丙烯基茴香醚	0.81±0.002^a	1.21±0.003^b	4.28±0.003^d	3.24±0.002^c
醇类	乙醇	12.34±0.06^a	15.73±0.005^b	ND	ND
	甲硫醇	1.26±0.002^b	1.09±0.003^a	ND	ND
	异戊醇	9.83±0.004^c	11.24±0.005^d	8.19±0.004^b	4.19±0.003^a
	旋性戊醇	1.41±0.003^b	0.86±0.004^a	ND	ND
	(2S,3S)-(+)-2,3-丁二醇	54.64±0.105	ND	ND	ND
	桉叶油醇	0.87±0.004^a	1.69±0.003^b	ND	ND
	苯乙醇	2.64±0.003^b	1.97±0.002^a	3.24±0.003^d	2.89±0.004^c
	芳樟醇	4.59±0.005^a	5.87±0.004^b	22.73±0.009^d	18.26±0.007^c
	对异丙基苯甲醇	2.64±0.003^a	2.93±0.003^a	17.66±0.007^c	11.57±0.005^b
	1-戊醇	ND	0.85±0.002	ND	ND
	1-辛烯-3-醇	ND	1.78±0.004	ND	ND
	3-苯丙醇	ND	ND	3.84±0.003^b	3.25±0.004^a
	肉桂醇	ND	ND	4.87±0.002^a	5.83±0.004^b
酮类	2-庚酮	4.44±0.003	ND	ND	ND
	2,3-庚烷二酮	2.27±0.002^b	1.24±0.003^a	ND	ND
	3-羟基-2-丁酮	36.48±0.06^b	ND	10.68±0.005^a	ND
	3-甲基-2-丁酮	ND	1.12±0.002	ND	ND
	1,3,3-三甲基-二环[2.2.1]庚-2-酮	ND	ND	20.24±0.008	ND
酯类	异戊酸乙酯	0.73±0.107	ND	ND	ND
	乙酸异戊酯	ND	0.78±0.004	ND	ND
	花生四烯酸甲酯	ND	ND	ND	1.98±0.003

续表

分类	名称	对照组	发酵剂组	香辛料组	混合组
酸类	L-丙氨酰甘氨酸	6.73±0.003^b	1.67±0.003^a	ND	ND
	醋酸	45.65±0.09^b	33.83±0.007^a	119.78±1.104^c	ND
	异戊酸	ND	2.36±0.003^a	ND	4.72±0.004^b
	乙酸	ND	ND	ND	34.39±0.008
	2-甲基丁酸	ND	ND	4.99±0.003^b	2.83±0.002^a
	丙酸	ND	ND	9.39±0.006	ND
	异丁酸	ND	ND	ND	11.74±0.003
	二十碳五烯酸	ND	1.53±0.003^a	1.69±0.006^b	2.43±0.004^c
	油酸	2.35±0.003^d	1.62±0.007^b	1.86±0.004^c	1.25±0.002^a
酚类	丁香酚	39.45±0.13^a	34.32±0.007^a	180.57±1.109^c	144.86±1.004^b
烯类	α-蒎烯	4.88±0.003^a	4.53±0.002^a	254.21±2.230^c	140.53±1.008^b
	1-石竹烯	2.67±0.002^b	1.35±0.003^a	115.74±2.003^d	75.13±0.1202^c
	萜品烯	1.26±0.003^a	3.79±0.004^b	83.51±0.006^d	72.46±0.007^c
	α-石竹烯	ND	ND	15.66±0.004^b	10.14±0.003^a
	右旋萜二烯	ND	ND	50.24±0.006^a	62.53±0.007^b
	左旋-β-蒎烯	ND	ND	28.13±0.003^b	22.58±0.007^a
	月桂烯	ND	ND	7.84±0.003	ND
	蒎烯	ND	ND	3.24±0.005^a	3.36±0.003^b
	苯乙烯	ND	ND	10.42±0.004^b	8.42±0.003^a
	β-蒎烯	ND	ND	ND	7.43±0.006
	罗勒烯	ND	ND	ND	2.33±0.002
其他	二硫化碳	2.13±0.003^b	0.97±0.002^a	ND	ND
	对二甲苯	0.26±0.002	ND	ND	ND
	2,3,5-四甲基吡嗪	72.41±0.008^a	194.65±0.163^b	223.41±2.740^c	143.54±1.201^b
	2,6-二甲基吡嗪	3.34±0.004^a	ND	4.61±0.003^b	ND
	2,3-二甲基吡嗪	5.45±0.003^b	ND	4.62±0.004^a	6.53±0.004^c
	邻异丙基甲苯	1.63±0.003	ND	ND	ND
	2,3,5-三甲基吡嗪	ND	ND	19.43±0.007^b	12.31±0.007^a
	乙酰肼	ND	ND	ND	2.59±0.003

注:同行不同小写字母肩注表示差异显著($P<0.05$),"ND"表示未检测到。

(5) 模拟工厂风干后各组发酵羊肉干挥发性风味物质　模拟工厂风干后四组发酵羊肉干中共检测出挥发性风味物质58种,对照组共检出35种,发酵剂组共检出34种,香辛料组共检出29种,混合组共检出30种。

由表5-31可以看出，风干后主要检出的有醛类、醇类、酸类、酮类、酯类等。醇和酸反应可形成酯，酯类化合物具有水果香气，检出的酯类物质有异戊酸乙酯和乙酸异戊酯。醛类物质包括3-甲基丁醛、2-甲基丁醛、苯甲醛等。苯甲醛是一种蜜香、甜香类物质，是形成发酵肉制品典型风味的重要成分，混合组的苯甲醛含量为19.10μg/500g，显著高于其他三组（$P<0.05$）；对照组的3-甲基丁醛及2-甲基丁醛含量分别为13.99μg/500g和7.23μg/500g，显著高于其他三组（$P<0.05$）。醇类物质主要包括异戊醇、旋性戊醇、($2S,3S$)-(+)-2,3-丁二醇、桉叶油醇、苯乙醇、芳樟醇等。其中异戊醇、桉叶油醇均来自脂肪的氧化，芳樟醇具有特殊的香味，经常作为香精常被用于食品加工生产中。检出的烯类物质主要存在于香辛料组和混合组，说明香辛料是烯类物质的主要来源。检出的吡嗪类物质包括2,6-二甲基吡嗪、2,3-二甲基吡嗪、2,3,5,6-四甲基吡嗪等。

表5-31 风干各组发酵羊肉干挥发性风味物质的含量　　单位：μg/500g

分类	名称	对照组	发酵剂组	香辛料组	混合组
烷类	十甲基五硅氧烷	2.81±0.003[b]	0.76±0.002[a]	ND	ND
	三氯甲烷	3.95±0.002[b]	5.17±0.003[c]	2.53±0.003[a]	ND
胺类	三甲胺	ND	ND	ND	11.87±0.004
醛类	3-甲基丁醛	13.99±0.003[d]	5.63±0.004[c]	4.73±0.002[a]	5.35±0.003[b]
	2-甲基丁醛	7.23±0.005[d]	3.42±0.003[c]	2.96±0.002[a]	2.98±0.003[b]
	己醛	5.48±0.005[b]	1.50±0.002[a]	ND	ND
	庚醛	3.65±0.003[b]	1.62±0.002[a]	ND	ND
	苯甲醛	7.96±0.003[b]	6.04±0.004[a]	17.31±0.005[c]	19.10±0.006[d]
	苯乙醛	3.71±0.002[b]	1.04±0.003[a]	ND	ND
	壬醛	3.22±0.004[b]	3.14±0.005[a]	ND	ND
	戊醛	ND	1.83±0.003	ND	ND
	4-异丙基苯甲醛	ND	2.11±0.004[a]	ND	58.73±0.1021[b]
醚类	4-烯丙基苯甲醚	30.89±0.102[a]	50.23±0.009[b]	280.19±2.07[c]	219.09±2.005[d]
	对丙烯基茴香醚	0.89±0.002[a]	1.17±0.003[b]	4.27±0.003[d]	3.20±0.002[c]
醇类	乙醇	11.79±0.006[a]	15.75±0.005[b]	ND	ND
	甲硫醇	1.20±0.002[b]	1.07±0.003[a]	ND	ND
	异戊醇	9.97±0.004[c]	10.84±0.005[d]	7.99±0.004[b]	4.15±0.003[a]
	旋性戊醇	1.11±0.003[b]	0.93±0.004[a]	ND	ND
	($2S,3S$)-(+)-2,3-丁二醇	53.64±0.105	ND	ND	ND
	桉叶油醇	0.96±0.004[a]	1.52±0.003[b]	ND	ND
	苯乙醇	2.64±0.003[b]	1.96±0.002[a]	3.34±0.003[d]	2.94±0.004[c]

续表

分类	名称	对照组	发酵剂组	香辛料组	混合组
醇类	芳樟醇	4.46±0.005[a]	5.96±0.004[b]	21.78±0.009[d]	17.64±0.007[c]
	1-戊醇	ND	0.83±0.002	ND	ND
	1-辛烯-3-醇	ND	1.66±0.004	ND	ND
	3-苯丙醇	ND	ND	3.80±0.003[b]	3.27±0.004[a]
	肉桂醇	ND	ND	4.67±0.002[a]	5.99±0.004[b]
酮类	2-庚酮	4.53±0.003	ND	ND	ND
	2,3-庚烷二酮	2.29±0.002[b]	1.14±0.003[a]	ND	ND
	3-羟基-2-丁酮	36.18±0.006[b]	ND	10.88±0.005[a]	ND
	3-甲基-2-丁酮	ND	1.15±0.002	ND	ND
	1,3,3-三甲基-二环[2.2.1]庚-2-酮	ND	ND	21.32±0.008	ND
酯类	异戊酸乙酯	0.83±0.002	ND	ND	ND
	乙酸异戊酯	ND	0.77±0.004	ND	ND
酸类	L-丙氨酰甘氨酸	6.70±0.003[b]	1.47±0.003[a]	ND	ND
	醋酸	45.45±0.009[b]	33.35±0.007[a]	120.98±1.14[c]	ND
	异戊酸	ND	2.45±0.003[a]	ND	4.42±0.004[b]
	乙酸	ND	ND	ND	36.89±0.008
	2-甲基丁酸	ND	ND	4.29±0.003[b]	2.39±0.002[a]
酚类	丁香酚	39.17±0.103[a]	34.38±0.007[a]	181.28±1.109[c]	144.52±1.004[b]
烯类	α-蒎烯	4.94±0.003[a]	3.03±0.002[a]	252.21±2.230[c]	140.98±1.008[b]
	1-石竹烯	2.97±0.002[b]	1.76±0.003[a]	115.79±2.003[d]	75.83±0.1202[c]
	萜品烯	1.90±0.003[a]	3.09±0.004[b]	82.51±0.006[d]	72.29±0.007[c]
	α-石竹烯	ND	ND	15.76±0.004[b]	10.04±0.003[a]
	右旋萜二烯	ND	ND	50.44±0.006[a]	62.15±0.007[b]
	左旋-β-蒎烯	ND	ND	28.95±0.003[b]	22.18±0.007[a]
	月桂烯	ND	ND	7.88±0.003	ND
烯类	蒎烯	ND	ND	3.94±0.005[b]	3.62±0.003[a]
	苯乙烯	ND	ND	10.76±0.004[b]	8.14±0.003[a]
	β-蒎烯	ND	ND	ND	7.93±0.006
	罗勒烯	ND	ND	ND	2.32±0.002
其他	二硫化碳	2.66±0.003[b]	0.99±0.002[a]	ND	ND
	对二甲苯	0.60±0.002	ND	ND	ND
	2,3,5,6-四甲基吡嗪	72.48±0.008[a]	193.52±0.163[b]	228.81±2.70[c]	158.20±1.201[b]

续表

分类	名称	对照组	发酵剂组	香辛料组	混合组
其他	2,6-二甲基吡嗪	3.31±0.004[b]	ND	3.21±0.003[a]	ND
	2,3-二甲基吡嗪	5.48±0.003[b]	ND	4.62±0.004[a]	6.48±0.004[c]
	邻异丙基甲苯	1.78±0.003	ND	ND	ND
	2,3,5-三甲基吡嗪	ND	ND	19.27±0.007[b]	12.33±0.007[a]
	乙酰肼	ND	ND	ND	2.78±0.003

注：同行不同小写字母肩注表示差异显著（$P<0.05$），"ND"表示未检测到。

通过对比两种加工工艺可以看出，传统发酵工艺在成熟后检出的风味物质更多，为65种，而模拟工厂风干工艺检出了58种风味物质，多检出的物质主要是酸类物质，包括丙酸、异丁酸、油酸和二十碳五烯酸，脂肪族羧酸来源于脂肪的氧化降解。短链酸类化合物具有酸味，长链酸有油脂味，醇和酸反应可形成酯，酯类化合物具有水果香气，说明传统发酵工艺加工出的肉干较模拟工厂风干加工的肉干更具特殊的风味。

（三）降嘌呤乳酸菌对发酵羊肉干品质的影响

嘌呤是含嘌呤物质的大分子和游离嘌呤的总称，是结构式为 ($C_5H_4N_4$)、相对分子质量为120.11的含有两个相邻碳氮环的杂环芳香化合物，是存在于人体细胞和多数食物中的一种天然活性生物碱（蔡路昀等，2018）。常见嘌呤主要包括腺嘌呤、鸟嘌呤、黄嘌呤和次黄嘌呤。人体从食物中获得的嘌呤类物质极少会被机体直接或间接利用，几乎全部转化成尿酸，进而通过肾脏等器官排出体外。但如果体内嘌呤代谢发生紊乱、尿酸的排出与生成失衡，则会引起机体内血清尿酸浓度升高，进而导致一些代谢疾病的发生，如高尿酸血症（hyperuricemia，HUA）、心脑血管疾病及胰岛素抵抗等（Kim et al.，2017；Liu et al.，2017；Trautwein et al.，2014）。

目前对于高尿酸血症及其并发症的治疗主要是通过药物治疗以及严格控制患者的高嘌呤饮食，尽可能减少患者的外源性嘌呤类物质摄入（金方等，2018）。通过安全有效的方法研发低嘌呤食物不但对高尿酸血症及其并发症患者有利，同时也促进了当代社会绿色饮食的发展。针对高嘌呤食品中嘌呤的去除方法，既要求保证高去除率又要保证食品的安全性，目前常见方法有吸附法、盐析-吸附法、超声波处理法、外加酶法和微生态法。

数据表明羊肉及羊肉干具有较高的嘌呤含量，属于高嘌呤食品，乳酸菌本就是人体的有益菌，也是一类常用食品发酵剂。有研究发现部分菌株具有体外降解嘌呤核苷酸和动物体内降尿酸作用（Li et al.，2014；Yamada et al.，2017；白运焕等，2018），可在体外吸收利用嘌呤，使得嘌呤含量降低。将乳酸菌应用到食品加工过程以降低嘌呤类物质的含量已成为当前的研究发展趋势。

作者团队提出将羊肉加工工艺与微生物发酵相结合，研发具有现代化生产特性的低嘌呤发酵羊肉制品，不仅能够推动羊肉产业的高质量发展，同时为高尿酸血症患者提供更为安全的膳食选择,具有重要的产业价值和健康意义。团队从实验室保藏的菌株筛选出具有降解嘌呤、尿酸和抑制黄嘌呤氧化酶(xanthine oxidase,XOD)活性的优良功能菌株和复配发酵剂。基于此,研究采用筛选所得菌株作为发酵剂制备发酵羊肉干,实验设计包括5组:对照组(不加外源发酵剂)、戊糖片球菌组(37x-3)、植物乳植杆菌组(x3-2b)、清酒乳杆菌组和复配组(木糖葡萄球菌、肉葡萄球菌、戊糖片球菌、植物乳植杆菌)。研究发酵羊肉干在制作过程中的品质及嘌呤相关化合物的变化,探究发酵剂对发酵羊肉干在体外模拟消化过程中嘌呤残留及蛋白消化的影响,为今后减少高嘌呤食物的摄入以及高尿酸血症的预防提供了一定的理论依据。

1. 降嘌呤乳酸菌对发酵羊肉干理化指标的影响

(1) 降嘌呤乳酸菌对发酵羊肉干加工过程中 pH 的影响　pH 变化趋势如图 5-41 所示。腌制结束后(0d),5 组发酵羊肉干的 pH 趋于 5.5~5.6。但随着发酵过程的结束(1d,产酸主要阶段),除对照组 pH 没有降低,其他试验组 pH 皆有不同程度下降,且都降至 5.3 以下,达到发酵肉制品安全要求;对照组可能由于原肉中产酸菌群较少及环境因素等原因未能使 pH 降低,而试验组由于发酵过程中添加的纯发酵菌在羊肉干中大量繁殖并成为优势菌,菌株代谢产生的碳水化合物(尤其是乳酸)使得酸度升高(孙钦秀等,2019)。其中复配组的 pH 最低,为 4.89,说明复合发酵剂的发酵产酸性能优于单一菌株,在不同微生物作用下有助于促进糖酵解进程,加快有机酸(乳酸等)积累,进而加快了发酵羊肉干的酸化速率(Nie et al.,2014)。发酵过程中较低的 pH 环境有助于抑制致病菌和腐败菌的生长(孙力军等,2004;Zeng et al.,2013),而且较低的 pH 可促进亚硝酸盐还原,减少亚硝酸盐残留量,增加发酵羊肉干的食用安全性(Zhao et al.,2016)。进入干燥成熟阶段后(3~5d),由于发酵羊肉干中的微生物及肉组织中蛋白酶发生作用,形成了一些游离氨基酸及蛋白质等碱性物质使得碱性浓度升高(林琳等,2003),因此各组 pH 开始回升。由于发酵羊肉干成熟后才可正常食用,所以后期 pH 的回升为发酵羊肉干增添适合食用的口感,不至于出现酸涩。

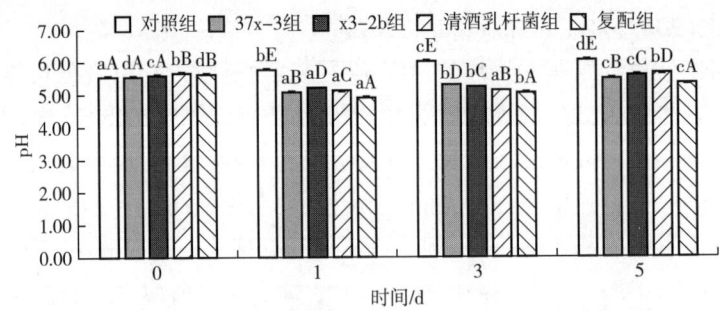

图 5-41　不同发酵剂对发酵羊肉干阶段 pH 的影响

[不同大写字母表示同一时间组间差异显著,不同小写字母表示同组不同加工过程差异显著($P < 0.05$)]

(2) 降嘌呤乳酸菌对发酵羊肉干加工过程中水分活度和水分含量的影响　如图 5-42 所示,各组发酵羊肉干在制作过程中的 A_W 和水分含量整体呈下降趋势。发酵结束后(1d),随着发酵环境相对湿度和温度的降低,各组发酵羊肉干的 A_W 和水分含量开始快速下降,因此进入干燥阶段后(3d),较为干燥的外部环境促进了发酵羊肉干内部水分向外部迁移,导致了水分含量和A_W的降低。成熟结束(5d),发酵羊肉干的A_W和水分含量降至最低,A_W值均降至0.8以下,达到发酵羊肉干规定标准,其中复配组显著低于其他组($P<0.05$);水分含量清酒乳杆菌组显著低于其他组($P<0.05$);各发酵剂组的A_W和水分含量均显著低于对照组的原因是各发酵剂组较低的pH使得肉中蛋白质的凝胶化持水能力降低,进而导致A_W和水分含量的降低(Visessanguan et al.,2006)。

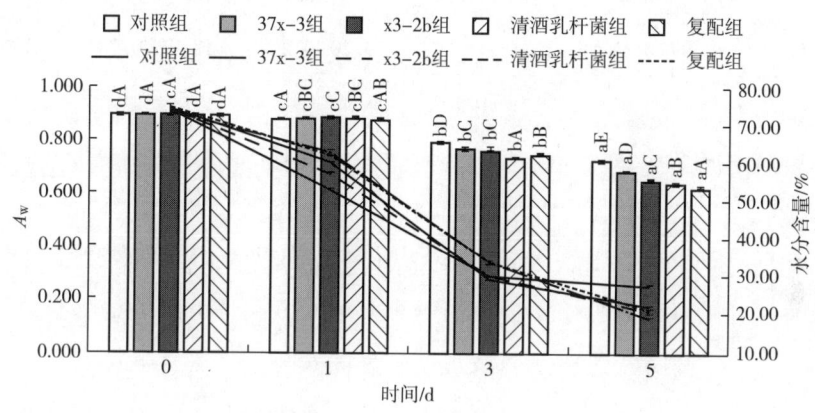

图5-42 不同发酵剂对发酵羊肉干阶段A_W和水分含量的影响

[不同大写字母表示同一时间组间差异显著,不同小写字母表示同组不同加工过程差异显著($P<0.05$)]

(3)降嘌呤乳酸菌对发酵羊肉干加工过程中色泽的影响 表5-32显示,各组发酵羊肉干的评价色泽的ΔE值整体呈先升高后降低趋势。腌制结束后(0d)复配组的ΔE值(1.38)显著低于其他组($P<0.05$)。发酵结束后(1d),对照组的ΔE值相比腌制后没有显著增长($P>0.05$),其他发酵剂组ΔE值则显著升高($P<0.05$),说明在腌制后亚硝酸盐开始发挥作用,在各发酵剂的作用下逐渐将亚硝酸钠($NaNO_2$)转变为NO,NO与瘦肉中的肌红蛋白结合形成鲜红色的一氧化氮肌红蛋白,其中复配组显著高于其他组($P<0.05$),可能是由于复配组的pH显著低于其他组从而含有较多的H^+以及复配菌中各菌株间的相互协同更好地与亚硝酸盐反应达到呈色作用,形成了稳定亚硝基肌红蛋白(呈玫瑰红色)(杜娟等,2007;张居农,1985)。干燥结束后(3d),各组ΔE值达到最大,其中

表5-32 不同发酵剂对发酵羊肉干加工过程中色泽的影响

	时间/d	组别				
		对照组	37x-3 组	x3-2b 组	清酒乳杆菌组	复配组
L^*	0	37.41±0.76^{cAB}	36.49±0.07^{cAB}	36.67±0.32^{bB}	35.83±0.29^{bA}	39.85±0.11^{cD}
	1	34.58±0.28^{bA}	37.66±0.23^{dC}	37.35±0.17^{bC}	37.28±0.29^{cC}	36.46±0.17^{bB}
	3	31.66±0.37^{aC}	31.46±0.31^{aC}	32.02±0.70^{aC}	30.45±0.66^{aB}	28.10±0.05^{aA}
	5	38.16±0.45^{cD}	32.57±0.41^{bA}	36.92±0.61^{bC}	35.26±0.27^{bB}	36.66±0.21^{bC}

续表

	时间/d	组别				
		对照组	37x-3 组	x3-2b 组	清酒乳杆菌组	复配组
a^*	0	14.10±0.14^{aB}	14.50±0.24^{aC}	14.04±0.08^{aB}	14.02±0.13^{aB}	12.52±0.14^{aA}
	1	19.43±0.06^{dD}	20.36±0.41^{cB}	19.20±0.33^{cA}	19.41±0.16^{cA}	21.66±0.04^{dC}
	3	18.23±0.44^{cC}	17.25±0.67^{bB}	17.45±0.16^{bB}	18.78±0.03^{cC}	14.40±0.26^{bA}
	5	15.97±0.18^{bA}	16.49±0.24^{bA}	19.20±0.31^{cC}	18.01±0.74^{bB}	18.45±0.06^{cB}
b^*	0	9.73±0.80^{aB}	8.99±0.13^{aA}	9.96±0.02^{aB}	9.66±0.09^{aAB}	11.76±0.26^{bC}
	1	10.90±0.06^{bA}	11.36±0.18^{cB}	11.70±0.13^{bC}	11.07±0.18^{bA}	11.49±0.16^{bBC}
	3	9.94±0.40^{aB}	9.60±0.14^{bB}	9.73±0.36^{aB}	9.48±0.18^{aB}	6.73±0.11^{aA}
	5	11.27±0.23^{bBC}	9.61±0.15^{bA}	12.34±0.35^{cD}	11.06±0.54^{bB}	11.73±0.14^{bC}
ΔE	0	1.83±0.15^{aB}	2.01±0.01^{aC}	1.79±0.01^{aB}	1.85±0.02^{aB}	1.38±0.04^{aA}
	1	1.98±0.62^{aA}	2.33±0.02^{cA}	2.15±0.02^{bA}	2.27±0.02^{cA}	2.48±0.03^{cB}
	3	2.41±0.05^{aA}	2.34±0.09^{cA}	2.34±0.09^{cA}	2.60±0.05^{dB}	2.65±0.02^{dB}
	5	1.84±0.05^{aA}	2.22±0.00^{bD}	2.08±0.02^{bB}	2.14±0.01^{bC}	2.08±0.02^{bB}

注：同行不同大写字母表示差异显著，同列不同小写字母表示同一指标下不同时间差异显著（$P<0.05$）。

复配组和清酒乳杆菌组显著高于37x-3 组、x3-2b 组（$P<0.05$）。成熟后（5d），随着微生物对亚硝酸盐的利用、A_W 的降低及 pH 的回升，各组 ΔE 值开始下降，其中37x-3 组的 ΔE 值显著高于其他发酵剂组（$P<0.05$）。说明添加发酵剂可有助于改善发酵羊肉干的色泽，其中成熟后37x-3 效果优于其他菌株。

（4）降嘌呤乳酸菌对发酵羊肉干加工过程中脂肪的影响　如图5-43所示，发酵羊肉干在制作过程中脂肪含量整体呈上升趋势，这与加工过程中水分的流失有关。腌制结束后（0d），清酒乳杆菌组的脂肪含量显著高于其他组，而x3-2b 组显著低于其他组（$P<0.05$）；此阶段各组脂肪含量出现显著差异的原因可能是原料中肌内脂肪含量的差异。随着发酵的结束（1d），各组脂肪含量开始升高，其中对照组>37x-3 组>x3-2b 组>清酒乳杆菌组>复配组，复配组显著低于其他组（$P<0.05$），分析原因是不同发酵剂对脂肪的分解能力不同。进入干燥阶段后（3d），对照组>清酒乳杆菌组>37x-3 组>复配组>x3-2b 组，x3-2b 组显著低于其他组（$P<0.05$）。成熟后（5d），各组发酵羊肉干的最终含脂量为对照组>复配组>37x-3 组>清酒乳杆菌>x3-2b 组，x3-2b 组显著低于其他组（$P<0.05$）；但相比干燥阶段变化较小，脂肪含量整体达到稳定状态。成熟后各组含脂量相比发酵结束后均提高2倍左右。综上所述，添加发酵剂可促进对脂肪的分解，且不同阶段各组脂肪含量不同，这与水分的流失以及菌株对脂肪的分解能力差异有关，其中x3-2b 组的水分含量（21.55%）高于其他发酵剂组、脂肪含量（6.47%）低于其他发酵剂组，进而说明菌株x3-2b 对脂肪的分解能力优于其他菌株。

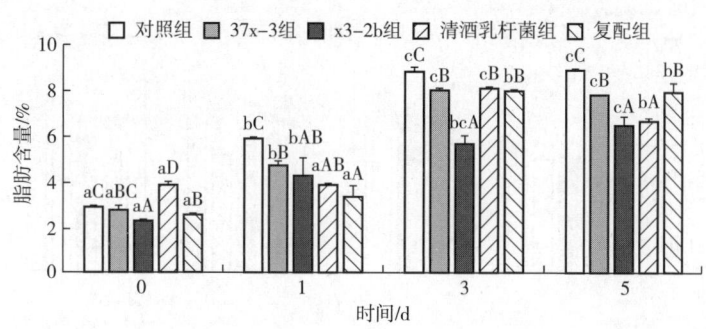

图5-43 不同发酵剂对发酵羊肉干加工过程中脂肪含量的影响

[不同大写字母表示同一时间组间差异显著,不同小写字母表示同组不同加工过程差异显著($P < 0.05$)]

(5)降嘌呤乳酸菌对发酵羊肉干加工过程中蛋白质的影响 如图5-44所示,发酵羊肉干在整个加工过程中的蛋白质含量呈现上升趋势,这与加工过程中的水分逐渐流失有关。腌制结束后(0d),由于发酵剂在低温环境下活力较低且各组添加辅料相同,因此各组蛋白质含量整体呈不显著差异($P>0.05$)。发酵结束后(1d),各组蛋白质含量开始显著升高($P<0.05$),其中对照组显著高于其他组($P<0.05$)。干燥结束后(3d)各组蛋白质含量显著上升($P<0.05$),对比发酵阶段37x-3组升高17.57%、x3-2b组升高17.01%、清酒乳杆菌升高16.40%、对照组升高16.40%、复配组升高14.01%,此外,对照组的蛋白质含量显著高于其他四组,复配组显著低于其他组($P<0.05$),可能是干燥后各组水分含量显著下降,使得蛋白质含量上升,同时由于发酵剂对蛋白质的分解能力差异导致各组蛋白质含量不同。成熟后(5d),对照组蛋白质含量显著高于其他发酵剂组($P<0.05$)。综上所述,添加发酵剂可促进蛋白质分解。

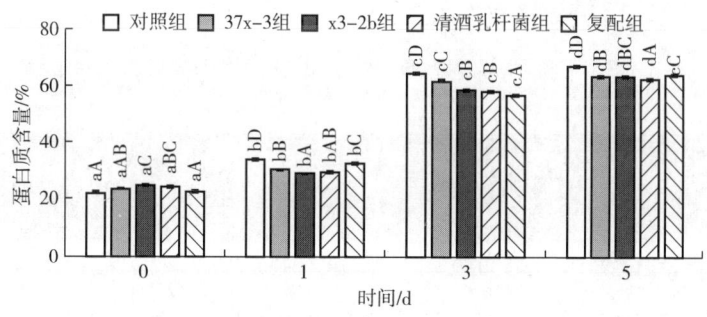

图5-44 不同发酵剂对发酵羊肉干加工过程中蛋白质含量的影响

[不同大写字母表示同一时间组间差异显著,不同小写字母表示同组不同加工过程差异显著($P < 0.05$)]

2. 降嘌呤乳酸菌对发酵羊肉干黄嘌呤氧化酶及嘌呤化合物含量的影响

(1)降嘌呤乳酸菌对发酵羊肉干黄嘌呤氧化酶的影响 黄嘌呤氧化酶是一种专一性不高的黄素蛋白酶,其不但能催化次黄嘌呤生成黄嘌呤进而代谢为尿酸(或直接催化黄嘌呤代谢为尿酸),还可以为醛提供电子生成羧酸、与氧反应产生超氧自由基氧化羟胺,最终形成亚硝酸盐。各菌株应用于发酵羊肉干后对黄嘌呤氧化酶活性抑制的情况见图5-45。

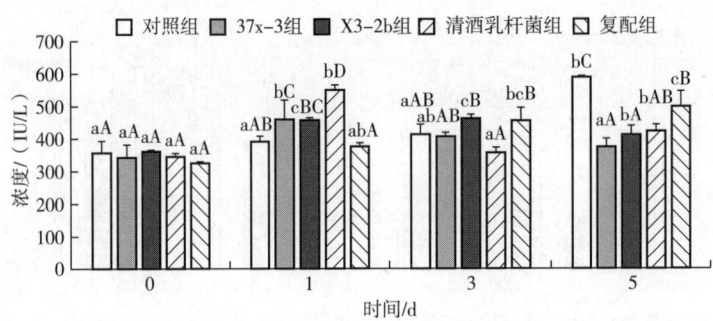

图 5-45 不同发酵剂对发酵羊肉干加工过程中黄嘌呤氧化酶活性的影响

[不同大写字母表示同一时间组间差异显著,不同小写字母表示同组不同加工过程差异显著($P < 0.05$)]

发酵羊肉干在整个加工过程中对照组和复配组的黄嘌呤氧化酶活性整体呈现上升趋势,其他组则整体呈先升高后降低趋势。腌制结束后(0d),由于低温腌制导致各组的黄嘌呤氧化酶活性差异不显著($P>0.05$)。发酵结束后(1d),由于环境温度的改变,各组黄嘌呤氧化酶活性升高。干燥结束后(3d),清酒乳杆菌组和 37x-3 组的黄嘌呤氧化酶活性开始降低,相比发酵阶段清酒乳杆菌组降低 12%、37x-3 组降低 4%;而其他组均呈不显著升高($P>0.05$)。成熟后(5d),37x-3 组显著低于其他组($P<0.05$)。说明将具有抑制黄嘌呤氧化酶活性的菌株作为发酵剂加入发酵羊肉干中可抑制其黄嘌呤氧化酶活性。

(2)降嘌呤乳酸菌对发酵羊肉干嘌呤含量的影响 通过表 5-33 可知,发酵结束后(1d)各组发酵羊肉干的鸟嘌呤含量开始升高,其中对照组>清酒乳杆菌>x3-2b 组>37x-3 组>复配组。干燥结束后(3d)除 x3-2b 组相比发酵阶段未变化,其他组均显著升高($P<0.05$)。成熟后(5d),各组发酵羊肉干的鸟嘌呤含量为对照组>清酒乳杆菌>x3-2b 组>37x-3 组>复配组;复配组的鸟嘌呤含量显著低于对照组($P<0.05$),说明复配菌在产品中对鸟嘌呤的生成起到了一定降解作用。

表 5-33 不同发酵剂对发酵羊肉干加工过程中鸟嘌呤含量的影响

单位:mg/100g

时间/d	组别				
	对照组	37x-3 组	x3-2b 组	清酒乳杆菌组	复配组
0	20.12±1.27^{aA}	17.50±0.13^{aA}	18.00±1.77^{aA}	28.26±1.67^{aB}	18.71±0.93^{aA}
1	41.34±1.60^{bB}	22.36±1.35^{aAB}	27.92±3.17^{aAB}	32.46±0.31^{aAB}	21.19±1.61^{aA}
3	62.67±3.05^{cC}	48.36±3.54^{bB}	25.77±8.22^{aA}	57.51±5.52^{bC}	48.87±2.95^{bB}
5	61.06±1.97^{cB}	52.97±0.62^{bA}	53.74±2.08^{bA}	60.04±1.41^{bB}	50.85±0.64^{bA}

注:同行不同大写字母肩注表示差异显著,同列不同小写字母肩注表示差异显著($P<0.05$)。

根据表 5-34 数据显示,发酵结束后(1d)x3-2b 组低于其他组。干燥结束后(3d)各组次黄嘌呤含量大小为 x3-26 组>37x-3 组>复配组>对照组>清酒乳杆菌组。成熟后(5d)x3-2b 组次黄嘌呤含量显著低于其他组($P<0.05$),说明 x3-2b 菌株在成熟阶段开

始对次黄嘌呤起到一定降解作用；37x-3 菌株由于抑制了黄嘌呤氧化酶活性进而导致次黄嘌呤未分解代谢为黄嘌呤，因此次黄嘌呤含量高于对照组。

表5-34　不同发酵剂对发酵羊肉干加工过程中次黄嘌呤含量的影响

单位：mg/100g

时间/d	组别				
	对照组	37x-3 组	x3-2b 组	清酒乳杆菌组	复配组
0	76.28±2.36^{Ba}	74.89±3.97^{Ba}	75.52±2.05^{Ba}	65.50±1.11^{Aa}	77.77±0.23^{Ba}
1	114.76±15.04^{ABb}	105.75±6.22^{ABb}	101.28±15.83^{Aa}	131.79±2.06^{Bb}	107.99±1.34^{ABb}
3	219.11±15.89^{ABc}	231.96±9.21^{Bc}	240.20±5.22^{Bb}	205.10±2.76^{Ac}	221.04±6.55^{ABc}
5	254.21±15.27^{BCc}	261.47±1.61^{Cd}	213.21±15.16^{Ab}	247.80±2.67^{BCd}	235.03±0.86^{ABd}

注：同行不同大写字母肩注表示差异显著，同列不同小写字母肩注表示差异显著（$P<0.05$）。

由表5-35可知各组发酵羊肉干的黄嘌呤含量在各阶段呈上升趋势，发酵结束后（1d）对照组的黄嘌呤含量显著高于复配组、37x-3 组和 x3-2b 组（$P<0.05$），说明发酵阶段发酵剂对黄嘌呤起到一定降解作用。干燥结束后（3d）各组相对发酵阶段显著上升（$P<0.05$）。成熟后（5d）各组黄嘌呤含量相对干燥阶段整体呈不显著升高（$P>0.05$），且各组间差异不显著（$P>0.05$）。最终各组黄嘌呤含量为 37x-3 组>清酒乳杆菌组>对照组>复配组>x3-2b 组。

表5-35　不同发酵剂对发酵羊肉干加工过程中黄嘌呤含量的影响

单位：mg/100g

时间/d	组别				
	对照组	37x-3 组	x3-2b 组	清酒乳杆菌组	复配组
0	25.06±0.38^{Ca}	21.75±0.47^{Aa}	24.02±0.57^{BCa}	29.64±0.96^{Da}	22.40±0.74^{ABa}
1	38.46±4.50^{Ba}	26.48±1.36^{Ab}	26.12±0.73^{Aa}	32.01±1.04^{Ba}	25.21±3.77^{Aa}
3	52.36±3.87^{Ab}	56.79±2.35^{Ac}	57.92±2.57^{Ac}	51.01±3.32^{Ab}	58.04±0.77^{Ab}
5	59.91±6.02^{Ab}	60.79±1.22^{Ac}	58.80±1.31^{Ac}	60.45±2.04^{Ac}	59.25±5.30^{Ab}

注：同行不同大写字母肩注表示差异显著，同列不同小写字母肩注表示差异显著（$P<0.05$）。

根据表5-36可知，复配组和 x3-2b 组腺嘌呤在整个过程中呈逐渐上升趋势，其他组呈先上升后下降趋势。发酵结束后（1d）x3-2b 组腺嘌呤含量显著低于发酵剂组（$P<0.05$）。干燥结束后（3d）对照组腺嘌呤含量显著高于四个发酵剂组（$P<0.05$）。成熟后（5d）清酒乳杆菌组腺嘌呤含量低于其他组，这表明清酒乳杆菌对腺嘌呤起降解作用。综上所述，乳酸菌发酵剂具有降解发酵羊肉干腺嘌呤含量的作用。

表 5-36　不同发酵剂对发酵羊肉干加工过程中腺嘌呤含量的影响

单位：mg/100g

时间/d	组别				
	对照组	37x-3 组	x3-2b 组	清酒乳杆菌组	复配组
0	1.03±0.17^{Ba}	0.56±0.20^{Aa}	0.59±0.13^{Aa}	0.67±0.14^{ABa}	0.56±0.01^{Aa}
1	3.97±0.09^{Ab}	11.32±0.37^{Cb}	3.67±0.01^{Aa}	7.89±1.02^{Bb}	10.95±0.30^{Cb}
3	20.79±1.26^{Dc}	15.60±0.96^{Cc}	6.77±0.21^{Aa}	13.05±0.69^{Bc}	12.24±0.21^{Bc}
5	13.49±1.94^{ABc}	9.65±2.31^{Ab}	16.07±0.18^{Bb}	9.24±0.35^{Ab}	12.95±0.26^{ABd}

注：同行不同大写字母肩注表示差异显著，同列不同小写字母肩注表示差异显著（$P<0.05$）。

根据表 5-37 可知，各组总嘌呤含量整体呈上升趋势，这与加工过程中水分和脂肪的大量流失有关（Young，1983）。成熟后（5d）对照组的总嘌呤含量较高于发酵剂组，说明各发酵剂菌株对发酵羊肉干中的嘌呤起到了降解作用；而 x3-2b 组的总嘌呤含量显著低于其他组，与复配组差异不显著（$P>0.05$），说明 x3-2b 菌株和复配菌株应用于产品后的降解效果优于 37x-3 和清酒乳杆菌；37x-3 组的总嘌呤含量高于其他发酵组，低于对照组，说明 37x-3 菌株在抑制黄嘌呤氧化酶活性方面起到主导作用，导致最终嘌呤含量整体高于其他发酵剂组。

表 5-37　不同发酵剂对发酵羊肉干加工过程中总嘌呤含量的影响

单位：mg/100g

时间/d	组别				
	对照组	37x-3 组	x3-2b 组	清酒乳杆菌组	复配组
0	122.49±0.90^{ABa}	114.70±4.51^{Aa}	116.51±4.43^{ABa}	124.06±3.59^{Ba}	121.04±1.29^{ABa}
1	198.52±15.18^{BCb}	165.90±8.56^{ABb}	158.07±22.78^{Ab}	204.14±2.39^{Cb}	166.24±3.39^{ABb}
3	354.93±24.06^{Ac}	352.69±14.16^{Ac}	330.77±12.86^{Ac}	326.66±12.29^{Ac}	340.07±11.86^{Ac}
5	388.67±23.08^{Cd}	384.87±1.12^{BCd}	342.27±7.00^{Ac}	377.53±5.76^{BCd}	357.61±1.27^{ABd}

注：同行不同大写字母肩注表示差异显著，同列不同小写字母肩注表示差异显著（$P<0.05$）。

如表 5-38 所示，各组发酵羊肉干中尿酸含量整体呈上升趋势，可能是加工过程中 4 种嘌呤物质升高与黄嘌呤氧化酶相互作用有关。腌制结束后（0d），各组尿酸含量最低，清酒乳杆菌组与对照组呈不显著差异（$P>0.05$），但显著低于其他组（$P<0.05$）。发酵结束后（1d）各组尿酸含量显著升高，x3-2b 组与对照组差异不显著（$P>0.05$）；清酒乳杆菌组由 0.57mg/100g 快速升高至 14.78mg/100g。对比发酵阶段，干燥结束（3d）阶段各组尿酸快速上升，与次黄嘌呤和黄嘌呤的快速升高相关，研究表明大部分肉类及海产品含有的次黄嘌呤具有促尿酸生成效应（Kaneko et al.，2014）。成熟后（5d），各组发酵羊肉干的尿酸含量为清酒乳杆菌组>复配组>x3-2b 组>37x-3 组，37x-3 组显著低于清酒乳杆菌组和复配组（$P<0.05$），但与 x3-2b 组差异不显著（$P>0.05$），分析原因是 37x-3 菌株抑制了黄嘌呤氧化酶活性进而导致尿酸生成较少以及其具有一定降解尿酸能力。

表5-38 不同发酵剂对发酵羊肉干加工过程中尿酸含量的影响

单位：mg/100g

时间/d	组别				
	对照组	37x-3 组	x3-2b 组	清酒乳杆菌组	复配组
0	1.01±0.01^{ABa}	1.40±0.25^{BCa}	1.21±0.01^{Ba}	0.57±0.07^{Aa}	1.78±0.39^{Ca}
1	9.02±0.49^{Ab}	12.04±2.20^{ABb}	9.30±0.65^{Aa}	14.78±0.70^{Bb}	19.15±0.45^{Bb}
3	26.79±0.74^{Ad}	44.74±0.69^{Cd}	41.88±4.18^{Cb}	41.97±2.36^{Cc}	34.83±0.13^{Bc}
5	18.45±1.32^{Ac}	38.09±2.00^{Bc}	41.68±1.17^{BCb}	61.47±3.56^{Cd}	59.71±1.41^{Cd}

注：同行不同大写字母肩注表示差异显著，同列不同小写字母肩注表示差异显著（$P<0.05$）。

3. 降嘌呤乳酸菌对发酵羊肉干体外模拟消化中蛋白质消化率及嘌呤残留量的影响

食物摄入到人体中，通常先通过口腔咀嚼的机械作用变成小块或小颗粒，再经过胃和肠道内的弱酸性环境以及多种消化酶的联合作用使食物中大分子物质的相对分子质量进一步降低，最终食物中营养成分得以被肠道吸收，促进人体的新陈代谢。食物的消化过程非常繁杂，追踪大分子物质在机体内的变化过程存在较大的困难（任贝贝，2017）。

体外模拟消化模型即体外模拟食物在体内消化道（口腔、胃、小肠和大肠等）的消化、结构变化及成分释放情况，从而对食物的生物利用率等营养价值进行快捷准确的评定。相比于体内消化试验的周期长、个体差异大、费用高、结果重现性差、伦理谴责等问题，体外模拟消化试验具有简单、快捷、成本低、试验周期短、结果可重复性强等优点（Boisen et al.，1991）。

（1）降嘌呤乳酸菌对发酵羊肉干体外模拟消化中蛋白质消化率的影响 如表5-39所示，发酵羊肉干经过模拟口腔进入模拟胃后，各组发酵羊肉干的模拟胃液蛋白质消化率为对照组>37x-3 组>x3-2b 组>清酒乳杆菌>复配组，由于胃蛋白酶能水解含氨基酸残基的蛋白质，把蛋白质分解成多肽，因此各组发酵羊肉干在模拟胃液中进行最主要蛋白质消化，其中各试验组蛋白质消化率显著低于对照组（$P<0.05$），可能是由于发酵菌株抑制了胃蛋白酶活性，降低了蛋白质的消化率；而37x-3 组和x3-2b 组的模拟胃蛋白质消化率高于清酒乳杆菌组和复配组，说明37x-3 菌株和x3-2b 菌株可促进模拟胃蛋白质消化。但由于胃蛋白酶的消化作用较弱，所以蛋白质在胃中不能完全消化，因此食糜进入小肠后，蛋白质的不完全水解产物会在肠液中进一步被分解（孙远明，2010）。各组发酵羊肉干食糜进入模拟小肠后，蛋白质及不完全分解产物被进一步消化，各组模拟肠液消化率依次为清酒乳杆菌组>复配组>x3-2b 组>37x-3 组>对照组，清酒乳杆菌组和复配组的蛋白质消化率显著高于对照组（$P<0.05$），说明清酒乳杆菌和复配菌可促进模拟小肠蛋白质消化。在整个消化过程中，各组发酵羊肉干的总消化率为对照组>37x-3 组>x3-2b 组>清酒乳杆菌>复配组，其中对照组的蛋白质消化率显著高于其他发酵剂组（$P<0.05$），而各试验组呈不显著差异（$P>0.05$）；说明发酵剂在一定程度上影响了发酵羊肉干的蛋白质消化。

表5-39 发酵羊肉干在体外消化过程中蛋白质含量及消化率　　　　单位：%

参数		组别				
		对照组	37x-3 组	x3-2b 组	清酒乳杆菌组	复配组
消化阶段	摄入	63.15±0.34^B	63.32±0.20^{BC}	62.22±0.24^A	63.86±0.27^C	66.82±0.07^D
	胃	18.61±0.25^A	21.23±0.12^{AB}	22.89±0.08^{BC}	25.54±1.17^C	26.41±3.00^C
	小肠	17.61±0.66^A	19.46±0.76^B	19.94±0.35^B	19.66±1.04^B	20.48±0.03^B
	大肠	16.71±0.41^A	17.89±0.16^B	19.18±0.39^C	16.69±0.59^A	19.21±0.10^C
	大肠空白	15.34±0.41^A	17.40±1.20^{AB}	17.49±1.91^{AB}	18.41±0.32^B	18.24±0.49^B
消化率	胃液消化率	72.15±0.41^C	66.39±0.37^{BC}	63.86±0.23^{AB}	58.96±2.59^A	58.66±4.52^A
	小肠液消化率	5.40±2.30^A	8.33±4.09^{AB}	12.90±1.83^{AB}	22.74±9.23^B	21.95±8.77^B
	肠胃液总消化率	73.66±1.03^B	69.19±1.03^A	68.52±0.46^A	68.41±1.78^A	67.93±0.10^A

注：同行不同大写字母肩注表示差异显著（$P<0.05$）。

（2）降嘌呤乳酸菌对发酵羊肉干体外模拟消化中嘌呤残留的影响　根据表5-40可知，体外模拟消化前发酵剂组的鸟嘌呤残留量显著低于对照组（$P<0.05$）。经模拟口腔消化后，各组鸟嘌呤含量开始有显著性差异（$P<0.05$）。经模拟胃消化后，发酵剂组的鸟嘌呤含量显著低于对照组（$P<0.05$）；x3-2b 组鸟嘌呤含量显著低于其他组（$P<0.05$）。与模拟胃消化阶段相比，模拟小肠消化过程中，除复配组显著下降外（$P<0.05$），其他组均有升高现象。经模拟大肠消化后各组鸟嘌呤残留降低，清酒乳杆菌组和复配组显著低于对照组（$P<0.05$）。在整个消化过程中，发酵剂组的鸟嘌呤含量均显著低于对照组（$P<0.05$），说明在体外模拟消化过程中，发酵剂可减少发酵羊肉干中鸟嘌呤的残留量。

表5-40 发酵羊肉干在体外模拟消化过程中鸟嘌呤残留量的变化

单位：mg/100g

阶段	组别				
	对照组	37x-3 组	x3-2b 组	清酒乳杆菌组	复配组
摄入	61.06±1.97^{Bf}	52.97±0.62^{Ad}	53.74±2.08^{Af}	60.04±1.41^{Bf}	50.85±0.64^{Ae}
口腔	55.46±0.37^{Ee}	34.15±0.41^{Ac}	41.81±0.01^{De}	39.78±0.20^{Ce}	35.53±0.66^{Bd}
胃	32.52±0.11^{Ea}	23.97±0.04^{Ba}	19.41±0.18^{Aa}	24.98±0.04^{Ca}	29.40±0.09^{Dc}
小肠	41.91±0.14^{Ed}	25.72±0.35^{Ab}	26.61±0.16^{Bc}	31.62±0.16^{Dd}	27.58±0.15^{Cb}
大肠	37.59±0.05^{Ec}	25.71±0.39^{Bb}	27.83±0.38^{Cd}	29.16±0.35^{Db}	23.17±0.72^{Aa}
大肠空白	34.46±0.42^{Eb}	25.40±0.88^{Bb}	22.705±0.09^{Ab}	30.13±0.06^{Dc}	26.72±0.33^{Cb}

注：同行不同大写字母肩注表示差异显著，同列不同小写字母肩注表示差异显著（$P<0.05$）。

表5-41 次黄嘌呤残留量数据显示，体外模拟消化前 x3-2b 组的次黄嘌呤残留量显著

低于对照组（$P<0.05$）。模拟口腔消化后，各组次黄嘌呤含量显著降低（$P<0.05$）；且各组存在显著性差异，对照组显著高于发酵剂组（$P<0.05$）。模拟胃消化后，清酒乳杆菌组显著低于其他组（$P<0.05$）。模拟小肠消化后，发酵剂组的次黄嘌呤残留量为 x3-2b 组>复配组>清酒乳杆菌组>37x-3 组，37x-3 组显著低于其他组（$P<0.05$）。模拟大肠消化结束后，清酒乳杆菌组的次黄嘌呤含量显著低于其他组（$P<0.05$）；通过空白试验对照发现，对照组、37x-3 组和复配组中的残留次黄嘌呤和大肠杆菌等发生反应，使其含量降低，而 x3-2b 组和清酒乳杆菌组在没有大肠杆菌等的存在下依然呈现下降趋势。在整个体外模拟消化过程中，清酒乳杆菌组的次黄嘌呤含量在有无大肠杆菌等的存在下整体显著低于其他组（$P<0.05$）。

表 5-41　发酵羊肉干在体外模拟消化过程中次黄嘌呤残留量的变化

单位：mg/100g

阶段	组别				
	对照组	37x-3 组	x3-2b 组	清酒乳杆菌组	复配组
摄入	254.21±15.27^{BCf}	261.47±1.61^{Cf}	213.21±15.16^{Af}	247.80±2.67^{Be}	235.03±0.86^{ABe}
口腔	183.36±0.70^{Ee}	163.29±0.19^{Be}	144.88±0.21^{Ae}	164.44±0.47^{Cd}	168.06±0.25^{Dd}
胃	58.93±0.03^{Cd}	53.93±0.11^{Bd}	61.01±0.09^{Dd}	50.61±0.02^{Ac}	63.00±0.01^{Ec}
小肠	50.26±0.04^{Cc}	20.58±0.05^{Ac}	54.47±0.13^{Ec}	43.30±0.04^{Bb}	52.83±0.75^{Db}
大肠	17.12±0.00^{Ba}	18.32±0.02^{Da}	22.07±0.13^{Eb}	16.59±0.03^{Aa}	17.84±0.33^{Ca}
大肠空白	18.81±0.03^{Bb}	19.80±0.46^{Cb}	21.44±0.29^{Da}	16.27±0.02^{Aa}	18.24±0.28^{Ba}

注：同行不同大写字母肩注表示差异显著，同列不同小写字母肩注表示差异显著（$P<0.05$）。

表 5-42 黄嘌呤残留量数据显示，体外模拟消化前各组差异不显著（$P>0.05$）。模拟口腔消化后，各组黄嘌呤含量显著降低（$P<0.05$），且对照组显著高于发酵剂组（$P<0.05$）。模拟胃消化后，各组相比模拟口腔消化显著下降，其中 x3-2b 组显著低于其他组（$P<0.05$）。模拟小肠消化后，除 x3-2b 组升高，其他组均显著下降（$P<0.05$），其中清酒乳杆菌组黄嘌呤含量显著低于其他组（$P<0.05$）。模拟大肠消化结束后，清酒乳杆菌组的黄嘌呤含量显著低于其他组（$P<0.05$）；通过大肠空白试验对照发现，清酒乳杆菌组和复配组中的残留黄嘌呤和大肠杆菌等发生反应，使其含量降低，而 x3-2b 组、37x-3 组未与大肠杆菌等发生反应。在整个消化过程中，发酵剂组的黄嘌呤含量整体低于对照组，说明体外模拟消化中发酵剂可降低发酵羊肉干中黄嘌呤的残留量。

表 5-42　发酵羊肉干在体外模拟消化过程中黄嘌呤残留量的变化

单位：mg/100g

阶段	组别				
	对照组	37x-3 组	x3-2b 组	清酒乳杆菌组	复配组
摄入	59.91±6.02^{Ae}	60.79±1.22^{Ae}	58.80±1.31^{Af}	60.45±2.04^{Ad}	59.25±5.30^{Af}

续表

阶段	组别				
	对照组	37x-3 组	x3-2b 组	清酒乳杆菌组	复配组
口腔	50.66±0.15^{Dd}	40.94±0.21^{Bd}	41.25±0.09^{BCe}	40.56±0.06^{Ac}	41.48±0.04^{Ce}
胃	29.32±0.21^{Dc}	25.26±0.21^{Cc}	21.40±0.14^{Aa}	23.60±0.35^{Bb}	31.65±0.06^{Ed}
小肠	23.60±0.10^{BCa}	23.19±0.20^{Bb}	23.89±0.30^{BCc}	18.90±0.07^{Aa}	24.25±0.62^{Cc}
大肠	25.36±0.01^{Db}	21.91±0.33^{Ca}	25.14±0.50^{Dd}	18.78±0.23^{Aa}	19.82±0.01^{Ba}
大肠空白	23.96±0.16^{Ba}	21.83±0.12^{Aa}	22.24±0.22^{Ab}	23.52±0.13^{Ba}	23.30±0.50^{Bb}

注：同行不同大写字母肩注表示差异显著，同列不同小写字母肩注表示差异显著（$P<0.05$）。

根据表 5-43 发酵羊肉干在体外模拟消化过程中腺嘌呤残留量的变化可知，体外模拟消化前各组发酵羊肉干的腺嘌呤含量在 9~16mg/100g。模拟口腔和胃消化后，x3-2b 组腺嘌呤含量显著低于其他组（$P<0.05$）。模拟小肠消化后，各组腺嘌呤含量无明显变化且各组差异不显著（$P>0.05$）。模拟大肠消化结束后复配组的腺嘌呤含量低于其他组；通过空白试验对照发现，复配组中的残留腺嘌呤和大肠杆菌等发生一定反应，使其含量降低，而其他组则在有无大肠杆菌情况下均持续下降，说明大肠杆菌对其并无作用。

表 5-43 发酵羊肉干在体外模拟消化过程中腺嘌呤残留量的变化

单位：mg/100g

阶段	组别				
	对照组	37x-3 组	x3-2b 组	清酒乳杆菌组	复配组
摄入	13.49±4.94^{ABe}	9.65±2.31^{Ac}	16.07±0.18^{Bd}	9.24±0.35^{Ad}	12.95±0.26^{ABd}
口腔	6.70±0.07^{BCd}	5.53±1.01^{Bb}	2.73±0.34^{Ac}	7.74±0.04^{Cc}	9.57±0.37^{Dc}
胃	1.39±0.13^{Cc}	1.63±0.08^{Ca}	0.18±0.13^{Aa}	1.11±0.40^{BCb}	0.77±0.07^{Bb}
小肠	1.41±0.10^{Ac}	0.92±0.30^{Aa}	0.95±0.13^{Ab}	1.33±0.30^{Ab}	1.05±0.16^{Ab}
大肠	0.41±0.16^{Ab}	0.91±0.11^{Ba}	0.92±0.06^{Bb}	0.38±0.08^{Aa}	0.23±0.09^{Aa}
大肠空白	0.06±0.05^{Aa}	0.28±0.37^{Aa}	0.22±0.07^{Aa}	0.14±0.06^{Aa}	0.26±0.03^{Aa}

注：同行不同大写字母肩注表示差异显著，同列不同小写字母肩注表示差异显著（$P<0.05$）。

通过表 5-44 发酵羊肉干在体外模拟消化过程中总嘌呤残留量的变化可知，体外模拟消化前各组发酵羊肉干的总嘌呤含量在 342~389mg/100g。经过模拟口腔消化后，各组嘌呤含量开始出现显著变化，且各组间存在显著性差异（$P<0.05$）。模拟胃消化后，各组嘌呤含量显著降低（$P<0.05$）。模拟小肠消化后，各组的总嘌呤残留量为对照组>x3-2b 组>复配组>清酒乳杆菌组>37x-3 组，37x-3 组显著低于其他组（$P<0.05$）。模拟大肠消化结束后复配组的总嘌呤含量显著低于其他组（$P<0.05$）；通过空白试验对照发现，复配组、清酒乳杆菌组和 37x-3 组中的残留嘌呤和大肠杆菌等发生一定反应，使其总含量降低，而

其他组则在有无大肠杆菌情况下均持续下降。在整个体外模拟消化过程中，无论肠内菌群如何，发酵剂组的总嘌呤残留均显著低于对照组（$P<0.05$），说明以 37x-3 菌株、x3-2b 菌株、清酒乳杆菌以及复配菌为发酵剂进行羊肉干发酵制作时，可降低发酵羊肉干在体外模拟消化过程中的嘌呤残留量。

表 5-44 发酵羊肉干在体外模拟消化过程中总嘌呤残留量的变化

单位：mg/100g

阶段	组别				
	对照组	37x-3 组	x3-2b 组	清酒乳杆菌组	复配组
摄入	388.67±23.08^{Ce}	384.87±1.12^{BCe}	342.27±7.00^{Af}	377.53±5.76^{BCd}	357.61±1.27^{ABf}
口腔	292.57±3.95^{Dd}	243.90±1.41^{Bd}	230.66±0.21^{Ae}	248.39±6.61^{BCc}	254.64±1.31^{Ce}
胃	122.14±0.06^{Dc}	104.78±0.04^{Cc}	101.99±0.01^{Bc}	100.30±0.05^{Ab}	124.82±0.11^{Ed}
小肠	117.17±0.30^{Db}	70.40±0.11^{Ab}	105.91±0.47^{Cd}	95.14±0.57^{Bb}	105.70±1.35^{Cc}
大肠	80.47±0.21^{Ea}	66.85±0.20^{Ca}	75.96±0.06^{Db}	64.92±0.47^{Ba}	61.05±1.14^{Aa}
大肠空白	77.28±0.24^{Ca}	67.31±1.08^{Aa}	66.60±0.22^{Aa}	70.04±0.16^{Ba}	68.51±1.15^{ABb}

注：同行不同大写字母肩注表示差异显著，同列不同小写字母肩注表示差异显著（$P<0.05$）。

（四）吸附杂环胺乳酸菌对发酵羊肉干品质的影响

肉类通过烹调后可增强其适口性及安全性，然而，通过煎、炸、烤等加热方式会使肉中的成分发生改变，产生基因毒性化合物，如杂环胺（heterocyclic aromatic amines，HAAs）、苯并芘、丙烯酰胺等，其中杂环胺的致突变性要强于其他致突变物（Nagao et al.，1977）。一些富含蛋白质的肉制品如腌腊肉制品、油炸肉制品、酱卤肉制品等都会检测出杂环胺（潘晗，2014），这是因为肉制品加工过程中美拉德反应可以通过改善蛋白质的功能特性和生物活性，赋予产品独特的色泽和风味，但同时，其反应中间体如吡嗪、吡啶、喹喔啉等是生成杂环胺的重要前体物质（张昭等，2021；Murkovic et al.，2021）。

研究发现长期摄入含杂环胺的食物会增加患乳腺癌、结肠癌、肝癌等癌症的风险（Sugimura et al.，1979），因此控制发酵羊肉干烘烤过程中可能产生的杂环胺，对保障食品安全具有重要意义。目前，国内外对于肉制品中杂环胺的控制局限于通过改变加工方式以及添加外源物质如抗氧化物质来控制杂环胺的合成。

有研究认为乳酸菌作为一种益生菌，除了具有提高食品营养品质和改善风味等作用外，还可吸附食品中的有害物质，如苯并芘、丙烯酰胺和杂环胺等，使其失活不能再进行代谢，最后排出体外，且此类物质与乳酸菌接触后，其致突变性也相应地降低。多数人认为其吸附机制是乳酸菌中细胞壁上的肽聚糖与杂环胺发生阳离子交换（Dos et al.，2017），但关于乳酸菌吸附肉制品中杂环胺的研究尚不多见。

作者团队筛选出对肉制品中杂环胺具有高效吸附能力的戊糖片球菌 37X-15 菌株。以其作为发酵剂制作发酵羊肉干，试验分为 3 组：对照组（不添加任何发酵剂）、乳酸菌组

（添加37X-15菌株）、肽聚糖组（添加等量的肽聚糖）。通过系统分析不同处理对杂环胺含量的影响，深入探究其吸附作用机制，为降低肉制品中杂环胺含量提供了重要的理论依据和技术支撑。

1. 吸附杂环胺乳酸菌对发酵羊肉干杂环胺含量的影响

研究发现，2-氨基-1-甲基-6-苯基咪唑[4,5-b]吡啶（2-amino-1-methyl-6-phenylimidazo[4,5-b] pyridine, PhIP）是热加工食品中含量较丰富的一种杂环胺，目前公认的形成途径为苯丙氨酸通过美拉德反应中的Strecker降解转化为苯乙醛，苯乙醛与肌酸（肌酸酐）发生羟醛缩合反应，羟醛缩合反应产物脱水后进一步发生席夫碱反应生成PhIP，即醛酮与伯胺（RNH_2）生成含碳氮双键的亚胺（Murkovic et al., 1999）。

由表5-45可知，在腌制和发酵阶段结束后，各组均未检测出PhIP。烤制结束后，对照组的PhIP含量显著高于乳酸菌组和肽聚糖组（$P<0.05$），37X-15菌株和肽聚糖对发酵羊肉干中PhIP的吸附率分别达到69.19%和49.73%，乳酸菌对PhIP的吸附率显著高于肽聚糖。造成各组发酵羊肉干中PhIP含量差异的原因主要有两方面，一方面是37X-15菌株细胞壁存在的肽聚糖对PhIP具有吸附能力；另一方面PhIP的前体物质主要有氨基酸、吡嗪、吡啶等物质，风味的研究结果表明，烤制后发酵羊肉干发生美拉德反应产生吡嗪，而实验室前期研究结果表明，37X-15菌株具有抗氧化活性，可能会清除PhIP生成所需的吡嗪等自由基，最终减少PhIP的生成（王倩，2019），此推论还需进一步试验证明。

综上所述，37X-15菌株和肽聚糖对发酵羊肉干中PhIP均具有一定程度的吸附能力，且37X-15菌株的作用强于肽聚糖。

表5-45 发酵羊肉干加工过程中PhIP含量的变化 单位：ng/g

阶段	对照组	乳酸菌组	肽聚糖组
腌制后	ND	ND	ND
发酵后	ND	ND	ND
烤制后	1.85±0.11[A]	0.57±0.01[C]	0.93±0.03[B]

注：同行不同大写字母表示差异显著（$P<0.05$），"ND"表示未检出。

2. 吸附杂环胺乳酸菌对发酵羊肉干理化品质的影响

（1）发酵羊肉干加工过程中pH的变化 本研究发酵羊肉干加工过程中各组pH的变化情况如图5-46所示，腌制结束后，三组羊肉干的pH介于5.4~5.7。但随着发酵过程的结束，各组羊肉干的pH开始发生显著性的变化，试验组的pH显著低于对照组（$P<0.05$），其中乳酸菌组的pH最低。烤制后，各组发酵羊肉干的pH均有所回升，试验组的pH为5.3~5.5，前期试验结果表明乳酸菌和肽聚糖在pH 5.0时的吸附率可达到65.31%~67.21%，可较好地吸附环境中的PhIP。

（2）发酵羊肉干加工过程中水分活度的变化 本研究发酵羊肉干加工过程中各组A_W的变化情况如图5-47所示，发酵羊肉干的A_W整体呈下降趋势，腌制结束后，各组间发酵羊肉干的A_W无显著差异（$P>0.05$）。腌制结束进入发酵期，由于发酵过程中温度和湿度的升高，以及微生物生长需要吸收水分，导致产品内部游离水含量增多，各组A_W整体下

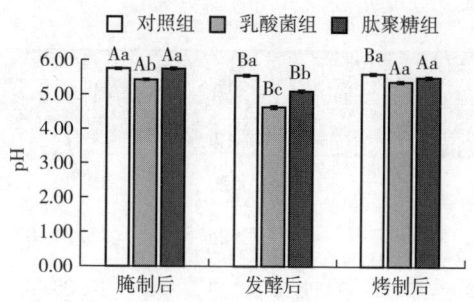

图 5-46 发酵羊肉干加工过程中 pH 的变化

［不同大写字母表示同组不同加工过程差异显著，不同小写字母表示同一加工过程组间差异显著（$P<0.05$）］

降。烤制结束后，由于烤制温度较高，水分流失较多，因此各组 A_W 显著下降，乳酸菌组<肽聚糖组<对照组，各组 A_W 值均降至 0.8 以下，且试验组 A_W 显著低于对照组（$P<0.05$）。乳酸菌组 A_W 较低的原因可能是乳酸菌组较低的 pH 使肉的持水能力降低。

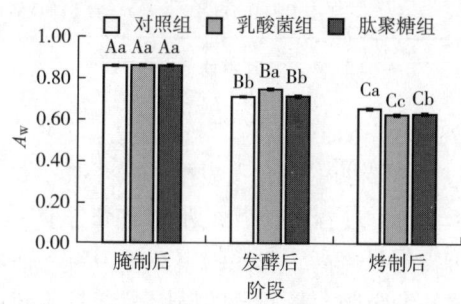

图 5-47 发酵羊肉干加工过程中 A_W 的变化

［不同大写字母表示同组不同加工过程差异显著，不同小写字母表示同一加工过程组间差异显著（$P<0.05$）］

（3）发酵羊肉干加工过程中色泽的变化　发酵羊肉干加工过程中各组色差的变化情况如表 5-46 所示，发酵羊肉干在加工过程中 ΔE 值整体呈先升高后降低的趋势。腌制结束后，乳酸菌组的 ΔE 值显著低于对照组（$P<0.05$）。发酵结束后，各组的 ΔE 值升高，其中对照组>肽聚糖组>乳酸菌组。烤制后，由于 L^* 和 b^* 的升高以及微生物对亚硝酸盐的利用，各组 ΔE 值显著下降（$P<0.05$），其中乳酸菌组显著高于对照组（$P<0.05$），说明添加发酵剂可改善发酵羊肉干的色泽。

表 5-46 发酵羊肉干加工过程中色泽的变化

指标	阶段	组别		
		对照组	乳酸菌组	肽聚糖组
L^*	腌制后	39.93±1.47[Aa]	41.81±0.70[Aa]	39.57±0.97[Ba]
	发酵后	31.58±0.23[Cb]	42.12±1.18[Aa]	32.03±0.64[Cb]
	烤制后	32.88±0.60[Bc]	39.39±0.19[Bb]	41.72±0.34[Aa]

续表

指标	阶段	组别		
		对照组	乳酸菌组	肽聚糖组
a^*	腌制后	18.46±0.29^{Aa}	19.20±0.46^{Aa}	19.02±0.29^{Aa}
	发酵后	16.54±0.25^{Ba}	15.31±0.45^{Ba}	15.24±0.96^{Ba}
	烤制后	11.03±0.14^{Ca}	10.08±0.32^{Cb}	11.05±0.28^{Ca}
b^*	腌制后	11.77±0.59^{Bb}	13.76±0.39^{Aa}	12.88±0.27^{Ba}
	发酵后	10.12±0.56^{Ca}	10.01±0.31^{Ba}	9.45±0.29^{Ca}
	烤制后	12.94±0.35^{Aa}	13.44±0.40^{Aa}	13.37±0.13^{Aa}
ΔE	腌制后	2.03±0.05^{Aa}	1.85±0.02^{Bb}	1.96±0.06^{Ba}
	发酵后	2.16±0.09^{Aa}	1.95±0.05^{Ab}	2.09±0.09^{Aab}
	烤制后	1.01±0.03^{Bb}	1.11±0.05^{Ca}	1.09±0.04^{Ca}

注：同行不同小写字母肩注表示差异显著，同列不同大写字母肩注表示同一指标下不同阶段差异显著（$P<0.05$）。

(4) 发酵羊肉干加工过程中脂肪的变化　发酵羊肉干加工过程中各组脂肪含量的变化情况如图 5-48 所示，在整个加工过程中，各组脂肪含量整体呈上升趋势。腌制结束后，乳酸菌组和肽聚糖组的脂肪含量显著高于对照组（$P<0.05$），而乳酸菌组与肽聚糖组无显著性差异（$P>0.05$），造成各组脂肪含量差异的原因可能是原料肉中的肌内脂肪含量的差异。发酵结束后，各组脂肪含量均显著升高（$P<0.05$），其中肽聚糖组>乳酸菌组>对照组，这种差异可能源于发酵剂对脂肪分解能力的特异性影响。烤制后，由于水分的大量流失，各组脂肪含量急速升高，乳酸菌组>肽聚糖组>对照组，差异显著（$P<0.05$）。综上所述，各组在不同阶段的脂肪含量不同，原因可能是水分的流失以及发酵剂对脂肪分解能力不同。

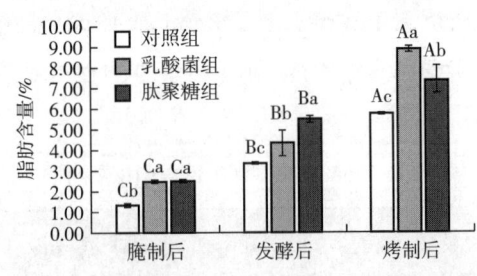

图 5-48　发酵羊肉干加工过程中脂肪含量的变化

[不同大写字母表示同组不同加工过程差异显著，不同小写字母表示同一加工过程组间差异显著（$P<0.05$）]

(5) 发酵羊肉干加工过程中蛋白质的变化　发酵羊肉干加工过程中各组蛋白质含量的变化情况如图 5-49 所示，在整个加工过程中，各组蛋白质含量整体呈上升趋势。腌制结束后，各组蛋白质差异不显著（$P>0.05$），可能是由于各组添加辅料相同或在较低的腌制温度下发酵剂活力较低还未发挥作用。发酵结束后，各组蛋白质含量整体升高且肽聚糖组显著高于对照组和乳酸菌组（$P<0.05$），乳酸菌组与对照组差异不显著（$P>0.05$）。烤制后，由于水分急剧下降，各组蛋白质含量显著升高（$P<0.05$），肽聚糖组>乳酸菌组>对照组，各组之间蛋白质含量差异显著（$P<0.05$），可能是由于发酵剂对蛋白质分解能力不同。综上所述，各组在不同阶段的蛋白质含量不同，原因可能是水分的流失以及发酵剂对蛋白质分解能力不同。

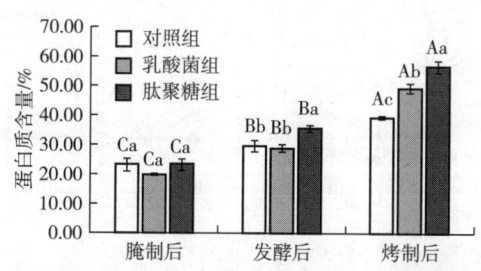

图 5-49 发酵羊肉干加工过程中蛋白质含量的变化

[不同大写字母表示同组不同加工过程差异显著，不同小写字母表示同一加工过程组间差异显著（$P<0.05$）]

第二节 羊肉贮藏技术

一、冰温贮藏技术

冰温贮藏是指将食品贮藏在其冻结点以上、0℃以下的温度区域，而使食品组织保持着最低的生理活性，将新陈代谢反应降到生命所需的最低点，即不对机体产生冻害，又能维持食品组织的新鲜程度的一种贮藏方法。相对于常规冷藏，冰温贮藏可使肌肉组织丙酮酸激酶活性升高，乳酸脱氢酶活性降低，延长 μ-钙蛋白酶的活性作用时间，进而延缓肌肉糖酵解进程，使得肌肉成熟进程延长。冰温贮藏使微生物的作用和酶的活性大大降低，同时能够保障宰后肌肉充分成熟，达到提高肉品质和延长食品保质期的双重效果。

作者团队选取 8 月龄内蒙古细毛羊宰后 2h 内肉样为试验对象。样品分为两组：一组在包装（宰后 2h）之后，直接放入（-1.0 ± 0.6）℃冰温箱中贮藏至宰后 14d，设为正向组；另一组在包装之后放入于速冻冷库中速冻 4h，之后放到（-1.0 ± 0.6）℃冰温箱中贮藏至宰后 14d，设为负向组。对于两组样品，宰后每隔 1d（贮藏 8d 之后每隔 2d）对肉样的pH、失水率、色差、剪切力等指标进行测定，研究冰温贮藏对羊肉品质的影响。

（一）冰温贮藏技术对羊肉 pH 的影响

羊肉的 pH 可以影响肉的颜色、风味、保水性、嫩度等品质，pH 受肌肉本身、成熟进程、微生物等因素的综合影响。由图 5-50 可知，两组样品的 pH 均呈现先降低后升高的趋势。在整个冰温贮藏过程中（刚宰后的前 1d 除外），正向、负向两组的 pH 均位于 5.9~6.2，属于一级鲜肉（马天兰等，2017）。宰后 0.3~6d 内（宰后 4d 除外），正向、负向组之间 pH 差异显著（$P<0.05$），贮藏 2d 时 pH 达到最低点，分别为 5.95 与 6.04。负向组样品的 pH 始终高于正向组，说明负向冷却处理有利于抑制 pH 降低的速度，这可能是由于经过冷冻处理的羊肉其中的糖原降解相关酶类活性降低，乳酸产量减少，导致 pH 相对较高。宰后 7~14d，在贮藏时间相同情况下，正向、负向组之间 pH 差异不显著，这可能是贮藏后期微生物的繁殖导致的。

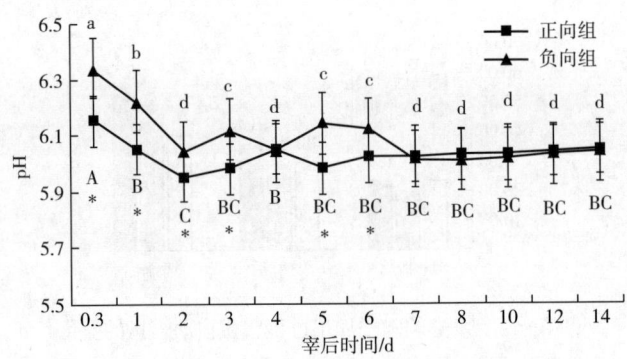

图 5-50　宰后不同时间羊肌肉组织 pH 的变化

[不同大写字母表示正向组宰后不同时间点差异显著（$P<0.05$）；不同小写字母表示负向组宰后不同时间点差异显著（$P<0.05$）；* 表示宰后同一时间点正向组和负向组差异显著（$P<0.05$）]

（二）冰温贮藏技术对羊肉失水率的影响

羊肉系水力在宰后的僵直和成熟期间会发生显著变化，在这期间肌肉组织内部会发生各种复杂的生理生化反应，导致肌原纤维蛋白质的网络结构紧缩和所带电荷数减少，使肌肉系水力下降，失水率增加。由图 5-51 可以看出，随贮藏时间的延长，正向、负向组羊肉的失水率均呈逐渐增大的趋势，到宰后 14d 时，分别达到 10.78%、13.83%。正向组样品的失水率在整个贮藏期整体小于负向组，可能是因为负向组经过冷冻处理后，肌纤维蛋白质的网络结构交联程度减少，肌肉系水力下降，汁液失水率提高。这说明宰后冷冻处理会导致汁液流失率升高，这与许立兴等（2017）研究的结果一致。

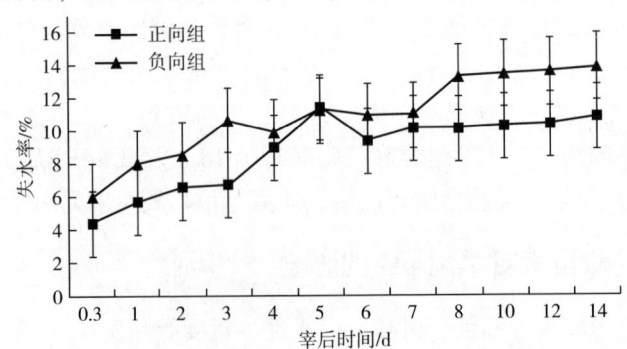

图 5-51　宰后不同时间羊肌肉组织失水率的变化

(三)冰温贮藏技术对羊肉色泽的影响

肉色是评估羊肉新鲜程度和影响消费者接受程度的一项重要指标,因为对冰鲜羊肉而言,其色泽的 a^* 比 L^*、b^* 更重要。a^* 反映肉颜色中红色的深浅程度,a^* 越大,肉越红。如图 5-52 所示,两组样品的 a^* 在宰后贮藏的过程中均呈先缓慢上升再下降的趋势。在整个冰温贮藏过程中,正向、负向组的 a^* 差异显著($P<0.05$);这说明宰后冷冻处理会对肌肉组织的 a^* 造成影响。刘萌(2015)对宰后的放置时间和冷冻对猪肉 a^* 的影响进行了研究,结果发现,在宰后 6d 内,随宰后时间的延长,肉样的 a^* 均呈先升后降的趋势,经冷冻处理肉样解冻后 a^* 明显低于未经冷冻肉样 a^*,此发现与本研究结果相似。

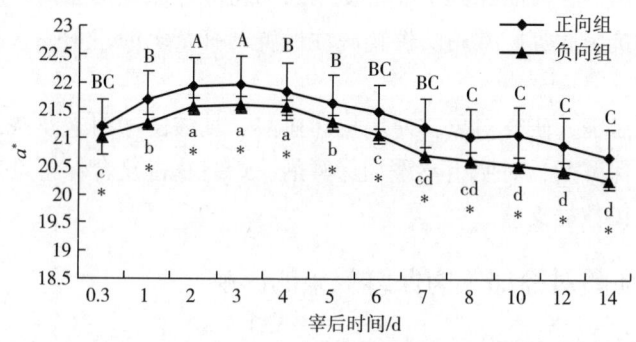

图 5-52 宰后不同时间羊肌肉组织 a^* 的变化

[不同大写字母表示正向组宰后不同时间点差异显著($P<0.05$);不同小写字母表示负向组宰后不同时间点差异显著($P<0.05$);*表示宰后同一时间点正向组和负向组差异显著($P<0.05$)]

(四)冰温贮藏技术对羊肉剪切力的影响

肉的嫩度是反映肉质地的指标,羊肉的嫩度主要受结缔组织含量、性质及肌原纤维蛋白的化学结构等因素的影响。嫩度的大小一定程度上可以用剪切力表征,剪切力越大,肉的嫩度越小。由图 5-53 可知,随贮藏时间的延长,两组羊肉的剪切力均呈缓慢上升趋势,且两组之间差异显著($P<0.05$)。在 14d 时剪切力达最大值,正向、负向组分别为 63.1N、

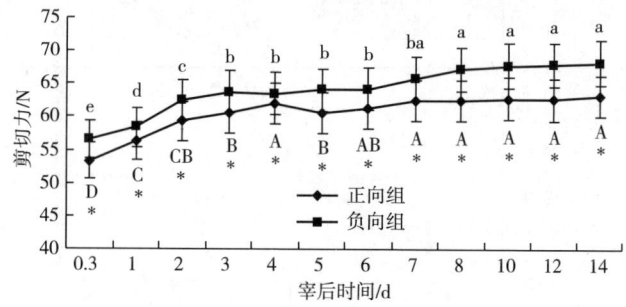

图 5-53 宰后不同时间羊肌肉组织剪切力的变化

[不同大写字母表示正向组宰后不同时间点差异显著($P<0.05$);不同小写字母表示负向组宰后不同时间点差异显著($P<0.05$);*表示宰后同一时间点正向组和负向组差异显著($P<0.05$)]

68.2N，两组样品嫩度随贮藏时间不断下降可能是失水率增大导致的（Claeys et al.，2001）。

二、防腐保鲜技术

防腐保鲜技术即利用保鲜剂对冷却肉进行保鲜处理（励建荣，2010）。冷却肉保鲜中最重要的一环就是抑制冷却肉中微生物的生长繁殖。适宜的保鲜剂可以有效地抑制微生物的繁殖、抑制蛋白质氧化，尤其是在冷却肉的冷链运输、贮藏保鲜和上市销售中，添加适量的保鲜剂可以维持冷却肉的原有优良品质。冷却肉保鲜所应用的化学保鲜剂种类繁多，主要有乳酸及其盐类、山梨酸及其钾盐类、丙酸及其盐类、柠檬酸、抗坏血酸、混合磷酸盐类等（樊永华，2020）。它们不仅可以作为单一保鲜剂使用，还能够以不同比例添加配制成复合保鲜剂使用。在肉品保鲜中经常使用的动物源性保鲜剂有溶菌酶、壳聚糖、蜂胶及其水提液、昆虫抗菌肽等。常用的植物源性保鲜剂有茶多酚、苹果多酚、蒜辣素、姜辣素、丁香等。

作者团队以羊后腿为研究对象，使用抗坏血酸、乳酸链球菌素及茶多酚三种保鲜剂为主要成分研制复合保鲜剂，对照组不添加保鲜剂，最终获得复合保鲜剂的最佳配方，为冷却羊肉行业发展提供数据支撑。

（一）抗坏血酸对冷却羊肉保鲜效果的影响

1. 抗坏血酸对冷却羊肉菌落总数的影响

冷却羊肉贮藏过程中不同浓度的抗坏血酸对其菌落总数的影响见图5-54。在冷却羊肉的贮藏过程中，各处理组菌落总数均呈上升趋势，其中对照组菌落总数上升最快，而经过抗坏血酸处理的冷却羊肉菌落总数上升比较迟缓，说明抗坏血酸能够抑制冷却羊肉中菌落总数的增长。对照组菌落总数在第4天左右达到冷却羊肉新鲜度的临界标准（$1×10^6 CFU/g$），经浓度为0.1%的抗坏血酸溶液处理的冷却羊肉在第5天左右达到冷却羊肉新鲜度的临界标准，经浓度为0.15%、0.20%的抗坏血酸溶液处理的冷却羊肉在第6天达到冷却羊肉新鲜度的临界标准，经浓度为0.25%、0.30%的抗坏血酸溶液处理的冷却羊肉

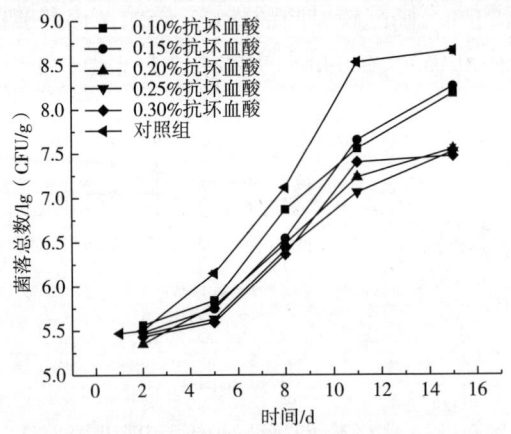

图5-54 不同浓度抗坏血酸对冷却羊肉中菌落总数的影响

在第 7 天左右达到冷却羊肉新鲜度的临界标准。从以上分析可以得到不同浓度抗坏血酸保鲜效果的优劣：0.30%抗坏血酸 = 0.25%抗坏血酸>0.20%抗坏血酸 = 0.15%抗坏血酸>0.10%抗坏血酸>对照。说明抗坏血酸可以抑制冷却羊肉中菌落总数的升高，并随着抗坏血酸浓度的升高作用加强。

2. 抗坏血酸对冷却羊肉 pH 的影响

冷却羊肉在贮藏过程中不同浓度的抗坏血酸对其 pH 的影响见图 5-55。随着时间的逐渐延长，冷却羊肉 pH 总体呈现快速上升并逐渐减缓的趋势，对照组 pH 上升最快，高于抗坏血酸处理组。对照组在第 6 天左右 pH 超过冷却羊肉新鲜度的临界标准（pH>6.5）。经浓度为 0.10%、0.15%的抗坏血酸溶液处理的冷却羊肉在第 11 天时 pH 超过临界标准。经浓度为 0.20%、0.25%、0.30%的抗坏血酸溶液处理的羊肉在第 11 天时其 pH 仍在冷却羊肉新鲜度的临界标准内，所以抗坏血酸浓度为 0.20%、0.25%、0.30%时对于冷却羊肉 pH 的上升具有良好的抑制效果。

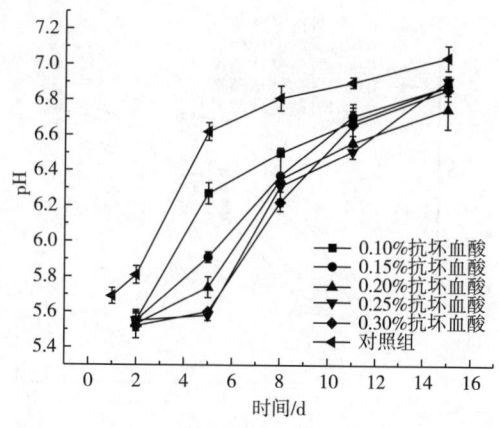

图 5-55 不同浓度抗坏血酸对冷却羊肉 pH 的影响

3. 抗坏血酸对冷却羊肉挥发性盐基氮的影响

冷却羊肉贮藏过程中不同浓度的抗坏血酸对其 TVB-N 的影响见图 5-56。随着冷却羊肉贮藏时间的延长，冷却羊肉的 TVB-N 逐步增加，对照组的 TVB-N 在第 4 天时超过临界标准（20mg/100g），抗坏血酸浓度为 0.10%的处理组在第 8 天左右超过冷却羊肉 TVB-N 的临界标准。而抗坏血酸浓度为 0.20%、0.25%、0.30%的处理组保鲜期都在 10d 及 10d 以上，具有更长的贮藏期。

（二）乳酸链球菌素对冷却羊肉保鲜效果的影响

1. 乳酸链球菌素对冷却羊肉菌落总数的影响

冷却羊肉贮藏过程中不同浓度的乳酸链球菌素对其菌落总数的影响见图 5-57。随着冷却羊肉贮藏时间逐渐增加，菌落总数总体呈现快速上升趋势，其中对照组菌落总数上升最快，经乳酸链球菌素处理的冷却羊肉菌落总数上升低于对照组，说明乳酸链球菌素具有较好的抑菌功能，抑菌效果明显。对照组菌落总数在第 4 天左右达到冷却羊肉新鲜度的临界标准，经浓度为 0.02%乳酸链球菌素处理的冷却羊肉的菌落总数在第 5 天达到冷却羊肉

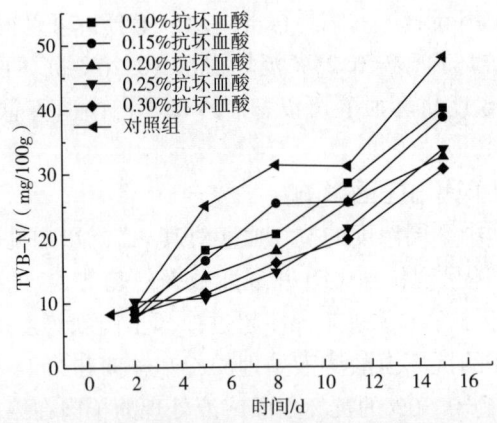

图 5-56 不同浓度抗坏血酸对冷却羊肉 TVB-N 的影响

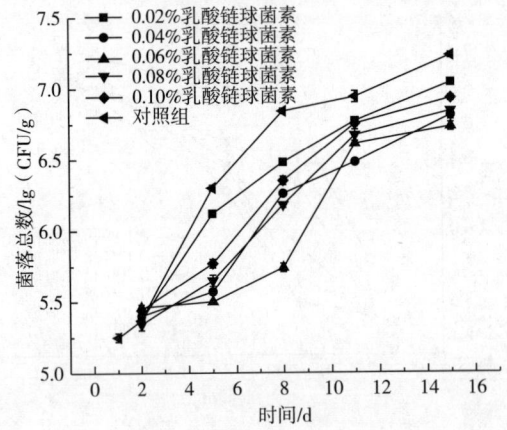

图 5-57 不同浓度乳酸链球菌素对冷却羊肉中菌落总数的影响

新鲜度的临界标准,经浓度为 0.04% 及 0.08% 乳酸链球菌素处理的冷却羊肉在第 7 天达到冷却羊肉新鲜度的临界标准。利用 0.06% 浓度的乳酸链球菌素处理冷却羊肉时冷却羊肉的保鲜期可达到 9d 左右。经浓度为 0.10% 乳酸链球菌素处理的冷鲜羊肉在第 6 天达到冷却羊肉新鲜度的临界标准。由此得到不同浓度乳酸链球菌素保鲜效果的优劣:0.06% 乳酸链球菌素>0.04% 乳酸链球菌素=0.08% 乳酸链球菌素>0.10% 乳酸链球菌素>0.02%>对照。说明乳酸链球菌素对冷却羊肉中的微生物具有很好的抑制效果。

2. 乳酸链球菌素对冷却羊肉 pH 的影响

冷却羊肉贮藏过程中不同浓度的乳酸链球菌素对其 pH 的影响见图 5-58。随着时间的逐渐延长,冷却羊肉 pH 总体呈现快速上升趋势,对照组 pH 上升最快,高于其他组。对照组在第 7 天左右超过冷却羊肉新鲜度 pH 的临界标准。乳酸链球菌素浓度为 0.02% 及 0.04% 处理组能够将冷却羊肉的保鲜期提高到 10d 左右,而当乳酸链球菌素浓度为 0.06%、0.08%、0.10% 时冷却羊肉 pH 在 12d 内都能够保持在二级鲜度的标准。因此当乳酸链球菌素浓度为 0.06%、0.08%、0.10% 时抑制 pH 升高的作用最为明显。

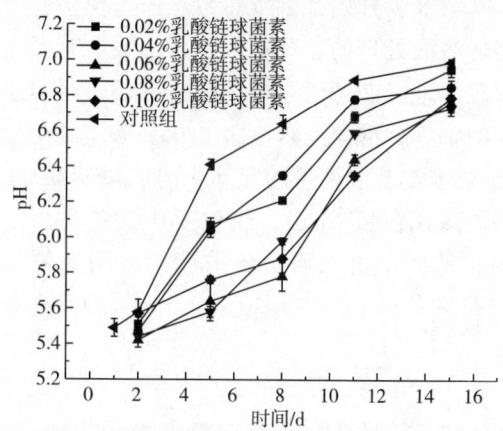

图 5-58　不同浓度乳酸链球菌素对冷却羊肉 pH 的影响

3. 乳酸链球菌素对冷却羊肉挥发性盐基氮值的影响

冷却羊肉贮藏过程中不同浓度的乳酸链球菌素对其 TVB-N 的影响见图 5-59。随着冷却羊肉贮藏时间的延长，冷却羊肉的 TVB-N 逐步增加，在相同时间点进行比较发现对照组的 TVB-N 高于处理组。说明乳酸链球菌素对于抑制冷却羊肉的 TVB-N 上升具有积极的影响。对照组的 TVB-N 在第 6 天时就已经超过了临界标准，乳酸链球菌素浓度为 0.02%的处理组在第 8 天超过冷却羊肉 TVB-N 的临界标准。乳酸链球菌素浓度为 0.04%、0.06%的处理组保鲜期都在 11d 左右，乳酸链球菌素浓度为 0.08%的处理组保鲜期可达 13d，乳酸链球菌素浓度为 0.10%的处理组保鲜期约为 9d。因此使用浓度为 0.04%、0.06%、0.08%乳酸链球菌素处理冷却羊肉时其贮藏期更长。

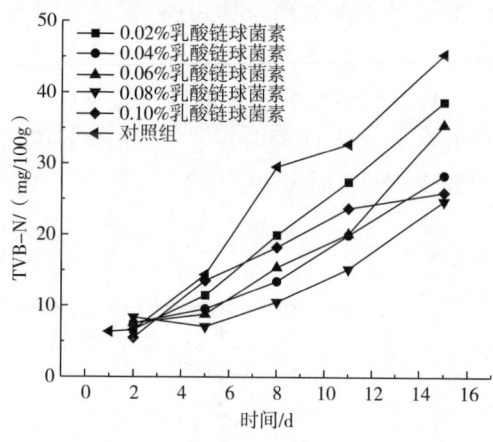

图 5-59　不同浓度乳酸链球菌素对冷却羊肉 TVB-N 的影响

（三）茶多酚对冷却羊肉保鲜效果的影响

1. 茶多酚对冷却羊肉菌落总数的影响

冷却羊肉贮藏过程中不同浓度的茶多酚对其菌落总数的影响见图 5-60。随着冷却羊肉贮藏的时间逐渐增加，从第5天开始，菌落总数总体呈现快速上升趋势，其中对照组菌落总数上升最快，经茶多酚溶液处理的冷却羊肉菌落总数上升低于对照组，说明茶多酚具有优良的抑菌功能，能够较好地抑制菌落总数的快速增长。对照组在第6天左右时菌落总数已超过冷却羊肉新鲜度的临界标准。经浓度为0.05%茶多酚溶液处理的冷却羊肉贮藏期达到了8d。经浓度0.10%茶多酚溶液处理的冷却羊肉贮藏期在9d左右。经浓度0.15%茶多酚溶液处理的冷却羊肉贮藏期在8d左右。经浓度0.20%及0.25%茶多酚溶液处理的冷却羊肉贮藏期在10d左右。从图中可以看出各浓度茶多酚保鲜效果的优劣：0.20%茶多酚=0.25%茶多酚>0.10%茶多酚>0.05%茶多酚=0.15%茶多酚>对照。

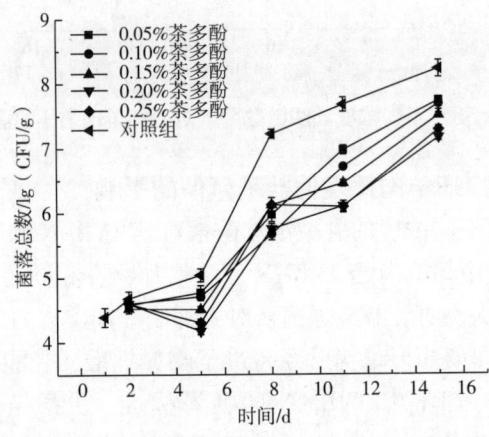

图5-60 不同浓度茶多酚对冷却羊肉中菌落总数的影响

2. 茶多酚对冷却羊肉pH的影响

冷却羊肉贮藏过程中不同浓度的茶多酚对其pH的影响见图5-61。随着时间的逐渐延长，冷却羊肉pH总体呈现快速上升趋势，对照组pH上升最快，高于其他组。对照组在第5天超过冷却羊肉新鲜度pH的临界标准。茶多酚浓度为0.05%时冷却羊肉的保鲜期在6d左右，茶多酚浓度为0.10%处理组的冷却羊肉保鲜期为9d。茶多酚浓度为0.20%、0.25%时抑制pH上升效果最好，贮藏期为10d以上。

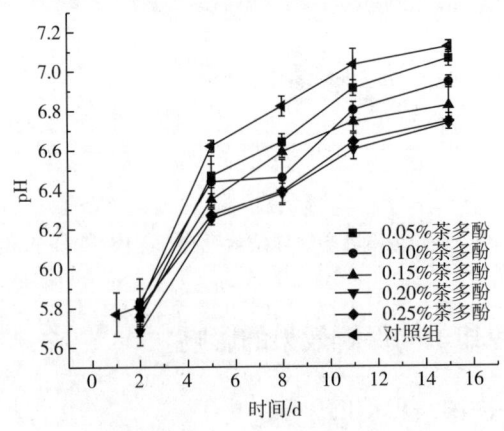

图5-61 不同浓度茶多酚对冷却羊肉pH的影响

3. 茶多酚对冷却羊肉挥发性盐基氮值的影响

冷却羊肉贮藏过程中不同浓度的茶多酚对其 TVB-N 的影响见图 5-62。随着冷却羊肉贮藏时间的延长，冷却羊肉的 TVB-N 逐步增加，在相同时期进行比较发现对照组的 TVB-N 高于保鲜剂处理组。对照组在第 6 天左右超过冷却羊肉新鲜度 TVB-N 的临界标准，茶多酚浓度为 0.05% 时冷却羊肉的贮藏期在 7d 左右，茶多酚浓度为 0.10% 时冷却羊肉的贮藏期在 8d 左右，茶多酚浓度为 0.15% 时冷却羊肉贮藏期为 9d 左右，茶多酚浓度为 0.20% 和 0.25% 时冷却羊肉的贮藏期达到 11d 左右，说明茶多酚可以抑制冷却羊肉 TVB-N 的产生，当茶多酚浓度为 0.15%、0.20%、0.25% 时有更好的保鲜效果。

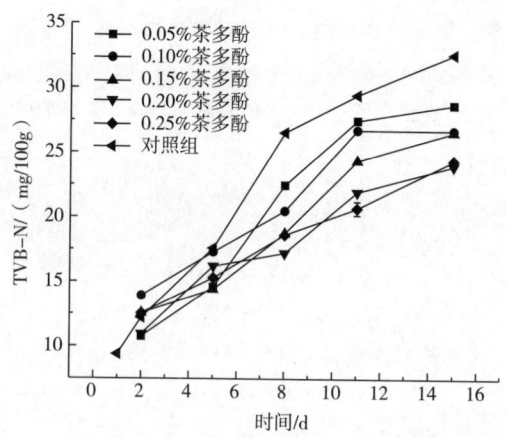

图 5-62　不同浓度茶多酚对冷却羊肉 TVB-N 的影响

本章参考文献

[1] 白运焕, 焦闻文, 邬国军. 鼠李糖乳酸杆菌降解肌酐和尿酸的活力研究 [J]. 中南药学, 2018, 16 (1): 5.

[2] 蔡路昀, 张滋慧, 曹爱玲, 等. 食品中的嘌呤含量分布及在贮藏加工中变化研究进展 [J]. 食品科学, 2018, 39 (19): 260-265.

[3] 杜娟, 王青华, 刘利强. 亚硝酸盐在肉制品中应用的危害分析及其替代物的研究 [J]. 食品科技, 2007, 32 (8): 166-169.

[4] 樊永华. 保鲜剂在冷鲜肉保鲜方面的研究进展 [J]. 江苏调味副食品, 2020, (3): 9-12.

[5] 伏慧慧, 马雪莲, 普莉雯, 等. 干腌牛肉加工过程中蛋白质变化对品质的影响 [J]. 食品与发酵工业, 2021, 47 (9): 223-230.

[6] 金方, 杨虹. 降血尿酸益生菌株的筛选和降血尿酸机理的探索 [J]. 微生物学通报, 2018, 45 (8): 1757-1769.

[7] 李静, 杨勇, 杨钦鹏, 等. 不同氧化程度的脂肪对四川香肠加工贮藏过程中理化特性的影响 [J]. 食品与发酵工业, 2015, 41 (10): 57.

[8] 李艳青, 陈洪生, 俞龙浩, 等. 氧化大豆分离蛋白对法兰克福香肠品质的影响 [J]. 肉类工业, 2018, (3): 38-40.

[9] 励建荣. 生鲜食品保鲜技术研究进展 [J]. 中国食品学报, 2010, (3): 1-12.

[10] 梁瑞萍, 谢超, 梁佳, 等. 响应面法优化牡蛎蛋白酶解工艺的研究 [J]. 浙江海洋大学学报: 自然科学版, 2019, 38 (5): 407-414.

[11] 林琳, 孔保华, 李博勋, 等. 用复合防腐剂延长红肠货架期的研究 [J]. 肉类工业, 2003, (2): 14-17.

[12] 刘萌. 宰后不同时间冷冻对猪肉品质的影响及机理研究 [D]. 新乡: 河南科技学院, 2015.

[13] 刘英丽, 万真, 杨梓妍. 乳酸菌对萨拉米香肠风味形成的研究进展 [J]. 食品科学, 2020, 41 (23): 273-282.

[14] 马丹. 不同发酵剂对羊肉发酵香肠理化性质和脂肪氧化分解的影响 [D]. 呼和浩特: 内蒙古农业大学, 2016.

[15] 马天兰, 王松磊, 贺晓光, 等. 低场 NMR 对羊肉贮藏过程中 pH 值和 TVB-N 的预测及验证 [J]. 核农学报, 2017, 31 (6): 1110-1118.

[16] 潘晗. 酱肉中 norharman 和 harman 形成机理的研究 [D]. 北京: 中国农业科学院, 2014.

[17] 任贝贝. 鼠尾藻多糖的提取分离、体外消化和酵解特征及其对肠道菌群的影响 [D]. 广州: 华南理工大学, 2017.

[18] 孙力军, 张中, 孙德坤, 等. 4 种香辛料对泡菜发酵过程中乳酸菌生长的影响 [J]. 食品与发酵工业, 2004, 30 (8): 22.

[19] 孙钦秀, 张潮, 赵欣欣, 等. 接种发酵剂对哈尔滨风干肠中生物胺形成的抑制作用 [J]. 中国食品学报, 2019, 19 (2): 199-205.

[20] 孙远明. 食品营养学 [M]. 2 版. 北京: 中国农业大学出版社, 2010.

[21] 田建军. 传统发酵肉制品中微生物多样性、功能乳酸菌代谢产物及基因序列分析 [D]. 呼和浩特: 内蒙古农业大学, 2019.

[22] 王德宝, 胡冠华, 苏日娜, 等. 发酵剂对羊肉香肠中蛋白、脂质代谢与风味物质的影响 [J]. 农

业机械学报, 2019, 50 (3): 343-351.

[23] 王镜岩. 生物化学 [M]. 北京: 高等教育出版社, 2002.

[24] 王倩. 发酵剂和香辛料对发酵羊肉干品质的影响 [D]. 呼和浩特: 内蒙古农业大学, 2019.

[25] 魏雅茹. 植物乳杆菌 CM25 对发酵香肠菌群结构及感官品质的影响 [D]. 呼和浩特: 内蒙古农业大学, 2022.

[26] 许立兴, 薛晓东, 仵轩轩, 等. 微冻及冰温结合气调包装对羊肉的保鲜效果 [J]. 食品科学, 2017, 38 (3): 232-238.

[27] 杨晓钢, 赵鑫锐, 堵国成. 低酸牛肉发酵剂的筛选, 工艺优化及品质特性研究 [J]. 食品与发酵工业, 2022, 48 (19): 185-195.

[28] 杨扬. 乳酸菌蛋白分解能力对羊肉干发酵香肠品质的影响 [D]. 呼和浩特: 内蒙古农业大学, 2018.

[29] 俞益芹, 张焕新, 殷玲, 等. 青鳞鱼蛋白酶解工艺及产物组分分析 [J]. 江苏农业学报, 2019, 3.

[30] 张居农. 鸡肉中蛋白质, 脂肪和水分含量的相互关系 [J]. 国外畜牧学 (猪与禽), 1985, 5.

[31] 张昭, 徐珍霞, 周鑫, 等. 美拉德反应产物对肠道菌群影响的研究进展 [J]. 中国食物与营养, 2021, 27 (01): 51-54.

[32] BAKA A, PAPAVERGOU E, PRAGALAKI T, et al. Effect of selected autochthonous starter cultures on processing and quality characteristics of Greek fermented sausages [J]. LWT-Food Science and Technology, 2011, 44 (1): 54-61.

[33] BENITO M J, RODRÍGUEZ M, CÓRDOBA M G, et al. Effect of the fungal protease EPg222 on proteolysis and texture in the dry fermented sausage 'salchichón' [J]. Journal of the Science of Food and Agriculture, 2005, 85 (2): 273-280.

[34] BERARDO A, CLAEYS E, VOSSEN E, et al. Protein oxidation affects proteolysis in a meat model system [J]. Meat science, 2015, 106: 78-84.

[35] BIESALSKI H K. Meat as a component of a healthy diet - are there any risks or benefits if meat is avoided in the diet? [J]. Meat science, 2005, 70 (3): 509-524.

[36] BOISEN S, EGGUM B. Critical evaluation of in vitro methods for estimating digestibility in simple-stomach animals [J]. Nutrition research reviews, 1991, 4 (1): 141-162.

[37] CAO C C, FENG M Q, SUN J, et al. Screening of lactic acid bacteria with high protease activity from fermented sausages and antioxidant activity assessment of its fermented sausages [J]. CyTA-Journal of Food, 2019, 17 (1): 347-354.

[38] CASABURI A, ARISTOY M C, CAVELLA S, et al. Biochemical and sensory characteristics of traditional fermented sausages of Vallo di Diano (Southern Italy) as affected by the use of starter cultures [J]. Meat Science, 2007, 76 (2): 295-307.

[39] CLAEYS E, de SMET S, DEMEYER D, et al. Effect of rate of pH decline on muscle enzyme activities in two pig lines [J]. Meat science, 2001, 57 (3): 257-263.

[40] DOS REIS S A, DA CONCEIÇÃO L L, SIQUEIRA N P, et al. Review of the mechanisms of probiotic actions in the prevention of colorectal cancer [J]. Nutrition Research, 2017, 37: 1-19.

[41] ESSID I, HASSOUNA M. Effect of inoculation of selected Staphylococcus xylosus and Lactobacillus plantarum strains on biochemical, microbiological and textural characteristics of a Tunisian dry fermented sausage [J]. Food Control, 2013, 32 (2): 707-714.

[42] FLORES M, TOLDRA F. Microbial enzymatic activities for improved fermented meats [J]. Trends in Food Science & Technology, 2011, 22 (2-3): 81-90.

[43] GONZALEZ-FERNANDEZ C, SANTOS E M, ROVIRA J, et al. The effect of sugar concentration and starter culture on instrumental and sensory textural properties of chorizo-Spanish dry-cured sausage [J]. Meat Sci, 2006, 74 (3): 467-475.

[44] HAMMES W, HERTEL C. New developments in meat starter cultures [J]. Meat science, 1998, 49: S125-S138.

[45] HASAN F, SHAH A A, HAMEED A. Industrial applications of microbial lipases [J]. Enzyme and Microbial technology, 2006, 39 (2): 235-251.

[46] KABAN G, KAYA M. Effects of Lactobacillus plantarum and Staphylococcus xylosus on the quality characteristics of dry fermented sausage "sucuk" [J]. Journal of Food Science, 2009, 74 (1): S58-S63.

[47] KANEKO K, AOYAGI Y, FUKUUCHI T, et al. Total purine and purine base content of common foodstuffs for facilitating nutritional therapy for gout and hyperuricemia [J]. Biological and Pharmaceutical Bulletin, 2014, 37 (5): 709-721.

[48] KIM H, KIM S H, CHOI A R, et al. Asymptomatic hyperuricemia is independently associated with coronary artery calcification in the absence of overt coronary artery disease: a single-center cross-sectional study [J]. Medicine, 2017, 96 (14).

[49] KOUTINA G, JONGBERG S, SKIBSTED L H. Protein and lipid oxidation in Parma ham during production [J]. Journal of Agricultural and Food Chemistry, 2012, 60 (38): 9737-9745.

[50] LATOCH A, GLIBOWSKI P, LIBERA J. The effect of replacing pork fat of inulin on the physicochemical and sensory quality of guinea fowl pate [J]. Acta Scientiarum Polonorum Technologia Alimentaria, 2016, 15 (3): 311-320.

[51] LI J, WANG F, LI S, et al. Effects of pepper (Zanthoxylum bungeanum Maxim.) leaf extract on the antioxidant enzyme activities of salted silver carp (Hypophthalmichthys molitrix) during processing [J]. Journal of Functional Foods, 2015, 18: 1179-1190.

[52] LI M, YANG D, MEI L, et al. Screening and characterization of purine nucleoside degrading lactic acid bacteria isolated from Chinese sauerkraut and evaluation of the serum uric acid lowering effect in hyperuricemic rats [J]. PLoS One, 2014, 9 (9): e105577.

[53] LIU J, ZHANG H, DONG Z, et al. Mendelian randomization analysis indicates serum urate has a causal effect on renal function in Chinese women [J]. International Urology and Nephrology, 2017, 49: 2035-2042.

[54] LORENZO J M, FRANCO D. Fat effect on physico-chemical, microbial and textural changes through the manufactured of dry-cured foal sausage lipolysis, proteolysis and sensory properties [J]. Meat science, 2012, 92 (4): 704-714.

[55] LORENZO J M, GÓMEZ M, FONSECA S. Effect of commercial starter cultures on physicochemical characteristics, microbial counts and free fatty acid composition of dry-cured foal sausage [J]. Food Control, 2014, 46: 382-389.

[56] LORENZO J M, MUNEKATA P E S, DOMÍNGUEZ R. Role of autochthonous starter cultures in the reduction of biogenic amines in traditional meat products [J]. Current Opinion in Food Science, 2017, 14: 61-65.

[57] MACDOUGALL D B, MOTTRAM D S, RHODES D N. Contribution of nitrite and nitrate to the colour and flavour of cured meats [J]. Journal of the Science of Food and Agriculture, 1975, 26 (11): 1743-1754.

[58] MARTIN L, CORDOBA J, VENTANAS J, et al. Changes in intramuscular lipids during ripening of Iberian dry-cured ham [J]. Meat Science, 1999, 51 (2): 129-134.

[59] MATARAGAS M, BELLIO A, ROVETTO F, et al. Quantification of persistence of the food-borne pathogens Listeria monocytogenes and Salmonella enterica during manufacture of Italian fermented sausages [J]. Food Control, 2015, 47: 552-559.

[60] MCSWEENEY P L. Biochemistry of cheese ripening [J]. International journal of dairy technology, 2004, 57 (2-3): 127-144.

[61] MURIEL E, ANTEQUERA T, PETRÓN M, et al. Volatile compounds in Iberian dry-cured loin [J]. Meat Science, 2004, 68 (3): 391-400.

[62] MURKOVIC M, WEBER H J, GEISZLER S, et al. Formation of the food associated carcinogen 2-amino-1-methyl-6-phenylimidazo [4, 5-b] pyridine (PhIP) in model systems [J]. Food Chemistry, 1999, 65 (2): 233-237.

[63] MURKOVIC M. Formation of heterocyclic aromatic amines in model systems [J]. Journal of Chromatography B, 2004, 802 (1): 3-10.

[64] NAGAO M, HONDA M, SEINO Y, et al. Mutagenicities of smoke condensates and the charred surface of fish and meat [J]. Cancer letters, 1977, 2 (4-5): 221-226.

[65] NIE X, LIN S, ZHANG Q. Proteolytic characterisation in grass carp sausage inoculated with Lactobacillus plantarum and Pediococcus pentosaceus [J]. Food Chemistry, 2014, 145: 840-844.

[66] OJHA K S, KERRY J P, DUFFY G, et al. Technological advances for enhancing quality and safety of fermented meat products [J]. Trends in Food Science & Technology, 2015, 44 (1): 105-116.

[67] OlIVARES A, NAVARRO J L, FLORES M. Establishment of the contribution of volatile compounds to the aroma of fermented sausages at different stages of processing and storage [J]. Food Chemistry, 2009, 115 (4): 1464-1472.

[68] ÖZYURT G, KULEY E, ÖZKÜTÜK S, et al. Sensory, microbiological and chemical assessment of the freshness of red mullet (Mullus barbatus) and goldband goatfish (Upeneus moluccensis) during storage in ice [J]. Food chemistry, 2009, 114 (2): 505-510.

[69] STAHNKE L. Aroma components from dried sausages fermented with Staphylococcus xylosus [J]. Meat science, 1994, 38 (1): 39-53.

[70] SUGIMURA T, NAGAO M, WEISBURGER J H. Mutagenic factors in cooked foods [J]. CRC critical reviews in toxicology, 1979, 6 (3): 189-209.

[71] TOLDRÁ F, FLORES M, SANZ Y. Dry-cured ham flavour: enzymatic generation and process influence [J]. Food chemistry, 1997, 59 (4): 523-530.

[72] TRAUTWEIN-SCHULT A, JANKOWSKA D, CORDES A, et al. Arxula adeninivorans recombinant guanine deaminase and its application in the production of food with low purine content [J]. Journal of Molecular Microbiology and Biotechnology, 2014, 24 (2): 67-81.

[73] VANDECANDELAERE I, COENYE T. Microbial composition and antibiotic resistance of biofilms recovered from endotracheal tubes of mechanically ventilated patients [J]. Biofilm-based Healthcare-associated Infections: VOLUME I, 2014: 137-155.

[74] VESTERGAARD C S, SCHIVAZAPPA C, VIRGILI R. Lipolysis in dry-cured ham maturation [J]. Meat Science, 2000, 55 (1): 1-5.

[75] VISESSANGUAN W, BENJAKUL S, RIEBROY S, et al. Changes in lipid composition and fatty acid profile of Nham, a Thai fermented pork sausage, during fermentation [J]. Food Chemistry, 2006, 94 (4): 580-588.

[76] WASOWICZ E, GRAMZA A, HÊŒ M, et al. Oxidation of lipids in food [J]. POL J Food Nutr Sci, 2004, 13 (54): 87-100.

[77] YAMADA N, SAITO-IWAMOTO C, NAKAMURA M, et al. Lactobacillus gasseri PA-3 uses the purines IMP, inosine and hypoxanthine and reduces their absorption in rats [J]. Microorganisms, 2017, 5 (1): 10.

[78] YOUNG L L. Effect of stewing on purine content of broiler tissues [J]. Journal of Food Science, 1983, 48 (1): 315-316.

[79] YU X, WU H, ZHANG J. Effect of Monascus as a nitrite substitute on color, lipid oxidation, and proteolysis of fermented meat mince [J]. Food Science and Biotechnology, 2015, 24: 575-581.

[80] ZAGOREC M, CHAMPOMIER-VERGÈS M C. Lactobacillus sakei: A starter for sausage fermentation, a protective culture for meat products [J]. Microorganisms, 2017, 5 (3): 56.

[81] ZENG X, XIA W, JIANG Q, et al. Effect of autochthonous starter cultures on microbiological and physico-chemical characteristics of Suan yu, a traditional Chinese low salt fermented fish [J]. Food Control, 2013, 33 (2): 344-351.

[82] ZHANG Y, HU P, LOU L, et al. Antioxidant activities of lactic acid bacteria for quality improvement of fermented sausage [J]. Journal of food science, 2017, 82 (12): 2960-2967.

[83] ZHAO C, LU Z, HUANG J, et al. Enhancement of pork jerky using co-cultures of lactobacillus bulgaricus and angel yeast [J]. Indian journal of microbiology, 2016, 56: 287-292.

附 录

| 细菌拉丁学名对照表

细菌拉丁学名对照表

拉丁名	中文名
Actinobacteria	放线菌门
Bacteroidetes	拟杆菌门
Chloroflexi	绿弯菌门
Chytridiomycota	壶菌门
Cyanobacteria	蓝藻门
Elusimicrobia	迷踪菌门
Euryarchaeota	广古菌门
Fibrobacteres	纤维杆菌门
Firmicutes	厚壁菌门
Lentisphaerae	黏胶球形菌门
Proteobacteria	变形菌门
Saccharibacteria	单糖菌门
Spirochaetae	螺旋体门
Synergistetes	互养菌门
Tenericutes	软壁菌门
Verrucomicrobia	疣微菌门
Christensenellaceae	克里斯滕森菌科
Enterobacteriaceae	肠杆菌科
Rikenellaceae	理研菌科
Ruminococcaceae	瘤胃球菌科
unclassified_f_Ruminococcaceae	未分类瘤胃菌科
Akkermansia	阿克曼菌属
Alistipes	另枝菌属
Alloprevotella	拟普雷沃氏菌属
Bacillus	芽孢杆菌属
Bacteroides	拟杆菌属
Barnesiella	巴氏菌属
Bifidobacterium	双歧杆菌属
Blautia	布劳特氏菌属
Butyrivibrio	丁酸弧菌属
Campylobacter	弯曲杆菌属
Christensenellaceae_R-7_group	克里斯滕森菌属 R-7
Clostridium	梭菌属
Desulfovibrio	脱硫弧菌属
Enterobacterium	肠杆菌属

续表

拉丁名	中文名
Enterococcus	肠球菌属
Erysipelotrichaceae_UCG-004	丹毒丝菌属_UCG-004
Escherichia coli	致病性大肠杆菌属
Eubacterium	真杆菌属
Fecal bacteria	粪球菌属
Fibrobacter	纤维杆菌属
Fusobacterium	梭菌属
Lactiplantibacillus	乳植物杆菌属
Lactobacillus	乳杆菌属
Lactococcus	乳球菌属
Latilactobacillus	广泛乳杆菌属
Macrococcus	巨大球菌属
Megasphaera	巨球型菌属
Myroides	香味菌属
norank_f__Bacteroidales_S24-7_group	未知属 f 型拟杆菌目 S24-7 菌群
norank_f__Clostridiales_vadinBB60_group	未分类 vadinBB60 梭菌群
norank_f_Bacteroidales_BS11_gut_group	未知属 f 型拟杆菌目 BS11 菌群
Oscillibacter	颤杆菌克属
Phascolarctobacterium	考拉杆菌属
Phocaeicola	马赛菌属
Prevotella	普雷沃氏菌属
Prevotella_1	普雷沃氏菌属_1
Prevotellaceae_UCG-001	普雷沃氏菌属_UCG-001
Prevotellaceae_UCG-003	普雷沃氏菌属_UCG-003
Proteus	变形杆菌属
Pseudomonas	假单胞菌属
Quinella	奎因氏菌属
Ralstonia	雷尔氏菌属
RC9_gut_group	RC9 肠道群属
Rikenellaceae_ RC9_gut_group	理研菌科_RC9 肠道群属
Ruminobacter	反刍杆菌属
Ruminococcaceae_UCG-002	瘤胃球菌科_UCG-002
Ruminococcaceae_UCG-005	瘤胃球菌科_UCG-005
Ruminococcaceae_UCG-010	瘤胃球菌科_UCG-010
Ruminococcaceae_UCG-013	瘤胃球菌科_UCG-013
Ruminococcaceae_UCG-014	瘤胃球菌科_UCG-014
Ruminococcus	瘤胃球菌属
Ruminococcus_1	瘤胃球菌属_1
Ruminococcus_2	瘤胃球菌属_2
Saccharofermentans	产乙酸糖发酵菌属

续表

拉丁名	中文名
Selenomonas	硒单胞菌属
Selenomonas_1	月形单胞菌属
Spirochaeta	螺旋体属
Stenotrophomonas	寡养单胞菌属
Succiniclasticum	解琥珀酸菌属
Succinivibrio	琥珀酸弧菌属
Thalassospira	海旋菌属
Treponema	密螺旋体属
Treponema_2	密螺旋体属_2
unclassified_f_Lachnospiraceae	未分类毛螺菌属
unclassified_o_Bacteroidales	未分类拟杆菌属
Weissella	魏斯氏菌属
[*Eubacterium*] *_coprostanoligenes_group*	粪杆菌真核菌群
Anaerococcus	厌氧球菌
Bacillus subtilis	枯草芽孢杆菌
Bacteroides thetaiotaomicron	多形拟杆菌
Bifidobacterium breve	短双歧杆菌
Clostridium	梭状芽孢杆菌
Clostridium butyricum	丁酸梭菌
Lactobacillus paracasei	副干酪乳杆菌
Lactobacillus brevis	短乳杆菌
Lactobacillus cremoris	副干酪乳杆菌
Lactobacillus curvatus	弯曲乳杆菌
Lactobacillus helveticus	瑞士乳杆菌
Lactiplantibacillus plantarum	植物乳植杆菌
Lactobacillus sakei	清酒乳杆菌
Lactococcus garvieae	格氏乳球菌
Leuconostoc mesenteroides subsp. mesenteroides	肠膜明串珠菌
Limosi lactobacillus reuteri	罗伊氏黏液乳杆菌
Macrococcus caseolyticus	解酪巨球菌
Myroides phaeus	类香味菌
Olsenella	龈乳杆菌
Pediococcus pentosaceus	戊糖片球菌
Pseudomonas rhizosphaerae	根际假单胞菌
Staphylococcus saprophyticus	腐生葡萄球菌
Stenotrophomonas maltophilia	嗜麦芽寡养单胞菌
Streptococcus	链球菌
unclassified_k_norank_d_Bacteria	未分类 k_norank_d 细菌
Weissella ceti	鲸魏斯氏菌